输变电工程机械化施工

关键技术与实践

《输变电工程机械化施工关键技术与实践》编委会 编著

中国水利水电出版社

www.waterpub.com.cn

·北京·

内 容 提 要

为落实国家电网有限公司"六精四化"三年行动计划要求，推进机械化施工技术应用，提升输变电工程高质量建设能力，作者根据近几年来机械化施工在电网建设中应用的技术文件和工程案例，编写了《输变电工程机械化施工关键技术与实践》一书，以期机械化施工给电网建造方式带来深刻转变，在建设国际一流电网的必然选择和必由之路上有所建树，为全面推进输变电工程机械化施工，开展机械化、数字化施工等技术应用，深化机械化作业新装备的应用，推动电网建造方式升级做出贡献。

本书分为两篇：第一篇为输变电工程机械化施工关键技术，第二篇为输变电工程机械化施工实践。第一篇分十二章，主要内容包括概述、输变电工程勘测与设计、变电站土建工程机械化施工、变电站电气安装调试工程机械化施工、架空线路基础及接地机械化施工、组塔机械化施工、架线机械化施工、电力电缆土建工程机械化施工、电力电缆安装工程机械化施工、海底电缆机械化施工、变电设备大件运输技术、架空线路物料运输机械化施工。第二篇分十章，主要内容包括昌吉-古泉±1100kV换流站工程电气构支架吊装、±1100kV昌吉换流站电气设备安装、博州750kV变电站软母线安装、石河子750kV变电站HGIS设备安装、荆门-武汉1000kV特高压交流线路落地双平臂抱杆组立钢管塔施工、荆门-武汉1000kV特高压交流线路架线施工、南阳-荆门-长沙特高压线路工程（7标段）全过程机械化施工、新疆莎车-和田750kV线路工程莎车变-英维牙南侧段全过程机械化施工、若羌750kV变电站施工技术与管理、乌东德电站送电广东广西特高压多端直流工程线路工程（7标段）施工技术与管理。本书以输变电工程机械化施工技术为主线，主要面向工程建设的设计、施工、管理等专业人员，围绕机械化施工的设计技术、施工装备、施工技术、工程实践等，系统介绍了机械化施工技术研究、工程应用实践取得的系列成果与典型经验，阐述了便于机械化施工的设计技术、资源配置方案、专用型施工装备、施工技术要点、工程案例等内容。

本书可供从事输变电工程建设的设计、施工、监理专业的工程技术人员和管理人员阅读，也可供高等院校相关专业师生参考。

图书在版编目（CIP）数据

输变电工程机械化施工关键技术与实践 / 《输变电工程机械化施工关键技术与实践》编委会编著. -- 北京：中国水利水电出版社，2024. 10. -- ISBN 978-7-5226 -2857-8

Ⅰ. TM7；TM63

中国国家版本馆CIP数据核字第2024M92X84号

书　　名	输变电工程机械化施工关键技术与实践 SHUBIANDIAN GONGCHENG JIXIEHUA SHIGONG GUANJIAN JISHU YU SHIJIAN
作　　者	《输变电工程机械化施工关键技术与实践》编委会　编著
出版发行	中国水利水电出版社 （北京市海淀区玉渊潭南路1号D座　100038） 网址：www. waterpub. com. cn E - mail：sales@mwr. gov. cn 电话：（010）68545888（营销中心）
经　　售	北京科水图书销售有限公司 电话：（010）68545874、63202643 全国各地新华书店和相关出版物销售网点
排　　版	中国水利水电出版社微机排版中心
印　　刷	清淞永业（天津）印刷有限公司
规　　格	210mm×297mm　16开本　38印张　1550千字
版　　次	2024年10月第1版　2024年10月第1次印刷
印　　数	0001—2000册
定　　价	**296.00元**

《输变电工程机械化施工关键技术与实践》
编 委 会

前　言

近年来，国家电网有限公司在输变电工程建设中全面推行机械化施工模式，加紧构建机械化施工技术体系，通过设计施工技术研发、施工新机械研制、成熟装备性能改进提升等科技创新措施，在山地、海底等特殊环境进行机械化施工领域取得了突破性进展，输变电工程施工机械化率稳步提高，同时在建设效率、绿色环保等方面取得了明显成效。2021 年，国家电网有限公司在工程建设上实施以"标准化为基础、机械化为方式、绿色化为方向、智能化为内涵"的"四化"建设，在机械化施工方面取得了丰硕的管理和应用实践成果，提升了输变电工程建设能力水平。国家电网有限公司通过大量的技术与管理创新及应用实践，培养了大批的机械化施工专家型人才和专业团队，也积累了丰富的管理经验和典型技术案例。为了更好地总结和交流，持续加强人员专业能力，固化实践成果，促进共建共享，提升输变电工程高质量建设能力，国家电网有限公司于 2023 年 3 月底在浙江杭州召开了输变电工程机械化施工现场会。会议指出，全面推进输变电工程机械化施工，是践行新发展理念、落实高质量发展要求的具体行动，是推动电网建造方式升级、实现更高更优质量效率目标的关键举措，是夯基固本、提质增效，有效应对大规模建设任务的现实需要。要守正创新、系统发力，准确把握全面推进机械化施工的关键重点；要抓认识提升，坚定不移推动思想观念由"要我机械化"向"我要机械化"转变；要抓管理支撑，强化职责落实、过程督导、打通堵点，不断凝聚推动机械化施工各方合力；要抓技术攻关，建立"产学研用"联合工作机制，加快填补装备和技术空白，统筹构建全过程覆盖、全地形适应、全天候可用的机械化施工技术体系；要抓机制协同，建立健全工作机制，突出全过程、全环节应用，着力强化机械化施工全要素保障；要抓队伍建设，持续完善培训、实操、竞赛、班组建设体系，全面提升机械化施工队伍能力。

随着近些年来电力行业对于输电线路机械化施工的深入研究，很多先进的机械化施工技术应用在输电线路施工中，使得当前输电线路施工的工作效率和工作质量都有了很大的提升。作者根据近几年来机械化施工在电网建设中应用的技术文件和工程案例，编写了《输变电工程机械化施工关键技术与实践》一书，以期机械化施工给电网建造方式带来深刻转变，在建设国际一流电网的必然选择和必由之路上有所建树，为全面推进输变电工程机械化施工，开展机械化、数字化施工等技术应用，深化机械化作业新装备的应用，推动电网建造方式升级做出贡献。

本书分为两篇：第一篇为输变电工程机械化施工关键技术，第二篇为输变电工程机械化施工实践。第一篇分十二章，主要内容包括概述、输变电工程勘测与设计、变电站土建工程机械化施工、变电站电气安装调试工程机械化施工、架空线路基础及接地机械化施工、组塔机械化施工、架线机械化施工、电力电缆土建工程机械化施工、电力电缆安装工程机械化施工、海底电缆机械化施工、变电设备大件运输技术、架空线路物料运输机械化施工。第二篇分十章，主要内容包括昌吉-古泉±1100kV换流站工程电气构支架吊装、±1100kV昌吉换流站电气设备安装、博州750kV变电站软母线安装、石河子750kV变电站HGIS设备安装、荆门-武汉1000kV特高压交流线路落地双平臂抱杆组立钢管塔施工、荆门-武汉1000kV特高压交流线路架线施工、南阳-荆门-长沙特高压线路工程（7标段）全过程机械化施工、新疆莎车-和田750kV线路工程莎车变-英维牙南侧段全过程机械化施工、若羌750kV变电站施工技术与管理、乌东德电站送电广东广西特高压多端直流工程线路工程（7标段）施工技术与管理。本书以输变电工程机械化施工技术为主线，主要面向工程建设的设计、施工、管理等专业人员，围绕机械化施工的设计技术、施工装备、施工技术、工程实践等，系统介绍了机械化施工技术研究、工程应用实践取得的系列成果与典型经验，阐述了便于机械化施工的设计技术、资源配置方案、专用型施工装备、施工技术要点、工程案例等内容。本书可供从事输变电工程建设的设计、施工、监理专业的工程技术人员和管理人员阅读，也可供高等院校有关专业师生参考。

本书在编写过程中参考了大量的技术书籍和技术资料，并借鉴了兄弟单位的技术成果，在此谨向技术文献作者和提供者表示衷心的感谢。

由于编写时间仓促，书中难免存有不妥之处，恳请批评指正。

作者

2024 年 4 月

目 录

第一篇

输变电工程机械化施工关键技术

第一章

概　述

第一节 国家电网有限公司基建"六精四化"三年行动计划

国家电网有限公司（以下简称"国家电网公司"或"国网公司"）为落实能源转型发展、新型电力系统建设、绿色建造、智能建造等新要求，贯彻国网公司战略及"一体四翼"发展布局，结合电网建设实际，完善基建专业管理体系，深化工程标准化建设，提升专业管理水平和整体建设能力，于2022年2月7日发布了《关于印发基建"六精四化"三年行动计划的通知》（国家电网基建〔2022〕6号），制订了基建"六精四化"三年行动计划。

一、总体要求

（一）总体思路

坚持遵循基建工作的基本规律，继承发扬基建专业的先进经验，立足新发展阶段，适应新发展形势，落实新发展理念，开拓创新贯彻新要求赋予基建标准化管理、工程标准化建设新内涵，开启基建"六精四化"新征程。在专业管理上实施"六精"管理，即精益求精抓安全、精雕细刻提质量、精准管控保进度、精耕细作抓技术、精打细算控造价、精心培育强队伍，统筹加强五个专业一个支撑，建立健全"架构更加科学合理、运转更加有序高效、管控更加科学有力"的专业管理体系，推动基建管理能力水平再上新台阶。在工程建设上实施"四化"建设，即以标准化为基础、绿色化为方向、模块化为方式、智能化为内涵，全面推进"价值追求更高、方式手段更新、质量效率更优"的高质量建设，推动工程建设能力水平再上新台阶。

（二）基本原则

1. 遵循规律、科学发展

严格遵循基建工作、工程建设基本规律，准确把握管理要素、逻辑关系、管理要点，适应新形势、新要求，全面完整准确贯彻落实新发展理念，采用科学方法论，推动技术进步、管理提升，实现高质量建设。

2. 统筹谋划、有序推进

统筹考虑基建管理六要素、工程建设四方面的提升方向和目标，系统明确重点任务，具体安排未来三年重点工作，统一明确评价标准要求，确保三年行动计划有序推进。

3. 传承创新、稳步提升

继承发扬近年来基建专业先进经验，注重深化技术及管理创新，完善专业管理体系，深化机制手段创新，改进管理方式方法，实现管理水平稳步提升；转变建设方式，应用现代手段，实现建设能力稳步提升。

（三）总体目标

1. 2022年（起步年）

明确"六精四化"主要内涵、总体目标、重点任务。基本建成"六精"为主要内涵的专业管理体系，开展专业管理创新研究，形成五个专业工作机制创新成果；构建统一的数字管控平台，强化队伍专业能力建设，推动专业管理体系有序运转。创新推进"四化"为基本特征的高质量建设，开展电网建设标准化、绿色化、模块化、智能化相关技术及措施研究，形成系列技术规范，开展试点工程建设。年度计划执行准确率不低于90%，风险精益管控率不低于70%，通用设计应用率达到85%，机械化施工率达到60%，造价标准化率达到85%，绿色优质达标率达到80%。

2. 2023年（深化年）

深化起步年试点实施成果，推动完善提升。深化完善"六精"管理成果，结合专业管理工作，深化专业工作机制创新成果，深化数字管控平台应用和队伍建设，推动专业管理体系平稳运转。深化完善"四化"建设成果，持续深化技术创新攻关，深化完善"四化"建设有关技术规范，推进建设实施，持续提升高质量建设水平。年度计划执行准确率不低于93%，风险精益管控率不低于80%，通用设计应用率达到88%，机械化施工率达到70%，造价标准化率达到90%，绿色优质达标率达到85%。

3. 2024年（巩固年）

总结提炼前两年成果，形成标准化成果和常态化机制。巩固"六精"管理成果。建立健全专业精益化管控长效机制，推动数字管控和队伍培育形成常态，实现专业管理体系高效运转。巩固"四化"建设成果。全面总结提炼"四化"建设成果，形成相关技术标准，在工程建设中全面推广实施，持续强化技术创新及应用，全面提升电网高质量水平。年度计划执行准确率不低于95%，风险精益管控率达到85%以上，通用设计应用率达到90%，机械化施工率达到80%，造价标准化率达到95%，绿色优质达标率达到90%。

二、重点任务

构建以"六精"为主要内涵的专业管理体系。巩固近年来标准化、规范化、专业化管理成果，基于当前专业管理体制、制度标准体系，在"三横五纵"总体架构下，优化三级管理模式，强化五个专业一个支撑，重点抓好"六精"管理，在统筹、融合、抓实上下功夫，建立统一的数字化管控平台，推动专业管理体系高效运转。

（一）精益求精抓安全

坚持强基固本、标本兼治、综合施策，将安全管理要求落实到每一个现场、每一位作业人员，从源头上防范化解重大安全风险。

1. 抓安全责任落实

压紧压实各级单位安全责任，严格执行安全责任清单，抓好全员安全责任落实。深化省公司建设部挂点制度，把各级单位的纵向安全管控与项目参建各方的横向管控紧密结合，将整个管理链条上的省公司组织领导责任、参建单位主体责任、项目部管理责任、作业层班组执行实施责任落到实处，筑牢安全管控网格化责任落实。

2.抓全过程风险管控

实施工程建设全过程风险管控，在工程前期阶段压降风险、建立清单，在工程建设阶段精益管控、逐项销号，在总结评价阶段评定成效、严格管控，同时抓好预判分析、日常管控、防灾避险工作及创新工法应用，确保施工安全风险全面受控，确保环保水保工作依法合规。落实安全生产专项整治三年行动，开展隐患排查工作，确保重大安全隐患见底清零，从根本上消除事故隐患。

3.抓安全效能提升

从安全制度、安全文化、工法创新、管理创新、数字化、人员能力等基础管理方面，总结固化近年来安全管理成果。深化"年策划、季分析、月排查、周计划、日管控"闭环工作机制，强化"四不两直"检查、值班管控、在建工程梳理、班组标准化建设等工作的一体化运作，不断推进安全管理"标本兼治"。

（二）精雕细刻提质量

深化质量全过程管控机制，提升全过程管控智能化水平，持续深化输变电工程高质量建设，打造优质精品工程，夯实电网安全稳定运行基础。

1.抓"五关"管控

持续健全涵盖质量管理"策划关"、质量检测"入口关"、视频管控"过程关"、质量验收"出口关"和达标投产"考核关"的全过程质量管控机制。按照"四个不低于95％"的目标，稳步提升设备材料进场检测合格率、主设备试验调试一次通过率、系统投运一次成功率和达标投产抽查监督通过率。

2.抓示范引领

按照"申报一批、建设一批、策划一批"的原则统筹开展优质工程创建，努力提升技术先进性、功能可靠性、工程耐久性、施工安全性、运维便捷性、绿色建造水平和建设效率效益。强化优质工程样板示范引领，打造"国优奖"创新样板、"鲁班奖"匠心样板、"金银奖"示范样板、"水土保持示范工程"样板，均衡提升各区域、各单位、各电压等级工程建设质量，公司国家级优质工程数量持续保持行业领先。

3.抓手段提升

持续健全建设质量数据库，应用大数据分析研判质量管控效能，精准防治质量通病。推广应用数字化手段，开展质量关键环节及核心参数实时在线监控，深化质量检测、视频管控、质量验收等全过程质量智能管控手段应用，持续提升质量工艺水平。按照"质量专家、管理专职、专业监理师、工程质检员、施工工匠"等，分级、分类开展能力素质专项提升行动，持续夯实质量管理基础。

（三）精准管控保进度

坚持依法合规，综合考虑建设条件和资源保障，以进度计划为主线，统筹建设全过程各类计划精准管控，加强建设协调，确保全面完成建设任务。

1.抓计划管控

充分考虑前期进展、工程特点、外部环境、建设需求，统筹制定设计、评审、采购以及物资供应、停电配合、手续办理、开工投产、合同结算等一本计划，确保各环节衔接有序，工程工期科学合理，整体计划周密精准。推广应用进度精益管控"揭榜挂帅"研究成果，强化前瞻预判、智能管控、实时纠偏，提高计划执行精准水平。

2.抓前期质效

按照"职责不变、业务融合"的原则，建立分级联动、资源共享、统一协调的"两个前期"一体化管理机制，强化专业协同，提升工作效率。做深做细做精设计方案、管理策划，加强前期关键环节管控，在深化"先签后建"基础上积极推行"无障碍开工"，保障合规有序建设。

3.抓资源保障

科学设置资质条件，强化履约评级应用，择优选择参建队伍。深化项目集群式管理、全过程工程咨询和项目管理部建设，做好省内、省际资源调配帮扶，统筹配置管理力量。开展"三强五优"业主项目部创建，推行施工、监理项目部资源配置达标，持续提升项目管理能力。

4.抓建设协调

深化电网建设"一口对外"协调机制，健全月度、季度以及专题专项协调机制，发挥属地资源优势，凝聚专业合力解决建设难题。及时关注研析国家"放管服"、审批制改革等政策变化，加强与政府部门、关联行业沟通协调，在用地、用林、拆迁、交叉跨越等方面争取有利政策，维护公司合法权益。

5.抓重点示范

响应国家关切、公司关注，精准确定重点工程，深化分级分类管理，做到"应管必管、管必管好"。完善紧急工程"绿色通道"机制，稳妥开展工程总承包工作试点，充分发挥重点工程示范带动作用，持续提升各级电网建设管理效能。

（四）精打细算控造价

落实全生命周期成本最优理念，创新造价管理与技术，强化初设评审、预算审核、过程管理、结算监督等全过程关键环节精细管控。

1.抓概预算源头管控

深化省公司评审能力评价，落实评审项目经理制、设计文件退回制、评审质量追溯制。提升勘测设计深度，确保概、预算编制质量。科学评审、论证方案、计列费用，提升工程本质安全性、建设可实施性、生产维护便捷性、造价合理性。应用综合单价法编制施工图预算，做准施工招标限价。在工程建设全过程强化实施施工图预算管理。

2.抓结算质效提升

深化过程分部结算管理，强化现场设计、施工、结算"三量"核查。确保量、价、费、依据准确，实现工程结算零误差。创新电子化结算，变更签证线上办理，加快工程结算进度。推进造价精益管理示范工程建设，提升质效，树立标杆，示范推广。

3. 抓造价标准化建设

创新方式方法，推进造价管理流程、要素、依据、成果标准化。严格执行造价标准化交底手册，推动现场造价管理职责落实、流程规范、标准落地。深化推进统一合规依据管理，规范概、预、结算费用计列。

4. 抓造价规范化管理

严格执行工程批复概算，加强调概规范管理。深化造价编审质量约谈机制，压实责任与工作要求，有效管控概预结算编制偏差。深化造价成效监督，分层实施，闭环提升，夯实基础，提高专业能力，提升管理成效。落实制度要求，深化专业协同，常态管控，高效办理中小企业款项，及时足额支付农民工工资。

（五）精耕细作抓技术

围绕公司发展战略目标，落实新型电力系统等建设新要求，扎实推进基建技术创新及应用，规范管理、创新创效，提高电网建设技术水平。

1. 抓关键技术攻关

聚焦新型电力系统建设需求，开展电网设计施工、绿色建造、智能建造等系列关键技术攻关。开展城市电缆、海底电缆、超高杆塔大跨越建设技术攻关，开展高海拔特高压输电技术研究，适应大范围新能源输送需要。推进大规模新能源与柔性直流协同控制技术、混合级联输电关键技术、直流储能关键技术取得全面突破。

2. 抓管理机制创新

强化落实省公司技术管理主体责任，加强各级单位专职技术管理人员配置，确保公司技术管理要求落实到工程项目中。创新技术管控机制，以落实技术标准规范、推广成熟技术应用、推进新技术研究为重点，加强工程设计、施工关键环节技术管控。深化技术创新机制，以创新创效为目标，统筹依托电网建设开展的各类科研、技术活动，实现技术功能、参数迭代提升，定期总结研判技术价值，推动科技成果转化为生产力。

3. 抓技术成果应用

以标准化技术保障电网建设保持在较高技术水平。定期总结提炼术创新成果，推广先进适应技术。公司发布年度新技术、新工艺、新装备、新材料推广应用清单，指导各单位结合工程抓好应用。

（六）精心培育强队伍

充分发挥党的建设和党的领导独特优势，落实"以人为本"理念，尊重人才、培养人才、用好人才、关爱人才，加强专业领导、专业人才培养选拔力度，形成风清气正、干事创业、人才辈出的良好氛围。

1. 抓政治建设

充分发挥党建引领作用，深入开展"党建＋基建"活动，加强各级党支部建设，全面深化现场临时党支部标准化建设，凝聚干事创业精神。落实各级领导人员"一岗双责"要求，抓好廉政建设，确保队伍干事干净。

2. 抓能力建设

立足专业岗位，加强专业队伍能力建设，加强专业管理领导人员培养，让专业的人干专业的事，提升专业管理执行力。持续加强所属施工企业作业层班组建设，提升核心业务施工能力，严格执行施工招标关键人员配置硬约束。构建多维立体专业培训体系，丰富线上线下培训方式，强化各类人员"应知应会"培训及考核。建立一批公司级实训基地，严格内外部技能人员的统一培训及准入。

3. 抓梯队建设

加大各级基建专业领导人员培养选拔力度，提高专业素养、培育专业思维、掌握专业方法、塑造专业精神，鼓励引导基建专业领导人员到电网建设第一线、项目攻坚最前沿等艰苦吃劲岗位历练成长，着力构建梯次科学、结构合理的基建领导人员队伍，确保基业常青、后继有人。依托公司人才培养三大工程评选实施基建专业各级各类专家人才培育大力补齐短板，着力解决队伍结构性缺员问题，打通人才成长通道，强化人才补充培训和使用，培养更多"明白人"，以点带面提升队伍整体能力。

4. 抓文化建设

加强基建系统先进典型选树、先进事迹宣传，总结提炼基建人吃苦耐劳、乐于奉献、自觉担当、敢于战斗、敢于争先、能打胜仗等精神内涵，培育形成公司基建文化，提升号召力和影响度。

三、推进以"四化"为基本特征的高质量建设

巩固近年来电网工程标准化建设成果，落实新型电力系统建设新要求，推动"三通一标"深化完善；落实绿色发展理念，推动电网绿色发展；应用现代智能建造技术，推动模块化建设技术升级；以数字技术赋智赋能，推动电网智能升级；全面推进电网高质量建设，提升整体建设能力水平。

（一）持续深化电网建设标准化

始终坚持标准化建设这条基本经验，落实新要求，不断优化完善"三通一标"，以"标准化保障电网整体建设质效，支撑电网大规模、高质量建设"。

1. 抓通用设计迭代提升

根据新型电力系统建设、"双碳"目标要求，推进变电站通用设计优化，提高变电站新能源接入适应能力、建设运行节能环保水平；建立输电线路一体化通用设计成果体系，综合系统、环境、地质等条件，实现导地线、金具、杆塔、基础等线路通用设计各部分系统匹配、整体提升。

2. 抓通用设备优化应用

结合电网技术发展及制造能力提升，滚动更新通用设备，合理归并同类设备相近技术参数，深度统一接口标准；强化设备"四统一"标准落实，加强设备选型、招标采购、施工安装等环节管控，实现同类设备通用互换，提高工程建设效率。

3. 抓标准工艺滚动更新

公司统一开展标准工艺动态更新，确保其技术先进、经济合理、绿色低碳、操作简便、易于推广。建立省公司为主体的推广应用机制，打造标准工艺应用"样板间"，建立标准工艺实训基地，均衡提升各电压等级工程标准工艺应用实效。

4. 抓计价标准配套应用

建立动态、静态协同机制，跟踪人材机系数、设备材料价格等边界条件变化，及时迭代更新多维立体参考价。基于最新规程规范、计价依据，应用标准化建设、模块化设计理念，持续深化通用造价，指导工程设计、设备选型、费用控制。创新配套计价依据研究，服务"双碳"目标、新型电力系统建设，支撑新技术、新材料、新设备、新工艺应用。

（二）全面推进电网建设绿色化

在电网项目实施全过程践行绿色发展理念，落实环保水保要求，应用绿色建造技术，有效降低资源消耗和环境影响，助力"双碳"目标落地实施，实现电网建设综合效益最大化。

1. 抓理念变革

严格执行绿色建造指导意见，滚动更新绿色建造指引，在电网项目实施全过程践行绿色发展理念，落实环保水保要求，有效降低资源消耗和环境影响，全面助力"双碳"目标落地实施，实现电网建设综合效益最大化。

2. 抓设计采购

落实工程全寿命周期成本最优理念，积极推进电网节能环保设计，广泛采用节能环保设备、材料，推动新型环保基础技术应用，推进综合能源利用，降低电网运行能耗。推广环保水保专项设计。推进物资招标绿色选型，推广可循环利用建材、高强度高耐久建材、绿色部品部件、绿色装饰装修、节水节能建材、节能环保设备等绿色产品。

3. 抓建设实施

依法合规推进无障碍化施工，全面落实循环经济"减量化、再利用、再循环"原则，提升资源保护和利用效率。推进传统施工工艺绿色升级革新，提升施工全流程碳减排量。应用数字化手段实时监测绿色施工关键指标参数，提升绿色施工水平。

4. 抓绿色评价

加强动态检查评估，确保工程建设满足绿色建造、环保水保要求。按照绿色移交标准全面提供工程实体及数字化成果移交，将绿色评价纳入输变电工程达标投产评价，持续提升输变电工程绿色优质达标率。

（三）创新推进电网建设模块化

应用现代智能建造技术，深化标准化设计、工厂化加工、机械化施工，推动从工厂到现场的现代装配施工新模式，提升工程建设质量效率和技术水平。

1. 抓技术提升

扎实推进模块化建设 2.0 版技术应用，通过示范工程检验新技术的先进性、实用性，实现主要设备更集成、预制装配更高效。应用现代智能建造技术，推动从工厂到现场的现代装配施工新模式。围绕新型电力系统建设要求，重点开展变电站绿色低碳设计、运行状态智能感知等技术研究，推动二次系统更智能、建设运行更环保。抓推广实施。新建变电站全面实施模块化建设，深化标准化设计，推行工厂化批量生产、现场机械化装配，应用预制装配技术，采用高可靠性、少维护量的 GIS、HGIS 等集成设备，持续提高设备集成度、建构筑物装配率、预制件标准化程度。

2. 抓机械化施工

积极开展施工技术创新，推动施工装备标准化、系列化、智能化，形成全过程覆盖、全地形适应、全天候可用的机械化施工技术，提升电网施工装备水平。深入实施工法创新三年行动计划，重点应用复杂地形条件下物料运输、基础施工、交叉跨越施工等方面的机械化施工技术。完善机械化施工设计指导手册、机械化施工配套体系做好工程建设各环节的有效衔接，全面提升机械化施工水平，大力实施"机械化代人"，提升建设质量效率和本质安全水平。

（四）大力推进电网建设智能化

应用数字技术赋智赋能，开展数字设计、智能施工，研究应用智能感知、数字建模等技术，建设数字智能电网，增强电网感知和计算能力，为实现全环节可观可测、可调可控奠定坚实基础。

1. 抓技术引领

紧密围绕新型电力系统、"双碳"目标要求，以安全可靠、绿色低碳、智能柔性、建设高效、运维便捷、经济合理为重点方向，开展电网建设方案研究，通过试点工程建设，提炼形成标准规范，进行推广实施，提升电网智能感知、新能源接入支撑等能力，为实现全环节可观可测、可调可控奠定坚实基础。

2. 抓数字设计

开展地质分布图绘制工作，研究勘测数据智能化处理，以数字化手段积累工程勘测数据，有效展现地质特征和地质环境，为工程设计及管理提供参考依据，深化全地域、全地形输电线路设计、施工技术。组织开展"电网工程 BIM 关键技术国产化研究及应用"研究，迭代提升三维设计技术，提升重要工程、复杂环境的三维设计能力。

3. 抓智能施工

落实感知层建设指导意见及技术规范，因地制宜推进智慧工地建设，最大程度为现场人员减负增效，强化作业单元智能管控，提升安全防护、质量监控能力。开展人工智能应用研究，探索实施人机一体化智能施工，打造精干高效的现代施工班组，提升现代化施工水平。

（五）电网工程"e 交底"App 软件

道亨软件围绕电网高质量建设目标，持续贯彻"六精四化"行动计划要求，发布基于"GIM＋"模型的"e交底"App。该产品以 GIM 模型为载体，基于三维数字化技术，融合多源设计数据，为各参建方提供便捷、高效的移动应用产品，充分发挥工程三维模型数据价值，推进三维设计成果在施工环节的深化应用，为标准施工、绿色施工提供支撑。道亨"e交底"App依托输变电工程建设相关标准规范，紧扣建设、设计、施工、监理、运行五方主体一线业务交底需求，以包含更丰富数据内涵的"GIM+"为载体，实现设计、施工数据贯通，可为用户三维设计可视化交底、施工图会审、线路复测、风险识别、技术交底、方案推演、进度管理、措施管控、三级自检等业务环节提供全方位的技术交底移动应用。经实际项目验证，目前"e交底"App能够满足输变电工程建设主管部门、施工单位、监理单位、施工项目部等多层级主体的技术交底和培训学习应用。

四、保障措施

（一）提高思想认识

实施基建"六精四化"行动计划，是落实新发展理念、推动能源互联网高质量建设的现实需要，是立足基建专业实际、落实公司"一体四翼"发展布局的具体部署，是继承发扬优良传统、推动新时期公司基建专业工作再上新台阶的重点举措。各单位要切实提高认识，把思想和行动统一到总部统筹部署上来，以扎实务实的工作作风，推动各项工作部署落地见效。

（二）加强组织领导

实施基建"六精四化"三年行动计划，是一项系统工程，需要统筹部署、协同推进。各单位要加强组织领导、全面推进。各级基建分管领导要亲自部署，组织有关部门及单位抓落实，加强检查、指导、推动，及时协调存在的困难和问题，确保各项工作有序推进。

（三）注重上下联动

实施基建"六精四化"三年行动计划，需要逐步深入推进，2022年要形成系列研究成果，2023年要全面推广实施，2024年巩固提升形成标准化成果。总部有关部门和各单位都要深度参与研究和实践，总部有关部门要多深入基层了解实际实施情况，及时帮助基层解决共性问题；各单位在实施过程中，有关困难问题及意见建议及时向总部有关部门反馈，形成共同推进合力。

（四）强化过程管控

基建"六精四化"三年行动总体思路、年度目标、重点任务均已明确，有关部门、各单位要认真按计划推动落实，加强过程执行管控。国网基建部要会同有关部门对各单位三年行动计划落地实施情况进行过程跟踪、量化评价，以标杆工地、示范工程评选为载体，搭建创先争优、交流提升平台，促进整体水平持续提升。

第二节 输变电工程机械化施工背景及意义

一、概述

（一）电网优质高效与低碳绿色建设

我国输变电设备的电压等级不断升高，电网规模不断扩大，电网建设任务逐年递增，电压等级越高，输变电设备的体积和重量就越大，导致施工难度加大、人工成本攀升、劳动力缺乏等外部问题也日趋加重。为解决上述问题，推动电网优质高效建设，采用机械替代人工是大势所趋。输变电工程的全过程机械化施工相比传统施工方式，具有减少人力成本、提高工程施工效率和施工安全性的优势，已成为输变电工程建设的主要方式。随着"可持续发展"和"碳达峰、碳中和"等国家发展重大战略的提出与实施，各行业都在面临着绿色低碳转型。变电站占地更少，设备和材料的选择更加注重绿色节能、低碳环保，施工方式和施工装备也因此面临更多挑战。采用"工厂化预制、装配式建设、机械化施工"的建设方式，减少环境对施工的制约，降低施工对环境的影响，是变电机械化施工低碳绿色建设的高效解决方案。机械化施工是指在生产过程中，直接采用电力或其他动力来驱动或操纵机械装备以替代手工劳动进行生产的措施或手段。利用机械装备但仍以人力、畜力驱动进行生产的称为半机械化。变电站作为电力供应中的中转站，在工程勘察设计、土建施工、电气安装调试、大件运输全过程中，积极采用并推广各类科学先进的机械化施工装备，劳动生产率和施工效率显著提高。

（二）新型电力系统建设

我国已形成世界上电网结构最复杂的交直流混联电网，新能源高比例接入、交直流混联电网广域耦合、多种变量交织、多种类型约束相互制约，不同控制量交互影响，运行控制难度极大，系统运行的不确定性大大增加，造成系统扰动波及范围更广，停电愈发困难或者停电时间不断压缩。因此，为了应对上述问题，当前电网建设必然要适应并助推新型电力系统建设。面对复杂的新型电力系统建设，国家电网有限公司进行了一系列施工技术革新和施工装备创新，变电工程机械化施工的装备水平和工艺技术水平得到飞速发展。不停电施工、临近带电设备作业、全机械化快速作业等适应新型电力系统建设的新技术不断涌现。

"双碳"目标、新型电力系统建设和电力保供等新形势新任务，都促使电网建设面临更多的建设任务、更加复杂的建设环境，而劳动力等建设资源日趋紧张，要求国家电网有限公司的建设者不断改进施工方法，创新施工装备，大力推进"机械化、智能化"的施工方式，满足电网优质高效、低碳绿色建设的要求。

二、变电工程机械化施工发展历史及前景

（一）变电工程机械化发展历史

我国电力工业快速发展，取得了举世瞩目的伟大成就，发电量、电网规模、电压等级等多项电力工业发展指标稳居世界首位，支撑了中国经济高速发展和人民生活水平的不断提高。

数十年来，变电站建设者在工程建设实践中，以提高建设效率为根本，不断开展设计、施工技术和装备体系创新，满足了电网大规模建设的要求，取得了一系列

技术成果。

新形势下，实现电网优质高效建设、低碳绿色建设和新型电力系统建设，必然要求更高水平的变电机械化施工技术的发展。

（二）变电工程技术发展前景

1. 电压等级提高

为了解决电能资源分布不均，实现电能大规模和远距离输送，实现更大范围的资源优化配置，变电站的电压等级经历了高压、超高压、特高压历程。电压等级的提高导致设备体积增加、重量变大、人力施工困难，且由于城市建设规划的要求，变电站的选址经常位于交通不便的郊区或者山区，因此在变电站建设中不仅仅要考虑机械化施工实施方案，同时也要对大件运输方案进行设计。

2. 布置方式变化

为了节约土地资源，变电站总平面布置方式也在不断变化，由原来的户外变电站为主，发展到户内式、地下式、半户内式、预制舱式等多种形式并存。与户外变电站相比，其他类型变电站设备布置紧凑、占地面积缩小很多，对施工的工艺要求也更高，传统的施工方式难以满足要求。

3. 电气设备发展

近年来，随着电力系统规模不断扩大和装备制造业水平不断提升，电气设备技术向集成化、一体化、绿色化、智能化方向发展。电气设备形式经历了从空气绝缘开关设备（AIS），到气体绝缘全封闭组合电器（GIS）和气体绝缘半封闭组合电器（HGIS）的设备集成的发展历程，并逐渐发展出预制舱开关设备、预制舱GIS、预制舱二次设备等舱式一体化设备；电气设备绝缘介质从六氟化硫气体、矿物油发展到更加环保的新型绝缘气体、植物油等；电气设备也通过设置传感器的方式实现就地测量、控制、状态监测等功能，推动安装、调试装备智能化水平的提升。电气设备的发展必然推动机械化施工方式的不断改进与提升。

4. 装配式技术的发展

近年来，国家电网有限公司提出了"两型一化"（即资源节约型、环境友好型、工业化）的变电站建设理念，其核心涵盖绿色、环保、环境协调几个方面，变电站建设进入减少土地占用、降低造价、缩短建设周期、与周围环境协调、提高运行可靠性、较少设备维护的发展模式。传统的建设模式作业周期长、施工占用场地大、劳动力耗费严重，同时大量湿作业施工，不利于节材和绿色环保，阻碍了电力工程建设的发展。装配式技术具有设计的标准化、预制构件生产的工厂化和施工安装的专业化等特点，改变了传统的建设模式，可实现变电站向精细化建造、环境污染少、资源消耗低、技术含量高等方向的转变，全面提升变电站机械化施工水平。

5. 三维技术的发展

随着数字化技术的应用和普及，在电力工程建设中运用三维技术可弥补传统建设模式的不足，有助于提升工程建设质量和施工效率。变电站三维技术以模型为载体、以数据为核心，实现了工程成果的可视化、数字化、信息模型一体化，为工程建设数字赋能。基于数字模型对项目进行设计、建造及运营管理，通过碰撞检查、施工模拟等方式提前发现施工中可能存在的问题，通过三维施工交底实现对设计意图的直观理解，促进机械化施工能力提升。

三、架空线路工程机械化施工背景及意义

（一）机械化施工的发展历史和现状

机械化有着悠久的历史，最早可以追溯到罗马时期，当时最具代表性的机械化设备是水轮，一种以流动或落水为动力的装置；18世纪初随着工业化革命，蒸汽机的使用越来越多机械化才得到了显著的发展，不同行业的工厂需要大量的金属零件，这随后机床、自动式机床的发明，取代了手工的灵巧性；20世纪中后期，液压和气动设备（例如打桩机和蒸汽锤）被开发出来，并被用于推动各种机械，由于可以在短时间内处理大量的工作，可以显著提高生产活动的效率和生产力。机械化广泛应用于农业、制造业、矿业、建筑业等。

机械化施工就是在施工过程中，大量应用现代机械进行操作以减轻人工劳动、完成人力所难以完成的施工生产任务。在特高压等各类工程建设一线，实施机械化施工让人们从繁重的体力劳动中解脱出来，带来工程施工效率、安全、质量等多方共赢。第二次世界大战后，为了满足施工时间更短和设计更复杂的要求，机械化施工代替了传统手工方法，并随着发动机和传动系统的创新，各种机械设备的承载力也得到不断提高。传统的混凝土配料和搅拌设备由人工改为液压伺服控制系统；随着建筑机械设备的渐进发展，如今建筑项目高度机械化，且机械化覆盖率逐渐增大，也提高了承包商的生产力、工作标准和效率，而且施工现场的生产设备正在被土方、运输、物料搬运等设备取代。世界各地的建筑师和土木工程师设计、建造了大量的现代建筑，现代文明取得如此巨大的成就离不开机械化的建设实践。

为了实现建设世界一流电网的战略目标，国家电网公司提出需要在输变电工程建设中将重点放置在全过程机械化施工上，将传统的施工模式进行合理有效的改善，落实输电线路全过程机械化施工，可极大限度满足输电线路施工机械化率提升需要，并在降低施工成本的基础上还能落实对安全风险的有效控制。在设备应用方面，广大建设者研究了输电线路中采用集中搅拌混凝土的经济性及必要性，研制了输电铁塔掏挖基础机械成孔的旋挖钻机专用设备，并进行了现场基础真型试验和工程应用，铁塔组立中使用了动臂抱杆组塔手段，采用了遥控氮气飞艇施放放线引绳技术。在施工方面，提出了架空输电线路工程施工机械化率的评价方法，对山区机械化施工方案进行了研究，探索了河网地区不同工序机械化施工的新模式。

在工程施工项目中采用机械化具有显而易见的好处，可大大缩短施工周期，有利于降低工程成本，提高工程质量，优化社会资源并节约社会劳动，并可拓展工程设计空间，建造同时满足施工技术和美化景观方面的要求。

长期以来，线路工程施工中人力投入最大，施工机械研发和投入不足，缺乏高效率、专用化的施工机械。一方面，存在作业人员劳动强度大、效率低、施工周期长、作业危险性高等现状。另一方面，随着经济社会快速发展，电网建设人力资源成本大幅度提高，同时，坚强智能电网对工程建设质量和工期提出了更高要求。围绕特高压和常规工程大规模建设，新技术、新材料不断应用，农配网工程点多面广、进度要求快等新时期电网建设特点，国家电网公司基建部积极组织各方力量，全面深入推进输电线路机械化施工，创新构建"五维一体"新思路，开展了施工装备研发、标准制定、机械化程度分析与评价等大量卓有成效的工作。国网公司基建部制订的2016年推进输电线路机械化施工工作要点中明确了深化机械化施工设计、装备、施工规范等各项措施，要求强化工程建设全过程精益管理，进一步提高工程建设的安全、质量、效率、效益。

（二）传统架空线路施工的特点和存在问题

在工业化、经济社会高速发展的今天，随着人民生活水平的不断提高，工程建设中人力短缺、人工成本不断攀升等问题愈发凸显，坚持"以人民为中心"的发展思想，要求工程建设不断降低人力投入、人工劳动强度，提升职业健康保护、安全质量水平，因此全过程机械化施工成为工程建设模式发展的必然趋势。

架空输电线路工程与其他行业工程建设相比，建设环境更加恶劣、环保要求更加严格，往往很难具备"通路、通水、通电，场地平整"的施工基本条件，同时经济社会快速发展带来了新的社会环境，造成工程施工存在以下特点及问题：

1. 机械化水平相对较低

输电线路受路径制约，大多处于山区，环境复杂，机械化施工作业困难。随着人工成本持续攀升，劳动力缺乏问题日益突出，传统的劳动密集为主的施工方式越来越不适应经济社会发展趋势。

2. 安全风险管控难度大

传统施工作业不仅强度大、效率低，而且安全事故多发，尤其是在深基础掏挖和铁塔组立方面，安全风险很难防控。

3. 全过程机械化施工技术体系不够完善

尽管我国在提高线路机械化施工方面做了很多有益探索、创新，研发了一些专用设备、工艺等，如落地抱杆、直升机放线、履带运输车等，但是主要针对某一特定施工环节，未形成机械化施工理念、技术体系等。

4. 建设各阶段各专业协同不足

在架空输电线路工程施工现场不具备"通路、场平"条件时，设计方案往往难以为施工机械进场作业提供便利条件，建设管理模式、政策等对机械化施工的引导与支撑不足，造成工程施工机械化程度较低的现状。

5. 施工模式转变速度跟不上需要

在电网持续大规模建设的背景下，架空输电线路工程施工现场作业急需由传统的"劳动密集型"向"装备密集型""技术密集型"的机械化施工模式转变，实现机械代替人工。

（三）"五维一体"的统筹推进

全面推进机械化施工是一项系统工程，公司统筹协调，着眼于电网建设当前实际和未来发展，从技术标准、工程设计、工程管理、机械装备、考核评价等五个维度，形成"五维一体"机械化施工管理与技术体系，满足安全可靠、坚固耐用、经济合理的建设要求，既有效支撑了特高压和超高压等常规工程大规模建设的需要，又为送变电施工企业走向正规化、现代化奠定了坚实基础，增强了市场竞争力。

1. 工程设计

工程设计遵循"先进性、专业化、标准化、系列化"的原则，公司构建了涵盖临时道路、基础形式、组塔放线、接地敷设等全过程的机械化施工标准化设计体系，先后形成了全过程机械化施工技术（设计分册）、设计手册等一系列技术规范和指导性文件。设计和评审时优先应用适合机械化施工的机械装备、施工方案。施工和设计招投标时明确机械化施工技术要求，制订针对性方案、措施，多方案遴选，确保机械化施工专项设计方案科学、经济、合理。同时，依托河北、山东、江苏、福建等数十项重点线路工程开展机械化施工试点建设。在输电线路工程设计中应当适时转变设计理念、跳出传统的思维定式。工程设计为机械化施工创造便利条件，在路径的选择、导地线、杆塔、基础、金具等设计的各环节中积极贯彻并落实全过程机械化施工的理念，确保方案先进适用。

2. 工程管理

工程管理涵盖建设管理、施工组织、民事协调等内容，只有科学统筹各方力量，才能安全、优质、高效推进工程建设。公司总结形成机械化施工12项典型工程案例及典型经验，供借鉴参考，推广应用。公司提出在平地、丘陵为主的地形条件全面应用机械化施工，高山峻岭等条件下因地制宜实施。引导施工单位围绕关键施工装备打造专业化施工队伍，提升施工效率、安全、质量。

3. 机械装备

公司通过组织创新研发，工业化提升，标准化改造等多种方式，不断丰富线路施工装备，提高装备自动化水平。公司将山东、上海、湖南、浙江等研发成功的小型钢筋绑扎机、地锚地钻、充电式快速液压机、抱杆倾角报警装置等8种小型专用装备纳入标准化装备体系，形成2016版机械化施工标准化装备体系，含87种764个型号的装备，各施工单位可依据区域实际情况选择装备类型；组织公司科研单位及国内大型机械制造厂，开展线路组塔用专业移动式吊车等电网专用施工装备研发；组织省公司等单位，开展通道植被自动剪裁机、小型混凝土罐车等10项小型专业化工器具研发；编制国家电网公司施工装备专业管理办法，提高施工装备管理水平。

4．考核评价

2016年，公司组织研究机械化施工量化评价技术，考虑线路工程特点、现有装备水平等，形成机械化率量化评价方法。通过分析考核评价管理流程、职责分工等，公司建立工程机械化施工考核评价机制，进一步推动机械化施工应用实施。

总之，"五维一体"的内涵是在施工中动态完善延伸的，五个维度在不同层面相互影响、相互作用、相互渗透，在具体施工过程中共同作用、形成合力，在具体实施应用中构成管理与技术体系的经纬线，有力地推动了机械化施工向全面和纵深发展。

（四）机械化施工的显著成效

在前期试点成熟的基础上，国网公司开始在平原、丘陵地带线路工程中全面实施"标准化设计、机械化施工"技术模式，支撑和助推特高压大规模建设，支撑和助推超高压等常规工程大规模建设，支撑和助推电网建设新领域的发展，在特高压配套、电气化铁路供电、农配网工程建设中发挥了重要作用。各省公司周密组织、统筹推进，科研、施工、设计等单位大力配合，全过程机械化施工工作取得实效。

1．高海拔地区

（1）在青藏高原的海拔2600～5000m地段，地质多为岩石、松沙石及沼泽地。由于独特的高原气候，工程实际作业时间只有4～8个月，且高海拔地区极易缺氧，人力劳动工作效率低下，人身安全风险较高，开展机械化施工，在有限的施工窗口期完成青海圣湖-刚察Ⅱ回110kV 38.6km工程。

（2）锡盟-胜利特高压工程，地处高寒地带，极端温度达到−42℃，建设难度大，工期十分紧张，应用机械化施工技术模式，70d内完成全部706基塔位基础施工，较常规工期节省50％以上。

（3）在新疆，恒联五彩湾电厂750kV送出工程，常规方式需要150d，才能完成88基铁塔基础浇注、组塔和放线工作，而机械化流水作业仅用112d，节约工期25％，有效减少了外部关系协调、施工安保等工作。同时，工程施工费用较常规降低10％左右，实现多赢。

2．工程质量

机械化施工在提升质量方面也大有可为，如掏挖基础等实现机械化施工后，可提高基础垂直度、定位精度，施工质量更高，承载力更强；灌注桩施工采用旋挖钻机，可减少泥浆量80％以上，更环保，同时减少基础侧壁与地基之间泥皮厚度，施工质量好，承载好。

3．安全环保

实践表明，线路全面机械化施工能减少人力成本、提高工程施工效率，提升施工安全性，减小对环境的不利影响，综合效益明显，是效率与安全、质量并重之举。

国网基建部主任葛兆军说："线路工程建设环境复杂多元。今后，我们要在现有工作基础上，针对公司不同区域、不同地形，持续开展建设管理创新、工程设计创新、施工装备创新，推行标准化建设，全面提高线路工程安全质量、效益效率水平，提升电网建设专业化能力，又好又快建设坚强智能电网！"

（五）架空线路工程全过程机械化施工技术的推广

1．推进输电线路全过程机械化施工研究应用

近些年，为了适应建设环境变化的需要，进一步提升智能电网工程建设能力，国家电网有限公司基建部（简称国网基建部）着眼建设全过程机械化施工，加强线路设计、装备、施工创新，加紧推进输电线路全过程机械化施工研究应用。自2016年开始，为进一步提升输变电工程建设安全质量及效益效率，国网基建部实施全面推进架空输电线路工程机械化施工工作，包括深化配套技术，攻坚山地等复杂条件机械化施工难题，创新应用小微型环保基础，持续研制新型专用装备等，取得了良好的效果。据统计，近几年，110kV及以上线路基础工程中环保型基础平均应用率已超过开挖回填类基础，在部分山区工程挖孔类基础（以挖孔桩、掏挖基础为主）应用率更是超过90％；替代基坑人工掏挖的施工机械整机质量持续降低，由社会化市场租赁机械质量一般不低于60t（钻孔扭矩不低于180kN·m），输电线路专业型钻机已实现整机质量低于20t，而且机械性能也在稳步提升，进一步契合线路工程施工条件。通过这些技术与管理创新以及全面推进工作，架空输电线路施工机械化率稳步提高，很好地满足了国家电网公司持续大规模建设需要。

2．适时转变设计理念、跳出传统思维定式

在输电线路工程设计中应当适时转变设计理念、跳出传统的思维定式。工程设计为机械化施工创造便利条件，在路径的选择、导地线、杆塔、基础、金具等设计的各环节中积极贯彻并落实全过程机械化施工的理念，确保方案先进适用。对输电线路工程机械化施工过程中所选取施工建设工艺、机械设备等，均有良好的指导作用。

3．标准化是将施工装备用对、用好的一种手段

实现全过程机械化施工，首先应该把施工装备用对、用好，而标准化就成为一种较好的手段。标准化既包含输电线路设计方法标准化、施工设备的设计与制造标准化，还包括施工装备配置、施工方案、作业指导书、施工组织标准化。另外，输电线路的工程设计要与当地的地质、地形及水文气象条件相结合，对后续施工组织与装备配置情况进行统筹，开展多方案比选，按照全过程成本最优理念，形成既可以最大限度地开展机械化施工，又可以使效益最大化的设计方案。

（六）工程机械化设计技术的发展

1．科学合理的架空线路工程设计代表了机械化施工技术发展水平及方向

工程设计是人们运用科技知识和方法，有目标地创

造工程产品构思和计划的过程，是建设项目生命期中的重要环节，科学技术转化为生产力的纽带，处理技术与经济关系、与绿色低碳关系的关键性环节。工程设计是否科学合理，对工程机械化施工具有关键性影响，代表了机械化施工技术发展水平及方向。随着施工装备质量、功率等指标的减小，施工能力会有一定程度的下降，例如市场上主要满足交通、建筑等各行业建设工程桩基础施工的旋挖钻机整机质量都是超过 60t，而面向输电线路工程所研制的专用型轮胎式旋挖钻机整机质量 30t，KR50 型电建钻机整机质量 12t，其在上层钻孔最大直径较市场通用型缩小了 50％左右；铁塔组立若采用 80t 汽车吊，处于 20m 工作幅度、35m 吊高安装位置时其最大吊重约 10t，而采用 25t 汽车吊在相同安装位置时最大吊重不足 2t。虽然为了减轻机械重量、提升机动性，牺牲了其作业极限能力，但是这也表明在架空输电线路工程建设中实施机械化施工，需要设计方案匹配装备能力，为机械作业创造前置条件。

2. 架空输电线路工程设计技术发展的重点和难点在于基础

杆塔、导线与金具等机械化施工设计技术相对成熟，形成了适应"机械化施工，流水式作业"的系列化技术措施。由于架空输电线路施工难以具备"通路、场地平整"等条件，同时受地下环境不确定性高等影响，面向机械化施工的架空输电线路工程设计技术发展重点和难点在于基础。基础设计时需要充分考虑工程沿线地形和地质条件等各种因素的影响，既要满足承受输电线路结构荷载的要求，又要促进轻便型、模块化施工装备进场与作业。这些设计方面的技术创新为机械化施工拓展了应用场景，从而更加便于实施。

（1）为便于机械化施工应用实施，输电线路基础设计朝小型化、预制化装配式方向发展，例如国家电网公司大力推广应用岩石锚杆基础、螺旋锚基础、微型桩基础等，相对开挖回填类基础，充分利用原状岩土地基固有性能，具有承载力高、变形小的力学特点；相对挖孔桩等大截面原状基础，不仅节省材料、减少开挖量，而且保持较高的承载性能，为轻便型机械设备施工创造技术条件。

（2）岩石锚杆基础设计方法通过大量的试验测试数据积累得到持续改进完善，承载力计算参数取值更系统更科学，并在传统的岩石锚杆基础型式之上，开发了岩石锚杆复合基础等新型式。

（3）微型桩主要用在地基托换、支护结构、水池抗浮、建筑加固等工程中，也开始在输电线路杆塔基础工程中研究和设计应用。

（4）螺旋锚基础主要适用于土质地基，通过专项研究其适用范围已从早期的软弱土质延伸至较坚硬的黏土、密实的碎石土等地基，且承载力计算方法持续完善，具备全面推广的技术条件。

（七）工程机械化施工技术的发展

以实现机械化施工为目的的理论与方法，可以统称为机械化施工技术。机械化施工相关技术的发展就是从工程设计、装备制造、施工工艺等专业领域，围绕如何提升施工机械化程度来展开。国家电网公司一直按照确保先进性，坚持专业化、标准化、系列化的总体技术思路，持续开展机械化施工关键技术与装备研发、标准化建设等创新工作，形成全过程、系列化成果，推动机械化施工技术的发展。

1. 围绕装备建立施工工艺方法

架空输电线路施工技术主要按照工程建设方案，满足安全质量要求，围绕装备建立施工工艺方法。施工工艺方法及质量控制措施与机械、施工对象密切相关。

（1）铁塔组立包括抱杆、移动式起重机等配套施工工艺。

（2）架线主要采用无人机展放导引绳、张力放线技术。

（3）基础种类多样，施工工艺复杂。其中输电线路现浇开挖基础一般采用挖掘机进行基坑作业；预制桩往往采用激振法、锤击压法进行植桩和沉桩；桩基成孔包括螺旋钻孔、冲击钻孔、回转钻孔、旋挖钻孔、机械洛阳铲等施工工艺方法，同时为确保坑壁稳定与清除渣土，往往配合正循环和反循环两种方式的泥浆护壁施工；岩石地基桩基往往采用气动潜孔锤、回旋钻进等成孔方式，锚杆锚孔多采用气动潜孔锤成孔工艺。

2. 基建"六精四化"三年行动计划

2022 年以来，为落实能源转型发展、新型电力系统建设、绿色建造、智能建造等新要求，贯彻国家电网公司战略及"一体四翼"发展布局，结合电网建设实际，完善基建专业管理体系，深化工程标准化建设，提升专业管理水平和整体建设能力，国家电网公司制订了基建"六精四化"三年行动计划，抓住基建工作核心要素，牢固树立"六精管理"理念，推进工程安全精益求精、质量精雕细刻、进度精准管控、技术精耕细作、造价精打细算、队伍精心培育，在工程建设上创新推进以"标准化、绿色化、机械化、智能化"为基本特征的高质量建设，并明确到 2024 年机械化施工率达到 80％，从而助力新型电力系统建设及双碳行动实施。为此，国家电网公司基建专业积极开展技术创新，推动施工装备标准化、系列化、智能化，全过程覆盖、全地形适应、全天候可用的机械化施工技术，提升电网施工装备水平；针对难点、重点环境，持续推进关键技术研发，重点突破复杂地形条件下物料运输、基础施工、交叉跨越等方面的机械化施工技术；完善机械化施工设计指导手册、配套体系，形成可复制可推广的经验和做法，实现工程建设各环节的有效衔接，全面提升机械化施工水平，提升建设质量效率和本质安全水平。

（八）施工装备技术发展趋势的特点

近些年工程施工装备发展趋势具有以下特点：

（1）向大型平台化和微小型化两级发展，产品系列进一步完善。以挖掘机为例，目前单斗挖掘机斗容量已经从常用的 0.4m 发展到 30m；相反，小型挖掘机的斗容量仅为 0.01m。

（2）满足多样化作业环境及一机多用型式，提高产品的经济性。目前世界各国不少中小型挖掘机、装载机、叉车，除完成其主要的挖掘，装卸功能外。还可同时进行起重、抓料、压实、钻孔、破碎、犁地、扫雪、推土、修边坡，以及夹木、叉装等多种作业。

（3）广泛应用机电液一体化技术，全面提高产品的性能。施工机械良好的控制性能和信息处理能力，主要基于机械和液压两个方面性能的提高，以及主机具有良好的电子技术，传感器技术和电液传感技术，机电液一体化技术的应用大大提高了施工机械可靠性、实用性，特别是液压传动使施工机械得到极大的增力比值，自动调节操作轻便，易于实现大幅度无级高速。

（4）实现机械运行状态监控和自动报警、机械故障的自动诊断，提高安全性，防止事故发生，并向智能化方向发展。

（5）提高作业质量和精度，如高速公路施工中使用的平地机与摊铺机等平整机械，作业精度要求限制在几毫米的偏差范围内，人工操作已无法满足这样的要求，必须采用自动调平控制装置。

（6）提升施工机械的机动性能，降低燃油消耗量，进行节能控制，充分利用发动机功率，提高作业效率以及设备的利用率和生产率。

（7）普遍重视施工机械的舒适性，改善装卸操纵性能，减轻操作人员劳动强度，实现产品的人性化。

（8）提高产品环保性，研制环保型产品，更加重视提高制造水平和新材料的应用，进一步提高产品的寿命和可靠性，同时进一步提高零部件标准化与通用化的程度，最大限度地简化维修。

（九）架空输电线路工程施工的主要装备

架空输电线路工程施工主要装备包括临时道路修建、运输、基础成孔、混凝土、组塔、架线、接地 7 个工序近百种装备，装备技术发展主要体现在以下几个方面：

（1）架空输电线路施工装备体系更完善，涵盖作业流程更加广泛，既包含完全替代人工的施工机械，又有替代人力从而降低劳动强度的工器具。

（2）各工序施工新装备不断涌现，新功能性能持续改进，智能化水平不断提升。既有架空输电线路工程专业特点大功率专用型旋挖钻机、电建钻机、轮胎式专用旋挖钻机、机械洛阳铲、分体式岩石锚杆钻机，以及落地抱杆、履带式运输车等，伴随信息化技术快速发展，施工机械智能化提升明显，如新一代智能化落地抱杆、智能化牵引机（张力机）等。其中，落地抱杆从塔式起重机技术发展而来，形成了单动臂、平臂、摇臂等抱杆型式，同时伴随起吊与控制系统的智能化水平提升，如组装特高压螺山大跨越铁塔（全高 371m，塔重 4400t）的 T2T800 型超

大型双平臂落地抱杆，可以满足 40m 吊装范围内两侧同时起吊 20t 塔材，并将不平衡力矩系数提高到 40%，在对侧不设置配重的情况下可以实现单侧吊装 8t。为适应复杂条件组塔、低电压等级杆塔组立等要求，下一代组塔抱杆技术将围绕轻型化、平台化、智能化等方向发展。

（3）用牵引机、张力机进行张力放线，彻底改变了人拉肩扛或地面拖曳展放导线的历史，20 世纪 90 年代初，国内第 1 套 75kN 牵引机及 2×30kN 张力机的成功研制，标志着我国牵张设备逐步与世界先进国家接轨。近些年来工程建设对牵张设备的性能提出了更高的要求，牵张设备标准化、系列化、电气化、智能化水平提升明显。其中智能张力放线系统引入自组网络加高清摄像设备实现实时监控，实现了人机分离的远程集中控制；智能化牵张设备实现多机集中控制，可自动识别和匹配不同设备。机械设备的智能化替代是大势所趋，随着"三电"（电池、电机、电控）、5G 技术的集成应用，氢能动力机核也为装备动力替代提供了新途径，牵张机新能源动力及 5G 技术下的远程控制装备将成为下一代牵张机产品的技术方向。

（4）旋挖钻机在基础工程建设中应用广泛，然而市场化传统的旋挖钻机质量大（60t 以上）、轨距宽（4m 以上）、爬坡性能差，在架空输电线路乃至电网工程建设中应用场景有限。在此技术基础上，针对输电杆塔基础成孔，成功研制了大、中型电建钻机，性能持续改进，适用性更高，主要旋挖钻机性能的变化与提升见表 1-1-2-1，相比于传统旋挖机械，电建钻机具有质量轻、爬坡能力强、重心低、稳定性高、履带可伸缩、可辅助吊装、成孔效率高等优点，适用于黏性土、粉土、砂土、碎石土、软岩及风化岩层等地质，以及平地与丘陵全地形、部分山地条件下挖孔、掏挖、灌注桩等基础成孔施工，已在国内多条输电线路成功应用。

（5）岩石锚杆钻机是一种主要应用于山地线路岩体开孔的专用施工装备，主流钻机按动力主要分为气动、液压、电动等形式，锚杆钻机性能的变化与提升见表 1-1-2-2。面向架空输电线路岩石锚杆钻孔施工且适应山地的小型模块化锚杆钻机，各功能单元采用模块化、可拼装（组装）结构设计，每个模块或可拆解单体质量不超过 200kg。方便搬运和拼装操作；采用柴油机驱动的动力模块数量，可根据施工条件组合，使设备输出动力满足各种不同地质条件下的施工需要；采用独立的粉尘回收、清渣的除尘模块和遥控操作系统，实现现场少尘化作业，提升了人员的劳动安全防护水平。基础成孔对线路工程全过程机械化施工制约比较明显，因此基础施工的装备体系最为复杂多样，除了新装备外，还有较为成熟的施工机械包括锚杆钻机、潜孔锤钻机，以及冲孔钻机、回旋钻机、螺旋钻机、微型桩潜孔锤钻机等，但是通过持续研发，架空输电线路工程施工装备体系不断补充完善，支撑机械化施工水平与能力的持续提升。

表 1-1-2-1　　　　　　　　　　旋挖钻机性能的变化与提升

序号	整机质量/t 及运输外形（宽×高）/(mm×mm)	型号	作业环境要求及能力限值				
			整机最大爬坡度/(°)	适用岩层强度/MPa	最大钻孔直径/mm/深度/m	钻进速率（土层）/(m/h)	最大扩径率/（土层）
1	92 3500×3810	市场通用型（以徐工 XR360 型为例）	20	80～100	2500/92	≤12	2.0
2	47 2600×3500	专用—综合型	30	50～60	2000/30	≤20	2.0
3	38 2600×3435	专用—中型	20	25～30	1500/25	≤10	1.5
4	27 2500×3656	专用—轮胎式	15	<30	1400/25	≤5	1.0
5	38 2600×3835	电建钻机—KR150 型	25	50～60	2600/30	≤10	1.8
6	32t 2600×3500	电建钻机—KR110 型	25	40～50	2600/20	≤8	1.8
7	28 2600×3040	电建钻机—KR100 型	25	30～40	2600/20	≤6	1.6
8	12 2200×2625	电建钻机—KR50 型	25	<30	1600/10	≤2	1.2

表 1-1-2-2　　　　　　　　　　锚杆钻机性能的变化与提升

序号	整机/模块质量/kg 及外形（宽×高）/(m×m)	锚杆钻机型号	作业环境要求及能力限值			
			适用最高岩石强度/MPa	孔深/m	一般孔径/mm	典型条件钻孔效率/(m/min)
1	1200～2200（整机）/185（最大模块）1.3（宽）/1.65（高）	小型模块化 JY-MD-150/20-A	约120	<20	90～150	0.3～1.0
2	450（整机）/285（最大模块）0.7（宽）×1.5（高）	支架式 MYT-125/380	约40	<10	28～100	0.03～0.1
3	14500（整机）8.8（宽）×3.0（高）	一体式 TAR12A	约120	<30	60～220	0.3～1.2

四、电缆线路工程机械化施工背景及意义

（一）电缆工程机械化施工的发展历史

电缆工程是电力基础设施建设的重要组成部分，电缆工程建设过程应在保证质量、安全的前提条件下，通过严格的技术管理以及先进的技术措施，实现对能源、土地、水资源和材料的节约。在电缆隧道本体结构施工过程中，需综合考虑地质条件和工程所在位置等因素，选取合理的施工工法，确保施工过程中人员、机械及周边环境的安全。随着"架空入地"成为新趋势，电缆工程基建任务增加，在保证过程安全绿色和质量可靠的前提下，提高施工效率有利于保证工程如期交付。电缆工程机械化施工可实现由施工劳动密集型向装备密集型转变，在满足电网大规模建设需求的同时，有效降低建设过程安全风险。同时，建设过程机械化有利于解决施工人力紧缺、人工成本上涨问题。推广电缆工程机械化施工有利于实现绿色、安全、高效、经济的建设目标。

（二）电力电缆输电工程机械化施工的现状及发展

（1）电力电缆一般敷设在通行电力隧道内，电力隧道根据穿越地层、隧道长度、沿线施工环境等不同情况，施工方法主要有盾构法、顶管法、浅埋暗挖法和明挖法。基坑（槽）支护结构施工机械有旋挖钻机、螺旋钻机、多轴搅拌机、高压旋喷机、成槽机、铁槽机以及混凝土喷射机等。隧道主体结构施工机械有土压平衡式盾构机、泥水平衡式盾构机、土压平衡式顶管机、泥水平衡式顶管机、悬臂式隧道掘进机等。土石方工程、起重吊装工程、钢筋工程、混凝土工程等均有专用机械施工作业。

目前，电缆隧道主要施工过程基本实现机械化作业，整体处于市政工程社会平均水平以上。预制化十字隔板拼装机等一批专用机械正处于研制过程中，电力隧道机械化施工正在向专业化、轻量化、集成化的全过程机械化施工方向发展。

（2）电缆敷设施工，早期全部依靠人工牵引及敷设，随着电缆截面积增大，单位重量也随之增加，敷设时需要更大的牵引力，因此能够提供足够牵引力的电动卷扬机得到了广泛的应用。而更大截面积电缆的敷设，就需要采取更为先进的机械敷设方式，满足牵引力的同时，可将集中于一点的牵引力分散到多个点上，避免电缆机械损伤。

（3）电缆附件安装，从最初只能依靠简单的手持工具，逐步发展形成满足不同施工工序工艺要求的专用机械工具，比如电缆护层剥切工具、绝缘及绝缘屏蔽层剥除工具、绝缘打磨工具、压接工具等。这一系列专用工器具的出现，减轻了施工人员的劳动强度，提高了附件安装的工艺质量水平及施工效率。

（4）电缆附属设备施工，主要包括接地系统、避雷器等装置的安装，由于工作量较小、工艺简单，主要依靠人工手持工具实施，比如扳手、电工刀等日常工具。鉴于以上原因，此工序提升机械化水平空间较小。

（5）电缆交接试验，随着电力技术的不断发展，电缆的电压等级不断提高、长度不断加长，给电缆试验提出了更高的要求。交接试验是指通过对电缆线路施加高于额定值的电压，并且在试验条件下测量电缆线路的特征参数，如局部放电、绝缘电阻、吸收比等检测电缆设备质量及安装质量。

（三）海底电力电缆输电工程机械化施工的现状及发展

1. 海底电缆输电工程应用领域

海底电缆输电工程应用领域主要有区域电网跨海域互联、向海洋孤岛及石油钻探平台供电、输送海上可再生能源的发电并网。海底电缆工程施工主要包含海底电缆路由定位、海底电缆敷设、海底电缆保护、陆地设备安装、检测与调试、工程验收。

2. 海底电缆敷设船

我国自主建造的海底电缆船较少，于1976年建造了第一艘专业海底电缆船"邮电一号"，吨位是1300t，主要任务是敷设和检修海底通信电缆，参与了早期中日海底通信电缆的建设。随着我国海洋经济发展和海洋工程技术装备的不断进步，以中英海底系统有限公司为代表的海底电缆施工企业，开始大量引进国外先进海底电缆船，主要用于维护海底通信电缆，经过改装后也可以敷设海底电力电缆。国内海底电缆敷设船的高速发展时期为21世纪以后，在此之前，主要采用国内外合资的方式从国外引进海底电缆敷设船。国家电网有限公司系统内专业敷设海底电缆的施工企业浙江舟山启明电力集团海缆工程公司打造了完全自主知识产权的海底电缆施工

船，如舟电7号、建缆1号、启帆9号等。其中启帆9号的载缆量达到5000t，参与了舟山500kV联网线路工程。但在施工精度和过程控制方面均需进一步的研究和提升。

3. 海底电缆退扭设备

对于海底电缆退扭设备而言，由于其与敷设船匹配度极高，故国内首先运用的退扭设备工程则是国内第一条采用埋设技术敷设的大长度高压海缆线路——珠江虎门220kV海底电缆输电工程。1989年，我国依靠国内技术力量独立设计施工进行了厦门集美—高崎220kV海底电缆敷设工程。敷设电缆分别装入两只钢构筒内，装入电缆后筒的总重分别为433.4t和230t。2014年9月的"建缆一号"敷缆船上，装配了一个重达2000t、直径18m、0～18m/min无级变速的施工转盘。2018年浙江舟山启明电力集团海缆工程公司研制的"启帆9号"敷设船的海缆装载量为5000t，采用平面退扭电缆转盘形式。

4. 布缆机

对于鼓轮式布缆机，目前国内现有产品有GD-6-20型液压驱动作业系统和GD-6-10型电动驱动作业系统以及HLGL系列液压驱动作业系统。对于直线型布缆机，近些年来国内外海底电缆船多采用轮胎式布缆系统，主要有HLLT系列液压驱动作业系统。

5. 海底电缆挖沟设备

我国在20世纪80—90年代开始研究挖沟机，20世纪90年代末后，我国对水下挖沟设备的研制及相关技术的研究进入了快速发展期。1995年，胜利油田和江苏省船舶设计研究所联合开发了针对胜利油田水域的两代挖沟设备，并成功用于胜利油田海域的挖沟作业。目前国内研制的冲击式挖沟机主要有海洋石油工程股份有限公司的1万m^3泵挖沟机和深水挖沟机MG-50-T3500型挖沟机、天津天易海上工程有限公司的SE-12000型挖沟机、中国石油天然气管道局第六工程公司的神龙号挖沟机、浙江舟山启明电力建设有限公司的ZDAHL-1型水力喷射式挖沟机。犁式挖沟机主要有中国海底电缆建设公司的MG-1型埋设犁、海洋石油工程股份有限公司的海底犁式挖沟机样机等。虽然我国正在设备的研究制造上努力与国际水平看齐，但与国外挖沟机的关键作业参数作业水深以及泵作业能力都有着一定的差距，还需要在一些关键技术下足功夫，突破难点。

第三节　输变电工程机械化施工技术体系

一、变电工程机械化施工技术体系

变电工程机械化施工技术体系如图1-1-3-1所示。

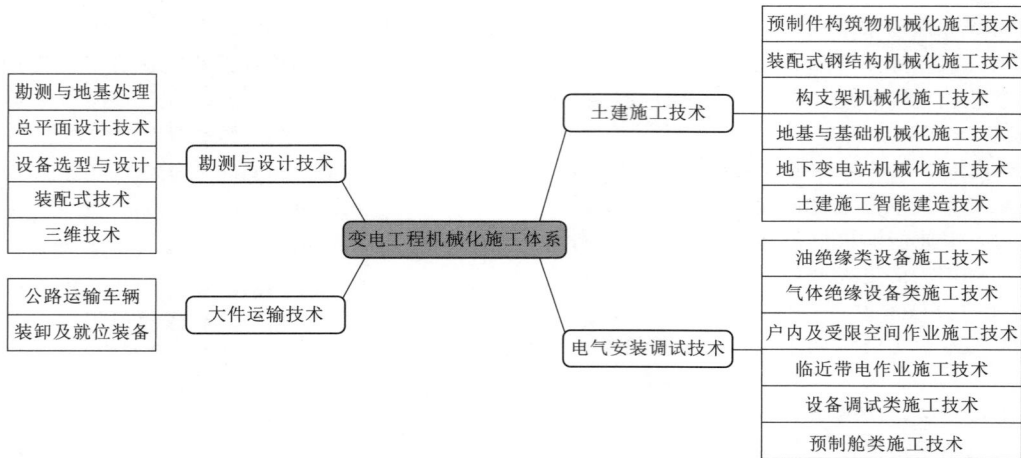

图1-1-3-1 变电工程机械化施工技术体系

（一）勘察与设计技术

1. 遥感技术的应用

遥感技术可利用卫星或航空设备对地面的信息进行采集，满足工程建设对信息资源的需要。为充分发挥该技术在地质工程勘测中的作用，应将遥感技术与全自动测量勘察系统相结合，以便收集区域内如地形、地貌等各类图形信息，然后进行综合分析，帮助设计人员做出正确判断，推动工程的顺利开展。

2. 北斗卫星导航技术的应用

北斗卫星导航是一个具备导航、定位、通信等功能的综合性系统，可以实现全天候、全时段的定位与导航，为数据传输提供可靠连接。随着该系统的建设日趋完善，该技术在工程勘测领域已被广泛应用。将北斗卫星导航系统与实时动态差分定位RTK技术相结合，应用到工程勘测中，可快速获取高精度、高标准的坐标等基础数据，在提高工作效率的同时，使工程勘测的准确性得到保障。

3. 地理信息技术的应用

地理信息技术是一种现代化的综合测绘技术，其中包括计算机图形、地理信息和测绘技术等多个部分，在应用地理信息技术时，必须充分利用空间定位数据库，通过对基本信息、地质数据等进行组合，获取工程需要的信息数据。同时，该系统具有地质数据采集、数据分析、数据输出等功能，可利用北斗导航系统、全球定位系统GPS、遥感技术、摄影测量、激光雷达、无人机技术等对地形、地质环境数据进行收集，建立信息数据库，为做出各项重要决策提供可靠的信息数据。例如，建立工程占用土地类型数据库、工程地形分区数据库、岩土覆盖层厚度数据库等，在设计、施工需要时，可十分便捷地调用及展示。

4. 无人机航测技术的应用

目前无人机航测技术在工程测绘领域得到广泛应用，在工程勘测中体现出高效、灵活的使用特点，可进一步提高工程勘测的效率及质量，降低工程勘测的人力成本。在应用无人机航测技术时，首先需要掌握工程勘测的具体要求，对无人机的航测技术参数进行调整，然后按照规范要求进行野外航摄，对航空拍摄获得的数据进行内业数据处理，由专业的人员对像控点与像片进行连接；其次，通过软件对影像图进行分析，确保工程勘测信息的可靠性；最后借助前期的影像图数据进行数字化绘图工作。此外，在工程勘测工作开展过程中，应用无人机航测技术获取相应的测绘成果，再通过采集的数据实现自动化建模，从而为后续勘测工作有序开展提供数据支撑。

5. 三维技术的应用

将三维扫描技术应用到勘测工作中，可充分利用点云数据，提升工程勘测的准确性。结合无人机、激光雷达、倾斜摄影测量等手段获取基础数据，建立三维模型。对于地质地层，先通过该技术对地质基本信息进行采集，借助三维扫描技术在计算机中建立真实的模型，然后将地质数据输入模型，做好相应的模拟演练，得到与原型基本相同的地质体，实现三维地层可视化，充分了解该工程的地质模型、钻孔位置及水位线等详细信息，进而全方位、多角度、立体化地展现勘测成果，并有效提高工程勘测质量。

（二）大件运输技术

变压器、电抗器、GIS等大件设备，是变电站工程的核心关键设备，其运输是否安全、迅速完成影响变电站能否按期投送，在可研阶段大件运输可行性专题报告往往决定着变电站的选址。电力大件运输经历20世纪50年代初期至80年代初、80年代初至20世纪末、21世纪至今三个发展阶段，尤其是随着超高压、特高压和智能电网的发展，变电站大件设备运输也从单一的运输方式发展到水、陆、铁联合运输，其运输装备、中转设备和站内装卸车工艺都得到了蓬勃发展。变电站大件运输技术体系主要分为公路运输车辆、装卸及就位装备三部分，技术特点呈现多种运输方式组合使用、运输装备承载能力强、装卸及就位方式多样化等特征。

（三）土建施工技术

土建施工机械化发展经历了从20世纪50年代的放下扁担、机械成龙配套，到60年代塔式起重机和土方施工机械化，70年代的水平运输机械化，80年代商品混凝土搅拌车、泵送车，到90年代钢筋接头和装修工程机械化，直至21世纪的起重机、混凝土机械、土方机械等全机械化装备的应用。近些年，变电站土建工程全面应用了预制件构筑物、装配式钢结构建筑物，创新开展了智能建造实践，各类型的汽车式起重机、履带吊、登高车及配套使用的吊具等装备大批量应用到变电站土建施工中，各类型传感器、机器人辅助装置等智能化装备逐渐规模化应用，推动了变电站土建机械化施工水平的全面提升。

（四）电气安装调试技术

随着新设备、新技术、新材料、新工艺、新方法的发展，变电站更加集成、智能、经济、可靠，对施工也提出了更高的要求。气体绝缘类、油绝缘类设备安装广泛使用以大型移动式起重机为核心的各类高性能施工装备；随着安装技术和工艺要求不断提高，在户内及受限空间作业、临近带电作业等具有电网特色的施工作业中，成功研制一批智能化装备，形成了一套面向输变电工程建设一线的标准工艺成果，提高了工程机械化程度和建设效率。随着电网技术的不断发展，设备试验项目逐渐增加，调试质量要求也越来越严格，设备运行状态需要准确的试验数据支撑来判断分析，试验对仪器装备依赖程度也越来越高。得益于新技术、新材料的发展，大容量、集成化、便捷性等新型试验仪器快速研制并应用。大容量试验仪器实现了高电压、大容量设备的耐压试验，集成化新型试验装备能够提高试验效率，简化试验接线，减少试验人员。同时创新研发新型装备利用新方法能够在不停电情况下完成GIS耐压试验，提高了变电站供电的可靠性。

二、架空线路工程机械化施工技术体系

架空线路工程机械化施工技术按工程建设专业领域可细分为设计、装备、工艺、管理等技术，按工程工序构成为分基础成孔、混凝土浇筑、组塔、架线、接地极施工以及临时道路修筑、运输等技术。近些年为深化线路工程"标准化设计、机械化施工、流水式作业"建设模式，国网基建部从技术标准、工程设计、工程管理、施工装备、量化评价五个角度深化推进机械化施工，在管理与技术方面形成标准化、专业化、系列化成果，并形成建设全过程应用要求，进一步提升电网建设安全质量、效率效益。

（一）技术标准

架空线路工程机械化施工技术标准是工程设计、施工以及装备运行维护等过程中一种共同遵守的技术要求。近几年围绕机械化施工、绿色低碳、新型电力系统建设等目标，进一步完善并建立了设计类（含勘测）、施工类

（含装备、验收）的工程建设阶段标准体系框架。制订《架空输电线路机械化施工技术导则》（Q/GDW 11598—2016），强化顶层设计与策划，在设计选型条件、方案比选原则等方面明确了统一、通用的技术要求，在勘测设计、施工工艺与装备配置等方面全面贯彻机械化施工理念，并融合设计、施工及验收、装备等标准，规范设计思路、装备性能与指标要求，配套安全、质量稳定的施工工艺，技术导则将发挥技术导向与支撑作用，指导机械化施工全面应用实施。设计技术方面，已基本形成覆盖完善的技术标准，包括螺旋锚、岩石锚杆基础等，微型柱、装配式基础标准将于2023年完成发布工作；装备方面，目前国内输变电工程施工机具类型多样、型号繁多、生产厂家众多，不同厂家、不同施工单位的产品在性能、结构、尺寸等主要参数方面存在较大差异，给使用、管理、维护保养、采购、标准化配置等方面带来较大困难，但对于组塔用抱杆、张力机等输变电工程专用施工装备已形成对应技术标准，基础专用施工装备标准需要随应用成熟再进行补充和完善。有关施工工艺的标准化技术主要体现在标准工艺、工法等成果，已建立相应体系及标准化机制，同时需要随装备等持续改进优化。在标准化体系建设方面，研究形成了适用于机械化施工的三类杆塔、基础、金具等通用设计成果，充实基建标准化体系，其中通用设计成果严格执行相关规程规范，将施工装备能力与性能纳入基础设计考虑的边界条件，有利于工程实施。

（二）工程设计

国家电网公司编制了《线路机械化施工设计手册及典型工程案例》，加快工程设计、施工等人员掌握机械化施工理念，强化设计管理，统一工程设计思路，形成适宜施工装备与工艺、典型成效等，实现专项设计方案、专项施工方案、施工装备间的有效匹配，为工程设计提供准确参考。编制发布了《落地抱杆、小型轮式旋挖钻机等专用施工装备标准化应用手册》，从应用角度，主要面向设计、建设管理、施工、监理等人员，梳理明确落地抱杆等施工装备的作业能力、运输及道路要求、作业效率、匹配工艺等，方便设计、施工等人员快速了解、掌握新型专用施工装备。编制形成了机械化施工专项设计大纲，强化专业协同，明确专项设计思路，规范设计内容，全面贯彻机械化施工理念开展工程专项设计，进一步提高机械化施工应用工程设计深度。另外，工程设计多种方案经济性分析比较的基本方法主要有单指标比较和多指标综合比较两种。基础设计方案比选技术已由单一材料量发展到基于定额标准与工程量计价方式的造价指标比选方法，随着架空输电线路工程机械化施工、高质量建设、绿色低碳发展等要求的提出，工程设计方案的比较也需要进一步完善多指标评价比选方法，建立综合考虑经济性、施工便捷性、低碳性等多指标的综合评价标准。在实际设计比选过程中，往往通过方案的预选确定一些其他方面的指标符合基本要求的方案，再根

据一个重要的指标来确定优劣。围绕机械化施工目标的架空输电线路工程设计方案比选适合以技术适用性、机械化施工的可行性与便捷性、青赔量等作为预选标准，再以造价、碳排放量作为方案优选的指标。其中，机械化施工的可行性与便捷性按施工装备目录体系、各机械装备标准化应用手册等要求，可按照机械化率量化评价指标来衡量，并考虑当前装备技术水平、青赔等因素来综合评估及方案预先选择；经济性依据工程量及定额标准等计价依据进行量化计算；碳排放量以架空输电线路基础全寿命周期各阶段各环节排放因子统计值及《建筑碳排放计算标准》（GB/T 51366—2019）等技术标准进行计算。

（三）工程管理

在平原、丘陵地区，架空线路工程全面实施机械化施工模式，对重点工程开展专项设计方案、专项施工方案的评审，发挥示范效应。各省公司全面应用机械化施工建设模式，强化机械化施工理念、技术、管理等培训与宣贯，开展全面推进工作策划。在工程设计阶段，将机械化施工设计、施工要求分别纳入工程设计、施工招标文件；结合工程实际开展专项设计，形成专项设计方案；初步设计评审时对专项方案进行专题评审，评审意见中专题论述；施工图设计阶段随着工程勘测、调研收资的深入，进一步优化专项设计方案，为后续施工提供更加便利的条件。在施工准备阶段全面调研，落实专项设计要求，开展施工专项方案的编制，做好施工交底，与设计方案有效衔接。工程施工阶段，全面推进采取整体策划、专项方案等工程管理手段，采取民事协调、青苗赔偿等配套工程管理措施。科学组织施工，发挥人、机、物的有效匹配。施工过程中加强同一塔位不同工序间、同一工序不同塔位间，两级流水式作业，加强装备应用，实现施工作业由机械替代人工。

（四）施工装备

国家电网公司定期梳理发布了《机械化施工标准化装备目录》，装备体系不断充实。最新版体系包含87种装备，764个主要型号。各省公司在国家电网公司装备体系的基础上，结合区域实际，梳理形成省公司标准化装备实施体系目录，指导工程实施。持续创新研发专业化工机具，进一步提升了电网工程施工装备水平。定期研发需求，研制并形成系列成果。

（五）量化评价

国家电网公司建立了线路工程施工机械化程度的量化评价方法，形成线路施工机械化程度的评价技术，利用机械化率等可量化的评价指标，对11个施工子工序适用的主要装备，按机械化水平完成定量分级，从而引导技术与管理水平的提升。机械化施工是一项系统工程，需要将勘测设计、施工、装备、管理等专业，以及基础成孔、组塔、架线等工序紧密地结合在一起，从而安全优质高效完成电网建设任务。设计要从施工装备方面综合考虑确定相应的设计原则，所选用的设计方案不仅要

考虑各种功能要求、环境条件与作用，还要结合现场的交通条件、植被、民事赔偿、设备性能及地形等因素，最大限度地发挥机械设备的优势，体系化协同助推机械化施工技术应用；施工技术与装备要匹配且围绕设计，合理选择施工方案，满足设计要求；为提升效益效率，各工序也需要统筹，实现高质量建设。

三、电缆线路工程机械化施工技术体系

（一）电力电缆工程机械化施工技术体系

1. 电力电缆隧道盾构法施工

在电力电缆线路工程机械化施工中，盾构法施工首先应构筑盾构工作井，盾构始发井是盾构机吊装下井及材料倒运的垂直运输通道。竖井初衬及二衬结构施工完成后，将盾构机各部分吊装下井进行组装调试，为盾构始发做准备。盾构始发是指利用反力架和负环管片将始发基座上的盾构机，由始发竖井推入地层，开始沿设计路径掘进的一系列作业，包括反力架安装、洞门凿除、安装洞门密封、拼装负环管片、始发掘进。盾构机正常据进后，可实现切削土体、结构衬砌、注浆加固、渣土外运等一系列同步作业。隧道贯通后利用接收井将盾构机分解吊装至地面，然后完成竖井剩余结构及附属工程的施工。电力电缆隧道盾构法施工工序及各工序应用装备如图1-1-3-2所示。

2. 电力电缆隧道顶管法施工

在电力电缆线路工程机械化施工中，顶管法施工在电力隧道的始发端建造一个工作井，在工作井顶进方向的后方，布置一组行程较长的主顶油缸；管节放在主顶油缸前面的导轨上，管节的最前端安装顶管机。主顶油缸向前顶进时，以顶管机开路，推动管节穿过工作井井壁上预留洞口进入土体中。进入顶管机的泥土不断被挖掘通过顶管机的排土或排泥装置外排。当主油缸达到最大行程后回缩，放入顶铁填充回缩行程，主油缸继续顶进。如此不断加入顶铁，管节不断向土中延伸。当井内导轨上的管节全部顶入土层后，缩回主油缸，吊去全部顶铁，将下一管节吊下工作井安装在上一管节后方继续顶进。如此循环施工，直至顶完全程。电力电缆隧道顶管法施工工序及各工序应用装备如图1-1-3-3所示。

3. 电力电缆隧道浅埋暗挖法施工

在电力电缆线路工程机械化施工中，浅埋暗挖法施工在隧道端头、通风孔、隧道中间位置布置施工竖井。在施工竖井向两侧沿路径方向开挖并支护，循环往复完成隧道的初衬，然后做初衬和二衬间防水层，最后绑筋支模浇筑二衬混凝土。浅埋暗挖法主要施工过程为：施工准备→定位放线→初衬→填充注浆→防水→二衬。电力电缆隧道浅埋暗挖法施工工序及各工序应用装备如图1-1-3-4所示。

4. 电力电缆隧道明挖法施工

在电力电缆线路工程机械化施工中，明挖法是在地面建筑少、拆迁少、管线迁改少、地表干扰小的地区修

建电缆隧道时通常采用的方法，明挖法按开挖方式分放坡明挖法和不放坡明挖法。放坡明挖法主要适用于埋深较浅、地下水位较低的地段，首先进行基槽开挖，基槽边坡按一定坡度放坡，同时根据地质情况对坡面进行支护，一般有挂网喷射混凝土和土钉墙支护形式。开挖至基坑底后，开始浇筑垫层，铺设防水材料，然后浇筑电缆隧道自身结构，进行结构侧墙、顶板的防水层施工，最后进行肥槽及顶板的回填。不放坡明挖法是指在围护结构内开挖，主要适用于场地受限及地下水较丰富的软弱围岩地段，首先施工围护结构，如灌注柱、SMW工法桩（Soil Mixed Wall，又称型钢水泥土搅拌桩/墙，即利

用三轴搅拌桩钻机在原地层中切削土体，同时钻机前端低压注入水泥浆液，与切碎土体充分搅拌形成隔水性较高的水泥土柱列式挡墙，在水泥土浆液尚未硬化前插入型钢的一种地下工程施工技术，常用SMW工法桩规格为$\phi 850@600$，即单根搅拌桩桩径$\phi 850mm$，桩心距$600mm$）、钢板桩及钢管桩等，围护桩施工完毕后进行基坑开挖，基坑开挖过程中随挖随架设支撑体系；开挖至基坑底后，浇筑垫层，铺设防水材料，然后浇筑电缆隧道主体结构，进行结构侧墙、顶板的防水施工，最后进行土方回填。电力电缆隧道明挖法施工工序及各工序应用装备如图1-1-3-5所示。

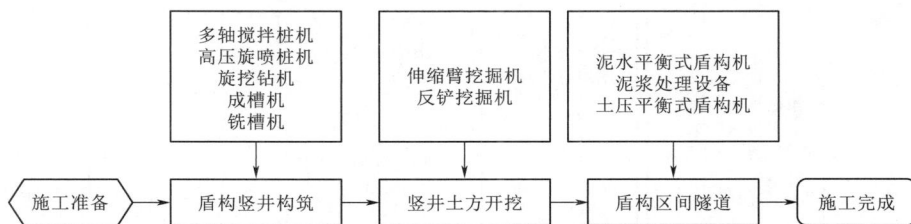

图1-1-3-2 电力电缆隧道盾构法施工工序及各工序应用装备

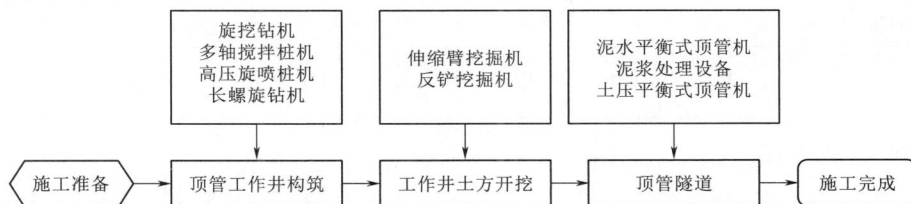

图1-1-3-3 电力电缆隧道顶管法施工工序及各工序应用装备

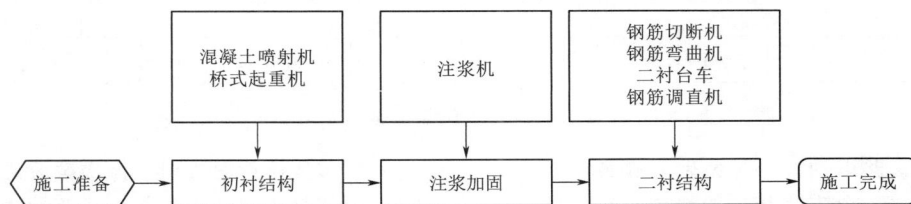

图1-1-3-4 电力电缆隧道浅埋暗挖法施工工序及各工序应用装备

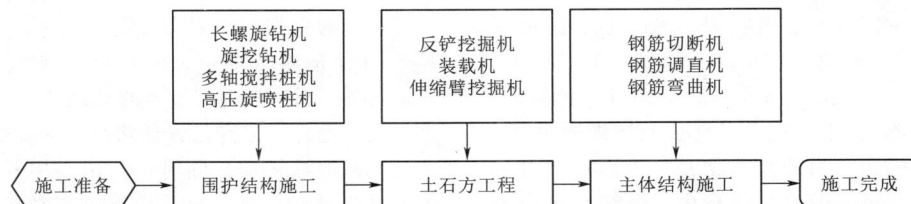

图1-1-3-5 电力电缆隧道明挖法施工工序及各工序应用装备

5. 电力电缆安装施工

电力电缆施工工序主要由电缆运输、电缆敷设、电缆接头、电缆试验组成。电力电缆安装工序及各工序机械化施工应用装备如图1-1-3-6所示。

（1）电缆运输是将电力电缆从厂家运送到施工现场

的过程，分为电缆一次运输和二次运输。电缆一次运输是指电缆生产完成后由厂家送至仓库或临时性周转场地的过程；电缆二次运输是指将电缆由仓库或临时性周转场地运送至电缆敷设地点的过程。

（2）电缆敷设是通过人工、机械组合的方法将电力

电缆展放到预定位置的施工过程。电缆运输至敷设位置后，将电缆盘设置于支撑装置或液压展放车上，通过竖井上下位置导引滑轮组将电缆牵引至电缆隧道内，并通过在隧道内布置好的电缆输送机系统将电缆敷设至指定位置。

（3）电缆在隧道内通过输送机展放至指定位置后，将电缆从输送机上移动到隧道内的电缆支架上，从一端开始将蛇形敷设的波峰点固定，通过顶伸装置配合电缆推进，顶出蛇形敷设的波谷点，最后通过固定金具进行固定。

（4）电力电缆敷设完成后，需要进行电缆接头安装工作，实现电缆与电缆的连接、电缆与架空线或其他电力设备的连接。

（5）电缆施工完成后，按照试验规程进行交接试验，主要包括电缆主绝缘耐压试验、同步分布式局部放电检测、电缆线路参数测定、电缆外护套试验。

（二）海底电缆机械化施工技术体系

海底电缆（简称海缆）机械化施工步骤总体包括：施工准备，海缆过驳，海缆敷设（电缆始端登陆→海缆埋设施工→电缆终端登陆→陆上段及高滩电缆施工），海缆保护，工程验收。海底电缆机械化施工步骤及对应的使用装备如图1-1-3-7所示。

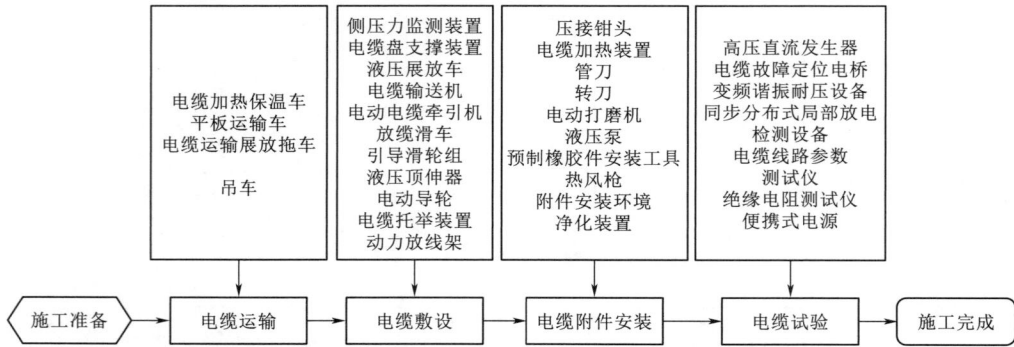

图 1-1-3-6　电力电缆安装工序及各工序机械化施工应用装备

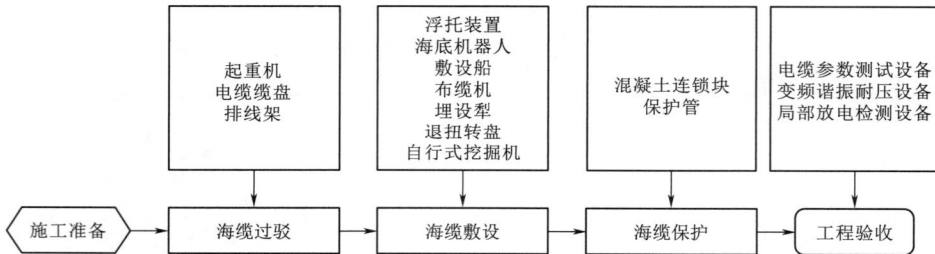

图 1-1-3-7　海底电缆机械化施工步骤及对应的使用装备

（1）工程测量、路由扫海。首先做好准备工作，即施工船舱还未到现场，就安排相应的船舶进行试航，熟悉路由关键点的海域情况，并且通过GPS测量系统对登陆点以及各个关键点的数据进行复核测量。采用声呐等扫海工具，对路由区进行反复扫海，确保路由区没有任何影响海缆敷设的障碍物。

（2）海缆过驳、运输出厂前须对海缆进行性能检测，包括交流耐压、绝缘电阻、电容等测试。海缆过驳时，厂方将海缆沿栈桥输送至海缆排线架顶，然后启动电动电缆托盘与之同步，将海缆盘至缆盘内。海缆在盘内采用人工沿俯视顺时针方向盘绕，过缆速度一般为500m/h左右。将海缆装船完成后，再次对海缆的性能进行测试，确保海缆不受过驳影响，其性能满足出厂要求，尤其要注意避免划伤海缆外层。

（3）在海缆始端登陆前，施工船应位于附近的路由轴线上，抛设牵引固定锚，然后敷设主牵引钢缆，陆上绞磨机通过滑轮牵引海缆登陆。

（4）海缆中段敷设时，海缆装入埋设犁腹部，关上门板，采用吊机将埋设犁缓缓吊入水中，搁置在海床面上。埋设犁依靠水枪冲出沟槽，海缆随着埋设犁前行陆续放入沟底。埋设调节与控制为保证海缆敷设在设计路由上，一般选择天气良好的条件下作业。敷设船拖动埋设犁沿设定路由前进，海缆埋设速度一般控制在3～10m/min。通过海缆埋设监测系统的实时监控、测量、数据采集、处理，以满足设计路由、深度要求。

（5）海缆末端登陆时，利用八字开锚将施工船调整至与岸线平行；海缆登陆由履带布缆机送出，启动布缆机将海缆通过入水槽送入水中，并使用气囊助浮，使之在水面上呈"Ω"形状；工作艇监视和控制海面上海缆弯曲情况，防止海缆打小圈；放出的海底电缆长度满足登陆长度要求后，截断海底电缆并做防潮封堵处理，再用绞磨机将海底电缆牵引至终端位置，并沿登陆段海缆逐个拆除浮运海缆的轮胎，将海缆按设计路由沉放至海床上。

（6）岸上段海缆施工与陆上电缆一致。潮间带一般采用预开沟槽方式，海缆敷设完成后进行保护管，进行回填覆盖。

（7）海缆登陆完毕，对潮间带等无法用敷设犁敷设的海缆，采用水下人工冲埋方式进行保护，遇到基岩地质时，增加保护管，保护管材质一般选不锈钢或铸铁。

（8）按照相关部门的规定，在海缆登陆点设置水线牌、警告牌，警告牌设置在登陆点两侧 50m 范围内，要求视线开阔，警告装置宜设置夜间警示灯。

（9）海缆终端制作工艺与陆上电缆一致。海缆牵引至终端塔或变电站 GIS 室，依据相关要求制作终端电缆头，并按完成相关测试工作，确保电缆头符合要求。海缆终端制作完成后，参照陆上电缆耐压试验方式进行海缆交流耐压试验方案，出具试验报告。

（10）海缆敷设完成后，若有剩余海缆，由业主单位进行处置、保存。不具备保存条件的，可委托供应商或施工单位代为保管。

第四节　输变电工程全面推进机械化施工实施方案

一、总体要求

（1）坚持系统思维，全专业、全过程、全地域、全链条、全方位推进机械化施工，为全面深化基建"六精四化"奠定坚实基础。

（2）树立"我要机械化"的思想观念，坚持安全为先，全面推进机械化施工，加快推进高风险作业"机械化换人"，保障人身安全，压降作业风险，全面提升工程建设本质安全水平。

（3）坚持专业协同，建立健全机械化施工专业协同工作机制，发展、建设、物资等各专业协同，建管、设计、评审、施工、监理等各单位联动，全面提升工程建设效率效益。

（4）坚持创新引领，立足工程建设实际，瞄准机械化施工重点难点，在设计、施工技术创新、施工装备创新和管理模式创新等方面持续推动电网建设技术水平持续提升。

（5）坚持务求实效，全面执行机械化施工应用评价体系，强化监督检查、统计分析，科学评估机械化施工应用成效，持续提升机械化施工应用水平。

二、工作目标

（1）落实基建"六精四化"三年行动计划，对标先进省份电网工程建设领域机械化施工管理先进典型，提升机械化施工能力水平。2023 年机械化施工"应用尽用"理念得到初步落实，架空线路工程整体机械化率不低于 85%，变电、电缆工程整体机械化率不低于 80%，基本形成全过程机械化施工管理体系。2024 年，机械化施工"应用尽用"理念得到全面落实，架空线路工程整体机械

化率不低于 90%，变电、电缆工程整体机械化率不低于 85%。

（2）因地制宜、科学合理制定各建管单位架空线路工程整体机械化率和变电、电缆工程整体机械化率，积极开展新型机械化施工装备应用试点，全面推广适合本区域使用的施工装备，公司输变电工程机械化施工应用率达到国家电网公司先进水平。

三、重点任务

（一）压实机械化施工管理责任

1. 全面推进机械化领导组织体系

（1）公司层面。负责公司输变电工程机械化施工的总体组织、协调和推进工作，组建机械化专业管理网络，落实各层级管理责任，解决方案落地过程中出现的相关问题。

（2）建管单位层面。

1）成立机械化施工应用提升专班，成立机械化施工评审专班，确定专门负责领导和成员，进一步提升机械化施工能力和研发创新水平。

2）贯彻落实国家电网公司和公司关于全面推进机械化施工的意见和方案，明确目标任务，细化节点要求，强化机械化施工方案专项评审把关，提升推进机械化施工成效。

3）组建机械化施工专业支撑团队，涵盖设计、评审、建管、监理、施工等方面专家，开展机械化施工专项策划和方案审查，承担机械化施工创新攻关等任务。建立机械化施工外部专家库，提供机械化施工技术、装备等方面信息和智力支持。

2. 推动机械化思想观念转变

按照国家电网公司统一部署，通过各类型的培训工作，对国家电网公司和公司关于推进机械化相关文件和制度进行宣贯学习，并召开机械化施工推进会，推动各单位树立"我要机械化"的思想观念，按照"应用尽用"理念，持续推进现场作业"机械化换人"。有序推进公司基建施工实训基地建设，积极开展机械化施工创新攻关，持续加大对机械化施工能力建设的支持力度，在装备采购、技能人才培养等方面依法合规给予指导帮助。

3. 强化省公司管理职责落实

制定落实各单位机械化施工管理职责与目标，开展省公司层面的机械化施工全过程管理，常态化开展监督与考核评价。因地制宜科学制定各单位机械化率目标值，纳入绩效考评体系；组建省公司机械化施工专家团队，完成设计、施工和监理招标合同中关于机械化施工条款修编，总结机械化施工专项设计评审工作，形成《机械化施工专项评审问题清单与典型案例库》。

4. 强化设计单位责任落实

（1）严格落实输变电工程地质勘察深度要求，提高勘察资料的准确性和完整性，编制机械化施工设计专篇，严格落实机械化率应用目标，结合项目特点和所在区域，积极应用机械化施工新设备、新技术、新工艺，深化机

械化施工专项方案。

（2）初步设计阶段，要严格落实机械化施工应用目标，针对全掏挖基础、挖孔桩等基础形式开展技术方案论证，合理确定基础型式和参数取值，满足机械化施工要求。

（3）施工图设计阶段，要开展机械化施工专题设计，编制专项设计卷册。输电线路基础优先选用原状土基础型式，变电站设计中全面采用装配式钢结构建筑物和围墙等模块化建设技术。

5. 强化评审单位责任落实

（1）按照《国网基建部关于开展输变电工程机械化施工应用量化评价的通知》（基建技术〔2023〕23号），加强可研、初设和施工图阶段机械化施工专项评审技术把关，重点审查设计专篇，落实机械化施工管理要求，审查施工机械选择、施工策划方案深度，审核机械化施工费用的合理性，在评审意见中以专门的章节说明各施工工序主要采用的施工装备，明确机械化率应用目标。

（2）强化设计质量评价，对于机械化施工设计质量不满足管控要求的工程，纳入输变电工程设计质量评价设计深度不足指标中，推动机械化施工应用尽用。

（3）常态化开展机械化施工应用技术评价，及时开展技术培训、宣贯，促进设计阶段机械化施工应用率全面提升。

6. 强化建管单位责任落实

（1）建管单位要按照"应用尽用"的总体要求，因地制宜、科学制定机械化施工应用目标及管理要求，并将其纳入参建单位合同管理。

（2）组织机械化施工专项宣贯培训，覆盖所有工程参建人员，充分发动各参建单位资源，确保全面落实机械化施工要求。

（3）结合工程建设实际，按照"机械化流水作业"原则，统筹安全、质量、进度、技术、造价、环保等因素，全面做好全过程机械化施工的组织协调工作。

（4）积极拓展机械化施工技术装备，督促施工单位通过引进试用、技术攻关等措施，推动新技术新装备在工程应用，持续提高机械化施工水平。

（5）加强机械化施工日常管理，按工程开展输变电工程机械化率评价，定期进行工作总结并改进提升，确保完成年度目标。

7. 强化监理单位责任落实

（1）建立健全机械化施工监理监督重点内容、工作机制和工作流程，切实加强监理监督责任落实，加大机械化施工监理人才的培养力度。

（2）建立机械化监理监督常态化机制，明确管理职责、重点工作要求、考核评价等内容，推动机制有效落实。

（3）发挥管控作用，在监理日志中严格记录机械化施工工作内容，定期报送工程机械化应用情况，工程转序和竣工时完成阶段机械化率评价。

8. 强化施工单位责任落实

（1）施工单位要全面履行机械化施工主体责任，按照输变电工程承包合同约定，积极响应机械化施工应用目标要求，深入开展机械化施工实施策划，在确保安全、环保、合规等前提下，稳妥推进机械化施工的现场实施。

（2）有针对性的加大高机械化施工装备应用，鼓励应用绿色节能智能化施工装备，加大装备操作技能人才的培养力度，特别是在线路组塔、架线等禁止专业分包的输变电主体工程领域，组建机械化施工专业班组，提升"自己干"能力与水平。

（3）积极创新机械化技术装备，针对技术空白与迫切需求，开展机械化施工装备技术研发并取得突破。

（二）健全机械化施工管理体系

1. 完善机械化施工管理制度

（1）制订施工装备操作人员管理制度，规范操作人员的安全培训、准入审核、持证上岗、专机专人等管理制度。

（2）完善施工装备管理要求，规范施工装备的维护保养、试验检测、进场审核、转场运输、使用检查等管理制度，修订主要施工装备的安全操作规程，加强施工装备使用安全检查。

（3）修订公司业绩考核指标评价标准，对机械化施工率高于公司整体年度目标的单位给予加分，引导各单位积极主动全面推进全过程机械化施工。

2. 加强机械化施工管理协同机制

（1）公司建设部将加强同发展、科技、物资等专业协同，在工程可研、科研立项、招投标等方面给予机械化施工更多政策支持。

（2）针对基建重点工程，提前介入项目前期，优先策划全过程机械化施工应用方案，选址选线考虑施工装备进场和作业场地需求，同步考虑环保、水保方案，费用估算综合考虑机械化施工应用成本。

（3）建立与安监部门风险管控协同机制，针对新装备应用开展安全风险评估，制定管控措施。

3. 建立机械化总结评价机制

（1）建立"周跟踪、月总结、季推进"工作机制，各项目每周梳理机械化施工进展，纳入监理日志、施工日志和工程日常标准化管控体系，每月总结工作情况，报送建管单位，每季度开展机械化施工应用专项检查，交流推广经验，分析存在问题，研究解决办法并报送公司建设部。

（2）对各建管单位机械化施工进行量化评价，深入总结机械化施工应用成效。

（3）做好首次应用的新型施工装备技术总结，分析存在问题，开展技术革新，完善技术措施，推动新型施工装备尽快具备推广应用条件。

（三）强化机械化施工全过程管理

1. 加强机械化施工策划管理

（1）建管单位要在工程前期阶段加强机械化施工专

题策划，会同环保水保评价单位，充分考虑机械化施工的技术先进性，科学评估其对环境保护和水土保持的影响，制定预防预控措施。

（2）业主、监理、施工单位分别在《建设管理纲要》《监理规划》《项目管理实施规划》中编制机械化施工策划专篇，制订有针对性的管控措施。

2. 加强机械化施工实施管理

（1）施工单位要严格落实机械化施工专题设计，结合现场踏勘复测情况，编制有针对性、可操作性的机械化施工技术方案，建设管理、监理单位组织专家审查把关。

（2）建管单位要将机械化施工纳入项目日常标准化管理体系，结合工程建设进度，分阶段开展机械化施工应用情况统计及成效分析，重点总结工程安全、质量、效率、效益、技术、环保等方面成效。监理单位建立健全机械化施工监理监督重点内容、工作机制和工作流程。切实加强监理监督责任落实，加大机械化施工、监理人才培养力度。

3. 全面应用机械化施工先进技术

（1）依据国家电网公司机械化施工技术装备体系，梳理发布适合本地区的机械化施工技术装备清单，选择适应本地域特点的先进施工装备，实现全方位、全链条满足全专业、全过程和全地域可用的机械化施工技术体系。

（2）架空线路施工优先选用旋挖钻机、流动式起重机、集控可视化牵张设备、标准化索道等施工装备。

（3）变电站建构筑物优先选用装配式技术，围墙、防火墙、盖板等优先选用预制构件，高空作业采用曲臂升降车，吊装作业采用流动式起重，设备安装采用气垫运输、智能防尘棚、全密封热油循环滤油机等施工装备。

（4）电缆工程优先采用旋挖钻机、挖掘机、装载机、流动式起重机等，电缆敷设采用电缆输送机、电动导轮等施工装备。

4. 创建全过程机械化施工示范工程

（1）编制"一工程一方案"，分工序全面梳理适用施工装备，积极扩展引进新型施工装备，明确应用管理要求。

（2）精心组织策划，各建管单位打造不少于1项示范工程，公司将选取优秀示范工程在3季度组织开展现场观摩，引领提升公司机械化施工水平。

（3）广泛动员部署，兼顾不同电压等级、工程类型，公司选取5项工程参加国家电网公司机械化施工示范工程评选。

（四）完善机械化施工保障机制

1. 加强机械化施工定额支撑

（1）依法合规用好用足现行输变电工程定额相关政策，在可研、初设等环节，科学合理计列机械化施工相关费用。

（2）针对创新研发的新型机械化施工技术及装备，同步开展相关定额计价依据研究，相关成果按程序报送电力行业定额主管机构，主动争取政策支持。

2. 加强机械化施工安全管控

（1）各单位要开展机械化施工风险预控，加强进场、使用等全过程安全管控。进场阶段，要检查确认施工装备安全状态并报审，操作人员培训合格后持证上岗。使用阶段，要严格按规程操作，检查确认安全防护装置完好，正常开启限位、超载等安全装置并确保功能正常。

（2）新型装备要开展安全性能验证，明确安全使用条件，制定安全操作规程。

3. 加强机械化施工技能人才培养

（1）制定机械化施工培训方案，组织建管单位和各参建单位人员分批参加培训，提高基建专业人员思想认识，掌握机械化施工管理要求，了解施工技术装备基本知识。

（2）依托基建实训基地和工程项目现场，组织基建专业技能人员开展机械化施工实操培训，支持施工企业组建吊车组塔、张牵机放线、主设备安装、电气试验等五类机械化施工班组，掌握输变电工程核心施工装备操作技能，通过"自己干"培养一批既懂施工装备管理又具备实操能力的专业人才。

四、相关要求

（一）强化组织领导

各单位要深刻领会机械化施工在推进"六精四化"落地实施中的重要意义，加强组织领导，按照本实施方案要求，结合工程实际，细化工作任务，制定保障措施，明确时间和责任人，加快提升施工机械化率。

（二）强化过程管控

各单位要建立机械化施工推进工作机制，项目开工前首次会上明确机械化施工要求，选取项目召开机械化施工现场会，交流推广经验，分析存在问题，研究解决办法，持续深入推动机械化施工。

（三）强化技术创新

各单位要进一步加强创新工作室建设，以解决现场实际问题为导向，根据区域地形、环境特点开展新工法、新机具研究。立足工程建设实际，增加人力、物力投入，加大工法研究和装备研发力度，不断提升机械化施工能力水平。

（四）强化过程检查

按照每半年覆盖全部建管单位要求，开展机械化施工应用管理的指导检查；各建管单位做好机械化施工过程数据统计，及时总结经验、分析不足、改进提高，要依据合同对参建单位机械化施工开展履约评价，不断提升机械化施工能力水平。

第五节　输变电工程机械化施工应用量化评价

一、评价目的和评价对象

1. 评价目的

为认真贯彻国家电网公司2023年建设物资环保专业

会议精神，深入推动基建"六精四化"三年行动计划，全面推进机械化施工，进一步提升电网建设整体安全质量、效率效益水平，依据《国家电网有限公司关于在输变电工程建设中全面推进机械化施工的实施意见》（国家电网基建〔2023〕6号）等文件要求，国网基建部决定开展输变电工程机械化施工应用情况量化评价。结合输变电工程建设实际，着力突出机械化施工应用重点导向，科学划分各专业机械化施工工序。依据当前机械化施工技术水平，实事求是，合理设计施工工序权重系数及机械化施工技术分值，通过统计分析方法，客观量化反映输变电工程机械化施工技术应用情况。

2．评价对象

35～750kV新建输变电工程，含变电工程、架空输电线路工程和电缆工程。

二、科学划分施工工序

1．变电工程

变电工程施工包括场平施工、土建施工、安装施工3个主工序。其中，土建施工划分为地基处理与基坑开挖、基础、建筑物、构筑物、构支架施工5个子工序；安装施工划分为大件就位、主变附件安装、真空注油及热油循环、主变试验、GIS就位、GIS组装、GIS试验、二次设备安装、二次电缆施工9个子工序。

2．架空输电线路工程

架空输电线路工程施工包括物料运输、基础施工、组塔施工、架线施工4个主工序。其中，基础施工划分为基坑开挖、钢筋笼绑扎、混凝土浇筑3个子工序；组塔施工划分为塔材吊装、塔片组装、塔材紧固3个子工序；架线施工划分为放线、提线紧线、导线压接、附件安装4个子工序。

3．电缆工程

电缆工程施工包括土建施工、电缆敷设施工2个主工序。其中，土建施工划分为井室支护结构、井室主体结构、通道支护结构、通道主体结构4个子工序；电缆敷设施工划分为电缆运输吊装、电缆盘架设、电缆展放、电缆就位4个子工序。

三、量化评价方法

1．合理设定权重分值

根据输变电工程施工各子工序的机械化装备应用情况，以权重系数与子工序得分加权求和方式得到统计单元的机械化应用率。根据各统计单元机械化应用率计算得出工序应用率和工程应用率等指标，即 $P = \sum_{1}^{n} \beta_i \times T_i$。其中 P 为统计单元或工序机械化应用率，%；β_i 为第 i 个子工序权重系数；T_i 为第 i 个子工序装备使用得分，%；n 为子工序数量。

子工序装备机械化程度评分由基本分和加分项之和构成。其中基本分由装备作业的安全性、人工替代、效率提升、装备智能化与平台化等4个方面综合评价赋分，

分值0～1.0，最高评分1.0。加分项由装备的创新性、山地复杂条件适用性等两个方面综合评价赋分，分值0～0.1，最高加分0.1。当基本分和加分项总和大于1时，按最高1计算。

2．全过程跟踪分析

工程机械化施工作业前，建设管理单位应依据通过评审的施工图设计文件和审定的机械化施工方案，计算工程机械化施工应用率的计划值。工程机械化施工过程中，施工项目部应逐基、逐工序记录统计施工装备应用情况，填写统计评价表格，施工项目部技术员及监理项目部监理员审核确认；业主项目部不定期组织抽查，核实填报信息与现场施工实际情况是否一致。工程机械化施工完成后，业主项目部应汇总计算机械化施工应用率实际结果，同时开展机械化施工人员替代量、工期缩短等成效分析。

针对机械化应用率计划值与实际值偏差较大（超过5%）的工程，省公司应组织专题分析，分析结果报备国网基建部。发现机械化施工"应用未用"情况时，要严格开展考核问责，并纳入参建单位履约评价。

3．实事求是分级评价

机械化施工应用率按照实际值按照逐级统计上报。

（1）公司整体机械化应用率＝各省公司机械化应用率按当期统计单项工程数加权平均值。

（2）省公司机械化应用率＝当期竣工投产的各单项工程机械化应用率的算术平均值。

（3）单项工程机械化应用率＝各统计单元机械化应用率的算术平均值。

（4）统计单元机械化应用率＝各子工序机械化程度分值×对应子工序的权重系数×100%。

4．工作要求

（1）各省公司要高度重视输变电工程机械化施工评价工作，加强组织领导，层层落实责任，开展专项培训，确保评价工作责任落实、要求明确、有序推进。每月28日前，报送当月机械化施工应用评价结果，并对其真实性和准确性负责。中国电科院按照公司统一部署，负责汇总、审核相关评价信息，配合开展评价结果分析。

（2）各单位要加强全过程从严管理与考核，采取有效措施，确保评价信息填报及时、准确、真实，能客观反映各单位的机械化施工现状水平。

（3）有关建议意见，请及时反馈国网基建部。

四、输变电工程机械化施工应用率评价表

1．架空输电线路工程机械化施工应用率评价表

架空输电线路工程机械化施工应用率评价表见表1-1-5-1。

2．变电工程机械化施工应用率评价表

变电工程机械化施工应用率评价表见表1-1-5-2。

3．电缆工程机械化施工应用率评价表

电缆工程机械化施工应用率评价表见表1-1-5-3。

表1-1-5-1 架空输电线路工程机械化施工应用率评价表

序号	工序		子工序		评价得分		
	名称	权重	名称	权重	基本分（0~1.0）		加分项（0~0.1）
					高机械化	低机械化	新装备
1	物料运输	0.1	物料运输	0.1	1.0分：直升机/无人机物料吊运、履带/轮胎式运输车、轻型卡车、水陆两用运输设备、沼泽钢轮车、标准化索道（索道牵引机）、轨道运输车 0.8分：三轮汽车/低速货车	0.2分：简易索道（后桥式索道牵引机） 0分：人力畜力运输	索道自动上下料装置、遥控索道牵引机等新型先进装备
2	基础	0.35	开挖	0.2	1.0分：旋挖钻机、螺旋钻机、螺旋锚钻机、岩石锚杆钻机、挖掘机或（挖掘机＋辅助排水设备）、静压打桩机、螺旋锚钻机 0.8分：分体式钻孔机、机械洛阳铲、潜水钻机、回转钻机、磨盘钻机、岩石开裂机	0.2分：冲孔打桩机、冲抓钻孔机、水磨钻 0分：风锚、人工开挖或爆破	分体式钻孔机（山区可用索道运输）、轮步式作业平台等新型先进装备
3			钢筋笼加工	0.05	1.0分：钢筋笼自动加工设备	0.2分：钢筋绑扎器 0分：人工绑扎	新型全自动一体机等先进装备
4			浇筑	0.1	1.0分：罐式运输车、混凝土泵车 0.8分：小型商混机械运输车（除罐式外）	0.2分：自落式搅拌机、强制式搅拌机 0分：人工搅拌、浇筑等	新型混凝土拌制、运输装备等先进装备
5	组塔	0.35	塔材吊装	0.25	1.0分：落地摇/平臂抱杆、直升机及配套工具、履带/轮胎/汽车式起重机 0.8分：人字抱杆＋双卷筒绞磨（拉线塔）	0.2分：悬浮抱杆 0分：人工组塔等	新型组塔起重机、或监测系统等先进装备
6			塔材组片	0.05	1.0分：履带/轮胎/汽车式起重机	0分：人工搬运组片等	塔材组片专用装备等新型先进装备
7			塔材紧固	0.05	1.0分：电动扭矩扳手、液压扭矩扳手、气动扭矩扳手	0分：普通扳手	自动螺栓紧固机器人等新型先进装备
8	架线	0.2	放线	0.05	1.0分：多旋翼无人机、直升机、集控可视化牵张系统 0.8分：气球、遥控飞艇、牵张设备	0分：动力伞、人工背线、人工展放等	新型放线或监测系统等先进装备
9			提线紧线	0.05	1.0分：电动紧线机、液压紧线机 0.8分：机动绞磨紧线	0分：人工紧线	卡线器推送机器人等新型先进装备
10			导线压接	0.05	1.0分：全自动压接机	0.2分：压接机	新型智能化压接机等先进装备
11			附件安装	0.05	1.0分：飞车、间隔棒运输机	0分：人工安装	自动安装机械（如机器人）等新型先进装备

表1-1-5-2 变电工程机械化施工应用率评价表

序号	工序		子工序		评价得分		
	名称	权重	名称	权重	基本分（0~1.0）		加分项（0~0.1）
					高机械化	低机械化	新装备
1	场平	0.05	场平	0.05	1.0分：推土机、挖掘机、振动压路机、装载机、自卸汽车	0.2分：小型夯实机	智能化多功能机等新型先进装备
2	土建	0.5	地基处理与基坑开挖	0.05	1.0分：挖掘机、静力压桩机、流动式起重机、螺旋打桩机、旋挖钻机 0.8分：强夯机、压密注浆机、推土机、正反循环钻机、冲击钻机、振动压路机	0.2分：小型夯实机	激光整平机等新型先进装备
3			基础施工	0.05	1.0分：基于装配式方案的流动式起重机 0.8分：基于现浇基础方案的钢筋自动加工设备、混凝土搅拌运输车、混凝土泵车、插入式混凝土振捣器	0.2分：小型夯实机 0分：铁锹	新型模具加固装置等新型先进装备

序号	工序名称	工序权重	子工序名称	子工序权重	评价得分 基本分（0~1.0）高机械化	评价得分 基本分（0~1.0）低机械化	评价得分 加分项（0~0.1）新装备
4	土建	0.5	建筑物	0.15	1.0分：基于装配式方案的流动式起重机、剪叉式升降平台、曲臂升降车、电动扳手 0.8分：基于现浇式方案的钢筋自动加工设备、混凝土搅拌动运输车、混凝土泵车，插入式混凝土振捣器	0.2分：手动扳手	新型模具和加固装置、高处作业平台车、激光整平机等新型先进装备
5			构筑物	0.15	1.0分：基于装配式方案的流动式起重机、曲臂升降车、剪叉式升降平台 0.8分：基于现浇基础方案的钢筋自动加工设备、混凝土搅拌动运输车、混凝土泵车，插入式混凝土振捣器	0.2分：手动扳手 0分：现场搅拌机	新型模具和加固装置、预制围墙运输安装一体机等新型先进装备
6			构支架	0.1	1.0分：流动式起重机、电动扳手、气动扳手		高处作业平台车等新型先进装备
7	安装	0.45	大件就位	0.05	1.0分：牵引车、轨道小车 0.8分：卷扬机、液压起重装备		
8			主变附件安装	0.05	1.0分：流动式起重机、曲臂升降车、高处作业平台车		高处作业平台车等新型先进装备
9			真空注油及热油循环	0.05	1.0分：滤油机 0.8分：油罐车	0.2分：排油泵	主变安装智能监测装置等新型先进装备
10			主变试验	0.05	1.0分：集装箱式电力变压器感应耐压及局放试验装置 0.8分：组合式电力变压器感应耐压及局放试验装置		电力变压器感应耐压及局放试验车、集装箱式油化试验室等新型先进装备
11			组合电器就位	0.05	1.0分：流动式起重机、微型履带起重机、GIS运输小坦克	0.2分：千斤顶、链条葫芦、机动绞磨	GIS/HGIS设备整体就位装备、橡胶履带式机械化平台、气垫运输设备等新型先进装备
12			组合电器组装	0.05	1.0分：智能防尘棚、带逆止阀真空泵、SF_6回收装置、SF_6气体充气装置		
13			组合电器试验	0.05	1.0分：组合式谐振耐压试验装置		集装箱式串联谐振耐压试验装置、超特高压车载式交流耐压试验平台等新型先进装备
14			二次设备安装	0.05	1.0分：流动式起重机、微型履带起重机、电动叉车＋二次屏柜搬运装置 0.8分：液压移动小车	0.2分：手提钻	新型先进装备
15			二次电缆施工	0.05	1.0分：电缆放线架		新型先进装备

表 1-1-5-3　　　　　　　　　　　　　　　　电缆工程机械化施工应用率评价表

序号	工序 名称	工序 权重	子工序 名称	子工序 权重	评价得分 基本分（0~1.0）高机械化	基本分（0~1.0）低机械化	加分项（0~0.1）新装备
1	土建施工	0.3	井室支护结构	0.1	1.0分：基于排桩体系支护技术的旋挖钻机、长螺旋钻机、配合挖掘机、装载机；基于连续墙体系支护技术的成槽机、铣墙机、配合挖掘机；基于钢板桩或钢管桩支护技术的压桩机，配合挖掘机、装载机；基于排桩体系支护技术的正、反循环钻机，配合挖掘机、装载机 0.8分：基于锚喷技术的挖掘机、水磨钻机、龙门吊	0分：人工开挖（直埋、自然放坡）	先进支护技术所配套装备
2			井室主体结构	0.05	1.0分：基于预制装配式竖井的流动式起重机 0.8分：起重机＋泵车，龙门吊＋泵车	0.2分：电瓶车＋人工绑筋、支模、浇筑 0分：人工搬运＋人工绑筋、支模、浇筑；人工砖砌	先进的专用起重机
3			通道支护结构	0.05	1.0分：压桩机，配合挖掘机、装载机 0.8分：基于暗挖喷锚技术的单臂掘进机，配合电瓶车出渣；基于明开喷锚或排管技术的挖掘机，配合装载机	0.2分：人工开挖＋电瓶车出渣＋喷锚（暗挖） 0分：人工开挖	先进支护技术所配套装备
4			通道主体结构	0.1	1.0分：装载机与流动式起重机组装顶制箱涵/管通/管节/排管；定向钻机 0.8分：起重机＋泵车，龙门吊＋电瓶车＋泵车	0.2分：电瓶车＋人工绑筋、支模、浇筑（明开、排管、暗挖） 0分：人工搬运＋人工绑筋、支架、浇筑（明开、排管、暗挖）	浅埋暗挖台车等小型化、集成化装备
5	电缆敷设施工	0.7	电缆运输吊装	0.1	1.0分：运输车＋吊车	0分：人工搬运	电缆敷设智能化控制装备等
6			电缆盘架设	0.2	1.0分：展放支架具备驱动、制动联动功能 0.9分：展放支架具备制动功能	0.2分：展放支架不具备制动功能 0分：简陋支架	
7			电缆展放	0.3	1.0分：电缆输送机、电动导轮、牵引机与电缆输送机 0.8分：牵引机	0分：人工敷设	
8			电缆就位	0.1	1.0分：专用电缆提升就位装置 0.8分：倒链或顶（拿）器	0分：人工就位	

注　1. 如单项工程中土建工程为市政管廊或已建成隧道或管井，则无土建施工工序，将电缆敷设施工权重由 0.7 提升为 1，对应子工序提升权重比例。
　　2. 盾构、顶管两种工法，在土建施工工序中默认得满分。
　　3. 单项工程机械化率＝∑本工程各标段机械化率×该标段在工程中的长度占比。

第二章

输变电工程勘测与设计

第一节 变电工程勘察设计与设备选型设计

一、变电工程勘测与设计

（一）勘测主要手段与方法

变电工程勘测主要手段与方法见表1-2-1-1。

（二）地基处理与基础

基础设计应贯彻绿色、低碳、环保理念，优先采用原状土基础形式。在工程勘察的基础上，设计应综合考虑环境与

施工条件，应优先采用环保型基础和便于机械化施工并易于贯彻施工安全、可靠、高效要求的地基处理方案。变电站基础设计中优先采用的基础形式见表1-2-1-2。

二、变电站总平面设计技术

（一）总平面布置基本要求和设计要求

变电站总平面布置基本要求和设计要求见表1-2-1-3。

（二）变电站布置方式

变电站布置方式主要有户外式、户内式、半户内式、地下式、预制舱式，不同变电站的施工方式有较大差异，见表1-2-1-4。

表1-2-1-1　　　　　　　　变电工程勘测主要手段与方法

序号	勘测步骤	主 要 手 段 与 方 法
1	工程地质调查	（1）在调查及踏勘过程中，对站址周边的地形地貌、不良地质作用的发育状况及其危害进行调查，了解变电站周边道路交通条件、影响施工设备进场、作业安全的其他地形地质问题。 （2）对站址方案起决定作用的不良地质和特殊地质，需描述其类别、范围、性质并评价其对工程的危害程度，结合机械化施工要求，提出避让或治理措施的建议
2	钻探	（1）钻探目的是了解地层结构、岩性及其分布规律，查明地下水位埋深情况。钻探结果作为确定基础和地基处理方案，以及机械化施工装备选择的依据。 （2）钻探设备的选用主要根据现场地形条件及交通条件。常规勘察钻机适用于地形平缓、无障碍物场地。交通条件较差、无法使用普通工程勘察钻机的场地可采用山地钻和背包式岩心钻
3	原位测试	（1）原位测试手段包括标准贯入试验、动力触探、静力触探等。其目的是评价地基土工程特性、对比划分地层、评价饱和砂土和粉土的地震液化及预估沉桩可能性和单桩承载力等。 （2）针对土层特性，确定基础类型、埋深和地基处理方案，提前策划机械化施工方案
4	室内试验	（1）室内试验主要有抗压、抗剪及压缩试验，试验项目和试验方法应根据基础设计要求和岩土性质确定。 （2）室内土工试验方法应符合《土工试验方法标准》（GB/T 50123—2019）的规定。 （3）室内试验目的在于测定岩土的各种物理性质及工程特性指标，供统计、分析与评价使用
5	工程物探	（1）探查地下隐伏岩溶、矿坑空洞、基岩面、风化带、断裂破碎带、滑动面及地层结构等地质界面，测定土壤电阻率等。 （2）对于特殊地质条件，在考虑施工作业风险的基础上，提出解决措施。 （3）地质雷达是一种基于高频电磁波技术来探测地下地质体的物探设备，可用于基岩深度确定、潜水面、溶洞、地下管缆探测、地层分层等。 （4）土壤电阻率测量目的是测量站址范围内土壤电阻率、辅助判定土壤的腐蚀性

表1-2-1-2　　　　　　　　变电站基础设计中优先采用的基础形式

序号	地 质 情 况	基 础 形 式
1	地质条件较好、持力层较浅区域	（1）宜采用独立基础、条形基础、大板基础等形式。 （2）当技术条件满足要求时，可采用装配式基础
2	荷载较大、地基土层上部软弱、适宜的地基持力层位置较深	当采用浅基础或人工地基在技术与经济上不合理时，宜采用桩基础。 （1）桩基础根据制作方法可分为灌注桩与预制桩。 （2）灌注桩适用范围广，通常适用于持力层层面起伏较大，可穿越各类土层及全风化基岩、强风化基岩。 （3）预制桩适用于荷载较大的建（构）筑物，广泛应用于软土地基
3	处理碎石土、砂土、低饱和度的粉土与黏性土、湿陷性黄土、素填土和杂填土等地基	宜采用强夯地基处理方式
4	高饱和度的粉土与软塑-流塑的黏性土地基上	对变形要求不严格的工程，宜采用强夯置换地基处理方式

序号	地 质 情 况	基 础 形 式
5	处理淤泥、淤泥质土、素填土等地基	宜采用水泥土搅拌桩或旋喷桩复合地基
6	其他类型的软弱地基	可根据《建筑地基处理技术规范》（JGJ 79—2012）采用振冲碎石桩、挤密桩复合地基或微型桩加固等地基处理方式

表 1 - 2 - 1 - 3　　　　　　　　　变电站总平面布置基本要求和设计要求

序号	项目	要 求
1	电气总平面布置	变电站电气总平面布置及配电装置选型应考虑所在地区地理情况和环境条件，因地制宜，节约用地，并结合运行、检修和安装要求，通过技术经济比选予以确定。电气总平面布置应满足以下四项基本要求： （1）用地节约。配电装置应尽可能布置紧凑，减少占地面积。 （2）运行安全和操作巡视方便。电气总平面布置要整齐清晰，并能在运行中满足对人身和设备的安全要求。 （3）检修和安装便利。对于各种布置方式，都应妥善考虑检修和安装条件。 （4）经济合理。总平面在满足节约用地、运行安全和操作巡视方便、检修和安装方便要求的前提下，要做到经济合理
2	变电站平面布置设计	变电站平面布置设计应确保满足机械化施工要求。 （1）在兼顾出线规划、工艺布置合理的前提下，变电站应结合自然地形布置。 （2）进站道路的设计在满足运行、检修、消防及大件运输等要求下，其路径应顺直短捷。 （3）站内道路布置除满足运行、检修、消防及设备安装外，还应符合带电设备安全距离的规定，同时综合考虑变压器、GIS等主要电气设备及建（构）筑物施工吊装方案，满足机械化施工技术要求

表 1 - 2 - 1 - 4　　　　　　　　　变电站各种布置方式的特点及其施工方式

序号	布置方式	特 点 及 施 工 方 式
1	户外式	（1）户外变电站指变压器等设备均布置于室外的变电站，这种布置方式占地面积大、施工空间大、操作方便。 （2）户外变电站由于其占地面积大，对周边环境影响大，难以与城市建设要求相适应，设备裸露在大气中，易受到环境影响
2	户内式	（1）户内变电站是指主要设备均放在室内的变电站。该类型变电站减少了总占地面积，但对建筑物的内部布置要求更高，具有紧凑、高差大、层高要求不一等特点。 （2）户内变电站施工存在操作空间有限、施工工序严格等特点
3	半户内式	（1）半户内变电站是指除变压器以外，其余全部配电装置都集中布置在一幢生产综合楼内不同楼层的电气布置方式。 （2）半户内变电站与户内变电站施工方式相似
4	地下式	（1）地下变电站是指主建筑物建于地下，变压器和其他主要电气设备均装设于地下建筑内的变电站，地上只建有变电站通风口和设备、人员出入口等少量建筑。 （2）地下变电站施工存在地质条件复杂、施工场地狭小、施工工艺要求高等特点
5	预制舱式	（1）预制舱式变电站是采用"积木化"的设计理念，将变电站的一次配电装置、二次设备等与预制舱在工厂内集成，通过标准接口现场安装。 （2）施工现场完成快速安装，大幅缩短建设周期，减少变电站的占地面积，节约土地资源

三、设备选型与设计

为了进一步提高变电站施工效率，落实国家"双碳"目标要求，节约人力资源，电气设备也在朝着集成化、一体化、绿色化、智能化发展。

（一）设备集成化技术

通过将设备集成化，采用紧凑型布置，可以减少占地面积，安装简单，接线方便，缩短施工周期。同时后期运行维护量小，给运行维护带来方便。

（1）按绝缘介质分，变电站电气设备有油绝缘和气体绝缘两种。但是电流互感器和电压互感器如果是独立的设备，就是油绝缘的互感器；如果是在GIS内部就是气体绝缘的互感器。目前GIS作为集成化设备，技术已经十分成熟，母线筒结构也由分相式发展到三相共筒式，并且继续朝着小型化深化研究。

（2）变电站其余电气设备也在朝着集成化进一步发展，以电容器组为例，常见框架式电容器组是将单只电容器按次序固定安装在框架上，电容器之间及与串联电抗器、放电线圈等设备间通过裸露导体连接，设备四周设置围栏，占地面积大，施工周期长。而集合式电容器组是由多个带小铁壳的单元电容器组成，其内部主要是多个并联的装有内熔丝的小电容元件和液体浸渍剂。单元电容器按设计要求并联和串联连接，固定在支架上，装入大油箱，注入绝缘油，电容器之间通过油绝缘来代替空气绝缘，组成集合式电容器组。

（二）舱与设备一体化技术

舱与设备一体化技术是将变电站一次、二次设备安装于预制舱内，实现工厂化安装、调试，一体化集成运输，减少现场工作量和现场交叉作业，降低安全风险。

舱与设备一体化技术可以分为舱与一次设备一体化、舱与二次设备一体化。

1. 舱与一次设备一体化

根据建设规模，将每台主变压器低压侧所带的配电装置分别布置于一个舱中。舱体无需现场拼接，舱体侧壁预留分段柜间的联系接口，现场只需通过标准化接口进行舱体间连接，消除了拼接舱体可能导致的漏水及消防问题，提高了设备的可靠性，同时现场进行模块化布置，方便于后期扩建要求。

2. 舱与二次设备一体化

二次设备预制舱中，二次设备安装方式有屏柜式和机架式两种，机架式相较于屏柜式来说，打破了传统的屏柜概念，更好地实现集成化和模块化的要求，将二次设备预制舱内采用一系列按预定隔距配置的成对垂直构件组成基本框架进行安装，机架与舱体本身结构一体化设计、制造、安装。

（三）设备绿色化技术

目前变电站的电气设备中绝缘介质主要分为油类和气体类，其中油类又以矿物油为主，气体类以六氟化硫为主。而矿物油和六氟化硫气体均存在难以降解等问题。

（1）相比矿物油，天然酯绝缘油燃点高，经过20d可降解98%，寿命更是远长于矿物油。具有安全环保、火灾危险性小、使用寿命长等优点，目前国内10～220kV天然酯绝缘油变压器已研制成功，正逐步推广应用。

（2）相比六氟化硫绝缘气体，环保气体主要有干燥空气、N_2、C_5（$C_5F_{10}O$）等，无温室效应，具有低沸点、无毒性、环境适应能力强等特点，且无氟类气体运输、安装、运行和回收成本低。同时由于无碳成分，在拉弧操作气室中不会产生含碳分解物影响绝缘性能。目前，环保气体绝缘介质的GIS设备和开关柜设备已开始推广应用。

（四）设备智能化技术

智能电气设备采用"设备本体＋智能组件＋传感器"的方案。以智能变压器为例，通过在变压器本体上增加相应传感器、智能组件设备，实现测量、控制和监测等功能，分别为监测功能组、合并单元、局部放电监测、油中溶解气体监测、有载分接开关控制，除此之外还包括冷却装置控制、光纤绕组测温等。智能变压器具备测量数字化、控制网络化、状态可视化、功能一体化、信息互动化的技术特征。设备智能化技术可以实现设备智能调试、智能运维，减少人力成本和时间成本。

（五）设备运输限制条件

变电站设计环节应考虑设备运输是否满足限制条件。例如，变电站设备运输重量突破500t级，单一的运输方式很难满足要求，往往涉及公路、铁路和水路联合运输，

运输装备从半挂车、液压平板车向低货台、桥式车组等车型组合式发展，运输距离超过2000km，跨越多个省市，综合协调工作量大。

运输尺寸及质量主要受限于公路条例，根据《超限运输车辆行驶公路管理规定》（中华人民共和国交通运输部令第62号）规定，除《汽车、挂车及汽车列车外廓尺寸、轴荷及质量限值》（GB 1589—2016）规定的冷藏车、汽车列车、专用作业车等车辆以外，其他车辆符合以下条件之一，则属于超限运输车辆：

（1）车货总高度从地面算起超过4m。

（2）车货总宽度超过2.55m。

（3）车货总长度超过18.1m。

（4）二轴货车，其车货总质量超过18000kg。

（5）三轴货车，其车货总质量超过25000kg；三轴汽车列车，其车货总质量超过27000kg。

（6）四轴货车，其车货总质量超过31000kg；四轴汽车列车，其车货总质量超过36000kg。

（7）五轴汽车列车，其车货总质量超过43000kg。

（8）六轴及六轴以上汽车列车，其车货总质量超过49000kg，其中牵引车驱动轴为单轴的，其车货总质量超过46000kg。

当运输车、货物总高度从地面算起超过4.5m，或者总宽度超过3.75m，或者总长度超过28m，或者总质量超过100t，以及其他可能严重影响公路完好、安全、畅通情形的，还应当提交记录载货时运输车、货物总体外廓尺寸信息的轮廓图和护送方案。

变电站内常见的电力大件主要有变压器、电抗器等。对于500kV及以上变压器，通常采用单相变压器，以此减少运输重和尺寸。

四、装配式技术

目前变电站基本采用装配式建（构）筑物、预制小型基础及构件等，同时创新性应用装配式基础，整体装配式建设程度较高。

（一）装配式建筑物

装配式建筑具有绿色、环保、节能、高效等特点，由最初的现场"建造"变成工厂"制造"，符合绿色低碳环保要求和可持续发展要求，可有效节约资源，建筑整体能耗偏低。由于大部分建筑主要构件是在工厂通过现代化生产线加工制作的，现场安装只是工厂生产线的延续，施工现场工人只要按照一定的顺序进行拼接安装即可，大部分的工序都交由更精密的机器来完成，从而大大提高了工程精细化程度，同时减少施工现场生产中的垃圾和噪声，对生态环境的改善有着明显作用。

在变电站建设中使用装配式建筑物已逐步成为变电站建设的主要形式。变电站装配式建筑物有混凝土结构和钢结构两种类型供选择。目前钢结构技术较为成熟，变电站建筑物宜采用装配式钢结构建筑，按工业建筑标准设计，统一标准、统一模式，满足结构设计安全年限要求，见表1-2-1-5。

表 1－2－1－5　　　　　　　　　　　　　　装配式建筑物在变电站建设中的主要形式

序号	装配式建筑物的主要形式	结 构 特 点 与 要 求
1	建筑结构	变电站建筑物结构形式宜采用钢框架结构、轻型钢结构。采用钢框架建筑物主体结构的框架梁与框架柱、主梁与次梁、围护结构的次檩条与主檩条（或龙骨）、围护结构与主体结构、雨篷挑梁与雨篷梁、雨篷梁与主体框架柱之间宜采用全螺栓连接
2	楼板及屋面板	钢框架结构屋面宜采用钢筋桁架楼承板，楼面宜采用压型钢板为底模的现浇钢筋混凝土楼板。轻型门式钢架结构屋面材料宜采用锁边压型钢板。钢筋桁架楼承板的底板宜采用镀锌钢板，采用咬口式搭缝构造，底模的连接宜采用圆柱头栓钉将压型钢板与钢梁焊接固定
3	门窗	门窗尺寸应根据墙板规格进行设计，减少墙板的切割开洞，外窗尽量避免跨板布置。当建筑物采用一体化墙板时，GIS室宜在满足密封、安全、防火、节能的前提下采用可拆卸式墙体，不设置设备运输大门
4	管线敷设	管线敷设设计应在建筑墙体排板设计时同步开展，提前规划预留相关洞口，满足工厂加工要求。采用暗敷时，对具有预埋电气穿管的结构构件应进行标准化、模块化的设计，根据管线敷设路径预留敷设及操作空间。采用一体化纤维水泥集成墙板时，室内管线宜明敷，采用水平主槽盒加竖向分支槽盒的布置方式
5	围护墙体	应选用节能环保、经济合理的材料；墙板尺寸应根据建筑外形进行排版设计，减少墙板长度和宽度种类，避免现场裁剪、开洞。采用工业化生产的成品，减少现场叠装，避免现场涂刷，便于安装
6	外围护墙体上的孔洞	外围护墙体开孔应提前在工厂完成，并做好切口保护，避免板中心开洞。外围护墙体宜采用一体化铝镁锰复合墙板、一体化纤维水泥集成板、纤维水泥复合墙板等
7	内隔墙	内隔墙宜采用一体化纤维水泥集成墙板、纤维水泥复合墙板或轻钢龙骨石膏板。内隔墙排版应根据墙体立面尺寸划分，减少墙板长度和宽度种类

（二）预制舱式辅助用房

变电站采用预制舱式辅助用房具有小型建筑标准化设计、工厂化制作、成品化配送、机械化装配等优势，具备可更换、移位、重复利用等特点，达到节能环保、安全快捷、优质高效的目的。

1. 舱体要求

预制舱式辅助用房可应用于警卫室等小型辅助生产用房，根据功能需求，可由多个基本单元拼装而成，拼接处预留连接板，现场通过螺栓连接。主体结构、围护体系及电气、水暖、通信等设施及对外接口均在工厂内

一体化完成、整体运输，现场吊装就位。

2. 结构体系

主体结构可采用钢框架箱体结构，雨篷采用轻钢结构，在现场通过螺栓与建筑连接。运输过程中应采取可靠的固定措施，每个单元应设置可靠的吊点，起吊时应保证箱体两端平衡，不得倾斜。

（三）装配式构筑物

变电站构筑物采用装配式围墙、防火墙、预制小型基础及构件等，可实现设计标准化，现场快速组装，提高机械化施工效率，见表 1－2－1－6。

表 1－2－1－6　　　　　　　　　　　　　　装配式构筑物在变电站建设中的主要形式

序号	装配式构筑物的主要形式	结 构 特 点 与 要 求
1	构支架	构架柱宜采用钢管结构或格构式结构，构架梁宜采用三角形格构式钢梁，构件采用螺栓连接，柱与基础采用地脚螺栓连接。设备支架柱采用圆形钢管结构或型钢，支架横梁采用钢管或型钢横梁，支架柱与基础采用地脚螺栓连接
2	预制小型基础及构件	预制小型基础（庭院灯基础、电源检修箱基础、空调室外机基础等）、预制水工构件（雨水井、检查井的井盖与泛水、排水明沟盖板等）和预制构筑物构件（混凝土散水、电缆沟盖板、电缆沟压顶、围墙压顶等）等可采用标准化小型预制结构
3	预制水工构筑物	化粪池宜采用装配式玻璃钢化粪池，其整体成型性好，便于工厂化生产。事故油池宜采用预制成品事故油池，主体结构采用工厂预制，运至现场再进行组装
4	装配式围墙	装配式围墙柱宜采用预制钢筋混凝土柱或型钢柱。墙体宜采用预制墙板，围墙顶部宜设预制压顶
5	装配式防火墙	装配式防火墙宜采用预制墙板，防火墙柱基础宜采用独立基础

五、三维技术

（一）基于三维技术的选址优化

传统的变电站选址往往需要花费大量的人力、物力以及时间，随着三维地理信息技术的发展，可充分利用

地理信息系统技术，结合无人机航测能够使大量属性数据在三维场景中显现，直观反映站址区域的地形地貌、植被、道路、房屋等信息，为后续机械化施工方案制定提供可靠的地理信息数据。

无人机航测服务于变电站选址主要体现在比选和最

终确定站址环节。

（1）比选环节需要根据设计人员的经验确定一个范围，由测量人员进行测量，通过无人机航测对初选出的较大范围完成快速航飞立体成图，然后由设计人员在电脑上进行三维选址。

（2）最终确定站址环节可以直观地对多个站址进行立体比对，在传统的地形图、数据比对基础上丰富了比对手段，有利于站址的确定。

选址过程主要考虑地形、地貌、地势、地表建筑物、土石方、土地性质、水源情况、站外排水情况、周边污染情况、进站道路情况等，再结合机械化施工特点，为站址的遴选提供了有力的依据。

（二）基于三维技术的配电装置优化

基于三维设计，充分考虑机械化施工条件，电气一次专业对于总平面的布置需要在典型设计方案的基础上进行优化，明确场地内设备选型的情况下，结合站外出线规划条件和站内各配电装置场地的对接条件，依据规程规范中对场地中各设备间、设备和设施间、设备和导体间、导体和导体间的控制条件，结合施工时的运输吊装条件，进行相关尺寸、高度的优化和校验。

（三）基于三维技术的电缆敷设

以往设计人员通过常规电缆敷设设计软件进行设计，只能在施工图中体现变电站电缆始端和终端安装单位处的电缆编号。由于变电站电缆数量巨大、每个安装单位处电缆编号密集，导致施工期间电缆敷设路径无法提前规划，电缆沟内的电缆无法根据敷设数量合理排列，最终造成施工任务量大、运行后期电缆追溯困难等问题。电缆敷设三维设计可做到检查电缆填充率、知晓电缆通道中电缆数设等情况，且每根电缆敷设路径和长度均可通过三维软件规划和计算在施工图中详细体现。除了实现传统敷设软件的自动敷设、路径规划、线缆长度和材料统计等功能外，可实现全景三维敷设效果展示，明确所有线缆敷设路径，有效指导现场施工，也为机械化施工提供了有利条件。

（四）基于三维技术的建筑结构二次深化设计

利用三维技术，对墙板、结构、管线全方位二次深化，精细设计，可提高建设效率。应用"三维技术"设计理念，可从建筑空间布局、建筑围护材料优选、建筑节能设计、建筑造型设计等方面优化变电站建筑设计。在钢结构深化设计阶段，对模型进行节点深化及构件优化，然后再将深化完成的模型导入到二维设计软件中进行碰撞检查，使钢结构与机电、墙板及装修等专业之间存在的交叉问题彻底解决。针对三维结构中需要进行结构计算的模型（如建筑物、构架等），可利用计算模型与三维模型双向流通，实现计算模型与三维平台的数据整合。基于深化成果进行模拟预拼装，显著提升现场施工效率，为机械化施工提供坚实保障。

（五）基于三维技术的施工模拟

在三维设计的基础上，设计人员可通过三维技术对整个施工过程进行动态模拟，实现对施工环境进行直观展现，并在此基础上对相关环节进行优化调整，更好地

实现施工过程管理，减少施工过程中不确定因素的发生。变电站三维施工模拟场景主要包括大件运输路径优化、深基坑支护施工模拟、钢结构施工吊装模拟、电气主设备安装模拟、电缆敷设路径优化等。针对不同场景，在三维设计成果的基础上，通过模型整合、划分流水段、模型进度挂接等，完成基于三维设计模型的施工进度模拟，确定合理的施工程序、顺序，动态比选施工方案并优化提升，可节约成本、缩短工期、控制施工风险、提升生产和管理效率等效益，促进机械化施工。

第二节 架空线路工程勘测与设计

一、架空线路工程机械化施工勘测要求

（一）机械化施工勘测要求

勘测对机械化施工的科学有序实施至关重要。设计是源头，是落实绿色发展、机械化施工等要求的前提，架空输电线路工程设计需要遵循的原则包括贯彻绿色、低碳、环保理念，优先采用原状土（岩）基础、绿色杆塔等工程技术；综合考虑地形地质、环境与施工条件，优先采用便于机械化施工并易于贯彻施工安全、可靠、高效要求的设计方案。

1. 勘测主要原则

输电线路工程勘测文件是输电线路工程设计的必要技术文件，是工程机械化施工的必备前置工作。与常规输电线路工程勘测相比较，应用机械化施工技术的工程勘测要求比较高，控制要求更加严格。勘测的侧重点因工程特点和地形地质条件不同而存在差异，但一般来说，输电线路机械化工程勘测除了常规要求及内容外，还应遵守以下勘测重点内容及原则。

（1）查明塔位周边道路交通条件，是否具备机械化施工设备进场条件及新修的施工便道长度。

（2）查明沿线的地形地貌条件，塔位岩土层的类型及埋藏深度等，确定适宜的基础型式及相应机械化施工方式。

（3）查明塔位周边地形特点，提出机械化施工开展前的基面处理方案建议。

（4）查明影响施工设备进场、作业安全的其他地形地质问题。

（5）评价基础施工可能性，论证施工条件及其对环境的影响。

（6）关注机械化施工的可行性、作业风险等问题，具体包括进行施工装备、工艺适用性评价，提出基础类型、持力层、设计深度等建议；是否具备施工装备进场的道路、地形地质以及安全作业的地形地貌条件，是否存在影响装备作业的不确定因素。

2. 各阶段的勘测深度要求

架空线路工程应做到全线逐基勘测，对于500kV及以上重点工程原则上应"逐腿勘测"，特殊地质条件地段宜"一塔一策"（逐塔编制勘测方案），全面满足机械化施工要求，

并紧密结合设计进程分阶段进行，见表1-2-2-1。

3. 勘测关注的重点问题

不同地形地貌和地质条件下勘测所关注的重点问题不同，见表1-2-2-2。

4. 特殊地质条件下的勘测重点和措施建议

特殊地质条件下的勘测重点和措施建议，见表1-2-2-3。

（二）主要勘测方法

针对机械化施工条件下的主要岩土工程问题，根据具体地层条件勘测工作可采用工程地质调查与测绘、钻探、原位测试、室内试验和工程物探等综合勘测方法。主要勘测方法及目的和要求见表1-2-2-4。

表1-2-2-1　　　　　　　　　　　架空输电线路工程各个阶段的勘测深度要求

序号	阶 段		勘 测 深 度 要 求
1	可行性研究阶段		（1）通过对现有资料的搜集分析和现场调查勘测，从岩土工程技术条件论证拟选路径方案的可行性与合理性，侧重调查沿线地形地貌、地层岩性、地质灾害、压覆矿产以及地质构造等情况，为编制可行性研究报告提供岩土工程技术依据。 （2）交通状况良好、地形坡度合理是开展机械化施工的一大前提，因此本阶段选线时宜新增对地形坡度的调查，推荐利于开展全过程机械化施工模式的线路路径方案，为后期塔基机械化施工创造条件
2	初步设计阶段		（1）在可行性研究的基础上，按拟选的线路路径方案做好初步的岩土工程勘测工作，为选定线路路径和编制初步设计文件提供岩土工程技术依据。 （2）一般分段查明线路地形地貌、地震动参数、地质构造、地层岩性、地下水等情况；重点查明对确定线路路径起控制作用的不良地质作用、特殊性岩土、特殊地质条件的类别、范围、性质，评价其对工程的危害程度，提出避绕或处理建议。 （3）提出机械化施工塔位基础类型的建议
3	施工图设计阶段	岩土专业	（1）施工图设计阶段岩土工程勘察，需详细查明塔基及周围的岩土性能特征和相关参数指标，正确评价施工、运行中可能出现的岩土工程问题，为塔基设计和环境整治提供岩土技术资料。 （2）山区线路在本阶段勘察一般以逐基查明塔位稳定性和地基条件为重点，定位时需要避开一些不良地质体，主要查清第四系覆盖层厚度及岩石风化特征、坚硬程度、构造特征、岩体完整程度、地下水环境等。 （3）为适应塔基机械化施工，在满足塔位场地稳定适宜的前提下，推荐靠近公路、地形比较平缓和开阔的位置立塔，其次配合设计逐基落实机械化施工的可行性。 （4）地质条件差异不大或同类型条件时，连续或成片式建议设计同一种基础类型，便于实施连续性作业方案，优化进度，节约工程造价。 （5）终勘时，针对可能采取的塔基类型和机械化施工可能性，有重点地查明岩体的坚硬程度和埋深、砂土密实度、基岩裂隙水等影响机械化施工设备选择和工法选择的地质条件
		测量专业	除按规程要求的测量工作外，为适应机械化施工的要求，还需配合设计，对可能的施工设备进场道路、道路沿线植被及周边建（构）筑物等进行测量，提供道路的高差、坡度等相关信息，便于设计专业分析评价道路修建的可行性，规划初步的方案

表1-2-2-2　　　　　　　　　　不同地形地貌和地质条件下勘测关注的重点问题

序号	地形地貌	地质条件	勘测应重点查明关注的重点问题
1	平原、丘岗	地下水埋藏较浅、存在砂土、软土等	（1）重在查清地层分布情况及性质、持力层埋深、地下水位埋深及变化幅度等。 （2）重点关注地下水的类型及分布、砂土与碎石土密实程度、软土的特性，分析及论证其对成挂的影响及可行性。 （3）重点关注岩土层及地下水对基坑开挖的影响，是否有流砂、突涌的可能性、是否会造成基坑坍塌及需要采用支护措施
2	山地、丘陵	地下水埋藏深、岩石埋藏浅	（1）重点查明塔基及临时道路地形地貌、地层岩性，查明岩石的坚硬程度、岩体的完整程度和基本质量等级。 （2）重点关注岩石的可挖性，提供各类岩石饱和单轴抗压强度推荐值。 （3）当有采用岩石锚杆基础的条件时，应重点关注岩体的完整性、坚硬程度
3	河网，泥沼、沿海滩涂等	地下水埋藏很浅、砂土、软土普遍分布	（1）重点查明资基范围地基岩土层类别及分布特征、土层颗粒级配、黏性土状态、砂土的密实状态、地下水等。 （2）重点关注的问题与平原、丘岗区比较类似，如地下水、砂土，碎石土对于机械成孔的影响，对基坑开挖的影响。 （3）除此之外还需要重点关注地下水对建筑材料、钢结构的腐蚀性

序号	地形地貌	地质条件	勘测应重点查明关注的重点问题
4	戈壁、沙漠	地下水埋藏较深、存在砂土、碎石土、盐渍土	（1）重点查明地基土的类别包括颗粒级配、颗粒形状、密实度、易溶盐类型与含量。 （2）重点关注地基土中的密实度，对于机械成孔的影响，地基土中漂石大小、含量，对机械钻进的影响 （3）还需特别关注地基土的腐蚀性

表 1 - 2 - 2 - 3　　　　　　　　　　特殊地质条件下的勘察重点和措施建议

序号	特殊地质条件	勘察重点和措施建议
1	软土	（1）重点查明地基土成因类型、分布规律及下伏硬土层的埋深与起伏，分析评价软土对基坑开挖、支护的影响，地基产生失稳和不均匀变形的可能性。 （2）软土地区基础型式尽量采用灌注桩基础、螺旋锚基础等，不宜采用开挖回填基础。如确需采用大开挖基础，应对基坑稳定性作出详细的评价，并采取合理的支护及降排水等措施
2	流砂	（1）重点查明砂土层的成因、分布规律，查明地下水的类型，尤其是承压水的分布，分析评价产生流砂、管涌、突涌的可能性，提出相应的措施建议。 （2）对于可能存在的流砂、管涌的区域，尽可能采用灌注桩基础。 （3）对于需要采用大开挖基础的开挖前采取合理的降水措施，可靠的支护措施，防止发生流砂导致基坑坍塌
3	岩溶	（1）重点调查塔基周围岩溶发育情况，采取钻探与物探相结合的手段查明塔基下基岩顶面的埋深、岩体的完整性、溶洞与土洞的发育情况，根据岩溶的发育情况、溶洞与土洞的大小、埋深、充填、水文地质条件等分析评价，推荐可采用的基础形式建议。 （2）对于岩溶发育复杂地段宜进行施工勘察

表 1 - 2 - 2 - 4　　　　　　　　　　　主要勘测方法及目的要求

勘测方法	目　的	要　求
工程地质调查与测绘	（1）了解地形地貌、附近建筑、场地内管线埋设情况等。 （2）收资内容一般应包括水文地质与工程地质普查报告，地质灾害普查或评估报告，矿产分布与开采资料，当地特殊岩土与特殊工程地质条件方面的资料	（1）在可行性研究阶段和初步设计阶段，岩土人员对沿线地形地貌、不良地质作用的发育状况及其危害进行查明，对沿线重要塔位的地质条件进行概述，按地质地貌单元分区段对各路径方案做出岩土工程评价和汇总评价。 （2）对确定线路路径方案起控制作用的不良地质作用、特殊性岩土、特殊地质条件，描述其类别、范围、性质并评价其对工程的危害程度，提出避让或治理措施的建议。 （3）施工图设计阶段，地质调查采取现场踏勘与工程测绘相结合的方式，对塔位周边的自然地质断面、不良地质作用等进行详细的调查，工作范围以塔位为中心不小于 $50m \times 50m$，排除可能影响塔位安全的各种不良地质作用，并在现场配合设计人员对部分塔位进行调整
钻探	（1）了解地层结构、岩性及其分布规律，查明地下水位埋深情况。 （2）采取土、水试样和进行标准贯入试验、动力触探试验等原位测试	（1）根据现场地形条件及交通条件采用 XY - 100 型钻机、XY - 20 型轻便钻机、SL - 20 型背包钻机、人工洛阳铲、钎探等方式。 （2）钻孔主要分为两类：一类是采用各类型钻机进行钻探的控制性勘探点，逐基布置 1～4 个勘探点，山地段钻孔一般深度 8～15m，平原段钻孔一般深度 15～30m，钻探深度应满足基础设计对勘探深度的要求，在钻进过程中，进行取样、开展标贯、动探等原位测试，对地层进行现场编录、分层；另一类是为配合地质调查而进行的简易钻探，采用洛阳铲、钎探进行勘探，目的是确定塔基范围内的地层情况、地下水埋深条件
原位测试	（1）评价地基土工程特性，对比划分地层。 （2）评价饱和砂土、粉土的地震液化。 （3）预估沉柱可能性和单桩承载力等	原位测试手段包括标准贯入试验、动力触探、静力触探等。 （1）标准贯入试验采用导向杆变径脱钩式自动落锤装置，配合钻机进行测试，测试间距为 $1.0～2.0m$，标准贯入试验锤击数 N，可对砂土、粉土、黏性土的物理状态、土的强度、变形参数、地基承载力、单桩承载力、砂土和粉土的液化、成桩的可能性等作出评价。 （2）重型动力触探或超重型动力试验用于评定碎石土、杂填土、软岩等的均匀性和物理性质。 （3）静力触探适用于软土、一般黏性土、粉土、砂土等，可根据需要选择单桥探头或双桥探头，可进行力学分层，估算土的塑性状态或密实度、强度、压缩性、地基承载力，进行液化判别等

勘测方法	目　的	要　求
室内试验	测定岩土的各种物理性质及工程特性指标，供统计、分析与评价使用	（1）室内试验项目和试验方法应根据基础设计要求和岩土性质确定。 （2）室内土工试验方法应符合《土工试验方法标准》（GB/T 50123—2019）的规定。土层应测定下列土的分类指标和物理性质指标如下： 砂土：颗粒级配、相对密度、天然含水量、天然密度、最大和最小密度（如无法取得Ⅰ级、Ⅱ级、Ⅲ级土试样时，可只进行颗粒级配试验） 粉土：颗粒级配、液限、塑限、相对密度、天然含水量、天然密度和有机质含量（目测鉴定不含有机质时，可不进行有机质含量试验） 黏性土：液限、塑限、相对密度、天然含水量、天然密度和有机质含量 特殊性土：对于湿陷性黄土、盐渍土、膨胀土等特殊性土，应按照相应规范进行相关试验 （3）岩石的成分和物理性质试验可根据工程需要选定下列试验： 单轴抗压强度试验：应分别测定干燥和饱和状态下的强度，并提供极限抗压强度和软化系数 点荷载试验：当岩芯较破碎，无法满足单轴抗压强度试验时，可进行点荷载试验 块体密度试验 吸水率和饱和吸水率试验 耐崩解性试验 膨胀试验 冻融试验
工程物探	（1）探查地下隐伏岩溶、矿坑空洞、基岩面、风化带、断裂破碎带、滑动面及地层结构等地质界面。 （2）测定土壤电阻率等	（1）土壤电阻率测量。土壤电阻率测量采用多功能直流电法仪系统及接地电阻测量仪，逐基测量，测量电极距一般为 2m、3m、5m。目的是测量全线各塔基段土壤电阻率、辅助判定土壤的腐蚀性。 （2）高密度电法测量。对于岩溶发育区，可采用高密度电法的物探方式查明基岩理深及岩溶分布。高密度电法是电阻率法的一种，其原理与电阻率法基本一致，即通过电极向地下供电，在地下建立稳定的电流场，利用岩石、土体、空腔填充物等地质体的导电性（以电阻率表征）的差异，进而分析不同地质体在地下的分布规律。通过对实测的视电阻率剖面进行计算、处理、分析，便可分析识别地层情况、矿藏贮存状况以及异常体分布等地质条件。 （3）地质雷达。地质雷达是一种基于高频电磁波技术来探测地下地质体的物探设备，其特点主要是利用高频电磁波的入射信号与反射信号的时间差来计算被测物体的距离。电磁波的反射特征主要是由地层中的不同物质的电性（以介电常数表征）差异导致，可用于基岩深度确定、潜水面、溶洞、地下管缆探测、地层分层等

（三）数字化测绘技术

设计人员早期主要利用纸质地图、矢量地形图开展输电线路路径选择工作，如今已逐步转变成利用卫星、航空、无人机等获得的各类遥感影像进行室内选线。架空输电线路路径选择应用的数字化测绘技术见表 1-2-2-5。上述两种遥感影像技术各有特点，均在工程中广泛采用。但无论采用哪种方式，设计人员选线的依据都是从数字化测绘数据中获得的工程相关地理信息，而遥感影像获得的工程地理信息相较传统地形图具有时效性强、要素丰富、表达直观等特点。

表 1-2-2-5　　　　架空输电线路路径选择应用的数字化测绘技术

序号	技术	特　点　和　应　用
1	卫星地图应用技术	（1）卫星测绘是利用人造卫星获得遥感影像、地理信息等数据的测绘技术。 （2）在工程可行性研究、初步设计阶段，为了满足设计人员选线的需求，可借助谷歌地图、天地图等软件快速便利地获取平面精度 2～5m 的卫星地图影像。 （3）对时效性及精度要求较高时，可利用商业原始卫星影像生成的精度优于 1m 的数字正射影像和数字高程模型，以满足交通困难的高山、大岭等地区施工图阶段选线需求。 （4）采用卫星地图方式成本较低，无须存储处理大量的影像数据，但数据信息精度较低，能满足工程前期选线需求

序号	技术	特 点 和 应 用
2	无人机航测影像应用技术	（1）航测是利用各类航空器获得遥感影像、地理信息等数据的测绘技术。 （2）相较于采用大型飞机进行航测，无人机航测具有对作业场地要求限制低、飞行受环境条件影响小、获得影像数据精度高的特点。 （3）无人机分为固定翼无人机和旋翼无人机，采用无人机低空摄影系统可以获取高分辨率航拍照片，生成精度优于 0.1m 的数字正射影像和数字高程模型，极大提升设计人员选线的效率与路径方案的合理性，可满足施工图阶段选线要求。 （4）采用航测尤其是无人机航测的方式，成本较高，且往往需要存储、处理海量的影像数据，对软硬件的要求较高，但获得的空间数据精度较高，基本满足施工图阶段的设计要求

二、机械化施工基础设计

（一）基础选型

基础是架空输电线路工程全过程机械化施工应用实施的重点和难点，设计能否为后续施工提供便利条件也是机械化施工落地的关键。基础形式受到各种不同的地形、地貌、地质条件的制约，见表 1-2-2-6。在当前技术水平下，为更好地适应机械化施工、绿色建造等要求，架空输电线路基础整体呈现向小型化、预制式等技术方向发展。

表 1-2-2-6　　　　不同地形、地貌、地质条件的架空输电线路基础形式

序号	地形、地貌、地质条件	基础形式特点和应用
1	平地地形	（1）土质地基且无地下水时，优先采用螺旋锚、掏挖、挖孔桩、预制微型桩基础形式，其中螺旋锚基础一般要求地基土体最大粒径不超过 50mm。 （2）有地下水时，优先采用螺旋锚、灌注桩基础形式，可选用预制微型桩、钢筋混凝土板柱基础形式
2	丘陵、山地地形	（1）无地下水时，覆盖层较薄（不大于 2.5m）且下卧岩体基本质量等级 Ⅰ～Ⅳ 级的地基条件优先采用岩石锚杆、微型桩、嵌岩挖孔桩基础形式。岩体基本质量等级 Ⅴ 级或全风化地基条件应优先采用微型桩、岩石嵌固、挖孔桩基础形式。覆盖层较厚（大于 2.5m）且下卧岩体基本质量等级 Ⅰ～Ⅴ 级的地基条件时优先采用微型桩、挖孔桩和掏挖基础形式。 （2）有地下水时，优先采用微型桩、灌注桩基础形式。 （3）大坡度地形（大于 30°），优先微型桩、挖孔桩基础、岩石嵌固基础形式
3	河网泥沼地形地貌	优先采用螺旋锚、微型预制管桩、灌注桩基础形式，可选用钢筋混凝土板柱基础形式
4	工期要求紧、需冬季低温施工	工期要求紧、需冬季低温施工的架空输电线路工程，优先采用螺旋锚、装配式基础形式
5	存在较高的崩塌、滚石风险塔位	优先采用微型桩、挖孔桩基础，且宜采用基础立柱高露头设计方案

具体基础设计需结合机械化施工理念，所选用的基础型式不仅要考虑地质条件和基础自身受力要求，还要结合现场的交通条件、植被、民事赔偿、设备性能及地形等因素，最大限度地发挥机械化施工的优势。针对机械化施工的特点，可参照表 1-2-2-7，初步确定不同基础型式适用性。基础选型方案最终根据实际情况，由机械化施工便捷性、技术经济性等因素综合比较确定。

表 1-2-2-7　　　　架空输电线路铁塔基础选型表

基础形式	硬质岩		一般土层		软弱土层	软质岩	
	覆盖层薄	覆盖层厚	无水	有水	有水	覆盖层薄	覆盖层厚
掏挖基础	＋	＋＋	＋＋	－	－	＋	＋＋
挖孔桩	＋	＋＋	＋＋	－	－	＋＋	＋＋
岩石嵌固基础	＋	＋	－	－	－	＋＋	＋
岩石锚杆基础	＋＋	＋	－	－	－	＋＋	＋＋
山地微型桩基础	＋	＋＋	＋＋	－	－	＋	＋＋
预制微型桩基础	－	－	－	＋＋	＋＋	＋	－

续表

基础形式	硬质岩		一般土层		软弱土层	软质岩	
	覆盖层薄	覆盖层厚	无水	有水	有水	覆盖层薄	覆盖层厚
板柱基础	－	－	＋	＋	＋	－	－
灌注桩	－	－	＋＋	＋＋	＋＋	－	－
螺旋锚基础	－	－	＋＋	＋＋	＋	－	－

注　1. 其中"＋＋"表示普遍适用,"＋"表示部分适用,"－"表示不适用。
　　2. 覆盖层薄一般理解为不超过 2.5m,反之则为覆盖层厚。
　　3. 软质岩以岩石饱和单轴抗压强度 $f \leqslant 30$MPa 为主,如粉砂岩等;硬质岩以岩石饱和单轴抗压强度 $f > 30$MPa 岩石为主,如凝灰岩、花岗岩等。

(二) 岩石锚杆基础

1. 锚杆基础工程特点

目前途经高山或丘陵地区架空输电线路线路段占比逐渐增加,机械化程度高的岩石锚杆基础应用需求日益迫切。岩石锚杆是一种通过水泥砂浆或细石混凝土在岩孔内的胶结,使锚筋与岩体结成整体的新型环保型输电线路基础,具有混凝土、模板、钢筋用量少,且现场施工量小等优点,有着显著的经济效益。锚杆基础的主要特点如下:

(1) 锚杆基础能够充分发挥岩土的承载能力,具有较好的抗拔性能,承受相同荷载时的地基变形比其他类型基础小。

(2) 锚杆基础主要采用机械钻孔,施工弃渣、基面开方量少,可避免人凿和爆破作业对基础周围基面及植被的损害,具有较高的施工安全保障及环保效益。

(3) 锚杆基础的基材耗用量低,在山地及丘陵地区相对于其他基础形式具有明显的经济效益。

(4) 锚杆成孔适用机械多样,施工机械化程度高,钻进速度快、效率高,具有明显的工期效益优势。

2. 岩石锚杆基础适用范围

(1) 岩石锚杆基础适宜的山地地形、地质情况较为特殊,设计需针对不同的基础适用范围、常用的锚杆基础形式及近年新技术发展方向开展锚杆基础设计应用。

(2) 目前主要适用于岩体基本质量等级为Ⅰ~Ⅴ级的岩石地基且无地下水的地质条件,在其他质量等级的岩石地基中使用时需要有充分的试验依据。一般来说在坚硬岩、较坚硬岩、较软岩、软岩,以及未风化、微风化、中等风化、强风化岩中适用性好,极软岩适用性一般,全风化岩应慎用。在完整、较完整、较破碎、破碎岩中可用,极破碎岩不采用。其中岩体基本质量等级划分详见表1-2-2-8。

表 1-2-2-8　架空输电线路岩石锚杆基础适宜的岩体基本质量等级划分

坚硬程度表述	岩石完整程度的质量等级				
	完整	较完整	较破碎	破碎	极破碎
极软岩	Ⅴ	Ⅴ	Ⅴ	Ⅴ	Ⅴ
软岩	Ⅳ	Ⅳ	Ⅴ	Ⅴ	Ⅴ
较软岩	Ⅲ	Ⅳ	Ⅳ	Ⅴ	Ⅴ

续表

坚硬程度表述	岩石完整程度的质量等级				
	完整	较完整	较破碎	破碎	极破碎
较坚硬岩	Ⅱ	Ⅲ	Ⅳ	Ⅳ	Ⅴ
坚硬岩	Ⅰ	Ⅱ	Ⅲ	Ⅳ	Ⅴ

(3) 应用岩石锚杆基础时还需要考虑地形坡度、覆盖层厚度等因素。

1) 其中适用场地的要求是坡度≤30°。

2) 对地形较缓(坡度≤25°)、地表覆盖层(含全风化层)厚度较薄(厚度≤2.5m)的丘陵、山地塔位,适合采用岩石锚杆基础。

3) 当坡度≤20°、厚度≤2.0m 时,积极优先采用岩石锚杆基础。

4) 当坡度＞30°或厚度＞3.0m 时,根据塔位具体情况分析采用岩石锚杆基础。岩石锚杆基础的承台也适用嵌入落于Ⅰ~Ⅳ级的岩体中。

3. 岩石锚杆基础常用类型

架空输电杆塔中常用岩石锚杆基础形式主要有直锚式、承台式、复合式等。随着近年来输电线路基础技术的发展,线路锚杆基础涌现出一批新型锚杆基础,主要包括压力型锚索承台基础、岩石扩底锚杆基础、装配式承台锚杆基础,见表1-2-2-9,其中承台式、复合式锚杆基础的应用较多。

4. 岩石锚杆基础设计原则

岩石锚杆成孔已实现机械化施工,锚杆基础设计应符合机械化施工理念并应遵循以下原则:

(1) 地质报告应提供详细的地质参数以满足岩石铺杆基础的设计要求。这些地质参数包括有如岩石类别、性质、风化程度、覆盖层厚度、岩石单轴饱和抗压强度等。

(2) 考虑到塔基稳定性及施工平台,塔位应尽量选择坡度较缓的位置(不宜超过30°),且周围无悬崖、陡坎等。

5. 锚杆材料和部件的选择

(1) 基本要求。锚杆材料和部件的质量及验收标准,均应符合现行标准的有关规定。锚杆材料和部件均应提供质量证明材料,必要时还应进行试验验证。

表 1－2－2－9　　　　　　　　　　　　架空输电线路岩石锚杆基础常用类型

序号	基础类型	特　点	图　示
1	直锚式	（1）将铁塔地脚螺栓作为锚筋直接锚入基岩中作为锚杆使用。 （2）主要适用于覆盖土层薄，基础作用力较小的塔位	
2	承台式	（1）由上部结构和下部锚杆组成，上部结构由立柱和承台组成。 （2）地脚螺栓锚入立柱承台中，通过承台将荷载传递到锚杆。 （3）锚杆的有效锚固长度在岩石中可达到3～8m，锚杆数量可以根据实际上拔荷载合理设计。 （4）适用范围比较广	
3	复合式　掘挖与锚杆复合基础	（1）锚杆和其他类型基础相结合而成的基础形式，可充分发挥地基条件的天然承载能力。 （2）掘挖基础和岩石锚杆结合的复合式基础，通过掘挖基础将下压荷载传递至岩基，水平传递至周围土体，上拔荷载由掘挖基础和下部锚杆共同承担。 （3）主要适用于上部覆盖层较厚（3～5m），上部土层为无地下水的坚硬、硬塑、可塑的黏性土，下部为岩石质量等级Ⅴ级及以上的基岩地质条件	

续表

序号	基础类型		特 点	图 示
3	复合式	短桩与锚杆复合基础	（1）锚杆和其他类型基础相结合而成的基础形式，可充分发挥地基条件的天然承载能力。 （2）短桩基础和岩石锚杆结合的复合式基础，桩基础承担下压荷载和水平荷载，上拔荷载由桩基础和下部锚杆共同承担。 （3）主要适用于上部覆盖层较厚（3～5m），上部土层为无地下水的碎石土或全风化岩土，下部为岩石质量等级Ⅳ级及以上的基岩地质条件	
4	压力型锚索承台基础		（1）基础下部采用中间杆体为高强度钢绞线、端部带锚固板的压力型长锚索，锚索穿过覆盖层并且底部锚入基岩，抗拔性能好，更能适应土层厚的岩石地质条件。 （2）锚索可用倾斜方式对称布置，有效提高侧向稳定性。 （3）基础上部承台仅需满足下压稳定要求，可有效地缩小承台的尺寸和埋深，减少基础的开挖。 （4）主要适用于上部的覆盖层较厚（大于5m）、下伏基岩工程性状较好的复合地层	
5	装配式承台锚杆基础		（1）上部承台采用装配式，下部锚杆锚入基岩。 （2）其中上部采用预制混凝土承台和锥形钢结构支架螺栓连接形成一个组合式承台。通过结构稳定的桁架替代原承台，既分解了内力，又避免锚杆间距要求与承台方量过大的矛盾，节约材料量，满足工程建设的环境保护要求，实现了锚杆的装配化、工厂化、标准化、机械化施工。 （3）适用于覆盖层土小于3.0m，岩石质量等级Ⅳ级及以上的硬岩地质条件。 （4）装配式承台部分（或全部）埋设地面以下，可采用混凝土构件或金属构件作组合式支架，预制承台采用混凝土条形枕木式。连接节点采用螺栓式连接（需防腐），使用装配式锚杆基础适用性更广	对于覆盖层薄（0.5m左右），或裸露硬质岩石，针对荷载条件较大的可采用直锚式装配式承台锚杆基础

续表

序号	基础类型	特　点	图　示
5	装配式承台锚杆基础	（1）上部承台采用装配式，下部锚杆锚入基岩。 （2）其中上部采用预制混凝承台和锥形钢结构支架螺栓连接形成一个组合式承台。通过结构稳定的桁架替代原承台，既分解了内力，又避免锚杆间距要求与承台方量过大的矛盾，节约材料量，满足工程建设的环境保护要求，实现了锚杆的装配化、工厂化、标准化、机械化施工。 （3）适用于覆盖层土小于3.0m，岩石质量等级Ⅳ级及以上的硬岩地质条件。 （4）装配式承台部分（或全部）埋设地面以下，可采用混凝土构件或金属构件作组合式支架，预制承台采用混凝土条形枕木式。连接节点采用螺栓式连接（需防腐），使用装配式锚杆基础适用性更广	对于覆盖层较厚（0.5～3m）的塔位，可采用装配式承台埋入式基础。 金属装配式承台锚杆基础如下图所示：

（2）锚杆胶结材料可采用细石混凝土、砂浆或成品灌浆料。采用细石混凝土，强度等级不低于C30。其中水泥适宜采用普通硅酸盐水泥，强度等级不低于42.5；细石粒径宜为5～8mm，砂子采用中砂，含泥量3%；水灰比宜为0.38～0.5，拌和水采用《混凝土用水标准》（JGJ 63—2019）要求的饮用水，不应使用污水和海水。根据需要掺入水泥用量3%～5%的膨胀剂或防水剂。采用成品灌浆料，灌浆料选用参考《水泥基灌浆材料应用技术规范》（GB/T 50448—2015）。

（3）锚筋材料宜采用表面有肋的螺纹钢筋或地脚螺栓；当采用光圆钢筋或钢管时，末端宜采用可靠的错固措施，如采用涨壳锚杆装置；错筋直径不应小于16mm，不宜大于40mm，结合通用设计成果，规格推荐采用25mm、28mm、32mm、36mm、40mm。必要时可考虑采取并筋方式。锚筋可采用HRB500、HRB400级热轧带肋钢筋，规格参照《钢筋混凝土用钢　第2部分：热轧带肋钢筋》（GB/T 1499.2—2018）要求，采用钢管时应满足《结构用无缝钢管》（GB/T 8162—2018）要求。

（4）FRP筋是由多股连续纤维（如玻璃纤维，碳纤维等）通过基地材料（如聚酰胺树脂，聚乙烯树脂，环氧树脂等）进行胶合后，经特质的模具挤压并拉拔成型

的。FRP筋比普通钢筋的抗拉强度增加1.8～3.9倍。其具有高压电抗器拉强度、良好的耐腐蚀性能，可作为锚杆基础错筋材料，试点应用于沿海等易腐蚀地质条件。FRP筋性能、加工和试验满足《纤维增强复合材料工程应用技术标准》（GB 50608—2020）要求。

（三）螺旋锚基础

1. 螺旋锚基础

（1）螺旋锚基础是近年来新发展的一种基础形式，类似一个放大的螺钉，通过施加扭矩旋入土中，进而获得充足的抗拔和抗压能力。

（2）螺旋锚基础由锚杆、锚板、上部平台等组成，利用深层土体抗力形成的锚固结构体。

（3）施工时不必开挖基坑，通过螺旋杆施加扭矩，将螺旋锚盘旋拧至较深土体中，对土体的扰动小，能充分发挥原状土体固有强度，极限承载能力相对较高。

（4）螺旋锚具有加工简单、安装和施工方便、钻进速度快且发挥承载能力快，能大幅度缩短工期、降低工程造价，具有对环境影响轻、承载力高等优点。

2. 螺旋锚基础适用范围

螺旋锚基础主要适用于黏性土、粉土、砂土以及粒径5cm以内的碎石土地质条件，对于地下水及土壤存在

中等及以下腐蚀的地区、机械化装备进场交通条件好的场地较为适宜，因基础施工机械化程度高，无须深挖基坑，施工速度快，可实现无基础混凝土施工，因此在我国北方冬季施工有一定的优势。

3. 螺旋锚基础常见类型

常见的螺旋锚基础形式如图1-2-2-1所示。

(1) 按基锚（基础中单个螺旋锚）数量可分为单锚型螺旋锚基础和群锚型螺旋锚基础。

(2) 按承台材料可分为钢筋混凝土承台式螺旋锚基础和钢结构承台式螺旋锚基础。

(3) 按承载力计算是否考虑上部承台或装置的承载能力可分为复合型基础和普通型基础。

(4) 按基锚布置方向可分为竖直和斜向两种方式。

(5) 图1-2-2-1 (a) 中钢制承台单锚型螺旋锚基

础中的基锚可采用斜向或竖向布置，同时在基锚上部可设置功能性承台（钢制或现浇钢筋混凝土或预制钢筋混凝土构件）以增加水平承载力面积，提高横向承载能力。

(6) 图1-2-2-1 (b)、图1-2-2-1 (c)、图1-2-2-1 (d) 中高桩承台群锚型螺旋锚基础可不考虑承台的承载能力，可采取与上部结构连接的螺孔偏位、基锚差异化斜向布置等措施，以减少基锚横向作用力，提高基础抗水平承载能力。

(7) 图1-2-2-1 (e) 和图1-2-2-1 (f) 中螺旋锚复合基础承载力计算需考虑承台承载能力的发挥，同时可采取与上部结构连接的地脚螺栓偏位、基锚差异化斜向布置等措施，以优化基础承载性能。锚盘主要外形可分为圆形、螺旋渐进形、方形，锚头主要形式可分为斜坡状、十字锥形状、圆锥状等。

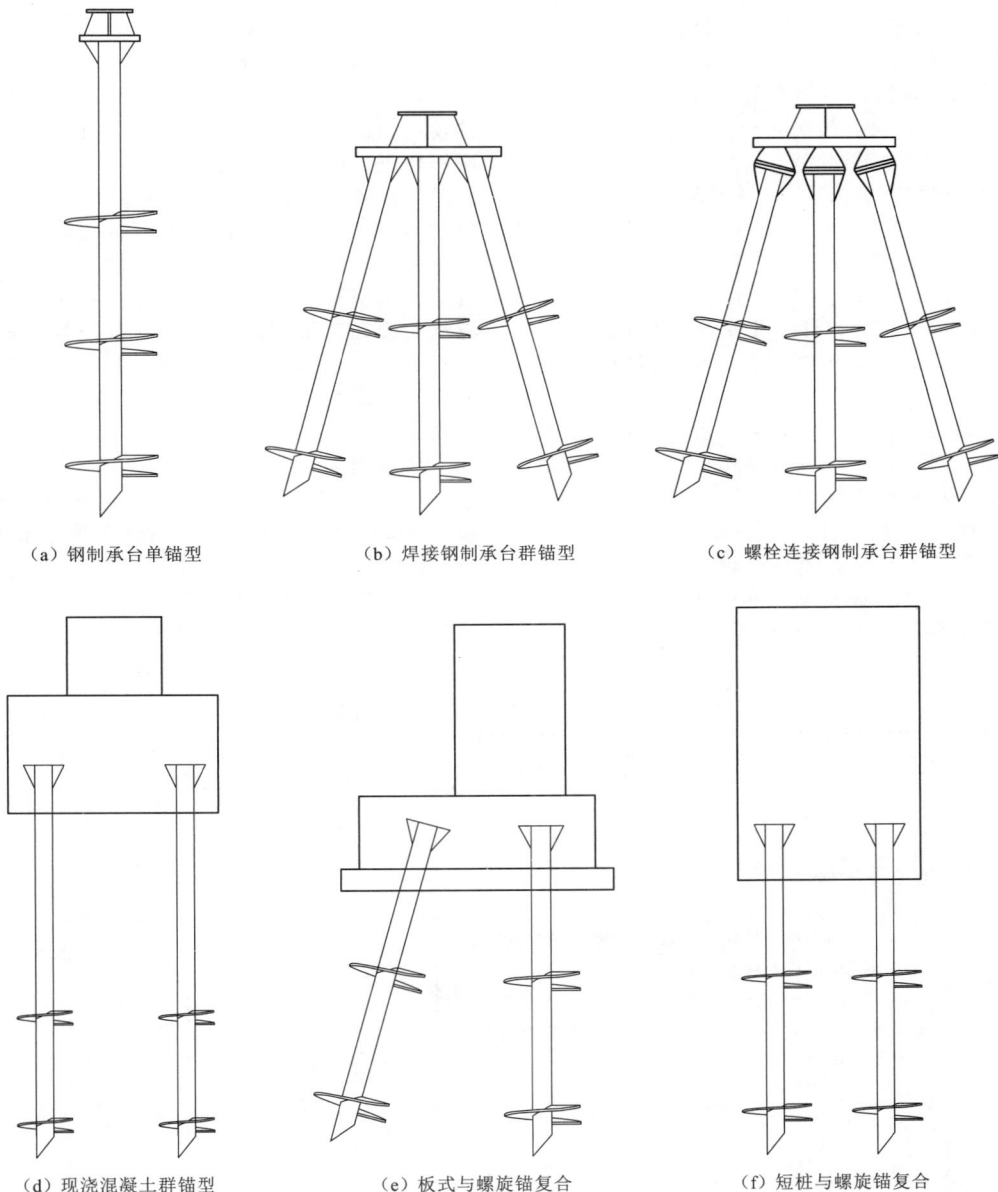

(a) 钢制承台单锚型　　　　(b) 焊接钢制承台群锚型　　　　(c) 螺栓连接钢制承台群锚型

(d) 现浇混凝土群锚型　　　　(e) 板式与螺旋锚复合　　　　(f) 短桩与螺旋锚复合

图1-2-2-1　常见的螺旋锚基础形式图

4. 螺旋锚基础结构设计原则

由于螺旋锚基础施工机械化程度高，设计选用时已符合便于机械化施工的要求，设计还需综合考虑基础作用力、地质条件、施工设备最大输出扭矩、经济性等因素，确定基础结构形式及布置方式，螺旋锚基础结构设计应遵循以下的主要原则：

（1）单锚型螺旋锚基础可采用与塔腿主材相同倾角的斜向布置方式，群锚型螺旋锚基础可采用合理的基锚斜向布置以及各基锚差异化倾斜角布置方式，以达到尽可能减少基锚横向力作用的目的。

（2）基锚与竖直向的角度不大于 25°；当基锚采用斜向布置时，基础中各锚杆的轴线延长线可相交于上部杆塔主材重心轴线附近。

（3）基础承台可采取立柱偏心或地脚螺栓偏心等结构措施，承台可根据基锚数量、排布方式等因素确定外形，钢制承台可采用塔脚板式、靴板式、法兰式等结构形式。

（4）基锚竖向布置时，锚杆中心距不宜小于 2 倍的最大锚盘直径；斜向布置时，相邻基锚的底盘中心距不宜小于 3 倍的最大锚盘直径，其他同深度锚盘的中心距不宜小于 2 倍相应位置锚盘直径。

（5）基锚最大埋深不宜大于 30 倍最大锚盘直径；首盘的埋置深度不宜小于 5 倍的首盘直径。

5. 螺旋锚基础设计优化应用建议

（1）基锚与竖直向的角度一般不大于 20°，基锚上部可增设抵抗水平荷载作用的构件，其埋置深度可取 1～2 倍的横截面直径或边长，该构件与地基及基锚间的缝隙最好注浆处理。

（2）为提高螺旋锚基础的设计可靠度，应提高螺旋锚基础勘探要求。对拟采用螺旋锚基础的塔位，适用逐基钻探。当土质条件复杂或缺少资料时，还应该采用钻探与坑探、地质调查等手段相结合的方式探明碎石土层碎石粒径分布情况，采用静力触探法提出黏性土、粉土层桩侧摩阻力、不排水剪切强度等取值建议，采用标准贯入或动力触探法提出砂土、碎石土层密实度以及相关参数取值建议。

（3）更加广泛地开展线路沿线既有地下钢结构设施的腐蚀调研，科学确定腐蚀速度，加强对螺旋锚基础耐久性的研究。

（4）细化经济对比分析。对工程中应用螺旋锚基础，考虑机械调度等固定费用，确定具有经济效益的最低应用数量，当不满足最低应用数量时建议工程不应用；对于地质条件适合可以大量应用螺旋锚的单项工程，建议大面积应用，以实现螺旋锚基础的规模效益。

（5）对于拟定的螺旋锚基础设计方案，设计应该估算提出工程基锚旋拧扭矩限值（含上、下限值）要求，经验欠缺时最好选取典型场地经试验确定扭矩限值。

（6）加强对螺旋锚基础智能化施工装备的研究和使用，同时为监测螺旋锚的钻进情况，确保高质量施工。

（7）根据所采用的螺旋锚基础形式及地质条件的不同，建议加强技术积累及施工辅助工艺研究，提升普适性。

（四）微型桩基础

1. 微型桩基础特点

输电线路工程基础地质环境复杂多样，传统的掏挖及挖孔桩基础的开挖孔径大、基坑深、机械化程度低等特点，在工程建设过程中存在土方处置的环水保问题、深基坑的重大作业风险问题及施工作业效率低问题等情况，随着基础施工机械化装备不断创新，机械化程度高的微型桩钻机的研发为微型桩基础创造了条件。微型桩基础是一种成孔直径小，采用现场成孔浇筑或成孔后采用预制微型管桩、钢管桩的新型环保型输电线路基础，具有现场开挖土方量少、混凝土用量少，且现场全机械化施工量等优点，有着显著的经济效益。

2. 微型桩基础分类

微型桩基础按桩体是否工厂化预制分为现浇微型桩和预制微型桩，其中预制微型桩沉桩可采用振动式、静压式和预钻孔施工方式，按桩体材料可分为预应力混凝土微型管桩和钢制微型管桩（又称钢管微型桩），目前有一定应用规模的微型桩包括山地现浇微型桩、预制混凝土微型管桩、钢管微型桩，见表 1-2-2-10。

表 1-2-2-10   架空输电线路微型桩基础常见类型

序号	类型	特 点 和 应 用	图 示
1	山地现浇微型桩	（1）基础采用机械化钻机成孔，然后安放钢筋笼、灌注混凝土及投石注浆方式。 （2）对山区覆盖土层较厚（超过 2.5m）或岩石基本质量等级较差、岩石锚杆基础不适用或经济性差的塔位可推荐使用	

序号	类型	特点和应用	图　示
2	预制混凝土微型管桩	（1）基础采用机械化开挖方式成孔，然后安预制混凝土管桩。 （2）对丘陵 220kV 及以下电压等级线路，且覆盖土层较厚（超过 3.0m）、岩石锚杆基础不适用或经济性差的塔位可推荐使用。 （3）微型桩推荐采用等直径、直桩型式，长径比 L/D（L 为桩长，D 为直径）一般宜小于 50。 （4）分为单桩微型桩基础和群桩微型桩基础两种形式	 （a）单桩微型桩基础　　（b）群桩微型桩基础
3	钢管微型桩	（1）一种有别于上述混凝土浇筑的微桩基础的新型微桩基础，基础是采用预制钢筋混凝土承台与微型钢管桩连接的一种装配式基础。 （2）根据地质情况，可采取后注浆与非注浆两种方式。 （3）管桩采用振动锤或静压设备沉桩。 （4）注浆采用高压注浆施工技术，利用浆液透过预留的注浆孔在柱周形成一定范围的"水泥土"，改善桩周土的力学性能，提高桩基承载能力	

3．微型桩基础适用条件

微型桩基础机械化施工需考虑线路沿线的道路交通、施工平台大小、地质水文等条件。

（1）交通地形条件。微型桩的施工机械主要采用专用微桩钻机，机械设备能够到达塔位是机械化施工的前提条件。根据钻机外形尺寸、爬坡等性能，一般距离现有道路较近、设备进场赔偿少、民事协调难度小的塔位可优先考虑；山地交通不便地区可采用可拆分式旋挖钻机或履带式旋挖钻机利用索道或轨道运输车辆进行设备运输。

（2）地形坡度适应条件。建议选择坡度在 30°以下的塔位设计微型桩基础，在设计中应控制基础边坡距离满足要求；根据钻机在操作过程中所需操作平台面积、平台处平整度要求和倾斜度等要求，机械化施工塔位要充分考虑基面的开方，选取的塔位基础示意图基面尽量平整。

（3）地质水文地质条件。山地现浇微型桩基础适用于黏性土、粉土、碎石土以及全风化或强风化岩层，结合钻机性能可扩大到当岩石单轴饱和抗压强度小于 64MPa 的中风化岩层等地质条件。钢管微型桩基础适用于基岩埋藏深、软弱土层及风化残积土层厚的地质条件、适用于非抗震设计及抗震设防烈度为 6 度、7 度的地区。地下水对微型桩成孔影响较大，针对无地下水的山地推荐选用成孔浇筑的山地现浇微型桩或预制混凝土微型管桩；有地下水的平地及河网地形可选用微型钢管桩及装配式承台基础，但地下水对钢管的腐蚀情况需综合考虑。

4．微型桩设计可依据的技术标准

微型桩设计可依据的技术标准主要如下：

（1）对于非嵌岩山地微型桩，各项承载力计算按《架空输电线路基础设计技术规程》（DL/T 5219—2014）、《建筑桩基技术规范》（JGJ 94—2008）的相关规定进行。对山地嵌岩微型桩，建议按 DL/T 5219—2014 的相关条文计算、并综合参考《输电线路岩石地基挖孔基础工程技术规范》（DL/T 5845—2021）对嵌岩挖孔桩计算的相关规定。

（2）预制微型厚度及配筋计算依据《预应力混凝土管桩技术标准》（JGJ/T 406—2017）、《架空输电线路混凝土预制管桩基础技术规定》（Q/GDW 11729—2017），承台厚度及计算依据 JGJ 94—2008。

（3）微型钢管桩基础依据 JGJ 94—2008、DL/T 5219—2014 进行设计，根据《钢结构设计标准》（GB 50017—2017）中相关要求进行钢管强度验算。

5. 微型桩设计计算原则

微型桩设计按以下计算原则执行：

（1）基础应进行竖向下压承载力、竖向上拔承载力、水平承载力、桩身及承台结构承载力的计算；必要时进行基础抗裂及裂缝宽度验算。

（2）基础设计时，所采用的作用效应组合和相应抗力如下：

1）确定桩数和布桩时，作用效应采用传至承台底面的正常使用极限状态下作用的标准组合，相应抗力采用基桩承载力特征值。

2）计算桩某沉降和水平位移时，采用正常使用极限状态下作用的准永久组合，相应的限值为地基变形和基础位移允许值。

3）计算基础结构承载力、确定尺寸和配筋时，采用承载力极限状态下作用的基本组合。

4）进行承台和桩身裂缝控制验算时，分别采用正常使用极限状态下作用的标准组合、准永久组合。

（3）对山地嵌岩微型柱，建议按 DL/T 5845—2021 的相关条文计算。

（4）打入式后注浆微型钢管桩承载力按有关标准计算。

（5）预制微型桩基础应满足各工况强度、刚度要求及运行工况的耐久性要求。设计中应综合考虑预制微型桩基础埋深、桩身直径、数量和间距等因素。混凝土承台可采用现浇或预制结构形式，推荐选用预制结构形式，同时旋转承台布置以提高刚度预制混凝土承台应预留微型预制管桩孔洞，现浇钢筋混凝土承台除有保证管桩与承台可靠连接的措施。

（五）灌注桩基础

1. 灌注桩基础特点和适用范围

（1）灌注桩基础特点。灌注桩基础适用于地下水位高的黏性土和砂上地基等，也广泛用于河网泥沼及跨河塔位，按结构布置形式可分为单桩和群桩，按埋置方式可分为低柱和高柱基础，因此可供设计选择的形式较多，可应用于各种电压等级的线路。

（2）灌注桩基础适用范围。灌注桩基础成孔机械主要有潜水钻机、旋挖钻机、冲击钻机。潜水钻机成孔灌注桩宜用于地下水位以下的黏性土、粉土、砂土、填土、碎石土及风化岩层，根据钻进方式不同可分为正循环和反循环，一般采用泥浆护壁；旋挖成孔灌注桩宜用于黏性土、粉土、砂土、填土、碎石土及风化岩层，或用于无法排放泥浆、环保要求较高的区域；冲孔灌注桩除宜用于上述地质情况外，还能穿透旧基础、建筑垃圾填土或大孤石等障碍物，但在岩溶发育的地区应慎重使用。

2. 基于机械化施工的灌注桩设计要点

（1）在机械化施工要求下，灌注桩基础设计应紧密

结合施工。设计应根据现场地形地质、地下水条件、设备能力、进场道路、施工作业面、设备转场等因素综合确定相应的设计原则，所选用的灌注桩基础型式不仅应考虑地质条件和基础自身受力要求，还应结合现场的交通条件、植被、民事赔偿、设备性能及地形等因素，最大限度地发挥机械设备的综合能力。在经技术经济比选后，因地制宜地选择单桩或群桩基础。

（2）灌注桩设计时应重视其塔位地基情况，如成孔范围内土层主要为承载能力较好的黏性土，可采用较大直径或较长桩长、较大长径比的灌注桩方案；反之则应充分考虑孔壁不稳定对于成桩质量的影响。

（3）在施工和运行过程中，如塔位附近可能存在大面积堆载或频繁的重型车辆荷载，应充分考虑其对基础稳定性的影响，基础设计时注重提高压电抗器侧刚度，采用加大桩径、增设连梁等措施，并应在交底纪要中明确提醒施工、运行单位应在塔基一定范围内采取必要的管制措施。

（4）灌注桩桩径一般不宜大于 2.4m；如灌注桩成孔范围内有较厚的黏聚力较低的粉土、粉砂或土质松软的淤泥质土，桩径应进一步降低。

（5）优选桩基方案时尽量使桩端处于承载力较好的持力层，考虑到塔腿范围内的地层变化情况以及地质专业可能未能逐基钻探，如桩端位于两层端阻力相差较大的土的交界面，计算时应取 $\pm(2\sim3)$m 以内最弱土层的端阻力。

（6）桩基布置可采用对称或其他排列形式，应使其受水平力和力矩较大方向有较大的抗弯截面模量。承台群桩基础的主柱应予以偏心，偏心距离根据每种塔型的水平力和上拔/下压力的比例关系，以 50mm 为模数进行试算，优选使群桩受力最均匀的偏心值。

3. 应用建议

（1）在桩基成孔机械选择时，应兼顾环保、施工进度、场地条件等要求，制定合理可行的施工方案。在施工进度和环保要求较高的情况下优先选用旋挖钻机进行灌注桩成孔施工。

（2）桩基础成孔需对桩位偏差、桩孔垂直度、孔底沉渣厚度等进行质量控制。

（3）对不同成孔工艺下的桩基承载力进行比较分析，提出适用于不同施工工法的桩基承载力计算参数。

（六）掏挖基础

1. 特点

掏挖基础是指先将钢筋骨架放置于掏挖成的土胎内后灌注混凝土而形成的基础。掏挖基础机械化成孔工艺，是指利用专用设备旋挖钻机，首先对掏挖基础进行直孔开挖，然后更换扩底钻头，对直孔底部进行扩径开挖，最终形成符合掏挖基础图纸要求的基坑。

2. 适用条件

（1）地质条件。机械化施工掏挖基础适用于无地下水的坚硬、硬塑、可塑，密实且稍湿的砂土，岩石单轴饱和抗压强度小于 10MPa 的极软岩及软质岩石。

（2）道路交通。旋挖钻机最大可爬30°的坡，工作状态时履带宽度为3.8m，转场时履带宽度调整为2.6m。考虑到机械设备的转场时，需修筑施工便道，对修筑道路较短，修路引起植被破坏及民事协调难度较小的塔位，宜采用机械化施工掏挖基础。

（3）施工平台。设备在运作过程中需要大约7.7m×4.0m面积的操作平台，该平台倾斜度不得大于5%。故在选取机械化施工塔位时候要充分考虑基面的开方，选取的塔位基面尽量平整，避免土方的大量开挖造成水土流失。

3．设计方法

掏挖基础设计内容包括上拔稳定性、下压稳定性、倾覆稳定性和基础本体强度设计。

4．应用建议

（1）机械化施工掏挖基础适用于无地下水的硬塑、可塑黏性土、极软岩及软质岩石。

（2）基础的立柱截面尺寸依据输电线路施工专用旋挖钻机的钻头规格确定，孔径序列为0.6～2m，以200mm为级差。

（3）采用机械化施工时建议对基础成孔自立稳定性进行计算分析，以保证施工安全和成孔质量。

（七）挖孔桩基础

1．特点及适用范围

挖孔桩基础是地层开挖成孔，然后安放钢筋笼、灌注混凝土而成的一种桩基础。在专用施工设备旋挖成孔条件下具有无须泥浆护壁、成孔迅速的优点，相对人工开挖方式孔径可减小至0.6m，埋深可达25m。

挖孔桩基础的主要适用范围如下：

（1）交通地形条件。挖孔桩的施工机械主要采用专用旋挖钻机，机械设备能够到达塔位是机械化施工的前提条件。根据专用旋挖钻机外形尺寸、爬坡等性能，一般坡度在30°以下的地形、距离现有道路较近、设备进场赔偿少、民事协调难度小的塔位可优先考虑采用机械化施工。

（2）施工操作平台。根据旋挖钻机在操作过程中所需操作平台面积、平台处平整度要求和倾斜度等要求，机械化施工塔位要充分考虑基面的开方，选取的塔位基面尽量平整。施工平台的设置宜考虑设备作业面和基础根开，基础根开较小时整个塔基可设置一个施工平台，基础根开较大时可逐腿设置施工平台。

（3）地质水文条件。机械施工挖孔桩适用于地下水位以上黏性土、粉土、碎石土以及全风化或强风化岩层。采用扩底形式时，扩底端部宜设置于具有良好自立稳定性的土层中或单轴饱和抗压强度小于10MPa的岩层，当岩石单轴饱和抗压强度不小于10MPa时不扩底。

2．设计方法与参数取值

挖孔桩基础设计内容包括下压承载力、上拔承载力、水平承载力、桩身强度等设计计算。计算理论和计算方法与灌注桩基础基本相同。

3．应用建议

（1）挖孔桩基础是输电线路中常用的基础形式，多用于地下水位以上黏性土层、粉土层、碎石土、全风化或强风化结构较完整的岩层。

（2）挖孔桩基础考虑机械化施工后，设计人员应充分考虑因设备进场引起的道路修筑、青苗赔偿、施工操作面增加等费用的计列。

（3）不同直径、埋深条件下挖孔桩基础破坏模式不同，扩底端部尺寸对单桩上拔承载力也有一定的影响，在不同的土质下应用时可对挖孔桩基础进行一定的试验和理论分析，为主要旋挖钻机机械施工的应用奠定理论基础。

（4）机械挖孔桩的成桩质量检测主要包括成孔、扩底端尺寸、清孔等，扩底挖孔桩施工中应重点检测扩底端尺寸的质量。

（5）在坚硬土、戈壁碎石土、全风化与强风化岩石等坚硬地层挖孔桩设计，优先采用增加深度方式，尽量避免扩底。

三、机械化施工杆塔设计

（一）基本要求

杆塔机械化施工与杆塔设计密切相关，应结合施工方法、施工荷载、运输条件等情况深入地开展相关设计工作，应满足以下要求：

（1）注重全寿命周期内的功能匹配。

（2）保证杆塔的强度、刚度和稳定。

（3）结构形式简洁，受力路线清晰，降低钢耗，使杆塔造价经济合理。

（4）优化构造设计，减少材料品种和构件规格，降低制造、安装和运行维护的工作量。

（5）保证待装吊段结构稳定性。

（6）进行大型复杂结构施工成形过程强度及稳定性计算。

（二）优化杆塔结构设计

根据组塔方式与运输条件的不同，对杆塔结构设计进行优化。结合采用的组装设备，依据选定的设备参数及吊装能力、施工机具、吊装实施技术方案等，细化杆塔结构的设计分段、控制单个构件质量、设置辅助施工孔。

1．杆塔机械化施工方案组合

架空输电线路机械化组塔施工优化设计方案见表1-2-2-11。

2．构件要求

（1）杆塔单个构件长度一般不超过12m，索道运输单个构件长度一般不超过9m。

（2）角钢肢宽为100mm及以下的构件长度一般不超过9m。

（3）山地和丘陵地区杆塔单个构件质量一般控制在3t以内。

（4）平地杆塔单个构件质量一般控制在5t以内。

表 1 - 2 - 2 - 11　架空输电线路机械化组塔施工
优化设计方案

条件组合		构造优化设计措施
组塔方式	运输条件	
抱杆分片组立	修建设备入场道路	细化杆塔结构的设计分段、控制单个构件质量、设置辅助施工
	采用索道运输	
轮式起重机分片组立	修建设备入场道路	
直升机吊装	无特殊要求	

（5）山地和丘陵地区杆塔中的构件选型采用方便运输的角钢构件。

3. 施工孔的设置

（1）悬垂塔"V"串正上方的杆塔横担前后侧预留施工孔。

（2）悬垂塔中横担与上曲臂连接板前后侧设置施工孔。

（3）悬垂塔边横担端部前后侧分别设置施工孔。

（4）酒杯塔和猫头塔左右 K 节点各设置施工孔用于左右节点对拉。

（5）导线横担上平面及地线支架接头处设置辅助抱杆支撑用孔。

（6）单回路耐张塔中相导线增加临时挂架，前后侧设置施工孔。

（7）耐张塔挂点附近设置施工孔。

（8）塔身主材内侧设置辅助抱杆支撑用孔。

（9）瓶口变坡处塔身正面节点板外侧设置施工孔。

（10）塔脚板、靴板设置施工孔。

四、牵张放线施工设计

（一）基本要求

设计阶段应结合机械化架线施工的特点，依据导线型式（单、双分裂），牵引场、张力场大小，结合道路运输条件，考虑合适的牵张场布置，为架线机械化施工提供便利。

（二）牵张场位置选择

（1）牵张场地应选择在地势平坦的区域，且应满足牵引机、张力机等主要架线施工机械能直接运达到位的要求。最大程度利用现有道路进行运输，尽量减少占用耕地，减少破坏植被，减少水土流失。如交通条件不便利，应贯彻国家法律法规、规程规范、地方政策对水保的相关要求，因地制宜综合比选后选择临时道路修筑方案。

（2）在选线及定位阶段需要合理选择转角点位置和耐张段长度，尽量减少"三跨"等重要交叉跨越数量，适当缩短重要跨越所在放线区段长度。

（3）设计阶段还应该结合机械化架线施工的特点，综合考虑沿线地形、交叉跨越、交通运输、牵张场大小、导线型式等因素，选择合适的牵张场位置，为架线机械化施工提供便利。典型牵张场布置见表 1 - 2 - 2 - 12。

表 1 - 2 - 2 - 12　架空输电线路架线工程
典型牵张场布置

导线形式	牵引场面积（长×宽）/(m×m)	张力场面积（长×宽）/(m×m)	道路通行条件	备注
单导线	35×20	35×20	利用现有道路	在重要跨越段应尽可能考虑设置牵张场
			修建临时道路	
双分裂导线	30×20	40×20	利用现有道路	
			修建临时道路	
四分裂导线、六分裂导线	45×40	55×45	利用现有道路	
			修建临时道路	

五、路径选择与施工道路规划

要想实现架空输电线路全过程机械化施工，必须保证施工机械可以顺利到达每一个塔位，因此统筹规划路径、塔位、物料运输，针对性做好相应的设计优化，才能有效减少人工投入，发挥机械化优势，提高施工效率、经济效益和环境效益。

（一）路径选择

1. 技术原则

为提高施工效率，节约施工成本，路径选择和优化应结合机械化施工特点，遵循以下技术原则：

（1）路径选择应综合考虑地形地貌、地质、交通及地方规划等因素，结合工程道路运输规划，使物料运输要尽量简单、便利，降低机械化运输成本，提高施工效率，缩短施工周期。

（2）路径选择宜靠近国道、省道、县道及乡镇公路，充分利用现有交通条件，便于物料运输和施工设备进场。

（3）路径选择应考虑线路对地磁电台站、电台、机场、电信线路、注气管线等邻近设施的相互影响。

（4）路径选择应综合考虑施工过程中张力场布置、放线等因素，以便于开展全过程机械化施工。

（5）河网泥沼地区线路，宜避免大范围从湖中、塘中走线，水中立塔宜避让虾塘、鱼塘等经济养殖水域。

（6）山区路径宜避开坡度大、连续上下山、林木茂密等不易运输地带。

（7）路径宜避开大片林区、自然保护区、风景名胜区、水源保护区、森林（湿地）公园等环境敏感区以及生态红线区域。

（8）路径选择应避开不良地质带和采动影响区，宜避开重冰区、易舞动区及影响安全运行的其他地区。

（9）路径选择宜沿已有电力线路或基础设施平行走线，避免分割地块。

（10）合理规划路径、档距、可利用道路及临时道路，并考虑运输的合理性和经济性。

2. 设计要求

（1）可行性研究阶段。做深做优路径方案。充分收集沿线各类规划、正射影像数据、数字高程数据、基础矢量数据等工程基础数据和电网专题数据资料，结合中高分辨率卫星影像或航空影像等资料，考虑施工便利性，开展路径选择及优化，线路宜避让高海拔地区，充分利用已有道路，选择地势平坦地区走线，宜采用局部路径调整和基础型式优化等技术手段综合选取最优路径。重视勘察工作，对线路沿线微地形、微地貌进行调查论证，确保地基承载力满足立塔和设备进场要求，重要交叉跨越和地形起伏较大区域宜实地测量，合理选择塔位、塔型和基础形式，提高机械化施工效率。路径选择尽量避开周边建（构）筑物，合理规划该段挡距。应充分考虑影响路径成立及后续机械化施工的各单位协议取得情况，做好综合经济技术比较。

（2）初步设计阶段。积极应用航空摄影测量技术和北斗导航技术，结合本阶段现场调查和沿线交通、地形、地貌、地物等情况，对多路径方案进行比选，并进行经济指标优选，进一步优化线路路径。利用可获取的最高分辨率DOM及DEM数据，开展三维数字化设计及地物标绘，结合二、三维联动手段开展杆塔预排位，注意对变电站进出线部分及其他通道拥挤地段进行优化设计。综合考虑水文条件、地质条件合理选择"三跨"及线路交叉跨越塔位。做细每基塔位的通道清理方案，并如实计列工程量，并留有适当裕度。

初步设计阶段编制独立的机械化施工专题报告，内容包含：路径方案比选及优化、临时道路方案、导地线运输及架设、杆塔选型及接地优化、基础形式选择及优化、整体材料运输方案、环水保原则及措施等，在初步设计中明确响应环评、水保批复报告中的要求。

（3）施工图设计阶段。结合线路终勘定位，逐基核实基础、杆塔施工条件、塔位坡度、物料运输和施工设备进场条件并开展牵张场设计，确保方案可行、合理、施工便利。平地区段保证塔位靠近已有道路，提高施工效率；河网区段宜避免水中立塔，保证基础和临时道路地基承载力。丘陵、山地避免在陡坡、密林处立，降低

施工难度。山区线路应结合地形高差起伏和交通条件，优化塔位和挡距，便于索道运输。

当线路地质、地形条件复杂，对工程设计方案、造价、施工装备的选用影响较大时，应逐基进一步开展地质勘探，辅助塔位优化。全面做好"设计与施工""设计与装备""设计与技术经济"三协同，实现设计更优、工程装备选择更优，工程量计列及造价更实。

（二）施工道路规划

1. 施工道路规划技术原则

施工道路规划需要统筹考虑路径方案、塔位布置、物料运输及施工设备进场，满足环水保要求，针对性做好设计优化，减少人工投入，发挥机械化优势。施工道路规划遵循以下技术原则：

（1）结合线路路径，充分收集沿线道路和地方规划资料，施工道路规划应充分利用现有及规划道路，减少临时道路修建长度，确保经济、合理。

（2）施工道路规划应结合塔位逐基制定临时道路修建方案，满足物料运输、设备进场及转场要求。

（3）根据地质、地貌条件，结合平地、河网、泥沼、丘陵、山地等地形，因地制宜，制订安全可行、绿色环保的施工道路规划方案。

（4）综合考虑物料运输及施工装备的型号、质量、尺寸，临时道路应满足装备通行宽度及承载力要求。

（5）施工道路规划应结合张力放线方案和牵张场布置等因素，便于架线机械化施工。

（6）做细地质勘察工作，充分论证施工道路沿线地质情况，确保满足临时道路修建要求。

（7）施工道路规划需考虑后期运维的便利，宜尽量选用原有的小道运输方案，沿路植被尽可能移植，以便施工结束后恢复，减少对自然植被的破坏。

2. 施工道路规划技术要求

架空输电线路施工道路规划技术要求见表1-2-2-13。

表1-2-2-13　　架空输电线路施工道路规划技术要求

序号	阶段	技术要求
1	可行性研究阶段	（1）结合地方规划、高分辨率卫星影像或航空影像等资料，梳理线路沿线道路通行条件，开展路网布置图前期规划。 （2）施工道路应综合考虑线路路径、地形、地貌和沿线敏感点情况，充分利用已有道路，逐步优化施工道路路网，确保方案可行、合理。 （3）临时道路宜选择在地势平坦地区修建，减小修建难度，便利物料运输和施工设备进场。 （4）施工道路规划应提前考虑青苗赔偿情况和民事协调难度，保证临时道路修建和物料运输的合理性和经济性
2	初步设计阶段	（1）应用航空摄影测量技术和北斗导航技术，获取高分辨率的DOM及DEM数据，结合本阶段现场调查和沿线交通，地形、地貌、地物情况，开展三维数字化施工道路规划设计。 （2）充分考虑设备进场和材料运输及机械进场装备，标绘路网运输规划图，制定物料运输路线，明确材料站、项目部位置。综合考虑水文条件、地质条件，做细每基塔位的临时道路方案，合理计列临时道路修建工程量。 （3）初步设计阶段要编制独立的机械化施工专题报告，应包含临时道路修建方案，统筹规划施工临时道路，制订杆塔道路修建明细，明确临时道路修建标准、修建长度、修建装备等信息
3	施工图设计阶段	（1）结合现场终勘定位情况，逐基核实物料运输和施工设备进场条件，确保临时道路修建方案经济、环保。平地区段充分利用已有道路，降低对耕地的占用。 （2）河网区段，结合水中立塔位置，推荐采用水上栈桥道路修建方式，减少对水域的破坏。 （3）丘陵、山地避免在陡坡、密林处修建道路，山区线路应结合地形高差起伏和交通条件，条件允许时优先采用索道运输。 （4）结合初步设计阶段三维设计成果，进一步深化三维设计，详细标绘地物及道路，准确表达地物与线路路径的相互关系

第三节 电力电缆线路工程勘察与设计

一、电力电缆线路隧道工程机械化施工勘察

（一）基本要求

勘察设计工作是工程建设中的基础工作，是工程建设的先导和灵魂之说。工程项目的质量目标是通过设计使其具体化，并作为施工的依据。勘察设计工作质量如何，不仅决定着工程质量、安全可靠程度、造价和环境效益，还决定了项目的使用价值和功能。设计中的任何失误都会在计划、建造、施工或运行中放大、扩展，引起更多的错误。因此，对工程勘察设计质量严加控制是实现项目质量目标和提高质量水平的重要保证，机械化施工应对勘察设计提出更新的要求。

岩土工程勘察是电力隧道工程建设的前置程序，其目的是查明场地、地基等工程地质条件、水文地质条件，为施工方法的比选和工程设计提供所需的岩土工程资料。电力电缆工程施工工法较多、工艺复杂，不同工法的机械化施工工艺对地质条件的适应性不同，需要的岩土参数不同，对地下水的敏感性不同，需要解决的工程地质问题也不相同，因此，需要针对不同的施工工法提出具体的勘察要求。电力电缆工程土建施工涉及工法主要有盾构法、顶管法、浅埋暗挖法及明挖法四种隧道施工工法。

（二）盾构法勘察

1. 主要勘察资料

（1）盾构法隧道轴线和始发（接收）井位置的选择，盾构设备选型、设计制造和刀盘、刀具的选择。

（2）盾构始发（接收）井支护、结构及端头加固设计与施工，地下水控制，盾构开仓检修与换刀位置的选择。

（3）盾构管片及管片背后注浆设计，盾构推进压力、推进速度、盾构姿态等施工工艺参数的确定。

（4）土体改良设计，以满足盾构施工的开挖、土压平衡的建立及出土。

（5）工程风险评估、工程周边环境保护及工程监测方案设计。

2. 重点勘察要求

（1）查明沿线各地段地形地貌、岩土类型、成因、分布与工程特性，重点查明高灵敏度软土层、松散砂土层、高塑性黏性土层、含膨胀性矿物的土层、含承压水砂层、软硬不均匀地层、含漂石或卵石地层等的分布和特征，分析评价其对盾构设计、施工的影响。

（2）在基岩地区应查明覆盖层厚度、岩土分界面位置、岩石坚硬程度、岩石风化程度、结构面发育情况、构造破碎带、岩脉的分布与特征等，分析其对盾构施工可能造成的危害。

（3）除提供必要的岩土参数外，尚应提供砂土、卵石和全风化、强风化岩石的颗粒组成、最大粒径及曲率系数、不均匀系数、耐磨矿物成分及含量，土层的黏粒含量等。耐磨矿物成分主要指石英、长石等硬质矿物，这类矿物含量对盾构刀具的选择有重要的参考意义。

（4）盾构下穿地表水体时应调查地表水和地下水之间的水力联系，分析地表水体对盾构施工可能造成的危害。

（5）通过专项勘察查明岩溶、土洞、孤石、球状风化体、地下障碍物、既有建（构）筑物的分布。重点调查对盾构施工有影响的地下管线、人防、周边基坑支护的锚索、废弃的基础等，盾构施工影响范围内的地面建（构）筑物、地表水体、道路、市政设施等。

3. 勘察报告内容

（1）分析评价盾构始发（接收）井及区间的工程地质、水文地质条件。预测可能发生的岩土工程问题，提出岩土加固范围和方法的建议。

（2）根据隧道围岩条件、断面尺寸和形式，提出对盾构设备选型及刀盘、刀具的选择以及辅助工法的建议。

（3）分析工程地质、水文地质条件可能引起的工程风险，提出控制措施的建议。

（4）提出施工阶段的环境保护和监测工作的建议。

（5）提供盾构法隧道设计、施工所需的其他勘察资料。

（三）顶管法勘察

1. 主要勘察资料

顶管法勘察主要为设计，施工等以下工作提供勘察资料：

（1）顶管法隧道轴线和始发（接收）井位置的选择，顶管设备选型、工艺参数的确定和刀盘、刀具的选择。

（2）顶管设计、施工、管材选用和管道防腐设计。电缆顶管管材大部分采用钢筋混凝土，较少采用钢、铸铁及玻璃夹砂等其他材质，若在场地污染严重区地段顶管时，应查明主要污染成分，为顶管的管材的选材提供依据。

（3）顶管始发（接收）井支护、结构及进出洞加固设计与施工，地下水控制，工具管开仓检修与换刀位置的选择。

（4）工程风险评估、工程周边环境保护以及工程监测方案设计。

2. 重点勘察要求

（1）查明沿线场地各地段地形地貌、岩土类型、成因、分布与工程特性；重点查明填土、饱和粉土、砂土的分布，提供覆盖层的工程地质特性，提供设计、施工所需的岩土参数；顶管管线位于暗埋的河湖沟坑时，应查明岩土层分布和不均匀状况，土层异常变化会影响顶管机的选型。

（2）查明沿线场地水文地质条件，分析地下水对顶管施工的危害，建议合理的地下水控制措施，提供地下

水控制设计、施工所需的水文地质参数，分析地下水控制方案对工程及其周边环境的影响。

（3）查明沿线场地各地段可能产生潜蚀、流砂、流土、管涌等渗透破坏的可能性。

（4）通过专项勘察查明沿线场地存在的地下障碍物、既有建（构）筑物的分布，包括基础类型、埋深和地下设施资料等，并对既有建（构）筑物、地下设施与顶管施工的相互影响进行分析，提出工程周边环境保护措施的建议。

3. 勘察报告内容

（1）提供顶管工程设计、施工所需的岩土及水文地质参数。

（2）分析顶管施工期间可能发生的岩土工程问题，提出防治措施建议。

（3）分析地质条件可能引起的工程风险，提出控制措施建议。

（4）提出施工阶段的环境保护和监测工作的建议。

（5）提供顶管法设计、施工所需的其他勘察资料。

（四）浅埋暗挖法勘察

1. 主要勘察资料

浅埋暗挖法勘察主要为设计、施工等以下工作提供勘察资料：

（1）隧道轴线位置和隧道断面形式及尺寸的选定，洞口、施工竖井位置和明、暗挖施工分界点的选定。

（2）开挖方案及辅助工程措施的比选。浅埋暗挖法施工的隧道可采用的施工辅助措施有超前小导管或管棚支护、锁脚锚杆（管）、临时仰拱、掌子面预加固、地层注浆加固等。

（3）围岩加固、初期支护及衬砌设计与施工。当围岩中存在较弱结构面且结构面倾角较大时，应采取措施确保较弱结构面的稳定，初期支护应能承受围岩偏压荷载。

（4）地下水控制设计与施工。浅埋暗挖法隧道开挖应在无地下水的条件下进行，当地下水位较高且缺少降水实施条件时，应采取必要措施对地层进行止水。

（5）施工设备选型和工艺参数的确定。

（6）工程风险评估、工程周边环境保护以及工程监测方案设计。

2. 勘察要求

第四纪覆盖地区土层的密实度、自稳性、地下水、饱和粉细砂层等，基岩地区的基岩起伏、结构面、构造破碎带、岩层风化带、岩溶、地热、温泉、膨胀岩等，以及隧道分布范围内的古河道、古湖泊、地下人防、地下管线、古墓穴、废弃工程残留物等均是影响浅埋暗挖法隧道施工安全的重要因素，应重点查明其分布和范围。针对浅埋暗挖法的特点及施工中可能遇到的工程地质、水文地质问题，重点勘察要求如下：

（1）松散地层隧道应查明场地岩土类型、成因、分布与工程特性，重点查明隧道通过松散层的性状、密实度及自稳性，古河道、古湖泊、地下水、饱和砂土及粉

土层的分布，填土的组成、性质及厚度。

（2）微风化及中风化岩石隧道应查明基岩起伏、岩石坚硬程度、岩体结构形态及完整状态、岩体风化程度、结构面发育情况、构造破碎带特征、岩溶发育及富水情况、围岩的膨胀性和放射性岩层分布等。

（3）通过专项勘察查明隧道沿线特殊性岩土及不良地质作用，并评价对设计、施工的影响。

（4）查明沿线场地水文地质条件，分析地下水对暗挖法施工的危害，建议合理的地下水控制措施，提供地下水控制设计、施工所需的水文地质参数，当采用降水措施时应分析地下水位降低对工程及工程周边环境的影响。

（5）分析隧道开挖引起的围岩变形特征，结合工程周边环境变形控制要求，对隧道开挖步序、围岩加固、初期支护、隧道衬砌以及环境保护提出建议。

（6）预测施工可能产生突水、涌砂、开挖面坍塌、冒顶、边墙失稳、洞底隆起、岩爆、滑坡、围岩松动、地面沉降等风险的地段，并提出防治措施的建议。

（7）通过专项调查查明隧道影响范围内的地下人防、地下轨道、公路隧道、地下管线、古墓穴、地下建（构）筑物及废弃工程的分布，以及地下管线渗漏、人防充水等情况。

3. 勘察报告内容

（1）提出开挖方法、开挖设备选型及辅助施工措施的建议。

（2）分析地层条件，提出隧道初期支护形式的建议。

（3）分析地质条件可能引起的工程风险，提出控制措施的建议。

（4）提出施工阶段的环境保护和监测工作的建议。

（5）浅埋暗挖法设计、施工所的其他勘察资料。

（五）明挖法勘察

1. 主要勘察资料

（1）基坑支护设计与施工。

（2）土方开挖设计与施工。

（3）地下水控制设计与施工。

（4）地基方案选择及地基处理的设计与施工。

（5）施工设备选型和工艺参数的确定。

（6）工程风险评估、工程周边环境保护以及工程监测方案设计。

2. 重点勘察要求

（1）查明沿线各地段地形地貌、岩土类型、成因、分布与工程特性，重点查明填土、暗浜、软弱土层及饱和粉土、砂土的分布，基岩埋深浅较浅地区的覆盖层厚度、基岩起伏、岩层产状、风化程度及破碎程度等。

（2）查明沿线场地水文地质条件，为地下水控制设计方案提供水文地质参数，分析地下水控制方案对工程及工程周边环境的影响，对基坑开挖及地下水控制过程中可能产生流砂、流土、管涌等渗透破坏的可能性进行评价并提出预防措施。

（3）提供开挖方法和支护结构设计所需要的岩土

参数。

（4）通过专项调查查明沿线场地附近既有建（构）筑物基础类型、埋深和地下设施资料，并对既有建（构）筑物、地下设施与基坑边坡的相互影响进行分析，提出工程周边环境保护措施的建议。

3．勘察报告内容

（1）提供基坑支护设计、施工所需的岩土及水文地质参数。

（2）提出基坑支护设计、施工需重点关注的岩土工程问题。

（3）分析地质条件可能引起的工程风险，提出控制措施的建议。

（4）提出施工阶段的环境保护和监测工作的建议。

（5）提供明挖法设计、施工所需的其他勘察资料。

二、电力电缆线路隧道工程机械化施工设计

（一）盾构法机械化施工设计

1．适用工程

盾构法适用于始发井及接收井具有较大场地空间、新建隧道断面单一、线形为直线或大曲率曲线、路径长度较大的电力隧道工程中，尤其适用于地下水相对丰富、地层自稳能力较差的软弱围岩地质条件，以及场地沿线环境敏感点多，沉降控制要求高的城市繁华区域。盾构法机械化程度很高，在电力隧道工程中，技术经济指标相近时，宜作为优先推荐的非开挖工法。

2．工作井构筑工艺选择

盾构工作井（也称竖井）是用于盾构组装、解体、调头、空推、调运管片和输送渣土等使用的竖井，包括始发工作井（简称始发井）、接收工作井（简称接收井）和检查工作井（简称检查井）。

始发井和接收井需满足盾构机组装、调运等空间需求，尺寸相对较大。井室宽度一般取盾构机外径加1.5～4m；始发井的最短长度应满足盾构机头部组装及反力架安装。井位的选择应满足工作井结构及施工机械作业的空间要求，电缆隧道往往建设在城市核心区域，为了节约占地常采用分体始发，并在后方预留隧道布置后配套装置以提高施工效率。检查井在盾构施工中主要为解决刀盘检修需求依据地质情况设置，可结合电缆隧道的检修、通风及电缆施工放线等需求设置成永久结构，工程中检查井的间距范围通常为0.4～1.2km。

盾构工作井的围护方式主要有沉井法、围护桩、地下连续墙等。

3．盾构机选型

盾构机是盾构隧道用于开挖、掘进、拼装管片的主要机械。盾构机选型应考虑工程场区范围内工程地质与水文地质条件、周边环境、隧道断面等因素，兼顾工期、造价等，经综合比较后确定，绝大多数工程中从土压平衡盾构机和泥水平衡盾构机两者中选取。

4．工法流程

盾构法施工工艺流程如图1-2-3-1所示。

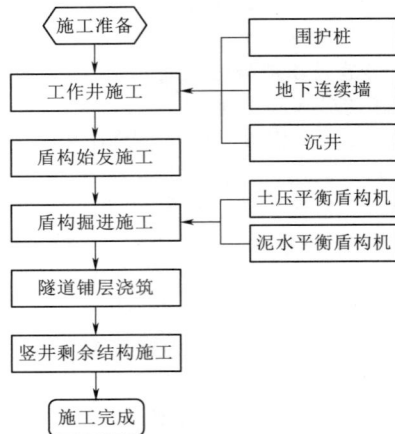

图1-2-3-1　盾构法施工工艺流程

（二）顶管法机械化施工设计

1．适用工程

（1）钻越障碍物减少拆迁，地下管线复杂不影响正常使用，交通拥挤不阻断交通，无法采用明挖法的工程。

（2）隧道所在土层力学性质较差，地下水丰富无法采用浅埋暗挖工程；隧道断面较小或隧道长度较短采用盾构法施工综合经济效益较低的工程。

2．工作井构筑工艺选择

顶管始发井是安放顶进设备和拼接顶管的场所，也是顶管顶进始发点，并且是工作人员和顶进设备的上下通道。始发井须承受主顶油缸顶进施工的作用力，要求强度上能满足顶力需要，其刚度还应满足顶进时井体不变形，它的尺寸应能容纳必需的顶管顶进设施。顶管接收井仅是接收顶管机的场所，它不受顶力作用。井的尺寸要求能够接收顶管机出洞，以及满足顶管的管道与不同标高开挖施工的隧道相连接的尺寸要求。

顶管始发（接收）井构筑工艺与盾构法工井相似，围护方式主要有围护桩、地下连续墙和沉井等，围护桩、地下连续墙在盾构法竖井构筑工艺已有介绍，顶管法着重介绍沉井围护结构。沉井是顶管法施工始发（接收）井常用的结构方式，一般作为基坑围护结构的同时兼作顶管始发（接收）井永久结构的一部分。沉井深度较小时可以采用一次制作一次下沉，针对较深的沉井也可以采用分节制作一次下沉或分节制作分次下沉。采用不排水下沉施工时，利用沉井结构承受基坑四周水平土压力；采用排水下沉施工时，利用沉井结构承受基坑四周水平土压力和外侧水压力。沉井施工涉及的主要机械包括钢筋加工机械、混凝土浇筑机械、降排水系统、伸缩臂挖掘机、土方装运机械等。

3．顶管机选型

顶管法施工可分为掘进式顶管法、挤压式顶管法。掘进式顶管法又分为机械取土掘进顶管和水力掘进顶管，挤压式顶管法又分为不出土挤压顶管和出土挤压顶管两种；按照防塌方式不同，分为机械平衡、泥水平衡、土压平衡、水压平衡、气压平衡等。当前电力工程中主要

采用泥水平衡顶管机和土压平衡顶管机两种。

顶管机选型时应根据地层情况进行综合确定，在强风化、中风化、微风化岩层顶进时，应选用具有破岩能力的顶管机，或选用敞开式顶管机；要求控制地面变形或与地下建（构）筑物距离较近时，应选用封闭式顶管机。具体选择顶管机时可参照表1-2-3-1确定，分为宜用、可用和不宜用三种情况。

表1-2-3-1　电缆隧道顶管法施工顶管机选择参考表

地层情况		顶管机类型				
		土压平衡	泥水平衡	气压平衡	破碎式	钻顶式
有地下水	淤泥	★★	★★	★		★
	黏性土	★★	★	★		★★
	粉性土	★★	★★	★		★★
	砂土 $k<10^{-6}$ m/s	★	★★	★		★
	砂土 $k<10^{-6}\sim10^{-5}$ m/s	★	★★			★
	砂砾	★	★		★	★
	卵石，岩石			★	★★	★
	含可排除障碍物			★★	★	
无地下水	岩石				★★	★
	胶结土层、强风化	★	★		★★	★
	稳定土层	★★	★★			★
	松散土层	★★	★★			★

注　★★—宜用，★—可用，空格—不宜用。

4.工法流程

顶管法施工的工艺流程如图1-2-3-2所示。

（三）浅埋暗挖法机械化施工设计

1.浅埋暗挖法适用范围

浅埋暗挖法适用于电缆隧道所处地层为硬岩至具备一定自稳能力的第四纪地层；在采用顶管法、盾构法不经济或不便组织施工设计的短距离暗挖隧道可采用浅埋暗挖法。

2.工作井构筑工艺选择

浅埋暗挖工作井主要为电缆隧道施工过程作为出土通道、下料通道、送气通道及人员进出通道，隧道施工完毕后也可根据功能需求改造为永久结构。井位的选择应满足工作井结构及施工机械作业的空间要求，结合电缆隧道的检修、通风及电缆施工放线等需求，工程中竖井的间距范围通常为0.2～0.5km。

浅埋暗挖工作井的围护方式与盾构法、顶管法的基本相同，由于浅埋暗挖法工作井尺寸相对较小，工程中通常采用倒挂井壁逆作法施工。倒挂井壁法是一种将支护结构体系倒挂在开挖井壁上的施工方法，从上向下开挖，边开挖边支护，支护结构以格栅钢架、钢筋网、小

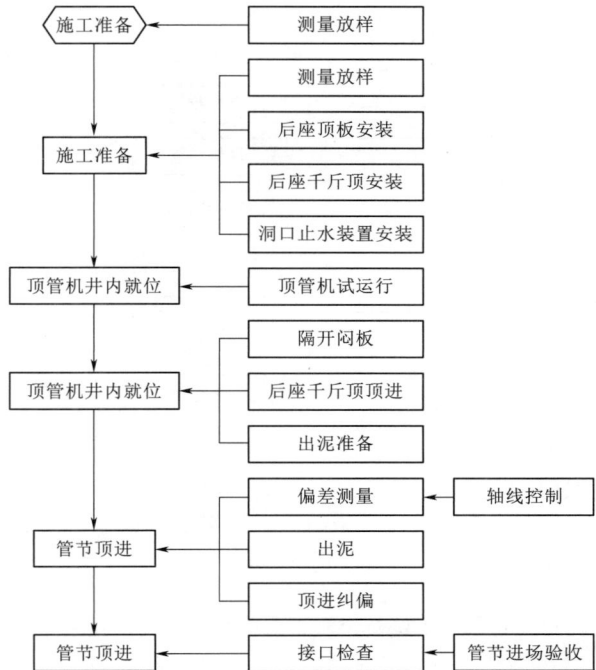

图1-2-3-2　顶管法施工的工艺流程

导管等为主，从上到下沿井壁逐段进行支护。

井室开挖常采取的是机械方式来进行，并辅助以人工，开挖渣土主要依靠电葫芦或者抓斗等设备提升至场地渣土池内，由渣土车运出场外。开挖过程中需要坚持"随开挖随支护，及时封闭成环"原则，下一循环的开挖务必要在各环封闭同时进行混凝土喷射后才能进行。

3.隧道开挖工艺选择

浅埋暗挖法可分为全断面开挖法、台阶法开挖、环形开挖预留核心土法。浅埋暗挖电缆隧道通常尺寸较小，隧道开挖支护机械设备的选择应遵循"设备一体化、小柔性、一机多用"的原则。机械化开挖作业集成设备，对于工程精度和质量的控制都有较大的帮助。

4.浅埋暗挖法机械化施工装备

浅埋暗挖法机械化施工装备应具有简单灵活的整体造型，实现挖、装、铣、锚、支护等多种功能的优化集合，具有土方开挖功能，具备多关节、可伸缩机械臂，满足狭小空间作业；实现打设超前小导管（管棚）功能，具备锚杆推进夹紧装置功能，防止长杆受力弯曲；实现钢格栅辅助架设功能，利用机械臂实现格栅拱架的平稳提升，方便安装；实现土方装运功能，利用纵向通长布置在机身上的传送带将土方运至停放在机械尾部的运输车中，最终使机械装备具备浅埋暗挖全工序机械化施工的能力。

5.浅埋暗挖法施工工艺流程

浅埋暗挖法施工工艺流程如图1-2-3-3所示。

（四）明挖法机械化施工设计

1.适用工程

明挖法适用于场地较开阔、地上附着物少、隧道埋

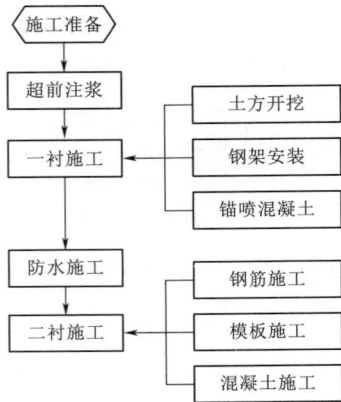

图 1-2-3-3　浅埋暗挖法施工工艺流程

深浅的区域，可用于新城开发同步建设的电力隧道或郊区电缆隧道的建设，繁华闹市区及交通干道下一般不采用明挖法施工。

2. 工艺技术

可供选择的电缆隧道施工明挖法工艺技术见表 1-2-3-2。

表 1-2-3-2　可供选择的电缆隧道施工明挖法工艺技术

序号	工艺技术类型	特点和适用范围
1	放坡开挖技术	（1）适用于地面开阔和地下地质条件较好的情况。 （2）基坑应自上而下分层，分段依次开挖，随挖随刷边坡，必要时采用水泥土护坡
2	型钢支护技术	（1）一般使用单排工字钢或钢板桩。 （2）基坑较深时可采用双排桩，由拉杆或连梁连接共同受力，也可采用多层钢横撑支护或单层、多层锚杆与型钢共同形成支护结构
3	地下连续墙支护技术	（1）一般采用钢丝绳和液压抓斗成槽，也可采用多头钻和切削轮式设备成槽。 （2）连续墙不仅能承受较大载荷，同时具有隔水效果，适用于软土和松散含水地层
4	混凝土灌注桩支护技术	（1）一般有人工挖孔、机械钻孔两种方式。 （2）钻孔中灌注普通混凝土和水下混凝土成柱。 （3）支护可采用灌注桩加横撑或锚杆形成受力体系，还可采用双排桩加连梁的悬臂结构受力体系
5	土钉墙支护技术	在原位土体中用机械钻孔或洛阳铲人工成孔，加入较密间距排列的钢筋或钢管，外注水泥砂浆或注浆，并喷射混凝土，使土体、钢筋、喷射混凝土板面结合成土钉支护体系
6	锚杆（索）支护技术	（1）在孔内放入钢筋或钢索后注浆，达到强度后与柱墙进行拉锚，加预应力锚固后共同受力。 （2）适用于高边坡及受载大的场所
7	混凝土和钢结构支撑支护方法	依据设计计算在不同开挖位置上灌注混凝土内支撑体系和安装钢结构内支撑体系，与灌注桩或连续墙形成一个框架支护体系，承受侧向土压力，内支撑体系在做结构时要拆除

3. 土方工程

工程初期及施工过程中将电缆隧道开挖范围内的土进行松动、挖掘、装载并运出，土方工程一般分为四个过程，即土方挖掘、土方装运、土方平整及土方压实。土方挖掘一般采用挖掘机，主要有正铲挖掘机、反铲挖掘机、拉铲挖掘机和抓斗挖掘机。土方装运为装载并运输至指定的弃土点，一般有装载机、铲运机及翻斗车等。土方平整即对堆放的土方进行平整，采用的机械一般有推土机和平地机。土方压实即对堆放的土方进行压实，采用的机械一般有静作用碾压机械、振动碾压机械及夯实机械等。

4. 地基处理

对基底承载力达不到设计要求的区段需要进行地基处理，处理的方法主要有注浆加固、旋喷桩加固、深层搅拌桩加固、强夯加固及基底换填等。注浆加固一般采用注浆机。注浆机包括钻孔机械、注浆泵及辅助机械；旋喷桩加固机具一般包括钻机、高压泵、泥浆泵、空压机、注浆挂、制浆机等；深层搅拌桩加固机械分为动力式和转盘式两大类，转盘式一般重心低，比较稳定，钻进及提升速度易于控制。

5. 地下水控制

对地下水位较高的明挖区段，基坑开挖前需要进行提前降水或旋喷堵水。基坑降水方法较多，一般结合现场实际情况采用一种多种组合的方式进行降水，保证无水条件下基坑开挖；旋喷堵水即用旋喷设备对基坑周边及底部进行注浆，使基坑与周边地下水进行隔离，保证基坑开挖无水作业。

6. 工艺流程

以围护结构为桩撑支护体系为例，电缆隧道明挖法施工工艺流程如图 1-2-3-4 所示。

（五）电力电缆运输方案设计

1. 运输车辆选择

将电缆从厂家运输到电缆敷设地点主要采用平板运输车、电缆凹型车等。当电缆工程位于市区时，电缆设计盘长需要考虑沿途立交桥及其他限高要求，控制整体运输高度。

2. 注意事项

（1）电缆由仓库或临时性周转场地运输至电缆放线

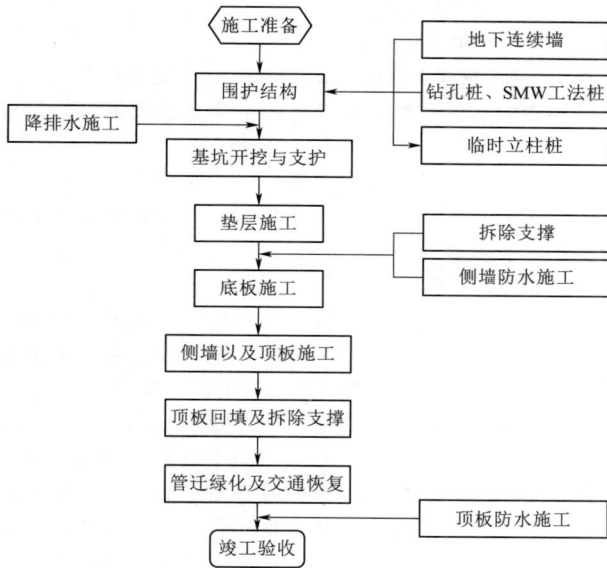

图 1-2-3-4　电缆隧道明挖施工工艺流程

井口位置的过程中，需要采用吊车将电缆盘吊装至敷设位置，并根据电缆盘与电缆本体总重量合理选择吊车规格。

（2）在冬季低温环境下施工时，电缆应提前进行预加热处理，在工程现场或附近区域设置电缆加热保温车，确保电缆敷设的最低环境温度不低于0℃。

（六）电力电缆敷设方案设计

1. 电缆放线设计

电缆放线井井位的选择除了要充分分析路径沿线地理环境和地质条件，还应综合考虑机械化放线装备占地面积的因素。电缆放线车占地一般不小于120m²，电缆放线点选择地势平坦，开阔，交通便利的地区，方便电缆盘运输车的通行。

放线过程中，电缆敷设起论点的确定应按照电缆牵引力与侧压力最小的方案选择，以免损伤电缆；路径沿线较复杂、转弯较多的敷设段宜靠近电缆放线的终点。电缆放线时采用专用拖车或放线支架支撑，由拖车引至井口进行敷设，支撑装置通过计算满足电缆转弯半径、牵引强度、侧压力要求，以免损伤电缆。

2. 电缆蛇形敷设设计

电缆在隧道内敷设时，通常采用蛇形敷设方式分散电缆末端轴向力，降低轴向力对电缆终端设备的损坏。电缆敷设至电缆支架上，首先将蛇形波峰点固定，再采用液压顶伸器顶出蛇形波谷点，拿弯过程通过液压泵上设置的压力表，对压力实时监测。

（七）电缆附件设计

对于110kV及以上电缆中间接头，其外形尺寸较大，应重点关注电缆接头区域的布置，在设计隧道断面、支架宽度和接头间距时，要充分考虑接头安装过程中施工人员和所用施工装备的占用空间。电缆在隧道敷设方式下，中间接头通常采用两种安装方式：一是将中间接头

与电缆放置于同层电缆支架上，电缆支架高度按照接头外径设计，此方案的接头部位支架较长，影响部分隧道通行空间；二是设置单独的中间接头层，上下层电缆在制作接头时倒移至中间层，此方案可压缩电缆本体所在支架的高度，且接头层支架与方案一相比较短，节省部分隧道通行空间，但单独接头层占用竖向空间，减少隧道可容纳电缆数量。此外，每组接头中三相接头宜前后错开并保持一定的间距，且隧道两侧尽可能不同时设置接头区域。

三、海底电缆机械化施工的勘察与设计

（一）海底电缆工程机械化施工勘察

1. 主要勘察资料

（1）水深和地形以及海底障碍物勘察可以为海底电缆的工程路由选址提供科学依据。

（2）海底浅部地层的结构特征、空间分布及物理力学性质勘测可以为海底电缆工程的施工挖沟机等设备的选取提供依据。

（3）海底电缆本体位置勘察可以明确海底电缆最终位置，作为向海洋管理部门报备和在海图上划定保护区的依据。

（4）海洋水文气象动力环境勘测有利于为海底电缆工程的施工船以及海底电缆的敷设稳定性提供基础资料。

2. 重点勘察要求

（1）近海勘察船应能适应2级海况或蒲氏风级3级条件下作业，远海勘察船应能适应4级海况或蒲氏风级5级条件下作业。能保持5kn以下航速工作，能满足路由调查对导航定位、安全、消防和救生、通信、供电、设备安装与收放、实验室工作等方面的要求。

（2）勘察仪器设备的技术指标应满足勘察项目的要求，应在检定、校准证书有效期内使用，并处于正常工作状态；无法在室内检定校准的仪器设备，应与传统仪器设备进行现场比对，考察其有效性；仪器设备的运输、安装、布放、操作、维护，应按其使用说明书的规定进行。

（3）采用几种勘察方法同步作业时应统一定位时间和测线、测点编号。因故测量中断或同一测线分次作业，则要按同一方法进行补测，并重叠3个定位点以上。

（4）实施全过程质量控制，对海上获取的样品等原始资料需要进行现场检验的则现场检验，需要另行安排检验的则另行安排，对未达到技术要求的，需要进行补测或重测，并对样品的分析，测试和资料的处理结果进行质量检查。

3. 勘察报告内容

（1）路由勘察时应收集路由区的地形地貌、地质、地震、水文、气象等自然环境资料，尤其要收集灾害地质因素资料，如裸露基岩、陡崖、沟槽、古河谷、浅层气、浊流、活动性沙波、活动断层等。

（2）地球物理勘察时应收集水深、底质等资料，并在此基础上识别和确定底质类型及分布、海底灾害地质

因素、海底目标物的位置、形状、大小和分布范围。

（二）海底电缆工程勘察装备

1. 多波束测深系统

多波束测深系统又称为多波束测深仪、条带测深仪或多波束测深声呐等，最初的设计构想就是为了提高海底地形测量效率。与传统的单波束测深系统每次测量只能获得测量船垂直下方一个海底测量深度值相比，多波束探测能获得一个条带覆盖区域内多个测量点的海底深度值，实现了从"点-线"测量到"线-面"测量的跨越，同时获得数百个相邻窄波束。一般由窄波束回声测深设备（包括换能器、测量船摇摆的传感装置、收发机等）和回声处理设备（包括计算机、数字打印机、横向深度剖面显示器、实时等深线数字绘图仪、系统控制键盘等）两大部分组成。多波束测深系统主要用于海底地形测量、扫海测量和海上施工区域的测量，能够精确、快速地测出沿航线一定宽度内水下目标的大小、形状和高低变化，数据经处理后可以描绘出海底地形的三维特征。

（1）选用原则。

1）水深条件。不同型号的多波束测深系统适用的水深条件差别较大，从几十米到上千米不等，测量时需根据当地水深条件合理选择相应型号的产品。

2）测量区域大小。需根据实际测量区域的大小选择相应覆盖宽度的设备，可以提高测量的效率。

3）测量精度要求。测量中还应综合考虑精度要求，尤其需要注意纵摇、横摇和艏摇的影响，发射波束将进行纵摇、横摇和艏摇校正，接收波束进行横摇校正；针对深远海缺乏潮位站支持的情况，利用 GPS 载波相位测量技术确定潮位的瞬时变化，对测深数据进行潮位补偿。

（2）施工要点。

1）多波束换能器应安装在噪声低且不易产生气泡的位置，长期使用时应该固定安装，尽量靠近船体中心位置；姿态传感器应安装在能准确反应多波束换能器姿态或测量船姿态的位置，其方向应平行于船的艏艉线。

2）建立船舶坐标系后，各配套设备的位置与原点的偏移量应该采取多次测量的方式精确量取，读数至 1cm，取平均值作为测量结果。

3）测线布设尽量平行于等深线的走向或潮流的方向，间距不应大于有效测深宽度的 80％，重要水域还应加强，间距最好不大于 50％，测线两端应适当延长，确保船舶上线时各设备处于稳定状态，同时应严格控制船速，以确保测量数据准确可靠。

4）由于波束多，系统采集数据量比较大，因此在测量期间，要根据需要实时调整发射频率，过滤多余的假信号，在确保数据质量的同时，适当减少后处理的工作量。

5）测深精度与表面声速的相关度较大，因此建议在使用过程加装表层声速仪，或另外测量表层声速后输入到多波束系统中进行补偿。

6）该系统易受频率及谐波接近测深仪信号的干扰而产生较多假信号，因此测量时尽量不要和单波束同步作业，以免相互干扰影响数据质量。

（3）应用效果分析。

1）多波束测深声呐每次发射声波都能获得上百个海底被测点的水深数据，可快速和准确地绘制海底地形地貌图。

2）多波束测深技术将以前的点、线探测扩展到面探测，并进一步扩展到三维立体探测，大大促进了海底地形探测的效率和质量。

2. 侧扫声呐

侧扫声呐是利用回声测深原理探测海底地貌和水下物体的设备，又称旁侧声呐或海底地貌仪。通过向侧方发射声波来探知水体、海面以及海底的声学结构和介质，声波经反射后被拖鱼接收形成声呐影像来发现水下物体，接收到的信号通过拖缆传导至甲板上的显示单元。侧扫声呐有三个突出的特点，即一是分辨率高，二是能得到连续的二维海底图像，三是价格较低。所以侧扫声呐出现以后很快得到广泛应用，现在已成为水下地形探测的主要设备之一。

侧扫声呐又分为二维声成像和三维声成像。其中二维声成像无法给出海底被测物的高度。这种声像只能由目标影子长度等参数估计目标的高度，精度不高。三维声成像一般是以傅氏变换为基础的，它的分辨率比较低，不能区分从不同方向同时到达的回波。

（1）选用原则。

1）在不需要得到海底地形准确的位置信息以及精确的水深数据的前提下，可以选取侧扫声呐。

2）需要进行快速大面积测量时，选用侧扫声呐使用微处理机对声速、斜距、拖曳体距海底高度等参数进行校正，得到无畸变的图像，拼接后可绘制出较为准确的海底地形图。

3）在测量水深较大时，选用工作频率为数千赫兹的远程侧扫声呐进行深海调查，探测距离可超过 20km。

（2）施工要点。

1）为了得到良好的图像记录结果，必须按照系统的技术要求，保持拖曳航速在规定范围之内，拖鱼距海底的高度在所选量程（斜距）的 10％～15％，按照工作海域的水深和扫测要求，选择适当的拖鱼高度和量程，按照选择的量程计算水平距离。

2）侧扫声呐拖鱼的安装可选择侧悬挂方式或拖曳方式两种，侧悬挂方式安装应使拖鱼放深大于作业船只吃水 1m，拖曳方式安装应使拖鱼离海底高度为量程的 10％～15％，海底起伏较大的水域，应留有适当的余地。各项参数的设定以确保探测过程能够得到面貌清晰的海底声呐图谱为原则。

3）勘察时确定的测量船速、拖曳电缆长度，换能器距离海底高度、仪器工作量程的范围、发射脉冲宽度、走纸速度、近端盲区宽度、远端最大斜率（或平距）、测线方向等，在扫海实施时不得随意变动。

4）选择水体噪声小、海底线清晰的通道作为海底跟踪通道。通常自动海底跟踪可选在 20％～50％，将锁定条置于略小于当前拖鱼的实际高度值，实现自动跟踪。

5）调整各个通道的时变增益，使每一侧通道的远区和近区的灰度基本一致，并调整接收增益值。

（3）应用效果分析。

1）侧扫声呐扫测安装比较简单，其覆盖宽度与水深并无关联，可按系统量程档设置扫测范围，覆盖而宽，工作效率高，能得到海底地貌声图，但缺点是不能得到海底地形的准确位置信息。

2）侧扫声呐对于探测具有特殊外形的目标物有较好的识别能力。

3）侧扫声呐在搭载磁力仪之后，对于金属物的探测有着其他仪器、作业方式无法比拟的优势。

3. 静力触探设备

静力触探是指利用压力装置将有触探头的触探杆压入试验土层，通过量测系统测土的贯入阻力，可确定土的某些基本物理力学特性，如土的变形模量、土的容许承载力等。静力触探加压方式有机械式、液压式和人力式三种。静力触探在现场进行试验，将静力触探所得比贯入阻力与载荷试验、土工试验有关指标进行回归分析，可以得到适用于一定地区或一定土性的经验公式，可以通过静力触探所得的计算指标确定土的天然地基承载力。静力触探试验是先进的原位测试技术，它按恒定的贯入速率从海底或钻孔下把锥尖和与之连接的锥杆贯入，在贯入期间连续测定土的锥尖阻力、侧壁摩擦阻力和孔隙水压力等数据，从而获得土的物理、力学性质资料，是获得工程地质问题定量评价和工程设计施工所需要的土力学参数的重要手段，在海洋工程勘测及工程地质灾害调查中的应用广泛。随着海洋开发的快速发展，静力触探技术在国内外海洋工程领域的应用越来越普遍，在工程地质调查中也起到越来越重要的作用。海上静力触探设备主要包括海床静力触探和孔中静力触探测试系统。

（1）选用原则。

1）轻型海床静力触探测试系统是一种轻型的水下静力触探系统，重量较轻，适用于水下管道、光缆和电缆路由等浅表地层的调查。

2）重型海床静力触探系统主要适用于基础要求较深的浅层及深层的海洋底质调查和勘测中。

3）孔中静力触探测试系统是一种钻探和警力触探测试相结合的系统，可用于海上桩基导管架位置、钻井船位置和海上重力式结构等深基础的工程地质勘察中。

（2）施工要点。

1）现场人员不得随意移动孔位，确定的孔位不能安放触探机时经地质组同意后方可移动，并详细记录移动后的孔位和高程。

2）根据地层特点选用触探设备，探头、探杆应与触探机的功率匹配。

3）必须使用符合规定的探头，探头在使用前必须标定，并提供标定记录。

4）安放触探机的地面应整平，触探主机就位后必须调平机座并用水平尺校准。

5）应进行探头的归零检查和校核实际深度并及时记录。

6）贯入速率应符合规定的要求。

7）终孔条件。达到设计孔深。未达到设计孔深出现下列情况之一时可提前终孔：①贯入力已达到触探机额定功率的120％或探头的标称荷载；②触探杆弯曲；③反力装置失效；④记录仪器显示异常。

8）终孔起拔探杆时应测量探杆上干湿分界线距地面的长度并记录，以确定孔内水位。

（3）应用效果分析。与工程地质钻探及实验室试验分析相比，静力触探具有快速高效、成本低、测试精度高等优点，通过在现场直接取得数据，减少了取样、样品运输以及试验分析的工作量，大大缩短了勘察周期及后期工作量。

4. 重力底质取样器

底质取样分为柱状取样和表层取样两类。柱状取样又分为重力柱状取样、活塞重力柱状取样、平衡每盘力柱状取样、振动柱状取样等。柱状取样主要用于海底沉积物的取样，其基本原理是取样器靠自身的重力作用贯入海底，取得近似于贯入深度的海底沉积物样品。表层取样主要为抓斗取样，又称蚌式采样器，是海底表层取样最常用的方法，它由两片类似蚌壳的钢制抓斗组成，主要采集海床表面小范围内的样品。

（1）选用原则。

1）重力柱状取样适用于海底为细软底质的情况，对于硬黏土和砂质土则较难取到理想长度的样品。

2）对于深水区采样，一般选用重力活塞取样器。这是采集海底未固结沉积物柱状岩芯的器具之一，结构简单、使用方便、一般不受水深限制而被广泛应用。这种取样设备不要求船上的取样绞车具有自由释放功能，它能自主确定重力取样器进行自由落体运动的距离，以保障取样的质量。

3）当重力柱状取样方式不适用或要求有更深的取样深度时，就要采用振动柱状取样。

4）对于采集海床表面样品，则选用表层抓斗取样器又称蚌式采样器，是海底表层取样最常用的方法。

（2）施工要点。各类取样器工作过程基本相同，作业时首先在甲板上对取样器进行组装，因取样器体积较大，存放时一般需拆开，以部件的形式存放。然后让测量船处于漂泊状态，开启门吊和绞车，挂上取样器，门吊吊臂探出船外，操纵绞车，施放钢缆将取样器放置海底，待取样器贯入海底后，回收钢缆，收回取样器，得到样品。

（3）海流对取样作业的影响。海流分为表层海流和中层海流，在接近海底的一定深度范围内，海流很小或近似为零，而海流对作业的影响主要发生在取样器触底之后，因此海流对取样器本身影响不大，而对连接取样器的钢缆会起作用，会使钢缆在海水中成弧形，即钢缆不是在铅垂方向上与取样器连接，由于取样器所受拉力是沿钢缆方向，因此取样器受到了一个具有水平分力的拉力，如果水平分力过大，就有可能将取样器拖倒。减小海流对取样器影响有以下办法：

1）实际作业时，尽量选择海流较小的海域或时段进行。

2）在取样器触底后，继续施放钢缆，使钢缆在海流作用下处于不断改变弧形形状的过程中从而减小海流对取样器的作用力。

3）尽可能加快施放速度，使得钢缆的弧形变形减小。

（4）船只漂移对取样作业的影响。取样作业时，船只一般都处于漂泊状态，不宜抛锚。其原因一是避免锚链与取样器的钢缆发生缠绕；二是对于深海的取样作业，抛锚已不可能。这样船只在海风和表层海流的作用下将产生漂移，漂移的速度与海风和表层海流的大小有关。一般在 1~2 级海风下作业时，船只漂移的速度为 30~60m/min。这种漂移对取样作业的影响与海水深度有关。当海水较浅时，较小的漂移距离也会造成取样器钢缆较大的倾斜角，从而使在提取取样器时的阻力加大，还可能将取样器拉弯。解决的办法是采用有动力定位能力的船只，作业中及时调整船只的位置和朝向。对于不具备动力定位的船只，应尽可能缩短取样作业的时间。

（5）取样器触底的判别。实际使用中，判别取样器是否触底是整个作业的关键，在没有触底检测设备时，全凭作业人员的经验。判断的依据：1 对于浅水作业，取样器触底时，由于钢缆所受拉力的突变，钢缆会有颤动；对于深海，钢缆的自重已和取样器重量相当甚至更大时，钢缆的颤动已观察不到，就要对施放深度进行估计。估计的依据主要有测深仪测出的水深、钢缆的施放长度（绞车提供）及钢缆与海面的频斜角度。

（6）应用效果分析。

1）可以方便地获取海底地质样品，了解海洋底质环境信息。

2）取样器与检测设备相结合，进行某些海底要素的原位测量，更能真实地反映海底情况，满足现代海洋研究的需求。

5. 波浪勘察设备

海浪观测主要通过目测和仪器测量两种方式对海区风浪或涌浪的波面时空分布及其外貌特征进行测量刻画，并利用测得的波浪数据计算出海域波浪的特征参数以及区分波浪等级。目前常用的测波仪包括测波杆、压力测波仪、声学测波仪、重力测波仪、太空波浪测量、遥感测波仪。

（1）选用原则。

1）测波杆主要应用于长期定点连续观测，获取连续波形资料，做波谱分析。

2）压力测波仪常用在浅海区，记录长周期波。

3）重力测波仪能较真实地测出表面波参数，没有设置水深的限制，主要应用于远洋深海测波。

4）遥感测波适用于各种海况，不需要岸上基准站，

也不需要卫星运动信息，但必须在有高密度的 GPS 基准站的条件下才能获得波浪分析结果的准确性。

（2）施工要点。

1）波浪观测资料应具有完整性和连续性。

2）波浪观测应包括波高、波周期和波向的观测，宜同时观测风和水位，必要时应进行水流观测。

3）波浪观测点的布设和观测仪器的选型应根据工程的需要和工程所在水域的环境确定。

（3）应用效果分析。

1）相比目测海浪，通过专业的波浪检测设备，可以显著提高检测的准确性和效率性。

2）仪器测量数据可以将数据直接导入计算机处理，获得良好的可视化效果。

6. 海流勘察设备

海流观测是水文观测中重要又困难的观测项目，现场条件对海流观测的准确度能产生极大的影响。为了在恶劣的海洋条件下，能准确、方便地观测海流，科学家研制出了各具特色的海流观测仪器。根据流速传感器的工作原理，海流观测仪器可分为旋转式和非旋转式两大类。根据海流计的设计原理，又可分为机械旋桨式海流计、电磁海流计、声学多普勒海流计、声学多普勒海流剖面仪（ADCP）这四类，其中机械旋桨式海流计属于旋转式海流计、后三类属于非旋转式海流计。

（1）选用原则。

1）机械旋桨式海流计测量深度不受限制但其不能测量低流速；电磁海流计可进行走航自记，水下部件具有结构简易、可靠性高的特点，但会受到船磁的影响。

2）声学多普勒海流计采用非接触式测量，对水体无干扰，测量精度高，但声波会存在衰减现象。

3）声学多普勒海流剖面仪测量速度快，可进行断面同步测量，时空分辨率高，测量对水体无干扰。

（2）施工要点。

1）海流连续观测时间长度不应小于 25h，至少每小时观测一次。

2）在测量海流的同时，还要对风速风向等气象要素进行同步观测，以便对海流变化提供客观的分析条件。

（3）应用效果分析。

1）海流检测设备可以在恶劣的海洋条件下工作，能准确、方便地观测海流。

2）进行实时的海流检测可以为海缆敷设作业提供支持，方便顶缆作业实时控制海缆偏移量。

7. 潮汐测量设备

潮汐测量设备主要包括水尺、井式自记验潮仪、超声波潮汐计验潮仪、压力式验潮仪四种。

（1）选用原则。

1）水尺验潮方法较为原始，一般适用于便于水准联测，难以对潮汐检测设备供应能源区域，但存在人力投入大，数据无法直接进入自动化流程的缺点。

2）浮子式验潮仪属于有井验潮仪，井上一般要建屋以保证设备的工作环境，适用于岸边长期定点验潮。浮

子式验潮仪具有精度高、维护方便、可靠性高，稳定性好等优点。

3）声学式验潮仪是一种精度略低的潮汐检测装置，适用于安装在离岸较近的海底桩座或其他海面固定载体上。

4）压力式验潮仪适应性强，无需打井建站以及海岸依托，不但适用于沿岸、码头，并适用于远离岸边能以及不同深度的海区，测量水深可达200m，通过电池供电，工作周期可为半月至一月等较短周期，如海测的部队验潮作业具备机动、灵活且时间较短的应用场合，具有成本低、安装方便的优点，但存在易受生物附着等缺点。

（2）施工要点。

1）观测点应选择在与外海畅通、水流平稳、不易淤积、波浪影响较小的海域，应避开冲刷严重、易坍塌的海岸；在理论最低潮时，水深应大于1m；尽可能利用防波堤、码头、栈桥等海上建筑。

2）观测时，水尺读数应精确到1cm，潮时要精确到1min。海面有波动，要连续3次读取水尺读数（每次读取海浪经过水尺的最高点和最低点的中间值），取其平均作为观测值。

3）一般潮位观测应昼夜24h连续进行，每小时观测一次，在接近满潮和枯潮时，观测的时间间隔应缩短，每10min测读一次，以免漏测高、低潮位及其相应的出现时间。

4）验潮井进水管必须使井内与井外位差小于1cm，验潮井其材料及形状等建造参数应具有良好的消波性。

5）井外水尺最小刻度为1cm，尺长累积误差不大于0.5cm。井内水尺最小刻度为0.1cm，尺长累积误差不大于0.5cm。

6）新安装或更换的井外水尺，在启用前应按国家四等水准测量的要求与校核水准点进行连测，确定水尺零点的高程，并每半年复测一次。

7）井外水尺在受到台风袭击、被船只碰撞或更换、调整水尺板后，或认为水尺有可能松动，都应复测水尺零点高程。

8）井内水尺读数指针安装完毕，应按国家四等水准测量要求与校核水准点联测，确定读数指针高程并半年复测一次。

9）井内、井外水尺每月应进行一次互相校核，校核时应分别在高潮、中潮、低潮各对比观测一次，每次至少读取三对数值。

10）浮子式验潮仪、声学水位计、压力式验潮仪同样需要首次检定、后续检定和使用中检查以保证其在测定过程中数值准确。

（3）应用效果分析。了解当地的潮汐性质，应用所获得的潮汐观测资料，计算潮汐调和常数、平均海平面、深度基准面、进行潮汐预报，以及提供测量不同时刻的水位改正数等，可以为海缆施工选择合适的施工窗口期提供基础依据。

8. 浅底层剖面探测系统

浅底层剖面探测系统已广泛地应用于海洋地质科学探测、海洋工程、航道测量等领域，是海洋地质调查必备的基本设备。将浅底层剖面探测系统安装在船底，浅底层剖面探测系统可以在航行中不受海况的影响，对海底浅地层剖面进行走航式快速探测，同时记录水深数据。它可以探测海底以下50～200m（视底质而定）以内的地层结构及详细的地层分布，为海底科学探索、海洋工程、航道测量提供最基本的数据。

海底浅底层剖面探测系统的工作方式与测深仪相似，工作频率较低，测深仪只能测量换能器到海底的水深，而浅底层剖面探测系统不仅能测量换能器到海底的水深，其发射的声波还能穿透海底一定深度，反映海底地层分层情况和各层地质的特征。浅底层剖面探测系统的换能器按一定时间间隔垂直向海底发射大功率低频声波，抵达海底时，一部分声波直接反射回换能器，完成海水深度的测量；另一部分声波则继续向地层深层传播，由于地层结构复杂，在不同界面上又都有部分声波被反射回来。由于这些反射界面的特性和深度不同，在船上接收到回波信号的时间和强度也不同，通过对回波信号的滤波放大处理后，并在显示器上显现为由不同灰度点组成的线条，可以清晰地描绘出地层的剖面结构。

（1）选用原则。

1）海底地质构造状况，尤其是海底底质类型特性决定仪器所能勘测的深度范围。海底底质是砂、岩石、珊瑚礁和贝壳等硬质海底严重制约声波穿透深度，限制仪器勘探的深度。例如，浅地层剖面探测深度砂质海底小于30m，泥质海底超过100m，两者存在巨大的差异。

2）处于系统带究范围内的外界声源信号都可能串入造成干扰信号图像，包括低频船只机械噪声和环境噪声等。噪声在浅地层剖面记录上可能都会或多或少地显示出来，降低勘测数据质量，甚至对判读、解译结果产生重大的影响。因此，正确地识别，甚至消除噪声的影响是十分重要的。

3）为获得具有良好效果的浅地层面探测数据资料，调查船走航过程中应尽量保持匀速慢速稳定行驶，船速和航向不稳定造成船只摇摆，使拖鱼不能保持平稳状态，造成图像效果不佳。同时，涌浪也可使船只摇摆，致使拖鱼不稳定。其他影响因素还包括海气界面，海气界面能将发射声能几乎全部反射，几乎无发射声波触及目标。如果采用船尾拖曳换能器，船的尾流对地层反射信号也能产生干扰，施测过程中应该使换能器尽量避开船的尾流区，通常采取使换能器入水深度加深，或者加长拖缆的方法。另外，海水深度、潮汐作用及海底起伏均对浅地层留面探测有着直接的影响。

（2）施工要点。

1）浅地层剖面测量定位采用信标导航和GPS差分定位。测量定位方法技术满足规范和设计阶段的要求。

2）测量时将信标机安装在勘探船上，连续接收GPS信号，实时计算、显示出勘探船的实际位置，同时还显示勘探船的偏高设计勘探测线距离、航向和航速，工作人员指挥勘探船按设计的勘探测线进行物理勘探，定点时和物探仪器同步打点及记录，每完成一个测点的勘探工作后自动将成果存盘。

3）当由于海流、风向等影响船舶行驶精度，使某段测线定位的误差较大时，及时进行了往返重测。一天的外业结束后，当天进行内业整理，发现问题时，及时在第二天的外业中进行纠正重测，直到满足技术要求为止。

4）勘区海域的海水存在一定的潮差，高程计算需要同时进行潮差的日变观测工作，物探在勘区附近小码头上设置一个水位观测点，便于专人观测潮水高程日变，每 10min 观测一次，并做好记录，以提供地质解释剖面图时作高程校正使用。

（3）应用效果分析。利用声波探测浅地层剖面结构和构造的仪器设备。以声学剖面图形反映浅地层组织结构，具有很高的分辨率，能够经济高效地探测海底浅地层剖面结构和构造。

（三）海底电缆机械化施工设计

1. 海底电缆敷设阶段

（1）海底电缆施工准备阶段。须根据施工区域海况，海缆情况等充分选择海底电线施工船形式、船舶载缆能力、操作性能等诸多问题。海底电缆施工准备工作包括选用合适的海底地形、底质以及海洋水文等勘察设备对路由区进行扫海、清障等。

（2）两侧登陆。两侧登陆主要使用的机械设备有布缆机、浮托设备等。布缆机的选用应考虑海底电缆截面及重量，牵引力大、占用空间小的选用鼓轮式布缆机。两侧登陆适应各种不同直径的海缆，多采用直线式布缆系统，用于铺设柔性或刚性管线的选用张紧式布缆机。

（3）海中段埋设施工。该施工阶段主要使用设备有退扭转盘、挖沟机和水下机器人。退扭转盘的选择需考虑海底电缆直径、电压等级以及施工要求选择，最终退扭转盘的装载能力应与敷设电缆重量相匹配。对于挖沟机的选择，需要考虑埋深和海底底质的实际情况，犁式和冲射式多适用于淤泥质和砂质，机械式可应用于包括基岩等所有海底底质。海底作业需要机械操作时，多选用遥控水下机器人（ROV），只需收集勘察记录的多选用智能水下机器人（AUV）。

2. 海底电缆施工工艺流程

海底电缆施工工艺流程如图 1-2-3-5 所示。

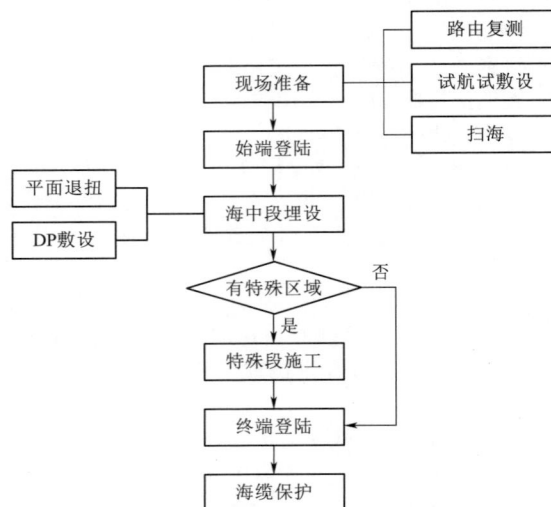

图 1-2-3-5 海底电缆施工工艺流程图

第三章

变电站土建工程机械化施工

第一节　变电站土建工程施工特点和机械设备

一、施工特点

（1）预制装配率高。
（2）土石方工程分布零散，零星工作量大。
（3）作业面小，施工难度大。
（4）技术质量工艺要求高。

二、施工机械装备

据变电站土建施工的特点，随着土建施工机械化技术的不断进步，变电站土建施工应用了大量的施工机械装备，提高了土建施工全过程机械化施工应用率，见表1-3-1-1。

表1-3-1-1　变电工程土建施工主要装备目录表

施工工序	序号	施工装备		规格/型号
地基工程	1	压密注浆机		ZLJ-1200
	2	强夯机		SQH401
	3	小型夯实机		110型
土石方工程	4	挖掘机	履带式挖掘机	XE205DA
			轮胎式挖掘机	XE205DA
	5	推土机		420型
	6	装载机		XT955
	7	铲运机		CAT627H
	8	自卸汽车		10m²
	9	压路机		18t
基础工程	10	静力压桩机		SWRP8600
	11	液压锤击打桩机		YGH-950
	12	旋挖钻机		XR450E
	13	冲孔打桩机		CK2000
	14	挖掘机		XE205DA
	15	液压履带式打拔桩机		SY450R
	16	钢筋捆扎机		KOWY-395
	17	钢筋笼焊接辅助装置		—
主体结构工程	18	钢筋调直切断机		GT5-10（12）
	19	钢筋弯曲机		GW40
	20	钢筋切断机		420-A
	21	钢筋直螺纹滚丝机		XE205DA
	22	电渣压力焊机		SY450R
	23	塔式起重机		QTZ40

施工工序	序号	施工装备	规格/型号
主体结构工程	24	轮胎式起重机	SQLY80
	25	履带式起重机	W1-50
	26	木工圆盘锯	W10012-400
	27	混凝土搅拌运输车	—
	28	混凝土搅拌机	JZC500
	29	混凝土泵车	—
	30	混凝土输送泵	—
	31	插入式振捣器	ZN70
	32	附着式、平板式振动器	ZN1.5
	33	智能随动式布料机	HG17B-3R-Ⅱ
	34	物料提升机	SS100
	35	电动扭矩扳手	SGDD
	36	冲击型电动扳手	GB-250 A5
	37	电动扭剪扳手	H30
	38	电动数显扭矩扳手	SGSX
装饰装修工程	39	地坪抹光机	手扶式
	40	抹灰机	SY800
	41	砂纸打磨机	BD-0120
	42	高处作业吊篮	ZLP800
	43	曲臂升降车	SJZC-6
	44	射钉枪	1013J
	45	空气压缩机	DH-10A
	46	电动切割机	GWS18V-10
	47	打胶机	RW-983A
	48	吸尘器	4800W
	49	电动葫芦	10TCD
	50	多功能喷涂机	PS3.25
室外工程	51	振动压路机	18t
	52	沥青摊铺机	徐工903
	53	预制围墙运输安装一体机	—
	54	切割机	SRX-QG
	55	道路抹平机	YXTZ219-A
	56	挖掘机	XE205DA
	57	翻斗车	ZT830
	58	空气压缩机	DH-10A
	59	活扳手	
	60	钢丝钳	
	61	一字螺丝刀	
	62	接地电阻表	GY315

续表

施工工序	序号	施工装备	规格/型号
室外工程	63	经纬仪	DS05
	64	水准仪	DSZ2/J2 - 2
	65	全站仪	NTS - 391R
	66	回弹仪	ZC3 - A
	67	钢卷尺	5m/50m
	68	扭矩扳手	20~100N
	69	通风机	T35 - 11
	70	电焊机交流	BX3
	71	电焊机直流	ZX7 - 400W
	72	发电机交流	TO7600ET - J
	73	发电机直流	Z4 - 112/2 - 1
	74	抽水机	250QJ200 - 80
	75	潜水泵	150QJ10 - 50/6

第二节 装配式钢结构机械化施工关键技术

一、施工工序及技术特点

装配式钢结构建筑施工工序如下：施工准备→测量放线→基础及地脚螺栓施工→钢柱钢梁安装、校正→高强度螺栓连接副安装→楼承板安装→檩条安装→墙板安装→检查验收。

装配式钢结构是一种适合变电站建筑的结构形式，具有开间大、自重轻、延性好、平面布置灵活等特点。钢结构框架杆件类型少，且大部分采用型材，安装简单，施工效率高；梁柱、主次梁之间通过连接板采用高强螺栓刚性连接，方便高效，减少现场焊接，可以缩短工期，更加环保。钢结构外墙板采用工厂化预制墙板，安装时使用汽车式起重机直接吊装，直臂车配合安装收边，具有质量精度和生产能效高、施工进度快等优点。

二、钢结构施工装备

（一）装备特点

汽车式起重机是装在普通汽车底盘或特制汽车底盘上的一种起重机，其行驶驾驶室与起重操纵室分开设置。汽车式起重机吊装具有方便灵活、工作效率高、转场快等优点。起重范围为8~500t，是使用最广泛的起重机类型。

（二）施工要点

（1）吊装前根据高度、重量及场地条件等选择起重机械，并计算合理吊点位置、起重机停车位置、钢丝绳及拉绳规格型号等。在吊点处宜采用合成纤维吊装带绕两圈，再通过卸扣与吊装钢丝绳相连，以确保对钢柱镀锌层的保护。

（2）吊装应由专人指挥，吊装前应试吊。吊起一端高度为100mm时停吊，检查索具牢固和起重机稳定性，确认安全后方可继续缓慢起吊。空中运行阶段起重机指挥人员应密切注意构件的起吊状态。

（3）钢梁宜采用两点起吊；当单根钢梁长度过长，采用两点吊装不能满足构件强度和变形要求时，宜设置3~4个吊装点吊装或采用平衡梁吊装，吊点位置应通过计算确定。

三、高强螺栓紧固装备

（一）装备特点

电动数显扭矩扳手是装配螺纹件及螺栓的施工工具，具有数显扭力、无刷电机、无级变速、一键正反转等功能，可以用于变电站钢结构大六角高强度螺栓施工，扭矩范围为50~3500N·m，套筒规格型号根据现场需求可以定制。

（二）施工要点

（1）开动主机前先装上电动扳手反作用力臂并找准反力臂支撑点，调整扳手四方驱动头并与套在螺母上方的四方套筒相匹配。

（2）手动调整扳手液晶屏上控制按钮，将控制仪的扭矩调到拧紧所需要的扭矩值，确定好电动扳手的正反转。

（3）按下启动键扳手开始工作，当电动扳手反力臂靠牢支撑时（支点可以是邻近的一只螺栓或其他可作支点的位置）螺栓开始拧紧，当螺栓扭矩达到预定扭矩时，扳手便会自动停止完成拧紧工作。

（4）如果遇到反力臂与支撑点卡得太紧不能脱离时，调整正反向开关至反向，点动启动扳机扳手即可取下。

（5）高强度螺栓的紧固最少要分两次进行，第一次为初拧，初拧的扭矩值最低不小于拧紧扭矩值的40%。第二次为终拧，为使螺栓群中所有螺栓受力均匀，初拧、终拧都应严格按紧固顺序操作。

（6）严格按照电动扭矩扳手操作规程进行操作，初拧完毕的螺栓，应做好标记以供确认，防止有漏掉的螺栓；安装螺栓时要保证摩擦面应处于干燥状态，终拧扭矩必须按设定值要求进行。

（7）螺栓的力矩或预紧力由于外力、温度、振动等因素的影响，每次打出的最终扭矩值存在差异，扭矩偏差在±5%之内属于正常。

（8）对已经设定扭矩的电动扳手，螺栓从预紧到紧固，可以旋转30°角。对已达到所设定扭矩的螺栓就无须再次使用扳手，否则会增大螺栓扭矩，同时也会使螺栓和电动扳手的负荷增大，损坏螺栓和扳手。

四、其他装备

（一）地坪抹光机

1. 装备特点

地坪抹光机主要分为手扶式和座驾式两种。地坪抹光机适用于混凝土地坪及环氧、耐磨地坪表面的抹平、抹光。

2. 施工要点

(1) 地坪抹光机工作时，需握紧操纵杆，让机身保持平衡；地坪上作业时需及时调整方向，以免地坪抹光机失去控制。

(2) 在混凝土达到临界初凝期时，用地坪抹光机粗抹 1~2 遍进行整平，达到提浆和压实的效果。

(3) 混凝土终凝前，用地坪抹光机开始进行机械压光，按照浇筑顺序从一端向另一端依次进行抹平、压光，整个抹压时间需在混凝土终凝前完成。

(二) 激光整平机

1. 装备特点

激光整平机适用于变电站钢结构室内混凝土地面、广场地坪等区域的整平施工。激光整平机主要分为两轮（手扶式）和四轮（座驾式）两种。激光整平机主要由激光扫平仪、刮板、振动器、振动板、液压伸缩杆等部件组成，将找平、整平、振捣等多道工序整合在一起，通过整平头系统、激光系统和控制系统三大主控系统，实现地面一次性整平。

2. 施工要点

(1) 将激光扫平仪安装在不受施工影响的地方，同时保证激光能覆盖到自动整平机作业范围。

(2) 将手持接收器对准杆立在基准点上，调整手持接收器在对准杆上的高度，使激光照射在手持接收器中心线位置，找准中心线后会有绿色 LED 灯闪烁提示。最后，根据手持接收器在对准杆上的高度调整自动整平机上激光接收器的高度。

(3) 在激光整平机整平过程中，可利用手持激光接收器随时抽查混凝土标高，标高出现偏差时手持激光接收器会闪烁红色 LED 灯提示，并显示应调整的幅度。

第三节 预制式构筑物机械化施工关键技术

一、施工工序及技术特点

预制式构筑物施工工序如下：预制构件材料及堆场场地准备→基础复测、清理及校核→预制构件吊装就位→检查验收。

预制式构筑物工厂化生产加工，有成熟的施工工艺做保证，便于控制成品质量。同时可以提前为工程施工做准备，不受现场施工工序限制，缩短施工时间。与现场现浇混凝土相比，减少湿作业量。

二、预制围墙施工装备

1. 装备特点

预制围墙运输安装一体机为预制围墙构件施工专用工具，可机械化夹取预制构件，并控制预制构件在空间内自由旋转，将预制围墙构件从"运输形态"调整至"安装形态"，实现预制围墙快速机械化安装。

2. 施工要点

(1) 调整预制围墙夹具，夹取预制围墙柱，将预制围墙柱运输至安装部位。

(2) 利用平面旋转系统、垂直翻转系统将预制围墙柱由横置状态转换为竖直安装状态，放置于杯口中，再利用运输安装一体机的前后移动和移动门架的左右移动，精确控制围墙柱放置于预埋钢板上。

(3) 预制围墙柱安装完成后，调整夹具夹取预制围墙板，并运至安装部位。

(4) 调整安装器具高度，使墙板底部高于预制围墙柱。利用平面旋转系统、垂直翻转系统将预制围墙板调整为竖直安装状态，再利用运输安装一体机的前后移动和移动门架的左右移动，精确控制围墙板对准两侧围墙柱卡槽，并平稳落下。

三、装配式防火墙施工装备

1. 装备特点

曲臂式升降平台主要由专用底盘、工作臂架、三维全旋机构、柔性夹紧装置、液压系统、电气系统和安全装置等部分组成，可用于变电站装配式钢结构和预制混凝土防火墙的安装施工高空作业。防火墙机械化施工具有安全可靠、操作简便、作业稳定性好等特点，能够有效提高高空作业安全性和效率。

2. 施工要点

(1) 使用曲臂式升降平台必须配置经过专门培训，考试合格，持证上岗的专业操作人员。

(2) 曲臂式升降平台操作人员必须按照机械设备的保养规定，在执行各项检查和保养后方可启动曲臂式升降平台，工作前应检查曲臂式升降平台车的工作范围，清除妨碍曲臂式升降平台车回转及行走的障碍物。

(3) 支撑是曲臂式升降平台操作的重要准备工作，应选择平整的地面，如地基松软或起伏不平，必须用枕木垫实后，方可进行工作。

(4) 作业人员必须佩戴安全带，曲臂式升降平台一般应先起下臂，再起中臂最后上臂。在曲臂式升降平台回转操作过程中，回转应缓慢，同时注意剪臂及平台对各设备的距离是否满足安全要求。

四、小型预制构件施工装备

1. 装备特点

小型预制构件搬运装置由底座、支撑架和自锁搬运夹具组成，适用于变电站预制路侧石、预制散水和预制基础等小型预制构件的搬运安装，具有操作简单、安全可靠、轻巧省力和工作高效等特点。

2. 施工要点

(1) 预制构件检查。对运到施工现场的预制构件进行检查，应轻拿轻放，避免损坏。对强度不合格、色泽不一致、外观尺寸不符合要求等存在质量缺陷的严禁使用。

（2）预制构件搬运。使用时先将固定夹口卡住石材的一侧，然后压下悬臂使活动夹口张开卡住另一侧，当拉起悬臂时两个夹口会收紧牢牢夹住预制混凝土构件两端，移动到铺设场地即可。

（3）预制构件安装。安装时，用测量仪器控制预制构件的安装精度，满足安装工艺要求。

第四节　构支架机械化施工关键技术

一、施工工序及技术特点

构支架关键施工工序如下：测量放线→构件二次倒运→构架柱、梁组装→构架根部灌浆→构架、横梁吊装及找正→二次灌浆→梁柱螺栓复紧→检查验收。

构支架安装是变电站安装的重要环节，集高处、起重作业为一体，工作强度大，危险性大。主要应用汽车式起重机、高强螺栓紧固扳手、高空作业平台车等施工装备。

二、构支架吊装装备

（一）高处作业平台车

1. 装备特点

高处作业平台车是一种安装在汽车式起重机主臂与副臂连接机构上的施工平台，便于施工人员在空中安全、方便、灵活地进行高处作业。

2. 施工要点

（1）高处作业平台安装时，首先调整可调连接机构上连板的角度，与主副臂连接装置孔距一致。然后操作吊臂降至离地面最低点，将高处作业平台与吊臂上连接装置采用轴销连接好，并在轴销下端销入闭口销，高处作业平台即安装完毕。

（2）高处作业平台使用前，检查平台的各连接点状态，重点检查各螺栓紧固和开口销情况，如有安全隐患应及时排除后方可使用。

（3）作业平台使用时，必须核实平台搭载的人员及工器具、材料的重量，严禁超负荷使用。

（4）高处作业平台随吊臂升降过程中，调平机构应随着吊臂的仰俯角度进行及时调整。调平机构在调平过程中，其丝杆行程应在设计范围内，避免过极限操作造成调平机构损坏。

（5）在设备附近进行作业时，作业平台应与设备保持一定的间距，作业人员工作过程中不能过度用力造成作业平台剧烈晃动，防止平台与设备发生碰撞，导致设备损坏。

（二）汽车式起重机

1. 装备特点

本小节内容同（一）。

2. 施工要点

（1）吊装前根据高度、重量及场地条件等选择起重机械，并计算合理吊点位置、停车位置、钢丝绳及拉绳规格型号等。在吊点处宜采用合成纤维吊装带绕两圈，再通过吊装卸扣与吊装钢丝绳相连，以确保对钢构件镀锌层的保护。

（2）所有钢构件出厂前按照顺序编号，先吊立中间两个轴线的构架柱，确定轴线后依次向两边吊立。

（3）吊装应由专人指挥，钢构件吊装前应试吊，检查吊索及起吊机械安全后，再正式起吊。

（4）构架梁宜采用两点起吊；当单根构架梁长度大于 21m，采用两点吊装不能满足构件强度和变形要求时，宜设置 3～4 个吊装点吊装或采用平衡梁吊装，吊点位置应通过计算确定。

第五节　地基与基础机械化施工关键技术

一、施工工序及技术特点

地基与基础施工的主要工序如下：施工准备→测量放线→地基处理→基础施工→检查验收。

地基处理是按照上部结构对地基的要求，采用机具装备对地基进行必要的加固或改良，提高地基土的承载力，保证地基稳定，减少上部结构的沉降或不均匀沉降。

常用的机械法地基处理包括强夯法、深层搅拌法、旋喷法、静力压桩等。使用机械化手段进行地基处理加快了工程进度，减少人力劳动，保证了工程安全、质量。

二、地基处理施工装备

1. 装备特点

强夯机是将 8～30t 的重锤从 6～30m 高度自由落下，对土体进行强力夯实，提高地基的承载力及压缩模量，形成比较均匀的、密实的地基，在地基一定深度内改变了地基土的孔隙分布。强夯机适用于变电站地基加固，具有适用土质范围广，加固效果显著，施工速度快，施工费用低等特点。

2. 施工要点

（1）施工前场地应进行地质勘探，通过现场试验确定强夯施工技术参数或根据设计要求确定。

（2）强夯前应平整场地，周围做好排水沟，按夯点布置测量放线确定夯位。地下水位较高时应在表面铺 0.5～2.0m 中（粗）砂或砂石垫层，以防装备下陷和便于消散强夯产生的孔隙水压，或采取降低地下水位后再强夯。

（3）使用强夯机进行地基强夯时，应分段进行，顺序从边缘夯向中央。每夯完一遍，用推土机整平场地，放线定位，即可接着进行下一遍夯击。

（4）夯击时，落锤应保持平稳，夯位应准确，夯击坑内积水应及时排除。坑底土含水量过大时，可铺砂石后再进行夯击。离建筑物小于 10m 时，应挖防震沟。

（5）夯击前后应对地基土进行原位测试，包括室内土分析试验、野外标准贯入、静力（轻便）触探、旁压仪（或野外荷载试验），测定有关数据，以确定地基的影响深度。

三、桩基础施工装备

1. 装备特点

静力压桩机是利用机械卷扬机或液压系统产生的压力，使桩在持续静压力的作用下压入土中。每台桩机上安装 GPS 接收装置并加设显示屏，采用桩机直接定位坐标，使桩机在移动过程中即可完成待成桩的测量定位。静力压桩机施工时无噪声、无振动、无废弃污染，对地基及周围建筑物影响较小，利用信息化手段大大提升了施工效率，并消除了传统人工定位的中转累积误差。

2. 施工要点

（1）压装机型号和配重的选用应根据地质条件、桩型、桩的密集程度、单桩竖向承载力及现有施工条件等因素确定。

（2）桩机就位时，应对准桩位，保证垂直稳定，在施工中不发生倾斜移动。

（3）桩机上的吊机在进行吊装、喂桩的过程中，压装机严禁行走和调整。

（4）喂桩时，应避开夹具与空心桩桩身两侧合缝位置的接触。

（5）压桩过程中要使用经纬仪和水准仪控制送桩深度与垂直度，始终保持轴心受压。第一节桩插入地面 0.5～1.0m 时，应调整桩的垂直度偏差不得大于 1/300。压桩过程中应控制桩身的垂直度偏差不大于 1/200。

（6）压桩过程中要认真记录桩入土深度和压力表读数关系，以判断桩的质量及承载力。

（7）终压连续复压次数应根据桩长及地质条件等因素确定，对于入土深度大于或等于 8m 的桩，复压次数可为 2～3 次，对于入土深度小于 8m 的桩，复压次数可为 3～5 次。稳压压桩力不应小于终压力，稳定压桩的时间宜为 5～10s。

（8）接桩时，接头宜高出地面 0.5～1.0m，不宜在桩端进入硬土层时停顿或接桩。单根桩沉桩宜连续进行。

（9）若桩顶标高较低，用专用送桩器送桩，其长度应超过要求送桩的深度。

第六节　地下变电站机械化施工关键技术

一、施工工序及技术特点

地下变电站是将主建筑物建于地下，通常是将变压器和其他电气设备均装设在地下建筑内，地上只建变电站通风口和设备、人员出入口等少量建筑。地下变电站上部一般结合绿化景观布置。

地下变电站由于主建筑物埋深地下，开挖深度较深，可达 25m，且开挖之前一般需要做围护支撑，所用的开

挖机械通常与常规变电站不一致，如地下连续墙施工需要成槽机、铣槽机等。

二、深基坑开挖施工装备

（一）装备特点

长臂挖掘机是在原大小臂基础上加长一部分或者完全舍弃原大小臂换成加长的大小臂从而达到更广更深更高的工作范围，提高施工的经济效益。

长臂挖掘机的加长臂分为二段式、三段式、四段式，主要用于地下变电站深基坑土方开挖。二段式挖掘机加长臂可加到 13～28m，三段式、四段式挖掘机加长臂可回到 16～32m。

（二）施工要点

（1）长臂挖掘机臂长比标准臂更长、更重、动作惯性更大，因此操作时比标准臂要轻，各操纵过程应平稳，动作不宜过快、过猛，不宜紧急制动。

（2）挖斗容量按出厂标准配置使用，严禁更换使用大容量的挖斗，不能使用长臂举起超重的物品。

（3）液压缸活塞杆的运动不能达到行程的终点，应保持较短的安全距离。

三、地下连续墙施工装备

（一）装备特点

成槽机、铣槽机是施工地下连续墙时由地表向下开挖成槽的机械装备。作业时根据地层条件和工程设计，将土层开挖成一定宽度和深度的槽形空，放置钢筋笼和浇灌混凝土而形成地下连续墙体，成墙厚度可为 400～1500mm，一次施工成墙长度可为 2500～2700mm。目前用得较多的为抓斗式成槽机和双轮铣槽机。

成槽机、铣槽机适用于地下变电站基础围护工程地下连续墙施工作业。

（二）施工要点

1. 成槽机垂直度控制

（1）在成槽期间，采用成槽机的显示设备对垂直方向进行跟踪观察，使其垂直度满足要求。

（2）合理布置各槽段的挖槽次序，以平衡抓斗两侧的阻力。

（3）在成槽完成后，采用超声波监控器对垂直度进行测量，如果垂直度不满足要求，应及时纠偏。

2. 成槽挖土

在挖槽期间，抓斗进出槽要缓慢、平稳，并依据成槽机仪表和测量的垂直度进行及时纠正。在抓土过程中，沟道两侧设置双向闸门，防止导墙中的泥浆污染。

3. 槽深测量及控制

（1）开挖沟槽时，要做好施工记录，对槽段的位置、槽深、槽宽等进行详细的记录，如有问题，要分析原因，并采取相应措施。

（2）当槽段开挖到设计高度后，要及时检查槽位、槽深、槽宽等，确认符合要求，才能进行清淤。

（3）在开槽期间，使用成槽机的显示设备对槽深度

进行跟踪观察，使其能满足设计要求。

（4）槽深采用标定好的测绳进行测量，每幅根据其宽度测 2～3 点，并按导墙标高来控制沟槽深度，确保设计深度。

（5）清底要从下端抽出，并及时进行灌浆，清底后，底泥的比重不宜超过 1.15，沉淀物的厚度不宜超过 100mm。

4．槽段分段部位控制

槽段的划分要综合考虑地质、水文、槽壁稳定性、钢筋笼重量、设备起吊能力、混凝土供应能力等因素。槽段分段接头的布置应尽可能避免在拐角处，且与诱导缝的位置一致。

5．导墙转角处的施工

成槽机器在地底角落挖槽时，虽然紧靠着导墙工作，但由于抓斗箱和斗齿并不在槽口的范围内，转角处土壤挖掘不便。为了解决这个问题，在导墙的拐角上，根据所使用的挖槽机械端面形状，适当地延长 30cm，避免形成槽口不够，阻碍下槽。

四、钻孔咬合桩施工装备

（一）装备特点

全套管钻机是集全液压动力和传动、机电液联合控制于一体，可以驱动套管做 360°回转的新型钻机，压入套管和挖掘同时进行。全套管钻机包括动力站、工作装置和辅助钻具三大部分。动力站为外置；工作装置包括底座、动力支承平台、立柱、升降平台和套管夹紧装置；辅助钻具包括套管、抓斗、多头抓斗、重锤等。

（二）施工要点

（1）总的原则是先施工 A 桩，再施工 B 桩，其施工工艺流程：A1→A2→B1→A3→B2→A4→B3，直至施工完成，如图 1-3-6-1 所示。

（2）钻机就位后，将第一节套管插入定位孔并检查调整，使套管周围与定位孔之间的空隙保持均匀。

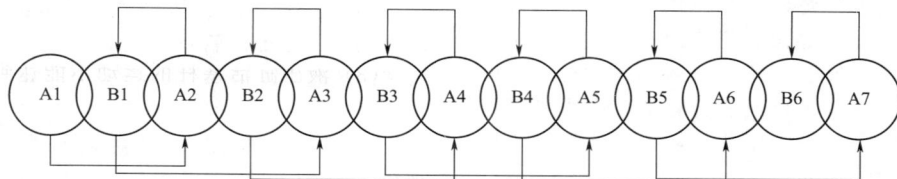

图 1-3-6-1　咬合桩施工工艺流程图

（3）钻孔咬合桩施工前在平整地面上进行套管顺直度的检查和校正，首先检查和校正单节套管的顺直度，然后将按照桩长配置的套管全部连接起来，套管顺直度偏差控制在 1‰～2‰。

（4）每节套管压完后安装下一节套管之前，都要停下来用"测环"或"线锤"进行孔内垂直度检查，不合格需进行纠偏，直至合格才能进行下一节套管施工。

（5）成孔过程中如发现垂直度偏差过大，必须及时进行纠偏调整。若套管入土深度在 5m 以下时，可直接利用钻机的两个顶升油缸和两个推拉油缸调节套管的垂直度，即可达到纠偏的目的。

（6）由于套管内壁与钢筋笼外缘之间的空隙较小，因此在上拔套管的时候，钢筋笼将有可能被套管带着一起上浮。因此，B 桩混凝土的骨料粒应尽量小一些，不宜大于 20mm。在钢筋笼底部焊上一块比钢筋笼直径略小的薄钢板以增加其抗浮能力。

第七节　土建施工智能建造关键技术

近些年，随着变电站内装配式建（构）筑物的全面推广应用，机器人、BIM 和 5G 等新技术也不断应用于变电站土建施工，变电站智能建造水平有了长足的发展。智能建造提高变电站建造水平，实现建造过程的高质高效、节能减排，是未来变电站高质量建设发展的方向。

一、建筑机器人

（1）建筑清扫机器人用于变电站施工现场小石块与灰尘的清理工作，可以自行规划清扫路线，躲避障碍，清扫效率较人工有很大提高，可以解决建筑行业人力资源紧张成本上涨，效率低下等问题。

（2）地面抹平机器人适用于变电站建筑物室内地面混凝土抹平施工。机器人对混凝土初凝地面进行抹平处理，相对于传统人工作业施工平整度误差更小，地面更加密实均匀，施工效率有较大的提高。

（3）地砖铺贴机器人适用于变电站建筑物室内地面瓷砖铺贴施工。自动导航系统自主行走，精准定位铺贴位置。综合施工效率 4.14m²/h，可达传统施工的 2 倍，支持长时间连续作业。施工垂平度、接缝高低差和缝宽等质量指标均满足施工验收标准。机器人智能化施工相比于传统作业能有效减少用工。

二、智慧工厂管理系统

国家电网有限公司在安徽创新开展了设备工厂化集成安装调试的实践，现场采用了智慧工厂管理系统进行安装质量管控。

（一）示意图

智慧工厂示意图如图 1-3-7-1 所示。

（二）系统组成

1．安全工器具一体机建设

安全工器具一体机进行无人值守库房管理，利用 AI

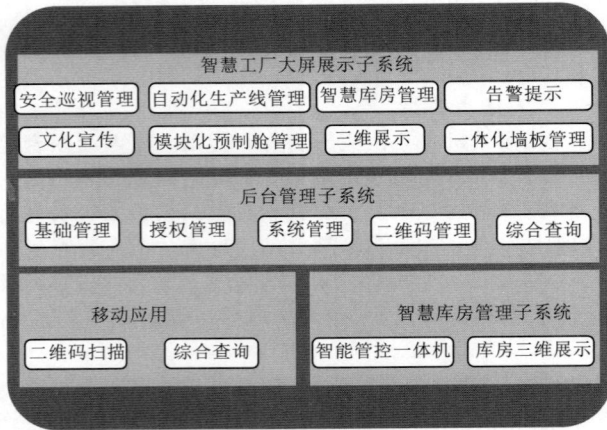

图 1-3-7-1 智慧工厂示意图

人脸识别摄像头实现对进出工器具室的人员进行动态人脸识别，自动判断出人员身份信息，并对不属于工器具管理的人员关闭系统操作界面，使其无法在系统操作工器具的出入库等。通过安装一体机识别装置，实时对没有通过系统记录而出库的工器具进行智能二次识别，并发出告警提示，并记录告警的工器具设备具体编号、类型、规格等信息。

2. 可移动推拉货架及货架盒子建设

为了实现对安全工器具及耗材的方便管理，配备可移动推拉式货架和货架盒子。

3. 可触摸展示屏建设

库房门口处安装触摸显示屏，展示区域物资分布信息，便于及时掌握物资数量分布信息，提高工作效率。

4. 门禁改造建设

通过在智慧库房入口处安装磁力锁采用人脸识别的方式实现自动化出入。提供多种开门模式：常开、常闭、人脸识别开门及远程控制开门等多种开门模式。可根据进出权限设置人员通行，避免无关人员进入。

5. 视频监控建设

安装监控摄像头，通过设备的关联绑定，设备通过不同角度对现场的实时情况利用视频直播方式展示，实现对现场情况的可视化监控，可以监控材料领用情况。

6. 会议室展示设备建设

为了满足会议室内三维建模及三维展示，采购并安装高配支持三维建模画图笔记本电脑。

7. 设备标签建设

采用 RFID 标签管理、二维码标签管理实现对库房工器具、厂区内设备、标准舱产品、墙板产品等进行标签管理，实现设备全程可追溯。

8. 厂区无线覆盖建设

为了保证厂区无线全覆盖，配备壁挂式室外无线 AP（抗干扰能力强，功率大）、企业级路由器和交换机用于实现厂区无线全覆盖。

9. 生产设备状态监测装置

自主研发设备状态监测装置，通过电流电压的数据采集记录工作时间，根据生产线设备检修周期对设备进行自动预警并切断电源。

10. 厂区三维模型

对厂区进行三维建模，主要包含厂区监控视频点位、标准仓摆放区、墙体板材摆放区、生产线设备、智慧库房等区域，实现厂区整体三维立体模型组建。

11. 变电站建模

对变电站鸟瞰图进行三维建模。

三、智慧工地管理

智慧工地是依托于高度信息化基础上的一种支持人事物全面感知、施工技术全面智能、工作互通互联、信息协同共享、决策科学分析、风险智慧预控的新的管理模式。智慧工地管理模式是在协同软件管理平台上，全面提升安全、文明施工、质量和成本管理水平，综合运用 BIM、VR、无线传输、互联网＋、大数据、物联网、云平台、终端 App、信息采集、人脸识别、自动研判、红外感应、二维码管理等信息化技术，实现了工程项目管理的流程数字化模拟、预警智能化处理和效能精益化提升。

（1）基于 VR 技术的虚拟现实环境安全培训系统。虚拟现实环境安全培训系统是基于 VR 技术的一项全新安全教育沉浸式体验系统，利用计算机生成一种模拟实际环境，是多源信息融合的、交互式的三维动态视景和实体行为的系统仿真。将 VR 虚拟环境与事故案例结合的虚拟体验系统，是通过虚拟化沉浸式体验，使施工人员亲身感受违规操作带来的危害，极大地强化了个人安全防范意识。

（2）基于自动研判处理和物联网技术的扬尘联动治理系统。扬尘联动治理系统首先在应用终端设置好 PM2.5 和 PM10 的上限预警值，通过设备端传感器采集环境量化数据，结合无线传输、云平台和物联网技术实现数据实时上传到手机 App 端。当扬尘数据超过预警值时，系统自动启动场地喷淋和移动喷雾炮喷雾洒水降尘，第一时间抑制施工扬尘污染；当扬尘数据低于预警值时，系统自动关停。扬尘联动治理系统改善了传统的人工操作方式，大幅度雾炮机系统 App 提高应对反应，增加了大气净化效果；联动的雾区喷洒范围广，效果显著，在起尘环节就治理粉尘，在扬尘区形成雾区，有效抑制污染，改善生态环境。

（3）基于云技术和大数据的智检 App 管理。智检 App 管理系统，用于快速、精确、高效地闭环工程项目日常质量问题。同时也具有安全、进度、物资等管理功能。智检 App 管理系统运用云平台＋大数据技术，建立现场模拟数据环境，不同岗位的管理者现场第一时间采集、上传问题信息，系统能自动接受与判定，将整改意见分级推送到有关部门或责任人，提醒权限内的管理者知晓；问题整改闭环后的信息，也能第一时间通知涉及的部门和管理者，形成整改闭环，利用云平台和大数据生成数据统计和图表。

第四章

变电站电气安装调试工程机械化施工

第一节　电气设备施工主要技术特点

一、电气设备集成度高

随着输变电技术不断发展，主设备体积、重量不断增加，电气设备电压等级及集成度越来越高，机械化施工作业成为大势所趋。

以特高压换流站为例，其换流变压器运输重量接近600t，安装完成后超过900t。

根据电气设备施工方式不同，将电气设备分为油绝缘类设备和气体绝缘类设备。油绝缘类设备主要有变压器、电压互感器、低压并联电抗器；气体绝缘类设备主要有GIS设备和充气式断路器。变压器和GIS设备集成度较高，对机械装备和施工工艺要求高。

二、施工工艺水平提升快

随着输变电工程建设质量和绿色建造品质不断提升，变电站机械化施工要求不断发展，变电站安装工艺水平快速提升。

基于三维技术、智能化GIS设备防尘吊装装备、SF_6气体回收装置、越界报警系统装置、低频电流短路法加热等新型工艺的智能化手段促进了机械化施工水平的提升，形成了一套面向输变电工程建设一线，先进适用、指导性强、操作简便、易于推广的标准工艺成果。

三、改扩建安全管控严格

变电站工程改扩建有利于提高地区电网的供电能力和可靠性。改扩建施工时主设备和母线均为带电体，施工机械和作业人员需与带电体保持一定的安全距离，见表1-4-1-1。

表1-4-1-1　施工机械操作及施工作业人员正常活动范围与带电体安全距离

施工机械操作		施工作业人员	
电压等级/kV	安全距离/m	电压等级/kV	安全距离/m
10 及以下	3.00	10 及以下 (13.8)	0.70
20、35	4.00	20、35	1.00
66、110	5.00	66、110	1.50
220	6.00	220	3.00
330	7.00	330	4.00
500	8.50	500	5.00
750	11.00	750	7.20
1000	13.00	1000	8.70
±50 及以下	4.50	±50 及以下	1.50
±400	9.70	±400	5.90
±500	10.00	±500	6.00
±660	12.00	±660	8.40
±800	13.10	±800	9.30
±1100	20.00	±1100	16.20

施工过程中大量使用提升施工效率与安全保障的机械化设备，可以有效减少因停电等不利因素对电网产生的影响。例如，狭小空间HGIS设备整体就位装置、越界预警系统等装置的运用在确保施工安全、工程质量的前提下显著缩短了施工工期。

四、三维技术应用

室内变电站设备众多，空间狭小，施工环节繁多密集，施工过程外部因素难以预测，仅使用平面图纸很难直观地表达复杂的施工过程，因此采用三维技术进行技术交底，直观阐述施工要点与安全注意事项。

采用三维技术对电抗器等大型设备进行安装模拟，模拟不同工况下的汽车式起重机座位及设备吊装，分析吊装过程中可能遇到的风险点，进行多方案论证，选择最优方案。

第二节　油绝缘类设备施工关键技术

油绝缘是一种常见的绝缘方式，采用油绝缘的电气设备在安装过程中与常规设备有着很大的不同，通常需要采用干燥空气发生器、滤油机、真空机组等装备完成施工作业。

一、施工工序及技术特点

变电站常见采用油绝缘方式的高压电气设备有变压器、电抗器、电压互感器等，此类设备的安装工艺及安装时使用的机械设备有许多共同点。

变压器（电抗器）设备大、重量重，安装工艺复杂，主要施工流程为：施工准备→基础复测→变压器本体就位→附件安装→器身检查→升高座及套管安装→抽真空→真空注油，热油循环→静置，排气，密封性试验→电缆敷设及二次接线→整体检查与试验，质量验收。

电压互感器设备安装高度较高，安装工艺复杂、危险性较大，主要施工流程为：施工准备→设备安装→附件与接地安装→电气试验→质量验收。

采用油绝缘方式的设备在安装施工的过程中，其设备本体和附件主要使用汽车式起重机吊装，绝缘油处理需使用干燥空气发生器、真空泵、滤油机等各类施工装备。

以下就油绝缘类设备安装过程中经常使用到的干燥空气发生器、真空泵、滤油机以及主设备安装智能感知装置、变压器低频电流短路法加热装置进行重点阐述。

二、干燥空气发生器

1. 适用范围

干燥空气发生器是专为变压器、电抗器等大型电力设备在安装、检修时提供露点高达−60～−70℃的干燥空气。

2.设备组成

干燥空气发生器装置主要由气源系统、冷冻干燥系统、吸附干燥系统和电气控制系统等部分组成。

3.技术原理

大气经空压机进入储气罐，大部分水分被压缩液化经排水阀排出，空气进行第一次干燥；之后进入冷冻式干燥机，水汽被凝结成水，空气进行第二次干燥；最后进入吸附式干燥机进行第三次干燥，将剩余微量水分吸附掉，经过高精度空气过滤器输送至需要干燥气体的设备中。

4.操作要点

（1）运行前应检查各电磁阀、各阀门运行情况，检查冷冻机的冷媒压力；空压机严禁带负荷（内部有残存压力）启动。

（2）适时观察硅胶的颜色，必要时烘干或更换。

（3）设备正常运行时，必须将所有的排污阀缓慢地开启少许并保证流通。

（4）设备运行时必须打开全部防阀门进行通风、散热。

（5）设备完成工作后必须清洁设备、关闭所有阀门（避免吸附剂受潮）并切断电源。

三、真空机组

1.适用范围

真空机组适用于变电站变压器、GIS设备等主设备抽真空使用。

2.设备组成

真空机组主要由罗茨泵、真空泵、主阀等部分组成。

3.技术原理

真空机组的型号种类很多，常见有VG4200、VG2000、JZJX300等，主要技术参数见表1-4-2-1。

以变电站常用的真空机组VG4200为例介绍其技术原理。真空机组VG4200是由真空泵SV300B与罗茨泵EH4200IND作为主要真空抽取设备，经过阀组与齿轮传动装置的配合，真空泵通过高速运转的齿轮带动叶轮转动，从而产生一定的离心力。

表1-4-2-1　真空机组主要技术参数

型号	外形尺寸/(mm×mm×mm)	质量/kg	功率/kW	抽气速率/(m³/h)
VG4200	2000×1500×1900	2400	22	4200
VG2000	2000×1270×1800	1700	14	2000
JZJX300	1500×1000×1300	1070	12	1080

4.操作要点

（1）真空泵的工作压强应该满足真空设备的极限真空及工作压强要求。

（2）正确地选择真空泵的工作点。

（3）施工前应了解被抽气体成分，气体中含不含可凝蒸气，有无颗粒灰尘，有无腐蚀性等。

（4）真空设备对油污染的要求。若设备严格要求无油时，应该选各种无油泵。

（5）真空泵在其工作压强下，应能排走真空设备工艺过程中产生的全部气体量。

四、滤油机

1.适用范围

滤油机是用重力、离心、压力、真空蒸馏、传质等技术方法除去不纯净油中机械杂质、氧化副产物和水分的过滤装置，广泛应用于变压器等设备的绝缘油处理，使其发挥最佳性能并延长使用寿命。

2.设备组成及种类

（1）滤油机的组成：滤油机由阀组、过滤器、油加热器、温度调节器、油位计、管道、控制单元等部分组成。

（2）根据滤油机的原理不同，可分为板框滤油机、真空滤油机、离心分离滤油机等；根据滤油机的功能不同，可分为过滤杂质的滤油机、自动排渣滤油机、布袋式滤油机等。

3.技术原理

滤油机内部有一个带有双喷式喷嘴的转子，由机油所产生的压力来提供其驱动力。设备开启后，通过泵将油箱内机油送至转子内，待机油充满转子后就沿转盘下部喷油嘴喷出，继而产生驱动力使转子高速旋转。它的转速能达到4000～6000r/min以上，直接驱使杂质自机油中分离出来。

4.操作要点

（1）滤油机常规操作步骤：按真空泵→进油泵→加热器→排油泵的顺序开机，停机时顺序相反。

（2）使用前要全面清洗，过滤器要更换或清洗后，再与变压器连通。

（3）加温时，滤油机进油管接变压器最底部阀门，滤油机出油管接变压器上部阀门。

（4）开机时，待有油流后，才能开加热器；停机时，先停加热器，再停油流。

（5）开机前，检查罗茨泵、真空泵、加热器、转动防护装置是否完好，进油与出油处管口必须安装牢固。

（6）滤油时，操作人员不得擅自离开现场，注意工作地点周围的安全状态，周围10m范围内不得有明火，并配备足够消防器材。

五、主设备安装智能感知装置

1.适用范围

主设备安装智能感知装置适用于应用在变压器绝缘油过滤、变压器内检、抽真空、真空注油、热油循环等施工场景中，实现各施工环节关键数据的实时监测和快速预警。

2. 设备组成

智能感知装置主要由现场数据采集装置、数据接收服务器/应用服务器、远程终端数据检测装置等部分组成。

3. 技术原理

采用新型物联感知装置对接装备控制器，配置通信地址和网络协议，形成基于施工装备物联感知的变压器油处理监测系统，解决主设备绝缘油处理等施工过程中安全质量数据监控难、预警信息不及时等问题。

4. 操作要点

（1）终端设置关键参数（如露点温度、真空度、油温、流量等）的预警阈值条件，一旦超过设定阈值，终端提醒后应及时处理。

（2）施工过程的关键数据（如真空度、油温、流量等）可通过终端实时监测并形成数据表单和数据曲线的数据，应在数据采集后及时定期保存，防止因储存空间不足而导致数据丢失。

（3）操作整个设备之前，应充分了解整组设备运行方式，并在监测过程中保证电源的不间断供电，从而确保数据的连续性。

六、变压器低频电流短路法加热装置

1. 适用范围

变压器低频电流短路法加热装置适用于换流变的内部绝缘处理，将换流变器身内绝缘油上层油温加热到目标温度，并在目标温度下热油循环，通过滤油机将绝缘油中的水分和杂质滤除，确保换流变投运后安全可靠运行。

2. 设备组成

变压器低频电流短路法加热成套装置主要由低频电源装置、配电开关柜、低压电力电缆、万用表、红外热像仪等部分组成。

3. 操作要点

采取在换流变压器网侧绕组两端施加低频电流，阀侧绕组短路感应低频电流的方式进行加热，为保证尽可能大的加热功率，选择网侧（31挡）进行低频加热。试验电源从现场400V开关柜（1250A）接取，通过400V低压电缆引至低频试验电源装置，加热过程中注意线圈温度的变化。

第三节　气体绝缘类设备施工关键技术

一、GIS设备施工工序及技术特点

GIS设备具有占地面积小、体积小、重量轻、元件全部密封不受环境干扰、操动机构无油化、无气化等优点，是典型的可靠性高、少维护的气体绝缘设备。

GIS设备施工主要流程为：施工准备→基础复测→设备组装→设备固定→管道连接及附件安装→真空处理、充SF$_6$气体→机构箱、汇控柜安装→交接试验→检查

验收。

GIS设备安装现场通常使用下列装备：GIS设备自行走安装系统、GIS设备管道自动对接装置、智能化GIS设备防尘吊装装备、SF$_6$气体多功能充气装置和SF$_6$气体回收装置，下面逐一介绍。

二、GIS设备自行走安装系统

1. 适用范围

GIS设备自行走安装系统适用于户内及地下变电站中，室内无行吊或者行吊不能覆盖运输通道，特别是运输通道长、转弯多、设备吨位大等情况下的GIS设备就位及安装。

2. 设备组成

GIS设备自行走安装系统由一台微型液压站、多台搬运承载台、顶升附属件和控制系统组成。

3. 技术原理

承载台底部采用成熟搬运承载台的设计，上部配有可多节伸缩的油缸，由液压站提供动力，配合顶升辅助件实现对GIS设备的整体顶升，来减少现场施工人员的劳动强度。配置水平仪，自动检测GIS设备起升搬运过程中的姿态信息。

4. 操作要点

（1）把GIS设备吊装至变电站相应位置。

（2）针对不同位置安装顶升附属件，连接搬运承载台和附属件，连接液压管路到微型压站，确保各个部位连接紧密。

（3）液压站提供动力输出，顶升整体GIS设备离开地面5～8mm后停止，观察确保水平后，拖动GIS设备至就位位置进行连接操作，连接过程中靠滑动及油缸顶升操纵实现快速就位连接。

三、GIS设备管道自动对接装置

1. 适用范围

GIS设备管道自动对接装置适用于室内外GIS设备管道安装对接，也可用于GIL管廊自动对接。

2. 设备组成

GIS设备管道自动对接装置主要由机械分系统、液压分系统、电控分系统及视觉分系统组成。

机械分系统主要由回转机构、六自由度平台、机械夹爪机构及八爪鱼连接接口部件组成。

按照GIS设备管道直径大小，GIS设备管道自动对接装置可以分为小直径机械夹爪、中直径机械夹爪、大直径机械夹爪等；根据GIS设备管道长度不同，还可以分为短距视野式、中距视野式、长距视野式等。

3. 技术原理

GIS设备管道自动对接装置液压分系统为整套系统的动力单元；电控分系统为设备的控制部分；视觉分系统通过视觉相机及专用算法获取固定管道及待对接管道之间的空间相对姿态，并通过专用协议与电控系统通信。

装置依靠机械夹爪动作、视觉识别定位和并联机构

进行姿态调整，完成 GIS 设备管道母线的夹取、定位、对接等工序，并在近距离状态下实现 GIS 设备母线筒体手动或自动合拢。

4. 操作要点

（1）GIS 设备管道自动对接包括 GIS 设备管道自动对接路径起点确定、GIS 设备管道夹取位置确定、GIS 设备管道视觉识别标识物放置和自动识别对接的过程。

（2）GIS 设备管道自动对接路径起点确定。根据现场管道布置路线、现场空间勘测、管道规格尺寸、管道自动对接装置识别范围及运动范围等来确定管道自动对接路径起点。

（3）GIS 设备管道夹取位置确定。应对机械夹爪机构的夹爪进行适当调整，保证夹取 GIS 设备管道位置满足视觉相机视野范围要求，且夹取更加稳固牢靠。

（4）GIS 设备管道视觉识别标识物放置。GIS 设备管道视觉识别标识物应放置在用于视觉识别对应孔位内，确保需要夹取管道与待对接管道法兰外直径对齐，各个孔位两两对齐。

（5）自动识别对接。在 3D 视觉定位系统中，捕捉固定管道与待对接管道之间的照片，经过点云 3D 图像处理、计算拟合圆心算法等方法处理，获得两个管道的空间姿态信息，操作装置使两标记点位置对齐。完成对齐后，输入控制指令，实现管道的智能对接。

四、智能化 GIS 设备防尘吊装装备

1. 适用范围

智能化 GIS 设备防尘吊装装备适用于 750kV 以下电压等级的 GIS 设备安装，使其温湿度、粉尘度满足安装环境要求。

2. 设备组成

智能化 GIS 设备防尘吊装装备由可移动式不锈钢框架、局部防尘软帘、内部洁净行吊、空气净化装置、移动轨道组成。

3. 技术原理

智能化 GIS 设备防尘吊装装备利用内部行吊进行 GIS 设备对接，配置的空气净化装置可使装备内部温湿度和粉尘度持续达标，实现不同工况全密封连续安装；搭载的环境自动监控系统，具有就地和后台全时监测、实时控制、超限闭锁的功能；装备的电动移位和智能刹车系统，可以实现在预设轨道电动移位、在既定位置精准刹车的功能。

4. 操作要点

（1）温度、湿度、洁净度等环境指标满足要求后方可进行 GIS 安装。

（2）开启全密封防尘装备内的空气净化装置和环境自动监控系统，实时监测内部温、湿度和粉尘度。

五、SF₆ 气体多功能充气装置

1. 适用范围

SF₆ 气体多功能充气装置适用于变电站（换流站）

GIS 设备大体量、多单元、低温环境等条件下 SF₆ 充气工作。

2. 设备组成

SF₆ 气体多功能充气装置由减压阀、充气管路、紧急制止阀、充气接头、SF₆ 气体存放箱柜和热系统组成。

3. 操作要点

（1）将多功能充气装置的充气接头通过管道与多个待充气气室连接，检查管路装配是否完好、有无漏点。

（2）在充气接头处设置减压阀，充气时先关闭减压阀，打开气瓶阀门，再慢慢打开减压阀进行 SF₆ 充气。

（3）温度较低时，开启智能加热装置，提高充气效率。

六、SF₆ 气体回收装置

1. 适用范围

SF₆ 气体回收装置适用于变电站（换流站）SF₆ 开关设备及 GIS 设备组合电器 SF₆ 气体回收处理。

2. 设备组成

SF₆ 气体回收装置由回收系统、充气系统、抽真空系统、净化系统、气体储存系统组成。

3. 操作要点

（1）检查 SF₆ 气体回收装置外观、电源连接。

（2）采用专用连接管道并清洁、干燥，正确连接 GIS 设备与回收充气装置。

（3）正确操作阀门，开启断路器设备阀门和装置相应阀门及设备启动，对 SF₆ 气体进行回收。

第四节　户内及受限空间作业施工关键技术

一、施工工序及技术特点

户内变电站具备节能、节地、可靠的供电特性等诸多优势，已经被广泛应用到了城市电网建设中。其电气安装工序遵从"从高到低、由里往外、先大后小"的原则。根据受限空间大小选择运输装置和吊装装备。设备运输通常可以采用液压运输、充气运输等方式，吊装采用微型履带起重机等小型、专用吊装工具。

下文主要介绍微型履带起重机、自行直臂式高空作业平台车、通用管型设备转运装置、橡胶履带式机械化平台、室内组合电器气垫运输装置、二次屏柜搬运装置、管形母线自动焊接装置、管形母线焊接托架等装备。

二、微型履带起重机

1. 适用范围

微型履带起重机适用于变电站户内复杂环境设备吊装，在室内复杂的环境中，可近距离选择支腿的摆放位置，避免造成周边电气设备损坏。

2．设备组成

微型履带起重机主要由吊钩、起重臂、回转平台、车架和支腿等部分组成。

3．技术原理

微型履带起重机是通过吊钩、起重臂与内置卷扬机的组合，将被吊装设备由地面吊装至指定位置的一种装置，通过支腿提高其稳定性，从而增加吊装重量与安全性。

4．操作要点

（1）控制起重的工作幅度和臂架仰角，起吊前调整好汽车式起重机工作幅度，起吊重物时不准落臂。

（2）严格按起重机的特性曲线限定的起重量和起升高度作业，操作人员必须遵守"十不吊"（歪拉斜挂不吊，超载不吊，吊物捆扎不牢不吊，指挥信号不明或违章指挥不吊，吊物边缘锋利、无防护措施不吊，吊物上站人或有活动物体不吊，埋在地下的构件不吊，安全装置不齐全或动作不灵敏、失效者不吊，吊物重量不明、光线阴暗、视线不清不吊，六级以上大风或大雨、大雪、大雾等恶劣天气不吊）。

（3）起重机带载回转要平稳，特别是在接近额定起重量时，防止快速回转的离心力或突然回转制动，引起吊载外偏摆，增大工作幅度，造成倾翻事故。在旋转时，无论周围是否有人，都要鸣笛示警。

三、自行直臂式高空作业平台车

1．适用范围

自行直臂式高空作业平台车适用于户内或受限空间，将工作人员、作业工具等运送到指定的空中位置。

2．设备组成

自行直臂式高空作业平台基本结构，其主要组成部分有作业平台、液压系统、驱动系统等。按类型主要分为垂直升降式（又称剪叉式）高空作业车、折臂式升降式高空作业车、自行式高空作业平台车、伸缩臂式高空作业车。

3．技术原理

自行直臂式高空作业平台车是液压升降机械设备，由液压或电动系统支配多支液压油缸，能够上下举升进行作业的一种车辆。在作业斗内和回转座上均设有操纵装置，远距离控制发动机的启动/停止、高速/低速，采用电液比例阀控制臂的动作，平稳性好，工作臂可左右360°连续旋转，靠连杆机构自动维持作业槽水平，主泵出现故障时可操纵应急泵下降作业槽。

4．操作要点

（1）高空作业车的操作，应由经培训并持有操作上岗证的人员负责。

（2）操作手柄时要平稳，切勿急速迅猛。

（3）施工人员在高空作业平台上进行工作时应使用安全带。

四、通用管型设备转运装置

1．适用范围

通用管型设备转运装置，适用于变电站室内外高长设备运输就位。

2．设备组成

通用管型设备转运装置由滚轮、轴承、承重底板等部分组成。

3．技术原理

通过在运输平台上安装可以承重的滚轮，将设备放置于平台之上，利用滚轮的滚动将静摩擦力转化为滚动摩擦力，在相同重量下，滚动摩擦力比静摩擦力小很多，在运输干式变压器等设备时，利用通用管型设备转运装置可以轻松将设备转运至指定位置。

4．操作要点

（1）通用管型设备转运装置由于其载荷量较大，底盘较低所以在运输的过程中尽量选择比较平整的地面行走。

（2）使用该装置前要仔细核对载荷量，防止因载荷过大而使得设备发生不可逆的形变。

（3）被运输设备在吊装上通用管型设备转运装置前，应将通用管型设备转运装置的自锁装置打开，防止在设备吊装时发生位移现象。

五、橡胶履带式机械化平台

1．适用范围

橡胶履带式基础作业平台适用于变电站临近带电（减少陪停）、户内外受限空间条件下高处作业、设备短途运输及就位。

2．设备组成

橡胶履带式机械化平台由吊钩、吊臂、液压系统、电气控制系统、上车回转部分和行走部分组成。

3．技术原理

橡胶履带式机械化平台由动力传递机构将发动机的动力传递至底部履带的驱动装置等需要动力的地方，一方面带动履带实现自行走的功能，另一方面给液压系统提供动力来源，可以使整个平台装置实现自由升降的功能。

4．操作要点

（1）橡胶履带式机械化平台严禁超出负载使用。

（2）若施工人员需要在平台上工作，一定要正确佩戴安全带。

（3）在使用该设备前注意检查底部履带上的橡胶装置有无脱落，防止因橡胶脱落使得履带直接接触地面，使得地面损坏。

六、室内组合电器气垫运输装置

1．适用范围

室内组合电器气垫运输装置适用于户内及地下变电站新建及改扩建工程中，室内无天吊或者天吊不能覆盖运输通道，特别是运输通道较长、拐角较多、组合电器吨位大的情况。

2．设备组成

室内组合电器气垫运输装置空气压缩机、高压储气罐、气压调节器、气垫模块等部分组成。

3．技术原理

室内组合电器气垫运输装置是由数个小气垫组成的气垫船，通过向气垫模块充入压缩的空气，使气囊带着负载浮起，气体通过气囊底部出气孔排出，在气囊与地面之间形成空气薄膜，从而减小负载对地摩擦力，实现以较小的力量移动负载的目的。

气垫运输的关键在于根据设备参数合理选用气垫，正确控制气流量以控制气垫与地面的摩擦力。当摩擦力达到移动要求时，施工人员便可轻推组合电器沿着标识移动到指定位置，然后泄气就位。

4. 操作要点

（1）连接管路和接头，检查管路接口，承插式快速接头锁止扣应到位，辅助锁紧抱箍不应少于 2 个，使用前应确定所有阀门处于关闭状态。

（2）气垫使用前应检查气垫底部胶垫无裂纹、无破损，出气孔无堵塞。空载试打压检查，气垫应出气均匀，悬浮正常，无偏移、漏气等现象。

（3）橡胶垫铺设前应对基础等地面凸出部分进行平整处理，通过在凸出物四周撒细砂铺平地面，形成一个较长的缓坡，保证 3m² 范围内不平度小于 5mm。

（4）指挥人员应站在行进路线侧前方，时刻观察设备运输状态及方向偏差，统一号令，及时调整运输方向。气压调解人员应随时观察气垫状态，动态调整各气垫气压输出，保证运输设备平稳。指挥人员应使用对讲机等移动通信设备与调压人员始终保持沟通。

（5）气压调节器的控制，调节器可在 0～0.3MPa 范围进行调节，调压器共有 6 个输出接口，每个接口应根据气垫的状况单独调节输出压力，使气垫满足运输要求。

（6）气垫充满气在平整的地面上移动，气流对地面的压力是均衡的，气垫与地面的接触面保持均匀，摩擦系数最小。当地面有障碍物时，则会破坏气流与地面的压力均衡，造成气垫与障碍物接触部分的摩擦系数增大，使阻力增大。因此，应使运输通道平整。

（7）当运输设备到达就位位置后，应待设备完全静止后切断供气，缓慢关闭气压调解器阀门，在气管有压力的情况下禁止断开气路连接。

七、二次屏柜搬运装置

1. 适用范围

二次屏柜搬运装置适用于变电站二次屏柜室内外运输与安装就位。

2. 设备组成

二次屏柜搬运装置主要由屏柜托架、倾斜结构、升降结构、万向轮、旋转圆钢等部分组成。

3. 技术原理

设置 L 形屏柜托架，将要搬运的屏柜放置于托架上利用其可倾斜结构降低屏柜的运输高度与重心，使屏柜按照既定的轨道顺利运输至屏柜需要安装的位置。

4. 操作要点

（1）在运输屏柜之前需要将底部的万向轮进行锁死，防止在将屏柜吊装进装置的过程中，设备发生位移从而造成屏柜损坏。

（2）屏柜在移动的过程中需要时刻注意是否发生偏

移现象，如果发生了位移需要及时纠正后再运输。

（3）二次屏柜搬运装置在使用前应仔细检查装置的各个机械部分是否灵活有效。

八、管形母线自动焊接装置

1. 适用范围

管形母线自动焊接装置适用于变电站通用型号管形母线连续自动焊接。

2. 设备组成

管形母线自动焊接装置主要由电源系统、输送系统、焊接系统、支撑系统和电气控制系统组成。

3. 技术原理

管形母线自动焊接装置利用数控程序控制氩弧焊，焊接过程中焊枪可根据需要径向、轴向调节，并配置强制循环水冷系统，确保焊接一次稳定成型。

4. 操作要点

（1）施工作业前，应检查施工用电安全，电源容量是否满足需求。

（2）焊接过程中，注意观察被焊接管形母线是否水平，并及时作出调整。

九、管形母线焊接托架

1. 适用范围

管形母线焊接托架应用适用于变电站不同型号规格管形母线切割、焊接，以提升管形母线焊接质量和效率。

2. 设备组成

管形母线焊接托架主要由滚动调节装置、支撑装置和调节装置组成。

3. 技术原理

通过调节操作手柄就可实现管形母线高度的调整，避免了管形母线线焊接前需要投入大型机械辅助大量人工进行调平、对接。管形母线水平移动及横向旋转配合良好，互不影响，切换方便，实现管形母线焊接全过程的半自动化。

4. 操作要点

（1）将待焊接的管形母线放置在管形母线焊接托架上。

（2）通过管形母线焊接托架的高度微调装置，将管形母线精确调整到同一高度。

（3）完成一面管形母线焊接后，转动调节装置，快速移动到下一焊接面，直至完成全部焊接。

第五节　临近带电作业
施工关键技术

一、施工工序及技术特点

变电站工程改扩建经常需要进行临近带电作业，无论高压设备是否带电，作业人员不得单独移开或越过遮栏进行作业；若有必要移开遮栏时，应得到运行单位同意，并有运行单位监护人在场，并符合各电压等级带电作业的安全距离规定。起重机、高空作业车和铲车等施工机械操作正常活动范围及起重机臂架、吊具、辅具、钢丝绳及物品等与带电体的安全距离不得小于有关标准的规定，且应设专人监护。

因临近带电作业的特殊性，就要求其施工装备既要能够满足作业需求，又要与带电设备保持一定的安全距离。狭小空间 HGIS 设备整体就位装置和越界预警系统装置的应用可以有效保障临近带电作业的顺利完成。

二、狭小空间 HGIS 设备整体就位装置

1. 适用范围

狭小空间 HGIS 设备整体就位装置适用于变电站改扩建施工 HGIS 设备就位和安装。

2. 设备组成

狭小空间 HGIS 设备整体就位装置主要由子车和母车构成，包括机械系统、液压系统、电气系统三大系统组成。

3. 技术原理

该装备液压系统实现了 HGIS 设备支撑固定、就位时的平衡调节；机械系统实现 360°定点转向调节、运输、推顶、顶伸、减震等功能；电气控制系统实现无线遥控、过载保护等功能。在远离带电体的开阔区域将 HGIS 设备组装完成后，整体运输到设备基础位置，进行就位安装，以达到变电站一次设备不停电、狭小空间不适合吊装作业的环境下，完成设备就位安装的目的。

4. 操作要点

（1）勘查运输就位路线，路途中强度不满足装备转运要求的地带应进行地坪加固，障碍物需拆除。

（2）操作检查液压支腿、压紧电缸及操作屏幕是否能正常运行、电池电量是否充足。

（3）运输形态，液压支腿收起，夹具将 HGIS 设备可靠的固定在车体上。装备采用非承载式车身以及液压平衡梁，解决设备运输中的倾覆风险以及振动导致设备损伤问题。

（4）设备安装形态中，液压支腿支设牢固，然后在整体运输就位装备上直接进行设备对接安装。

三、越界预警装置

1. 适用范围

越界预警装置适用于变电站临近带电作业安全管控，有效识别既定安全边界，实现大型机械智能预警。

2. 装置组成及种类

越界预警装置主要由电源、探测装置、报警装置三个部分组成。按照其用途不同可分为高空防碰撞预警装置和电力吊装安全距离智能预警装置。

3. 技术原理

高空防碰撞预警装置：通过安装在汽车式起重机或升降作业车侧沿的雷达和红外报警装置，实现 360°无死角安全探测。

电力吊装安全距离智能预警装置：使用高清摄像头采集现场施工视频图像，结合高性能处理器进行智能分析并通过报警器等设备输出运行结果，反应灵敏、能长时间工作，可以有效地代替人工判断。使用智能算法和高清摄像头对高空重物防碰撞预警，加强对高空重物在移动过程中的监控。对作业区域内的危险区域闯入人员、汽车式起重机进行检测，并实时做出预警防范。

4. 操作要点

（1）预警装置在布置时，需注意探测装置与设备的安全距离是否满足施工需要。

（2）设备调试完毕后，需要使用障碍物对装置测试，确保装置的各个部分可靠有效的连接可以正常作业。

第六节 预制舱类施工技术

一、施工工序及技术特点

预制舱框架生产流程分为：前框总成焊接→后框总成焊接→底结构焊接→外侧板焊接→总装→打砂→喷漆；舱内装配主要包括铝单板吊顶、地板铺设、门窗工程、墙板、水电安装等，施工以自上而下、先隐蔽后面板、先整体后局部为原则；预制舱设备现场安装主要流程为：施工准备→基础复测→预制舱吊装及找正→预制舱固定→检验验收。

预制舱框架生产过程涉及自动切割系统、机器人焊接系统和粘板装配系统。

二、自动切割系统

1. 适用范围

自动切割系统适用于型钢工件激光切断、切形、打孔，粉尘污染收集处理、废料分离及回收、加工件分离与归集。

2. 系统组成

自动切割系统由床身底座、进出料夹具、卡盘式夹具、伺服进出料台、伺服旋转动力头、伺服枪台、支承托辊、废料回收舱和控制系统等组成。

3. 技术原理

自动切割系统的卧式机床结构，采用长行程控制工件完成进出料切割和开孔；卡盘式夹具安装在伺服旋转动力头上，实现工件旋转、翻面功能；进出料夹具采用伺服驱动，沿导轨方向进给，适应不同长度工件；激光发生器上部设置三轴伺服滑台，可满足在空间 X、Y、Z 的直线、圆弧切割轨迹，前端配置弧压调高器，保证切割弧长；右侧设置落料斜坡回收仓，废料自动回收箱内。

4. 操作要点

（1）施工作业前应熟悉各部件运行方式并检查各部分连接装置是否连接完好。

（2）操作过程中需要时刻关注被切割材料是否按照既定方式进行切割，如出现偏离现象需及时调整系统设置。

三、机器人焊接系统

1. 适用范围

机器人焊接系统适用于进行对接、搭接等焊缝形式，通过 CO_2/MAG 气体保护焊接工艺对焊缝进行焊接。

2. 系统组成

机器人焊接系统采用 1 套机器人本体正装安装方式、1 套双轴 L 形变位机、1 套卡盘式夹具、1 套等离子切割电源及割枪，组成全套完成的自动切割工作站，可以覆盖焊接对象工件的所有焊缝焊接范围。

焊接工作站设备由 1 套 6 轴多关节弧焊机器人和 2 套头尾式单轴变位机组成。2 套头尾式单轴变位机呈 H 形、按 A、B 两个工位布局而成。

3. 操作要点

（1）工位台 A、B，呈 H 形头尾式单轴变位机的两工位，可用以夹牢固定工件，焊接过程中 360°旋转，卸除工件。

（2）智能机器人系统使用前需进行试焊，设定焊缝轨迹动作程序、变位机动作、AB 工位的预约启停等操作。

四、粘板装配系统

1. 适用范围

粘板装配系统可适用于半成品工件固定、工件正面粘贴与固定、工件背面粘贴与固定及成品工件移出。

2. 系统组成

粘板装配系统由组合式自立起重机、真空吸盘式吊具（粘板上料、总成下料共用）、电磁铁式吊具（框件上料用）、电动翻转机、气动压紧工装等组成。

3. 操作要点

（1）行程按上料→粘板 A 面→粘板 B 面→成品下料流程进行，各流程沿生产线长度方向布局。

（2）采用 KBK 组合式自立起重机进行 XY 平面两维方向移动、上下料电动葫芦升降由 Z 方向人工遥控盒操作。

（3）框件是钢制工件，上下料采用电磁铁吊具吸附方式；粘板和工件总成是非金属材质，采用真空吸盘式吊具吸附方式。

（4）气动工装夹具用于对粘板的强力加压，确保粘板牢固（压紧时间长度由客户根据粘板工艺要求自定）；

气缸动作采用人工手控阀控制。

（5）电动翻转机采用三相异步交流减速电机驱动，配置正反转脚踏开关，来回 180°翻转。

第七节　设备调试类施工关键技术

一、调试工序及技术特点

1. 调试施工工序

调试按试验项目一般分为一次设备单体调试、二次设备单体调试和分系统调试。变电站调试工作与施工进度息息相关并受其制约，变电站调试工作一般施工流程为：设备、调试方案准备→调试资料报审→一次单体设备单体调试→二次单体设备单体调试→分系统调试→启动验收调试→试运行。

2. 调试技术特点

（1）新设备、新技术快速发展。调试设备随变电站新技术的应用和试验项目增加而不断更新发展，从传统变电站到智能变电站，从高压、超高压到特高压，变电站调试设备和技术也随之不断地更新发展，并满足或超前现阶段所需技术需要。

（2）人员技术素质要求高。变电站设备多，试验项目广，设备和技术更新快，随着新技术、新工艺、新方法的广泛应用，调试人员对技术需求更加迫切。另外，调试人员应具有专业的调试相关知识和丰富的调试经验，并具备统筹、协调、管理的综合能力，以确保调试和安装进度同步协调进行，从而提高调试工作效率，保障工程按期完成。

（3）调试仪器性能要求高。调试仪器在安全性、准确性、可靠性、便携性、可操作性等方面都有严格要求，其检验和保存都有严格的规定，以保证调试仪器正常使用。近年来，高精度、高效率、高抗干扰、高度集成化的设备应用也逐渐增多，先进的调试仪器不仅可以减少试验接线，简化试验操作步骤，提高试验效率，还可以适当减少调试人员，保障试验的安全可靠进行。

结合设备调试机械化的特点，重点介绍的调试设备见表 1-4-7-1。下面主要从适用范围、装置组成、技术原理、技术要点及应用效果分析等方面展开介绍。

表 1-4-7-1　　　　　　　　　　试　验　仪　器　设　备

序号	试　验　项　目	试　验　装　置	备　注
1	变压器耐压及局部放电试验	电力变压器感应耐压及局部放电试验车	
2	220kV 及以下一次设备耐压试验	集装箱式串联谐振耐压试验装置	
3	GIS 不停电耐压试验	同频同相耐压试验装置	
4	1000kV 及以下一次设备交流耐压试验	超特高压车载式交流耐压试验平台	
5	换流阀低压加压试验	换流阀低压加压测试系统	
6	变电站调度监控信息接入调试	变电站模拟主站调试装置	

续表

序号	试 验 项 目	试 验 装 置	备 注
7	GIS耐压闪络气室定位（超声法）	GIS耐压闪络故障定位分析仪	
8	GIS耐压闪络气室定位（气体法）	移动式多组分SF$_6$分解产物监测分析系统	
9	电流、电压向量测试	智能无线伏安相位测试仪	
10	绝缘油全套油化试验	集装箱式油化试验室	
11	悬式绝缘子零值检测	便携式瓷绝缘子零值检测仪	

二、电力变压器感应耐压及局部放电试验车

电力变压器感应耐压及局部放电试验车可以在不依赖外部设备的情况下，快速展开现场试验工作面。试验车配置满足相应的国家标准要求，车载集成一体化，具备安全性好、可靠性高、操作简便、试验高效快捷等优点。

1. 适用范围

适用于500kV及以下电压等级电力变压器的局部放电及感应耐压试验。

2. 装置组成

试验车由无局部放电变频电源、无局部放电试验变压器、补偿电抗器、试验附件等设备组成。

（1）无局部放电变频电源。变频电源是利用整流和逆变技术，将三相试验电源转换为特定频率的两相电源。通过调节变频电源的输出频率，使得回路中的电抗器电感L和试品电容C发生谐振，谐振电压即为试品上所加电压。

（2）无局部放电试验变压器。励磁变压器也称为中间变压器。通过适当的接线方式以不同变比获得所需的输出电压和电流给试验回路供电，用以补偿试验回路的有功损耗；也可适用于不同电压等级、不同容量的电力设备进行工频耐压试验。它具有性能稳定、工作可靠、局部放电量低等优点。

（3）补偿电抗器。主要用作并联谐振回路中的电感量补偿。

3. 技术原理

500kV变压器局部放电试验采用变频电源作为试验电源，励磁电压从被试变压器低压侧施加，在中压侧、高压侧感应出相应的试验电压。试验时被试变压器中性点及铁芯接地，局部放电测量时信号从高压、中压侧套管的末屏端子获得。

4. 技术要点

（1）试验前检查变压器状态，确保变压器挡位正确，升高座互感器二次侧短接接地，变压器油位正常，铁芯及夹件接地良好，套管末屏接地良好，常规试验及油化试验已完成并数据合格。

（2）根据试验变压器容量及低压侧电压，选择励磁变压器接线方式，确保试验加压线与周围设备保持足够距离。主变压器高压侧及中压侧套管需挂设均压帽，均压帽与套管接触良好。

（3）根据被试变压器设备空载损耗及空载电流选择试验电源容量、电源线型号，确保满足试验电流需要。

（4）局部放电试验仪背景处理满足要求，试验过程严格按照阶段加压，各阶段加压时间及局部放电量符合要求。试验最高电压升至1.8倍额定电压，其耐压时间与频率有关。

三、集装箱式串联谐振耐压试验装置

集装箱式串联谐振耐压试验装置将整套耐压试验系统集中布置到集装箱内，具有运输、操作方便的优点，另外，集装箱内配备试验控制室、视频监控、红外电子围栏等辅助系统，改善了试验人员的工作环境，提高了试验的安全性和工作效率。

1. 适用范围

（1）220kV及以下电压等级电流互感器、断路器、GIS等设备耐压试验。

（2）3km及以下长度110kV电力电缆线路的交流耐压试验。

2. 装置组成

该装置由耐压试验装置和安全辅助系统组成。耐压试验装置包括试验控制台、变频电源、励磁变压器、500kV电抗器、500kV分压器等元件。电抗器和分压器采用单节方式。安全辅助系统包括接地报警、红外电子围栏、视频监控系统等分系统。

3. 技术原理

该串联谐振高压试验设备是基于调节试验频率实现串联谐振耐压试验。输入三相交流380V电源，由变频源转换成频率、电压可调的单相电源，经励磁变压器，送入由电抗器L和被试电缆C$_x$构成的高压串联谐振回路。变频器经励磁变压器向主谐振电路送入一个较低的电压U$_e$，调节变频器的输出频率，当频率满足谐振条件时，电路即达到谐振状态，通过控制输出电压大小调节试验电压。

4. 技术要点

（1）试验前，GIS设备需完成回路电阻试验、绝缘电阻试验、SF$_6$微水试验、互感器试验及隔离开关、断路器的分合闸试验等常规试验，核对GIS设备隔离开关、断路器状态正确，电流互感器短接接地良好。

（2）检查试验接线，确保试验设备接线正确牢固，试压加压线与周围设备保持足够安全距离，试验设备接地可靠，试验操作人员穿绝缘鞋或站绝缘垫上，并佩戴

绝缘手套。

（3）正确选择仪器分压比，试验按照四阶段进行加压，每阶段加压时间满足要求，最高电压耐压保持 1min，1.2 倍额定电压下局部放电试验合格。

四、同频同相交流耐压试验装置

同频同相交流耐压试验装置能够实现不停电情况下对 GIS 设备进行交流耐压试验，设备利用锁相技术锁定系统电压频率和相位，使 GIS 耐压设备与运行部分始终保持可控的电压差，进而实现不停电设备的耐压试验。

1. 适用范围

该设备能够满足变电站改扩建工程 GIS 耐压试验，主要适用在停电困难或者不能停电的扩建变电站工程的 GIS 耐压试验。

2. 装置组成

装置包括的主要部件有变频电源控制器、电抗器控制箱、励磁变压器、调感电抗器及电容分压器等。

（1）变频电源控制器。利用锁相环技术，保持变频电源频率、角度与运行电压一致，实现同频同相功能。

（2）电抗器控制箱。根据被试品电容量，自动调节电抗器的电感量，控制试验频率。

（3）励磁变压器。励磁变压器用来提高试验的输出电压，在保持频率不变情况下，提高试验电压，进而提高试验电压值。同时保持一次、二次回路隔离，保证低压部分试验设备和操作人员的安全。

（4）调感电抗器。调感电抗器是同频同相耐压试验设备中重要的设备之一，电抗器可以控制调节电抗量，使电感在 460～500H 范围调节，根据被试设备电容量大小，调节电抗器的电感量大小，使试验谐振频率保持与电网系统 50Hz 频率一致。

（5）电容分压器。电容分压器在回路中并联在被试设备上，起测量试验电压作用。该电容分压器耐受电压高，测量电压精准，测量误差一般小于 1.0%。

3. 技术原理

同频同相耐压试验装置采用锁相环技术，保证电压的频率和相角与系统电压一致，通过调感电抗器调节电感使回路处于谐振电压状态，谐振时频率固定不变。试验装置需要采取设备运行的母线电压，监视电压相位和频率。在试验时，通过变频电源柜输入一个几十伏的低电压信号，在回路没有异常的情况下，通过调节接入回路上的电抗器，逐步实现分压器上所获得的电压达到一个最大值，说明现在谐振电路就达到了串联谐振状态。

4. 技术要点

（1）试验前设备常规试验已完成，检查设备状态正确。系统电压接取需专人进行，采取防止电压短路措施，确保试验电压接取正确可靠牢固。

（2）试验过程中，电压升至一定电压，需进行一次核相，确保试验电压与系统电压同相，确保同相后方可继续加压。

（3）试验过程严格按照仪器操作流程进行，确保系统电压与仪器电压相位频率一致，保证各阶段加压时间满足要求，局部放电量试验测试合格。

五、超特高压车载式交流耐压试验平台

目前，超高压、特高压耐压试验装置因需承受高电压、大电流的要求，通常具有体积大、设备重的特点。传统耐压试验装置组装需要大量吊装工作，组装仪器耗费较多时间，通常占试验总时间的一半以上，而车载式耐压试验平台常采用液压顶升方式一次完成仪器的布置工作，显著提高了试验效率，使现场试验更加快捷、方便、安全。目前国内在用的超特高压车载式交流耐压试验平台主要有三种，见表 1-4-7-2。

表 1-4-7-2　超特高压车载式交流耐压试验平台

设　　　备	试　验　项　目
750kV 超高压设备交流耐压车载试验车	750kV 及以下一次设备耐压试验
1200kV 整装式绝缘试验平台	1000kV 及以下一次设备耐压试验
特高压 GIL 一体化耐压试验车	1000kV 及以下一次设备耐压试验

三类车载式耐压试验平台在提高试验效率方面相似，都在电抗器的组装方面进行设计优化，通过液压顶升或垂直升降方式一次完成电抗器的现场安装，进而提高试验效率，试验原理完全一致。因此，本小节主要针对其中一种典型的装置进行介绍。以特高压 GIL 一体化耐压试验车为例进行叙述。

1. 适用范围

特高压指气体绝缘金属封闭输电线路一体化耐压试验车是集耐压装置、电源装置、电压测量系统和自动举升装置于一体的新型快速试验装备，有效实现耐压试验在车上自动完成，耐压装置自动展开，无须组装。采用电感分压的融合式测压系统，谐振电抗器与分压器一体化，PLC 集控操作发射架式全自动举升装置，30min 能够达到试验状态，实现试验人员减少，试验效率增加。

该装置适用于 500kV、750kV、1000kV GIS（GIL）交流耐压试验。

2. 装备组成

耐压试验车装设了 GIS 交流耐压试验所需的成套设备以及相关附件，包括变频电源、励磁变、高压谐振电抗器（2 节）、充气式均压罩、电感式分压器等部件和辅助设备全部集成在经特殊改装的试验车上。高压谐振电抗器采用中心内筒固定空心线饼、辐向引出间隙支撑特殊结构，实现横卧储运和竖立试验两种状态变换不松动。充气式均压罩配备气囊式金属鳞片均压罩，固定安装于电抗器顶部；融合式串联谐振电感分压高压测量系统，采用电抗器内置融入式测压技术，实现了整体单柱结构，无须额外设置电容分压器。

3. 技术原理

高压谐振电抗器采用"导弹竖立"式的结构方式可

将装置由横卧储运展开至竖立试验状态。试验车采用液压升降、液压扩展支撑、支撑调平等功能，试验车的展开/回收由 PLC 按程序进行，可实现"一键化"操作。试验车采用防震、防松设计，运输耐冲击技术，使用液压升降装置实现卧倒运输，试验现场竖起。

4. 技术要点

(1) 耐压试验车具备液压扩展支撑腿具备调平功能，设备不下车试验时，可使用液压支撑腿承载平台的重量并进行平台的调平工作，可以保证竖立托架及其上的高压试验设备始终处于水平，平台竖立状态也不易发生倾倒。

(2) 耐压试验车具备带液压机械手抱箍举升托架，可采用液压举升方式将谐振电抗器连同竖立辅助托架进行"导弹竖立"，保证举升托架上高压试验设备对地绝缘安全距离。举升托架上配备的两个液压抱紧手臂用于固定安装在举升托架上的高压试验设备，防止其在"导弹发射"过程中的晃动。

(3) 耐压试验车"导弹发射架"竖立的液压系统采用双液压缸平衡举升的方式，并配备有平衡阀、流量控制阀等物理缓冲及防侧倾措施。保证液压竖立过程中，电抗器在重心点切换时的反方向受力问题引起的冲击；保证"导弹发射架"两液压竖立过程中两个液压缸流量的严格同步从而使其行程同步，杜绝侧倾的发生。

(4) 耐压试验车具有"一键式"PLC 平台竖立回收功能，平台配备全手动应急操作功能，在极端情况下装置发生严重损坏时的平台应急展开/收拢操作。

(5) 耐压试验车采用框架式结构，可以有效承载试验设备、液压竖立机构、液压支撑腿以及竖立辅助机构的机械载荷。一体化平台在运输状态时举升支架处于接近水平状态，配备的固定机械竖立机构、液压支撑腿、举升托架等机构都处于固定闭锁状态，从而保证随运输车辆长途运输过程中的颠簸及振动不受损坏。

六、换流阀低压加压测试系统

换流阀低压加压测试系统可在换流阀投运前模拟系统运行环境，实际解锁换流阀，以验证换流变压器一次接线、换流阀触发同步电压与触发控制电压、一次电压的相序及阀组触发顺序关系的正确性，保证晶闸管的触发顺序及检测功能达到设计要求。

1. 适用范围

换流阀低压加压测试系统适用于 ±1100kV 及以下电压等级换流阀低压加压试验。

2. 装置组成

换流阀低压加压测试系统由感应调压器、试验变压器、模拟负载、自耦调压器和录波系统组成。

(1) 感应调压器。感应调压器也称为隔离调压器。通过调压开关调整输出电压，给换流阀低压加压试验系统供电，同时隔离电源系统中的干扰。

(2) 试验变压器。接收励磁变的输出电压并进行二次升压，提高换流阀低压加压试验系统的输出电压，以满足试验要求。

(3) 模拟负载。模拟负载也称为无感电阻，试验时是并联在换流阀直流侧模拟运行负载，给换流阀导通提供持续的电流通道。

(4) 自耦调压器。自耦调压器模拟输出三相 100V 电压给直流控制保护装置，模拟换流变压器交流侧带电，是换流阀解锁的必要条件。

(5) 录波系统。录波系统采集换流阀低压加压试验过程中的三相调压输出电压作为基准电压，采集换流阀直流侧电压进行分析判断换流阀解锁波形的正确性。

3. 技术原理

换流阀低压加压测试系统采用感应调压器作为试验电源，感应调压器的输出端接试验变压器的输入和自耦调压器的输入，试验变压器输出端给被试验的换流阀供电，自耦变压器的输出端给控制保护系统提供三相正序电压，模拟换流变压器交流侧带电。试验变压器和自耦调压器输入均取自感应调压器的输出端，确保一次系统和二次系统同源。直流负载电阻和换流阀形成一个闭合电流通路，确保换流阀解锁时负载电流不开路。

4. 技术要点

(1) 根据被试验换流阀最低触发电压和持续导通电流，计算出各触发角度下的直流负载。

(2) 调整换流变压器和换流阀及其阀控系统处于低压加压试验模式。

(3) 投入试验电源，调整自耦变压器，使得二次侧线电压为 100V；检查试验电源相序与阀组控制单元同步电压信号相序要求是否一致（正相序）。

(4) 调整感应调压器输出电压，对换流变压器充电。

(5) 确认同步信号正确；若无异常，将直流运行控制系统单侧独立解锁 120°。正常后，闭锁换流阀，重新在 90°解锁；控制触发角从 90°开始逐步降低到 75°、60°、45°、30°、15°，用示波器检查记录每个角度的阀侧电压及波形；A 系统试验完毕后，切换至 B 系统，分别在 120°、90°、75°、60°、45°、30°、15°再次单侧独立解锁，用示波器检查记录每个角度的阀侧电压及波形。

(6) 观察记录仪直流波形的波头是否完整，分析同步回路、触发控制回路的接线是否正确。

七、变电站模拟主站调试装置

变电站模拟主站调试装置具备监控后台同步验收功能，同时实现了子站和主站端的监控信息自动验收，能够完成监控信息全回路、全信息验收，提高变电站监控信息验收效率，实现验收技术自动化，降低工作强度，缩短调试工期。

1. 适用范围

变电站模拟主站调试装置适用于 IEC 61850 标准的各种电压等级智能变电站和常规变电站，尤其对新建变电站工期要求紧，调试时间短，常规调试方式无法按期完成监控信息调试和验收的工程较适用。

2. 装置组成

变电站模拟主站调试装置由远动配置自动闭环校验模块、站端监控信息同步验收模块、调度主站自动检核模块等相关功能模块组成。

（1）远动配置自动闭环校验模块。通过全景仿真全站间隔层装置 MMS 通信，同时模拟主站接收远动装置 IEC 104 报文实现远动装置转发配置的自动闭环校核，生成校核报告，形成远动配置点表，并能与 RCD 文件、调控信息表进行一致性比较，方便检查远动转发表是否错配、漏配、多配以及调控信息是否与实际相符。

（2）站端监控信息同步验收模块。通过对点装置的 IEC 104 模拟主站功能，可在与主站监控信息验收之前，由变电站调试人员施加实际信号量，在站端通过模拟主站功能，与监控后台主机进行同步验收，校验远动装置配置与变电站一次/二次信号一致性。

（3）主站自动对点校核模块。实现全站多装置跨间隔的仿真传动，依照监控信息点表顺序并按照自动验收校验规则自动触发遥信、遥测信号，与主站自动验收模块完成监控信息的自动核验。

3. 技术原理

（1）SCD 文件快速解析技术。基于 XML‑DOM 和 XPATH 技术，实现 SCD 文件的快速解析，提取全站 IED 装置的 MMS 通信配置信息、数据集、报告控制块、虚端子连接关系等信息。

（2）MMS 全站仿真技术。基于实时数据库和多进程的全站 IED 仿真技术，支持最多 255 个 IED 装置同时仿真，同时支持 A、B 网仿真，系统扩展性强。IEC 104 同步验收主站：实现 IEC 104 协议的遥信、遥测、遥控、遥调功能，支持跨网段和多通道验收；全景扫描技术：实现基于全站遥信的闭环扫描技术，获取 MMS 和 IEC 104 的映射关系。

4. 技术要点

（1）调试前确保监控信息点表正确，装置依照监控信息点表顺序，按照自动验收校验规则自动触发遥信、遥测信号，与主站自动验收模块完成监控信息的自动核验。

（2）因变电站模拟主站调试装置启动 MMS 通信仿真与变电站内 IED 装置的 IP 一致，变电站模拟主站调试装置工作时不能与站内 IED 装置在同一网络上。

（3）变电站模拟主站调试装置需先添加 IP 地址白名单，将监控后台、远动装置的 IP 地址添加后进行连接。

（4）模拟主站与远动装置通过 IEC 104 通信协议通信时，采用跨网段通信，需按照主子站的 IP 进行配置通信参数。

（5）使用变电站模拟主站调试装置时，变电站模拟主站调试装置需屏蔽运行设备的仿真启动，仿真 IP 冲突导致网络异常。

八、GIS 耐压闪络故障定位分析仪

GIS 气室较多，内部结构复杂，耐压闪络后难以确定

故障气室位置，寻找放电气室困难，有时需要数天时间才能完成，且对安装完成后的 GIS 设备破坏较大，甚至会对无故障气室进行解体检查，造成施工工作量大幅增加，影响到工程启动工期。该装置应用超声波传感器接收超声延时原理，实现了 GIS 耐压故障的实时监控，快速、准确进行故障气室定位。

1. 适用范围

GIS 耐压闪络故障定位分析仪能够进行各种电压等级 GIS 耐压试验闪络定位，适用于气室多，母线长的 GIS 设备耐压试验闪络气室定位，辅助试验人员寻找故障气室。

2. 装置组成

GIS 耐压闪络故障定位分析仪由后台分析系统及无线超声传感器以及相关的附件等组成。试验过程中无线超声传感器安装在 GIS 上，采用 GPS 时钟同步技术确保每个无线超声传感器同步采集，通过无线 AP 协议将采集数据传输给后台分析系统。后台分析系统进行数据分析，能够快速分析出缺陷点的位置及放电故障类型并确定放电位置。

3. 技术原理

多通道 GIS 耐压闪络故障定位分析仪，在被试 GIS 的不同部位的关键点处放置超声传感器，通过无线技术与主采集系统连接，当 GIS 耐压闪络时，不同部位的信号强度和延迟时间，就会被传感器同步捕获，同时数据通过无线传输方式传输给数据采集器，并传送至后台分析系统，从而快速分析出缺陷点的位置。

4. 技术要点

（1）根据传感器的数量和气室多少，合理分配传感器，按照传感器编号进行均匀布置，有助于寻找气室位置。

（2）试验前检查所有传感器，对所有传感器信号复归，防止外界干扰对装置采样影响。

（3）利用授时模块，对所有传感器统一授时，确保传感器间的监控数据后台软件分析正确。

（4）根据分析软件判断放电气室位置，需要结合气体分解产物特征来最终确定放电气室。

九、移动式多组分 SF₆ 分解产物监测系统

移动式多组分 SF_6 分解产物监测系统是检测局部放电痕量特征分解产物和水分含量的重要试验装置。该装置采用移动式设计，方便拆移至下一个监测点，及时监测（疑似）故障气室杂质组分浓度变化，便于集中精力解决危急问题，实现对（疑似）故障气室实时监测、指标趋势监测、超标主动示警等功能。装置采用深冷相变富集技术，能够高精度的实现分解产物测试，为分析判断故障类型提供依据。

1. 适用范围

移动式多组分 SF_6 分解产物监测系统适用于 GIS 设备大气室（母线气室）或放电能量小分解产物少的气室分解产物检测。

2. 装置组成

该装置由深冷相变富集系统、特征分解产物光谱无

损检测系统、镜面法湿度检测系统、SF_6 气体杂质色谱分析系统、相变采样回充系统以及远程监控系统等组成。

(1) 深冷相变富集系统。可用于 SF_6 气体痕量分解产物的浓缩富集,利用深冷相变技术使 SF_6 气体液化,而分解产物仍保持气态,进而提高气态分解产物的浓度,富集倍数为 20~200 倍。

(2) 特征分解产物光谱无损检测系统。紫外荧光法、红外光谱与热释电法联用,无损检测局部放电特征分解产物 SO_2、CO、CF_4 浓度,结合镜面法湿度检测,可有效分析放电程度。

(3) SF_6 气体杂质色谱分析系统。根据光谱检测结果,进一步可启动色谱分析系统,一次进气即实现 CF_4、CO_2、SO_2、H_2S、CH_4、C_3F_8、COS、SO_2F_2、SOF_2 共 9 种低含量杂质气体的定量分析,特别是本系统所采用的增强型等离子检测技术可大幅提高检测灵敏度,实现 ppb 级别($10^{-9}\mu L/L$)的痕量分析,可为分析判断故障类型提供依据。

(4) 相变采样回充系统。通过深冷相变有效采集代表性样气并实现样气中气体分解产物的富集,检测结束后,通过骤热相变实现样气加压回送,实现无损耗的样气检测。

(5) 远程监控系统。通过物联网在 PC 机或智能终端实现远程监控。

3. 技术原理

通过深冷相变技术将被测气室内痕量 SF_6 分解产物浓缩富集 20~200 倍,再基于光谱法对 SF_6 典型特征分解产物 SO_2(紫外荧光)、CO(红外光谱)和 CF_4(红外热释电)进行无损检测,同时提高了检测灵敏度,可进一步决策是否启动 SF_6 气体杂质色谱分析系统实现多种气体分解产物含量分析,以便交叉定位故障类型。同步检测气体湿度,结合相关气体分解产物浓度对放电程度进行有效分析。

4. 技术要点

(1) 为避免仪器内部残余气体干扰,提高仪器测量精度,测试气体进入仪器前需对该装置本体抽真空处理。

(2) 尽量采用装置的全自动工作模式,其检测效果优于手动模式。另外,为达到更好的富集效果,装置应尽量避免暴露在阳光下。

(3) 试验时注意个人安全防护,避免吸入被测气体。

十、智能无线伏安相位监测仪

智能无线伏安相位监测仪通过"无线传输＋多机协作"方式实现多个并发采集模块之间的实时信号同步,完成三相电压、电流幅值、相位、有功、无功、矢量图、频率、相位测量。

1. 适用场景

智能无线伏安相位监测仪适用于各种电压等级变电站二次电流、电压相位测量及有功、无功测量。

2. 装置组成及原理

智能无线伏安相位监测仪包括采集模块、通信集中器

(PC 用)、通信中继器、主机无线模块(平板、手机用),具有基础测试、自动测试、智能诊断等多种测试模式。其中基础测试包括三相测试、多机遥测、电流测试。自动测试根据配置,智能诊断除测量功能外还具备诊断功能。

3. 技术要点

(1) 实现远距离无线同步测量,相位误差在 0.5° 以内,多台采集模块(可支持 50 台同时工作)可以同时测量多路电压、多路电流的幅值和相位。

(2) 采集模块固化通信地址,方便布置和查询,指示灯直接显示带电状态。

(3) PC 端作为主机接收数据可直接同步云端,任意安装 App 软件的平板和手机均可作为匹配主机无线模块作为主机。通信中继器可根据实际无线信号质量灵活布置,增强信号强度和传输距离,进一步适应各种变电站应用场景。

(4) 通信中继器可根据实际无线信号质量灵活布置,增强信号强度和传输距离,进一步适应各种变电站应用场景。

(5) 采用多机协作模式时,应用 App 软件可直接确认通信状态,方便互联。

十一、集装箱式油化试验室

该集装箱式油化试验测试系统,能够实现油化试验的全套试验,包括微水、颗粒度、油耐压、耐张力、色谱、酸值、闭口闪点、介质损耗等试验项目,对提高油化试验效率,试验数据准确性具有重要意义。

1. 适用范围

集装箱式油化试验室适用于时间紧、油化试验工作量大、油样送检困难的工程。

2. 装置组成及原理

集装箱式油化试验室,将油化试验设备集中在集装箱内,主要包括:张力仪、水溶性酸测试仪、绝缘油耐压试验仪、绝缘油酸值自动测定仪、微量水分测试仪、色谱仪、颗粒度测试仪等。

(1) 张力仪。采用圆环法在非平衡条件下,测量各种液体表面张力(液-气相界面)及矿物油与水的界面张力。

(2) 水溶性酸测试仪。采用大屏幕液晶显示,利用微处理器控制,可以根据用户的设定条件自动完成加热、恒温、振荡、取样、测试等功能,可以一次性测量三个样品,大大缩短了用户的测试时间。

(3) 全自动绝缘油耐压试验仪。该装置为具备自动化程序控制功能且性能可靠的多油杯耐压试验仪,试验仪需选择试验程序,仪器即可自动完成整个试验过程。

(4) 绝缘油酸值自动测定仪,采用中和法原理,用微机控制在常温下自动完成加液、快速滴定、搅拌、光电检测判断滴定终点。

3. 技术要点

(1) 试验环境要求干净整洁,试验过程避免粉尘、水分侵入试验样品内,提高试验结果可靠性。

(2) 集装箱优化试验室设置弹簧减震结构,能够在

运输转移过程中保证仪器安全，集装箱内能够实现恒温恒湿环境，保障仪器检测精度。

（3）集装箱内设有专用取水口及辅助材料存放位置，试验所需用水及辅助耗材方便使用。

十二、便携式瓷绝缘子零值检测仪

悬式瓷绝缘子是变电站主要组成设备，零值检测是最常规的必要检测手段。便携式瓷绝缘子零值检测仪轻巧便捷，通过输出高达 60kV 的脉冲电压，使存在缺陷的瓷绝缘子被击穿，从而快速检测出劣化瓷绝缘子。

1. 适用范围

便携式瓷绝缘子零值检测仪适用于瓷绝缘子安装前逐片零值检测或在运瓷绝缘子抽检或疑似零值复核。

2. 装置组成

适用于地面检测的便携式瓷绝缘子零值检测仪由主机、操作杆、手持操控终端三部分组成，两人配合使用。

适用于构架检测的便携式瓷绝缘子零值检测仪由整合而成的一套主机组成，包含了高压脉冲发生模块、测量模块、数据处理模块、操控模块及测量探针。

3. 技术原理

电压越高越容易造成绝缘缺陷被击穿，综合考虑高压需求和轻巧便捷需求，提出基于脉冲高压法研制便携式瓷绝缘子零值检测仪。不同脉冲电压幅值、脉冲宽度对比试验表明，100ms 方波脉冲高压作用下，劣化瓷绝缘子击穿电压一般小于 40kV。

4. 技术要点

（1）输出电压高，可达 60kV，确保劣化瓷绝缘子被击穿，提高劣化瓷绝缘子检出率。

（2）轻巧便捷，重量小于 3kg，搬运方便。

（3）快捷高效，能满足大量瓷绝缘子逐片测零的工程应用需求。

（4）智能准确，采用绝缘子阻值和测试电压波形特征联合诊断劣化瓷绝缘子的方法，实现了智能诊断，提高了诊断准确率。

第五章

架空线路基础及接地机械化施工

第一节 基础及接地施工技术要点

一、岩石锚杆基础

1. 施工要求

（1）施工前，核实设计图纸和地质勘探报告。

（2）锚杆基础施工应执行《输电线路岩石锚杆基础施工工艺导则》（Q/GDW 11331—2014）、《110kV～750kV架空输电线路施工及验收规范》（GB 50233—2014）。

（3）根据设计要求、地基条件和环境条件，合理选择施工设备、器具和工艺方法，制定施工方案。

（4）施工机具适宜选择轻型、易拆卸组装、便于搬运的高效钻机，钻孔适宜采用干钻成孔。

（5）锚孔成型后应及时清孔，孔洞中的石粉、浮土及孔壁松散活石应清除干净。

（6）胶结材料浇筑前应进行二次清孔并对孔壁充分润湿，易风化的岩石应尽量缩短开孔与灌注之间的时间间隔。

（7）胶结材料灌注时应采用微型振动棒振捣密实，分层厚度应符合设备参数要求。

（8）施工过程中需采取措施，确保岩石完整性不受破坏。锚杆的埋入深度不应小于设计值，安装后应有临时保护和固定措施。

（9）施工中发现锚孔中有地下水或地层岩性、状态等与设计不符时，应立即停止施工并及时通知设计人员。

（10）锚孔钻进、清孔及胶结材料灌注等不宜在雨中进行。

（11）岩石锚杆基础混凝土或砂浆浇筑时需注意：

1）锚孔应处于干燥状态，不应有积水。

2）承台底板基坑混凝土宜满膛浇筑。

3）混凝土或砂浆浇筑均应振捣。

2. 质量控制要求

岩石锚杆基础的成孔及灌浆质量要求如下。

（1）按设计要求进行锚孔位置放样，做好标识，严格按标识钻进。

（2）锚孔钻进时，应保持钻机立轴的垂直度，确保成孔质量。

（3）锚孔钻进完成后，检查孔径、孔深、倾斜度满足设计要求并做好记录后，应及时封堵孔口，清理锚孔周围浮土。

（4）锚孔质量控制要求见表1-5-1-1。

表1-5-1-1　　锚孔质量控制要求

序号	锚　　孔	
	检查项目	检验内容和合格标准
1	水平方向误差	小于孔间距5%
2	直径允许偏差	0～20mm

续表

序号	锚　　孔	
	检查项目	检验内容和合格标准
3	倾斜度	小于锚杆长度的1%
4	钻孔深度	不应小于设计深度，也不宜大于设计深度的1%

（5）锚杆基础质量检测应执行《架空输电线路锚杆基础设计规程》（DL/T 5544—2018）。

（6）为检验工程锚杆质量和性能是否符合锚杆设计要求，宜采用单锚抗拔验收试验。

（7）试验数量不少于锚杆总数的5%，且每基塔应不少于3根；最大试验荷载取锚杆荷载取基本组合上拔力设计值的75%，且不应大于锚筋屈服强度标准值的0.9倍。

二、螺旋锚基础

1. 施工要求

（1）螺旋锚钻进一般采用依托挖掘机的动力头装置进行旋拧施工。

（2）螺旋锚基础基锚旋拧钻进点应定位放线，严格控制钻进方位角、水平位置等。

（3）施工过程螺旋锚杆钻机一般处于对角线外侧，避让中心桩，便于观测，竖直基锚时钻机宜处于对角线延长线上，群锚型斜锚旋拧时钻机宜处于锚杆倾角方向上。

（4）旋拧钻进过程中应按《架空输电线路螺旋锚基础设计规范》（Q/GDW 10584—2022），进行扭矩值、方位角、旋拧速率等指标的实时监测，监测值应满足设计要求；若扭矩值骤变或钻进困难时，停机检查，待查明原因并处理后，方可钻进。

（5）螺旋锚基础因施工造成基础结构体与地基间存在缝隙时，适宜利用水泥砂浆填充缝隙。

（6）坚硬或密实土层可采用先引孔后旋拧的施工工艺。

（7）基锚旋拧施工遵循以下要求：

1）旋拧速度不宜大于10r/min。

2）每转的平均螺旋锚下桩位移不宜小于螺距的85%。

3）螺旋锚应单向拧进，避免反向旋拧。

4）旋拧钻进过程中应实时观察连接螺栓等状况。

2. 质量控制要求

（1）螺旋锚基础质量验收检查应在隐蔽前进行。

（2）旋拧钻进过程中要尽量避免对原状土造成扰动，尽量保证一次性旋拧到位，避免空转，尽量避免反转。

（3）锚杆旋拧完成后立即做好成品防护措施。

（4）现场焊接质量应满足设计及相关技术标准要求。

（5）施工完成后外露部分应及时进行防腐。

（6）铁塔组立、架线施工完成后，应分别进行基础沉降和位移观测。

（7）螺旋锚整基基础施工允许偏差应符合表1-5-

1-2的要求。

(8) 基锚旋拧施工要严格按以下要求进行质量控制：

1) 旋拧施工时，基锚锚杆中心点的定位误差不大于10mm，倾斜度偏差不大于1°，方位角偏差不大于2°。

2) 施工旋拧每转的下桩位移不小于螺距的85%。

3) 钢筋混凝土现浇承台且基锚数大于1根时群锚中各基锚桩位水平偏差不宜大于100mm；采用钢制承台或单锚型基础时，基锚桩位水平偏差不宜大于50mm。

(9) 螺旋锚基础整基基础尺寸施工允许偏差见表1-5-1-2。

表1-5-1-2 螺旋锚基础整基基础尺寸施工允许偏差

项　　目		单锚型基础		群锚型	
		直线	转角	直线	转角
整基基础中心与中心桩间的位移/mm	横线路方向	30	30	30	30
	顺线路方向	—	30	—	30
基础根开及对角线尺寸/%		±1		±2	
基础顶面间相对高差/mm		5		5	
整基基础扭转/(′)		10		10	

三、微型桩基础

1. 施工要求

(1) 钻孔施工机械。微型桩孔径一般200～400mm，成孔方式与机械包括气动潜孔锤钻机、螺旋钻机、回旋钻机、旋挖钻机等，具体施工机械根据微型桩尺寸以及地形地质、地下水、施工效率等选用，岩石地层一般优先选用气动潜孔锤成孔钻机，具有施工效率高、岩石强度影响小等优点，但也受岩体裂隙、地下水等因素制约。

(2) 沉桩施工机械。预制钢筋混凝土或钢制管桩沉桩装备包括液压振动打桩机、静压桩机等，根据输电线路工程建设特点及该类型基础主要适用于较软弱土体，因此微型桩沉桩主要采用液压振动打桩机，该设备一般依托挖掘机配置。

(3) 其他施工要求可依据《建筑桩基技术规范》(JGJ 94—2008)。

2. 质量控制要求

机械挖孔桩的成桩质量检测主要包括成孔、清孔、孔径检查等内容，主要质量控制要求见表1-5-1-3。

表1-5-1-3 质量控制要求

序号	检查项目		允许偏差或允许值
1	整基基础中心与中心桩的位移	横线路方向	直线塔30mm，耐张塔30mm
2		顺线路方向	耐张塔30mn
3	基桩桩位允许偏差		±100mm
4	基桩沉孔孔径		—20～0mm
5	直孔垂直度		1%
6	孔深度		大于设计埋深
7	灌注前沉渣厚度		≤50mm

四、其他环保型基础

1. 施工要求

(1) 灌注桩。成孔施工机械可选旋挖钻机、长螺旋钻机以及潜水钻机、回转钻机、冲孔钻机等。其中旋挖钻机成孔速度快、泥皮及沉渣厚度小，有利于桩基承载力的发挥；潜水钻机、回转钻机、冲孔钻机等需要借助泥浆护壁与清孔。不同的施工方法会造成孔壁粗糙度、桩底沉渣厚度、泥皮厚度的不同，从而影响钻孔灌注桩竖向承载力。沉渣处理措施：处理灌注桩桩端沉渣比较常用的方法有高压旋喷法、压力注浆法和预加荷载法。

(2) 掏挖基础和挖孔桩基础。成孔施工机械可选旋挖钻机、机械洛阳铲等。基础成孔专用旋挖钻机（或电建钻机）施工时先采用直孔钻头钻进，达到设计深度后超挖300mm左右，后换扩底钻头旋转成型。掏挖钻机成孔流程如图1-5-1-1所示。

1) 直孔钻进。钻机就位找正后，开始钻孔施工，钻机应空载起转；在钻进过程中控制钻头旋转速度，开始钻进时速度应缓慢，注意保护坑口形状，减少坑口土层扰动，当钻进深度达到一个钻斗高度时，可以视土质情况加快旋挖速度；钻头钻进过程需专人监测其工作情况，发现异常地质情况、地下文物等，应立即停止作业，并采取相应的处理措施。

2) 钻挖方法。钻头工作是通过钻杆、钻头及动力头的自重下压力，在旋转过程中将土挤入钻斗内的。在提升钻头过程中要控制提升速度，注意保护孔壁、孔口，并注意每次钻斗完全提升出坑口后方可转向卸土位置；提升钻头同时将动力头抬高，以使钻斗高度能够满足从蛙腿顶面转过。将钻杆转至倒土位置后，上提钻杆，利用动力头底部支架碰撞钻斗底盖开关，倒出渣土；卸完土后，操作钻杆下降，通过渣土阻力，使钻斗底盖复位；如此循环，直至将坑孔钻至设计深度。弃土位置一般选择在钻机的左侧操作人员视野可及的地方，并提前计算出弃土的方量及需要堆方弃土的范围；如果选择在钻机右侧，应有人配合指挥；弃土地点应保证距坑口边沿2m以上，防止弃土压力造成孔壁坍塌。当钻到一定深度后若土的湿度较大，钻头侧面与孔壁接触趋于紧密，在提升钻头时，可能会造成孔底负压使钻头提升困难，这时可以将钻头反向缓慢旋转，慢慢提升，避免因提升过猛造成钻机整体倾斜。

3）扩底作业。当基坑开挖到设计孔深后，将挖孔钻头更换为扩底钻头；通过对动力杆加压，使扩底钻头在基底进行展开，钻头上的牙轮向两边展开的同时破碎基底周边的岩土进行扩底；钻进至设计孔深后，将钻斗留在原处机械旋转数圈，将孔底虚土尽量装入斗内，起钻后仍需对孔底虚土进行清理；成孔达到设计标高后，对孔深、孔径、孔壁垂直度、沉淀厚度等进行检查。检测数据应符合质量评定规程、验收规范及设计的要求。用检孔器检测孔径和孔的垂直度，检孔器对正后在孔内靠自重下沉，不借助其他外力顺利下至孔底，不停顿，证明钻孔符合规范及设计要求，如不能顺利下至孔底时，用钻机进行清孔处理。

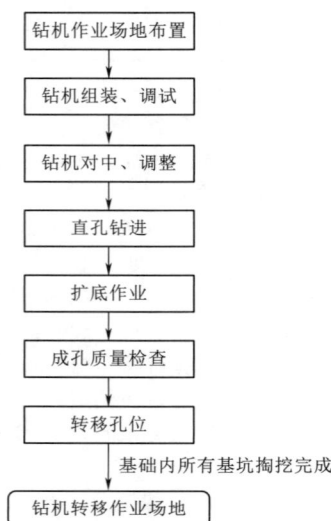

图 1-5-1-1　掏挖钻机成孔流程图

2. 质量控制要求

（1）灌注桩。为控制灌注桩施工质量以满足设计要求，可采取以下技术措施：

1）泥浆护壁的要求及减小泥皮厚度的技术措施。泥浆制备应选用高塑性黏土或膨润土，泥浆应根据施工机械、工艺及穿越土层情况进行配合比设计；施工期间护筒内的泥浆面应高出地下水位 1.0～1.5m 以上；在清孔过程中，应不断置换泥浆直至浇筑水下混凝土，泥浆的相对密度、含砂率和黏度应符合相关要求；在容易产生泥浆渗漏的土层中应采取维持孔壁稳定的措施。减小泥皮厚度提高桩侧摩阻力以满足设计要求，具体可采取以下措施：尽量缩短成孔时间；清孔完毕后，尽快完成混凝土的灌注；在钻头上安装特制钢丝网，桩侧或桩端后注浆。

2）沉渣缺陷预防及处理措施。沉渣预防措施：选择合适的钻孔机具、转速和钻压进行钻进施工；选择合适的泥浆相对密度；合理确定清孔持续时间；浇灌混凝土前需再次测量沉渣厚度，如超标应进行二次清底。成孔达到设计深度，灌注混凝土之前，对于孔底沉渣厚度应满足以下要求：端承型桩不应大于 50mm，摩擦型桩不应

大于 100mm，抗拔、抗水平力桩不应大于 200mm。

3）水下混凝土灌注的施工要求。水下灌注混凝土应具备良好的和易性，配合比应通过试验确定；坍落度宜为 180～220mm；水泥用量不应少于 360kg/m³（当掺入粉煤灰时水泥用量可不受此限）；水下灌注混凝土的含砂率宜为 40%～50%，并宜选用中粗砂；粗骨料的最大粒径应小于 40mm；水下灌注混凝土宜掺外加剂；灌注水下混凝土必须连续施工。

（2）掏挖基础和挖孔桩基础。

1）掏挖基础机械成孔质量检查包括：成孔质量检查包括坑口处、变径处、坑底部的直径及孔深等；经常检查纠正钻机桅杆的水平和垂直度，保证钻孔的垂直度；并根据出土情况和钻杆进尺及时记录地质情况，保留典型地层的地质标本；成孔后应采取必要措施清除孔底残渣；清孔后，应检测孔深是否满足设计要求；成孔尺寸允许偏差或允许值见表 1-5-1-4，具体按照相关验收规范执行。

表 1-5-1-4　成孔尺寸允许偏差或允许值

序号	检查项目	允许偏差或允许值	
1	基础孔径	0～20mm	
2	孔斜率	不大于孔深的 1%	
3	孔深度	0～300mm	
4	基础根开	地脚螺栓式：±0.2%根开	插入角钢式：±0.1%根开

2）挖孔桩机械成孔质量检查主要包括成孔、扩底端部尺寸、清孔等，应重点检测挖孔桩扩底端部的质量，挖孔桩基础需检查项目及要求见表 1-5-1-5。

表 1-5-1-5　挖孔桩基础需检查项目及要求

序号	检查项目		允许偏差或允许值
1	整基基础中心与中心桩的位移	横线路方向	直线塔 30mm，耐张塔 30mm
		顺线路方向	耐张塔 30mm
2	基桩孔径		−20～0mm
3	直孔垂直度		1%
4	孔深度		大于设计埋深
5	扩大头直径 D		−0.1d，且≤50mm
6	基坑中心根开		地脚螺栓式±0.2%根开，插入角钢式±0.1%根开
7	灌注前沉渣厚度		≤50mm

第二节　基础施工关键技术

一、电建钻机成孔施工

（一）概述

电建钻机通过旋挖、破碎、冲击等方式实现多地形、

复杂地质成孔，采用轻量化设计，具有底盘伸缩、辅助起吊等功能，适用于输变电工程灌注桩、挖孔类、掏挖基础机械成孔施工，具有稳定性高、爬坡能力强等特点。利用电建钻机实现输电线路基础开挖成孔，可以一次成孔或多次成孔。对于一次成孔，干作业时根据切削、刨松原理，采用动力头转动底门镶嵌斗齿的等孔径桶式钻斗，切削岩土，并将原状岩土收入钻斗内，然后再由钻机卷扬机和伸缩钻杆将钻斗提出孔外卸土，循环往复直至钻至设计深度；湿作业时应用护筒护壁或泥浆护壁，辅助电建钻机旋挖成孔。对于多次成孔，采取不同规格的钻具、钻斗抽芯，应用分层环形旋进或梅花桩成孔方式进行钻进，最后采用等孔径钻头铣孔至设计深度。

（二）装备组成

电建钻机的上车由发动机、泵阀等动力部件、车架结构体、驾驶室等组成，是工作装置的承载主体并为机器提供动力源；下车由四轮履带、张紧装置和缓冲弹簧以及行走机构组成，支承电建钻机整机质量，并将履带驱动轮的旋转运动转变为钻机在地面上的行驶运动。

电建钻机（如KR110D、KR150D、KR125ES）变幅机构为平行四边形型式的H型臂；电建钻机（如KR50D和KR100D）大臂采用类似挖掘机的结构形式。

（三）施工要点

1. 装备准备

目前电建钻机已研发应用轻型（KR50D）、中型（KR100D、KR110D）、重型（KR150D）、超低净空（KR125ES）四个系列5种型号，根据输电线路特点分别可适用于以下地形地质条件：KR50D、KR100D、KR110D适用于山地、田间的坚土、普通土、松砂石的基础施工；KR150D适用于平坦地区的坚土、普通土、松砂石、中风化岩的基础施工；KR125ES适用于坚土、普通土、松砂石、中风化岩石。当地层结构、地质情况不稳定，如淤泥、淤泥质土、砂土、碎石土、中间有硬夹层及地下水以下的土层等，四个系列5种型号可采取泥浆护壁、护筒护壁等方式实现湿作业成孔，其钻进成孔、提钻、卸土等操作原理与干成孔作业相同。

2. 道路准备

一般道路简单清表后可直接行走，宽度控制在3m以内，对于地基承载力无法满足电建钻机行走条件的，可铺设路基箱。

3. 场地准备

施工前对塔位进行线路复测分坑，设置围栏和施工标志牌，修通进场便道，电建钻机操作平台约3.5m(长)×3.5m(宽)。施工场地承载力不足时，则考虑在地基表面铺设20mm厚的钢板或路基箱。

4. 钻机就位

（1）场地平整后，应尽量使两履带中间位置对准基础孔口中心点，保证钻进过程中将钻机重力均匀分散传于地面，以利于在施工中保护孔壁稳定。

（2）钻机停位回转中心距孔位宜在3～4m之间，检查回转半径内是否有障碍物影响回转。

（3）钻孔作业前应检查并确认履带的轨距伸至最大。应进行空载运转，检查行走、回转、起重等各机构的制动器、安全限位器、防护装置等，确认正常后方可作业。

（4）安排指挥人员配合钻机安装相对应的钻头，指引钻机进入相对应的基坑位置，指挥人员协助钻机操作人员将钻头中心对准基坑中心桩，并通过锤球分别于线路横线路和顺线路方向进行校核对准。当钻头对准桩位中心十字线时，各项数据即可锁定，勿再作调整。钻机就位后钻头中心和桩中心应对正准确，误差控制在20mm内。

5. 干作业成孔

干作业成孔是指不受水影响条件下的作业，主要适用于硬塑、坚土、强风化岩、中风化岩等稳定性较好且地下水较少的地质进行成孔作业。

6. 湿作业成孔

湿作业成孔是指受水影响条件下的作业，主要适用于软塑、流砂、砾石等，在开挖过程中易发生坑壁坍塌，需采取护筒或泥浆等措施进行护壁的成孔作业。当地层稳定性差，采取泥浆护壁方式不能满足孔壁稳定性要求时，可采用全护筒或长护筒进行护壁施工，护筒安装可采用护筒驱动器或振动锤，基础浇制完成后再将护筒取出。

7. 分层环形旋进成孔工法

对于大直径基础成孔作业，电建钻机一次性成孔较为困难，作业时可先利用小直径钻头取芯，参照同心圆原理，再利用大直径钻头逐次分层旋进，最终实现大直径基础成孔作业。

8. 梅花桩成孔工法

对于大直径基础成孔作业，电建钻机一次性成孔较为困难，作业时可先利用小直径钻头多点钻进形成梅花孔，再利用大直径钻头清孔成型，最终实现大直径基础成孔作业。

9. 特殊地质条件成孔

（1）基坑底部砂土液化。干孔作业开挖过程中遇到流砂、流泥等不良地质导致基坑底部砂土液化垮塌严重时，采用低标号的混凝土灌满坑洞至垮塌部位上方1m位置进行护壁，在混凝土初凝后继续钻进同时观测坑壁情况。

（2）基坑同时出现流砂及岩石。根据地勘报告，确定地质为流砂及岩石后的处理方式为：如底部是流砂，顶部是岩石，从基坑顶部采用干作业法开挖至流砂层或地下水地层后采用泥浆护壁或护筒护壁成孔；如顶部是流砂，底部是岩石，先下钢护筒，挖到岩石再泥浆护壁；对岩石层采用筒钻配合环形旋进成孔工法或梅花桩成孔工法进行钻进。

（3）基坑地下水丰富的坑洞。湿作业法开挖时，遇易缩径地层时，应加大钻头的外切削出刃，在缩径部位采用上下反复跑空钻的方法进行扫孔，并适当增加护壁泥浆相对密度。当发现有局部塌方时，继续向孔内注入泥浆同时提出钻头，用挖掘机向孔内倾倒足量黏土，然后下放钻头反转压实黏土，边压边反转，待稳定后再钻进。

（4）地下岩溶裂隙发育地质。在地下岩溶裂隙发育地质，可采用高压注浆。根据地勘报告，确定地下岩溶裂隙发育、流砂、流泥等地质的深度，旋转开挖至不良地质时，停止钻进，进行高压注浆。注浆初始压力为 0.4~0.6MPa，最终压力应控制在 4~5MPa，自下而上进行注浆，直至达到注浆终止条件后结束注浆，在混凝土初凝后继续钻进同时观测坑壁情况。注浆施工中一般采用纯水泥单液注浆，水灰比为 1:1；在水泥浆液外冒和钻孔有溶洞情况下注浆采用双液注浆，双液注浆施工时，水玻璃的掺入量通常为水泥浆的 1/10。在注浆量超过平均设计注浆量 30 倍（15L/孔）时采用间歇注浆或二次注浆。

（5）对于坚硬的风化岩，为降低旋转的钻筒截齿发热，采取往基坑里注水的方式解决，同时有利于旋转挖掘。

10. 操作要点

（1）作业前应检查钻机的液压系统、发动机系统有无漏油、漏水，结构部件、工作装置有无开裂，电气系统线路插头有无破损和松动，主副卷扬钢丝绳有无断丝、断股、扭曲。同时应检查钻杆销轴、钻头斗齿是否正常，弯曲变形或磨损严重则需更换。

（2）钻机站位处应修筑平台，防止钻机钻孔过程中抖动造成移位。基坑开挖顺序一般应先从远离进场道路侧开始，后挖临近道路侧。

（3）钻机就位后必须平正、稳固；钻机掘进时上车、下车应平行，即钻头位于两侧履带中间。禁止钻头在履带的侧面进行钻进。

（4）钻机操作中应密切关注土质情况及钻杆工况，随时调整钻进方式，禁止盲目加压。如在成孔过程中发生斜孔、塌孔和护筒周围冒浆、失稳等现象时，应停止施工，待采取相应措施后再进行施工。

（5）作业过程中任何故障灯、警示灯亮或指示灯不正常亮时均应停机检查，查明原因、排除故障。

（6）钻杆与钻头连接销轴应采用专用开口销，防止钻孔过程中钻头脱落。成孔前和提钻倒土过程中应检查钻头与钻杆的连接销，发现连接销有裂纹或弯曲，应及时更换。

（7）钻机因动力头加压或卷扬机提起钻斗而引起机身起翘时应立即停止操作，尽可能沿纵坡方向作业，避免沿横坡方向作业。

（8）钻机平地转场，只允许钻杆携带直径 1m 以内的钻具在同一塔基内行走，超过 1m 直径或长距离运输应拆卸钻具单独转运；严禁钻杆携带钻具上下平板运车。

（9）泥浆护壁施工操作要点如下：

1）护筒就位后，应在四周对称、均匀地回填黏土，并分层夯实，夯填时应防止护筒偏斜移位。

2）应注意观察孔内护壁泥浆面情况，并随时向孔内补充护壁泥浆，严禁在施工过程中出现孔内护壁泥浆面过低的情况。

3）钻机在地下水位以下中细砂层作业时，应降低钻进和升降速度，并及时注入护壁泥浆，保持护壁泥浆面高度。

4）遇易缩径地层时，应加大钻头的外切削出刃，在缩径部位采用上下反复跑空钻的方法进行扫孔，并适当增加护壁泥浆相对密度。

（10）钢筋笼安装作业前，先对场地进行规划，清除起吊过程附近的障碍物，保证吊装过程的施工安全。同时，吊装协助人员应将成品钢筋笼内夹杂的短钢筋头、遗留焊条等清理，避免钢筋笼在吊起后落下硬质物件伤人。

（11）商品混凝土的运输能力应与现场浇筑能力相适应，在最短的时间内将商品混凝土从拌和站运至浇筑地点，以保证拌和物在浇筑时仍具有施工所需要的和易性要求，并保持良好的工作连续性，实现流水化作业。

二、山地微型桩潜孔钻机成孔施工

（一）概述

综合对比了旋挖钻、螺旋钻、水磨钻、潜孔钻、液压凿岩钻等多种形式钻孔技术优缺点，取长补短，采用气液一体潜孔式钻机钻孔和排渣工艺，液压大扭矩回转和推进与冲击器的气动冲击、旋转、气压排渣和气吸二级除尘有机融合，实现环保高效钻进，能够在山地复杂条件下钻孔。

山地微型桩潜孔钻机特点如下：

（1）可在山地残积土、硬塑土、碎石、强风化岩等多种地质条件下工作。

（2）根据山地的路况行走困难、施工地基不平（斜坡）和有浮土层等不利条件，采用履带行走、整机平台旋转、折叠臂上安装液压快速连接器等设计，实现抓取挖斗、潜孔钻钻孔机构、旋挖钻钻孔机构等机具的快速切换，满足开路、平整施工场地和不同的钻孔需求。

（3）根据不同的施工区域（如山区、丘陵、平原等）的地理条件分为液压动力气动力分体结构和一体式结构两种模式。

（4）结合山地用专用货运索道承重不超过 2t 的条件，山地微型桩潜孔钻机设备采用模块化快速拼装设计。

（5）安全环保性能优异。山地微型桩潜孔钻机解决了传统开挖装备体积大、质量大的问题以及人工掏挖施工效率低、孔下作业安全风险大的问题，能够实现各电压等级线路工程机械化施工，提升工程本质安全，降低工程造价，同时具备除尘、集尘功能，减少水土流失，环保、高效，具有良好的经济效益和社会效益。

（二）装备组成

山地微型桩潜孔钻机主要部件包括履带底盘总成、钻臂总成、推进梁总成、回转头总成、换钎机构、集尘系统、动力站总成、驾驶室、液压系统、气路系统、电路系统、智能控制系统、操控系统（包含遥控系统）。

（1）钻机采用双速行走马达，快速行走速度可达 3~

5km/h，爬坡慢速行走速度1.5~2km/h，具有25°的爬坡能力，如需爬25°~35°的坡则需增加卷扬绞盘，但同时增加了车体质量。

（2）履带底盘可360°回转，减少移机次数造成的时间浪费，实现快速定位钻孔。

（3）集尘系统。二级除尘设计积极响应环保号召，做到绿色无污染施工。

（4）折叠臂上安装液压快速连接器，可以实现抓取挖斗、潜孔钻钻孔机构、旋挖钻钻孔机构等机具快速切换，可以满足开路、平整施工场地和不同的钻孔需求。

（5）钻孔能力。孔径覆盖范围ϕ120~410mm，根据不同孔径配相应的冲击器和钻头。

（6）操控系统（含遥控系统）。遥控器轻便，可随身携带，操纵方式与驾驶室操纵方式一致，方便操作人员快速上手。

（7）发动机输出功率充足，可满足海拔3000m以下山地作业需要。

（8）模块化快速拼装设计。包括模块化分解、利用锥形孔进行定位快速安装以及使用气、油、电快接插接头。

（三）施工要点

山地微型桩潜孔钻孔机成孔施工包括施工准备、设备运输、拼装、定位、成孔、清孔、钻机撤（转）场等过程。

1. 施工准备

（1）人员准备。钻机操作者必须经过培训并取得相关资格证件后方可上岗。

（2）施工机械与工器具准备。检查钻机液压油路和设备机械部分是否存在安全隐患，确保钻机钻进时液压系统良好，确保施工安全。

（3）根据地勘报告，根据施工桩位的地质情况，合理选用不同的钻机钻头。施工场地应进行平整处理，保证潜孔钻机施工场地平整，避免在钻进过程中钻机产生沉陷。根据设计图纸要求的间距、排距及设计提供的标高进行测量放线。

（4）根据设计的孔洞直径、间距、排距使用定位钉打入地下进行定位标记。

2. 设备运输

分体式山地微型桩钻机采用分体式模块化设计，一共分成十四大快速拼装模块，单个模块质量不超过2t，可快速拆解，通过索道运输至工作地点，实现山地多元化作业。整机运输可以采用货运，使用允许载重量不小于17t的10m货车进行运输。

3. 拼装

各模块拆分输送到施工现场后，利用锥形孔进行定位快速安装，拼装顺序为底盘和履带总成模块、车体架总成模块、车身中段总成模块、集尘器总成模块、柴油箱和液压油箱总成模块、驾驶室总成模块、钻臂总成模块、中脱架总成模块、推进梁总成模块、换钎仓组件模块。拼装时需要两个工人和一台起重机辅助。通过测试，

平均拼装时间只需48.6h。

4. 定位

山地微型桩潜孔钻机有一个定位大臂，定位系统拥有四个自由度。打钻时，通过大臂调整推进梁位置，同时配合电比例多路阀，能够快速准确地定位到所需的位置。山地微型桩潜孔钻机借鉴挖掘机360°旋转底盘结构，采用大扭矩液压旋转马达，配合比例阀控制，动作轻快柔顺，内部自带刹车盘使得钻臂能够迅速准确定位。为保证所打桩基的角度准确性，采用高精度倾角传感器，具有性能稳定，控制精度高，防尘、防水等级高（IP67），耐震等特点。能够使钻车实时显示当前钻臂及车身的角度，通过显示屏显示的数值，快速调整定位机构，从而实现快速定位的目标。

5. 成孔

根据设计要求选择不同尺寸的钻头进行微型桩钻孔工作。微型桩施工时应防止出现穿孔，可采用跳孔施工、间歇施工等措施来进行处理。微型桩潜孔钻机钻进成孔的操作顺序如下。

（1）旋转。将右手柄向左推，旋转的速度与手柄移动的行程成比例变化。

（2）开风。与旋转同步开始，点击开风按钮，钎头气孔开始吹风排渣。

（3）推进。将右手柄前推，回转头的推进开始，推进速度与手柄行程成比例变化。当操作杆推到所需位置时，点击锁定按钮（点击后即可松开手柄），钻机将以当前速度自动开孔。

在钻进过程中若发现钻头滑动而偏离钻孔方向时，应立即提升回转头，重新开始钻孔动作直到可以保持要求的钻孔方向。在钻孔的过程中应随时注意观察洗孔排渣是否正常。

6. 清孔

清孔时，直接通过微型桩潜孔钻机本身进行清孔。利用钻头气压将钻渣吹出，再将钻头提升出孔口进行反复吹洗，从而完成清孔作业。

7. 钻机撤（转）场

钻机撤（转）场是否需拆卸，根据现场情况而定。由于微型桩潜孔钻机可自动行走，存在进场道路时，钻机不需拆卸，启动发动机之前，先确认挡位是否处于运行挡。将挡位设定至行走挡，并确认两个调平锁已经打开，将钻机钻臂置于行走位置，行走至下一个指定施工地点。

三、螺旋锚旋拧钻进

（一）概述

螺旋锚钻机是一种用于输电线路螺旋锚基础的专用机械化施工装备，通过将螺旋锚杆直接旋入地下作为输电线路铁塔基础，适用于泥沼、流砂、砾石层等复杂地质条件下的施工。目前螺旋锚旋拧钻机的机械设备型式多样，按动力来源主要包括人力旋拧、电动式、燃油式、液压式驱动，燃油式有手扶式下锚机，液压式有专用型

旋拧机械、依托挖掘机等机械的动力头。其中，手扶式下锚机简便、质量轻，但其钻孔深度有限制，钻孔直径也偏小，需要二人共同作业，费时费力，遇到较硬或密实的土层难以钻进，对螺旋锚的旋拧钻进的适用性较差。专用型旋拧机械指一种相对复杂的车载型螺旋锚安装设备，具有行走、旋拧，以及装载、吊装等功能，这类专用型机械类似于常用的工程钻机，将施工和运输结合起来，提高了施工设备的机动性，譬如履带式、车载式螺旋锚专用钻机；然而输电线路螺旋锚基础施工条件复杂，这类专用钻机应用场景有限。目前，国内外普遍采用的螺旋锚旋拧钻进装置称为驱动头（又称动力头），一般与挖掘机组装成成套钻进安装设备，市场上比较多见的输电线路螺旋锚安装旋拧动力头设备是以挖掘机等具有液压系统的机械作为移动作业平台，通过配套液压动力装置来输出扭矩，实现螺旋锚的旋拧施工机械化，从实际应用看，依托挖掘机、装载机等工程机械的旋拧动力头设备在输电线路螺旋锚基础施工中的适用性比较好。

（二）装备组成

螺旋锚旋拧钻进安装设备以挖掘机等机械为作业平台，保持挖掘机的行走机构、上部转台不变，配套与之相适应的驱动头。往往拆除挖掘机铲斗，通过两个销轴换装驱动头，由挖掘机油路引出进、回两支油路至安装装置的液压控制阀块；采用电液控制的方法，通过电磁换向阀实现对液压系统的控制；回转马达通过正、反转可以拧紧与反旋螺旋锚。

其中，核心设备为驱动头，主要由动力装置、传动装置、减速机、挠性轴、提引器、防护壳罩、输出轴七部分构成。工作原理是利用液压主机驱动动力装置通过二级减速机，输出强劲扭力，带动螺旋锚杆做旋转式运动，削切土层钻进。利用液压驱动提供旋拧扭矩，实现螺旋锚的旋进，既可以旋拧螺旋锚，也可以驱动螺旋钻头实现钻孔施工。

（三）施工要点

以钢制承台示例螺旋锚钻机施工工序包括施工准备、分坑测量、钻机就位、螺旋锚钻进、钢承台定位、钢承台焊接及安装。

1．施工准备

（1）场地平整。修筑进场道路，对施工场地进行平整，确保螺旋锚钻机进出场顺利，便于就位。

（2）钻机检查。重点检查控制钻机旋进方向的油路是否与提供动力源的油路一致，操作手柄控制与进给方向是否一致，仪表是否显示正常。

（3）材料检查。对照施工图纸领取螺旋锚、钢承台等施工材料，对螺旋锚的规格、数量及外观、锚管尺寸及锚盘螺距、间距等进行检查复核，检查有无变形、飞边和毛刺；检查塔脚角钢、焊条规格质量、防腐材料是否与设计图纸一致；检查动力头与装备匹配情况、扭矩检测设备是否正常；现场进行螺旋锚试组装。

（4）原材料保护。原材料装卸及运输时，做好保护措施，重点避免螺旋锚挤压、碰损。

2．分坑测量

根据施工图，使用经纬仪对螺旋锚钻进位置进行放线、定位。复核无误后，保护好现场桩位，主要操作如下：

（1）以塔位中心桩为基准点，利用经纬仪测定塔腿中心点位置，通过测量根开、对角线校核塔腿中心点位置的准确性。

（2）依据塔腿中心点位置设置塔腿、根开、对角等标记线。

（3）根据施工图进行螺旋锚定位放样，确定各螺旋锚地面处旋拧点的位置和倾斜方向与水平面的方位角。

3．钻机就位

（1）进场前，应保证场地下方无电缆、光缆、燃气管道、水管等设施。

（2）钻机进入场地后，根据作业幅度、臂长高度、螺旋锚的长度、倾斜角，选定钻机站位。就位后，根据地面情况适当调整，以保证钻机工作过程中的稳定。

（3）检查动力头倾斜度调整等操控的灵活性，正常无误后，将动力头放至地面，与螺旋锚连接牢靠。

（4）动力头与螺旋锚连接完成后，立起螺旋锚，将锚头垂直放于地面螺旋锚旋拧标记点。

（5）通过调整螺旋锚钻机，使螺旋锚与地面夹角满足设计要求。

（6）再次复核塔腿位置、螺旋锚旋拧位置、螺旋锚倾斜方向及角度。

（7）螺旋锚旋拧中心点定位偏差不大于±10mm。

4．螺旋锚钻进

（1）螺旋锚旋拧时不允许反向旋转。

（2）钻进施工中应严格控制螺旋锚倾角，钻进倾角偏差不大于1°；螺旋锚轴线在水平面上的投影间夹角误差应控制在2°以内。

（3）同塔腿螺旋锚顶面相邻形心间距误差应控制在±20mm以内。

（4）当螺旋锚露出地面210～260mm时停止旋拧。

（5）将螺旋锚从最终设计位置前1.5m拧至最终设计位置的过程中，施工扭矩不小于设计规定值，如不满足，及时联系设计人员，由设计人员提出处理意见。

（6）螺旋锚的旋转扭矩达到设计最小扭矩后，继续旋拧。达到设计标高后，停止旋拧。

（7）作业完毕后，拆开螺旋锚与动力头间连接，整理场地及相关机具，机械臂回落，装备熄火并停放在安全位置。

5．钢承台定位

（1）在螺旋锚旋拧至设计深度后，安装钢管模型，锚杆和钢管模型之间使用销轴连接。

（2）借助毫米方格纸（胶片）、钢管模型、连接板模型和测量仪器，现场绘制截断椭圆，确定延长杆与承台板的几何关系，工厂内截断和焊接，焊后镀锌，在成品上标记适用的塔号和塔腿。

6. 钢承台焊接及安装

(1) 在厂内焊接短角钢、加筋板、承台板和延长杆。

(2) 工厂焊接焊缝的要求。短角钢与水平板的焊缝为二级焊缝，应 100% 焊透，并进行超声波探伤，探伤长度取 100% 焊缝长度。其他焊缝均应焊透，做外观检查，外观应达到二级。

(3) 现场只需进行螺旋锚与钢承台的销轴连接。

7. 注意事项

(1) 根据施工图纸和分坑手册，采用经纬仪对螺旋锚钻进位置精准放线定位。

(2) 根据钻机参数、作业幅度、臂长高度和螺旋锚的长度，选定钻机站位。

(3) 钻机应进行试钻，制定有效防止土壤扰动的措施。

(4) 钻进过程中易出现倾角变化，测量人员应利用经纬仪配合钻机监控仪实时观测螺旋锚的倾角。

四、螺旋钻机成孔施工

(一) 概述

螺旋钻机采用螺旋钻具钻孔，通过钻杆中心管灌注混凝土，适用于输电线路铁塔小直径灌注桩基础施工。在旋挖成孔后压入超流态混凝土，形成素混凝土桩后插入钢筋笼形成钻孔灌注桩。由于施工时成孔和混凝土浇筑同时进行，且不使用泥浆护壁，减少了现场泥浆排放，具有高效成孔、环保无污染、地层适应性广等优点，在工程中使用较为广泛，特别是在工期紧张、场地狭小的情况下，具有较好的经济效益。

(二) 装备组成

螺旋钻机是一种螺旋叶片钻孔机，以长螺旋钻机为例，主要由顶部滑轮组、动力头、螺旋钻具、液压起落杆、操纵室、底盘、行走机构、回转机构、卷扬钢丝绳、桅杆立柱、起吊卷扬机、液压系统及电气系统组成。

(1) 顶部滑轮组。提升动力头和钻杆钻具。

(2) 动力头。采用三环减速机构，由两个风冷电动机、减速器、弯头、排气装置、提升架和滑块组成，用于对螺旋钻具施加钻压。工作时两个电动机通过联轴器带动减速器高速旋转，通过法兰带动螺旋钻具做旋转运动。

(3) 螺旋钻具。钻机成孔装置，为螺旋状钻杆，钻杆中间为空腔，用于泵送混凝土。

(4) 液压起落杆。起落桅杆的液压装置。

(5) 操纵室。驾驶作业人员操控各类机构的驾驶室，位于钻机后部主卷扬机前方，三面开窗，可保证视野开阔。

(6) 底盘。支承操纵室、行走机构和回转机构的装置。

(7) 行走机构。采用液压步履式，前进时四个支腿液压缸支地撑起，下盘离地，通过液压系统驱动行走液压缸实现桩机履靴前行，然后收起支腿落下，通过液压缸收缩拉动底盘前行，如此反复实现桩机前行。

(8) 回转机构。由中速液压马达通过减速器驱动，在四个支腿液压缸的配合下，可使桩机实现 360° 回转。

(9) 卷扬钢丝绳。卷扬机起吊动力头、螺旋钻具时采用的钢丝绳。

(10) 桅杆立柱。钢结构立柱，用于提升动力头、螺旋钻具和起吊灌注桩钢筋笼，中部连有液压起落杆。

(11) 起吊卷扬机。起吊动力头、螺旋钻具的动力装置，包括电动机、卷扬装置。

(12) 液压系统。钻机所有液压装置的总成，包括液压泵、液压管路等。

(13) 电气系统。钻机动力头等的电气控制装置。

(三) 施工要点

1. 主要施工流程

螺旋钻机施工的主要流程有：测量放线及复核，桩机就位，下钻，提钻同时泵压混凝土，后置钢筋笼，成桩。

2. 主要施工方法

(1) 施工前利用经纬仪和尺子根据桩位图放桩位，并做好标记。

(2) 钻机就位，保持平整、稳固，在机架或钻杆上设置标尺，以便控制和记录孔深。下放钻杆，使钻头对准桩位点，调整钻杆垂直度，然后启动钻机钻孔，达到设计深度后空转清土，在灌注前不得提钻。挖出的余土根据要求就地摊平或转运至指定地点。

(3) 成孔后，钻杆预提 200mm 左右，然后泵送灌注混凝土。混凝土粗骨料最大粒径不应大于 20mm，混凝土拌和物扩展度应大于 500mm，坍落度应控制在 160～220mm。边灌注边提钻杆，提升速度应与泵送速度相适应，确保中心管内有 0.1m³ 以上的混凝土，灌注时根据泵送量及时调整提速，直至成桩。

(4) 钢筋笼采用后置式安装，成桩后立即反插钢筋笼，钢筋笼顶部套上专用的振动器，调直钢筋笼，螺旋钻机拆除钻具，启动振动器，对准桩孔中心，逐步将钢筋笼压至设计标高位置。作业过程中应采取措施保证钢筋笼垂直度、保护层厚度、置入深度。

(5) 清理孔口，封护桩顶。按施工顺序放下一个桩位，移动桩机进行下一根桩的施工。

五、螺旋锚旋拧多参数监测系统

(一) 概述

螺旋锚旋拧多参数监测系统（简称监测系统）主要用于螺旋锚旋拧过程中各种施工参数的集成监测。通过采集施工过程中的各项数据，将施工过程数字化、网络化，给现场提供可视化操作、精细化管理并可依据内置算法和相关规范进行施工质量监控和报警。监测系统通过外挂采集仪和法兰连接，可适配各种型号的螺旋锚旋拧施工装备。施工结束后，可对数据进行存储、回放和分析，为施工过程质量管控和后期进一步科学研究提供数据支撑。

（二）装备组成

监测系统主要由数据采集器、扭矩传感器、监测平台和手持终端组成。

（1）数据采集器通过抱箍安装固定在液压马达驱动头上，通过自身集成的倾角传感器、激光雷达测距模块和圈数计数模块实现对螺旋锚的倾斜角、旋拧深度和旋拧圈数进行测量。

（2）扭矩传感器通过法兰同轴安装在动力设备和螺旋锚之间，可以传递螺旋锚施工动力并实时测量扭矩值，监测数据由扭矩传感器通过蓝牙无线发送到数据采集器。

（3）监测平台对接收到的数据进行表格、曲线等可视化展示，提供声光预警，实时指导施工过程。

（4）手持终端通过共享的方式同步获取监测平台数据信息，并可按照监测人员要求进行显示。

（三）监测要点

监测系统可实时监测扭矩、倾角、圈数、进尺等参数信息，并可根据施工要求设置相应的指标限制，达到超限预警的目的。

第三节　山地模块化装备技术

一、分体式钻孔机

（一）概述

分体式钻孔机是一种用于输电线路工程挖孔桩基础开挖的机械化施工装备。分体式钻孔机在地面进给机构控制下利用护筒作为传力机构向下进给，以地面液压泵车驱动底部刀架及多个刀头分别作公转及自转运动完成开挖切削，切削渣土再由负压排渣装置辅助抽离孔底。装备采用单元组合式设计，各部分结构均可控制在 2t 以内，满足山地丘陵专用货运索道运输要求，达到小型化、可拆卸和方便运输的目的。分体式钻孔机结构简单、运输方便、适用性强、工效高、安全性强，开挖基坑成型

好，不易垮塌，能有效实现挖孔桩基础机械化施工和"人员不下坑"的作业目标。装备在山区可通过专用货运索道运输，作业占地面积小，摆放灵活，大大减少青赔、筑路费用，缩短工期，保护环境，是山区基坑开挖的有效装备。

（二）装备组成

分体式钻孔机由动力系统及作业系统两部分组成。动力系统由 1 台发电机、两台液压泵车组成。液压泵车是附加履带式行走装置的液压泵，为开挖机构提供动力；发电机是一台安装了行走轮的发电装置，为负压排渣装置提供动力。作业系统由开挖机构、负压排渣装置组成。开挖机构由液压泵车提供动力，驱动刀架及刀头旋转开挖，伸缩支柱控制刀架的进给；负压排渣装置负责抽料排渣。

（三）施工要点

分体式钻孔机开挖基础施工包括施工准备、装备运输、安装就位、试运行、开挖成孔、验孔、清孔、移位等过程。

1. 施工准备

开挖施工前，组织施工人员对施工场地进行查勘，了解施工场地地形地貌情况，结合周边地质条件，做好地质判断、桩孔确定、摆放位置规划、装备各组成部分在工作场地内移动的行走规划及道路平整、排渣场地规划等工作，减少工作量，保证开挖过程中对环境的破坏程度，确保作业安全，提高作业效率。

2. 装备运输

装备公路运输可以使用允许载重量不小于 14t 的 9.6m 货车。装备拆分后，采用 2t 级专用货运索道小运，上料、卸料采用 3t 电动葫芦（条件允许情况下使用 8t 轮式起重机）等辅助上料、卸料装置，装备由卸料点至施工点的短距离转移采用履带式液压泵车或桅杆吊，也可采用其他方式转移。分体式钻孔机的拆分运输建议见表 1-5-3-1。

表 1-5-3-1　　　　　　　分体式钻孔机的拆分运输建议

序号	名称	特　　点	总重/kg	拆 分 运 输 建 议
一、动力系统				
1	液压泵车	由两台构成的组合式动力，是履带式自行走设备	1350×2	结构复杂，不建议拆装，采取 2t 级专用货运索道进行运输至塔位下料点
2	发电机	有轮式底座的发电机组	730	结构复杂，不建议拆装，采取 2t 级专用货运索道进行运输至塔位下料点
二、作业系统				
1	开挖机构	由方管、传动轴承，刀架、随机吊等部件组成的装置	5143	可以进行拆分，拆分后作业部件最大单体质量 250kg，采用专用货运索道运输至塔位，并采用桅杆吊转运到摆放位置
2	负压排渣装置	由风机传动小车、旋风筒和风管等组成的排料装置	1180	建议拆分为风机传动小车、旋风筒和风管等三部分。拆分后风机传动小车 850kg，旋风筒 152kg，风管 23kg。采用专用货运索道运至塔位

3. 安装就位

液压泵车、发电机及负压排渣装置在运至专用货运索道下料点后，可利用液压泵车履带式行走机构拖至摆放位置；没有修筑便道条件的塔位可以利用桅杆吊将装备吊装到摆放位置。

开挖机构经拆分通过专用货运索道运输到塔位后，在施工现场进行组装。首先在基孔四周连接方管拼接底架，在竖连接方管中心处安装水平尺，并在水平尺中心处悬吊垂球，调整底架位置及底架圆盘支腿的高度，监控底架中心与基础中心重合，并保证底架处于水平状态。

利用 3t 手扳葫芦立起吊臂并连接在底架上，在底架的后架位置安装随机吊，组装吊臂，安装吊钩，调试吊臂升降。利用吊机吊臂，按照《分体式钻孔机使用说明书》要求依次安装升降机构、底节钢护筒、开挖刀具组件、下传动箱、主切削传动机构等开挖机构各部件。用 DN25-W.P25MPa 液压油管完成液压泵车与开挖机构之间的连接，用 16mm² 绝缘电线连接发电机和负压排渣装置，液压管应挖沟浅埋，电力线应穿管浅埋。

4. 试运行

装备开机后应进行试运行，检查底架是否水平，护筒中心与基础中心是否重合。发现异常，应进行调整，并在底架周围培土压紧夯实，便于施工过程中观测。按照使用说明书检查装备的液压油、润滑油、冷却水是否正常，各机构是否存在异响。慢速启动进给装置，判断进给是否顺滑，油温是否正常。发现异常应及时处理后方可开始开挖作业。

5. 开挖成孔

操控升降马达动作，拉动四周升降机构丝杆同时下移。丝杆及上架的下移使护筒及下方的切削头进给。等刀头接近开挖面时，开启切削马达和回转马达，刀头高速旋转开挖。观察坑底渣土积余，开启风机，切削刀头向下旋转掘进，被切削渣土通过抽风口向外抽出渣土。当开挖深度达到已安装护筒长度时，停止开挖，接装护筒，完成后继续掘进开挖。重复以上步骤，直至基坑开挖完成。

6. 验孔

检查孔径、孔深是否符合设计要求。

7. 清孔

在达到设计桩深后，再继续向下开挖 50mm，延长负压排渣装置的吸料时间 5~10min，清理底部剩余渣土。当满足施工要求后，关停液压马达。

8. 移位

利用开挖升降机构，采用安装护筒的逆向程序逐节拆下钢护筒。钢护筒拔至底节钢护筒时，可使用桅杆吊依次吊移分体式钻孔机各部件至待开挖基孔点。桅杆吊的拉线应固定牢靠，覆盖范围满足吊装移位要求。也可采用其他运输方式移动。

9. 注意事项

（1）液压泵车、发电机、负压排渣装置应选择安置在离专用货运索道下料点较近的位置。

（2）专用货运索道架设时应考虑宽度 1.1m，高度 2.1m，质量 1.4t 货物的承载力和通过性，对索道路径中的障碍物应事先采取措施处理。专用货运索道运输长度大于 2m 的部件（如液压泵车）时应采用双小车运输，小车与被吊部件间的连接长度以 100~200mm 为宜。

（3）桅杆吊设置应考虑拉线的合理布置，避免作业时空间交叉，摆放位置应尽量考虑覆盖所有作业面。

（4）安装底架时用水平仪测试水平（水平角度小于 1°），并用垂球检测底架中心与基础中心重合。

（5）观察开挖机构底架是否存在水平偏移，如果发生偏移或不水平，应及时培土衬垫处理。

（6）安装升降机构时注意使两侧螺母相对连接法兰的对接缝距离相等。将换向传动装置连接联轴器、传动轴，固定于底架上，使联轴器和传动轴同心。

（7）连接油管时应避免细沙、泥土等进入连接头，换下的接头应及时使用防尘塞保护。

（8）装备运行前应及时检查发电机、液压泵车的柴油、机油位、液压油液位，油位不足时应及时加注。如果在开挖过程中发现油位不足，应停止开挖及时加注，避免零件磨损。

（9）每完成一个基孔应及时检查空气滤清器，必要时清理空气滤清器滤芯。

（10）每完成一个基孔应及时检查油管、电气线路有无异常磨损、老化、破裂等现象，如有应及时更换。

（11）检查清理发动机周围和散热器上的杂物和尘土，检查发动机有无渗漏、连接螺栓有无松动丢失；检查进气管、排气管接口处密封状况，是否有泄漏。每天正式工作前装备应低速转数分钟（冬季稍长）。

（12）每隔 2h 检查液压油的温度，如温度超过 90℃ 需要停机降温。

（13）清理装备周围浮土，防止因浮土覆盖散热不理想导致丝杠、螺母发热。根据工作声音，辨别开挖的地质情况，控制刀架的给进速度。

（14）安装护筒前，反向提升升降平台 50~80mm，减少底部渣土对开挖刀头的摩擦阻力，避免刀头再次开机因受力过大而损坏部件。

二、小型模块化锚杆钻机

（一）概述

小型模块化锚杆钻机是一种用于输电线路工程岩石锚杆基础施工的专用钻孔施工装备，其各功能单元采用模块化、可拼装（组装）结构设计，每个模块可拆解，单体重不超过 200kg，方便搬运和拼装操作。动力模块拼装后，功率和功能满足各种不同地质条件下钻孔施工需要。小型模块化锚杆钻机运输方便、适用性广、工效高，能有效解决山地运输问题，施工过程无粉尘污染，保护环境，安全风险低，人力投入少，整体施工效率高，是岩石锚杆基础施工的重要装备。

（二）装备组成

小型模块化锚杆钻机可拆分为钻臂模块、动力模块、液压系统模块、空气压缩机模块、自行走履带底盘模块、除尘模块、注浆模块、控制台模块共8个模块。多个空气压缩机模块输出的压缩空气通过多通连接器并联合流后，通过压缩空气管道输送至钻机主机的气动潜孔锤实现钻孔功能，可根据地质情况组配2~6台动力模块空气压缩机；除尘模块包括集尘罩和除尘器，集尘罩设置在孔位的地面孔口处，集尘罩与除尘器之间通过风管连接，通过旋流式除尘实现钻孔施工现场粉尘和废渣清理，改善工作人员工作环境。钻机主机上配备动力模块和液压系统模块，驱动履带底盘行走，通过控制台模块控制钻机前进、后退、转弯等自行走功能，塔基范围内自行走完成钻孔施工，减少装备转场时间。底盘可以180°调节，精准定位对孔，保证钻孔精度。

钻机各功能模块可拆分组装，其中：动力模块可拆分为空气压缩机和发动机；钻臂模块可拆分为底盘、底盘支架、履带、发动机、液压系统、钻臂和钻头；除尘器可拆分成底座和上部主机。各组件间采用螺栓、销轴和管线连接，人力手动工具即可实现快速拆装，无须起重设备辅助。

（三）施工要点

小型模块化锚杆钻机施工包括装备运输、现场布置、装备组装、系统检查、锚孔放样、钻机就位、钻孔施工、废渣处理与除尘等过程。

1. 装备运输

小型模块化锚杆钻机拆分后可采用以下方式运输：

（1）采用2t载重的轻型卡车运输至施工塔位附近卸车点。

（2）采用1t级专用货运索道将各模块运输至施工塔位附近，采用其他小型设备运输至施工塔位。

2. 现场布置

根据塔位地形情况，将动力模块和除尘模块放置在适宜的固定位置，利用风管和气管连接主机，钻机钻孔施工过程中动力模块和除尘模块无须搬运，利用自行走履带底盘模块在各塔腿间行走钻孔施工。

（1）装备放置地面尽量垫平，避免装备运行振动导致移位或倾覆。

（2）质量较大的动力模块和除尘模块就位位置尽量兼顾工地所有施工孔位，减少现场二次拆解搬运工作，必要时增加管线长度。

（3）空气压缩机可集中摆放，相互间距0.5m左右，确保设备散热通风。

3. 装备组装

（1）按预先规划，确定各功能单元模块放置位置，确定管线连接铺设走向。

（2）拼装空气压缩机组单元。空气压缩机模块和动力模块就位，按对应编号将空气压缩机模块与动力模块拼装紧固好；安装传动皮带，调整皮带张紧装置，张紧并锁定张紧机构。连接空气压缩机压缩空气输出管线，完成空气压缩机组单元拼装。

（3）组装钻机底盘。左右履带根据桥架跨距摆放，

安放底盘桥架并锁紧；安装固定钻机框架。

（4）拼装液压系统单元。在钻机框架上固定就位液压系统模块和相应动力模块，连接液压管路。

（5）拼装钻臂模块。将钻臂铰接安装在钻机框架上，人力竖起钻臂，安装钻臂撑杆，连接钻臂动力头驱动液压管路，蓄电池和燃油箱就位，连接燃油管路和电池线。

（6）管线连接。连接压缩空气管路、除尘器液压驱动管路、排渣除尘管路、控制线缆；接装钻机控制台模块与各功能模块之间的控制线缆。

4. 系统检查

（1）钻机主机检查。检查钻机主机各单元油路、气路、管线连接是否正确、可靠；检查钻杆、钻头安装是否正确。

（2）动力模块检查。检查动力模块发动机、传动皮带张紧装置是否可靠；燃油箱油量是否充足，燃油箱是否变形；检查动力模块电瓶接线、急停按钮是否复位。

（3）除尘模块检查。检查除尘模块管线连接是否正确。

（4）确认无误后启动钻机进行空钻、冲击等动作，同时观察液压系统及空气压缩机指示压力，确保其工作正常。

5. 锚孔放样

根据设计图，用经纬仪确定基坑中心，再根据基坑中心位置放样确定各锚孔的中心位置并做出标识。

6. 钻机就位

（1）开启钻机主机，控制钻机前进、后退、转向等行走操作，根据钻孔点位做的标识，行走至锚孔放样点。

（2）放下支腿，用垫块垫平，调节支腿，使钻机水平。

（3）通过调节钻臂的拉杆螺栓使钻臂垂直。

7. 钻孔施工

（1）顺时针旋转"钥匙开关"到"开"挡，"预热"指示灯亮起。

（2）待"预热"指示灯熄灭后，旋转"钥匙开关"至"启动"挡并保持，发动机启动。

（3）发动机启动后处于低转速状态，运行正常后，搬动"油门手柄"提高发动机转速至2500~3000r/min。

（4）放置集尘罩，启动除尘，打开空气压缩机供气，推进钻头钻孔。

（5）接杆。钻杆扳手卡钻杆扁方、操作反转拧松钻杆螺纹、配合反转和后退动力头与钻杆脱开并退至最顶端。钻杆螺纹涂防咬合剂，先连接与动力头端，再连接下方螺纹，撤出拆杆扳手。要求操作手与接杆辅助人员协调配合，避免危险操作。

（6）清孔。钻孔至设计深度，关闭钻头推进，压缩空气吹气3~5min清孔。

（7）拆杆。上下进退动力头，确认移动顺畅后关闭空气压缩机，将钻杆扳手卡钻杆扁方，操作反转拧松钻杆螺纹，插入拆杆工具，钻杆扳手卡住下一根钻杆，启动反转拧松，取下钻杆。期间注意上方拆杆扳手脱离、

坠落、卡碰。要求操作手与接杆辅助人员协调配合，避免危险操作。

8. 废渣处理与除尘

钻机应用负压除尘技术，配置了除尘模块，钻孔过程形成的废渣碎石、灰尘均通过除尘模块收集。

（1）将集尘罩设置在孔位的地面孔口处，集尘罩与除尘器之间通过风管连接，通过控制台控制除尘模块的开关，钻孔施工过程中粉尘和废渣快速清理，并同步实现锚孔的清孔工作。

（2）采用编织袋集中收集除尘模块吸出的粉尘和废渣，避免风吹后二次污染。

9. 操作要点

（1）作业前应检查钻机的液压系统、空气动力系统有无漏油、漏水，结构部件、工作装置有无开裂，电气系统线路插头有无破损和松动。

（2）钻机作业场地需事前清理平整。

（3）钻机行走前需进行安全确认，管线是否存在牵绊、支脚是否收起。

（4）钻孔前进速度不宜过快，以钻机底盘前部支脚不离地为原则。若岩石较硬，应考虑在钻机底盘前部适当增加配重。

（5）作业过程中出现任何故障灯、警示灯亮或指示灯不正常亮等情况时，需停机检查，排除故障。

（6）护孔气囊充气压力不得超过气囊最大充气压力。

（7）承台基坑开挖时，注意保护封堵气囊不受破坏。

三、拆分式微型桩专用钻机

（一）概述

拆分式微型桩专用钻机是一种适用于输电线路工程山地微型桩基础成孔施工的专用钻机施工装备。拆分式微型桩专用钻机适用于大型设备不便运抵的山地、丘陵地区；钻机适用于无地下水、岩石单轴饱和强度不大于40MPa的中、强风化地质条件的基础成孔施工。由于钻机采用模块化、可拼装（组装）结构设计，单个模块或拆解单体最大重不超过350kg，可有效解决山地设备运输困难、降低人员劳动强度、减少人员配置、提高施工效率，是微型桩基础成孔施工的主要装备。

（二）装备组成

拆分式微型桩专用钻机由动力模块、液压模块、成孔模块、固定模块、除尘模块五大模块组成。装备由采用轻型V形双缸柴油发动机的动力模块为液压模块提供动力，通过液压模块控制动力头和加压装置的动作快慢及反向动作，由液压模块出力控制钻机核心部件成孔模块的螺旋钻杆实现微型桩的钻孔和清孔作业。

固定模块为钻机钻孔时的配重，以平衡钻机钻孔时加压油缸的反作用力，确保钻孔精度。除尘模块包括集尘罩和除尘器，集尘罩设置在孔位的地面孔口处，集尘罩与除尘器之间通过风管连接，通过旋流式除尘实现钻孔施工现场粉尘和废渣清理，改善工作人员工作环境。

（三）施工要点

拆分式微型桩专用钻机施工包括设备运输、开挖承台、钻机拼装、钻孔施工、拆除清场等过程。

1. 设备运输

拆分式微型桩专用钻机按模块化拆分后，可以采用以下两种方式运输：

（1）采用2t载重的轻型卡车运输至施工塔位附近卸车点。

（2）采用1t级专用货运索道将各模块运输至施工塔位附近，采用其他方式转运至施工塔位。

2. 开挖承台

按施工图开挖承台，开挖范围应满足钻机在承台上钻孔施工所需空间条件。根据现场施工条件可采用挖掘机或人工风镐开挖承台，按图纸要求标识钻孔位置。

3. 钻机拼装

钻机拼装分为微型模块化锚杆钻机拼装和扩孔钻机拼装两个阶段。

（1）微型模块化锚杆钻机拼装，用于微型桩导向孔施工。

（2）扩孔钻机拼装，用于微型桩主孔施工。

4. 钻孔施工

（1）导向孔施工。首先使用锚杆钻机或其他小型钻机进行120mm孔径的导向孔作业，采用空气压缩机带动潜孔锤方式钻孔，钻孔速度4m/h。

（2）导向孔清渣。将集尘罩设置在孔位的地面孔口处，集尘罩与除尘器之间通过风管连接，通过控制台控制除尘模块的开关，实现同步清孔工作。采用编织袋集中收集除尘模块吸出的粉末，避免风吹后二次污染。

（3）扩孔施工。120mm导向孔完成后，将钻机基座组装后移至导向孔并完成配重及上部装配，进行400mm微型桩基础的扩孔作业，作业方式为旋挖研磨式，作业速度1.4m/h。

（4）扩孔后清渣。钻机使用带螺旋叶片的钻杆进行钻进，通过螺旋叶片带出大部分切削下来的渣土。剩余部分渣土需将螺旋钻杆及钻头更换成光杆加清孔钻头进行孔底清渣。当清孔钻头正转时，将松软的渣土刮到钻头桶内，当钻头反转时，活动的刮土底板绕着钻头中心轴旋转并关闭刮土口，将渣土封闭在钻头内，从而完成清孔。该工序反复循环至孔深合适为止。

5. 拆除清场

全部结束后，将步骤反操作进行拆除工作。

第四节 常规机械成孔技术

一、回转钻机成孔

（一）概述

回转钻机是一种用于输电线路工程灌注桩成孔的施

工装备，依靠动力装置带动钻机回转装置转动，进而带动有钻头的钻杆转动，由钻头切削土壤，钻进的同时利用泥浆护壁、排渣。回转钻机适用于黏土、粉土、砂土、淤泥质土、人工回填土等地质条件，其结构简单、输出扭矩大、操作简便、机动灵活、成本低、成孔质量好，能有效提高灌注桩施工质量。

（二）装备组成

回转钻机主要由平面机架、皮带传输机、齿轮箱、卷扬机、回转钻盘、万向节传动轴、龙门架、天轮、钻杆和钻头组成。

（1）平面机架。钻机的底盘，起稳定钻架和固定卷扬动力装置作用。

（2）皮带传输机。传动装置，通过皮带将动力从一个传动轮传导至另一个传动轮。

（3）齿轮箱。固定于平面机架上，承受传动机械的作用力，主要作用是将皮带传输机产生的动力进行转换并通过万向节传动轴传递给回转钻盘。

（4）卷扬机。起吊钻杆、钻头的动力装置，包括电动机、起吊钢丝绳。

（5）回转钻盘。固定在平面机架上，用于对钻头施加压力，改善钻杆受力工况。

（6）万向节传动轴。固定在平面机架上，将皮带传输机产生的动力传递给回转钻盘的传动装置。

（7）龙门架。钢结构立柱塔架，用以提升钻头、钻杆和起吊灌注桩钢筋笼。龙门架连有斜撑杆用于形成稳定结构，立柱之间的横梁上设有导向滑轮锚固支座。

（8）天轮。提升滑车组尾部钢丝绳的转向装置，用于提升主动钻杆。

（9）钻杆。连接钻头和钻铤的杆件，确保成孔的垂直度。

（10）钻头。连接钻杆的底部，切削孔底岩土进而成孔。

（三）施工要点

回转钻机施工要点包括前期准备、装备进场、主要施工环节要点说明三个部分。

1. 前期准备

前期准备包括护筒埋设、泥浆制备。

（1）护筒埋设。

1）护筒埋设应准确、稳定，护筒中心与桩基中心的偏差不大于50mm。

2）护筒一般用4～8mm钢板制作，其直径应大于钻头直径100mm，其上部设有1～2个溢浆孔。

3）护筒埋设深度在黏土中不宜小于1m，在砂土中不宜小于1.5m。护筒与坑壁之间应用黏土分层夯实，确保护筒垂直、稳固，在钻进过程中不发生位移、漏浆、下沉。

（2）泥浆制备。

1）泥浆制备应选用高塑性黏土或膨润土。拌制泥浆应根据施工工艺及穿越土层进行配合比设计。

2）泥浆循环系统：根据现场布置泥浆池及沉淀池。

3）施工中应经常测定注入泥浆相对密度，并定期测定黏度、含砂率、胶体率。为防止坍孔，排出泥浆的相对密度控制在1.2～1.4。

4）多余的泥浆、残渣应按环境保护的有关规定处置，不得随意排放。

2. 装备进场

（1）钻机中心与桩基中心偏差不得大于50mm，钻杆中心偏差应控制在20mm以内。

（2）钻机底座下方用道木垫实，钻杆用扶正器固定，扶正器用地锚固定，确保钻机找正后不发生移动。

（3）安装钻机时应将机台调平，回转钻盘中心应与龙门架上天轮在同一垂面内。

（4）为使钻进成孔正直，防止孔径扩大，应使钻头旋转平稳，力求钻杆垂直无偏钻进。

（5）在松软土层中钻进，应根据泥浆补给情况控制钻进速度；在硬土层中的钻进速度以钻机不发生跳动为准。

（6）当一节钻杆钻完后，应先停止回转钻盘转动，然后吊起钻头至孔底200～300mm，并继续使用反循环系统将孔底沉渣排净，再接钻杆继续钻进。钻杆连接应拧紧牢靠，防止螺栓、螺母、拧卸工具等掉入坑内。

（7）钻进过程应及时校正钻机钻杆，确保不斜孔。泥浆的黏度应符合设计。钻孔内的水位必须高出地下水位1.5m以上。如发生斜孔、塌孔、护筒周围冒浆，应停钻并采取措施。

3. 主要施工环节要点说明

主要施工环节要点说明包括钻孔、检查及清孔、钢筋笼安装及混凝土浇筑等过程。

（1）钻孔。

1）钻机就位后，调整钻机平台的水平，保持"三点一线"。成孔钻进过程中，应不断向孔内注入优质泥浆，保证孔壁的稳定性。

2）在钻进过程中为防止因地层软硬不均出现的孔斜事故，在配备足够钻头配重压力的同时，采用"减压钻进"以保证钻孔垂直度。

3）在保证孔壁稳定的前提下，在易糊钻的地层，采取调整泥浆性能、钻进参数等措施。

4）在易缩径的地层中钻进时，可适当抬高水头高度以及增大泥浆的黏度和相对密度以增加泥浆对孔壁的压力，减少缩径。

5）在钻孔过程中如发现排出的泥浆中不断冒出气泡、出渣量显著增加、护筒内的水位突然下降等情况，可能发生塌孔。此时应判明塌孔位置，在塌孔段投入黏土，钻头空转不进尺，加大泥浆相对密度以稳定孔壁。若塌孔严重，应立即回填黏土，待孔壁稳定后再钻进。

（2）检查及清孔。

1）当钻孔达到设计孔底标高后，现场技术员对孔深、孔径、孔位和孔形、孔底地质情况以及倾斜度和沉渣厚度进行检查，自检合格后填写终孔记录，并及时报请监理工程师检查验收。

2）成孔工序验收合格后，进行清孔施工。清孔采用换浆法：即钻孔完成后，逐步把孔内悬浮的钻渣换出。在清孔排渣时，应保持孔内水头，防止坍孔、缩径。

3）待钢筋笼、导管安装完毕后，测量孔底沉淀层厚度，达不到设计要求的，必须进行二次清孔，确保沉淀值达到设计要求，并量测孔深和泥浆等的各项指标，现场质检员自检合格后报请监理工程师检查、签认。

（3）钢筋笼安装及混凝土浇筑。

1）钢筋笼应使用轮式起重机吊装入孔，吊装时用木杆绑扎笼身以提高其刚度。

2）灌注桩水下混凝土浇筑必须连续施工，混凝土灌注到地面后应清除桩顶部浮浆层，单桩基础可安装桩头模板，找正和安装地脚螺栓，灌注桩头混凝土。

二、潜水钻机成孔

（一）概述

潜水钻机，即潜水式电动回转钻机，是灌注桩的常用成孔机械，适用于淤泥、黏土、粉土、砂土、砂夹小卵石层、强风化岩层。潜水钻机利用潜水电钻机构中密封的电动机、变速机构带动钻头在泥浆中旋转削土，同时用泥浆泵压送高压泥浆，使其从钻头底端射出，与切碎的土颗粒混合，以正循环方式不断由孔底向孔口溢出，将泥渣排出，或用砂石泵或空气吸泥机通过反循环方式排除泥渣，如此连续钻进，直至形成所需深度的桩孔。潜水钻机具有操作简易、转场效率高等特点。目前市场上一般为正反循环一体式潜水钻机，可按工艺需求采用正循环或反循环成孔方法。

（二）装备组成

潜水钻机由动力系统、齿轮传动系统、起重移位系统、排渣系统与钻具系统五大部分组成，具体构配件包括钻头、减速器、潜水电动机、砂石泵、钻杆、密封装置、绝缘电缆，加上配套机具设备，如钻架、卷扬机、泥浆制配设备、电气控制柜等组成。

（三）施工要点

施工时，将电动机、减速器加以密封，并同底部钻头连接在一起，组成一个专用钻具，潜入孔内作业，钻削下来的土块被循环的水或泥浆带出孔外。

潜水钻机成孔的施工流程包括：测量定位→设置护筒→安装钻机→钻进→第一次清孔→拔出钻杆和钻头机组→（移走潜水钻机→）测定孔壁→放钢筋笼、插导管→第二次清孔→灌注混凝土、拔出导管→地脚螺栓安装、桩头处理→拔出护筒，主要过程简述如下。

1. 测量定位

（1）由施工队技术员和现场监理对定位轴线、水准点、标高控制点进行复测，并将中心桩、方向桩（副桩）准确移出，做好保护，可以用浇制混凝土的方式固定移出的桩点，定位准确后经监理部、项目部确认验收后方可进行下一步施工。

（2）确认桩位定位基准点。复核桩位放线，正确无误后定出中心点，插入钢筋做出标记，并用石灰圈出桩径。

（3）调制泥浆。土质不同，配置的护壁泥浆密度也不同。施工中应经常测定泥浆密度、黏度、含砂率和胶体率。

2. 设置护筒

钻孔前应埋设钢板护筒以固定桩位，防止孔口坍塌，护筒与孔壁间用黏土填实。将钻头部分（含电机）吊入护筒内，关好钻架底层铁门。启动砂石泵，使钻头空钻，待泥浆输入孔内开始钻进。

3. 安装钻机

（1）钻机中心与桩基中心偏差不得大于50mm，钻杆中心偏差应控制在20mm以内。

（2）钻机底座下方用道木垫实，钻杆用扶正器固定，扶正器用地锚固定，确保钻机找正后不偏移。

（3）为使钻进成孔正直，防止扩大孔径，应使钻头旋转平稳，力求钻杆垂直无偏进。

（4）在松软土层中钻进，应根据泥浆补给情况控制钻进速度；在硬土层中的钻进速度以钻机不发生跳动为准。

（5）钻进过程应及时校正钻机钻杆，确保不斜孔。泥浆的黏度应符合设计。钻孔内的水位必须高出地下水位1.5m以上。如果发生歇孔、塌孔、护筒周围冒浆时，应停钻并采取措施后再继续钻进。

4. 钻进

按照排泥浆方式，潜水钻机有正循环和反循环两种作业方式，施工中多以正循环方式将水和泥浆排出孔外。

（1）正循环排泥法：用潜水砂石泵将清水和泥浆从钻机中心送水管射向钻头，然后慢慢放下钻杆至土面钻进，利用钻杆循环流动，由泥浆把土、石渣从孔桩的底部带上，通过泥浆槽排出，直至钻至设计孔深。达到设计深度后，电动机可以停止运转，但砂石泵仍需继续工作，直至孔内泥浆密度达到规定值（视土层及钻头钻速而异）时，方可停泵。

（2）反循环排泥法：泥浆由外部流（注）入井孔，用泵吸（泵举）或气举将泥浆钻渣混合物从钻杆中吸出，泥浆经净化后再循环使用。开钻时采用正循环开孔，当钻孔浓度超过砂石泵叶轮位置后，即可启动砂石泵电动机、开始反循环作业。当钻至要求深度后，停止钻进，砂石泵继续排泥，直至孔内泥浆密度达到规定值时为止。反循环排泥法由于不必借助钻头将钻削下来的土块切碎搅动成泥浆排出，故钻进效率高。

（3）对原土造浆的钻孔，在钻至设计深度时，可使钻机空转不进尺，同时射水，待孔底残存的土块已磨成泥浆，排出泥浆相对密度达1.1左右，或用手触泥浆无颗粒感时，即可认为清孔已合格；对注入制备泥浆的钻孔，可采用换浆法清孔，至换出泥浆相对密度小于1.15～1.25时为合格。孔底沉渣厚度应满足设计要求。

5. 其他要点

（1）成孔及清孔完成后，应及时提升钻杆，移除钻杆和钻头。

（2）一般情况下，钢筋笼吊装可利用钻机架配套滑轮及钢丝绳起吊安装，对于钢筋笼质量较重、钻机急需转下一孔位等情况，也可使用轮式起重机吊装钢筋笼。

（3）钢筋笼放置完毕后插入导管，导管连接应密封可靠，检查孔底沉渣，不满足设计要求时应进行第二次清孔，然后灌注混凝土。混凝土的灌注应满足设计和施工方案要求。

三、岩石破碎机开挖

（一）概述

岩石破碎机是一种用于输电线路山区岩石嵌固类基础成孔的机械化施工装备。以对岩石的冲击作用为主，旋转作用为辅，同时施加一定轴压力达到破碎岩石的目的。岩石破碎机结构简单、使用轻便、造价低、工效高，适用于山区交通条件差、岩石坚硬的施工环境，可配合旋挖钻机使用，提高成孔效率。

（二）装备组成

岩石破碎机由支腿、冲击器、回转机构、推进装置、操作台等组成。

（1）支腿由支柱、横轴、上顶盆、手摇绞车、升降螺栓等部件组成。使用时调整升降螺栓，使支柱高低适合于工作要求。

（2）冲击器由接头、阀柜、阀盖、阀、锤、体、缸体和钎头等件组成。压缩空气进入配气装置（阀柜、阀、阀盖），根据阀片位置的不同，进入锤体的后部和背前部，迫使锤体做往复运动冲击钎头进行凿岩工作。

（3）回转机构由电机、变速箱组成，主要是输送压缩空气，同时带动冲击器的回转。变速箱与电机直接连接，用直齿轮传动，分为三级减速，最后用空心轴传出，轴承间隙可以通过箱盖上的止推环调整。

（4）推进装置将推进气缸与滑架相连接，压缩空气通过管路进入气缸作用于活塞，由活塞杆通过支架带动滑板进行凿岩工作。

（5）操作台可控制推进装置的往复运动。

（三）施工要点

1. 安装和准备

（1）将气管路、照明线路等引至工作面附近待用。

（2）按孔位设计要求，将支柱架设牢固。支柱上下两端要垫上木板，再将横轴和卡环按照一定的高度和方向装在支柱上，利用手摇绞车将机器提起，按所需的角度固定在支柱上，然后调整钻机的孔向，钻机位置定准后将横轴和卡环的螺栓拧紧。

2. 作业前检查

（1）工作前应仔细检查气管路是否连接牢固，有无漏气现象。

（2）检查注油器内是否已装满机油。

（3）检查各部分的螺钉、螺母、接头等处是否都已拧紧，立柱是否支撑牢固。

3. 作业程序及卸杆方法

开始工作时，先启动电动机，待运转正常后扳动操纵台的推进手把，使其得到适当的推进力，然后再扳动控制冲击器的手把至工作位置，开始正常的破岩工作。

当推进工作使卸杆器移到与托钎器相碰时，为钻完一根钻杆。接续钻杆时应关闭电动机并停止给冲击器送气，将销子插到托钎器的钻杆槽中，使电动机反转滑板后退、接头与钻杆脱开，再连接第二根钻杆，按此循环连续工作。

卸杆方法：卸杆依靠卸杆器往复和电动机反转等配合实现。当完成钻孔施工后，使卸杆器的四方框向后移到钻杆的第一槽中（此时钻杆的第二个槽被托钎器的销子插牢），将另一销子插到卸杆器中，钻到第一个槽中然后取出托钎器中的销子，使卸杆器带动钻杆后移，当前一钻杆的第二槽与托钎器的四方相符时，将销子插到托钎器四方框的钻杆槽中，使电动机反转，即可将钻杆卸出。

4. 注意事项

（1）随时检查气路、各部分螺钉、螺母、接头的连接情况及立柱和横轴的牢固情况。

（2）随时检查油雾器的润滑情况。

（3）破岩时不允许反转，以免钻杆脱扣。

（4）工作中随时观察岩渣的排出情况是否正常，必要时喷射水混合物吹出积存在孔底的岩渣。

（5）短时间内停止工作时应给予少量的气压，以避免泥沙侵入冲击器内部，若长时间停止工作，需将冲击器提至距孔底1～2m处固定。

（6）工作中应注意冲击器的声音和装备运转情况是否正常，发现不正常现象应立即停机检查。

（7）加接新钻杆时应特别注意保持孔内清洁，避免沙土混入冲击器内部损坏机件或发生停钻事故。

5. 机器保养和润滑

（1）每个工作班结束时须清除装备表面的污物。

（2）钻杆接头用黄油润滑。

（3）减速箱用黄油、机油混合润滑。

四、机械洛阳铲成孔

（一）概述

机械洛阳铲是利用铲自重插入泥土，旋转带动泥土拔出从而成孔的一种施工装备，是手动洛阳铲的电动化产品。机械洛阳铲的工作原理是利用卷扬机提升铲头，依靠铲头质量自由下落产生的冲击强行切土，依次完成闭合抓土、抖动卸土等成孔工序。因此机构洛阳铲适用的土质为黏土或粉质黏土，无砂层，地下水位低于桩底标高。

（二）装备组成

机械洛阳铲由卷扬机、三脚支撑架、铲头、导向杆等主要部件组成。铲头呈圆柱体，上半部为配重，下半部为铲刃，由左右两片合围成圆筒型，利用铲头自重及自由下落加速度闭合抓土，提升后电控开合铲刃，使土下落至翻斗车。一般由2～4人操作1台机械洛阳铲。

（三）装备型号

针对地质条件主要分为土质型机械洛阳铲和岩石型机械洛阳铲。土质型机械洛阳铲使用方便、快捷、造价低，效率高，缺点是只能用于土质地层；岩石型机械洛阳铲可用于地下有岩层的情况，特制的钻头可以击穿坚硬岩石，施工效果好，大大提高了工作效率。

机械洛阳铲可以施工桩径 0.3～2m、深度 5～30m 的垂直孔（如需扩底需要人工作业）；装备总重 1.2～1.4t，可拆分运输。

机械洛阳铲主要结构参数见表 1-5-4-1。

表 1-5-4-1　机械洛阳铲主要结构参数

序号	名称	质量/kg	功率/kW	备　注
1	三脚支撑架	80	—	架顶带滑轮
2	卷扬机	120	10	带 30m 钢丝绳
3	铲头	320	—	
4	发电机	250	10	带接线盒、30m 电缆

（四）施工要点

（1）平整场地，测放桩点，并用约 300mm 长钢筋将桩点埋入土中，以免破坏桩点。

（2）现场组装机械洛阳铲，接通电源试铲，将铲头直径调整至设计孔径。

（3）将机械洛阳铲铲头中心调整至桩头，稳定支撑架，提起铲头对准桩点，开孔挖土。

（4）当铲头抓满土后，提起铲头，将运土车倒至铲头下方，松铲排土至运土车内，开走运土车，放松卷扬机，利用铲头自重继续下沉抓土。如此反复作业，挖孔至桩孔设计标高。

（5）施工过程中如遇土质较湿而无法提铲时，可将少许生石灰块倒入孔内，用铲头将石灰块砸入泥土中吸水、膨胀，挤密湿土层，再将孔内泥土抓出；遇到较硬土层时，可用风镐将局部硬土层穿透后再用洛阳铲将孔内土渣抓出运走。

（6）挖孔达到设计要求后，应将桩孔井口周围用土隆起 200mm 高，并用木板遮盖井口，防止雨水流入或人、物掉入孔内。

第五节　混凝土施工技术

一、钢筋笼滚焊机

（一）概述

传统钢筋笼加工方法以人力手工制作为主，除钢筋原料切头、车丝由机器辅助完成外，其余工序如主筋定位、螺旋筋安装、定位等都由人工操作完成，导致钢筋笼生产效率低，加工精度差，因主筋定位误差较大造成两节钢筋笼对接安装困难。随着钢筋笼工厂化、自动化加工技术的不断发展，钢筋笼的加工精度与生产效率有了质的提高。

钢筋笼滚焊机是集盘条原料放线、钢筋矫直、绕筋成型、滚焊成型功能于一体，采用自动化数控程序生产制作钢筋笼的专用设备。钢筋笼滚焊机用于圆形钢筋笼加工，长度可达 24m 以上，将钢筋笼骨架平置于两组橡胶动力托辊之间，小车载着箍筋线材平行于骨架匀速行进，产生螺旋状箍筋（箍筋间距可根据设计要求设定），同时施焊（亦可快速缠绕后施焊或绑扎），直至完成生产全过程的加工机械。

（二）装备组成

钢筋笼滚焊机主要由小车部分（包含钢筋承接圆盘、放线调直器、轨道）、动力柜（数控记忆作业参数）、传动机构（电机、滚笼支架）组成。

（三）施工要点

1. 施工工艺流程

钢筋笼滚焊机工艺流程为：骨架焊接→骨架吊装→箍筋吊装→箍筋固定焊接→调整行走步距和速度→箍筋焊接→成品吊离。

2. 施工要点

（1）骨架焊接。钢筋笼骨架可使用定型模具、人工焊接加工，焊接时应保证加强圈焊接竖直，各焊点饱满、牢固，以免吊运骨架时发生意外。当钢筋笼长度超过 12m 时，必须做好两节钢筋笼骨架主筋对接的质量保证措施，以避免主筋在存放或运输过程中发生变形和弯曲。如需加装加强圈三角支撑筋，应及时按要求设置加装，避免吊装过程中发生弯曲变形。

（2）骨架吊装。将骨架吊装至托辊上，吊装时应采用双点绑扎，必要时进行补强，防止骨架变形；吊装过程中应严格执行相关起重作业安全规定，避免危险。

（3）箍筋吊装。将箍筋吊装至行走平台，吊装时应确保箍筋钢筋立装在吊装平台上，以便于调直行走平台的调直器顺向工作。

（4）箍筋固定焊接。调直行走平台行走至钢筋笼骨架的一端，启动调直器，伸出适量箍筋，点焊固定于钢筋笼骨架。

（5）调整行走步距和速度。设定绕筋的滚轴速度和行走平台的速度，并依据钢筋笼加密区和非加密区的尺寸、长度，提前设定速率并测试。

（6）箍筋焊接。可视钢筋笼直径大小，采取 1 人焊接或者两人焊接；焊接时，注意避让调直器出口的箍筋，面向钢筋笼骨架。建议采用二氧化碳保护焊机，避免使用电弧焊机，以减少因敲除焊渣引起的箍筋漏焊、烧筋等现象。如需焊接保护层支撑钢筋或保护层混凝土垫块，应在完成箍筋焊接后单独进行。

（7）成品吊离。成品钢筋笼如需临时存放，应设置符合存放要求的支垫措施；如需装车运输，应在运输车车厢内采取必要的防滚动措施。如制作桩基钢筋笼时，需加装声测管，应在钢筋笼吊离后进行，避免设备闲置，提高使用效率。

3. 注意事项

（1）移动盘的箍筋套必须定位准确，固定牢固，保证加工后钢筋笼主筋间距均匀。

（2）工艺参数设定需精确调试，以保证钢筋笼箍筋的间距和焊接质量。

（3）操作人员应按使用说明书规定的设备技术性能、承载能力和使用环境条件正确操作，合理使用，严禁违章操作，同时遵守保养规定，认真及时做好各级保养。

（4）操作人员应熟悉工作环境和施工条件，听从指挥，遵守现场安全规定。

二、山地钢筋笼吊装

（一）概述

电建钻机具有辅助吊装功能，可选择整体吊装钢筋笼或分段吊装钢筋笼。其原理为利用桅杆油缸将桅杆摆至最大角度，采用液压驱动副卷扬作为动力机构，利用钢丝绳及滑轮组通过滑轮架进行转向，将副卷扬钢丝绳下落并通过吊具与钢筋笼连接；收回副卷扬钢丝绳，将钢筋笼吊离地面，随后移至桩孔处，放出副卷扬钢丝绳，下放钢筋笼至桩孔内。

（二）装备组成

电建钻机的起吊系统主要由液压马达、减速机、卷筒、钢丝绳、滑轮组、滑轮架等部件组成，其中滑轮架位于桅杆的顶端，滑轮架上的主卷扬滑轮和副卷扬滑轮用以改变卷扬钢丝绳走向，是提升、下降钻杆和起吊物件的重要支撑部件。

（三）施工要点

1. 施工准备

（1）工程开工前应进行焊接和机械连接试验，被试构件钢材的抗弯和抗拉强度应满足规范要求，试验报告须向监理报审确认。钢筋笼制作应满足相关规范要求，钢筋笼安装前，应经过监理工程师及现场质检员的检查确认后，方可进行吊装作业。

（2）钢筋笼制作前，钢筋应严格除锈，超过电建钻机单次最大起吊高度或质量的钢筋笼应分段制作，分段长度应根据设计图纸及现场施工方法确定。

（3）钢筋笼的制作应符合设计尺寸，钢筋笼制作允许偏差应符合以下要求：主筋间距为±10mm；箍筋间距为±20mm；钢筋笼直径为±10mm；钢筋笼长度为±50mm。

（4）钢筋笼可以根据工程实际需要在场外集中制作或在现场制作，集中制作完成的钢筋笼采用专用拖车进行运输，禁止用铲车等机械拖拽，以保证入孔前钢筋笼主筋的平直，防止变形。

（5）结合现场施工条件，考虑机械吊装因素，可在箍筋内侧适当加焊三角形支撑筋，对钢筋笼进行加固，确保运输及吊装的稳定性。

2. 清孔

完成基础清孔和钢筋笼清理，并对坑底进行二次清孔。

3. 整体吊装钢筋笼

（1）起吊前准备好各项工作，指挥钻机转移到起吊位置，采用两点起吊，主钩吊点位于顶部1～1.5m位置，副钩吊点为主钩吊点下方 $L/2$（L 为钢筋笼全长）位置，吊点绳均采用 ϕ17.5 钢丝绳，在钢筋笼上安装钢丝绳和卡环，挂上主吊钩及副吊钩。

（2）检查两吊点钢丝绳的安装情况及受力重心后，开始同步平吊。

（3）钢筋笼吊至离地面0.3～0.5m后，检查钢筋笼是否平稳后主钩起钩，根据钢筋笼尾部距地面距离，随时指挥副钩配合起钩。

（4）钢筋笼吊起后，主钩慢慢起钩提升，副吊配合，保持钢筋笼距地面距离，最终使钢筋笼垂直于地面。

（5）卸除钢筋笼上副吊点吊钩。

（6）钻机吊笼入孔、定位，钻机旋转应平稳，必要时应在钢筋笼上拉牵引绳。下放时若遇到钢筋笼卡孔的情况，应吊出检查孔位情况后再下放，不得强行入孔。

（7）下放钢筋笼入孔时，应保持钢筋笼在孔内居中，并保持垂直状态，避免碰撞孔壁，徐徐放下。钢筋笼下到坑底后，应重新校核是否居中，标高操平后加以固定。

4. 分段吊装钢筋笼

当钢筋笼较重或钢筋笼长度超出电建钻机起吊性能时，采用分段吊装钢筋笼的方法。分段吊装钢筋笼一般分两段吊装，每段钢筋笼的长度可选择整体长度的1/2。分段连接钢筋笼可采用机械连接或焊接，应快速对接，避免钢筋笼对接时间过长，孔壁出现坍塌。对接时，按编号顺序，逐节垂直安装，上下笼各主筋应对准校正，采用对称连接或施焊，并按图纸加补完整内箍、外箍，确认合格后方可下放。为保证钢筋保护层误差在允许范围内，利用枕木和钢管将钢筋笼支撑在洞口，如图1-5-5-1所示。

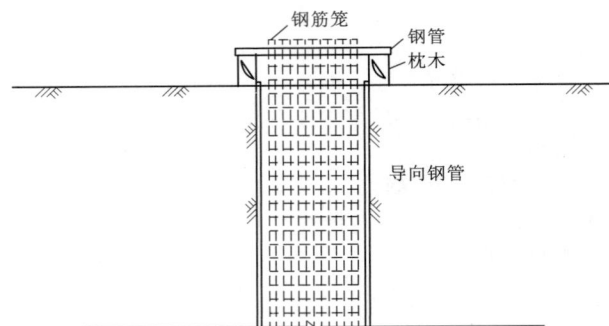

图1-5-5-1　钢筋笼固定示意图

当钢筋笼主筋采用焊接连接时，两段钢筋笼制作过程中须保证焊接头不得分部在同一个平面上，每段钢筋笼主筋布置应长短交错，保证焊接完成后相邻两根主筋上焊接头最小垂直距离不小于钢筋直径的35倍。钢筋焊接处应预弯，保证钢筋受力在同一轴线上。

当第一节钢筋笼吊入桩孔后将其用钢管和枕木抬在孔口边，然后垂直吊起第二节钢筋笼，使各主筋对齐。先点焊，后施焊，全部主筋焊完后，待焊口自然冷却后，再吊入孔内。

当钢筋笼主筋采用机械连接时，两段钢筋笼制作过程中须保证接头不得分部在同一个平面上，每段钢筋笼主筋布置应长短交错，错开长度为钢筋直径的40倍。

钢筋笼主筋采用直螺纹套筒连接时，后吊装的钢筋笼对准孔心，并找准已安放的钢筋笼的位置，两个钢筋笼始终保持竖直状态，找到事先做好标记的钢筋，对齐后将直螺纹套筒拧紧。随后以此钢筋为中心，向两侧将钢筋套筒依次拧紧，直至完成钢筋笼的拼接。

5. 注意事项

（1）钢筋笼的绑扎应尽量靠近坑口位置，便于电建钻机吊装，起吊钢筋笼时可使用其他设备配合。

（2）钢筋笼在吊装时宜采用"两点起吊"，在钢筋笼顶面由上至下第一个或第二个箍筋上均匀对称布置。吊点箍筋选择可由现场地形、钻机位置及钢筋笼长度综合确定。

（3）待钢筋笼吊离地面后，慢慢回收副卷扬钢丝绳，并随着钢筋笼动作的变化调整钻机桅杆位置，确保钢筋笼不在地面拖曳。

（4）随着副卷扬的上提，钢筋笼逐步成竖直状态。最终，将钢筋笼提离地面放至已完成的基坑内。

（5）起吊钢筋笼前，钻机应选择合适的吊装位置，一旦就位确定后，不得带荷调整。

（6）吊装过程中，应在钢筋笼两侧距钢筋笼顶面1/3处绑扎控制绳，防止钢筋笼摆动伤人。

（7）及时检查副卷扬及滑车、钢丝绳情况，防止起吊过程中钢丝绳出现跳槽、卡顿情况。

（8）基坑内吊装钢筋笼时，依据设计要求和规范规定，设置控制钢筋保护层装置，以保证钢筋笼的保护层厚度符合要求。在浇筑混凝土前，可采取将钢筋笼适当提起，保证基坑底部的钢筋保护层厚度。

（9）钢筋笼吊装完成后，用仪器对钢筋笼的标高、位置再次复测，满足规范要求后方可进行下一步工序。

（10）副卷扬工作时应保证钻机的稳定性；起吊重物时，重物应位于桅杆前方，钢丝绳与桅杆的夹角不超过15°；重物位于桅杆侧前方时，应旋转钻机，使被吊重物位于本身纵向轴线延长线上，否则可能导致机身倾翻等重大事故；禁止旋转钻机拖动重物。

三、混凝土运输与拌制

（一）概述

小型履带式混凝土罐车适用于输电线路工程山地、水田、丘陵等地区的商品混凝土转运，具有整机质量轻、底盘小、稳定性高、爬坡能力强等特点。使用小型履带式混凝土罐车转运商品混凝土，确保了商品混凝土不发生离析，实现了复杂地形条件下采用商品混凝土浇筑基础。

在桩位的小运起点，根据浇筑混凝土方量，选择配置2~5台小型履带式混凝土罐车，通过进料斗将普通大型混凝土罐车的混凝土装入小型履带式混凝土罐车搅拌桶，然后运输至浇筑现场，卸料后再返回小运起点，循环往复直至混凝土浇筑完毕。

（二）装备组成

小型履带式混凝土罐车由底盘和上装组成，其中底盘包括精钢承重轮、橡胶履带、驾驶室；上装部分包括搅拌筒、副车架、进出料装置、操作系统、液压系统、电气系统、供水系统等。

（三）施工要点

1. 施工准备

（1）根据浇筑方量和道路长度，为保证浇筑的连续性，配备2~5台小型履带式混凝土罐车，作业前检查小型履带式混凝土罐车的各个部位是否处于正常工作状态。

（2）修筑装料平台、运输道路、卸料平台。装料平台分为高差0.8~1m的阶梯状的上下两部分，平台下半部分尺寸约为5.5m×3m，平台上半部分尺寸约为9m×3m（此处参照8m³轮式混凝土罐车的尺寸）。卸料平台尺寸为5.5m×3m；运输道路经简单清表后可行走即可，宽度控制在2.5m以内。平台场地和运输道路承载力不足时，可在地基表面铺设20mm厚的钢板或路基箱。

2. 装载混凝土

（1）装料前将搅拌筒反转，排净搅拌筒内残存的积水和杂物，以保证混凝土的质量。

（2）安排小型履带式混凝土罐车和轮式混凝土罐车分别倒车至装料平台的下半部分和上半部分。

（3）摇动轮式混凝土罐车的卸料斗对准小型履带式混凝土罐车的进料斗进行进料。

（4）进料时应保持匀速，搅拌筒应一直处于旋转状态。

3. 转运混凝土

（1）行驶应平稳，上坡用低速1挡，平地采用高速2挡、3挡，下坡采用高速1挡，并应避免在陡坡上换挡。

（2）应注意前方道路情况，避免遇到障碍物或塌陷坑洞。

（3）严禁司机在车辆未停稳之前离开驾驶座，严禁在斜坡段长时间停车；如需暂时离开，应在离开前做好车辆制动工作，防止车辆滑移。如确需在斜坡段停车，必须闸好制动闸，同时摘挡并熄火，此时司机不得离开驾驶座；超过10°斜坡停车后，应在车轮下方用道木或楔块（400mm×400mm）可靠稳固车辆。

（4）空载运行及运送混凝土过程中，搅拌筒不得停止转动，以免滚道、滚轮局部碰损或混凝土产生离析现象。

4. 卸载混凝土

（1）卸料前，小型履带式混凝土罐车必须保持平正、稳固。

（2）当下料斗可以和基础中心对中时，采用直卸方式；当距离较远时，采用溜槽进行过渡。

5. 注意事项

（1）零部件需进行日常检查、维护、保养。

（2）施工完毕后，应立即用罐车自带的软管冲洗进料斗、出料斗、卸料溜槽等部件，清除黏附在车身各处的污泥及混凝土。向搅拌筒内注入150~200L水以清洗筒壁及叶片。清洗完毕后，应排除搅拌筒内及供水系统内残存积水关闭水泵，将控制手柄置于"停止"位置。

（3）禁止用手触摸旋转的搅拌筒或向内窥看。

（4）搅拌筒连续运转时间不宜超过8h。

第六节 接地施工关键技术

一、水平接地沟槽机械开挖

（一）概述

链式开沟机主要用于输电线路水平接地沟槽的开挖，是一种高效实用的新型开沟装备。链式开沟机与拖拉机配套使用，拖拉机柴油机经皮带将转动传递到离合器，驱动行走变速箱、传动轴、后桥等实现链式开沟机的运动，同时驱动工作装置开挖。开挖出的沟槽深度及宽度标准、余土堆放整齐。

（二）装备组成

链式开沟机主要由链条、从动链轮、机架、切削刀片、液压缸、连接架、分土器、主动链轮、刮土器组成。

链式开沟机依靠拖拉机输出作为开沟机变速箱的动力。由传动轴传动开沟机变速箱，经过变速箱变速带动主动链轮，再由主动链轮带动链条实现开沟。链式开沟机刀片分为破土和收土，两者搭配使用实现开沟。分土器用于开沟时将土分到两侧，防止开沟时因土量过多导致回土。

（三）施工要点

1. 施工准备

根据土质类别和接地体埋设深度，合理选择链式开沟机，保证开沟深度、宽度满足要求。

2. 行走路线的确定

根据接地线埋设长度，合理确定开挖起止位置，可以选择用拉绳指行法或标杆指行法确定开沟机行走路线。

3. 开沟作业

将开沟机开至起始位置，调整好方向，启动开沟机，缓慢下方，逐步开挖至规定深度，将拖拉机设置在爬行挡，发动机转速 1600r/min 时，车速不超 8m/min，沿着规定的方向前进，实现稳定开沟。

4. 注意事项

（1）使用前检查变速箱是否加注齿轮油，各连接处是否固定，螺钉有无松动。

（2）链式开沟机作业时，在分土区范围内禁止站人，以防碎砖、碎瓦飞出伤人。

（3）分土器积土严重、影响分土功能时，应停机铲除。禁止开沟工作中铲除积土和查看调整等操作。

二、接地非开挖机械化施工

（一）概述

接地非开挖机械化施工主要采用水平定向钻机。水平定向钻机是在不开挖地表的条件下铺设多种地下公用设施（管道、电缆等）的一种施工机械。水平定向钻机应用于接地非开挖机械化施工，适用于平地或起伏较平缓的山地且较松软地质（不具备穿岩能力，遇到块石或岩层需绕道），需要有进场道路，道路坡度不大于 15°，特别适合在田地、沼泽地、经济作物区施工。

水平定向钻机由动力系统为钻进系统提供动力，在控向系统的引导及泥浆系统的协助下，钻具选取合适入土角度钻进地下土层，并沿预先设计的控向轨迹钻进导向孔，完成钻孔后，通过将接地装置绑扎在钻具上后回牵完成敷设，达到最小开挖地表的施工效果。

（二）装备组成

水平定向钻机由钻进系统、动力系统、控向系统、泥浆系统、钻具及辅助机具组成。

1. 钻进系统

钻进系统为钻进作业及回拖作业的主体，由钻机主机、转盘等组成。钻机主机放置在钻机架上，用以完成钻进作业和回拖作业；转盘装在钻机主机前端，连接钻杆，并通过改变转盘转向和输出转速及扭矩大小，达到不同作业状态的要求。

2. 动力系统

由液压动力源和发电机组成动力源，为钻进系统提供高压液压油作为钻机的动力，发电机为配套的电气设备及施工现场照明提供电力。

3. 控向系统

通过计算机监测和控制钻头在地下的具体位置和其他参数，引导钻头正确钻进，在该系统引导下，才能按设计曲线钻进，常用的有手提无线式和有线式两种。

4. 泥浆系统

由泥浆混合搅拌罐和泥浆泵及泥浆管路组成，为钻进系统提供适合钻进工况的泥浆。在水平定向钻机施工过程中，需要使用与钻机功率相匹配的泥浆液搅拌装置，对于钻头的钻进和壳壁的支撑保护有着十分重要的作用。

5. 钻具及辅助机具

包括钻进中钻孔和扩孔时所使用的各种机具。钻具主要有适合各种地质的钻杆、钻头、泥浆马达、扩孔器，切割刀等机具；辅助机具包括卡环、旋转活接头和各种管径的拖拉头。

水平定向钻机采用橡胶履带底盘、液压行驶及锚固系统、自动装卸钻杆机构及泥浆泵等机械化及自动化机构，可在恶劣环境下施工，安全便捷。

（三）施工要点

水平定向钻机敷设接地线施工流程主要包括：施工准备、道路场地修整、接地装置敷设、清理现场。

1. 施工准备

施工前应进入施工现场收集有关资料并进行实地勘查，主要包括地形地貌、接地射线路径地质及地下管线情况、接地装置敷设长度、深度及设计曲线（确定射线出、入土点）等相关信息。做好地下管线的复测工作，将管线种类、埋深、管材标示在施工图纸上，设计导向孔轨迹时应避开公用设施。策划道路、施工场地修整方案，并确定所需的钻具及相关配件。开挖泥浆池、泥浆排放池，制备泥浆，并安装好供水、供浆所需的管路、电路。

2．道路场地修整

道路场地修整的原则是优先利用原有或废弃的道路、场地进行修整，最大程度减少道路、场地的修整范围。

（1）道路修整：路面宽大于 2.3m，最大纵向坡度控制在 20°以内，最大横向坡度控制在 3°以内，路面抗压强度大于 0.044MPa。

（2）场地修整：结合现场地形及接地装置设计图纸，选定水平定向钻机的最佳施工摆放位置，对该位置进行场地平整；根据水平定向钻的机型大小来确定场地平整面积，一般入钻时施工所需占地宽度不大于 2.5m，面积不超过 20m²；场地平整度小于 5°。

3．接地装置敷设

（1）钻进导向孔。钻进导向孔是接地非开挖机械化施工的重要阶段，决定铺设的接地射线的路线与出土点。在钻头开始入钻前，需要完成以下准备：根据土质为钻头选择安装合适的导向板、在钻头内装入含多种传感器的探棒、校准导向仪及调试钻头出水量。

首先将钻机入土角调整至预定入射角后钻入地层，在钻进液喷射钻进的辅助作用下，钻孔向前穿越。穿越时应根据钻进的地质情况调整钻机的钻进速度。工进方式分为顶进和旋转钻进两种，顶进适用于穿越过程中的方向调整，每次调向至少需顶进 2～3m；旋转钻进适用于穿越前进，通过两种工进方式的交替配合直到完成穿越过程。

一般每钻进 1m 距离时，对钻头定位测量一次，关键位置需多次测量校准，以便及时调整钻头的钻进方向，保证导向孔曲线符合设计要求。

对有地下构筑物、关键的出口点或调整钻孔轨迹时，应增加测量点。将测量数据与设计轨迹进行比较，确定下一段的钻进方向。钻头在出口处露出地面，测量实际出口是否在误差范围之内（两根射线之间距离大于 5m），误差允许范围见表 1-5-6-1。

表 1-5-6-1　导向孔允许偏差

导向孔曲线		出土点	
横向偏差/m	上下偏差/m	横向偏差/m	纵向偏差/m
±3	+1～-2	±3	+9～-3

如果钻孔有部分超出误差范围，应抽回钻杆，重新钻进钻孔的偏斜部分。当出口位置满足要求时，导向钻孔完成。

（2）接地装置的展放与固定。导向孔完成后，准备固定接地装置前应校核接地射线长度是否符合设计要求，确认无误后方可进行固定展放施工。接地装置可固定在钻头导向板处的圆孔位置。固定方式可采取将接地装置端头穿过导向板圆孔后弯回并压紧，弯折长度在 0.5～0.7m 内，并用铁线捆绑固定，防止在回牵过程中脱落。

接地装置展放时应保持一定输入距离，防止在回牵过程中发生弯曲、打扭或断裂，展放时应设专人看护。当回牵阻力大时，可使用一个拉头或拉钩和一个旋转连接器与接地连接钻杆，旋转连接器用于接地装置回转，并避免拧坏接地装置。

（3）回牵接地装置。回牵接地装置前，应事前配制好灌浆所需的泥浆，泥浆制备宜选用膨润土。为控制灌浆时泥浆浓度不至堵管，不同地质状况所需泥浆的黏度应符合表 1-5-6-2 要求，并每隔 0.5h 测一次泥浆黏度。

表 1-5-6-2　泥浆黏度值表

地质状况	黏土	亚黏土	淤泥	粉砂	细砂	中砂	粗砂	软岩石
黏度值/s	30～40	35～40	40～45	40～45	40～45	45～50	50～55	45～50

根据灌浆的不同需要，可向泥浆中加入增黏剂、润滑剂等泥浆添加剂。所用添加剂应保证不腐蚀接地装置并满足环保要求。泥浆制备应设置泥浆池或专用容器，使用泥浆泵进行搅拌并过滤，在特殊情况下，可采用人工搅拌后过滤。

回牵开始前，应检查过滤网罩安装是否正确合理，避免堵管；接地装置回牵时钻机应待钻头出浆后再开始入土。在回牵过程中，接地装置由出土点向入土点回拖。回牵时钻头以不旋转的方式直接向入土点方向移动，移动时钻头出水口位置朝上。钻机在回牵时不停地由钻头出水口向导向孔内泵入泥浆，进行灌浆操作，以保证接地装置在回牵过程中的润滑与接地装置的回填覆盖。直至接地装置被回牵到入土点出土，回牵作业完成。

4．清理现场

所有施工完成后应清理施工现场，包括排除入口坑和出口坑中的钻进液和泥浆，并回填工作坑。

第六章

组塔机械化施工

第一节 组塔机械化施工技术要点

一、施工要求

（1）组塔要优选成熟安全的组塔机械化施工方案，包括履带式起重机、轮式起重机组塔，以及落地双摇臂抱杆、双平臂抱杆、四摇臂抱杆、单动臂抱杆组塔，直升机组塔等，具体组塔装备需要综合铁塔设计方案、场地条件、进场道路等诸多因素确定，综合制定切实可行的施工方案。

（2）施工单位要通过图纸会检、设计交底等方式深入研究工程所配置塔形的特点，加强交流，汲取设计单位在机械化施工方面的思路及设计方案，充分理解铁塔组立机械化施工可以借鉴的设计亮点；要做好方案执行的监督工作，着重关注施工方案执行情况、塔材保护及补强措施、规程规范的落实情况，确保现场组塔安全高效，发挥机械化施工对现场的安全、工效的促进作用。

（3）杆塔组立施工应执行《架空输电线路铁塔分解组立施工工艺导则》（Q/GDW 10860—2021）、《110kV～750kV 架空输电线路施工及验收规范》（GB 50233—2014）；铁塔组立应有防止塔材变形、磨损的措施，临时接地应连接可靠，接触良好。每段安装完毕铁塔辅材、螺栓应装齐，严禁强行组装；在施工过程中需加强对基础和塔材的成品保护。

（4）组立施工要严格按照方案执行，切不可随意更改现场布置及吊点位置；塔脚板就位后，上齐匹配的垫板和螺母，及时拧紧地脚螺母并做好防卸措施，吊装过程中钢丝绳与塔材接触处要采取相应的镀锌层保护措施，塔片吊装及时进行补强；组立完成后拧紧螺母并做好防卸措施，塔脚板与主材之间不应出现缝隙，塔脚板与基础面应接触良好，出现空隙时应加铁片垫实，并应浇筑水泥砂浆。

（5）为更好地开展机械化施工，建议将施工与属地介入关口前移，在可研阶段提出施工及属地的相关建议，以便于更好的配合设计单位开展机械化相关设计，相当一部分施工方案的制定在设计阶段已经确定。

（6）在人员配置方面需要结合选定的施工方案，充分考虑设备操作、安全监护、现场指挥、后勤保障等人员配置；结合以往施工经验，充分考虑高空工作内容、效率以及设备吊装效率从而反推地面配合人员数量，最终确定班组人员配置。

二、质量控制要求

（1）组塔施工前要严格检查基础强度是否满足组塔要求，基础混凝土强度必须经第三方质量检测，分解组塔混凝土强度需达到设计强度的 70%，整体组塔需满足 100%。

（2）各构件的组装应牢靠，交叉处有空隙时应装设相应厚度的垫圈或垫板。螺栓加垫时，每端不宜超过 2 个垫圈。螺栓应与构件平面垂直，螺栓头与构件间的接触不应有空隙。螺栓的螺纹不应进入剪切面。

（3）个别螺栓需扩孔时，扩孔部分不应超过 3mm。当扩孔需要超过 3mm 时，应先堵焊再重新打孔，并应进行防锈处理，不得用气割扩孔或烧孔。

（4）自立式转角塔、终端塔应组立在斜平面的基础上，向受力反方向预倾斜，预倾斜符合规定。

（5）铁塔组立后，各相邻主材节点间弯曲度不得超过 1/750。

（6）螺栓穿向应一致美观，并符合规范要求。螺母拧紧后，螺杆露出螺母的长度：对单螺母，不应小于两个螺距；对双螺母，可与螺母相平。螺栓露扣长度不宜超过 20mm 或 10 个螺距。

（7）防盗螺栓安装到位，安装高度符合设计要求。防松帽安装齐全。

（8）架线前需对全塔螺栓进行紧固，架线后复紧，螺栓紧固率满足规范要求。

（9）直线塔结构倾斜率：对一般塔不大于 0.3%，对高塔不大于 0.15%。耐张塔架线后不向受力侧倾斜。

第二节 起重机组塔关键技术

一、履带式起重机组塔

（一）装备组成

履带式起重机由底盘、转台、吊臂、配重、动力装置、传动机构、控制装置、吊钩等组成。

（1）底盘。包括行走机构和行走装置，可在带载条件下行走。

（2）转台。通过回转支撑安装在底盘上，在起重作业时可以回转。

（3）吊臂。桁架式（或伸缩式）结构，用来支撑起升机构起吊载荷的钢结构。

（4）配重。安装在转台尾部，确保起重机工作稳定性。

（5）动力装置。即动力源，为起重机提供驱动力。

（6）传动机构。将动力传递给各个工作机构。

（7）控制装置。用来控制和操纵履带式起重机，实现行走、吊装作业。

（8）吊钩。履带式起重机的取物装置。

（二）施工要点

1. 塔腿段吊装

（1）吊装塔脚板及主材时，履带式起重机宜根据实际情况布置于塔身内侧或外侧。应先吊装塔腿的塔脚板，并紧固地脚螺栓，再吊装主材。吊装主材时，应采取打设外拉线等防内倾措施。

（2）三个侧面构件可采用分解吊装方式吊装。吊装时，应先吊装水平材，后吊装斜材。水平材吊装过程中，可采用打设外拉线等方式调整就位尺寸。

（3）内隔面构件可采用分解吊装方式吊装。内隔面水平材就位过程中，可采用打设外拉线等方式调整就位尺寸。

（4）预留侧面构件吊装时，履带式起重机宜布置于塔身外侧。

（5）在塔体强度满足要求的情况下，可将塔腿段和与之相连的上段合并成一段进行分解吊装。其中，侧面构件吊装应自下而上进行。

2．塔身段吊装

（1）起重机布置于塔身外侧，按每个稳定结构分段吊装。先吊装其中一个面，然后再吊装相邻两个面，依次完成四个面的吊装。对塔身上部结构尺寸、质量较小的分段，可采用整段或分片吊装方式吊装。整段吊装时，四个吊点应选在上主材节点处，螺栓应紧固到位；分片吊装时，两吊点应选在两侧主材节点处，距塔片上段距离不大于该片长度的 1/3，对于吊点位置辅材较弱的吊片，应采取补强措施。

（2）吊装塔身时，根据实际情况，采取打设外拉线等防内倾措施和就位尺寸调整措施。

3．曲臂吊装

（1）宜整体吊装曲臂。

（2）上下曲臂就位后，应及时装设两侧上曲臂的连接控制绳。

（3）起重机伸出臂长应有适当余量，并应防止塔件碰撞吊臂。

4．横担吊装

（1）组装横担时，由流动式起重机辅助塔材组装。

（2）吊装横担时，履带式起重机宜布置在需吊装横担的重心线顺线路方向，流动式起重机站车位置距横担重心宜为 15～18m。按照吊装工况采用主臂加副臂，主臂仰角、副臂安装角依据吊装高度及横担质量综合选用。

（3）横担的吊装应采取由下往上的顺序，即先吊装下层横担，再吊装上层横担。

（4）地线支架和导线横担采用整体吊装、分段吊装或分前后片吊装；耐张塔地线支架与跳线架均整体吊装，导线横担采用分段吊装、前后片吊装或分段分前后片吊装；转角塔同直线塔分段，但外角外侧横担分片吊装。吊装横担时，吊点绳宜绑扎在吊件重心偏外的位置；起吊时，横担外端略上翘，就位时先连接上平面两主材螺栓，后连接下平面两主材螺栓。

（5）酒杯形塔宜整体吊装横担和顶架。当横担整体质量较大时，应先整体吊装中横担，再分别吊装两边横担及地线支架。

（6）干字形塔，应先吊装导线横担，再吊装地线支架及跳线支架。

（7）羊字形铁塔横担，应按先下后上顺序吊装。

（8）钢管杆组立时，对于质量较轻的可以整体吊装；质量较重的，应按先下后上顺序吊装。

（9）起重机伸出臂长应有适当余量，并应防止塔件碰撞吊臂。

5．注意事项

（1）起重机自重大，对地压力高，作业时重心变化大，应在平坦坚实的地面上作业、行走和停放。

（2）为保证起重机的正常使用，在起重机作业前必须按照以下要求进行检查：各安全防护装置及各指示仪表齐全完好，钢丝绳及连接部位符合规定，燃油、润滑油、液压油、冷却水等添加充足，各连接件无松动。

（3）内燃机启动后，应检查各仪表指示值，进行空载运转，顺序检查各工作机构及其制动器，确认正常后方可作业。

（4）作业时，俯仰变幅的吊臂的最大仰角不得超过出厂规定。当无资料可查时，不得使用该设备，以防止吊臂后倾造成重大事故。

（5）下降吊臂的操作，应严格遵守起重机说明书规定。

（6）起吊载荷接近满负荷时，其安全系数相应降低，操作中稍有疏忽，就会发生超载，在起吊载荷达到额定起重量的 90% 及以上时，升降动作应慢速进行，并严禁同时进行两种及以上动作。

（7）起重机如需带载行走，由于机身晃动，吊臂随之俯仰，幅度也不断变化，所吊重物也因惯性而摆动，形成斜吊，因此，重物质量不得超过允许起重量的 70%。行走道路应坚实平整，重物应在起重机正前方，便于操作员观察和控制，重物离地面不得大于 500mm，并应拴好拉绳，缓慢行驶。

（8）起重机在不平地面上急转弯容易造成倾翻事故，因此，起重机行走时转弯不应过急；当转弯半径过小时，应分次转弯；当路面凹凸不平时，不得转弯。

（9）起重机上下坡时，起重机的重心和吊臂的幅度随坡度而变化，因此，起重机上下坡道时应空载行走，上坡时应将吊臂仰角适当放小，下坡时应将吊臂仰角适当放大。下坡空挡滑行将失去控制造成事故，严禁下坡空挡滑行。

二、轮式起重机组塔

（一）装备组成

轮式起重机主要包括吊臂、回转系统、伸缩系统、变幅系统、动力和传动系统、支腿、平衡重、操纵室等。

（1）吊臂。有桁架式和箱型伸缩式两种，起重作业时，在臂架平面和垂直臂架平面的两个平面上承受压、弯联合作用，起吊载荷。

（2）回转系统。用来支撑起重机回转部分的自重和起升载荷的垂直作用及倾翻力矩作用，并在驱动装置的作用下绕回转中心做整周旋转。

（3）伸缩系统。用来改变伸缩式吊臂的长度，并承受由起升质量和伸缩臂质量所引起的轴向载荷。

（4）变幅系统。起重机通过变幅机构改变吊臂的仰角，从而改变作业幅度。

（5）动力和传动系统。动力源为起重机提供驱动力，并将动力传递给各个工作机构。

（6）支腿。用于扩大起重机的支撑基面，提高整车吊装载荷的稳定性。

（7）平衡重。安装在转台尾部，确保起重机工作稳定性。

（8）操纵室。安装有操纵系统，用于控制和操纵轮式起重机，实现吊装作业。

（二）施工要点

1. 施工准备

施工前应对作业现场和被吊塔材进行实际勘察，对轮式起重机进行安全检查。

2. 起重作业

轮式起重机组塔作业与履带式起重机基本相同，以下介绍轮式起重机操作要点。

（1）主起升操作。载荷起升（主吊钩上升）：操纵手柄后拉；载荷下落（主吊钩下降）：操纵手柄前推；停止动作：操纵手柄返回中位。改变操纵手柄的幅度大小并利用油门踏板控制主起升机构的工作速度。

（2）副起升操作。载荷起升（副吊钩上升）：操纵手柄后拉；载荷下落（副吊钩下降）：操纵手柄前推；停止动作：操纵手柄返回中位。改变操纵手柄的幅度大小并利用油门踏板控制副起升机构的工作速度。

（3）自由滑转操作方法。为防止起吊重物时有侧载，在起升操作的同时，按住操纵手柄上自由滑转按钮，开启自由滑转功能。吊臂自由滑转对正重物重心，待重物离地后再松开自由滑转按钮。左右操作手柄均有自由滑转按钮。

3. 伸缩操作

主臂伸缩操作前，应先将仪表盘上"伸缩/副卷切换开关"复位。主臂伸缩方式有自动和手动两种。伸缩速度由操纵手柄的幅度和油门大小共同调节。选择自动方式时，只需在显示器上选择臂长伸缩代码，将操纵手柄向前或向后扳动，即可实现自动伸缩。

4. 变幅操作

（1）变幅起臂：将右操纵手柄向左扳；变幅落臂：将右操纵手柄向右扳；停止：操纵手柄处于中位；变幅起臂速度由操纵手柄和油门控制。

（2）主臂仰角与总起重量、工作半径关系。落臂时工作半径加大，而额定起重量则减小；起臂时工作半径减小，而额定起重量则增加。

5. 回转操作

右回转：将左操纵手柄向右扳；左回转：将左操纵手柄向左扳；停止：将操纵手柄处于中位；可用脚踏开关进行回转的制动操作。改变操纵手柄的幅度大小并利用油门踏板来控制起重机回转的速度。

6. 复合动作操作

根据实际作业需求，在低于单绳拉力额定值30%的工况下，允许进行复合动作操作。起重作业时，不同动作组合时需要遵循一定的原则。必须在可允许的范围内操作起重机。具体原则如下：

（1）伸缩可以和其他动作进行复合（仅限于空载时使用），但伸缩和副卷不能复合。

（2）主卷可以和变幅、回转、副卷动作组合；副卷可以和变幅、回转动作组合。

7. 注意事项

（1）轮式起重机须经过培训并经考试合格取得资质证书的人员方能操作，且作业时需满足现场环境温度、风力要求。

（2）调试或作业时安全注意事项。不适当的操作如下：

1）重物未离开地面就进行回转。

2）卷扬上的钢丝绳乱绳。

3）在工况表规定的起重机配置状态之外工作。

4）在工况表规定的工作半径和回转范围之外工作。

5）起吊重物时回转过快，或在不平整的地面上起吊重物。

6）在不适合的条件下作业，特别是斜拉重物或吊起的重物突然松散。

7）作业时速度过快，如回转太快、作业时快速制动。

8）重物捆绑不当或悬空时打转。

9）支腿跨距未伸到起重性能表中的规定值。

10）起重机未在水平状态下作业，在重物作用下引起转台回转。

（3）如果力矩限制器在使用过程中出现故障或者工作不正常，应立即停止操作。

（4）力矩限制器仅对起重机吊臂垂直平面内的超载力矩起防护作用，不能防护斜吊、侧向风载、地面的倾斜或陷落。起重机操作员不能因有力矩限制器而忽略起重机的有关安全操作规程。

（5）吊臂侧弯量过大需进行调整。

（6）使用前应进行空载操作，检查各操纵杆和开关有无异常现象，如有应立即修理。

（7）如起升钢丝绳超过其最大拉力，钢丝绳绳头可能会滑脱，钢丝绳可能被拉断，损坏起升减速机或其马达。

（8）吊件离开地面约100mm时，应暂停起吊并进行检查，确认正常且吊件上无搁置物及人员后方可继续起吊。

（9）因钢丝绳打卷而导致吊钩旋转时，应把钢丝绳完全解开后方能起吊。

（10）突然卸载或钢丝绳断裂，吊臂端部力突然释放将导致起重机向后倾翻。

（11）起重作业时禁止进行检查和维修。

（12）起重作业时操作员应集中精力，对指挥员的信号做出及时反应，对停止信号应服从。

（13）起重作业时应注意观察周围情况，避免发生事故。

三、起重机组塔对接装置

（一）装备组成

对接装置由水平限位部件、导向部件、垂直限位部件组成。通常对接装置在塔段对接位置4根主材处各安装一套，4套对接装置配合使用。

水平限位部件安装于被吊塔段下端，并在相邻两水平限位部件的外侧通过花篮螺栓连接水平限位绳，为被吊塔段就位提供更大范围的限位。钢丝绳应稍有松弛，以免造成铁塔主材变形而使尺寸改变。

导向部件安装于已就位塔段上端，其上方设有倾斜导轨。对接过程中，导向部件对被吊塔段起导向作用，保证被吊塔段在对接位置存在偏差的情况仍能到达预定就位位置。

垂直限位部件安装于已就位塔段主材外侧，其上设有承台。对接完成后，被吊塔段落至承台上，垂直限位部件对被吊塔段起定位作用，同时，在施工人员完成被吊塔段和已就位塔段连接前，垂直限位部件对被吊塔段起临时承托作用。

（二）施工要点

1. 铁塔底段对接装置安装及吊装

（1）铁塔底段吊装。

1）铁塔底段吊装有分段吊装和分片吊装两种方式。根据铁塔底段质量、根开尺寸选择吊装方式。

2）分段吊装前将导向部件和垂直限位部件分别安装于被吊塔段主材上端，被吊塔段主材下端进行补强，防止主材在起吊过程中变形，吊点绑扎处两侧应采取保护措施。

3）分片吊装方式参考《110kV～750kV架空输电线路铁塔组立施工工艺导则》（DL/T 5342）的相关要求，将每根铁塔腿部及塔脚组成整体，完成导向部件、垂直限位部件安装。

4）铁塔底段吊装完成后，及时将接地引下线与铁塔连接牢固。

（2）外包角钢连接形式导向部件、垂直限位部件安装。导向部件安装于已就位塔段的主材内侧，与主材紧密贴合，并通过下方螺栓孔，使用定位螺栓与已就位塔段主材连接，垂直限位部件通过连接板与导向部件连接。

（3）内包角钢外包铁连接形式导向部件、垂直限位部件安装。导向部件通过搭板搭在已就位塔段内包角钢上端外侧，内侧通过顶紧螺栓将其顶紧在内包角钢上，下部通过链条缠绕主材及法兰，将导向部件和塔材固定在一起。垂直限位部件利用已就位塔段螺栓孔连接于塔段主材外侧。

2. 中间塔段对接装置安装及吊装

（1）中间塔段起吊。按照上述方法在已组立塔段主材上端安装导向部件、垂直限位部件。在被吊塔段主材下端进行补强，防止主材在起吊过程中变形。通过起吊装置将被吊塔段与流动式起重机相连，多根吊点绳长度应保持一致，防止被吊塔段在起吊过程中发生扭转、变形。利用流动式起重机将被吊塔段缓慢起立，被吊塔段离地100mm时，停止起吊，检查起重系统的稳定性，制

动器的可靠性，吊件的平稳性，绑扎牢固性。拆除补强装置，在被吊塔段主材底部安装水平限位部件。

（2）外包角钢连接形式水平限位部件安装。水平限位部件利用被吊塔段螺栓孔安装在外包角钢的外侧，在水平限位部件耳板处布置控制绳，相邻两水平限位部件之间连接限位绳。

（3）内包角钢外包铁连接形式水平限位部件安装。水平限位部件利用被吊塔段主材螺栓孔安装于被吊塔段主材外侧，在水平限位部件上方布置控制绳，相邻两水平限位部件之间连接限位绳。

（4）中间塔段对接。

1）起吊被吊塔段接近已安装塔段上方时，地面辅助人员利用控制绳适当调整被吊塔段位置，使被吊塔段与已就位塔段在俯视平面内四边平行对齐，缓慢下落被吊塔段，在水平限位部件的辅助作用下找准就位中心。

2）操作起重机吊钩缓慢下降，使被吊塔段借助导向部件滑入就位位置，最终使被吊塔段落至垂直限位部件的承台上。施工人员上塔，利用可用螺栓孔，将被吊塔段与已就位塔段连接。

a. 外包角钢连接形式。利用导向部件预留开孔在每根主材安装就位螺栓，将被吊塔段、已就位塔段连接。在已就位塔段塔身部位安装起吊滑车，按照垂直限位部件、水平限位部件、导向部件的顺序拆除各部件。

b. 内包角钢外包铁连接形式：拆除导向部件、水平限位部件，然后每根主材拆除一侧垂直限位部件，将外包铁旋转找正，安装已找正侧剩余就位螺栓。再拆除另一侧垂直限位部件，按前述方法安装另一侧外包铁及剩余就位螺栓。

3）解开绑扎点，起重机松开与被吊塔段的连接，并移开吊臂。完成未安装辅材的连接和固定。

4）后续中间塔段的组立参照上述步骤实施。

3. 顶端塔段对接装置安装及吊装

顶端塔段对接装置安装及吊装施工要点与中间塔段对接装置安装及吊装相同，只是无须在塔段顶端安装导向部件、垂直限位部件。

4. 注意事项

（1）对接装置使用前应在相应塔段进行试组装，验证对接装置与铁塔主材配合良好；导向部件与塔材间应无台阶等不平滑过渡；各限位部件限位尺寸应正确；螺栓、螺母等连接件与对接装置各部件及铁塔主材不应有干涉。

（2）对接装置使用时检查对接装置型号规格，避免混用、错用；出厂时宜按3蓝1红配色，便于指挥人员观察吊件位置。

（3）对接装置如有变形、裂纹应及时更换。

（4）起吊前在被吊塔段主材下端安装补强靴进行补强，防止主材在起立过程中变形。

（5）对接过程中，操作起重机主吊钩缓慢下降，下降速度宜控制在0.03～0.05m/s。

第三节　落地抱杆组塔关键技术

一、落地双摇臂抱杆组塔

(一) 装备组成

落地双摇臂抱杆结构组成主要包括抱杆主体、摇臂、变幅系统、起吊滑车组、抱杆拉线、顶升系统、腰环等。

(1) 抱杆主体。包括抱杆杆体、抱杆底座、抱杆帽、旋转段。

(2) 摇臂。安装于抱杆上部旋转段上的两根工作臂，通过调幅系统可在0°~90°范围内变幅。

(3) 变幅系统。连接于抱杆帽和摇臂间的滑车组，用于实现摇臂在垂直平面内的旋转变幅。

(4) 起吊滑车组。安装于摇臂端部，用于吊装塔材。

(5) 抱杆拉线。由四根钢丝绳及相应索具组成。拉线上端通过卸扣固定于抱杆上部拉线挂板上，下端引至铁塔以外的地面或以组立塔身主材的上端节点处。

(6) 顶升系统。用于顶升抱杆的液压系统（或滑轮组提升系统），随着铁塔组立高度的递增，逐渐增加抱杆杆体的高度。

(7) 腰环。布置在抱杆杆体上，通过附着系统实现抱杆整体稳定性要求，同时使抱杆在顶升（提升）过程中保持竖直状态。

(二) 施工要点

1. 抱杆组立

(1) 地形条件许可时，可采用流动式起重机组立或倒落式人字抱杆整体组立。

(2) 地形条件受限时可采用倒落式人字抱杆整体组立上段，利用液压提升套架或提升架提升抱杆下段，液压提升套架或提升架应结合抱杆组立同步安装。

(3) 地形条件受限时，可先利用小型倒落式人字抱杆整体组立或采用散装方式组立抱杆上半部分。再利用已组立的抱杆上半部分将铁塔组立到一定高度，然后采用倒装提升方式，在抱杆下部接装抱杆其余各段，直至全部组装完成。

(4) 抱杆组立过程中，应根据其性能要求及时设置腰环、拉线，并应保持抱杆杆身正直。

(5) 抱杆安装完成后，应对起吊、变幅、回转各系统及安全装置进行调试及参数设置，并应在使用前进行试吊。

2. 塔腿吊装

(1) 现场道路及地形条件允许，采用流动式起重机组立塔腿段。

(2) 两侧吊件应按抱杆中心对称布置，吊件偏角不宜超过5°。

(3) 吊装塔脚板及主材时，应先对角、对称同步吊装塔腿的塔脚板，再吊装主材。吊装主材时，应采取设置外拉线等防内倾措施。

(4) 主材吊装完毕后，应对称同步吊装侧面构件。可采用整体或分解吊装方式吊装侧面构件。分解吊装时，应先吊装水平材，后吊装斜材。水平材吊装过程中，应采用设置外拉线等方式调整就位尺寸。

(5) 侧面构件吊装完毕后，应对称同步吊装内隔面构件。可采用整体或分解吊装方式吊装内隔面构件。内隔面水平材就位过程，应采用设置外拉线等方式调整就位尺寸。

(6) 对结构尺寸、质量较小的塔腿段，地形条件允许时，可采用成片吊装方式吊装。

3. 抱杆提升

(1) 采用滑车组牵引法倒装提升方式时，可在塔身某一合适高度节点处或提升架顶部挂设四套提升滑车组，提升滑车组牵引绳从定滑车引出，再通过地面转向滑车引至地面后进行"四变二变一"或"四变一"组合，最终与地面牵引滑车组相连。采用"四变一"方式时，四套提升滑车组的尾绳应设置测力和调节装置。

(2) 采用地面液压提升套架倒装提升方式时，加装标准节的操作应在地面进行。

(3) 抱杆提升过程中，应根据其性能要求，合理设置腰环数量及间距。采用地面液压提升套架进行抱杆首次提升时可设置一道腰环，其余情况抱杆首次提升时，其腰环数量均不得少于两道。腰环设置过程中，应保持杆身正直。

(4) 抱杆提升完毕后，应及时设置抱杆拉线。

(5) 采用顶块和提升滚轮形式的腰环，抱杆提升前应先调进滚轮、退出顶块，保证滚轮与杆身之间留有合适间隙，提升完毕后应至少保证最上部两道腰环顶块顶紧杆身。

4. 塔身吊装

(1) 根据抱杆承载能力和操作人员熟练程度，可以采用单侧吊装或双侧平衡起吊。采用双摇臂对称吊装，转轴旋转与调幅滑车组协同进行，保证构件顺利就位。

(2) 单侧吊装时，对侧摇臂的起吊滑车组增加配重，起到平衡拉线的作用。

(3) 双侧吊装时，抱杆必须调直，双侧塔片对称布置且质量近似相等。起吊前，应检查两侧吊片的起吊点是否始终与抱杆成一直线，否则应调整，避免摇臂承受侧向力。起吊时应缓慢启动两台起吊卷扬机，减少抱杆承受的不平衡弯矩。

(4) 铁塔塔片应组装在摇臂的正下方，以避免吊件对摇臂及抱杆产生偏心扭矩。单侧吊装时，如受场地限制，吊件的起吊中心对抱杆轴线的偏角符合抱杆设计条件。

(5) 吊装作业时，当抱杆内拉线与被吊构件有干涉时，预先采取避让措施，不应在吊装中调整抱杆内拉线。

(6) 两侧塔片安装就位后，将摇臂旋转到另两侧，起吊塔体另两侧面的斜材和水平材。待塔体四侧斜材及水平材安装完毕且螺栓紧固后方可松解起吊索具。

(7) 对于较宽的塔片，在吊装时采取必要的补强措施。

（8）塔身吊装过程中，腰环不得放松。

5. 曲臂吊装

（1）根据抱杆的承载能力及场地条件可采用整体、分段、分片或相互结合的方式对称同步吊装曲臂。

（2）曲臂吊装过程中，应根据抱杆强度、稳定性要求，在上下曲臂间设置落地形式等满足抱杆提升、吊装要求的腰环或抱杆辅助落地拉线。

（3）曲臂吊点绳宜用倒 V 形钢丝绳，吊点绳绑扎在曲臂的 K 节点处或构件重心上方 1～2m 处。

（4）两侧曲臂吊装完成且紧固螺栓后，在曲臂上口前后侧加钢丝绳和双钩紧线器调节收紧，并测量曲臂上口螺栓孔距离，确认其与横担相应螺栓孔距离是否相符。

6. 横担及地线支架吊装

（1）对酒杯形塔、猫头形塔、鼓形塔，根据抱杆承载能力、横担质量、横担结构分段和塔位场地条件，采用横担整体吊装、分段、分片或相互组合的方式对称同步吊装。

（2）首先吊装中横担，中横担接近就位高度时，缓慢松出控制绳，使横担下平面缓慢进入上曲臂平口上方。当两端都进入上曲臂上口后，先低后高，对空就位。两侧曲臂间水平距离通过落地拉线及两曲臂间的水平拉线调整，满足就位要求。

（3）抱杆最大吊装幅度不能满足边横担、横担顶架吊装时，可采用辅助抱杆进行吊装。辅助抱杆吊装边横担时，顶架横担部分辅材视吊装情况放到后续工序中安装。

（4）也可采用横担顶架挂设起吊滑车组起吊边横担的方式，利用辅助抱杆吊点绳对横担顶架挂设节点进行加强，一般采用两侧平衡吊装方案。

（5）对羊字形塔、干字形塔，可采用整体、分段、分片或相互结合的方式吊装，宜采取由下往上的吊装顺序，即先吊装下层横担，再吊装上层横担或地线支架。吊装上层横担或地线支架时，应组装在顺线路方向上，当吊件高度超过下层横担后再旋转至横线路方向；吊装横担时，吊点绳宜绑扎在吊件重心偏外的位置；起吊时，横担外端应略上翘，就位时应先连接上平面两主材螺栓，后连接下平面两主材螺栓。

（6）抱杆起吊幅度、起吊质量受限时，可采取由上往下的吊装顺序，即先吊装上层横担，后吊装下层横担。吊装上层横担时，吊点绳宜绑扎在横担重心偏外的位置；起吊时，上层横担外端略上翘，就位时先连接上平面两主材螺栓，后连接下平面两主材螺栓；吊装下层横担时，利用抱杆起吊滑车组对挂设于地线支架挂点补强，然后通过上层横担上的节点，采用 V 形吊带悬挂独立起吊系统进行吊装。

（7）横担远塔身段吊装也可在地线支架头，设置支撑滑车，直接利用抱杆起吊滑车组进行吊装；也可利用地线支架挂设起吊滑车组起吊，抱杆起吊滑车组对地线支架挂设位置补强；如果横担过长或吊臂长度不足，可

采用辅助抱杆吊装方式。

7. 铁塔组立完毕后抱杆即可拆除

对杆身采用标准节的抱杆，应先将两摇臂收拢并与桅杆绑扎固定，然后按提升逆程序将杆身从底部逐节拆除，待抱杆降到一定高度后，采用流动式起重机或在塔身挂滑车组的方式将剩余部分拆除。

二、落地双平臂抱杆组塔

（一）装备组成

落地双平臂抱杆由塔顶、回转机构、变幅机构、拉杆、吊臂、载重小车、吊钩、回转塔身、上支座、回转支承、下支座、塔身、腰环、套架、底架基础、基础底板、引进组件、起升机构、起升系统、电控系统等组成。智能平衡力矩抱杆两侧吊臂并不等长，在短吊臂上设置配重作平衡臂使用。

（二）施工要点

落地双平臂抱杆施工包括抱杆安装、电气接线及调试、抱杆顶升、腰环安装、塔材吊装、抱杆拆除等过程。

1. 抱杆安装

按设计要求做好抱杆底座基础，确保地耐力及场地尺寸，将落地双平臂抱杆安装到可顶升加高状态，安装顺序如下：基础底板—底架基础—套架—标准节—下支座—回转支承—上支座—回转塔身—塔顶—吊臂及载重小车、变幅钢丝绳—拉杆—吊钩及起升钢丝绳。

2. 电气接线及调试

落地双平臂抱杆的电源是从工地电源（工地总配电箱、发电机等）通过电缆进入操作台，再由操作台通过电缆进入各电气柜、运动机构及保护控制器。工地电源开关箱的设置必须符合"一机一箱一闸一保护"的规范。

3. 抱杆顶升

在使用中，随着电力塔高度的不断提升，抱杆的起升高度也需要不断提高。利用液压油缸系统采用下顶升方式加高。开始顶升前，确保抱杆悬臂高度、腰环满足要求，并放松下支座内拉线。

通过顶升油缸与套架相互配合，一次或多次顶升操作后，完成抱杆标准节的加节作业。抱杆顶升到一定高度时，需要安装腰环，并打好拉线，才能继续顶升使用。

4. 腰环安装

将两个腰环半框连接在一起，此时螺栓螺母暂不拧紧。调整腰环上下位置，安装拉线和防沉拉线，使得腰环各方向的滚轮都能顶住抱杆主弦杆。待腰环位置确定后，紧固腰环半框连接螺栓，并紧固拉线。

5. 塔材吊装

双平臂抱杆采用两侧同时起吊塔材的作业方式。主要动作有抱杆启动、抱杆起升、抱杆变幅、抱杆回转以及急停操作。吊装按"由下向上、由内向外、左右对称、同步吊装"的原则，逐段依次进行。各待吊塔材在地面组装时，按吊装顺序，一一对布置在两侧平臂的正下方，使两侧吊装构件的中心连线与抱杆平臂轴线的垂直投影线相重合。双平臂抱杆具有限制装置，当吊重、力

矩、力矩差到达限制值时，只能对吊件进行下放、向平臂内侧移动、减小力矩差方向移动，保证抱杆不会发生倾覆、破坏等安全事故。

6. 抱杆拆除

（1）拆卸前检查相邻组件之间是否还有电缆连接。

（2）拆除吊钩、幅度限位、臂头可拆除部分、载重小车等。

（3）起升钢丝绳穿过相应的滑轮组，运行起升机构，使两侧起升钢丝绳得到预紧；确保双侧起升钢丝绳预紧后，再运行起升机构，让两侧吊臂围绕根部铰点同步缓慢摇起，将吊臂与回转塔身固定在一起。

（4）依次将塔顶、回转塔身上下支座、塔身、套架等拆除，最后拆除底架基础和基础底板。

7. 注意事项

（1）抱杆使用前应检查各紧固件、钢丝绳穿绕、电缆连接、安全装置等是否完好，并进行载荷试验。

（2）抱杆操作必须设专人指挥，操作人员必须在得到指挥信号后方可进行操作，操作前必须鸣笛，操作时精神集中。

（3）必须严格按抱杆性能表中规定的幅度和起重重量进行工作，不允许超载使用。

（4）起升、回转等机构的操作必须稳起、稳停、逐挡变速，严禁快速换挡，不得长时间使用慢速挡。

（5）回转动作时，将回转制动开关转至回转位置，只有在回转停稳后，为防止吊臂被风吹动，才能将开关转至制动位置，严禁将回转制动开关当作制动"刹车"使用。

（6）抱杆作业完毕后，回转机构应松闸，吊钩应升起。

三、落地四摇臂抱杆组塔

（一）装备组成

落地四摇臂抱杆包括抱杆主体、摇臂、变幅系统、起吊滑车组、平衡滑车组、腰环等。

（1）抱杆主体。由抱杆帽、抱杆上段、加强段、主杆段、抱杆底座组成。

（2）摇臂。布置于抱杆杆体上部的四根吊臂，通过变幅系统可在0°~90°范围内变幅。

（3）变幅系统。连接于抱杆帽和摇臂间的滑车组，实现摇臂在垂直范围内的变幅。

（4）起吊滑车组。安装于摇臂端部，进行塔材吊装。

（5）平衡滑车组。与起吊滑车组相同，与塔脚相连接，起到平衡拉线的作用。

（6）腰环。布置在抱杆杆体上，腰环间距应布置合理，满足抱杆整体稳定性要求。

（7）转向滑车。布置于铁塔主材和塔腿处，用于合理引导牵引绳走向，避免牵引绳与塔身或抱杆杆体相摩擦，减少抱杆受力。

（二）施工要点

1. 抱杆组立

按设计要求做好抱杆底座基础，确保地耐力及场地尺寸，将落地四摇臂抱杆安装到可顶升加高状态，安装顺序如下：基础底板→底架基础→套架→标准节→下支座→回转支承→上支座→回转塔身→塔顶→摇臂、变幅钢丝绳→拉杆→吊钩及起升钢丝绳。

2. 塔腿吊装

（1）应合理布置摇臂方位、吊件摆放及组装位置，吊件偏角不宜超过5°。

（2）一侧摇臂起吊时，其他三侧摇臂起吊滑车组应锚固于地面。起吊前，抱杆顶部应向起吊反侧预偏200~300mm。吊装过程中，应及时调整平衡侧起吊滑车组锚固力，保持抱杆正直。

（3）依次吊装四个塔腿的塔脚板、主材及侧面构件等。主材吊装时，应采取打设外拉线等防内倾措施。吊装侧面和内隔面构件时，应采取打设外拉线等就位尺寸调整措施。

3. 抱杆提升

（1）可利用已组立好的塔体作为支撑架，采用滑车组牵引法倒装方式提升。提升滑车组的定滑车应始终布置在跨越塔某一合适高度的塔身节点上，提升滑车组牵引绳可采用"四变二变一"或"四变一"组合方式与地面牵引滑车组相连。加装标准节的操作应在地面进行。

（2）抱杆提升过程中，应根据其性能要求合理设置腰环数量及间距，抱杆首次提升时其腰环数量不得少于两道。腰环打设过程中应保持杆身正直。

4. 塔身吊装

（1）塔身应按每个稳定结构分段吊装。应先吊装主材，后吊装侧面构件。对塔身上部结构尺寸、质量较小的段别，可采用成片吊装方式吊装。

（2）塔身吊装时，应根据实际情况，采取打设外拉线等防内倾措施和就位尺寸调整措施。

（3）抱杆不应倾斜吊装作业，吊装过程中应保持抱杆正直。

5. 曲臂吊装

（1）曲臂可采用分段、分片或相互结合的方式吊装。上曲臂吊装后应打设落地拉线及两上曲臂间的水平拉线，其中一侧上曲臂吊装后应先打设过渡落地拉线，待水平拉线安装后拆除。

（2）曲臂吊装过程中，应根据抱杆稳定性要求，在上下曲臂间设置落地形式、交叉形式等满足抱杆提升、吊装要求的腰箍。

6. 横担吊装

（1）对酒杯形塔，可采用分段、分片或相互结合的方式吊装。

1）应先吊装中横担，后吊装边横担及顶架。中横担就位时，应通过落地拉线及两上曲臂间的水平拉线调整就位尺寸，满足就位要求。中横担中间部分分段吊装时，先行吊装段的抱杆侧应采取临时固定措施。边横担可采用在地线顶架布置起吊滑车组的方式吊装。

2）横担及顶架吊装过程中，应根据抱杆稳定性要求，在上下曲臂间设置落地形式、交叉形等满足抱杆提升、吊装要求的腰箍。

3) 当抱杆最大吊装幅度不能满足边横担吊装时，可采用辅助人字抱杆的方式增加作业幅度。宜先利用辅助人字抱杆吊装地线顶架，再通过在地线顶架布置起吊滑车组的方式吊装边横担。

（2）对羊字形塔、干字形塔及鼓形塔，可采用整体、分段、分片或相互结合的方式吊装，宜按上横担、顶架、下横担的顺序吊装，下横担可采用在上横担布置起吊滑车组的方式吊装。

7. 抱杆拆除

对杆身采用标准节的抱杆，应先将两摇臂收拢并与桅杆绑扎固定，然后按提升逆程序将杆身从底部逐节拆除，待抱杆降到一定高度后，采用流动式起重机或在塔身挂滑车组的方式将剩余部分拆除。

8. 注意事项

（1）使用前应对抱杆进行外观检查，严禁使用存在变形、焊缝开裂、严重锈蚀、弯曲等缺陷的部件。

（2）抱杆组装后，杆体直线度不得超过其长度的 1‰。

（3）在对抱杆各部件检查合格后，还应进行抱杆试吊装承载试验，合格后方可按程序吊装塔材。

（4）抱杆提升采用倒装提升接长的方法，提升滑车布置在已组塔身呈对角线的主材节点处，两提升滑车应等高。

（5）抱杆的底部应平整，遇到软土时，应采取防止抱杆下沉的措施。

（6）起吊时，一侧起吊滑车组做起吊用，其他三侧起吊滑车组做平衡用，吊钩与塔腿连接。

（7）单侧吊装时，为了保证抱杆受力后处于平衡状态，抱杆顶部应向平衡侧（即起吊反向侧）预偏移 0.3～0.5m。

（8）根据塔材就位要求，尽可能将起吊侧摇臂收起，改善抱杆受力状况。

（9）抱杆拆除为倒装提升的逆过程，抱杆从下往上逐段拆除。

（10）当拆除至只有一道腰环时，需采取措施防止抱杆倾倒。

四、落地单动臂抱杆组塔

（一）装备组成

落地单动臂抱杆结构主要包括由标准节组成的杆体、调整吊点空间位置的吊臂、平衡杆重以减小杆体受力的平衡臂、作为杆体升高承载结构的顶升套架等主要部件。

1. 抱杆头部

抱杆头部采用分段式设计，以便现场组装。顶部设有避雷针、航空障碍灯、摄像头的安装固定装置。抱杆头部高度需保证吊臂及平衡臂能安全收拢，同时也要满足 45t 轮式起重机在地面组装的要求。

2. 平衡臂

平衡臂由平衡臂架、配重提升架、配重等组成，用于平衡落地单动臂抱杆吊重后的前倾弯矩，减小杆体承

受的弯矩，改善杆体受力。

3. 吊臂

吊臂用于起吊重物，吊臂截面型式可以选择三角形截面或四边形截面。三角形截面主要用于小吨位起重机，四边形截面主要用于大吨位起重机。由于单动臂落地抱杆起重量相对较小，吊臂主要承受轴向压力，所受弯矩较小，使用三角形截面可以满足使用要求，同时加工制造简单，且在同等载荷状态下，三角形截面吊臂的质量轻于四边形截面吊臂。

4. 标准节

为便于运输和存放，落地单动臂抱杆标准节采用分片拼接形式，每个标准节可分拆为两个或四个单片及若干腹杆，各腹杆与单片用销轴连接，拼装好的标准节之间用高强度螺栓组连接。

5. 基础

考虑到组塔施工的特点，落地单动臂抱杆基础使用装配式基础，无须浇筑混凝土基础。预先将地面平整夯实，将可重复使用的装配式基础放于地面，底座四角通过钢丝绳与塔腿基础上的预埋拉环连接以打设地拉线，在落地单动臂抱杆最大独立高度以内时需在回转支承下支座处打设内拉线，标准节和顶升套架通过底座置于地面上，依次安装落地单动臂抱杆上部结构。

（二）施工要点

1. 抱杆组立

（1）现场道路及地形条件允许，宜采用流动式起重机组立抱杆。

（2）地形条件受限时可采用散装方式组立抱杆基本段，利用液压顶升套架加装抱杆杆身标准节，液压顶升套架应结合抱杆组立同步安装。

（3）抱杆组立前，对抱杆采用的装配式基础铺平拼装，并以标准节的引进方向选择基础底板安装方向，将抱杆底架装在拼好的基础底板上；抱杆底架与塔基础预埋件通过锚固线固定，如果通过塔腿固定，抱杆安装前预先安装塔腿。

（4）抱杆组装过程中，应根据其组装要求及时打设临时拉线，并保持抱杆正直。

（5）抱杆基本段及电气部分安装完成后，需对吊臂变幅限制器、回转限制器、起重量限制器、变频器等装置进行调试及参数设置。

（6）抱杆须在调试完成后、使用前进行试吊。

2. 塔腿吊装

（1）应合理布置吊臂方位，吊件摆放及组装位置应满足垂直起吊要求。

（2）依次吊装四个塔腿的塔脚板、主材及侧面构件等。主材吊装时，应采取打设外拉线等防内倾措施。吊装侧面和内隔面构件时，应采取打设外拉线等就位尺寸调整措施。

（3）抱杆顶升。抱杆顶升过程中，应根据其性能要求，合理设置腰箍数量及间距。腰箍打设过程中，应保持抱杆塔身正直。

（4）塔身吊装。

1）塔身应按每个稳定结构分段吊装。应先吊装主材，后吊装侧面构件等。对塔身上部结构尺寸、质量较小的段别，可采用成片吊装方式吊装。

2）塔身吊装时，应根据实际情况，采取打设外拉线等防内倾措施和就位尺寸调整措施。

（5）曲臂吊装。曲臂可采用分段、分片或相互结合的方式吊装。上曲臂吊装后应打设落地拉线及两上曲臂间的水平拉线，其中一侧上曲臂吊装后应先打设过渡落地拉线，待水平拉线安装后拆除。

（6）横担吊装。

1）对酒杯形塔、猫头形塔根据抱杆承载能力、横担质量、横担结构分段和塔位场地条件，应采用横担整体吊装、分段、分片或相互组合的方式吊装。

2）首先吊装中横担，中横担接近就位高度时，应缓慢松出控制绳，使横担下平面缓慢进入上曲臂平口上方。当一端都进入上曲臂上口后，先低后高，对空就位。两侧曲臂间水平距离应通过落地拉线及两曲臂间的水平拉线调整，满足就位要求。

3）当抱杆最大吊装幅度不能满足边横担、横担顶架吊装时，可采用辅助抱杆进行吊装。辅助抱杆吊装边横担时，顶架横担部分应视吊装情况放到后续工序中安装。

4）对羊字形塔、干字形塔及鼓形塔，可采用整体、分段、分片或相互结合的方式吊装，宜按从下向上的顺序吊装。

3．抱杆拆除

（1）对单动臂抱杆，可利用人字抱杆等辅助设备将吊臂、平衡臂配重块等先行分段拆除。然后按顶升逆顺序将抱杆降到一定高度后，采用流动式起重机或在塔身挂设滑车组的方式将其剩余部分拆除。

（2）拆除抱杆过程中，应采取打设抱杆临时外拉线等方式防止抱杆在拆卸吊臂、平衡臂、配重块等部件的过程中倾覆。

4．注意事项

（1）每班检查力矩控制器、起重量仪表、角度限制器、高度限位器等安全装置是否正常，开关是否完好、螺栓是否紧固。

（2）每半个月对力矩控制器和起重量仪表进行一次吊重检测，检查精度是否符合要求，若发现超载，应立即进行调整。

（3）各机构的制动器应经常进行检查，调整制动瓦与制动轮的间隙，保证灵活可靠。间隙保证为 0.5～1mm。摩擦面不应有污物存在，遇有污物必须用汽油和稀料清洗。

（4）减速箱、变速箱、外啮合齿轮等各部分的润滑，以及液压油均按润滑表的要求进行。

（5）每天检查起升和变幅钢丝绳磨损情况，注意保养，保持钢丝绳的清洁，定期涂油。注意检查各部钢丝绳有无断丝和松股现象，如超过有关规定，必须立即更换。

（6）经常检查各部件的连接情况，如有松动，应拧

紧。各连接螺栓应在受压时检查松紧度（可旋转吊臂的方法造成受压状态），所有连接销轴都必须装有开口销，并需张开。

（7）经常检查各机构运转是否正常，有无噪声，如发现故障，必须及时排除。

（8）严格按润滑表中的规定进行润滑油加注和更换，并清洗油箱内部。

（9）经常检查结构连接螺栓、焊缝以及构件是否损坏、变形和松动等情况，如发现问题必须立即处理。

（10）保持各部分电刷接触面清洁，调整电刷压力，使其接触面积不小于50%。

（11）各安全装置的行程开关的触点开闭必须可靠，触点弧坑应及时磨光。

五、落地双摇臂抱杆智能监测系统

（一）装备组成

智能监测系统主要由起重量无线测力传感器、摇臂倾角无线传感器、杆身倾角无线传感器、拉线无线测力传感器、风速无线传感器、数据接收与边缘计算模块、显示终端等组成。

（1）起重量无线测力传感器和摇臂倾角无线传感器可实现抱杆两侧吊重、摇臂倾角及不平衡力矩的实时监测。

（2）杆身倾角无线传感器可实时获得抱杆杆身的倾角信息，通过系统的内置算法实时计算杆身顶部的水平位移。

（3）拉线无线测力传感器实时监测抱杆拉线的受力状态，通过与边缘计算模块自动计算的阈值进行对比分析，可实时显示当前载荷状态下抱杆的安全稳定性。

（4）风速无线传感器实时监测施工现场风速，融入抱杆受力分析，并提示现场作业人员在安全规程要求的安全风速下施工。

智能监测系统反应灵敏、数据采集频率快；采用无线传输模式，传输距离远；前向纠错多频段信号传输，安全可靠；采用更低功耗的边缘计算模块，待机时间长；配置高分贝报警器，警示效果好。

（二）施工要点

落地双摇臂抱杆智能监测系统使用包括现场准备、安装、调试使用、拆除等过程。

1．现场准备

保证电源电量充满，电量不足时应打开电源模块充电，充电时关闭开关；充电后如长期不使用应关闭开关。电源输出接口不使用时应套上硅胶帽防水防尘。智能监测系统使用前应对施工人员进行技术交底及操作培训。

2．安装

将智能监测系统各测力传感器、倾角传感器等模块安装在抱杆相应位置上，打开电源开关。

3．调试使用

（1）打开接收模块开关。

（2）连接各个模块（倾角、起重、拉力、风速等模块）与电源模块（此时电源开关是打开状态）。

（3）使用手持 Pad 连接 baogan_wi-fi 热点，打开

App，登录应用 App，当所有模块链接上后，数据传输流畅，可以正常工作。

（4）测力传感器和处理模块每次连接后，应进行校准，在使用过程中没有和其他力传感器或模块连接，就不需要再进行校准了，而根据任务只需要置零。对于需要初始化的起重量、拉力和倾角采用手动置零，此时拉力与起重量不应加载重物，倾角应保持水平，保证置零准确。

（5）在使用过程起重量每次吊装都可以进行置零，保证初始准确。

（6）关注电量消耗情况，电源馈电充电应在作业完成后进行，并保存数据完毕，电量 20% 以下就要充电，不要完全耗光。

（7）休眠分为 1h、3h、12h，如遇特殊情况无法工作，唤醒的系统会在 5min 内再次进入休眠 1h。例如，遇到极端天气休眠 12h 后系统苏醒，但由于天气原因无法开工，甚至工人无法到达现场，此时系统苏醒，在没有应答 5min 后，会再次休眠，休眠时间 1h，如此反复，直到应答为止。而系统一旦进入到这样的休眠中，苏醒时间不易计算，但系统会在 1h 内苏醒。只需打开接收模块，登入 App 等待数据接收即可。为了不错过接收数据应在苏醒前 20min 打开接收模块。

（8）模块采用了防水设计，使用时可根据环境情况采用热熔胶进行接口密封防水。

4. 拆除

关闭各装置，拆除电气接线及通信接线。

第四节　直升机组塔关键技术

一、概述

直升机组塔辅助系统（简称对接辅助系统）是一种辅助直升机吊装塔段（简称被吊塔段）与已就位塔段实现自动对接、就位的工器具。组塔施工前，使用螺栓将对接辅助系统各部件分别与被吊塔段或已就位塔段连接。组塔过程中，为防止被吊塔段在就位时出现过大幅度的扭晃，通过控制绳快速连接位置可以方便地面人员使用控制绳辅助被吊塔段就位。该施工方法具有组塔效率高，适用范围广等特点。

对接辅助系统具有以下性能特点。

（1）自动导向：为使被吊塔段与已就位塔段能够实现自动对接就位，对接辅助系统应为被吊塔段准确进入安装位置提供导向作用。

（2）临时支撑：被吊塔段就位后，在施工人员登塔使用螺栓将被吊塔段与已就位塔段连接前，对接辅助系统应为被吊塔段提供临时支撑。

（3）准确定位：应保证被吊塔段、已就位塔段和连接角钢上螺栓孔位的准确对齐，为施工人员进行塔段连接提供便利，对接辅助系统应具有水平限位和垂直限位功能。

（4）辅助控制：为防止被吊塔段在就位时出现过大幅度的扭晃，对接辅助系统应留有控制绳快速连接位置，方便地面人员使用控制绳辅助被吊塔段就位。

二、装备组成

输电线路角钢塔用对接辅助系统的组成可参考起重机组塔对接装置。

输电线路钢管塔用对接辅助系统由限位装置、导向装置、安装平台三个部件组成。

限位装置使用螺栓安装于被吊塔段主材内侧并可沿导向装置滑下，其下端两侧各有一展开翼，并设有连接孔，可连接限位绳以扩大导向范围，为被吊塔段就位提供更大范围的限位作用。

导向装置通过螺栓安装在安装平台上方并位于已就位塔段主材内侧，其主体为含加强筋的倾斜导轨，可以为被吊塔段就位提供导向作用。

安装平台通过焊接或螺栓连接等形式安装于已就位塔段主材内侧，其主体为含加强筋的安装附件，用于安装导向装置。

三、施工要点

1. 施工流程

直升机组塔对接辅助系统施工流程如图 1-6-4-1 所示。

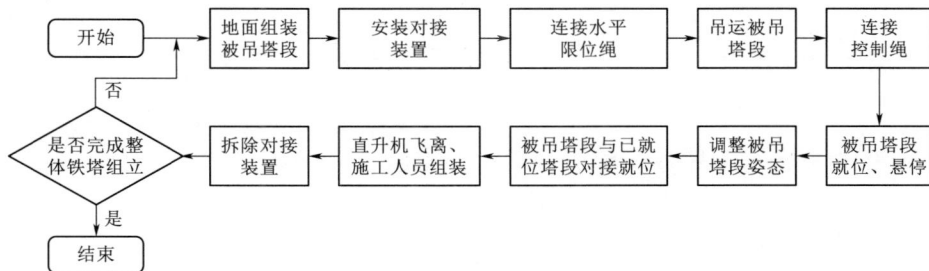

图 1-6-4-1　直升机组塔对接辅助系统施工流程图

（1）在地面组装场将被吊塔段组装，当塔段下方辅材超出主材时，应将下方辅材进行部分组装，并将其向上松绑至主材上，或先不安装该斜材。避免对对接过程造成影响。完成组装后对被吊塔段进行测量，确保被吊塔段和已就位塔段连接位置、尺寸满足安装要求。

（2）在被吊塔段和已就位塔段的四个连接主材处各安装一套对接辅助系统，保证对接辅助系统安装准确、稳固。导向装置、安装平台安装于已就位塔段主材内侧。

在被吊塔段上安装限位装置时，应注意限位装置安装于主材内侧，并在相邻两限位装置的外侧连接限位绳，为被吊塔段就位提供更大范围的限位，钢丝绳应稍有松。

（3）使用吊挂装置将被吊塔段悬挂在直升机机腹下方，然后将其吊运至已就位塔段附近。起吊过程应平稳缓慢，防止被吊塔段在地面滑移或与地面产生磕碰。

（4）直升机将被吊塔段调整好方位、缓慢落下至距地面一定高度，地面辅助人员迅速将控制绳连接在限位装置的连接板上。由于铁塔四角处均有一根控制绳，因此应安排四名地面辅助人员同时连接。

（5）直升机吊起被吊塔段至已就位塔段上方，在对接辅助系统中限位装置的辅助作用下找准就位中心并悬停。吊起过程应缓慢，防止控制绳与铁塔发生缠绕。

（6）地面辅助人员收紧四根控制绳，使被吊塔段与已就位塔段在俯视平面内四边平行对齐。

（7）直升机驾驶员逐渐降低悬停高度，使被吊塔段借助对接辅助系统中导向装置的导向作用顺畅滑入安装位置，实现被吊塔段与已就位塔段准确对接就位。施工人员登塔，使用螺栓将已就位塔段和连接角钢连接，从而实现被吊塔段和已就位塔段的连接。

（8）拆除对接辅助系统各装置，从而完成被吊塔段的直升机组立。

（9）后续塔段的组立参照上述步骤实施，从而完成整基铁塔的直升机组立施工。

2. 注意事项

（1）应在额定载荷下使用，严禁超载吊装。

（2）使用前应进行外观检查，并按不低于3倍安全系数要求开展载荷试验，试验合格后方可投入施工。

（3）对现场指挥、直升机驾驶员、地面辅助人员进行模拟演练，熟悉施工过程和注意事项。

（4）施工前应制定紧急措施预案，对可能发生的被吊塔段扭晃、塔段对接不到位、对接辅助系统卡阻等情况制定应对预案。

（5）施工现场应配置无线对讲设备。

第五节　螺栓紧固关键技术

一、角钢塔攀爬及螺栓紧固机器人

（一）装备组成

紧固机器人由地面控制站、攀爬机器人本体、机载传感器、螺栓紧固机构等部分组成。

地面控制站包括无线通信网设备主机，定向天线，交换机，工业电脑，充电器、蓄电池、逆变器。无线通信网设备主机、定向天线和交换机组成通信局域网；工业电脑运行地面操作控制软件；充电器、蓄电池和逆变器构成电源保障系统。

攀爬机器人本体作为作业的承载和运动平台，可以在角钢塔上攀爬运动，具有避开脚钉、连接板等障碍功能。

机载传感器由可见光相机、激光雷达、深度相机等传感器组成，构成了机器人的感知系统，完成机器人环境感知及定位功能。

螺栓紧固机构由四自由度机械臂、自适应螺栓型号（M16、M20、M24）的螺栓紧固装置组成，可以输出最大300N·m扭矩。

（二）施工要点

1. 路径规划

作业前，根据现场作业的角钢塔型号，在角钢塔高空作业机器人平台软件中选择相应型号角钢塔，在作业虚拟仿真环境中进行攀爬仿真，确保路径规划数据的准确性。

2. 无线路由器、天线、电源等安装

（1）距离铁塔6～10m距离设置地面操作站，在地面操作站附近放置蓄电池和逆变器，安装无线路由器。

（2）主机及天线安装。在地面操作站附近将不锈钢立柱插入地下，将主机安装在立柱上，天线安装于顶端，供电插头插入逆变器，检查指示灯是否变成绿色。指示灯红色则为故障，需排除故障后才能继续作业。无线路由器放置在主机附近，电源插头插入逆变器，检查其是否正常联网到主机。

3. 紧固机器人自检

打开紧固机器人电源开关和地面操作站软件，在地面操作站上查看紧固机器人自检情况。紧固机器人自检内容见表1-6-5-1。

（1）通过地面操作站上的屏幕可以查看机载电池的状态信息，如果提示电量不足或是电量低于24V，应更换电池或进行充电再进行下一步操作。

（2）通过地面操作站的操作屏幕，查看无线通信连接情况，确保无线通信已经正常连接情况下，打开紧固机器人的上下两个夹爪，使之保持最大张开状态。

表1-6-5-1　　　　　　　　　　　　　紧固机器人自检内容

序号	自检内容	正　常　值	备　　注
1	电池电量	24V以上	
2	通信链路情况	提示正常	
3	空载电流	＜3A	
4	躯干运动编码器	0±2	控制夹持机构移动至原点
5	夹持机构位移传感器	传感器数值为231±3	夹持器张开到最大位置
6	俯仰机构	可以俯仰到位	控制俯仰机构到极值

（3）操作屏幕上的上下夹爪的"伸出"按钮，使上下夹爪达到最大伸出状态。

（4）通过地面操作站的操作屏幕，打开机器人的上下两个夹爪，使之持最大张开状态。

4. 紧固机器人上塔安装

紧固机器人在进行攀爬作业前应由人工正确安装在铁塔上才能保证正常作业。为确保安装正确且不对工具造成损伤，应按下列顺序进行安装。

（1）将紧固机器人和地面操作站从包装箱中取出，水平放置在平坦地面上，紧固机器人的攀爬夹爪侧应向上。

（2）打开紧固机器人上的电源开关，机载计算机顺利启动，并显示启动成功。

（3）由两名作业人员各抬机器人的一端，将机器人紧贴主材放置，调整机器姿态，使上下两个夹爪中间的V形块和主材紧密贴合。

（4）通过地面操作站的上下夹爪"闭合"按钮，控制紧固机器人的两个夹爪夹持铁塔主材，达到夹持强度后自动停止，如有报警声音或在地面操作站屏幕上弹出报警提示，则关闭电源。

5. 角钢主材左侧面螺栓紧固

（1）完成上述设置后，点击开始作业，观察夹爪夹持状态是否正常，确认无误后，紧固机器人按规划的运动路径自动向上攀爬。

（2）从紧固机器人攀爬过程中夹持机构的收缩动作到越过脚钉而不发生碰撞，夹持机构和角钢接触部位均附有硬质橡胶垫，可以保护角钢表面不受损伤。

（3）在主材角度变化部位，可以通过机器人夹持机构的俯仰模块调整紧固机器人姿态，使紧固机器人可以通过角度变化部位，俯仰模块可实现最大 13° 的范围调整。

（4）到达螺栓作业区后，上下夹持机构夹紧主材。

（5）控制作业机械臂使末端的紧固装置翻转到左侧。

（6）观察机械臂状态是否正常，定位相机的识别结果是否正常。

（7）双目相机对螺栓进行识别定位。

（8）将右上角螺栓作业第一个作业目标，控制机械臂使紧固装置对准并进行紧固作业。

（9）根据规划顺序控制作业机械臂运动完成下一个螺栓的紧固。

（10）重复作业步骤直至此区域的螺栓全部紧固完成。

（11）紧固过程中如果定位和识别出现异常，应由人工介入确认。

（12）作业到达最高作业区域后由人工确认完成此侧面作业，转入下一侧面作业。

6. 角钢主材右侧面螺栓紧固

（1）角钢左侧面作业完成后，控制作业机械臂使紧固装置旋转对准角钢右侧面。

（2）控制作业机械臂使沿主材方向伸展到最大距离，对准螺栓作业区域的右上部分。

（3）重复"5. 角钢主材左侧面螺栓紧固"中的（4）～（9）步骤，直到作业完成。

（4）作业完成后，紧固机器人返回初始位置，按照下面"7. 紧固机器人下塔"中的（1）～（2）步骤将机器人从主材上拆卸下来，进行另外一根主材作业，直到作业完成。

7. 紧固机器人下塔

（1）通过地面操作站屏幕上的上夹爪张开按钮，控制上夹爪张开到最大角度。

（2）由一名作业人员固定机器人，再通过操作站屏幕操作打开下夹爪到最大角度，然后由两名作业人员将机器人从主材上取下。

（3）关闭机器人电源并放回到包装箱中，保持夹爪一侧向上放置。

8. 注意事项

（1）紧固机器人上电自检前，水平放置在平坦地面上，紧固机器人的攀爬夹爪侧向上。

（2）紧固机器人自检时，地面操作站上的各项数据应显示正常，按钮状态无异常。

（3）紧固机器人上塔安装完成后，应测试攀爬夹爪、V形块，确保机械臂、螺栓紧固机构运动正常。

（4）通过地面操作站确认上下两个夹爪上的避障确认相机工作正常，并正确选择上下相机显示位置。

（5）确认定位双目相机工作正常。

（6）进行紧急刹车和急停功能的试验，保证设备的安全性。

（7）电源总开关打开后，不得随意关闭。

（8）应先关掉内部控制 PC 机后再关闭控制系统电源。

（9）工作机械臂上电后不得人为强行转动任何自由度。

（10）在地面操作站终端上进行人工干预操作时，应通过人机交互界面确认每一步的操作正确并执行到位后，方可进行下一步操作。

（11）作业完一侧主材后查看消耗电量，确保剩余电量是一侧主材作业消耗电量的 1.2 倍以上，否则应更换电池，更换电池应确保其电量一侧主材作业消耗电量的 1.2 倍以上。

（12）在紧急工况时，应确保上下夹爪处于夹持状态，且夹爪的夹持力在正常范围内（单个夹爪总夹持力不小于 500N），然后通过远程电源遥控系统对机器人进行关机，5s 后再遥控打开机器人电源。

（13）按说明书要求做好机械构件、电气系统、安全装置的日常维护和保养等工作。

二、数控扭矩扳手

（一）装备组成

数控扭矩扳手由控制面板、电池、扶手、变速机构、减速机构、反力臂组成，并配备工业手机。

（1）控制面板。用于显示使用者工号、手持终端

App 设定的扭矩值。

（2）电池。提供能源。

（3）扶手。握把。

（4）变速及减速机构。传输能量的机械机构。

（5）反力臂。力的支撑结构。

（6）数控扭矩扳手有配套工业手机，登录工业手机 App，选择手动和自动设置扭矩值。

（二）施工要点

1. 电动模式（数控定扭矩打紧模式）

（1）系统上电时，此时蓝牙未连接，显示为 6 位扳手工号。前两位数表示当前扳手生产年为 20××年，中间两位数表示当前扳手生产周为生产年第几周，最后两位数表示为当前扳手为生产周生产的第几号扳手。

（2）App 与扳手蓝牙连接后界面显示卡号为 App 登录者的人员身份卡号后四位。

（3）在 App 输入默认扭矩值后，扳手得到数据，进入电动模式，显示当前设置的扭矩值。

（4）设置好 1000N·m 的扭矩值后按下启动按钮，待界面显示工作完成后松开启动按钮，此次打紧工作标志完成。

2. 校准参数设置

（1）通过调节设置和累加按键，分别测试 800、2500、3000 三种数值下所打出的扭矩，为了使测试更准确，可以多次测量取平均值。

（2）同时按住图示所标记的校准键后通电，系统进入校准模式，将记录所得的测试数据输入系统，每输入一个数据按下校准键切换下一数据，输入三个数据后按下校准键松开进入工作模式（系统默认分别为 800、2500、3000）。

3. App 使用要点

（1）登录功能。

1）进入 App 后首先进行登录。"查询"按钮点击后可以看到当前保存于本地的人员信息，这些人员可以在手持设备未联网时进行登录。

2）点击"输入身份证号登录"或"输入手机号登录"按钮。

3）输入人员"身份证号"或"手机号"，核对正确后点击确定按钮，完成登录操作。

（2）蓝牙连接功能。

1）登录完成后打开蓝牙开启按钮后，开始搜索蓝牙设备，当发现可连接设备的名称与扳手工号相同时，点击连接。

2）蓝牙连接完成后，扳手将等待默认扭矩值的设置。

（3）默认扭矩值设置功能。

1）蓝牙连接完成后，点击"激活设备"按钮后界面跳出对话框，此时可以选择手动输入默认扭矩值或自动识别输入默认扭矩值。

2）点击"手动创建"按钮。在默认扭矩值处可以手动输入扭矩值，点击"激活"按钮后，此扭矩值将传递给扳手。

3）点击"自动识别"按钮。将手持设备对准二维码后，将自动识别出所含信息及其对应的默认扭矩值。若不正确点击"重新识别"可再次进行识别，若正确点击"确定"按钮将此扭矩值传递给扳手。

4）若需要重新改变默认扭矩值可点击"重设默认扭矩值"，此时将重新跳出对话框，按照上述两种方式重新设置扭矩值。

（4）工作信息存储和上传功能。

1）扳手每次工作完成后均会通过蓝牙传输本次工作信息，App 将接收此信息，并完成上传。在手持设备未联网时，扳手的工作信息将存储在本地。

2）当手持设备处于联网状态时，扳手每次工作信息将及时上传服务器，同时上传之前保存在本地的数据。

（5）公告信息获取功能。通过点击下方页面切换按钮切换至首页界面。可以在此处获取服务器所发布的一系列重要信息。

（6）信息查询和退出登录功能。通过点击下方页面切换按钮切换至我的界面。在此界面可以看到当前登录人员的信息。点击"退出登录"按钮后，保存于本地的数据将全部被清除，所以当存在本地的工作数据未上传完时，请勿点击此按钮。

4. 注意事项

根据需要紧固的螺栓规格机械性能及等级，确定所需扭矩大小，再选择适当扭矩范围的数控扭矩扳手。

（1）数控扭矩扳手禁止超载使用。

（2）数控扭矩扳手禁止在储存有易燃易爆物品、气体，或粉尘场所使用。应保持工作场所干净、整洁。应在干燥的房间内存放设备。

（3）数控扭矩扳手应使用原装电池，并使用原装充电器进行充电。勿将电池与金属物品放置在一起，以避免电池短路。勿接触电池溢出液体。

（4）应避免意外启动设备。更换部件或存放前，应取下电池；放入电池前，应确认驱动开关已关闭。

（5）数控扭矩扳手使用前应检查充电器、连接电缆、电池组、延长电缆和插头是否损坏或老化。检查各活动部件是否可正常运行、是否存在卡阻。

（6）数控扭矩扳手使用时操作人员应保持安全姿势，身体应处于平衡状态。无关人员应保持在安全距离之外。

（7）数控扭矩扳手使用时操作人员必须穿戴紧身工作服，使用合适的个人防护用具。如防滑手套、护耳器和护目镜等。

第六节 自动化装置与智能化辅助系统

一、电动绞磨及集控系统

（一）装备组成

电动绞磨及集控系统主要由发电机、配电箱、电动绞磨、分控箱、总控箱、电源通信线缆等组成。

（1）发电机。额定功率为30kW，可同时满足两台电动绞磨同时瞬时启动要求。

（2）配电箱。输出交流380V电压。

（3）电动绞磨。由变频电机、减速机、变速箱、双滚筒等组成，额定牵引力3t，牵引速度8~25m/min，质量350kg。

（4）分控箱。控制单台电动绞磨的控制箱，手动模式下，可实现单台控制，自动模式下，可通过总控箱进行控制。

（5）总控箱。控制4台电动绞磨、抱杆回转的总集成控制箱，落地双摇臂抱杆的组塔施工动作指令按钮全部集中在总控箱的控制面板上。

（6）电源通信线缆。为电动绞磨及控制系统传输电力和信号的线束。

（二）施工要点

电动绞磨及集控系统施工包括场地准备、安装、调试使用、拆除等过程。

1. 场地准备

在不影响进出场的合理位置布置发电机（下垫彩条布）和配电箱，平整出0.8m×0.8m的空地用于摆放电动绞磨，绞磨后方1m位置设置3t锚桩。在绞磨后方4m处平整出1m×1m的空地用于摆放绞磨尾绳自动收放机、分控箱。在收放机后面1m处埋设φ32×1.5m锚桩，用于固定架体。在电动绞磨、尾绳自动收放机后方视野宽阔处放置指挥棚和总控箱。

2. 安装

（1）电气接线。发电机-配电箱-总控箱采用5×10.0mm²+1的五芯电缆连接，总控箱-分控箱-分控箱-分控箱-分控箱采用5×6.0mm²+1的五芯电缆连接，分控箱-电动绞磨采用3×4.0mm²的四芯电缆连接。分控箱-尾绳自动收放机采用伺服电机自带的电缆线连接。

（2）通信接线。总控箱-分控箱-分控箱-分控箱-分控箱，分控箱-尾绳自动收放机，分控箱-电动绞磨采用2×0.75mm²两芯屏蔽线进行连接。

3. 调试使用

启动发电机，待发电机正常运行后，依次打开配电箱、总控箱的空气开关，观察总控箱三相电压值显示均为380V，打开分控箱的空气开关。

在手动模式下，按下绞磨收、放绳按钮，观察绞磨是否正常运行，尾绳自动收放机是否随动方向一致。旋转无级变速旋钮，观察电动绞磨和尾绳自动收放机是否缓慢变速。再将各分控箱调节至自动模式，按下总控箱的1号、2号、3号、4号绞磨收、放绳按钮，观察4台电动绞磨和尾绳自动收放机是否按指令动作，再依次试验变速旋钮、急停按钮是否正常，观察总控箱显示屏上各电动绞磨、分控箱的工作数据是否正常。

待电动绞磨及集控系统检验完成后，开始按照使用说明书规范操作，进行组塔作业。若在施工过程中出现机器故障或其他紧急情况，迅速按下急停按钮，电动绞磨及集控系统将立即断电自锁。

4. 拆除

关闭各装置的空气开断，顺序为分控箱-总控箱-配电箱-发电机。拆除电气接线及通信接线。

5. 安全注意事项

（1）使用前需对操作人员进行技术交底及操作培训。

（2）使用前应首先对电动绞磨、尾绳自动收放机、分控箱、总控箱进行外观检查。

（3）电缆及通信接线应穿管在地面100mm以下。

（4）施工前应对装置进行整体性能测试，开始吊装时以轻缓为主，反复试吊不少于2次无误后正常施工。

（5）转场运输时，应注意轻拿轻放，避免对集控系统电路电缆造成破坏。

（6）若在使用过程中出现异常情况应立即停机，隐患排除后方可继续施工。

二、绞磨尾绳自动收放机

（一）装备组成

绞磨尾绳自动收放机主要由电气控制箱、尾绳线盘、收放架、DC48V移动电池、状态感应器等组成。

（1）电气控制箱由电机、减速机、控制器及相关控制元件组成，外部设置有控制按钮，包括急停、收绳、放绳、无级调速等，可切换手动模式与自动模式。

（2）尾绳线盘是用于组塔、架线施工时盘绕绞磨的尾绳，使尾绳始终保持张力。

（3）收放架的主要作用是支撑并固定各部件，尤其是保证尾绳线盘在空、满载的情况下仍能转动顺畅，不晃动和卡顿。

（4）DC48V移动电池为快充锂电池，为收放机正常工作状态持续供电不少于4h。

（5）状态感应器安装在机动绞磨齿轮箱的外壁，附着在凸出的转动轴上，通过光感信号收集绞磨状态并反馈给收放机，收放机判断执行随动。

电气分箱是用于电动绞磨尾绳收放机的控制集成组件，由发电机经配电箱输入交流电，指令按钮与电气控制箱一致。

（二）施工要点

绞磨尾绳自动收放机施工包括场地准备、安装、使用、拆除等过程。

1. 场地准备

在绞磨后方4m处平整出1m×1m的空地，用于摆放绞磨尾绳自动收放机。清除绞磨与尾绳自动收放机之间的杂物和尖锐铁器，地形不宜有明显的凸起，确保绞磨尾绳保持张紧并能顺畅收回和松放。在收放机后方1m处埋设φ32×1.5m锚桩，用于固定架体。

2. 安装

（1）结构安装。

1）线盘组装。将绞磨尾绳自动收放机工作模式调整至手动模式，控制电机启动使减速机输出轴的凹形面横向朝外，打开横向U形槽的封堵插销。施工人员抬起尾绳线盘，轴承侧插入 U 形槽，方形头插入减速机输出轴的凹形口，然后把封堵插销插入 U 形槽，把连接插销插入方形头和凹形口。连接插销头部有关闭装置，防止在线盘转动时连接插销掉落。将轴承侧的旋紧装置拧紧，以使尾绳线盘在工作中不发生异常晃动。使用 $\phi 12.5 \times 3m$ 的钢丝绳头＋3t 卸扣和 $\phi 32 \times 1.5m$ 的钻桩＋挡土板连接锚线板，用以稳固设备。

2）尾绳盘绕。将施工现场钢丝绳的尾头首先在空线盘上绑定，把钢丝绳放入导向槽，然后启动绞磨尾绳自动收放机收卷钢丝绳，使钢丝绳整齐地排列在尾绳线盘上。收线应预留 3～4m 的余量，最后把钢丝绳缠绕在绞磨滚筒上不少于 5 圈。

（2）电气接线。绞磨尾绳自动收放机通过 CAN 总线进行通信传输，各连接处采用重载连接器，使用前将各处线缆连接，电源接入控制箱。

3. 使用

启动装置，切换手动模式，空载收放运行，确认各个部件运转良好。反复切换工作模式，确保切换顺畅。

在手动模式下做好施工准备后，先将绞磨尾绳收紧，再将工作模式切换至自动模式，启动绞磨，此时尾绳自动收放机即与绞磨进入同步状态，自动收放尾绳。

若施工过程中，需要调节自动排绳器，确保尾绳在尾绳线盘整齐排列，可松开丝杆齿轮处固定螺栓，旋转手柄即可微调排绳器位置。

若在施工过程中，出现机器故障或其他紧急情况，迅速按下急停按钮，装置将立即断电自锁。

4. 拆除

铁塔、架线施工完成后，设备需拆卸转场运输。首先将绞磨尾绳自动收放机的工作模式切换至手动模式，控制电机启动使减速机输出轴的凹形面横向朝外，拔出插销。在收绳线盘下方铺垫道木，打开 U 形槽的封堵插销，施工人员从进线侧稍微抬起（约 10°）绞磨尾绳自动收放机，线轴和尾绳线盘因自重从 U 形槽口和凹面滑出，落在道木上方，完成收绳线盘和架体的分离，方便运输。

5. 安全注意事项

（1）使用前需对操作人员进行技术交底及操作培训。

（2）使用前应首先对绞磨尾绳自动收放机进行外观检查，检查项包括：

1）检查主架体及各附件是否存在腐锈严重的情况。

2）检查尾绳线盘是否有较大变形。

3）检查尾绳线盘线轴插销是否安装到位。

4）检查伺服电机电线插接是否严密。

5）检查尾绳线盘线轴轴承侧的螺纹手柄是否旋紧。

6）检查各处螺栓是否紧固到位。

7）检查各处焊缝是否有较大缝隙。

8）检查尾绳自动收放装置手动自动模式是否顺畅切换。

（3）使用前，应将收放机锚固牢靠。绞磨及收放机之间严禁人员通过或逗留。

（4）安装时应注意平整场地，使绞磨尾绳收放机受

力对称，收放绳索顺畅平稳。收放机应位于绞磨侧后方，正对绞磨滚筒并以此为中心左右收放尾绳。

（5）使用过程中如出现收放机突然断电，应立即停止绞磨和收放机，并进行故障检查。

三、斜线式作业人员运输施工升降机

（一）装备组成

施工升降机主要包括底笼、电气系统、产品铭牌、导轨架及附墙架、供电系统、吊笼、传动系统、吊杆等。升降机底座安装在铁塔承台基础上，导轨架通过可调节长度的附墙与跨越塔主管连接，吊笼通过销轴与传动机构连接，供电系统采用滑触线形式，不受风雨等天气影响，安全可靠，经济实用。

（二）施工要点

1. 场地准备

施工升降机基础应满足出厂使用说明书中的各项要求，此外还必须符合当地的有关安全法规。保证混凝土基础可承受最大压力、混凝土标号、厚度、表面倾斜及混凝土基础下的地面承载能力等符合要求。

2. 安装架设

采用起重设备进行施工升降机安装，依次安装底架→基础座→标准节→吊笼组成→传动系统→滑触线→底笼围栏（含底笼门框及底笼门）→第一道附墙→吊杆→继续加标准节及附墙→最顶上一节无齿条顶节→行程限位碰块。

安装完成后，检查导轨架标准节的垂直度，按电路图的要求接通所有电路的电源，各机构进行试运转，检查各机构运转是否正常。

安装完毕，按说明书要求调整好安全装置后即可使用，或根据所需起升高度，顶升加高后使用。

3. 标准节加高

随着铁塔组立高度的不断提升，升降机的起升高度也需要不断提高。在地面将升降机标准节组装好，用起重设备起吊标准节，与事先安装在塔身主管上的附墙连接，至所需高度后，安装导轨架限位碰铁即可。安装过程中应检查其垂直度，并及时调整。然后进行滑触线安装，通电后进行调试，调试完成后才能进行正常施工运行。

4. 人员运输

（1）升降机运行。工作前应按规定检查各部件状态，一切正常后方可使用。先合上底笼配电箱空气开关 QM1 与 QF1，此时总接触器 KM1 吸合。再合上吊笼电控箱中的空气开关 QM2、QF2 与 QF3。将钥匙开关打开，KM2 接触器吸合，变频器上电，按下启动按钮，此时启动继电器 KA 吸合并自保，注意 SA1 控制开关应在零位才能启动。将检修盒上的工作方式转换开关 SA3 打在工作挡，此时转动 SA2 主令开关可使吊笼升降运动。注意：施工升降机限乘、限载满足参数要求。开动吊笼前应先关好各门，否则不能启动。在运行过程中不能开门否则吊笼将停车。在接近底层时应注意停车。行驶中如因保护电

路动作停车时控制开关应及时拨至"零"位置。

（2）升降机操作。将底笼电源上的电源开关置于"开"。关闭所有门，包括吊笼门、天窗盖及底笼门。使吊笼极限开关手柄处在"ON"位置，并确认电控箱内的保护开关已经接通，操作箱和检修盒上的急停按钮已经打开。打开钥匙开关，按下启动按钮，此时扳动手柄并保持，升降机吊笼即可升降运行，操作手柄置于"0"位，吊笼即可停车。在上下终端站，吊笼上设有上、下限位开关、上、下减速限位开关和极限开关，司机应掌握缓稳操作。注意：升降机启动前应按警铃提醒所有人员注意。在运行中如发生异常情况（如电气失控）时，应立即按下急停按钮，在未排除故障前不允许打开。

5．坠落试验

每台防坠安全器应每隔三个月随吊笼进行一次额定载荷坠落试验。升降机每次重新安装时也需进行一次试验，保证升降机的使用安全。坠落试验后将将防坠安全器复位，在安全器没有复位之前严禁操作运行吊笼。

6．拆除

拆卸的方式和顺序基本上与安装的方式和顺序相反。拆卸遵循设备使用说明书中的安全要求。将升降机周围圈隔，并在醒目位置悬挂"注意高空坠物"的警示标牌。

7．注意事项

（1）施工升降机机械防冲顶措施采用导轨架顶节标准节为无齿条标准节时，每次导轨架加高时需先将顶节标准节拆卸后再加高，待加高完毕，再将顶节标准节装回导轨架顶部。

（2）基础调节杆事先根据施工所需角度计算出其对应长度。安装前先将调节杆长度调整到所需长度，同时需要注意两端螺栓长度不可超过极限范围。

（3）安装附墙架要确保附墙架主平面垂直导轨架轴线，垂直角度误差要符合说明书要求。

（4）升降机拆除过程中不得先拆除附墙架后拆除标准节。

四、悬浮抱杆状态监测与安全预警系统

（一）装备组成

监测系统采用最少量传感器配置模式，由杆身轴向压力-倾角一体化监测模块（内置温度传感器和湿度传感器）、起重量测力传感器、拉线测力传感器、承托绳测力传感器、风速传感器、网关、显示终端、报警器组成。

（1）杆身轴向压力-倾角一体化监测模块内置的四路高精度力传感器可实时监测抱杆杆身4根主弦杆的受力状态；三维倾角传感器可实时监测抱杆杆身空间倾角，获取杆身倾斜状态。配以起重量测力传感器测得的起重量值，通过内置算法可实时计算当前载荷状态下抱杆的安全稳定性。

（2）拉线测力传感器和承托绳测力传感器可实时监测拉线和承托绳受力，通过边缘计算实时分析抱杆杆身

轴向压力，并与杆身轴向压力监测模块数据进行对比分析，保证监测信息闭环。

（3）风速传感器实时监测施工现场风速，参与抱杆受力分析，并提示现场作业人员在安全规程要求的安全风速下施工。

监测系统反应灵敏、数据采集频率快；采用无线传输模式，传输距离远；前向纠错多频段信号传输，安全可靠；边缘节点工作在低功耗模式，待机时间长；配置高分贝报警器，警示效果好。

（二）施工要点

1．施工准备

（1）对作业点进行现场勘查，制定安全、质量管控措施。

（2）组织所有进场人员开展施工交底，由施工方案编制人员对监测系统安装、使用及操作要点等关键要求对作业人员进行安全、技术交底，确保每位施工人员清楚施工任务、施工技术要点和安全注意事项。

（3）打开监测系统，确保系统各模块均正常联网运行，显示终端显示正常。

2．安装调试

（1）杆身轴向压力-倾角一体化监测模块安装。在抱杆杆身中间位置的两个标准节之间安装杆身轴向压力-倾角一体化监测模块，保证螺栓连接可靠。

（2）测力传感器安装。

1）在起吊绳、2根顶部拉线、2根承托绳中分别串联一个测力传感器。

2）起吊绳。在起吊绳/起吊滑车组与吊件连接部位增加卸扣，串联起重量测力传感器。

3）拉线。在抱杆顶部拉线孔位置，使用卸扣将拉线测力传感器与拉线串联。

4）承托绳。在抱杆底部承托绳孔位置，使用卸扣将承托绳测力传感器与承托绳串联。

（3）系统调试。

1）电量检查。检查各传感器电量，确保电量充足，避免组塔过程中由于电量不足引起的传感器关机而导致数据丢失。

2）通信测试。开启传感器，使用监控系统软件，配置使用的传感器ID，点击数据采集，查看是否有数据显示，如有显示表示通信正常。

3）阈值设置。

a．进入"配置管理"后点击"角度阈值"，输入对应监测系统模块编号，根据施工方案，输入需设定的角度值（默认为10°），点击"角度阈值"按钮即可完成设置。

b．进入"拉力阈值"界面，根据现场施工实际使用的工器具型号依次选择"起吊绳、内拉线、承托绳"对应型号，并按需设置预警百分比（默认为95%），点击"计算设定阈值"即可完成设置。

c．点击"方案配置"后即可查看倾角传感器/拉力传感器实时数据。

d．现场施工中，当任一传感器值超过其许用拉力的

设置预警百分比（如95％）时，现场终端报警。

3. 组立铁塔

（1）组立塔腿段。根据施工方案，利用装有测力传感器的起吊绳连接塔腿主材、辅材组成的整体，按两个侧面塔片进行吊装，测力传感器一端通过卸扣与滑车组连接，另一端通过卸扣与钢丝绳连接，进而连接塔材；或利用装有测力传感器的起吊绳单独起吊由辅材组成的八字塔片，吊装操作过程中指定班组人员监视现场终端数据和报警器，如有报警及时处理。

（2）吊装塔身。

1）利用装有测力传感器的起吊绳连接塔片整体吊装，测力传感器一端通过卸扣与滑车组连接，另一端通过卸扣与钢丝绳连接，进而连接三眼板及塔片。

2）构件开始起吊，控制绳应略收紧；构件着地的一端，应设专人看护以防塔材起吊卡阻。起吊过程中，在保证构件不碰撞已组塔段的前提下，均匀松出控制绳以减少各索具受力，防止受力过大监测系统误报警。

3）构件起吊过程中，塔上人员应密切监视构件起吊情况严防构件挂住塔身。构件下端提升超过已组塔段上端时，应暂停牵引，按照塔上作业负责人指挥慢慢松出控制绳，构件对准已组塔段主材时，再慢慢松出牵引绳，直至构件就位。

4）构件接头螺栓安装完毕，即可松出起吊绳、吊点绳及控制绳等，再安装斜材及水平材。根据杆塔高度不同，重复该吊装过程，直至杆塔主体吊装完成。

（3）吊装横担。横担独立吊装，利用装有测力传感器的起吊绳连接横担整体吊装，测力传感器一端通过卸扣与滑车组连接，另一端通过卸扣与钢丝绳连接，进而连接塔材。吊点绳交叉绑在横担上平面左右两侧节点上。严格控制横担吊装提升高度，确保拉线倾角满足要求。

4. 注意事项

（1）组装抱杆时，将杆身轴向压力-倾角一体化监测模块通过螺栓固定在抱杆杆身中间位置两个标准节之间。

（2）测力传感器需通过2只卸扣与受力钢丝绳串联，拉线测力传感器安装于抱杆顶部靠近连接处，承托绳测力传感器安装于抱杆底部靠近连接处（2根对角承托绳），起重量测力传感器安装于吊点与被吊物连接处。

（3）抱杆起立前，确认所有模块均已开机并能正常工作。

（4）抱杆起立后，首先利用经纬仪观测，通过调整拉线将抱杆调整为竖直状态，操作现场终端进入"标定管理"菜单，输入传感器编号后，点击"相对零度标定"，对倾角传感器进行置零操作。

（5）构件离地后应暂停起吊，进行一次全面检查，检查内容包括：牵引设备的运转是否正常，各传感器、现场终端等是否运转显示正常，各绑扎处是否牢固，各处的锚桩是否牢固，各处的滑轮是否转动灵活，已组塔段受力后有无变形等。检查无异常，方可继续起吊。

第七章

架线机械化施工

第一节　架线机械化施工技术要点

一、机械化施工特点

架线机械化施工主要包括牵张场位置选择、牵张设备选型和导地线展放方式。架线施工机械化装备目前主要采用无人机导引绳展放，架线施工主要采用牵张机，其中"三跨"（跨高速铁路、跨高速公路、跨重要输电通道）采用可视化智能集控牵张机。其中施工阶段牵张场位置选择，还应该结合机械化架线施工的特点，综合考虑沿线地形、交叉跨越、交通运输、牵张场大小、导线型式等因素，选择合适的具体位置，为架线机械化施工提供便利，最大程度利用现有道路进行运输，综合比选后选择临时道路修筑方案。

二、牵张设备选型方案

根据导线或主牵引绳型号合理选择牵张设备。典型牵张设备选型见表1-7-1-1。

三、导地线展放方式

导引绳采用八角旋翼机展放，导线采用一牵一（单导线）、一牵二（二分裂）、一牵四（四分裂）、一牵六（六分裂）、2×一牵二（四分裂）、3×一牵二（六分裂）张力展放，耐张塔紧线，耐张塔平衡挂线。地线展放采用一牵一张力展放，耐张塔紧线。

表1-7-1-1　　　　　　　　　　典型牵张设备选型表

导线型号	主牵引绳直径/mm	牵引绳破断力/kN	机械类型	主要技术参数	配套工艺	操作人员配置
1×LGJ-240/30 （LGJ-300/40、LGJ-400/35）	13	105	牵引机	90kN	一牵一	1
			张力机	1×40kN		1
2×LGJ-240/30 （LGJ-300/40）	15	158	牵引机	90kN	一牵二	1
			张力机	2×40kN		1
2×LGJ-400/35 （LGJ-400/50）	18	206	牵引机	90kN	一牵二	1
			张力机	2×40kN		1
2×LGJ-630/45	20	260	牵引机	180kN	一牵二	1
			张力机	2×40kN		1
4×LGJ-400/35	24	392	牵引机	180kN	一牵四	1
			张力机	2×2×40kN		2
4×LGJ-400/50	24	392	牵引机	220kN	一牵四	1
			张力机	2×2×40kN		2
4×LGJ-630/45	28	462	牵引机	250kN	一牵四	1
			张力机	2×2×40kN		2
4×LGJ-630/55	24	392	牵引机	180kN	2× 一牵二	2
			张力机	2×40kN		2
4×LGJ-720/50（LGJ-800/55）	24	392	牵引机	180kN	2× 一牵二	2
			张力机	2×70kN		2
6×LGJ-300/40	28	462	牵引机	250kN	一牵六	1
			张力机	3×2×40kN		3
6×LGJ-630/45	24	392	牵引机	180kN	3× 一牵二	3
			张力机	3×2×40kN		3

第二节　张力架线关键技术

一、多旋翼无人展放机导引绳

（一）装备组成

多旋翼无人机主要由机架、动力系统、飞行控制系统、电池和桨叶组成，为了满足实际工程使用要求，另需配备遥控系统和放线系统。

（1）机架是多旋翼无人机的飞行载体，一般由高强轻质材料制成，如碳纤维、PA66+30GF等材料。

（2）动力系统主要由电机、电调等组成。电机由电动机和驱动器组成，起到提供动力的作用。电调全称电子调速器，为驱动电机提供指令，实现指定的速度和动作等。

（3）飞行控制系统集成了高精度的感应器元件，主要包括陀螺仪（飞行姿态感知）、加速计、角速度计、气压计、GPS及指南针模块、控制电路等。通过高效的控制算法内核，能够精准感应并计算飞行姿态等数据，通过主控制单元实现精准定位悬停和自主平稳飞行。

（4）电池为动力系统和其他机载设备提供电力来源，一般采用普通锂聚合物电池或智能锂聚合物电池等。

（5）桨叶是通过自身旋转将电机转动功率转化为飞行动力的装置，按材质可分为尼龙桨、碳纤维桨和木桨等。

（6）遥控系统由遥控器和接收机组成，是整个飞行系统的无线控制终端。接收机和遥控器一一配对，接收机负责将遥控器发出的指令传送给飞行控制系统。

（7）放线系统由轴架及φ6及以下迪尼玛绳组成，目前多旋翼无人机展放初级引绳多采用牵放方式。初级引绳及轴架置于地面，以无人机作为初级引绳的牵引动力，飞至目的地后通过遥控系统控制将绑扎沙袋的绳头投放至指定地点。

（二）施工要点

多旋翼无人机放线施工包括场地准备、线路沿线准备、展放初级导引绳等过程。

1. 场地准备

作业场地包括：起降场、抛绳场、初级导绳线盘展放场及遥控接力点等场地。作业场地准备的原则如下。

（1）起降场地应开阔无障碍物，须远离带电电力线等危险物，场地不宜小于4m×4m。起降场在条件允许的情况下应设置在飞行放线的起点塔位，当起点塔位不具备起降条件时，可在起点塔位就近位置设置。

（2）抛绳场选择在放线区段最后一基塔的前侧，要求此场地前无电力线、公路等重要跨越物。

（3）初级导引绳盘展放场一般选择在起始塔位的后侧，不具备条件时可选择在线路侧面。

（4）遥控接力点的选择依据地形及通视信号条件确定。展放区段一般控制在1.5km范围内，区间根据地形高差和通信信号情况设置。

2. 线路沿线准备

完成放线区段内所有跨越架的搭设，放线区段内所有铁塔上设置1名高空人员，沿线跨越架设置1名安全员监护，所有人员必须在无人机起飞前做好准备，并及时告知指挥人员。

3. 展放初级导引绳

（1）展放场设于顺线路方向，先将初级导引绳连接在无人机下方投放器上，无人机后方5m左右绑扎沙袋，然后遥控无人机带绳头起飞升空。

（2）当无人机飞到放线区段的第一基铁塔上空时，将无人机悬停于铁塔上方5m左右，调整机位，使初级导引绳能够准确落入铁塔横担上方，然后依次过塔继续飞行，单飞空距控制在1500m以内，通过最后一基铁塔30～50m，将沙袋通过遥控器投下，塔上人员接住后立即将初级引绳升空，并将绳头在横担上绑牢，然后再重新

依次飞行下一个空距。

（3）飞行过程中，操作手根据指挥员的命令控制无人机飞行速度、高度和方向，初导绳的张力由地面绳盘操控人员根据指挥员的命令进行控制，使初导绳始终处于悬空状态。

二、集控可视化牵张放线系统

（一）装备组成

集控可视化牵张放线系统由数字化牵张机、集中控制室、高空一体化组网监控平台、集成感知式放线滑车、集成感知式牵引板、弧垂监测装置等组成。

（1）数字化牵张机包括数字化牵引机和数字化张力机。牵张机智能化改造，加装视频监控和智能传感器，通过可编程控制器的工作逻辑编写和设定，实现牵张机数字化，可进行集中控制。

（2）集中控制室主要功能是进行设备关键状态参数的展示和多台设备的远程集中控制，实现不同厂家、不同机型自动识别和控制，实现了人机分离，极大改善了工人的操作环境。

（3）高空一体化组网监控平台主要作用是将多源供能模块、自动组网模块、视频监控模块、电源管理模块、设备管理模块等进行一体化设计，可远程进行组网、监控及电源管理。

（4）集成感知式放线滑车是对普通放线滑车的升级改进，通过加装滑车多参量、滑车无线拉力等传感器，使放线滑车具备挂点拉力监测、悬挂姿态监测、轮槽放线视频监控等功能。

（5）集成感知式牵引板是对普通牵引板的升级改进，通过加装牵引板姿态位置、子导线拉力等传感器，使牵引板具备子导线拉力监测、位置监测、姿态监测等功能。

（6）弧垂监测装置是在牵张放线过程中实时监测关键挡弧垂的设备，通过架空导线视频采集装置获取导线弧垂的视频信息，然后基于机器视觉和图像测量的智能算法实时测量导线弧垂。

（二）施工要点

集控可视化牵张放线施工包括施工准备、装备布置、系统调试、集控牵张放线、可视化监控等过程。

1. 施工准备

集控可视化牵张放线施工前应准备好成套设备，主要分为三部分：集控牵张设备、自组网设备、感知监控设备。根据集控可视化张力放线施工方案，对作业人员以及各设备操作人员进行安全、技术交底，确保每位施工人员清楚施工任务、施工技术要点和安全注意事项。设置3名机动人员，由总指挥人员进行指挥，当线路发生异常工况时，机动人员由总指挥人员统一调动对异常情况进行处理。

2. 装备布置

（1）牵张场布置。以展放四分裂导线为例，张力场布置两台双线张力机和一台小牵引机，牵引场布置一台单线张力机和一台大牵引机，牵张两场各布置一台集中

控制室，集中控制室内布置有集控台、电脑、网络硬盘录像机，集中控制室顶部布置有 360°高清摄像头、组网装置、空调等。

（2）滑车悬挂布置。

1）对于直线塔，将金具、绝缘子、放线滑车在地面组装完成后，采用机动绞磨和滑车组将金具串和放线滑车升空挂置金具挂点位置。

2）对于耐张塔，将钢丝绳、放线滑车组装完成后，采用机动绞磨和滑车组将放线滑车升空挂置横担挂点附近。钢丝绳固定在塔材处时，采用内垫外包措施对塔材和钢丝绳进行保护。

3）根据施工现场工况、参数，建议转角度数大于 30°的耐张塔、跨越点两端铁塔、跨越架（物）两端铁塔安装集成感知式放线滑车，并在每项导线距离滑车 20m 内的塔身或横担处装设高空一体化组网监控平台，可与滑车同时安装。

3. 系统调试

（1）牵张设备调试。牵张设备控制系统对数据传输的延时要求较高，建议数据传输延时低于 100ms（牵张设备之间），主要调整牵张设备的牵张力、启停、油门、牵引速度、开关机等参数，尽量满足可以完全同步的效果。

（2）自组网系统调试。超远距离组网时需要对准天线，数据传输速率接近 300Mbit/s，延时低于 2ms。多个设备（超过 10 台）组网后，总带宽不低于 150Mbit/s，总延时不高于 20ms，此状态为安装调试较优状态。

（3）摄像头系统调试。摄像系统对网络带宽和延时要求高，局域网传输时带宽不低于 100MB，延时不高于 200ms（再高会出现明显卡顿）。摄像头 360°旋转灵活，分辨率为 400 万像素，达到画面清晰、不卡顿，变焦范围 500m 内等，远程调节变焦迅速；录像数据传输采用 IP 方式，录像机容量 8TB，录像内容正常存储在硬盘录像机。

4. 集控牵张放线

（1）集控可视化牵张放线区段的现场指挥位置一般设在张力场，指挥人员可在集控室内或张力场内，全区段按照现场指挥的统一指令作业。

（2）主张力机、主牵引机操作前按照规定进行常规检查和开机，在空载情况下检查各部位运转、操作转动系统和刹车系统可靠性情况。

（3）牵引时，应先开张力机，待张力机刹车打开后，再启动牵引机；停止牵引作业时应先停牵引机，后停张力机。放线过程中应始终保持尾线、尾绳有足够的尾部张力。

5. 可视化监控

（1）导引绳、牵引绳、导地线牵引初始速度应慢，待牵引板通过第一基放线滑车后按照正常中速牵引。集控室操作平台控制牵引速度，正常牵引速度为 60～80m/min。

（2）牵引板在牵引过程中，通过滑车、跨越点等关键控制点时，放大监控画面，通过摄像头的变焦、旋转

功能，监控牵引板位置、工况，牵引板过转角塔时，应放慢牵引速度。牵引板在通过滑车前后时应基本保持水平。

（3）监控画面调整 9 画面或 12 画面（根据摄像头数量调整），集中监控每一挡的导引绳、牵引绳、导地线工况，导引绳、牵引绳、导地线应保持水平高度相同且相互分开，无绞线、跳槽、磨线等异常工况。

（4）导引绳、牵引绳、导地线通过跨越点时，监控画面可调整到多画面，随时监控导引绳、牵引绳、导地线与被跨越物的安全距离。

（5）导引绳、牵引绳、导地线换盘操作、压接临锚操作和牵引绳连接头通过牵引机卷筒操作时，无论是牵引或回卷，速度均应缓慢。

（6）张力放线完毕，核查导线各个连接头的位置，如与布线计划不符，应及时采取措施。

（7）集控牵张设备无缝实时联动、摄像系统的高清实时画面的传输及画面的精准控制的工作状态。

（8）通过视频监控放线全过程，监控导线与滑车工作是否正常，导线是否被摩擦损伤、跳槽等情况。在跨越点监控导引绳、牵引绳、导线与被跨越物及跨越网、架的安全距离。

（9）牵引侧接到由任何岗位发出的停车信号时，均应立即停止牵引，在任何情况下，张力机应按现场总指挥的指令操作。

6. 注意事项

（1）牵张设备在启动前，恢复各按钮、手柄、钥匙到初始位置。

（2）集控室、牵张机在启动后，检查设备上的仪表盘、数字显示器、按钮等均能正常工作。

（3）在设备调试过程中，对刹车、紧急停机操作进行 3 次试验，保证设备功能灵活有效。

（4）牵张设备在启动后，低速运行，必须缓慢加速，不得快速将油门加大。

（5）牵张场的设备控制必须时刻听从现场总指挥的统一指挥，时刻关注牵张场的工况。

（6）通过 PC 端的视频软件，对每个摄像头进行 360°旋转、变焦功能进行控制，严禁其他无关人员对监控设备及软件随意调整。

（7）无线局域网在组装前对每个部件进行外检查、组装试验，在每一基铁塔的组网设备安装后，通过调试程序调整其参数，当所有组网设备安装完成后，对搭建完成的局域网进行总调试。

三、电动紧线机

（一）装备组成

电动紧线机由动力电机、减速传动装置、棘轮离合器、链条组件，以及操控系统和供电系统等部分组成。

（1）电动紧线机选用对位置、速度和力矩闭环控制的伺服电机，精度高、高速性能好、抗过载能力强，发热和噪声明显降低。

（2）减速传动装置采用同轴式布置方案，减速器的大齿轮和链条导轮连在一起，转矩经大齿轮直接传给链条导轮，链条导轮只受弯矩而不受扭矩，减小制动弹簧的轴受力、制动瞬间冲击力、电动机轴受扭转的冲击，具有机构紧凑，传动稳定，安全系数高等优点。

（3）棘轮离合器，采用棘爪摩擦制动方式。棘轮轮齿用单向齿，棘爪铰接于摇杆上，当摇杆逆时针方向摆动时，驱动棘爪便插入棘轮齿以推动棘轮同向转动，当摇杆顺时针方向摆动时，棘爪在棘轮上滑过，棘轮停止转动。为了确保棘轮不反转，在固定构件上加装止逆棘爪。

（4）链条组件采用 G100 工业级起重链条进行连接，采用定-动滑轮组方式，实现下钩组件末端负载的牵引。

（二）施工要点

电动紧线机主要应用于紧挂线、子导线调整、附件安装等施工作业。

1. 应用场景

（1）紧挂线施工中二道保护。利用电动紧线机可遥控/线控操控、空载收/放线速度较快的特点，在紧线施工过程中，可同步收紧二道保险绳，使二道保险绳始终处于受力状态，避免二道保护失效，实现紧线全过程二道保护。

（2）子导线调整。利用电动紧线机可遥控/线控操控、调节精度高、具备过载保护的特点。在施工风险较高、劳动强度大的子导线调节过程中，让施工人员位于相对安全的杆塔横担上，轻松、高效、精准操控电动紧线机完成子导线弧垂调整。

（3）附件安装。利用电动紧线机放线速度较快、调节精度高、具备过载保护的特点，替代传统附件安装施工工艺中的提线手扳葫芦/滑轮组，在提线工程中，让施工人员轻松、高效将导线提升到预定位置，或精确调整位置，实现附件安装作业轻松高效完成。

2. 操作要点

（1）依据通用手扳葫芦起吊安全操作规程吊挂安装电动紧线机。

（2）检查外观各部件是否完整，链条无裂痕。

（3）接通电源，在手持遥控器面板上查看电压电量是否大于 80%，不足应及时充足电。

（4）空载运行机械，检查机构是否运转正常。

（5）先用低速度挡起吊，吊空后可根施工方案正常使用。

四、自动走线弧垂检测装置

（一）装备组成

自动走线弧垂检测装置主要包括地面控制站、自行走小车、紧线执行器等。

（1）地面控制站。采用工业型手持平板电脑，并搭载虚拟仪器开发工具，地面控制站与自行走小车通过无线通信方式进行指令与数据交互，并实时获取检测结果。

（2）自行走小车由驱动总成、通信天线、定位系统天线、定位系统接收机等组成。小车采用双轮驱动方案，直流无刷电机配套蜗轮减速机驱动；通信采用 E90 - DTU 数传模块；定位系统采用高精度 GNNS 接收机。自行走小车整套系统采用锂电池供电。

（3）紧线执行器由液压绞磨、绞磨控制器组成。通过绞磨控制器可实现绞磨手动调速、收线放线，或通过地面控制站自动控制速度和收放线。

（二）施工要点

自动走线弧垂检测装置施工主要包括弧垂检测和绞磨自动紧线两个部分。

1. 弧垂检测

（1）将定位系统接收机与小车安装，连接电源线。

（2）将定位系统天线安装在小车顶部，用通信线连接定位系统天线和小车顶部的数据线中转口。

（3）将小车安装在导线上，天线朝小车前进方向，并松开把手使小车轮子夹在导线上，检查是否牢靠；设置小车自动走到两座塔的中点。

（4）小车到位后，"小车接近目标测点"灯亮，此时"中间点弧垂"数据将显示。

2. 绞磨自动紧线

将卡线器夹紧在导线上，钢丝绳连接卡线器并通过滑车组引至地面的液压绞磨，液压绞磨和绞磨控制器连接并启动绞磨，在平板上将理论计算好的目标弧垂值输入并执行自动紧线；当"弧垂接近目标弧垂"灯亮，表明紧线工作完成。

3. 注意事项

（1）使用前需先检查检测装置外部设备是否固定牢固，若有松动，须及时紧固。

（2）预先确认检测装置不受外物干涉，若行走过程中有障碍物阻碍，需清理障碍物。

（3）操作人员须熟悉检测装置各开关位置以及检测装置状态指示，以便及时判断检测装置故障和切断电源。

（4）注意地面控制站的上位机软件各类参数变化及报警提示，以便及时采取相应措施。

（5）运输、保存过程中，应防止重压，剧烈振动和浸水，否则会造成设备的损坏。

第三节　跨越施工关键技术

一、伸缩对接式跨越架

（一）装备组成

伸缩对接式跨越架由架体、工作平台、封网装置、对接装置及动力机构等组成。

（1）架体主要起支撑作用，通过抱杆标准节搭建所需宽度和高度，通过单独设计的连接标准节将标准节进行连接。

（2）工作平台主要提供伸缩封网大臂的工作空间和支撑平台，组立跨越架架体后，将工作平台安装在跨越架架体上，在工作平台上安装动力源、固定门架等辅助设施，一套跨越架至少包含 4 个工作平台，便于两侧伸缩臂同时对接安装。

（3）封网装置由封网大臂与封网横梁组成。封网大臂主要由基本臂和两节嵌套伸缩臂组成，在基本臂和伸缩臂 1 底部安装马达动力机构，并在其内部布置轨道，伸缩 1 和伸缩臂 2 分别嵌套安装基本臂、伸缩臂 1 的内侧轨道中，并在伸缩 1 和伸缩臂 2 的底部布置传动链条机构，通过驱动马达机构实现伸缩臂 1、伸缩臂 2 的伸出和收缩运动。封网横梁采用刚度较大的格构式结构代替软索等软封网结构，封网横梁作为直接与事故状态下跌落的导线接触，一般可选用吸能性较好材料，其截面设计成 400mm×400mm、300mm×300mm 等尺寸。

（4）对接装置由凸接推头、导轨、弹簧卡扣、对接凹头、复位弹簧、行程开关和法兰盘等组成。采用两侧对接的方式实现封网大臂的连接，当两侧封网大臂准备就位，通过电控装置，嵌套的伸缩臂逐节展开，则伸缩臂的头部需单独设计对接机构使两侧封网大臂连接。

（二）施工要点

伸缩对接式跨越架施工包括场地准备、部件安装、封网施工、拆除施工等过程。

1. 场地准备

采用推土机、压路机等地面平整装备将地面平整压实，布置场地要平整，场地地形、地质条件及地耐力应满足格构式跨越架的搭建及使用，产品在使用过程中地面不得出现凹陷、坍塌等现象。

2. 部件安装

安装顺序包括架体安装、就位平台与辅助平台安装、伸缩主臂安装、封网横梁安装等。

3. 封网施工

伸缩对接式跨越架利用链条传动系统进行封网施工，首先两边同时启动动力系统，驱动伸缩臂 1 向前伸出至指定位置；停止后，继续驱动伸缩臂 2 向前，装有凹对接装置的一侧伸缩主臂先行伸出到指定位置，装有凸对接装置的一侧伸缩主臂减挡慢行；当两侧锥端端部距离为 1000mm 时，停止凸对接装置一侧伸缩主臂向前驱动，然后通过观察视频监控系统传递的影像，来判断红外激光射线是否与标靶中心同心；如不同心可通过液压支架上的油缸来调节校正，直到红外激光射线寻到靶心中心；然后继续驱动，实现两侧主臂对接，当对接限位指示灯亮时，对接装置对接完成。

4. 拆除施工

拆除施工顺序与安装顺序相反，首先拆除绝缘网，收缩封网大臂，然后依次拆除就位平台、辅助平台等部件，最后拆除架体。

5. 跨越架施工注意事项

（1）跨越架拆散后由工程技术人员和专业维修人员进行检查。

（2）应检查主要受力结构件的金属疲劳、焊缝裂纹、结构变形等情况，检查各零部件是否有损坏或碰伤等，

对缺陷、隐患进行修复后，再进行防锈、刷漆处理。

二、双臂液压推进型硬封顶格构式跨越架

（一）装备组成

双臂推进式跨越架由架体系统、主臂系统，防护网系统和安全控制系统构成。

（二）施工要点

双臂推进式跨越架施工包括施工准备、地基处理、架体安装、平台安装、门架及液压装置安装、主臂安装、防护网安装、检查验收、放线施工、防护网拆除、主臂拆除、架体拆除、撤场清理等过程。以下以重力式跨越架为例。

1. 施工准备

（1）技术人员根据跨越点情况编写措施，包括制作平断面布置图、确定跨越架选用尺寸和工器具配置等内容。

（2）施工前对全体施工人员进行交底。

（3）工器具到现场后进行全面检查，确保满足施工需要。

2. 地基处理

（1）根据施工方案现场测量放样，确定跨越架安装位置。

（2）清理施工所需范围内的树木杂物，整平压实，使推进侧地面与对接侧地面等高或略高（0～500mm），在跨越架落地处铺垫钢板。

3. 架体安装

（1）在钢板上将 3 节或 4 节抱杆连接成段，两端通过六通连接件与其他方向的抱杆段连接紧固，在地面上拼装成"田"字或"目"字结构。

（2）在地面空地上，将立柱、水平梁所需要的 3 节或 4 节抱杆紧固连接成段，其中六通连接件拼装在水平梁两端，便于就位。

（3）逐根吊装第一层立柱，底部与地面第一层平面结构节点处的六通连接件连接，吊装时附带临时拉线固定。逐根吊装水平梁，安装到对应两根竖直抱杆的顶部并连接，完成地面以上第二层平面结构。紧固螺栓，进行水平度和垂直度测量，如有沉降需调整。

（4）同样逐根吊装第二层的立柱和顶部第二层平面结构，紧固螺栓。

（5）如果高度未达到要求，继续向上吊装，直至完成两侧跨越架架体的安装。

（6）过程中按照要求安装内拉线及接地，其中内拉线一般采用 GJ100 钢绞线＋UT 线立＋两眼板与六通连接件连接。

4. 平台安装

（1）在液压推进侧地面组装就位平台及承重平台，在液压顶升侧拼装顶升平台和挂网平台，根据地形可整体或分段组装，用流动式起重机吊装就位。

（2）安装走台及护栏。

5. 门架及液压装置安装

（1）在就位平台上安装液压推进装置，待支架安装完成后，再在平台安装孔上安装液压泵、操控台及连接油管。

（2）在就位平台上安装就位门架、导向门架；在承重平台前端上安装承重门架和卷绳装置；在对侧跨越架架体顶部安装对接门架。

（3）顶升平台端部安装液压泵、操控台及连接油管，连接电源。

（4）分别启动液压推进和顶升装置，进行空载调试，确保各机构动作正常。

6. 主臂安装

（1）在地面拼接两侧各4节前端主臂标准臂节，整体安装在导向支架和承重支架上。随即调紧侧向滚轮间隙，关闭门架封顶梁并锁紧。

（2）将连接推进小车及油缸的推杆与主臂下端推进孔销接，将卷绳装置绳头绑扎在主臂前端并放松，之后随主臂在推进过程中带出到对侧。

（3）加一节标准节后，启动水平液压推进系统，活塞杆伸出，推动主臂向前推进。将标准臂节推进到位后，分离推杆，缩回活塞杆。

（4）用流动式起重机吊装下一节标准臂节放置在就位门架上，与主臂连接，液压向前推进。重复操作，直至主臂推进超过对侧液压顶升装置约2m处。

（5）启动液压装置顶升主臂端部，消除主臂自重引起的下沉现象。

（6）主臂在托辊上可以左右推动调整位置，保证主臂的平直。

7. 防护网安装

（1）主臂继续水平推进，至挂网平台后，在两个主臂分别安装6个挂网小车。

（2）继续推进穿过可左右移动的对接门架，调直后锁紧。

（3）在挂网平台上，将操作绳与推进侧首个挂网小车连接，小车之间使用6m定长的绳索连接，回收绳与末端小车连接。将两端装上抱箍的铝合金防护梁，逐一吊至挂网小车结构下部并与小车连接。

（4）跨越电力线时防护梁间可不挂防护网。跨越铁路和高铁时，每两根铝合金防护梁之间，需挂设一张迪尼玛防护网。

（5）同步启动两个承重平台上的卷绳装置，带动操作绳将防护网平稳拉出至跨越物上方，调整整平后固定。

8. 检查验收

跨越架安装完成后进行检查验收，主要包含以下方面：

（1）检查跨越架底座有无下沉，架体是否横平竖直，各种距离是否满足要求。

（2）检查是否有缺件、连接是否牢固、防护网系统是否平整。

（3）检查电气装置是否可靠，电缆线、接地等是否满足要求。

（4）检查液压推进和顶升油缸系统的安装、油压油位等是否正常。

（5）检查锁紧装置是否夹紧，开关是否完好。

9. 放线施工

跨越架验收合格后，利用主臂上的操作绳进行导引绳、牵引绳及导地线展放。

10. 防护网拆除

（1）放线施工完成后，用操作绳及回收绳将防护网拉回至挂网平台，在挂网平台上依次拆除防护网、防护梁、挂网小车。

（2）将操作绳挂接在主臂端部，随主臂回收。

11. 主臂拆除

（1）拆除主臂与推进时相反，启动推进系统，逐节回收主臂至就位门架后吊离。

（2）重复上述过程，直至双臂拆除剩余4节臂节，整体吊至地面拆解。

12. 架体拆除

（1）拆除跨越架架体与组装时相反，使用流动式起重机，依次从上至下，先后拆除电缆、液压装置、门架、走台、防护栏杆、各平台、格构式架体至地面，拆散装车。

（2）拆除架体过程中需要依次拆除拉线，并用控制绳控制。

13. 撤场清理

（1）工器具撤离后及时清理施工现场垃圾。

（2）回填施工坑洞，恢复施工现场环境原貌。

14. 注意事项

（1）跨越架施工必须有专人统一指挥。

（2）跨越架底座钢板设置要平整，拉线及接地设置要规范。

（3）搭设过程中需要监测两侧跨越架底部高差，必要时采取调整措施。

（4）推进、顶升操作必须平稳。

（5）主臂在无约束时，以及对接完成后，必须锁紧。

（6）跨越架在拉设或拆卸防护网时，两侧操作绳必须同步。

（7）防护网拉设完后必须拉紧操作绳，两端与主臂固定。

（8）跨越架在安装及使用时，发现异常噪声或异常情况，应立即停车检查。

（9）安装过程中，任何人发出停车信号，都应停车检查。

（10）电器系统保护装置、限位开关等，均不允许随意触动。

（11）保护装置动作后必须停止作业，查找原因，相应手柄必须回到零位位置。

（12）跨越架设计工作风速为六级，能承受的极限大风为十级，因此预报超过六级风天气下不宜跨越施工，跨越施工过程中接到十级以上大风预警时采取上部拆除或全部拆除的措施。

（13）按照说明书，做好跨越架金属构件、液压系统、电气系统、安装装置的每日检查、日常维护和保养等工作。

三、吊桥封闭式跨越封网装置

（一）装备组成

跨越装置由封网系统、提升系统、架体等组成。

（1）封网系统设计有多重安全防护装置，主要有防坠落装置、水平限位装置、提升小车防坠丝杠等。

（2）提升系统包含集中操作台、电动卷扬机、电动绞磨、提升小车等，辅以视频监控装置，实现远距离集中控制。

（3）跨越装置采用 H 形跨越架体，架体自稳定性好，无须外拉线；架体采用格构式抱杆作为基本单元，立柱抱杆规格为 1000mm，横梁抱杆规格为 700mm，大臂标准段为变截面结构。

（二）施工要点

1. 技术准备

（1）根据现场情况，由跨越实施单位对跨越参数进行详细复测，并编制专项跨越施工方案，跨越施工方案应与跨越区段的架线施工互相协调、配合。

（2）专项跨越施工方案应包含"导线断线冲击力计算""跨越架搭设高度、长度和宽度计算""封网大臂长度、倾斜角计算""地耐力计算""放线通过性验算""大臂回收通过性验算""拉线安全距离验算""地锚受力计算"等校核内容。

（3）在特殊地形条件应用跨越装置，应由具有相关资质的单位对架体稳定性和承载力进行校核。

（4）跨越装置安装前，全体施工人员接受技术、安全交底。

2. 机具、安全防护用品准备

（1）施工项目部组织技术、安全、质量各部门，对进场的跨越架及配套工器具、安全防护用品进行检查，合格后方可投入使用。

（2）安装中用到的起重滑车、拉线、钢丝绳套等应进行力学试验（报告在有效期内）、工器具安全评估。

3. 材料准备

（1）对标准节（抱杆）、底座、横梁、拉线拉板、绝缘杆等材料进行清点，对到达现场的各种材料、构件进行外观（弯曲、变形）、数量（是否缺件）、规格、检查，质量不合格者不得使用。

（2）材料运输到位后，分段整齐摆放。对材料要妥善保管，严防偷盗。

4. 现场放样、测量定位

（1）跨越架组立首先应对搭设场地进行平整，清理杂物，然后对跨越装置搭设场地平整夯实，并用水准仪操平，使坡度不大于 5‰。跨越架搭设场地平整、夯实后，必要时应在跨越架落地位置铺设钢板或枕木。

（2）利用经纬仪及卷尺确定底座、卷扬机、地锚、

流动式起重机等位置。

5. 跨越装置安装

（1）方箱及主柱吊装。首先将方箱吊起并就位于底座上方，穿入 M20 螺栓并紧固；之后将一段或若干段已连接好的主柱标准节采用两点绑扎，竖直起吊，将主柱拼接到方箱后，用螺栓固定连接。

（2）横梁吊装。横梁起吊前在地面将中段与上段横梁、六方箱体连接；将横梁与六方箱体连接段安装至主柱上方，将六方箱体与主柱用连接，完成横梁安装。

（3）桅杆吊装。桅杆在地面组装完成后，整体起吊至桅杆顶端连接孔进行连接。

（4）设置架体拉线。

1）桅杆吊装完成后立即在架体内部设置内拉线，通过 UT 线夹调整拉线松紧，使架体整体受力平衡，无歪扭变形。

2）设置桅杆顶部与后方架体横梁的斜拉线。

3）设置后方上层横梁与下层横梁的斜拉线。

6. 垂直导轨安装

在主柱上安装固定腰环，腰环每隔 3m 安装一个，导轨安装时紧贴主柱面，通过侧位法兰与腰环连接，并用螺栓连接固定。

7. 大臂安装

吊装时将大臂分段从架体上方缓慢放入架体内侧，下降至支座后，将下锥段与铰接支座、小车连接。

8. 提升动力系统安装

（1）提升绳索走线。大臂安装完毕，将提升钢丝绳一端锁止在提升小车上端的尾绳挂点处，提升绳从挂点位置经过导轨顶端的滑车转向，再向下引至提升小车上的转向滑车，向上再通过导轨顶端的滑车转向从主柱内向方箱处的转向滑车引入电动卷扬机滚筒，通过电动卷扬机滚筒缠绕后，进入底座的转向滑车，再引至提升小车的下滑车转向下，到底座上的转向滑车向上使钢丝绳最后锁固在提升小车底部的钢丝绳挂点上。

（2）变幅绳索走线说明。变幅绳索一端固定在大臂中部的钢丝绳挂点处，经桅杆顶端顶帽上的滑轮组，通过转向滑车到达大臂顶端的转向滑车后，沿大臂方向引入大臂中部的转向滑车，最后通过桅杆顶部顶帽上的转向滑车后，向下引入电动牵引机。跨越架进行调试前，检查并确认各卷扬机制动装置处于制动状态，确认大臂水平限位装置的接近开关处于工作状态。之后进行以下调整工作：

1）垂直导轨调整。通过卷扬机缓慢提起提升小车，检查提升小车滑轮与轨道结合状态，发现卡阻时利用腰环四周的调整螺钉进行调整。

2）大臂对接。首次对接应以低速运行。大臂对接过程由控制系统程序自动完成，随时观测大臂及提升系统、变幅系统状态，出现异常情况立即停机。

大臂前部下落接近至水平限位装置时，应密切观测大臂与跨越架体上平面之间垂直距离，出现异常立即处理。

四、旋转臂式跨越架

（一）装备组成

旋转臂式跨越架分为可变部分（标准节）、固定部分两部分。可变部分的跨越架柱体结构为标准节，标准节的高度为2m，方形断面，包括组合式基础、标准节、控制台、动力装置（卷扬机）、发电机等装置；固定部分为高铁轨顶以上部分，柱体结构仍为方形断面，在横梁两侧安装两条轨道并在其上装有铺设桥面的行走小车。

旋转臂式跨越架由动力系统、转向系统、调幅系统、拉线和平衡系统、腰箍系统、电气系统和机械部分组成。机械部分包括组合式基础、主立柱、搁柱、桅杆、跨梁、平衡梁、加强型连梁及橡胶托辊、承力桥面、铺设桥面的小车系统等；动力装置包括（卷扬机）、发电机等装置；电气系统主要包括旋转电动机、减速机、离合装置等。

（二）施工要点

1.组合式地基

在跨越设备的四根立柱下方各安装了一组装配式地基。每块地基由四小块组合而成，立柱与地基用螺栓连接，地基板四角设有控制拉线孔，水平与四角地锚连接；每组跨越柱体两地基需精准定位，横纵偏差小于50mm。

2.拉线系统

四根立柱分别设置四方拉线，拉线地锚选用12t级钢板地锚，根据地质有效埋深一般不小于3.5m。ϕ24钢丝绳双层拉线设置，上层拉线对地夹角不大于60°。各卸扣选用12t级，钢丝绳用22号绳卡，不少于4个，间距不小于160mm。

3.旋转跨越架组装

跨越架组装采用50t级轮式起重机，就位方向与被跨越物方向平行。逐节组装，组装顺序为：整平底座—下杆段—下层拉线安装—上杆段—上层拉线安装—连梁—旋转节—桅杆—平衡梁—悬臂根段（装配拉线）—悬臂中段（装配拉线）—悬臂头段（装配拉线）—行走小车。

4.铺设桥面

利用跨梁上的轨道，安装行走小车、承力杆及封网杆，将承力桥面带过被跨铁路，两侧收紧并锚固，完成铺设桥面工作。两组跨梁之间装有8m长金属排管，2m一挡，形成跨越桥的桥面。

5.拆除

跨越设备的拆除与组装时的顺序相反，在铁路部门给定的天窗点进行拆除作业；解开桥面的锚固点，利用小车将承力桥面收回并拆除；旋转主立柱的跨梁与铁路基本平行，用轮式起重机进行拆除。

6.注意事项

（1）每组跨越柱体两地基需精准定位，横纵偏差小于50mm。

（2）地锚埋深需根据土质情况加大埋设深度。

（3）上层拉线对地夹角不大于60°。地形较低时应放远地锚保证拉线夹角。

（4）各部件连接时必须将连接螺栓、销子等装配齐全，紧固到位，并复紧。

（5）水平方向的就位。

1）旋转臂式跨越架是四立柱双门型结构式跨越结构，带桅杆的主柱和搁柱分立于铁路的两边，旋转臂式跨越架的水平转向系统由电机、减速机、旋转齿圈、离合器组成，电动机通过变速机构五级减速，带动跨梁慢速旋转。

2）旋转臂式跨越架采用了离合器脱开动力，用手动的方法，精确控制跨梁旋转移动定位，完成跨梁与搁柱的安装；电动旋转时，电机、离合器的电流通断可以在塔下用电气箱控制，也可通过遥控器在被跨越物对面控制。

（6）垂直方向的就位。跨梁旋至铁路对面与搁柱安装时，垂直方向就位较为困难，调幅系统可以对跨梁在垂直方向上做一定的调整，调幅系统由跨梁-桅杆调幅滑车组、调幅绳、转向滑车、手拉葫芦组成，手扳葫芦可以缩短两调幅滑车之间的距离，从而抬高跨梁端部，方便就位，按适合搁柱的高度调整两调幅滑车之间的距离，完成安装任务。

（7）地锚坑的回填土必须分层夯实，回填高度应高出原地面200mm，表面应做好防水措施。

五、移动式伞型跨越架

（一）装备组成

移动式伞型跨越架由轮式起重机和移动式伞型跨越架本体等组成。

移动式伞型跨越架本体由主承载桁架、封网桁架和旋转俯仰机构等主要部分构成，自带动力机构和电源，通过远程无线遥控操作。本体由高强度钢材制造，通过跨越架底座与轮式起重机吊臂头部连接，由起重机将展开的矩形封网平台举升到工作高度，再旋转到被跨物上方进入工作位置。

（二）施工要点

移动式伞型跨越架使用整体流程如图1-7-3-1所示，包括现场勘察、方案设计、现场施工三大环节。

1.现场勘察

现场勘察是指通过对施工现场进行实地勘察，通过对施工现场环境、路况以及被跨物的实际情况进行勘察，为后续的方案设计、现场场地处理和现场布置等提供参考依据。现场勘察应由项目部组织项目总工、跨越架作业班组长、轮式起重机司机等相关施工技术人员实施并形成勘察结果。

2.方案设计

参照展放导线规格、挡距和高度等数据，结合载荷需求、带电安全距离和安全系数等选择移动式伞型跨越架的型号，同时通过计算得到所需起重机规格和吊臂需举升的高度和角度。结合现场道路和地形条件，编制合适规格的起重机和跨越架专项施工方案。再经计算可得到各相线路详细的吊臂举升高度和角度，在施工作业时

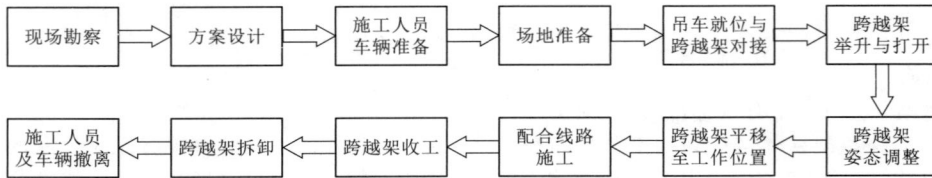

图 1-7-3-1　移动式伞型跨越架使用整体流程

采用专项方案中的吊臂举升高度和角度来进行施工作业。

施工方案完成后，项目部应及时落实"编审批"程序，需专家评审时应按要求评审。方案批准后应及时报监理项目部审批并报业主项目部确认并存档。

3. 道路和现场场地处理

根据不同工程道路和施工环境，结合现场勘察情况，确定道路、场地平整的范围及平整实施方案。在设备进场前完成道路和场地处理并由项目部、安监人员、起重机司机和移动式伞型跨越架操作相关人员现场验收确认。

4. 设备进场架设

（1）设备进场。现场平整完成且验收合格后，移动式伞形跨越架和起重机按照设计指定地点进场就位。起重机按照安规要求布置可靠，准备与移动式伞型跨越架对接。移动式伞型跨越架由配有随车吊的货车运抵施工现场，停靠在设计指定地点。

（2）跨越架与起重机对接。将起重机吊臂调整到平行于地平面且方便与跨越架对接的位置。使用随车吊将跨越架吊起到对接位置。整个对接过程由施工负责人专人指挥，确保安全。吊装过程中需专人拉好跨越架上的牵引绳，防止跨越架吊装过程中旋转撞击，危害设备与人员安全。跨越架底座上的起重机连接脚采用长度和宽度可以调节的结构形式，松开紧固螺钉即可任意调节，可适应各种规格和型号的起重机。连接脚与起重机采用安全插销连接，插好安全插销后必须在插销上扣好安全别针。

（3）跨越架举升、展开与布置。跨越架与起重机连接可靠后，起重机司机缓慢起升大臂，全程听从施工负责人指挥。将起重机大臂起升至适合角度后，再将起重机伸臂至适合高度，使跨越架到达作业高度。在要求高度操作跨越架遥控器将跨越架展开，然后缓慢转动起重机吊臂，将跨越架封网平台移送到指定位置。利用遥控器调整跨越架的俯仰机构，使其基本水平；利用遥控器调整跨越架的旋转机构，使其主承载桁架与施工线路基本垂直；通过微调吊臂，使施工线路位于主承载桁架中间。

5. 跨越施工作业

跨越架正确布置就位后，随即可进行展放导引绳、牵引导线等常规线路作业。进行不同相线路施工时，应根据方案进行吊臂位置和跨越架角度微调以保证跨越架处于最佳保护位置。

6. 跨越架收工

跨越施工完工后，移动吊臂将跨越架撤离跨越点，撤离完成后，操作跨越架遥控器将跨越架收拢，下放吊臂至水平，然后将跨越架从起重机上拆下，吊入运输车辆，驶离施工作业区，完成全部收工作业。

六、系留无人机照明系统

（一）装备组成

系留无人机照明系统由照明无人机系统、系留电源系统、集控平台等组成。

（1）照明无人机系统主要由无人机、机载电源、云台、高亮 LED 灯板、控制器等主要部分组成，通过远程控制器操作，能够独立短时间飞行照明。

（2）系留电源系统主要由防感应电系留线、移动电源箱、操作面板等组成，保障长时间为照明系统供电。

（3）集控平台主要包含多台无人机控制和拓展功能应用，可实现单人同时操控多台照明无人机和诸如通报、监测数据集成及专用通道接入等功能。无人机可选配数据传输模块，实现大跨度数据中继功能，可为没有网络覆盖或指挥通信受限的区域提供数据传输支持和通信对讲保障。

（二）施工要点

系留无人机照明系统施工流程包括明确需求、现场勘察、方案设计、布置起飞平台、现场测试、现场照明作业、过程风险管控和降落撤离等。电网建设照明系留无人机照明系统施工工艺流程如图 1-7-3-2 所示。

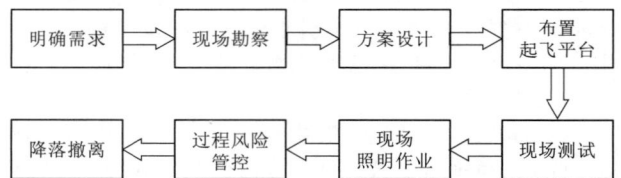

图 1-7-3-2　电网建设照明系留无人机施工工艺流程

1. 明确需求

施工单位明确夜间作业照明需求，主要包括：施工时间段、地点、现场照明亮度要求、现场照明覆盖范围、作业点分布和照明高度要求等。

2. 现场勘察

现场勘察是指通过视频三维还原或激光点云建模技术利用无人机对作业现场进行实景测绘，结合施工现场环境勘察，为照明方案设计、现场装备布设等提供参考依据。项目部相关技术人员需共同参与现场勘察。

3. 方案设计

根据照明需求，以及与邻近带电体安全距离要，通过计算，划定飞行作业区域和禁入红线，结合现场起飞点预选位置，编制系留无人机照明方案。

4. 布置起飞平台

根据施工环境和现场勘察情况，确定起飞点。组织项目部、施工队、作业班组相关负责人及无人机操作人员进行现场交底，并对起飞点周边障碍物进行清理。

5. 现场测试

为保证夜间飞行安全，满足夜间照明，提前与作业班组对接，作业班组将作业需求与无人机操作人员详细沟通，熟悉每一个作业点，不同作业面的施工工序。根据作业对照明保障的需求，设计施飞方案，进行试飞。试飞时，飞控人员需熟悉各工序配合施飞轨迹和时机，使照明范围和照度满足现场安全作业需求。

6. 现场照明作业

作业开始前，起飞无人机，点亮现场，为后续作业人员进场提供照明环境。作业过程中，根据照明需求点的变动，及时调整照明角度以及无人机位置和高度。

7. 过程风险管控

运用系留无人机照明作业过程中，需要注意实时天气变化，遇到雷雨天气时，在请示现场作业负责人，下达人员撤离指令后，启动应急预案。无人机完成脱离系留线作业，使无人机处于空间等电位。同时，启动节能照明模式，在保障作业人员完成高空保险措施，安全撤离后，方可降落无人机；注意发电机油量变化，当长时间连续工作时，通过电源智能监测模块，实时为集控平台提供油量监测信息，当低于警界值时，提示维保人员为发电机及添加燃料。

8. 降落撤离

施工结束后，飞手在确定起降平台平稳，周围无遮挡物的前提下，方可回收无人机。

第四节 导线压接与附件安装关键技术

一、导线多工序自动压接机

（一）装备组成

自动压接机由作业平台、运动模组、液压泵站、电控箱、压钳以及气动夹持顶升装置组成，各个部件间可通过航空插头或液压快速接头快速拆装，方便各种施工环境下的设备运输。

（1）作业平台包括高强度铝合金、铰链和滚轮。作业平台主要应用于耐张线夹高空压接工况中自动压接机、压模以及金具的承载提升和悬挂，以及压接操作人员临时站立。作业平台为了方便板车、索道等运输需要设计为可折叠结构，在吊装使用时必须使用螺栓与自动压接机固定。

（2）运动模组包括高强铝合金、承载轨道、门架导轨、步进机构以及压钳座。运动模组主要用于液压泵站、电控箱和压钳的承载和自动压接过程中的步进执行。

（3）液压泵站包括油箱、无刷电机、油箱、液压泵、电磁换向阀以及液压变送器。液压泵站主要用于实现压接过程中的开、合模控制和超高压的建压、保压功能实现。

（4）电控箱包括防水箱体、嵌入式控制器、工业平板电脑、总控开关、电池以及应急控制手排。电控箱主要用于处理工业平板电脑发送的工艺控制指令，按照逻辑顺序和控制节点分别控制运动模组、液压泵站和气动夹持顶升装置执行指令，实现自动压接。

（5）压钳包括缸体、活塞缸以及压模。压钳主要用于将液压泵站输出超高压液压油转化为开、合模作用力并提供反作用力支撑，实现在目标作用力下的压接。

（6）气动夹持顶升装置包括门架、夹持装置、气泵、气缸以及电磁换向阀。气动夹持顶升装置主要用于固定被压接导线的位置可以使压钳在开模后可自由移动，同时在压模合模时能顶升夹持的中心高度，保障导线压后的直线度。

（二）施工要点

1. 施工准备

（1）设备准备。

1）检查电池电量是否满足施工需求，开机将控制器与设备连接，并检查设备各部件是否运行正常。

2）核实压接管规格、数量，并进行编号。

3）压接管穿管前应去除飞边、毛刺及表面不光滑部分，用清洗剂清洗压接管内壁，清洗后短期内不使用时，应将管口临时封堵并包装。

4）准备好锉刀、钢锯、游标卡尺、钢卷尺、胶带等工器具，游标卡尺精度不低于0.02mm。

5）检查压模型号是否与压接管匹配。

（2）压接参数准备。

1）检查Pad中线型信息（wire-information）文件，需要检查压接金具、压模宽度、叠模宽度以及延展率参数是否正确。

2）线型信息中有多条导线压接信息，在Pad自动压接控制程序里，通过下拉菜单里"绞线类型"显示导线压接信息。如果工程中使用的导线没有列入导线线型信息表，则可自行添加或联系厂家发送扩展导线的压接信息。工程应用时则需要注意的是wide、overlying和ductility参数，分别对应的是钢锚压接的模宽、叠模和延展率，根据工程中实际操作需求可进行修改（一般情况延展率不用改，只需要注意模宽与实际应用的是否相符，叠模是否符合应用要求）。

（3）工程信息准备。对自动压接机的配置文件进行审核，确认Pad中的配置文件与实际施工项目相符。工程信息（project-information）文件需要确认项目名称、分裂数等信息是否正确。

2. 设备安装

（1）液压系统连接。将压钳放置在运动模组上，通过液压快接接头将液压油管与压钳连接，安装液压快速接头时必须将快速接头螺纹拧紧至底部，确保液压油路畅通。分体式还需要将液压油管与自动切剥机构进行连接。

（2）供电连接。在确认电池供电开关关闭状态下，将电池放入自动压接机电池箱，连接电池和设备供电线；分体式将各设备的控制线与控制箱连接，之后将电源箱与液压站的发电机相连。

3. 通信建立

（1）将运动模组、液压泵站的航空接头连接在电控箱上，确认连接无误后开启总控供电开关。

（2）Pad与自动压接机连接。打开Pad上自动压接控制程序，右上角触屏下划，点Wi-Fi图标进行无线连接，屏幕指示灯"绿色"，表示Pad与压接机已无线连接。

4. 压接参数输入

（1）选择导线型号、压接管类型及压接方式。

（2）测量压接管长度、内径、外径等数据，按照App程序提示输入。

5. 导线压接

（1）打开压钳，换上与钢管匹配的压模。

（2）将导线移入压钳内，导线两端固定在支撑架上。

（3）合上压钳，在控制器上操作，移动压钳使压模口与钢管一端齐平。

（4）自动压接。定位：提起压接上模，把导线放入压接机内，装入压接上模，合上两端夹持导线模具，按Pad操作面板上"左移"或"右移"，使压接机移动，当压接模具端面与钢管端面在左侧齐平时，点击"确认"。在压接过程中应注意：压接的钢管应始终保持在模具的中间位置。点击"开始压接"，压接机自动移模，至钢管全部压接完成。

（5）压接完成后，锉掉飞边，用蓝牙连接的数字显示游标卡尺测量对边距，将数据实时录入到控制器中。

（6）用控制器对压后的钢管进行拍照。在屏幕上确定输入数值位置，用游标卡尺测量数值，通过无线传输至Pad。

（7）测量完成，点击"生成报告"。

（8）点击"保存"，提示保存成功，点击"ok"。

6. 数据上传

全部压接完成后在登录界面点击数据上传则可将压接过程中的质量信息和过程照片发送至平台数据库。通过登录界面进入中国电力科学研究院的压接质量平台可查看每根压接管的过程质量信息。

7. 注意事项

（1）自动压接机所用电池输出电压为220V（分体式为24V），设备上电前应检查电池接头处是否绝缘良好。

（2）设备的高电压区应有警示、安全用电标志。

（3）操作人员的二道保护应悬挂在地线光缆上。

（4）高空作业人员应穿绝缘鞋。

（5）进行电源切换的时候，应关闭供电总控（电池供电总控与设备供电总控），再进行接头插拔。

（6）高空自动压接作业时应做必要设备防雨措施。

（7）安装钳头顶盖时，必须使其与钳体完全吻合，

严禁在未旋转到位的状态下压接。

（8）切割导线时线头应扎牢，防止线头回弹伤人。

（9）高空压接时操作平台内机械设备及材料必须固定牢固，防止脱离伤人及设备损失；操作平台与高空临锚钢绳或导线等连接固定必须可靠，并固定在多根线绳上。

（10）高空作业时需对自动压接高空悬挂承载安全系数进行验算。

（11）自动压接的接续管和耐张线夹延展较为充分，在剥线时应按要求预留相应的钢芯长度。

二、电动剥线器

（一）装备组成

电动剥线器主要由剥线器主机、外卡箍、内卡套、对切刀片、充电电池等组成。

电动剥线器动力部分采用无刷电机驱动，扭力强劲，搭配18V、4Ah大容量锂电池，可以使剥线器超长续航；采用正反转无级变速开关，执行机构动作灵活；主机传输部分及切割部分采用不锈钢及铝合金材料，结构坚固，工作可靠。

电动剥线器主机由开关手柄、换向拨杆、电机风扇定刀架、动刀架、导向轴、齿轮箱、直柄、电池等组件构成。

（二）施工要点

（1）根据需要切剥的钢芯铝绞线规格选取符合尺寸的内卡套和对切刀片。

（2）根据需要的剥线长度，将钢芯铝绞线放置在卡套合适位置，固定好锁紧装置。

（3）将卡箍放置于对切刀片之间，保证卡箍上的定位装置曲面与导向轴、刀片与内卡套紧密贴合。只有保证定位装置曲面与导向轴的紧密贴合、刀片与内卡套的紧密贴合，才能使剥线过程顺利、切剥截面平整、延长刀片使用寿命。

（4）操作中换向拨杆拨动至正转方向，按动手柄开关，动刀架沿导向轴移动对钢芯铝绞线进行切剥，直到电机被缓冲堵转自动停止。

（5）将换向拨杆拨动至反转方向，按动开关，动刀架缩回。

（6）使用前须将导向轴两端安装的四个防松盖形螺母适度拧紧，以防盖形螺母过度松动、脱落以至于整机损坏。

（7）日常使用中应按产品使用要求定期润滑、保养设备。

三、间隔棒高空运输测量机

（一）装备组成

间隔棒运输机主要包含行走机构、驱动系统、测量系统等部分。

1. 行走机构

行走机构主要由4个行走轮、2个压紧轮及传动轴组

成。其中行走轮采用内挂胶钢轮，压紧轮采用尼龙轮；运输机机架、传动轴加工有间距调节孔，利用间距调节孔调节间距，以适应不同间距的分裂子导线。应用该运输测量机运输间隔棒时，将 4 个行走轮放在分裂导线最上方两根子导线上，另将 2 个压紧轮从导线下方通过螺纹螺栓将导线压紧。通过行走轮与压紧轮将导线压紧，使装置行走时与导线产生足够滚动摩擦力，同时避免制动时装置与导线打滑。

2. 驱动系统

驱动系统主要由蓄电池、直流电机及减速器构成。蓄电池作为动力源驱动无刷调速电机转动，无刷调速电机通过法兰带动减速器转动，减速器通过平键结构与行走轮传动轴相连，最终驱动行走轮转动。为保证装置在任何工况下可靠制动，减速器采用蜗轮蜗杆机构，该机构传动比大，传动平稳，且具有良好的自锁性，可兼具刹车功能。

3. 测量系统

测量系统主要由测量轮、测量传感器及电子计米器组成，测量轮结构轻小，工作时与导线紧密接触并随装置的行走而转动。传感器将测量轮的转动情况传到电子计米器，电子计米器将传感器的信号转换为位移数字信号。从而实现实时测量装置行走距离的功能，保证间隔棒安装间距测量的准确性。

（二）施工要点

主要包括工作模式选择和操作方法两部分。

1. 工作模式

（1）自由行走模式适用于工作刚开始时，将本装置运输到起始点，此模式下装置无计数功能。

（2）计数行走模式适用于测量间隔棒安装次挡距的工况，该模式下装置可实时测量行走距离。

2. 操作方法

（1）首先要在地面将设备的四个行走轮与导线横向距离调整到间隔棒两根上导线的距离，同时调整计米传感器的轮子，使其和行走轮凹槽成一线，以保证计米数据准确。在四角的吊环上用小绳将设备起吊到最上面两根导线的中间放下，让四个行走轮槽平稳跨骑在导线上。再把夹紧轮支架抬起；导线夹紧螺杆穿过导线夹紧螺栓孔，用锁紧螺母锁紧。

（2）使用机动绞磨整体将一相导线间隔棒起吊至导线下方后，按照右前、左前、左后、右后挂载环顺序，依次循环将每个间隔棒上 $\phi3.5mm$ 迪尼玛绳连接在挂载

环下方的 C 型扣上。

（3）在手机上安装专用 App，打开摄像头电源开关和 4G 网络开关，App 扫码绑定摄像头后，在运输间隔棒过程中可随时通过手机观察导线。摄像头自带拓展内存卡，也可在设备使用完成后将视频拷贝到电脑上观看。

（4）打开电源开关前确认计米开关处于关闭状态，计米开关在开启状态下打开电源开关则设备开始行走，打开电源开关后在电压电量表上确认电量可用。打开电源开关，使用遥控器让设备走到次挡距起始位置，设备行驶距离起始点为计米轮的位置，因此设置第一个次挡距时需减去设备长度的一半（0.35m）。

（5）按下设置键，调整数字调整键到次挡距距离再按复位键（一次设定一个次挡距离），按下计米开关，设备行走至设定距离停止。当操作人员到达设备后，用马克笔在计米轮处画印（间隔棒安装位置）。

（6）间隔棒取下顺序为右后、左后、左前、右前挂载环，依次循环。取下一个间隔棒后，设定下一个次挡距数值。如果下一个次挡距相同直接按下复位键。

（7）用遥控器可以控制设备前进或后退，计米时设备只能前进，吊装设备时一定认准设备上的前进标识。

（8）次挡距的设置。本设备发光管显示定义：小数点前是米、小数点后是分米。

（9）此时数字调整键上下均可按下，分米数字管会闪烁，然后按上下键调整到设定数值（在设置工作前计米开关一定要处于关闭状态）。再按设置键则米数字管会闪烁，按上下键调整到设定数值，再按设置键则十米数字管会闪烁，按上下键调整到设定数值，以此类推。

（10）遇到接续管时，请用遥控行走到接续管前放开压紧轮，用遥控行走过接续管后再重复前面操作。

3. 注意事项

（1）雷雨、大雪、6 级及大风等天气情况或下班时，应将设备从导线上取下；设备使用完成后及时关闭电源，避光、防潮存放；长期不用时应定期对电池进行充放电。

（2）设备在使用过程中发生损坏无法使用时，由于设备为蜗轮蜗杆减速，因此无法依靠人力直接拖动设备在导线上继续行走。应使用迪尼玛绳将设备吊挂在安装于导线上的滑轮下方，运回至铁塔，然后放回地面维修。

（3）设备行驶过程中前方 1m 处不应有人或其他障碍物，设备遇到无法通过的障碍物时，电机堵转 3s，工作电流达到 12A，电机自动停机，设备停止运转。移开障碍物重启设备后，方可正常操作。

第八章

电力电缆土建工程机械化施工

第一节　电力电缆土建机械化施工技术要点

（1）电力隧道机械化施工应根据隧道设计类型、施工工法、现场条件、设备性能、经济和环保等因素确定主要施工筹划，选用合理机械作业并制定详细施工技术方案。施工过程中应严格落实机械化施工技术方案，有计划、有组织、有步骤地开展机械化作业。

（2）电力隧道施工按工程特点和地质条件等因素的不同，其主要施工方法分为盾构法、顶管法、浅埋暗挖法和明挖法。电力隧道构筑应结合具体工程情况选用适用的工法施工。

第二节　盾构法施工关键技术

盾构法是一种全机械化隧道的施工方法，它利用盾构机土仓面板维持开挖面稳定，同时进行隧道的开挖和衬砌作业，从而一次性形成隧道结构。

一、土压平衡式盾构机

（一）概述

电力隧道截面相较于地铁隧道、综合管廊等市政工程尺寸较小，一般选用较小直径的盾构机即可满足电力隧道本体结构施工。一般常用的断面有内径 3.0m、3.5m、5.4m 等。土压平衡式盾构机是在盾构机的前部设置隔板，使土仓和排土用的螺旋输送机内充满切削下来的泥土，依靠推进油缸的推力给土仓内的开挖土渣加压，使土压作用于开挖面以使其稳定。土压平衡式盾构机用于开挖面稳定的剩余泥土通过螺旋输送机运到皮带运输机上，然后输送到轨道上的渣土车内。盾构在推进油缸的推进下向前掘进。盾壳对挖掘出的还未衬砌的隧道起着临时支护作用，承受周围土层的土压以及地下水水压，并把地下水挡在盾壳外。掘进、排土、衬砌等作业在盾壳的掩护下进行。

（1）刀盘是盾构机的掘削机构，其具有切削土体、稳定掌子面、搅拌土仓内渣土的功能。盾构机的刀盘结构形式与工程地质情况有着密切关系，不同的地层应采用不同的刀盘结构形式。土压平衡式盾构机的刀盘常见有两种形式，即面板式和辐条式。面板式刀盘在中途换刀时较为安全，但开挖土体进入土仓时易黏结、堵塞，在刀盘上形成泥饼。辐条式刀盘开口率大，辐条后设有搅拌叶片，不易堵塞；但不能安装滚刀，且中途换刀安全性较差，需要加固土体等措施。

（2）刀盘驱动装置为刀盘切削土体提供动能，其主要方式包括变频电机驱动和液压驱动。变频电机驱动相较于液压驱动具有效率高、噪声小、维护保养容易的特点，但变频驱动部外形尺寸较大。

（3）刀盘的支承方式有中心支承、中间支承和周边支承三种，主要依据盾构直径、土质条件和排土装置等因素选取。中心支承适用于小型直径盾构，刀盘切削下的土体在土仓内流动空间和被直接搅拌的范围大，土体流动顺畅，搅拌混合效果好，不易引起堵塞，开挖面压力较稳定，改善了盾构控制地面沉降的性能。中间支承式结构上较为平衡，主要用于大中型盾构。周边支承方式一般用于小直径盾构，机内空间较大，砾石处理较为容易。

（4）泥浆添加系统和泡沫系统是盾构掘进的调节媒介。对于不同的地质条件，通过添加塑流化改性材料，改善盾构土仓内切削土体的塑流性，既可实现平衡开挖面水土压力，又能向外顺畅排土。

（5）螺旋输送机由出渣筒、液压电动机、螺旋轴、螺旋机闸门组成，是土压平衡式盾构机的排土装置。螺旋输送机主要功能包括：将盾构机土仓内的土体向外连续排出；排土过程中形成密封土塞，防止土仓中的水涌出，保持土仓内土压的稳定；盾构机掘进过程中应增加动态检测土仓内实际土压值与设定土压值，随时调整出土速度，实现连续的动态土压平衡过程。

（6）皮带输送机用于将渣土从螺旋输送机的出渣口转运至停留在轨道上的渣车内。

（7）同步注浆系统作用包括：及时填充盾尾空袭，支撑管片周围岩土体，有效控制地表沉降；凝结的浆液作为盾构隧道的第一道防水屏障，防止地下水或地层裂隙水向管片内泄漏，增强盾构隧道防水能力；为管片提供早期的稳定并使管片与周围岩体一体化，限制隧道结构变形，有利于盾构姿态的控制，并能保证盾构隧道的最终稳定。

（8）盾尾密封系统是盾构正常掘进关键系统，包括铰接密封和盾尾密封，作用在于防止水、土及压注材料从盾尾进入盾构内。

（9）管片拼装机用于隧道内管片拼装，主要包括机械抓取式和真空吸盘式两种类型。

（10）液压系统包括液压电动机主驱动、推进系统、螺旋输送机、管片拼装机及辅助液压系统。

（11）数据采集系统具有采集、处理、储存、显示、评估出现的与盾构有关的数据功能。采用该系统可输出环报、日报、周报等数据，同时对各种参数的设定、测量、掘进、报警进行记录。

（12）导向系统随时掌握和分析盾构在掘进过程的各种轴线参数，主要由激光全站仪、ESL 靶、后视棱镜、中央控制箱、计算机及掘进软件组成，用于连续不断地提供关于盾构姿态的最新信息。

（二）选用原则

（1）刀盘扭矩需考虑切削土壤阻力扭矩、刀盘的旋转阻力矩、刀盘所受推力荷载产生的反力矩、密封装置所产生的摩擦力矩、土仓内的搅动力矩等。

（2）盾构机推力需考虑掘进过程盾壳与周围地层的阻力、刀盘面板推进阻力、管片与盾尾间的摩擦阻力、切口环贯入地层的贯入阻力、转向阻力、牵引后配套台车的牵引阻力。推力必须留有足够余量，一般为总阻力的1.5～2倍。

（3）同步注浆系统能力应考虑每环管片理论注浆量、每推进一环的最短时间、理论注浆能力等。

（4）其他配套机械设备的能力应与盾构机能力相匹配。

（三）施工要点

（1）盾构组装前必须熟知所组装部件的结构、连接方式及技术要求，组装工作应按照盾构机使用说明书组装。

（2）盾构的现场调试包括井底空载调试和试掘进重载调试。空载调试的目的是检查盾构各系统和设备是否能正常运转，包括配电系统、液压系统、润滑系统、控制系统、注浆系统的调试。负载调试的目的是检查各种管线及密封设备的负载能力，通常试掘进时间为对设备负载调试时间。

（3）正式掘进施工阶段采用始发试掘进所掌握的最佳施工技术参数，结合具体地质情况，通过加强施工监测，不断调整参数设置，控制地面沉降。

（4）为确保开挖面稳定，维持土仓压力可通过调整螺旋输送机的转数、主推油缸的推进速度或两者组合控制等。

二、泥水平衡式盾构机

（一）概述

泥水平衡式盾构机是在盾构机的刀盘后侧设置一道封闭隔板，隔板与刀盘间的空间定名为泥水舱。把水、黏土及其添加剂混合制成的泥水经输送管道压入泥水舱，待泥水充满整个泥水舱并具有一定压力，形成泥水压力室；通过泥水的加压作用和压力保持机构，能够维持开挖面的稳定。盾构机推进时，旋转刀盘切削下来的土砂经搅拌装置搅拌后形成高浓度泥水，用流体输送方式送到地面泥水分离系统，将渣土、水分离后重新送回泥水舱。

（1）刀盘是盾构的掘削机构，其具有切削土体、稳定掌子面、搅拌土仓内渣土的功能。刀盘作为盾构机的主要工作部件，在盾构掘进过程中起开挖土体、稳定掌子面、搅拌渣土等作用。

（2）盾体包括前盾、中盾和盾尾三个主要组件。前盾包括开挖舱和气垫舱，开挖舱内的膨润土浆液通过刀盘的转动与其开挖下来的渣土均匀混合，并通过压力对开挖面快速形成"泥膜"从而支撑开挖面的水土压力。气垫舱内充以压缩空气并设定一定压力，用于缓冲开挖舱内的压力波动。盾体内部设有人舱，它是将常压部分和压力舱室连接的通道；通过人舱，可以对刀盘、搅拌器等部件进行维护作业。中盾又称支承环或中体，中盾内布置有推进缸以及支撑管片拼装机的H形架。中盾内设计有楼梯平台，以方便人员通过和设备维护、检修。平台上安装推进油缸的控制阀组、主轴承润滑油脂存储

桶等设备。在中盾盾壳圆周分散布置有径向润滑孔，当需要时可以通过这些预留孔注入膨润土等以减小盾壳与土层间摩擦系数，或实施临时止水。中盾与前盾焊接成整体，分块运输。分块之间通过高强度螺栓连接，用压紧密封条止水。盾尾壳体内设置同步注浆管道和盾尾油脂密封管路。每路注浆管均有单独的压力传感器，并设置有两个清洗口，注浆管路意外堵塞时可以用高压水进行清洗。盾尾后部采用盾尾钢丝刷和钢板束进行密封，盾尾刷之间的每个腔室内设置油脂注入口，可承受盾体外的水压和注浆压力。

（3）主驱动主要部件包括齿轮箱、主轴承、密封支撑、刀盘安装法兰环、密封压紧环、小齿轮、驱动部件和主轴承。

（4）管片拼装机固定在盾尾区域，用于安装衬砌管片。管片拼装机主要由主支撑梁、回转机架、移动机架、管片抓取机构和提升油缸等组成。由单独的液压系统提供动力，通过对液压发动机和液压油缸等执行机构动作的比例控制，可实现拼装管片的纵向移动、径向移动、横向移动、回转、横摇和俯仰动作，使得管片能够快速精确地完成定位并安装。管片拼装机的控制方式有无线遥控和有线控制两种，两种方式都可以对每个动作进行单独灵活的控制，也可协同控制几个动作，控制精度高、安全可靠。管片拼装机驱动方式为液压驱动，液压比例阀可实现无级调速。

（5）物料运输系统主要由管片吊运系统和卸载器组成，卸载器将管片从管片运输车上存储到卸载器上，管片吊运系统将管片从卸载器上转运至管片拼装机拼装区域，完成管片的转运。管片吊运系统主要由行走轨道、行走机构、起升机构、回转机构、抓举机构、电气控制系统等组成，具备管片抓取、回转、带载行走功能。

（6）泥浆管路延伸系统又称换管器，采用软管式，主要由驱动装置、软管、管路托架、微调装置等组成。工作原理是利用软管的可弯曲性补偿延伸过程中所需搭接的管道长度。整个换管器安装在尾部拖车上，管路托架布置在拖车边侧，软管布置在拖车上方。盾构掘进时，泥浆管路延伸系统相对于隧道静止，相对于拖车后退。软管成U形状，由均布的滑盘支撑在拖车上方并滑动。管路托架起着支撑管路和行走的作用，带有行走轮箱和导向轮。轨道两端装有限位块，并在特定位置安装接近开关，以控制换管器的行程。出浆管（较上方的管路）带有微调装置，以便管路对接时微调。

（7）后配套拖车用于布置盾构工作所需的机械、电气、液压等设备。主机通过拉杆与后配套拖车连接，连接销轴为轴销传感器，可测量后配套拖车拉力。拖车之间为连接桥，连接桥跨度区间为管片存放区域。

（8）同步注浆系统是利用盾构配备的注浆泵，通过盾尾的注浆管道将浆液注入开挖直径和管片外径之间的环形间隙。注浆压力可以调节，注浆泵泵送频率在可调范围内实现连续调整，并通过注浆同步监测系统监测其压力变化。控制室可以看到单个注浆点的注入量和注浆

压力信息。随时可以储存和检索浆液注入的操作数据。二次补浆系统配置一套双液注浆系统和一套水泥搅拌罐，专门用于双液注浆止水或者二次补浆。当盾构机掘进至富水地层，极易造成喷涌，因此必须采取二次注浆措施，以阻挡盾尾后方来水。双液注浆设备主要由双液注浆泵、水泥浆搅拌设备、AB液储存罐、管路、阀件等组成，安装在后配套台车上。

（9）盾构机可根据需求安装水循环冷却系统，一般分为内循环和外循环。内循环主要用来冷却刀盘主驱动的减速机、主驱动的齿轮润滑油、空气压缩机、冷却液压泵站、配电柜等。外循环主要用于、内循环水、并给冲洗用水及设备用水等提供水源。外循环水从隧道外引水至拖车尾部，与盾构机的延伸管路连接上，给盾构机供水。拖车上安装有内循环水泵站，保证内循环水的流量和压力。

（10）泥浆环流系统主要由进、排浆泵，进、排浆管路，控制阀门，采石箱，管路延伸机构等组成。进浆泵将地面泥水处理系统配好的泥浆通过进浆管路输送到盾构机开挖掌子面，控制开挖舱压力，以稳定掌子面。排浆泵将携带渣土的泥浆从开挖舱吸出，并输送到地面泥水分离设备进行处理。

（11）压缩空气系统主要由空压机、过滤器、储气罐、三联件、控制阀门及管路等组成。空压机输出的高压气体经过高效过滤器过滤后进入储气罐。盾体、连接桥以及各节拖车均有预留用气接口，供工业用气使用；供给土舱自动保压系统的高压空气须再经过高效过滤器过滤以提高空气清洁度，保证保压系统设备可靠运行。

（12）注脂系统包括三大部分，即主轴承密封系统、盾尾密封系统和主机润滑系统。三部分都以压缩空气为动力源，靠油脂泵气缸的往复运动将油脂输送到各个部位。

（13）盾构机可按需求安装气体检测装置，分别用于检测 O_2、CO_2、CH_4、CO、H_2S 含量，其含量能够在触摸屏和工控机上进行显示，设置有一级报警点和二级报警点，并且配有报警灯和报警喇叭，能够实现自动检测报警的功能。

（14）液压系统为盾构机各主要运动部件提供驱动力并对其动作进行控制。液压系统主要包括推进系统、管片拼装系统、搅拌器系统、辅助系统、注浆系统、冷却过滤系统等，液压系统主泵站位于后配套拖车上，除搅拌器系统外，其他液压系统共用一个封闭式油箱，集中采用一套循环冷却过滤系统对液压油进行冷却过滤。

（二）选用原则

（1）泥水盾构适用于冲击形成的砂砾、砂、粉砂、黏土层；含水率高开挖面不稳定地层；洪积形成的砂砾、砂、粉砂层以及含水率很高、固结松散、易发生涌水破坏的地层。

（2）泥水平衡盾构机能够精确地控制泥水压力，从而减小对地层的干扰，适用于穿越对沉降和隆起极其敏感的建构筑物及河湖等水体下。

（3）泥水平衡盾构机使用液态介质来支撑掌子面达到高封闭压力（$0.4\sim0.5$MPa，在特殊情况下可达到 0.8MPa），特别适用于静水压力较大的情况。

（三）施工要点

（1）泥浆压力与开挖面的水土压力应保持平衡，排出渣土量与开挖渣土量应保持平衡，并应根据掘进状况进行调整和控制。

（2）应根据工程地质条件，经试验确定泥浆参数，对泥浆性能进行检测，并实施动态管理。

（3）应根据隧道工程地质与水文地质条件、隧道埋深、线路平面与坡度、地表环境、施工监测结果、盾构姿态和盾构始发阶段的经验，设定盾构刀盘转速、掘进速度、泥水仓压力和送排泥水流量等掘进参数。

（4）泥水管路延伸和更换，应在泥水管路完全卸压后进行。

（5）泥水分离设备应满足地层粒径分离要求，处理能力应满足最大排渣量的要求，渣土的存放和运输应符合环境保护要求。

三、成槽机

（一）概述

成槽机已成为目前国内地下连续墙成槽的主力设备，根据抓斗的机械结构特点可分为钢丝绳抓斗、液压导板抓斗、导杆式抓斗和混合式抓斗。工作时抓斗在卷扬机的作用下，到达开挖地层；成槽机在液压动力的作用下抓斗闭合，抓斗闭合时以其斗齿切削土体，切削下的土体收容在斗体内，从槽段内提出后开斗卸土，如此循环往复进行挖土成槽。

（二）选用原则

（1）适用于软弱土层，如黏性土、砂性土及砾卵石土等；砾岩、大块石、漂石、基岩等不适用。

（2）掘进深度及遇硬层时受限，会降低成槽工效，需配合其他方法同时使用。

（三）施工要点

（1）使用抓斗成槽，可以单抓成槽，也可以多抓成槽。单抓成槽，即一次抓取一个槽幅；多抓成槽，每个槽幅由三抓或多抓形成。

（2）通常单序抓的长度等于抓斗的最大开度（2.4m左右），双序抓的长度小于抓斗最大开度。

（3）合理安排每个槽段中的挖槽顺序，使抓斗两侧的阻力均衡。

（4）挖槽过程中，抓斗出入槽应慢速、稳当，根据成槽机仪表及实测的垂直度及时纠偏。

（5）槽段划分应综合考虑工程地质和水文地质情况、槽壁的稳定性、钢筋笼重量、设备起吊能力、混凝土供应能力等条件。槽段分段接缝位置应尽量避开转角部位。

四、铣槽机

（一）概述

铣槽机主要由起重设备（履带吊）、铣槽机（铣刀架)、泥浆制备及筛分系统三部分组成。其工作原理是：以动力驱使安装在机架上的两个鼓轮（也称铣轮）向相互反向旋转来削掘岩（土）并破碎成小块；利用机架自身配置的泵吸反循环系统将钻掘出的土岩渣与泥浆混合物通过铣轮中间的吸砂口抽吸出排到地面专用除砂设备进行集中处理；将泥土和岩石碎块从泥浆中分离，净化后的泥浆重新抽回槽中循环使用，如此往复，直至终孔成槽。

（二）选用原则

（1）对地层适应性强，淤泥、砂、砾石、卵石、中等硬度岩石等均可掘削，配上特制的滚轮铣刀还可钻进抗压强度为 200MPa 左右的坚硬岩石。

（2）不适用于存在孤石、较大卵石等地层，需配合使用冲击钻进工法或爆破。

（3）对地层中的铁器掉落或原有地层中存在的钢筋等比较敏感。

（4）铣轮刀可根据不同地层相应选配，其形式主要有标准碳化钨刀齿（平齿）、合金镶钨钢头的锥形刀齿（锥齿）和配滚动式钻头的轮状削掘齿（滚齿）三类，分别适用于最大抗压强度为 60MPa、140MPa 及 250MPa 的岩石挖掘。

（三）施工要点

（1）了解总体施工方案、施工组织设计，获取现场地质资料、地形高程及平面空间布置资料，保证设备及配套设施有足够的作业范围。

（2）铣槽机体积较庞大，完全配置重量可达到 150t 以上，施工转场及行走便道必须具备足够的地基承载力。为防止地基渗水和往复行走造成翻浆冒泥，尽可能修建混凝土便道和施工作业平台。

（3）为防止铣槽工作机架铣槽作业时产生振动和偏移，确保槽孔的垂直度和偏斜误差得到有效控制，并满足槽孔下设钢筋和混凝土浇筑时的承重需要，在铣槽作业前应在待铣削槽孔上端修筑导墙。导墙一般采用钢筋混凝土结构，具体可按照设计要求修筑。

五、门式起重机

（一）概述

门式起重机（又称龙门起重机）是桥架通过两侧支腿支撑在地面轨道上的桥架型起重机。在结构上由门架、大车运行机构、起重小车和电气部分等组成。为了扩大起重机作业范围，主梁可以向一侧或两侧伸出支腿以外，形成悬臂。也可采用带臂架的起重小车，通过臂架的俯仰和旋转扩大起重机作业范围。门式起重机主要用于盾构掘进过程中通过竖井垂直运输渣土和管片等材料。

（二）选用原则

（1）门式起重机的选用应综合结构的跨度、高度、构件重量、吊装工程量和现场条件等因素综合确定。

（2）一般情况下，起重量在 50t 以下，跨度在 35m 以内，无特殊使用要求，宜选用单主梁式。如果要求门腿宽度大，工作速度较高，或经常吊运重件、长大件，则宜选双梁门式起重机。

（三）施工要点

（1）起升、回转、牵引机构的操作动作要柔和、由低速到高速应逐步转换。当门式起重机的吊重还没有到位和停止摆动时，不得用手抓取吊装物，禁止站在吊装物侧面。

（2）在工作中，门式起重机外部尺寸与堆场的货物及运输车辆通道之间应留有一定的空间尺寸，以利于装卸作业。一般运输车辆在跨度内装卸时，应保持与门腿有 0.7m 以上的间距。吊具在不工作时应与运输车辆有 0.5m 以上的间距，货物过门腿时，应有 0.5m 以上的间距。

六、泥水分离设备

（一）概述

泥水分离设备作为目前基础施工中的环保型辅助设备，正越来越多的应用在用泥浆护壁工艺的旋挖钻施工，循环钻进工艺的桩基施工、地下连续墙施工、泥水平衡法盾构施工和泥水顶管施工等产生大量泥浆的工程中。泥浆处理目前主要技术路径为借助振动筛、除砂器（一级旋流器）、除泥器（二级旋流器）进行固液分离和颗粒多级筛分；利用压滤机、离心机对细颗粒泥浆进行固液分离以满足排放标准及渣土一次资源回收。本小节主要介绍泥水分离设备和压滤干化设备。泥水分离设备将泥水经滚动筛进行预处理，去除块状杂质、泥团等大颗粒，该部分可直接外运；二级旋流器对滚动筛处理后的泥浆进一步处理，上溢口处理好的泥浆通过加入新浆液可以调配出满足正常掘进施工所需的泥水指标；下溢口废弃浆液将流入脱水筛进行脱水处理，完成砂土除湿工作处理后的渣土满足土方弃土要求。

（二）选用原则

（1）泥水分离设备选用应遵循泥浆处理量大、占地面积小、消耗电能低的总体要求。

（2）泥浆处理量应与现场泥浆生成量相匹配，减少废浆对环境影响。

（三）施工要点

（1）现场施工作业时应做好电气控制柜绝缘措施。

（2）旋流器可对 0.06mm 以上的固相物进行固液分离，旋流器的底流口应插入至振动筛细筛层的上方，以便其分离出的浓缩浆直接排放到粗筛层上。

第三节　顶管法施工关键技术

顶管法施工借助于顶管工作井内主顶油缸或管道中继间的推力把掘进机从工作井开始顶入土层，并将土方运走，到达接收井后吊起。管道紧随掘进机后克服周围土壤的摩擦力，按设计的轴线埋设在工作井与接收井之间，形成电力隧道。顶管法施工主要包括顶管竖井构筑和顶管隧道掘进两大工序。

一、泥水平衡式顶管机

（一）概述

泥水平衡顶管施工是一种以全断面切削土体，以泥水压力来平衡土压力和地下水压力，利用泥水作为输送弃土介质的机械式顶管作业。基本原理是泥水护壁，在泥水式顶管施工中，要使挖掘面保持稳定，必须向泥水舱注入一定压力的泥水。泥水在压力作用下向土体内部渗透，在开挖面形成一层泥膜。泥水平衡顶管施工主要由泥水平衡顶管机、主顶液压推进系统、泥土输送系统、注浆系统、测量装置、地面吊装设备、电气系统和泥水处理装置等组成。泥水平衡顶管机根据机械构造与工作原理可以分为带面板的泥水式顶管机、偏心破碎泥水式顶管机、锥形泥水式顶管机、多边形泥水式顶管机、浓泥水式顶管机。

（1）切削系统主要是刀盘部分，由盘面、切削刀、渣土搅拌棒、泥水密封等部分组成，其作用是切削工作面、搅拌渣土、维持渣土舱压力平衡等。

（2）动力系统是驱动刀盘旋转机构，由电动机、行星减速机、齿轮减速箱、主轴等部分组成，有多电机和单电机驱动模式，其作用是驱动刀盘旋转，调节旋转速度和驱动力矩。

（3）纠偏系统是顶管机方向控制机构，由纠偏油缸、纠偏液压泵站系统组成，其作用是通过液压力使纠偏油缸伸缩，推动顶管机前筒相对后筒偏转，实现顶管机上下左右偏转，控制顶管机的前进方向。

（4）进水（泥）、排渣系统是顶管机的泥水、渣土输送系统，由进水（泥）系统和排渣系统组成，对于不同类型的顶管机，这个系统结构和布置是不相同的。

（5）操作控制系统是顶管机操作、控制、信号传输显示系统，主要由配电柜、操作台、各系统信号显示传输部分组成。

（6）密封润滑系统是指泥水密封和润滑、动力系统密封和润滑两个部分。泥水密封和润滑部分作用是防止顶管机漏水、进泥沙和减少密封圈的摩擦磨损；动力系统密封和润滑部分作用是防止顶管机内部各系统的动力驱动部分的密封和摩擦磨损。

（7）壳体系统是指顶管机整体外壳部分，其主要作用有挖掘形成型孔、顶管机所有系统支撑安装载体、引导管道铺设、调节控制前进方向、承受土体压力和挖掘推进力等。

（二）选用原则

（1）刀盘和刀排可伸缩泥水式顶管机，具有机械和泥水双重平衡功能，适用于含水量较高的淤泥质土和粉土地层，施工后地面沉降较小。

（2）刀盘不伸缩的泥水式顶管机，其刀盘不能伸缩，刀排可以伸缩。利用刀排伸缩控制进土口的大小，达到控制进土量，最终实现刀盘平衡土压力，适用于含水量较低的硬土层施工。

（3）刀盘和刀排都不能伸缩的泥水式顶管机，主要用泥水仓内的泥水压力以及挖掘面上形成的泥膜来平衡地下水压力和土压力，用刀盘上的开口率大小控制进土量，这类泥水平衡顶管机适应土质范围很窄，通用性不强。

（4）偏心破碎泥水式顶管机，适应土质较为广泛，尤其适用于 1200mm 直径以下的小口径管道施工，利用刀盘旋转过程中与喇叭状进土口之间的间隙不断变化，将渣土中较大粒径的石块挤碎后进入泥水仓。

（5）锥型泥水式顶管机，刀盘后面的当中连有一个前端小、后端大的锥体，在锥体外侧则是一个前端大、后端小呈漏斗状的泥土仓。这种顶管机适用于淤泥、黏土、粉土、砂土、砂砾和含砂卵石的各种土质。

（6）多边形偏心破碎泥水式顶管机，主轴中心间有一定的偏心量 e，泥土仓则是一个呈喇叭状多边形，刀盘在泥水仓内做偏心旋转运动与泥土仓共同对泥块、石块进行破碎。本机具有适应土层范围广，适用于一般泥水平衡顶管机所不能适应的各种黏土。本机具有破碎相当于顶管外径 $1/9\sim1/6$ 粒径、单轴极限抗压强度不大于 40MPa、含量不超过 12% 卵石。

（7）浓泥水式顶管机，浓泥水在挖掘面上可以形成一层不透水的泥膜，特别适用于粗砂和大粒径卵石地层。

（三）施工要点

（1）当掘进机停止工作时，要防止泥水从土层或洞口及其他地方流失，造成开挖面失稳，尤其是在进出洞口阶段，更应防止洞口止水圈漏水。

（2）在掘进过程中，应注意观察地下水压力、泥水仓水压力的变化，并及时采取相应的措施和对策，保持挖掘面的平衡稳定。

（3）在顶进过程中，要注意挖掘面是否稳定，定期检查泥水的浓度和相对密度是否正常，还应检查进排泥泵的流量及压力是否正常。应防止排泥泵的排量过小而造成排泥管的淤泥和堵塞现象。

二、土压平衡式顶管机

（一）概述

土压平衡式顶管掘进机将切削产生的泥渣土通过螺旋机排到机内，然后用专门的泥土压送装置送到地面，土压平衡式顶管掘进机可适用于淤泥土到砂砾土等不同土质。由于土压平衡式顶管掘进机需要安装螺旋机出土，因此其直径不能过小，一般直径在 1200mm 以上。

（1）切削搅拌刀盘布置在顶管机的最前端、泥土舱内。隔舱板把前壳体分为两舱：前面为泥土舱，后面为动力舱。螺旋输送机呈倾斜状安装在隔舱板上，螺旋杆伸到泥土舱内。在隔舱板的中上部两侧开有人孔。在人孔各安装一只隔膜式压力表。

（2）前、后壳体之间由呈"井"字形分布的纠偏油缸连接。后壳体插入前壳体的间隙里有两道密封圈。它能确保在纠偏过程中此间隙里不会发生渗漏。同时，在前、后壳体连接处焊有防偏转装置的插销，有效地防止前、后壳体的相对偏转。

（3）电气控制系统和纠偏油泵均安装在后壳体内，后壳体的左边是电气柜，右边的前部是机内纠偏油泵站，后部是机内操纵台。操作人员通过机内操纵台来操纵和控制顶管机的所有动作。在操纵台的立面板上有一只机内状态显示器和一只数字显示的倾斜仪表，能够清楚地反映出顶管机的工作情况，以及顶管机在顶进过程中所处的水平方向的状态，以便于判断高程纠偏的效果和顶管机的趋势。

（4）切削搅拌刀盘由放射状的刀排在轴套上构成。刀排的前方焊有刀座及刀片，刀排的后方焊有搅拌棒。轴套用花键固定在主轴上。主轴与轴套之间有一组特殊的密封装置，它能确保主轴在工作过程中封住泥土和水，不让其侵入到机内。在轴套的前端焊有一把三角形的中心刀。

（5）主轴安装在主轴箱内，主轴箱固定在隔舱板上。主轴由行星减速器带动。主轴中心处有两路注浆系统：一路注向刀盘中心处，另一路注向刀盘面板。在施工中根据不同的土质确定所注浆液的成分及注入的位置，来改良土质的塑性、止水性、流动性。

（6）螺旋输送机是由减速机带动螺旋叶片旋转，从而实现腹部排土。在排土口处设有一个闸门，此闸门是通过油缸控制开启与关闭。平时应把该闸门关闭，尤其是在操作人员离开操纵台或停顿较长时间时，应该把闸门关闭，以防喷发现象发生。而正常工作时，该闸门应打开。

（7）纠偏系统由液压动力源、控制阀、纠偏油缸及管路等组成。液压动力源所采用的油泵为柱塞泵。安装在阀板上的溢流阀为叠加阀是用以调定系统压力的，其中一组阀是控制螺旋输送机的排土口闸门的，还有四组是控制纠偏油缸的。为了确保在纠偏以后使纠偏油缸的行程不变，在每组纠偏油缸中均安装了液压锁。

（8）测量系统由两大部分组成，其一是安装在前壳体上的测量靶，其二是安装在前壳体内的倾斜仪、土压力表。固定在基坑内的激光经纬仪的激光束照在测量靶上，可用它来判断顶管掘进机的方向，高低偏差及纠偏的效果。倾斜仪也是用来判断前壳体的水平姿态、仰俯状态及偏转的。

（9）机外电气操纵台的立面板主要是仪表显示板、水平面板主要是控制按钮板。在立面板上有数据显示、电源电压表、电流表、换相开关、报警指示等。水平面板上主要控制按钮有：电源的通与断；刀盘的转运、停止；纠偏油泵及油缸的动作；螺旋输送机的动作等。都是通过操纵人员按下相关的按钮来实现的。

（二）选用原则

（1）土压平衡式顶管机排出的土或泥浆不需要再进行泥水分离等二次处理，节省泥水处理场地空间及费用。

（2）土压平衡式顶管施工可以在0.8倍管外径的浅覆土条件下顶进。

（3）针对渗透系数大于 10^{-3}cm/s 的土体，土压平衡式顶管机可以通过加泥的方式把土体改良成不透水性的土。

（三）施工要点

（1）土压力的管理和排土量的控制是控制地表沉降的关键，土压力管理值（即设定土压力）应根据施工土质状况、地下水位、管道埋深等因素初步确定，并根据施工的情况和地表沉降的实测结果，随时进行调整。

（2）在施工中应视土质的情况注入一定量的水或合成泥浆对土砂进行塑流性改良，在粉砂土、砂性土地层中施工，当其黏粒含量小于10％时，应考虑对土进行塑流性的改良。

（3）中继间装置的配置，应根据顶进施工距离、管节的混凝土抗压强度、管壁减磨的效果、注浆的可靠程度等施工因素确定；当顶进阻力达到中继顶进装置最大工作顶力的0.8倍时，应考虑设置。

（4）采用膨润土泥浆减阻润滑，是减小顶进阻力、增长顶距的一种行之有效的方法，施工时，泥浆注入量、压力等参数均应根据施工、地质的不同条件随时调整。

三、岩石顶管机

（一）概述

岩石顶管机大多采用泥水平衡形式。第一，泥水形式顶管机的泥水仓、挖掘面等滚刀及滚刀与岩石的切削面处都浸泡在泥水中，对滚刀等刀具的散热有好处。第二，被滚刀等刀具切削下来的岩石颗粒一般都很小，容易通过排泥管排出。岩石顶管机原理是采用顶管机前端的切削布局进行设计，刀盘上装备有数个高强合金滚刀、贝壳刀等，首先将其前面的岩石、较大的卵石进行第一次破碎，然后再进入刀盘后锥形体和破碎条进行二次破碎，使其卵石或被切削岩石粒径小于3cm后，通过高压砂石泵通过管道将碎屑、泥水输送到井外，掌子面采用高压化学泥浆混同高压水进行平衡，以防地面沉降和隆起。岩石顶管机能够在较为复杂地层中对80MPa以下的岩石、巨卵石、泥质粉砂岩、砂砾层进行破碎。岩石顶管机各系统组成与泥水平衡顶管机类似限于篇幅不再赘述。

（二）选用原则

岩石顶管机适用于强风化岩层、中风化岩层、微风化岩层，以及复合地层，施工过程中维修人员可以进入泥水仓更换切削滚刀，施工前应根据岩层抗压强度选择合适的滚刀。

（三）施工要点

（1）工作人员在施工前应对岩石的实际硬度、地质特征、岩石需要破碎程度、刀具选择以及刀具的研磨性进行分析对滚刀布置进行设计。合理设定刀盘滚刀刀刃间距值；充分发挥二次破碎结构的功能对岩石进行二次破碎。

（2）遇到软硬不均匀岩层，技术人员应结合实际情况进行合理的控制，选择刀盘可伸缩式泥水平衡掘进机，可以实现刀盘与刀架同步伸缩，合理控制刀盘土压力，提升施工速度。

（3）穿越软硬不均地层时，应对顶进速度进行控制，并及时观察排渣的数量，调整刀盘的切削力，避免出现刀具粘连情况。

四、伸缩臂挖掘机

（一）概述

近年来，伸缩臂挖掘机得到了越来越多的应用，因为它能有效兼顾挖掘深度和效率，同时应用场景也有所拓展。将蚌壳抓斗配合伸缩臂斗杆安装在挖掘机上，伸缩臂可以将铲斗伸到30m左右的深度进行开挖，收缩后节省空间，方便机械进出场。

（二）选用原则

（1）基坑开挖面积小，重型机械无法进行坑内作业，此外基坑深度超过长臂挖掘机极限挖掘深度。

（2）基坑土方量大，施工工期紧，需要大幅提升开挖效率。

（三）施工要点

（1）挖掘机进入施工现场前，驾驶员还应先查询作业面地质情况及四周环境内容，挖掘机伸缩臂旋转半径内不得有阻止物，避免对车辆构成划伤或损坏。

（2）设备进行发动后，阻止任何人员站在铲斗内、铲臂上及履带上，确保安全作业。挖掘机伸缩臂在作业中，阻止任何人员在反转半径范围内或铲斗下面作业停留或行走，非驾驶人员不得进入驾驶室内随意操作，并且还不得带培训驾驶员进入，这样可以避免构成电器设备的损坏。

（3）挖掘机伸缩臂驾驶员有必要做好设备的日常保养、检修、维护作业，做好设备运用中的每日记载，发现车辆有效果，不能带病作业并及时对损害位置进行修补。并且还有必要做到驾驶室内洁净和蒸汽，坚持车身表面清洁、无尘土和油污等污渍，并且在结束作业后建议养成擦洗设备的习惯。

五、长螺旋钻机

（一）概述

长螺旋钻机主要由动力头、螺旋钻杆、钻头、立柱、液压步履式底盘、回转结构、卷扬机、操纵室、电器液压系统等组成。在工作状态下，通过操纵液压系统，可实现行走、回转及对位。工作时由动力头驱动螺旋钻杆、钻头旋转，卷扬机控制钻具升降，被钻头切削下的土料由螺旋叶片输送到地面，钻至设计深度提钻成孔。

（二）选用原则

（1）根据地质情况选用合适的钻头，确保钻机能够正常工作。

（2）根据桩径和桩深，选择相应型号的长螺旋钻机。桩深一般不超过24m的情况。

（三）施工要点

（1）桩机进入施工现场，必须掌握现场情况，如有电缆、高压线、油气管道等，桩机必须在危险距离以外施工。

（2）设备必须要由经验丰富的作业人员安、拆。如果有困难时，专门邀请生产厂家技术人员现场指导施工，并配备专职指挥员现场指挥，同时拉设缆风绳保证设备安、拆安全。

（3）钻机就位后应检查钻机是否水平，以保证垂直度不超允许偏差。

（4）为保证桩长检测的准确度，对钻机的标尺、刻画要进行认真复核，并用反光贴条在钻机上进行标注，以利夜间识别。

六、旋挖钻机

（一）概述

旋挖钻机主要用于竖井围护桩成孔及集水井等成孔施工。旋挖机钻机钻进成孔旋挖成孔工艺，首先是通过钻机自有的行走功能和桅杆变幅机构使得钻具能正确的就位到桩位；利用桅杆导向下放钻杆将底部带有活门的桶式钻头置放到孔位，钻机动力头装置为钻杆提供扭矩、加压装置通过加压动力头的方式将加压力传递给钻杆钻头，钻头回转破碎岩土，并直接将其装入钻头内；然后再由钻机提升装置和伸缩式钻杆将钻头提出孔外卸土，这样循环往复，不断地取土、卸土，直钻符合设计深度。

（二）选用原则

（1）依据工程所在地地质情况选取适用旋挖钻机钻头。根据工程需要选择钻机扭矩，确保钻机能够可靠地工作在钻机的高效区，平均进度5m/h以上。

（2）根据桩径和桩深确定旋挖钻机型号。

（3）根据土层情况和地下水情况，选择适当的泥浆参数。

（三）施工要点

（1）施工作业时，保持旋挖钻机钻杆垂直度。

（2）成桩过程采用跳孔施工。

七、多轴搅拌桩机

（一）概述

多轴搅拌桩机有三轴和两轴搅拌桩机。三轴搅拌桩机主要用于竖井止水帷幕三轴搅拌桩施工。三轴搅拌桩机主要由桩机底盘车体、起架系统、立柱系统、升降台、钻杆与钻头组成。桩机同时有三个螺旋钻孔，两边两个进行浆液输送；中间一个为气孔，主要用于松动土体，保证土体与水泥充分搅拌并置换出大量原状土从而提高地基强度。施工时三条螺旋钻孔同时向下施工，两边钻头正旋转，中间钻头反旋转；起钻时两边钻头反旋转，中间钻头正旋转，这样可以充分保证水泥浆液与土体充分搅拌均匀，减少气泡存在，避免桩体沉降。两轴搅拌桩施工则仅利用水泥浆填充在原状土间隙中，不进行土体置换。

（二）选用原则

（1）按照设计桩深、桩截面形状和尺寸等进行设备选型，包括桩机型号、桩架高度、加接次数、钻杆组合等。

（2）三轴搅拌桩机械及附属设施安装时间较长，且机械及附属设施需要工作场地较大，机械选用时应综合考虑场地条件和工期安排等情况。

（3）三轴搅拌桩主要适用于处理淤泥、淤泥质土、泥炭土和粉土土质。

（三）施工要点

（1）在动力头上连接钻杆时，必须一节一节安装，不允许在地面上加长连接后再吊起，会造成钻杆弯曲变形。

（2）下钻过程中一定要观察手动控制盒上的电流表指示值，如果连续在高位震荡，同时钻杆处伴有冲击、震动和异常响声，说明钻头处遇坚硬异物，应停机检查并排除异物。

八、高压旋喷桩机

（一）概述

高压旋喷桩机主要用于竖井止水帷幕中高压旋喷桩施工。高压旋喷桩施工是利用射流作用切割掺搅地层，改变原地层的结构和组成，同时灌入水泥浆或复合浆形成凝结体，借以达到加固地基和防渗水的目的。高压旋喷单管法主要喷射高压浆液。高压旋喷双管法是浆液和压缩空气分别输入二重管内两个互不串通的管道，使压缩空气从喷头外的环状喷嘴喷出，而形成环状射流，包围在高压浆液喷射流的外侧。高压旋喷三管法同时利用高压泵输送清水、空气压缩机输送空气、泥浆泵输送浆液。

（二）选用原则

（1）施工占地少、振动小、噪声较低，但容易污染环境，成本较高。采用旋喷桩机施工应结合场地条件、造价等方面综合考虑。

（2）受土层、土的粒度、土的密度等因素影响，可广泛应用于淤泥、淤泥质土、黏性土、粉质黏土、粉土、砂土、黄土及素填土等多种土层。

（三）施工要点

（1）旋喷前须检查高压设备和管路系统，其压力和流量表必须满足设计要求。下管前必须检查注浆管路是否畅通，接头密封是否良好。

（2）当喷管插入预定深度后，由下而上进行喷射作业，喷射注浆时要注意，待估算水泥浆的前锋已流入喷头后（一般2～4s）方可开始提升注浆管。

（3）喷射注浆孔与高压泵距离不能过长，防止高压软管过长，沿程压力损失增大，造成实际喷射压力降低。

（4）喷射结束后，若发现浆面下降应立即在喷射孔内进行静压充填，直至浆液面不再下流为止。

九、泵吸反循环钻机

（一）概述

泵吸反循环钻机是直接利用砂石泵的抽吸作用使钻杆内的水流上升而形成反循环；用于竖井灌注桩或降水井、疏干井成孔施工。

（二）选用原则

（1）泵吸反循环钻机适用于地下水位较高的软、硬土层，如淤泥、黏性土、砂土、软质岩等土层。

（2）泵吸反循环钻机适用于直径0.8m及以上大口径钻孔施工。

（三）施工要点

（1）启动砂石泵，待反循环正常后，才能开动钻机慢速回转下放钻头至孔底；开始钻进时，应先轻压慢转；待钻头正常工作后，逐渐加大转速，调整压力，并使钻头吸口不产生堵水。

（2）钻进时应认真观察进尺和砂石泵排水出渣的情况；排量减少或出水中含钻渣量较多时，应控制进尺速度，避免因循环液比重太大而中断反循环。

（3）钻进参数应根据地层、桩径、砂石泵的合理排量和钻机的经济钻速等加以选择和调整。

（4）在砂砾石、砂卵石、卵砾石地层中钻进时，为避免钻渣过多，卵砾石堵塞管路，可采用间断钻进、间断回转的方法来控制钻进速度。

（5）加接钻杆时，应先停止钻进，将钻具提离孔底80～100mm，维持冲洗液循环1～2min，以清洗孔底并将管道内的钻渣排净，然后停泵加接钻杆。

（6）钻进时如孔内出现塌孔、涌砂等异常情况，应立即将钻具提离孔底，控制泵量，保持冲洗液循环，吸除塌落物和涌砂；同时向孔内输送性能符合要求的泥浆，保持水头压力以抵制继续涌砂和塌孔，恢复钻进后，泵排量不宜过大以防吸塌孔壁。

（7）合理埋设孔口护筒，护筒上口高出地下水位的高度，应按水头高度设置要求控制，护筒底口及外侧应用黏土夯实，不渗不漏不垮。

第四节 浅埋暗挖法施工关键技术

一、桥式起重机

（一）概述

桥式起重机是横架于竖井上空进行物料吊运的起重设备。由于它的两端坐落在高大的水泥柱或者金属支架上，形状似桥。桥式起重机的桥架沿铺设在两侧高架上的轨道纵向运行，可以充分利用桥架下面的空间吊运物料，不受竖井洞口的影响。桥式起重机工作特点是做间歇性运动，即在一个工作循环中取料、运移、卸载等动作的相应机构是交替工作的，作业稳定、起重量大，可在特定范围内吊重行走，但必须保证轨道顺直平滑。起重机配套使用钢丝绳品种包括磷化涂层钢丝绳、镀锌钢丝绳和光面钢丝绳。

（二）选用原则

龙门架因厂家不同，同规格设备技术参数不尽相同，现场需根据竖井尺寸、物料重量、等选择。

（三）施工要点

（1）基础牢固、制动装置齐全有效、防脱装置齐全，限位装置有效。

（2）定期保养，检查钢丝绳有无开股、断股、变形等。

二、注浆机

（一）概述

注浆机主要为注浆泵采用压缩油液或压缩空气为动力源，通过油缸或气缸和注浆缸较大的作用面积比，从而以较小的压力便可以使缸体产生较高的注射压力。注浆机通常用于浅埋暗挖法施工超前导管注浆和初衬锚喷混凝土背后注浆。

（二）选用原则

（1）对于压力和排量的选择主要依据注浆机所使用的环境，一般会依据使用地形地区特点进行。隧道注浆一般为压密注浆及锚杆孔注浆。注浆压力在 5MPa 以下，排量在 30～60L/min 为宜。

（2）注浆设备主要使用电动机和柴油机进行动力输出。电动机使用成本低，启动扭矩大，日常维护也较为简单。电动机的使用需要依赖电力，因此使用电动机需要有完善的电网或者要有发电机供电，因此部分电力不发达或者电网建设不完善的地区不适合使用电动机。而柴油机不受到地区、电压等因素的影响，但同时柴油机也存在运营成本高、日常维护的费用较高，启动的扭矩较小的缺点。

（3）在安装方式的选择上，一般是依据地区特点进行安排。较大直径的柱塞泵较适合立式安装，结构紧凑，也便于运输；卧式安装就适用于非大直径柱塞泵，装配较为便利。

（三）施工要点

（1）注浆前应全面检查注浆设备与材料，包括注浆泵，拌浆储浆系统，高压压浆管，压力表等，注意正式注浆后勿随意中断，力求连续作业，以保证注浆质量。

（2）应按设计注浆压力和注浆量自下而上压浆提升，注浆管拔管高度为 0.33m。

（3）注浆采用注浆量与注浆压力双控原则，以注浆量为主，压力为辅。当注浆量达到设计要求，终止注浆；当压力表的压力骤然上升，超过设计压力，终止注浆，如注浆压力达不到 80%，应重新钻孔注浆。

三、二衬台车

（一）概述

二衬台车是隧道施工过程二次衬砌中的专用设备，用于对隧道内壁的混凝土衬砌施工。二衬台车主要有简易衬砌台车、全液压自动行走衬砌台车和网架式衬砌台车。电力工程一般采用边顶拱式二衬台车。二衬台车一般设计为钢拱架式，使用标准组合钢模板，可不设自动行走，采用外动力拖动，脱立模板全部为人工操作，劳动强度大。该类衬砌台车一般用于短隧道施工，特别是对于平面和空间几何形状复杂、工序转换频繁、工艺要求严格的隧道混凝土衬砌施工，其优越性更明显。有的

二衬台车也采用整体钢模板，但脱立模仍然采用丝杆千斤，无自动行走，该类台车一般采用混凝土输送泵车灌注。简易衬砌台车普遍采用组合钢模板，组合钢模板一般为薄板制作，在设计过程中应考虑钢模板的刚度，所以钢拱架的榀间距不宜过大。如果钢模板长度为 1.5m，则钢拱架的榀间距平均应不大于 0.75m，且钢模板的纵向接头应设在榀与榀之间，以便于安装模板扣件和模板挂钩。

（二）选用原则

（1）根据隧道结构尺寸、主桁架净空尺寸、附着振动器位置选择。

（2）根据通风施工环境、台车移动方式、模板支撑方式选择台车。

（三）施工要点

（1）隧道二次衬砌，每循环衬砌浇筑前，对上一组衬砌接缝处的混凝土凿毛、清洗，并刷一层水泥浆以使新旧混凝土接合良好。

（2）浇筑拱墙混凝土时，应由下向上对称浇筑，先拱墙底部，再拱墙腰部，最后进行拱顶浇筑，两侧同时或交替进行。拱部先采取退出式浇筑，最后用压入式封顶。

（3）浇筑过程中应严格控制混凝土的下落高度，混凝土的自由下落高度不超过 2m，以防止灌筑过程中混凝土产生离析。

（4）保证混凝土浇筑的连续性。

（5）平板振捣器固定点均匀排布。

四、钢筋调直机

（一）概述

钢筋调直机工作原理是在电动机的作用下，皮带传动使调直筒高速旋转，通过调直筒的钢筋被调直，钢筋表面的锈皮也一并去除。由电动机通过另一对减速皮带传动和齿轮减速箱，一方面驱动两个传送压辊，牵引钢筋向前运动；另一方面带动曲柄轮，使锤头上下运动。当钢筋调直到预定长度，锤头锤击上刀架，将钢筋切断，切断的钢筋落入受料架时，由于弹簧作用，刀台又回到原位，完成一个循环。

（二）选用原则

根据所需调直的材料材质和直径，可选择不同的钢筋调直机。大部分的钢筋调直机是通过变频器驱动放线架实现的，也有部分是通过双变频控制，甚至直接通过调直环节的丝线张力牵伸送进钢筋调直机。

（三）施工要点

（1）钢筋调直机进场安装后，开机前，应检查设备电气线路及各部件连接是否可靠，各传动部分是否灵活，确认无误后方可进行试运转。

（2）开机前检查确认正常后，启动试运转，检查轴承、锤头、切刀或剪切齿轮等工作是否正常。齿轮啮合是否良好，待确认无异常状况后，方可进行调直作业。

（3）料架、料槽应安装平直，对准导向筒、调直筒

和下切刀孔的中心线，机械上不得堆放物件。

（4）按调直钢筋的直径，选用适当的调直块及传动速度。调直块直径应比钢筋直径大 2.5mm，曳引轮槽宽与所调直钢筋直径相同。经调试合格，方可送料。对长度短于 2m 或直径大于 9mm 的钢筋，应选用低速。

（5）在调直块未固定、防护罩未盖好前不得送料。作业中严禁打开各部防护罩及调整间隙。

（6）当钢筋送入后，手与曳轮必须保持一定距离，不得接近。

（7）送料前应将不直的料头切去，导向筒前应装一根 1m 长的钢管，钢筋必须先穿过钢管再送入调直前端的导孔内。

（8）圆盘钢筋放入圈架应稳，如有螺丝或钢筋脱架，必须停机处理。进行调直工作时，不允许无关人员站在机械附近。

（9）作业后，应松开调直筒的调直块并回到原位，预压弹簧也应回位。清洁设备，定期加润滑油。

五、钢筋切断机

（一）概述

钢筋切断机是一种剪切钢筋所使用的工具，有全自动钢筋切断机和半自动钢筋切断机之分。它主要用于土建工程中对钢筋的定长切断，是钢筋加工环节必不可少的设备。与其他切断设备相比，具有重量轻、耗能小、工作可靠、效率高等优点，因此在机械加工领域得到了广泛采用，在国民经济建设进程发挥着重要的作用。

（二）选用原则

（1）钢筋切断机正确选择的原则是机架刚度要大，能经受住较大冲击荷载。

（2）驱动性能要好，包括电机容量、传动件的强度、飞轮的大小。

（3）切断次数要合理，连杆导程要适中，润滑要充分。

（三）施工要点

（1）接送料的工作台面应和切刀下部保持水平，工作台的长度可根据加工材料长度确定。

（2）启动前，应检查并确认切刀无裂纹、刀架螺栓紧固、防护罩牢靠。然后用手转动皮带轮，检查齿轮啮合间隙，调整切刀间隙。

（3）启动后，应先空运转，检查各传动部分及轴承运转正常后，方可作业。

（4）机械未达到正常转速时，不得切料。切料时，应使用切刀的中、下部位，紧握钢筋对准刃口迅速投入，操作者应站在固定刀片一侧用力压住钢筋，应防止钢筋末端弹出伤人。严禁用两手分在刀片两边握住钢筋俯身送料。

（5）不得剪切直径及强度超过机械铭牌规定的钢筋和烧红的钢筋。一次切断多根钢筋时，其总截面面积应在规定范围内。

（6）剪切低合金钢时，应更换高硬度切刀，剪切直

径应符合机械铭牌规定。

（7）切断短料时，手和切刀之间的距离应保持在 150mm 以上，如手握端小于 400mm 时，应采用套管或夹具将钢筋短头压住或夹牢。

（8）运转中，严禁用手直接清除切刀附近的断头和杂物。钢筋摆动周围和切刀周围，不得停留非操作人员。

（9）当发现机械运转不正常、有异常响声或切刀歪斜时，应立即停机检修。

（10）作业后，应切断电源，用钢刷清除切刀间的杂物，进行整机清洁润滑。

（11）液压传动式切断机作业前，应检查并确认液压油位及电动机旋转方向符合要求。启动后，应空载运转，松开放油阀，排净液压缸体内的空气，方可进行作业。

（12）手动液压式切断机使用前，应将放油阀按顺时针方向旋紧，切割完毕后，应立即按逆时针方向旋松。作业中，手应持稳切断机，并戴好绝缘手套。

六、钢筋弯曲机

（一）概述

钢筋弯曲机的工作原理是一个在垂直轴上旋转的水平工作圆盘，把钢筋置于规定的位置，支承销轴固定在机床上，中心销轴和压弯销轴装在工作圆盘上，圆盘回转时便将钢筋弯曲。为了弯曲各种直径的钢筋，在工作盘上有几个孔，用以插压弯销轴，也可相应地更换不同直径的中心销轴。适用于钢筋工程上各种普通碳素钢、螺纹钢等加工成工程所需的各种几何形状。

（二）选用原则

结合伺服电机、数控系统及是否有伸缩功能进行选择，伺服电机和数控系统是整个机械的核心，具有可伸缩功能能够减少钢筋不必要的钢筋浪费。

（三）施工要点

（1）机械安装时必须注意机身的安全接地，电源不允许直接接在按钮上，应另装铁壳开关控制电源。

（2）使用前检查机件是否齐全，所选移动齿轮是否与弯曲钢筋直径机的转速一致，牙轮啮合间隙是否适当，固定铁楔是否紧密牢固，以及检查转盘转向是否和倒顺开关方向一致。并按规定加注润滑油脂。检查电气设备绝缘接地线有无破损、松动。并经过试运转，认为合格方可操作。

（3）操作期间，要弯曲的钢筋端部应牢固安装在转盘固定端之间的间隙中，另一端紧靠机身固定镦头，用一手压紧，必须注意机身镦头确实安在挡住钢筋的一侧，方可开动机器。

（4）更换转盘上的固定头，应在运转停止后再更换。

（5）严禁弯曲超过机械铭牌和用于吊装索具的吊钩规定直径的钢筋。如弯曲未经冷拉或带有锈皮的钢筋，必须戴好防护镜。弯曲低合金钢等非普通钢筋时，应按机械名牌规定换算最大限制直径。

（6）转盘倒向时，必须在前一种转向停止后，方许

倒转。当切换开关时，您必须在中间挡位等待停车，不得立即拨反方向挡。运转中发现卡盘颤动，电机发热超过名牌规定，均应立即断电停车检修。

（7）弯曲钢筋的旋转半径内，机身没有固定的机头，因此无法站立。弯曲的半成品应码放整齐，弯钩一般不得上翘。

（8）弯曲较长钢筋，应有专人帮扶钢筋，助手应根据操作员的命令手势进出，不得任意推送。

（9）下班后清洁工作场所和机身，缝坑中的积锈应用手动鼓风器吹掉，禁止用手指抠挖。

第五节　明挖法施工关键技术

一、锚杆钻机

（一）概述

锚杆钻机是土层锚杆支护中的钻孔设备，其主要类型包括锚杆钻机按结构分为单体式、钻车式、机载式；按动力分为电动式、气动式、液压式；按成孔方式分为旋转式、冲击式及旋转冲击式。

（二）选用原则

（1）锚杆钻机工作时转矩与推进力应相匹配。

（2）为锚杆钻机提供足够的风压和风量。

（3）通水压力应与通水管耐压强度相匹配。

（三）施工要点

（1）钻机操作工必须经过培训，考试合格，持证上岗。

（2）钻孔前，根据设计要求和地层条件，定出孔位、做出标记；锚杆钻孔不得扰动周围地层。

（3）启动钻机前，操作人员应通知所有人员注意安全，仔细检查电路电缆，检查漏电保护装置状态，检查钻机稳固，只有在确认人员和设备都安全后，方可启动钻机运转。

（4）开眼位时，钻杆转速不宜过快，当钻进孔眼30mm左右时，方可逐步加快转速进入正常孔作业。

（5）钻机钻孔过程中，应有专职安全员跟班作为；钻孔时不准用戴手套的手去试握钻杆。

（6）钻机钻孔过程中，钻机前方严禁站人，操作人员应在钻机的侧面，严禁操作人员正对钻杆操作。

（7）钻机工作时，钻机必须平稳牢固，防止倒下伤人。

（8）操作人员随身衣物应合身并束紧，以免缠上钻机的运动部件而对肢体造成损伤。

（9）液压系统中溢流阀和功能阀组不能随意调整压力。如确需重新调定时，必须由专业技术人员或经过专业培训的技术工人严格按照说明书要求调定钻机工作压力。

（10）钻机液压系统不得在泄漏下运转，当液压油有泄漏时，应及进行维修处理。

（11）钻孔到位后，减慢钻杆转速，使钻机平稳地撤出作业孔，停机不用时应切断电源。

二、混凝土喷射机

（一）概述

混凝土喷射机是一种用于混凝土喷射作业的施工机械，通过喷射混凝土与锚杆或土钉合成一体共同起支护作用的地层支护。因由两种材料组成而不仅具有喷射混凝土支护的特点，而且兼有锚杆支护加固围岩的组合梁作用、悬吊作用和挤压加固作用，由此大大增强地层的整体性和承载能力。

（二）选用原则

（1）与工程量的大小和工期的长短相适应。电缆隧道喷射混凝土的工程量一般不大，可选用小型移动式混凝土喷射机。

（2）满足输送距离的要求。若施工输送距离较远，工作风压较低，则适合干式混凝土喷射机。

（3）当喷射工作面有渗水或潮湿基面时，宜选用干式混凝土喷射机。

（三）施工要点

（1）喷射作业前，应由专人仔细检查管路、接头等，防止喷射时发生因软管破损、接头脱开等引起的事故。喷射作业中，应经常检查出料弯头、输料管和管路接头等有否磨薄、击穿或松脱现象，发现问题，应及时处理。喷射作业时，喷嘴不得对人，在喷射前方不得站人。

（2）喷射混凝土作业应采用分段、分片、分层依次进行，喷射顺序应自下而上，分段长度不宜大于6m。喷射时先将低注处大致喷平，再自下而上顺序分层、往复喷射。

（3）喷射混凝土分段施工时，上次喷混凝土应预留斜面，斜面宽度为200～300mm，斜面上需用压力水冲洗润湿后再行喷射混凝土。

（4）分片喷射要自下而上进行并先喷骨架与壁面间混凝土，再喷两骨架之间混凝土。边墙喷混凝土应从墙脚开始向上喷射，使回弹不致裹入最后喷层。喷射操作手应戴好防护面具，并应站在与受喷面垂直部位操作，以防回弹物伤人。

（5）分层喷射时，后一层喷射应在前一层混凝土终凝后进行，若终凝1后再进行喷射时，应先用风水清洗喷层表面。一次喷混凝土的厚度以喷射混凝土不滑移不坠落为度，既不能因厚度太大而影响喷混凝土的黏结力和凝聚力也不能太薄而增加回弹量。

（6）喷射速度要适当，以利于混凝土的压实。风压过大，喷射速度增大，回弹增加：风压过小，喷射速度过小，压实力小，影响喷混凝土强度。因此在开机后要注意观察风压，起始风压达到0.5Pa后，才能开始操作。

（7）喷射时使喷嘴与受喷面间保持适当距离，喷射角度尽可接近90°以使获得最大压实和最小回弹。喷嘴与受喷面间距宜为1.5～2.0m。

三、钢板（管）桩机

（一）概述

钢板（管）桩沉桩机械设备种类繁多且应用均较为广泛常用的沉桩机械主要有冲击式打桩机械、振动打桩机械、静压沉桩机械等。

（二）选用原则

打桩机械及工艺的确定受钢板（管）桩特性、地质条件、场地条件、桩锤能量、锤击数、锤击应力、是否需要拔桩等因素影响，在施工中需要综合考虑上述多种因素，以选择既经济又安全的机械设备，同时又能确保施工的效率。选用原则及优缺点对比见表1-8-5-1钢板桩机选型表。

（三）施工要点

（1）在钢板（管）桩施工之前应对周边管线进行调查、探测及样沟开发，确保施工影响范围内无管线后方可实施。同时应对施工场地地表土进行清理、平整。

（2）钢板（管）桩打入前，应在设计位置设置坚固的导向桩和足够强度的支撑框架并将安设板（管）桩的打入位置标示在导向框架上，以确保板（管）桩的稳定和准确合拢。

（3）插打钢板（管）桩前应对履带吊、振动锤及其配套机具设备、绳索等性能进行全面检查，经试验、鉴定合格后方可施工（钢丝绳应严格按国家规定的报废标准检查）。

（4）机械设备应设专人操作。钢板（管）桩起吊，应听从信号指挥。作业时，应在钢板（管）桩上挂好溜绳及保险绳，防止起吊后急剧摆动和钢板桩突然脱落。

（5）吊起的钢板（管）桩未就位前，插桩桩位处不得站人。在桩顶作业，应挂吊篮、爬梯，作业人员必须戴好安全帽，系好安全带。

表1-8-5-1　　　　　　　　　　　　　钢板桩机选型表

机械类别		冲击式打桩机械			压桩机	振动锤
		蒸汽锤	柴油锤	落锤		
钢板桩型	型式	除小型板桩外所有板桩	除小型板桩外所有板桩	所有形式板桩	除小型板桩外所有板桩	所有形式板桩
	长度	任意长度	任意长度	适宜短桩	任意长度	很长桩不适合
地层条件	软弱粉土	不适	不适	合适	可以	合适
	粉土、黏土	合适	合适	合适	合适	合适
	砂层	合适	合适	不适	可以	可以
	硬土层	可以	可以	不可以	不适	不可以
施工条件	辅助设备	规模大	规模大	简单	规模大	简单
	发音	较高	高	高	几乎没有	小
	振动	大	大	小	无	大
	贯入能量	一般	大	小	一般	一般
	施工速度	快	快	慢	一般	一般
费用		高	高	便宜	高	一般
工程规模		大工程	大工程	简易工程	大工程	大工程
其他	优点	打击时可调整	燃料费用低、操作简单	故障少，改变落距可调整锤击力	打拔都可以	打拔都可以
	缺点	烟雾较多	软土启动难、油污飞溅	容易偏心锤击	主要适用于直线段	瞬时电流较大或需要专门液压装置

（6）钢板（管）桩槽凹部位应清扫干净，锁口应先进行修整或试插；组拼的钢板（管）桩组件，应采用坚固的夹具夹牢，起吊时，用绳索拴牢，挂钩应封钩；钢板（管）桩吊环的焊接，应由专人检查，必要时应进行试吊。严禁将吊具拴在钢板桩夹具上或捆在钢板桩上进行吊装。

（7）打桩阻力过大不易贯入。一是在坚实的砂层或砂砾层中打桩，桩的阻力过大；二是钢板桩连接锁口锈蚀、变形，致使板桩不能顺利沿锁口而下。对第一种原因，需在打桩前对地质情况做详细分析，充分研究贯入的可能性，在施工时可伴以辅助沉桩办法，不能用锤硬打。对第二种原因，应在打桩前对板桩逐根检查，有锈蚀或变形的及时调整。还可在锁口内涂以油脂，以减少阻力。

（8）钢板桩机向行进方向倾斜。在软土中打板桩时，由于连接锁口处的阻力大于板桩周围的土体阻力，形成一个不均衡力，使板桩向前进方向倾斜。这种倾斜要尽早调整，可用卷扬机钢索将板桩反向拉住后再锤击，或可以改变锤击方向。当倾斜过大，靠上述方法不能纠正时，可使用特别的楔形板桩，达到纠偏的目的。

（9）沉桩过程中将相邻钢板桩向下带入。这种现象常发生在软土中打板桩，当遇到了不明障碍物、孤石或板桩倾斜等情况时，板桩阻力增加，便会把相邻板桩带入。可以按下列措施处理：不是一次把板桩打到标高，留一部分在地面，待全部板桩入土后，用屏风法把余下部分打入土中；把相邻板桩焊牢在围檩上；数根板桩用型钢、夹具连在一起；在连接锁口上涂以黄油等油脂，减少阻力；运用特殊塞子，防止土砂进入连接锁口；板桩被带入土中后，应在其顶部焊以同类型的板桩以补充不足的长度。

四、装载机

（一）概述

装载机是一种广泛用于各项土建工程中的土石方施工机械，它主要用于铲装土壤、砂石、石灰、煤炭等散状物料，也可对矿石、硬土等作轻度铲挖作业。

（二）选用原则

（1）主要依据作业场合和用途进行选择和确定。一般在城市进行作业时，多选用轮胎装载机配防滑链。

（2）动力一般多采用工程机械用柴油发动机。

（三）施工要点

（1）装载机司机必须持证上岗，操作技术合格，服从现场负责人指挥。

（2）出车前，司机要检查各种操作手柄是否正常工作，制动器是否灵敏有效，安全措施是否齐全、完好，对发现的故障要及时排除。

（3）装载机进入现场前，司机要同指挥人员勘察现场，选择安全停车位置，尤其注意作业现场上空的高压线，地下的暗沟、暗涵等建筑设施。

（4）装载机作业前，检查各工作机构是否正常，检查作业现场周边环境有无妨碍装载机作业的障碍物。

（5）装载机司机应严格按照指挥信号进行操作，并和指挥人员相互配合，自觉服从指挥，严格按照装载机安全操作规程进行作业。

（6）装载机作业时，司机要鸣笛，提醒其他现场作业人员注意旋转和进退方向。

（7）装载机作业过程中，不允许从作业人员上方通过，斗下不允许有人，运转过程中避免碰撞各种设施或者搭乘工人上下。

（8）夜间施工，现场要保证足够的照明条件，装载机灯光保证齐全，指挥信号保证清晰、准确。

五、反铲挖掘机

（一）概述

在竖井基坑开挖中，最常见的是反铲式挖掘机（长臂型），可以用于停机作业面以下的挖掘，基本作业方式有井端挖掘、井侧挖掘、直线挖掘、曲线挖掘、保持一定角度挖掘、超深沟挖掘和边坡挖掘等。反铲挖掘机适

用于开挖含水量大的砂土或黏土，主要用于停机面以下深度不大的基坑（槽）或管沟、独立基坑及边坡的开挖。反铲挖掘机的主要挖土特点是"后退向下，强制切土"。

（二）选用原则

（1）根据工程量情况。当工程量不大时，可选用机动性好的轮胎式挖掘机；工程量很大时，应选用大型专用挖掘机。

（2）根据土石方位置。当土石方在停机面以上时，可选用正铲挖掘机；土石方在停机面以下时，可选用反铲挖掘机。

（3）根据土质性质。挖掘水下或潮湿泥土时，可采用拉铲或抓斗挖掘机。

（4）与运输机械的匹配。为了充分发挥工程机械的作用，挖掘机的斗容应与运输设备的斗容、吨位相匹配，通常情况下以 3～5 斗装满运输设备为宜。

（5）挖掘机的斗容与工作面高度的关系。挖掘机的斗容与土的类别及工作面高度都有连带关系，一般情况下，挖掘机挖 Ⅰ～Ⅱ 类土时其工作面高度不应小于 2.0m；挖 Ⅲ 类土时工作面高度不应小于 2.5m；挖 Ⅳ 类土时应不小于 3.5m。

（三）施工要点

（1）使用前重点检查发动机、工作装置、行走机构、各部分安全防护装置、液压传动部件及电气装置等，确认齐全完好后方可启动。

（2）作业前先空载提升、回转铲斗、观察转盘及液压马达是否有不正常响声或振动，制动是否灵敏有效，确认正常后方可起动。

（3）反铲作业时，挖掘机履带到工作面边缘的距离至少保持 1～2.5m。

（4）机械运转时，禁止任何人员站在铲斗中或动臂上，在回转半径范围内不得有行人或障碍物。

（5）作业时，挖掘机应保持水平，将行走机构制动，并将履带或轮胎楔牢；如作业场地地面松软，应垫以道木或垫片。

（6）作业前，必须待机身停稳后方可挖土；在铲斗未全部抬离工作面时，不得作回转、行走等动作。

（7）装车时，铲斗要尽量放低，不得在高空向车槽内卸料；在汽车未停稳或铲斗必须越过驾驶室而驾驶员未离开前不得装车。

第六节　特殊工况施工关键技术

一、悬臂式隧道掘进机

（一）概述

悬臂式隧道掘进机是一种能够实现截割、装载运输、自行走及喷雾除尘的联合机组。随着地下工程暗挖工作面机械化的快速发展，对隧道掘进速度要求越来越高。为了提高地下工程施工速度，悬臂式隧道掘进机逐步发

展完善。

（二）选用原则

（1）根据开凿岩石种类、地质、施工环境。

（2）根据电力隧道断面，选择相应型号的掘进机。

（三）施工要点

（1）机器工作时，先启动油泵电机，打开喷雾装置；再启动截割电机，开动履带行走，让机器缓慢推进，使截割头逐渐插入掌子面，插入深度一般为 $300\sim600\text{mm}$ 柄，使截割头左、右横扫、再推动升降油缸，使藏割头部上、下截割出初步断面形状。

（2）在掘进时作业，要根据机器工作实际情况及围岩类别决定时间的长短停机观察截齿的使用情况。如发现截齿磨损大、断裂时必须及时更换，否则截割时会损坏齿座，使截割头出洞（或升井）维修。

（3）利用悬臂式掘进机掘进、自卸车配合出碴流水施工工艺保证设备、人员等的使用率最大化。

二、定向钻机

（一）概述

定向钻机是工程技术行业的一种管道施工工艺，电力工程中用于 10kV 以下拉管施工。定向钻机进行定位钻孔、扩孔、清孔、管道回拖后进行管道施工。

（二）选用原则

（1）根据拖管直径，材质，长度选择相应参数的钻机。

（2）根据施工地质条件选择定向钻机的钻进刀头。

（三）施工要点

（1）钻进过程中，探头连续或间隔地测量钻孔位置参数，并通过无线或有线的方式实时地将测量数据发送到地表接收器，确保钻机始终位于穿越中心线，控线参数正确。

（2）根据穿越地质情况正确配置泥浆。

（3）施工过程中监视仪表盘，发现异常应立即停车检查排除故障。

（4）施工过程中监测地面沉降。

三、异形顶管机

（一）概述

异形顶管机是指除圆形以外的各种形状顶管机，目前主要为矩形顶管机。矩形顶管机一般为多刀盘土压平衡顶管机，通过大、小刀盘前后错开，切削面积可达到 90% 以上，并在盲区的刃口上设置铲齿。矩形顶管机利用土仓内塑性、流动性、不透水性都很好的土的压力来平衡土压力和地下水压力。矩形顶管机遇到大的障碍时，需要采用合理的土体加固措施，并且在确保开仓后不会产生涌土的前提下开仓排除障碍。矩形顶管机各系统组成与土压平衡顶管机类似限于篇幅不再赘述。

（二）选用原则

（1）主要适用于含水量较高的软黏性土，对于岩层等其他土质，刀盘切削盲区需要改造后方能施工。

（2）根据土层硬度选择合适刀盘，并根据磨损程度进行刀盘更换。

（三）施工要点

（1）应在机头壳体顶部注浆，形成泥浆膜，减少砂与壳的摩擦，防止背土的发生。

（2）正常顶进施工中，必须密切注意顶进轴线的控制，每一个管接头顶起后，必须测量机头的姿态，纠偏不宜过大，以防砂土和管接头之间的开度角过大。

（3）在施工中，经常使用纠偏装置、灌浆和变角度切口来解决机头旋转。

（4）矩形顶管掘进机进出洞口时，洞口采用合适的止水框和橡胶止水板，以保证非常好的止水效果。

第九章

电力电缆安装工程机械化施工

第一节　电力电缆机械化施工技术要点

（1）电力电缆的运输是电缆工程顺利开展的前提和基础，一般采取拖板车、电缆运输展放拖车、卡车、封闭式厢式货车等运输。

（2）电缆敷设是电力电缆工程施工中的重要工序，电缆敷设的质量、进度是整个电缆工程能否顺利投入运行的关键。电缆敷设是通过不同的施工方法（人工、机械、人机组合）将电力电缆按设计要求展放到预定位置的施工过程。电缆敷设包括直埋、排管、沟（隧）道、竖井、桥架（桥梁）等敷设方式。

（3）电缆附件安装是电力电缆工程施工中的关键工序，电缆附件的安装质量关系着电缆线路是否能够长期安全、稳定地运行。

（4）电缆附属设备施工主要包括接地系统、避雷器等装置的安装，确保电力电缆安全可靠运行。

（5）电缆试验的目的是检验电缆线路的绝缘性能是否满足有关标准的要求，为设备运行、监督、检修提供依据。

第二节　电力电缆运输关键技术

一、平板运输车

电缆在长距离运输过程中，为保证运输的安全可靠和运输道路的限制要求，一般采用平板运输车。

（一）选用原则

（1）平板运输车参考尺寸通常为长14.5m、宽3m，能同时装载多盘电缆。

（2）平板运输车载重量为30～40t。

（3）适用于35～500kV电缆的长距离运输。

（二）施工要点

（1）电缆盘在运输时，必须将电缆盘放稳并牢靠地固定在平板拖车上，电缆盘边应垫塞好，防止电缆盘出现晃动、碰撞或倾倒。

（2）电缆盘不允许平放运输。

（3）运输前，应了解所经路段的公路等级、公路桥梁的设计载荷情况，查明沿途架空线路、过街天桥、桥梁、涵洞等的限高、限重要求，以确定最佳路径。

二、电缆运输展放拖车

当电缆工程位于市区时，运输路段立交桥及其他限高要求的地点较多，通常使用电缆运输展放拖车进行电缆运输。

（一）选用原则

（1）适合35～500kV电缆的长距离运输。

（2）电缆和电缆盘的总重量须小于电缆运输展放拖车的额定载重量。

（3）在运输电缆时，确保电缆运输展放拖车下降至最低位置时电缆盘高度满足道路限高要求。

（二）施工要点

（1）电缆运输展放拖车运输电缆时，应保证盘底距地面高度不小于250mm。

（2）电缆运输展放拖车为特种车辆，运输电缆时应注意对行驶道路上其他车辆的影响。

（3）当电缆运输展放拖车运输电缆盘时，应有固定措施。

三、电缆加热保温车

（一）概述

电缆加热保温车仓体上部为整体结构，在更换电缆时可以整体吊装拆卸，方便操作省时省力。仓体下部为整体结构，更换电缆时仓体下部不用拆卸，使用螺栓与底盘连接，入冬前装好，天气回暖后整体拆卸与仓体上部一起存放。内部采取电暖气及加热器作为加热装置。

（二）选用原则

（1）交联电缆敷设的最低环境温度要求：环境温度在敷设前24h内的平均温度计敷设现场的温度均不应低于0℃，当环境温度低于规定值时，应对电缆采取加热措施。

（2）当现场不具备加热条件时，可采用电缆加热保温车在现场对成盘电缆进行驻车加热。

（3）当电缆存放点距施工现场较远时，可采用电缆加热保温车在运输过程中对成盘电缆进行行车加热。

（三）应用效果分析

电缆加热保温车研制完成后，通过现场的实际应用，实现电缆在运输及敷设过程中的加热保温要求。

四、吊车

（一）概述

吊车用于电缆盘的吊装作业。通过液压缸调整主臂仰角，通过液压马达驱动卷筒收放钢绳、伸缩起重臂、升降吊钩来提升重物。

（二）选用原则

（1）满足装卸的最大重量要求。

（2）满足相应装卸的半径要求。

（3）如遇特殊施工现场应满足施工场地要求。

（三）施工要点

（1）吊装电缆盘前，核实电缆盘的重量并考虑一定的裕度，选择相应吨位的吊车。

（2）吊装时，在电缆盘的中心孔穿进一根钢轴，钢丝绳通过平衡杆后套在轴的两端起吊。

（3）吊车应停放在平坦坚硬的地面上，支腿应垫枕木。

（4）吊装过程中，吊臂及电缆盘下严禁人员停留或通行。

（5）严禁超负荷、超工作半径进行吊装作业。

（6）不准在风力6级以上或雷雨天气条件下作业，当风力达到5级时不准露天进行受风面或重物接近额定负荷的作业。

第三节 电力电缆敷设关键技术

一、电缆盘支撑装置

（一）概述

电缆盘支撑装置是一种用于支撑起电缆盘从而进行电缆展放的机械设备。电缆盘支撑装置采用组合式结构，底座带有可调节装置，两侧采用三角形固定支撑方法，能够在复杂的地形对电缆盘稳固支撑。电缆盘支撑装置配备有制动装置，利用收紧履带摩擦制动电缆盘的方式使电缆盘停止转动。

（二）选用原则

（1）当电力电缆展放位置为固定地点时，选用电缆盘支撑装置。

（2）当敷设场地狭小不具备使用液压展放车的条件时，选用电缆盘支撑装置。

（3）根据不同的电压等级、电缆型号、电缆盘外径，选择相应的电缆盘支撑装置。

（三）施工要点

（1）在施工现场布置电缆盘支撑装置时，应调节支撑装置使其四脚处于同一水平面，确保支撑稳固，保障电缆盘转动时的倾斜角度。

（2）电缆支撑装置布置完成后，应先进行刹车装置试运行，保证刹车装置正常运转，然后进行电缆展放作业。

（3）敷设电缆前应先检查电缆盘有无破损情况，敷设时从电缆盘上端引出电缆牵引头。

（4）电缆盘钢轴的材料应选用厚壁无缝钢管或圆钢制作，钢轴应有足够的强度和刚度，以避免产生过大的挠度。轴径不宜过小，应与电缆盘孔有效配合。

（5）为了减小钢轴与支架之间的摩擦力，两侧支架上的轴座内的润滑油要经常检查，避免摩擦力较大对钢轴及支架轴座造成损害。

二、液压展放车

（一）概述

液压展放车是一种集电缆盘支撑与电缆展放功能于一体的机械设备。车体没有底板，电缆盘可嵌入其中，大大降低了电缆运输的高度；此外，液压展放车具有电缆盘驱动系统，当电缆运至施工现场后，可在液压展放车上直接施放电缆。考虑到运输时因道路原因拖车会发生颠簸，故电缆盘的下缘离地面至少应有0.25m。展放车尾部U形结构可以打开，电缆线盘可直接进入装卸位置，无须吊车协助。关闭后门，U形结构即成为方形刚性结构，保证车身强度。电缆升降液压装载挂钩两侧单

独控制，方便安全。电缆装载、升降、驱动可一人操作完成。线盘驱动速度可调，刹车及时。

（二）选用原则

（1）当电力电缆的展放位置不固定及频繁移动时，选用液压展放车进行电缆盘的支撑和电缆展放。

（2）夜间施工及需要快速进场、转场的敷设地点，选用展放车进行电缆盘的支撑和电缆展放。

（3）进行电缆回收工作时，为了保证电缆高效的、紧密的缠绕到电缆盘上，选用展放车进行电缆盘的支撑和电缆展放。

（三）施工要点

（1）使用液压展放车之前，确保刹车系统、轮胎处于良好工作状态。

（2）装载电缆盘时，应反向安装线盘轴安全装置，确保电缆盘和轴不跳出装载钩。

（3）每次使用液压展放车前，应检查液压和引擎油面。

三、电缆输送机

（一）概述

电缆输送机是电缆敷设时用于输送电缆的机械设备。输送机采用凹形履带夹紧电缆，采用双轴驱动，使输送力和重力分别作用在电缆的两个方向，有利于保护电缆。履带采用高强度耐磨橡胶，使电缆受力均匀。

（二）选用原则

（1）35kV以下电缆长距离敷设一般采用JSD-3型；110kV及以上电缆敷设一般采用JSD-5B型；当电缆单位重量较重时，可采用JSD-8型。

（2）根据电力电缆直径选择相应口径的电缆输送机。

（3）电缆输送机输送力和选用数量，应与电缆重量、电缆盘长相匹配。

（三）施工要点

（1）在现场布置时，所有输送机都应按电缆敷设方向放置，然后通电试运行，检查机器运行方向是否相同，所有输送机运行方向必须保持一致。

（2）第一台输送机距电缆盘15～30m为宜，其余各台间距25～50m，视电缆截面及敷设路径的复杂程度而定。

（3）输送机敷设系统布设完毕后，应进行联动试运转，确保全部输送机启停同步。

（4）输送机两端的滚筒，应根据电缆直径调至适当高度，使电缆能通过履带中部，同时将履带张开，作为电缆进入的准备。

（5）为使电缆平行进入输送机，输送机前后1m均需放置滑车。

（6）电缆端头越过输送机1.5m以后，开动机器，再将电缆放入机器履带中间，然后旋动夹紧手柄，使履带夹紧电缆输送运行。

（7）为保证输送同步，要求电缆输送机夹紧力全线尽量一致，可采用力矩扳手的方法保证每台输送机所受

的夹紧力一致。

四、电动电缆牵引机

（一）概述

电动电缆牵引机是用于电缆敷设时提供牵引力的机械设备。以电动机为原动机，经弹性联轴节、三级封闭式齿轮减速箱、由联轴节驱动绳筒，通过绳筒上的绳索拖动电缆，完成电力电缆牵引展放。

（二）选用原则

（1）根据电力电缆截面及重量选用电动电缆牵引机，电动电缆牵引机适用于中低压、中短距离电力电缆展放。

（2）使用时避免电缆端部牵引力过大而对电缆内部产生损伤，应与放缆滑车配合使用。

（三）施工要点

（1）作业前检查牵引机的防护设施、电气线路、接地线、制动装置和钢丝绳等全部合格后方可使用。

（2）先进行无荷载试运转，合格后方可进行正常工作。

（3）检查卷筒旋转方向应和操纵开关上指示的方向一致。

（4）检查钢丝绳长度是否符合作业要求，钢丝绳不许打结、扭绕、断股、断丝。在一个节距内断丝超过10%或断股超过5%或磨损超过规定时，必须进行更换。

（5）当电缆自重过大，牵引机可能造成电缆端部挤压变形时，禁止使用牵引机作为电缆展放牵引设备。

（6）牵引机必须固定牢靠，防止松动，以免对人员、设备带来安全隐患。

（7）牵引机和导向机构应调试完好，并应有防止机械力损伤电缆的措施。

（8）敷设电缆时，应在牵引头或钢丝网套与牵引钢缆之间装设防捻器。

（9）敷设电缆时的最大牵引强度宜符合表 1-9-3-1 的规定。

表 1-9-3-1　电缆最大牵引强度

牵引方式	牵引头/(N/mm²)		钢丝网套/(N/mm²)		
受力部位	铜芯	铝芯	铅套	铝套	塑料护套
允许牵引强度	70	40	10	40	7

五、放缆滑车

（一）概述

放缆滑车是用于电缆敷设过程支撑电缆并减小摩擦力的机械。放缆滑车通过定滑轮的转动，将电缆和滑车之间的滑动摩擦力转为滚动摩擦力，滚动摩擦力远小于滑动摩擦力，减小了电缆外护套损伤的风险。

（二）选用原则

（1）根据电缆直径选择不同型号的电缆滑车。一般 110kV 及以下电缆敷设选用 HCL-120 型、ZCL-120 型电缆滑车；220kV 及以上电缆敷设选用 HCL-180 型、ZCL-180 型电缆滑车。

（2）直线支撑滑车间距以电缆在敷设过程中不与地面接触为原则，另外也可根据所受牵引力大小增加直线支撑滑车数量。

（3）转弯施工部位，根据电缆直径选择不同型号的转弯支撑电缆滑车。

（三）施工要点

（1）一般每隔 3～4m 放置 1 个滑车，在隧道内转弯、上下坡等处，可根据现场实际情况进行相应的增减。

（2）在隧道内转弯处应设置专用的转弯滑车，并固定牢靠。

（3）电缆敷设前，所有设置的电缆滑车必须先进行检查，滑轮滚动良好，表面不得有尖锐棱角。

（4）敷设过程中，如需要调整滑车位置，应停车进行。严禁敷设过程中在滑车处电缆敷设上游位置进行调整。

六、导引滑轮组

（一）概述

导引滑轮组包括出入井滑轮组和井口滑轮组。导引滑轮组采用滑轮和圆弧形支架组成，出入井滑轮组用于电缆展放时井口与电缆盘之间的位置，电缆敷设过程中起到井口位置与电缆盘之间均匀支撑跨度电缆并保证弯曲半径的机械装置。井口滑轮组用于电缆敷设时固定于放线井口位置，防止电缆在敷设过程中与井口、井壁之间的摩擦磕碰。

（二）选用原则

（1）导引滑轮组适用于 110kV 及以上电力电缆的敷设工作。

（2）电缆盘与放线井口位置距离较长、敷设落差较大时，应选用出入井滑轮组装置。

（3）电缆敷设入井口位置，应选用井口滑轮组装置。如敷设竖井较深，也可在下层平台竖井进线位置或与隧道衔接处加装固定装置配合使用。

（三）施工要点

（1）安装出入井口滑轮组时需在周围搭设固定支撑装置。

（2）安装完毕后应检查出入井滑轮组以及井口滑轮组，确保转动顺畅，无毛刺棱角，以免划伤电缆。

（3）安装井口滑轮组应固定牢固，过程中加强巡视。

七、弯曲半径测量尺

（一）概述

弯曲半径测量尺是现场可即时检查电缆弯曲半径的装置。通过制作多种规格的专用标准尺，满足现场不同直径电缆的需要。采用弯曲半径测量尺与现场电缆弯曲部位进行比对，校验电缆弯曲半径是否符合要求。

（二）选用原则

弯曲半径测量尺根据不同型号电缆标准的弯曲半径进行制作，测量时只需将标准尺和电缆进行比较，即可检测出电缆弯曲半径是否符合要求。

（三）应用效果分析

（1）使用弯曲半径测量尺检测，将检查时间缩短至5min，测量效率高。

（2）弯曲半径测量尺仅需一人操作，较传统测量方法减少人工。

八、电动导轮

（一）概述

电动导轮敷设系统是依靠导轮自转驱动电缆前进的敷设装备，整体结构由控制系统、主动导轮和被动导轮组成，由主控系统控制分控系统，控制导轮的同步启停，且可以与电缆输送机敷设系统兼容使用，做到电动导轮与电缆输送机的同步敷设，电动导轮敷设系统具有重量轻、体积小、功率小、集成控制、速度可调等诸多优点，适用于各种场景下电缆敷设。

（二）选用原则

（1）电动导轮更加适用于大截面电缆展放，导轮是利用电缆自身重量与导轮产生的摩擦力输送电缆，所以电缆自重越大，所产生的摩擦力越大。

（2）电动导轮更加适用于水平直线段电缆敷设，若在上下坡、转弯较多的场景使用，应配合电缆输送机进行施工。

（3）电动导轮不适用于高落差电缆敷设。

（三）施工要点

（1）在现场布置时，通过总控箱控制分控箱，总控箱采用380V电源供电。

（2）每台分控箱最多可控制50台电动导轮，需要每隔5～6m布设一台主动导轮，两个主动导轮间布设一台被动导轮。

（3）电动导轮的输送速度可在1～7m/min内自行调节。

（4）电动导轮敷设系统布设完毕后，应进行联动试运转，确保全部电动导轮启停同步。

（5）使用电动导轮敷设系统，在电缆盘出线及需要较大夹紧推进力的位置，应配合使用电缆输送机。

九、手拉（手扳）葫芦

（一）概述

手拉（手扳）葫芦可以实现对电缆的提升、牵引、下降等功能，手拉（手扳）葫芦按照驱动方式可分为手拉和手扳两类。手拉葫芦是通过手拉环链达到拉紧、起重的目的；手扳葫芦是通过手柄扳动环链达到拉紧、起重的目的。在电缆敷设完成后，使用手拉（手扳）葫芦将电缆就位。

（二）选用原则

（1）手拉葫芦通常应用于电缆垂直引上牵引、终端安装套管吊装、提升重物等施工过程。

（2）手扳葫芦通常应用于电缆水平就位、蛇形弯曲布置、接头电缆水平调直的施工过程。

（三）施工要点

（1）使用过程中严禁超载。

（2）使用前确认机件部位完好无损，传动部分及起重链条润滑良好。

（3）起吊前检查上下吊钩是否挂牢，起重环链应垂直悬挂。

（4）起吊重物时，其中操作范围内严禁人员走动，以免发生人身事故。

（5）无论起吊重物上升或下降，操作人员操作时，用力应均匀和缓，不要用力过猛，以免环链跳动或卡环。

（6）制动器部分应经常检查，防止制动失灵现象。

十、电缆校直机

（一）概述

电缆校直机是一种用于对大截面电缆进行弯曲或校直的机械设备。采用电缆校直机可以有效地对大截面电缆进行弯曲或校直。

电缆校直机以电动液压泵作为驱动力，利用固定于两个机械臂之间的液压缸的伸缩，调节机械臂的角度，实现对电缆进行弯曲或校直功能。

（二）选用原则

（1）电缆附件安装前，进行电缆弯曲及初步校直工作，可采用电缆校直机。

（2）当电缆直径小于130mm时，选用CB130型电缆校直机；当电缆直径大于130mm时，应选用CB160型电缆校直机。

（三）施工要点

（1）使用时应通过快速接头和高压油管将液压泵与液压缸连接，并锁紧。

（2）将需要校直或弯曲的电缆放入电缆校直器的机械臂弧形板中央，并确保不会硌伤电缆后，方可启动电动泵。

（3）高压油管应随时检查，避免打折或大幅度弯曲。

（4）使用完成后，打开泄压阀，直到油缸活塞回到原位置，才能拆卸快速接头。

十一、液压顶伸器

（一）概述

液压顶伸器是一种新型的蛇形拿弯工具，可以通过电动驱动液压杆顶伸，实现电缆蛇形弯曲布置。液压顶伸器以电动液压泵为驱动力，控制液压缸推进，实现电缆蛇形弯曲，通过液压泵上设置的压力表，实现对压力的实时监测。

（二）应用效果分析

（1）操作液压顶伸器仅需2人，较传统人力拿弯方式节约人工3～5人。

（2）液压顶伸器仅需由施工人员驱动液压泵即可实现蛇形弯曲顶伸，速度为传统人力拿弯方式的2倍。

（3）液压顶伸器可以通过压力表实时监测压力，保证电缆护层结构完好。

十二、电缆托举装置

（一）概述

电缆托举装置是一种新型的电缆就位工具，可通过小型电动机实现电缆的托举就位。电缆托举装置的托举部分以小型电机为驱动力，通过电动力将电缆从输送机中提升至隧道内电缆支架上指定位置，实现电缆就位。

（二）应用效果分析

（1）操作电缆托举装置仅需 5 人，较传统人力托举电缆就位方式节约 10～15 人。

（2）电缆托举装置仅需由少数施工人员操作电动机、电动泵即可实现电缆托举就位，速度为传统人力施工方式的 3～4 倍。

（3）电缆托举装置可以通过联动控制实现 12～24m 电缆的同步提升就位，保证电缆护层受力均匀，提高敷设质量。

十三、起重三脚架

（一）概述

起重三脚架用于隧道内电缆施工设备的起重及运输，支腿可调节，使用穿钉螺丝固定，最大高度为 2m。三脚架安装好后，配合手拉葫芦或电动葫芦完成施工装备的运输工作。

（二）选用原则

所吊重物应满足三脚架的强度刚度要求，不得超过电动卷扬机最大载重量。

（三）施工要点

（1）使用前检查三脚架各部分齐全完好，仔细观察吊环、连接处等是否连接牢固。

（2）吊装重物前，应对井口下方电缆加固保护。

（3）吊装重物过程中，井口下方严禁站人。

十四、隧道通信设备

（一）概述

常规的隧道通信方式主要包括载波电话、泄漏电缆、无线信号引入等。

（1）载波电话通信方式。在隧道内采用载波电话通信方式，是指使用载波电话将语音信号转换为电信号在同一回路电源中进行传递，同一回路电源内可使用多个载波电话进行通信，信号衰减较小，便于安装。

（2）泄漏电缆通信方式。泄漏电缆通信，由中继台发射信号，通过沿隧道敷设的泄漏电缆传输信号，使用对讲机与泄漏电缆连接从而实现通信。如果通信距离过长，可以加装信号放大器。

（3）无线信号引入方式。无线信号通信是将地面无线信号引入电缆隧道，信号由核心交换机通过光纤传输至无线 AP，由无线 AP 将信号覆盖至隧道内施工区域，组建隧道内冗余环网，实现无线通信。

（二）选用原则

（1）当隧道井口间距较大时，使用泄漏电缆通信方式。

（2）使用载波电话通信方式，满足通信设备在同一电源下，使用时不可超过通信设备的极限距离。在危险多发区或重要设备旁装设。

（3）当隧道需要实现无线视频传输、无线数据传输时，使用无线信号引入方式。

（三）施工要点

（1）载波电话通信，连接电话设备时，注意防止触电。

（2）变频器内部的电子元件对静电特别敏感，因此不可将异物置入其内部或触摸电路板。

（3）泄漏电缆通信，信号线不能与泄漏电缆并行靠近安置，相互之间距离应大于 30cm。

（4）连接主机和泄漏电缆之间所用的非泄漏电缆需要进行穿管保护。

（5）施工前提前设计无线 AP 点位布置方案，确保无线 AP 布置点位可覆盖电缆施工范围，保证施工全线音视频通信正常。

十五、排涝车

（一）概述

排涝车在电力行业主要应用于电缆工程施工前隧道排水的工作。适应于隧道及工井内的大排水量、高扬程的抽水作业，具有快速响应排水效率高的特点。

（二）选用原则

（1）当隧道积水范围较大，常规排水泵不满足施工条件时，应使用排涝车对电缆隧道进行排水措施。

（2）排涝车适用于无电源情况下的排水工作。

（三）施工要点

（1）排涝车作业时，应设置明显交通警示标识。

（2）排涝车出水口应接入城市污水井，不得随意排放。

十六、侧压力监测装置

（一）概述

侧压力监测装置用于监测电缆护层所承受的压力。通过在滑轮上装设的压力传感装置，实时监测通过滑轮或滑轮组的电缆护层所受压力，并通过数据线将数值实时显示在监测仪上。

（二）选用原则

（1）侧压力监测装置主要用于 110kV 及以上电缆敷设施工。

（2）侧压力监测装置主要布设于电缆隧道井口、上下坡、转弯处。

（三）施工要点

（1）110kV 及以上电缆敷设时，转弯处的侧压力应符合产品技术文件的要求，无要求时不应大于 3kN/m。

（2）机械敷设大截面电缆时，确定敷设方法并校核侧压力是否满足要求。

十七、动力放线架

（一）概述

动力放线架融合加入侧压力监控控制系统，可配合相关的（隧道）敷设联动控制系统，实现超高压电缆（隧道）的精细化敷设。实现输出转矩的控制及确保驱动力输出的稳定，从而保障敷设机构系统的安全运行。动力放线架能够长时间稳定工作，在恶劣环境下的抗干扰性强，并且容错性高，能够满足电力敷设的应用要求。结合复合侧压力反馈监控，能够确保敷设控制系统牵引力控制的稳定，解决电力敷设控制系统存在的纸幅松弛或断裂等问题，提高多线盘规格的设备兼容性，及线缆敷设质量，进而提高生产效率、降低生产成本。

（二）选用原则

（1）动力放线架可以满足不同电缆盘宽度的电缆敷设要求。

（2）对于重量大、超宽电缆盘可优先选用动力放线架。

（三）施工要点

（1）动力放线架的展放速度应与电缆敷设系统速度调节一致。

（2）电缆敷设前应先进行联动试运转，确保动力放线架与敷设系统启停同步。

第四节　电力电缆附件安装关键技术

一、往复锯

（一）概述

往复锯是一种小型手持式的切断设备。往复锯通过马达驱动减速机输出动力，带动曲柄进行圆周运动，曲柄圆周运动带动连杆，连杆连接往复杆在直线轴承的限制作用下进行直线运动往复运动，前端的锯片锁定在往复杆上，从而跟随往复杆进行往复运动，对导体进行切割。

（二）选用原则

往复锯的型号选用主要依据电缆外径以及电缆导体截面。

（三）施工要点

（1）检查锯条是否安装牢固，检查各个紧固部位是否松动。

（2）打开电源，检查指示灯是否正常，启动设备检查设备是否运转正常。

（3）避免突然启动，确保开关在插入插头时处于关断状态，建议使用带保护锁的往复锯。

二、环形带锯

（一）概述

环形带锯用于切割电缆的手持切断设备，环形带锯主要由锯框、链杆、电动马达、锯条等部件组成。其工作原理为装在锯框上的锯条在连杆的带动下随着锯框做圆周运动，从而实现对电缆的切割。

（二）选用原则

（1）环形带锯主要用于切割直径小于120mm的电缆。

（2）适用于切割对精度要求高的部位。

（3）适用于室内、居民区等对静音程度要求较高的区域。

（三）施工要点

（1）更换锯条时应先断电源，再进行更换。

（2）使用中，施工人员必须站在电锯切割的侧面，防止伤人。

三、管刀

（一）概述

110kV及以上电缆附件安装时，为了省力和提高工作效率，保证电缆外护套，尤其是金属护套断口平直，使用管刀剥除外护套和金属护套。采用管刀对外（金属）护套做环形切割时，通过调节端部旋钮控制进刀深度，切入深度不得超过外（金属）护套厚度的2/3。

（二）选用原则

（1）适用于有金属护套的电缆。

（2）根据电缆外径的不同，选用不同规格的管刀。

（三）施工要点

（1）在管刀切割电缆外护套时，需要将电缆调直，防止电缆弯曲度过大造成刀片进入护套的深浅度差别太大，损伤下一层金属护套。

（2）在管刀切割电缆金属护套时，根据护套上波峰波谷的循环变化调整管刀尾部的旋转开关，控制管刀的进刀深度，禁止将金属护套直接切断。

（3）在切割过程中，用力均匀，防止跑刀。

四、电缆加热装置

（一）概述

电缆加热装置通过将加热带缠绕在电缆上，通电加热至一定温度并持续一定时间，温度升高后去除绝缘的内部应力。加热箱温控部分采用非线性校正、热电偶冷端自动补偿、热电偶断线保护电路，使控温性能、安全性和可靠性有效提高。

（二）选用原则

（1）电缆加热装置适用于各种规格型号电缆的加热处理。

（2）电缆加热装置适用于户外终端、GIS终端、中间接头等对加热温度的精度要求较高的部位。

（三）施工要点

（1）不能折叠、打结和重压加热带。尤其不能折叠成死折，否则会造成加热丝断裂。

（2）缠绕时要避开被加热对象的尖角处，防止扎伤加热带。

（3）可根据不同加热温度变化缠绕密度，但不宜重叠缠绕，否则会引起高温影响使用寿命。

（4）电源引线一端在缠绕时应留出10cm左右，避免接头处加热丝断裂。

（5）通常电缆加热温度应控制在75℃以上，温度保持时间不少于 4h，加热完毕的电缆应采用角铝绑扎校直。

五、转刀

（一）概述

电缆外护套、金属护套去除后，使用转刀去除电缆绝缘层及绝缘屏蔽层。首先按照电缆结构使用转刀去除绝缘层，露出电缆导体。然后根据不同的电缆外径调节刀片位置，并使刀具的中心与电缆的中心一致，通过转刀平稳推进，完成绝缘屏蔽层的剥切。

（二）选用原则

（1）电缆转刀适用于大截面电缆、35kV 绝缘屏蔽层不可剥离的电缆和 110kV 及以上电压等级电缆绝缘及屏蔽层处理。

（2）根据电力电缆绝缘屏蔽层外径的不同，选用不同规格的转刀类型。

（三）施工要点

（1）在转刀剥除电缆绝缘屏蔽层时，调整好进刀深度，以露出部分绝缘屏蔽层为宜防止刀具损伤绝缘层。

（2）在转刀剥除电缆绝缘屏蔽层斜坡过渡区域时，不断调整刀片深度，保证光滑过渡。

（3）剥除绝缘层时，注意不要损坏电缆导体。

六、电动打磨机

（一）概述

电动打磨机以电动机作为动力，通过传动机构驱动工作头带动环形砂带做圆周运动，实现电缆绝缘层打磨。

（二）选用原则

（1）电动打磨机只适用于电缆绝缘表面的打磨。

（2）电动打磨机适用于 110kV 及以上电压等级电缆的绝缘表面初步打磨。

（3）根据接头工艺要求，电动打磨机在打磨过程中需匹配相应规格的砂纸：110kV 使用 200～600 号砂纸，220kV 使用 200～800 号砂纸。

（三）施工要点

（1）打磨屏蔽层的砂纸严禁用于打磨绝缘层，避免把半导电带入绝缘表面。

（2）更换砂带后，务必使砂带内侧和后滑轮上的箭头标记指向同一个方向。

（3）打磨时，应先选用粗砂纸，后选用细砂纸。

（4）打磨机使用前必须进行开机试转，确保运行平稳。

（5）使用打磨机时，不可用力过猛应缓慢均匀用力。

（6）打磨完成后的绝缘外径应满足厂家应力锥内径过盈配合的要求。

七、液压泵及压接钳头

（一）概述

液压泵及压接钳头用于电缆导体连接的压接。液压泵相当于一个配流阀式径向柱塞泵，压接钳头相当于一个液压千斤顶，高压胶管连接液压泵和压接钳头。

（二）选用原则

（1）液压泵和压接钳头选定后，根据压接管的外径选择模具。

（2）110kV 以下电力电缆选用手动液压钳或机械液压钳。

（3）800mm² 以下截面电缆不分割导体宜选用 100t 压力的液压泵，1000mm² 以上截面电缆分割导体宜选用 200t 压力的液压泵。

（三）施工要点

（1）压接前先检查套入电缆的附件数量、顺序和方向。

（2）压接前将电缆绝缘用保鲜膜临时保护。

（3）压接管外径与压模尺寸相匹配。

（4）去除导体内部填充物，用砂纸把导体表面氧化膜去除。

（5）套入连接管，核对连接前绝缘之间的尺寸，确保导体插入连接管深度满足要求。

（6）在压接过程中，电缆与连接管保持在同一水平位置上。

（7）压接后打磨连接管表面的毛刺，连接管表面应光滑。

八、预制橡胶件安装工具

（一）概述

采用预扩张方法安装预制橡胶件时，先将专用工具的导入锥套在扩张管上，再将扩张管及导入锥顶部塞入橡胶件内，然后将扩张完成的橡胶件及扩张管一起套入电缆长端，之后进行导体压接工作，最后用专用工具将橡胶件内的扩张管拔出，同时橡胶件在最终位置就位。

（二）选用原则

（1）根据电缆电压等级不同和附件厂家安装工艺要求，选用不同规格的预制橡胶件安装工具。

（2）附件厂家安装工艺中对橡胶件不要求预扩张的，按照安装工艺执行。

（三）施工要点

（1）预制橡胶件扩张过程中，严格检查其外表面有无裂痕现象。

（2）预制橡胶件扩张完成后，按照厂家规定时间内进行安装。

（3）确保打磨完成后的绝缘外径满足厂家应力锥内径过盈配合要求。

（4）扩张工具需空运行几次，保证设备运行良好。

（5）扩张管压入橡胶件之前，确保与橡胶件同心。

（6）注意扩张时，液压泵的压力变化。

（7）扩张开始后，扩张过程不可停止。

九、热风枪

（一）概述

热风枪主要是利用发热电阻丝的枪芯吹出的热风来对电缆本体或电缆附件进行去潮等处理。

（二）选用原则

适用于电缆附件安装过程中对电缆及附件的去潮处理。

（三）施工要点

（1）使用过程中，调整合适的温度及风量，枪口与电缆及附件需保持一定距离。

（2）使用过程中，不可持续对同一部位进行过度加热。

（3）当热风枪使用时或刚使用过后，不可碰触热风枪枪口。

（4）热风枪要完全冷却后才能存放。

十、附件安装环境净化装置

（一）概述

附件安装环境净化装置是将附件安装区域的空间封闭起来，再对密封区域内进行除尘、调温、降湿等处理，使得附件安装区域内的空气不断得到净化，最终达到标准要求。

（二）选用原则

（1）当电缆附件安装区域的温度、湿度、洁净度不满足安装工艺要求的情况下，需要采用附件安装环境净化装置。

（2）不同类型的电缆附件需要根据现场条件选用或搭建附件安装密闭空间。

（三）施工要点

（1）作业过程中必须持续温湿度、洁净度进行监测，一旦过程中出现环境不达标情况，必须采取增加设备数量等方式使环境达标后，再继续进行施工安装。

（2）施工作业前清理施工用具，保证安装工具洁净。

（3）附件安装人员宜穿着防尘服，作业人员尽量避免不必要的移动，控制作业人员数量。

（4）组装过程中禁止交叉施工，如电缆敷设、电气焊。

第五节　电力电缆试验

一、变频谐振耐压设备

（一）概述

使用变频谐振系统与被试电缆组成谐振回路，对电缆施加试验电压，达到考核电缆主绝缘水平的目的。

变频谐振系统首先通过变频装置获得谐振电源，再通过励磁变压器将变频装置输出电压提高，最终通过电抗器与电缆电容谐振，把电压提高到试验电压水平。

（二）选用原则

（1）当单台设备不能满足电压要求时，使用两台设备串联。

（2）当单台设备不能满足电流要求时，使用两台设备并联。

（三）施工要点

（1）电源电压和频率要求稳定。

（2）试验电压直接在被试品上测量。

（3）设备高压套管、分压电容、绝缘支撑和高压引线对周围距离应满足绝缘要求。

（4）对于串联谐振法，当被试品击穿时，回路中的电流减小，电压降低，所以除了正常的过流保护外，还应有欠压保护措施。

（5）对于并联谐振法，当被试品击穿而谐振停止时，试验变压器有过流的可能，因此，要求过流速断保护能可靠动作。

（6）使用无晕导线作为高压引线。

二、同步分布式局部放电检测设备

（一）概述

同步分布式局部放电检测设备是用于同时测量每个电缆附件安装局放的检测设备。应用高频电流互感器法，测量电缆局放，判定电缆绝缘状况。该方法使用高频电流互感器采集电缆接地线中的局部放电电流信号，并传输到局部放电采集单元，通过光纤将所有电缆附件安装信号汇总到主机，对试验数据进行记录、分析。

（二）选用原则

当现场干扰过大，测试设备无法满足测试要求时，选用高频滤波设备。

（三）施工要点

（1）被测电缆终端头、电缆耐压试验设备等表面应保持干燥清洁。

（2）耐压设备应按规定要求连接线路，试验区各种金属物体应可靠接地，检查并改善试验区内一切可能放电的部位。

（3）试验连接线应避免将尖端暴露在外，防止尖端电晕放电。

（4）试验设备各种地线接地良好。

（5）光纤接头应保持清洁，光纤敷设过程中，注意不要拉拽、不要弯折。

（6）同轴电缆连接牢固、可靠。

三、电缆线路参数测试仪

（一）概述

电缆线路参数测试仪是一种用于测量电缆参数的试验设备。应用电流电压法的测试原理，测量正序阻抗和零序阻抗参数值，作为计算系统短路电流、继电保护整定、对算潮流分布的实际依据。正序阻抗测量方法是将线路末端三相短路，在线路始端加三相工频电源，分别测量各相的电流、三相的线电压和三相总功率，并通过计算得出每千米正序阻抗值。零序阻抗测量方法是测量时将线路末端三相短路接地，始端三相短路接单相交流电源。根据测得的电流、电压和功率，计算出每千米零序阻抗值。

（二）选用原则

（1）对于较长电缆线路，当工频设备不能满足测量要求时，应选用变频试验设备，以减小测量误差。

（2）对于感应电较大的电缆线路，当一般设备不满足测试要求时，应选用具备抗干扰能力的试验设备。

（三）施工要点

（1）试验电源的选取。通常在线路参数的测量中采用大容量的三相调压器（30kV 以上）或 400V/10kV 的配电变压器作为试验电源。试验电源与系统隔离，防止电源干扰。

（2）对长距离电缆线路，在测量电抗时，应在末端加接电流表，取始末端电流的平均值；测量电容时，应在末端加接电压表，取始末端电压的平均值。

（3）试验接线工作必须在被试电缆线路接地的情况下进行，防止感应电压触电。所有短路、接地和引线都应有足够的截面，且必须连接牢固。测试组织工作要严密，通信顺畅，以保证测试工作安全顺利地进行。

四、高压直流发生器

（一）概述

采用高压直流发生器进行外护套直流耐压试验时，在每段电缆金属屏蔽或金属护套绝缘与地之间，施加 10kV 直流电压，1min 不击穿，试验合格。采用高压直流发生器进行外护套试验时，如果外护套存在故障用高压直流发生器在故障电缆外护套上施加一个较大的电流，通过观察放电点进行故障查找。

（二）选用原则

根据外护套试验标准，确保试验设备的升压电压水平及持续时间满足要求。

（三）施工要点

（1）试验前检查仪表是否正常显示。

（2）试验输出高压输出端严禁站人，试验过程设专人看守。

（3）试验设备长久未使用应空载试验。

（4）工作完毕用放电棒接地放电。

五、电缆故障定位电桥

（一）概述

电缆故障定位电桥是基于电桥原理设计而成，可用于敷设后各种电缆的击穿点及没有击穿但绝缘电阻值偏低的缺陷点定位，也是高压电缆护套故障定位的有效方法。

（二）选用原则

（1）适用于电缆的高阻击穿点，特别是难以烧成低阻的线性高阻击穿点。

（2）适用于闪络型击穿点，击穿后恒流源能维持电弧，有稳定电流通过电桥，电桥有足够的灵敏度。

（3）适用于尚未击穿，但电阻偏低的缺陷点，如用兆欧表发现电缆阻值较低的缺陷点。

（三）施工要点

（1）试验前检查仪表是否正常显示。

（2）仪器至少二人在场方可使用，一人接线，另一人检查，准确无误后开始试验。

（3）仪器必须可靠接地，使用专用接地线。

（4）工作完毕用放电棒接地放电。

六、绝缘电阻测试仪

（一）概述

绝缘电阻测试仪是用于测量电缆绝缘电阻值的仪器，测量绝缘电阻是检查电缆线路绝缘状态最简单、最基本的方法。

（二）选用原则

（1）外护套绝缘电阻测量宜选用 1000V 绝缘电阻测试仪。

（2）电缆主绝缘电阻测量应选用 2500V 及以上电压的绝缘电阻测试仪。

（三）施工要点

（1）试验前检查仪表是否正常显示。

（2）仪器至少二人在场方可使用，一人接线，另一人检查，准确无误后开始试验。

（3）仪器必须可靠接地。

（4）测量绝缘电阻时，应分别在电缆的每一相上进行，对一相进行测量时，其他两相导体、金属套应一起接地。

（5）工作完毕用放电棒接地放电。

七、便携式电源

（一）概述

在电缆外护套试验及缺陷处理中广泛应用，有效解决小型设备使用电源接取困难问题。

（二）选用原则

（1）具有设备状态监测功能，能够实时监测设备工作状态，保证系统稳定运行。

（2）通过多输出接口和接地端的设计，使安全性能符合有限空间作业规范。

（3）该设备具有防尘、防震、防爆的功能设计，满足电缆隧道内作业的特殊要求。

（4）该设备带有照明设备，满足无照明工作环境。

（三）应用效果分析

便携式电源设备，满足小型化、轻型化要求，性能稳定，可为功耗小、作业持续时间短、作业地点分散的设备供电。

第十章

海底电缆机械化施工

第一节　海底电缆机械化施工技术要点

一、现场准备

（1）路由复测。施工前，须由技术人员利用 DGPS 定位导航系统、测距仪、流速仪、水深仪等测量仪器对海缆的设计施工路由，特别是海底电缆、管道路由图和位置表以及起止点、中继点总长度、水深、地形、水文、气象等相关文件参数进行复核，以确保施工的准确性。

（2）试航试敷设。施工船舶在设计施工路由区域内进行试航，以熟悉施工区域内设计路由的各个关键点及潮水情况，特别须进行动态定位检查，即"DP 检查"，验证从 DGPS、船舶陀螺仪及其他船舶定位系统接收到的信号质量；对船上的所有敷设设备及后台监测设备进行模拟敷设操作演练，根据该区域水深、地形、水文等资料进行校准，特别是校准 USBL（超短基线定位系统），确保所有施工设备及监测装置在海缆敷设期间顺利执行敷设任务。

（3）扫海。海缆敷设前，将采用可穿透软土 0.3～0.4m 的一个或一排抓钩对海缆设计施工路进行预清理，保证海缆路由上没有如废弃缆线、渔网等小的表面废弃物。可在扫海钩上安装信标，用于船上监测扫海钩位置，若扫海钩朝相邻管线危险性移动时须将其回收回船上并进行重新定位。扫海船只沿海缆路由拖曳清障工具时需定期或当监测张力增加时收回抓钩并收集废弃物；若遇到无法移除的障碍物或特殊特性废弃物，应立即报业主及监理寻求指示，按现场探明的实际情况寻求一致同意的处置措施，包括改变海缆敷设路由等。

（4）地面准备。登陆前，海、陆缆交接处的转换井及电缆沟须提前建成；若需穿越海堤，堤下的电缆通道须预埋且贯通。提前在船舶无法进入的潮间带区域预挖沟槽，登陆点位置及高差较大位置搭设脚手架，并在电缆沟及脚手架上每隔 2m 设置专用滑车及转角滑车，在始、终端登陆点的路由轴线上按需布置绞磨机、布缆机及牵引钢丝提供牵引力。

二、始端登陆

（1）船只定位。海缆始端登陆宜选择在登陆作业相对困难的一侧。在高潮位时海底电缆施工船只尽量靠近登陆点进行锚泊以减少登陆距离，并利用 DGPS 测量系统定位于路由轴线上，抛"八"字开锚固定船位。

（2）海缆始端登陆。施工尽量选择平潮期进行，海缆头由入水槽入海，每隔 3～4m 将助浮器材绑在海缆上，利用陆上机械设备牵引海缆浮运直接朝登陆点前进，至滩涂处时解除助浮器材，将海缆放置在预先设置的滑车上再次牵引，同时实时监测牵引绳索上的拉力。

（3）海缆固定。当海缆头到达设计的终端位置，预留海缆 S 形裕量和终端制作所需长度，用夹具固定海缆，然后由辅助小船向陆地方向依次解除助浮器材，控制海缆下沉至预挖沟槽内。

三、海中段敷设

海中段敷设主要用功器具有：埋设犁、DP 系统、张力器、计米器等。

（1）埋设犁投放。埋设犁起吊，脱离停放架；海缆通过导缆笼装入埋设犁腹部，关上门板并在埋设犁海缆出口处设置吊点，保证投放埋设犁时海缆的弯曲半径符合规定或满足电缆技术规范要求；埋设犁缓慢搁置于海床面；水下检查海缆与埋设犁相对位置，并解除吊点；启动埋设犁高压水泵和埋深监测系统。

（2）海底电缆施工船只沿设计路由移动。海底电缆施工船只起锚，在控制计算机中输入路由控制点数据，开始海中段敷设作业，周围配置工作艇、护航船等船只，对现场进行警戒。浅水区时由锚艇在海缆设计路由上抛设牵引锚，启动海底电缆施工船上的卷扬机绞动钢缆，带动海底电缆施工船前进。采用拖轮及锚艇，在海底电缆施工船背水侧或背风侧进行顶推，以保持海底电缆施工船只在设计路由范围内。DP 系统在水深符合条件后开启，同时解除牵引作业，严格按 DGPS 定位，并与船舶姿态传感器（MRU）和陀螺仪等其他导航仪器一起为海底电缆施工船提供绝对位置。施工船穿越航道时，应编制施工作业计划，施工作业时应避开出口及进口的受限吃水船舶进槽时间。海上安全频道应 24h 开启，并设有专人守候接听，保持与外界船舶的联系。

海缆敷设时，应采用张力器、计米器等监控设备进行实时全程监控、跟踪；光纤复合海底电缆宜采用监视设备实时监测光单元的衰减情况。海缆的敷设深度将由安装在埋设犁上的埋深监测系统来测量，始投埋设犁时需按设计埋深设置好埋设犁姿态（埋设犁水力刀与海床面角度），敷设过程中通过调整埋设犁高压水泵压力和敷设速度调节海缆的埋设深度。

施工过程中，根据海床不同土质情况，在保证设计埋深的前提下，控制敷设速度一般为 3～16m/s，入水角为 50°～80°，海缆底部张力 300～500kg。

（3）埋设犁的回收。调整牵引钢缆和埋设犁起吊索具将埋设犁起吊至距甲板水平 7～10m 处；逐件卸去导缆笼；采用卷扬机将埋设犁吊出水面，调整牵引钢缆及起吊索具将埋设犁搁置在专用停放架上；将海缆从埋设犁海缆通道内取出并放入水槽中，海缆从海缆通道内取出时，在埋设犁尾部海缆出口处设置 2 个吊点，保持海缆的弯曲半径符合规定或满足电缆技术规范要求。

四、管线交越段敷设

（1）距交越点 200m 左右时，应准确核对 DGPS 的定位及埋设犁的姿态情况，密切观察水深及潮流状况。

（2）海缆埋设至距管线交越点 50m 处时，密切关注 DP 动力定位系统校正船位防止偏离路由轨迹，抛锚固定船位。

（3）待平潮时缓提埋设犁离开海床面约 3m，后起锚开启 DP 动力定位系统带动敷缆船前进，进行海缆抛放施工。

（4）当越过交越点 50m 处时，停止抛放施工，抛锚固定船位，待平潮时缓放埋设犁再进行海缆敷埋施工。

五、海缆终端登陆

施工工艺流程和始端登陆一样，其中要特别注意：

（1）启动船上布缆机将海缆通过入水槽入水后，在海缆入水段以助浮器材助浮，使之在水面上呈 Ω 形状，监视和控制海面上海缆弯曲情况，防止海缆打小圈。

（2）放出的海底电缆长度满足登陆长度要求后，截断海底电缆并做防水封堵处理，再用绞磨机和布缆机将海底电缆牵引至终端位置。海缆终端登陆图见图 5.1－3。

六、海底电缆保护

（1）若登陆点潮间带为四类土（砂砾坚土）以下地质，可采用人工冲埋方式保护海缆，四类土（砂砾坚土）及以上地质，可采用铺设水泥沙袋或水泥压块、连锁排等加盖方式保护海缆。

（2）对裸露于海床的海底电缆，宜采用双层抛石进行保护。先抛一层粒径较小的石料覆盖海底电缆，然后抛粒径较大的石料形成堆石坝，保证抛石过程中石料不会对海底电缆造成损伤，也使堆石坝在海底具有较好的稳定性。抛石保护所形成的坡角不应大于 30°。抛石保护施工前应进行试抛作业，以掌握石块扩散情况，选定起始位置和适宜的移船距离。

（3）在管线交越处采取抛放施工的海缆段、未达到设计埋深要求段，可采取抛石保护、混凝土连锁排等方式保护海缆。

（4）礁石段沟槽、潮间带、管线交越段海缆均可采用安装海底电缆专用套管方式保护海缆，为了防止保护套管受洋流、潮汐影响来回移动，宜对其进行混凝土浇筑固定。由于铸铁套管会产生铁磁损耗，同时覆盖套管后影响了海底电缆的外部散热环境，须校核套管对海底电缆载流量的影响。

第二节　海底电缆敷设关键技术

一、海底电缆施工船

海底电缆施工船是电缆敷设工程的重中之重。在海底电缆敷设施工前，须充分考虑海底电缆施工船选型、船舶载缆能力、操作性能等诸多问题。

（一）选用原则

（1）船只的适航性应能满足电缆施工路由的自然条件。其航区应符合施工水域航区等级划分要求。船舶的稳定性、干舷高度以及安全、消防、救生、排放指标均应满足国家颁布的有关船舶规范。主要设备和助航设施

可靠完好。

（2）根据施工水域情况选择施工船只。进行电缆施工作业，要求船只的续航能力强，具有一定数量人员的住宿、生活条件，能确保施工期间燃油、淡水和食品的供给，还必须具备较强的通信设施和大洋中的导航、定位设备。

（3）必须考虑工程的具体要求和特点。例如有些工程电缆登陆长度大，为了方便进行电缆登陆作业，就应配置吃水较浅甚至可以临时搁滩的船舶，以缩短登陆作业长度。再如，有的工程要求电缆在装船时只能采用整个托盘吊装安放的形式，就必须选择甲板面开阔、平整的甲板货驳替代。

（4）考虑降低船舶调迁费用，亦可就地在水域附近地区选择合适的船型进行改造后替代。

（5）进行潮间带或浅滩海缆作业时，应选择吃水浅的平板驳型海底电缆施工船，船舶板应加强或采用双层底结构，配置的推进器或水下定位系统应能收缩，海底电缆施工船"坐地"时，应避开基岩等坚硬地质。

（二）施工要点

（1）敷设前应检查船只各项设备运行情况，确保选用的海底电缆施工船只能完成敷设任务。

（2）电缆在敷设过程中船速应与敷设速度协调同步，禁止船速过快，保证电缆性能安全。

（3）在电缆登陆过程中，海底电缆施工船要保持船身稳定，防止因船体剧烈晃动拉坏海缆。

（4）定期全面检查船只并做维护保养。

二、退扭设备

（一）概述

海底电缆在敷设前，要在外力的作用下，以类似钢丝绳的包装方法盘绕在圆形的电缆盘内，此种绕放方式对铠装海底电缆一定会产生内在的旋转应力，每盘绕一圈，都有一圈外加的环形扭力发生，这就要求在海底电缆敷设时采取某种方式将盘放的环形转力逐一解开，防止扭力积累。海底电缆退扭设备就是实现海底电缆敷设前的退扭的设备。现在总的来说退扭设备分为两种形式：抽高式海底电缆退扭和旋转式海底电缆退扭。

（二）选用原则

（1）110kV 及以上电缆敷设一般选用平面退扭设备，35kV 以下电缆敷设在满足施工要求的条件下可采用高度退扭设备。

（2）根据海底电缆直径、电压等级以及施工要求选择相应的设备。

（3）退扭转盘的装载能力应与敷设电缆重量相匹配。

（三）施工要点

（1）在施工开始前，所有退扭设备应通电试运行，检查机器状况。

（2）退扭缆盘在盘绕海缆时应按照从下到上、从内到外的一定顺序。

（3）高度退扭设备应时刻注意退扭架上的海缆状态，

防止退扭不彻底出现的电缆损坏。

（4）为保证输送同步，水平退扭转盘的转动速度应根据实际敷设速度随时调整。

三、布缆机

（一）概述

布缆机在敷设施工中有两个主要的作用：一个作用是牵引电缆，当电缆在登陆作业或浅水段敷设作业时，电缆需要一定的牵引力才能从缆舱内经退扭架送入水中。另一个作用是制动电缆，当电缆在深水区域敷设时，海底电缆施工船上的电缆会受水中电缆自重的影响而迅速滑入水中。

布缆机是布缆专用的机械，其型式有履带式布缆机、鼓轮式布缆机、直线式布缆机、张紧式布缆机等。

1. 履带式布缆机

利用液压马达，经过减速齿轮，同步带动布缆机上下的两条链带，来夹住电缆。履带式布缆机通过驱动或制动压紧在电缆的上下履带上，得以牵引或制动电缆。电缆的牵引速度可通过改变变频电机的转速实现，制动则由装在制动轮内的液压装置进行。履带式布缆机的最大特点是履带和电缆接触部分为块式橡胶，上下履带夹紧电缆后，产生的摩擦力可防止橡胶块和电缆的相对滑动，电缆表皮不会发生破损，且电缆始终呈直线状运动。

2. 鼓轮式布缆机

采用摩擦鼓轮的方式，在液压能的驱动下提供布缆、收缆所需的控制力和牵引力，在辅助牵引机的配合下达到布放和回收海缆的目的。电力拖动鼓轮式布缆机采用带截止电压负反馈和电流负反馈的磁放大器控制的发电机-电动机系统，此系统可保证布缆机调速和堵转的特性。布缆机在节航速下起缆时，电缆承受的额定拉力为吨当电缆在水中被钩住而拉力达吨时，电动机开始堵转如拉力超过吨时，电动机将反转运行，放出电缆在拉力达到吨时，则电流继电器动作，不使发生有害过载。

3. 直线式布缆机

由多对轮胎机机组组成。轮胎机用轮胎夹持海缆，轮胎由马达直接驱动。通过控制液压系统实现手动调速、定张力、定余量布放海缆，也可以手动调速回收海缆。它由机架、上下轮胎连杆组，对中装置和调宽护挡装置组成。由于收放海缆时海缆在控制设备上呈直线状态，且轮胎比较容易适应各种不同直径的海缆，所以，近年来国内外海缆船多采用轮胎式布缆系统。

4. 张紧式布缆机

张紧器是夹持电缆并控制其下放入水中铺设的专用设备，根据履带布置形式和数量可以分为：两履带上下或水平布置式、三履带对中布置式和四履带布置式 3 种。常用驱动方式为液压马达驱动与电机驱动 2 种。形式上有水平/垂直/倾斜操作，可以铺设柔性或刚性的管线。

（二）选用原则

（1）根据海底电缆截面及重量选用布缆机。

（2）使用时可以多型布缆机配合使用，避免海缆所受牵引力端过大而对海缆内部产生损伤。

（3）打捞和回收电缆作业时需牵引力大、占用空间小的布缆机，通常选用鼓轮式布缆机。直线式布缆机，易适应各种不同直径的海缆，国内外海缆船多采用直线式布缆系统。张紧式布缆机可用于铺设柔性或刚性的管线。

（三）施工要点

（1）布缆机在布置时，应按海缆敷设方向布置，然后通电试运行，检查机器运行方向是否相同，所有布缆机运行方向必须保持一致。

（2）布缆机的高度和张紧度应根据海缆直径进行调整，在施工过程中，布缆机运行速度应根据实际敷设情况实时调整。

（3）为保证海缆在进入和经过布缆机后的安全性，在布缆机前后应数量若干的滑车。

四、挖沟设备

（一）概述

根据挖沟工作方式的不同，用于海底电缆先敷后埋的挖沟设备大致可分为冲射式挖沟机、犁式挖沟机和机械式挖沟机三种。

1. 冲射式挖沟机

利用高压射流对海底地层进行冲刷从而开凿出沟槽，并由吸泥设备将泥土排出沟外。水力冲射式挖沟机又可分为滑橇式、牵引式和自推进式冲射挖沟机。

（1）滑橇式冲射挖沟机。主要包括滑橇、开沟驳上的高压水泵、空压机和软管等。滑橇式冲射挖沟机作业时由开沟驳拖拽沿管线前进，并冲射开沟。最早出现的水力冲射滑橇系统功率不高。随着挖沟机工作深度的不断增加，冲射滑橇的功率也逐渐增大。与此同时，拖船的吨位也随之增大。并扩展了潜水支持设施，如饱和潜水设备。但其原理和工作方式上并没有什么转变。

（2）牵引式冲射挖沟机。增用用于水下的泵，于是提供高压水源的水泵就从以往的由水面驳船提供改为安装到了水下设备上，减少了滑橇式冲射挖沟用于输送高压水的软管，在技术上比之前的设备有所提高。与滑橇式冲射挖沟相比，牵引式结构比较复杂，但使其用于输送高压水的脐带软管大幅减少，功耗降低，在性能上有所提高。不过前进动力没有改进，仍然由开沟驳拖拽前进。

（3）自推进式冲射挖沟机。靠自身的动力行走机构自前进。而行走机构又分为夹持式和履带式两种。

2. 犁式挖沟机

利用犁刀在拖船的拖动下开出沟槽。主要由主体支架、滑橇行走机构、犁刀挖掘机构、拖拉机构、脐带缆、动力系统、推进器、水下定位及监控系统等组成，是典型的拖曳式挖沟机，挖沟机跨在海底电缆上方并抱缆后，须依靠母船将其沿管线方向拖动前行，在拖动前行过程中，犁刀直接切入土壤中进行挖沟作业，能挖沟整齐的V形沟壑，不降低临近土壤的抗剪强度，通过控制滑橇来实现挖沟深度。相比冲射式挖沟设备，挖沟速度快、作业费用低，能适应更复杂的海况与土壤，且沟型对管线的保护效果良好。主要有以下特点：①被动式，结构简单、可靠；②由拖船来驱动其产生切割力；③速度快、损耗低；④适合多数海床底质的长距离挖沟作业；⑤不支持先布后埋的敷缆方式；⑥不太适合在水非常深（超过 2000m）或非常坚硬的底质下工作。

3. 机械式挖沟机

利用链锯或者转盘对海底地层切削形成沟槽。主要由主支架、铰刀系统、喷射系统、排泥系统、履带、动力系统、监控系统等组成。机械式挖沟机结合了机械切割与喷射切割或疏浚，能适用海底任何土质，弥补了冲射式挖沟机不能切割硬质土质、犁式挖沟机需大马力母

船拖曳的不足。机械式挖沟机按其工作原理不同可分为链条切削式、柱状铣削式和盘状切削式挖沟机。

（1）链条切削式。主要由动力系统、链条传动系统和分土系统等部分组成。

（2）柱状铣削式。机架上安装有柱状铣削头和吸泥泵。

（3）盘状切削式。具有可更换的硬质金属切割锯齿，施工作业时切削刀旋转切削破坏土壤，并由吸泥设备将泥土排出沟外可以开挖海底岩石层。

（二）选用原则

在选择海底敷设设备和方案时，一般主要考虑四个因素：缆或管的类型和尺寸；海床底质状况；需要预挖沟、同时或先铺后埋等不同的敷设方式；以及施工所要求的作业效率和方式。机械式挖沟机能适用于海底的任何土质。盘状旋削式挖沟机只适合柔性管、小口径输油管道及电缆的挖沟埋设作业。

不同的挖沟机通常具有不同的设计理念与应用范围，三种不同类型挖沟机的适应性总结见表 1-10-2-1。

表 1-10-2-1　　　　　　　　　　挖　沟　机　类　型　比　较

挖沟机类型	冲射式挖沟机	犁式挖沟机	机械式挖沟机
起始时间	20 世纪 40 年代	20 世纪 70 年代	20 世纪 70 年代
作业原理	高压水喷射	犁式挖掘	切削挖掘＋喷射
结构复杂度	简单	简单	复杂
开发与维护费用	中	低	高
作业效率	低	高	较高
故障率	低	低	高
受海流影响	大	小	极大
主要种类	牵引滑撬式、履带自航式	拖曳式	柱状切削式、盘状切削式、链锯履带自航式
海床土质条件	淤泥、泥沙、砂等非黏性土质，土质强度 3～250kPa	淤泥、泥沙、砂等非黏性土质，软性岩石（如石灰岩），土质强度 3～250kPa	几乎任何土质，淤泥、泥沙、砂等非黏性土质，软性岩石、硬质岩石（如花岗岩），土质强度 7～1000kPa

（三）施工要点

（1）冲射式挖沟设备的重力应与浮力相平衡，使得管道不会受到过大的应力作用。选用犁氏挖沟机应较为慎重，应在适宜地质与适宜水深下工作。

（2）冲射式挖沟设备需重点关注排泥管线平坦顺直，避免弯曲过大，出泥管口要高出排泥面 0.5m 以上，排泥管接头要紧固严密，管道连接采用法兰、螺栓，橡胶圈密封，整个管线和接头不得漏泥漏水。冲射式挖沟机能够适应大部分海底土壤的开沟作业，尤其对于淤泥、泥沙、砂质等非黏性土壤的开沟效果最佳，但对于土壤剪切强度较高的硬质黏性土壤，喷冲开沟的效果较差。

（3）犁式挖沟机施工过程中还需缆控水下机器人（ROV）、声呐等监控控制装置，下放与回收的起吊装置，

拖船等动力装置，其主要施工过程包含吊装下水、合犁、开沟、转弯、吊装回收等。

（4）挖沟过程中的姿态控制是控制系统的关键，由于海底地形复杂，挖沟机会在海底遇到多种情况，作业过程中需要针对出现的情况进行相应的控制策略。

五、水下机器人

常见的水下机器人分为缆控水下机器人（ROV）和无缆自主水下机器人（AUV）两种，两种都可携带光学、声学、磁力等各种探测设备在远海大水深区域持续作业，执行各类任务，使用更为方便安全。从它们自身的特点来看，ROV 适合用于海底电缆工程的辅助施工和故障定位，AUV 适合于敷设路由勘察和远距巡检等作业。

（一）概述

1．缆控水下机器人（ROV）

通过机体和辅助母船之间连接的脐带缆接受能源供给、操控指令并实时回传机载设备采集的视频图像和其他数据信息，位于母船上的操作者可远离水下作业现场，通过监视器远程控制机器人的水下运动和作业。ROV转向灵活，可长时间在水中静止悬停，能对目标物进行反复定点探测和精细作业，相关技术也非常成熟，另外ROV可根据体型和作业需求自由安排机体布局，在机体上安装各种不同的探测设备（摄像头、声呐系统、磁力探测器等）和作业设备（机械手，切割、清洗器等），结构设计限制小，作业种类丰富，维护也很方便，可从事海底电缆敷设、探测、打捞等多种任务。ROV一般为开放式框架结构，水中阻力大，运动缓慢，因而作业耗时长、效率低，且需要有水面母船支援。此外，虽然通过电缆可以更好地实现供能和遥控，但限制了水下机器人的灵活性、活动范围以及作业种类，随着作业水深的增加，电缆长度及电缆阻力将增大，导致水下机器人的动力消耗增加，作业空间受到限制，并且细长的脐带缆悬浮在海中，也成为ROV最脆弱的部分，当脐带缆断裂时可能会造成机器人的丢失。

2．无缆自主水下机器人（AUV）

没有脐带缆的约束，其作业范围和领域比ROV更远、更广，智能化水平也更高。它依靠自身携带的能源系统提供动力源，借助内置控制系统和机载传感器信息实现自主任务规划、信息感知、航行控制和动态决策，具有能源独立、活动范围大、隐蔽性高、使用方便等优点，可以灵活自主地在复杂的海洋环境中完成一系列预定任务。随着各种水下探测设备技术的快速发展，目前已经出现了许多可以直接在AUV机体内部安装或外部挂装的小型、轻量化探测设备。

（二）选用原则

（1）ROV转向灵活，可长时间在水中静止悬停，能对目标物进行反复定点探测和精细作业，相关技术也非常成熟，作业耗时长、效率低，且需要有水面母船支援，使用费用较高，同时受到海况限制、航道管制和渔业活动影响，对远距离巡检作业不利。AUV没有脐带缆的约束，其作业范围和领域比ROV更远、更广，智能化水平也更高。可根据具体作业任务进行选择和搭配。

（2）ROV可以用电缆很好地实现信息传输，并且能实时传回机载设备采集的视频图像和其他数据信息，但电缆又限制了水下机器人的灵活性以及活动范围。AUV的操控信号目前是以水声通信来实现的，存在传输延时现象，因声音在水中的传播速度远低于光速，从而导致难以对水下机器人实时控制。而且传输距离又受载波频率和发射功率的限制，目前通信距离仅10km左右。另外，声通信还容易受到多径效应造成的干扰，存在波束对准和跟踪等问题。

（3）AUV因其无缆不会发生缆线缠绕问题，因此其作业范围比ROV更广，但自带供能模块所存储的能源量

是限制其作业范围的主要因素，而ROV一般不存在能源问题，但如果在深海作业，随着电缆的增长，传输损耗也会增大，虽然可提高电压和加大频率，但会产生绝缘和安全问题。ROV的机体一般是框架结构，在水中阻力大，运动速度缓慢，这导致了它作业效率低，而AUV在这方面具有无可比拟的优势，它可以在保持稳定机体姿态的基础上，进行高速定深和近底定高航行，并以较高的定位精度保持在设定航线之上，在保证探测精度和数据质量的同时，提高了作业速度。但AUV的机体容积、负载能力和作业时间均受到自身能源储备的严重限制，相对于有缆的ROV来讲，AUV可选配的作业设备种类较少，无法执行较为复杂的水下作业任务。

（三）施工要点

（1）应根据作业精细程度、母船支援情况、作业远近等条件合理选择水下机器人装备。

（2）作业前，需通过ROV自带的定位系统进行位置校准。

（3）施工中，水下机器人一般要配合多波束测深仪和浅地层剖面仪等勘测设备使用，需注意搭载设备间相互干扰问题。

（4）水下机器人吊放入水时应根据需要释放合适长度的拖缆，避免拖缆长度过短或过长而影响作业质量和效率。

第三节 海底电缆试验

一、海底电缆试验项目

为了检查海底电缆的关键技术指标与设计指标的相符性，依据相关检验规范制定符合海缆出厂的试验方案，对厂家供货的海缆开展工厂试验，主要包括主绝缘交流耐压同步局放检测试验，试验电压和时间见表1-10-3-1。

表1-10-3-1 交联聚乙烯绝缘电力电缆出厂交流耐压试验电压和时间

额定电压 U_0/U	试验电压	时间/min
18/30kV 及以下	$3.5U_0$	5
21/35～64/110kV	$2.5U_0$	30
127/220kV	$2.5U_0$	30
190/330kV	$2U_0$	60
290/500kV	$2U_0$	60

二、海缆试验过程中使用的设备

（一）概述

使用变频谐振系统与被试电缆组成谐振回路，对电缆施加试验电压，达到考核电缆主绝缘水平的目的。变频谐振系统首先通过变频装置获得谐振电源，再通过励

磁变压器将变频装置输出电压提高，最终通过电抗器与电缆电容谐振，把电压提高到试验电压水平。

（二）选用原则

（1）当单台设备不能满足电压要求时，使用两台设备串联。

（2）当单台设备不能满足电流要求时，使用两台设备并联。

（三）施工要点

试验开始前应对电缆各被试部分充分放电接地。连接试验接线，试验海缆的铅护套和铜铠装层（如有）短路后接地。电源电压和频率要求稳定。设备高压套管、分压电容、绝缘支撑和高压引线对周围距离应满足绝缘要求。

对于串联谐振法，当被试品击穿时，回路中的电流减小，电压降低，所以除了正常的过流保护外，还应有欠压保护措施。对于并联谐振法，当被试品击穿而谐振停止时，试验变压器有过流的可能，因此，要求过流速断保护能可靠动作。

（四）应用效果分析

超高压海底电缆的安全运行受运输等过程的影响尤为明显，不同环节的些许缺陷会在电、热、机械等应力的作用下将导致绝缘迅速劣化，最终导致击穿故障。海缆试验可以高效检测本体、附件的质量，降低电网运行风险，具有重要意义。

第十一章

变电设备大件运输技术

第一节　电力大件运输技术特点

一、电力大件运输的定义

大件（也称大件货物或大件设备）是指具有长、大、重特点，且在车辆上装载后符合下列情形之一的不可解体物体：

（1）运输车、货物总高度从地面算起超过4m。

（2）运输车、货物总宽度超过2.55m。

（3）运输车、货物总长度超过18.1m。

（4）二轴货车，其运输车、货物总质量超过18000kg。

（5）三轴货车，其运输车、货物总质量超过25000kg。三轴汽车列车，其运输车、货物总质量超过27000kg。

（6）四轴货车，其运输车、货物总质量超过31000kg。四轴汽车列车，其运输车、货物总质量超过36000kg。

（7）五轴汽车列车，其运输车、货物总质量超过43000kg。

（8）六轴及六轴以上汽车列车，其运输车、货物总质量超过49000kg，其中牵引车驱动轴为单轴的，其运输车、货物总质量超过46000kg。

电力大件是指电源和电网建设生产中的大型设备或构件，其外形尺寸或质量符合下列条件之一：

（1）长度大于14m或宽度大于3.5m或高度大于3.0m。

（2）质量在20t以上。

变电站内常见的电力大件主要有变压器、厂用变、联络变、电抗器、预制舱及高压电气设备等。

二、电力大件运输方式

大件运输方式主要包括公路、铁路、水路三种，根据需要也可以采取两种及以上的运输方式，即"大件多式联运"方式完成运输任务。

1. 公路运输

公路运输是一种便捷、灵活的大件运输方式。公路大件运输能力取决于公路大件运输条件和运输装备的运载能力。公路运输分为短途运输及长途公路运输。短途运输多发生于工程建设现场或临港码头前沿，道路条件往往提前为超大件运输做了预留，规避了阻碍超大件运输的限界障碍，因此公路运输能力主要取决于公路运输装备的运载能力。长途公路运输中，运输能力更多地取决于沿途道路、桥梁、限界等运输条件（尤其是高度限界），对运输企业综合运用运输装备的能力和风控水平有更高的要求。目前，对于公路运输，可以根据道路条件（含道路改造），运输较重的电力大件设备，运输车、货物总重达到1100t；对于长途公路运输，受限于沿途桥梁等级和各省市超限运输政策，运输车、货物总重最大为700t，设备重约460t。

2. 铁路运输

铁路运输是一种安全、经济，适合长距离的大件运输方式，相对于公路运输，限于铁路建筑限界和车辆的承载能力，铁路无法承运尺寸过大或重量过重的货物。铁路大件运输能力主要取决于铁路大件运输网络、铁路特种车辆承载能力、铁路限界和桥梁的通行能力。目前，铁路运输的变压器重量约350t，高度不大于4.85m，长度不大于13m，采用大型落下孔车运输，该种运输方式多应用于内陆省份，那里往往没有高等级的航道可以水路运输。

3. 水路运输

水路大件运输具有成本低、能耗小、污染轻、风险小等公路、铁路运输不具备的优势。但水路大件运输受水文、气象等自然条件限制影响较大，运送速度较慢，连续性差等劣势，通常无法实现门到门运输。与公路、铁路运输相比，对超长、超宽、超高、超重的超大件货物，尤其是对重量在200t以上、宽度在20m以上、高度在5m以上、长度在60m以上的特大件，水路运输具有承载能力大的优势。目前，变电站的电力大件设备均为公路运输进站，因此本章只介绍公路大件运输车辆，铁路运输车辆和水路运输船舶不再介绍。

三、电力大件运输的发展历程

改革开放前，国内输变电线路电压等级主要以220kV及以下为主，变电站内大件设备往往不足150t，早期的电力大件运输多数采用整体式非液压悬挂的汽车平板车。

1978年，国内首条500kV超高压输变电工程平武线开始建设。电力大件设备运输重量近200t，液压挂车登上历史舞台。装备方面，20世纪70年代，交通部（现称"交通运输部"）引进法国尼古拉斯液压挂车，以及与其相匹配的重型牵引车。20世纪70年代中期，国内一些大件企业开始设计生产液压平板车，如上海交运生产12轴线液压平板车、济南大型汽车运输总公司生产10轴线液压平板车、山东交运生产10轴线液压平板车、沧州大运生产的10轴线液压平板车等。20世纪80年代初，上海水工机械厂试制成功国产液压挂车。20世纪90年代大量国际品牌，如奔驰、曼、依维柯等重型牵引车和尼古拉斯、哥德浩夫、索埃勒等液压挂车的引进，极大地促进了国内大件运输行业的发展。

21世纪以来，电力工业进入了发展的黄金时期，发电能力突飞猛进，电网建设加速前行。经过十几年的发展，电力大件运输逐步走向成熟。主要体现在以下几个方面。

（1）大件运输企业的装备能力大幅度提高，在数量、质量、智能化等各个方面都达到了世界先进水平。低货台、桥式梁、自行式液压平板车等大件运输装备被广泛应用到电力大件运输中，并且换装装备呈现多样化。

（2）随着智能电网快速推进，电网建设规模不断扩大，输变电设备需求量不断提高，电力大件运输企业和从业人员数量大幅度增加，从业人员素质大幅度提高，信息化管理成为大件运输企业提高管理水平和服务水平的重要手段。

（3）大件运输法律法规体系进一步健全和完善，诸如《超限运输车辆行驶公路管理规定》（交通运输部令2016年第62号）、《铁路超限超重货物运输规则》（铁总运〔2016〕260号）、《电力大件运输规范》（DL/T 1071—2014）、《道路大件运输护送规范》（T/APD 0001—2019）等相关行业法规、行业标准陆续出台，有效规范了大件运输市场。

四、电力大件运输的特点

变压器、电抗器等电力大件设备，是输变电工程的核心关键设备，价值高昂。设备的生产和使用地点往往相距较远，需要通过电力大件运输来完成运送、吊装等任务。电力大件运输的可行性甚至决定着变电站的选址。电力大件设备具有"自身价值高、生产周期长，不可解体、超长、超宽、超高、超重"的特点，运输使用的多是特种车辆（船舶）。运输路径上受沿途道路、桥涵承载能力，天桥、线缆、标识牌、车站、收费站等建筑限界尺寸限制和制约，必要时需进行改造、加固。各大件运输前期准备包括线路勘察，桥涵测量，配置车辆，确定装载加固方案，对桥梁的通行能力进行校核，必要时进行加固或改造，办理通行、护送、排障等手续；铁路大件运输涉及车、机、工、电、辆等各个方面，需统一协调指挥；水路运输涉及船型选择、航道调研及沿途的各项安全措施等；如果涉及公路、铁路、水路联运，还要跨行业、跨地区、跨部门的联系协调。因此，电力大件运输操作难度大、技术含量高，运输组织管理复杂，涉及的面多且专业性强，运输耗费高。

第二节　公路大件运输车辆

一、大件牵引车

大件运输所用的牵引车注重的是良好的低速牵引性能，而不是较高的行车速度。为了使整车能够平稳起步并且具有足够大的起步扭矩，大件运输使用的牵引车一般都配备液力变矩器。为了充分利用附着质量和避免传动系统过载，车辆大多采用"6×4、6×6、8×4、8×6、8×8"等多轴的驱动形式。

（一）牵引方式

按照牵引车牵引连接方式将牵引车分为全挂牵引和半挂牵引。

1. 全挂牵引方式

全挂牵引是挂车的前端通过牵引杆与牵引车连接，牵引车不承担载运货物产生的荷载，只提供挂车行驶所需的牵引力或推力。

（1）适用范围。全挂牵引车通常在短途公路运输中使用，但当运输的设备需要采用桥式车组装载，且多台牵引车牵引，即使为长途运输，同样需要部分或全部全挂牵引车，运输时需要交管部门审批和护送。

（2）主要特点。在全挂牵引时，牵引车上必须加适当的配重，提供足够大的附着力从而产生足够的牵引力。

2. 半挂牵引方式

半挂牵引是通过牵引车后端的牵引座与挂车前端的牵引销连接，牵引车承担载运货物的部分荷载。

（1）适用范围。在长途运输时，运输道路往往涉及高速公路，有的地区交管部门要求运输车辆必须是半挂牵引方式，其牵引总质量在300t以内，运输设备最大质量约200t。另外，当采用桥式车组运输大件设备，在高速公路上行驶，交管部门往往要求主牵引车为半挂牵引方式。

（2）主要特点。牵引车后面的桥承受挂车的一部分载荷，并锁住牵引销，带动挂车行驶。一些挂车自身不具有半挂装置，需要配合特殊装置实现半挂牵引。

（二）常见的重型牵引车

1. 进口重型牵引车

进口牵引车品牌集中在奔驰、沃尔沃、曼三大品牌，除此之外还有部分尼古拉斯、雷诺、斯堪尼亚、依维柯、日野等品牌的牵引车。进口牵引车技术成熟、可靠性高、操控性好、维修率低，是大件运输行业选择的主流牵引车。

2. 国产重型牵引车

我国重型牵引车制造起步晚，技术积累不足，尤其是发动机、变速箱、底盘等核心部件还无法与国外知名的车辆制造企业抗衡。但随着我国高端运输装备制造技术水平的提高，一些自主设计生产的牵引车，例如陕西汽车集团有限责任公司（简称陕汽）生产的德龙系列重型牵引车，正逐步占有一席之地，有望打破国外品牌牵引车垄断国内市场的局面。目前，国产重型牵引车的制造企业主要有东风集团、中国重汽、陕汽集团、一汽集团、联合卡车等。

二、公路大件运输挂车

公路大件运输承载挂车，简称挂车，是指由牵引车牵引而本身无动力驱动装置的车辆。在汽车列车中，挂车只有与牵引车或其他汽车一起才能组成完整的运输工具。

1. 液压挂车

液压挂车又称液压悬挂挂车、液压平板挂车或液压模块车，俗称液压轴线车、轴线平板车或液压轴线平板车等。

（1）适用范围。液压挂车可采用全挂或半挂牵引方式，主要用于对荷载和分载能力有很高需求的超重和超大件货物的公路运输。当液压挂车采用全挂牵引方式时，可以与桥式车配合进行长途或短途运输特大型大件设备，当液压挂车采用半挂牵引方式，可进行长途运输，且容易通过交管部门的超限运输审批。

（2）型号及组成。主要液压挂车厂家有华运顺通、苏州大方、武汉万山、武汉神骏、索埃勒（SCHEUERLE，德国）、尼古拉斯（NICOLAS，法国）、科米托（COMETTO，意大利）、哥德浩夫（GOLDHOFER，德国）等。

（3）主要特点。其构造特点是以很多内置有液压缸的独立箱架为基本承载单元，通过液压管路连接各悬架液压缸，使超重的货物荷载均匀分配到各挂车轮胎，承载能力大。液压挂车突出的技术优势在于其先进的液压悬挂系统和液压转向系统。这两项核心技术使得液压挂车拥有以下主要优势：单轴载荷大，可灵活拼组；横向稳定性强；全轮转向，转向角度大，转弯半径小；货台高度可调。

2. 自行式液压平板运输车

自行式液压平板运输车又名自行式模块运输车。主要应用于重、大、高、异型结构物的运输，其优点主要是使用灵活、装卸方便、载重量在多车机械组装或者自由组合的情况下可达万吨以上（国际上 24000t）。

（1）适用范围。实践中，自行式液压平板运输车基本上被用于项目现场的倒短、滚装或滚卸等短距运输。

（2）型号及组成。自行式液压平板运输车是在液压挂车的基础上，在前端或后端增加自行式挂车驱动模块车组而形成。其驱动模块由动力头部分和带液压马达驱动轮的挂车驱动部分组成。动力头内安装了大马力卧式发动机、液压泵和大容量的液压油箱，不但为驱动轮提供动力，也为所有的液压挂车的悬挂液压缸和转向液压缸提供液压源。

（3）主要特点。自行式液压平板运输车适合超大、超重货物的运输，行驶速度一般在 1～5km/h，空载可达到 15km/h。自行式液压平板运输车与液压挂车具有同样的技术特点，自行式液压平板运输车不具有普通牵引车的驾驶室等设施，其操控是通过挂在操作员胸前的操控箱完成的。操控箱与自行式车组以软线或无线方式连接。

3. 全回转自行式液压平板运输车

全回转自行式液压平板运输车可以实现 360°回转在内的多种转向方式，大大增加了对路况的适应能力。

4. 桥式车组

桥式车组是将桥形承重构件（桥式梁）与液压挂车配合组成全挂车。

（1）桥式车组的适用范围。桥式车组主要用于大型超高、超宽、超重设备的长途运输，可减小运输净空高度的影响，提高道路运输通过性。

（2）桥式车组的型号及组成。桥式梁一般由承载主梁、斜叉梁和塔台组成。桥式梁两侧为承载主梁，主梁中间放置大型设备。设备重量通过承载主梁传递到两端塔台。塔台分别置于前后液压挂车上，具有分载、升降、水平旋转等功能。目前国内桥式车的承载能力可达到 600t。

（3）桥式车组的主要特点。超集重货物通过前、后承载塔台，将载荷一分为二，降低轴载负荷，使之符合公路运输的相关规定。可以通过调整举升油缸高度、挂车悬挂油缸高度，实现自装自卸；同时在通过临界高空设施时，设备底端可紧贴地面行走，确保设备及高空设施的安全。

5. 凹型平板车

凹型平板车的承载能力为 60～400t。承载面为凹型平板，前后与液压轴线平板车刚性连接。其特点是能有效降低装载和运行高度。

第三节　换装及就位装备

一、桥式起重机

（1）适用范围。桥式起重机通常使用在大件设备换装频繁，有稳定的大件设备换装货源的大件专用码头或港口，多为设备生产厂家自备的专用码头。

（2）装置组成。桥式起重机主要由支墩/梁、桥架（又称大车）、大车移动机构和起重小车组成，这种桥式起重机的桥架可以固定在支墩上，也可以沿支墩/梁上的轨道移动。

（3）技术原理。桥式起重机的桥架沿铺设在两侧高架上的轨道纵向运行，起重小车沿铺设在桥架上的轨道横向运行，构成矩形的工作范围，就可以充分利用桥架下面的空间吊运物料，不受地面设备的阻碍。

（4）主要特点。桥式起重机多建造在通航水域岸边的直码头或港池内，进行大件货物装卸或换装作业，起吊能力与通航水域或当地经济建设进行配套，具有起吊能力大、起吊平稳等优势。

二、桅杆起重机

（1）适用范围。桅杆起重机常用于变压器的水陆换装，且运输时间跨度较长（通常 6 个月以上）的电力大件设备换装。

（2）装置组成。桅杆起重机主要由桅杆起重机基础、后背缆风基础、液压平板车停放平台/栈桥、桅杆及其起升变幅机构等组成。桅杆起重机有 500t、600t 和 800t 等不同等级，可满足相应吨级的大件设备装卸作业。

（3）技术原理。桅杆起重机基础支撑桅杆自身重量以及被吊物的重量。通过操作卷扬机以控制桅杆的变幅机构和起升机构，从而使被吊物在水平方向或垂直方向移动。

（4）主要特点。利用通航水域岸边修建直立码头安装桅杆起重机进行大件货物的装、卸船或换装作业，起吊能力与通航水域或当地经济建设进行配套，一般码头通过量相对较小，具有投资省、起吊能力大、安全可靠等优势。

三、浮式起重机

（1）适用范围。常用于我国沿海、国内大江大河沿线港口、码头大件设备换装。

（2）装置组成。浮式起重机一般由下部浮船和装在浮船甲板上的上部建筑两大部分组成。

（3）技术原理。浮船用来支持起重机的自重和起吊的重量，再通过自身的船壳把它们传递给水面，使得浮式起重机能够独立地浮在水面上工作。此外，浮船还可以使起重机沿着水道从一个工作地点航行到另外一个工作地点，或者在同一个工作地点内做水平移动，以满足起重机对准装卸点或完成货物水平移动的要求等。上部建筑是浮式起重机的起重装置部分，用来装卸或吊装货物。

（4）主要特点。以码头为依托，利用浮式起重机进行大件货物装卸船或换装作业，无须建设换装码头，换装费用低。

四、流动式起重机

（1）适用范围。变电站内常用的流动式起重机主要以汽车起重机和履带起重机为主。当站内变压器较少（通常为 7 台以下）且集中到货，运输周期较短（3 个月以内）时，可选择汽车起重机或履带起重机换装。

（2）装置组成。汽车起重机主要由起升、变幅、回转、起重臂和汽车底盘组成。履带起重机主要由动力装置、工作机构以及动臂、转台、底盘等组成。

（3）主要特点。相比桅杆起重机，汽车起重机/履带起重机基础和作业场地占用均较小，水工结构建造费用低，且拆装汽车起重机/履带起重机方便，作业安全性高。

五、液压起重装备

（1）适用范围。当作业空间受限采用大型吊装设备无法布置或者虽然可以采用大型吊装设备作业但其调遣费和作业费相比液压起重装备装卸成本高，且作业场地较好满足液压起重装备装卸作业条件时从经济的角度可采用液压起重装备装卸及就位。一般应用于设备不同车辆之间的换装和变电站内的卸车就位等。

（2）装置组成。本方式常用的液压起重装备主要包括高压泵站、千斤顶、推移装置、滑移轨道和道木等机具。

（3）技术原理。通过"垂直顶升法"和"液压顶推滑移法"完成大件设备装卸以及就位。

（4）主要特点。具有无须大型吊装设备、成本费用低、技术成熟等特点。

六、轨道小车

近年来，在特高压、超高压输变电工程建设中，轨道小车牵引法通过在换流变压器移位施工中的应用和不断改进，现已成为一种较为成熟的大件牵引施工工艺。

（1）适用范围。主要适用于特高压交直流输变电工程的变电站和换流站，换流站（变电站）内的换流变压器（变压器）安装广场均铺设了轨道，设置一定数量的地锚，而且配置了轨道小车用于换流变压器（变压器）安装后移位就位。

（2）型号与组成。该方式是利用站内布设的轨道和锚点、轨道小车、卷扬机、滑轮组及其配套的连接装置，同时配置有用于换流变压器（变压器）顶升作业的工器具，包括高压泵站和千斤顶等，将大件设备进行装卸车和就位。

机具的型号为：5～10t 卷扬机、20t 4 轮滑车、ϕ20mm 牵引绳、BZ63-4 高压泵站、BZ63-2.5 高压泵站、100t 千斤顶、200t 千斤顶。

（3）作业方式。在换流站（变电站）内使用轨道小车牵引作业主要有以下几种作业方式。

1）单卷扬牵引作业方式。单卷扬牵引作业方式是通过一台卷扬机和一套滑轮组等，对承载大件设备的滚动小车进行牵引，实现大件的移位。大件设备通常由两部滚动小车承载。

2）双卷扬牵引作业方式。双卷扬同步牵引作业方式是在大件设备的两侧分别布置一台卷扬机和一套滑轮组。两台卷扬机的钢丝绳按要求在滑轮组上穿绕后，通过平衡滑车相连，两套滑轮组串联在一起，使两套牵引装置在启动、制动和阻力有差异的情况下，实现对大件设备的同步牵引。动滑轮与大件设备后端的牵引点相连接。卷扬机和定滑车分别与各自的锚点相连接。

3）牵引车牵引方式。用钢丝绳将轨道小车和牵引车连接，钢丝绳和牵引车应满足牵引力要求。牵引时，速度不大于 2m/min，并时刻注意轨道小车是否啃轨。如出现有啃轨趋势，应及时调整牵引车牵引角度；如出现啃轨现象，要及时调节小车角度。

第十二章

架空线路物料运输机械化施工

第一节　物资运输技术要点

一、临时道路修建方案

（一）典型场景修建策划方案

输电线路工程设备、材料及施工机具的运输要综合考虑施工全过程机械通行要求。道路条件较好，如路宽 2.5～3.0m、最小转弯半径 15～25m、最大坡度 15°、路

基承载力不小于 80kPa，机械通行可以直接利用现有的道路，机械化程度较高，施工效率较高；对于部分道路条件较差，但地形条件较好的塔位，可以利用现有设备进行施工，对原有道路进行加宽、加固处理，使其满足施工机械、材料运输的要求；无施工道路时，如河网、泥沼地形，可以修建临时道路或临时栈桥，便于施工机械通行和材料的运输。临时道路修建主要采用挖掘机、推土机及装载机等，对于部分山地塔位需凿岩机配合。

不同条件组合临时道路修建方案见表 1-12-1-1。

表 1-12-1-1　　　　不同条件组合临时道路修建方案

条件组合			临时道路修建方案	备注
道路状况	路面条件	适用地形条件		
有施工道路	路宽、路基承载力满足机械通行要求	平地、河网、泥沼、丘陵、山地、高山大岭	利用已有道路	综合考虑施工全过程机械通行要求，一般路（栈桥）宽 2.5～4.0m 路基承载力 80kPa
	路宽、路基承载力不满足机械通行要求		道路增宽加固	
无施工道路	—	平地、丘陵、山地、高山大岭	修建临时道路	
		河网、泥沼	修建临时道路或临时栈桥	

目前临时道路修建方案需要根据地形地质和线路周边路网情况，并结合三维设计等技术手段，详细标绘地物及临时道路，形成施工道路路网一览图和道路修建明细表，集成临时道路、拓宽道路、可利用道路及土地权属信息，指导施工道路修建，提高机械化施工效率。

（二）道路修建机械配置

临时道路修建包括道路增宽加固、道路新建。一般采用挖掘机、推土机、装载机或多功能道路修建装备。

（1）挖掘机。主要用于挖掘土壤、泥沙以及松散岩块，平整场地，装卸土石料。根据行走方式的不同，可分为履带式、轮胎式和步履式三种。履带式挖掘机标准斗容 0.25～1.6m³，轮胎式挖掘机标准斗容 0.3～0.86m³，步履式挖掘机标准斗容一般为 0.3m³。

（2）推土机。要用于推运或清理土方、石渣，平整场地，填沟压实和堆积石料，铲斗容量 2.02～10m³。当土方量大且集中时，应选用大型推土机，土石方量小且分散时应选用中、小型推土机。推土机既能独立工作，又能多台集体作业。

（3）装载机。主要用于装载松散土，短距离（1.3km以内）运土，剥离表层松软土，平整地面，收集松散材料等。标准斗容量 1.05～1.5m³。可以单独完成装土、运土、卸土各工序。

（4）多功能道路修建装备。具备多种道路施工机械功能的一体化工程机械，一般铲斗容量 1.0m³，挖斗容量 0.2m³。

（5）小型压路机。行走速度 0～2.8km/h，理论爬坡能力 30%，振动作业，压实影响深，效率高，转场方便。

（6）洒水车。罐体容积根据作业台班选择，可有效降低施工扬尘，可在机械化施工不同阶段复用。

二、物料运输方案

（1）平地。根据道路路面情况、宽度、转弯半径等因素综合考虑运输方案。当有可利用道路（路面宽度、路基承载力、转弯半径满足要求）时，选择轻型卡车运输。

（2）河网、泥沼。此类地基承载力较低，需采用底部承压面积较大的机械运输方案，如湿地旱船、水陆两用运输车等。交通便利的情况下利用既有道路或修建临时道路、临时栈桥，采用轻型卡车运输。

（3）丘陵、山地、高山大岭。一般采用轻型卡车、炮车、履带式运输车、索道运输、直升机和重载无人机运输方式。

轻型卡车运输临时道路宽 2.5～3m，坡度小于 15°；炮车运输临时道路宽 2～2.5m，山地坡度不应超过 30°；履带式运输车运输临时道路宽 2～3m，坡度小于 35°，并间隔一定距离设置会车平台。路基一般要求边填筑边夯实，夯实应采用压路机或重型机械，对大块石要求破碎，保证路基回填压实，路面铺设 100mm 厚度的素土或碎石垫层和厚度 10mm 以上的钢板。

索道运输可随坡就势架设，不需要开挖大量的土石方，对地形、地貌及自然环境的破坏小，特别适用于无道路及植被茂密的陡峭高山地区的施工物料运输。采用索道运输时，规划设计阶段，需考虑中间支架占地范围内林木砍伐等，并根据塔材的最大单件运输质量合理选配索道级别，塔材最大单件设计长度不宜超过 9m。

直升机和重载无人机物料吊运适用于常规运输装备无法达到的特殊、复杂地形，如高原、高山大岭地区。该运输方式对自然环境的破坏较小，小型施工器具、铁

塔杆件等施工物料可完成空中运送，节省人力物力。直升机运输单次吊运质量 3.0～4.5t，功效高，但应最大限度发挥直升机物料运输效率，实现单次运输物料最大化，降低直升机作业成本。重载无人机载重不宜超过 400kg，可兼作高空架线无人机，充分发挥其作用。

第二节　索道（轨道）运输关键技术

一、专用货运索道

（一）概述

输电线路专用货运索道（简称货运索道）是一种用于输电线路工程物料运输的临时性机械化施工装备，依靠工作索及相关结构，实现承重、起重、输送和卸重等功能。货运索道结构简单、操作简便、适用性强、工效高、受天气及外部环境影响小，能有效解决物料的山地运输问题，大大减少青赔、筑路费用，缩短工期，保护环境，是山区物料运输的重要装备。

（二）装备组成

货运索道由工作索、支架、货车、驱动装置、地锚、转向滑车等组成。

（1）工作索包括承载索、返空索、牵引索。承载索主要承担物料的重力，牵引索拖拽货车沿承载索（或返空索）行进，承载索、返空索与牵引索配合实现货车的循环运动。工作索都应进行严格的校核计算，满足施工现场要求。

（2）支架的主要作用是支承工作索到设计高度，保证货车安全通过。支架由支腿、横梁、鞍座等组成。

（3）货车主要由含带夹索器的运行小车、料桶等组成，砂、石等散装骨料可采用桶装容器，基础钢筋、塔材等细长件材料需要打捆后多吊点固定运输。

（4）驱动装置是通过牵引索带动运行小车的动力源，一般使用专用索道牵引机。

（5）地锚主要通过拉线与工作索、支架、转向滑车及驱动装置等部件连接，实现相应部件的锚固作用，一般采用埋入式的船型地锚。

（6）转向滑车用于牵引索的转向，槽底直径与牵引索直径的比值不得小于 15，且牵引索在导向轮上的包络角不宜大于 90°。

（三）施工要点

货运索道施工包括路径规划、场地准备、安装架设、物料运输、拆除等过程。

1. 路径规划

索道架设路径规划是指确定货运索道上料点（装料场）、下料点（卸料场）及支架位置的工作。人工路径规划主要包括现场初勘、规划方案、终勘选线、路径审定等。自动化路径规划基于地理信息系统，通过算法获得支架布置信息，可大幅减少人力和经济成本，提高货运索道路径规划效率。

2. 场地准备

根据不同索道运输方式的平面布置及车辆运输路线，确定场地平整的范围。

3. 安装架设

（1）支架安装。

1）在地面将支腿连接到需要的高度，支架高度在 3.0m 以下时一般采用人力组立，高度超过 3.0m 的支架利用抱杆进行组装。支腿应安放在平整、坚实的地面上，组装过程中应用拉线临时固定，防止支架倾倒。

2）支腿组立好后，进行横梁安装。安装过程中应确保各部件连接牢固、可靠。

3）支架拉线对地夹角不应大于 45°，用紧线器将拉线调紧，两侧拉线拉力应相等。

4）货运索道设计时，应统一明确每条索道的鞍座的方向，防止鞍座方向混乱，造成运行小车方向不统一，留下事故隐患。

（2）工作索的展放与架设。

1）牵引索的展放可以分为人力展放或飞行器展放轻质引绳再逐级过渡为牵引索。一般在植被较差，地形起伏较小，不跨越江河深沟的情况下，$\phi9\sim13mm$ 的钢丝绳可利用人力直接展放。其他情况应尽量采用飞行器沿索道通道展放牵引索。

2）牵引索展放后将两个绳头插接或编接成循环牵引索。

3）返空索安装好后，返空索和牵引索就已经构成一个简易的索道，就可以将运行小车挂在返空索上，在运行小车上挂上承载索，通过牵引索把承载索牵引到终端，在各支架处将其置于鞍座上。

4）索道承载索架设完毕后，必须对它的张力进行检查，以测定其张力是否达到设计要求，目前常用测定方法有拉力表直接测试法和振动波法。

4. 物料运输

货运索道的运输过程主要包括：物料装卸、机械操作、通信联络等。不同类型的物料应选择不同的器具固定，如基础砂、石、水泥等散装骨料一般采用料桶来运输，基础钢筋及铁塔塔件一般采用打捆固定运输，玻璃（瓷）绝缘子一般不拆除原包装直接运输，合成绝缘子等细长易折材料一般采用带包装加补强后运输，金具材料一般采用组装成串多挂点运输。

5. 拆除

（1）索道拆除应按从终端到始端、从高处向低处的原则。

（2）拆除工作索时，应先放松承载索和牵引索，采用驱动装置将绳索牵引至线盘，再将牵引索编接接头牵引至驱动装置附近。在放松张力后，在牵引索接头处切断后再采用驱动装置牵引至线盘。拆除绳索时，不应在不松张力的情况下，将绳索直接剪断。在山坡上拆除绳索时，应采取措施防止绳索滑落。

（3）拆除支架宜采用如下顺序：检查支架拉线是否牢固和稳定，有松弛现象应调紧；拆除支架上的索道附件；拆除支架横梁；用大绳或拉线将支架立柱逐个缓慢放倒。

6. 注意事项

（1）索道装料场应方便材料和设备进场，卸料场宜靠近主要作业点。

（2）索道纵向断面不应有突变的折曲或过多的起伏。工作索不得上扬。

（3）支架应遵循少、低、均匀布置的原则，尽量利用山岗等凸起点，保证货物距地面不小于1m，并与被跨越物有足够的安全距离。

（4）索道支架尽量降低，中间支架高度一般控制在3～6m，始终端支架高度应方便装卸货车。

（5）索道支架应采取可靠的防倾倒、防沉降、防滑措施。

（6）循环式索道的最高运行速度不宜超过60m/min。

（7）地锚坑的回填土必须分层夯实，回填高度应高出原地面200mm，表面应做好防水措施。

二、专用索道牵引机

（一）概述

专用索道牵引机是货运索道牵引物料的机械设备，主要采用柴油机作为动力源，通过带动牵引索运动实现物料运输。索道牵引机结构简单、使用可靠，便于野外施工及维护。

（二）装备组成

专用索道牵引机包括机械式牵引机和遥控式牵引机。目前常用的机械式索道牵引机主要包括发动机、变速箱、卷筒等。遥控式索道牵引机采用远程气动控制，实现挡位自动变换，保证人员作业安全。遥控式索道牵引机的柴油发动机与气泵相连，由气泵产生气源，将气存储在储气罐中，通过气泵提供气源到气控总成，由电磁阀分别控制分离气缸、换挡气缸、正反转气缸和锁止气缸，实现电控气动分离，控制前进挡和正反转挡自动变换。

（三）施工要点

（1）索道牵引机应布置在平坦场地，操作人员视线畅通，索道牵引机摆放平稳，锚固可靠。

（2）发动机启动前检查机油和燃油是否达到使用要求，变速箱操作手柄置于空挡位置，启动后必须空载运行3min，再带载运行。

（3）牵引索从里到外、由下往上，顺时针方向缠绕6～7圈。

（4）严禁带载时高速启动运行，需按铭牌上挡位标准的牵引力及速度合理使用，严禁超载使用，避免因超载发生人身伤害。

（5）卷筒与减速箱中间裸露齿轮每天须加注黄油30～50g。

（6）按要求做好设备保养，并做好过夜防护。

（7）操作时需要等待气泵对气源充气3～5min，设备开始工作时将锁止开关拨到"开"，根据正转需求将正反转开关拨到"正"或"反"，分离开关拨到"分"，即可推动换挡手球根据挡位进行换挡，换挡完成后，将分离开关拨回"合"的位置；设备停止工作时将分离开关拨到"分"，换挡手球回到空挡，锁止开关拨回"关"，分离开关拨回"合"的位置。

三、轨道式运输车

（一）概述

轨道式运输车是一种用于输电线路工程物料运输的临时性机械化施工装备，依靠汽油机为动力带动载物货箱在架设好的轨道上慢速行驶以实现物料运输。轨道式运输车按轨道型式，可分为单轨式运输车和双轨式运输车两大类。轨道式运输车具有结构简单、操作维修简便、地形适用性强、工效高、安全性高、绿色环保、受天气及外部环境影响小等优点，能有效解决不允许砍伐植被、无路可通且不具备修路条件工况下的物料运输问题，大大减少青赔、筑路费用，缩短工期，保护环境，是山区物料运输的重要装备。

（二）装备组成

轨道式运输车主要由机头、载物货箱、轨道三大部分组成。单轨式运输车的机头、载物货箱骑跨在一条带有齿条的固定式主轨道上行驶。双轨式运输车是在单轨式运输车的基础上，增加第二条不带齿条的并行承载副轨道，增强其稳定性、安全性，载物货箱亦适当向副轨道一侧错位。轨道固定铺设在坡地上，并可向任意方向延伸，终端设有自动停车装置，可定点停车。轨道式运输车设有自动限速器以控制车速，当下坡速度达到常速的1.2倍时限速器自动起限速作用。机头为动力输出部件，主要由汽油机、机架、减速箱、驱动轮、导向轮、行走轮、限速机构、制动机构组成。载物货箱为运输部件，用于装载物料，底部为行走轮组。轨道由方钢管制成，轨道节之间的连接采用方管内套小方管的方式，方管下方焊接实心齿条以实现齿条传动，机头带动载物货箱在轨道上行走。轨道通过钢管支撑座固定在地面上，双轨型轨道的支撑座之间采取连杆连接的方式强化其整体稳固性。

（三）施工要点

1. 现场勘查及准备

施工作业前，现场负责人与轨道式运输车安装人员到施工现场勘查。勘查内容包括地形地貌、地质状况、运输路径、运输距离、材料装卸地点等相关信息，了解运输物料的类型及质量。上下料场的选择应便于货车与轨道式运输车装卸作业。运输路径应尽可能选取较短路线以节约成本，与电力线、通信线保持安全距离；同时应兼顾轨道安装人员的可操作性和安全性，减少安装工作量；坡度亦不可超过轨道车最大爬坡度，轨道曲率半径不应过小从而导致所运最长塔材两端触及轨道、地面或山体。

2. 轨道铺设

轨道铺设过程中应清除可能干涉车体、长塔材等大件物料通过的障碍物，包括地表或山体上突起的石块、土堆、绿植等。轨道架设应牢固可靠，起伏度应尽可能平缓。

轨道采用单节长度为 6m 的方形钢管首尾嵌套对接成型，主轨道下部焊有起传动作用的实心齿条。轨道安装基本沿地面平行布置，离地高度尽可能低，轨道弯度由安装人员根据地貌通过操作调弯机控制。对于双轨型轨道，主轨道与副轨道应平行且尽量等高，铺设过程中需对两列轨道进行找平作业。

轨道通过钢管支撑座固定在地面上，支承座间距常为 1.5m，垂直支承柱和倾斜支承柱应打入土壤至坚实地层。垂直支承柱应与地面垂直；倾斜支承柱与垂直支承柱之间的夹角在保证机头和载物货箱能够通过的前提下应尽可能大。

3. 设备安装

安装时需将机头和载物货箱抬放在轨道上，将其下方的滚轮穿过轨道后缓慢推进轨道，直至其完全就位在轨道上。机头与载物货箱之间的连杆用螺栓紧固，并用锁链连接以进行二道保护。

4. 运输作业

汽油机正常工作后，将换向手柄往右拨，制动手柄拉到垂直状态，运输车前进；将换向手柄往左拨，制动手柄拉到垂直状态，运输车后退。轨道式运输车为无人操作设备，需要停机的位置装设有制动手柄控制杆，运输车经过时，制动手柄控制杆自动将制动手柄拨至制动状态，运输车自动停车。

5. 安全注意事项

（1）轨道式运输车装载质量应在额定载荷范围内，严禁超载使用。

（2）轨道式运输车载物货箱严禁载人。

（3）轨道式运输车运行时，运输车后方及轨道两侧 1.5m 范围内严禁站人、行走或作业，以防运输车飞车、脱轨造成人身伤害。

（4）物料应均匀分布于载物货箱内，以确保重心稳定。

（5）大件物料在运输前应绑扎牢固、可靠。

（6）针对塔材运输，单轨式运输车仅适用于运输长度小于载物货箱长度的短塔材，并应均匀放置于载物货箱内。双轨式运输车可用于长重塔材、抱杆节等大件物料运输，并应均匀放置于载物货箱上的斜撑架上，且绑扎牢固。

四、电动双轨运输车

（一）概述

电动双轨运输车是一种用于输电线路工程临时性运输物料的机械化施工装备，依靠轨道模块、支架模块、轨道车，实现山地物料的运输，装备的辅助设备可采用小型起重模块组件等实现物料的起重和卸重等作业。运输车及辅助模块结构简单、操作简便、适用性强、工效高、受天气及外部环境影响小，能有效解决物料的山地运输问题，并大大减少青赔、筑路费用，缩短工期，保护环境，是山区物料运输的重要装备。

（二）装备组成

电动双轨运输车主要由牵引车、货斗、货架、支撑组件、轨道、电控系统等组成。

（1）牵引车主要由机架、电动机、前桥、变速箱、电池、电控箱、逆变器、驱动轮系、行走轮系、制动机构等组成。

（2）货斗主要由行走轮系、平台、货斗架、料斗、齿轮箱、电机等组成。其工作原理是由电机驱动齿轮箱，齿轮箱带动料斗在货斗架上左右转动，料斗可实现左右 180°自由转动，实现自动卸料功能。

（3）货架主要由行走轮系、平台、货架、可伸缩连杆等组成。其工作原理是由平台和货架组成一组支承结构，中间用可伸缩连杆连接，通过调节可伸缩连杆的长度，能实现运输不同长度型材的功能。

（4）支撑组件包含上支承座、下支承座、镀锌钢管、万向螺栓、防沉角铁等组成。其主要作用是支撑轨道和与地面的连接固定。

（5）轨道为双轨轨道，分为直轨道和弯轨道。其主要结构包括齿条、角钢、方管。

（6）电控系统主要由电池、中控器、逆变器、驱动器、操作面板、电动机等组成。

（三）施工要点

电动双轨运输车施工包括路径规划、场地布置、通道清理、安装架设、运行测试、物料运输、拆除等过程。

1. 路径规划

运输作业前，应根据工程设计文件和工程相应的施工标准，组织技术人员进行现场调查。通过 GPS 和全站仪测量轨道安装的路径断面，测量内容包括拐点、障碍物、上下料点的距离、高差，均匀坡度地形可适当减少测量点。将测量数据绘制成轨道架设路径断面图，并对路径的起始点、支架点、终端下料点地质进行勘测。

2. 场地布置

轨道占用的场地一般包括上料场、下料场、轨道等，并对两端料场及支柱安装处的地面进行平整。基础工程的砂、石、塔材、工器具堆放应用彩条布进行铺垫和隔挡，避免材料混杂。

3. 通道清理

根据总体轨道路径，对沿线需要清理的障碍物进行测量。通道宽度以 1m 加两侧安全距离进行清理。清理通道应遵守国家有关环保法规的要求，尽量减少对植被的破坏，采用仪器测量确定轨道路径清理范围，严禁乱砍滥伐。

4. 安装架设

（1）轨道铺设。轨道采用单节长度 1995mm 的双轨轨道首尾嵌套对接成型，轨道上部焊有起传动作用的齿条。轨道安装沿地面平行布置，离地面高度尽可能低，确保运行安全；轨道转弯处由安装人员通过现场实际情况灵活控制，通过钢管、上下支撑座固定在地面上。轨道架设应牢固可靠安装尽可能平缓，水平方向轨道弯曲半径不小于 8m，轨道坡度不大于 40°。轨道安装后上平面（即工作面）在横截面方向用水平仪测量应处于水平状态，若轨道安装后处于上坡弯道或下坡弯道的状况，轨道工作面在横截面方向确实需要倾斜，则左右倾斜不超过 5°。轨道架设在地势平坦地带时，不用安装上、下支承座及垂直、倾斜支承柱，直接将双轨轨道平铺在地面上，轨道之间用螺栓连接固定；遇有坑洼起伏较大或有高度差无法平铺轨道地带时，将悬空的轨道两侧分别采用上、下支承座及垂直、倾斜支承柱连接固定。

（2）下支承座安装要求。下支承座在需要安装的情况下应架设在实地上。一般土基地面，下支承座直接平压在实地上，凸起面朝上，与垂直支承柱螺栓固定；如遇岩石、水泥等硬质地面，下支撑座直接安装。

（3）垂直支承柱、倾斜支承柱安装要求。垂直支承柱和倾斜支承柱在需要安装的情况下应打入土壤至实地层。在一般较硬土基时，打入实地层深度不小于 600mm；如遇软土基地面要一直打入到实地层后不小于 800mm。而且垂直支承柱埋好后要与地面保持垂直，倾斜支承柱与垂直支承柱的夹角应为 30°～70°，垂直支承柱安装好后上端面不要超过上承座，倾斜支承柱安装好后上端面不宜存留过长，以不影响牵引车及货斗货架通过为准，垂直支承柱、倾斜支承柱采用 ϕ33.3mm 的镀锌钢管，壁厚不小于 2.5mm。

5. 运行测试

为保证行驶安全、提高工作效率和延长运输车寿命，每次行驶前应对运输车进行全面检查。行驶前的检查项目如下：检查各处特别是重要部位螺栓和螺母是否有松动，检查制动开关、操作按钮、电源开关等操纵是否灵活有效，检查调整驱动轮、支重轮的工作面与轨道工作面之间的间隙不大于 1.5mm 空载 2 挡全程运行一次无问题后方可进行运输作业。

6. 物料运输

电动双轨运输车的运输过程主要包括以下几个环节：材料装卸、机械操作、通信联络等。不同类型的材料应选择不同的货运斗具固定，比如：基础砂、石、水泥等散装骨料一般采用货斗来运输，基础钢筋及铁塔塔件一般采用打捆固定采用专用货板及专用货斗抱箍运输，玻璃（瓷）绝缘子、合成绝缘一般不拆除原包装直接采用货板运输，金具材料一般采用货斗运输。

7. 拆除

电动双轨运输车拆除分为牵引机、货斗拆卸及轨道拆卸，一般牵引机（货斗）采用简易吊装设备或人工拆卸，轨道拆除应按从终端到始端、从高处向低处的原则。当拆除轨道时，可采用辅助轨道车先拆除轨道再拆除支架。

第三节　专用车辆运输关键技术

一、履带式运输车

（一）概述

履带式运输车是指用履带行驶系代替车轮行驶系的

"汽车"，可在山区和丘陵地带完成对导线、绞磨、塔材、放线滑车、抱杆等施工物料的运输，也可拖拽或牵引小型物件。履带式运输车的底盘结构采用弹性悬挂系统，充分借鉴了扭力轴—平衡轴—负重轮结构形式，可以缓和由不平路面传给车身的冲击载荷，衰减由此引起的振动；行走系采用全液压驱动机构，使用变量泵和双速变量马达，组成闭式液压传动系统，先进的液压系统设计，最大限度地减少发动机功率损失；设计合理的接近角及离去角，有效增强了设备的爬坡能力；采用双电动风扇进行液压油冷却，散热效果好、噪声低、稳定工作时间长。

（二）装备组成

履带式运输车主要由底盘总成和平台总成组成。

（1）发动机。动力源，使燃料燃烧产生动力，通过传动系驱动车轮带动装备行驶。

（2）行走驱动。采用全液压驱动机构，由变量泵和双速变量马达组成闭式液压传动系统。

（3）履带。采用军用防侧滑链板，大大提高防侧滑能力，具备脱泥功能。

（4）绞盘。自救及牵引装置。

（5）前举升油缸。可上下升降，便于坡道行走时调整装载物料的角度。

（6）后举升架。可上下升降，便于坡道行走时调整装载物料的角度。

（7）货斗。用以装载施工物料。

（8）接收器。实现无人驾驶，可遥控操作全部功能及进行无级调速。

（三）施工要点

1. 选用原则

（1）适合在山区和丘陵地带使用。

（2）适合运输导线、绞磨、塔材、放线滑车、抱杆等施工物料。

（3）施工现场坡度、地面耐压力等条件应满足履带式运输车技术要求。

（4）根据所运输施工物料的承载质量，选择不同载荷的履带式运输车。

2. 注意事项

（1）操作人员操作履带式运输车时，要位于安全侧并远离负载。

（2）车载绞盘动作时，不得用手接触钢丝绳。

（3）钢丝绳有断丝、打结或扭结的情况，严禁使用。

（4）使用前应严格勘查施工现场，确认地形、爬坡度和接地比压是否满足履带式运输车使用要求。

二、轮步式全地形运输车

（一）概述

轮步式全地形运输车（简称运输车）是一种山地、平地通用的全地形、多用途、智能化的物料运输装备，兼备轮式与足式两种行走方式，可以通过泥泞道路，具有爬坡越障功能，工作范围广、运输效率高；除主要的运输功能外，装备通过更换不同的功能模块，还可具备挖掘、吊装等多种作业功能。

（二）装备组成

运输车是可快速拆分、拼装的模块化设备，主要由轮步式底盘（轮式底盘、支腿底盘）、动力总成、驾驶室（选配）、车斗单元、前置工作单元、液压系统及电气系统等组成。整车由电气系统进行控制，其中，动力总成中发动机提供原动力驱动液压泵，然后由液压泵提供液压动力驱动各液压执行元件运动，实现设备行走、自动卸货、前置工作单元作业等功能。

（1）轮步式底盘。分为轮式底盘与支腿底盘，其中支腿底盘位于轮式底盘上方，两者通过回转支承连接。轮式底盘由轮式车架、转向驱动桥、车轮、液压马达等组成，配置为四轮驱动；行走动力是由液压马达提供转矩传至转向驱动桥，然后由转向驱动桥带动车轮运动。支腿底盘由支腿车架、前中后支腿、前中后铰接等组成，由液压伸缩油缸及液压旋转油缸驱动支腿各个关节的运动。通过回转支承，支腿底盘可承载车身进行360°回转运动，便于运输车的灵活作业；轮式行走状态下，支腿为收起状态，需要采用支腿行走时，只需将支腿撑起即可。

（2）动力总成。运输车液压动力输出模块，集成发动机、散热器、液压泵、柴油箱、液压油箱、电瓶等部件，并且在动力模块的四周可选择安装支撑油缸，用于在运输车组装的过程中将动力模块撑起；该模块通过锥孔定位结构与支腿车架相连，并通过液压、电气快速接头与其他模块相连。

（3）车斗单元。车斗单元分为短料车斗单元与长料车斗单元，短料车斗单元适用于运输短小型物料，长料车斗单元适用于运输大型长物料。

（4）前置工作单元。运输车可选择在支腿底盘前端安装前置工作单元进行功能扩展，如挖掘模块与吊装模块。挖掘模块主要由动臂、动臂油缸、斗杆、斗杆油缸、铲斗、铲斗油缸、摇杆和连杆等组成，可用于道路修整、路障清理、小面积开挖作业及设备辅助行走。吊装模块主要由回转机构、吊臂、液压绞车及起吊装置等组成，可用于辅助装卸货物。

（5）液压系统。运输车液压系统包括液压动力回路、轮式行走液压回路、足式行走液压回路、作业液压回路（卸货作业、挖掘作业、吊装作业）以及冷却与操纵回路等组成，其元器件主要由工作泵、控制阀、液压马达、液压油缸、油箱及相关管路等组成。

（6）控制系统。由行走电气控制系统和功能操作控制系统两大系统组成。行走电气控制系统主要分轮式行走和支腿行走两种模式；功能操作控制系统包括发动机工况、各种报警信号的处理并显示、运输车的各种功能的实现；具备远程控制功能，在部分功能上实现高度的自动化。

（7）电气系统。由基础电气系统和控制电气系统两大部分组成。基础电气系统主要包括发动机启动及工况参数采集显示、各种报警信号参数在线监测显示以及面板开关控制；控制电气系统主要以可编程控制器为核心，电子监控器为人机对话环境，对发动机工况、步行腿机构、钻机垂直度以及操作平台的倾斜度实行逻辑控制，可实现遥控操作。

（三）施工要点

使用运输车开展线路工程物料运输主要包括进场准备、装备拼装、试运转等工序。

1. 进场准备

运输车可借助平板运输车等运抵作业现场附近区域，通过启动作业平台发动机，操纵行驶操纵杆下拖板车，装备自行前进（轮胎前进）。在实际进场到施工点位前，作业人员需提前对上山的进场路线进行勘验，规划行走路径，并扫清路障，待装备自行驶到山脚后，根据实际路况选择采用轮式或足式方式行驶至施工点位。

2. 装备拼装

（1）动力模块拼装。用快速接头将动力总成与轮步式底盘模块进行连接，为轮步式底盘提供液压行走动力，同时通过支撑油缸将动力总成撑起，此时控制轮步式底盘从动力总成下端穿过，待移动到合适的位置后再将动力总成落下固定，实现动力总成与底盘的快速对接安装。

（2）车斗单元拼装。动力模块安装完后，通过支撑油缸将车斗单元撑起，控制轮步式底盘从车斗单元下端穿过，待移动到合适的位置后再将车斗单元落下固定，实现车斗单元与底盘的快速对接安装。

3. 试运转

（1）设备行走试运转。通过操作平台控制设备进行移动，分别对轮式行走方式及支腿行走方式进行测试，并进行两种行走方式的切换测试，观察设备是否运行正常。

（2）车斗单元自动卸货试运转。通过操作平台控制车斗单元进行卸货模拟，观察车斗单元是否能够正常倾倒。

4. 注意事项

（1）没有经过培训及授权的人员严禁操作。

（2）不得在倾斜度超过规定的场地作业，造成机械后仰、翻车现象；作业区内应无障碍物和无关人员；行走时避开路障及上空线路，驾驶室不得搭乘人员。

（3）在由轮式行走方式向支腿行走方式切换时，需使装备处于静止状态。

（4）使用远程无线遥控操作方式时，需使装备在可视范围内。

（5）卸料时，应选好地形并检视上空和周围有无障碍物。卸料后，车斗应及时复原，不得边走边落。

（6）在陡坡高坡坑边或填方边坡卸混合料时，停卸地点应平整坚实，地面有反坡，车辆与边坡保持安全距离。

（7）车辆的驾驶操作人员必须接受安全培训。

（8）驾驶操作人员必须熟悉使用操作与维修保养，坚持每日例行检查与定期保养并做好记录，确保装备安全、完好运转。

（9）使用前后应检查急停开关。

三、轮胎式运输车

（一）概述

轮胎式运输车具有结构简、自重轻、轮距小、载重大、通行好、易操作、便组合等性能特点。轮胎式运输车采用外部动力牵引；车轮采用无助力手动或气动操控，通过鼓式制动器实现制动；整车转向采用无助力手动操控和随动，手动操控通过齿条齿轮式转向器；在车架架体两边设计有钢板挡块，挡块上设计有孔，可用于绳索或钢丝绑扎货物。

（二）装备组成

轮胎式运输车主要包括牵引拉杆、方向盘、悬架、刹车把、车架、车轮等部分。

（1）牵引拉杆。牵引拉杆与车架连接，并连接牵引设备机械。

（2）方向盘。车轮齿轮式转向器，人力手动操控形式或采用随车转动。

（3）悬架。钢板弹簧式非独立悬架，弹簧减震，有限位装置。

（4）刹车把。鼓式制动器，人力手动操控形式或车动气刹。

（5）车架。矩形槽钢框架，其中有辅材加强。车架架体两边设计有钢板挡块，可拦挡管材，挡块上设计有孔，用于绳索或钢丝绑扎货物。

（6）车轮。钢丝橡胶轮胎。

（三）施工要点

1. 选用原则

（1）适合在一般道路、乡村小路，以及山区丘陵路幅窄、坡度陡、转弯半径小的硬面石砂石道路使用。

（2）适合运输导线、绞磨、塔材、放线滑车等施工物料。

（3）运输道路的条件应符合轮胎式运输车底盘离地间隙的要求。

（4）根据所运施工物料的承载质量，选择不同载荷的轮胎式运输车。

2. 注意事项

（1）使用前应对轮胎进行安全检查。

（2）运输过程中应根据路况限制速度。

（3）运输中遇到地面有尖锐物时应绕行，防止扎破轮胎。

（4）轮胎式运输车自身不具备行驶动力，需外部动力牵引。牵引装备可选普通手扶拖拉机、四轮拖拉机、

农用运输车或专用牵引车辆、机具设备等。

（5）当车架上运输塔材、抱杆等施工物料时，应有固定措施，防止物料滑落。

第四节　空中运输关键技术

一、直升机物料吊运

（一）概述

直升机物料吊运机具用以实现物料的空中运输，主要有网兜、扁平吊带、吊罐等。机具结构简单、操作简便、适用性强、单次运输量重、工效高，不受运输路径影响、环保节能，大幅降低青苗赔偿、林木砍伐费用，为系列化、标准化施工机具。

（1）直升机运输地材时，配套机具采用网兜。网兜用以堆放、蓄装打包好的袋装砂子、石子、水泥，汇集成一定质量的地材集合予以运送。网兜具有网孔均匀、柔韧性好、结构坚固、强度高、破损率低、使用周期长、便于搬运、美观实用等特点，具有良好的抗腐蚀、耐风化、抗氧化性能。

（2）直升机运输塔材、基础钢筋及地脚螺栓等刚性构件时，配套机具采用扁平吊带。扁平吊带用以绑扎、吊运成捆的塔材及基础钢筋、地脚螺栓。扁平吊带质量轻、使用方便，不损伤被吊物体表面，吊运平稳、安全，强度高、安全可靠，操作简单，可提高劳动效率、节约成本，具有良好的耐腐蚀、耐磨性能。

（3）直升机运输拌和混凝土时，配套机具采用吊罐。吊罐用以蓄装拌和好的现拌或商品混凝土，使用罐体底部的开底门手柄控制混凝土下料浇筑。吊罐具有结构简单、质量轻、强度刚度性能优良、使用方便、吊运稳定、工作可靠、无渗漏、可靠性高等优点。

（二）装备组成

（1）网兜。由中间网绳、边绳和四角环形绳组成。

（2）扁平吊带。由承载芯、保护套和两头扣组成。

（3）吊罐。由罐体、支架、耳环、底门和开底门手柄组成。

（三）施工要点

（1）吊挂设备由吊索和吊钩组成，安装于直升机腹部，属直升机附件，具备自动脱钩功能。

（2）按直升机型号、吊运物料类别、总量及现场条件实施料场建设，修筑物料进场道路，单基策划塔位物料卸料场。

（3）机具选用原则。

1）吊运砂子、石子、水泥等地材选用网兜，根据直升机的最大外吊挂悬停质量选用不同规格的网兜。

2）吊运塔材、基础钢筋、地脚螺栓等刚性构件选用扁平吊带，根据直升机的最大外吊挂悬停质量选用不同规格的扁平吊带。

3) 吊运拌和混凝土选用吊罐,根据直升机的最大外吊挂悬停质量选用不同规格的吊罐。

4) 不同气候、环境、地形、海拔等条件下,直升机的最大外吊挂悬停质量不同,选用与之匹配的不同规格的网兜、扁平吊带及吊罐。

(4) 在装料场将袋装砂子、石子、水泥整齐堆放于网兜,收拢网兜后将其四角的环形吊绳悬挂于直升机吊钩。直升机吊运飞行抵达卸料场,网兜着陆平稳后,地勤作业人员摘钩,迅速返航准备下一次吊运。

(5) 在装料场采用两根扁平吊带以抬吊方式绑扎捆扎好的塔材及基础钢筋、地脚螺栓构件两端,扁平吊带另一端悬挂于直升机吊钩。直升机吊运飞行抵达卸料场,塔材及基础钢筋、地脚螺栓构件着地平稳后,地勤作业人员摘钩,迅速返航准备下一次吊运。

(6) 在装料场采用钢丝绳以三点对称均布方式安装于吊罐,钢丝绳另一端悬挂于直升机吊钩。直升机吊运飞行抵达基坑垂直正上方且处于悬停状态,人工扳动罐体底部的开底门控制手柄实现混凝土浇筑,然后关闭罐体底部的开底门,迅速返航准备下一次吊运。

(7) 通信系统。

1) 以通航公司提供的电台为主,规定好手语、旗语备应急使用。

2) 地面作业以对讲机作为通信联络工具,建立对讲机指挥系统,地面指挥负责人与通航公司的所有联络均由地面指挥负责人负责,采用地面直接联络方式。

3) 作业前应进行通信联调,保证通信畅通。

(8) 指挥系统。

1) 飞行地面指挥员与驾驶员负责用超短波无线电台进行指挥联络。

2) 施工地面作业负责人应听从地面飞行指挥员的口令。

3) 实行碰头会制度,当日作业结束后,进行第二天气象分析及工作安排。

4) 直升机吊运作业中通信联络及指挥方式如图 1-12-4-1 所示。

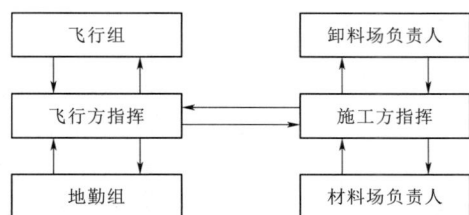

图 1-12-4-1 直升机吊运作业中通信联络及指挥方式图

(9) 组织系统。

1) 组织系统由料场准备组、材料运输组、机具供应组、料场施工组、塔位施工组、技术安全组构成。

2) 料场准备组、材料运输组、机具供应组、料场施工组、塔位施工组均由负责人和一定数量的作业人员构成。

3) 技术安全组由负责人和一定数量的技术安全人员构成。

(10) 注意事项。

1) 应在额定载荷下使用,严禁超载吊运。

2) 使用前应进行外观检查,并按不低于 5 倍安全系数要求做荷载试验,试验合格后方可投入吊运施工。

3) 配套机具与直升机吊钩连接方式必须采用硬连接,保证吊件脱钩顺利。

4) 物料绑扎应紧固,绑扎方式需经试验加以确定。

5) 单次吊运质量应依直升机油料、飞行要求进行量称后确定。

6) 吊挂前应观察扁平吊带的磨损情况;扁平吊带磨损严重时,应采用钢丝绳套替换作业。

7) 地面作业人员应站在起吊物料的侧面。

8) 地面作业人员应抓牢起吊绳索,防止被吊物料旋转、摆动伤人;当被吊物料旋转、摆动时,作业人员应向远离被吊物料方向迅速撤离。

9) 吊件均需装设接地线,以防静电伤人。

10) 施工作业人员应配备防风镜,戴口罩、穿紧身工作服,安全帽绳须系牢固。

11) 吊运时,吊索不要扭、绞、打结。

12) 吊件下方严禁站人。

13) 每个吊运架次结束,应及时检查配套机具,破损机具不得继续投入吊运施工作业。

14) 施工场地内不得有明火,吸烟应到指定地点,场地内除设置灭火机器及相应的灭火材料外,还应有专人负责防火工作。

二、重载无人机运输

(一) 概述

电力工程运输重载无人机(简称重载无人机)是一种用于输电线路工程材料运输的新型机械化施工装备。无人机在空中飞行无地形限制,路径近于直线,利用运输距离短、速度快的优势,突破传统运输方式局限性,解决高海拔、高落差地区、山区与林区的材料运输困难问题,减少林木通道的砍伐、提升运输效率、缩短项目建设周期,节约人力与时间成本。

(二) 装备组成

重载无人机由重载无人机机体、挂载装置、发动机、传动系统、机架、减速齿轮箱、桨毂、旋翼、倾斜盘、控制舵机、飞控单元、通信链路、地面电台、地面工作站、电池等部件组成。

(三) 施工要点

重载无人机施工包括场地准备、安装调试、材料运输等过程。

1. 场地准备

根据不同的现场进行平面布置及无人机运输路线,

确定场地平整的范围，起降区、堆料区、安全区布置。

2. 安装调试

重载无人机卸车后，由遥控手和机务人员对重载无人机结构进行检查确认，导航员对地面导航系统进行检查确认并根据任务情况和飞行场地情况设定合适飞行航线。无人机和地面导航系统确认无误后进行全系统通电联试。

3. 材料运输

重载无人机运输过程主要包括以下几个环节：材料装载、空中飞行、材料投放、空载返航等。不同类型的材料应选择不同的挂载及投放方式。

第二篇

输变电工程机械化施工实践

第一章

昌吉－古泉±1100kV换流站
工程电气构支架吊装

第一节 工 程 概 述

本工程构架采用空间全钢管桁架结构，3号、4号750kV交流滤波场、750kV交流场、换流变进线GIS侧构架采用预埋地脚螺栓连接，梁、柱主杆、所有节点板、连接法兰、插板及柱脚板材质均为Q345C，换流变进线构架换流变侧构架采用杯口插入式连接，梁、柱主杆、所有节点板、连接法兰、插板及柱脚板材质均为Q345B，所有辅杆材质为235B。构架透视图如图2-1-1-1所示，全站构架及梁数量汇总见表2-1-1-1，全站支架数量汇总见表2-1-1-2，构、支架安装特点见表2-1-1-3。

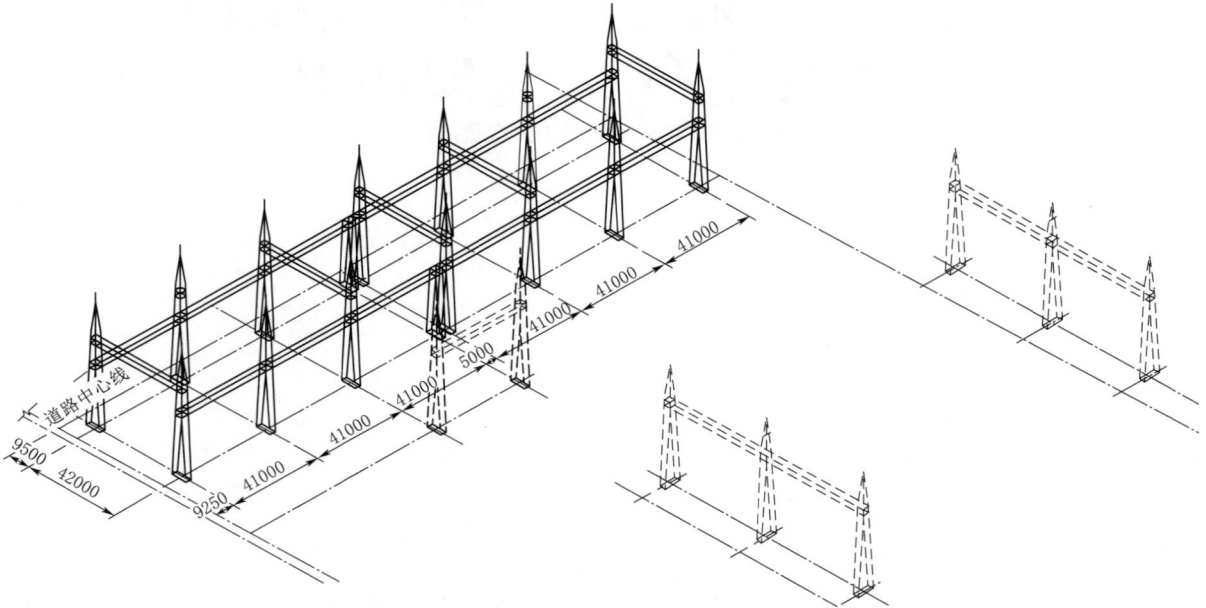

图2-1-1-1 电气C包构架透视图（单位：mm）

表2-1-1-1 全站构架及梁数量汇总表

位 置	构件参数	数量	单重/t	主材规格
750kV交流滤波场	55m 构架柱	14根	34.5～37.5	Q345C
750kV交流滤波场	30m 构架柱	2根	21.2	Q345C
750kV交流滤波场	42m 构架梁	5榀	19.7	Q345C
750kV交流滤波场	41m 构架梁	12榀	18.6～19.3	Q345C
750kV交流场	46.5m 构架柱	2根	31.8	Q345C
750kV交流场	41m 构架梁	1榀	29.9	Q345C
换流变进线区	51.5m 构架柱	3根	21.13～26.37	Q345B
换流变进线区	38.35m 构架梁	2榀	18.6	Q345B
换流变750kV GIS区	51.5m 构架柱	3根	20.5～26.1	Q345C
换流变750kV GIS区	45.4m 构架梁	2榀	21.2	Q345C

表2-1-1-2 全站支架数量汇总表

位 置	支架长度/m	数量/支	单重/t
HP24/36 交流滤波器小组	0.45～1.118	74	0.1071～0.1077
HP3 交流滤波器小组	0.66～6.79	74	0.0804～0.958

续表

位 置	支架长度/m	数量/支	单重/t
BP11/BP13 交流滤波器小组	1.12	24	0.0354
SC 并联电容器组	0.69～1.13	56	0.098～0.1108
750kV 设备支架	6.24～8.04	120	0.6125～1.127
750kV 交流滤波器场围栏外北侧设备支架	5.3～9.15	129	0.83～1.363
66kV 区设备支架	3.65～7.25	34	0.165～0.432
35kV 站用电设备支架	2.675	4	0.375

表2-1-1-3 构、支架安装特点

特点	描 述
技术及质量要求高	根据工程创优的目标，对基础预埋螺栓精度、构柱垂直偏差、轴线偏差、柱顶标高偏差、横梁预拱等提出创优指标，安装工艺要求高
安装风险大	±1100kV换流站构架结构尺寸较大，构架梁的安装高度和重量同以往变电站构架相比，高空作业难度高、工作量大、周边情况复杂，各个工作面的协调配合复杂

续表

特 点	描 述
措施要求细	±1100kV昌吉换流站所处地区宜出现大风天气，当地高温等天气因素对施工的影响也很大，这就要求现场指挥协调、安全监护工作做到严格，安全保证措施、各种应急预案要到位
质量把关严（全过程控制）	构架吊装是本工程的关键工序，设备到货检验、地面组装检验、吊装全程监护、质量验评、资料整理等需要全过程控制。将把构架吊装列为该项目重点工作之一来操作，在每道工序、每个段点严格把关

第二节 施工流程及工艺要求

一、施工流程

根据本工程设计情况，3号、4号交流滤波场构架、

交流场分支母线3号、4号进线处构架、换流变进线GIS侧构架为预埋螺栓固定构架，换流变进线构架换流变侧为杯口插入固定构架。为进一步消减预埋螺栓与构架加工生产的误差对构架吊装的影响，降低构架吊装空中对接的风险，结合实际情况，预埋螺栓固定型构架采用分段地面组装、分段吊装的方案。使用25t吊车完成构架的地面组装工作，使用70t、250t吊车完成构架柱及梁吊装，首先分件完成地面上第一节的吊装，然后将剩余部分整体吊装。杯口插入固定型构架采用地面整体组装、整体吊装的方式进行吊装，使用25t吊车完成构架的地面组装工作，使用70t、250t吊车完成构架柱及梁的吊装，全站设备支架使用25t吊车完成组立工作。构、支架安装流程如图2-1-2-1所示。

二、施工准备

1. 工机具准备

安装机具主要包括250t履带吊、70t汽车吊、25t汽车吊、枕木以及其他小型工机具等，详细见表2-1-2-1。

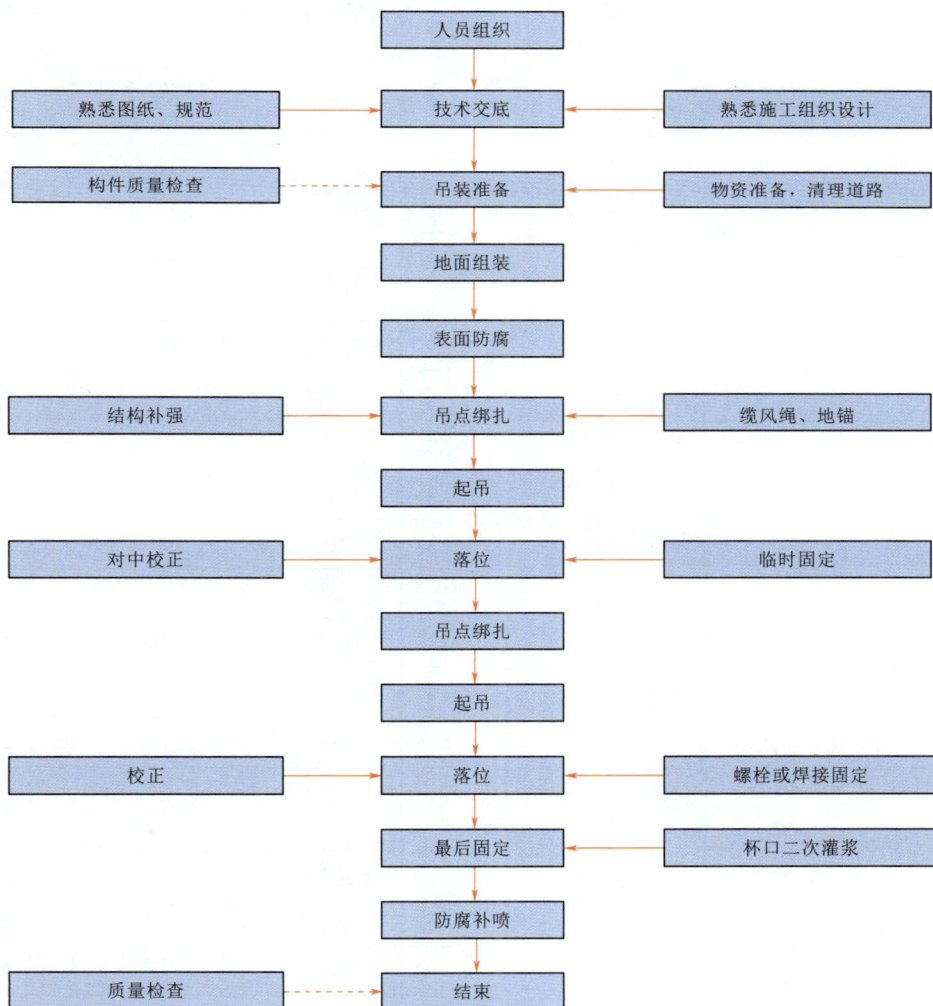

图2-1-2-1 构、支架安装流程

表 2-1-2-1　构、支架安装工机具表　　　　　　　　续表

序号	名称	详细规格	单位	数量	备注
1	吊车	250t 履带吊	台	1	
2	吊车	70t 汽车吊	台	1	
3	吊车	25t 汽车吊	台	4	
4	木楔	45mm×20mm×20mm	块	1000	
5	方木	50mm×20mm×20mm	块	1000	
6	地锚圆木	200mm×20mm	根	80	
7	尼龙绳	φ16	m	400	
8	缆风钢丝绳	φ16	m	1500	带油
9	U形元宝卡子	φ16	套	400	与缆风绳配套
10	U形卸扣	8t	个	10	
11	手扳葫芦	6t	个	24	
12	手扳葫芦	3t	个	4	
13	手扳葫芦	2t	个	2	
14	千斤顶	50t	个	2	
15	撬杠	φ25、φ120	把	20	
16	大锤	18磅、16磅	把	各2	
17	小锤	5磅	把	10	
18	安全带	全方位	副	16	
19	防坠器		个	10	
20	气磅	75kW	台	3	
21	风枪		把	6	
22	风枪气管		m	400	
23	风枪套筒	17mm、22mm、24mm、27mm、30mm、34mm、36mm、41mm、46mm、50mm	套	各6	加强套筒
24	电动扳手		把	8	
25	电动扳手套筒	17mm、22mm、24mm、27mm、20mm、36mm	套	各8	
26	力矩扳手	NB2000A	套	2	
27	力矩扳手套筒	17mm、22mm、24mm、27mm、30mm、34mm、36mm、41mm、46mm、50mm	套	各2	
28	电缆线	4芯 6mm²	m	500	
29	电缆线	2芯 4mm²	m	400	
30	三级配电箱		个	4	2空开
31	梅花扳手	50in	把	16	
32	梅花扳手	14mm、17mm、22mm、24mm、27mm、30mm、34mm、36mm、41mm、46mm	把	各20	
33	开口扳手	12～14mm	把	20	
34	开口扳手	17～19mm	把	20	
35	活动扳手	150mm×20mm（6in）	把	2	
36	活动扳手	200mm×24mm（8in）	把	2	
37	活动扳手	250mm×30mm（10in）	把	2	
38	活动扳手	300mm×36mm（12in）	把	2	
39	活动扳手	375mm×46mm（15in）	把	2	
40	充电电动扳手	WKS、42V	把	4	
41	套筒	17mm、19mm	套	各4	
42	工具包		个	20	
43	卷尺	100m	把	1	
44	卷尺	5m、7.5m	把	各5	
45	记号笔		盒	20	
46	防水胶带	黄、绿、红、黑	卷	各10	
47	美工刀		把	10	
48	刀片		盒	5	
49	加长球头内六方扳手		套	2	
50	液压断线钳		把	1	
51	彩条布	3m	卷	10	
52	构架吊具		套	1	
53	圆吊带	30t、3.5m	条	10	
54	圆吊带	6t、6m	条	10	

续表

序号	名称	详细规格	单位	数量	备注
55	钢丝绳套	ϕ36.5、23m	根	2	
56	钢丝绳套	ϕ36.5、17m	根	2	
57	钢丝绳套	ϕ36.5、3.5m	根	2	
58	U形卸扣	35t	个	10	
59	经纬仪		台	2	
60	水平仪		台	1	
61	塔尺		把	1	

2. 场地准备

根据以往构架吊装的经验，往往由于场地条件受到限制，构架到货后不能正常卸车和组装。因此，构架到货前构架基础应该通过监理交安验收及整改完成，吊车行走通道的转弯半径应不小于14m，以满足车辆通行要求；施工场地排水要畅通，以免阴雨天气道路受阻影响安装工期。吊车进出场前，提前对道路进行修筑处理，保证道路畅通，地面完好，吊车进出场不受限制。站区干燥自然土层能够满足该吊车行走和支腿，地基承载大于130kPa；250t履带吊自重230t，地基满足对吊车承载力要求。作业前检查场地中吊车停放、支撑位置、行走路线是否平整、密实，如不满足要求，应提前对场地进行整平、夯实。

使用150mm×150mm×500mm道木搭设组装平台，组装场地应当平整，不得存在低洼易积水处，着重检查吊车停放、支撑位置回填土是否夯实。

3. 气象联系

项目部指定专职的气象联络员，了解近年来同期的气象资料，分析今年同期前后气象情况。构架吊装时与气象部门及时联系，从温度、湿度、风力、降水多方面了解气象资料，为吊装提供外部环境的准备资料，适时进行吊装作业。根据调查分析，项目所在地区可能会出现较大风力，不利于吊装时，需要严密监控。现场设置风速仪，随时检查风力。

三、基础复测和技术交底

1. 基础复测

构架吊装前必须进行基础复测，基础复测主要完成以下四个方面参数的测量：

（1）构柱平面位置，根据站内现有测量控制网和控制点，进行构架柱基础轴线偏差测量。

（2）构柱的四个脚基础根开偏差测量，根据每个构柱基础四个脚中心测量偏差。

（3）每个柱脚四个基础预埋螺栓的偏差，根据柱脚预埋螺栓平面位置尺寸进行测量。

（4）构柱基础表面标高（杯口插入式基础要复测杯底标高等重点）和预埋螺栓顶标高偏差，根据设计值进行测量。

以上四个方面的基础复测完成后，根据测量结果核对，所有的测量偏差应该在−2～+3mm偏差范围内。

2. 技术交底

在构架安装前要对施工班组长、施工员进行详细的安装技术交底，交底的主要内容如下：

（1）安装工作的范围和工作量，包括构柱和构梁的重量、大小等各项参数。

（2）构架吊装进度安排。

（3）构架吊装人员组织，包括各个面、点的工作负责人。

（4）构架吊装的具体方案，构架的地面组装要点，构梁的吊装方法和构柱的吊装方法，对施工方法进行交底时配合图片讲解，以便施工人员能够清楚、明白。

（5）施工安全要点，危险点、危险源，以及相应的控制措施，应急方案处理，遇到问题快速的处理和汇报程序。

（6）明确指挥负责人，专人指挥，明确指挥形式，对吊机人员进行交代；上下联系使用对讲机。

（7）质量创优控制点，包括构架的垂直度、水平度、轴线偏差等各项控制指标。

（8）每段柱或梁吊装前，对对接尺寸进行测量，严格控制偏差，如果偏差超标在吊装前进行调整处理。

四、现场到货验收及保管

1. 卸货保管

构架到达现场后应及时卸货，构架不能直接堆放在泥土上，要按照构架所处区域铺垫好防潮塑料布和枕木，所有的构架及配件都应堆放在枕木上，小配件如螺栓、螺母、垫片等统一摆放在仓库内。构架到货后如果长时间不能安装，还需要采取覆盖等其他的防尘、防雨措施。

2. 技术资料验收

应查收的主要技术资料包括产品合格证、钢材质量证明资料及抽检试验报告、焊接检验报告、螺栓的质量证明及厂家复检报告、出厂检验记录、材料清单、镀锌检测报告、构件预拼装记录、构件发运和包装清单。

3. 实物验收

（1）外观质量检查。包括构件编号是否完整；细长构件及构件上的连接板有无变形；摩擦面有无受到油漆等污染；垫片的表面处理是否符合要求且与构件摩擦面处理是否一致；构件的规格尺寸是否符合设计及规程规范的要求；法兰盘的平整度是否符合要求；螺栓应符合配套分箱的包装要求，随机抽检是否生锈、污染等情况，螺母与螺栓的配合程度；焊缝是否均匀且高一致，无气泡及夹渣；镀锌厚度均匀，色泽均匀。

（2）拼装前检验。拼装前应对构件的编号、方向、长度、断面尺寸、螺栓孔位置及数量进行检查，及时纠正错误。

以上两个方面的验收必须严格按照钢结构验收规范和技术协议，精度必须满足精品要求。否则，要求厂家返厂或者现场整改。

五、构件排杆、组装与验收

1. 排杆与组装

（1）根据图纸轴线和厂家构件安装说明，制订构件平面排杆图。

（2）构件运输、卸车排放时组装场地应平整、坚实，按照构件平面排杆图一次就近堆放，尽量减少场内二次倒运。

（3）排杆时应将构件垫平、排直，每段钢柱应保证不少于两个支点垫实，750kV交流滤波场及交流场构架采用分段吊装施工方案。

（4）钢管柱组装。组装时每段钢柱两端保证两根道木垫实，且每基钢柱组装的道木应保证在一平面上，同时应检查和处理法兰接触面上的锌瘤或其他影响法兰面接触的附着物。组装后，对其根开、柱垂直高、柱长、柱的弯曲矢高进行测量并记录。

（5）钢梁组装。钢梁组装时按照钢梁预起拱值进行地面组装，构架梁支点不少于4点（单侧）。

（6）螺栓安装。构架梁底、顶面螺栓由下至上，侧面螺栓由内往外穿，梁内走道板螺栓也由下往上穿；构架柱螺栓由内往外穿，法兰连接面螺栓由下往上穿；螺栓紧固力矩符合设计图纸及厂家技术文件要求。

2. 构、支架组装的地面验收

地面验收主要检查螺栓穿向及紧固，钢柱的根开、柱垂直高、柱长、柱的弯曲矢高及法兰顶紧面，钢梁起拱值、组装后的总长、支座处安装孔孔距、挂线板中心偏差。

750kV交流滤波场构架排杆如图2-1-2-2所示。

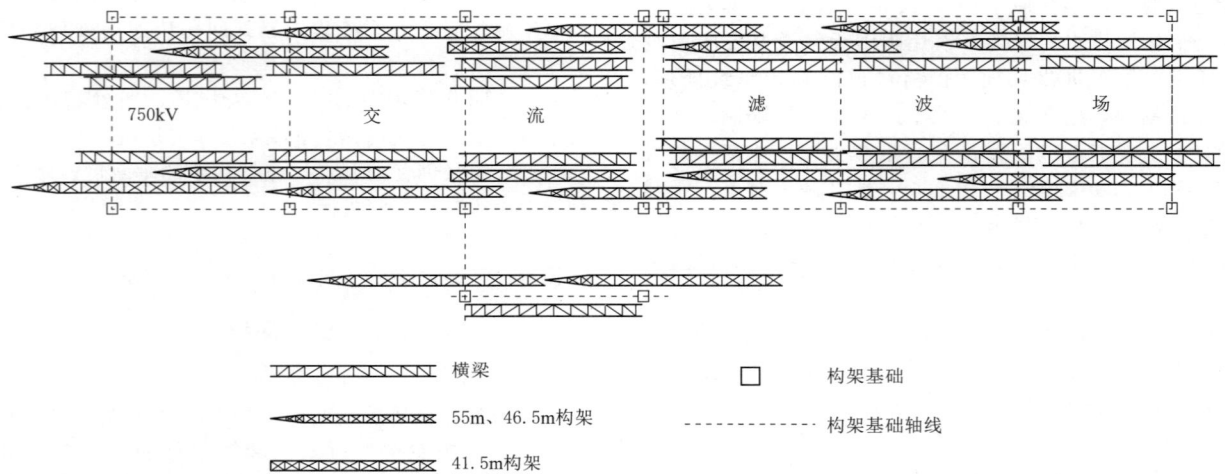

图2-1-2-2　750kV交流滤波场构架排杆

图例：
横梁
55m、46.5m构架
41.5m构架
构架基础
构架基础轴线

第三节　750kV交流滤波场、交流场构架及横梁吊装

一、吊装路线

考虑到本工程3号/4号交流滤波场构架、交流场分支母线3号/4号进线处构架、换流变进线GIS侧构架为预埋螺栓固定型构架，如采用整体吊装，对接难度较大，所以750kV构架柱选用分2段地面组装、吊装的方案；750kV横梁采用地面整体组装、整体吊装的方案。

二、750kV构架吊装起重工器具和吊具选择

750kV 52m（37.5t）构架柱采用分段吊装方式，在地面分两段组装、分两段吊装。构架柱分两段吊装，现场配置采用30t 3.5m长尼龙吊带8根、3.5m ϕ36.5钢丝绳2根、3m ϕ36.5钢丝绳2根、23m ϕ36.5钢丝绳2根、17.5m ϕ36.5钢丝绳2根。随后安装横梁，横梁采用整体吊装。

750kV构架柱参数及起重工器具和吊具的选择见表2-1-3-1。

三、临时拉线的设置

构架柱吊装完成后，此时在构架柱宽面两侧设置临时拉线，拟选用直径为16mm、抗拉强度为1700N/mm^{2}的钢丝绳，每根长度为75m。

拉线主要考虑抵御最大设计风压（10级风力）时，及构架柱产生 α（取1°）的倾斜时的力。拉线设置在第2段钢梁下方，约39m处。根据初设资料，换流站50年一遇、10m高、10min平均最大风速为31.7m/s，相应风压为0.63kN/m^2。

表 2 - 1 - 3 - 1　　　　　　　　　　　750kV 构架柱参数及起重工器具和吊具的选择

部位	设计长度/m	吊装高度（吊钩）/m	重量/t	起 重 工 器 具	吊 具
第一部分	9.11	11	单件最大 1.05	采用 25t 吊车起吊。吊装高度 12m，钓钩及吊带重量按照 0.3t 考虑，单件最大起吊重量为 1.05t，作业半径 7m，吊车需出臂 14m。根据吊车性能参数，在出臂 17m 的工况下，25t 吊车起重能力为 9.8t，动载荷系数取 1.1，满足使用要求，所以在出臂 17m 以内的情况下均满足使用要求	分件组吊，采用一点吊装，单件最大 1.05t
第二部分	44.89	60	29.867	采用 250t 履带吊车起吊。吊装高度 60m，重量 29.867t，吊钩及吊带重量按照 2t 考虑，整体起重为 31.867t，作业半径 16m，吊车需出臂 73.2m。根据吊车性能参数，250t 吊车起重能力为 46.3t，动载荷系数一般为 1.1，此处为增加安全系数取 1.2，46.3t＞31.867×1.2t＝38.25t，负载率 82.6%，满足使用要求	整体起吊，采用 6 吊点整体直吊法，如图 2 - 1 - 3 - 1 所示，吊装时用 70t 吊车辅助起吊（主要负责柱的定位）

图 2 - 1 - 3 - 1　六吊点整体起吊法

拉线受力分析如图 2 - 1 - 3 - 2 所示。

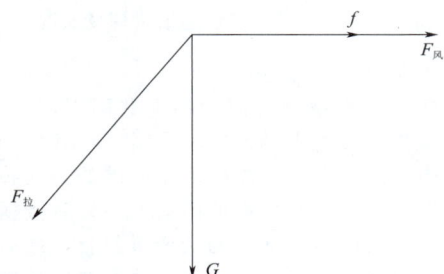

图 2 - 1 - 3 - 2　拉线受力分析图

构架柱倾斜 1°产生的水平分力 $f=G\tan\alpha$，G 为吊装物总重，α 为构架柱与垂直线的夹角，取 1°。

$$f=G\tan\alpha=31.867\times9.8\times\tan1°=5.45(\text{kN})$$

此时，临时拉线承受拉力：$F_拉=(f+F_风)/\cos\theta$，θ 为拉线与水平放线的夹角，取 40°。

根据《建筑结构荷载规范》（GB 50009—2012），垂直于建筑物表面上的风荷载标准值为

$$w_k=\beta_{gz}\mu_z\mu_{s1}W_0$$

式中　w_k——风荷载标准值，kN/m²；

β_{gz}——高度 z 处的阵风系数；

μ_{s1}——风荷载体型系数；

μ_z——风压高度变化系数；

W_0——基本风压，kN/m²。

根据《建筑结构荷载规范》（GB 50009—2012），换流站地形属于 A 类地形，根据构架外形，所受风力最大区域为第二部分，约 40m，按 40m 取，则风压高度变化系数为 1.79，即 $\mu_z=1.79$；同条件根据规范得阵风系数 $\beta_{gz}=1.51$。

（1）基本风压取设计最大风速时的风压，$W_0=0.63\text{kN/m}^2$。

（2）风荷载体型系数按钢管塔架取最大值 $\mu_{s1}=3.1\times0.6=1.86$，则 $w_k=\beta_{gz}\mu_z\mu_{s1}W_0=1.51\times1.79\times1.86\times0.63=3.17(\text{kN/m}^2)$。

（3）取第二部分最大迎风面积，约 5m²，则，$F_风=3.17\times5=15.85$（kN），$F_拉=(f+F_风)/\cos\theta=(5.45+15.85)/0.766=27.8(\text{kN})$。

根据公式：

$$F_总=\alpha F_g/K$$

式中　$F_总$——钢丝绳允许拉力，kN；

F_g——钢丝绳的钢丝破断拉力总和，kN；

K——钢丝绳安全系数，取 3.5；

α——换算系数，取 0.85。

有 $27.81=0.85\times F_g/3.5$，则 $F_g=115\text{kN}$。

施工中拟选用直径为16mm、抗拉强度为1700N/mm²的钢丝绳，其钢丝绳破断拉力不小于145kN，因145kN＞115kN，可以使用，故选用直径为16mm的钢丝绳符合要求。

四、地锚的选择

选用直径为25cm、长度为2m横木，埋入深度为2m，回填土人工夯实。埋设方法为坑埋，埋设地锚的坑设坡度为1：0.5的马道。

五、钢梁吊装计算

钢梁吊装前，先通过缆风绳和链条葫芦调整其中一个柱子上部垂直度，使柱子在安装钢梁的安装部位向外预偏200mm左右，以利于钢梁方便进入两柱之间，当梁

与另一柱子对接后，再把该柱子向回校正和梁对接。

梁的吊装采用四点起吊，如图2-1-3-3所示。此处计算以交流滤波场GL-2梁为计算样板（梁长42m，重19.7t），参考有关建筑施工规范可知，由于梁为等截面梁，最佳理论吊点位置取每端距端部距离占构梁总长0.207倍的位置（即0.207×42m＝8.694m），此时梁的最大正弯矩等于最大负弯矩，对整根构梁来说，产生的弯矩绝对值最小。但是，由于最佳理论吊点的地方没有垂直件和斜件的支撑，受力强度不好，且考虑钢梁辅杆布置密集程度对重心的影响，因此选择每端距端部距离为11.75m的位置作为吊点，该处避开了法兰节点，有垂直件和斜件的支撑并且离最佳理论吊点最近。构梁吊点位置见表2-1-3-2，吊装数据见表2-1-3-3，四点起吊梁现场实况如图2-1-3-4所示。

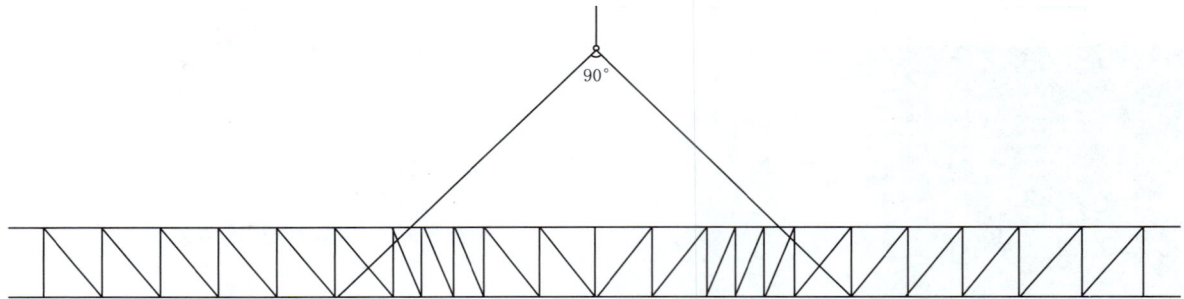

图2-1-3-3　吊点选择

表2-1-3-2　构梁吊点位置表　　　　单位：m

梁跨度	截面尺寸	吊点高度	吊点间距	吊点距两端距离
42	2.5×2.5	41.5	18.5	11.75
41	2.5×2.5	30	18.5	11.25
41	2.5×2.5	34	18.5	11.25
38.35	2.5×2.5	36.5	17.075	8.95、8.175

表2-1-3-3　吊装数据表

梁跨度/m	梁重量/t	吊点高度/m	工作半径/m	吊车起重能力（考虑动载荷系数1.1后）/t	是否满足
42	19.7	41.5	16	42	是
41	18.6～19.3	30	16	42	是
41	29.9	34	16	42	是
38.35	—	36.5	16	42	是

横梁起重点处使用尼龙吊带绑扎，起重绑扎点周围用麻袋包裹保护构件，绑扎后采用卸扣锁紧绑扎点。尼龙吊带与构件可能的接触部位都要用麻布袋防护，尤其是可能损坏吊带的尖角部位。尼龙吊带再通过U形挂环与钢丝绳配合使用。

在起吊离地面10cm以后，仔细检查各个吊点和构梁变形，检查确认无问题后锁死各个绑扎点，防止因风力

图2-1-3-4　四点起吊梁现场实况

或其他外力摆动，影响起重平衡。

横梁两端分别设置方向控制绳共两根，平行布置，用以在横梁提升过程中进行方向控制。如图2-1-3-5所示，当构梁提升到合适高度后用两端的方向控制绳调整构梁方向，在吊车不松钩的前提下，先对接横梁上部结构，然后连接横梁下部结构及横梁斜材，最后连接横梁两端部的斜衬，并将横梁与构架柱所有连接螺栓紧固后再松吊车钩。

构梁吊装绑扎采用φ36.5的钢丝绳套，φ36.5钢丝绳套最大破断拉力772kN，能够满足吊装要求。以最重的

图2-1-3-5　横梁提升过程的方向控制

梁交流场 GL-1（梁长 41m，重 29.9t）进行分析，吊装过程受力分析如图 2-1-3-6 所示。由于：

$$|F_1|\times\sin45°=|G_1|$$
$$|F_2|\times\sin45°=|G_2|$$
$$|F_1|=|F_2|$$
$$|G_1|+|G_2|=|G|=293kN$$
$$|F_3|=|G|$$

得：

$$|F_1|=|F_2|=|G|/(2\sin45°)=207.2(kN)$$

由于采用四根钢丝绳套进行吊装，单根钢丝绳受力 $|F_1|_{单根}=103.6kN$，考虑 5.5 倍安全系数，$|F_1|_{总}=569.8kN<F$（最大破断力）$=772(kN)$。

因此可得出：250t 吊车、$\phi36.5$ 的钢丝绳使用满足要求，能够安全吊装现有的钢横梁。

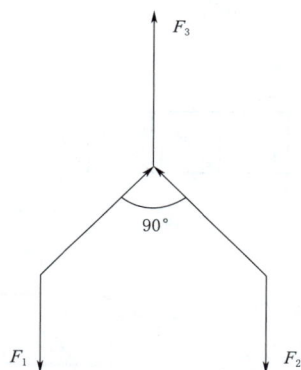

图2-1-3-6　吊装过程受力分析示意图

地面组装时，在地面使用道木搭设组装平台，每段架构柱使最少使用 4 点进行支撑，横梁使用 8 点支撑。平台平面使用水平仪进行控制，保证其水平误差不超过 5mm。

以交流滤波场最重的 55m 构架柱 GZ-1 为例，如图 2-1-3-7 和图 2-1-3-8 所示。每柱分为 6 段（由上至下分别为①、②、③、④、⑤、⑥），横梁底部对接口位于 30m 处（即③段处），①段为地线柱、避雷针。地面组装⑥段作为第一部分，分解组立，高 9.11m，总重 7.633t，单件最大 1.05t。①、②、③、④、⑤段作为一个整体进行组装为第二部分，重 29.867t；吊装时，先吊第一部分，第一部分采用分件吊装、组装方式，将第一部分固定，基本校正后吊装第二部分，完成对接。其余构架柱与此类似，柱最下端的一段为吊装的第一部

分，其余段为吊装第二部分。构架吊装由 3 号面出线构架开始，由西向东，每完成相邻两柱构架吊装，及时完成对应的横梁吊装，尽量简短构架柱独立矗立时间。

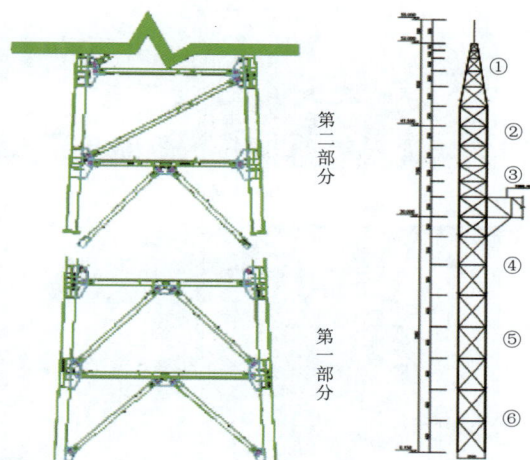

图2-1-3-7　750kV交流滤波场、交流场架构柱分段吊装示意图

以交流滤波场 GL-2 横梁为例，梁跨度 42m，重量 19.7t，根据梁的型号安排位置，梁组装所需的梁杆、角铁和螺栓必须按照图纸要求使用。在地面上垫好枕木，如图 2-1-3-9 所示。横梁组装应满足设计、厂家要求（以梁法兰吻合情况为主），对钢梁按照 1/400 跨度预拱，根据设计要求预拱值为 120mm，采用水准仪控制每根枕木的高差符合预控要求。按顺序先将横梁底架全部安装完成后，再次检测横梁底架整体预拱值是否符合要求。之后，进行横梁上部构件连接，安装方向遵从"由里向外，由下向上"的原则，采用 25t 吊车配合进行。

梁拼装完成后还要安装对应的走道等附件。横梁组装完成后复核其横梁的总长度，其总长度应满足设计要求，以满足吊装需要，如图 2-1-3-10 所示。随后可以进行横梁的整体吊装，吊装采用 4 点整体起吊。

起重绑扎点周围用麻袋包裹保护构件，绑扎后采用卸扣锁紧绑扎点。钢丝绳与构件可能的接触部位都要用麻布袋防护，尤其是可能损坏钢丝绳的尖角部位。在起吊离地面 10cm 以后，仔细检查各个吊点和构梁变形，检查确认无问题后锁死各个绑扎点，防止应风力或其他外力摆动，影响起重平衡。横梁两端分别设置方向控制绳共两根，平行布置，用以在横梁提升过程中进行方向控制。当构梁提升到合适高度后用两端的方向控制绳调整构梁方向，在吊车不松钩的前提下，先对接横梁上部结构，然后连接横梁下部结构及横梁斜材，最后连接横梁两端部的斜衬，如图 2-1-3-11 所示，并将横梁与构架柱所有连接螺栓紧固后再松吊车钩。

吊装方案中涉及的吊点、吊具、起重机具的验算及选择详见本工程的构架吊装技术验算书。

（a）现场图一

（b）现场图二

（c）现场图三

图 2-1-3-8　750kV 架构柱分段吊装现场图

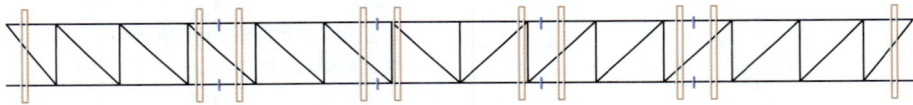

图 2-1-3-9　横梁枕木垫

（a）第一、五段对称组装完成

（b）整条横梁组装完毕

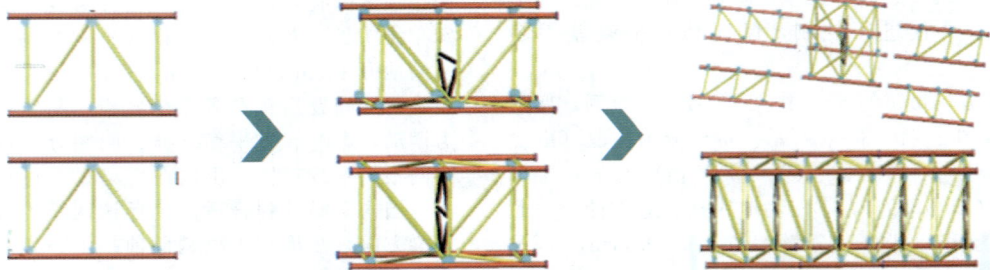

（c）第三段两侧组装成片

（d）安装两片间腹杆及
第三段组装完成

（e）第二、四段对称组
装完成

图 2-1-3-10　横梁整体组装示意图

图 2-1-3-11 斜撑对接柱体详图

六、换流变进线换流变侧构架及横梁吊装

对于杯口式基础，构架吊装采用整体吊装，即在地面上将6段全部组装完成后整体进行吊装，吊装方法与预埋螺栓基础构架第二段吊装方法类似。

横梁吊装方法与地脚螺栓连接构架横梁吊装方法一致。

七、其他工程

1. 全站设备支架的吊装

全站设备支架采用整体拼装、整体吊装的方案，施工工艺严格执行《国家电网公司输变电工程标准工艺（三）2012版》中的"设备支架施工工艺"和"构架施工工艺"。

吊装选用25t吊车，使用6t尼龙吊带进行吊装，吊装方式采用一点绑扎吊装方式起吊。

2. 构、支架的调整、校正

平面校正应根据基础杯口安装限位线进行根部的校正，立体校正用两台经纬仪同时在相互垂直的两个面上检测，进行双向校正。校正时从中间轴线向两边校正，每次经纬仪的放置位置应做好记号，校正最好在早晚进行，避免日照影响。

预埋螺栓构架柱脚使用地脚螺栓调节螺母进行调整。

3. 混凝土灌浆养护

待构支架校正结束后，除预埋螺栓构架外，其余构支架均需进行二次灌浆养护。清除杯口内掉进的泥土或积水后再进行混凝土灌浆。灌浆时用振动棒振实，要避免碰击木楔，以免木楔松动杆子倾斜。灌浆应分二次进行，第一次灌至2/3杯口高度，应检查支架是否有偏移；养护7d后将木楔取出进行第二次灌浆。

4. 拆除缆风绳

每柱构架在吊装时设置4条缆风绳。在同一轴线组装完成3柱及以上时，可拆除中间柱缆风绳，保留两头柱的缆风绳。在所有构架吊装作业全部完成后，再次用经纬仪进行测量校正，用链条葫芦和钢丝绳配合调整构柱方向和垂直度，保证安装精度，校正完毕后紧固地脚螺栓到要求力矩，拆除所有的缆风绳和临时固定工具。

5. 接地线制作

构架吊装后应及时做好临时接地工作，按照设计要求的接地线与周围的主地网形成双接地。特别注意，构架吊装完成后必须要可靠接地或者临时可靠接地，保证设备安装和人身安全。

6. 构架防腐

构架及横梁加强防腐采用919-3涂料，在地面组装完成后统一进行喷涂凝固后，再进行吊装，吊装完成后再对吊点、破坏部分进行补喷，喷涂颜色保持一致，喷涂厚度符合设计要求。

第二章

±1100kV昌吉换流站电气设备安装

第一节 极2低端6台换流变压器安装

一、工程概况

本工程包含双极24台工作换流变，4台备用换流变，共计28台换流变。换流变单台容量607.5MVA。电气C包主要负责极2共12台工作换流变的安装，本方案为极2低端6台换流变安装的专项施工方案。

(一)工作量

极2低端6台换流变压器安装工作量见表2-2-1-1。

表2-2-1-1　极2低端6台换流变压器安装工作量

区域	型号	单位	数量	备注
极2低端换流变区域（一）	Yy，±550kV，户外，双绕组单相，强油风冷，Box-in型，高压侧有载调压，气体继电器加防雨罩，607.5MVA，$U_k=20\%$	台	3	瑞典ABB供应1台，山变供应2台
极2低端换流变区域（二）	Yd，±275kV，户外，双绕组单相，强油风冷，Box-in型，高压侧有载调压，气体继电器加防雨罩，607.5MVA，$U_k=20\%$	台	3	瑞典ABB供应1台，山变供应2台

(二)主要安装参数

极2低端6台换流变压器安装参数见表2-2-1-2。

表2-2-1-2　极2低端6台换流变压器安装参数

供应商	电压等级/kV	运输尺寸/mm	安装尺寸/mm	油重/t	总重（加油及附件）/t	备注
瑞典ABB	±275	12300×3500×4850	21700×9600×17300	120	516	
	±550	12300×3500×4850	23330×9600×17300	120	526	
山变	±275	12300×3500×4850	21700×9600×17300	120	516	
	±550	12300×3500×4850	23330×9600×17300	120	526	

二、施工机具材料准备

(一)施工机械、设备及工器具准备

换流变安装工器具按照同时安装两台换流变进行准备，安装工器具清单见表2-2-1-3。

(二)施工材料准备

极2低端6台换流变压器安装所需施工材料见表2-2-1-4。

表2-2-1-3　安装工器具清单

序号	名称	规格	单位	数量	备注
1	汽车吊	50t	辆	1	
2	汽车吊	25t	辆	3	
3	真空滤油机	20000L/h	台	1	
4	真空滤油机	12000L/h	台	1	
5	真空抽气机组	600L/s	台	2	
6	真空抽气机组	1200L/s	台	1	
7	干燥空气发生器	100m³/h	台	1	
8	干燥空气发生器	200m³/h	台	1	
9	卷扬机	5t	台	2	配滑轮
10	钢丝绳	φ18	m	300	
11	白棕绳		m	200	
12	尼龙吊带	5t、10t	根	各4	
13	干粉灭火器	25kg	瓶	4	
14	移动脚手架	要求有护栏	套	10	
15	硬质围栏		m	400	
16	道木	100mm×150mm×1000mm	根	150	
17	温度计		根	5	
18	真空计	数显式	支	3	
19	套筒扳手		套	5	
20	梅花、开口扳手	14~32mm	套	各5	
21	活动扳手	8~18mm	套	5	
22	电动扳手		套	5	
23	力矩扳手		套	5	
24	水平尺		把	2	
25	卷尺	5m/50m	把	各2	
26	线坠		个	2	
27	抽真空工装		套	2	厂家提供
28	套管专用吊具		套	2	厂家提供
29	阀侧套管充气专用工具		套	2	厂家提供
30	取油样专用工具		套	2	厂家提供

表2-2-1-4　施工材料表

序号	名称	型号	单位	数量	备注
1	无水酒精		箱	5	
2	塑料布		卷	20	
3	白纱带		箱	3	
4	棉纱		箱	3	

三、施工技术准备

(一) 基本要求

(1) 场地准备。道路通畅,换流变广场布置完毕、整洁有序。

(2) 项目部管理人员、技术人员、施工人员及换流变厂家技术服务人员提前到位并熟悉现场及设备情况。

(3) 设备、材料、机械等已落实到位,消防器材配置到位。

(4) 专项施工方案向监理单位报审并已审核通过,施工人员上岗前,已根据设备的安装特点由换流变厂家技术服务人员向项目部管理人员进行了技术交底;项目部管理人员组织对换流变安装作业人员进行了专业培训及安全技术交底。

(5) 换流变厂家技术服务人员应服从现场各项管理制度,进场前应将人员名单及负责人信息报监理备案。

(6) 特殊作业人员应持证上岗。

(7) 施工电源应采用 TN-S 三相五线制,从专用电源箱引接,须做到一机一闸一保护。为满足现场 2 台滤油机、2 台真空泵同时启动工作的要求,施工电源应配置 2 个总空开不小于 400A 的施工电源箱,主进线电缆选用铜芯 $3 \times 240 mm^2 + 2 \times 120 mm^2$ 电缆。

(二) 施工流程图

极 2 低端 6 台换流变压器安装施工流程如图 2-2-1-1 所示。

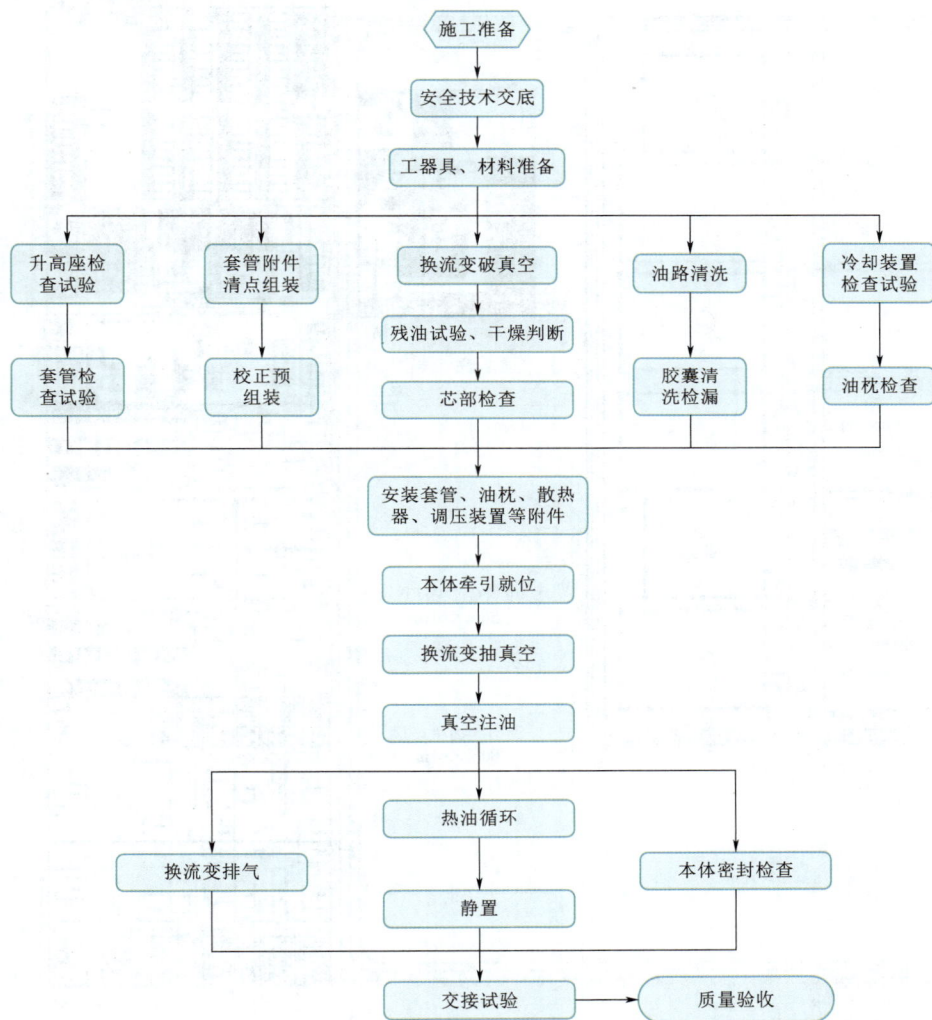

图 2-2-1-1 极 2 低端 6 台换流变压器安装施工流程图

(三) 土建交付安装验收

换流变安装前应提前对换流变基础进行验收,并应符合设计和换流变制造厂要求。

(1) 基础强度、基础中心线、标高及表面平整度应符合设计和制造厂要求;无具体规定时,基础中心线偏差不大于 10mm,标高偏差不大于 5mm,表面平整度不大于 8mm。

(2) 预埋件及预留孔符合设计要求,预埋件应牢固。

(3) 土建施工设施及杂物清除干净,并应有足够的安装场地,施工道路应通畅。

（4）换流变广场及轨道已按照设计要求施工验收完毕，强度符合设计要求。

（5）阀厅建筑工程及环境符合换流变压器阀侧套管伸入条件。

（6）有可能损坏已安装换流变压器或安装换流变压器后不能再进行的封堵、消防、装饰等工程全部结束。

（7）建筑物、混凝土基础、地面、阀厅等建筑工程应通过中间验收合格，并已办理交付安装的中间交接手续。

（四）滤油场布置

考虑到换流变换流油量大，油务处理时间较长，而换流变广场区域相对紧凑，换流变安装期间车辆进出及货物倒运频繁，在换流变广场区域布置大型滤油场空间有限，布置难度较大，且会给换流变安装带来不便。经与供油厂家协商，由厂家在换流站站外就近搭建滤油点，绝缘油到场后在站外滤油场直接加工成满足换流变注入条件的合格油后，运至现场直接注入换流变。换流变广场只设置残油存放区。

1. 站外滤油场布置

经综合考虑运输距离、场地大小、占地是否在站区红线范围内等因素，选择站区东南侧生产区电气 C 包生产临建与土建 A 包搅拌站中间的空地作为站外滤油场，滤油场占地大小为南北向 40m，东西向 50m。具体位置如图 2-2-1-2 中红色实线框所示。

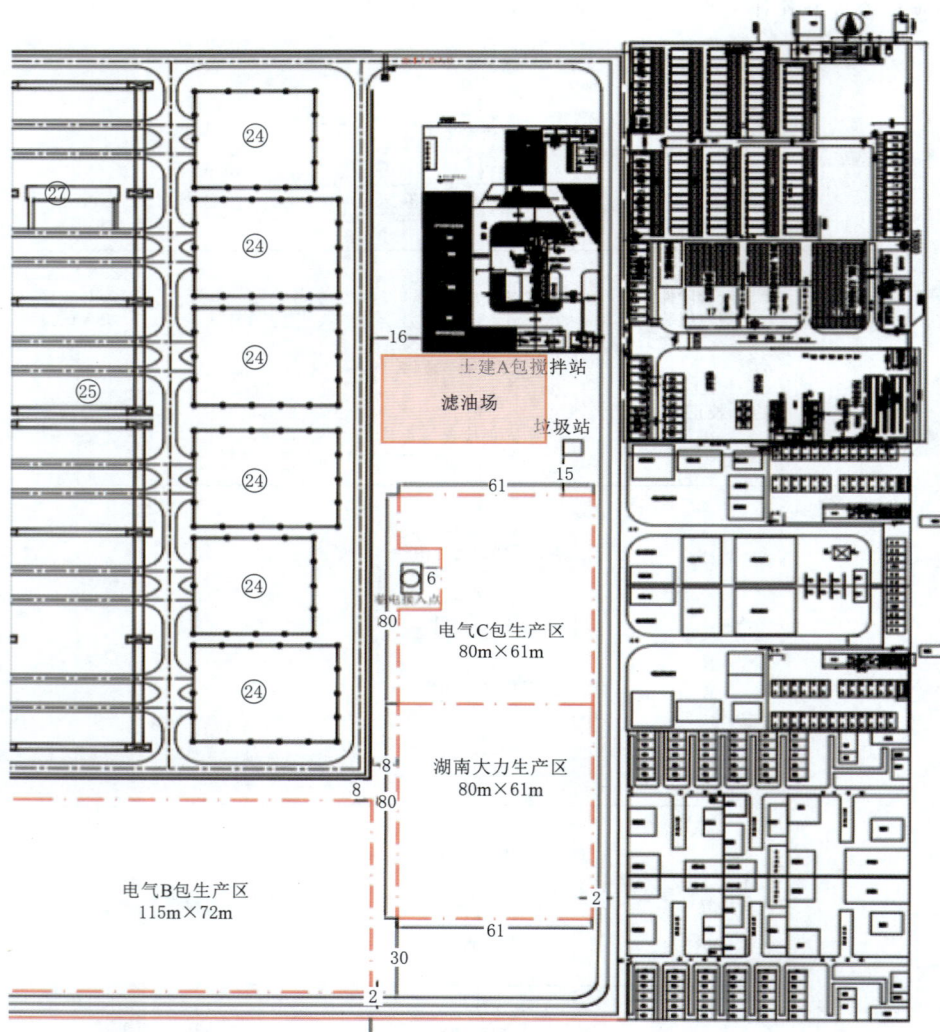

图 2-2-1-2　站外滤油场布置位置示意图

站外滤油场布置标准如下：

（1）滤油场布置与周边生产临建保持一致，采用跟周边生产临建相同的围挡布置，围挡下部采用砖砌体，高度 500mm，厚度 240mm，上部采用 1.6m 高单层彩钢板围护。

（2）施工电源从电气 C 包临建西侧站用电 400A 开关处采用 $3 \times 180 mm^2 + 1 \times 120 mm^2$ 电力电缆引至滤油场西南侧配电箱，电缆采用直埋方式，直埋路径上设置电缆路径标识。

（3）滤油场内设备布置如图 2-2-1-3 所示。场内计划布置 40 个 15t 油罐，采用凹型布置，滤油机布置在单侧中间，油罐分布在两侧，每侧所有油罐通过同一输油管连接在一起，并通过统一出口连接至滤油机，出口处设置总阀门，每台油罐出口侧设置阀门单独进行控制，油罐群采用硬质围栏进行隔离，围栏上设置禁止翻越、禁止烟火等标识牌。

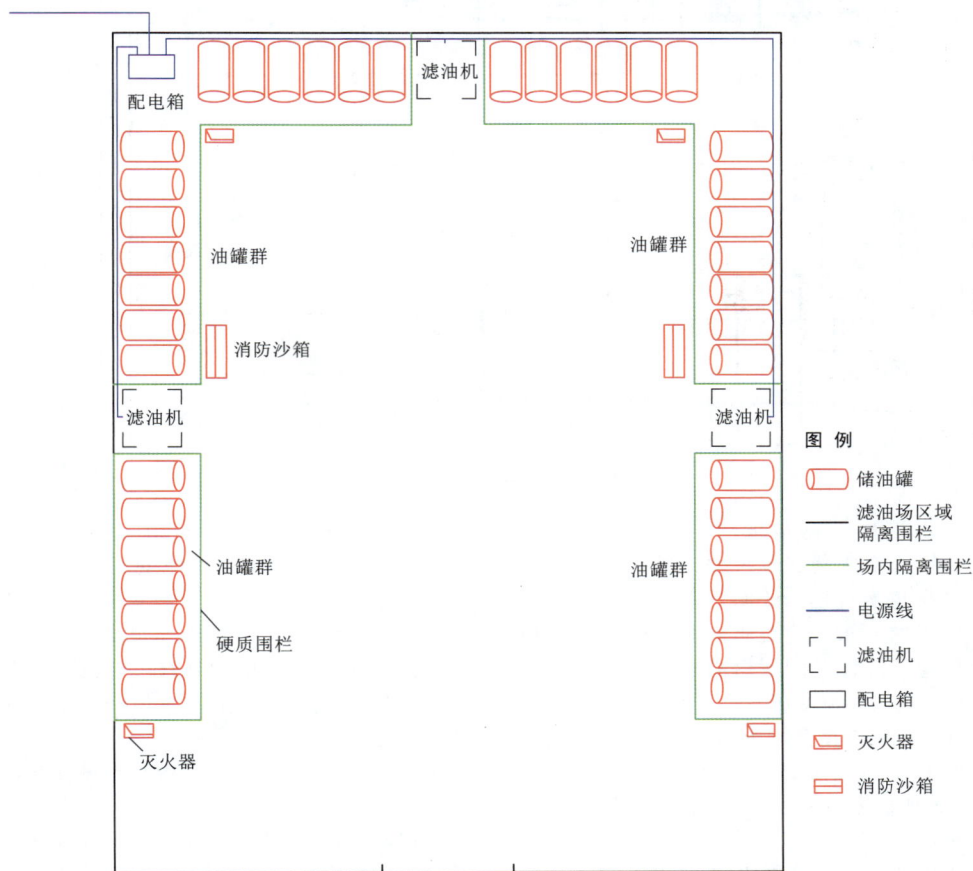

图 2-2-1-3 滤油场内设备布置示意图

（4）滤油场内设置两处消防沙箱，每处消防沙箱处配置 2 台手推式干粉灭火器。

（5）滤油场内设置值班室，实行 24h 值班室，值班室张贴滤油场管理制度、值班制度及注意事项。

2. 站内滤油场布置

站内滤油场主要根据每台换流变安装位置设置滤油区，用硬质围栏将滤油机、真空抽气机组、干燥空气发生器等机械设备进行围护。滤油机电源统一从换流变广场 1250A 检修箱接引。在广场西侧空地设置残油罐区，摆放 2 个 15t 残油罐，并用硬质围栏进行围护，外挂标识牌，每台换流变残油处理完成后，将油罐运至站外滤油场进行处理或封存。在残油罐区附近设置值班室及工器具室，张贴管理制度及值班表。在残油罐涉及滤油区域底层铺设塑料布及吸油毯，表层铺设红地毯，并摆放消防器材，具体布置如图 2-2-1-4 所示。站外滤油场滤油结束经取样试验合格后运至换流变区进行注油。

（五）换流变本体接收及检查

（1）换流变本体应由大件运输单位卸车牵引至安装单位指定的工作地点，换流变应卸车在专用运输小车上。

换流变牵引至安装地点后应检查小车中心线与换流变本体器身轴向中心线重合、与换流变基础轴向中心线重合，误差不大于 10mm。换流变小车支撑换流变的相对位置应符合厂家技术文件（或大件公司提前与厂家沟通），保证小车支撑安全。若换流变长时间不安装或长时间不就位时，应在换流变底部加垫额外的支撑点，防止换流变压器底板变形。换流变小车车轮无偏移、方向与轨道一致顺直。考虑到现场目前同类型小车就 1 套，如果两台换流变同时到场时，将其中一台换流变运至安装地点后卸至道木上进行附件安装。

（2）换流变压器通过对称的千斤顶顶升来安装或解除运输小车，千斤顶均匀升降，确保本体支撑板受力均匀，千斤顶顶升位置必须符合产品说明书的要求，千斤顶顶升和下降过程中本体与基础间必须实施有效的垫层保护。

（3）通过牵引设备和滑车组牵引平移换流变压器牵引位置必须符合厂家要求。地面牵引固定点和牵引设备布置合理，牵引过程平稳，牵引速度不超过 2m/min，运输轨道接缝处要采取有效措施，防止产生震动、卡阻。

（4）如通过液压顶推装置平移换流变压器，运输小车

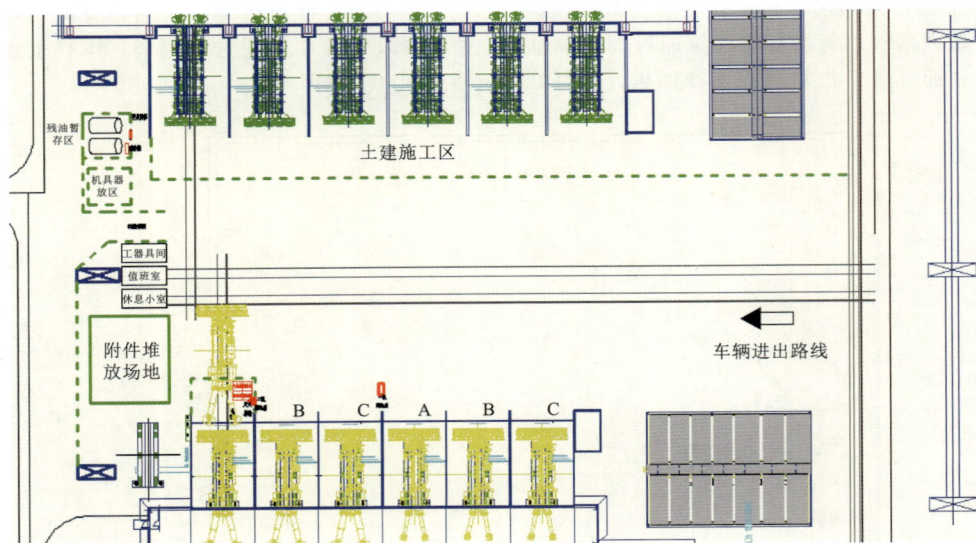

图 2-2-1-4 站内换流变广场布置

或本体推进受力点必须符合厂家要求。

（5）严格控制换流变压器就位尺寸误差，位置及轴线偏差必须符合产品技术规定，并满足阀厅设备安装对换流变压器套管位置的要求。检查阀侧套管轴线是否和阀厅垂直，阀侧套管端部伸进阀厅后的长度和高度是否满足设计要求，从而判断换流变压器是否牵引到位。

（6）换流变由广场牵引至基础上时先采用牵引方法，牵引方式采用一组 4-4 滑轮组有地锚牵引方式，牵引机械使用 10t 卷扬机，地锚采用土建已预埋的基础钢板配合厂家提供的地锚安装后使用。

（7）在换流变压器牵引至换流变基础位置时，换流变处的牵引点应由前侧改向后侧，此牵引方式的选择主要是考虑换流变进入基础位置后，换流变底部距基础顶面只有 55mm 的距离，此距离不能通过 4-4 滑轮组，并且换流变的最终位置前端已超过地锚点，改变牵引位置。

（8）换流变就位时，采用液压顶升装置顶升换流变压器，顶升装置的放置应保证其中心线对准换流变压器的 4 个顶点的中心线。

（9）在专人的统一指挥下，选取换流变压器横向上两点同时起升，顶升至高度后垫上专用的垫块，再起升横向上的另两个顶点，交替起升，顶升时四个顶点设立监护人，及时汇报顶升情况，发现个别千斤顶不做功应立即汇报，保证四点同步起升，并随时观察千斤行程不得超过 150mm。

（10）顶升时四个顶点的监护人应及时调整千斤顶上的锁固螺母，并及时在换流变压器底部滑道处加入特制的垫块，确保千斤顶泄压时换流变重心不发生偏移或倾斜。

（11）千斤顶一次起升到位后，必须将换流变底部用特制的垫块垫实，方可回落千斤顶进行第二次顶升。

（12）换流变压器顶到高度达到能够撤出小车时，锁紧千斤顶上的螺母，撤出小车通行轨道上的特制垫块，

将小车撤出至换流变广场，随后再按照顶升换流变的方法逆序操作，逐步撤出换流变底部垫块，纸质换流变平稳落至基础上。

（13）检查换流变器千斤顶支撑部位、器身底部、器身周围应无变形、无明显磕碰、无明显凹陷。

（14）所有未拆卸并与主体一起运输的零部件是否在正确位置且未被损坏。

（15）检查主体外观是否有机械损伤，表面油漆是否有损坏。

（16）检查主体各人孔、蝶阀等处密封是否严密，螺栓是否紧固牢靠。

（17）对于充氮运输的换流变本体，检查气体正压力是否正常（气体正压力常温下不得低于 0.01MPa）。

（18）检查换流变压器身顶部、侧部安装的冲撞记录仪数值，水平横向、纵向及垂直加速度均不得超过 3g。

（19）以上检查结果合格后，安装单位与大件公司、监理、厂家、物资、业主办理交接手续。注意：换流变在附件安装时，应核实换流变器身内部冲撞记录仪数值小于 3g。

（20）套管到达现场，外包装应完好，无破损，包装箱上部无承载重物，包装箱底部无漏油油迹，套管冲击记录仪记录值应在厂家允许范围内，无规定时均不应大于 2g。

（六）换流变附件接收及检查

（1）附件卸车后其包装箱应完好、无变形、无破损，附件、备品备件及专用工具等应与发货清单及供货合同一致，产品技术文件应齐全。清单检查无误后现场应办理交接签证。

（2）附件清点检查时，应按照每件包装箱的装箱清单仔细运输件是否齐全，内部易碎件、温控表、气体继电器、安装所需配件螺栓及消耗材料等附件齐全，无损伤、污染、吸湿、生锈。

（3）套管如存放 6 个月可水平放置，但超过 6 个月需将套管顶端向上垂直放置或将套管顶端向上抬高至少 7°的位置，如图 2-2-1-5 所示。保持套管干燥清洁，避免受到机械损坏。

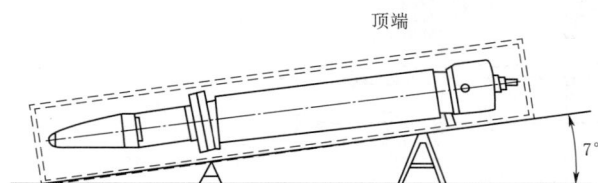

图 2-2-1-5　将套管顶端向上抬高至少 7°的位置

（4）套管开箱验收，应使用撬杠、扳子、锤子等工具小心开启拆箱，工作人员在包装箱的两侧，由一端将上盖打开，随着开启的深入应逐步跟进加横木垫块。再将两个侧面板拆开，拆卸时应注意观察，避免工具磕碰到套管。拆装时工具深入套管箱不超过 100mm，以保证套管安全。

（5）套管开箱后应逐层进行检查，套管包装的内部定位应完好、无破损、位移及悬空，防护加垫完好，无脱落，套管表面无磕碰及划伤。均压球应清洁、光滑无碰伤，安装位置正确，无偏移。如有异常，应进行拍照并及时通知厂家及相关单位。

（6）套管的起吊应严格按照套管的使用说明书进行操作。垂直起立后油压表的压力应在正常范围内。起立后套管密封连接部位无异常、无渗油问题。

（7）升高座外包装应无破损，表面无碰伤及划伤，升高座冲击记录显示正常。

（8）充氮运输的升高座应无泄漏问题。

（9）电流互感器端子板密封应良好，无裂纹。引出导柱无弯曲、断裂等情况。

（10）电流互感器紧固良好，检测并核对电流互感器参数及对应套管位置是否符合铭牌。

（11）储油柜表面应无碰伤、划伤及变形，储油柜外部应清洁，各密封处应密封良好。

（12）冷却器包装箱应完整，开箱检查时冷却器表面应无碰伤、划伤及变形，箱底无渗漏油现象。

（13）有载开关表面应无碰伤、划伤及变形，有载开关外部应清洁，各密封处应密封良好。内部干燥空气气压应符合产品出厂文件。

（七）换流变储存及保管

（1）换流变本体存放期间应观察气体压力值和温度值，与厂家出厂值根据温度曲线进行比较，其气体压力应保持在 0.02～0.03MPa。在存放的过程中每天至少巡查两次并做好记录，如果压力表的指示气体压力下降很快，必须查明原因，妥善处理，并及时将压力补到规定位置。

（2）充气附件也应每天至少巡查两次气压值并做好记录，如果压力表的指示气体压力下降很快，必须查明原因，妥善处理，并及时将压力补到规定位置。充油保管的附件应每隔 10d 对外观进行一次检查，包括检查有

无渗油、油位是否正常、外部有无锈蚀。

（3）表计、风扇、潜油泵、气体继电器、测温装置以及绝缘材料等，应放置在干燥的室内妥善保管，不得受潮。

（4）散热器（冷却器）、连通管等应密封。

（5）按原包装置于平整、坚实、无积水、无腐蚀性气体的场所，对有防雨要求的设备应采取相应的防雨措施。包装箱底部应垫高、垫平，不得水浸。

（6）浸油运输的附件应保持浸油保管，密封良好。

（7）存放充油或充气的套管式电流互感器应采取防护措施，防止内部绝缘件受潮。套管式电流互感器应按标志方向存放，不得倾斜或倒置；套管装卸和保管期间的存放应符合产品技术文件的规定。

（8）换流变运至现场后，应尽快准备安装工作，尽量减少储存时间，并将设备本体可靠临时接地。

（9）绝缘油的验收与保管应符合下列规定：

1）绝缘油应储藏在密封清洁的专用油罐或容器内。

2）每批到达现场的绝缘油均应有试验报告，并应取样进行简化分析，必要时应进行全分析。

3）油罐应每罐取样。

4）取样试验应按《电力用油（变压器油、汽轮机油）取样方法》（GB/T 7597—2007）的规定及厂家的技术资料执行。

5）到场新油试验结果应满足厂家规定。

6）不同牌号的绝缘油应分别储存，并有明显牌号标志。

7）放油时应目测，用油罐车运输的绝缘油，油的上部和底部不应有异样。

四、换流变压器安装

（一）安装顺序图

考虑到现场目前同类型换流变运输小车就 1 套，为保障后续换流变到场后能及时卸至换流变附件安装位置，根据极 2 换流变布置图，结合换流变到场顺序，极 2 换流变布置及安装顺序如图 2-2-1-6 所示。

（二）冷却器安装

（1）按冷却器安装使用说明书及冷却器安装图进行安装。

（2）从包装箱内取出冷却器，并把它放在垫有木板的地面上。冷却器端部（有放油塞的一端）要垫上胶皮，防止冷却器起立时与地面磕碰而损伤。

（3）检查冷却器是否在运输过程中损坏。

（4）用吊钩挂住冷却器上端的吊环，缓慢将冷却器立起。打开冷却器下部放油塞，放掉冷却器内部残油，拧紧放油塞。

（5）冷却器安装前，确保其密封性良好，无杂质和异物，冷却器应按制造厂规定的压力值用气压或油压进行密封试验，并用合格的绝缘油循环冲洗干净，将残油排尽。

（6）外接油管路在安装前，需将联管上盖板和主体上相应的盖板拆下，进行彻底除锈并清洗干净。

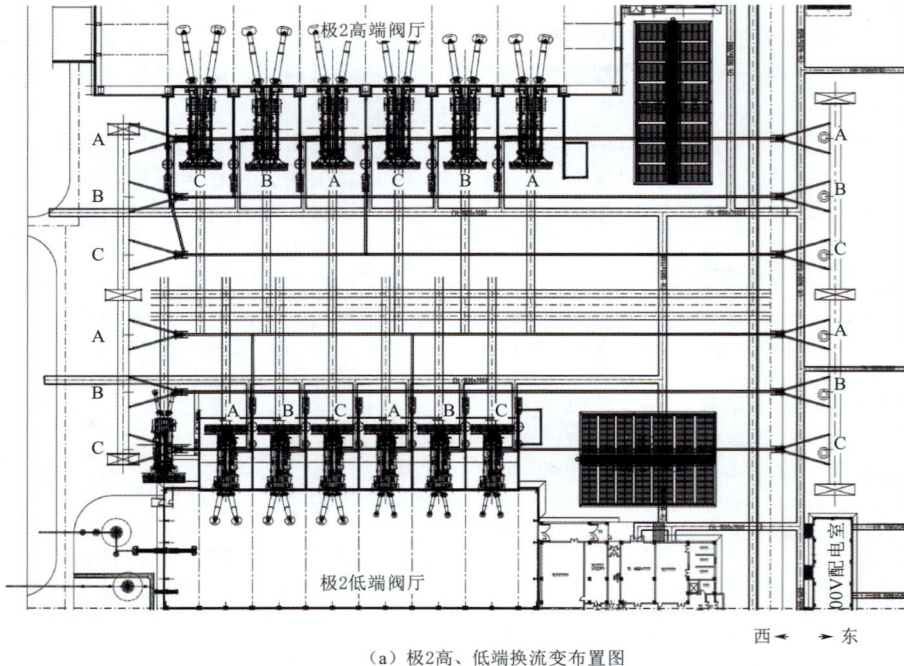

（a）极2高、低端换流变布置图

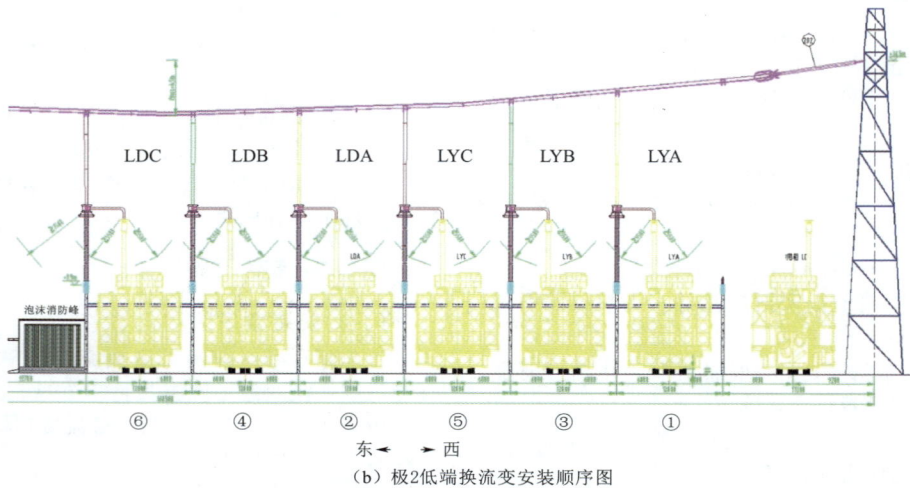

（b）极2低端换流变安装顺序图

图2-2-1-6 极2换流变布置及安装顺序图

（7）安装冷却器上、下部导油管。

（8）将冷却器支架装配在底座上，再将冷却器分别吊装到支架上，冷却器分为4片和5片两种。

（9）冷却器及支架装配后，将起吊工具固定在冷却器吊拌上，使吊绳略绷紧后拆除底座，再整体起吊。

（10）将冷却器及支架同主体导油管对接装配。

（11）有序地紧固冷却器上的法兰连接，确保在密封处达到密封效果为止。在法兰连接处，螺栓不能偏斜，否则不能紧固螺栓。

（12）管路中的阀门应操作灵活，开闭位置应正确；阀门及法兰连接处应密封良好。

（13）油泵转向应正确，转动时应无异常噪声、振动或过热现象，其密封应良好，无渗油或进气现象；油流继电器应经检验合格，且密封良好，动作可靠。

（14）风扇电动机及叶片应安装牢固，并应转动灵活，无卡阻；试转时应无振动、过热；叶片应无扭曲变形或与风筒碰擦等情况，转向应正确；电动机的电源配线应采用具有耐油性能的绝缘导线。

（三）储油柜安装

（1）储油柜安装前，应将其中残油放净，并清抹干净。

（2）储油柜外观无变形、锈蚀。

（3）检查内部清洁、无杂物，胶囊式储油柜中的胶囊应清洁、完整无破损，储油柜内部柜壁无尖角或毛刺。

（4）胶囊应按照厂家说明书中的步骤及胶囊充气压力要求进行安装，防止安装过程中的胶囊破损及开裂现象发生，胶囊沿长度方向应与储油柜的长轴保持平行，不应扭偏，胶囊口密封后无泄漏，呼吸畅通。吊装时一定要缓慢上升，并打好晃绳，设专人监护。

（5）油位指示装置动作应灵活，指示应与储油柜的真实油位相符；油位信号接点正确，绝缘良好。

（6）带气囊式油枕应注意检查，防止气囊有破损现象发生。

（7）安装储油柜上的仪器仪表，待能在地面上安装的部件安装完后，整体起吊储油柜，将储油柜及其支架安装到油箱上。

（8）连接各联管、安装气体继电器，气体继电器箭头应指向储油柜方向。

（四）升高座安装

（1）升高座安装前，其电流互感器的变比、极性及排列应符合设计且试验应合格。电流互感器接线螺栓和固定件的垫块应紧固，端子板应密封良好，牢固无渗油现象，清洁无氧化。

（2）安装升高座时，升高座法兰面与本体法兰面平行，放气塞位置应在升高座最高处，无渗漏。

（3）法兰连接密封良好，连接螺栓齐全、紧固。

（4）充氮或充油运输的升高座，排出升高座内部的氮气或变压器油。安装前，打开升高座 CT 端子盒，连接试验线路，进行 CT 试验，数据与出厂试验报告一致，安装时电流互感器和升高座的中心应一致。

（5）绝缘筒装配正确、不影响套管穿入，绝缘筒应安装牢固，其安装位置不应使变压器引出线与之相碰。

（6）电流互感器二次备用绕组应经短接后接地。

（7）阀侧套管末屏电压分压器安装接线应符合产品技术文件的规定。

（8）网侧升高座垂直安装，如图 2-2-1-7 所示。

1）将吊绳固定在升高座主体吊拌上，用吊绳将升高座吊至平整的地面上（地面要铺干净的塑料布或木板），拆除升高座下部保护罩（底座）。

2）起吊升高座时使用升高座专用吊孔，将升高座吊至箱盖上相应的法兰孔处缓慢落下，对正安装孔，对角紧固螺栓。

（9）阀侧升高座倾斜安装。

1）拆除阀侧引线与运输盖板之间的安装件。

2）按照图纸要求调整好阀引线末端均压球的位置。

3）连接阀侧引线与阀套管金属导杆，将保护管套在金属导杆上，防止安装升高座时金属导杆戳破绝缘筒。

4）阀侧升高座采用单钩起吊，起吊后操动手拉葫芦使升高座呈倾斜状态，如图 2-2-1-8 所示。

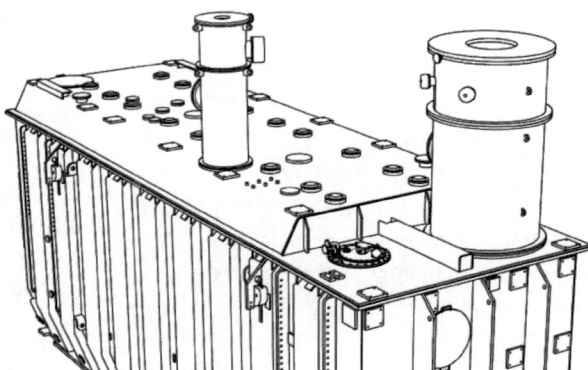

图 2-2-1-7 网侧升高座垂直安装

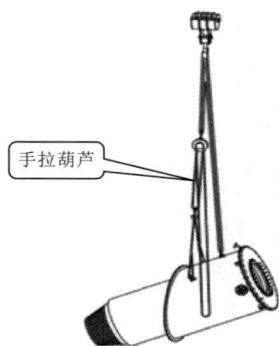

图 2-2-1-8 起吊后操动手拉葫芦使升高座呈倾斜状态

5）对正安装孔，对角紧固螺栓，将阀侧升高座与油箱把装牢固。

（五）套管安装

（1）套管安装前应进行下列检查：

1）套管表面应无裂缝、伤痕，套管固定可靠、各螺栓受力均匀。

2）套管金属法兰结合面应平整，无外伤或铸造砂眼。

3）套管、法兰颈部及均压球内壁应擦拭清洁。

4）充油套管无渗油现象，油位指示正常；充气套管气体压力正常。

5）套管应经试验合格。

6）专用吊装工器具应验收合格。

（2）充油套管的内部绝缘已确认受潮时，应与制造厂联系处理。

（3）按照套管使用说明书要求进行安装。套管起吊时必须采用满足产品技术要求的专用吊装工器具进行吊装，套管与专用吊具的连接固定应可靠并满足厂家技术要求。

（4）应严格校正套管起吊后的角度和位置满足厂家安装技术要求，安装套管时要非常小心，避免磕碰，以防套管损坏。

（5）在装配地面上打开套管包装，检查套管在包装箱中是否有位移，确保套管仍在原位，在轴向上没有发生移动。

（6）安装前要用干净的抹布将套管表面擦拭干净。如果套管尾部有保护装置时，安装套管前应拆下保护装置。

（7）检查套管上的吊环是否牢固，如不牢固需用扳手将其紧固。

（8）将套管安装在升高座上，对正安装孔，对角紧固螺栓。

（9）安装套管时，要有专人看护，以防套管与升高座相碰而损坏。起吊过程中严禁套管尾部受力。

（10）套管必须清洁、无损伤，油位或气压正常。套管内穿线顺直、不扭曲，套管顶部结构的密封垫应安装正确，密封应良好，引线连接可靠，螺栓达到紧固力矩值，套管端部导电杆插入尺寸应满足产品技术文件的规定。

（11）套管吊装顶端利用厂家专用吊板，阀侧套管安装需利用链条葫芦调整角度。

（12）引线与套管连接螺栓紧固，密封良好；套管末屏应接地良好。

（13）每台换流变配备4只套管，其中交流侧高压套管1只，中性点套管1只，阀侧穿墙套管2只。阀侧套管安装时，应搭设脚手架或工作台，具体高度根据现场那个实际情况确定。

（14）充气套管，应检测气体微水和泄漏率符合要求。

（15）充油套管宜根据规程规范要求进行套管油油色谱试验。

（16）均压环表面应光滑无划痕，安装牢固且方向正确，均压环易积水部位最低点应有排水孔。

（六）网侧套管垂直安装

网侧套管垂直安装工艺如图2-2-1-9所示。

（1）网侧套管采用双钩起吊。

（2）用吊绳穿扣的方法将吊绳1固定在套管上勒紧（第一节瓷套和油枕之间）。

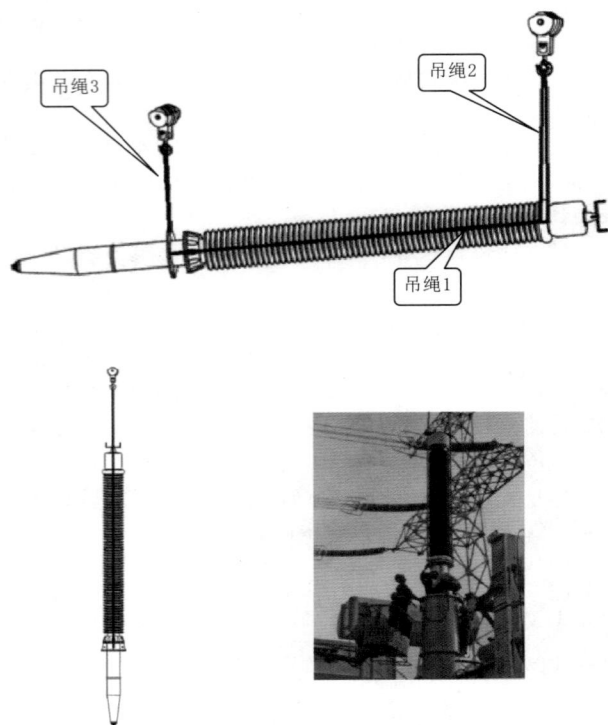

图2-2-1-9 网侧套管垂直安装工艺

（3）吊车主钩吊绳2绑扎。将吊绳2的两端（有套扣）通过卸扣固定在套管下部吊孔上，另一端穿过第一节瓷套和油枕之间的绑绳固定在主钩上（套管头部有专用吊孔且佩带专用吊具则使用专用吊具）。

（4）吊车副钩吊绳3绑扎。将吊绳一端通过卸扣固定在套管下部法兰上（有专用吊孔则使用专用吊孔起吊），另一端固定在副钩上。

（5）吊车主钩与副钩同时起升，待套管起升至足够高度后，主钩与副钩交替上升下降，起吊时对套管做好保护。

（6）缓慢起吊套管至垂直状态，撤去副钩及其吊绳。

（7）将套管吊至网升高座上方，套管缓慢下降，连接引线，对正安装孔，对角紧固螺栓。

（七）中性点套管的安装

将一根吊绳固定在套管法兰上，另一根吊绳固定在套管上部顶端，起吊套管，吊车主钩与副钩交替上升下降，直至套管呈垂直状态，将套管缓慢吊至中性点升高座上方，连接好引线，对正安装孔，对角紧固螺栓。

（八）阀侧套管的安装

起吊阀侧套管垂直安装工艺如图2-2-1-10所示。

（1）安装套管前按照图纸要求调整好阀引线末端均压球的位置。

（2）安装套管时头部要探进成型件内，观察套管的走向是否顺畅。

（3）测量套管尾部长度，确定套管的插入深度。

（4）阀侧套管安装就位时，应及时按照厂家安装技术要求完成下部支撑结构的固定。

（5）阀侧套管使用单钩、双绳起吊，一根吊绳连接阀侧套管下部专用吊孔与吊钩；另一根吊绳通过手拉葫芦及套管起吊专用吊环，连接套管头部与吊钩。

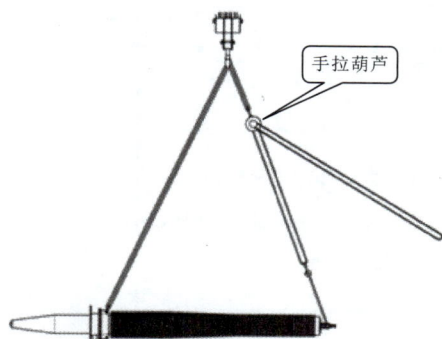

图 2 - 2 - 1 - 10　起吊阀侧套管安装工艺

（6）水平缓慢起吊阀侧套管至一定高度，测量升高座倾斜角度，通过调节手拉葫芦使阀侧套管与升高座倾斜角度一致，将阀侧套管缓慢滑入升高座，如图 2 - 2 - 1 - 11 所示。对正安装孔，对角紧固螺栓。

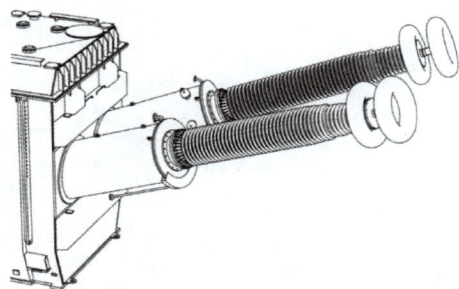

图 2 - 2 - 1 - 11　将阀侧套管缓慢滑入升高座

（九）内部引线的连接

内部引线连接前操作人员不需从人孔进入油箱内，只需从手孔和观察孔接线即可，但网侧套管和阀侧套管接线时需防止螺栓、杂物掉入油箱。

（十）呼吸器安装

（1）连通管必须清洁、无堵塞，密封良好。

（2）油封油位满足产品技术要求。

（3）变色硅胶必须干燥，颜色正常。

（十一）有载调压开关检查安装

（1）操动机构传动齿轮和杠杆固定牢固，连接位置正确，操动灵活，无卡阻现象，传动部分涂以适合当地气候条件的润滑脂。

（2）切换开关触头及连接线完整无损，且接触良好，其限流电阻应完好，应无断裂现象，位置指示器指示正确。

（3）切换开关油箱内应清洁，且密封良好。注入油室中的绝缘油，其绝缘强度应符合产品技术文件的规定。

（4）在线滤油装置安装应符合产品技术文件的规定，管道及滤网应清洗干净，试运行正常。

（十二）压力释放阀安装

（1）压力释放阀应校验合格，安装方向正确，阀盖和升高座内部清洁，密封良好，电触点动作准确，绝缘良好，动作压力值应符合产品技术文件的规定。

（2）对照生产厂家所提供的资料、图纸，组装好电缆槽盒、压力释放器，并保证与说明书一致。

（3）电缆引线在接入压力释放装置处应有滴水弯，进线孔应封堵严密。

（十三）气体继电器安装

（1）气体继电器应按要求整定并校验合格。

（2）气体继电器安装方向应正确，其顶盖上标志的箭头指向应符合产品技术文件的规定，与连通管的连接应密封良好，连接面紧固、受力均匀，无渗漏。

（3）对照生产厂家所提供的资料、图纸，组装好电缆槽盒、气体继电器（气体继电器箭头方向必须指向油枕），并保证与说明书一致。

（4）电缆引线在接入气体继电器处应有滴水弯，进线孔应封堵严密。

（5）两侧油管路的倾斜角度应符合产品技术文件的规定。

（6）气体继电器观察窗挡板应处于打开位置。

（十四）温度计安装

（1）温度计安装前应进行校验，顶盖上的温度计插座内介质与箱内油一致，密封良好，无渗油现象；闲置的温度计座也应密封良好。

（2）对照生产厂家所提供的资料、图纸，组装好电缆槽盒，并保证与说明书一致。

（3）信号接点应根据相关规定进行整定并接点动作正确，导通良好，不同原理的测温装置的校验结果应一致。

（4）膨胀式信号温度计的细金属软管不得有压扁或急剧扭曲，其弯曲半径不应小于 100mm。

（5）电缆引线在接入气体继电器处应有滴水弯，进线孔应封堵严密。

五、换流变安装质量控制要点及措施

换流变安装质量控制要点及措施如图 2 - 2 - 1 - 12 所示。

六、油务处理质量控制要点及措施

油务处理质量控制要点及措施如图 2 - 2 - 1 - 13 所示。

施工准备 ←
(1) 与厂方技术人员研究编写施工方案。
(2) 对附件进行清点、清洗、试验或校验。
(3) 选择晴朗天气，在换流变四周做防尘措施。
(4) 绝缘油处理完毕且试验合格。
(5) 检查吊车及吊具、抽真空、真空监测、真空注油、热油循环设备正常，施工用小型工具设专人负责。
(6) 监测本体预充氮气压力值，不足时补充氮气

技术交底 ←
(1) 组织施工人员学习施工方案。
(2) 对所有施工人员及吊车司机进行技术交底

芯部检查 ←
(1) 内检人员着清洁的防尘服、防尘帽、绝缘鞋，携带工具必须登记，设专人监督。
(2) 按规范及施工方案要求，逐项检查本体内部元件，并做记录，发现问题后，做好记录且签字齐全，必要时留影像资料。
(3) 对铁芯做绝缘试验，对残油取样进行化验，以判断器身是否受潮

换流变本体及附件安装 ←
(1) 冷却器、支架联管的安装必须按制造厂编号进行，吊装时避免碰撞，冷却器安装要保持垂直，同一侧面要在一条直线上。
(2) 储油柜的吸湿器联管必须保持垂直，吸湿器装有干燥变色硅胶。
(3) 套管起吊时，要将尼龙吊带与瓷件相接触部位垫上松软物，防止损坏瓷件，起吊过程中，避免套管受到冲击。
(4) 检查耐油密封垫(圈)外观良好，尺寸适中，安装位置准确，搭接处的厚度与原厚度相同，橡胶密封垫的压缩不超过其厚度的1/3。
(5) 检查调压开关接触良好，挡位正确

抽真空真空注油 ←
详见油务处理质量控制要点系统图

质量验收 ←
(1) 检查交接验收报告及特殊项目试验报告。
(2) 检查冷却风扇、潜油泵运转正常。
(3) 检查气体继电器、压力释放阀、油位计、温度计指示准确。
(4) 检查换流变无渗漏，投运前，对换流变进行冲洗，必要时重新喷漆

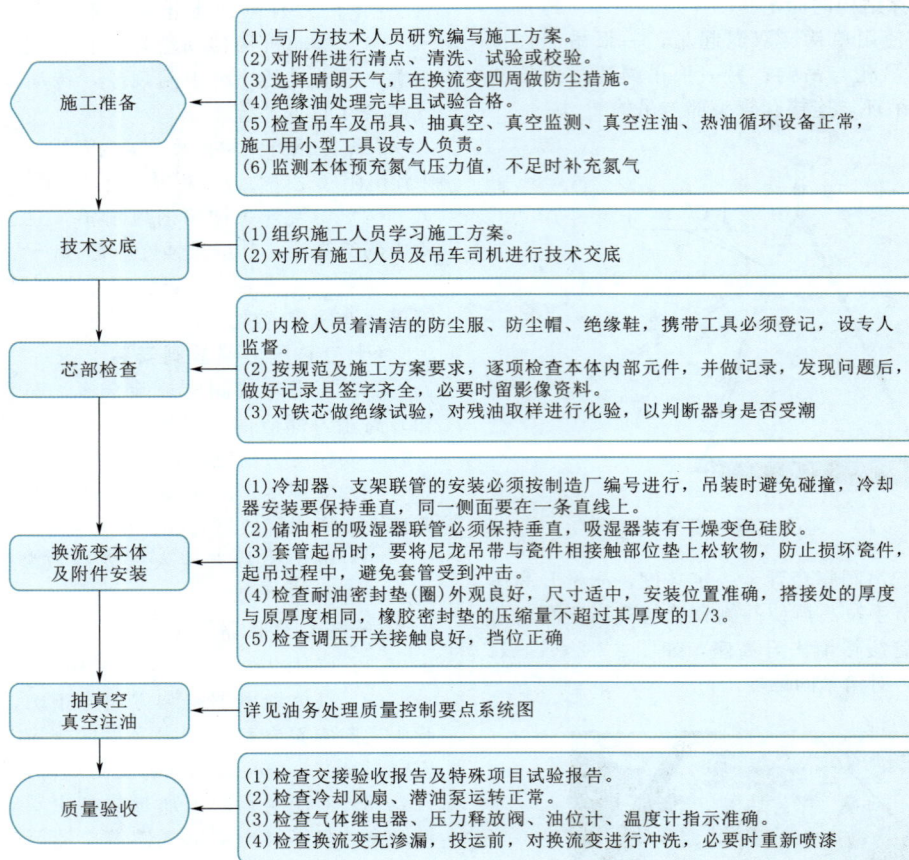

图 2-2-1-12 换流变安装质量控制要点及措施

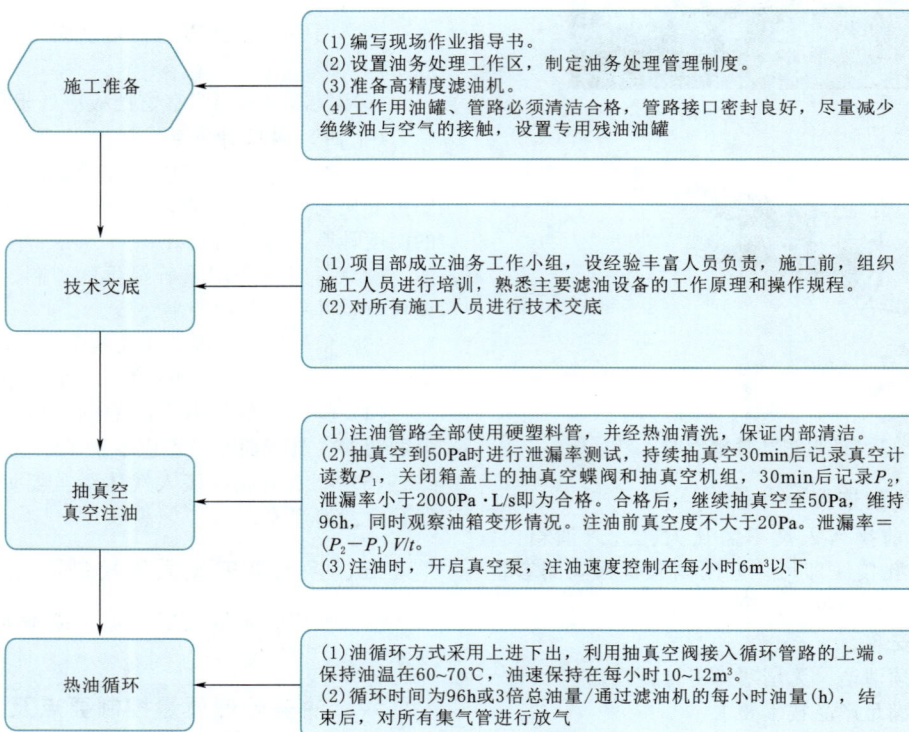

施工准备 ←
(1) 编写现场作业指导书。
(2) 设置油务处理工作区，制定油务处理管理制度。
(3) 准备高精度滤油机。
(4) 工作用油罐、管路必须清洁合格，管路接口密封良好，尽量减少绝缘油与空气的接触，设置专用残油油罐

技术交底 ←
(1) 项目部成立油务工作小组，设经验丰富人员负责，施工前，组织施工人员进行培训，熟悉主要滤油设备的工作原理和操作规程。
(2) 对所有施工人员进行技术交底

抽真空真空注油 ←
(1) 注油管路全部使用硬塑料管，并经热油清洗，保证内部清洁。
(2) 抽真空到50Pa时进行泄漏率测试，持续抽真空30min后记录真空计读数P_1，关闭箱盖上的抽真空蝶阀和抽真空机组，30min后记录P_2，泄漏率小于2000Pa·L/s即为合格。合格后，继续抽真空至50Pa，维持96h，同时观察油箱变形情况。注油前真空度不大于20Pa。泄漏率=$(P_2-P_1)V/t$。
(3) 注油时，开启真空泵，注油速度控制在每小时6m³以下

热油循环 ←
(1) 油循环方式采用上进下出，利用抽真空阀接入循环管路的上端。保持油温在60~70℃，油速保持在每小时10~12m³。
(2) 循环时间为96h或3倍总油量/通过滤油机的每小时油量(h)，结束后，对所有集气管进行放气

图 2-2-1-13 油务处理质量控制要点及措施

第二节　极2高端6台换流变压器安装

一、工程概况

本工程包含双极24台工作换流变，4台备用换流变，共计28台换流变。换流变单台容量607.5MVA。电气C包主要负责极2共12台工作换流变的安装，本方案为极2高端6台换流变安装的专项施工方案。

（一）工作量

极2高端6台换流变压器安装工作量见表2-2-2-1。

表2-2-2-1　极2高端6台换流变压器安装工作量

区域	型号	单位	数量	供应商
极2高端换流变区域（一）	Yy，±1100kV，户外，双绕组单相，强油风冷，Box-in型，高压侧有载调压，气体继电器加防雨罩，607.5MVA，U_k=20%	台	3	均由沈变供应
极2高端换流变区域（二）	Yd，±825kV 户外，双绕组单相，强油风冷，Box-in型，高压侧有载调压，气体继电器加防雨罩，607.5MVA，U_k=20%	台	3	

（二）主要安装参数

极2高端6台换流变压器安装参数见表2-2-2-2。

表2-2-2-2　极2高端6台换流变压器安装参数

供应商	电压等级/kV	运输尺寸/mm	安装尺寸/mm	油重/t	总重（加油及附件）/t	备注
沈变	±825	13833×4803×5929	30690×95200×18700	238	832	
	±1100	13833×4803×5929	33407×11156×18778	238	832	

二、施工机具材料准备

（一）施工机械、设备及工器具准备

换流变安装工器具按照同时安装两台换流变进行准备，安装工器具清单见表2-2-2-3。

表2-2-2-3　安装工器具清单

序号	名　称	规格	单位	数量	备注
1	汽车吊	80t	辆	1	
2	汽车吊	50t	辆	1	
3	汽车吊	25t	辆	1	
4	升降车		台	2	
5	真空滤油机	20000L/h	台	1	
6	真空滤油机	12000L/h	台	1	
7	真空抽气机组	1200L/s	台	1	
8	真空抽气机组	600L/s	台	1	
9	干燥空气发生器	200m³/h	台	1	
10	抽油泵		台	1	
11	卷扬机	5t	台	2	配滑轮
12	链条葫芦	15t	套	1	阀侧升高座吊装用
13	链条葫芦	5t	套	3	
14	收紧器		根	6	阀侧支撑梁用
15	加长杆扳手		把	1	紧固阀侧升高座用
16	钢丝绳	φ18	m	300	
17	白棕绳		m	200	
18	尼龙吊带	16t、6m		2	
19	尼龙吊带	10t、10m	根	2	
20	尼龙吊带	8t、3m		1	
21	尼龙吊带	5t、10m	根	2	
22	吊环	15t	套	3	
23	吊环	10t	套	4	
24	干粉灭火器	25kg	瓶	4	
25	消防箱		套	1	
26	移动脚手架		套	10	
27	固定围栏		套	1	
28	硬质围栏		m	700	
29	道木	200mm×200mm×1000mm	根	100	
30	温度计		根	5	
31	真空计	数显式	支	3	
32	套筒扳手		套	5	
33	梅花、开口扳手	14～32mm	套	各5	
34	棘轮扳手头	M36	个	1	150mm长
35	活动扳手	8～18mm	套	5	
36	电动扳手		套	5	
37	力矩扳手		套	3	
38	内六角扳手		套	1	
39	水平尺		把	2	
40	卷尺	5m/50m	把	各2	
41	线坠		个	2	
42	红外线测高仪		台	1	

续表

序号	名　称	规格	单位	数量	备注
43	烘干箱		套	1	
44	手动液压缸				
45	抽真空工装		套	2	厂家提供
46	套管专用吊具		套	2	厂家提供
47	阀侧套管充气专用工具		套	2	厂家提供
48	取油样专用工具		套	2	厂家提供
49	阀升高座支架				厂家提供
50	阀升高座安装用工装				厂家提供
51	阀出线定位工装				厂家提供
52	网套管吊具				厂家提供
53	阀套管吊具				厂家提供
54	阀套管导电杆牵引工装	±825kV、±1100kV			厂家提供
55	CT吊具				厂家提供
56	阀出线安装用安全盖				厂家提供
57	阀升高座安装时临时支撑杆				厂家提供
58	阀套管整体安装用临时定位工装				厂家提供
59	阀套管安装用轨道小车				厂家提供
60	阀套管头部密封盖				厂家提供
61	真空罐工装				厂家提供
62	各类抽空、注油接头				厂家提供
63	阀升高座及套管吊梁				厂家提供

（二）施工材料准备

所需施工材料见表2-2-2-4。

表2-2-2-4　施工材料表

序号	名称	型号	单位	数量	备注
1	无水酒精		箱	5	
2	塑料布		卷	30	
3	白纱带		箱	3	
4	棉纱		箱	3	
5	防油布		mm²	600	
6	红地毯		mm²	800	

三、施工技术准备

（一）基本要求

（1）场地准备。道路通畅，换流变广场布置完毕、整洁有序。

（2）项目部管理人员、技术人员、施工人员及换流变厂家技术服务人员提前到位并熟悉现场及设备情况。

（3）设备、材料、机械等已落实到位，消防器材配置到位。

（4）专项施工方案向监理单位报审并已审核通过，施工人员上岗前，已根据设备的安装特点，由换流变厂家技术服务人员向项目部管理人员进行了技术交底；项目部管理人员组织对换流变安装作业人员进行了专业培训及安全技术交底。

（5）换流变厂家技术服务人员应服从现场各项管理制度，进场前应将人员名单及负责人信息报监理备案。

（6）特殊作业人员应持证上岗。

（7）施工电源采用TN-S三相五线制，就近从换流变广场极2高端1250A检修电源箱引接，做到一机一闸一保护。为满足现场2台滤油机、2台真空泵同时启动工作的要求，施工电源配置2个总空开不小于400A的施工电源箱，主进线电缆选用铜芯3×240mm²+2×120mm²电缆。

（二）施工流程图

极2高端6台换流变安装施工流程如图2-2-2-1所示。

（三）土建交付安装验收

换流变安装前应提前对换流变基础进行验收，并应符合设计和换流变制造厂要求。

（1）基础强度、基础中心线、标高及表面平整度应符合设计和制造厂要求；无具体规定时，基础中心线偏差不大于10mm，标高偏差不大于5mm，表面平整度不大于±5mm。

（2）预埋件及预留孔符合设计要求，预埋件应牢固。

（3）土建施工设施及杂物清除干净，并应有足够的安装场地，施工道路应通畅。

（4）换流变广场及轨道已按照设计要求施工验收完毕，强度符合设计要求。

（5）阀厅建筑工程及环境符合换流变压器阀侧套管伸入条件。

（6）有可能损坏已安装换流变压器或安装换流变压器后不能再进行的封堵、消防、装饰等工程全部结束。

（7）建筑物、混凝土基础、地面、阀厅等建筑工程应通过中间验收合格，并已办理交付安装的中间交接手续。

（四）滤油场布置

考虑到换流变油量大，油务处理时间较长，而换流变广场区域相对紧凑，换流变安装期间车辆进出及货物倒运频繁，在换流变广场区域布置大型滤油场空间有限，布置难度较大，且会给换流变安装带来不便。经与供油厂家协商，由厂家在换流站站外就近搭建滤油点，绝缘油到场后在站外滤油场直接加工成满足换流变注入条件的合格油后，运至现场直接注入换流变。换流变广场只设置残油存放区。

1．站外滤油场布置

经综合考虑运输距离、场地大小、占地是否在站区红线范围内等因素，选择站区东南侧生产区电气C包生

```
                        ┌──────────┐
                        │ 施工准备 │
                        └─────┬────┘
                              │
                     ┌────────┴───────┐
                     │  安全技术交底  │
                     └────────┬───────┘
                              │
                   ┌──────────┴─────────┐
                   │  工器具、材料准备  │
                   └──────────┬─────────┘
                              │
```

┌──────────┐ ┌──────────┐ ┌──────────┐ ┌──────────┐ ┌──────────┐
│升高座检 │ │套管附件 │ │换流变破真空│ │油路清洗 │ │冷却装置 │
│查试验   │ │清点组装 │ │   │ │   │ │检查试验 │
└────┬─────┘ └────┬─────┘ └────┬─────┘ └────┬─────┘ └────┬─────┘
     │   │   │   │   │
┌────┴─────┐ ┌────┴─────┐ ┌────┴──────┐ ┌───┴────┐ ┌─────┴────┐
│套管检   │ │校正预   │ │残油试验、 │ │胶囊清 │ │油枕检查 │
│查试验   │ │组装   │ │干燥判断   │ │洗检漏 │ │   │
└──────────┘ └──────────┘ └────┬──────┘ └────────┘ └──────────┘
                            ┌────┴──────┐
                            │ 芯部检查 │
                            └────┬──────┘

┌────────────────────────────────┐
│ 安装套管、油枕、散热器、调压装置等附件 │
└────────────────┬───────────────┘
                 │
        ┌────────┴───────┐
        │ 本体牵引就位 │
        └────────┬───────┘
                 │
        ┌────────┴───────┐
        │ 换流变抽真空 │
        └────────┬───────┘
                 │
        ┌────────┴───────┐
        │   真空注油   │
        └────────┬───────┘
                 │
        ┌────────┴───────┐
        │   热油循环   │
        └────────┬───────┘
   ┌─────────┐   │   ┌──────────┐
   │换流变排气│ │   │本体密封检查│
   └─────────┘   │   └──────────┘
          ┌──────┴─────┐
          │   静置   │
          └──────┬─────┘
                 │
        ┌────────┴───────┐   ┌──────────┐
        │   交接试验   │───→│ 质量验收 │
        └────────────────┘   └──────────┘

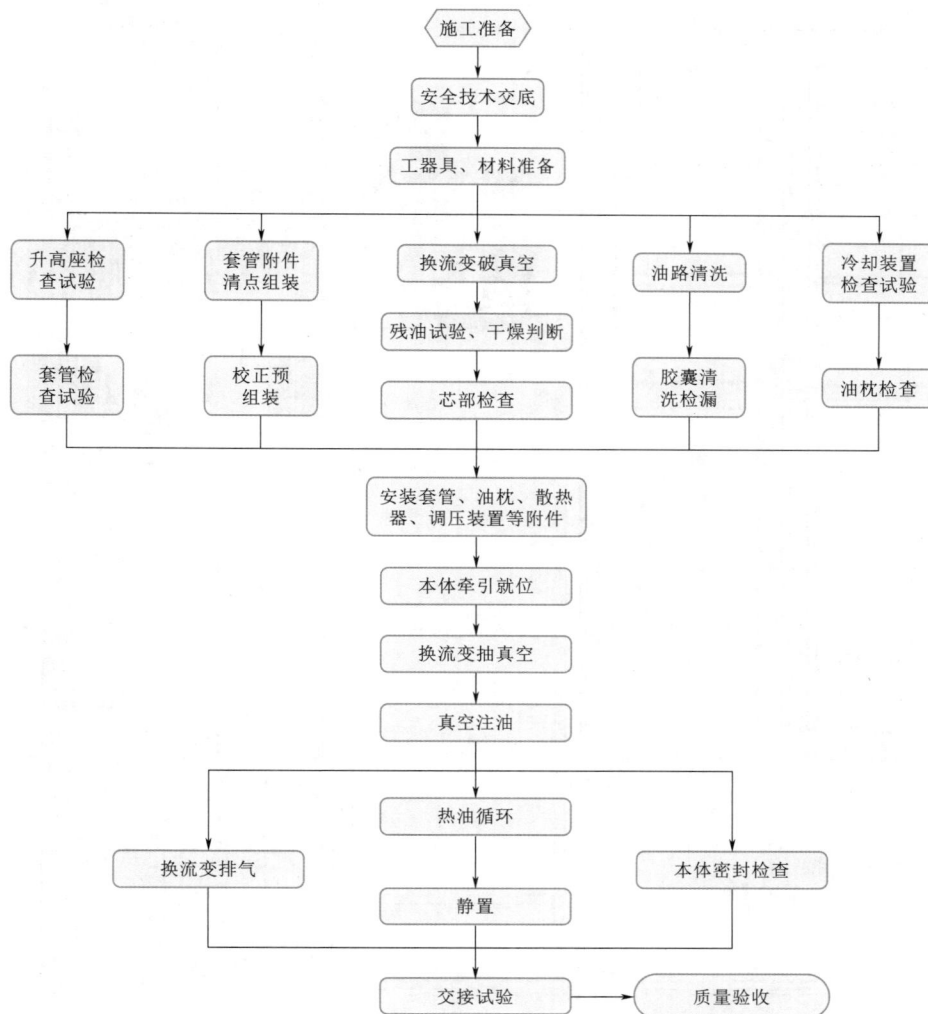

图2-2-2-1　极2高端6台换流变安装施工流程图

产临建与土建A包搅拌站中间的空地作为站外滤油场布置区，滤油场占地大小为南北向40m，东西向50m。具体位置如图2-2-2-2中红色实线框所示。

站外滤油场布置标准如下：

（1）滤油场布置与周边生产临建保持一致，采用跟周边生产临建相同的围挡布置，围挡下部采用砖砌体，高度500mm，厚度240mm，上部采用1.6m高单层彩钢板围护，场地内进行场平后铺设碎石，保持场内整洁。

（2）施工电源从电气C包临建西侧站用电400A开关处通过$3 \times 180mm^2 + 1 \times 120mm^2$动力电缆引至滤油场西南侧配电箱，电缆采用直埋方式，直埋路径上设置电缆路径标识。

（3）滤油场计划布置10个50t油罐，采用凹型布置，滤油机布置在中间，油罐分布在两侧，每侧所有油罐通过同一输油管联络在一起，并通过统一出口连接至滤油机，出口处设置总阀门，每台油罐出口侧设置阀门单独进行控制，油罐群采用硬质围栏进行隔离，围栏上设置

禁止翻越，禁止烟火等标识牌。

（4）滤油场内设置1处消防沙箱，并配置6台手推式干粉灭火器。

（5）滤油场内设置值班室，实行24h值班室，值班室张贴滤油场管理制度、值班制度及注意事项。

2．站内滤油场布置

站内滤油场主要根据每台换流变安装位置设置定制化滤油区，用硬质围栏将滤油机、真空抽气机组、干燥空气发生器等滤油设备进行围护，滤油区从下往上依次铺设塑料布、防油布及红地毯，滤油区外摆放消防器材箱、消防沙箱及手推式灭火器。滤油机电源统一从换流变广场1250A检修箱接引。在广场西侧空地防火墙外侧设置残油罐区，摆放1个15t残油罐，并用硬质围栏进行围护，外挂标识牌，并摆放灭火器每台换流变残油处理完成后，将油罐运至站外滤油场进行处理或封存。站外滤油场滤油结束经取样试验合格后运至换流变区进行注油。

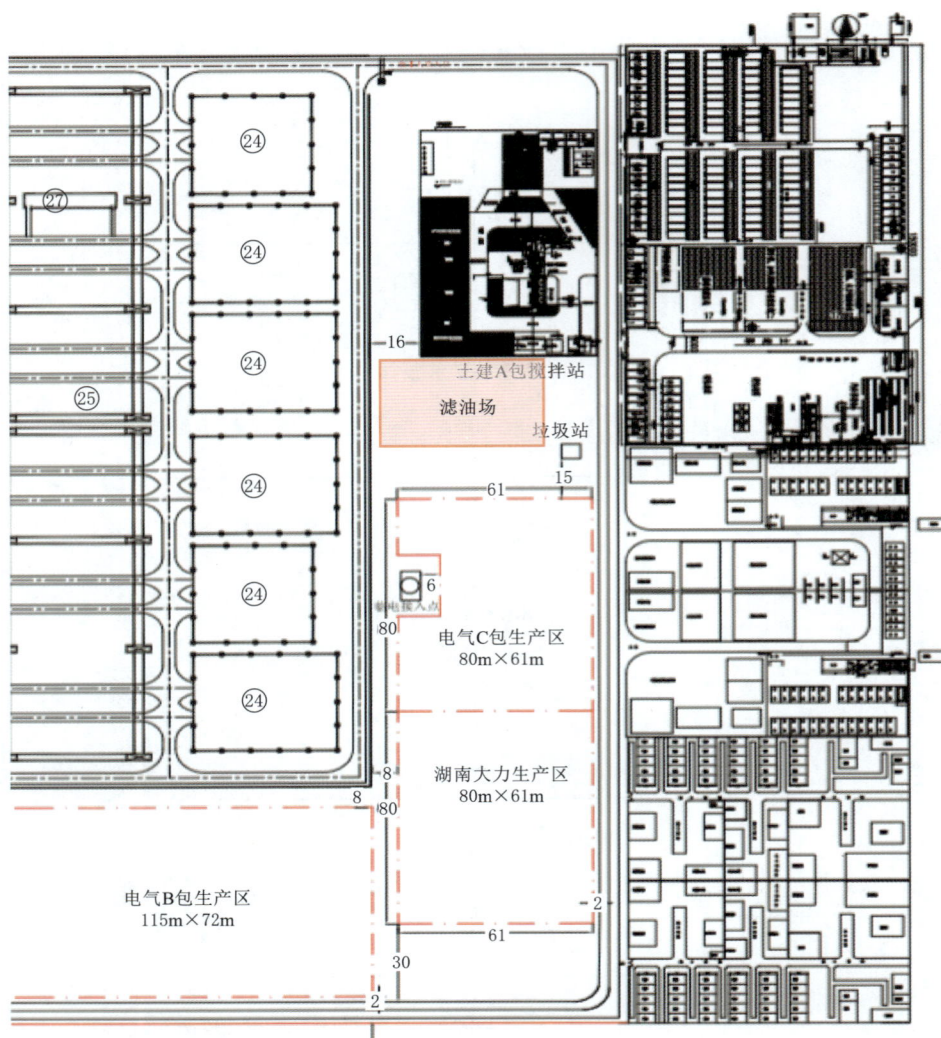

图 2－2－2－2　站外滤油场布置位置示意图

（五）换流变广场布置

换流变广场采用定制化布置，沿高端换流变油坑往外 10m 区域采用硬质塑钢围栏进行封闭，用于临时摆放附件及材料，附件摆放在安装仓位两侧，硬质围栏进行区域封闭，因低端换流变全部安装完毕，在低端换流变侧用硬质围栏将整个低端区域进行隔离，考虑到高端换流变安装后期低端可能已投运，广场上空低端汇流母线已带电，现场将低端区域隔离围栏往高侧移动，确保最外侧低端汇流母线 A 相与隔离围栏水平距离 11m，以便控制吊装机械施工安全。每台换流变安装位置用警戒带进行围护隔离，安装区域铺设红地毯及地板革，保持作业区域整洁、干净、无扬尘。在高端换流变西侧空地作为工器具间、值班室及常用机具设备摆放区，用硬质围栏进行隔离，悬挂标识牌，摆放整齐一致，值班室及工器具室张贴管理制度及值班表，具体布置如图 2－2－2－4 所示。广场保持清洁，每日安排人员进行清扫。

（六）换流变本体接收及检查

（1）换流变本体应由大件运输单位卸车牵引至安装单位指定的工作地点，换流变应卸车在专用运输小车上。换流变牵引至安装地点后应检查小车中心线与换流变本体器身轴向中心线重合、与换流变基础轴向中心线重合，误差不大于 10mm。换流变小车支撑换流变的相对位置应符合厂家技术文件（或大件公司提前与厂家沟通），保证小车支撑安全。若换流变长时间不安装或长时间不就位时，应在换流变底部加垫额外的支撑点，防止换流变压器底板变形。换流变小车车轮无偏移，方向与轨道一致、顺直。

（2）检查换流变千斤顶支撑部位、器身底部、器身周围应无变形、无明显磕碰、无明显凹陷。

（3）所有未拆卸并与主体一起运输的零部件是否在正确位置且未被损坏。

（4）检查主体外观是否有机械损伤，表面油漆是否有损坏。

（5）检查主体各人孔、蝶阀等处密封是否严密，螺栓是否紧固牢靠。

（6）检查气体正压力是否正常（气体正压力常温下不得低于 0.01MPa）。

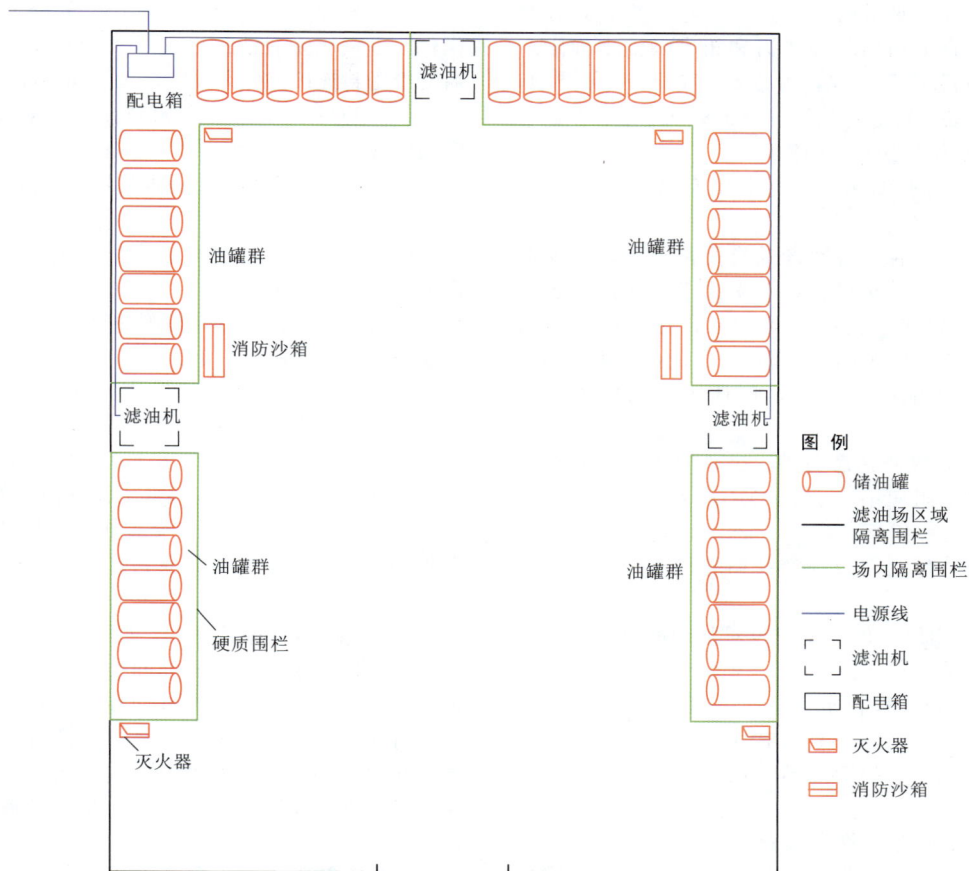

图2-2-2-3 站外滤油场布置示意图

图例
- 储油罐
- 滤油场区域隔离围栏
- 场内隔离围栏
- 电源线
- 滤油机
- 配电箱
- 灭火器
- 消防沙箱

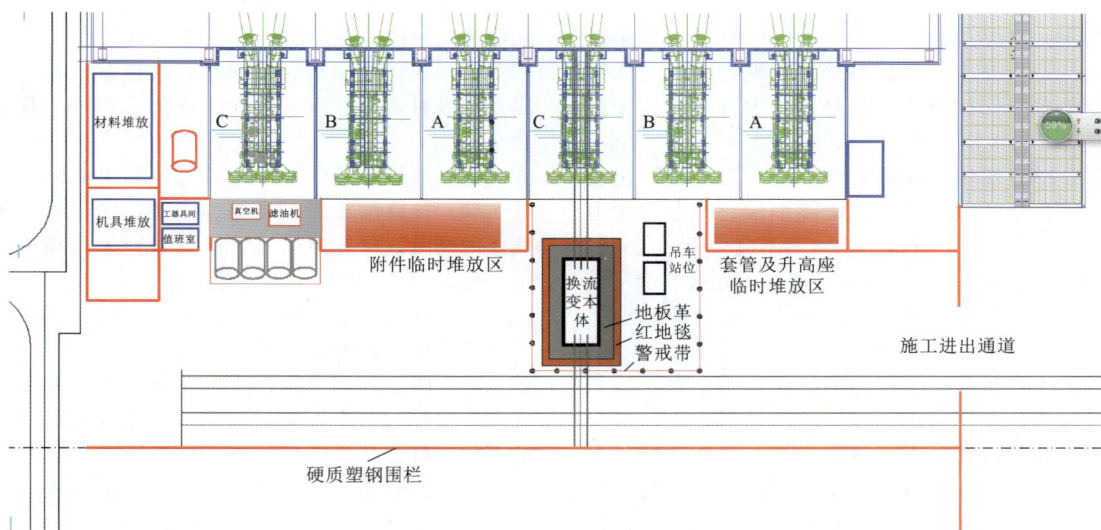

图2-2-2-4 站内换流变广场布置

（7）检查换流变器身顶部、侧部安装的冲撞记录仪数值，运输中水平加速度不得超过2g，垂直加速度不得超过2g，水平横向加速度不得超过2g。

（8）产品运输到现场安装前，当环境温度不小于10℃时，检测油箱内气体的露点值，并根据露点法测定绝缘中平均含水量的方法确定绝缘的表面含水量，合格后方可进行安装。不合格的产品根据绝缘表面含水量数值和现场具体情况在后续的安装工作中加强真空处理，具体根据厂家指导意见进行处理。当环境温度小于 10℃ 时，产品通过检查油箱内气体压力和箱底残油来确定产品是否受潮。满足以下条件，可以判定产品没有受潮，产品进行正常安装。产品未受潮的判定标准如下：

1）油箱内压力不小于 0.01MPa。

2）箱底残油化验结果：击穿电压 U 不小于 45kV，含水量不小于 25mg/L。

如上述有一条不符，说明产品有受潮可能，需要对产品进行真空注油，并按操作说明书要求做充油后各线圈之间及线圈对地之间绝缘电阻 R_{60} 和介质损耗因数 $\tan\delta$（90℃）测定，进一步试验判断产品是否受潮。如产品器身受潮，则不能投入运行，视具体情况做进一步处理。

用 3500V 摇表检测铁芯对地、夹件对地、铁芯对夹件绝缘，其绝缘电阻应不小于 300MΩ；否则，器身应重新干燥处理，并与供货商联系。

（9）产品到货后立即根据产品铭牌核对产品是否与合同相符。

（10）按产品出厂文件一览表校对随产品供给的技术文件和安装图样是否齐全。

（11）以上检查结果合格后，安装单位与大件公司、监理、厂家、物资、业主办理交接手续。注意：换流变在附件安装时，应核实换流变器身内部冲撞记录仪数值小于 2g。

（七）换流变附件接收及检查

（1）附件卸车后其包装箱应完好、无变形、无破损，附件、备品备件及专用工具等应与发货清单及供货合同一致，产品技术文件应齐全。清单检查无误后现场应办理交接签证。

（2）附件清点检查时，应按照每件包装箱的装箱清单仔细运输件是否齐全，内部易碎件、温表表、气体继电器、安装所需配件螺栓及消耗材料等附件齐全，无损伤、污染、吸湿、生锈。

（3）套管到达现场，外包装应完好，无破损，包装箱上部无承载重物，包装箱底部无漏油油迹，套管冲击记录仪记录值应在厂家允许范围内，均不应大于 2g。

（4）套管如存放 6 个月可水平放置，但超过 6 个月需将套管顶端向上垂直放置或将套管顶端向上抬高至少 7° 的位置，保持套管干燥清洁，避免受到机械损坏。

（5）套管开箱验收，应使用撬杠、扳子、锤子等工具小心开启拆箱，工作人员在包装箱的两侧，由一端将上盖打开，随着开启的深入应逐步跟进加横木垫起。再将两个侧面板拆开，拆卸时应注意观察，避免工具磕碰到套管。拆装时工具深入套管箱不超过 100mm，以保证套管安全。

（6）套管开箱后应逐层进行检查，套管包装的内部定位应完好、无破损、位移及悬空，防护加垫完好，无脱落，套管表面无磕碰及划伤。均压球应清洁、光滑无碰伤，安装位置正确，无偏移。如有异常，应进行拍照并及时通知厂家及相关单位。

（7）套管的起吊应严格按照套管的使用说明书进行操作。垂直起立后油压表的压力应在正常范围内。起立后套管密封连接部位无异常、无渗油问题。

（8）升高座外包装应无破损，表面无碰伤及划伤，升高座冲击记录显示正常，运输过程中，水平加速度、垂直加速度及水平横向加速度均不得超过 2g。

（9）充氮运输的升高座应无泄漏问题。

（10）CT 端子板密封应良好，无裂纹。引出导柱无弯曲、断裂等情况。

（11）CT 紧固良好，检测并核对 CT 参数及对应套管位置是否符合铭牌。

（12）储油柜表面应无碰伤、划伤及变形，储油柜外部应清洁，各密封处应密封良好。

（13）冷却器包装箱应完整，开箱检查时冷却器表面应无碰伤、划伤及变形，箱底无渗漏油现象。

（14）有载开关表面应无碰伤、划伤及变形，有载开关外部应清洁，各密封处应密封良好。内部干燥空气气压应符合产品出厂文件。

（八）储存及保管

（1）换流变本体存放期间应观察气体压力值和温度值，与厂家出厂值根据温度曲线进行比较，其气体压力应保持在 0.02～0.03MPa。在存放的过程中每天至少巡查两次并做好记录，如果压力表的指示气体压力下降很快，必须查明原因，妥善处理，并及时将压力补到规定位置。

（2）充气附件也应每天至少巡查两次气压值并做好记录，如果压力表的指示气体压力下降很快，必须查明原因，妥善处理，并及时将压力补到规定位置。充油保管的附件应每隔 10d 对外观进行一次检查，包括检查有无渗油、油位是否正常、外部有无锈蚀。

（3）表计、风扇、潜油泵、气体继电器、测温装置以及绝缘材料等，应放置在干燥的室内妥善保管，不得受潮。

（4）散热器（冷却器）、连通管等应密封。

（5）按原包装置于平整、坚实、无积水、无腐蚀性气体的场所，对有防雨要求的设备应采取相应的防雨措施。包装箱底部应垫高、垫平，不得水浸。

（6）浸油运输的附件应保持浸油保管，密封良好。

（7）存放充油或充气的套管式电流互感器应采取防护措施，防止内部绝缘件受潮。套管式电流互感器应按标志方向存放，不得倾斜或倒置；套管装卸和保管期间的存放应符合产品技术文件的规定。

（8）换流变运至现场后，应尽快准备安装工作，尽量减少储存时间，并将设备本体可靠临时接地。

（9）绝缘油的验收与保管应符合下列规定：

1）绝缘油应储藏在密封清洁的专用油罐或容器内。

2）每批到达现场的绝缘油均应有试验报告，并应取样进行简化分析，必要时应进行全分析。

3）油罐应每罐取样。

4）取样试验应按 GB/T 7597—2007 的规定及厂家的

技术资料执行。

5）到场新油试验结果应满足厂家规定。

6）不同牌号的绝缘油应分别储存，并有明显牌号标志。

7）放油时应目测，用油罐车运输的绝缘油，油的上部和底部不应有异样。

四、换流变压器安装

（一）安装顺序图

考虑到高端换流变是逐台依次进场，根据极2换流变布置图，结合换流变到场顺序，极2高端换流变布置及安装顺序如图2-2-2-5所示。

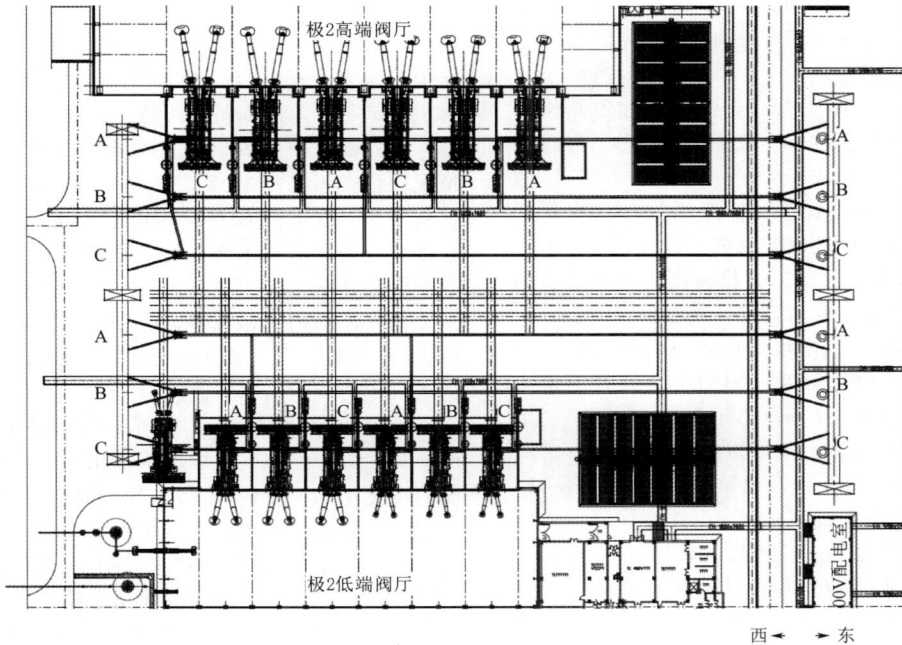

（a）极2高端换流变布置图

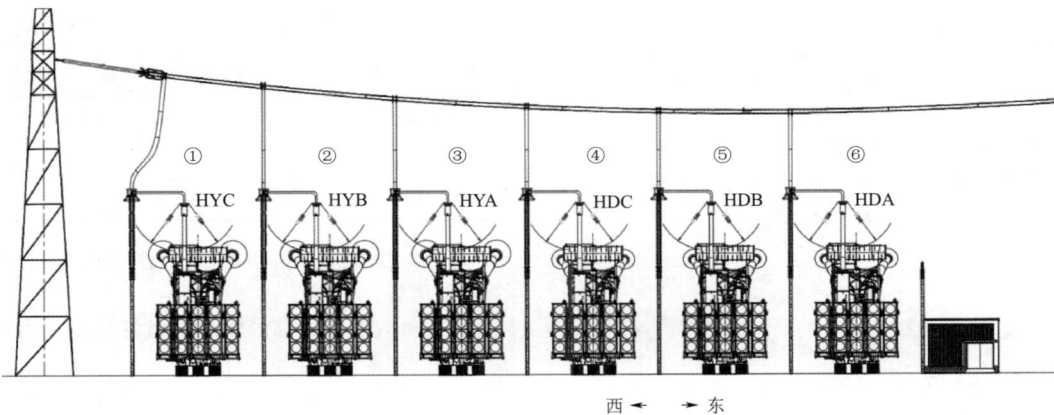

（b）极2高端换流变安装顺序图

图2-2-2-5　极2高端换流变布置及安装顺序图

（二）附件、绝缘油检查试验

（1）附件检查时应注意使用的撬杠不磕碰、损坏设备附件表面漆层及瓷件。

（2）冷却器进行油冲洗及密封试验时应注意保持现场文明施工，防止跑油事故污染环境。

（3）油枕胶囊密封试验时应注意严格按照厂家说明进行操作，防止因充入压力过大造成胶囊破损。

（4）施工时做好防触电、防火灾事故措施。

（5）冷却装置及其连接管道应无锈蚀、积水或杂物。

如有，应清理干净。应按规定的压力值通过0.03MPa的压缩空气进行密封试验，持续30min应无渗漏，并用合格的油冲洗干净，将残油排尽后密封保存，风扇电机绝缘良好，叶片转动灵活无碰擦。油泵动作正常，油流继电器指示正确。

（6）管路中的阀门应操作灵活，开闭位置正确，阀门及法兰连接处应密封良好。

（7）胶囊式储油柜的胶囊应检查完整无破损。由施工单位及厂家进行胶囊外观检查，监理见证，若胶囊是整体运输则进行压力检查及外部清理即可；若胶囊为分开运输则还应必须从呼吸口缓慢充干燥空气胀开后检查，充入压力必须符合厂家技术要求，维持时间也应符合厂家技术要求，应无漏气现象。胶囊沿长度方向与储油柜的长轴保持平行，不得扭偏，胶囊口的密封良好，呼吸通畅。油室内壁要清洗，并检查有无毛刺、焊渣等情况。油位计传动机构应灵活，无卡阻现象，蜗杆与伞齿的啮合应良好无窜动，柱头螺栓紧固，摆杆的位置应与指示值对应，信号接点动作正确。

（8）充气运输套管气体压力（充油套管油位）指示正常，无渗漏，瓷件表面无损伤。套管外部及导管内壁、法兰颈部及均压罩内壁应清洗干净。

（9）呼吸器安装前应检查下滤网是否完好，吸附剂是否干燥，如受潮，应根据厂家要求进行处理。

（10）压力释放阀按要求校验合格。压力释放装置的阀盖和升高座内部应清洁，密封良好，绝缘应良好。

（11）本体气体继电器、温度计应送具备相关资质的单位进行校验。膨胀式信号温度计的细金属软管不得有压扁或急剧扭曲，其弯曲半径不得小于 50mm。

（12）套管应经试验合格，末屏接地良好。

（13）升高座 CT 试验合格。出线端子板绝缘良好，接线牢固，密封良好，无渗油现象。

（14）气体继电器、温度计应经校验合格。

（15）安装换流变前，应初步确认换流变本体绝缘是否处于良好状态，如图 2-2-2-6 所示，判断依据如下：

1）换流变的气体压力安装前是否均保持正压（根据保管记录）。

2）换流变取残油做微水、耐压试验是否合格。残油电气强度不小于 40kV/2.5mm；含水量不大于 20mg/L，油色谱检测无异常。

3）运输过程中的冲撞记录值是否超过厂方规定。

4）用兆欧表测量铁芯引线对地、铁芯对夹件的绝缘电阻。铁芯和夹件的绝缘试验合格。

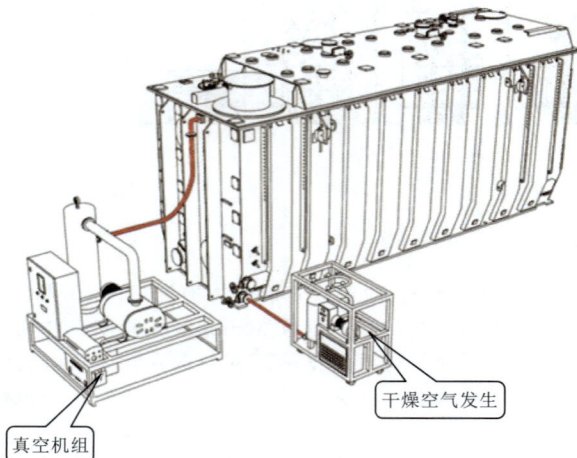

图 2-2-2-6 确认换流变本体绝缘
是否处于良好状态

（三）器身检查

（1）换流变压器到达现场后，当产品技术文件有规定时，可不进行器身内部检查。当设备在运输过程中有严重冲击或振动，三维冲击加速度大于规定值，或对冲撞记录持有怀疑时，应由制造厂技术人员进行器身内部检查。

（2）当油箱内含氧量未达到 18% 及以上时，人员不得进入。当换流变压器内部局部含氧量不满足要求时，应采取对角充干燥空气及增加检测点等方式，检查各区域含氧量满足要求后人员方可进入。

（3）流变压器安装前应根据厂家技术要求进行受潮情况评估，可采取露点、残油等检测标准判断。在无具体规定是，宜对残油抽样做电气强度及微水检测，电气强度应符合产品技术文件的规定或不低于 40kV，含水量不应大于 20mg/L。

（4）器身内部检查时，应符合下列规定：

1）凡雨、雪、风（4 级以上）和相对湿度 75% 以上的天气不得进行内部检查。

2）在内部检查过程中，应向油箱内持续补充露点低于 -55℃ 的干燥空气，以保持油箱内含氧量不小于 18%，相对湿度不大于 20%，充气速率应符合产品技术文件的规定，并保持本体内的空气压力值为微正压。

3）进入油箱内部的检查人员不多于 2 人，检查人员应明确内检的内容、要求及注意事项。

4）本体从打开密封盖板开始计算，持续暴露在空气中的时间应符合产品技术规定，当无规定时，宜符合表 2-2-2-5 的规定。

表 2-2-2-5　　持续暴露时间要求

环境温度/℃	≥0	≥0	≥0
空气相对湿度/%	65~75	20~65	20 以下
持续时间不大于/h	8	10	16

5）器身检查时，场地四周应有清洁、防尘措施，紧急防雨措施。

6）带入器身内部的物品应做好记录，内部检查后及时清点，不应遗漏在油箱内。

（5）将油箱箱壁上部的真空阀门接至真空机组，打开真空阀，开启真空机组进行抽真空。当油箱内残压达到 1000Pa 时，持续抽真空 2h，然后停止抽真空。将油箱下部阀门接至干燥空气发生器，开启干燥空气发生器，以 0.7~3m³/min 的流量向油箱内注入干燥空气解除真空。

（6）充氮气运输的换流变压器直接补充合格的干燥空气进行器身检查。检查前应确保内部氧气含量不小于 18%。

（7）器身检查工具必须擦洗干净，并专人登记工具使用情况，保证无异物掉入油箱内。

（8）进入换流变压器内部进行器身检查工作须由厂家人员完成。检查人员必须了解内部结构，必须穿着进箱专用服进入油箱，保证服装干净清洁，保证不污染器身。

（9）线圈引出线不得任意弯折，须保持在原安装位置上。不得在导线支架及引线上攀登，避免造成变形、损坏。

（10）器身检查完成后，检查带进去的物品是否全部带出，然后立即盖上人孔盖板，内部压力保持微正压。

（11）运输支撑和器身各部位应无移动现象，运输用的临时防护装置及临时支撑件应予以拆除并带出器身，应经过清点后做好记录。

（12）检查所有可见连接处的紧固件是否松动，并有防松措施，绝缘螺栓应无损坏，防松绑扎完好，并将所有紧固件紧固一遍，所有螺栓应紧固，并有防松措施。

（13）检查铁芯有无变形，铁轭与夹件间的绝缘垫应完好，铁芯、夹件对地及之间绝缘良好，铁芯拉板及铁轭拉带应紧固。若发现问题，立即与供货商联系，由供货商判断其性能是否受影响，并做相应处理。

（14）检查绕组绝缘层应完整，无缺损、变位现象；各绕组应排列整齐，间隙均匀，油路无堵塞；绕组的压钉应紧固，防松螺母应锁紧。

（15）绝缘围屏绑扎应牢固，围屏上所有线圈引出处的封闭应良好；绝缘屏障应完好，且固定牢固，无松动现象。

（16）对于压钉结构，检查所有器身正、反压钉，确保压钉处于压紧状态，压钉锁紧螺母处于锁紧状态。

（17）检查可见引线的绝缘是否良好，支撑、夹紧是否牢固，引线与开关的连接是否良好，如有移位、倾斜、松散等情况应当复位固定、重新包扎。

（18）检查开关时，检查开关引线位置是否正确，引线连接是否可靠，引出线绝缘包扎应牢固，无破损、拧弯现象；引出线绝缘距离应合格，固定牢靠，其固定支架应紧固；引出线的裸露部分应无毛刺或尖角，其焊接质量应良好；引出线与套管的连接应牢靠，接线应正确。

（19）调压切换装置的选择开关、范围开关应接触良好，分接引线应连接正确、牢固，切换开关部分密封良好。必要时抽出切换开关芯子进行检查；压力释放阀（防爆膜）完好无损。如采用防爆膜，防爆膜上面应用明显的防护警示标示；如采用压力释放阀，应按本体压力释放阀的相关要求检查。

（20）检查油箱内壁及箱壁屏蔽装置，有无毛刺、尖角、杂物、污物等与产品无关的异物，并处理、擦洗干净。

（21）检查磁屏蔽的接地线是否接触可靠。

（22）对于强油风冷变压器，必须检查器身底部导油管的密封性。

（23）检查强油循环管路与下轭绝缘接口部位的密封应完好。

（24）检查各部位应无油泥、水滴和金属屑末等杂物。

（25）箱壁上的阀门应开闭灵活、指示正确。导向冷却的换流变压器应检查和清理进油管接头和联箱。

（四）换流变附件安装

（1）换流变附件安装时应按安全管理规定使用吊车等机械，起吊应检查吊车各项性能正常，吊车支撑到位无倾斜，吊带、钢丝绳完好无磨损选用合适，吊物时重心无偏斜，吊车操作人员应看清指挥信号等措施到位。防止发生机械伤害等事故。

（2）高处作业应系好安全带，作业人员安全防护措施到位。

（3）现场应做好安全文明施工，换流变周围应用塑料布进行铺设，防止附件残油污染换流变广场。

（4）现场安全监护及指挥作业人员必须到位，且对全体施工人员交底到位，各施工人员明确施工内容。

（5）为减少换流变压器本体露空时间，散热器、储油柜等不需在本体露空状态安装的附件应先行安装完成。

（6）套管、升高座、有载开关安装时，器身内部人员应做好设备内部对接工作，并与器身外安装人员做好沟通工作，进入器身内部人员所带物品需进行登记，防止遗留器身内部，杜绝带入小金属物件。

（7）套管、升高座、有载开关等大型物件吊装前应使用厂家专用吊具，并与厂家技术人员沟通好附件吊点，保证起吊附件重心与吊索不偏移。起吊前检查好附件与包装箱底部固定措施已拆除、起吊应平稳。

（8）在进行升高座、套管安装时流变内部引线穿引工作应由厂家进行，穿引工作需细致，防止刮伤引线表面绝缘。

（9）在吊装过程中物件起升和下降速度应平稳、均匀，不得突然制动。停机时，应先将重物落地，不得将重物悬在空中停机。

（10）在起吊、牵引过程中，受力钢丝绳的周围、上下方、转向滑车内角侧、吊臂和起吊物的下面，禁止有人逗留和通过。

（11）吊物上不可站人，禁止作业人员利用吊钩上升或下降。禁止用起重机械载运人员。

（12）厂家在器身内部安装工作应符合技术规范书要求。

（13）附件安装时天气应满足器身内部检查要求，且需持续向器身内部充入-55℃以下露点的干燥空气。

（14）所有法兰连接处必须更换全新的耐油密封垫（圈）密封，密封垫（圈）必须无扭曲、变形、裂纹和毛刺，密封垫（圈）必须与法兰面的尺寸相配合。拆卸下来的旧密封垫应集中放置，并剪断或标示以区分。

（15）法兰连接面必须平整、清洁、密封垫（圈）必须擦拭干净，安装位置必须正确，橡胶密封垫的压缩量不宜超过其厚度的1/3。

（16）法兰螺栓应按对角线位置依次均匀紧固，紧固后的法兰间隙应均匀，紧固力矩值应符合产品技术文件的规定。

（五）冷却器安装

（1）按冷却器安装使用说明书及冷却器安装图进行安装。

（2）从包装箱内取出冷却器，并把它放在垫有木板的地面上。冷却器端部（有放油塞的一端）要垫上胶皮，防止冷却器起立时与地面磕碰而损伤。

（3）检查冷却器是否在运输过程中损坏。

（4）用吊钩挂住冷却器上端的吊环，缓慢将冷却器立起。打开冷却器下部放油塞，放掉冷却器内部残油，拧紧放油塞。

（5）冷却器安装前，确保其密封性良好，无杂质和异物，冷却器应按制造厂规定的压力值用气压或油压进行密封试验，并用合格的绝缘油循环冲洗干净，将残油排尽。

（6）外接油管路在安装前，需将联管上盖板和主体上相应的盖板拆下，进行彻底除锈并清洗干净。

（7）安装冷却器上、下部导油管。

（8）将冷却器支架装配在底座上，再将冷却器分别吊装到支架上，冷却器分为4片和5片两种。

（9）冷却器及支架装配后，将起吊工具固定在冷却器吊棒上，使吊绳略绷紧后拆除底座，再整体起吊。

（10）将冷却器及支架同主体导油管对接装配。

（11）有序地紧固冷却器上的法兰连接，确保在密封处达到密封效果为止。在法兰连接处，螺栓不能偏斜，否则不能紧固螺栓。

（12）管路中的阀门应操作灵活，开闭位置应正确；阀门及法兰连接处应密封良好。

（13）油泵转向应正确，转动时应无异常噪声、振动或过热现象，其密封应良好，无渗油或进气现象；油流继电器应经检验合格，且密封良好，动作可靠。

（14）风扇电动机及叶片应安装牢固，并应转动灵活，无卡阻；试转时应无振动、过热；叶片应无扭曲变形或与风筒碰擦等情况，转向应正确；电动机的电源配线应采用具有耐油性能的绝缘导线。

（六）储油柜安装

（1）储油柜安装前，应将其中残油放净，并清抹干净。

（2）储油柜外观无变形、锈蚀。

（3）检查内部清洁、无杂物，胶囊式储油柜中的胶囊应清洁、完整无破损，储油柜内部柜壁无尖角或毛刺。

（4）胶囊应按照厂家说明书中的步骤及胶囊充气压力要求进行安装，防止安装过程中的胶囊破损及开裂现象发生，胶囊沿长度方向应与储油柜的长轴保持平行，不应扭偏，胶囊口密封后无泄漏，呼吸畅通。吊装时一定要缓慢上升，并打好晃绳，设专人监护。

（5）油位指示装置动作应灵活，指示应与储油柜的真实油位相符；油位信号接点正确，绝缘良好。

（6）带气囊式油枕应注意检查，防止气囊有破损现象发生。

（7）安装储油柜上的仪器仪表，待能在地面上安装的部件安装完后，整体起吊储油柜，将储油柜及其支架安装到油箱上。

（8）连接各联管、安装气体继电器，气体继电器箭头应指向储油柜方向。

（七）升高座安装

（1）升高座安装前，其电流互感器的变比、极性及排列应符合设计且试验应合格。电流互感器接线螺栓和固定件的垫块应紧固，端子板应密封良好，牢固无渗油现象，清洁无氧化。

（2）安装升高座时，升高座法兰面与本体法兰面平行，放气塞位置应在升高座最高处，无渗漏。

（3）法兰连接密封良好，连接螺栓齐全、紧固。

（4）充氮或充油运输的升高座，排出升高座内部的氮气或变压器油。安装前，打开升高座电流互感器端子盒，连接试验线路，进行电流互感器试验，数据与出厂试验报告一致，安装时电流互感器和升高座的中心应一致。

（5）绝缘筒装配正确、不影响套管穿入，绝缘筒应安装牢固，其安装位置不应使变压器引出线与之相碰。

（6）电流互感器二次备用绕组应经短接后接地。

（7）阀侧套管末屏电压分压器安装接线应符合产品技术文件的规定。

（8）网侧升高座垂直安装。

1）将吊绳固定在升高座主体吊拌上，用吊绳将升高座吊至平整的地面上（地面要铺干净的塑料布或木板），拆除升高座下部保护罩（底座）。

2）起吊升高座时使用升高座专用吊孔，将升高座吊至箱盖上相应的法兰孔处缓慢落下，对正安装孔，对角紧固螺栓。

（9）阀侧升高座倾斜安装。

1）拆除阀侧引线与运输盖板之间的安装件。

2）按照图纸要求调整好阀引线末端均压球的位置。

3）连接阀侧引线与阀套管金属导杆，将保护管套在金属导杆上，防止安装升高座时金属导杆戳破绝缘筒。

4）阀侧升高座采用单钩起吊，起吊后操动手拉葫芦使升高座呈倾斜状态。

5）对正安装孔，对角紧固螺栓，将阀侧升高座与油箱把装牢固。

（八）套管安装

（1）套管安装前应进行下列检查：

1）套管表面应无裂缝、伤痕，套管固定可靠、各螺栓受力均匀。

2）套管金属法兰结合面应平整，无外伤或铸造砂眼。

3）套管、法兰颈部及均压球内壁应擦拭清洁。

4）充油套管无渗油现象，油位指示正常；充气套管气体压力正常。

5）套管应经试验合格。

6）专用吊装工器具应验收合格。

（2）充油套管的内部绝缘已确认受潮时，应与制造厂联系处理。

（3）按照套管使用说明书要求进行安装。套管起吊时必须采用满足产品技术要求的专用吊装工器具进行吊装，套管与专用吊具的连接固定应可靠并满足厂家技术要求。

（4）应严格校正套管起吊后的角度和位置满足厂家安装技术要求，安装套管时要非常小心，避免磕碰，以防套管损坏。

（5）在装配地面上打开套管包装，检查套管在包装箱中是否有位移，确保套管仍在原位，在轴向上没有发生移动。

（6）安装前要用干净的抹布将套管表面擦拭干净。如果套管尾部有保护装置时，安装套管前应拆下保护装置。

（7）检查套管上的吊环是否牢固，如不牢固需用扳手将其紧固。

（8）将套管安装在升高座上，对正安装孔，对角紧固螺栓。

（9）安装套管时，要有专人看护，以防套管与升高座相碰而损坏。起吊过程中严禁套管尾部受力。

（10）套管必须清洁、无损伤、油位或气压正常。套管内穿线顺直、不扭曲，套管顶部结构的密封垫应安装正确，密封应良好，引线连接可靠、螺栓达到紧固力矩值，套管端部导电杆插入尺寸应满足产品技术文件的规定。

（11）套管吊装顶端利用厂家专用吊板，阀侧套管安装需利用链条葫芦调整角度。

（12）引线与套管连接螺栓紧固，密封良好；套管末屏应接地良好。

（13）每台换流变配备 4 只套管，其中交流侧高压套管 1 只，中性点套管 1 只，阀侧穿墙套管 2 只。阀侧套管安装时，应搭设脚手架或工作台，具体高度根据现场那个实际情况确定。

（14）充气套管，应检测气体微水和泄漏率符合要求。

（15）充油套管宜根据规程规范要求进行套管油油色谱试验。

（16）均压环表面应光滑无划痕，安装牢固且方面正确，均压环易积水部位最低点应有排水孔。

（九）网侧套管垂直安装

（1）网侧套管采用双钩起吊。

（2）用吊绳穿扣的方法将吊绳 1 固定在套管上勒紧（第一节瓷套和油枕之间）。

（3）吊车主钩吊绳 2 绑扎。将吊绳 2 的两端（有套扣）通过卸扣固定在套管下部吊孔上，另一端穿过第一节瓷套和油枕之间的绑绳固定在主钩上（套管头部有专用吊孔且佩带专用吊具则使用专用吊具）。

（4）吊车副钩吊绳 3 绑扎。将吊绳一端通过卸扣固定在套管下部法兰上（有专用吊孔则使用专用吊孔起吊），另一端固定在副钩上。

（5）吊车主钩与副钩同时起升，待套管起升至足够高度后，主钩与副钩交替上升下降，起吊时对套管做好保护。

（6）缓慢起吊套管至垂直状态，撤去副钩及其吊绳。

（7）将套管吊至网升高座上方，套管缓慢下降，连接引线，对正安装孔，对角紧固螺栓。

（十）中性点套管的安装

将一根吊绳固定在套管法兰上，另一根吊绳固定在套管上部顶端，起吊套管，吊车主钩与副钩交替上升下降，直至套管呈垂直状态，将套管缓慢吊至中性点升高座上方，连接好引线，对正安装孔，对角紧固螺栓。

（十一）阀侧套管的安装

（1）安装套管前按照图纸要求调整好阀引线末端均压球的位置。

（2）安装套管时头部要探进成型件内，观察套管的走向是否顺畅。

（3）测量套管尾部长度，确定套管的插入深度。

（4）阀侧套管安装就位时，应及时按照厂家安装技术要求完成下部支撑结构的固定。

（5）阀侧套管使用单钩、双绳起吊，一根吊绳连接阀侧套管下部专用吊孔与吊钩；另一根吊绳通过手拉葫芦及套管起吊专用吊环，连接套管头部与吊钩。

（6）水平缓慢起吊阀侧套管至一定高度，测量升高座倾斜角度，通过调节手拉葫芦使阀侧套管与升高座倾斜角度一致，将阀侧套管缓慢滑入升高座。对正安装孔，对角紧固螺栓。

（十二）内部引线的连接

内部引线连接前操作人员不需从人孔进入油箱内，只需从手孔和观察孔接线即可，但网侧套管和阀侧套管接线时需防止螺栓、杂物掉入油箱。

（十三）呼吸器安装

（1）连通管必须清洁、无堵塞，密封良好。

（2）油封油位满足产品技术要求。

（3）变色硅胶必须干燥，颜色正常。

（十四）有载调压开关检查安装

（1）操动机构传动齿轮和杠杆固定牢固，连接位置正确，操动灵活，无卡阻现象，传动部分涂以适合当地气候条件的润滑脂。

（2）切换开关触头及连接线完整无损，且接触良好，其限流电阻应完好，应无断裂现象，位置指示器指示正确。

（3）切换开关油箱内应清洁，且密封良好。注入油室中的绝缘油，其绝缘强度应符合产品技术文件的规定。

（4）在线滤油装置安装应符合产品技术文件的规定，管道及滤网应清洗干净，试运行正常。

（十五）压力释放阀安装

（1）压力释放阀应校验合格，安装方向正确，阀盖和升高座内部清洁，密封良好，电触点动作准确，绝缘良好，动作压力值应符合产品技术文件的规定。

（2）对照生产厂家所提供的资料、图纸，组装好电缆槽盒、压力释放器，并保证与说明书一致。

（3）电缆引线在接入压力释放装置处应有滴水弯，进线孔应封堵严密。

（十六）气体继电器安装

（1）气体继电器应按要求整定并校验合格。

（2）气体继电器安装方向应正确，其顶盖上标志的箭头指向应符合产品技术文件的规定，与连通管的连接应密封良好，连接面紧固、受力均匀，无渗漏。

（3）对照生产厂家所提供的资料、图纸，组装好电缆槽盒、气体继电器（气体继电器箭头方向必须指向油枕），并保证与说明书一致。

（4）电缆引线在接入气体继电器处应有滴水弯，进线孔应封堵严密。

（5）两侧油管路的倾斜角度应符合产品技术文件的规定。

（6）气体继电器观察窗挡板应处于打开位置。

（十七）温度计安装

（1）温度计安装前应进行校验，顶盖上的温度计插座内介质与箱内油一致，密封良好，无渗油现象；闲置的温度计座也应密封良好。

（2）对照生产厂家所提供的资料、图纸，组装好电缆槽盒，并保证与说明书一致。

（3）信号接点应根据相关规定进行整定并接点动作正确，导通良好，不同原理的测温装置的校验结果应一致。

（4）膨胀式信号温度计的细金属软管不得有压扁或急剧扭曲，其弯曲半径不应小于100mm。

（5）电缆引线在接入气体继电器处应有滴水弯，进线孔应封堵严密。

第三节 干式电抗器安装

一、工程概况

（1）本工程包含无功补偿装置2号-4、3号-4两组并联电抗器组，共6台，生产厂家为西安中扬电气股份有限公司。

（2）作业内容及工程量。无功补偿装置2号-4、3号-4两组并联电抗器组安装工程量见表2-2-3-1。

表2-2-3-1 无功补偿装置2号-4、3号-4两组
并联电抗器组安装工程量

序号	作业内容	材料规格	单位	数量	备注
1	并联电抗器组BKGKL-30000/63电抗器安装	AC500kV	台	3	66kV无功补偿装置区3号-4并联电抗器
2	并联电抗器组BKGKL-30000/63电抗器安装	AC500kV	台	3	66kV无功补偿装置区2号-4并联电抗器

（3）消耗性材料准备。为做好成品保护、现场清洁及安全文明施工，需配置的消耗性材料见表2-2-3-2。

表2-2-3-2 消耗性材料准备

序号	名称	规格	单位	数量	备注
1	百洁布	宽1m	m	5	
2	酒精		瓶	1	

（4）现场布置。

1）安全隔离。对施工区域采用硬质安全围栏将作业区域与带电设备区进行隔离（遮拦布置及施工通道）。

2）进站道路。从变电站大门口进入，通过主变前面道路进入施工2号、3号主变区域（遮拦布置及施工通道）。

二、施工准备和施工流程

（一）施工准备

（1）按照设计图纸、厂家技术文件，了解电抗器安装要求。安装施工开始前，施工安装方案必须经项目部编审批完毕，并经监理、业主单位审核。正式施工前，必须完成项目部交底。特种作业人员、吊车操作人员、起重指挥人员必须进行专项培训，并考试合格后方可允许上岗。

（2）现场需要用到吊车，吊装工作开始前，相关资料必须报审完毕，办理好入场施工手续。

（3）吊带、卸扣等工器具必须在安装前确认完好；工器具确保满足安装需求。

（二）施工流程

干式电抗器安装施工流程如图2-2-3-1所示。

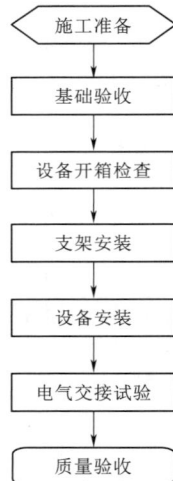

图2-2-3-1 干式电抗器安装施工流程图

（三）进货开箱检查

（1）电抗器到货后应提前报"甲供主要设备开箱申请表"通知监理部、业主代表、物资、运检单位及厂家，及时按到货单和设计图纸进行开箱检验。

（2）检查到货电抗器数量、核对规格型号应符合设计，如有问题，应做好记录，以妥善解决。

（3）进场电抗器应有专人负责检查验收并形成"产品检验记录"。

（4）对于发现的不合格产品应及时报监理及业主，并妥善处理。

（5）电抗器附件存放场地应尽量平整，各种材料应有型号标记，按型号分类摆放整齐，应本着方便施工的

原则靠近安装地点存放，并有专人负责安全文明施工保管。

（6）电抗器到现场后，应检查所有的止动装置有无松动并在正确位置；是否有明显的位移；检查电抗器在运输期间是否受到了不允许的机械力作用。

（7）根据电抗器说明书中"出厂技术文件一览表"查对出厂资料是否齐全。

（8）检查外观有无损坏、锈蚀、凹痕等现象；按规定进行标识和填写设备开箱记录。

（9）检查完毕后，应对出厂的专用工器具及备品备件移交运检部门妥善保管。如果施工中使用，可向运检部门签字借用。

（10）场地准备。道路通畅、场地平整密实。

（11）施工技术方案向监理单位报审并已审核通过，主要内容和要求向全体施工人员进行了安全技术交底。

（12）人员、设备、材料等已落实到位。

（13）施工部位检查［误差按《变电（换流）站土建施工质量验收规范》（Q/GDW1183—2012）规定的0.8倍控制质量标准］。

（14）参照场区基准轴线，检查电抗器基础轴线标志清晰、正确。

（15）检查基础预埋铁件尺寸符合厂家及设计要求。

（16）根据设计要求，当基础强度达到100％时，方可允许安装。

（17）形成"复测记录"。

（四）设备的装配

（1）本期设计为支撑绝缘子支柱安装的电抗器，发运时厂家未装配，装配的螺栓均由厂家提供。

（2）电抗器安装类型每相为单台电抗器。

（3）电抗器在吊装到设备基础前，应事先将支撑绝缘子、延长基座（如果提供的话）及支撑升高支架（底座槽钢）完全装配于基础之上，如图2-2-3-2所示。

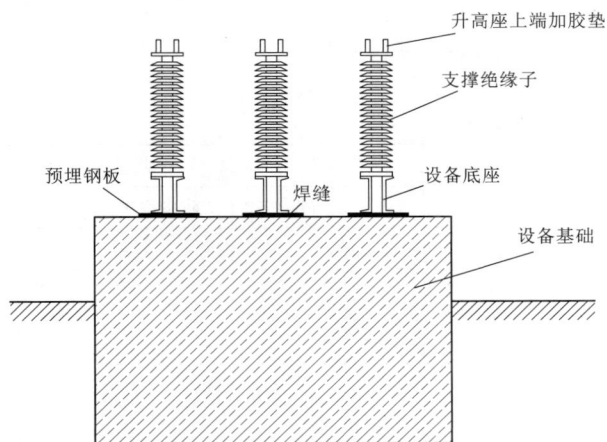

图2-2-3-2　支架装配于基础之上的示意图

（4）采用吊车进行安装，安装位置轴线符合设计要求，安装就位后对电抗器底座进行焊接，槽钢与基础预埋件接触部分满焊接。

三、电抗器安装

（1）只能用厂家提供的专用吊装吊环起吊电抗器，并且使用重量均等地分配到该设备所使用的所有吊环上，如果使用起吊2根吊带，必须注意确保每根吊带与另一根吊带之间的夹角不得超过90°。

（2）吊装电抗器时应避免任何震动和冲撞。

（3）可吊装带有支撑绝缘子的电抗器，如图2-2-3-3所示。

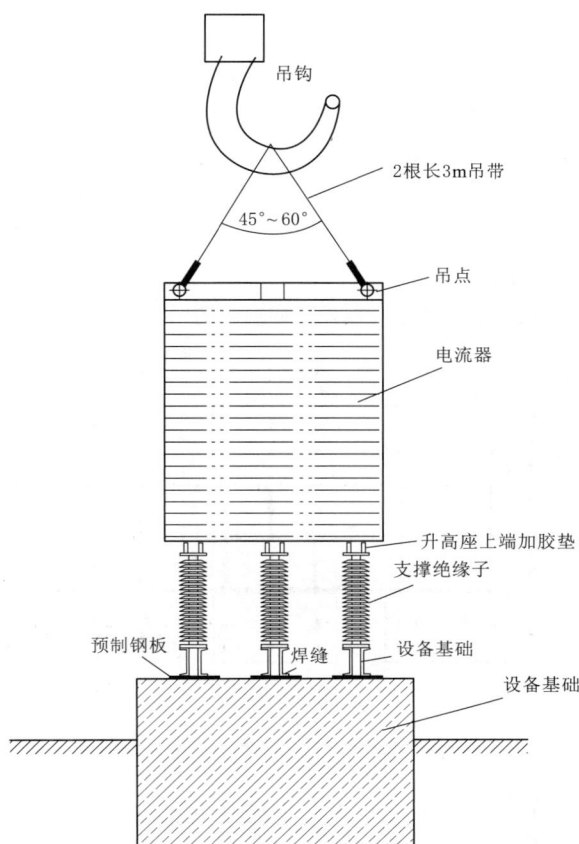

图2-2-3-3　有支撑绝缘子的电抗器吊装

（4）不要踩踏水平带和出线端子板。

（5）避免拉扯或敲击在铝合金支架和线圈包封之间露出的导线。

（6）厂家提供的电抗器螺栓是无磁不锈钢制成的，不要使用非厂家提供的螺栓。

（7）安装电抗器顶盖时，顶盖要用吊带绑扎牢固；高处作业人员利用梯子及升降车攀登至电抗器顶部，绑扎好安全带。固定顶盖的螺栓穿向要一致，并且紧固牢固。此部位安装完毕后不易攀登，必须一次安装到位，不得返工。注意：登高人员应保证鞋子干净。

（8）当在电抗器上面或沿着电抗器的边缘工作时，防止掉入线圈的冷却通风管道导致电抗器的出现故障。如果有物品掉落，应及时找到并取出。

（9）电抗器底层的所有支柱绝缘子均应接地，支柱绝缘子的接地线不应成闭合环路，同时不得与地网形成闭合环路。

（10）电抗器螺栓紧固扭矩应符合产品说明书要求，见表 2-2-3-3。

（11）电抗器安装全过程采用无垫片施工。

表 2-2-3-3　　　　扭 矩 值 表

螺栓尺寸（公制螺纹）	扭矩/(N·m)
M5	5
M6	6
M8	15
M10	30
M12	50
M16	100
M20	150
M24	200

（12）检查电抗器外形图，确认线圈尺寸和安装圆周符合设计要求。

（13）最后将电抗器外圆周加装防噪声防雨帽。

第四节　断 路 器 安 装

一、工程概况

（1）±1100kV 昌吉换流站电气工程断路器主要有两种类型。一种为 750kV 罐式断路器，安装地点包括两块区域，第一区域位于换流站北区 3 号、4 号大组 750kV 交流滤波器场内，共 10 台，第二区域位于五彩湾 750kV 变电站 750kV 配电装置扩建区域内，共 3 台，具体型号均为 LW56-800（5000A、63kV）型断路器；另一种为 66kV 瓷柱式断路器，位于五彩湾 750kV 变电站 66kV 配电装置扩建区域内，共 3 台，具体型号为 LW30-72.5（2000A、50kV），设备供货厂家均为新东北电气集团高压开关有限公司。

（2）工作量。750kV 罐式断路器位于换流站北区 3 号、4 号大组 750kV 交流滤波器场内的共 10 台，北侧 6 台，南侧 4 台，布置位置如图 2-2-4-1 所示。

图 2-2-4-1　750kV 交流滤波器场 750kV 罐式断路器布置图

（3）主要施工机械、设备及工器具准备见表 2-2-4-1。

（4）施工准备材料见表 2-2-4-2。

（5）试验仪器见表 2-2-4-3。

（6）消耗辅助材料见表 2-2-4-4。

表 2-2-4-1　　　　　　　　　主要施工机械、设备及工器具准备

序号	设备名称	规　格	单位	数量	用途	备　注
1	空气干燥设备	可移动	台	1	控制湿度	防尘室中
2	真空泵及操作者（带电磁阀）	60L/s	台	1	抽真空	
3	SF₆ 气体回收装置	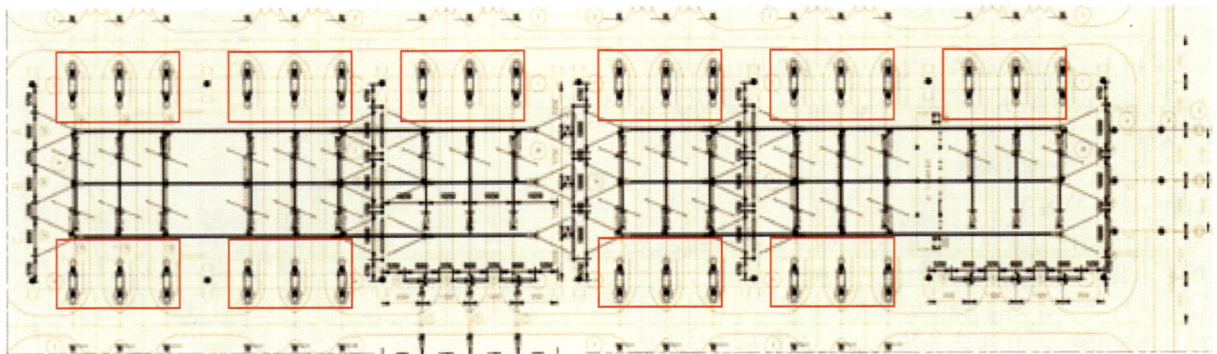 可移动(液压储气罐)	台	1	回收气体	大功率

序号	设备名称	规　格	单位	数量	用途	备　注
4	链式起重设备	1000kg 3000kg	台	2	起重	3t
				2	起重	1.5t
5	气体运输小车	1400mm	台	1		
6	工作台及设备	带平口虎钳	套	1		
7	吊车及司机	25t、8t	台	2	起重	每辆吊车设专人指挥
8	起重机高空作业施工平台	25t	台	2	载人	每辆吊车设专人指挥
9	工作地围栏、地板革及敷设	作业面积×1.5	套	1	防止沙尘	
10	烘干设备	300℃	套	1	烘干吸附剂	
11	现场临时电源盒	电缆长：30m	套	2	AC380V	
12	行程传感器		台	1	调试用	
13	SF_6 充气软管		m	20	充气用	
14	SF_6 过滤器	232 (126) 出口　进口 单位：mm	个	1	充气用	
15	验气装置		套	1	安装用	

表 2－2－4－2 施 工 准 备 材 料

序号	设备名称	规 格	单位	数量	用途	备 注
1	大功率吸尘器	功率1500W	台	1	清理罐体内部	
2	力矩扳手	0~200N·m 0~90N·m	把	各2	拧螺栓	
3	万用表		个	1	调试用	
4	机械千斤顶	2~4t	台	各2	组装用	
5	空压机	5~10kg/cm^2	台	1	组装用	
6	吊环	1t、3t、5t	套	各3	组装用	
7	活动扳手	8in、10in、12in、18in	把	各2	安装用	
8	电烙铁	300W	个	1	安装用	
9	水平尺	500mm	个	1	安装用	
10	水平仪		台	1	安装用	
11	经纬仪		台	1	安装用	
12	内六角扳手		套	1	安装用	
13	手锯		把	1	安装用	
14	手电筒		把	2	安装用	
15	呆扳手		套	2	安装用	
16	梅花扳手		套	2	安装用	
17	临时照明灯	220V	个	4	安装用	
18	尼龙吊绳	6m/5t、2t	套	4/4	安装用	

序号	设备名称	规　格	单位	数量	用途	备　注
19	电钻及钻头		套	1	安装用	
20	防尘服	鞋帽等	套	5	防尘室内工作用	
21	配线工具		套	4	二次配线用	
22	钢直尺	1m	套	1	测量用	
23	卷尺	3~50m	套	2	测量用	
24	磁力铅垂		套	2	调整、对接用	
25	划线墨斗		个	1	产品定位	
26	对色灯		套	2	调试用	
27	安全带及安全帽		个	若干	调试用	
28	橡皮手套	电绝缘式	套	20	调试用	
29	搬运小车	850　850　500　最大承载：300kg　单位：mm	个	1	安装用	
30	双层可移动货架	750　500　800　单位：mm	个	2	放装配工具	
31	电吹风	1500W	个	1	安装用	

续表

序号	设备名称	规 格	单位	数量	用途	备 注
32	现场脚手架		个	2	安装用	
33	周转箱	300mm×200mm	个	8	安装用	
34	套管专用吊具		套	2	厂家提供	

表 2-2-4-3 试 验 仪 器

序号	设 备 名 称	单位	数量	用 途
1	CT 特性测试仪及操作人员	台	1	现场 CT 线圈特性试验
2	SF$_6$ 气体纯度测试仪及操作人员	台	1	SF$_6$ 气体纯度分析
3	断路器特性测试仪及操作人员	台	1	断路器机械特性测试
4	SF$_6$ 气体定量检漏仪及操作人员	台	1	气体检漏
5	SF$_6$ 气体水分测试仪及操作人员	台	1	气体水分检测
6	100A 回路电阻测试仪及操作人员	台	1	回路电阻测量
7	二次控制回路耐压仪器及操作人员	台	1	控制回路耐压试验
8	摇表及操作人员 2500V和1000V	台	1	主回路绝缘电阻测量
9	工频试验变压器及操作人员	台	1	现场工频试验

续表

序号	设 备 名 称	单位	数量	用 途
10	粉尘检测仪	台	1	现场环境监控
11	温湿度计	台	1	现场环境监控

表 2-2-4-4 消 耗 辅 助 材 料

序号	设备名称	单位	数量	用途
1	无水乙醇（分析纯试剂）	瓶	若干	清洁筒体及零部件
2	高纯氮气水分低于2.66μL/L	瓶	若干	水分处理
3	丙酮	瓶	若干	清洁绝缘件
4	无毛纸	张	若干	清洁筒体及零部件
5	百洁布	张	若干	清洁绝缘件、导体
6	7501 硅脂	盒	足量	
7	B8		足量	
8	TSK 5403 润滑脂		足量	
9	防尘罩	个	足量	现场对接
10	厌氧胶		足量	
11	硅橡胶密封剂		足量	
12	砂纸	张	足量	360 号、400 号、600 号
13	精纺白棉布	m	足量	清洗用
14	透明乙烯布	捆	足量	检漏包扎用
15	塑料薄膜	卷	足量	现场对接防尘
16	透明胶带	卷	足量	检漏包扎和防尘
17	医用橡胶手套	双	若干	安装绝缘件
18	一次性塑料鞋套	双	足量	清洁筒体内部
19	高级卫生纸	提	足量	清洁筒体及零部件

二、罐式断路器安装施工流程和施工工艺

（一）施工流程

断路器施工流程如图2-2-4-2所示。

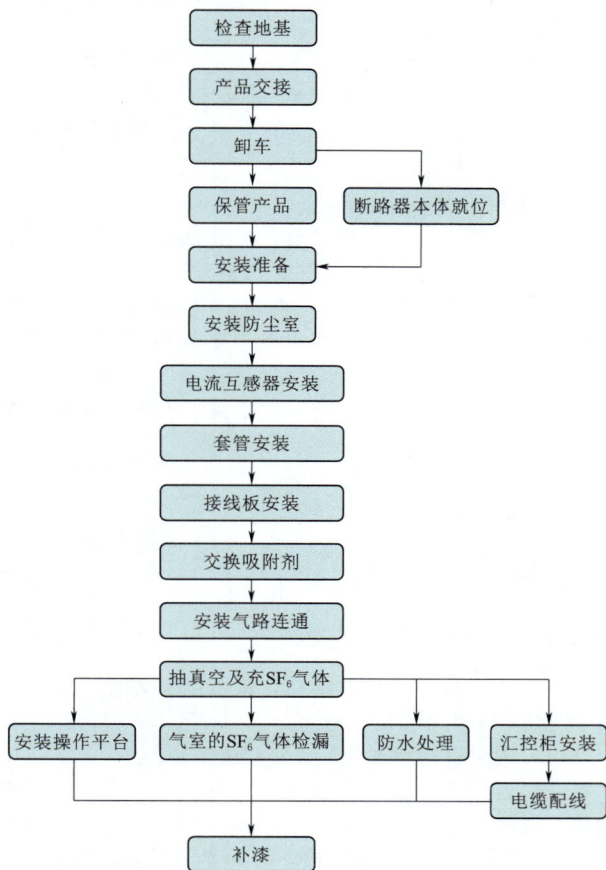

图2-2-4-2　断路器施工流程图

（二）施工工艺

1. 本体起吊

起吊断路器本体并就位，如图2-2-4-3所示。

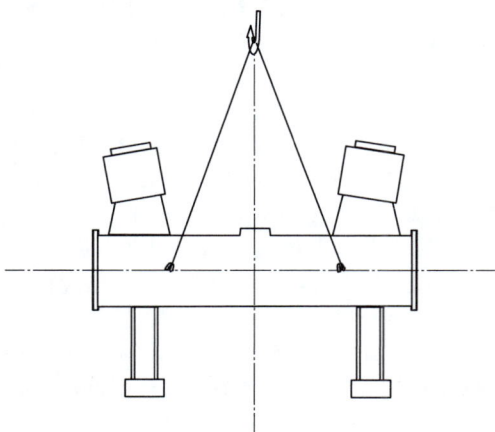

图2-2-4-3　起吊断路器本体

（1）使地基水平高度差为零测量安装断路器的地基，记录上面四块预埋铁的水平高度差及平整度。在四块预埋铁上放置调节垫片，使加垫片后四处水平高度差为零。

（2）检查断路器密封情况。

（3）断路器找水平。

（4）使断路器对准地基横向中心线。

（5）使断路器对准地基纵向中心线。

（6）检查螺栓是否有松动并处理。检查断路器的电接点，如有灰尘污垢，须用酒精布擦拭干净。

（7）罐体充气、测水分、检漏。断路器内部充0.2MPa的SF_6气体测水分。

2. 安装防尘室

（1）任何人员未经特别允许，不得进入防尘室内。现场保安要认真负责、坚守岗位。

（2）进入防尘室前，应预先把工作服、帽和鞋进行除尘。

（3）对带入防尘室的任何物品，在户外预先做好清洁处理（有外包装的要剥掉外包装，实在无法剥去的，要进行吸尘清洁）。

（4）产品进入防尘室前，要清扫干净其表面的灰尘和污垢，然后用汽油布将表面擦干净，并晾干。

3. 电流互感器安装

（1）本体就位完后，在打开断路器本体两端检修孔盖前，拆除大罐上两支筒法兰上的运输保护盖板，并在罐体两端搭建帐篷，避免灰尘进入罐体，保证其清洁度。

（2）拆除本体大罐支筒上部的运输密封盖板，清理支筒法兰的密封面。

（3）在互感器支筒的密封槽中涂抹密封胶，装上密封垫圈（密封垫或O形密封圈在安装前，必须用无水酒精仔细清洗密封槽、密封面、垫圈，不能有伤痕或灰尘。密封胶涂抹应保持在外侧，不得靠近SF_6气体侧，并用手指涂抹光滑）。

（4）起吊互感器支筒（倾斜15°），用螺栓固定到大罐支筒上；固定互感器支架，在互感器支架上放置防滑垫，防滑垫上放置绝缘垫板。

（5）在绝缘垫板上按要求放置CT线圈，两线圈间加装绝缘垫板，并固定。

（6）用导线连接CT线圈的出线端子，导线经金属软管连接到端子箱。

（7）CT支持板边缘涂胶粘剂，其上环绕CT密封垫。

（8）固定CT罩，并在CT罩与支筒接触面及螺栓处涂防水胶。

4. 套管安装

（1）拆去本体大罐两端检修孔盖板，拆下瓷套下法兰的运输盖板及互感器支筒上部的运输盖板。

（2）在法兰上涂抹密封胶，并在法兰上放置O形圈。用干净的白布蘸酒精清洗各个部位密封槽和密封面，O形圈只能用酒精擦洗，密封槽内放入指定规格的O形圈。

（3）用专用吊具将瓷套管吊起，倾斜15°，如图2-2-

4-4 所示，缓慢放入支筒中，注意中心导体必须对准导向棒。然后检查梅花触头与中心导体的接触是否正确，并不得碰坏或刮伤套管内屏蔽罩。

（4）转动瓷套管，使接线端子的接触面朝向正确，在放下瓷套管时不得将灰尘带入壳体内。

（5）拧紧瓷套与 CT 支筒法兰的连接螺栓（达到规定的力矩值），并涂抹防水胶。

（6）将接线端子、接线连接板的引线接触表面打磨、清洁处理，去除灰尘、油、水分及自带的润滑脂，确认无杂质后涂抹导电脂。用螺栓将接线连接板固定在接线端子上。

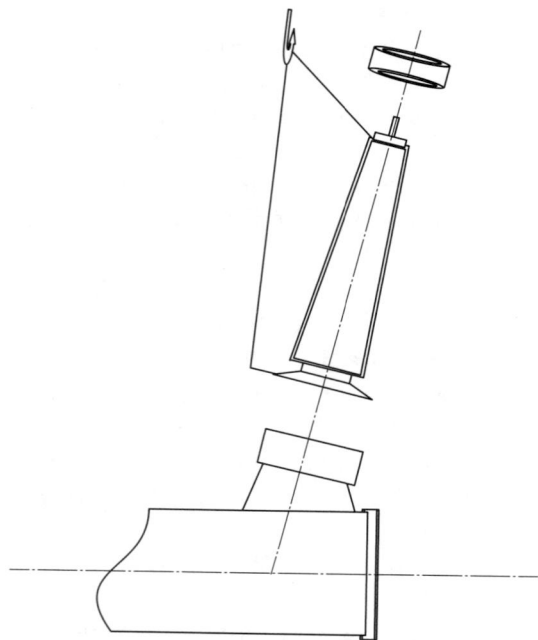

图 2-2-4-4 套管安装

5. 交换吸附剂

（1）事先准备好活化了的吸附剂、工具类等。

（2）回收气室内的高纯氮气至零表压，打开准备装吸附剂的盖板。

（3）趁打开盖板的机会，检查筒体内、电连接、屏蔽罩和内部导体的情况，必要时利用吸尘器进行清扫再用乙醇擦拭干净。

（4）把装吸附剂的盒子打开，倒入吸附剂。

（5）装上封盖（在打开盖板到封上盖板，应在 30min 内实行）。

6. 安装气路连通

（1）按照系统图，将在工厂分解后运送到的气体连通管，重新组装。

（2）气管连到 GIS 本体之前，应进行 SF_6 气体检漏。

7. 抽真空及充 SF_6 气体

（1）准备真空泵或回收装置，并连接到本体上。

（2）真空作业充气。

8. 防水处理

（1）在现场连接外露部位要进行防水处理，填入防水胶。例如：盆式绝缘子与法兰的缝隙、叠在一起的外露导电接合面，以及导流排、接地板与接地块的接缝等。

（2）事先要对这些部位进行清理，若有必要用清洁剂布进行去油处理。

（3）为了涂覆防水胶宽度一致、整齐，在离接缝约 8mm 的两边，用塑料电工带缠一周。

（4）均匀涂覆防水胶，使外观平整、美观。过 0.5h 后，把塑料袋拿掉。

9. 电缆配线

（1）在现场电缆接线之前首先要准备下列资料：设计图、地基图、二次连接线图。

（2）操作机构电线接口的配线及管道铺设结束后，用绝缘板挡住，其缝隙用胶水或固定材料密封，以防止动物的侵入。

（3）铺设配电线时，连接端子排的有些松弛的电线放进行线槽内或用胶带缠牢，谨防松弛。

10. 气室的 SF_6 气体检漏

参见有关标准。

11. 补漆

参见有关标准。

三、瓷柱式断路器安装

（1）组装按厂商编号顺序，根据断路器箱体重量及安装位置，采用 16t 吊车进行。

（2）固定机构和支柱、框架就位安装。

（3）连接灭弧室与支柱瓷套。在圆柱销表面及销孔内涂上硅脂，插入圆柱销，卡入轴用挡圈（利用挡圈钳卡入）。连接上法兰紧固螺栓，对称紧固后，在螺纹处涂上紧固胶，在螺栓接触处及密封缝涂上防水胶。紧固力矩达到规范要求，取下连接管道阀门处的螺母及封盖，用酒精清洗干净，密封圈及密封槽处将斯里本顿涂在密封面上，然后连接经高压干净空气冲过的管道。

（4）抽真空。抽真空应由经培训专人负责操作，真空泵应完好，所有管道及连接部件应干净、无油迹。接好电源，电源应可靠，不能随意拉开，检查真空泵的转向，正常后启动真空泵，先打开真空泵侧阀门，待管道抽到 133Pa 后，再打开充气侧阀门，真空度达到 133Pa 后，再继续抽 8h。抽真空过程设备遇有故障或突然停电，均要先关掉断路器充气侧阀门，再关掉真空泵侧阀门，最后拉开电源。抽真空 8h 后，应保持 4h 以上，观看真空度，如真空度不变，则认为合格，如真空度下降，应检查各密封部位并消除之，继续抽真空至合格为止。

（5）SF_6 气体管理。

1）对 SF_6 气体逐瓶进行含水量测试，并抽样进行分析，合格后方可充入设，充入后再逐室进行含水量测试。

2）密封检漏用灵敏度不低于 1×10^{-6}（V）的检漏仪测量，用采集法进行气体泄漏测量。

第三章

博州750kV变电站软母线安装

第一节 工 程 概 况

博州 750kV 变电站新建工程软母线安装包括 750kV、220kV、66kV 配电装置区域的架空线、避雷线、引下线、跳线及设备连线的安装。

一、750kV 配电装置

750kV 配电装置采用户外敞开式布置，本期及远景接线均采用一个半断路器接线方式。750kV 配电装置区本期出线 2 回，乌苏 1 回，伊犁 1 回，远景规模 6 回，750kV 主变 1 回。

二、220kV 配电装置

本期 220kV 配电装置采用双母线接线方式，向北出线，本期新建大河沿子 1、大河沿子 2、皇宫 1 出线，皇宫 2、精河 2 作为备用不设出线，远景规划 14 回。

三、工作量

（1）750kV 配电装置：高跨线 9 挡，低跨线 9 挡两相，750kV 主变 1 挡。750kV 导线采用四分裂 4×JGQNR-LH55X2K-700 型导线，总量共计 14370m，引下线采用 2×（JLHN58K-1600）型导线，总量共计 1680m。750kV 跨线间隔棒安装间隔为 7m，引下线间隔棒安装间隔为 5m，四分裂间隔棒分裂间距为 450mm，双分裂间隔棒分裂间距为 450mm，避雷线采用 GJ-100 1×19-11.5-1270 型镀锌钢绞线共计 1100m。

（2）220kV 配电装置建设：高空线共计 26 挡。

1）出线采用 2×（LGJ-630/45）型钢芯铝绞线，共计 2600m。

2）引下线及设备连线采用 2×（LGJ-400/35）型钢芯铝绞线，共计 2000m。

3）主变进线间隔采用 2×（NRLH58GJ-1440/120）型耐热铝合金钢芯绞线，共计 1100m。

4）母联间隔采用 2×（NRLH58GJ-1440/120）型耐热铝合金钢芯绞线，共计 880m。

5）分段间隔采用 2×（NRLH58GJ-1440/120）型耐热铝合金钢芯绞线，共计 140m。

6）管母线跳线采用 2×（NRLH58GJ-1440/120）型耐热铝合金钢芯绞线，共计 660m。

7）Ⅰ-Ⅱ母设备间隔采用 2×（LGJ-400/35）型钢芯铝绞线，共计 300m。

8）220kV 跨线间隔棒安装间隔为 2m，引下线间隔棒安装间隔为 1m，双分裂间隔棒分裂间距为 200mm。

（3）备用 1 号主变-备用间隔高跨线两挡，挡距均为 91.5m，导线展放大约 71m，导线具体展放长度，根据现场实际测量。

（4）2 号主变-乌苏 1 间隔高跨线共计 3 挡，挡距为

91.5m、43.5m，导线展放长度为 71m。

（5）伊犁 1-备用间隔高跨线共计 2 挡，挡距为 91.5m，每根导线展放长度为 71m。

（6）备用（伊犁 2）-备用（乌苏 2）间隔高跨线共计 2 挡，挡距为 91.5m，每根导线展放长度为 70m。

（7）2 号主变至 750kV 区域，弧垂为 3.5m，每根导线展放长度为 26m。

（8）220kV 主变进线 1 挡，弧垂为 3m，每根导线展放长度为 110m。

（9）1 号主变低穿进线，弧垂 3.5m，每根导线展放长度为 22.5m。

（10）2 号主变侧进线间隔，弧垂 5m，每根导线展放长度为 65m。

（11）Ⅰ母、Ⅱ母间隔，弧垂 3.5m，每根导线展放长度为 23m。

（12）220kV 主变进线间隔，弧垂 1.7m，低跨线展放长度为 21m，高跨线预展放长度 30m。

（13）220kV 室外配电装置出线 14 回，采用 2×（LGJ-630/45）型钢芯铝绞线，导线展放长度 29m。

（14）220kV 室外配电Ⅲ-Ⅳ母联间隔，导线展放长度 28m。

第二节 施工机械、设备及工器具准备

一、现场安装使用主要机械及工器具

提前向公司报送机械设备、工机具需求计划，组织好机械设备、工机具的现场接收。机械设备、工机具投入使用前必须做好性能测试及保养，确保安全。软母线施工使用的主要机械设备、工器具见表 2-3-2-1。

表 2-3-2-1 软母线安装主要机械设备、工器具表

序号	名 称	型号	单位	数量	备注
机械设备					
1	吊车	25t	辆	2	
2	卷扬机	10t	台	2	
3	200t 压接钳配铝模		台	3	76 号、24 号、36 号
4	压接机	电动	台	2	
5	滑轮	5t	个	4	
6	滑轮	10t	个	4	
7	钻孔机	配各规格钻头	台	1	
8	液压泵		台	4	
9	砂轮切割机		台	2	适用于切割导线
10	导线盘架	10t	副	4	

续表

序号	名　称	型号	单位	数量	备　注
仪器仪表					
1	水准仪		台	1	
2	绝缘电阻测试仪	M3125	台	1	
3	试验变压器控制箱主机	YDK－101250	台	1	
4	充气式试验变压器	YDBJ－10/100	台	1	
5	游标卡尺		把	1	
工器具					
1	圆锉		把	2	
2	板锉	粗齿	把	5	
3	板锉	细齿	把	2	
4	钢丝刷		把	5	
5	尼龙吊带	5t，3m/根	根	6	
6	钢丝绳	φ18	根	2	200m
7	钢丝绳套	1m/3m	副	各5	
8	钢尺	100m	把	2	
9	U形环	7t，加强加宽	个	6	
10	U形环	5t，加强加宽	个	10	
11	尼龙绳	100m	根	4	用于高空物品传递
12	瓷瓶夹	特殊加工	副	4	

二、现场施工消耗性材料准备

为做好成品保护、现场清洁及安全文明施工，需配置的消耗性材料见表2-3-2-2。

表2-3-2-2　软母线安装消耗性材料

序号	名　称	详细规格	单位	数量	备注
1	红地毯	宽3m	m	60	
2	百洁布		块	200	
3	油布	4000mm×4000mm	块	3	
4	铁丝	14号	kg	100	
5	导电接触脂	200g/支	支	50	
6	酒精		瓶	5	
7	塑料薄膜		m	若干	

三、施工流程

软母线安装工序如图2-3-2-1所示。

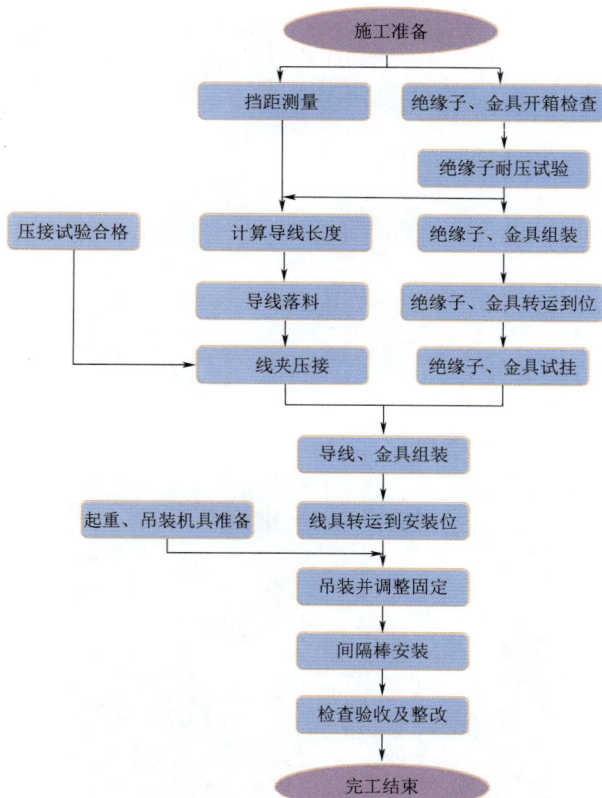

图2-3-2-1　软母线安装工序图

第三节　导线压接

一、基本要求

（一）压接工具

（1）压接前必须校验压接机械的可靠性，确认液压设备能正常运行。

（2）油压表应定期校核，校验合格后方可使用。压接时油压表应达到规定的压力，而不以合模为压好的标准。

（3）对铝模应进行定期检查，如发现有变形现象，应停止或修复后使用；压接使用的铝模必须与导线截面配套。正式压接前要先做试样，即完成压接工艺评定，判断在目前"人、机、料、法、环"情况下是否能够保证这一特殊工序质量满足要求，在满足的情况下，才能进行施工。压接工作由两名专门的压接工完成，正式压接前两人都需要做压接试样。

（二）线夹内部及芯棒

线夹内部、芯棒必须用酒精或丙酮清除氧化物，导电部分待干燥后再接触部位涂适量的复合脂，如图2-3-3-1和图2-3-3-2所示。

（三）施工人员

（1）压接人员经培训考试合格，持证上岗。

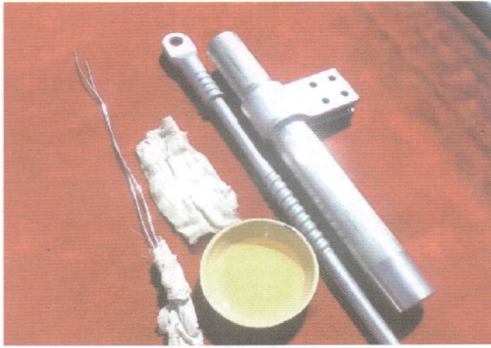

(a) 线夹内部

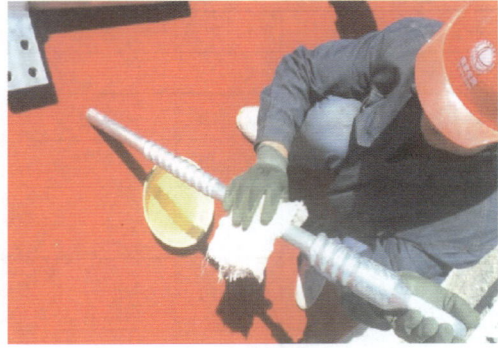

(b) 芯棒清洗

图 2-3-3-1　线夹内部及芯棒清洗

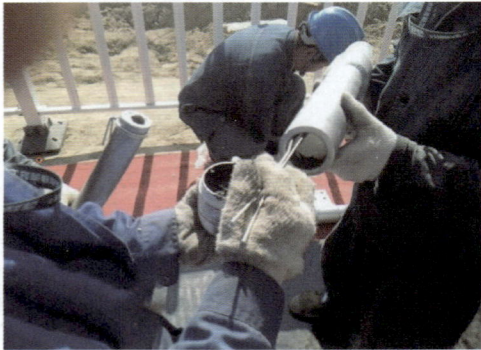

图 2-3-3-2　线夹内部涂抹导电膏

(2) 对相关人员进行专门的安全技术交底。

二、导线压接工艺

(一) 一般导线压接工艺

压接施工前先需进行试压。耐张线夹每种导线做两套试件，试件制作时需通知监理见证，并将试件送有资质单位进行检测，经检测合格后，方可进行正式的压接工作。压接前为更好地保证压接质量，压接前用塑料薄膜将铝管包住压接。压接前应先将待压接导线附近去除氧化膜，方可进行压接工序，如图 2-3-3-3 所示。

(a) 去除导线氧化膜

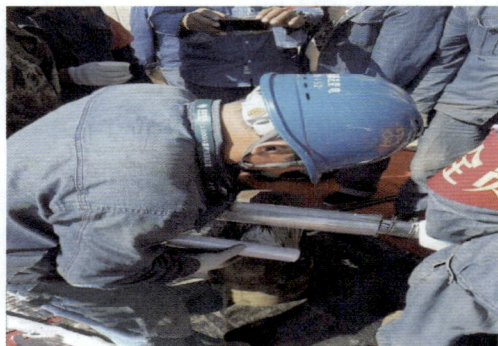

(b) 导线包裹塑料膜

(c) 导线压接

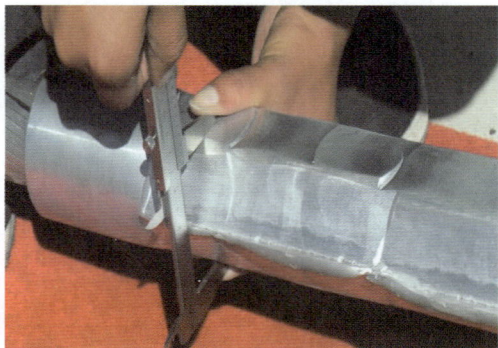

(d) 导线压接后测量

图 2-3-3-3　导线压接工艺

（二）扩径导线压接程序

（1）穿铝管。将导线穿入铝管，并流出足够预留抹电力脂长度。

（2）旋入钢芯棒。将钢芯棒旋入扩径导线内部螺纹状蛇皮管，直至钢芯棒旋转到规定位置（预留 10mm 的间隙）。旋钢芯棒时特别注意导线内部是螺纹管，要把边口上切割留下的垃圾清除后方可转入，不可强行转入。

（3）压接。第一模从铝管头部开始压接，连续向导线末端钢芯棒处施压，压接时，达到和保持片刻 80MPa 压力。相邻两模间重叠长度应符合产品技术文件要求，

当无产品技术文件要求时，应不小于钢模长度的 1/3。压接后用游标卡尺对压接对边尺寸进行检查，线夹六边形任一对边应不大于 $0.866D+0.2mm$，否则必须更换模具。

（4）液压后液压管不应有明显的扭曲及弯曲现象，并应加以严格控制。如出现明显弯曲则不可调校，否则影响内部的钢芯棒质量。

（5）各液压管放压后，应认真填写记录。液压操作人员自检合格后，在液压管指定部位打上自己的钢印，质检人员检查合格后，在记录表上签名，如图 2-3-3-4 所示。

图 2-3-3-4　钢印磨具及钢印成品照片

（6）压接后对边角毛刺进行打磨抛光，操作时应有质检员在场监督。

（7）扩径导线压接顺序如图 2-3-3-5 所示。

（8）钢芯铝绞线压接顺序如图 2-3-3-6 所示。

图 2-3-3-5　扩径导线压接顺序图

1—扩径导线；2—耐张线夹铝管；3—钢锚；4—半圆形铝衬管

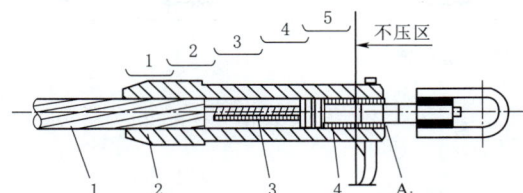

图 2-3-3-6　钢芯铝绞线压接顺序图

1—钢芯铝绞线；2—耐张线夹铝管；3—钢锚；4—半圆形铝衬管

第四节　挂线与紧线

一、挂线及调整固定

（一）基本要求

（1）架空线起吊前应考虑起重的安全系数，校核起重工机具的承受能力，检查施工机械的运行状况。在横

梁挂线板 200～300mm 的位置用卸扣固定滑车，固定滑车时应先在横梁固定点上包裹红地毯，起到增大固定点摩擦系数的作用，防止松动及对横梁的成品保护。

（2）耐张母线整个安装过程动力装置均采用 10t 卷扬机。

（3）750kV 配电装置区高层母线起吊时，西侧两梁从南侧往北侧顺序依次挂线，东侧两梁从南侧往北侧顺序依次挂线，每串中间梁作为紧线梁，两侧作为挂线梁，如图 2-3-4-1 中红色箭头标识所示。

（4）750kV 配电装置区母线间隔内跨线起吊时，先Ⅱ母再Ⅰ母，从南侧往北侧顺序挂线，北侧为紧线侧，南侧为挂线侧，如图 2-3-4-1 中绿色箭头标识所示。

（5）750kV 配电装置区 1 号主变间隔、2 号主变间隔软母线施工顺序为：先挂 2 号主变间隔，南侧梁作为挂线侧，北侧作为紧线侧，1 号主变间隔北侧为挂线侧，南侧为紧线侧，如图 2-3-4-1 中绿色箭头标识所示。

（6）220kV 配电装置区间隔挂线顺序为北侧为挂线区，南侧为紧线区，施工顺序自西向东施工，如图 2-3-4-2 中红色箭头标识所示。

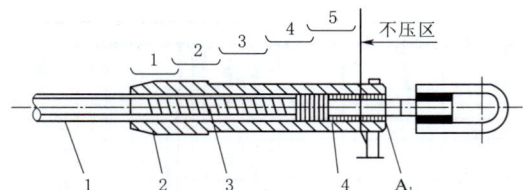

（二）750kV 跨线挂线

（1）软母线（V 形耐张绝缘子串）挂线时，在地面上完成整组绝缘子串的金具、绝缘子和软母线（4 分裂）安装制作和整体连接，用 5t 卸扣将吊车吊钩与耐张绝缘子串上部延长板固定，使用 2 台 25t 吊车进行整体起吊。

（2）软母线（单耐张绝缘子串）挂线时，在地面上完成整组绝缘子串的金具、绝缘子和软母线（4 分裂）安装制作和整体连接，用 5t 卸扣将吊车吊钩与耐张绝缘子

串上部延长板固定，使用 1 台 25t 吊车进行整体起吊。

行工作，如图 2-3-4-3 所示。

（三）220kV 配电区域挂线

（1）220kV 配电区域挂线、紧线全部采用 25t 吊车进

（2）25t 吊车工况表如图 2-3-4-4 所示，绝缘子串（绝缘子及金具）重量见表 2-3-4-1。

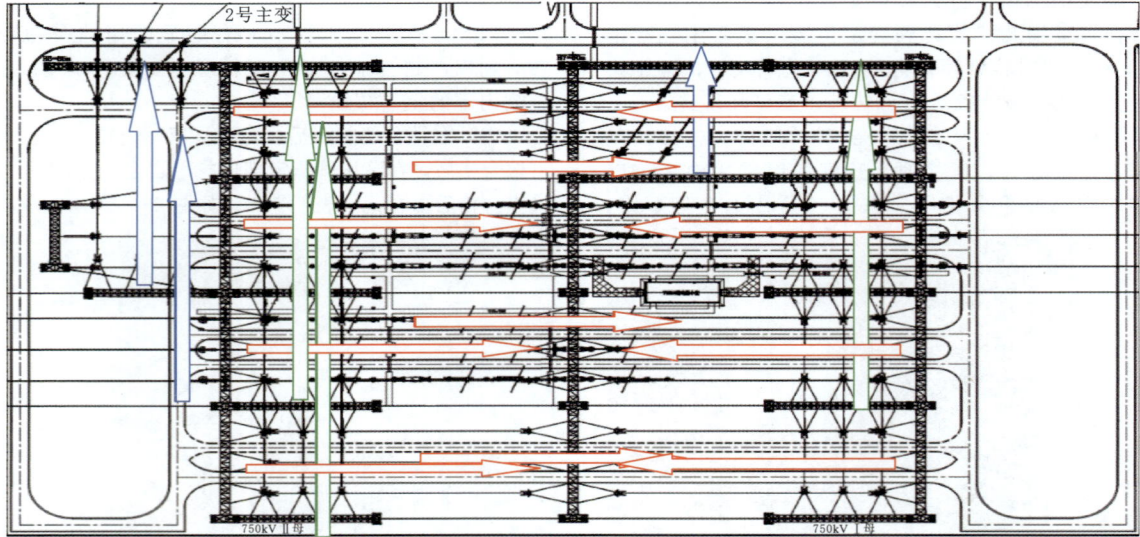

图 2-3-4-1 750kV 配电装置区平面布置图

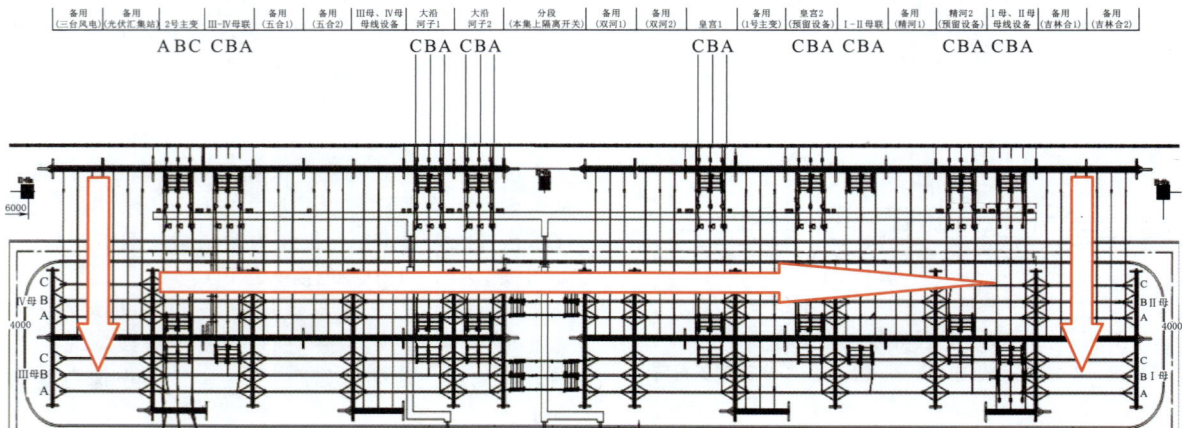

图 2-3-4-2 750kV 配电装置区平面布置图

图 2-3-4-3 750kV 配电装置区 220kV 配电区域软母线挂线图

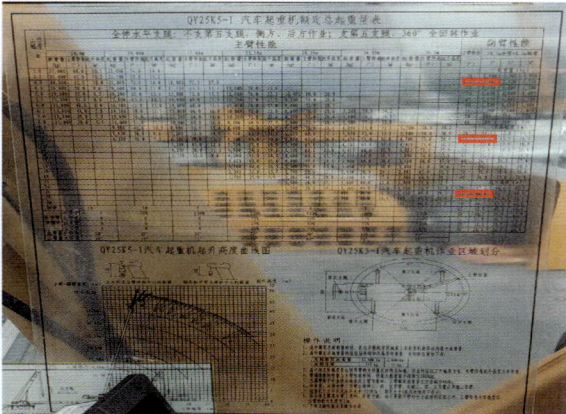

图 2-3-4-4 25t吊车工况表

表 2-3-4-1 绝缘子串（绝缘子及金具）重量

序号	绝缘子串名称	整串绝缘子总重/t	金具重量/t	总重量/t
1	XSP-300 V形耐张双串	1.7	0.349	2.049
2	XSP-160 V形耐张双串	1.2	0.3677	1.5677
3	XSP-160 双Ⅰ形双串	1.2	0.344	1.544
4	XSP-160 V形悬垂串	1.176	0.0643	1.24

根据吊车工况表（采用加长杆）和绝缘子、金具的重量表，吊车起吊绝缘子串时，构架梁水平高度最高为43m，经计算吊车主臂仰角为75°，副臂角为0°，工作半径13.5m，主臂伸长46.4m时，可承受吊重为2.8t，两台为5.6t，大于2.71128t（分配到起重机的吊装载荷），满足施工要求。

二、紧线

（一）软母线（V形耐张绝缘子串）紧线

软母线（V形耐张绝缘子串）紧线时，用2根5t吊带栓至两串绝缘子第4、5片处，中间采用竹板进行隔离防止碰撞，选用2台10t卷扬机牵引导线的过牵引紧线。牵引时，需实现两台卷扬机同步，现场采用控制电源设置1台总控箱来实现卷扬机同步，同时2台卷扬机需调至一致的低速挡位。紧线时，先通过两人操作保证绝缘子升高长度一致，停止卷扬机，关闭总控箱电源，再启动卷扬机控制开关，最后操作总控箱达到两台卷扬机同步。

（二）软母线（单耐张绝缘子串）紧线

软母线（单耐张绝缘子串）紧线时，用1根5t吊带栓至绝缘子串第4、5片处，中间采用竹板进行隔离防止碰撞，选用1台10t卷扬机牵引导线的过牵引紧线，如图2-3-4-5所示。

图 2-3-4-5 750kV配电装置区软母线紧线图

（三）挂点的选择及固定方式

本工程全站构架横梁均为钢管梁，在钢梁主材上，用钢丝绳套挂上滑轮，滑轮位置要偏高挂点位置200mm左右，挂好后检查滑轮及附件应无裂纹，轮缘无破损，滑轮应灵活转动，如图2-3-4-6所示。

（四）软母线架设卷扬机及滑轮布置

按照紧线方案的选择，选择750kV配电装置高跨线的架设，架设方法以及现场卷扬机及滑轮布置，如图2-3-4-7所示。

以安装750kV配电装置去上层跨线为例，用2台10t卷扬机布置在中间构架底部柱上，转向滑轮分别设置在构架横梁上和右侧构架底部柱处，用钢丝绳一端固定在

图 2-3-4-6 滑轮固定

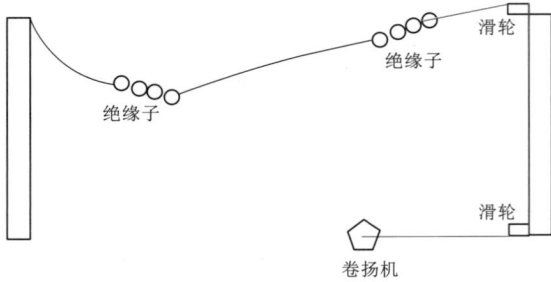

图 2-3-4-7 软母线紧线示意图

绝缘子串上，另一端固定在卷扬机上，穿过转角滑轮。

牵引时，速度不宜过快，并注意随时调整金具水平，以导线离地面 1m 为宜进行调整。施工现场设专人指挥，吊装负责人应配合专职安全员对吊装工机具、固定转向滑车进行检查，防止发生安全事故。提升过程中绝缘子串及导线下方严禁站人，卷扬机及转向滑车固定钢丝绳内侧严禁站人。

（五）弧垂测量

采用水准仪测量弧度，母线弧度符合设计要求，且相间和组间（同一安装高度）弧度一致允许误差为 +5%、-2.5%，同一挡距内三相母线弧度一致。如不满足要求，

可用 U 形环调整（绝缘子串可调金具的调节螺母紧锁）。

（六）分裂导线间隔棒、均压环安装

按照施工图纸的要求安装跨线、引下线和设备间连线的间隔棒。为减少高处作业，提高施工的安全可靠性，可在地面根据安装间距用记号笔做好记号，用吊车操作平台进行安装。

（七）引下线、设备连线的安装

（1）引下线弧垂及 T 形线夹的位置，将影响导线摆动时的相间距离和安全净距，在进行引下线施工时应严格控制长度和位置，采用实际比划下料办法。

（2）制作设备连线时，对于距离短，线型变化大，以致导线可能出现较小的曲率半径时（弯曲半径小于 10 倍导线半径），必须先预弯成型并压制一端线夹，在实际比量后，再压制另一端线夹。

（3）当设备端子为铜质（或铜镀锡）时，采用在铝线夹和铜质设备端子之间插入铜铝复合板进行安装，其尺寸与两者的实际接触面相同。

（4）耐热铝合金金具接触部分，应平整清洁并涂上一层电力复合脂，并用细钢丝刷擦刷均匀。螺栓应用力矩扳手紧固。

注意：避雷线的施工与软母线的施工基本一样，同样测量、压接、送检等工序，挂线、拉线采用 25t 吊车。

第四章

石河子750kV变电站HGIS设备安装

第一节 施 工 准 备

石河子 750kV 变电站 750kV 配电装置是由西安西电开关电气有限公司生产的 ZF8A-800（L）型 HGIS 组合电器，由新疆输变电公司安装施工。

一、人员准备

HGIS 安装分 2 组同时进行，第一组（共 15 人）由马××负责，主要进行隔离开关及筒体部件的安装、导体安装等工作；第二组（共 15 人）由刘××负责，主要进行设备支架安装、出线套管的安装；抽真空、注气组（共 4 人）由马××负责；试验组（共 3 人）由赵××负责。

二、吊车

本期 HGIS 单元间隔起吊最大起重量为 10t 时，其作业半径约为 8m，设备中心线距基础 2.25m，750kV 母线距地面大约 24.5m，为保证设备及人身安全，将起升高度控制在 23m 以下，查看 50t 吊车起重性能表，吊车在工作幅度 8.0m，起升高度 11.1m 时，最大起重量为 20.3t，负荷比率 = 实际吊重/理论吊重 = 10/20.3 = 49.26% < 85%，满足要求，吊具采用 10t 10m 合成纤维吊带 4 根，吊装时每根吊带承受 3.5t 载重量。

套管总重约为 5.5t，复合套管长度约 9.35m，吊装时最大作业半径约为 10m，装配在距离地面 4m 的高度，750kV 母线距地面大约 24.5m，为保证设备及人身安全，将起升高度控制在 23m 以下，参照吊车性能表，50t 吊车额定总起重量表得知，吊装时作业半径 10m，起升高度 20.8m 时，最大起重量为 13.4t，负荷比率 = 实际吊重/理论吊重 = 5.5/13.4 = 41.04% < 85%，性能满足安全使用条件。

50t 吊车起重性能见表 2-4-1-1 和表 2-4-1-2，25t 吊车起重性能见表 2-4-1-3。

表 2-4-1-1   50t 吊车起重性能表（1）

项 目		数 值	备 注
工作性能参数	最大额定总起重量/kg	55000	
	基本臂最大超重力矩/(kN·m)	1764	1470（活动支腿半伸时）
	最长主臂最大起重力矩/(kN·m)	940.8	793.8（活动支腿半伸时）
	基本臂最大起升高度/m	11.6	
	主臂最大起升高度/m	42.1	不考虑吊臂变形
	副臂最大起升高度/m	58.3	
工作速度	单绳最大速度（主卷扬）/(m/min)	130	卷筒第四层
	单绳最大速度（副卷扬）/(m/min)	72	卷筒第二层
	超重臂起臂时间/s	50	
	起重臂伸出时间/s	95	
	回转速度/(r/min)	0～2	
行驶参数	最高行驶速度/(km/h)	76	
	最大爬坡度/%	32	
	最小转弯直径/m	24	
	最小离地间隙/mm	260	
	排气污染物排放值及烟度限值	符合标准规定	GB 3847—2005 GB 17691—2005
	百公里油耗/L	40	
质量参数	行驶状态自重（总质量）/kg	40400	
	整车整备质量/kg	40200	
	前轴轴荷/kg	14900	
	后桥轴荷/kg	25500	
尺寸参数	外形尺寸（长×宽×高）/mm	13300×2750×3550	
	支腿纵向距离/m	5.92	
	支腿横向距离/m	全伸6.90，半伸4.70	
	主臂长/m	11.1～42.0	
	主臂仰角/(°)	-2～80	
	副臂长/m	9.5、16	
	副臂安装角/(°)	0、30	

续表

项 目			数 值	备 注
底盘	型号		ZLJ5401	特征号：ZLJ5401D3.1
	类别		二类	
	发动机	型号	WP10.336	
		额定功率/[kW/(r/min)]	247/2200	
		最大输出扭矩/[N·m/(r/min)]	1250/1200~1600	
	生产企业		中联重科工程起重机公司	

表 2-4-1-2　50t 吊车起重性能表（2）

工作幅度/m	主臂/m					
	I 缸伸至 50%，支腿全伸，侧方、后方作业					
	11.1	15.0	20.8	26.6	32.4	38.2
3.0	55000	40000	24000			
3.5	50500	40000	24000			
4.0	44500	40000	24000	16000		
4.5	40000	36000	23000	16000		
5.0	36000	33000	21800	16000		
5.5	32000	30000	20600	16000	12400	
6.0	29000	27500	19500	16000	12400	
6.5	26000	25500	18500	15500	12400	8500
7.0	24000	23500	17500	14600	12400	8500
7.5	22300	21900	16600	14000	12400	8500
8.0	20300	19700	15800	13300	11800	8500
9.0	15800	15300	14600	12200	10900	8500
10.0	12200	13400	11200	10000	8500	
11.0		9900	11100	10300	9200	7700
12.0		8200	9400	9700	8500	7200
14.0			6700	7400	7500	6200
16.0			5000	5700	6100	5500
18.0				4400	4800	4850
20.0				3300	3700	4000
22.0				2500	2900	3200
24.0					2400	2600
26.0					1900	2100
28.0						1600
30.0						1200
32.0						1000

表 2-4-1-3　25t 吊车起重性能表（主臂起重性能表）

工作幅度/m	基本臂 10.4m		中长臂 17.6m		中长臂 24.8m		全长臂 32m	
	起重量/kg	起升高度/m	起重量/kg	起升高度/m	起重量/kg	起升高度/m	起重量/kg	起升高度/m
3.0	25000	10.50	14100	18.10				
3.5	25000	10.25	14100	17.89				
4.0	24000	9.97	14100	17.82	8100	25.28		
4.5	21500	9.64	14100	17.65	8100	25.216		
5.0	18700	9.28	13500	17.47	8000	25.03		
5.5	17000	8.86	13200	17.26	8000	24.89	6000	32.32
6.0	14500	8.39	13000	17.04	8000	24.74	6000	32.20
7.0	11400	7.22	11500	26.54	7210	24.41	5600	31.95
8.0	9100	5.54	9450	15.95	6860	24.02	5300	31.66
9.0			7750	15.27	6500	23.59	4500	31.33
10.0			6310	14.48	6000	23.10	4000	30.97
12.0			4600	12.49	4500	21.94	3500	30.13
14.0			3500	9.60	3560	20.51	3200	29.12
16.0					2800	18.74	2800	27.93
18.0					2300	16.52	2200	26.52
20.0					1800	13.61	1700	24.95

三、基础划线

按厂家及设计图纸测量基础，确保基础符合图纸要求后按要求对中心及支撑点划线。如图 2-4-1-1 所示。

四、设备卸货

HGIS 最重起吊件是断路器单元，重约 10t（外形尺寸及重量须以实物为准），其他元件（套管、支架）外形尺寸及重量须以实物为准，由于场地限制，A、B、C 相断路器采用 50t 吊车吊装。

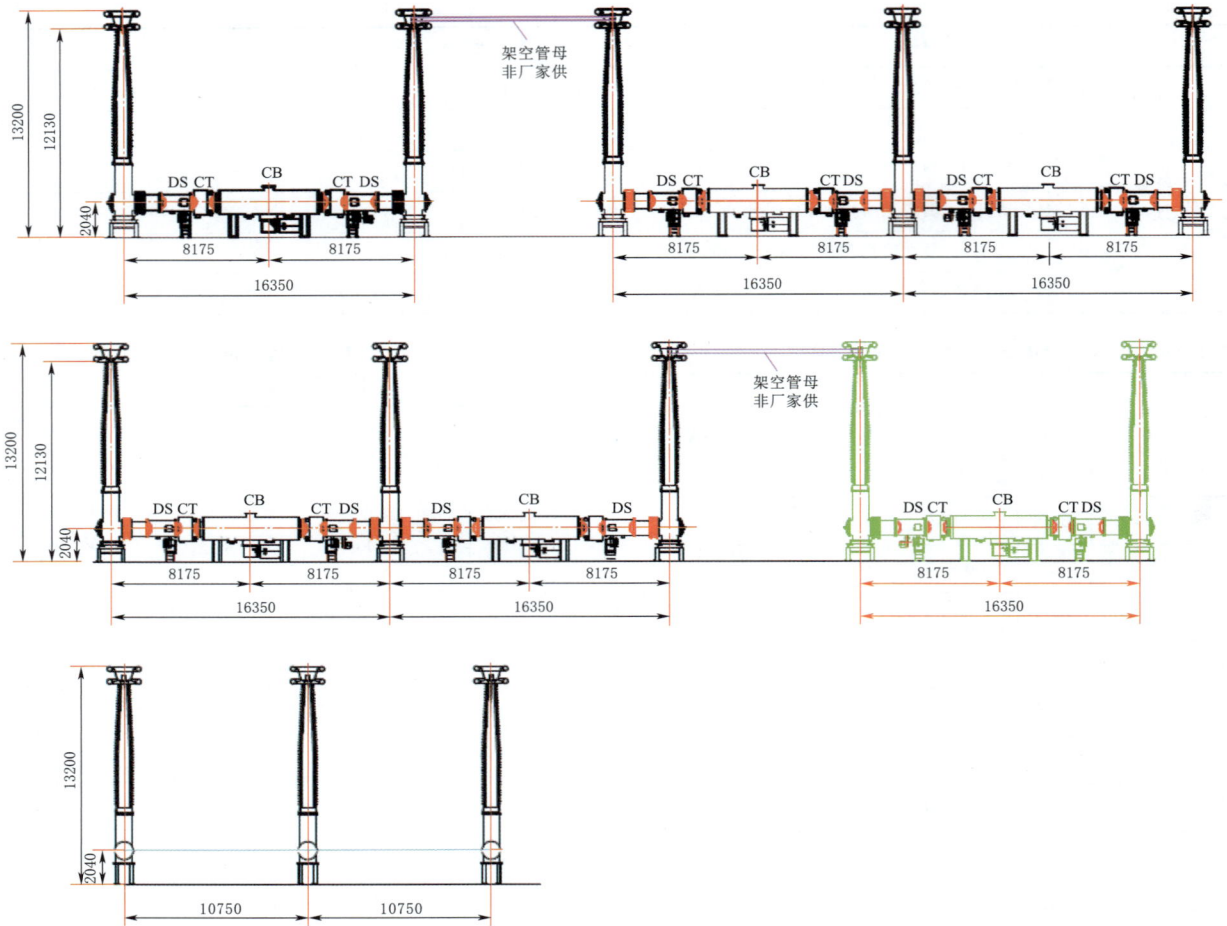

图 2-4-1-1　HGIS 基础划线（单位：mm）

第二节　HGIS 安 装 工 艺

一、就 位

石河子 750kV 变电站工程 800kV HGIS 的现场安装从右向左展开，首先将每一串的最右侧断路器采用汽车吊进行精确就位，开始依次安装本间隔右侧的电流互感器和隔离开关单元、套管接头和套管单元、隔离开关单元，然后再向左安装左侧的电流互感器和隔离开关单元、套管接头和套管单元。完成第一个断路器间隔设备安装，再从右向左依次安装下一个断路器间隔的各个单元。

（一）设备临时就位

根据厂内解体单元，按照平面布置图将各主要元件在基础附近临时就位。

（二）临时就位后调整断路器的组件

首台断路器采用汽车吊进行精确就位，其余各台断路器和 CT（电流互感器）组件均采用汽车吊与隔离开关进行对接。

（三）首台断路器精确就位

（1）用汽车吊将断路器用尼龙吊绳吊起，放在划线基

础上，如图 2-4-2-1 所示。

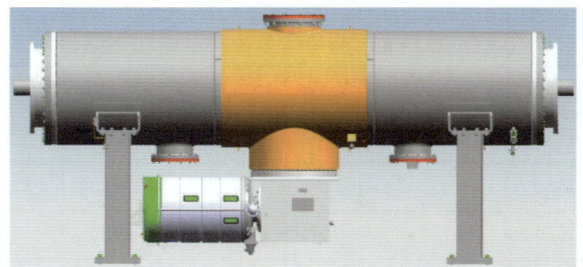

图 2-4-2-1　断路器就位

（2）排放断路器单元中运输用高纯氮气。

（3）拆除断路器单元运输盖板，作业人员穿着专用进罐服进入断路器内部，目视检查断路器灭弧室内部有异常，并且清理罐体内部，检查清理完毕后加装防尘罩，防止外界异物进入壳体内部。

（4）检查断路器中心与所划基础中心线相差的距离，调整使之重合。

（5）检查调整使断路器水平（允许误差±1）。

（6）将断路器的支腿、垫铁与钢架基座临时焊接。

（四）连体件就位

连体件的就位就是主要将断路器本身与基础划线的找正工作，本次采用50t吊车进行一次性卸车就位，先安装支架，再安装筒体单元设备。本站HGIS设备与基础固定采用焊接方式，待设备就位完成后，先安装支架，再安装筒体单元设备等工序结束后检查一次设备安装无误后进行焊接固定。

（五）就位误差要求

使用测量仪器使得断路器就位后的误差在1mm以内，安装工作须在厂家现场服务人员的指导下进行，每一步骤完成后须得到厂家人员认可后再进入下一步施工。

二、装配单元安装

（一）断路器和CT＋DS（隔离开关）单元的对接安装

断路器和CT＋DS单元的对接安装如图2-4-2-2所示。

（1）排放电流互感器单元中运输用高纯氮气。

（2）拆除CT单元的运输盖板，清理CT对接面，并在法兰面上按要求涂覆道康宁111油脂。

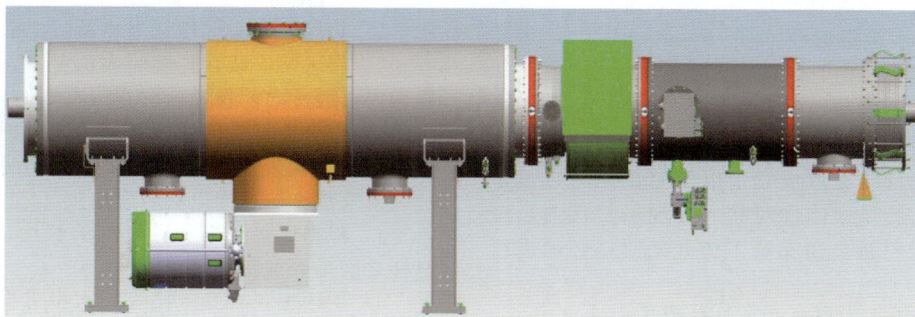

图2-4-2-2 对接CT＋DS单元

（3）用汽车吊将CT单元用尼龙吊绳吊起，与断路器进行对接。

（4）先预紧法兰面螺栓，然后用吊线锤以电流互感器法兰孔位为基准，检查各相断路器中心与所划基础A、B、C相中心线相差的距离，调整使之重合。

（5）清理导体。把导体放在专用的导体清理架上，如图2-4-2-3所示。使用百洁布、杜邦纸、酒精对导体表面进行彻底清理，导电面涂覆VP980润滑脂。

图2-4-2-3 CT导体清理图

（6）把导体一端插入隔离开关侧盆子的导体接头中，支撑导体。

（二）隔离开关与套管接头单元连接

隔离开关与套管接头单元的连接如图2-4-2-4所示。

（1）确保隔离开关内为大气压力，拆下隔离开关保护盖板。

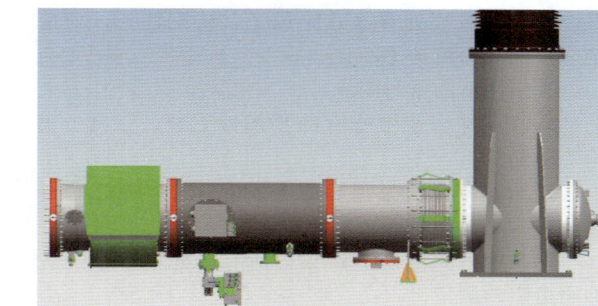

图2-4-2-4 隔离开关与套管接头单元连接

（2）清理隔离开关上壳体内部和法兰面，并在壳体法兰面上按照作业要求涂覆道康宁111油脂。

（3）拆下套管接头盆子保护盖板，用酒精清理套管接头外露绝缘盆子，以及新的O形密封圈，并将O形密封圈装入盆子密封槽中。

（4）清理导体。使用百洁布、杜邦纸、酒精对导体表面进行彻底清理，并在导电接触面按照要求涂覆VP980润滑脂。

（5）对接前，在套管接头的绝缘盆子上180°方向安装导向销，然后进行吊装对接。

（6）吊起套管接头，对接面靠近隔离开关单元，使隔离开关单元的导体对正缓慢插入套管接头绝缘盆子的触头中。

（7）拆掉导向销，依次装入其他螺钉并均匀紧固到力矩值，并做标记。

（三）单元对接施工步骤

（1）当部品接近对接面时，取下保护罩。

（2）实施对接面的最终检查，测量对接导体的相关尺寸并检查清理导体表面。

（3）对对接面进行对接前清扫，按相关规定涂抹润滑脂。

（4）安装导向，确认导体和触头的中心，进行对接。

（5）要边用手确认导体能够顺畅地插入触头部，边移动对接面进行对接。

（6）确认导向进入，确认 O 形密封圈和绝缘子有无异常。

（7）先紧固左右两边的两个螺栓、螺母来连接对接面，随后取出导向，依次对称地两个两个地紧固所有的螺栓，然后做好紧固检查记号。

（四）单元安装准备工作要求

本站 750kV 配电装置 ZF - 800（L）型 HGIS 组合电器为出厂成套设备，断路器、隔离开关、套管、转角件出厂分体运输，现场需完成成套配电装置单元与过渡母线、套管、隔离开关等分体件对接。当现场对接时，应该特别注意导体的对接。在安装工作开始时，必须进行下列的准备工作：

（1）所有安装所需的材料和工具必须是清洁的。

（2）运输的包装盖板及支撑内部导体的零件，必须在即将安装时，才可以被拆卸。

（3）如果对接处有盆式绝缘子，特别注意，应将盆式绝缘子的表面清理干净。

（4）使用新的密封圈。

（5）清点好作业中所有的零部件工装、工具、消耗材料等辅助工具。

（6）导体镀银面处理后要涂导电硅脂，对于户外形式，要进行法兰密封面涂脂处理。

（7）准备回路电阻测试仪，所有单元在开盖后先进行回路电阻的测量。

（8）单元安装和检查的结果做好记录。

三、套管安装

（一）套管与支承罐对接工艺要求

（1）将套管包装箱运到待装位置处，打开包装箱，检查确认瓷套外表面状态良好，将吊装工具装配在瓷套上下法兰上，用吊车将瓷套吊出包装箱，放到工装上。排出瓷套内的氮气，打开包装盖板，套上防尘罩。

1）用套管专用吊具使套管处于垂直状态。

2）在套管下侧，拆下套管包装保护盖板，用塑料布包住防尘。

3）安装套管防尘罩，清理导体、复合套、法兰以及 O 形密封圈。

4）导体的连接面涂覆 VP980 润滑脂。

5）法兰面涂覆气体密封胶，装入 O 形密封圈。

6）起吊套管，与套管接头进行对接。

7）从套管接头的手孔处，目视确认中心导体使缓慢插入导体接头中。

8）连接时，对角装入 2 个螺钉并紧固，换 90°方向装

入另外两个螺钉并紧固，依次装入其他螺钉并均匀紧固到力矩值，并做好标记。

9）吊装均压环至套管顶部进行安装。

（2）瓷套内部的检查和清理。

1）测量瓷套长度并记录。

2）安装人员进入瓷套内用吸尘器、无毛纸、酒精将瓷套内壁擦拭干净，确保清洁度合格。

（3）导电杆的检查和清理。

1）测量导电杆长度并记录。

2）清理导电杆内外壁，确保清洁度合格。

（4）导电杆与瓷套装配。

1）将导电杆头部用气泡垫及防尘罩包住。

2）将工装安装在瓷套的大法兰上，抬起导电杆送入瓷套内，缓慢向前移动，防止工装划伤导电杆。

3）当导电杆头部快到瓷套小法兰时，应将导电杆头部抬起继续向外移动，同时在瓷套小法兰与导电杆之间加装海绵垫，防止导电杆将瓷套损坏。

4）根据所量瓷套和导电杆的长度，决定接线板与导电杆之间是否加垫片。

5）用两根长杆穿入接线板水平方向的螺孔内，抬起导电杆向瓷套内移动，当两根长杆穿入瓷套法兰螺孔时，将导电杆下方的海绵垫取出，继续将导电杆向瓷套内移动直至对接，套上防尘罩。

6）将接线座装配在接线板上，注意方向。

（5）屏蔽罩装配。

1）检查清理过渡法兰，确保密封面合格，螺孔内无杂质，表面光滑，清洁度合格。

2）检查清理屏蔽罩内外表面，确保无尖角毛刺、清洁度合格。

3）检查清理绝缘件，确保表面无划伤、螺孔内无杂质，清洁度合格。

4）检查确认所用螺栓表面无油污、杂质。

5）将过渡法兰固定在工装上。

6）按图纸要求完成装配后（保证两个屏蔽罩的同轴度）套上防尘罩。

（6）屏蔽罩吊装。

1）将吊具固定在过渡法兰上。

2）用吊车将屏蔽罩装入瓷套内。

（7）支撑母线的检查清理。

1）排除支撑母线内的氮气，拆掉包装盖。

2）检查确认法兰密封面、屏蔽罩、导体、触指状态良好。

3）测量触指端部到法兰面尺寸是否在误差范围内。

4）检查清理导向杆的内孔及外表面，确保无尖角毛刺，清洁度合格。

5）用吸尘器对支撑母线罐内、密封面、屏蔽罩、导体、触指清洁后，再用酒精、无毛纸擦拭干净，套上防尘罩。

（8）套管内的所有螺丝在装配前应涂锁紧剂并按规定的力矩值校紧。

（二）套管安装过程

（1）套管的吊装应采取安全可靠的吊装方式。吊车

的选择根据套管的吊重、作业半径、吊高等参数按照较大的安全系数验算确定。

（2）根据现场平面布置图，以及吊机的转弯半径要求，将根据起吊物的重量，选择合适的吊机、行走最优路线、最佳停靠点。

（3）吊装过程。

1）采用两台吊车配合起吊，上部用50t吊车的主钩抬，下端用25t吊车的主钩抬，如图2-4-2-5所示。用吊车的主钩进行就位。

a.使用2台吊车吊挂，使套管保持水平。

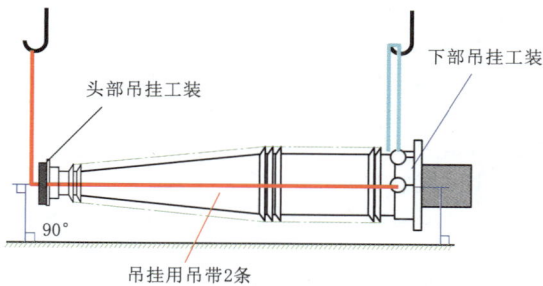

图2-4-2-5　两台吊车配合起吊套管

b.吊挂下部的吊车慢慢下降，以套管头部为轴开始转动，如图2-4-2-6所示。

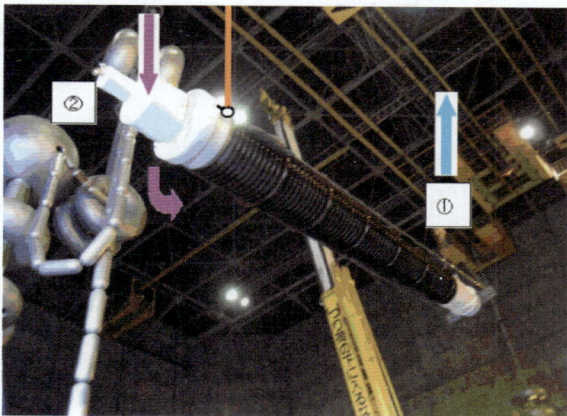

图2-4-2-6　以套管头部为轴开始转动

c.立起后拆下套管下部吊环上的吊绳，如图2-4-2-7所示。

两台吊车同时水平起吊套管，离地面2m的高度时，50t吊车的主钩停止，25t吊车的主钩慢慢下降，使复合套管向地面倾斜，头部向上。当复合套管下端距离地面20cm时，2台吊车同时上升，离地面约2m的高度时，然后让25t吊车的主钩慢慢下降。如此反复操作，复合套管每下降一次，复合套管的倾斜角度增加若干度，之后使其缓慢竖起直至垂直。此时解开25t吊车的绳索，撤出吊车的钩，单独用50t吊住复合套管头部的主钩使复合套管就位。

2）将其尾部的保护罩卸去，清理复合套管内部的导电杆及复合套管内壁，复合套管内部清理干净后用塑料

图2-4-2-7　拆下套管下部吊环上的吊绳

布将复合套管下法兰罩住，防止灰尘进入。拆卸连接母线的保护罩，清理屏蔽罩，重新紧固螺栓，清理后用塑料布罩住对接面。

3）用吊车吊起复合套管，使导电杆对准母线筒中的触头座，慢慢降下吊车使复合套管缓慢落下，落车的同时用手晃动导电杆，防止有吊装不正时将复合套管损坏，将导电杆插入触头座中。然后使套管的底座法兰与母线筒的法兰对正，同时注意复合套管上方的接线板的方向以防装错，用螺栓固定，使其螺栓都带平后，吊车松钩，最后用力矩拧紧法兰螺栓，如图2-4-2-8所示。25t吊车用于吊斗送入进行配合作业。

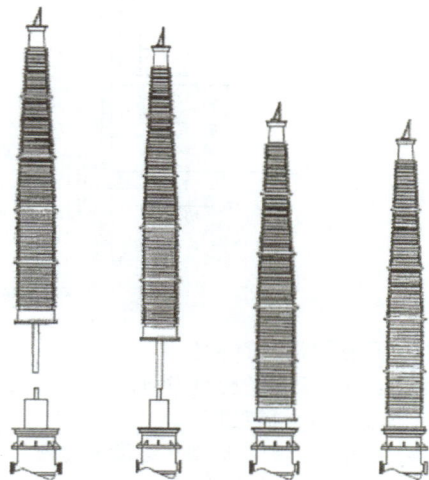

图2-4-2-8　用力矩拧紧法兰螺栓

（三）SF₆ 配管和密度计的安装

（1）对配管、接头、O 形密封圈、壳体法兰面等进行清理，使用高纯氮气吹拂配管和接头，并仔细擦拭。

（2）法兰密封槽中按规定涂敷气体密封胶，装入 O 形圈，然后在法兰面按规定均匀涂敷气体密封胶。

（3）进行配管、接头等装配，使用螺栓按标准力矩值紧固，并打标记。

（4）按照气室进行相应密度计装配，并进行紧固。

（四）装配要求

（1）各单元安装前须清理好密封面，装好密封圈，所有打开的密封面的密封圈都须更换。密封圈使用前应仔细检查密封面无划伤、裂痕及杂物附在表面，将密封圈压入密封槽后，用手指均匀压 1～2 圈，使密封圈贴在密封槽内。

（2）安装时需用 1 台 50t 吊车缓慢起吊至安装位置，卸去其尾部保护罩，清理导电杆及盆式绝缘子，然后吊起安装单元，使导电杆对准母线筒中的触头座，缓慢落下，将导电杆插入触头座中，使套管法兰与母线筒法兰对正，拧紧螺栓。

（3）回路连接完成后，重新填充吸附剂。参照厂家图纸中吸附剂的安装部位，将吸附剂装入吸附装置，随后尽快抽真空。吸附剂暴露空气时限为 30min，吸附剂放在吸附装置内，仅限于现地需要重新抽真空的气体隔室，对工厂内已经进行过气体处理的隔室不得松开吸附装置安装螺栓。

（4）安装工作须在厂家现场服务人员的指导下进行，每一步骤完成后须得到厂家人员认可后再进入下一步施工，并做好相关记录。

（5）所有安装工作完成并得到厂家人员确认后安装地基螺栓，接地线、导流排。

（五）安装工艺要求

（1）拆卸时间。开始对接或者临时设备已经放好，防尘和其他准备工作已经做好时，可以移去运输盖板。在运输盖板移去后的时间里，HGIS 内部表面暴露在外部的时间要尽可能短。

（2）运输盖板移除。

1）法兰型运输盖板的拆卸作业如图 2-5-2-9 所示。

2）拆卸凸出型（下文称作"礼帽型"）运输盖板，如图 2-5-2-10 所示。

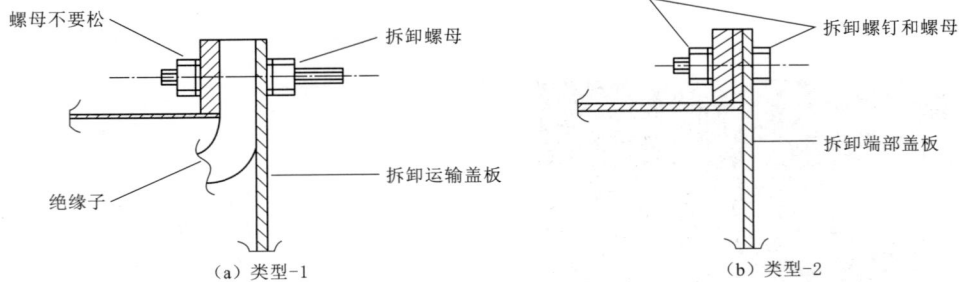

（a）类型-1　　　　　　　　（b）类型-2

图 2-4-2-9　拆卸法兰型运输盖板

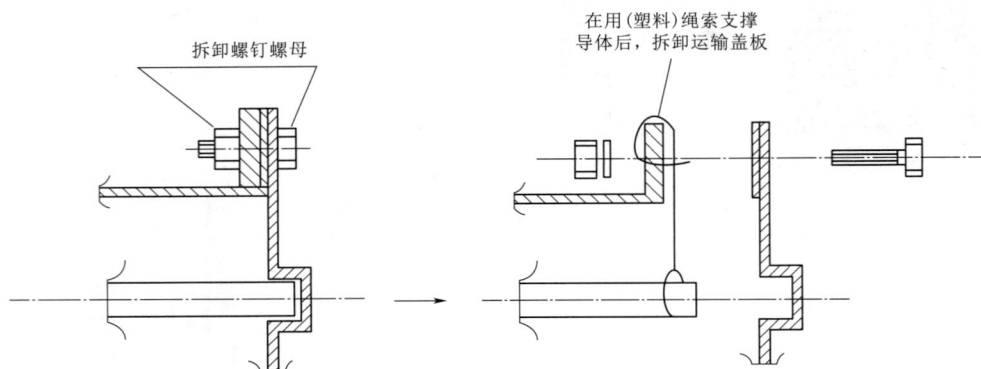

图 2-4-2-10　拆卸凸出型运输盖板

（3）拆卸运输盖板时的注意事项。

1）拆去运输盖板上的螺母/螺母时产生的漆皮脱落、碎屑、粉尘等要用吸尘器吸除。

2）小心地用手指将 O 形圈从绝缘子的密封沟槽中取出，禁止用金属棒或者其他工具取出。

3）移去运输盖板后，切记不可损坏壳体的气体密封表面，以及绝缘子表面，如图 2-5-2-11 所示。

4）移去运输盖板后，要确认绝缘子表面和导体表面不能有异物残留。如果发现异物，要使用喷洒了酒精的白色针织布擦去。然后用干净的塑料罩包裹设备部分，防止异物进入设备内部。

5）当移去"礼帽型"运输盖板时，首先金属丝（或

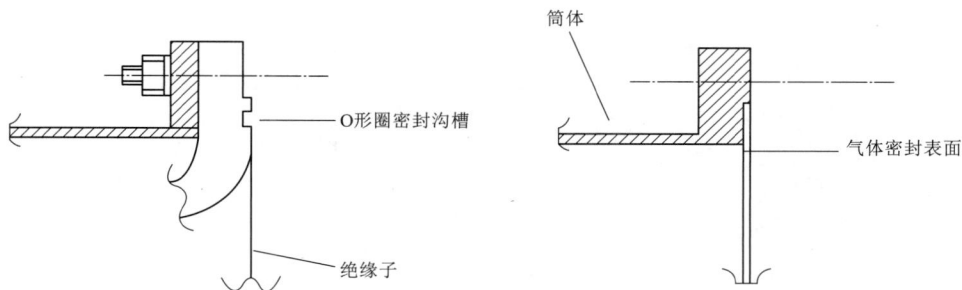

图 2-4-2-11　用手指将 O 形圈从绝缘子的密封沟槽中取出

者吊索）吊住运输盖板凸出的部分，（必要时，使用汽车吊或者门形起重机），然后去掉螺栓和螺母，然后慢慢移去运输盖板。当在运输盖板和壳体间进行清洁工作时，导体和运输盖板分离前，要使用干净的塑料绳索将导体吊起，然后移去运输盖板。

6）出于运输上的考虑，运输盖板内部设置有干燥剂。拆卸运输盖板后，确认要把干燥剂全部取出。

（六）清理对接部位

在移去运输盖板之后，开始对接之前，清理对接部位。

（1）对于用螺杆连接的装配单元，在两个对称的螺杆上面加上导向套或者在一侧退出两个双头螺杆以后，加上两个导向杆来保证两个单元无倾斜地连接。

（2）用一般白布擦去螺杆上的油脂和油漆层。

（3）用白色针丝布擦去壳体法兰表面的防腐油脂（TSK5403L），如图 2-4-2-12 所示。

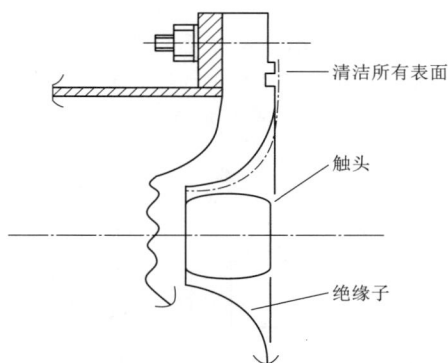

图 2-4-2-12　用白色针丝布擦去壳体法兰表面的防腐油脂

（4）准备干净的白色针丝布，按图 2-4-2-13 所示方法折叠起来。用喷过酒精的蓝色擦拭纸清洁绝缘件表面，杜绝异物残留。

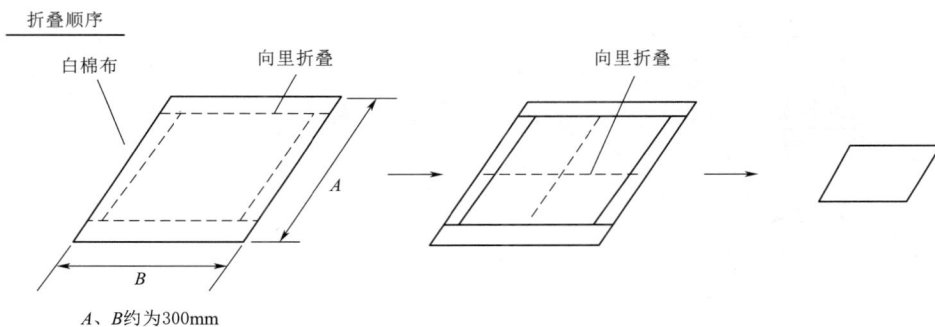

图 2-4-2-13　白色针丝布折叠方法

（5）充分确认密封槽清洁。用酒精壶喷过酒精的白布彻底清洁壳体法兰的气体密封表面，如图 2-4-2-14 所示，杜绝异物残留。

（6）擦去附着在（固联在绝缘子上的）导体接触表面的导电脂（B8），同时另行涂上新的薄薄一层导电脂（B8），但不能粘碰到绝缘子表面上。用酒精壶喷过酒精的白色针丝布清洁导体表面。不要擦去接触子表面的导电脂。如图 2-4-2-15 所示。

（7）装入 O 形圈用酒精壶喷过酒精的白色擦拭纸清洁新的 O 形圈，并确认绝对没有异常。

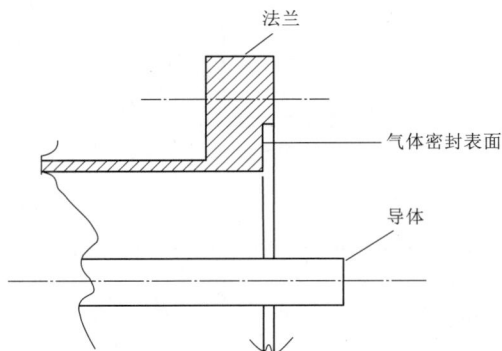

图 2-4-2-14　清洁壳体法兰的气体密封表面

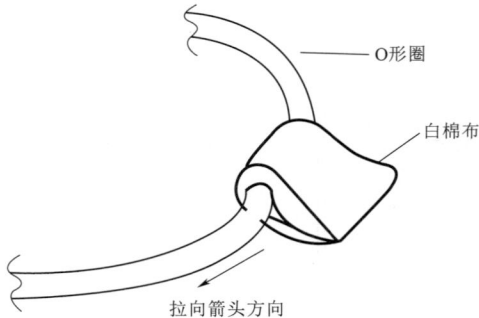

图 2 - 4 - 2 - 15　用酒精壶喷过酒精的白色针丝布
清洁导体表面

用大拇指将 O 形圈压入 O 形凹槽中，如图 2 - 4 - 2 - 16 所示。确认 O 形圈的每部分都完全在 O 形凹槽中。放入前/中/后，确认不要粘附任何异物。

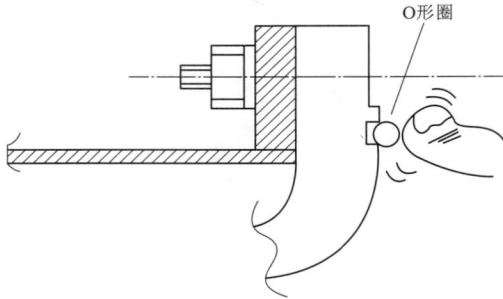

图 2 - 4 - 2 - 16　用大拇指将 O 形圈压入 O 形凹槽中

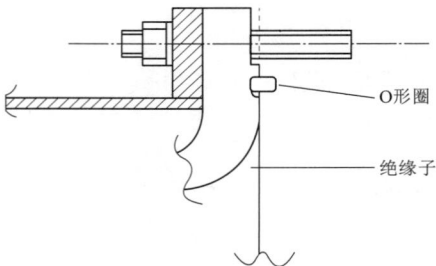

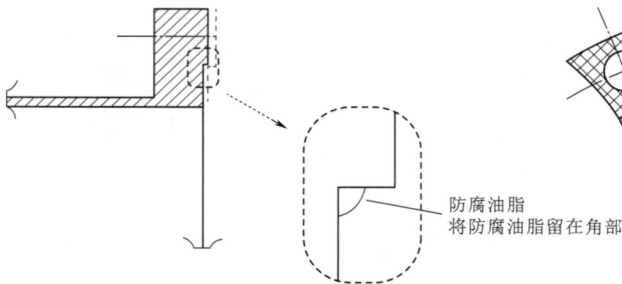

图 2 - 4 - 2 - 17　防腐油脂的使用方法

（七）法兰防腐保护

1. 涂敷防腐油脂

小心彻底地清洁法兰装配表面，之后立即使用防腐油脂 TSK - 5403L 涂覆保护。

2. 防腐油脂的使用方法

（1）方法 a。如图 2 - 4 - 2 - 17 所示，用手指将适量的防腐油脂涂于表面，法兰表面的颜色变成防腐油脂的颜色。在这种情况下，如果用刷子，切忌把（脱落的）刷毛残留在法兰表面。

（2）方法 b。将少量防腐油脂涂于干净的白色针丝布上，然后用该布摩擦法兰表面，直到防腐油脂均匀地分布在全部表面，并成为薄薄一层油膜。

3. 处理后检查

检查设备内部和绝缘树脂表面是否粘有防腐油脂。如果粘上了防腐油脂，分别用喷过酒精的白色针丝布和蓝色擦拭布擦去。

4. 对接后检查

对接完成后，用白色针丝布擦去法兰表面过量的防腐油脂。

（八）螺栓螺母的紧固

按照下面的要求紧固螺栓螺母，如图 2 - 4 - 2 - 18 所示。

（1）对接部位。

1）用指定力矩值的力矩扳手最终紧固。

2）用力矩扳手检查对面的螺母是否拧紧。

（2）螺栓尺寸和力矩值的关系见表 2 - 4 - 2 - 1。

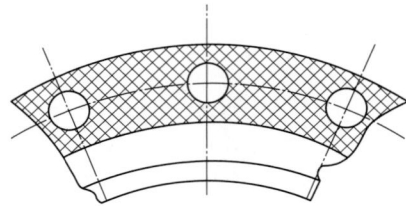

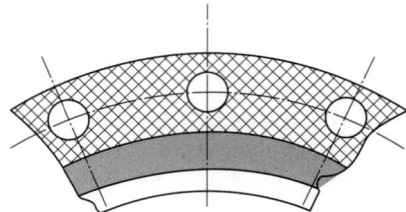

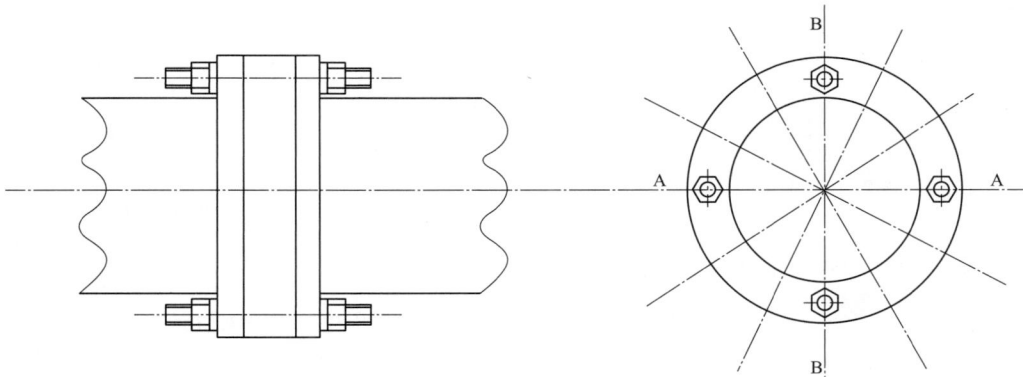

图 2-4-2-18　紧固螺栓螺母

注：步骤1—同时紧固A位置的螺母；步骤2—同时紧固B位置的螺母；步骤3—依次紧固剩余的螺母；
步骤4—用力矩扳手紧固所有的螺母；步骤5—用力矩扳手检查对面的螺母是否拧紧

表 2-4-2-1　　螺栓尺寸和力矩值的关系

螺母尺寸	力矩值/(N·m)
M8	22～30
M10	45～59
M12	78～104
M16	193～257
M22	512～683
M24	651～868
M30	1293～1723

（3）现场紧固对接部位所使用力矩扳手，必须为经过校核，且在校核合格规定时间范围内，由 HGIS 生产厂家提供。

（4）紧固螺栓需要在厂家人员指导下，按照正确的紧固顺序，进行作业。

（5）做紧固标记。确认紧固力矩后，用红色记号笔一个一个地划出检查标记，如图 2-4-2-19 所示。

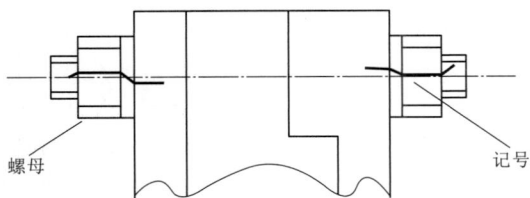

图 2-4-2-19　做紧固标记

（九）控制电缆配线

控制电缆配线的工作程序如图 2-5-2-20 所示。

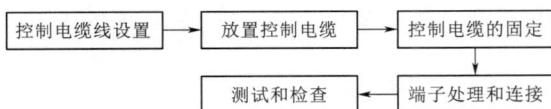

图 2-4-2-20　控制电缆配线工作程序

1．控制电缆线设置

根据最终版电缆连接图，确定控制电缆放置路线。

2．放置控制电缆

（1）剪断控制电缆前，要确定每个回路的电缆长度；综合考虑电缆组合情况，使整卷电缆被充分利用。

（2）敷设电缆时要小心，不要使电缆护层损坏。

3．控制电缆的固定

放置电缆后，用鞍形压板进行固定。

4．端子处理和连接

端子处理和连接方法如图 2-4-2-21 所示。

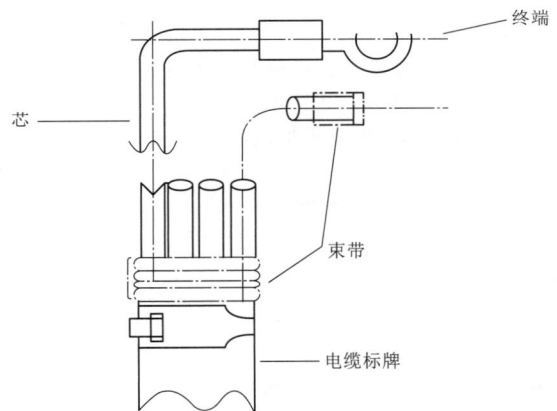

图 2-4-2-21　端子处理和连接方法

5．电缆芯端部处理

（1）选择端头类型。使用下列无焊接的端头：

1）圆形端头（裸露型无焊料端头）。

2）绝缘圆形端头（绝缘型无焊料端头）。

（2）剥离保护层。如图 2-4-2-22 所示，用剥线钳剥去电缆保护层。剥皮时要小心，不要损坏电缆芯。

（3）选择端子类型。绝缘型端子的截面积为 2.0mm²、3.5mm² 和 5.5mm²，不要选错类型。

（4）选择工具进行端子处理。选用合适的工具，正确地压接端子，如图2-4-2-23所示。

电线尺寸 /mm²	L/mm
2	6.1~7.1
3.5~5.5	8.1~9.1

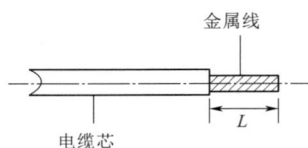

图2-4-2-22 电缆剥离保护层

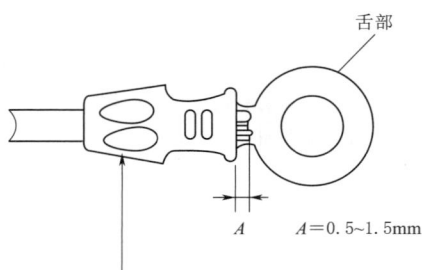

图2-4-2-23 压接端子、压紧标记在与舌部平行的中心位置

（5）不要剪下没有压接端子（不用）的电缆芯；包好电线末端，把电缆芯卷起并且用带子或中性材料缠绕固定。

（6）根据电缆连接图，把压接后的电缆芯连接起来。小螺母要适当紧固。

6. 安装后检查

（1）端子压接后，要仔细检查每根电缆芯，看是否存在没有压紧的端子。

（2）没有错误连接（根据电缆连接图，用回路测试器检查电线连接）。

（十）清理作业注意事项

（1）采用搭建防尘帐篷，做好防护工作；对作业区环境进行清理，并清理壳体表面的灰尘；检测环境湿度不超过70%后可以开盖进行清理作业。

（2）开盖清理前，待开的罐体应确认收气、回气，且断路器应位于分闸状态，确认无误后，方可继续进行作业。

（3）在进入罐体前，必须检测罐体内含氧量，含氧量必须大于19.5%标准才可进入，且人进入罐体进行清理操作时，需有专人监护。

（4）确认操作者穿戴好一次性进罐服、头套、鞋套等，保证操作者自身清洁。

（5）确认操作者进罐清理时带入的酒精瓶、吸尘器管道、强光手电等已清理干净。清理完成后清点所用工具、辅消材料，带入带出物品需一致，并妥善收回所用的废纸、吸尘器等物品。

（6）用擦拭纸清理时应先擦绝缘件，然后再擦金属件，用过的擦拭纸不得擦绝缘件。

（7）在需要修整作业时，应同时开启吸尘器，及时清理掉修整作业中产生的粉末。

（8）清理作业完毕后，应立即更换吸附剂并封盖恢复。

（9）清理时需对内部状态进行检查。

（十一）断路器单元清理作业

（1）从机构侧大盖板向非机构侧大盖进行清理；拆下盖板一周的螺栓，用吸尘器清除拆卸螺栓过程可能产生的异物；打开盖板，使用棉纱擦拭壳体支管法兰面的油脂，然后用擦拭纸蘸酒精擦拭法兰面。

（2）依次目视和用手触摸检查电阻屏蔽、静侧屏蔽罩、动侧屏蔽罩表面及棱边、框架顶部及下部屏蔽是否有划伤和毛刺，并进行抛光清理。壳体内壁有无凸起的油漆颗粒，用百洁布抛光清理。在清理过程中用吸尘器同时持续吸除抛光过程产生的异物，然后用擦拭纸蘸酒精逐一进行擦拭；此步骤重点检查动静侧屏蔽外表面，需光滑，无毛刺。

（3）接着使用吸尘器对框架内部进行清理检查。

（4）目视电阻片表面是否有划伤和毛刺，用吸尘器清理静侧屏蔽内部及静侧支持座。接着目视检查动静侧触头有无异常，并使用吸尘器进行清理，使用新的擦拭纸擦拭绝缘支持棒及电容管，注意连接处的清理，即每一段均先擦拭绝缘件，然后再擦拭金属件，擦拭了金属件的擦拭纸不能再用于擦拭绝缘件。

（5）最后进行灭弧室下部轴封部位清理，首先使用吸尘器对绝缘支持台上下连接部位一周进行清理，接着用擦拭纸擦拭绝缘台内外表面，直至纸面无异物和明显变色为合格。最后使用擦拭纸擦拭屏蔽。此步骤中应重点对绝缘台连接处缝隙及其表面进行清理。

（十二）套管下部罐清理作业

（1）套管安装后、抽真空充气前，打开套管接头单元的检修手孔盖板，检测确认母线筒内部氧气含量不低于19.5%后，身着一次性进罐服进入母线筒进行清理。

（2）清理两遍。

1）第一遍，对内部整体进行一次清理，主要是绝缘盆子表面、套管绝缘支撑、壳体内表面、内导屏蔽等零部件，使用吸尘器清理，然后用擦拭纸蘸酒精清理，直至擦拭纸表面无异物和变色为合格。特别注意屏蔽罩和导体表面是否有划伤、棱边是否有毛刺。

2）第二遍，对内部绝缘件进行清理，用擦拭纸蘸酒精对绝缘盆子、套管绝缘支撑的表面进行擦拭清理，直至擦拭纸表面无异物和变色为合格。

（3）清理作业需关注屏蔽罩、绝缘盆子装配接缝和导体插接部位等易隐藏异物的部位，使用吸尘器进行清理。

（十三）更换吸附剂

该工作要在对接和配管完成后、抽真空开始前进行，而且必须在30min内完成。

1. 检修孔吸附剂更换

（1）设备端口使用塑料布包扎防尘，拆下盖板上的吸附剂罩，取出原有的吸附剂。

（2）清理盖板、吸附剂罩、O形圈等零件。

（3）检查确认吸附剂的真空包装未破损、吸附剂未受潮，打开吸附剂的真空包装袋，将吸附剂装入吸附剂罩，盖上盖板，使用夹子夹紧。

（4）将吸附剂组件装入盖板，将螺钉紧固到标准力矩值，并做标记。

（5）设备法兰面按要求进行清理，视槽型按照规范涂敷气体密封胶或道康宁111，盖板密封槽中装入O形圈。

（6）将更换了吸附剂的盖板装配至设备法兰面，使用螺栓按标准力矩值紧固，并做好标记。

2. 铸件大盖板吸附剂更换（清理时需要打开）

（1）拆下盖板上的吸附剂罩，取出原有的吸附剂。

（2）清理盖板、吸附剂罩、O形圈等零件。

（3）检查确认吸附剂的真空包装未破损、吸附剂未受潮，打开吸附剂的真空包装袋，将吸附剂装入吸附剂罩，螺钉涂乐泰241，将螺钉紧固到标准力矩值，并做好标记。

（4）将吸附剂组件装入盖板，将螺钉紧固到标准力矩值，并做好标记。

（5）设备法兰面按要求进行清理，按照规范涂敷道康宁111，盖板密封槽中装入O形圈。

（6）将更换了吸附剂的盖板装配至设备法兰面，使用螺栓按标准力矩值紧固，并做好标记。

3. 注意事项

（1）吸附剂不能在雨中或湿度大于70%时更换。

（2）吸附剂从密封装置取出到装入产品的时间不要超过15min。

（3）当吸附剂试纸变色，即需更换吸附剂，或对吸附剂进行活化处理。

（4）更换吸附剂。吸附剂放在吸附装置内，仅限于现场需要重新抽真空的气体隔室。吸附剂暴露空气时限为30min，不要去松开PT和CT的吸附装置安装螺栓，该设备在工厂内已经给这些设备进行过气体处理，并已经充入了适当压力的SF6气体。

（5）打开吸附装置如图2-4-2-24所示。

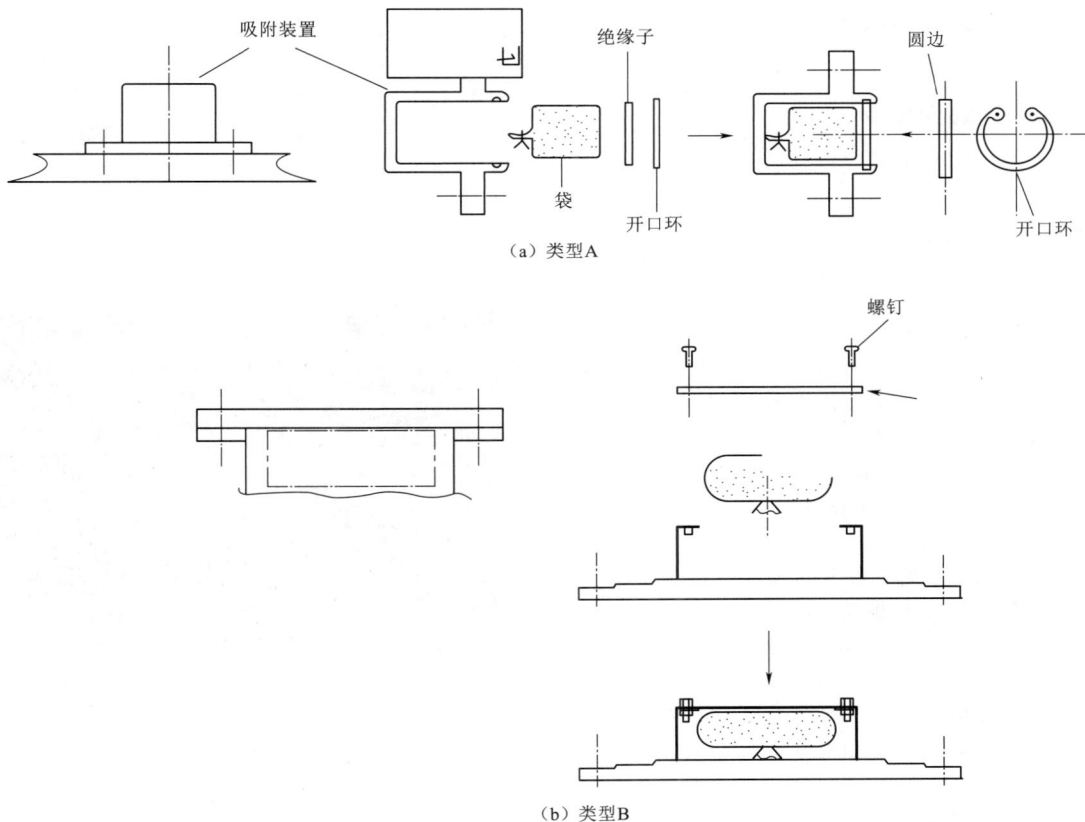

图2-4-2-24 打开吸附装置

（6）更换吸附剂。

1）扔掉旧吸附剂，填充足量的新吸附剂，其数量以用绳子可以绑住袋子为限。封住装有新吸附剂的袋子口，吸附剂暴露空气时限为30min，如图2-4-2-25所示。

2）重新装配吸附装置。把吸附剂袋子、绝缘垫板、孔用弹性挡圈依次装入吸附装置。清洁整理吸附装置，塞入O形圈，然后涂覆防腐油脂。最后，把吸附装置装入HGIS。

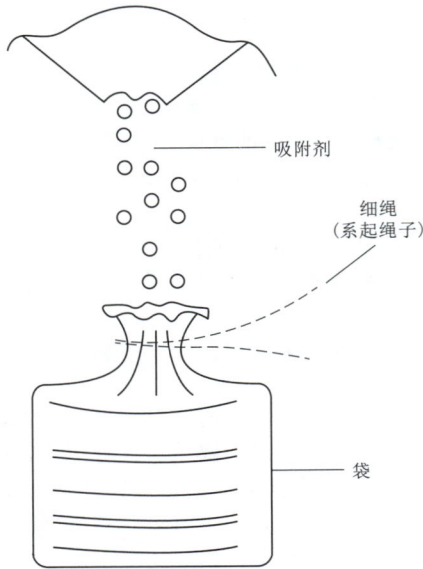

图 2-4-2-25　封住装有新吸附剂的袋子口

第三节　变电站装配式电缆沟安装

一、装配式电缆沟特点

目前在输变电工程中多数变电站属于无人值守变电站，而电缆沟作为变电站中的重要基础设施之一，它的过程施工及后期维护也显得格外重要，而装配式电缆沟恰好改变了变电站传统的土建设计和施工模式，通过工厂生产预制、现场安装两大阶段来替代以往较为烦琐的现浇或砖砌式电缆沟，这无疑对施工现场的管理和施工进度带来了极大的提升。项目部通过对以往施工工艺的对比及后期使用情况调查，电缆沟选型基本原则为：以人为本、环境友好、安全可靠、简洁适用，创新优化、节约资源。因此本工程针对 220kV 配电装置室采用了82m 装配式电缆沟，根据已有装配式电缆沟的施工经验，部对装配式电缆沟从工艺细节上进一步优化，并提出新疆地区装配式电缆沟的优势，在充分发挥装配式电缆沟优势的同时，降低工程造价并提高施工的独立性，从而达到全寿命周期的优化。装配式电缆沟具有以下特点。

（1）采用工厂化生产，外形美观、色泽一致、不吸水、耐久性好且质量可控、安全可靠。针对工期紧、要求高且需要冬季施工的项目可相对降低综合成本，如图 2-4-3-1 所示。

（2）现场不使用模板浇筑，可以比现浇电缆沟缩短工期 70% 左右，减少施工人员数量，减少施工车辆的使用，减少现场施工用水量，在干旱（新疆）、缺水地区极其适用，利于现场各项管理。

（3）接口采用企口和止水胶条连接，之后用树脂胶二次密封，防水效果达到现浇工艺水平，避免因冬季施工造成的各类质量通病。

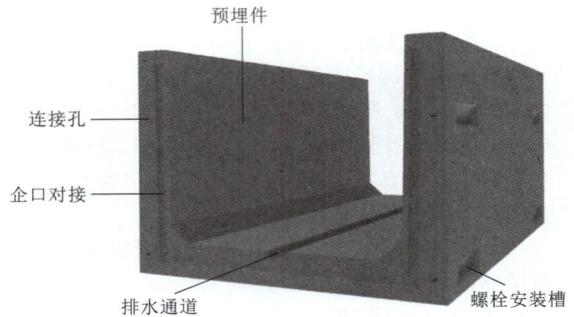

图 2-4-3-1　工厂化生产的装配式电缆沟

（4）电缆沟每 2m 作为一单元，两个单元间预留5mm 缝隙，采用柔性连接。柔性连接通过螺栓固定在两个单元上。地震时发生弹性变形，可有效减缓地震对电缆沟的破坏。

（5）电缆沟侧壁外边缘采用不锈钢金属包边，避免运输或安装中因碰撞导致侧壁边缘出现缺口，影响电缆沟整体的美观性。

二、电缆沟组装方法

（1）以沟壁外侧预留吊装孔洞为吊点绑扎钢丝绳。

（2）电缆沟起吊离地 500mm 后在起重工的指挥下由2 名普工将电缆沟平稳落位在找平层上。

（3）用千斤顶调整电缆沟轴线，随即将电缆沟落位到轴线上，将第二块电缆沟的凸槽顶到第一块电缆沟的凹槽内用圆钢临时固定。

（4）将螺杆插进两块装配式电缆沟预留孔洞内，并锁紧，如图 2-4-3-2 所示。

图 2-4-3-2　电缆沟组装

三、电缆沟组装注意事项

（1）安装全过程中，专职安全员必须全程进行安全监控。作业负责人、技术负责人、安全负责人在工作期间必须坚守岗位，不得擅离职守。

（2）电缆沟起吊必须由起重工统一指挥，并按规定口令行动和作业。在起吊过程中，应有统一的指挥信号，参加施工的全体人员必须熟悉此信号，以便各操作岗位协调动作。吊装的指挥人员作业时应与吊车驾驶员密切配合，执行规定的指挥信号。驾驶员应听从指挥，当信号不清或错误时，驾驶员可拒绝执行。

（3）设置吊装禁区，非施工人员未经许可严禁进入安装现场。

（4）吊装前，吊车行进路线路基应夯结实，确保起重机在吊装过程中路基不塌陷。吊装时，在吊车停机位可以垫厚钢板，确保吊车的稳定性。

（5）禁止吊车斜吊，避免吊起的重物不在吊车起重臂顶的正下方，吊物下方禁止逗留。

四、施工优点

采用变电站工程工业化装配式电缆沟结构设计与施工方案，其施工优点如下：

（1）工业化加工制作电缆沟、现场安装，节能环保，贯彻落实"两型一化"和"绿色施工"的精神。大大提高了企业声誉和社会竞争力，具有良好的社会效益，如图2-4-3-3所示。

（2）装配式电缆沟采用钢模板技术和蒸汽养护，实体质量好，无裂纹、龟裂等质量通病现象，对冬季施工的项目能够提供良好的质量保证。混凝土采用多次振捣，

其外观质量达到清水混凝土标准。为工程创优创造良好条件，提高了电网建设质量水平。

图2-4-3-3　装配组装好的电缆沟

（3）电缆沟接缝全部采用黑色硅酮结构胶勾缝，线条顺直、工艺美观。

（4）电缆沟安装易操作，功效快，施工周期短，投用后避免后期产生的各种质量通病。

第五章

荆门-武汉1000kV特高压交流线路落地双平臂抱杆组立钢管塔施工

第一节　荆门-武汉 1000kV 特高压交流输变电工程线路工程特点

一、基本情况

（一）施工标段

荆门-武汉 1000kV 特高压交流输变电工程线路工程施工 1 标段线路起于荆门 1000kV 变电站构架，止于湖北省天门市与京山市市界（N1081 塔），本标段不包含汉江大跨越段（N1046L～N1049L、N1046R～N1049）。

本标段途经湖北省荆门市沙洋县、钟祥市及天门市，沿线海拔在 30～70m 之间，线路全长 2×39.062km，其中平地 20.736km（53.2%）、丘陵 11.069km（28.4%）、河网 7.172km（18.4%）。

（1）地形。沿线地形主要为平地 20.736km（53.2%），丘陵 11.069km（28.4%），河网 7.172km（18.4%），沿线海拔在 30～70m 之间。

（2）沿线地质。地层以粉质黏土、砂层以及砾卵石层为主，地层起伏较小。

（3）地貌。平地、丘陵地貌均分布有水田、旱地。

（4）气象条件。离地 10m 高设计基本风速为 27m/s，设计覆冰厚度为 10mm，最低气温 -20℃。

（二）铁塔情况

本标段新建铁塔 76 基（其中直线塔 59 基，耐张塔 17 基），全线采用双回路铁塔，均为四柱法兰钢管塔。

1. 主要跨越情况

跨越 ±500kV 龙政线 1 次、220kV 电力线路 2 次、110kV 电力线路 2 次、35kV 电力线路 1 次、枣石高速公路 1 次、219 省道 1 次。

2. 本标段铁塔所处的地形情况

（1）N1001～N1030 位于丘陵地形。

（2）N1031～N1080 地形位于平地，其中 N1003、N1004、N1010、N1012～N1018、N1023、N1026、N1030、N1035、N1041、N1042、N1054、N1061、N1065、N1066 塔基占地全部或部分位于虾塘中。

（三）立塔机械选择

荆门-武汉 1000kV 特高压交流输变电工程线路工程（1 标）采用落地双平臂抱杆组立钢管铁塔的施工方法。

二、塔型

（一）塔型及数量

（1）全线采用双回路铁塔，均为四柱法兰钢管塔，使用塔型及数量见表 2-5-1-1。

（2）运输条件。全线路运输主要利用 S219 省道、S107 省道、S216 省道、石子路、土路等；平地小运输条件一般，可以利用县道、进村水泥路、施工临时修筑道路运输。

表 2-5-1-1　荆门-武汉 1000kV 特高压交流输变电工程线路工程（1 标）塔型及数量

塔　型	单　位	数　量
SDJ27102	基	1
SJ27101	基	3
SJ27102	基	1
SJ27103	基	7
SJ27104	基	2
SJ27105	基	3
SZ27102	基	10
SZ27103	基	15
SZ27104	基	27
SZ27105	基	2
SZK27101	基	5

（二）结构

本工程铁塔结构图如图 2-5-1-1、图 2-5-1-2 所示，图 2-5-1-1 为耐张塔单线图，图 2-5-1-2 为直线塔单线图。

第二节　施　工　说　明

一、线路方向及塔腿编号

工程路径如图 2-5-2-1 所示。

以 1000kV 武汉变电站作为线路前进方向，施工图所涉及的前后左右和螺栓穿向均以此方向为准，如图 2-5-2-2 所示。

二、铁塔基础检查

铁塔组立施工前应对照《1000kV 架空输电线路施工及验收规范》（Q/GDW 1153—2012）（以下简称《规范》）、《1000kV 架空送电线路工程施工质量检验及评定规程》（Q/GDW 1163—2012）及《国家电网有限公司输变电工程施工质量验收统一表式》中的有关规定，对基础进行复测，主要包括以下内容：

（1）测量基础地脚螺栓的根开、对角线的尺寸及基础扭转。

（2）测量基础顶面的相对高差。

（3）测量地脚螺栓的小根开、偏心及露出顶面的高度。

（4）测量转角塔的预偏值、转角度数和转角方向。

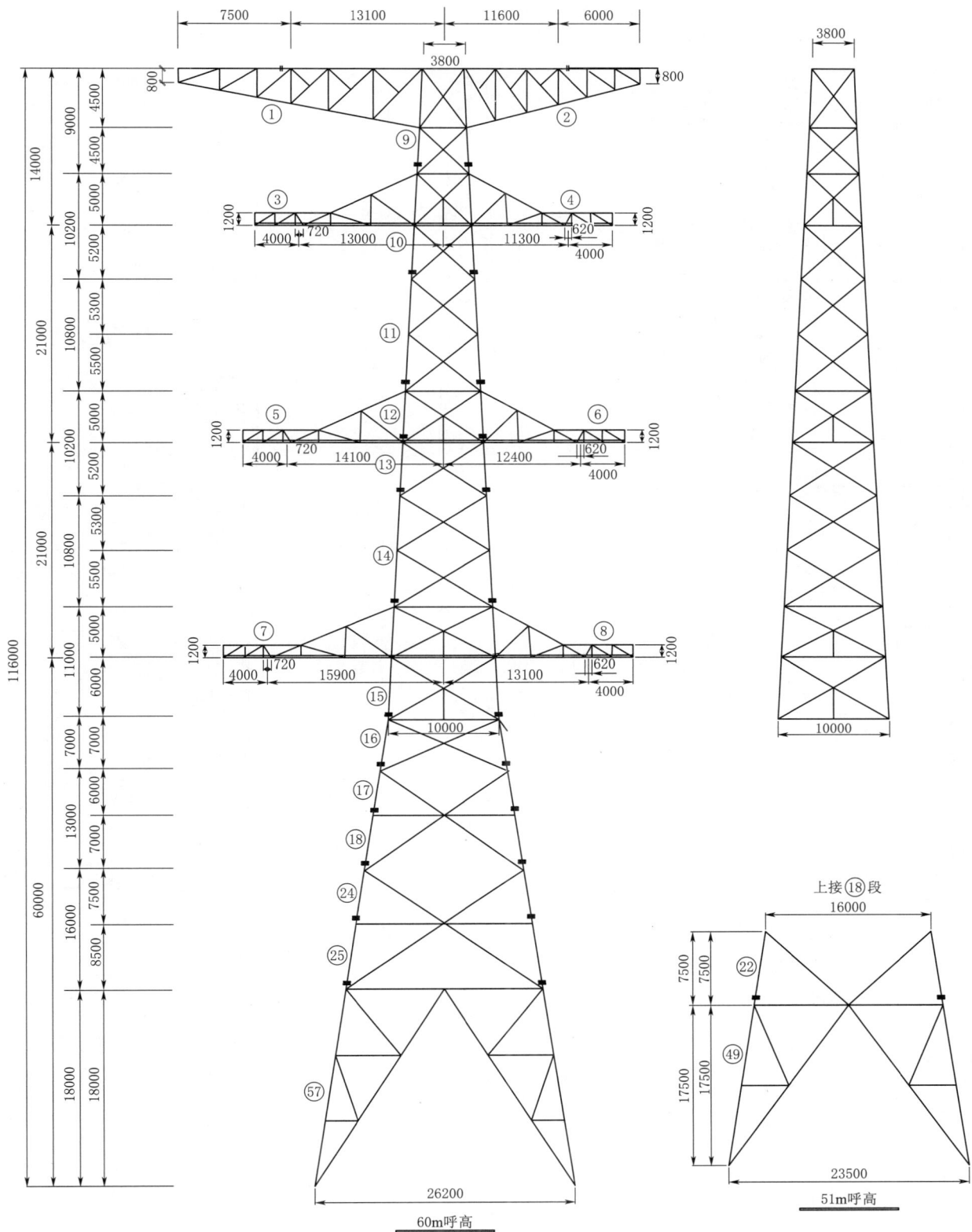

图 2-5-1-1 耐张塔单线图 (单位: mm)

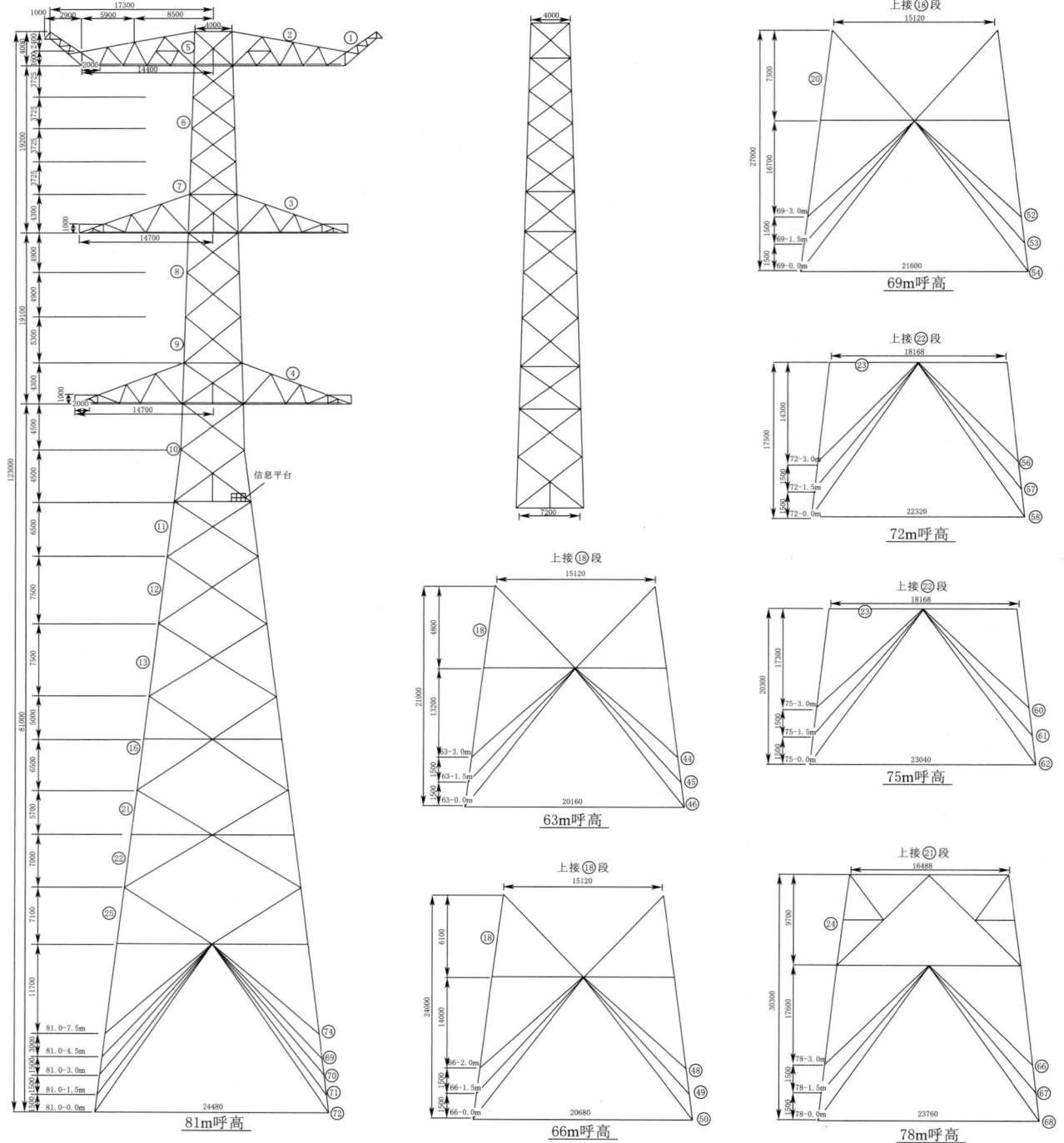

图 2-5-1-2　直线塔单线图（单位：mm）

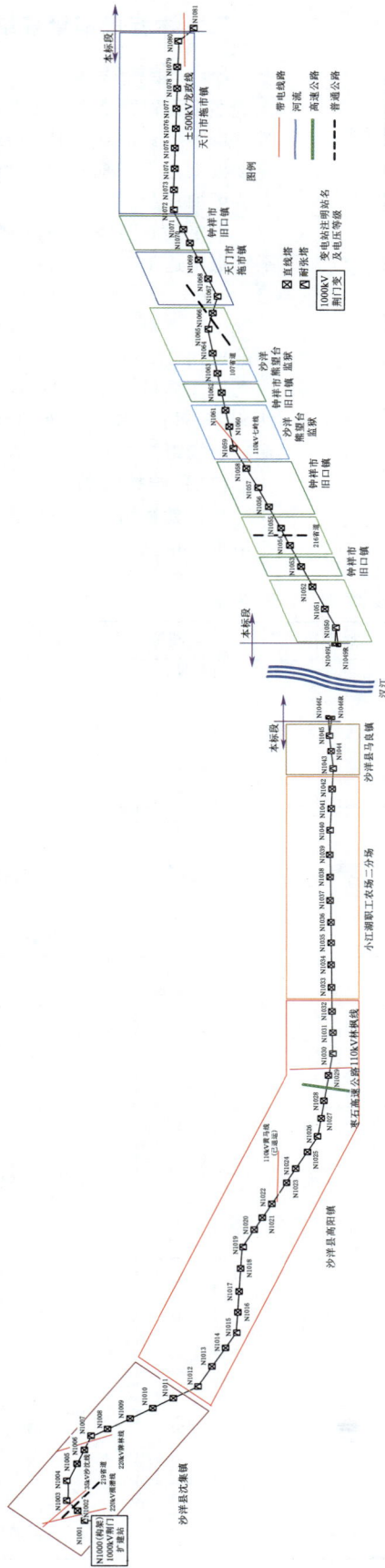

图 2-5-2-1 荆门-武汉 1000kV 特高压交流输变电工程线路工程路径图

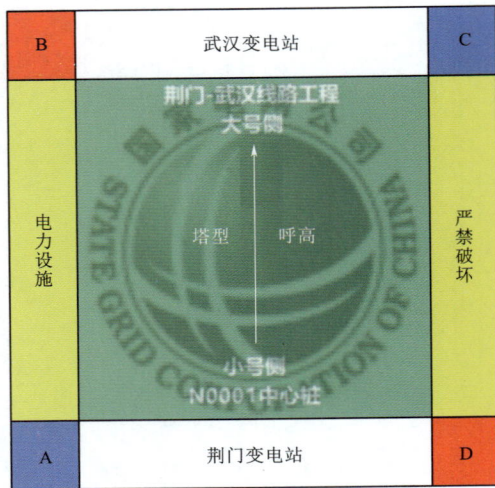

图 2-5-2-2　施工图所涉及的前后左右
和螺栓穿向规定

三、本标段钢管塔结构特点和结构参数

（一）结构特点

本工程钢管塔设计上具有根开大、外形高、横担长、塔材重等主要特点，钢管塔单体构件重，管状结构复杂，连接板工艺细，横担和地线支架结构尺寸长、重量大，安装更加复杂。

本工程的同塔双回路钢管塔单基塔重在 101～283t，平均塔重达 153t，塔高在 93.3～132.8m，最大单件长度 11.999m，最大单件重量 3576.3kg，钢管最大直径为 762mm，基础根开在 16.04～26.54m。耐张塔单侧地线支架最长达 21.5m（N1001），直线塔（含跨越塔）单侧地线支架及横担重量达 4931.4kg，耐张塔最大单侧横担重达 9527.9kg（N1001 外角侧下横担），个别塔位塔材运输、现场组立等施工难度大，安全管控压力大。

（二）结构参数

具体铁塔结构参数见表 2-5-2-1，铁塔的主材及横担吊重分析见表 2-5-2-2。

表 2-5-2-1　铁 塔 结 构 参 数 表

桩号	塔形	呼高/m	塔腿	减腿/m	通用段	塔腿段	全高/m	塔重/t	地形	半根开/m
N1001	SDJ27102	48	A	−1.5	1～15、16、17	40	104	283.0918	丘陵	11637.5
			B	0		41				11870
			C	−1.5		40				11637.5
			D	−3		39				11405
N1002	SZ27102	67.5	A	−3	1～12、21、22、48、49	50	109.8	118.5635	丘陵	9670
			B	−1.5		51				9835
			C	−1.5		51				9835
			D	−3		50				9670
N1003	SJ27105	51	A	0	1～18、22	49	107	246.4589	丘陵	11750
			B	0		49				11750
			C	0		49				11750
			D	0		49				11750
N1004	SJ27103	54	A	0	1～16	41	110	216.812	丘陵	11620
			B	0		41				11620
			C	0		41				11620
			D	0		41				11620
N1005	SZ27102	63	A	0	1～12、21、22、41	45	105.3	113.835	丘陵	9340
			B	0		45				9340
			C	0		45				9340
			D	0		45				9340
N1006	SZ27102	69	A	0	1～12、21、22、48、49	52	111.3	120.213	丘陵	10000
			B	0		52				10000
			C	0		52				10000
			D	0		52				10000

续表

桩号	塔形	呼高/m	塔腿	减腿/m	通用段	塔腿段	全高/m	塔重/t	地形	半根开/m
N1007	SJ27104	54	A	0	1~18、22	50	110	230.834	丘陵	11960
			B	−1.5		49				11742.5
			C	0		50				11960
			D	0		50				11960
N1008	SZ27103	72	A	0	1~13、56	60	114.6	132.3684	丘陵	11010
			B	0		60				11010
			C	0		60				11010
			D	0		60				11010
N1009	SZ27105	78	A	0	1~17、51	64	121.5	164.2466	丘陵	12620
			B	0		64				12620
			C	0		64				12620
			D	0		64				12620
N1010	SZ27104	63	A	0	1~13、16、18	46	105.6	127.3366	丘陵	10080
			B	0		46				10080
			C	0		46				10080
			D	0		46				10080
N1011	SZ27104	70.5	A	0	1~13、16、21、22、23	57	113.1	140.9294	丘陵	10980
			B	0		57				10980
			C	0		57				10980
			D	0		57				10980
N1012	SJ27103	48	A	0	1~16	36	104	206.5839	丘陵	10780
			B	0		36				10780
			C	0		36				10780
			D	0		36				10780
N1013	SZK27101	81	A	−1.5	1~16、18	27	123.8	155.3976	丘陵	12010
			B	0		28				12190
			C	0		28				12190
			D	0		28				12190
N1014	SZ27103	75	A	0	1~14	64	117.6	135.5716	丘陵	11370
			B	0		64				11370
			C	0		64				11370
			D	0		64				11370
N1015	SJ27103	45	A	0	1~16	34	101	199.5313	丘陵	10360
			B	0		34				10360
			C	0		34				10360
			D	0		34				10360
N1016	SZ27103	66	A	0	1~13、46	50	108.6	127.0593	丘陵	10290
			B	0		50				10290
			C	0		50				10290
			D	0		50				10290

续表

桩号	塔形	呼高/m	塔腿	减腿/m	通用段	塔腿段	全高/m	塔重/t	地形	半根开/m
N1017	SZ27104	72	A	0	1～13、16、21、22、23	58	114.6	141.9348	丘陵	11160
			B	0		58				11160
			C	0		58				11160
			D	0		58				11160
N1018	SZK27101	90	A	0	1～16、19、20	40	132.8	175.1662	丘陵	13270
			B	0		40				13270
			C	0		40				13270
			D	0		40				13270
N1019	SJ27103	54	A	0	1～16	41	110	216.812	丘陵	11620
			B	0		41				11620
			C	0		41				11620
			D	0		41				11620
N1020	SZ27102	51	A	0	1～11、21、22、23	27	93.3	101.5988	丘陵	8020
			B	0		27				8020
			C	0		27				8020
			D	0		27				8020
N1021	SZ27102	64.5	A	−1.5	1～12、21、22、41	46	106.8	114.8734	丘陵	9505
			B	−1.5		46				9505
			C	−3		45				9340
			D	−1.5		46				9505
N1022	SZ27102	64.5	A	0	1～12、21、22、41	46	106.8	115.2188	丘陵	9505
			B	0		46				9505
			C	0		46				9505
			D	0		46				9505
N1023	SZ27104	78	A	0	1～13、16、21、24	68	120.6	147.7816	丘陵	11880
			B	0		68				11880
			C	0		68				11880
			D	0		68				11880
N1024	SZ27103	72	A	0	1～13、56	60	114.6	133.1128	丘陵	11010
			B	−1.5		59				10830
			C	0		60				11010
			D	0		60				11010
N1025	SZ27103	69	A	0	1～13、51	55	111.6	129.0929	丘陵	10650
			B	0		55				10650
			C	−1.5		54				10470
			D	0		55				10650
N1026	SJ27103	54	A	0	1～16	41	110	216.812	丘陵	11620
			B	0		41				11620
			C	0		41				11620
			D	0		41				11620

桩号	塔形	呼高/m	塔腿	减腿/m	通用段	塔腿段	全高/m	塔重/t	地形	半根开/m
N1027	SZ27103	63	A	−1.5	1～12、41	44	105.6	119.4844	丘陵	9750
			B	−3		43				9570
			C	0		45				9930
			D	0		45				9930
N1028	SZ27103	66	A	−1.5	1～13、46	49	108.6	126.7549	丘陵	10110
			B	0		50				10290
			C	0		50				10290
			D	−3.0		48				9930
N1029	SZ27104	75	A	0	1～13、16、21、22、23	62	117.6	144.9981	丘陵	11520
			B	0		62				11520
			C	0		62				11520
			D	0		62				11520
N1030	SJ27101	51	A	0	1～13、15、16、18	42	107	197.1666	丘陵	11200
			B	0		42				11200
			C	0		42				11200
			D	0		42				11200
N1031	SZ27104	66	A	0	1～13、16、19	50	108.6	129.0984	平地	10440
			B	0		50				10440
			C	0		50				10440
			D	0		50				10440
N1032	SZ27104	67.5	A	0	1～13、16、20	53	110.1	132.8058	平地	10620
			B	0		53				10620
			C	0		53				10620
			D	0		53				10620
N1033	SZ27104	69	A	0	1～13、16、20	54	111.6	134.5511	平地	10800
			B	0		54				10800
			C	0		54				10800
			D	0		54				10800
N1034	SZK27101	79.5	A	0	1～16、18	27	122.3	153.8655	平地	12010
			B	0		27				12010
			C	0		27				12010
			D	0		27				12010
N1035	SZ27104	78	A	0	1～13、16、21、24	68	120.6	147.7816	平地	11880
			B	0		68				11880
			C	0		68				11880
			D	0		68				11880
N1036	SZ27104	63	A	0	1～13、16、18	46	105.6	127.3366	平地	10080
			B	0		46				10080
			C	0		46				10080
			D	0		46				10080

桩号	塔形	呼高/m	塔腿	减腿/m	通用段	塔腿段	全高/m	塔重/t	地形	半根开/m
N1037	SZ27104	72	A	0	1～13、16、21、22、23	58	114.6	141.9348	平地	11160
			B	0		58				11160
			C	0		58				11160
			D	0		58				11160
N1038	SZ27104	72	A	0	1～13、16、21、22、23	58	114.6	141.9348	平地	11160
			B	0		58				11160
			C	0		58				11160
			D	0		58				11160
N1039	SZ27104	63	A	0	1～13、16、18	46	105.6	127.3366	平地	10080
			B	0		46				10080
			C	0		46				10080
			D	0		46				10080
N1040	SZ27105	63	A	0	1～14、35	39	106.5	139.2268	平地	10670
			B	0		39				10670
			C	0		39				10670
			D	0		39				10670
N1041	SZ27104	63	A	0	1～13、16、18	46	105.6	127.3366	平地	10080
			B	0		46				10080
			C	0		46				10080
			D	0		46				10080
N1042	SZ27103	63	A	0	1～12、41	45	105.6	120.421	平地	9930
			B	0		45				9930
			C	0		45				9930
			D	0		45				9930
N1043	SJ27101	54	A	0	1～13、15、16、18	46	110	202.084	平地	11620
			B	0		46				11620
			C	0		46				11620
			D	0		46				11620
N1044	SZ27102	69	A	0	1～12、21、22、48、49	52	111.3	120.213	平地	10000
			B	0		52				10000
			C	0		52				10000
			D	0		52				10000
N1045	SJ27101	45	A	0	1～13、15、16、17	34	101	186.5018	平地	10360
			B	0		34				10360
			C	0		34				10360
			D	0		34				10360
N1050	SJ27105	55.5	A	0	1～18、24、25	54	111.5	266.8222	平地	12425
			B	0		54				12425
			C	0		54				12425
			D	0		54				12425

桩号	塔形	呼高/m	塔腿	减腿/m	通用段	塔腿段	全高/m	塔重/t	地形	半根开/m
N1051	SZ27104	81	A	0	1～13、16、21、22、25	72	123.6	153.8358	平地	12240
			B	0		72				12240
			C	0		72				12240
			D	0		72				12240
N1052	SZ27104	75	A	0	1～13、16、21、22、23	62	117.6	144.9981	平地	11520
			B	0		62				11520
			C	0		62				11520
			D	0		62				11520
N1053	SZK27101	81	A	0	1～16、18	28	123.8	155.9077	平地	12190
			B	0		28				12190
			C	0		28				12190
			D	0		28				12190
N1054	SZ27104	75	A	0	1～13、16、21、22、23	62	117.6	144.9981	平地	11520
			B	0		62				11520
			C	0		62				11520
			D	0		62				11520
N1055	SZ27104	75	A	0	1～13、16、21、22、23	62	117.6	144.9981	平地	11520
			B	0		62				11520
			C	0		62				11520
			D	0		62				11520
N1056	SZ27104	66	A	0	1～13、16、19	50	108.6	129.0984	平地	10440
			B	0		50				10440
			C	0		50				10440
			D	0		50				10440
N1057	SZ27104	66	A	0	1～13、16、19	50	108.6	129.0984	平地	10440
			B	0		50				10440
			C	0		50				10440
			D	0		50				10440
N1058	SZ27104	63	A	0	1～13、16、18	46	105.6	127.3366	平地	10080
			B	0		46				10080
			C	0		46				10080
			D	0		46				10080
N1059	SJ27102	54	A	0	1～13、15、16、18	46	110	209.3683	平地	11620
			B	0		46				11620
			C	0		46				11620
			D	0		46				11620
N1060	SZ27102	66	A	0	1～12、21、22、41	47	108.3	116.4763	平地	9670
			B	0		47				9670
			C	0		47				9670
			D	0		47				9670

续表

桩号	塔形	呼高/m	塔腿	减腿/m	通用段	塔腿段	全高/m	塔重/t	地形	半根开/m
N1061	SZ27103	75	A	0	1~14	64	117.6	135.5716	平地	11370
			B	0		64				11370
			C	0		64				11370
			D	0		64				11370
N1062	SZK27101	81	A	0	1~16、18	28	123.8	155.9077	平地	12190
			B	0		28				12190
			C	0		28				12190
			D	0		28				12190
N1063	SZ27104	76.5	A	0	1~13、16、21、24	67	119.1	146.0922	平地	11700
			B	0		67				11700
			C	0		67				11700
			D	0		67				11700
N1064	SZ27104	64.5	A	0	1~13、16、19	49	107.1	128.4525	平地	10260
			B	0		49				10260
			C	0		49				10260
			D	0		49				10260
N1065	SJ27103	49.5	A	0	1~16	37	105.5	208.7803	平地	10990
			B	0		37				10990
			C	0		37				10990
			D	0		37				10990
N1066	SZ27102	72	A	0	1~12、21、22、48、53	56	114.3	123.6209	平地	10330
			B	0		56				10330
			C	0		56				10330
			D	0		56				10330
N1067	SJ27104	54	A	0	1~18、22	50	110	231.7125	平地	11960
			B	0		50				11960
			C	0		50				11960
			D	0		50				11960
N1068	SZ27102	58.5	A	0	1~12、21、22、36	39	100.8	107.7952	平地	8845
			B	0		39				8845
			C	0		39				8845
			D	0		39				8845
N1069	SZ27103	55.5	A	0	1~11、31、32	35	98.1	110.0787	平地	9030
			B	0		35				9030
			C	0		35				9030
			D	0		35				9030
N1070	SZ27103	58.5	A	0	1~12、37	39	101.1	116.6503	平地	9390
			B	0		39				9390
			C	0		39				9390
			D	0		39				9390

桩号	塔形	呼高/m	塔腿	减腿/m	通用段	塔腿段	全高/m	塔重/t	地形	半根开/m
N1071	SZ27103	57	A	0	1～11、31、32	36	99.6	111.7324	平地	9210
			B	0		36				9210
			C	0		36				9210
			D	0		36				9210
N1072	SJ27103	54	A	0	1～16	41	110	215.8838	平地	11620
			B	−1.5		40				11410
			C	0		41				11620
			D	0		41				11620
N1073	SZ27104	69	A	0	1～13、16、20	54	111.6	134.5511	平地	10800
			B	0		54				10800
			C	0		54				10800
			D	0		54				10800
N1074	SZ27104	73.5	A	0	1～13、16、21、22、23	61	116.1	143.5406	平地	11340
			B	0		61				11340
			C	0		61				11340
			D	0		61				11340
N1075	SZ27104	69	A	0	1～13、16、20	54	111.6	134.5511	平地	10800
			B	0		54				10800
			C	0		54				10800
			D	0		54				10800
N1076	SZ27103	69	A	0	1～13、51	55	111.6	129.2155	平地	10650
			B	0		55				10650
			C	0		55				10650
			D	0		55				10650
N1077	SZ27103	61.5	A	0	1～12、41	44	104.1	119.0656	平地	9750
			B	0		44				9750
			C	0		44				9750
			D	0		44				9750
N1078	SZ27104	67.5	A	0	1～13、16、20	53	110.1	132.8058	平地	10620
			B	0		53				10620
			C	0		53				10620
			D	0		53				10620
N1079	SZ27103	66	A	0	1～13、46	50	108.6	127.0593	平地	10290
			B	0		50				10290
			C	0		50				10290
			D	0		50				10290
N1080	SJ27105	60	A	0	1～18、24、25	57	116	275.0157	平地	13100
			B	0		57				13100
			C	0		57				13100
			D	0		57				13100

表 2-5-2-2　铁塔主材及横担吊重分析

序号	桩号	塔形	最重单件重量/长度	最长单件长度/重量	地线支架		上横担		中横担		下横担	
					半长/mm	半侧重/kg	半长/mm	半侧重/kg	半长/mm	半侧重/kg	半长/mm	半侧重/kg
1	N1001	SDJ27102	3576.3kg/11450mm	11450mm/3576.3kg	17700 21500	3376.8 4287.4	15500 18000	6310.6 7573.2	16600 19200	6693.1 8150.9	17200 21000	6888.4 9527.9
2	N1002	SZ27102	1173.6kg/10646mm	11072mm/1135.9kg	3600	443.75	14200	3627.25	14500	3164.55	14600	3143.25
3	N1003	SJ27105	2469.2kg/11999mm	11999mm/2469.2kg	20600 17600	3119.6 2711.4	17000 15300	6724.8 5747.7	18100 16400	7272.6 6476.1	19900 17100	8256 7039.3
4	N1004	SJ27103	2229.8kg/10484mm	11990mm/1940.9kg	18300	3241.7	15400	6293.2	16500	6977.3	17800	7719.5
5	N1005	SZ27102	1319.6kg/11971mm	11971mm/1319.6kg	3600	443.75	14200	3627.25	14500	3164.55	14600	3143.25
6	N1006	SZ27102	1173.6kg/10646mm	11072mm/1135.9kg	3600	443.75	14200	3627.25	14500	3164.55	14600	3143.25
7	N1007	SJ27104	2426.3kg/10169mm	11999mm/2296.6kg	19300 17500	2959.3 2681.9	16300 15200	6413.4 5638.6	17300 16300	6781.7 6279.5	18800 17000	7789 6746.1
8	N1008	SZ27103	1380.1kg/11907mm	11907mm/1380.1kg	3700	378.05	14300	3313.1	14700	2886.8	14800	2892.2
9	N1009	SZ27105	1082.6kg/9821mm	9821mm/1082.6kg	4100	526.15	14700	4405.25	15100	3404.05	15300	3506.35
10	N1010	SZ27104	1450.2kg/11398mm	11398mm/1450.2kg	3900	447.15	14400	3699.95	14700	2988.4	15000	3038.45
11	N1011	SZ27104	1450.2kg/11398mm	11398mm/1450.2kg	3900	447.15	14400	3699.95	14700	2988.4	15000	3038.45
12	N1012	SJ27103	1940.9kg/11990mm	11990mm/1940.9kg	18300	3241.7	15400	6293.2	16500	6977.3	17800	7719.5
13	N1013	SZK27101	1585.5kg/11760mm	11760mm/1585.5kg	4100	453.05	14400	3735.25	14800	3056.4	15200	3105.9
14	N1014	SZ27103	1514kg/11900mm	11907mm/1380.1kg	3700	378.05	14300	3313.1	14700	2886.8	14800	2892.2
15	N1015	SJ27103	2164kg/10175mm	11990mm/1940.9kg	18300	3241.7	15400	6293.2	16500	6977.3	17800	7719.5
16	N1016	SZ27103	1380.1kg/11907mm	11907mm/1380.1kg	3700	378.05	14300	3313.1	14700	2886.8	14800	2892.2
17	N1017	SZ27104	1574.2kg/11676mm	11676mm/1574.2kg	3900	447.15	14400	3699.95	14700	2988.4	15000	3038.45
18	N1018	SZK27101	1585.5kg/11760mm	11760mm/1585.5kg	4100	453.05	14400	3735.25	14800	3056.4	15200	3105.9
19	N1019	SJ27103	2229.8kg/10484mm	11990mm/1940.9kg	18300	3241.7	15400	6293.2	16500	6977.3	17800	7719.5

续表

序号	桩号	塔形	最重单件重量/长度	最长单件长度/重量	地线支架		上横担		中横担		下横担	
					半长/mm	半侧重/kg	半长/mm	半侧重/kg	半长/mm	半侧重/kg	半长/mm	半侧重/kg
20	N1020	SZ27102	1135.9kg/11072mm	11426mm/153.2kg	3600	443.75	14200	3627.25	14500	3164.55	14600	3143.25
21	N1021	SZ27102	1319.6kg/11971mm	11971mm/1319.6kg	3600	443.75	14200	3627.25	14500	3164.55	14600	3143.25
22	N1022	SZ27102	1319.6kg/11971mm	11971mm/1319.6kg	3600	443.75	14200	3627.25	14500	3164.55	14600	3143.25
23	N1023	SZ27104	1592kg/11808mm	11808mm/1592kg	3900	447.15	14400	3699.95	14700	2988.4	15000	3038.45
24	N1024	SZ27103	1380.1kg/11907mm	11907mm/1380.1kg	3700	378.05	14300	3313.1	14700	2886.8	14800	2892.2
25	N1025	SZ27103	1380.1kg/11907mm	11907mm/1380.1kg	3700	378.05	14300	3313.1	14700	2886.8	14800	2892.2
26	N1026	SJ27103	2229.8kg/10484mm	11990mm/1940.9kg	18300	3241.7	15400	6293.2	16500	6977.3	17800	7719.5
27	N1027	SZ27103	1491.4kg/11722mm	11907mm/1380.1kg	3700	378.05	14300	3313.1	14700	2886.8	14800	2892.2
28	N1028	SZ27103	1380.1kg/11907mm	11907mm/1380.1kg	3700	378.05	14300	3313.1	14700	2886.8	14800	2892.2
29	N1029	SZ27104	1578.1kg/11705mm	11705mm/1578.1kg	3900	447.15	14400	3699.95	14700	2988.4	15000	3038.45
30	N1030	SJ27101	1749.2kg/11917mm	11917mm/1749.2kg	17800	3306.2	15100	5921.55	16100	6518.75	17300	7342.25
31	N1031	SZ27104	1523.8kg/11977mm	11977mm/1523.8kg	3900	447.15	14400	3699.95	14700	2988.4	15000	3038.45
32	N1032	SZ27104	1615.9kg/11985mm	11985mm/1615.9kg	3900	447.15	14400	3699.95	14700	2988.4	15000	3038.45
33	N1033	SZ27104	1604.3kg/11899mm	11899mm/1604.3kg	3900	447.15	14400	3699.95	14700	2988.4	15000	3038.45
34	N1034	SZK27101	1585.5kg/11760mm	11760mm/1585.5kg	4100	453.05	14400	3735.25	14800	3056.4	15200	3105.9
35	N1035	SZ27104	1592kg/11808mm	11808mm/1592kg	3900	447.15	14400	3699.95	14700	2988.4	15000	3038.45
36	N1036	SZ27104	1450.2kg/11398mm	11398mm/1450.2kg	3900	447.15	14400	3699.95	14700	2988.4	15000	3038.45
37	N1037	SZ27104	1574.2kg/11676mm	11676mm/1574.2kg	3900	447.15	14400	3699.95	14700	2988.4	15000	3038.45
38	N1038	SZ27104	1574.2kg/11676mm	11676mm/1574.2kg	3900	447.15	14400	3699.95	14700	2988.4	15000	3038.45

续表

序号	桩号	塔形	最重单件 重量/长度	最长单件 长度/重量	地线支架		上横担		中横担		下横担	
					半长 /mm	半侧重 /kg	半长 /mm	半侧重 /kg	半长 /mm	半侧重 /kg	半长 /mm	半侧重 /kg
39	N1039	SZ27104	1450.2kg/ 11398mm	11398mm/ 1450.2kg	3900	447.15	14400	3699.95	14700	2988.4	15000	3038.45
40	N1040	SZ27105	1609.4kg/ 11937mm	11937mm/ 1609.4kg	4100	526.15	14700	4405.25	15100	3404.05	15300	3506.35
41	N1041	SZ27104	1450.2kg/ 11398mm	11398mm/ 1450.2kg	3900	447.15	14400	3699.95	14700	2988.4	15000	3038.45
42	N1042	SZ27103	1491.4kg/ 11722mm	11907mm/ 1380.1kg	3700	378.05	14300	3313.1	14700	2886.8	14800	2892.2
43	N1043	SJ27101	1813.3kg/ 9474mm	11917mm/ 1749.2kg	17800	3306.2	15100	5921.55	16100	6518.75	17300	7342.25
44	N1044	SZ27102	1173.6kg/ 10646mm	11072mm/ 1135.9kg	3600	443.75	14200	3627.25	14500	3164.55	14600	3143.25
45	N1045	SJ27101	1962.4kg/ 10253mm	11917mm/ 1749.2kg	17800	3306.2	15100	5921.55	16100	6518.75	17300	7342.25
46	N1050	SJ27105	2469.2kg/ 11999mm	11999mm/ 2469.2kg	20600 17600	3119.6 2711.4	17000 15300	6724.8 5747.7	18100 16400	7272.6 6476.1	19900 17100	8256 7039.3
47	N1051	SZ27104	1450.2kg/ 11398mm	11398mm/ 1450.2kg	3900	447.15	14400	3699.95	14700	2988.4	15000	3038.45
48	N1052	SZ27104	1578.1kg/ 11705mm	11705mm/ 1578.1kg	3900	447.15	14400	3699.95	14700	2988.4	15000	3038.45
49	N1053	SZK27101	1585.5kg/ 11760mm	11760mm/ 1585.5kg	4100	453.05	14400	3735.25	14800	3056.4	15200	3105.9
50	N1054	SZ27104	1578.1kg/ 11705mm	11705mm/ 1578.1kg	3900	447.15	14400	3699.95	14700	2988.4	15000	3038.45
51	N1055	SZ27104	1578.1kg/ 11705mm	11705mm/ 1578.1kg	3900	447.15	14400	3699.95	14700	2988.4	15000	3038.45
52	N1056	SZ27104	1523.8kg/ 11977mm	11977mm/ 1523.8kg	3900	447.15	14400	3699.95	14700	2988.4	15000	3038.45
53	N1057	SZ27104	1523.8kg/ 11977mm	11977mm/ 1523.8kg	3900	447.15	14400	3699.95	14700	2988.4	15000	3038.45
54	N1058	SZ27104	1450.2kg/ 11398mm	11398mm/ 1450.2kg	3900	447.15	14400	3699.95	14700	2988.4	15000	3038.45
55	N1059	SJ27102	2248.1kg/ 11365mm	11928mm/ 1825kg	17900	3289.85	15200	6111.05	16200	6719.1	17400	7404.95
56	N1060	SZ27102	1319.6kg/ 11971mm	11971mm/ 1319.6kg	3600	443.75	14200	3627.25	14500	3164.55	14600	3143.25
57	N1061	SZ27103	1514kg/ 11900mm	11907mm/ 1380.1kg	3700	378.05	14300	3313.1	14700	2886.8	14800	2892.2

序号	桩号	塔形	最重单件 重量/长度	最长单件 长度/重量	地线支架		上横担		中横担		下横担	
					半长 /mm	半侧重 /kg	半长 /mm	半侧重 /kg	半长 /mm	半侧重 /kg	半长 /mm	半侧重 /kg
58	N1062	SZK27101	1585.5kg/ 11760mm	11760mm/ 1585.5kg	4100	453.05	14400	3735.25	14800	3056.4	15200	3105.9
59	N1063	SZ27104	1482.1kg/ 10993mm	11398mm/ 1450.2kg	3900	447.15	14400	3699.95	14700	2988.4	15000	3038.45
60	N1064	SZ27104	1450.2kg/ 11398mm	11398mm/ 1450.2kg	3900	447.15	14400	3699.95	14700	2988.4	15000	3038.45
61	N1065	SJ27103	1940.9kg/ 11990mm	11990mm/ 1940.9kg	18300	3241.7	15400	6293.2	16500	6977.3	17800	7719.5
62	N1066	SZ27102	1274.1kg/ 11558mm	11558mm/ 1274.1kg	3600	443.75	14200	3627.25	14500	3164.55	14600	3143.25
63	N1067	SJ27104	2426.3kg/ 10169mm	11999mm/ 2296.6kg	19300 17500	2959.3 2681.9	16300 15200	6413.4 5638.6	17300 16300	6781.7 6279.5	18800 17000	7789 6746.1
64	N1068	SZ27102	1135.9kg/ 11072mm	11072mm/ 1135.9kg	3600	443.75	14200	3627.25	14500	3164.55	14600	3143.25
65	N1069	SZ27103	1385.7kg/ 11955mm	11955mm/ 1385.7kg	3700	378.05	14300	3313.1	14700	2886.8	14800	2892.2
66	N1070	SZ27103	1450.8kg/ 11907mm	11907mm/ 1380.1kg	3700	378.05	14300	3313.1	14700	2886.8	14800	2892.2
67	N1071	SZ27103	1385.7kg/ 11955mm	11955mm/ 1385.7kg	3700	378.05	14300	3313.1	14700	2886.8	14800	2892.2
68	N1072	SJ27103	2229.8kg/ 10484mm	11990mm/ 1940.9kg	18300	3241.7	15400	6293.2	16500	6977.3	17800	7719.5
69	N1073	SZ27104	1604.3kg/ 11899mm	11899mm/ 1604.3kg	3900	447.15	14400	3699.95	14700	2988.4	15000	3038.45
70	N1074	SZ27104	1562.8kg/ 11591mm	11591mm/ 1562.8kg	3900	447.15	14400	3699.95	14700	2988.4	15000	3038.45
71	N1075	SZ27104	1604.3kg/ 11899mm	11899mm/ 1604.3kg	3900	447.15	14400	3699.95	14700	2988.4	15000	3038.45
72	N1076	SZ27103	1380.1kg/ 11907mm	11907mm/ 1380.1kg	3700	378.05	14300	3313.1	14700	2886.8	14800	2892.2
73	N1077	SZ27103	1491.4kg/ 11907mm	11907mm/ 1380.1kg	3700	378.05	14300	3313.1	14700	2886.8	14800	2892.2
74	N1078	SZ27104	1615.9kg/ 11985mm	11985mm/ 1615.9kg	3900	447.15	14400	3699.95	14700	2988.4	15000	3038.45
75	N1079	SZ27103	1380.1kg/ 11907mm	11907mm/ 1380.1kg	3700	378.05	14300	3313.1	14700	2886.8	14800	2892.2
76	N1080	SJ27105	2609.7kg/ 9516mm	11999mm/ 2469.2kg	20600 17600	3119.6 2711.4	17000 15300	6724.8 5747.7	18100 16400	7272.6 6476.1	19900 17100	8256 7039.3

第三节　落地双平臂抱杆基本情况

一、落地双平臂抱杆结构

落地双平臂抱杆结构如图 2-5-3-1 所示，图中数字所指代的器件名称及参数见表 2-5-3-1。

二、抱杆起重特性曲线

抱杆起重特性曲线如图 2-5-3-2 和图 2-5-3-3 所示。

三、平臂抱杆工作幅度

平臂抱杆工作幅度如图 2-5-3-4 所示。落地双平臂抱杆吊臂最大回转角度为 110°，因此在施工时，一定要注意抱杆平臂的方向，一般常规的安装在顺线路或横线路侧。

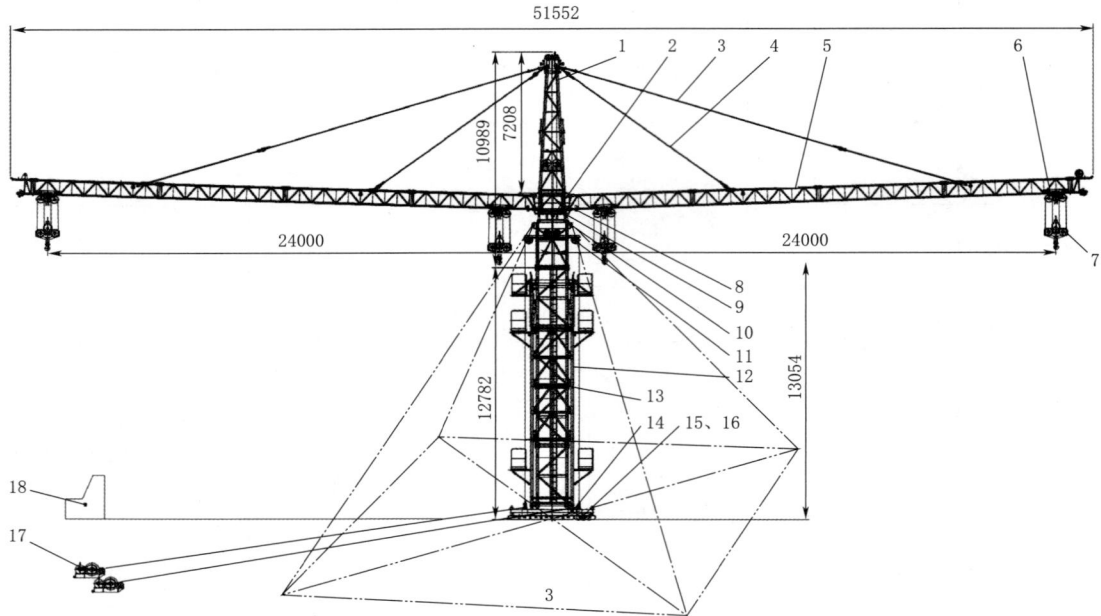

图 2-5-3-1　落地双平臂抱杆结构（单位：mm）

表 2-5-3-1　　　　　　　图 2-5-3-1 中数字所指代的器件名称及参数

抱杆型号		ZB-DPG-24/24×1520×(2×80)-B			ZB-DPG-21/21×1200×(2×50)-B		
序号	器件名称	单件重量/kg	数量	外形尺寸/(mm×mm×mm)	单件重量/kg	数量	外形尺寸/(mm×mm×mm)
1	塔顶	1558	1	1300×1431×7283	1297	1	1156×1190×6578
2	回转机构	1000	2		1000	1	
3	拉杆	309	2		304	2	
4	变幅机构	400	2		200	2	
5	吊臂	2083	2	25168×1356×1390	2060	2	22068×903×1130
6	载重小车	232	2	1196×1413×753	220	2	1196×1395×645
7	吊钩	712	2	448×1110×1692	700	2	380×1110×1398
8	回转塔身	490	1	1106×1550×1426	478	1	1106×1270×1710
9	上支座	1089.4	1	1683×3414×1466	1130	1	1500×3275×1466
10	回转支承	400	1		300	1	
11	下支座	1787	1	1626×2680×2300	1063	1	1637×1637×1430
12	塔身	6893.6	1	1656×1626×3000	29529	1	1308×1316×3000
13	套架	7362	1	3950×3930×10943	5834	1	3364×2910×10311
14	底架基础	1612	1	4053×4053×650	1432	1	4048×4048×550
15	基础底板	4044	1	4192×4192×192	4044	1	4110×4110×1137

续表

抱杆型号		ZB－DPG－24/24×1520×(2×80)－B			ZB－DPG－21/21×1200×(2×50)－B		
序号	器件名称	单件重量/kg	数量	外形尺寸(mm×mm×mm)	单件重量/kg	数量	外形尺寸(mm×mm×mm)
16	混凝土基础(可选)		1			1	
17	起升机构		2			2	
18	电控系统操作台		1			1	
	标准节		≤50	1400×1400×3000		≤50	1200×1200×3000

注　本工程最高起升高度135m,杆身部分含45节标准节,安装有8道腰环,此时的整机重量约为70t(不包括腰环)。

工作幅度R/m	2~15	16	17	18	19	20	21	22	23	24
吊重Q/t	8.0	7.37	6.82	6.33	5.90	5.51	5.16	4.84	4.55	4.29

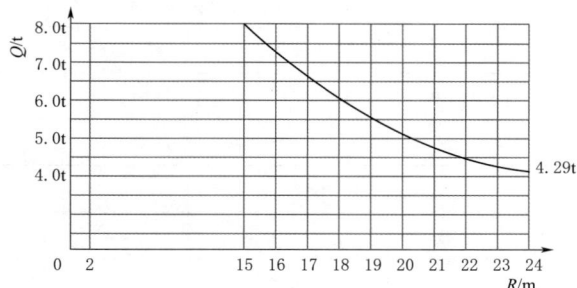

图 2-5-3-2　ZB-DPG-24/24×1520×(2×80)-B型抱杆起重特性曲线

工作幅度R/m	2~16	17	18	19	20	21
吊重Q/t	5	4.63	4.31	4.02	3.76	3.52

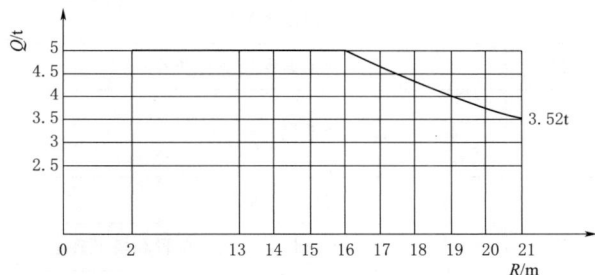

图 2-5-3-3　ZB-DPG-21/21×1200×(2×50)-B型抱杆起重特性曲线

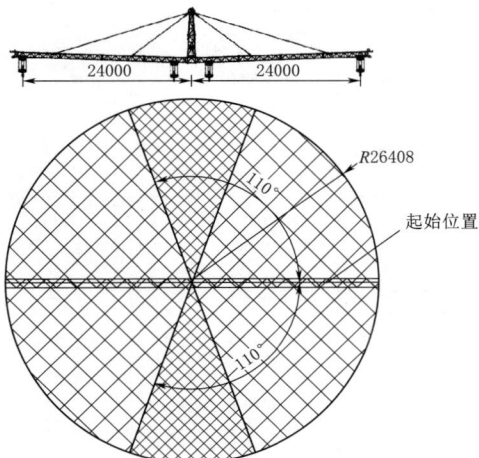

图 2-5-3-4　平臂抱杆工作幅度示意图(单位:mm)

本工程使用 2×80 抱杆吊臂 25.168m,作业半径为 24m,回转半径为 26.40m;2×50 抱杆吊臂 21.011m,作业半径为 21m,回转半径为 22.65m。

起重抱杆设置在铁塔内部,减少对塔材产生的外力;平臂抱杆组塔可以减少传统抱杆需要塔材做着力点的弊端,对铁塔起到保护作用。本工程采用 ZB-DPG-24/24×1520×(2×80)-B、ZB-DPG-21/21×1200×(2×50)-B 型座地双平臂抱杆,ZB-DPG-24/24×1520×(2×80)-B 型抱杆最大起吊重量为 8t,最大工作幅度为 24m,从起吊重量、起吊距离,该种设备均满足本工程的铁塔组立要求,ZB-DPG-21/21×1200×(2×50)-B 型座地双平臂抱杆最大起吊重量为 5t,最大工作幅度为 21m,可以用最大单件起吊重量小于 5t 的直线塔组立。

第四节　安装落地双平臂抱杆

一、平臂抱杆系统工器具配置

平臂抱杆系统工器具配置见表 2-5-4-1。

二、抱杆施工特点

(1) 双平臂自旋自升座地抱杆可折叠双臂,方便运输,并且在组立铁塔完成后,可轻松拆卸,方便施工。

(2) 平臂抱杆基础采用装配式基础,方便组装,并且能适应电力施工现场的需要。

(3) 平臂抱杆作业半径广泛,符合本工程组塔的需要。

(4) 平臂抱杆施工来源于塔基吊,使用标准节,运输装备方便,对于施工现场的地形多样化,可以满足复杂的施工地形。

(5) 平臂抱杆适合高塔、重塔的施工,起吊范围广、单吊重量大,可以弥补抱杆组塔的局限性,尤其是适用基础根开大、铁塔横担宽的铁塔组立施工。

(6) 本工程主要应用平臂抱杆组立临近高压线路、位于丘陵、虾塘、鱼池地形的铁塔,需要时也可以组立其他塔型铁塔。抱杆具体参数见表 2-5-4-2。

三、方案确定与施工流程

(一) 确定方案

为有效解决部分桩位靠近房屋、丘陵、虾池鱼塘等,无法采用外拉线抱杆组立,为确保施工安全,降低钢管

表 2 - 5 - 4 - 1　　　　　　　　　　　　　平臂抱杆系统工器具配置

分类	工器具名称	规格	单位	数量	备注
辅助设备	发电机	15kW	台	1	备用电源
	绞磨	5t	台	1	引进标准节
平臂抱杆系统（2×80）	双平臂抱杆	ZB - DPG - 24/24×1520 ×(2×80) - B	台	1	整套系统
	腰环		套	8	平均8套配置
	腰环拉线	φ18mm	根	32	长度根据腰环安装位置和塔形确定
	腰环交叉拉线	φ13mm	根	16	长度根据腰环安装位置和塔形确定，最高一道腰环必须使用，其他腰环非必须，每套协调按2道腰环配置
	手扳葫芦	9t	把	12	拉线使用
	手扳葫芦	6t	把	40	拉线使用
	手扳葫芦	3t	把	16	
	控制台		套	1	
	地锚	10t	只	4	
	防扭钢丝绳	φ14×900m	根	2	起吊钢丝绳
	卸扣	10t	只	130	
	卸扣	5t	只	20	
	套架拉线	φ18mm	根	4	长度根据现场地形调整
	回转下支座拉线	φ22mm	根	4	长度根据现场地形调整
	基础底座拉线	φ18mm	根	4	长度根据现场地形调整
平臂抱杆系统（2×50）	双平臂抱杆	ZB - DP - 21/21×1200 ×(2×50)- B	台	1	整套系统
	腰环		套	8	平均按8套配置
	腰环拉线	φ16mm	根	32	长度根据腰环安装位置和塔型确定
	腰环交叉拉线	φ13mm	根	16	长度根据腰环安装位置和塔型确定，最高一道腰环必须使用，其他腰环非必须，每套协调按2道腰环配置
	手扳葫芦	9t	把	52	拉线使用
	手扳葫芦	3t	把	16	拉线使用
	控制台		套	1	
	地锚	10t	只	4	
	防扭钢丝绳	φ13×900m	根	2	起吊钢丝绳
	卸扣	10t	只	34	
	卸扣	5t	只	116	
	套架拉线	φ18mm	根	4	长度根据现场调整
	回转下支座拉线	φ22mm	根	4	长度根据现场调整
	基础底座拉线	φ18mm	根	4	长度根据现场调整

续表

分类	工器具名称	规　格	单位	数量	备　注
起吊系统	钢丝绳套	φ16×（4～15m）	根	60	长度根据现场调整
	钢丝绳套	φ16×5m、φ16×10m	根	各4	塔片吊点绳
	钢丝绳套	φ22×5m、φ22×10m	根	4、8	塔片吊点绳、横担吊点绳
	钢丝绳套	φ26×（2～10m）	根	各4	塔片吊点绳
	钢丝绳	φ13mm	根	8	控制绳
	纤维吊带	5t×3m	根	10	5倍安全系数
	纤维吊带	10t×3m	根	10	5倍安全系数
	千斤套	各种规格	根	若干	
	主材临时拉线	φ13mm	根	20	
	钢板地锚	5t	根	24	
	卸扣	10t	只	12	
	机动绞磨	5t	台	2	
	马鞍夹头	φ15	只	24	
通信系统及其他	对讲机		台	10	
	口哨		只	2	
	红白旗		套	2	
小型工器具	各类扳手	按螺栓规格	个	按需	
	扭矩扳手	按螺栓规格	个	按需	
	撬棍		个	20	
	方木		根	50	
其他	经纬仪		台	1	
	高倍望远镜		只	1	
	风速仪		只	1	
	塔尺		根	1	
	现场照明设备		套	按需	
	全方位安全带		套	8	
	棕绳		盘	5	
	接地线	1～5m	根	8	
	速差	10～15m	只	8	50m内有35kV及以上带电线路时采用塑料外壳
	攀登自锁器		只	8	
	大锤		把	5	

注　如受力工器具无相应规格，可用更大规格代替。

表2-5-4-2　　　　抱杆工作工况

工况	工作幅度/m	最大起重量/t	最大起重力矩/(t·m)	最大起重量对应的幅度/m	最大工作幅度处的额定起重量/t	两侧最大起重力矩差/(t·m)
ZB-DPG-24/24×1520×(2×80)-B型						
一	24	8	120	2～15	4.29	60
二	18	8	120	2～15	6.33	60

续表

工况	工作幅度/m	最大起重量/t	最大起重力矩/(t·m)	最大起重量对应的幅度/m	最大工作幅度处的额定起重量/t	两侧最大起重力矩差/(t·m)
ZB-DPG-21/21×1200×（2×50）-B型						
一	21	5	80	2~16	3.52	40
二	18	5	80	2~16	4.31	40

塔组立施工安全风险，根据公司现有特高压组塔设备工器具规格和数量，拟定采用ZB-DPG-24/24×1520×（2×80）-B型、ZB-DPG-21/21×1200×（2×50）-B型双平臂抱杆进行全线铁塔组立。2×80型、2×50型抱杆均可满足全线铁塔组立施工要求，2×80型抱杆主要用于SZ27103、SZ27104、SZ27105、SZK27101、SJ27101、SJ27104、SJ27105、SDJ27102型铁塔吊装，应控制单次吊重在8t以下，并满足力矩要求，2×50型抱杆主要用于SZ27102型铁塔吊装，用于其他塔型吊装时应控制单次吊重在5t以下，并满足力矩要求。双平臂抱杆的初始吊装采用25t或50t汽车吊与双平臂抱杆相结合的方式进行，双平臂抱杆组立钢管塔时起吊半径大，便于构件就位，解决大根开塔型底部、导地线横担吊装以及塔位周围较多障碍物影响难题。通过双平臂抱杆的回转，施工范围大，便于构件的移位和正侧面构件就位。本工程双平臂抱杆组立钢管塔施工方案设计见表2-5-4-3。

表2-5-4-3　双平臂抱杆组立钢管塔施工方案设计

交通条件、桩位处地形地貌	施工方案
根据线路复测情况，全线道路交通条件较好	25t或50t汽车吊→双平臂抱杆→双平臂抱杆组立钢管塔
基础施工前，属地单位负责对影响进场、施工的10kV及以下带电线路、通信线进行迁移，施工单位完成进场道路修筑、施工基面地上物清理、虾塘围堰施工	
道路及施工基面满足汽车吊、抱杆进场施工条件	

（二）双平臂抱杆组立钢管塔施工工艺总体流程

双平臂抱杆组立钢管塔施工工艺总体流程如图2-5-4-1所示。

（三）施工准备

1. 技术准备

技术资料包括铁塔图纸、作业指导书、杆位明细表、测量基础根开和顶面高差等。施工前，各施工队技术员必须对现场施工环境进行调查，对作业场地进行实测，根据组塔施工单基策划方案进行现场布置。如果现场条件变化时，应及时通知项目部。项目部在组塔单项工程开工前，必须对各施工队、材料站及项目部相关人员进行详细的技术交底。做好立塔试点工作，每一种塔型的第一基组立，均应进行组立试点；试点时，相关部门负

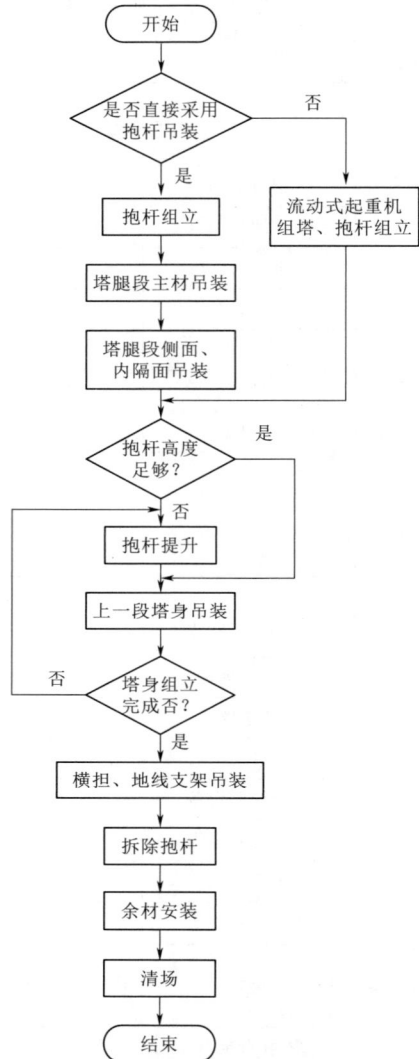

图2-5-4-1　双平臂抱杆组立钢管塔施工工艺总体流程图

责人都必须参加，试点结束做好试点总结，及时完善施工作业指导书。

2. 工器具准备

现场使用的工器具须经过检验、试验、试运转，质量合格、安全可靠。

（1）组立铁塔所用的各种工器具，应按相应的工器具配置表进行配置，并需通过力学试验检验合格后方能运往现场使用。

（2）各种工器具在组塔现场投入使用前，必须进行一次全面地外观检查及详细核对，发现问题及时更换。每个施工人员，必须按照安全规程要求配置必要的安全保护用品和用具，并定期进行检查，包括安全带、安全帽、差速保护器等。每次使用前由使用者进行外观检查，有裂纹、腐蚀、损伤等缺陷的严禁使用。

3. 材料准备

器材部负责按供货计划对塔厂的供货情况进行监督，保证塔材提前到位。项目部应会同业主、监理工程师及塔材供货方对到位的塔材进行检查验收，合格后方可使用。对缺件及时补齐。材料站对塔材的到货及发放情况做好记录，认真搜集整理各类材料的合格证和出厂证明，及时填写材料跟踪表。

4. 现场布置

根据施工现场的实际情况，进行场地的平整和施工现场平面的合理布置。塔材堆放不得侵占路面影响交通，不得堆放于低凹处，无法避开时应及时采取防止泥水浸泡的措施。现场铁塔螺栓的堆放必须采取下铺上盖的措施。施工现场应严格按照项目部的安全文明施工的要求设置围栏、塔号牌、警示牌、警告牌、责任牌、安全施工及文明宣传栏等，如图2-5-4-2所示。

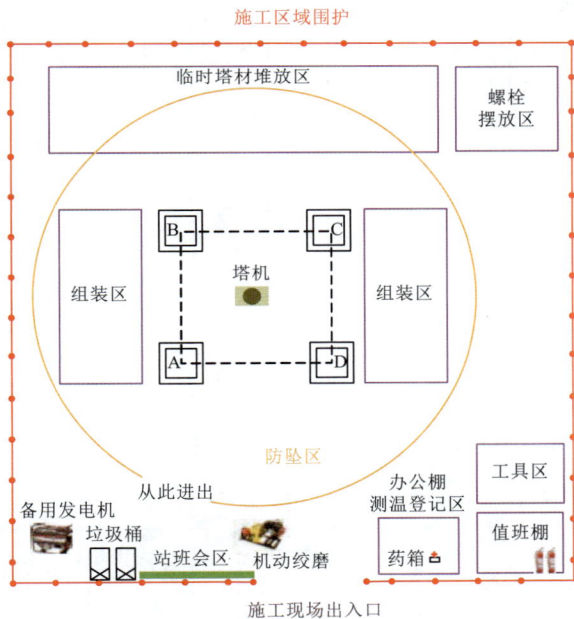

图 2-5-4-2 施工场地平面布置图

5. 劳动力准备

（1）凡参加高处作业的人员，应每年进行一次体检。患有不宜从事高处作业病症（心脏病、高血压等）的人员不得参加高处作业。高处作业人员应衣着灵便，穿软底鞋，并正确佩戴个人防护用具。

（2）参加铁塔组立的施工人员在施工前必须进行安全教育，且经过技术交底和安全考试合格，方具备上岗条件。

（3）特殊作业、特种作业人员必须经培训合格，持有效证件上岗。

6. 塔材的运输

（1）汽车吊组立塔段的塔材摆放在汽车吊的回转半径内塔材在施工现场堆放时需注意将主、辅材按腿号、组塔顺序分别堆放，按塔段号由大到小、塔件号由小到大、离塔位由近及远的顺序摆放。主材、大横材、大斜材不允许叠放，其他辅材最多叠放三层且堆放高度不超过1m，中间采用木板隔离。钢管两侧应设立柱，防止滚动。

（2）塔材在用吊车卸货时，尽量采用吊带，如需要用钢丝套时，则应在绑扎处衬垫麻布片或木板条，以防止破坏镀锌层；起吊时需慢起慢落，防止塔材旋转伤人。在吊装吊件离开地面100mm时应暂停起吊并进行全面的安全检查，确认正常且吊件上无搁置物及人员后方可继续起吊，起吊速度应均匀。

（3）由于沿线经过多处小河、沟、渠，运输时需要通过一些小桥，车辆应尽量减少载重负荷，仔细核对限载标志，严格控制运输重量，严禁超载运输。

（4）塔件主材在施工现场的转运使用炮车或符合要求的货车（场内转运利用钢管三脚架与链条葫芦将塔材吊至炮车上），支垫采用带圆弧垫木，对塔脚板、主材、大横材、大斜材，吊点绳选用相匹配合成纤维吊带，以避免磨伤镀锌层。

（5）主材、大横材、大斜材移动时，在塔件与硬物的接触处，均应铺垫软物以保护镀锌层。

四、抱杆安装

（一）抱杆安装流程

抱杆安装流程如图2-5-4-3所示。

（二）抱杆底架安装

1. 地基处理

（1）抱杆基础底板占地面积为4.11m×4.11m，组装及起立抱杆前应按基础底板所占地面积进行地基处理。

（2）ZB-DPG-24/24×1520×（2×80）-B型抱杆基础底板下土壤的地耐力应大于7.5t/m²（即0.075MPa），2×50型抱杆要求0.06MPa，如地面不平整，应首先进行平整夯实。也可在平整夯实后铺垫10cm碎石进行找平。

（3）软弱土层中，可采用换填、掺灰、夯实、混凝土地基加固等方法。混凝土加固：在基础中心位置开挖4.2m×4.2m，深度为200mm的基坑并用C15混凝土做300mm厚垫层，将垫层操平找正，表面高差控制在3mm以内。

2. 安装基础底板

如图2-5-4-4所示，把16块底块拼装成一个基础底板整体，场地不小于4.2m×4.2m。各底块之间母扣扣入公扣中，楔子要打紧。安装时注意：安装顺序为从左到右，从上到下（即按序号1～16依次安装）；拼好后，基础底板共有如图所示布置的40个M24螺栓孔，16个M20螺栓孔。

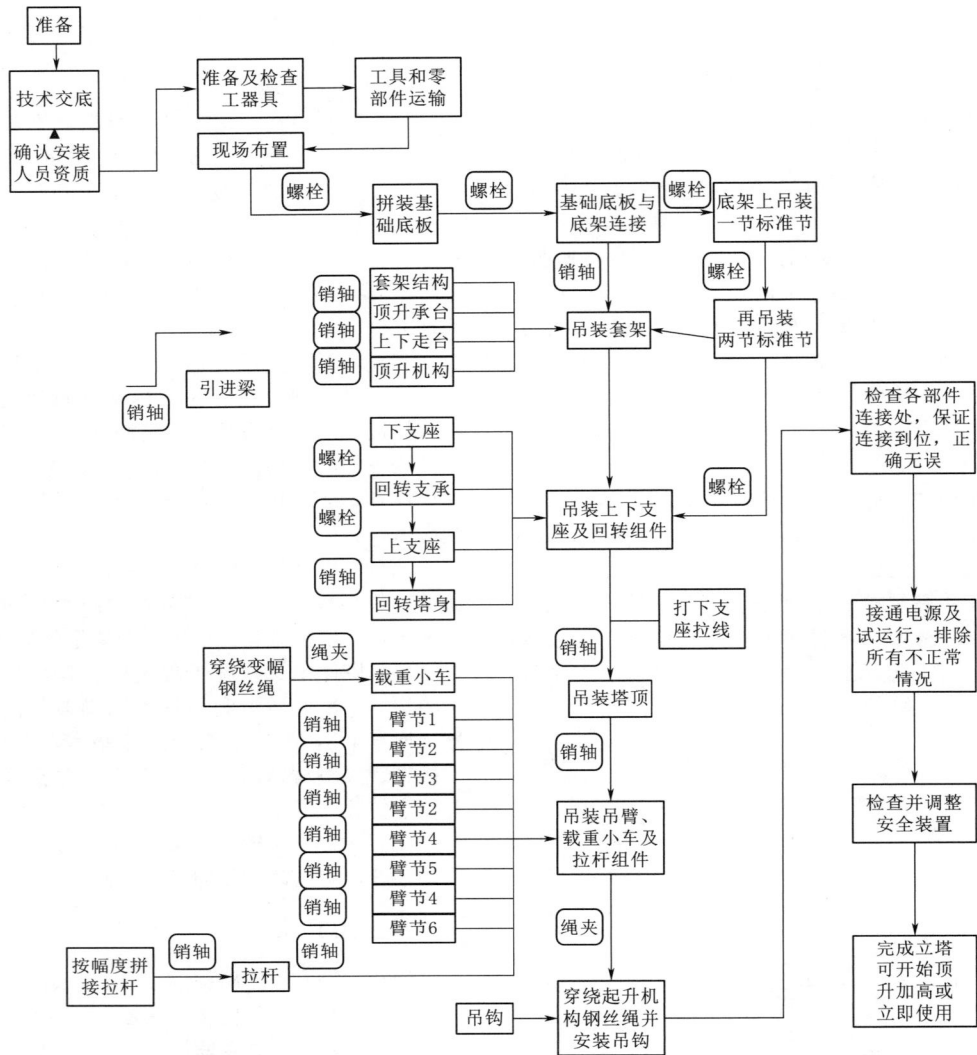

图 2-5-4-3 抱杆安装流程图

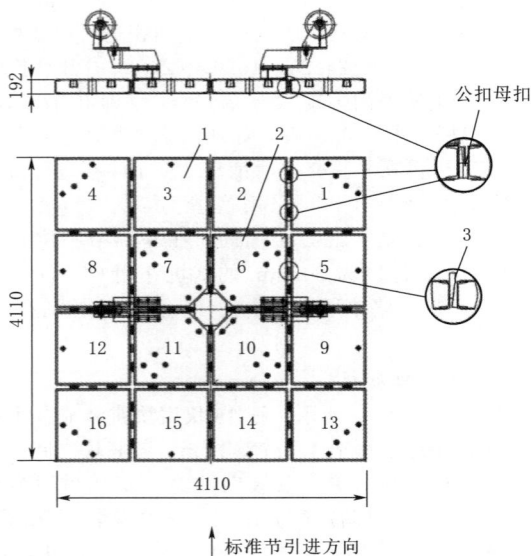

序号	名称	尺寸（长×宽×高）/cm	重量/kg	数量
1	基础底板	411×411×20	4044	1
2	基础底块	108×108×20	230×12	16
3	中心底块	108×108×20	240×4	4
4	楔子	180×100×35	4.2×24	24

图 2-5-4-4 基础底板安装图（单位：mm）

3. 吊装底架基础

将底架基础吊装至拼好的基础底板上，并紧固好 32

组 M20 高强度螺栓。转向滑轮可在最后安装，如图 2-5-4-5 所示。

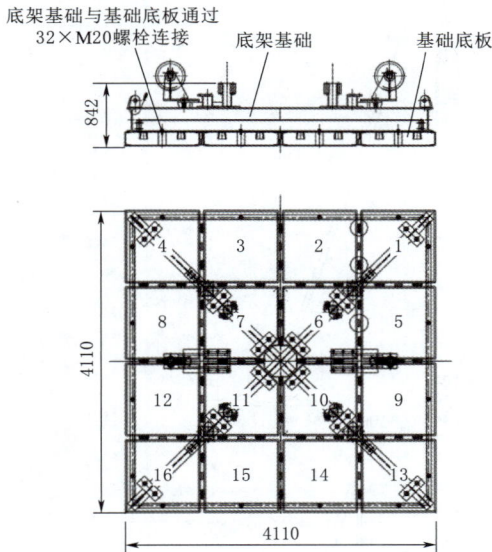

表

序号	名称	尺寸（长×宽×高）/cm	重量/kg	数量
1	底架基础	408×405×55	1398	1
2	底架基础	408×405×47	1298	1
3	转向滑轮			2
4	螺栓组	M24		96

图 2-5-4-5　底架基础安装示意图（单位：mm）

底架基础处地拉线的打设是为了平衡抱杆基础的水平力，该拉线在抱杆的安装、使用以及拆卸的过程中需始终打设。基础所受水平力的最大值为 6t。底架水平拉线采用 φ18 钢丝绳（破断力 200kN），在初始阶段安装时不安装，以免影响塔内移动，但在抱杆顶升及利用抱杆吊装铁塔时，需要安装底架拉线，底架基础水平拉线示意图如图 2-2-4-6 所示。

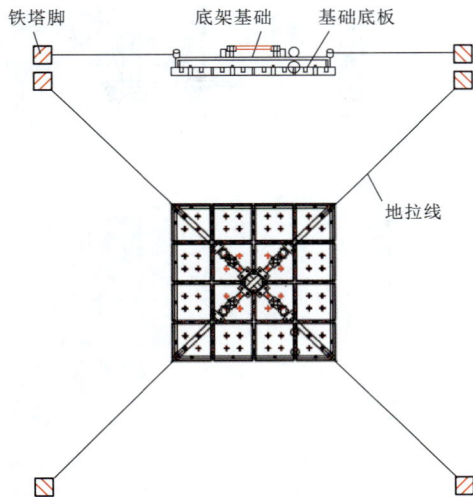

图 2-5-4-6　底架基础水平拉线示意图

（三）初始段标准节的安装

（1）吊装一节标准节，用 8 组 M30 高强度螺栓组连接于底架基础上；再吊装三节标准节，每两节标准节之间用 8 组 M30 高强度螺栓连接；安装四节标准节共需 32 组 M30 高强度螺栓组，安装五节标准节共需 40 组 M30 高强度螺栓组。

（2）依次吊装每道腰环（根据塔型塔高和平臂抱杆的最终顶升高度确定腰环数量），腰环之间用 φ18mm 钢丝绳连成一体，系于标准节上，需装设腰环时，依次拆下最下一道腰环，其余未使用腰环仍为一体系于标准节上。

（3）25t 汽车吊安装标准节步骤如图 2-5-4-7 所示。汽车吊布置在距离塔位中心作业半径为 10m 的位置处，顺线路或横线路布置。

（四）顶升套架的安装

（1）安装套架结构和顶升承台部分。先把套架结构拼成一个整体，两片套架包于标准节周围，保证套架上的滚轮与标准节外框的间距在 2mm。再吊装套架结构件到底架基础上，用 16 组 M27 螺栓与底架基础连接。然后安装套架中余下部分，包括顶升机构组件（双油缸系统）、顶升承台和上下走台系等组件。吊装条件允许时，套架和四节标准节可以在地面上组合成整体一起安装，如图 2-5-4-8 所示。

（2）现场采用汽车吊安装时，可先利用汽车吊将塔脚板安装好，套架安装完毕后，打好顶部 45°的 4 根拉线，拉线采用 φ18 钢丝绳，4 根拉线先将一头穿插好绳套和套架上的 10t 卸扣连接，另一头现场实量拉线尺寸后再穿插好绳套，并与塔脚板上施工孔内的 10t 卸扣连接，如图 2-5-4-9 所示。

（五）回转段＋回转塔身＋塔顶段的安装

（1）吊装下支座、回转支承、上支座和回转塔身以及吊臂支架。下支座与标准节用 8 组 M30 高强度螺栓连接，下支座与回转支承，回转支承与上支座分别用 40 组 M24 高强度螺栓连接，上支座与回转塔身用 4 颗 φ60 销轴连接，吊臂支架与回转塔身用 8 颗 φ60 销轴连接。吊装条件允许时，可以先在地面把他们拼成整体再安装。

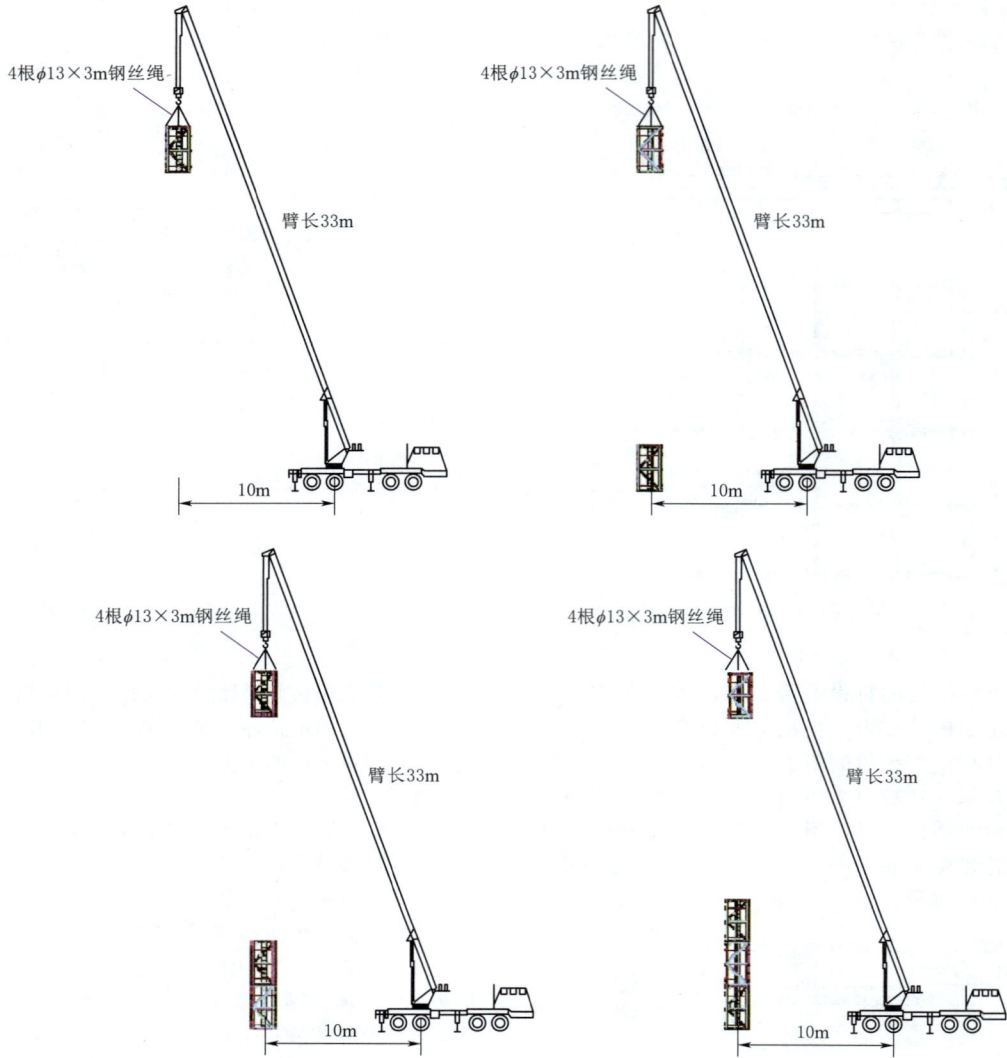

4根φ13×3m钢丝绳

臂长33m

10m

4根φ13×3m钢丝绳

臂长33m

10m

4根φ13×3m钢丝绳

臂长33m

10m

4根φ13×3m钢丝绳

臂长33m

10m

图 2-5-4-7 25t 汽车吊安装标准节步骤

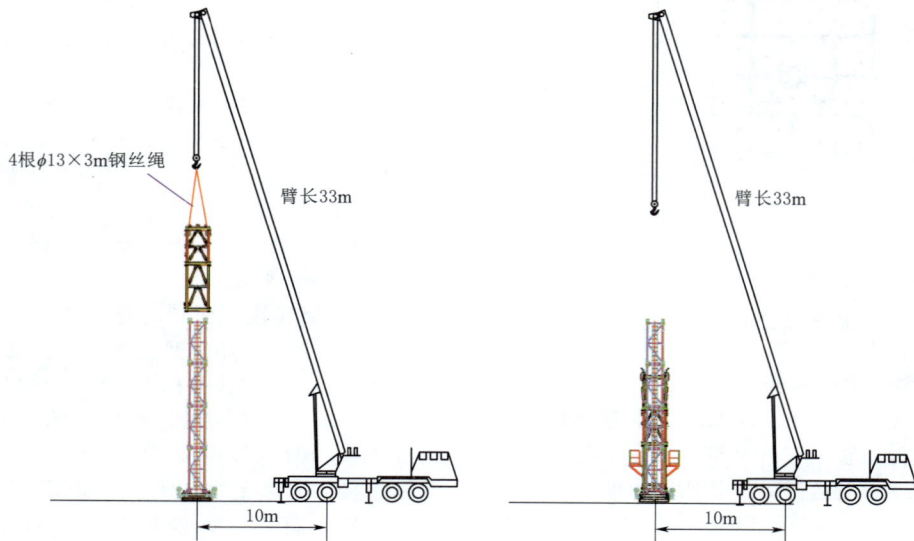

4根φ13×3m钢丝绳

臂长33m

臂长33m

10m

10m

图 2-5-4-8 25t 汽车吊吊装套架

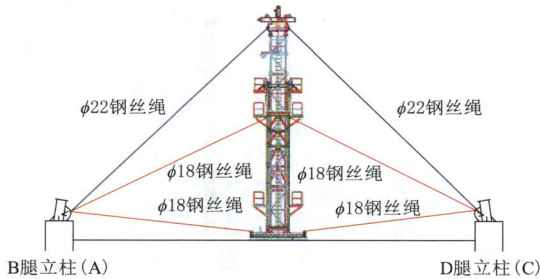

图 2-5-4-9　底座、套架、下支座拉线安装示意图

（2）吊装好上下支座和回转支承之后，在吊装塔顶和吊臂等部件之前，必须先在下支座上打好拉线，以防止塔身倾覆。拉线采用 φ22 钢丝绳，布置如图 2-5-4-10 所示。

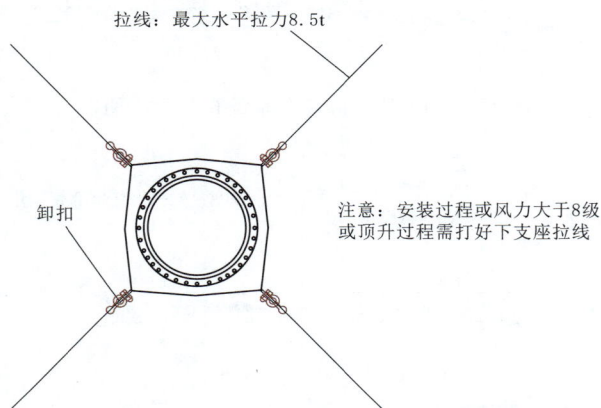

图 2-5-4-10　下支座拉线安装示意图

（3）吊装塔顶，塔顶与回转塔身用 4 颗 φ60 销轴连接，如图 2-5-4-11 和图 2-5-4-12 所示。

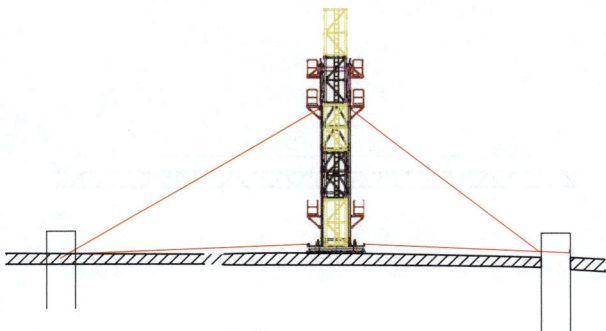

图 2-5-4-11　塔顶与回转塔身用 4 颗 φ60 销轴连接

（六）吊装吊臂、拉杆和载重小车

（1）按照抱杆图纸说明，对照各臂节编号组合双侧吊臂，将吊臂搁置在 0.6m 左右高的支架上，用相应销轴把它们装配在一起。将载重小车安装于吊臂上，使小车离开地面，并把小车固定在吊臂根部，如图 2-5-4-12 所示，穿绕变幅机构钢丝绳。拉杆按照以下图示用销轴连接成整体，一头用 φ50 销轴连接到吊臂上，安装时另

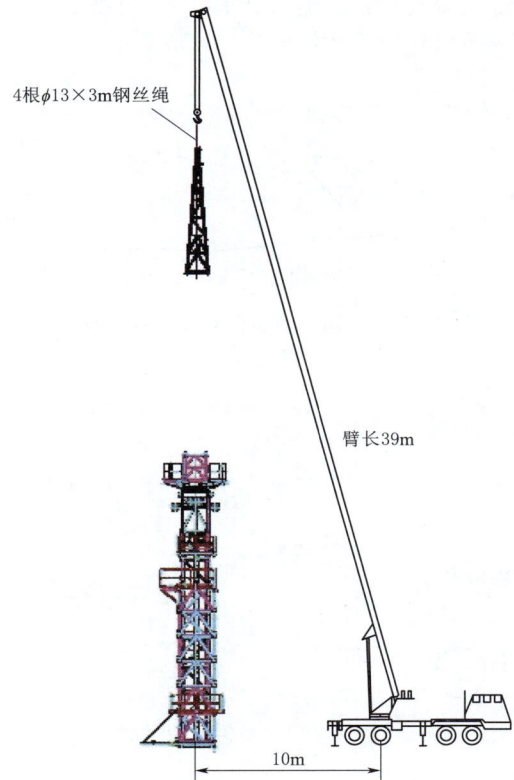

图 2-5-4-12　塔顶段安装示意图

一头用一根绳索拉到塔顶，吊臂通过 φ50 销轴与回转塔身相连。吊臂拉起后，将拉杆用 φ55 销轴连接于塔顶上，然后放平吊臂。

（2）认真检查各部件的连接处，如连接销轴、卸扣、钢丝绳夹、螺栓组等，要求连接到位、准确无误。所有销轴都要装上开口销，并将开口销打开。

（3）检查吊索的位置，吊索应挂在起重臂上弦节点之前或之后。在穿绕变幅钢丝绳时，应使变幅机构卷筒上的钢丝绳每放出一段，再缓慢拉紧，直至穿绕好钢丝绳，如图 2-5-4-13、图 2-5-4-14 所示。

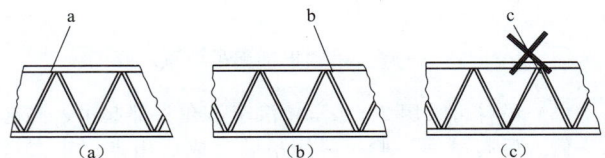

图 2-5-4-13　吊索位置示意图

吊索应挂在起重臂上弦杆节点之前 [图 2-5-4-13（a）] 或之后 [图 2-5-4-13（b）]，不能挂在两相连的斜腹杆中间 [图 2-5-4-13（c）]。勿将拉杆夹在吊点的钢丝绳之间。

（4）安装吊钩，并穿绕起升钢丝绳，如图 2-5-4-15 所示。

（5）吊臂可采用 25t 或 50t 汽车吊在根部起吊，吊臂头部用 φ16 钢丝绳作拖根，先起吊一侧，后起吊另一侧。

两侧吊装完成后用走二走二滑车组（4道受力）拉平吊臂，然后安装拉杆，如图2-5-4-16所示。

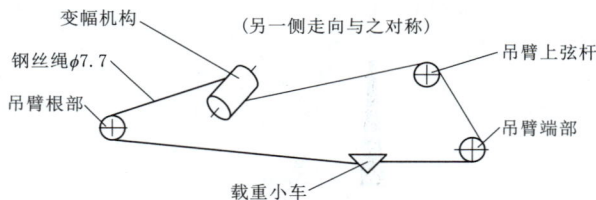

图2-5-4-14 牵引钢丝绳穿绕示意图

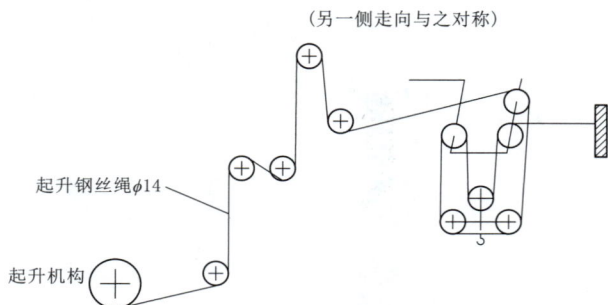

图2-5-4-15 吊钩安装示意图

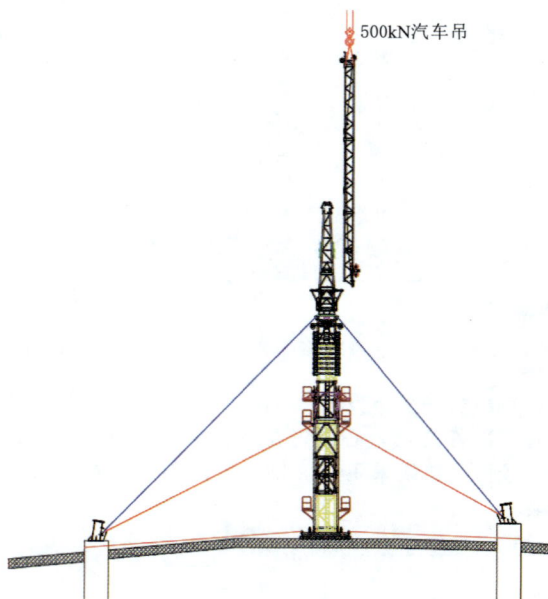

图2-5-4-16 吊臂根部起吊位置示意图

（6）吊臂可采用25t或50t汽车吊在头部起吊，先起吊一侧，后起吊另一侧。两侧吊装完成后用走二走二滑车组（4道受力）放平吊臂，然后安装拉杆，如图2-5-4-17所示。

（7）吊臂也可采用25t或50t汽车吊两点起吊，吊臂的起吊点设置在原拉杆吊点的位置，用两根$\phi 20 \times 12m$钢丝绳组成V形吊点绳。吊臂起吊到位后，安装拉杆，如图2-5-4-18所示。

（8）当采用汽车吊根部起吊或头部起吊吊臂时，根据计算结果得知，起重臂整体扳起时，在起重臂与塔顶夹角为90°时，扳起滑车组所受的最大拉力约为55kN。扳起起重臂滑车组先用走二走二滑车组（4道受力），钢

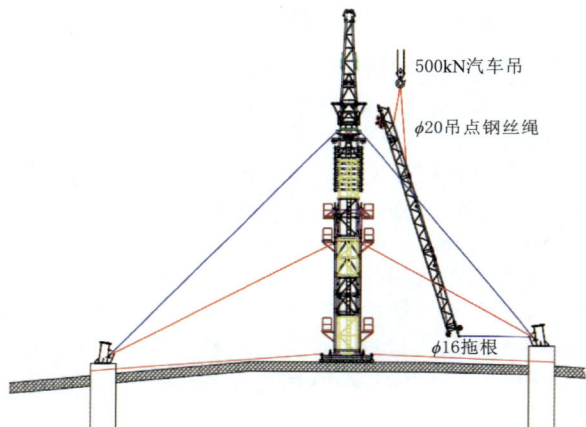

图2-5-4-17 吊臂头部起吊位置示意图

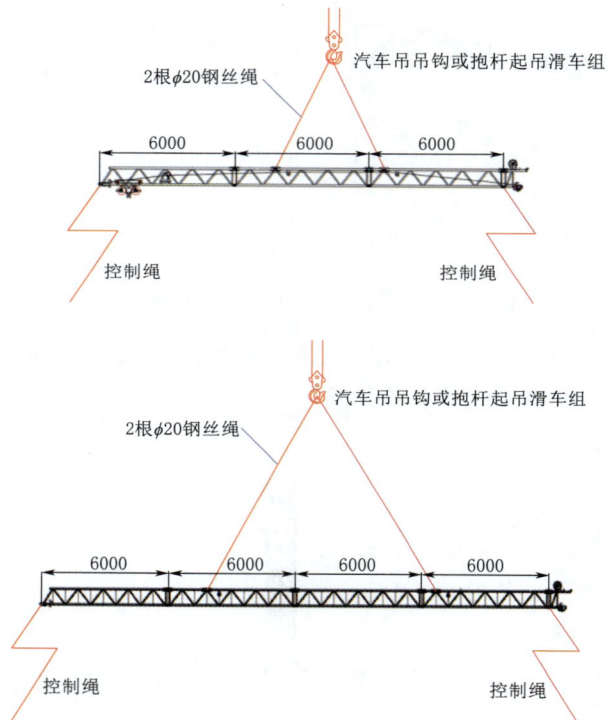

图2-5-4-18 18m、24m吊臂两点起吊位置示意图

丝绳选用起吊钢丝绳，滑车已在起重臂端及塔顶部均固定设置，两侧起重臂同步扳起。具体步骤如下：

1）吊臂放平时需为初始段标准节。

2）先拆除吊钩和幅度限位。

3）再将载重小车开至起重臂头部，另用钢丝绳把载重小车与臂头可拆除部分捆绑在一起，把起吊钢丝绳穿过塔顶部滑轮组（相应侧滑轮）与起重臂最外端滑轮组串成走二走二滑车组（4道受力）。

4）对左侧起重臂，把起升钢丝绳穿过塔顶部滑轮组（左侧滑轮），经由起重臂最外端滑轮组（左侧滑轮），再返回塔顶穿过另一个滑轮（另一个左侧滑轮），然后再经由起重臂最外端滑轮（另一个左侧滑轮），最后固定到塔顶的耳板上。对右侧起重臂，把起升钢丝绳穿过塔顶部滑轮组（右侧滑轮），经由起重臂最外端滑轮组（右侧滑轮），再返回塔顶穿过另一个滑轮（另一个右侧滑轮），然后再经由起重臂最外端滑轮（另一个右侧滑轮），最后固定到塔顶的耳板上。

5）启动扳起滑车组，使两侧起中钢丝绳预紧；确保双侧起中钢丝绳预紧后，再运行扳起滑车组，让两侧吊臂围绕根部铰点同步缓慢地摇起。摇到吊臂拉杆受力时继续反向运行扳起滑车组，然后拆除扳起滑车组。

6）两侧吊臂放平并拆除扳起滑车组，经由起重小车串好起吊滑车组。

（七）抱杆顶升工艺

1. 抱杆顶升

抱杆提升利用液压油缸系统，采用下顶升方式加高，如图 2-5-4-19～图 2-5-4-21 所示。顶升前，应在要顶升的标准节上装好爬梯和所需要的平台（每四节一个平台）。

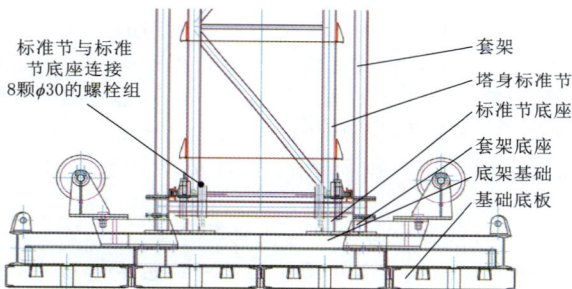

图 2-5-4-19　顶升加高参考图（一）

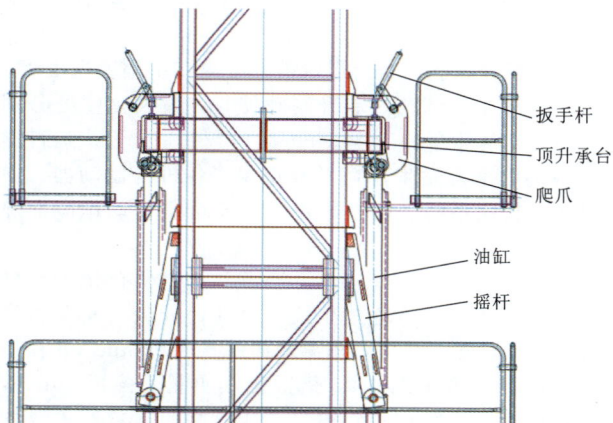

图 2-5-4-20　顶升加高参考图（二）

（1）开始顶升前，确保抱杆悬臂高度小于 24m，并放松下支座内拉线。

（2）安装引进组件。穿好 2 颗 φ30 销轴，拉好拉杆。

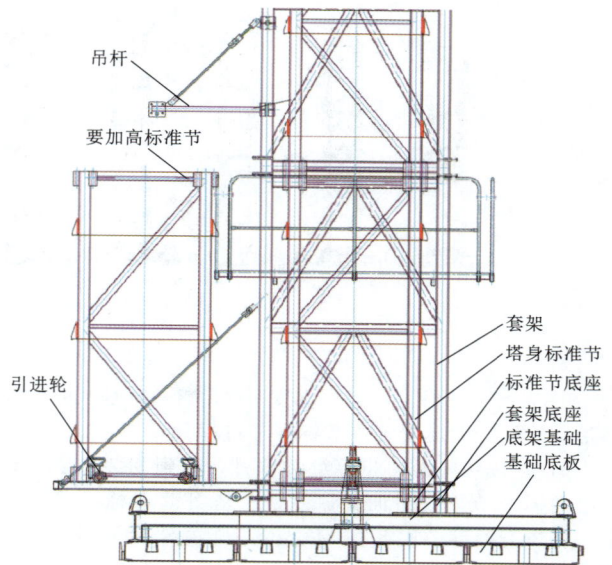

图 2-5-4-21　顶升加高参考图（三）

（3）拆除塔身与底架基础上标准节底座的连接螺栓组 8×M30。

（4）将顶升承台的扳手杆摇起，使套架爬爪贴近标准节主弦杆踏步，就位后开始顶升油缸，顶升油缸过程中要保证导向滚与塔身的间隙在 3mm 左右，16 只滚轮处的间隙应当一致。

（5）吊装标准节。用吊杆吊起标准节，在标准节连接套上插上引进轮销轴，调整好引进轮再放置在引进梁上。

（6）开始顶升加高，伸出油缸直至爬爪的顶升面和标准节上的踏步顶升面完全贴合（图 2-5-4-22 序号 2）。扳动摇杆使它处于与标准节主弦杆踏步脱开的位置（图 2-5-4-22 序号 2、图 2-5-4-22 序号 8）。继续顶升直至将油缸完全伸出（约 1.25m）（图 2-5-4-22 序号 3）。

（7）再将摇杆摇起，使它贴近标准节主弦杆踏步（图 2-5-4-22 序号 4）；就位后开始收回油缸，使摇杆顶面与踏步顶升面完全贴合，然后将顶升承台上的扳手杆摇下，使爬爪离开标准节主弦杆踏步（图 2-5-4-22 序号 5）；固定好扳手杆，然后继续完全收回油缸（图 2-5-4-22 序号 6）。

（8）油缸完全收回后，将摇起扳手杆，使套架爬爪贴近标准节主弦杆踏步（图 2-5-4-22 序号 7）。

（9）按照 7-8-9-7 的顺序重复操作，这样油缸完成总共三次顶升行程，第三次顶升后油缸没有收回，保持完全伸出状态（图 2-5-4-22 序号 9）。

（10）推进引进梁上的标准节，就位后收回油缸，直至塔身标准节下端面与引进的标准节上端面间距约 2cm，停止油缸动作（图 2-5-4-22 序号 9）。用 8 组 M30 的高强度螺栓组将引进梁上的标准节与上面的标准节连接，然后微微顶起油缸，拆下引进的标准节上的引进轮

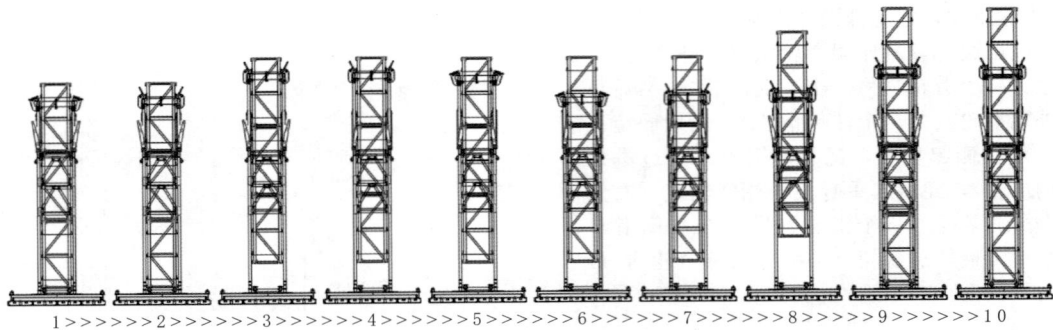

1 >>>>>> 2 >>>>>> 3 >>>>>> 4 >>>>>> 5 >>>>>> 6 >>>>>> 7 >>>>>> 8 >>>> 9 >>>>> 10

图 2-5-4-22　顶升加高过程示意图

（图 2-5-4-22 序号 10）。再按照序号 8→序号 9 的顺序将油缸收回，完成安装一节标准节过程。

（11）按照前面的步骤继续顶升，直到安装完所有要引进的标准节，收回油缸，使整个塔身落在标准节底座上，将塔身标准节用 8 组 M30 的高强度螺栓组连接到标准节底座上，紧固好标准节底座与塔身的螺栓。至此，一次顶升作业过程全部完成。

注意：本抱杆最多可装 50 节标准节，起升高度达到 150m。抱杆顶升到一定高度时，需要安装腰环，并打好拉线，才能继续顶升使用。具体安装高度及腰环配置见腰环安装部分。

2．抱杆顶升注意事项

（1）在进行顶升作业过程中，必须有一名总指挥，上下两层平台必须有专人负责和观察。专人照管电源，专人操作液压系统，专人紧固螺栓，专人操作顶升承台上的爬爪扳手杆和油缸下部横梁处的摇杆，非有关操作人员不得登上套架的操作平台，更不能擅自启动泵阀开关或其他电气设备。

（2）顶升作业应在白天进行，若遇特殊情况，需在夜间作业时，必须备有充足的照明设备。

（3）在风速不大于 8m/s 的情况下才能进行顶升作业，如在作业过程中，突然遇到风力加大，必须停止工作，并安装好标准节底座并与塔身连接，紧固螺栓。

（4）顶升前必须放松电缆，使电缆放松长度略大于总的爬升高度，并做好电缆的紧固工作。

（5）自准备加节开始，到加完最后一个要加的标准节、连接好塔身和底架基础之间的高强度螺栓结束，整个过程中严禁起重臂进行回转动作及其他作业，回转制动器应紧紧刹住。

（6）自爬爪顶在塔身的踏步上，至油缸中的活塞杆全部伸出后，摇杆顶在踏步上这段过程中，必须认真观察套架相对顶升横梁和塔身运动情况，有异常情况应立即停止顶升。

（7）在顶升过程中，如发现故障，必须立即停车检查，非经查明真相和将故障排除，不得继续进行爬升动作。

（8）所加标准节的踏步必须与已有的塔身节对准。

（9）拆装标准节时，操作人员必须站在平台栏杆内，

禁止爬出栏杆外或爬上被加标准节操作。

（10）每次顶升前后，必须认真做好准备工作和收尾工作，特别是在顶升以后，各连接螺栓应按规定的预紧力紧固，不得松动，爬升套架滚轮与塔身标准节的间隙应调整好，操作杆应回到中间位置，液压系统的电源应切断等。

（11）套架两边的四只爬爪或摇杆必须同时支撑在塔身两根主弦杆的踏步上，方可进行顶升。

（12）接电源及试运转：当整机按前面的步骤安装完毕后，在无风状态下，检查塔身轴线的垂直度，允差为 1/1000；再按电路图的要求接通所有电路的电源，试开各机构进行运转，检查各机构运转是否正确，同时检查各处钢丝绳是否处于正常工作状态，是否与结构件有摩擦，所有不正常情况均应予以排除。顶升加高到所需要的高度以后，必须按要求调整好安全装置方可使用抱杆。

3．抱杆组装好后进行的试验

（1）空载试验。各机构应分别进行数次运行，然后再做三次综合动作运行，运行过程中各机构不得发生任何异常现象，各机构制动器、操作系统、控制系统、联锁装置及各安全装置动作应准确可靠，否则应及时排除故障。

（2）负荷试验。负荷运行前，必须在小幅度内吊 1.1 倍额定起重量，调整好起升制动器。在最大幅度处分别吊对应额定起重量的 25%、50%、75%、100%。运行过程中各机构不得发生任何异常现象，各机构制动器、操作系统、控制系统、联锁装置及各安全装置动作应准确可靠。

（3）超载 25% 静态试验、空载试验、负荷试验合格后，进行静态超载试验：在最大幅度处以最低安全速度吊重 1.2 倍额定起重量，吊离地面 100～200mm，并在吊钩上逐次增加重量到 1.25 倍额定起重量，停留 10min，卸载后检查金属结构及焊缝是否出现可见裂纹、永久变形、连接松动。注意：静态超载试验不允许进行变幅及回转。

（4）超载 10% 动态试验。在最大幅度处，吊重 1.1 倍额定起重量，对各机构对应的全程范围内进行 3 次动作，各机构应动作灵活，制动器动作可靠。机构及结构

各部件无异常现象，连接无松动和破坏。

4.抱杆使用注意事项

（1）司机与起重工应符合的条件。

（2）抱杆必须在符合设计要求的基础上工作。

（3）防风措施。抱杆正常工作气温为 $-20\sim40℃$，风速低于6级（10.8m/s）；4级风以上停止爬升作业，如在爬升过程中风速突然加大，必须停止作业，并将塔身螺栓固紧；风力达到八级或八级以上，应降低塔身的悬臂高度（即最高一道腰环以上的安装高度），并在下支座处打设内拉线。

（4）防火措施。抱杆或其附近应备有适宜的灭火器，不能用水灭火，如遇漏电失火，应立即切断电源；操作室内禁止存放润滑油、油棉纱及其他易燃、易爆物品；电气箱不准存放任何东西，并经常保持清洁。

（5）防雷措施。抱杆所有构件都必须有良好的电气接地措施，防止雷击，遇有雷雨，严禁在塔身附近走动。

（6）防电措施。为确保人身安全，抱杆供电系统须安装三相四线漏触电保护器；所有电气设备外壳都应与机体妥善连接，并有可靠接地；合上电源后，应用电笔检查抱杆金属结构部分是否漏电，安全后才可登机作业。

（7）抱杆应定机定人，专机专人负责，非工作人员不得进入操作室和擅自操作，在处理故障时，必须有专职维修人员两人以上。

5.抱杆操作

（1）抱杆操作必须有专人指挥，司机必须在得到指挥信号后，方可进行操作，操作前必须鸣笛，操作时要精神集中。

（2）司机必须严格按抱杆性能表中规定的幅度和起重量进行工作，不允许超载使用。

（3）起升、回转等机构的操作，必须稳起、稳停、平稳运行逐挡变速，严禁快速换挡，慢速挡不得长时间使用。

（4）工作中，吊钩不得着地或搁在物体上，防止卷筒乱绳。

（5）使用时，发现异常噪声或异常情况，应立即停车检查。

（6）紧急情况下，任何人发出停车信号，都应停车。

（7）抱杆不得斜拉或斜吊构件，并禁止用于拔桩等类似的作业。

（8）发现吊重物绑挂不牢靠，指挥错误或不安全情况，应立即停止操作，并提出改进意见。

（9）工作中抱杆上严禁有闲人，并不得在工作中进行调整或维修机械等作业。

（10）工作时严禁闲人走近臂架活动范围以内。

（11）电器系统保护装置的调整及其他机构、结构部件的调整值（如制动器、限位开关等），均不允许随意更动。不管因何原因保护装置动作，操作台上的相应手柄必须回到零位位置。

（12）在使用旁路按钮将变幅小车往内开时，必须在变幅小车碰到吊臂上碰块前人工停止。

6.抱杆的维护和保养

（1）安全装置的维护与保养。

1）应每班检查力矩控制器、起重量仪表、角度限制器、高度限位器等安全装置是否正常，开关是否完好、螺栓是否紧固。

2）每半个月应对力矩控制器和起重量仪表进行一次吊重检测。检查该两种安全装置精度是否符合要求，若发现超载，应立即进行调整。

（2）机械设备维护与保养。

1）各机构的制动器应经常进行检查和调整制动瓦与制动轮的间隙，保证灵活可靠。间隙保证在 $0.5\sim1mm$ 之间。在摩擦面上，不应有污物存在，遇有污物必须用汽油和稀释剂洗掉。

2）减速箱、变速箱、外啮合齿轮等各部分的润滑以及液压油均按润滑表的要求进行。

3）应每天检查起升和变幅钢丝绳磨损情况，注意保养，保持钢丝绳的清洁，定期涂油。要注意检查各部钢丝绳有无断丝和松股现象，如超过有关规定，必须立即换新。

4）经常检查各部件的连接情况，如有松动，应予拧紧。各连接螺栓应在受压时检查松紧度，所有连接销轴都必须装有开口销，并需张开。

5）经常检查各机构运转是否正常，有无噪声，如发现故障，必须及时排除。

6）安装、拆卸和调整回转机构时，要注意保证回转机构小齿轮与回转支承大齿轮的中心线平行，其啮合面不小于70%，啮合间隙要合适。

（3）液压顶升系统的维护与保养。

1）使用液压油严格按润滑表中的规定进行加油和更换油，并清洗油箱内部。

2）溢流阀的压力调整后，不得随意更动，每次进行爬升之前，应用油压表检查其压力是否正常。

3）应经常检查各部位管接头是否紧固严密，不得有漏油现象。

4）滤油器要经常检查有无堵塞，检查安全阀使用后调整值是否变动。

5）油泵、油缸和控制阀。如发现渗漏应及时检修。

6）总装和大修后初次起动油泵时，应先检查入口和出口是否接反，转动方向是否正确，吸油管路是否漏气，然后用手试转，最后在规定转速内起动和试运转。

7）在冬季起动时，要开开停停反复数次，待油温上升和控制阀动作灵活后再正式使用。

（4）金属结构的维护与保养。

1）在运输中应尽量设法防止构件变形及碰撞损坏。

2）在使用期间，必须定期检修和保养，以防锈蚀。

3）经常检查结构连接螺栓、焊缝以及构件是否损坏、变形和松动等情况。如发现问题必须处理好后，方可继续进行工作。

4）上下支座、塔身、底架等处的高强度螺栓每拆装两次以上必须更新，以免高强度螺栓、螺母产生疲劳损伤。

（5）电气系统的维护与保养。

1）抱杆上所有电控柜应关好门并上锁，防止电控柜内进水受潮。

2）上下支座处的电缆线需经常检查，防止折断。

3）经常检查所有的电线、电缆有无损伤，要及时地包扎和更换已损伤的部分。

4）遇到电动机有过热现象要及时停车，排除故障后再继续运行。电机轴承润滑要良好。

5）对于各部分电刷，接触时要保持清洁，调整电刷压力，使其接触面积不小于 50％。

6）各控制、配电箱等经常保持清洁，及时清扫电器设备上的灰尘。

7）各安全装置的行程开关的触点开闭必须可靠，触点弧坑应及时磨光。

8）每年摇测保护接地电阻两次（春、秋）保证不大于 4Ω。

（6）抱杆维修时间的规定。

1）抱杆工作 1000h 后，对机械、电气系统进行小修。

2）抱杆工作 4000h 后，对机械、电气系统进行中修。

3）抱杆工作 8000h 后，对机械、电气系统进行大修。

（八）腰环安装工艺

1. 腰环的安装过程

（1）首先将两腰环半框的滚轮（图 2-2-4-23 中 1）装好，共有 8 处。

（2）将一件装好滚轮的腰环半框（图 2-2-4-23 中 2）吊至所需安装井架位置。

（3）将另一件装好滚轮的腰环半框吊至第一件腰环半框处，用 12 组 M20 的高强度螺栓、垫圈、螺母（图 2-5-4-23 中 3、4、5）将两半框连接在一起，此时螺栓螺母暂不拧紧。

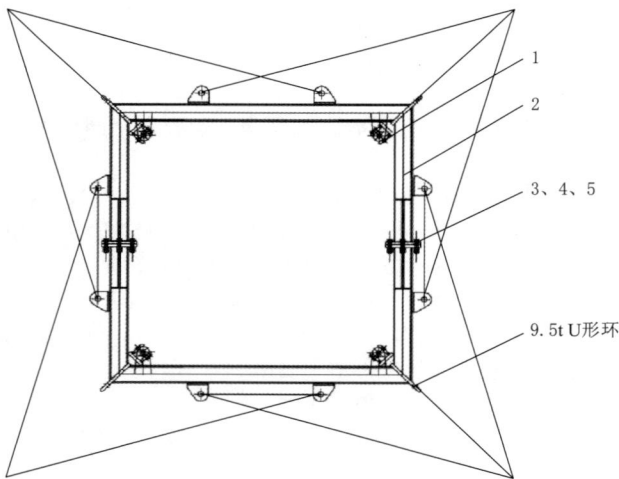

图 2-5-4-23 腰环安装示意图

（4）调整腰环上下位置，安装拉线和防沉拉线，使得腰环各方向的滚轮都能顶住井架主弦杆。

（5）待腰环位置确定后，紧固螺栓 3、垫圈 4、螺母 5，并紧固拉线。

（6）至此，腰环组装完毕。

2. 腰环的配置

（1）抱杆安装后，除了下支座处始终打着拉线外，在塔身加高到一定高度时，需要安装腰环，以保证塔身稳定。腰环配置对抱杆的安全使用有关键的作用。

（2）抱杆安装后，腰环以上部分的高度称之为悬臂高度。安装中的抱杆最大悬臂高度不得大于 24m，2×50m 抱杆最大悬臂高度不得大于 21m。这样，最大安装 150m 高度时，至少需要 7 道腰环，由于现场的安装条件限制，实际可能需要 7～9 道腰环。根据设备说明书，腰环拉线最大水平拉力 9.22t，单根拉线所受最大拉力为 6t，腰环拉线规格为 φ18，其中最高一道腰环必须按照上图所示布置 12 根拉线，起到有效防扭作用，其他腰环可根据施工需要只打 45°方向 4 根拉线，如图 2-5-4-24 所示。

注意：非工作工况，风力超过 8 级时，抱杆需打好下支座内拉线，并将塔身悬臂段降至 12m 以下。

（九）抱杆的拆卸

（1）拆卸前，注意检查相邻组件之间是否还有电缆连接。如有连接应首先拆除连接电缆。

（2）根据产品说明书，要将起重臂整体扳起，起重臂所受的最大拉力为 5.5t 左右，扳起所需的塔顶与起重臂连接的钢丝绳应设 4 倍率，双侧起重臂需同时扳起。

（3）拆除吊钩和幅度限位。

（4）将载重小车开至起重臂头部，把起升钢丝绳拆除，把起升钢丝绳穿过塔顶部滑轮组（相应侧滑轮），经由起重臂最外端滑轮组（相应侧滑轮）、端部导轮组，与臂头可拆除部分相连，把臂头可拆除部分卸下后，再进而把钢丝绳与开至臂头的载重小车相连，把载重小车拆除，如图 2-5-4-25 所示。

（5）对左侧起重臂，把起升钢丝绳穿过塔顶部滑轮组（左侧滑轮），经由起重臂最外端滑轮组（左侧滑轮），再返回塔顶穿过另一个滑轮（另一个左侧滑轮），然后再经由起重臂最外端滑轮（另一个左侧滑轮），最后固定到塔顶的耳板上。对右侧起重臂，把起升钢丝绳穿过塔顶部滑轮组（右侧滑轮），经由起重臂最外端滑轮组（右侧滑轮），再返回塔顶穿过另一个滑轮（另一个右侧滑轮），然后再经由起重臂最外端滑轮（另一个右侧滑轮），最后固定到塔顶的耳板上，如图 2-5-4-26 所示。

（6）运行起升机构，使两侧起升钢丝绳得到预紧；确保双侧起升钢丝绳预紧后，再运行起升机构，让两侧吊臂围绕根部铰点同步缓慢地摇起。摇到吊臂中部与塔顶的碰块接触时，将吊臂分别固定在塔顶上。并用撑杆架把吊臂与回转塔身固定铰接在一起，并拆除下支座休息平台、载重小车。ZB-DPG-24/24×1520×（2×80）-B 型抱杆吊臂收拢后宽度 2759mm，ZB-DPG-21/21×1200×（2×50）-B 型抱杆吊臂收拢后宽度 3247mm，可顺利通过铁塔塔身，如图 2-5-4-27 所示。

（7）利用铁塔将抱杆整体下降到最低高度，然后将吊臂、塔顶、回转塔身上下支座、塔身、套架等部分拆除，最后拆除底架基础和基础底板。至此，完成抱杆拆卸过程。

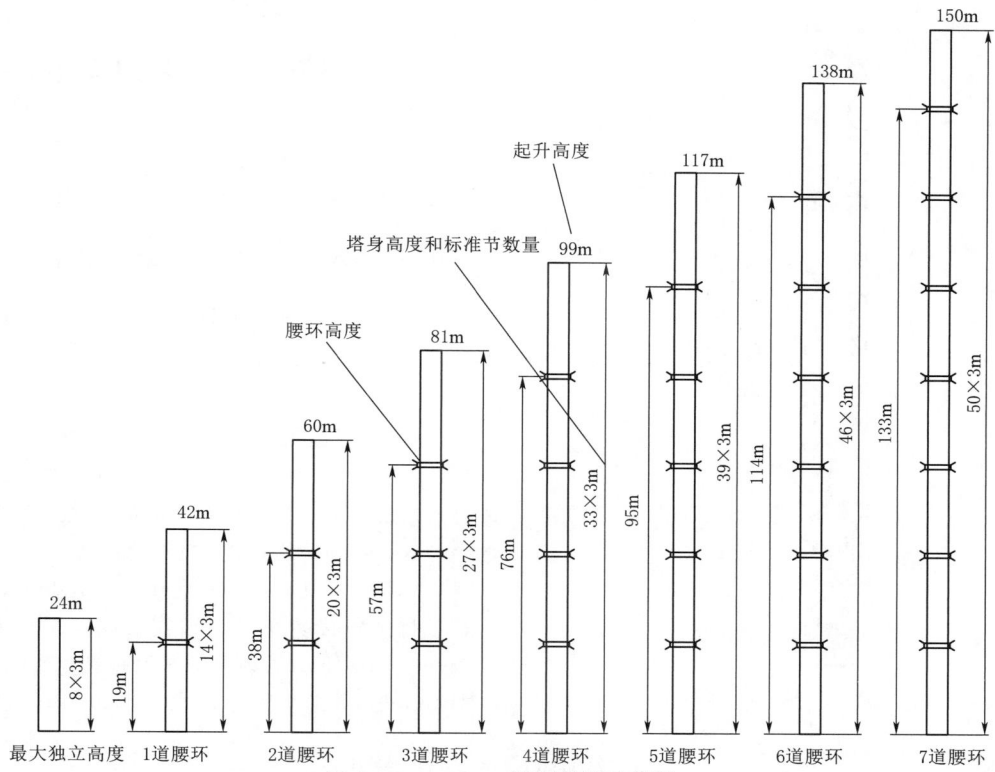

图 2-5-4-24　腰环配置示意图

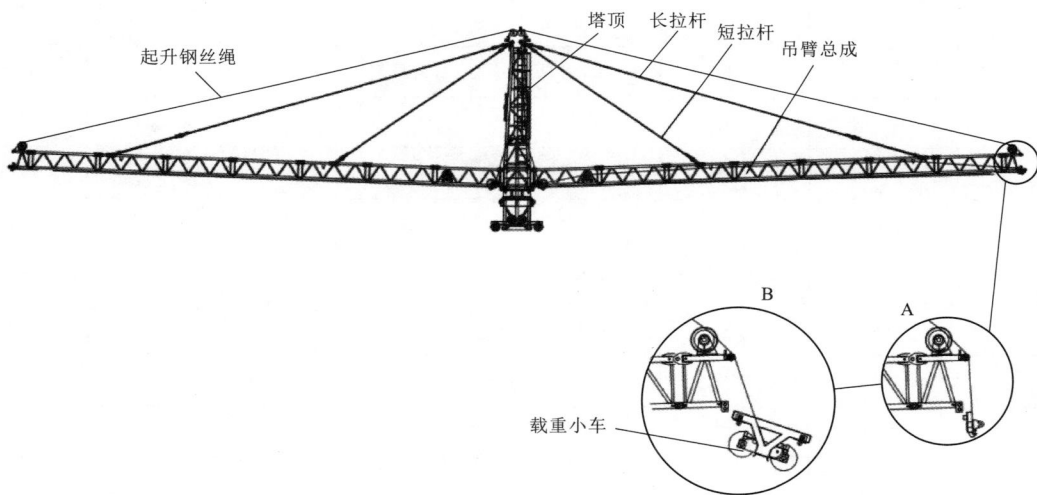

图 2-5-4-25　载重小车拆除

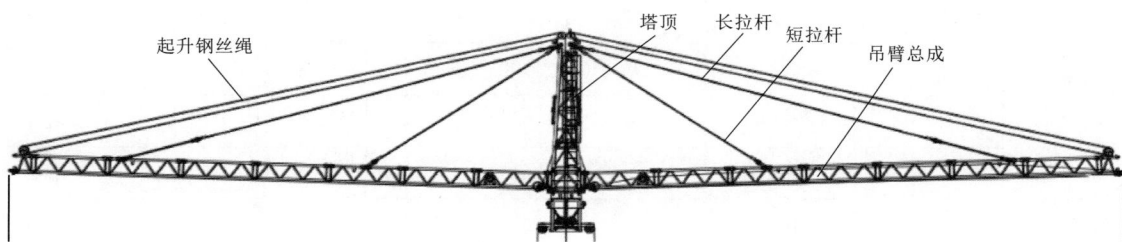

图 2-5-4-26　起重臂固定

2759

图 2-5-4-27　吊臂收拢后示意图

第五节　吊装组立钢管塔

本节以 ZB-DPG-24/24×1520×(2×80)-B 型抱杆吊装 SZ27104(63) 型铁塔为例进行阐述。

一、SZ27104(63) 吊装计算书

SZ27104(63) 吊装计算书见表 2-5-5-1。

二、施工工艺

(一) 设置好拉线

(1) 首先利用 50t 或 25t 吊车将双平臂抱杆组立至 32.771m 高度 (起升高度, 可顶升状态), 随即设置好落地拉线, 落地拉线布置在 4 个塔脚板上。

(2) 然后利用双平臂抱杆组立 46 塔腿段。在 46 段中部主材节点设置第一道腰箍拉线 (距离抱杆基础底座 14.6m 标高处), 再利用双平臂抱杆自身提升机构, 顶升 6 个标准节, 继续吊装 18 段、16 段。

表 2-5-5-1　　　　　　　　SZ27104(63) 吊 装 计 算 书

段别	吊装方式	段重/kg	最大单吊重量/kg	就位高度/m	小车最大移动距离/m	平臂抱杆允许吊重/t	备　注
1+2	整体吊装	4147×2	4147	105.6	15	8	地线支架及上横担
3	整体吊装	2988×2	2988	86.7	15	8	中横担
4	整体吊装	3038×2	3038	67.3	15	8	下横担
5	片吊	5168	1498	105.6	15	8	塔身
6	片吊	3361	1071	97.875	15	8	塔身
7	片吊	5155	1632	90.425	15	8	塔身
8	片吊	6925	2329	82.4	15	8	塔身
9	片吊	7904	2748	72.6	15	8	塔身
10	片吊	10413	3611	63	15	8	塔身
11	片吊	7272	2461	54	15	8	塔身
12	片吊	7576	2835	47.5	15	8	塔身
13	片吊	8542	2660	40	15	8	塔身
16	片吊	13125	4731	32.5	15	8	塔身
18	片吊	8060	611	21	15	8	塔身
46	主材散吊	5128	1031	16.2	15	8	塔腿

(3) 随后逐次顶升吊装塔身段及横担 (顶架), 吊装总共需要 7 道腰环、38 节塔身标准节。安装到独立高度

时, 回转下支座拉线的规格为 φ22 钢丝绳, 套架拉线的规格为 φ18 钢丝绳, 利用 6t 葫芦收紧, 具体布置如图

2-5-5-1 所示。

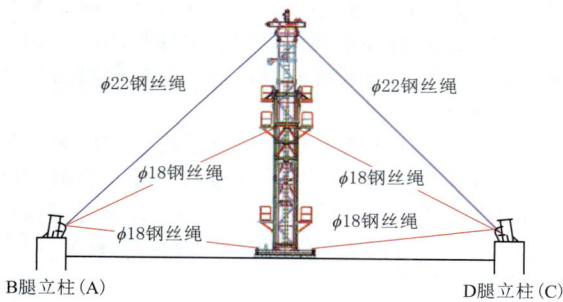

图 2-5-5-1　抱杆初始段拉线设置示意图

（二）塔腿吊装

（1）塔腿段均采用两点起吊（采用两根 5t 吊带或 $\phi22$ 钢丝绳套）。各塔腿分段吊装完毕后，吊点绳暂不拆除，待做好 $\phi13$ 的临拉后，方可解除吊点，继续下一段塔腿的吊装（吊点及吊具同上）。塔腿吊装完成后，做好 45°方向 $\phi13$ 拉线，4 个塔腿拉线沿对角线方向布置。塔腿吊装完成后，在主材节点下方设置第一道腰环，顶升 4 个标准节。

（2）根据现场班组作业水平及现场条件，部分塔位为吊车吊装塔腿，组立塔腿所用吊车型号与组立抱杆所用一致。

1）平臂抱杆吊装铁塔工艺为：现场布置→铁塔材料入场放置及组装→吊车吊装铁塔底段→塔身主材吊装→塔身辅材吊装→下导线横担吊装→中导线横担吊装→上导线横担吊装→地线横担吊装→水平铁及补料吊装。

a. 依据现场实际情况，绘制现场平面布置图。对施工区域、道路、吊车位置等作出完整规划。吊车进场前，合理选择进场道路和吊车摆放位置，一般将吊车摆位在铁塔横线路方向外侧的中心位置。对路况较差施工基面不平的场地应提前进行修复和整平。

b. 吊车就位后，支腿用枕木和垫铁支垫，调整支腿高低使吊车保水平，且四个支腿同时受力。

c. 吊车整平后，吊车司机应对吊车制动系统、液压系统、起吊系等进行全面检查，发现异常情况不得进行吊装作业。

2）根据现场实际情况，采用双平臂抱杆组塔的桩位，部分需使用 25t 吊车进行平臂抱杆的安装、拆卸及铁塔下段 33m 以内的安装工作。

3）吊车需坐在塔身内铺垫的钢板上，安全腿四面吊装（现场根据地形灵活施工），先吊主材，再吊水平材及内辅材。所有塔材均采用根吊方式。

4）吊车优先考虑支设于基础中心，四周旋转吊装，此时需考虑吊件重量，就位高度、就位半径均在吊车的能力范围之内，否则，吊车需根据每一吊的实际情况移位吊装。

5）塔腿部分结构尺寸大约占全塔重量的 15% ～ 20%，单件重量 2～6t，25t 吊车处于塔中心的位置，逐腿吊装主材，主材吊装采用 $\phi22$ 钢丝绳套。

6）单根 $\phi22$ 钢丝绳套许用载荷 35.7kN，即 3.57t，大于根吊最大重量 3.53t，满足要求。

7）25t 吊车吊装塔腿时，塔脚、主材和正侧两根"八"字铁组成立体结构，单主材进行吊装，吊住主材上端整体吊装。然后补装水平材、斜材、辅材。塔腿临时拉线设置如图 2-5-5-2 所示。

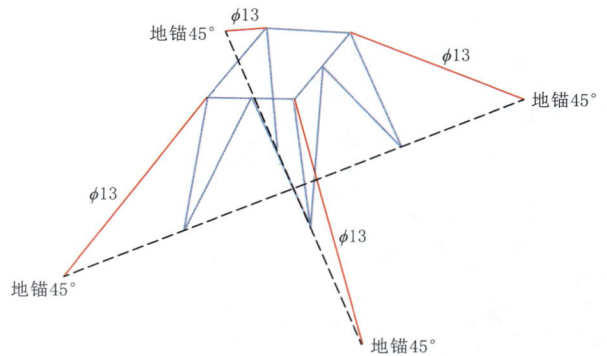

图 2-5-5-2　塔腿临时拉线设置示意图

（三）塔身吊装

（1）塔腿第 18 段、第 16 段吊装完毕后，在第 16 段下部主材节点下方设置第二道腰环，顶升 6 个标准节高度。

（2）顶升过程中带好回转下支座拉线以做保险。顶升到位后吊装第 13 段、第 12 段，在第 12 段下部主材节点下方设置第三道腰环，再顶升 5 个标准节高度，吊装第 11、10 段，在第 10 段下部主材节点下方设置第四道腰环，按以上吊装计算书步骤完成顶升及塔身吊装工作。

（3）铁塔塔身片吊装：塔身主材采用根吊。

（4）水平材、交叉材吊装：水平材吊装时，根据长度分为两点或多点起吊。交叉材吊装前应在地面组装好，吊点连接方式如图 2-5-5-3 和图 2-5-5-4 所示。

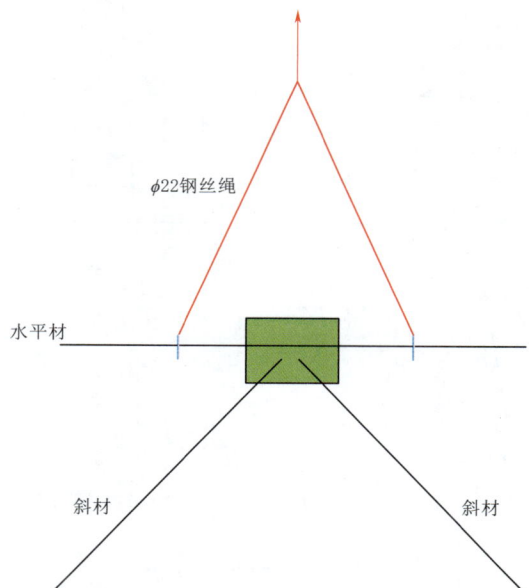

图 2-5-5-3　水平材吊装示意图

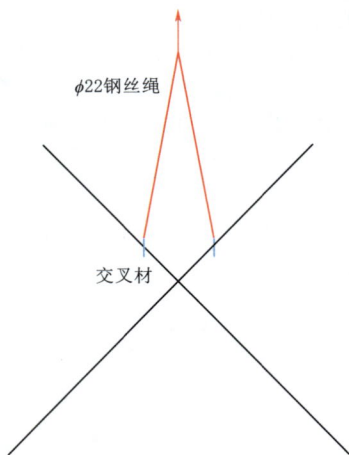

图 2-5-5-4　交叉材吊点设置示意图

（四）铁塔横担、地线支架吊装

（1）横担吊装顺序为从下向上依次吊装，先起吊下横担、其次是中横担、最后吊装上横担及地线支架。其中直线塔地线支架可与上横担整体起吊。横担重量大于 7.5t，将每侧的导线横担组装成前后两段，分段吊装；横

担重量小于 7.5t 的，每侧横担整体组装后吊装。例如，SZ27104 塔型单个横担重量均在 4.2t 以下，整体吊装即可；SDJ27102 塔型外角侧下横担、中横担均超过 8t、上横担重量接近 8t，均采用分段吊装。横担分段吊装如图 2-5-5-5 所示。

（2）横担、地线支架在地面合适的位置组装，起吊件先沿顺线路方向提升，当吊件接近就位高度时，旋转吊臂将吊件旋转 90°至设计方向，利用平臂抱杆调幅将吊件慢慢靠近就位点，最后利用 6t 手扳葫芦进行调节就位。横担整体组装如图 2-5-5-6 所示。

（3）转角塔顶架、横担吊件均采用四点起吊，吊点分别设置在节点处，外侧两吊点分别穿一只 6t 手扳葫芦，内侧两吊点采用 2 根钢丝绳（根据吊件规格选择钢丝绳或吊带型号）。顶架、横担整吊时吊点的位置及布置如图 2-5-5-7 和图 2-5-5-8 所示。

（五）地锚设置

1. 钢板地锚

地锚主要有卷扬机地锚、临时拉线地锚。卷扬机地锚采用 10t 全埋式钢板地锚。钢板地锚马道角度不大于45°，地锚埋设示意图见图 2-5-5-9。以 4 倍率吊重 8t 为例，单个地锚埋深见表 2-5-5-2。10t(0.4m×1.4m) 钢板地锚埋深计算见表 2-5-5-3。

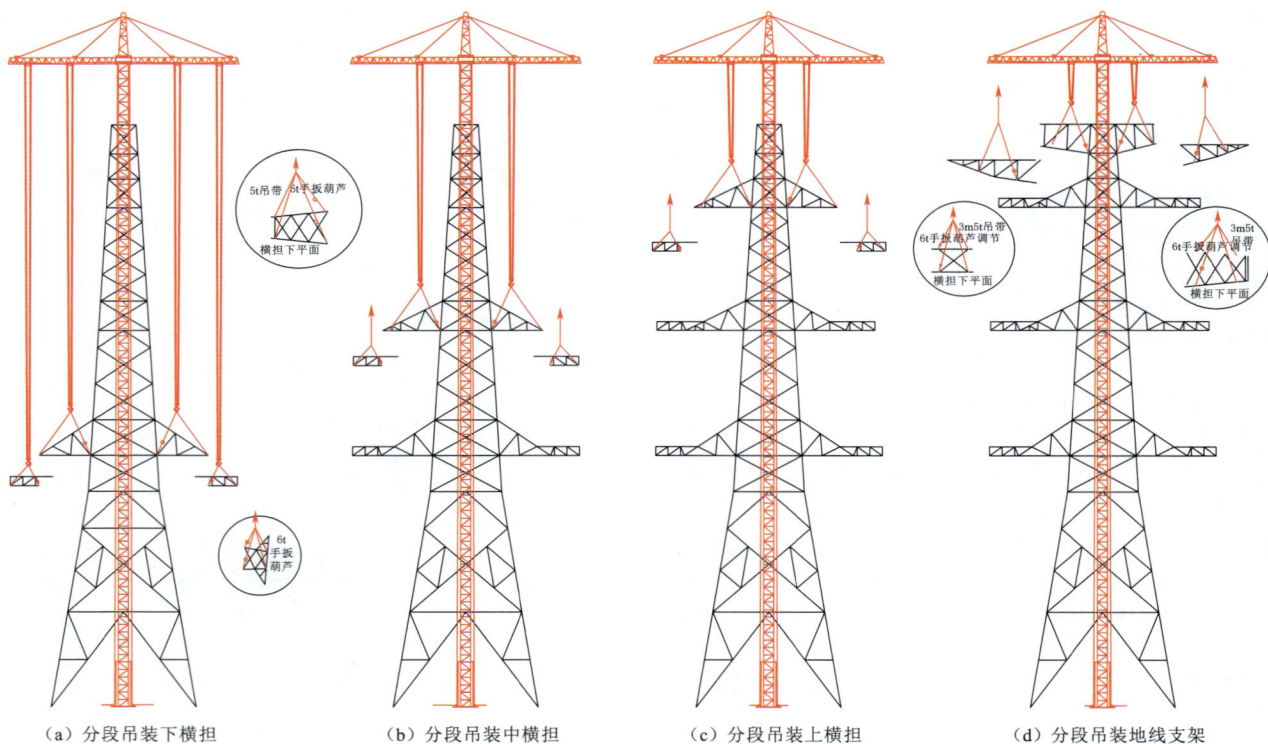

（a）分段吊装下横担　　　　（b）分段吊装中横担　　　　（c）分段吊装上横担　　　　（d）分段吊装地线支架

图 2-5-5-5　横担分段吊装示意图

（a）整体吊装下横担　　　　　（b）整体吊装中横担　　　　　（c）整体吊装上横担

图 2-5-5-6　横担整体吊装示意图

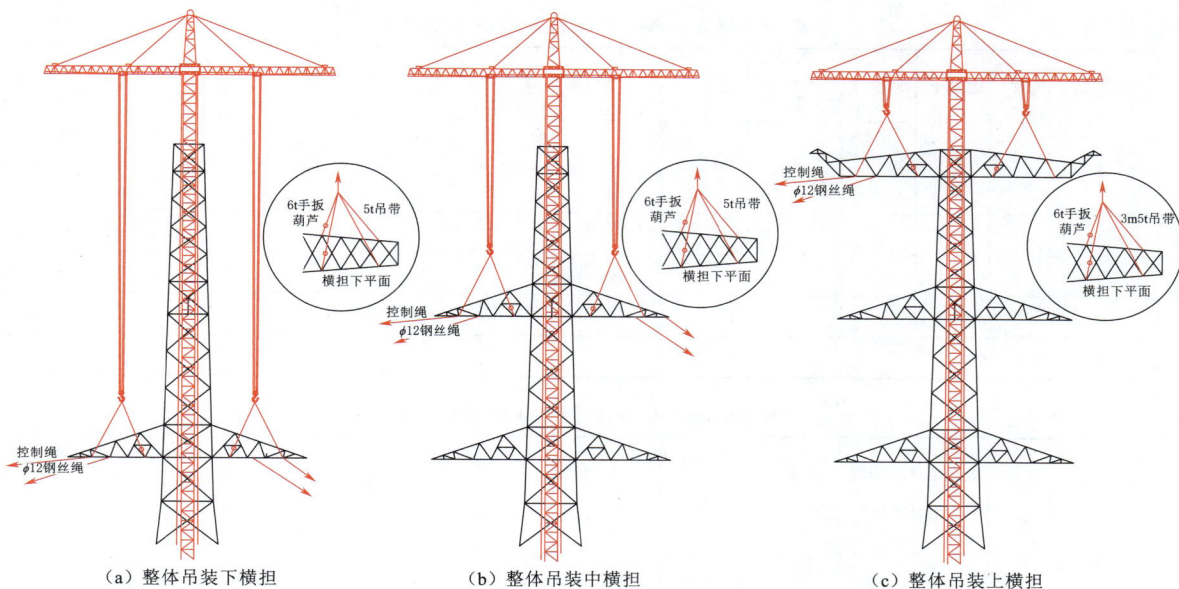

图 2-5-5-7　顶架整体吊装吊点示意图

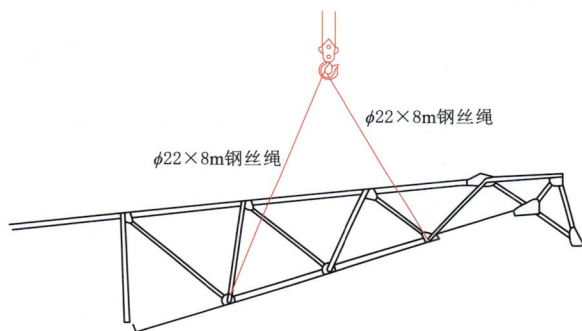

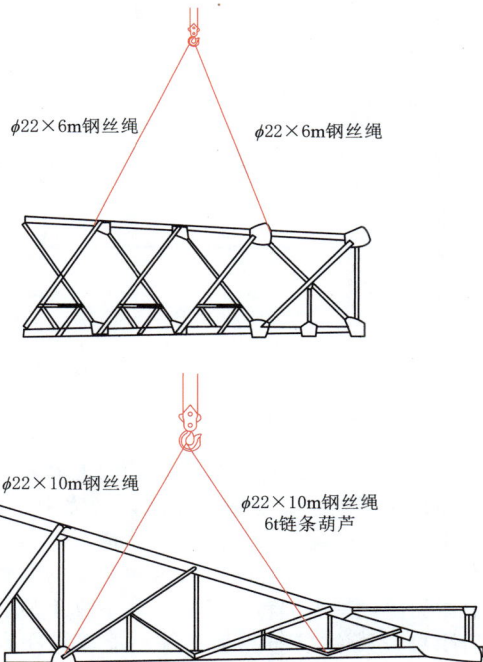

图 2-5-5-8　横担分段吊装吊点示意图

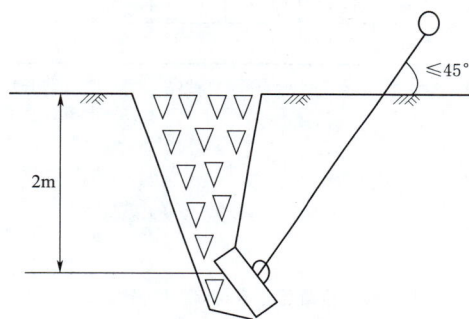

图 2-5-5-9　地锚埋设示意图

2．道木地锚

任意两个地钻锚的埋设间距不宜小于 1.2m，最低不能小于 1m。道木的挡土面与地钻锚所受的拉力方向应保持垂直，如图 2-5-5-10 所示。道木的埋设深度不能低于道木本身的横向高度，至少将道木埋至低于土平面约 5cm，道木埋设后，其上平面应与地钻锚的锚环与锚杆连接处相平，道木埋设后，应尽量保证道木与土体、地钻锚接触紧密。当锚固装置采用地钻群时，各地钻锚之间的连接方式必须保证在同一受力链路内至少有一个双钩（或者花篮螺栓）用以调节连接的松紧。同时，还必须保证地钻群中第一个受力的地钻锚尽量为竖直状态，以减小第一个地钻锚的水平荷载，如图 2-5-5-11 所示。同一受力链路中，各个地钻锚应布置在同一直线上。在几何关系上，地钻群受力后，应使每个拉棒具有收紧的趋势。常见的地钻群布置方式如图 2-5-5-12 所示。一般单个地钻锚抵抗的水平力约为 12kN。在地钻群中，第一个受力地钻不考虑其承受水平拉力。锚线的水平力全部由其他地钻来承担。因此主要受力地锚不得采

表 2-5-5-2　　　　　　　　　　　　单个地锚埋深表（以 4 倍率吊重 8t 为例）

土质	抗拔角	坑深	地锚长	地锚宽	上口等效长	上口等效宽	等效土体积	安全系数	容重	许用抗拔力
	ϕ	h	a_1	b_1	$a_2=a_1+2h\tan\phi$	$b_2=b_1+2h\tan\phi$	$V=\dfrac{h}{6}[a_1b_1+a_2b_2+(a_1+a_2)(b_1+b_2)]$	K	λ	$[Q]=\lambda V/K$
粉土	20	1.7	1.4	0.4	2.64	1.64	3.71	3	18	22.28
中砂	25	1.5	1.4	0.4	2.80	1.80	3.71	3	18.5	22.86
粉质黏土	20	1.6	1.4	0.4	2.56	1.56	3.30	3	19	20.88
黏土	20	1.6	1.4	0.4	2.56	1.56	3.30	3	19.5	21.43

表 2-5-5-3　　　　　　　　　　　　10t（0.4m×1.4m）钢板地锚埋深计算

土质	抗拔角	坑深	地锚长	地锚宽	上口等效长	上口等效宽	等效土体积	安全系数	容重	许用抗拔力
	ϕ	h	a_1	b_1	$a_2=a_1+2h\tan\phi$	$b_2=b_1+2h\tan\phi$	$V=\dfrac{h}{6}[a_1b_1+a_2b_2+(a_1+a_2)(b_1+b_2)]$	K	λ	$[Q]=\lambda V/K$
粉土	20	2.52	1.4	0.4	3.23	2.23	8.40	3	18	50.39
中砂	25	2.17	1.4	0.4	3.42	2.42	8.13	3	18.5	50.14
粉质黏土	20	2.45	1.4	0.4	3.18	2.18	7.90	3	19	50.05
黏土	20	2.42	1.4	0.4	3.16	2.16	7.70	3	19.5	50.02

表 2-5-5-2 中、表 2-5-5-3　　$[Q]$——地锚的容许抗拔力，kN；

λ——土壤计算容重，kN/m³；

K——土壤稳定安全系数，取 2.0~4.0；本工程计算取 3；

h——地锚宽度，m；

a_1、b_1——地锚长度、宽度，m；

d——地锚直径或宽度，m；

ϕ——土壤计算抗拔角，根据土质确定（°）。

注意：施工中可根据地锚受力不同调整地锚埋深，但应经过受力计算。

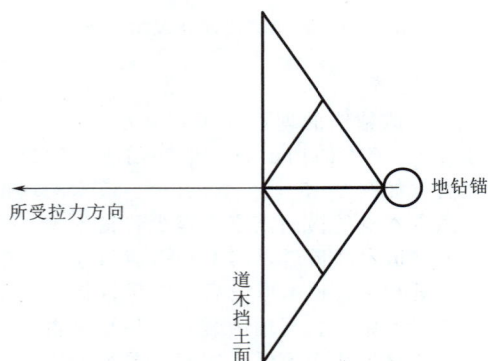

图 2-5-5-10　道木埋设方向示意图

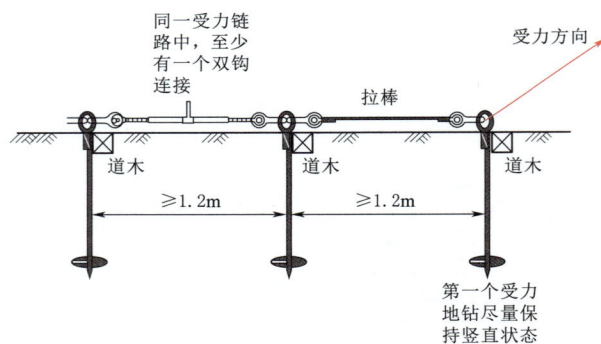

图 2-5-5-11　地钻群埋设示意图

用单个地钻的形式，必须根据验算有两个以上地钻组成。5t 地钻锚及 10t 地钻锚所承受的最大竖直抗拔力不得超过 15kN，如果锚线的竖直向上分力超过 15kN 时，需要考虑"双联"抗拔地钻锚或者其他锚固型式。"双联"抗拔地钻锚的布置如图 2-5-5-13 所示。项目部技术人员、施工负责人应对设置地锚处（包括地钻群、地锚板，下同）处的地形、地质情况做到心中有数。当各类临时拉线锚线地钻群受到的斜向拉力大于 50kN 时，第一根地钻（最前端）与其他地钻连接采用特制五联器连接和可调试地钻连接器连接。地钻锚在埋设过程中，入土 2/3 时，应由有经验的施工人员试推地钻锚，以判断土质情况。设置地锚处须避开呈软塑及流塑状态的黏性土、淤泥和及淤泥质土、水坑和人工填土等不良土质，地钻群埋设需距坑、塘边 1.5m。地钻锚不能埋设在有地表水的土质下，如水田、沼泽等。设置地钻锚处若存在进水的可能，则需在地钻锚处四周预先做好围堰措施。为防止

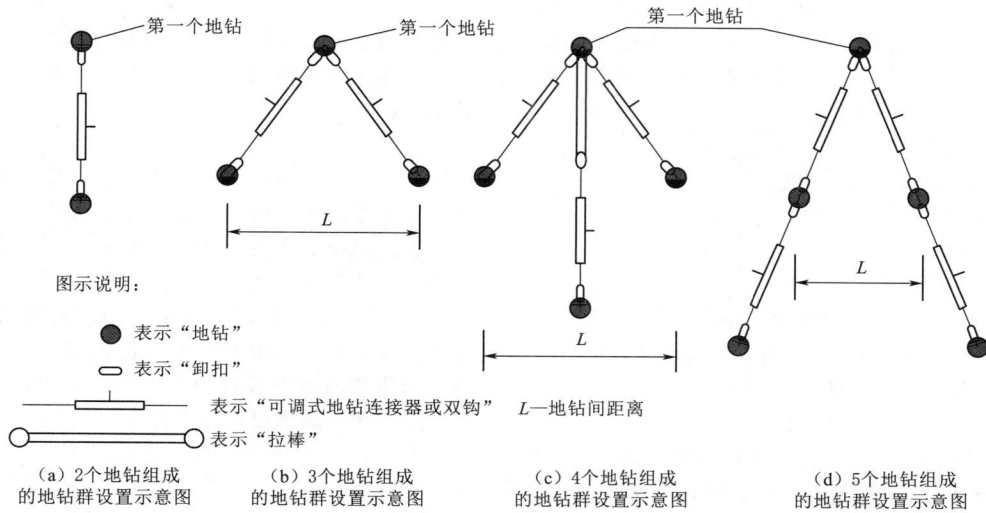

图 2-5-5-12 地钻群布置示意图

图示说明：
● 表示"地钻"
⊖ 表示"卸扣"
表示"可调式地钻连接器或双钩" L—地钻间距离
表示"拉棒"

（a）2个地钻组成的地钻群设置示意图
（b）3个地钻组成的地钻群设置示意图
（c）4个地钻组成的地钻群设置示意图
（d）5个地钻组成的地钻群设置示意图

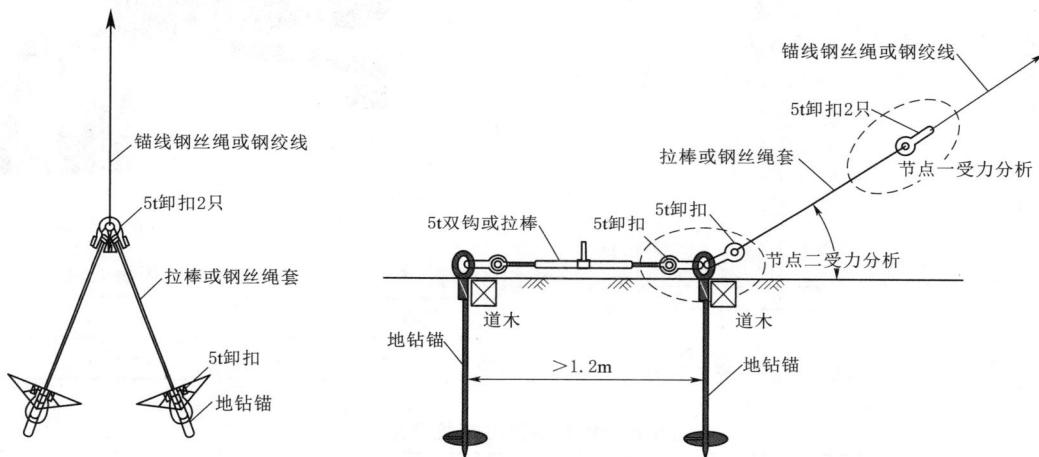

图 2-5-5-13 "双联"地钻布置示意图

雨水浸湿地锚处土质，造成土质松软，设置好的地钻群、上应采用塑料布等进行覆盖。覆盖的范围应超出地钻锚埋设范围以外 2m。对设置好的地钻锚由原负责人每天至少检查一次，若发现地钻群有走动的现象，须及时向技术人员报告，由项目总工会同施工负责人决定应采取的补强措施。

（六）螺栓螺母垫圈配置与安装

1. 铁塔螺栓防松、防卸配置

普通钢管塔以最短腿基础顶面以上 12m 高度范围内采取防卸措施，其他螺栓均采用防松措施，但导地线挂点处应采用双螺母防松螺栓（即两个螺母厚度均采用国标普通螺母厚度）。若该位置为节点板或接头时，其节点板或接头上所有螺栓均采取防卸措施，其余范围采取防松措施。防卸螺栓的规格和强度级别应与原施工图中相应的螺栓相同。铁塔螺栓防松、防卸配置如下：

（1）防卸范围内螺栓。钢管塔法兰处为"1 螺栓＋1 普通螺母"。

（2）"普通螺母＋1 防卸螺母＋2 平垫圈（法兰盘两侧各 1 个平垫圈）"，其余为"1 螺栓＋1 普通螺母＋1 防卸螺母＋1 平垫圈"。

（3）防松范围内螺栓。法兰处为"1 螺栓＋2 普通螺母＋2 平垫圈（法兰盘两侧各 1 个平垫圈）"，挂线角钢的螺栓为"1 螺栓＋2 普通螺母＋1 平垫圈"，其余为"1 螺栓＋2 普通螺母＋1 平垫圈"。

（4）防卸和防松范围内脚钉。钢管塔脚钉，防卸范围内为"1 脚钉＋1 普通螺母（槽钢外侧）＋1 防卸螺母（槽钢内侧）＋1 垫片（槽钢内侧）"，防松范围内为"1 脚钉＋1 普通螺母（槽钢外侧）＋1 普通螺母（槽钢内侧）＋1 垫片（槽钢内侧）"。

（5）铁塔防卸螺栓宜采用滚珠式。

2. 特殊区域螺栓螺母配置

（1）本工程全部为 2 级及以上舞动区的杆塔，应全塔采用双螺母防松螺栓（两个螺母厚度均采用国标普通螺母厚度）。

（2）"三跨"相关铁塔的防卸防松措施应按照《架空输电线路"三跨"反事故措施》（国家电网运检〔2020〕444 号）的要求进行。个别地区运行单位如有特殊要求，由建设管理单位组织研究解决。

3. 铁塔螺栓穿向

（1）对立体结构。

1）水平方向由内向外。

2）垂直方向由下向上。

（2）对平面结构。

1）顺线路方向，由电源侧穿入（或按统一方向）。

2）横线路方向，两侧由内向外，中间由左向右（指面向受电侧）或按统一方向穿入。

3）垂直地面方向者由下向上。

4）横线路方向呈倾斜平面时，由电源侧穿入或由下向上（或取统一方向）；顺线路方向呈倾斜平面时由下向上（或取统一方向）。

注意：个别螺栓不易安装时，穿入方向允许变更处理，变更的方式由建设管理单位组织统一。

（3）节点处为法兰连接的螺栓穿向。所有靠近节点处法兰螺栓由节点向四周穿，如图 2-5-5-14 所示。

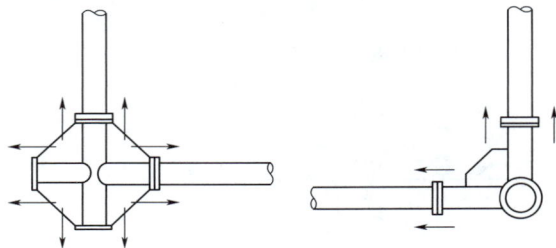

图 2-5-5-14　节点及周围法兰螺栓穿向

（4）十字插板处螺栓穿向。竖直方向的十字插板，由塔上向下看，按顺时针方向穿；水平或倾斜的十字插板，上部立板由塔身内侧向外穿，其他三面板材按此旋转顺穿。

4. 铁塔螺栓紧固

（1）螺栓出扣最小不少于 2 扣，最大不超过 20mm，同一位置处的螺栓出扣长度应保持一致。

（2）螺栓紧固采用电动扭矩扳手，如图 2-5-5-15 所示，螺栓扭矩见表 2-5-5-4 和表 2-5-5-5。

1）杆塔连接螺栓应逐个紧固，紧固采用扭矩扳手，受剪螺栓的扭紧力矩不应小于表 2-5-5-4 要求，受拉螺栓的扭紧力矩按设计要求。螺杆与螺母的螺纹有滑牙或螺母的棱角磨损以致扳手打滑的，螺栓应更换。

2）法兰螺栓采用双帽，外帽预紧扭矩值取上表数值的一半。

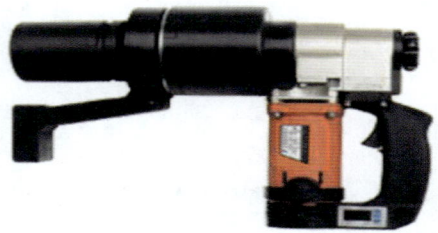

图 2-5-5-15　电动扭矩扳手

表 2-5-5-4　　　　受剪螺栓紧固扭矩表

规格	M16（6.8 级）	M20（6.8 级）	M24（8.8 级）
扭矩值/(N·m)	80	100	250

表 2-5-5-5　　　　　　　　　　　　　8.8 级钢管塔法兰螺栓扭矩

螺栓规格	M24	M27	M30	M33	M36	M39	M42	M45	M48	M52	M56
扭矩值/(N·m)	380	450	600	700	880	1100	1400	1900	2100	2300	2500

三、有关计算

（1）拉线计算。例如，最大主材内倾力在 SDJ27102 段塔腿段，其中 3 节主材总重为 6.2184t，主材内倾度数为 8.81°，$F_1 = G\sin8.81°$，$F_2 = F_1/\sin45°$，其中 $G = 6.2184t$，则有：

$$F_2 = G\sin8°/\sin45° = 6.2184\sin8.81°/\sin45° = 1.35(t)$$

采用 $\phi12$ 钢丝绳（纤维芯，公称抗拉强度 1670MPa，破断力 70.9kN），安全系数 70.9/13.5 = 5.25 > 3，满足要求，现场使用钢丝绳直径不小于 12mm。

（2）根据地锚容许抗拔力计算公式，可通过试解的方式计算出不同土质条件下地锚坑深。根据每基塔位吊重、拉线受力不同进行调整，本方案计算书仅以 5t 抗拔力为例计算埋深。

（3）塔件吊装时吊点钢丝绳计算书。根据工器具配置以及各塔型分段吊装/片吊/根吊重量，塔片吊点绳采用最大直径 $\phi26$ 钢丝绳套（两点起吊），横担吊装时采用最

大直径 $\phi22$ 钢丝绳套（四点起吊），吊点绳长度选择以满足平面内夹角不大于 60°要求。

1）横担吊点钢丝绳受力计算。采用整体起吊最重横担重量为 7.5t，个别超过此横担重量采用分段吊装。吊点绳受力为

$F = (G/4)/\cos30°K_1K_2 = 3.12t(31.2kN)（K_1 取 1.2，K_2 取 1.2）$

$\phi22$ 插编绳套额定负荷 = 238（破断力）/6 × 0.9 = 35.7 (kN)，满足要求。

2）塔片吊点钢丝绳受力计算。采用片吊最重塔片重量为 6t，个别超过此横担重量采用根吊或拆除部分辅材吊装。吊点绳受力为

$$F = (G/2)/\cos30°K_1K_2 = 4.99t(49.9kN)$$

$$（K_1 取 1.2，K_2 取 1.2）$$

$\phi26$ 插编绳套额定负荷 = 333（破断力）/6 × 0.9 = 49.95 (kN)，满足要求。

以上吊装也可采用满足要求的吊带，吊带安全系数 $K \geq 5$。

3）拉片绳的计算。按最重起吊件 7.5t 计算，对于单吊或分片吊装时，绑扎吊件处的拉片绳应采用左右各一根钢丝绳，两根钢丝绳对地的夹角宜为 45°，以保证塔片平稳提升。其合力计算式为：

$$F=\frac{G\tan\beta}{\cos(\omega+\beta)}$$

$F=\tan10°/\cos(45°+10°)\times7500kg=2306kg(23.06kN)$

式中　F——拉片绳的静张力合力，kN；

　　　G——被吊构件的重量，起吊最重 7500kg；

　　　β——起吊滑车组轴线与铅垂线间的夹角，取 10°；

　　　ω——拉片绳对地夹角，取 45°，如图 2-5-5-16 所示。

采用 $\phi12$ 钢丝绳（纤维芯，公称抗拉强度 1670MPa，破断力 70.9kN），安全系数 70.9/23.06＝3.07＞3，满足要求，现场使用钢丝绳直径不小于 12mm。

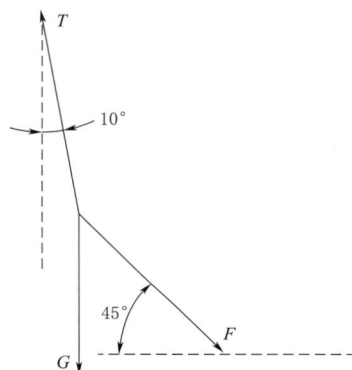

图 2-5-5-16　拉片绳对地夹角 ω（取 45°）

（4）与附近带电线路控制距离校核，经初勘，全线杆塔组立过程中。与带电线路距离均满足电力安全工作规程中作业人员或机械器具与带电线路及其他带电体风险控制值的要求。本方案以 N1080 与±500kV 龙政线 0302～0303 号距离校核为例进行分析，其他塔位距离校核应在单基策划中体现，如图 2-5-5-17 所示。

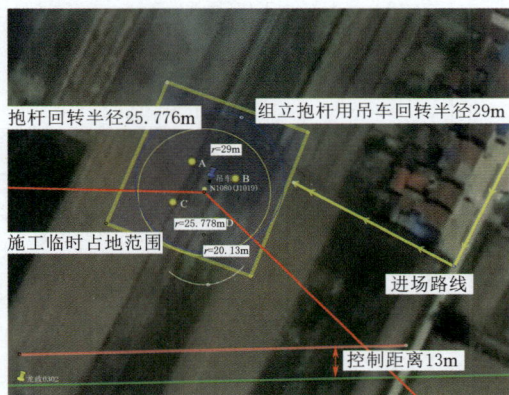

图 2-5-5-17　N1080 组塔施工作业人员及机械器具满足与带电设备控制距离要求

通过作图法施工作业范围与控制红线不相交或相切，

N1080 组塔施工作业过程中，作业人员及机械器具满足安全规程中控制距离要求。

四、25t/50t 汽车吊性能表

25t/50t 汽车吊性能见表 2-5-5-6～表 2-5-5-9。

表 2-5-5-6　25t 汽车起重机起重性能表（主臂）

工作半径 /m	吊臂长度/m						
	10.2	13.75	17.3	20.85	24.4	27.95	31.5
3	25	17.5					
3.5	20.6	17.5	12.2	9.5			
4	18	17.5	12.2	9.5			
4.5	16.3	15.3	12.2	9.5	7.5		
5	14.5	14.4	12.2	9.5	7.5		
5.5	13.5	13.2	12.2	9.5	7.5	7	
6	12.3	12.2	11.3	9.2	7.5	7	5.1
6.5	11.2	11	10.5	8.8	7.5	7	5.1
7	10.2	10	9.8	8.5	7.2	7	5.1
7.5	9.4	9.2	9.1	8.1	6.8	6.7	5.1
8	8.6	8.4	8.4	7.8	6.6	6.4	5.1
8.5	8	7.9	7.8	7.4	6.3	7.2	5
9		7.2	7	6.8	6	6.1	4.8
10		6	5.8	5.6	5.6	5.3	4.4
12		4	4.1	4.1	4.2	3.9	3.7
14			2.9	3	3.1	2.9	3
16				2.2	2.3	2.2	2.3
18				1.6	1.8	1.7	1.7
20					1.3	1.3	1.3
22					1	0.9	1
24						0.7	0.8
26						0.5	0.5
28							0.4
29							0.3

表 2-5-5-7　25t 汽车起重机起重性能表（副臂）

主臂主角/(°)	7.5 副臂	
	副臂倾角 5°	副臂倾角 30°
80	2.5	1.25
75	2.5	1.25
70	2.05	1.15
65	1.75	1.1
60	1.55	1.05
55	1.3	1
50	1.05	0.8

表 2-5-5-8 50t 汽车起重机性能表（主臂）

工作半径/m	主臂长度/m				
	10.7	18	25.4	32.75	40.1
3	50				
3.5	43				
4	38				
4.5	34				
5	30	24.7			
5.5	28	23.5			
6	24	22.2	16.3		
6.5	21	20	15		
7	18.5	18	14.1	10.2	
8	14.5	14	12.4	9.2	7.5
9	11.5	11.2	11.1	8.3	6.5
10		9.2	10	7.5	6
12		6.4	7.5	6.8	5.2
14			5.1	5.7	4.6
16			4	4.7	3.9
18			3.1	3.7	3.3
20			2.2	2.9	2.9
22			1.6	2.3	2.4
24				1.8	2
26				1.4	1.5
28					1.2
30					0.9
各臂伸缩率/% 二	0	100	100	100	100
三	0	0	33	66	100
四	0	0	33	66	100
五	0	0	33	66	100
钢丝绳倍率	12	8	5	4	3
吊钩重量	0.515			0.215	

表 2-5-5-9 50t 汽车起重机性能表（副臂）

主臂仰角/(°)	吊臂长度/m					
	40.10+5.10		40.10+9.00		40.10+16.10	
	主臂+副臂		主臂+副臂		主臂+副臂	
	0°	20°	0°	20°	0°	20°
78	4	3.6	3.2	1.9	1.5	0.8
75	3.8	3.2	3	1.8	1.3	0.8
72	3.2	2.9	2.8	1.7	1.2	0.7
70	3	2.5	2.5	1.6	1.2	0.6
65	2.5	2	2	1.4	1.1	0.5
60	1.9	1.6	1.5	1	0.8	0.5
55	1.4	0.8	1	0.6	0.6	0.4
各节臂伸缩率/% 二 三 四 五	100					
钢丝绳倍率	1					
吊钩重量	0.1					

五、铁塔结构参数

铁塔结构参数见表 2-5-2-1 和表 2-5-2-2。

六、吊车吊装计算书

吊车吊装计算书见表 2-5-5-10。

表 2-5-5-10 吊车吊装计算书

杆号/塔型	吊装顺序	名称	段位	吊装方式	整段重量/kg	最大吊件重量/kg	计算吊重/t	塔材高度/m	有效高度/m	吊车吨数/t	吊车最小工作半径/m	吊车实际工作半径/m	吊臂长度/m	吊车最大吊装重量/t	能否满足吊装要求
N1045 (SJ27101-45)	第2吊	塔身	16	根吊	12166.9	1232	1.76	24.6	29.6	25	16	16	25.2	4.0	能
	第1吊	塔腿	34	根吊	8324.3	1963	2.73	17.2	21.2	25	16	16	23.3	4.9	能
N1030 (SJ27101-51)	第2吊	塔身	18	根吊	16033.2	1414	2.00	23.2	28.2	25	18	18	29.4	4.1	能
	第1吊	塔腿	42	根吊	7941.1	1481	2.09	16	21	25	18	18	25.2	2.8	能
N1043 (SJ27101-54)	第2吊	塔身	18	根吊	16033.2	1414	2	26.2	31.2	25	18	18	31.3	3.3	能
	第1吊	塔腿	46	根吊	9179.3	1814	2.53	19	24	25	18	18	25.2	2.8	能
N1059 (SJ27102-54)	第2吊	塔身	18	根吊	15682.1	1451.9	2.05	26.2	31.2	25	18	18	31.3	4.9	能
	第1吊	塔腿	46	根吊	9172.7	2248.1	3.1	19	24	25	15	15	25.2	4.4	能
N1015 (SJ27103-45)	第2吊	塔身	16	根吊	16129.5	1574.7	2.21	18.5	23.5	25	16	16	25.2	4	能
	第1吊	塔腿	34	根吊	6114.7	2164	2.99	11.5	16.5	25	16	16	23.3	4.9	能

续表

杆号/塔型	吊装顺序	名称	段位	吊装方式	整段重量/kg	最大吊件重量/kg	计算吊重/t	塔材高度/m	有效高度/m	吊车吨数/t	吊车最小工作半径/m	吊车实际工作半径/m	吊臂长度/m	吊车最大吊装重量/t	能否满足吊装要求
N1012 (SJ27103-48)	第2吊	塔身	16	根吊	16129.5	1574.7	2.21	21.5	26.5	25	16	16	29.4	5.2	能
	第1吊	塔腿	36	根吊	7888.2	1501.3	2.11	14.5	19.5	25	16	16	23.3	4.9	能
N1004、N1019、N1026 (SJ27103-54)	第2吊	塔身	16	根吊	16129.5	1574.7	2.21	27.5	32.5	25	16	16	35.5	5.2	能
	第1吊	塔腿	41	根吊	10465.7	2229.8	3.08	20.5	25.5	25	16	16	29.4	5.2	能
N1007、N1067 (SJ27104-54)	第2吊	塔身	22	根吊	15867.3	1462.9	2.06	27	32	25	16	16	35.5	5.2	能
	第1吊	塔腿	50	根吊	11134.2	2426.3	3.33	21	26	25	16	16	29.4	5.2	能
N1050 (SJ27105-55.5)	第2吊	塔身	25	根吊	26584.4	2140.4	2.96	22	27	25	15	15	29.4	5.8	能
	第1吊	塔腿	54	根吊	9469	1978.9	2.74	13.5	18.5	25	15	15	23.3	5.5	能
N1034 (SZK27101-79.5)	第2吊	塔身	18	根吊	14330	1068	1.55	20.5	25.5	25	16	16	29.4	5.2	能
	第1吊	塔腿	27	根吊	5004.3	1796	2.50	13.5	18.5	25	16	16	23.3	4.9	能
N1013、N1053 (SZK27101-81)	第2吊	塔身	18	根吊	14330	1068	1.55	22	27	25	16	16	29.4	5.2	能
	第1吊	塔腿	28	根吊	5587.9	2019	2.80	15	20	25	16	16	23.3	4.9	能
N1018 (SZK27101-90)	第2吊	塔身	20	根吊	16468.6	1277.1	1.82	24	29	25	16	16	29.4	5.2	能
	第1吊	塔腿	40	根吊	6079.7	2154.8	2.98	15	20	25	16	16	23.3	4.9	能
N1020 (SZ27102-51)	第2吊	塔身	22	根吊	7185.3	1037	1.50	23.2	28.2	25	14	14	29.4	6.4	能
	第1吊	塔腿	27	根吊	4793.4	1651.2	2.31	16.2	21.2	25	14	14	23.3	6.30	能
N1005 (SZ27102-63)	第2吊	塔身	41	根吊	14985.3	2427	3.34	28.2	33.2	25	14	14	35.5	6.30	能
	第1吊	塔腿	45	根吊	4453.3	1650.5	2.31	14.9	19.9	25	14	14	23.3	6.30	能
N1021、N1022 (SZ27102-64.5)	第2吊	塔身	41	根吊	14985.3	2427	3.34	29.7	34.7	25	15	15	35.5	5.7	能
	第1吊	塔腿	46	根吊	4800.9	1817	2.53	16.4	21.4	25	15	15	23.3	5.50	能
N1002 (SZ27102-67.5)	第2吊	塔身	49	根吊	14875.3	2546	3.49	26.2	31.2	25	15	15	31.3	4.90	能
	第1吊	塔腿	51	根吊	4433.7	1551	2.18	15.1	20.1	25	15	15	23.3	5.50	能
N1006、N1044 (SZ27102-69)	第2吊	塔身	49	根吊	14875.3	2546	3.49	27.7	32.7	25	15	15	35.5	5.70	能
	第1吊	塔腿	52	根吊	4773.3	1718	2.40	16.6	21.6	25	15	15	23.3	5.50	能
N1042 (SZ27103-63)	第2吊	塔身	41	根吊	12975.8	1753	2.45	27.2	32.2	25	15	15	35.5	5.70	能
	第1吊	塔腿	45	根吊	5476.2	2217	3.06	18	23	25	15	15	23.3	5.50	能
N1016 (SZ27103-66)	第2吊	塔身	46	根吊	9389.5	801.2	1.19	23.6	28.6	25	16	16	29.4	5.20	能
	第1吊	塔腿	50	根吊	5374.2	1997	2.77	16.1	21.1	25	16	16	23.3	4.90	能
N1025 (SZ27103-69)	第2吊	塔身	51	根吊	11363.7	1097	1.58	26.6	31.6	25	16	16	35.5	5.20	能
	第1吊	塔腿	55	根吊	5415.5	2088.2	2.89	17.4	22.4	25	16	16	23.3	4.90	能
N1008、N1024 (SZ27103-72)	第2吊	塔身	56	根吊	11194.9	1071.1	1.55	29.6	34.6	25	16	16	35.5	5.20	能
	第1吊	塔腿	60	根吊	6273.6	2502	3.43	20.6	25.6	25	16	16	29.4	5.20	能
N1014、N1061 (SZ27103-75)	第2吊	塔身	14	根吊	15950.3	1514	2.13	32.6	37.6	25	16	16	43.5	4.70	能
	第1吊	塔腿	64	根吊	5873.7	2471	3.39	17.9	22.9	25	16	16	23.3	4.90	能
N1010、N1036、N1039、N1041 (SZ27104-63)	第2吊	塔身	18	根吊	8059.9	612	1.8	21	26	25	15	15	29.4	5.8	能
	第1吊	塔腿	46	根吊	5128.1	1940	2.7	16.2	21.2	25	15	15	23.3	5.5	能
N1031、N1057 (SZ27104-66)	第2吊	塔身	19	根吊	8887.4	778.8	1.16	24	29	25	16	16	29.4	5.2	能
	第1吊	塔腿	50	根吊	5373.3	2151	2.97	17.9	22.9	25	16	16	23.3	4.9	能

续表

杆号/塔型	吊装顺序	名称	段位	吊装方式	整段重量/kg	最大吊件重量/kg	计算吊重/t	塔材高度/m	有效高度/m	吊车吨数/t	吊车最小工作半径/m	吊车实际工作半径/m	吊臂长度/m	吊车最大吊装重量/t	能否满足吊装要求
N1032 (SZ27104-67.5)	第2吊	塔身	20	根吊	10414.8	958.3	1.40	25.5	30.5	25	16	16	31.3	4.3	能
	第1吊	塔腿	53	根吊	5913.8	2292	3.16	18.2	23.2	25	16	16	23.3	4.9	能
N1033 (SZ27104-69)	第2吊	塔身	20	根吊	10414.8	958.3	1.40	27	32	25	16	16	35.5	5.2	能
	第1吊	塔腿	54	根吊	6356.5	2497	3.43	19.7	24.7	25	16	16	25.2	4.0	能
N1011 (SZ27104-70.5)	第2吊	塔身	22	根吊	7310.6	1168	1.67	22.8	27.8	25	16	16	29.4	5.2	能
	第1吊	塔腿	57	根吊	5406	2005	2.78	15.8	20.8	25	16	16	23.3	4.9	能
N1017、N1037、N1038 (SZ27104-72)	第2吊	塔身	22	根吊	7310.6	1168	1.67	24.3	29.3	25	16	16	29.4	5.2	能
	第1吊	塔腿	58	根吊	5662.6	2210	3.05	17.3	22.3	25	16	16	23.3	4.9	能
N1029、N1054 (SZ27104-75)	第2吊	塔身	22	根吊	7310.6	1168	1.67	27.3	32.3	25	18	18	35.5	4.3	能
	第1吊	塔腿	62	根吊	6439.9	1579	2.22	20.3	25.3	25	18	18	29.4	4.1	能
N1023、N1035 (SZ27104-78)	第2吊	塔身	24	根吊	13110.3	1995	2.77	30.3	35.3	25	18	18	35.5	4.3	能
	第1吊	塔腿	68	根吊	6605.5	1592	2.23	20.6	25.6	25	18	18	29.4	4.1	能
N1051 (SZ27104-81)	第2吊	塔身	25	根吊	13026.7	981.4	1.43	26.3	31.3	25	18	18	31.3	3.3	能
	第1吊	塔腿	72	根吊	6309.9	1411	1.99	19.2	24.2	25	18	18	25.2	2.8	能
N1040 (SZ27105-63)	第2吊	塔身	35	根吊	10872.2	1672	2.34	28	33	25	16	16	35.5	5.2	能
	第1吊	塔腿	39	根吊	6662.5	2578	3.53	19.7	24.7	25	16	16	25.2	4.0	能
N1009 (SZ27105-78)	第2吊	塔身	17	根吊	7706.6	1038	1.50	29	34	25	18	18	35.5	4.3	能
	第1吊	塔腿	64	根吊	7941.2	1978	2.74	22	27	25	18	18	29.4	4.1	能

第六章

荆门-武汉1000kV特高压交流线路架线施工

第一节　荆门-武汉 1000kV 架空线路架线工程概述

一、基本情况

(一) 路径与铁塔

荆门-武汉 1000kV 特高压交流输变电工程线路工程施工 1 标段线路起于荆门 1000kV 变电站构架，止于湖北省天门市与京山市市界（N1081 塔），本标段不包含汉江大跨越段（N1046L～N1049L、N1046R～N1049）。

本标段途经湖北省荆门市沙洋县、钟祥市及天门市，沿线海拔在 30～70m，线路全长 2×39.062km，其中平地 20.736km（53.2%），丘陵 11.069km（28.4%），河网 7.172km（18.4%）。

新建铁塔 76 基（其中直线塔 59 基，耐张塔 17 基），全线采用双回路铁塔，均为四柱法兰钢管塔。

(二) 导线与跨越

(1) 本标段导线除进线挡采用 8XJLK/G1A－725 (900)/40 型钢芯扩径铝绞线外，其余段均采用 8XJL/G1A－630/45 型钢芯铝绞线，耐张塔跳线采用 JLK/G1A－725 (900)/40 型钢芯扩径铝绞线。子导线分裂间距 400mm，外接圆直径 1045mm。地线两根均采用 OPGW－185 复合光缆地线，变电站进线挡、大跨越锚塔与一般线路分支塔挡另加两根 JLB20A－185 铝包钢绞线作为分流地线。

(2) 线路方向规定及塔腿编号示意如图 2－6－1－1 所示。

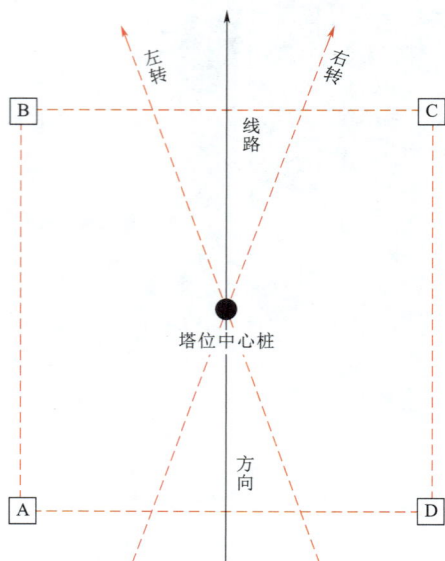

图 2－6－1－1　荆门-武汉 1000kV 特高压输电线路工程线路方向规定及塔腿编号示意图

(3) 导地线型号及参数。本标包导线采用 8×JL/

G1A－630/45 型钢芯铝绞线，地线采用两根 72 芯 OPGW－185 光缆，双回路跳线及换位塔跳线采用 JLK/G1A－725 (900)/40 扩径导线。换位塔跳线保护地线采用 JLB20A－185 铝包钢绞线。导线、地线技术参数见表 2－6－1－1 和表 2－6－1－2。

表 2－6－1－1　荆门-武汉 1000kV 特高压输电线路工程导线、地线技术参数一览表

导线型号		JL/G1A－630/45	JLK/G1A－725(900)/40	JLB20A－185
导线类型		钢芯铝绞线	钢芯扩径铝绞线	铝包钢绞线
股数×直径/mm	铝	45×4.22	58×3.99	铝包钢
	钢（铝合金）	7×2.81	7×2.66	
截面/mm²	铝	629	725.21	137.1
	钢（铝合金）	43.4	38.90	45.7
	总截面	673	764.11	182.8
外径/mm		33.8	39.9	17.50
单位质量/(kg/km)		2078.4	2309.7	1279
计算拉断力/N		150200	160380	208940
弹性模量/MPa		63700	61870	145800
线膨胀系数/(1/℃)		20.8×10⁻⁶	21.2×10⁻⁶	13.0×10⁻⁶

注　导线设计拉断力均取额定拉断力的 95%。

表 2－6－1－2　荆门-武汉 1000kV 特高压输电线路工程 OPGW－185 光缆技术参数表

光缆型号 项目	OPGW－72B1.3(G.652D)-183[206.3;148.9]
芯数	72
结构	1/3.8/20AS＋4/3.7/20AS＋12/3.7/20AS
计算截面/mm²	183.4
外径/mm	18.6
单位质量/(kg/km)	1279
弹性模量/MPa	162000
线膨胀系数/(1/℃)	13.0×10⁻⁶
拉断力/kN	206.3

(4) 主要交叉跨越。

1) 高速公路 1 处、省道 4 处、县道 1 处、乡村道路 26 处、土路 46 处、非通航河流 40 处。

2) 跨越 500kV 电力线 1 处、220kV 电力线 2 处、110kV 电力线 5 处、35kV 电力线 1 处、10kV 电力线 26 处、380V/220V 电力线 44 处、通信线 41 处。

3) 跨越梨园约 1.476km。

4) 跨越地下管线 4 次。

（三）绝缘配置

1. 设计气象条件

本工程设计气象条件为：设计基本风速为27m/s，设计覆冰厚度为10mm（地线15mm）。

2. 设计污秽等级

全线绝缘子污秽等级为c、d级，设计基本风速为27m/s；设计覆冰厚度为10mm（地线15mm）。

3. 绝缘子

（1）盘型瓷绝缘子主要参数一览表见表2-6-1-3，复合绝缘子主要参数一览表见表2-6-1-4。瓷绝缘子配色原则为：安装位置从横担开始，左右回路均为9白+1棕。

表2-6-1-3　荆门-武汉1000kV特高压输电线路工程盘型瓷绝缘子主要参数一览表

绝缘子代号	U550BP/240T
伞形结构	三层伞形
绝缘件公称直径/mm	400
公称结构高度/mm	240
公称爬电距离/mm	650
连接标记/mm	32
规定机电破坏负荷/kN	550
逐个拉伸负荷试验/kN	275

表2-6-1-4　荆门-武汉1000kV特高压输电线路工程复合绝缘子主要参数一览表

绝缘子代号	FXBW-1000/210	FXBW-1000/300	FXBW-1000/420	FXBW-1000/550
公称结构高度/mm	9000	9000	9000	9000
额定电压/kV	1000	1000	1000	1000
连接标记	20（球碗连接）	24（球碗连接）	28（球碗连接）	32（球碗连接）
	28（环环连接）			
规定机械负荷/kN	210	300	420	550
高压侧小均压环外径/管径/mm	232/32	232/32	232/32	232/32
高压侧小均压环屏蔽深度/mm	16	16	16	16

（2）导线直线绝缘子串组装方式。导线悬垂串采用合成绝缘子Ⅰ型悬垂串，结构高度9000mm。根据不同的荷载条件，分别选用2×300kN、2×420kN、2×550kN三种组合形式。悬垂串加装大、中、小三种类型均压环。Ⅰ型悬垂串与横担均采用双挂点连接，联间距离采用600mm。双回路直线塔导线悬垂串采用Ⅰ串，根据导线荷载，直线塔悬垂串主要采用双联300kN、420kN、550kN串型，悬垂串联间距均为600mm。悬垂串采用复合绝缘子，复合绝缘子结构高度为9.0m。

（3）导线耐张绝缘子串组装方式。导线耐张串采用3联550kN盘型瓷绝缘子，采用双挂点连接，联间距离采用600mm。耐张绝缘子串与导线横担采用双挂点联结，线路转角时，需要对每串内外肢的平行挂板及调整板挂孔位置进行调整。构架松弛挡采用双联300kN三伞型瓷绝缘子。绝缘子片数见杆塔明细表。

（4）跳线绝缘子串组装方式。耐张塔跳线串采用210kN绝缘子，跳线串均采用结构高度9.0m的复合绝缘子。耐张塔采用合成绝缘子Ⅰ型跳线串，跳线采用笼式刚性跳线，每套刚性跳线含2个悬垂跳线Ⅰ串，采用210kN合成绝缘子。本工程采用笼式刚性跳线，刚性跳线支撑管根据转角、塔型的不同取14～16m不等。跳线支撑管需放置10～12套硬跳线间隔棒，数量根据跳线支撑管长度确定。笼式刚性跳线支撑装置配重分为400kg、600kg、800kg、1000kg四种。每相软导线安装8个软跳间隔棒，分装于两个跳线挡，软跳线间隔棒等距安装。

（5）耐磨金具串。本工程全线为2、3级舞动区，三跨段用U形环、延长环、直角挂板、碗头挂板等连接类金具和挂点金具（GD挂点金具、EB挂板）此类金具须采用35CrMo（或42CrMo）材质锻造件。耐磨金具出厂前已涂红漆，以和采用常规材质的金具做区分。

（6）导线绝缘子串图配置、光缆金具串图配置见表2-6-1-5和表2-6-1-6。

表2-6-1-5　荆门-武汉1000kV特高压输电线路工程导线绝缘子串图配置表

序号	绝缘子串名称	绝缘子串代号	组装图号	使用塔基
1	300kN复合绝缘子双联双挂点Ⅰ型悬垂串（十字联板）	10XC2L-4060-30H	S08181S-D0601-02	N1002、N1005、N1006、N1008、N1020、N1021、N1024、N1060、N1068，共108串
2	420kN复合绝缘子双联双挂点Ⅰ型悬垂串（十字联板）	10XC2L-4060-42H	S08181S-D0601-03	N1009、N1010、N1011、N1013、N1014、N1016、N1017、N1019、N1022、N1023、N1025、N1027（采用耐磨金具）、N1028（采用耐磨金具）、N1031、N1032、N1033、N1034、N1035、N1036、N1037、N1038、N1039、N1040、N1041、N1042、N1044、N1051、N1052、N1053、N1054、N1055、N1056、N1057、N1058、N1061、N1062、N1063、N1064、N1066、N1069、N1070、N1071、N1073、N1074、N1075、N1076、N1077、N1078、N1079，共588串

序号	绝缘子串名称	绝缘子串代号	组装图号	使用塔基
3	550kN 复合绝缘子双联双挂点Ⅰ型悬垂串（十字联板）	10XC2L－4060－55H	S08181S－D0601－04	N1018、N1029（采用耐磨金具），共 24 串
4	550kN 盘型悬式绝缘子三联双挂点耐张串（直跳）	10N32－4060－55PB	S08181S－D0601－05	N1001 大号侧（6 串）、N1003、N1004、N1007、N1012、N1015、N1026（大号侧采用耐磨金具）、N1030（小号侧采用耐磨金具）、N1043、N1045、N1046L 小号侧（2 串）、N1049L 大号侧（2 串）、N1046R 小号侧（2 串）、N1049R 大号侧（2 串）、N1050、N1059、N1065、N1067、N1072、N1080、N1081 小号侧（6 串），共 200 串
5	550kN 盘型悬式绝缘子三联双挂点耐张串（绕跳）	10N32－4060－55PZR	S08181S－D0601－06	N1046L 小号侧（1 串）、N1049L 大号侧（1 串）、N1046R 小号侧（1 串）、N1049R 大号侧（1 串），共 4 串
6	210kN 复合绝缘子笼式刚性跳线Ⅰ型串	10GSTI－40－21H	S08181S－D0601－09	N1001、N1003、N1004、N1007、N1012、N1015、N1019、N1026（采用耐磨金具）、N1030（采用耐磨金具）、N1043、N1045、N1050、N1059、N1065、N1067、N1072、N1080（采用耐磨金具），共 102 串
7	210kN 地线单联耐张串	BN1BG－21－01	S08181S－D0601－11	N1045 大号侧（2 串）、N1046L 小号侧、N1049L 大号侧、N1050 小号侧（2 串）、N1046R 小号侧、N1049R 大号侧，共 8 串

表 2－6－1－6　　　　荆门-武汉 1000kV 特高压输电线路工程光缆金具串图配置表

序号	图纸名称	备注	使用塔基
1	OPGW 光缆单挂点双线夹悬垂串	普通直线塔用	N1002、N1005、N1006、N1008、N1009、N1010、N1011、N1013、N1014、N1016、N1017、N1018、N1020、N1021、N1022、N1023、N1024、N1025、N1031、N1032、N1033、N1034、N1035、N1036、N1038、N1039、N1040、N1041、N1042、N1044、N1051、N1052、N1053、N1054、N1055、N1056、N1057、N1058、N1060、N1061、N1062、N1063、N1064、N1066、N1068、N1069、N1070、N1071、N1073、N1074、N1075、N1076、N1077、N1078、N1079，共 110 串
2	OPGW 光缆双联双线夹悬垂串	三跨直线塔用	N1027、N1028、N1029，共 6 串
3	OPGW 光缆耐张串	普通耐张塔用	N1001、N1003、N1004、N1007、N1012、N1015、N1019、N1026 小号侧、N1030 大号侧、N1037、N1043、N1045、N1046L 小号侧、N1049L 大号侧、N1046R 小号侧、N1049R 大号侧、N1050、N1059、N1065、N1067、N1072、N1080 小号侧，共 74 串
4	OPGW 光缆"三跨"用耐张串	三跨耐张塔用	N1026 大号侧、N1030 小号侧、N1080 大号侧、N1081 小号侧，共 8 串

4. 导、地线防护措施

本标段挡距均小于 600m，导线均无需加装防振锤。变电站进线挡、大跨越锚塔与一般线路分支塔的分流地线采用预绞式 FRYJ－3U 防振锤，安装防振锤的安装距离均以线夹出口处为基准点，两个或两个以上的防振锤按等距离安装，安装距离误差控制在±0.03m 之间。地线防振锤安装数量见表 2－6－1－7，光缆防振锤安装数量见表 2－6－1－8。

5. 间隔棒及防舞器安装

本标段位于 3 级舞动区的 N1001－N1030 段及位于 2 级舞动区的 N1030－N1046L/N1046R 段及 2 级舞动区的三跨区段（N1080－N1081 段）采用线夹回转式间隔棒和

表 2－6－1－7　荆门-武汉 1000kV 特高压输电线路工程分流地线防振锤安装数量

安装数量/个	1	2
挡距/m	≤300	300～600

注　1. 上述地线防振锤为非对称形式，安装时较大锤头朝向弧垂较低侧，小锤头朝较高侧。
　　2. 上述地线防振锤的"安装数量"为地线挡端一侧的安装数量，每挡每根地线的防振锤安装数量应为给出数量的两倍。

表 2－6－1－8　荆门-武汉 1000kV 特高压输电线路工程不同地形条件光缆防振锤安装数量

安装数量/个	0	1	2	3
挡距/m	≤100	100～250	250～500	500～800

双摆防舞器组合防舞。荆门-武汉 1000kV 特高压输电线路工程本标段一般线路段舞动区划分情况见表 2-6-1-9。

JL/G1A-630/45 导线间隔棒型号为 FJZH-840/34D，双摆防舞器型号为 SHB8-400/630-900/12D。荆门变构架 N1030(J1008) 段线夹回转式间隔棒及双摆防舞器采用锻造工艺加工，中标厂家为江苏天南电力股份有限公司；其余段均采用铸造工艺加工，中标厂家为江东金具设备有限公司。回转式间隔棒转动夹头布置在线路前进方向的左侧（即冬季主导风向的迎风侧）。具体安装数量及距离详见电气部分的间隔棒、防振设施及双摆防舞器安装施工图，卷册号为 35-S08181S-D0401。本标段双摆防舞器均未布置在三跨点处被跨越物上方。

表 2-6-1-9　荆门-武汉 1000kV 特高压输电线路工程本标段一般线路段舞动区划分表

线路区段	长度/km	舞动区划分	备　注
N1001-N1030(J1008)	14.124	3 级	加装线夹回转式双摆防舞器（江苏天南）
N1030(J1008)-N1046L(J1012LG)/N1046R(J1012RG)	8.558	2 级	加装线夹回转式双摆防舞器（江东金具）
N1049L(J1013LG)/N1049R(J1013RG)-N1081(J1020)	16.38	3 级	预留线夹回转式双摆防舞器安装位置（江东金具）

6. 防雷和接地

本工程 OPGW 光缆金具串接地引下线均采用并沟线夹与 OPGW 光缆连接，引下后采用 M16 螺栓与杆塔连接。OPGW 光缆悬垂金具串接地引下线统一从大号侧引下。

二、架线施工工艺要求

（一）导线排列方式及线号规定

（1）每极导线子导线排列顺序（面向大号侧）从左到右编号，如图 2-6-1-2 所示。

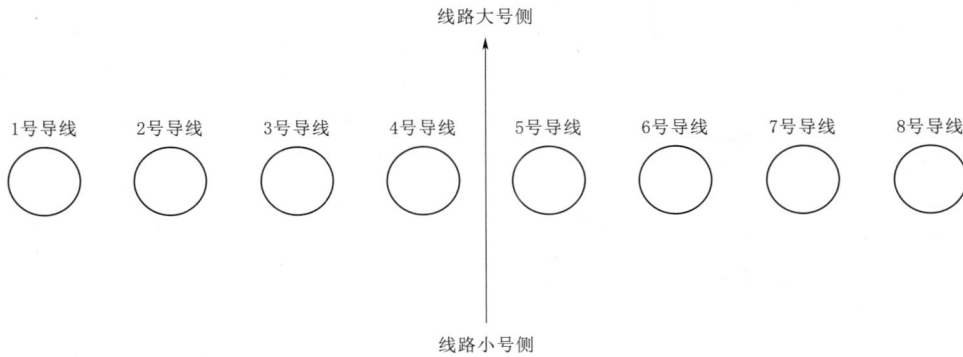

图 2-6-1-2　荆门-武汉 1000kV 特高压输电线路工程单相子导线附件前编号示意图

（2）附件安装后导线为正八边形排列，分裂间距 400mm，外圆直径 1045mm，如图 2-6-1-3 所示。

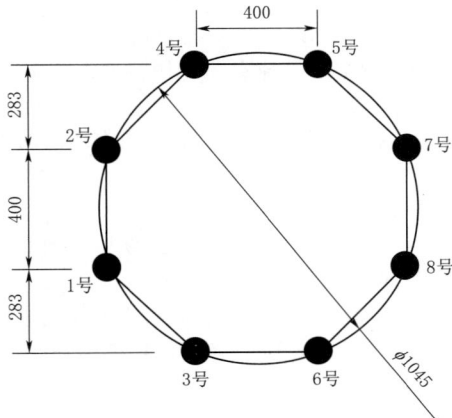

图 2-6-1-3　荆门-武汉 1000kV 特高压输电线路工程单相子导线附件安装后编号示意图（单位：mm）

（二）导线悬垂串安装工艺

1. 螺栓、弹簧销子穿向

（1）凡能顺线路方向穿入者一律由电源侧（小号侧）向受电侧（大号侧）穿入，横线路方向由内向外穿入。

（2）悬垂线夹销钉采用对穿，安装在相导线的内侧即八分裂导线 1～4 号线夹销钉由左向右穿入，5～8 号线夹销钉由右向左穿入。

（3）悬挂双串的螺栓、弹簧销子的穿向按两个独立单串进行安装，顺线路方向的均向受电侧（大号侧）穿入。

2. 绝缘子大口朝向

（1）单、双悬垂串上的弹簧销子一律由电源侧（小号侧）向受电侧（大号侧）穿入。

（2）使用 W 形弹簧销子时，绝缘子大口一律朝向电源侧（小号侧）；使用 R 形弹簧销子时，绝缘子大口一律朝向受电侧（大号侧）。

3. 十字联板上的碗头大口和螺栓朝向

（1）使用 W 形弹簧销子时，碗头大口一律朝向电源侧（小号侧）；使用 R 形弹簧销子时，碗头大口一律朝向受电侧（大号侧）。

（2）凡能顺线路方向穿入者一律由电源侧（小号侧）向受电侧（大号侧）穿入，横线路方向由内向外穿入。

（3）十字挂板组装时的补强固定角钢螺栓穿向，面向受电侧（大号侧），从上往下看，由顺时针穿入，螺栓采用双帽。

4. 均压环开口朝向

均压环开口安装在远离塔身侧（即开口朝外），均压环上的螺栓由内向外穿入。

5. 预绞丝安装

安装预绞丝时，其中心应与线夹中心重合，缠绕方向应与外层线股的绞制方向一致，对导线包裹应紧密，端头应齐整，避免损伤导线。

（三）导线耐张串安装工艺

1. 螺栓、弹簧销子穿向

（1）凡是垂直方向穿入者一律由上向下穿；水平方向由线束外侧向内对穿（从 GD 挂点起至耐张线夹止）；三联中串，面向受电侧（大号侧），由左向右穿。

（2）屏蔽环螺栓对穿。

2. 绝缘子大口朝向

使用 W 形弹簧销子时，绝缘子大口一律朝上；使用 R 形弹簧销子时，绝缘子大口一律朝下。

3. 碗头大口朝向

使用 W 形弹簧销子时，两个碗头均大口朝向内侧；使用 R 形弹簧销子时，两个碗头均大口朝向线路外侧。

4. 耐张线夹角度朝向

双回路各相及单回路的两边相导线：每相的四根上线导线耐张线夹统一向线路外侧偏 30°，四根下线耐张线夹垂直向下。单回路中相导线及换位塔各相子导线耐张线夹方向按设计图纸要求。

5. 均压环开口朝向

耐张线夹上的均压环开口朝下。

6. 其他

（1）引流板螺栓斜方向由上向下穿。

（2）牵引板施工眼孔统一朝下。

（3）调整板尖头朝上，多孔端朝向挡中央。

（4）上扬杆塔采用注脂式耐张线夹，采取注脂措施并满足设计要求。

（四）笼式刚性硬跳线安装工艺要求

1. 跳线安装方向

双回路左右相耐张塔跳线一律向下。

2. 螺栓穿向

（1）引流板螺栓斜方向由上向下穿，垂直方向对穿。

（2）万向头与主管接头处，万向头的调整板在上，螺栓由上向下穿。

（3）钢骨架及软跳线间隔棒螺栓由上向下穿，合成

绝缘子串由斜上向斜下穿（对穿）。

（4）钢骨架法兰螺栓由小号向大号穿。

3. 开口朝向

（1）重锤片对称安装，开口朝两侧。

（2）跳线绝缘子均压环开口相对（均压环螺栓对穿）。

4. 间隔棒

（1）笼式硬跳线间隔棒应按软跳线等距离安装。

（2）间隔棒扣握爪朝上。

5. 其他

（1）跳线串中 DB 板尖头统一与大均压环开口朝向一致（朝塔身外侧安装）。

（2）耐张塔跳线引流板螺栓应采用双帽防松措施。

（五）光缆及地线安装

1. 螺栓、弹簧销子穿向

凡能顺线路方向穿入者一律由送电侧（小号侧）向受电侧（大号侧）穿入，垂直方向由上向下穿入，横线路方向由内向外（由塔身内向外）。

2. 地线放电间隙安装

间隙板安装远离塔身侧。

3. 光缆引下线

（1）引下腿：双回路部分光缆沿铁塔 A、D 腿引下，大跨越锚塔光缆沿铁塔 A 腿引下。

（2）光缆沿铁塔主材内侧引下。

4. 光缆余缆架、接头盒

（1）余缆架采用金属抱箍固定。对于铁塔，固定位置为地面以上第一层横隔面的光缆引下腿侧的斜材。

（2）接头盒采用金属硬抱箍固定，固定位置为余缆架上方 0.5～1m 高处主材上，距离地面不小于 10m。

5. 光缆接地线

（1）每套悬垂金具串、耐张金具串各配一根专用接地线。

（2）专用接地线长度为 2.0m，一端为并沟线夹，另一端为 M16 的接地螺栓。

（3）专用接地线一端通过并沟线夹与 OPGW 光缆可靠连接，安装位置为第一个防振锤塔身侧（具体安装位置及方式见设计图纸），应避免专用接地线与第一个防振锤碰撞；另一端通过 M16 螺栓固定在铁塔的预留孔上。

（4）悬垂金具串的专用接地线安装在线路的大号侧。

6. 防振锤

防振锤采用不等臂形式（即大小头）时，大头朝向挡中央，挂钩开口统一由铁塔外侧向铁塔内侧安装。

（六）瓷绝缘子

安装位置从横担开始，左右回路均为 9 白＋1 棕。盘形瓷绝缘子在运抵现场后须逐片进行零值检测。零值检测工作由材料厂家负责（应填写检测记录），施工及监理等单位应现场见证。

（七）间隔棒

间隔棒螺栓穿向如图 2-6-1-4 所示。

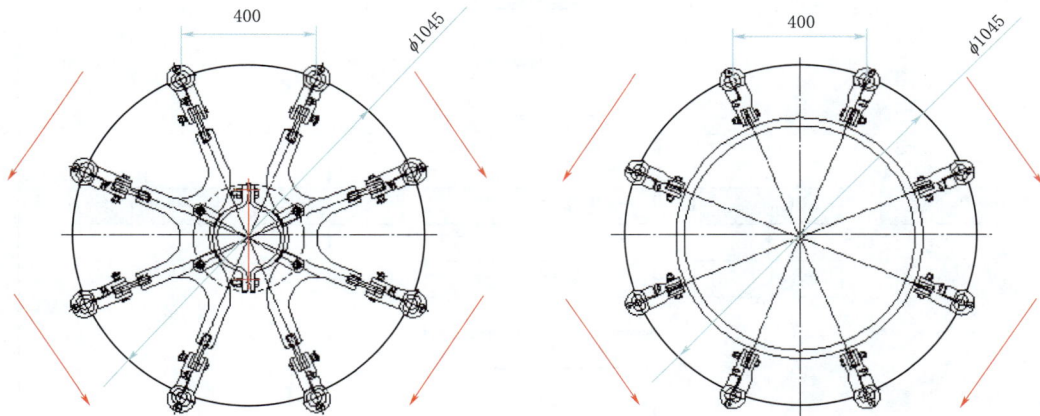

图 2-6-1-4　荆门-武汉 1000kV 特高压输电线路工程间隔棒螺栓穿向示意图（单位：mm）

（八）钢印

（1）钢印编号位置均标记在压接区。

（2）耐张压接管：施工、监理分别标记在导线侧、钢锚侧。

（3）直线接续管：施工、监理分别标记在电源侧（小号侧）、受电侧（大号侧）。

第二节　架线施工工艺

一、施工方案

（一）采用 2×（一牵四）同步张力展放导线的架线施工方案

根据本工程导线分裂数多，结合公司现有架线施工机具设备，本工程决定采用 2×（一牵四）同步张力展放导线的架线施工方案。用两套一牵四张牵机组展放，在铁塔上每相悬挂两个五轮放线滑车，利用两套一牵四设备分别展放同相左右两回导线，先展放外侧 4 根子导线，展放到位后进行本线临锚，后展放内侧 4 根子导线，展放到位后进行本线临锚，上相、中相、下相依次进行。用一牵四走板和五轮放线滑车配合放线。主牵引绳采用

两根 φ28 防扭钢绳，主牵引机采用两台 28t 牵引机，每台额定牵引力为 280kN，主张力采用四台 2×80 型一张二张力机，每台单轮额定张力 80kN，如图 2-6-2-1所示。

（二）张力架线施工工艺流程

张力架线施工工艺流程如图 2-6-2-2所示。

二、放线前的准备

（一）通道清障

放线前将线路通道内需要砍伐的树木、拆迁的房子等各种障碍进行处理，各类跨越架搭设完毕，各种电压等级的电力线的改迁完成。

（二）跨越施工准备

1. 要求

张力架线中的跨越施工，除应执行《国家电网有限公司电力建设安全工作规程　第 2 部分：线路》（Q/GDW 11957.2—2020）外，还应充分考虑张力放线的特点，选择合理的施工方法，确保放、紧过程中不发生事故性张力跑线和误送电等事故，确保施工安全和被跨越物的安全。

2. 主要跨越统计

本标段线路主要跨越统计见表 2-6-2-1。

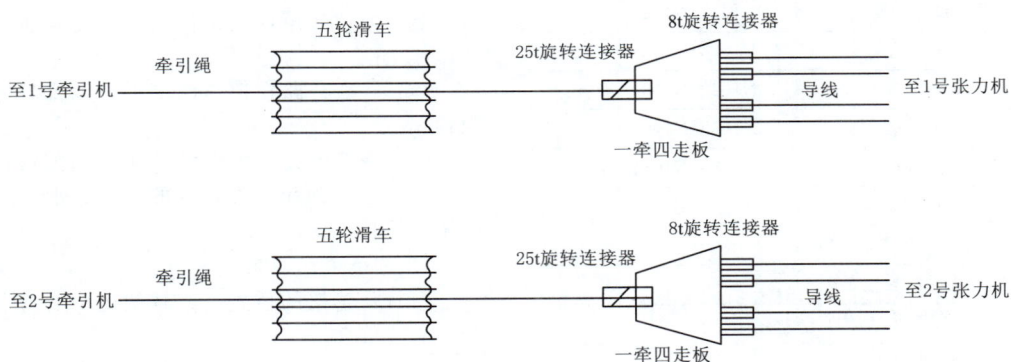

图 2-6-2-1　荆门-武汉 1000kV 特高压输电线路工程 2×（一牵四）同步张力展放示意图

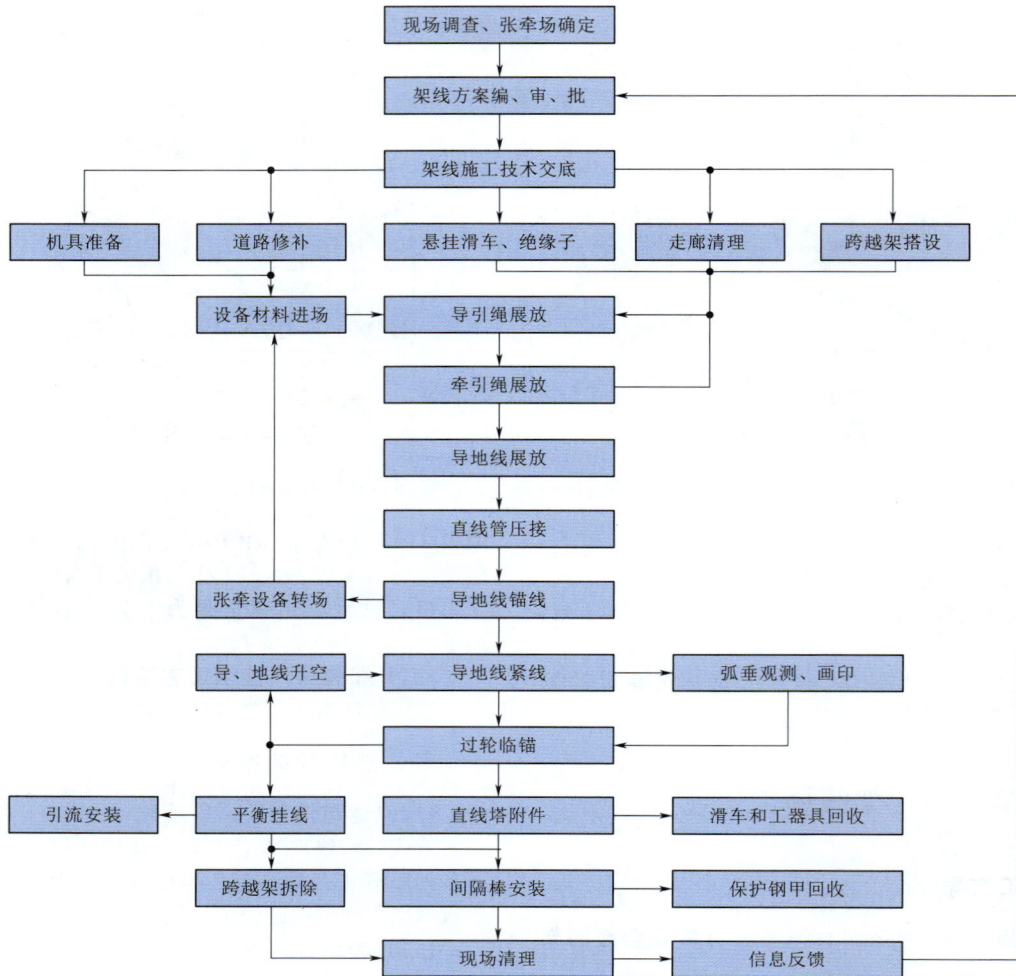

图 2-6-2-2　荆门-武汉 1000kV 特高压输电线路工程张力架线施工工艺流程示意图

表 2-6-2-1　荆门-武汉 1000kV 特高压输电线路
工程主要跨越统计表

序号	被跨线路名称	跨越挡塔号/挡距
1	220kV 掇潜线	N1001/N1002/333m
2	219 省道	N1002/N1003/266m
3	35kV 沙沈线	N1002/N1003/266m
4	220kV 牌林线	N1006/N1007/326m
5	110kV 黄马线（已退运）	N1022/N1023/501m
6	枣石高速公路	N1028/N1029/516m
7	110kV 林马线	N1029/N1030/527m
8	110kV 七岭线	N1059/N1060/401m
9	±500kV 龙政线	N1080/N1081/347m
10	10kV 电力线 26 次	
11	弱电线路 85 次	
12	国道及省道 4 次，县道 1 次	
13	水泥路 26 次	
14	非通航河流 40 次	

3. 普通跨越架搭设原则

（1）10kV 线路采用搭设毛竹跨越架的方式跨越，在跨越架封顶时申请退出重合闸，本工程跨越 10kV 的高度为 8～12m，跨越架形式为双排护线架，跨越架高度超过被跨线路上导线 1.5m 以上，具体跨越措施见"一般跨越施工方案"。

（2）380V 及 220V 电力线路视线路的情况实行落线或搭设跨越架方式。

（3）通信线单侧或两侧搭设单排跨越架，架高超过通讯线 1m。

（4）一般公路在道路两侧搭设双排架并采用绝缘网封顶。

（5）一般土路、水泥路可在路两侧搭设单排架、不封顶，对于车辆和行人较少的土路、水泥路可不搭设跨越架，但必须派人监护。

4. 跨越架的规定

（1）跨越架的位置。跨越架的中心应与遮护宽度 b 的中心线重合。

（2）架顶宽度（沿被跨越物方向的有效遮护宽度）为

$$B \geqslant \frac{1}{\sin\gamma}[2(Z_x + C) + b]$$

$$Z_x = \omega_{4(10)}\left[\frac{x}{2H}(l-x) + \frac{\lambda}{\omega_1}\right]$$

式中 B——跨越架架顶宽度，m；

γ——跨越交叉角，（°）；

Z_x——施工线路导线或地线等安装气象条件下在跨越点处的风偏距离，m；

b——跨越架所遮护施工线路在跨越处的导、地线间在施工线路横线路方向的水平宽度，m；

C——停电跨越时取 1.5m，不停电跨越时取 2.0m；

H——水平放线张力，N；

l——施工线路跨越挡挡距，m；

x——被跨越物至施工线路邻近的杆塔的水平距离，m；

$\omega_{4(10)}$——安装气象条件（风速 10m/s）下，施工线路导线或地线的单位长度风荷载，N/m；

λ——施工线路跨越挡两端悬垂绝缘子串或滑车挂具长度，m；

ω_1——施工线路导线、地线的单位长度重力，N/m。

$\omega_{4(10)}$ 风速 10m/s 下，施工线路导线或地线的单位长度风荷载按下式计算：

$$\omega_{4(10)} = 0.0613Kd$$

K——风载体型系数，$d \leqslant 17$mm 时 $K=1.2$，$d > 17$mm 时 $K=1.1$；

d——导线或地线外径，分裂导线取所有子导线外径的总和，mm。

（3）跨越架架面与被跨越物的最小水平距离为

$$S \geqslant Z_x + S_{min}$$

式中 S——无风时跨越架架面与被跨越电力线路导线间的最小水平距离，m；

Z_x——被跨越电力线路导线在跨越点处的风偏距离，m；

S_{min}——跨越架架面在被跨越线路导线发生风偏后尚应保持的最小安全距离，m。

跨越架封顶网（杆）高度：张力架线的跨越架封顶网（杆）高度考虑风偏后应保持的最小安全距离见表 2－6－2－2、表 2－6－2－3。

表 2－6－2－2 跨越架与被跨越物的最小安全距离

被跨物名称	一般公路	高速公路	通信线
最小水平距离/m	至路边 0.6	至路基（防护栏）2.5	0.6
至封顶杆垂直距离/m	至路面：5.5	至路面：8	1.0

表 2－6－2－3 跨越架与带电体之间的最小安全距离

电压等级	≤10kV	35kV
架面与导线的水平距离/m	1.5	1.5
无避雷线时封顶网与导线的垂直距离/m	1.5	1.5
有避雷线时封顶网与避雷线的垂直距离/m	0.5	0.5

（4）跨越架搭设应牢固，一般土质埋深不应小于 0.5m，且分层夯实，立柱间距为 1.2m。横杆间距为：大横杆 1.2m，小横杆 1.2m，为保证跨越架的整体稳定，架面应设交叉杆绑扎，且其前后应设撑杆或拉线。排间距与立杆、大横杆、小横杆的一般规定见表 2－6－2－4。

表 2－6－2－4 排间距与立杆、大横杆、小横杆的一般规定

跨越架类别	立杆（跨距）	纵向水平杆（步距）	横向水平杆
竹质	1.2	1.2	1.2

（5）对于带电线路跨越施工中应优先考虑停电跨越。

（6）对于高等级公路、35kV 以上电力线路等重要跨越，跨越前应编制专项施工方案，根据公司技术管理规定，经审核、批准后方可施工。

（三）架线区段划分

（1）架线区段划分见表 2－6－2－5。

表 2－6－2－5 荆门-武汉 1000kV 特高压输电线路工程架线区段划分表

序号	张力场位置	牵引场位置	放线段长度（过滑车数）/km	计划放线时间	重要跨越情况
1	N1010＋270m	N1001	4.134（10 个）	2022.5.4—2022.5.28（共 25d）	跨越 220kV 掇潜线、G348 国道、110kV 麻沙线、220kV 牌林线
2	N1010＋270m	N1024＋300m	7.108（14 个）	2022.5.16—2022.6.9（共 25d）	跨越 110kV 黄马线（已停运）
3	N1033＋200m	N1024＋300m	4.671（9 个）	2022.5.30—2022.6.23（共 25d）	跨枣石高速、110kV 林马线
4	N1033＋200m	N1046	6.689（13 个）	2022.6.12—2022.7.11（共 30d）	跨 S266 省道
5	N1068＋230m	N1049	10.033（19 个）	2022.4.22—2022.5.15（共 24d）	跨 G234 国道、S311 省道、110kV 七岭线
6	N1068＋230m	N1081	6.352（13 个）	2022.4.10—2022.4.30（共 21d）	跨±500kV 龙政线

注 超过 8km 的放线段通过降低牵引力的方式增加安全系数。

（2）布线。

1）布线方法采用连续布线法，即放线段内各导线均按展放顺序累计线长使用导线线轴。第一相放完后，将导线切断，余线接着使用于第二相，依次类推，直到放完各相再将余线转入下一段。

2）布线时必须对线长进行计算，要严格控制压接管位置，杜绝压接管在不允许接头挡，保证压接管距直线塔悬垂线夹 5m 以上（内控 8m），距耐张夹 15m 以上

（内控 18m）。

3）尽量减少短线头，以利于下次展放。此外应严格控制压接管数量，做到数量最少。

（四）牵张场布置原则

（1）牵张机一般情况下应布置在线路中心线上，在耐张塔前后挡时，应尽量位于该放线段线路的延长线上。

（2）一般情况下，导引绳或牵引绳出线夹角不应大于 15°，当其上扬角度超过 15°时，应设置压线滑车。

（3）主牵引机布置在线路中心线上，其方向应对准邻塔导线悬挂点，使绳（或线）在牵引机卷扬轮、张力机导线轮、导线线轴、导引绳及牵引绳卷筒的受力方向均必须与其轴线垂直。

（4）本工程总体地形较好，牵张场不需设置转向。

（5）牵、张机就位后，应用道木将机身垫平、支稳，并用地锚将机身固定。顺线锚固的链绳对地夹角小于 45°，侧向锚固链绳与机身夹角应小于 20°。

（五）锚线和地锚

（1）锚线和地锚埋设应符合下列规定：

1）根据放线张力计算，导线最大放线张力 25kN，选择 100kN 地锚，地锚套子选择 3 倍的安全系数，因此地锚套子破断力 ≥2×25×3＝150（kN），查表得地锚套子选择公称抗拉强度为 1670MP 的 φ24 钢丝绳（破断力 238kN），

符合要求。

2）大张力机自身地锚固通过 9t 手扳葫芦与 10t（埋深 2.8m）地锚连接，大牵引机自身地锚固通过 9t 手扳葫芦与 10t（埋深 2.8m）地锚连接，小牵、小张力机的锚固通过 6t 手板葫芦与 10t（埋深 2.4m）地锚连接。地锚马道与水平面呈 45°角，地锚埋设如图 2-6-2-3 所示。

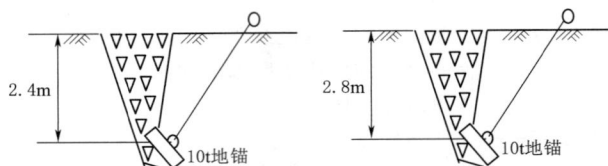

图 2-6-2-3　荆门-武汉 1000kV 特高压输电线路工程小牵张机、大牵张机地锚埋设示意图

3）地锚与马道口对地夹角小于 45°，地锚位于卧牛槽中，坑壁要保持原状土结构不被破坏，地锚入坑后两头要水平，埋深应符合要求，埋设时必须经监理及管理人员现场检查后方可回填，回填后周围设置防水浸措施，并用彩条布覆盖防止雨水进入，地锚经验收合格埋设后要挂责任验收牌。地锚使用规格见表 2-6-2-6，地锚埋深计算见表 2-6-2-7。

表 2-6-2-6　　荆门-武汉 1000kV 特高压输电线路工程地锚使用规格表

使用地锚名称	地锚规格/kN	地锚埋深/m	马道对地夹角/(°)	备　　注
一牵四牵引机地锚	100	2.8	45	2 个地锚，φ24×4.5m
二线张力机地锚	100	2.8	45	2 个地锚，φ24×4.5m
小牵张机地锚	100	2.4	45	2 个地锚，φ21.5×4.5m
锚线地锚	100	2.8	45	1 个地锚二线锚线架，φ24×4.5m
过轮锚线地锚	100	2.8	45	1 个地锚二线锚线架，φ24×4.5m
紧线绞磨地锚锚	100	2.8	45	1 个地锚，φ24×4.5m
耐张塔反向拉线地锚	100	2.8	45	1 个地锚，φ24×4.5m

表 2-6-2-7　　荆门-武汉 1000kV 特高压输电线路工程地锚埋深计算表

土质	抗拔角 φ/(°)	地锚与水平方向夹角 α/(°)	坑深 h/m	地锚长度 a/m	地锚宽度 b/m	安全系数 K	容重 λ	容许抗拔力 $[Q]$/kg
粉砂	20	45	2.81	1.4	0.4	3	18	100.37
中砂	25	45	2.41	1.4	0.4	3	18.5	100.89
粉质黏土	20	45	2.75	1.4	0.4	3	19	100.66
黏土	20	45	2.72	1.4	0.4	3	19.5	100.66
粉土	20	45	2.81	1.4	0.4	3	18	100.37

（2）本标段塔位沿线地质为粉砂、中砂、粉质黏土，根据地锚容许抗拔力计算公式，可通过试解的方式计算出地锚埋深。经计算，达到 10t 抗拔力的埋深如下：

$$[Q]=\frac{\lambda \times \sin\alpha}{K}\left|ld\left(\frac{h}{\sin\alpha}\right)+(d+l)\left(\frac{h}{\sin\alpha}\right)^{2}\tan\varphi_{1}\right.$$
$$\left.+\frac{4}{3}\left(\frac{h}{\sin\alpha}\right)^{3}\tan^{2}\varphi_{1}\right|$$

式中　$[Q]$——地锚的容许抗拔力，kg；

λ——土壤计算容重，kg/m³；

K——安全系数，取 3；

h——地锚埋深，m；

l——地锚长度，m；

d——地锚宽度，m；

φ_{1}——土壤计算抗拔角，(°)；

α——地锚受力方向与水平方向的夹角，(°)，一般取 45°。

1）地锚埋设深度至地锚有效埋设深度，主要考虑地锚受力方向侧的兜土体积，普通土质是指原状土，若开挖地锚时遇到回填土，需要变更地锚位置或重新计算埋深深度。

2）马道与水平方向夹角必须保证小于 $45°$。

（六）牵引场和张力场布置

（1）牵引场布置如图 2-6-2-4 所示。

（2）张力场布置如图 2-6-2-5 所示。

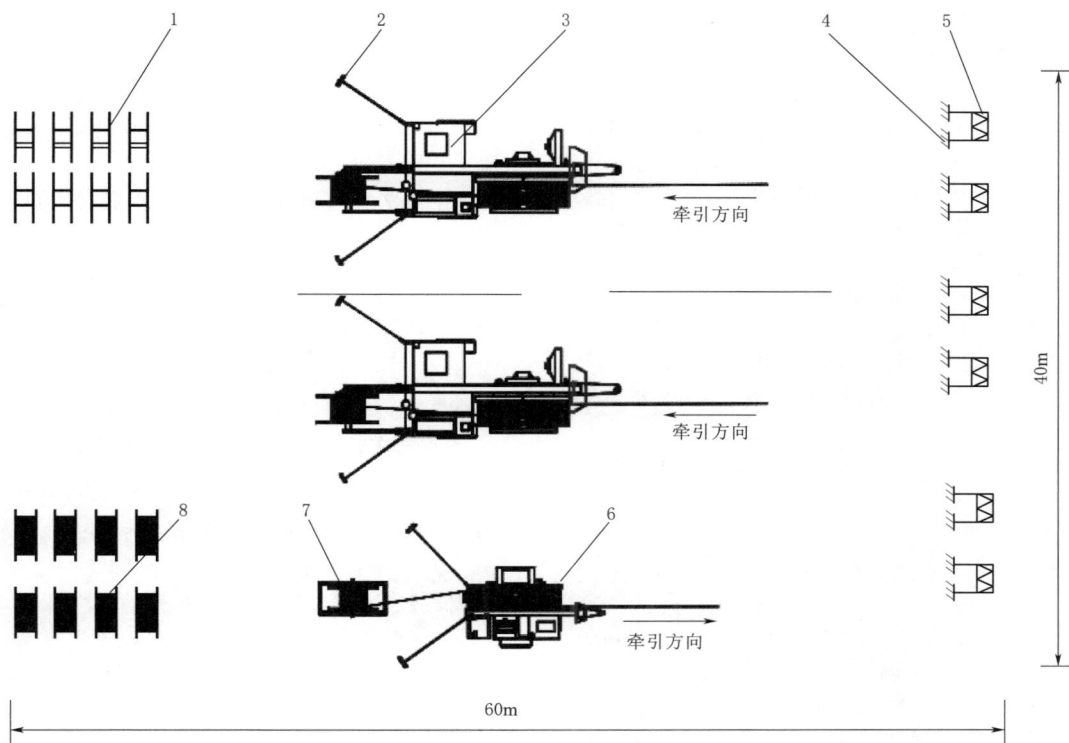

图 2-6-2-4 荆门-武汉 1000kV 特高压输电线路工程 2×（一牵四）牵引场布置示意图
1—牵引绳轴架；2—地锚；3—大牵引机；4—锚线地锚；5—锚线架；6—小张力机；7—小张力机尾车；8—导引绳

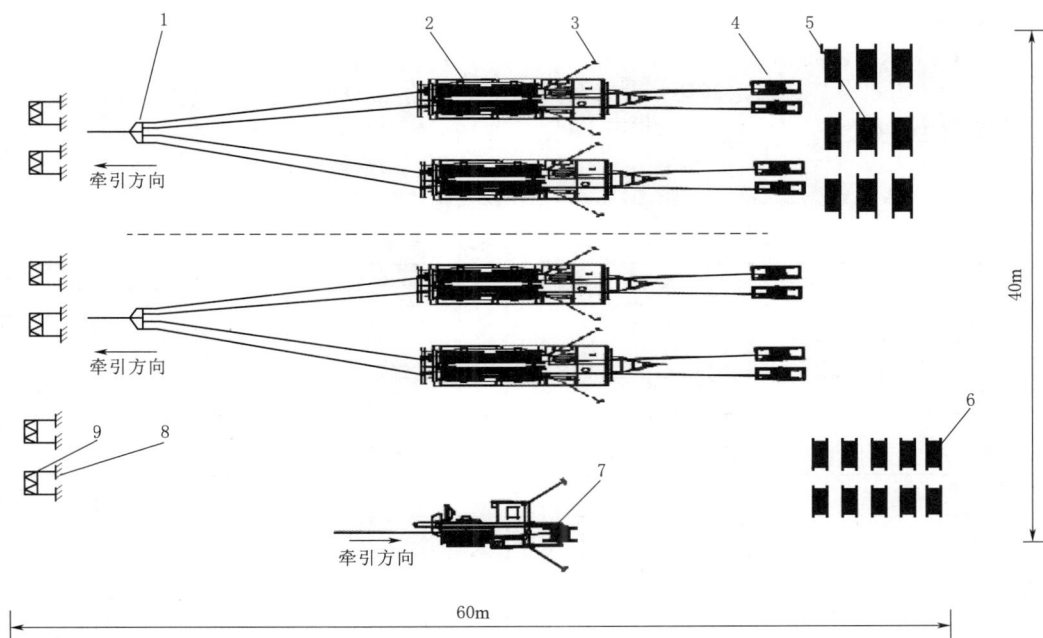

图 2-6-2-5 荆门-武汉 1000kV 特高压输电线路工程 2×（一牵四）张力场布置示意图
1—牵引板；2—大张力机；3—地锚；4—大张力机尾车；5—导线；6—牵引绳；7—小牵引机；8—锚线地锚；9—锚线架

（七）工器具选择及入场检验

1. 主牵引机选择

依据有关标注，额定牵引力为

$$P \geq mK_pT_P$$

式中　P——主牵引机的额定牵引力，N；

　　　m——同时牵放子导线的根数，$m=4$；

　　　K_p——选择主牵引机额定牵引力的系数，$K_p=0.20 \sim 0.30$，根据具体的地形地貌条件选用相应的系数。取 $K_p=0.30$；

　　　T_P——被牵放导线的设计使用拉断力，kN。

导线设计拉断力 $T_P=150.2\text{kN} \times 0.95=142.69\text{kN}$（JL/G1A-630/45 导线）。

拟采用两台型号为 25t 牵引机，$2 \times$（一牵四）展放导线，牵引机槽底直径 $D=960\text{mm} > 25d=28 \times 25\text{mm}=700\text{mm}$，符合规范要求；每台 28t 牵引机的额定牵引力 $P=280/1.25=224（\text{kN}）> mK_pT_P=4 \times 0.3 \times 142.69\text{kN}=171.228\text{kN}$。

判定结果：$P=224\text{kN} > 171.228\text{kN}$，满足规程、规范要求。

2. 牵引绳

依据有关标注，牵引绳的综合破断力应满足：

$$Q_P \geq 0.6mT_P=0.6 \times 4 \times 142.69=342.456（\text{kN}）$$

选择 $\phi28$ 牵引绳，其综合破断力 546kN > 342.456kN。

$\phi28\text{mm}$ 导引绳综合破断力 546kN，连接器负荷取破断力的三分之一，为 182kN，选用 25t 连接器。

$Q_P=546\text{kN} > 327.43\text{kN}$，$\phi28$ 牵引绳满足规程、规范要求。

3. 张力机选择

（1）根据有关标准，主张力机的额定制张力可按下式选择：

$$T \geq K_tT_P=0.18 \times 142.69\text{kN}=25.68\text{kN}$$

式中　K_t——选择主张力机单导线额定制动张力系数，钢芯铝绞线 $K_t=0.12 \sim 0.18$，根据本工程地形地貌取 $K_t=0.18$。

拟采用 2 台型号为 SA-YZ-2×80"一张二"张力机，单根导线的额定制动张力 $T=40/1.25=32（\text{kN}） > K_tT_P=25.68\text{kN}$，满足要求。

（2）根据有关标准，张力机的导线轮槽底直径应满足下式：

$$D=1850\text{mm} > 40d-100\text{mm}$$

式中　D——导线轮槽底直径，对于 SA-YZ-2×80 张力机，$D=1850\text{mm}$；

　　　d——被牵放导线的直径，取 JL/G1A-630/45 导线直径 33.8mm。

SA-YZ-2×40 张力机导线轮槽底直径 $D=1500\text{mm} > 40d-100\text{mm}=40 \times 33.8-100=1252（\text{mm}）$。

$T=32\text{kN} > 25.68\text{kN}$，$D=1500\text{mm} > 1252\text{mm}$，满足要求。

4. 小牵引机选择

选用 $\phi28$ 防捻钢丝绳为总牵引绳，破断拉力为 546kN。选用牵引机最大牵引力为 80kN。

根据有关标准，小牵引机的额定牵引力应满足下式：

$$P=80 > 1/8Q_P=0.125546=68.25（\text{kN}）$$

式中　P——小牵引机的额定牵引力，kN；

　　　Q_P——牵引绳的综合破断力，kN。

$P=80\text{kN} > 68.25\text{kN}$，满足要求。

5. 导引绳及连接器

依据有关标准，导引绳的综合破断力应满足下式：

$$P_P \geq \frac{1}{4} \times Q_P$$

式中　P_P——导引绳的综合破断力。

选用 $\phi16$ 导引绳，综合破断力为 $P_P=165\text{kN}$，$P_P=165\text{kN} > \frac{1}{4}Q_P=0.25 \times 546=136.5（\text{kN}）$。

$P_P=165\text{kN} > 136.5\text{kN}$，符合要求。

$\phi16\text{mm}$ 导引绳综合破断力为 165kN，连接器负荷取破断力的三分之一，为 55kN，选用 8t 连接器。

导、牵绳规格见表 2-6-2-8，旋转连接器、抗弯连接器规格见表 2-6-2-9。

表 2-6-2-8　　荆门-武汉 1000kV 特高压输电线路工程导、牵引绳规格

序号	名称	规格	最小破断拉力/kN	单重/kg	牵引下级线绳说明
1	迪尼玛绳	$\phi18$	217	177	机械一牵一 $\phi16$ 防捻钢丝绳
2	防捻钢丝绳	$\phi16$	165	925	机械一牵一 $\phi28$ 防捻钢丝绳
3	防捻钢丝绳	$\phi28$	546	2092	机械一牵四根子导线

表 2-6-2-9　　荆门-武汉 1000kV 特高压输电线路工程旋转连接器、抗弯连接器规格

器具	型号	用途	额定负荷/kN	槽宽/mm
旋转连接器	SLX-250	$\phi28$ 牵引绳用	250	30
	SLX-80	$\phi18$ 迪尼玛绳用	80	24
	SLX-80	$\phi16$ 导引绳	80	24
	SLX-80	$\phi16$ 导引绳与 $\phi28$ 主牵绳间旋转连接器	80	24
	SLX-80	地线、光缆牵引绳旋转连接器	80	24

器 具	型 号	用 途	额定负荷/kN	槽宽/mm
抗弯连接器	DHG－250	导线牵引绳抗弯连接器	250	30
	DHG－80	$\phi18$ 迪尼玛绳用、$\phi16$ 导引绳用	80	25
	DHG－80	$\phi16$ 导引绳与 $\phi28$ 主牵绳间抗弯连接器	80	25
	DHG－50	地线、光缆牵引绳抗弯连接器	50	25

6. 牵引走板

据 DL/T 875—2004 规定牵引板设计安全系数应不小于 3，据导则牵引绳安全系数应不小于 3，2×（一牵四）施工应满足下式：

$$Q_b \geqslant \frac{1}{3}Q_P$$

选用一牵四走板，设计使用荷载 $Q_b=250kN$，则有：

$$Q_b=250kN>\frac{1}{3}Q_P=546\times\frac{1}{3}=182(kN)$$

$Q_b=250kN>182kN$，满足要求。

7. 导线放线滑车

垂直荷载为

$$Q_P<nlsW=4\times1000m\times1.6513kg/m\times10/1000N/kg$$
$$=66.052kN$$

导线外径为 33.8mm（JL/G1A－630/45），放线滑车轮槽底直径 $D_c=20\times33.8=676$（mm）。

五轮放线滑车 SHN－5N－800/120，滑车槽底直径 800mm，额定荷载为 120kN；SHN－5N－710/100，滑车槽底直径 710mm，额定荷载为 100kN，均满足要求。

8. 光缆放线滑车

依据有关标准，允许承载能力不应小于 1000m 垂直挡距的垂直荷载，OPGW 防线滑车轮槽底直径不小于 500mm。

光缆放线滑车选用 SHD－1N－800/50，槽底直径 800mm，额定荷载为 50kN 的单轮光缆滑车。

取 OPGW－185 光缆单重为 1.279kg/m，最大垂直挡距 672m 时光缆放线滑车的垂直荷载 $T_v=672\times0.01279=8.6$（kN）$<40kN$，满足要求。

按照放线滑轮基本要求、检验规定及测试方法的要求，光缆放线滑车不能小于光缆直径的 40 倍，光缆外径为 18.6mm，放线滑车轮槽底直径 $D_c=40\times18.6=744$（mm）。

OPGW－185 复合光缆需使用滑轮槽底直径不小于 744mm 尼龙放线滑车。

$T_v<40kN$，744<800，满足要求。

9. 导线卡线器

依据 DL/T 875—2004 规定，卡线器选用原则如下：

（1）卡线器安全系数应不小于 3。

（2）卡线器的夹嘴长度应不小于 6.5d－20mm，d 为导线直径。

JL/G1A－630/45 导线卡线器额定负荷为

$$T_k=65kN>T_P/3=142.69/3=47.56 \text{（kN）}$$

夹嘴长度为

$$L=210mm>6.5d-20=6.5\times33.8-20=199.7 \text{（mm）}$$

采用型号为 KLQ－65 型卡线器，额定荷载为 60kN >47.56kN，夹嘴长度 210mm>199.7mm，满足要求。

10. 牵引绳卡线器

采用型号为 KQ－220 卡线器，额定荷载 220kN。

$\phi28$ 牵引绳卡线器额定负荷满足：

$$T_k>Q_P/3=546/3=182 \text{（kN）}$$

夹嘴长度为

$$L>6.5d-20=6.5\times28-20=162 \text{（mm）}$$

11. 导引绳卡线器

$\phi16$ 导引绳采用型号为 KQ－70 卡线器，额定荷载 70kN。

$\phi16$ 导引绳卡线器额定负荷 $T_k>T_P/3=198/3=66$（kN）。

夹嘴长度为

$$L>6.5d-20=6.5\times18-20=97 \text{（mm）}$$

同理，卡线器选择见表 2－6－2－10。

表 2－6－2－10 荆门－武汉 1000kV 特高压输电线路工程卡线器选择

卡线器序号	型号	用途	额定负荷/kN	备注
1	KLQ－65 导线卡线器	630 导线	60	
4	KQ－220 卡线器	$\phi28$ 牵引绳	220	
5	KQ－70	$\phi16$ 导引绳	70	

12. 提线器

根据 8 分裂导线，以及导线荷载，选取 4 套 1 提 2 提线器，提线器 WST－2×30 额定荷载为 30kN，宽度不得小于 2.5 倍导线直径，提线钩必须挂胶且胶体完好。

本工程最大垂直挡距为 672m（导线），2×672×2.0784/1000×10＝27.93（kN）<30kN，经实际测量提线钩宽度能够满足要求。

13. 导地线网套连接器

连接网套夹持导线部分长度不应小于直径的 30 倍；且连接网套安全系数不能小于 3。经实际测量夹持导地线部分长度符合要求，规格型号与导地线截面相对应。选择 SLW－50 型导线单头网套连接器（容许拉力 50kN）。

14. 工器具入场检验

（1）放线设备及工器具应有定期检验报告，自备工器具应在材料站做拉力试验，报监理及业主验收检验合格后，方可用于施工现场。

（2）导引绳、牵引绳：进场前应对导引绳、牵引绳进行检查验收，任何时候发现导引绳、牵引绳有金钩、有明显背扣以及一个节距内断丝百分比超过 5% 时，应切断重插。

（3）起重工具严禁以小代大，如钢丝绳、滑车、地锚、U 形环等使用前应进行外观检查及拉力试验，不合格的严禁使用。

（4）通信设备使用前要试验合格，车载机和手持对讲机使用频率要匹配，并保证电源充足，专机专人保管。

（八）材料开箱检验

（1）导地线、金具等材料到货后应及时上报业主、监理及有关部门，一同对到货数量、质量进行检查，同时核对材料的型号、规格与设计图纸是否符合。

（2）各种架线材料要及时取得出厂产品合格证等相关资料。

（3）对到货的金具如发现镀锌层有局部碰损、剥落或缺锌，应除锈后补刷防锈漆，还应进行试组装，检查连接是否可靠、灵活。金具在材料站应连接成串，按基摆放及发放。

（4）绝缘子安装前应逐个将表面擦干净，同时进行外观检查，并用不低于 5000V 的兆欧表进行绝缘测定。在干燥情况下绝缘电阻小于 500MΩ，不得安装和使用。合成绝缘子应做好相应的保护工作，严禁损坏合成绝缘子的外沿部分，如发现外沿有损坏情况，应及时更换。安装时应检查碗头、球头与销针之间的空隙，在安装好销子的情况下球头不得自碗头中脱出。

（九）材料进场运输

（1）导线及张牵设备进场前，应事先制定行车路线，摸清道路情况，注意桥梁、涵洞等的承载能力及限高等，并对坑洼路段进行补修。

（2）线轴应立放运输，运输车辆上要配备枕木或绑扎工具，保证车辆行驶时线轴稳固。

（3）架线前首先应对线路道路进行清理，将通道内所有妨碍施工的树木砍掉，房屋拆除。

（4）对张牵场地进行平整，使之便于施工摆布。

（十）人员及通信准备

（1）施工作业前，应对全体施工人进行安全技术培训，做安全技术交底，经考试合格方准上岗。

（2）牵引前，张力场指挥人员用主报话机联系牵引场及线路上各看护点人员，须保证通信畅通，线路上各看护点人员在岗。

（十一）直线塔及直线转角塔导线绝缘子串组装

（1）本工程直线塔采用双联双挂 I 形串，采用 300kN、420kN、550kN 复合绝缘子。

（2）复合绝缘子串组装时，须逐个检查绝缘子是否有缺陷，是否有球头弯曲变形、伞裙有划伤、裂痕、开胶等情况，复合绝缘子连接金具及开口销是否正确安装。

（3）复合绝缘子的外保护包装，须等到现场使用前方可拆除；保存和运输过程中不得拆除，避免与各类硬物（铁板、工具等）混装、碰撞、摩擦，防止鼠害。

（4）金具的镀锌层有局部碰损、剥落或缺锌，应除

锈后补刷防锈漆。

（十二）直线塔放线滑车的悬挂

（1）放线滑车在悬挂前应集中进行逐个检查：挂胶有无损坏；结构是否齐全，有无变形、裂缝等缺陷；转动灵活，无摩擦、噪声，转轴不缺油。

（2）严禁受力绳索直接绑扎在合成绝缘子的伞裙上，任何情况下施工人员严禁踩踏合成绝缘子（塔上人员可通过软梯或铝合金爬梯上下复合绝缘子，任何情况下严禁直接通过复合绝缘子上下）。

（3）直线塔放线滑车的悬挂吊装。直线塔采用每相 2 组放线滑车独立挂点悬挂，远离塔身侧导线滑车直接利用金具串悬挂在导线挂点上，近塔身侧采用 100kN 卸扣 ＋定长拉杆吊具＋100kN 卸扣＋放线滑车呈 V 形悬挂，采用双头紧丝调整挂串高度，使两个滑车组同标高，以确保弧垂观测统一，如图 2-6-2-6 所示。

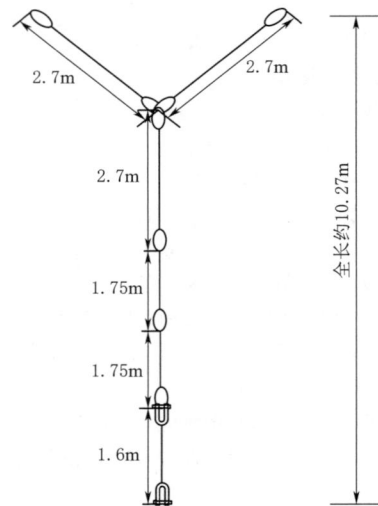

图 2-6-2-6　挂具长度示意图

吊具规格如下：斜拉杆采用 $\phi 32 \times 2.7$m，竖直拉杆组合采用 $\phi 32 \times 2.7$m＋$\phi 32 \times 1.75$m，吊具组装如图 2-6-2-7 所示。

（4）绝缘子串及放线滑车吊装：合成绝缘子的特点是重量轻但严禁横向受力，且整串绝缘子为一个整体，合成绝缘子的吊装先从外包装上端将合成绝缘子抽出 0.5～1m，然后按图纸连接好金具串，首先在碗头处使用 $\phi 10$ 迪尼玛绳打点起吊，利用起吊钢丝绳分别起吊合成绝缘子串，起吊时要有人将绝缘子扶好，待绝缘子离开地面后，将外包装拆除，接着将绝缘子串下端金具和放线滑车连接，使用 1 根 $\phi 13$ 磨绳和 2 根 $\phi 10$ 迪尼玛绳一次起吊，直至合成绝缘子上端金具可以在横担耳轴挂板上安装，如图 2-6-2-8 所示。

（5）升挂滑车及绝缘子串时，注意绝缘子上的中均压环和小均压环为闭口，在单独吊装绝缘子串时须提前安装好，并应认真检查各部位连接是否可靠，弹簧销、开口销是否齐全到位，各种螺栓、穿钉的穿向是否正确，放线滑车质量是否过关，如图 2-6-2-10 所示。

图 2-6-2-7 吊具组装

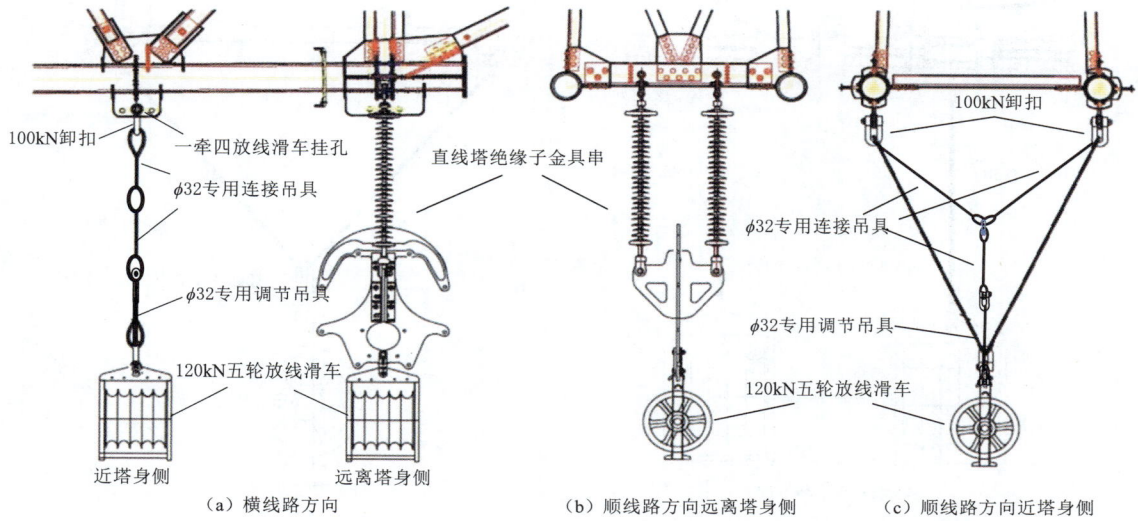

（a）横线路方向　　　（b）顺线路方向远离塔身侧　　　（c）顺线路方向近塔身侧

图 2-6-2-8 荆门-武汉 1000kV 特高压输电线路工程直线塔单滑车与连扳链接示意图

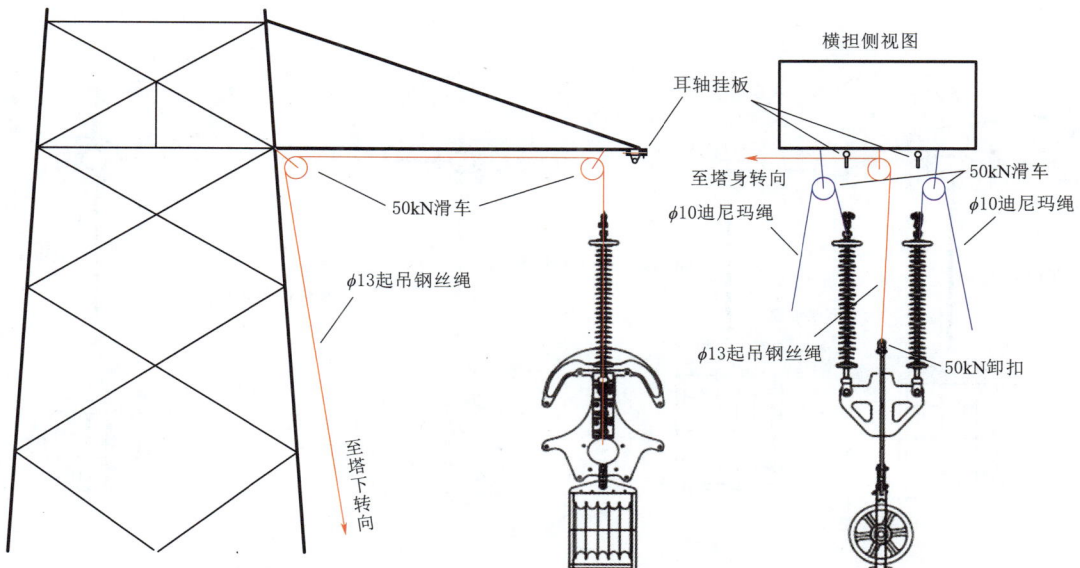

图 2-6-2-9 荆门-武汉 1000kV 特高压输电线路工程直线塔滑车吊装示意图

（十三）耐张塔导线绝缘子串组装与导线放线滑车悬挂

绝缘子串组装时，应核对绝缘子及金具规格、数量，检查绝缘子外观质量，有无缺陷、裂纹，锚固水泥有无脱落、裂纹，球头与碗头结合是否紧密，将绝缘子擦拭干净，按工艺要求调整绝缘子碗口朝向及销针、螺栓穿向。

（1）耐张塔悬挂放线滑车采用钢绳套做挂具，经验算本工程需挂双滑车的耐张塔位为：N001、N1003、N1007、N1050、N1067、N1080、N1081。

（2）耐张塔导线单滑车的悬挂。采用 100kN 卸扣配两根 $\phi24 \times 4.5m$ 钢丝绳套呈倒 V 形悬挂五轮放线滑车（图 2-6-2-10），滑车按 120kN 配置。

（3）耐张塔导线双滑车悬挂。悬挂于导线挂板下方施工孔上，悬挂双滑车时应缩短滑车与横担悬挂距离，使得前后滑车在走板通过时不碰撞，长度依据横担宽度确定。采用 100kN 卸扣配两根 $\phi24 \times 4.5m$ 钢丝绳套悬挂五轮放线滑车（图 2-6-2-11），滑车按 120kN 配置。

（4）对于耐张塔的放线滑车，为防止受力后跳槽，应采取预倾斜措施，并随时调整倾斜角度，使导引绳、牵引绳、导线的方向基本垂直于滑车轮轴。预倾斜的布置方式是利用钢丝绳套和手扳葫芦将放线滑车尾端吊起一定高度，如图 2-6-2-12 所示。

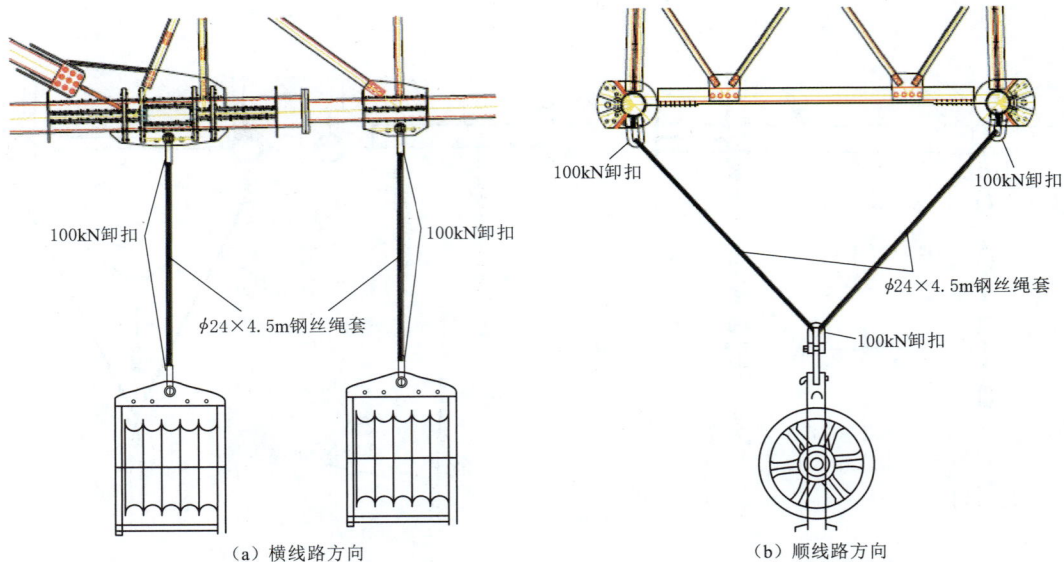

（a）横线路方向　　（b）顺线路方向

图 2-6-2-10　荆门-武汉 1000kV 特高压输电线路工程耐张塔单滑车悬挂示意图

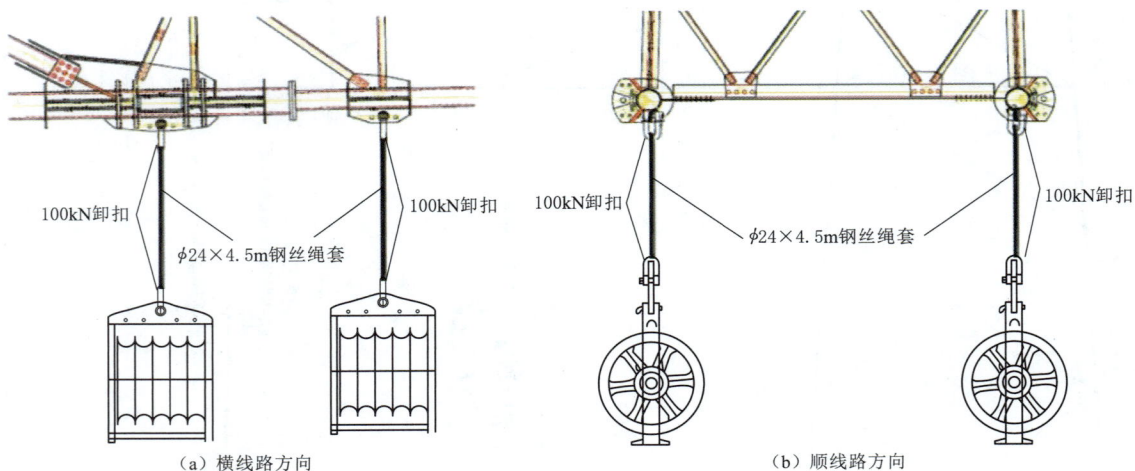

（a）横线路方向　　（b）顺线路方向

图 2-6-2-11　荆门-武汉 1000kV 特高压输电线路工程耐张塔双滑车悬挂示意图

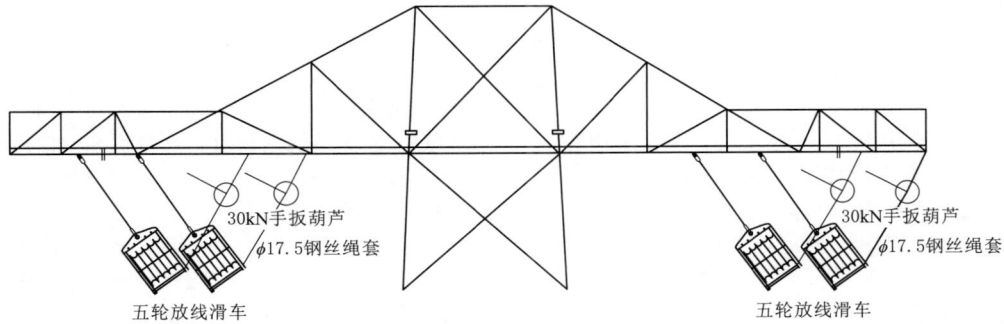

图 2-6-2-12 耐张塔单滑车悬挂示意图

（十四）直线塔与耐张塔光缆放线滑车悬挂

（1）本标段直线塔光缆悬垂串为双联单挂点悬垂串，利用部分金具加卸扣悬挂滑车，连接顺序依次为：耳轴挂板→直角挂板→一个 5t 卸扣→光缆放线滑车。

（2）耐张塔的光缆放线滑车用两根 φ17.5 钢丝绳和两个 5t 卸扣连接到光缆横担施工挂点处，大小号侧各挂一根，呈 V 形，其连接顺序为：光缆横担主材施工孔→两个 5t 卸扣→两根 φ17.5 钢丝绳套→5t 卸扣→光缆放线滑车。

三、张力放线

（一）初级导引绳展放

本工程采用八旋翼无人机展放初级导引绳，初导绳选用 φ3.5 迪尼玛绳。机械牵引程序如图 2-6-2-13 所示。

1. 放线前的准备工作

（1）完成放线区段内所有跨越物跨越架的搭设和放线滑车的悬挂。地线放线滑车的边门选择可以活动的，便于展放后的迪尼玛绳放入滑车。

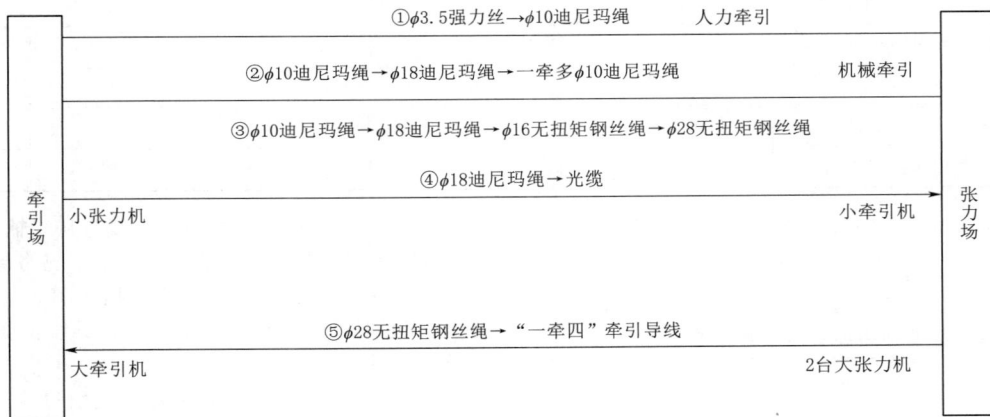

图 2-6-2-13 机械牵引程序

（2）每基需放线的铁塔悬挂红旗，作为导航标记。转角、耐张塔在地线支架两侧设置竹木并成羊角形布置，羊角伸出地线支架部分长度以 2m 以上为宜，防止放线过程中引绳滑出塔外。每基铁塔准备一根约 100m 的过渡引绳，过渡引绳一端带有安全带扣，将其穿入待放线的滑车，然后两端绳头引至铁塔横担处，便于高空人员操作。

（3）起飞现场安排现场指挥 1 人，安全防范人员 2～3 人，并配好通信设备（要保证与线路联络的畅通），负责起降场地的安全，疏散围观人群，协调地方关系和处理突发事件。同时，根据需要负责与塔上人员及时联系，以便协同作业。

（4）无人机起飞前的准备工作。起飞前检查 GPS 信号、悬翼及连接的迪尼玛绳是否正常。无人机对线路航线进行巡航，飞行员熟悉地形、地貌、交叉跨越等情况。

（5）做好通信准备，保证施工过程通信顺畅。牵引场、张力场准备大功率台式对讲机，同时每基塔上的作业人员带好便携式对讲机，确保相互间能够联系。

（6）飞行放线区段的选择。根据线路走向、挡距、塔位的海拔高程及跨越用遥控飞机展放两根 φ3.5 迪尼玛绳，将迪尼玛绳放入上导线内侧滑车滑槽，并用 φ3.5 强力丝"一牵一"牵引 φ10 强力丝绳，3t 旋转连接器连接。牵引方向任意，采用人工分段牵引方式。

2. 其余各级导引绳展放

（1）φ3.5 迪尼玛绳牵放 φ10 迪尼玛绳。采取一牵一的方式将 φ3.5 迪尼玛绳替换为 φ10 迪尼玛绳。牵放过程中施加一定的张力，以迪尼玛绳不落地或不落在跨越架上为原则。

（2）φ10 迪尼玛绳牵放 φ18 迪尼玛绳。使用牵张场布置的小牵小张，设备可靠锚固于主牵引机地锚，通过 φ10 迪尼玛绳采取一牵一方式牵引一根 φ18 迪尼玛绳。

（3）φ18迪尼玛绳一牵多牵引7根φ10迪尼玛绳。利用绞磨、张力场布置的1台小牵引机、牵引场布置的2台小张力机，通过φ18迪尼玛绳，采取一牵多方式分段牵引，牵引7根φ10迪尼玛绳。

分段牵引，单段牵引距离2km左右，单段牵引完成后高空作业人员进行分绳操作，牵绳人员继续牵引下一段，φ10迪尼玛绳牵引到位后与第一段绳头用3t旋转连接器连接，如此往复，将φ10迪尼玛绳全线贯通并升空，左右回共14根。

（4）φ10迪尼玛绳牵引φ18迪尼玛绳。使用牵张场布置的小牵小张，设备可靠锚固于主牵引机地锚，通过φ10迪尼玛绳采取一牵一方式牵引φ18迪尼玛绳。

（5）φ18迪尼玛绳牵引φ16导引绳。使用牵张场布置的小牵小张，设备可靠锚固于主牵引机地锚，通过φ18迪尼玛绳采取一牵一方式牵引φ16导引绳。

（6）φ16导引绳牵引φ28牵引绳。使用牵张场布置的小牵小张，设备可靠锚固于主牵引机地锚，通过φ16导引绳采取一牵一方式牵引φ28牵引绳。

（7）φ28牵引绳一牵四牵引导线。使用牵张场布置的大牵大张，设备可靠锚固于主牵引机地锚，通过φ28牵引绳采取一牵四方式牵引导线。

（8）各张牵段控制张力和牵引力情况见表2-6-2-11。

表2-6-2-11　　　　荆门-武汉1000kV特高压输电线路工程 张牵力计算结果统计表

项　目		第1放线段	第2放线段	第3放线段	第4放线段	第5放线段	第6放线段
放线段		N1068+230m-N1081	N1068+230m-N1049	N1033+200m-N1046	N1033+200m-N1024+300m	N1010+270m-N1024+300m	N1010+270m-N1001
放线长度/km		6.352	10.033	6.689	4.671	7.108	4.134
通过滑车/个		13	19	13	9	14	10
控制挡		N1080-N1081	N1064-N1065	N1041-N1042	N1029-N1030	N1022-N1023	N1009-N1010
展放牵引绳	φ28牵引绳张力/kN	34.1	27.7	29.7	26.9	27.4	35.8
	φ16导引绳牵引力/kN	42.6	37.8	35.5	31.7	33.7	42.2
展放导线	导线张力/kN	24.1	19.2	18.6	18.6	19.3	25.3
	φ28牵引绳牵引力/kN	120.4	105	100.3	87.8	95.3	119
	牵引机整定值/kN	125	110	105	95	100	125

（9）根据最大张牵力确定各种线绳安全系数见表2-6-2-12。

表2-6-2-12　　荆门-武汉1000kV特高压输电线路工程各种线绳安全系数一览表

线绳规格/mm	最大受力值/kN	破断力/kN	安全系数
φ3.5强力丝绳	1.1	11.4	10.4
φ10强力丝绳	2.7	87.2	32.3
φ18迪尼玛绳	11.4	215	18.8
φ16钢丝绳	42.6	157	3.7
φ28钢丝绳	125	546	4.4

（二）导地线展放操作要求

（1）张牵场按要求布置好，张牵设备按要求进行锚固和接地，操作人员应站在干燥的绝缘垫上，并不得与未站在绝缘垫上的人员接触。

（2）牵引场操作要求如下：
1）拆除牵引绳临锚。
2）按设计要求进行牵引机牵引力整定。
3）在展放的牵引绳端头用绳索引入牵引轮，然后再缠绕至收卷钢绳线盘上。

（三）操作工艺

（1）固定好线轴支架，将八轴导线分别架在线轴架上，并对正张力机入口的方向，线头从线轴上方引出。

（2）将导线端头割齐，套上相应规格导线单头连接网套，并用10号铁线在尾部绑扎2道，每道不少于20圈，2道间距150mm左右。网套内导线长度不少于30倍的导线直径。

（3）用φ16尼龙绳分别将导线引过张力机轮，导线在张力轮上的缠绕方向应和导线外层线股捻回方向相同。

（4）引出张力轮的导线通过弹头网套与一牵四走板后方旋转连接器连接，将走板牵放旋转连接器与φ28牵引绳相连接。

（5）展放导线时，应在张力机前端导线上挂铝合金接地滑车，牵引场应在牵引机前方牵引绳上挂钢制接地滑车，所有接地滑车要保证接地良好。当放线段跨越或平行接近高压线路时，更要注意保证张、牵场地的接地良好。

（6）线轴架与张力机之间及张力机出口前方20m处导线断线及压接的位置，地面应用帆布铺垫，防止导线触地受损伤。

（四）对塔号监护人员的要求

（1）监护人员应监视走板平衡，调整各子线张力，避免走板"翻个"。

（2）当走板接近滑车50m时开始每隔10m报一次走板位置，至5m以内时每米报一次，直至走板通过滑车。

（3）走板过直线塔时，调平走板后，牵引机可以不用减速直接通过。

（4）若牵引场设置了压线滑车，牵引板过压线滑车之前应停止牵引，先拆除压线滑车，再缓慢牵引导线。走板通过耐张塔（或45m以上高塔）时，应提前通知张力场，牵引速度应控制在15m/min以内，并注意调整各子导线张力，使走板平行于滑车轮轴通过。如果出现跳槽、走板"翻个"等问题，应立即报告，停止牵引，并查明原因。

（5）当走板过塔后，监护人员的主要任务是监护导线是否跳槽和滑轮转动情况，并随时注意放线过程中，导线对跨越架距离，严防导线磨损。

（6）本工程交叉跨越较多，要求看护塔号人员一定要坚守岗位，不准未经允许擅自离岗。

（7）放线时应根据《杆塔明细表》及现场实际清查跨越情况，对全线跨越进行监控，保障施工安全。

（五）导线放线作业要求

（1）收紧牵引绳，整定牵、张力，使其达到要求。逐步提高牵引速度，正常牵引速度约为80m/min，同时用张力机调整八根导线的张力，使走板呈水平状态。

（2）本工程展放导线、光缆及各规格线绳过程中，无上扬塔位。

（3）当牵引场牵引绳缠满线盘后，应停机更换线轴，具体操作方法与更换导引绳线盘基本相同。

（4）在张牵机出线端应挂接地滑车，张力场采用铝合金接地滑车，牵引场采用钢质接地滑车。

（5）拆除牵引绳临锚，操作顺序为：启动牵引机缓慢牵引，当临锚装置不受力时，将其拆除。启动张力机，使其缓慢回转，当临锚装置不受力时，将其拆除。

（6）走板过放线滑车时，要减慢牵引速度，而不可以直接通过。

（7）牵引绳线轴的更换：当一轴牵引绳卷满线轴之后，要卸下满轴，上空线轴，具体操作方法同导引绳线轴更换。

（六）更换导线线轴的操作

（1）线轴上尚有少量（不少于6圈）导线时，停止牵引，张力机制动；将张力轮后方的导线锚固，然后将线轴上的少量余线倒出，卸下空线轴，按布线方案装上新线轴。

（2）将满轴的线头与放完的尾线用双头蛇皮套连接，余线全部盘绕在新线轴上，并用软物将蛇皮套包起，防止磨损导线。拆除尾线临锚。

（3）打开张力机制动，牵引机缓慢继续牵放导线至蛇皮套到达压接操作点时，停止牵引，张力机制动。

（4）在接头点前锚线，将导线分别锚于锚线架上，打开张力机刹车装置，放出一段导线。

（5）拆下蛇皮套，进行压接作业。压接完成后在接续管外安装钢护管。

（6）拆除临锚。拆除方法可以使用张力机回盘导线，当临锚不受力时，将临锚拆除；打开刹车装置，继续牵引。

（七）导线线端临锚操作要求

（1）导线展放完毕后，放线段的两端导线必须临时收紧锚固于地锚上，以保持导线对地面的安全距离。

（2）导线放完时，在牵、张机前将导线临时锚固。首先确保锚线后导线距离地面不小于5m，对跨越架架顶不小于2m，对地夹角不大于20°。

（3）临锚的设置：采用10t地锚（埋深2.8m）一锚二锚线架；锚线钢丝绳规格不小于φ16直径，考虑工器具周转，部分锚线钢丝绳采用φ17.5直径及φ21.5直径，前用5t卸扣、卡线器与导线相连，后用5t卸扣与地锚钢丝绳套相连，如图2-6-3-14所示。

（4）线端临锚的子导线的卡线器位置应互相错开，以免松线时互相碰阻。

（5）卡线器的尾端一段导线上应套上胶皮管，防止卡线器碰伤导线。

（6）临锚后的余线，应用支垫物垫起，严禁导线直接与地面接触。

（7）一极导线因故未能在一日内展放完毕时，在牵引端、张力端都应各自对牵引绳、导线进行临锚，以解除对牵张机的拉力。

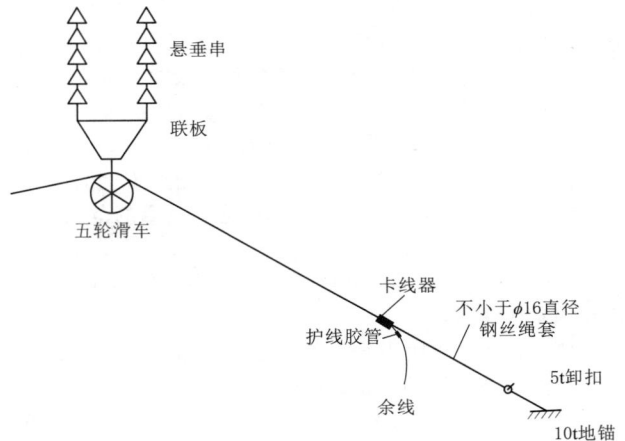

图2-6-2-14　荆门-武汉1000kV特高压输电线路工程导线临锚示意图

（八）光缆展放要求

（1）根据光缆盘长配置情况，在起止塔号前后线路延长线上设置光缆张牵场地，展放前核对盘号及盘长。

（2）缆盘在运输过程中必须直立，缆头应固定好以免光缆松开。所有的盘条和保护装置要在光缆安装时方可拆除。装卸时应使缆盘直立，以免损坏盘条。

（3）为保护光纤，OPGW在搬运过程中严禁大角度弯曲，OPGW安装时应满足最小弯曲半径要求。72芯OPGW-185最小弯曲半径动态为372mm，制作跳线及引下线时务必注意。

（4）OPGW引出后，依次与3t网套式连接器（套入光缆并用铁丝扎紧）、旋转连接器和牵引导引绳（钢丝绳）连接，以防止其发生扭转。

（5）在展放光缆过程中，牵引机加速或减速要缓慢、平稳、张力机制动系统操作要平稳，严禁急加速或急刹车，以免光缆在展放过程中遭受剧烈的抖动或反弹。

（6）光缆展放后，工作人员应仔细检查光缆终端的护套和缠带的防水性能是否完好。

（九）导线损伤处理规定

（1）施工过程中，严防导线磨损，施工人员应随身携带砂纸，以备对导线磨光处理。

（2）导线的外层线股有轻微的擦伤，其擦伤深度不超过单股直径的 1/4，且截面积损伤不超过导电部分截面积的 2％时，可不补修。用不粗于 0 号细砂纸磨光表面棱刺。

（3）当导线损伤已超过轻微损伤，但在同一处损伤的强度损失尚不超过设计计算拉断力的 8.5％，且损伤截面积不超过导电部分截面积的 12.5％时为中度损伤。中度损伤应采用补修管进行补修，补修时应符合下面规定：

1）将损伤处的线股先恢复原绞制状态，线股处理平整。

2）补修管的中心应位于损伤最严重处，需补修的范围应位于管内各 20mm。

3）补修管采用液压，其操作必须符合《导地线压接施工方案》中的有关压接要求。

（4）下列情形之一者为严重损伤，发生严重损伤时，应将损伤部分全部锯掉，用直线连续管重新连接：

1）强度损失超过设计计算拉断力的 8.5％。

2）截面积损伤超过导电部分截面积的 12.5％。

3）损伤的范围超过一个补修管允许补修的范围。

4）钢芯有断股。

5）金钩、破股和灯笼已使钢芯或内层线股形成无法修复的永久变形。

（5）在一个挡距内每根导线上只允许有一个接续管，本工程不允许使用补修管，并应满足下列规定：

1）接续管与耐张线夹出口间的距离不应小于 15m（内控 18m）。

2）接续管与悬垂线夹中心的距离不应小于 5m（内控 8m）。

3）接续管与间隔棒中心的距离不宜小于 0.5m。

4）宜减少因损伤而增加的接续管。

（6）对于大挡距，在导线展放过程中防止导线缠绕，在导线走板通过该挡端时加装分线器，随着导线展放，分线器向挡中央移动，最后固定在挡中央，控制分线器的两根 $\phi20$ 尼龙绳固定在地面地锚上；分线器处要有人看守，过接续管时要通知牵引场慢速牵引。

四、紧线

（一）紧线前的准备工作

（1）本工程所有紧线操作均在耐张塔进行。

（2）紧线前应对放线工序进行检查，主要内容如下：

1）检查各子导线间，如果相互绞劲、缠绕，必须打

开后再紧线。

2）检查各相子导线在放线滑车中的位置是否正确，防止跳槽现象。

3）凡发现导线损伤的应按规范要求处理后再紧线。

（3）直线压接管的位置检查，主要内容如下：

1）不允许接头挡内是否有压接管。

2）对于直线管距直线塔，是否能满足挂线后距离悬垂线夹中心不小于 8m。

3）对于直线管距耐张塔，是否能满足挂线后距离耐张线夹出口不小于 18m。

4）压接管数量、间距必须符合规范要求。

（4）检查被跨电力线是否停电或采取可靠的带电跨越措施。

（5）检查导线端临锚是否可靠，临锚系统能否承受紧线张力。

（二）耐张塔临时拉线安装

（1）紧线段的一端为耐张塔时，应在该塔紧线的反方向安装临时拉线，本标段架线施工只涉及在耐张塔单侧进行锚线，设计规定耐张塔锚线，导线临时拉线平衡张力 40kN，地线临时拉线平衡张力张力 10kN。导线临时拉线平衡张力 40kN，采用每相 2 根临时拉线，拉线对地夹角不大于 45°，每根拉线受力 $P_1=40/(2\cos45°)=28.28\text{kN}$；地线临时拉线每相 1 根，根据设计图纸要求，地线临时拉线平衡张力不小于 10kN，$P_2=10/(\cos45°)=14.14\text{kN}$。

（2）根据以上计算结果，导线耐张塔临时平衡拉线采用 2 根 $\phi16$ 钢丝绳，破断力为 126kN，安全系数 $K_1=126/28.28=4.4$；地线耐张塔临时平衡拉线采用 1 根 $\phi16$ 钢丝绳，破断力为 126kN，安全系数 $K_2=126/14.14=8.91$，均满足设计及规范要求。

（3）铁塔导线反向临时拉线，每相两根 $\phi16$ 钢丝绳，对地夹角不大于 45°，上端用 10t 卸扣连接在挂线点附近的施工孔中，下端用 6t 手板葫芦收紧，连接 10t 卸扣、10t 临拉地锚。

（4）铁塔地线反向临时拉线，每相一根 $\phi16$ 钢丝绳，上端用 5t 卸扣连接在挂线点附近的施工孔中，下端用 6t 手板葫芦收紧，连接 5t 卸扣、5t 临拉地锚。临时拉线对地夹角不大于 45°。

（5）反向临时拉线地锚采用 10t 钢板地锚，埋深 2.8m。

（6）平行、临近或跨越电力线塔位，紧线时应设置临时接地，并于紧线前检查是否接地良好。

（三）光缆及子导线收紧次序

（1）先紧光缆，后紧导线。

（2）子导线应对称收紧，尽可能先收紧位于放线滑车最外边的 1 号、8 号子导线，使滑车保持平衡，避免滑车倾斜导致导线跳槽。

（3）如子导线弛度差异较明显，宜先收紧弛度较小的子导线，防止驮线。

（4）考虑风向的作用尽量避免在紧线过程中子导线因风吹造成相互驮线而绞劲。

（5）同极子导线应保持相同的紧线速度和牵引力，且收紧速度不宜过快。

（四）紧线操作基本规定

（1）本工程紧线操作全部在耐张塔。

（2）每次同时收紧两根子导线，每根子导线由一台5t双筒绞磨进行粗紧线，然后用6t手搬葫芦进行微调弛度。

（3）紧单根光缆的布置与紧一根子导线的布置基本相同。

（4）采用"紧-松-紧"的方法调线。紧线时先将最远的观测挡紧起，再进行第二个观测挡的弛度调整，以此类推，由远及近。

五、导地线连接升空

（一）无转角相邻放线区段导地线连接升空条件

（1）在升空挡耐张段上一放线区段部分挡已经完成紧线操作时，锚线塔应设置导线过轮临锚装置。

（2）上一放线区段除锚线塔外，其他铁塔上的导线均应完成线夹安装。

（3）距锚线塔最近的两基塔之间应安装间隔棒。

（二）导、地线松锚升空操作应符合规定

（1）导、地线松锚升空前，过轮临锚装置应处于锚线受力状态。

（2）选择能够避免发生驳线问题的各子导线松锚顺序。同一放线滑车内各子导线应由外向内对称松锚。

（3）核对确认升空挡两侧待压接的各子导线线号。

（4）松锚升空挡内尽量减少多余导线。

（5）应使用专用挂线滑车作为压线升空工具。

（6）在导、地线松锚升空操作过程中，后放线段应配合收紧导线，以满足导线松锚升空需要，并保证施工段内各挡导线对地及被跨物间不小于规定的安全距离。

（三）直线松锚升空操作要点

（1）压接导线接续管。

（2）在升空挡后放线侧导线本线临锚卡线器附近安装松锚卡线器及松锚滑车组。

（3）收紧升空挡后放线侧松锚滑车组，直至导线本线临锚绳不再受力时，拆除导线本线临锚装置。

（4）放松升空挡后放线侧松锚滑车组，在导线离开地面后，安装压线滑轮组装置。

（5）继续放松松锚滑车组，使导线上扬力从松锚装置逐渐过渡到压线装置上，待松锚滑车组不再受力时将其拆除。

（6）收紧后放线侧导线，当先放线侧导线本线临锚绳不再受力时，拆除本线临锚装置。

（7）松出压线装置滑轮组，直至不再受力，拆除压线滑车及滑轮组。直线松锚升空如图2-6-2-15所示。

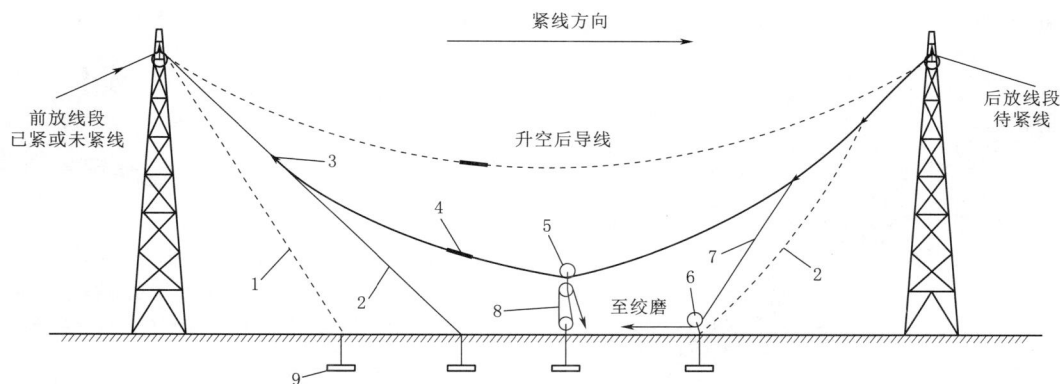

图2-6-2-15　荆门-武汉1000kV特高压输电线路工程直线松锚升空示意图
1—过轮临锚；2—本线临锚；3—卡线器；4—压接管；5—压线滑车；6—转向滑车；
7—松锚绳；8—压线滑轮组；9—地锚

六、耐张塔挂线

耐张塔挂线分张牵场耐张塔挂线和紧线耐张塔挂线两种。按照施工习惯，当放线段中央有耐张塔时，在张力场、牵引场进行挂线，然后在中间耐张塔进行紧线操作。

（一）张牵场耐张塔挂线

（1）挂线前，导线临锚在地面上，需要在挂线的同时将耐张金具串垂起，两台绞磨同时操作。本工程单根导线紧线张力最大3.6t，挂线时张力不大于2.6t，所以挂线时按照双倍率设置动滑车即可，滑车采用5t级、钢丝绳采用φ16×400m、卸扣采用5t级。耐张组装串与导线对接（锚接）如图2-6-3-16所示。

（2）现将耐张金具串在塔下组装好，然后用绞磨吊装到横担悬挂。为施工方便，可以先将图中绞磨2的磨绳在塔上装好，端头穿过滑车后，留出足够的余线，然后将端头接到金具串子导线扇形板上，与金具串一起吊装。

（3）割断后的导线应在当天挂线完成，严禁在高空临锚过夜。

（4）单侧挂线时在挂线反侧打好铁塔的补强拉线，并随着挂线的进行，随时调整补强拉线张力，使横担处正直方向。

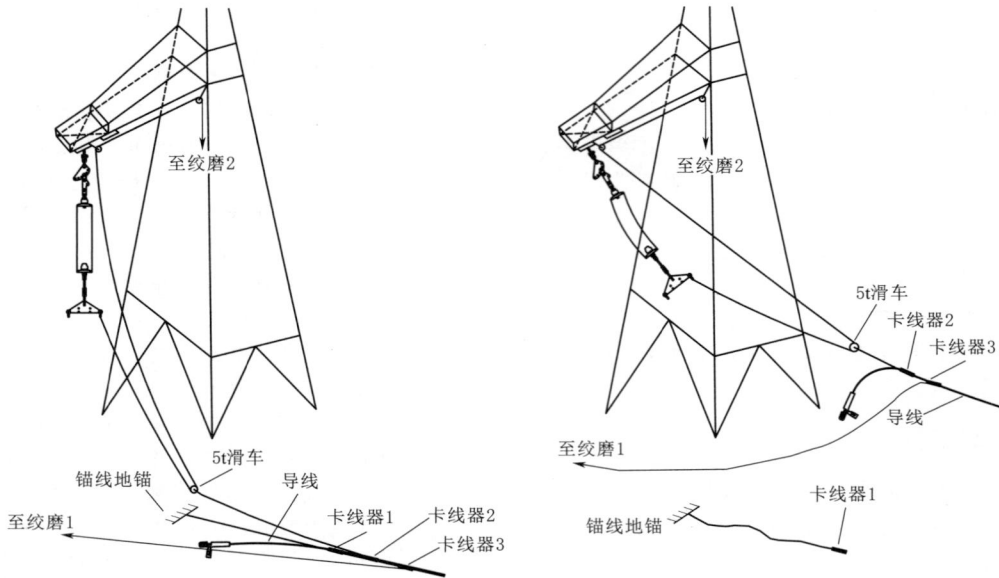

图 2-6-2-16　荆门-武汉 1000kV 特高压输电线路工程耐张组装串与导线对接（锚接）

（5）耐张塔挂线操作。中间耐张塔紧线系指放线施工段两端牵张场侧的耐张塔已挂线，在施工段中间耐张塔的紧线。中间耐张塔紧线时，在紧线前首先将耐张组装串通过手扳葫芦、锚线绳和卡线器与导线在两侧平衡对接（锚接），如图 2-6-2-17 所示。然后再用紧线牵引系统进行紧线操作。

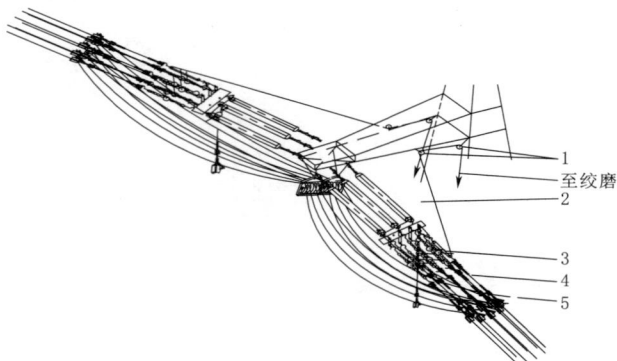

图 2-6-2-17　荆门-武汉 1000kV 特高压输电线路
工程耐张组装串与导线对接（锚接）示意图
1—转向滑车；2—耐张绝缘子串；3—起重滑车组；
4—锚绳；5—导线

（6）对接（锚接）及紧线操作顺序如下：

1）将耐张组装串与导线对接（锚接）后，在两侧锚线卡线器之间靠近放线滑车位置处割断导线。

2）每相导线的紧线按子导线逐根进行，紧一根锚一根，边紧边锚。重大跨越挡需对塔上锚线、地面锚线、地面紧线进行两道锚固。用机动绞磨进行紧线，用手扳葫芦锚线。导线弧垂先通过绞磨粗调，再用手扳葫芦进行细调。中间耐张塔紧线牵引系统如图 2-6-2-18 所示。

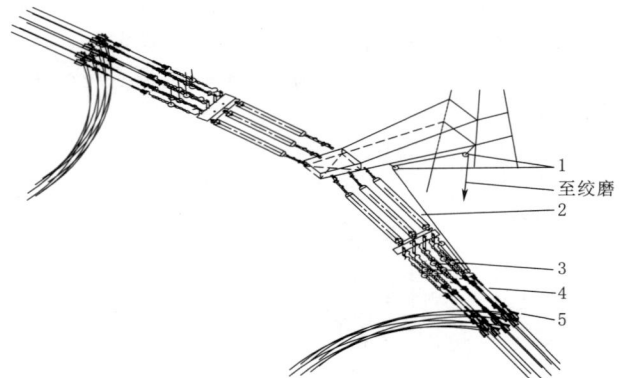

图 2-6-2-18　荆门-武汉 1000kV 特高压输电线路
工程中间耐张塔紧线牵引系统示意图
1—滑车；2—绝缘子串；3—手搬葫芦；4—锚线绳；5—卡线器

3）在对接（锚接）及紧线过程中，充分考虑耐张组装串的结构特点，可采取空中操作平台进行高空压接，平台四点悬挂在空中临锚的锚绳上，空中操作平台如图 2-6-2-19 所示。

（二）耐张绝缘子串安装

组装场地应选在不易遭到高空落物打击处，组装时，应使内侧串和外侧串各保持两串等长。由于线路转角影响，为保证同一相内外侧绝缘子串末端平齐，应利用平行挂板与调整板来调整长度，现场组装时应按设计图纸规定的平行板型号及调整板孔位进行长度调整，如图 2-6-2-20 所示。

本工程耐张转角塔均采用三联绝缘子串，因转角而引起的内、外联长度差采取改变 PTQ 型挂板及 DB 调整板挂孔来补偿距离。具体调整数值见"耐张串调整表"。

（三）耐张线夹压接

耐张线夹钢锚环应按垂直方向布置，应该注意耐张

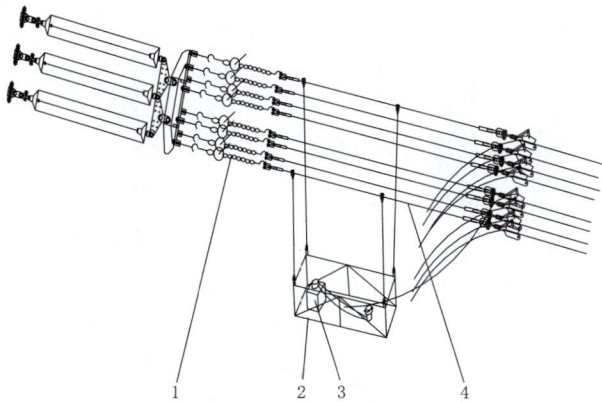

图 2-6-2-19 荆门-武汉 1000kV 特高压输电
线路工程空中操作平台悬挂示意图

1—手搬葫芦；2—液压机；3—压接平台；4—锚线绳

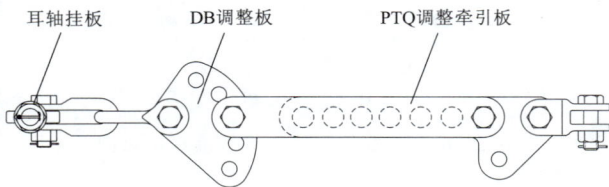

图 2-6-2-20 利用平行挂板与调整板来调整长度

线夹引流板朝向，左右边相子导线耐张线夹尾部偏向塔身外侧。压接前应将导线顺直，不得拗劲。耐张线夹的压接十分关键，项目部针对耐张管压接编制专项说明，在施工前对操作人员进行技术交底，确保压接质量和工艺。

七、弛度观察

（一）弛度观测挡的选择原则

由于本工程铁塔的呼称高较高，弛度观测方法应根据线路具体地形特点选择平行四边形法或挡端角度法即可。弛度观测挡的选择原则如下：

（1）紧线段在 5 挡及以下时靠近中间选择一挡。

（2）紧线段在 6～12 挡时靠近两端各选择一挡。

（3）紧线段在 12 挡以上时靠近两端及中间各选择一挡。

（4）观测挡宜选择挡距较大和悬挂点高差较小及接近代表挡距的线挡。

（5）弛度观测挡的数量可以根据现场条件适当增加，但不得减少。

（6）观测挡位置应分布比较均匀，相邻观测挡间距不宜超过 4 个线挡。

（7）观测挡应具有代表性。如连续倾斜挡的高处和低处，较高悬挂点的前后两侧，相邻紧线段的结合处，重要被跨越物附近应设观测挡。

（8）宜选择对邻近线挡监测范围较大的塔号作观测点。

（9）不宜选邻近转角塔的线挡作观测挡。

（10）紧线弛度观测按计算"弛度表"相应温度的对应值选择。

（二）平行四边形法观测弛度

（1）平行四边形法观测弛度如图 2-6-2-21 所示，图中 A、B 点为弛度板绑扎点，从线条悬挂点滑轮槽向下铅垂方向量取 f 值确定 A、B 两点位置。

（2）平行四边形法使用条件：$h < 20\%L$，且 $f \leqslant H - i$。

（3）当气温变化不超过 $\pm 2.5℃$ 时，可不作调整；当气温变化在 $\pm 2.5～\pm 10℃$ 范围内时，可只调整一侧的弛度板，调整量为 $2\Delta f$（Δf 为气温变化时的弛度变量）；当气温变化在 $\pm 10℃$ 以上时，应将两侧弛度板同时调整，调整量为 Δf（Δf 为气温变化时的弛度变量）。

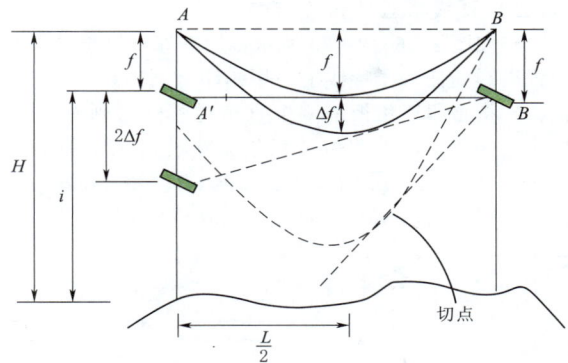

图 2-6-2-21 平行四边形法观测弛度示意图

（三）挡端角度法观测弛度

（1）如图 2-6-2-22 所示，将经纬仪支在被观测导线的垂直下方，量出仪器高，测出初始角 α（仪器对准远塔滑槽导线中心）。

（2）按下式计算观测角 θ，以此观测导线弛度：

$$\theta = \tan^{-1}[\tan\alpha - (2f^{1/2} - a^{1/2})^2 / L]$$

式中 θ——仪器观测角，仰角为正，俯角为负，（°）；

α——初始角，仰角为正，俯角为负，（°）；

f——实际气温下的弛度值，m；

a——仪器中心到近方悬挂点的垂直距离，m；

L——观测挡挡距，m。

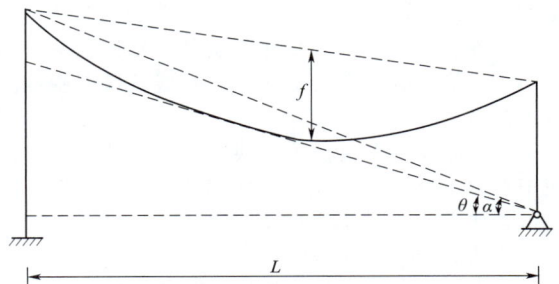

图 2-6-2-22 挡端角度发观测弛度示意图

八、画印操作

（一）基本要求

（1）画印作业要在紧线段内各弛度观测挡的弛度达到规定值，各子线间不平衡误差在 50mm 以内，且紧线张力尚未变化时进行。

（2）画印作业要求观测好一相画一相，耐张段内所有直线塔同时画印，不能拖延。

（3）画印作业要使用专门的画印工具，直线塔高空画印所用工具有带线绳垂球、三角板画印板、画印笔及黑色胶布。印记要准确、清晰、牢固，不准用硬物刻线作印记。

（4）画印人员攀登导线画印时，动作要轻、稳，以免位置窜动。

（二）直线塔画印操作方法

（1）如图 2-6-2-23 所示，用垂球将横担挂线孔中心位置投影到任一子导线上，用画印笔画出点 a_1。

（2）将画印三角板的一个直角边紧贴已画有 a_1 印记的导线，并使三角板的另一直角边贴紧 a_1 点，顺直角边通过 a_1 在其他线上分别画出 a_2、a_3、a_4、a_5、a_6、a_7、a_8 点。在画印点前后 50mm 处缠上黑胶布。

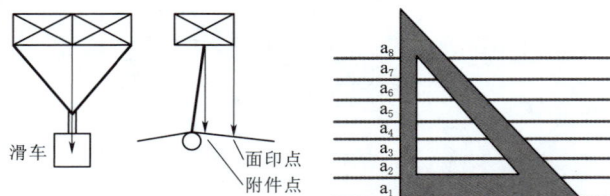

图 2-6-2-23 直线塔画印示意图

（三）耐张塔画印操作方法

（1）采取高空比量画印的方式。

（2）紧线完成后直接将导线拽到安装点后画印，并在画印点前后各 50mm 贴上黑胶布。

（3）计算耐张线夹长度、金具长度、松弛的导线影响长度后确定断线位置后断线压接，过牵引挂线。

九、附件安装

（一）直线塔导线附件安装

（1）一般情况下，在导线横担横线路布置四套"两线提线器"，如图 2-6-2-24 所示。当负荷较大时，在横担前后各布置四套提线器进行提线。提线器的使用数量应通过导线垂直负荷计算确定，提线安装时提线工器具取动荷系数为 1.2。

子导线提线器安装在子导线最终安装位置上方的导线横担前后主材施工孔上。当使用四套提线器时，其中两套可悬挂于导线横担主材上。提线装置各工器具的连接顺序如图 2-6-2-25 所示。

（2）直线线夹的安装位置，不需作调整时即为画印点，需作调整时应先按移印值移位以确定安装位置。

（3）提升导线的吊钩，应有足够的承托面积。吊钩

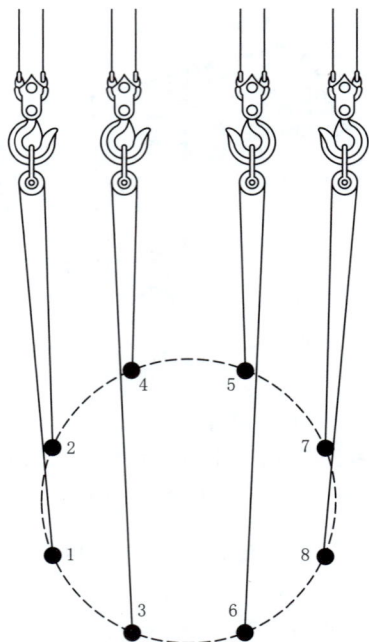

图 2-6-2-24 直线塔导线提线示意图

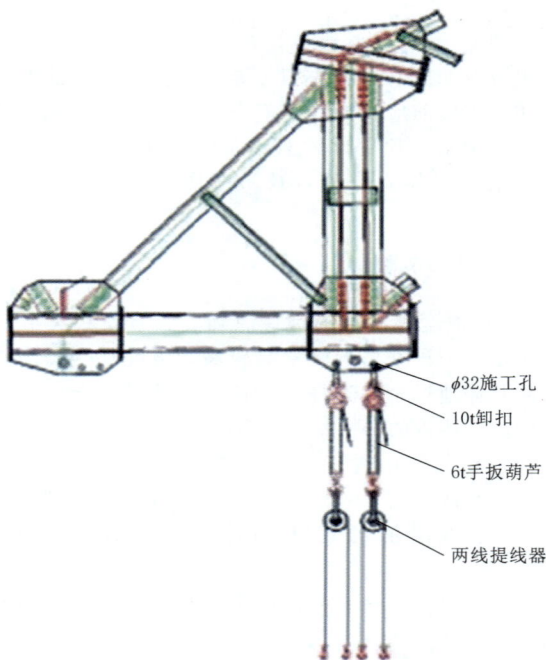

图 2-6-2-25 两线提线器连接示意图

沿线长方向的承托宽度不得小于导线直径的 2.5 倍，接触导线部分应衬胶，防止导线损伤和结构变化。

（4）直线塔悬垂线夹安装步骤如下：

1）首先同时收紧与四套提线器相连的 4 个 6t 导链，使 8 根子导线刚刚离开放线滑车后停止，拆除放线滑车和挂架（或滑车钢丝绳挂具）。

2）继续收紧导链，当 4 组子导线分别到达就位位置

后停止。

3）人力上下窜动同组两根子导线至就位位置，安装导线悬垂线夹、导线挂线联板。

4）拆除提线器，安装其他附件。

（二）耐张塔导线附件安装

（1）在紧线后的耐张塔上进行割线、安装耐张线夹、连接耐张绝缘子金具串和防振锤安装等作业，称为耐张塔附件安装。施工过程如下：

1）在耐张塔两侧同时对称地即平衡地进行空中锚线，平衡地收紧两侧导线，使两侧锚线卡线器间的导线松弛，悬挂耐张绝缘子串。

2）在两侧锚线卡线器间的放线滑车处割断导线，拆卸放线滑车。

3）将耐张绝缘子串和导线锚线处用锚线滑车组收紧，确定导线压接位置，采取空中压接的方法进行压接，在操作塔两侧以空中对接法挂线。

4）松开空中锚线，安装其他附件。

为确保安全施工，建议修改上述操作顺序，即在耐张绝缘子串未提升安装好各子导线临锚设施前，不得断线。另外，需规定视现场实际，确定断线数量，以充分符合割断后的导线应在当天挂线完成，不得在高处临锚过夜。

（2）空中锚线操作方法如下：

1）安装卡线器位置，在耐张线夹外 3m 左右处。

2）以横担挂线板上的施工孔为锚线孔，在卡线器与锚线孔间设置锚线工具，按次序为卡线器、5t 卸扣、锚线钢丝绳套、6t 手扳葫芦（或其他收紧工具）、5t 卸扣、锚线孔。

3）两侧同时收紧手扳葫芦，使锚线工具逐渐受力，导线逐渐松弛。收紧时应保持操作塔对称平衡受力。

（3）断线前，在卡线器后侧 0.5～1.0m 处，用棕绳将导线松绑在锚线绳上，防止松线时导线出现硬弯，断线后，用棕绳将导线松下。

（4）空中对接操作方法如图 2-6-2-26 所示。

1）将耐张组装串吊装到横担挂孔上。

2）在耐张组装串的近线端和临锚卡线器间布置滑车组。

3）收紧滑车组，对接耐张线夹和耐张金具，并注意采取平衡措施。

（5）空中操作平台是一种轻便的有围栏的长方形平台，通常用多点悬挂在空中临锚的锚绳上，为在空中进行耐张线夹压接等作业提供工作平台。空中操作平台如图 2-6-2-27 所示。

（6）耐张塔挂线施工时，过牵引距离严格按照设计要求控制。

（三）光缆附件安装

（1）耐张串的接地线通过螺栓连接在铁塔接地孔上。无接线盒的耐张塔，OPGW 直接通过，使用单接地线；有接续盒的耐张塔，双侧使用两根接地线；悬垂串接地线逐基采用单根接地线。直通型耐张塔接地线及直线塔

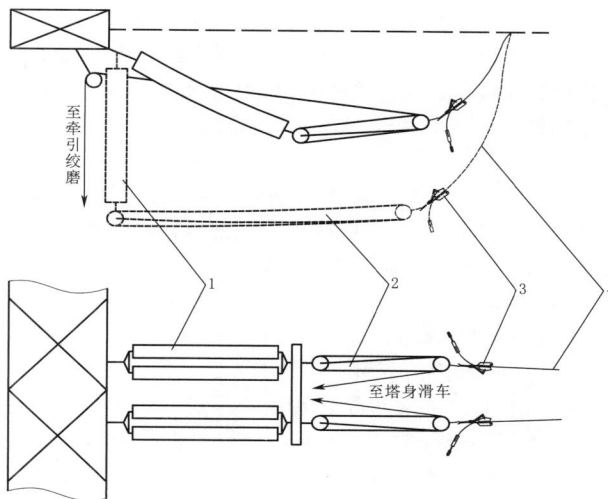

图 2-6-2-26　用空中对接法挂线示意图
1—绝缘子串；2—滑轮组；3—卡线器；4—导线

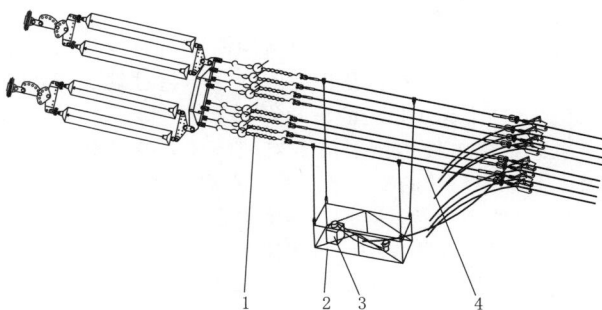

图 2-6-2-27　空中操作平台悬挂示意图
1—手搬葫芦；2—液压机；3—压接平台；4—锚线绳

接地线统一安装在大号侧。

（2）直通型耐张塔跳线弧垂本工程取 0.5m，满足光缆最小弯曲半径 372mm 要求。如施工完成后跳线弧垂距离塔身较近，应采用 1～2 个跳线用引下线夹将跳线固定在塔材上，以防止跳线与塔材摩擦损坏。

（3）接续型耐张塔，光缆引下线沿其长度每隔 1.5～2m 安装一个卡具线夹，所有卡具线夹安装在塔身内侧，引下方向在过度时应保证不小于光缆最小弯曲半径 372mm 的要求。光缆从铁塔 A、D 腿引下，接头盒采用金属硬抱箍固定，固定位置为余缆架上方 0.5～1m 高处主材上，距离地面不小于 10m。接线盒安装时，引出头位置应于 OPGW 引入侧位置对应，余缆架安装采用金属抱箍固定。对于铁塔，固定位置为地面以上第一层横隔面的光缆引下腿侧的斜材。接头盒进出线应顺畅、平滑、弯曲半径满足要求。

（四）导线跳线安装

（1）本工程耐张塔直跳采用 210kN 复合绝缘子笼式刚性跳线，跳线采用 JL/G1A-630/45 钢芯铝绞线，线应

使用未经牵引过的原始状态导线制作。应使原弯曲方向与安装后的弯曲方向相一致，以保证外形美观。

（2）项目部成立专门的跳线安装班组，由项目部技术员根据耐张串长度、铁塔横担参数、耐张串悬垂角等，计算出每根跳线的线长，在材料站精确下料并压接，运至现场进行悬挂。

（3）跳线计算前，应对每基耐张塔金具安装情况进行检查，主要明确耐张把朝向是否正确、扇形板、调整板安装孔位，确保基础数据准确无误。

（4）安装跳线时，引流把与耐张把接触面必须涂刷 801 导电膏，且涂刷均匀。

（五）间隔棒的安装

（1）本工程采用八分裂导线，呈正八边形排列，分裂导线外接圆直径为 1045mm，分裂间距取 400mm。全线采用线夹回转式间隔棒（预留双摆防舞器安装条件）。间隔棒安装型号为 FJZH-840/34D。

（2）采用八分裂阻尼式间隔棒时，次挡距布置应遵循以下原则：最大次挡距不大于 50m，平均次挡距为 45m，端次挡距不超过 25m，各相间隔棒对齐调整，按照不等距、不对称安装。

（3）分裂导线的间隔棒的结构面应与导线垂直，杆塔两侧第一个间隔棒的安装距离偏差不超过端次挡距的 ±1.5%，其余为次挡距的 ±3%。

（4）请施工按挡距数值查对间隔棒安装个数和安装距离，目前间隔棒的安装挡距起算点规定如下：

1）直线塔为悬垂线夹的本体中心线。

2）间隔棒安装表中所示挡距为线长，对于耐张塔侧应按线长－实际耐张串串长处计算，耐张塔端次挡距由中相耐张线夹出口处起算，导线间隔棒安装距离以中相线长为准确定间隔棒安装位置，内、外角侧对端次挡距进行适当调整与中相对齐。

（5）杆塔两侧端次挡距不宜相等，每挡可按安装表中的数列顺（逆）安装。

（六）防振锤安装

1. 地线防振锤的安装

本标段采用 2 根 OPGW-185 光缆，变电站进线挡、大跨越锚塔与一般线路分支塔的分流地线采用 JLB20A-185 铝包钢绞线，JLB20A-185 地线采用 FRYJ-3U 型防振锤，安装数量及位置见表 2-6-2-13。

表 2-6-2-13　荆门-武汉 1000kV 特高压输电线路工程地线防振锤安装数量及位置

防振锤	应用挡距/m	耐张塔位置/m
第一个	≤300	距耐张线夹出口 1.83
第二个	300～600	距第一个防振锤 1.83

2. 光缆防振锤安装

本工程地线采用两根 OPGW-185 光缆，光缆防振锤的安装数量及位置见表 2-6-2-14。

表 2-6-2-14　荆门-武汉 1000kV 特高压输电线路工程光缆防振锤安装数量及位置

防振锤	应用挡距/m	直线塔位置/m	耐张塔位置/m
第一个	≤250	距悬垂线夹预绞丝边缘 0.6	距耐张线夹预绞丝边缘 0.6
第二个	250～500	距第一个防振锤 0.9	距第一个防振锤 0.9
第三个	500～800	距第二个防振锤 0.85	距第二个防振锤 0.85

第三节　跨越架搭设施工工艺

一、荆门-武汉 1000kV 特高压交流输变电工程线路工程（1标）跨越架搭设工程概况

（一）跨越情况

荆门-武汉 1000kV 特高压交流输变电工程线路工程施工 1 标段线路起于荆门 1000kV 变电站构架，止于湖北省天门市与京山市市界（N1081 塔），本标段不包含汉江大跨越段（N1046L～N1049L、N1046R～N1049）。本标段途经湖北省荆门市沙洋县、钟祥市及天门市，沿线海拔在 30～70m，线路全长 2×39.062km，其中平地 20.736km（53.2%），丘陵 11.069km（28.4%），河网 7.172km（18.4%）。本标段新建铁塔 76 基（其中直线塔 59 基，耐张塔 17 基）。本标段杆塔地形分别为：N1001～N1030 位于丘陵地形，N1031～N1080 地形为平地，其中 N1003、N1004、N1010、N1012～N1018、N1023、N1026、N1030、N1035、N1041、N1042、N1054、N1061、N1065、N1066 塔基占地全部或部分位于虾塘中。

主要跨越情况如下：跨越 ±500kV 龙政线 1 次、220kV 电力线路 2 次（掇潜线、牌林线）、110kV 电力线路 4 次（麻沙线、黄马线、林马线、七岭线）、35kV 电力线路 1 次（沙沈线、无地线），枣石高速公路 1 次，G348 国道（S219 省道共线）1 次，G234 国道（S217 省道共线）1 次，S107 省道 1 次。

（二）跨越架的类型

跨越架目前主要有以下几种形式，分别适用于不同电压等级、不同性质的跨越架。

1. 甲型跨越架

适用于架高超过 15m 的 10kV 电力线、公路、特殊地形需要搭设双排跨越架，跨越架材质为毛竹。

结构形式为双面双排桁架、封顶。顺线路装斜撑杆对地夹角不大于 60°，架顶要打拉线。架子平面内装十字和方框撑杆；双排架的两平面间装设叉型撑杆，如图 2-6-3-1 所示。

2. 乙型跨越架

适用于架高在 15m 以下，跨越 10kV 及以下电力线路的架子，跨越架材质为毛竹。

结构形式为双面桁架、封顶。顺线路侧面设斜撑杆

及稳固拉线，斜撑杆及稳固拉线对地夹角不大于 $60°$，桁架平面内装设十字撑杆和人字撑杆，平面内装设叉杆，如图 2-6-3-2 所示。

　　3．丙型跨越架

　　适用于搭设跨越乡村道路、Ⅱ级通信线路及低压配电线路等架子，跨越架材质为毛竹。

　　结构形式为双面桁架、封顶。架子平面装设十字撑杆或人字撑杆，顺线路装设斜撑杆，如图 2-6-3-3 所示。

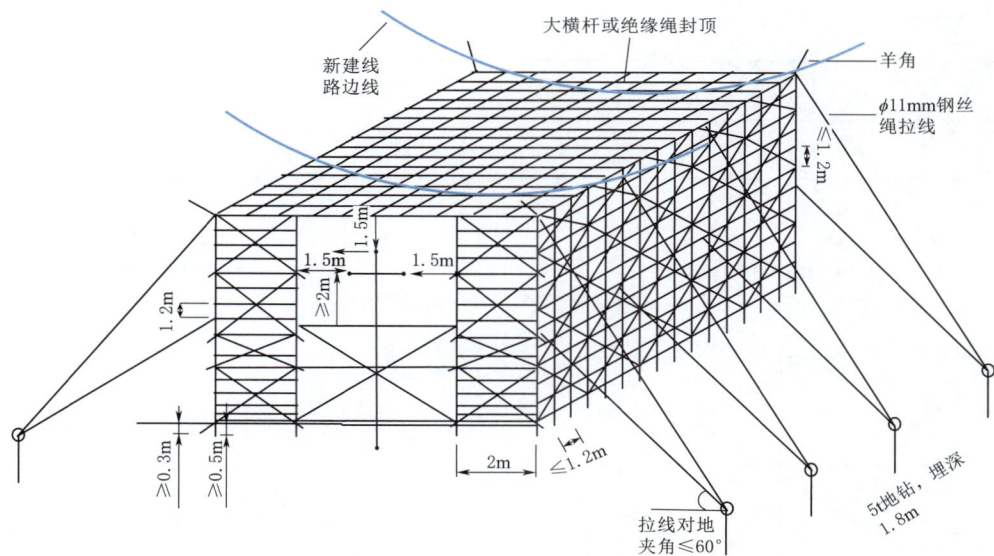

图 2-6-3-1　甲型跨越架

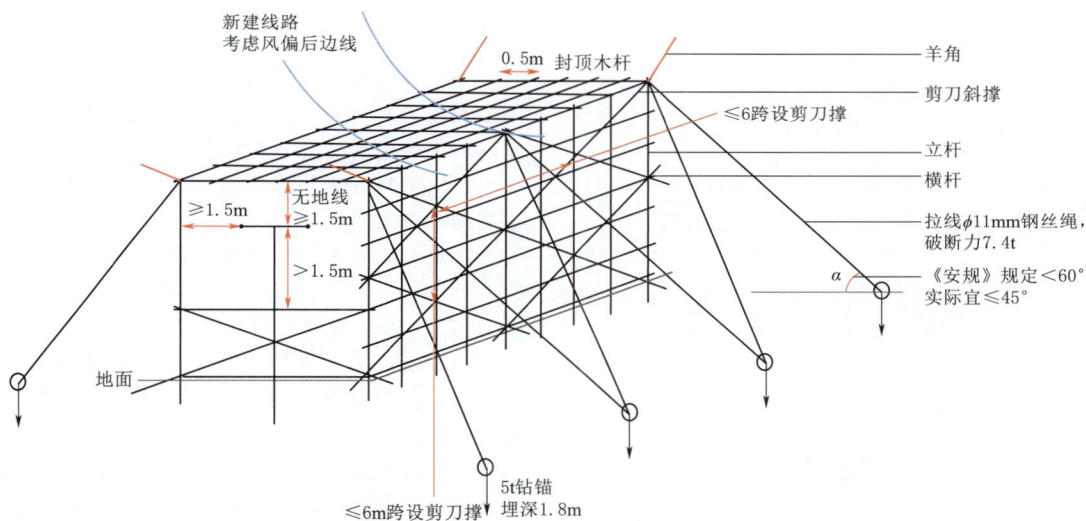

图 2-6-3-2　乙型跨越架

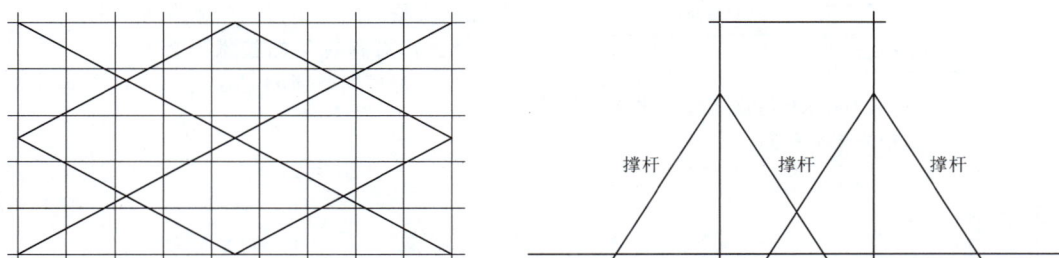

图 2-6-3-3　丙型跨越架

甲、乙、丙型跨越架的封顶形式有尼龙绳和杉杆（竹竿）两种，如图 2-6-3-4 所示。

　　4. 丁型跨越架

　　适用于跨Ⅲ级通信线路、广播线的架子，跨越架材质为毛竹。

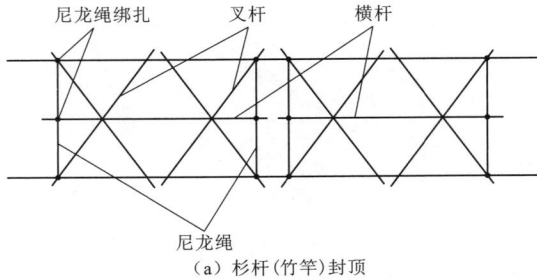

结构形式为单面 A 形桁架，平面内装十字撑杆，顺线路设支撑杆，如图 2-6-3-5 所示。

（三）施工流程图

荆门-武汉 1000kV 特高压输电线路工程跨越架施工流程图如图 2-6-3-6 所示。

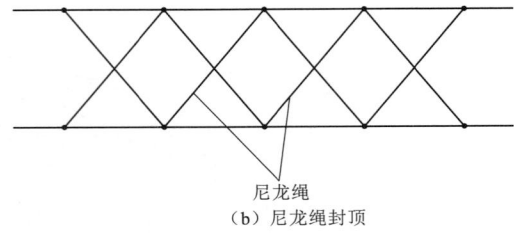

（a）杉杆(竹竿)封顶　　（b）尼龙绳封顶
图 2-6-3-4　甲、乙、丙型跨越架的封顶形式

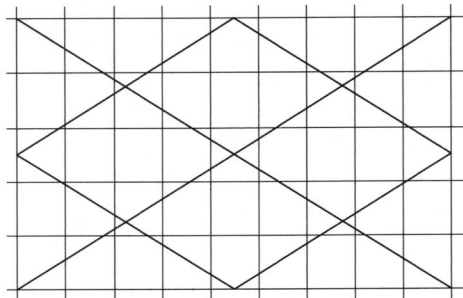

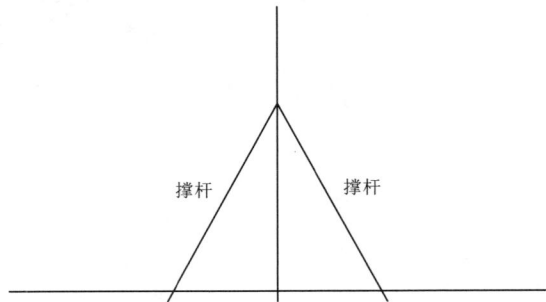

图 2-6-3-5　丁型跨越架

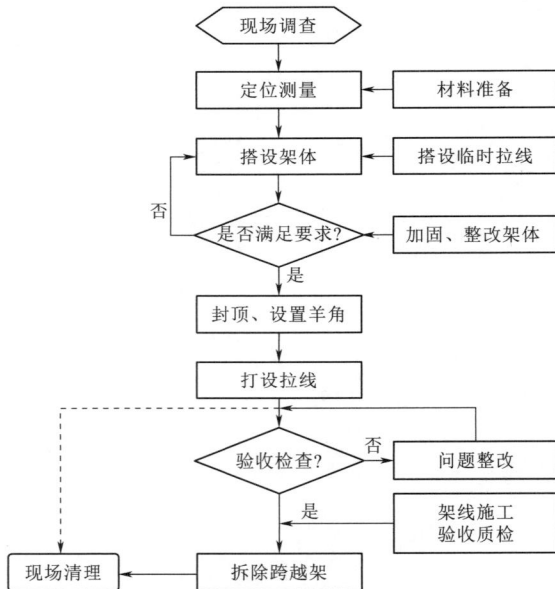

图 2-6-3-6　荆门-武汉 1000kV 特高压输电线路
工程跨越架施工流程图

二、施工准备

（一）施工技术准备

（1）现场调查。在跨越前，同对被跨越电力线路的

管理部门进行实地的调查，使用经纬仪、塔尺等仪器对被跨越物进行测量。同时，查看设计图纸相关数据，将实际测量的数据与设计数据核对，确保无误。

（2）编制方案。根据现场条件及有关部门的要求，编制跨越方案并报审。

（3）与被跨电力线路运行部门联系，根据运行部门的意见，进行不同形式的跨越架搭设。

（二）施工场地及材料准备

（1）施工前，外协人员应提前将跨越架、牵引场、张力场需要的临时占地与户主沟通，落实补偿手续，避免青赔阻拦。

（2）占用的牵张场应进行平整，边界处设置硬围栏，并挂设安全警示标志。

（3）材料准备。准备相关的工器具及材料。将搭设跨越架所用的工器具运至施工点附近，工器具材料摆放在路边及线路两侧，不得放在电力线路下方。

（三）对跨越架的技术要求

（1）跨越架架顶的宽度（横线路方向有效遮护宽度）B 应满足：

$$B \geqslant [2 \times (Z_x + 2.0) + b]/\sin\gamma$$

$$Z_x = \omega_{4(10)}\left[\frac{x}{2H}(l-x) + \frac{\lambda}{\omega_1}\right]$$

式中　B——跨越架架顶宽度，m；

b——线路最外侧两导线或地线间宽度，m；

γ——施工线路与被跨越物的夹角，(°)；

Z_x——施工线路导地线在安装气象条件下在跨越点处的风偏距离，m；

H——水平放线张力，N，本工程导线放线张力 H 可按 20kN 计算，地线放线张力 H 可按 15kN 计算；

l——施工线路跨越挡挡距，m；

x——被跨越物至施工线路邻近的杆塔的水平距离，m；

λ——施工线路跨越挡两端悬垂绝缘子串或滑车挂具长度，m，本工程导线 λ 值取 10m，地线 λ 值取 0.6m；

ω_1——施工线路导线、地线的单位长度重量，N/m，本工程导线 ω_1 值为 21N/m，地线 ω_1 值为 12N/m，光缆 ω_1 值为 13N/m；

$\omega_{4(10)}$——安装气象条件（风速 10m/s）下，施工线路导线或地线的单位长度风荷载，N/m，本工程导线值为 2.3，地线 $\omega_{4(10)}$ 值为 1.2。

$$\omega_{4(10)}=0.0613Kd$$

式中　K——风载体型系数，$d<17$mm 时 $K=1.2$，$d>17$mm 时 $K=1.1$；

d——导线或地线直径，mm。

每个跨越架搭设前，应根据上述公式及实际取值，计算跨越架的宽度和架面距离电力线路带电的最小水平距离，以确保有效遮护被跨物，保证跨越施工安全。

（2）跨越架架面或拉线与被跨越电力线路导线的最小水平距离为

$$D=Z_x+D_{min}$$

式中　D——跨越架架面距被跨越电力线路带电体的最小水平距离，m；

D_{min}——发生风偏后尚应保持的最小安全距离，m，见表 2-6-3-1；

Z_x——被跨电力线的风偏距离，m。

（3）跨越架中心线应与跨越架面的中心线重合。

（4）跨越架的高度和跨度应满足跨越架与带电体、铁路、公路、通信线及低压配电线的最小安全距离的要求见表 2-6-3-1~表 2-6-3-3。

表 2-6-3-1　跨越架与带电线路导、地线的最小安全距离 D_{min} 单位：m

跨越架部位	被跨越带电体电压等级≤10kV
架面（或拉线）与导线的水平（垂直）距离	1.5
无地线时封顶网（杆）与带电体的垂直距离	1.5
有地线时封顶网（杆）与带电体的垂直距离	0.5

表 2-6-3-2　跨越架与被跨越物的最小安全距离

单位：m

跨越物名称　跨越架部位	一般公路	通信线
与架面水平距离	至路边：0.6	0.6
与封顶杆垂直距离	至路面：5.5	1.0

表 2-6-3-3　高处作业时与带电体的最小安全距离

带电体的电压等级/kV	≤10
工器具、安装构件、导地线与带电体距离/m	2.0
作业人员的活动范围与带电体距离/m	1.7

（5）当连续靠近跨越两个以上的被跨物时，在两跨越物之间搭架，不能满足安全距离要求时，只能按一处综合考虑搭设（如跨越公路、通信线路等）。对无封顶的跨越架应考虑放地线和导引绳弛度的影响，应适当增加架高，以保证其安全距离。

（四）对跨越架的材料要求

（1）要求生长期四至六年的粗壮毛竹，三年以下和七年以上的不宜使用，青嫩、枯脆、有麻斑或虫蛀及裂缝超过一节的不准使用。

（2）跨越架毛竹立杆、大横杆、剪刀撑和支杆的有效部分的小头直径不得小于 75mm，小横杆有效部分小头直径不得小于 50mm，当小头直径在 50~75mm 时，可双杆合并或单杆加密使用。

（3）绑扎跨越架使用规格为 10 号的软性铁丝或者黑白铁丝均可使用，且每个交叉点不小于 2 圈。

三、跨越架搭设与拆除工艺

（一）搭设

（1）立杆间距 1.2m 布置，在立杆地面处挖 0.5m 深小坑，用木杠竖向将坑底夯实后，竖立立杆。架面两端的立杆靠近杆顶 1/3 处绑扎 2 条 $\phi16$ 棕绳作为顺施工放线临时拉线以控制架面垂直地面且保持架面稳定。如果地面无法挖坑时应绑扫地杆。

（2）多排跨越架先立一排，再相继组立相邻的一排，直至立杆全部竖立完毕。

（3）一个架面的数根立杆竖立后，沿竖立方向由地面量起，每隔 1.2m 绑扎一层大横杆。大横杆与每根立杆的交点处均应双杆捆绑扎实。每绑扎一层大横杆后，再由下向上逐层绑扎。

（4）小横杆应与大横杆垂直布置。当立杆为双排布置时，小横杆两头应与双排立杆间交叉处绑扎牢，当为多排布置时，小横担与各排杆间交点均应双杆绑扎牢。小横杆应与大横杆同步由下向上逐层进行绑扎。小横杆间距保持在 1.2m。

（5）立杆竖立一根尚不满足架高时，应逐根将立杆接长升高。在接升第二层前，应将第一层每排立杆绑扎交叉支杆（十字支撑），及侧向支撑杆，以保证排架的稳定。多排架在排与排之间也应设置十字撑和横向支撑杆。跨越架架面宽度在 6m 及以下时，一般设一付十字撑，大于 6m 而小于 12m 时设两副支撑杆，依此类推。横线路和顺线路方向支撑杆下端埋入地面不宜小于 0.3m，对地面夹角不大于 60°。各种撑杆与立杆、大横杆交点处均应双杆或三杆绑扎牢固。

（6）立杆与立杆、横杆与横杆间搭接长度要求：立杆或横杆梢径不小于 70mm 时，其长度应不小于 2.0m。立杆或横杆梢径小于 70mm 时，其长度不应小于 2.5m。

（7）跨越架的立杆、大横杆应错开搭接，绑扎时小头应压在大头上，绑扣不得小于 3 道，立杆、大横杆、小横杆相交时，应先绑 2 根，再绑 3 根，不得一扣绑 3 根。

（8）对于电力线路，立杆及顶部大横杆搭设至设计高度后，应在双侧立杆间的被跨越物下方绑扎交叉支撑杆，以保证架体的稳定性。交叉支撑杆与弱电线路间距应符合设计要求。

（9）被跨越物两侧跨越架间应架设封顶杆或封顶网，当两侧架面间距小于 5m 时，允许设置封顶杆。大于 5m 时应设置封顶网。

（10）跨越架两侧应设置外伸羊角。

（11）跨越架搭设完成后，在跨越架顺施工线路方向外侧，搭设两层钢丝绳拉线，顶端一层，中间一层，一层中平均布置 6 根拉线，由 φ11 钢丝绳组成，对地夹角不大于 45°，地锚采用 5t 地钻，埋深 1.8m。

（12）跨越架搭设后应在显著位置悬挂警告牌，贴反光材料。在并设专人看守。

（13）为了防止跨越架顶部大横杆在事故情况下折断，可增加一根横杆或一条钢丝绳进行加固。

（14）跨越架搭设完毕后，通知监理部相关人员检查验收，验收合格后应悬挂验收牌。

（15）封顶采用毛竹硬封顶，搭设封顶杆时，严禁将其接触被跨越物或影响被跨越物的正常运行。

（二）跨越架拆除

（1）拆除顺序的原则是由上而下，后绑者先拆，先绑者后拆。先拆小横担，再拆大横杆及十字撑，最后拆斜撑杆和立杆。

（2）拆除跨越架必须统一指挥，上下呼应，动作协调。

（3）拆架与相邻人员有关联时，应告知对方，再行拆除，防止杆件坠落或碰撞相邻部位的工作人员。

（4）严禁主杆、横杆整体推倒。严禁上下层同时拆架。

第四节　750kV 架空线路架线工程技术创新

一、集控智能可视化张力放线设备

（一）成果简介

新疆送变电有限公司从 2021 年 9 月 7 日起与厂家人员，分别对三台张力机进行了操作系统升级，对两台牵引机和一台张力机进行了操作系统改造，对一台集控室进行改造，9 月 20 日进行现场组装、调试，并于 9 月 24 日在淮北-华东±1100kV 送端 750kV 配套工程成功实现导线集控可视化试展放，如图 2-6-4-1 所示。

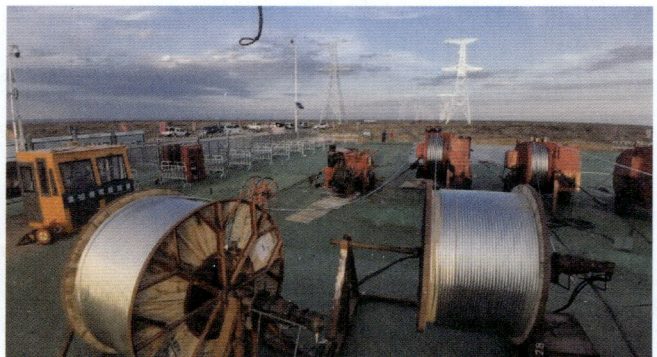

图 2-6-4-1　集控智能可视化张力放线现场

（二）应用成效

集控智能可视化张力放线是在传统典型施工方法的基础上，增加了牵张设备的集中控制和放线全过程可视化。通过对原有张力放线设备进行集控智能化升级和改造，实现了人机分离和远程集中控制；通过在整个放线段搭建基于自组局域网的视频监控系统，实现了放线过程的实时视频监控，有力提升了施工安全可靠性。同时牵张设备实现了恒张力展放方式，张力控制更加精准，使子导线间的张力保持一致，提升了张力放线质量。采用远程集中控制方式后，达到了人机分离和智能化减人的目的，同时也降低了安全风险，改善了劳动环境。以目前的六分裂导线张力场为例，操作人员由原来的 4 人减少为 2 人，减少人员 50%。

二、张力机压接一体化装置

（一）成果简介

新疆送变电有限公司机具设备分公司自主研究组装的张力机压接一体化装置是安装在液压张力机上的一款

依靠张力机的发动机动力实现压接功能的装置，如图 2-3-4-2 所示。该装置利用液压张力机的液压动力进行发电驱动电机，电机带动液压泵工作，实现压接功能。该装置已于 2021 年 9 月进行了压接试验，对压接后的导线进行了握着力试验，试验结果合格；于 2022 年 3 月 15 日获得了实用新型专利证书；于 2022 年 8 月在喀什泽普 220kV 线路工程施工现场首次应用，取得了一定成效。

图 2-6-4-2 张力机压接一体化装置

（二）应用成效

张力机压接一体化装置于 2022 年 8 月在喀什泽普 220kV 线路工程首次投入使用，满足了张力场导地线展放施工压接工艺要求。该装置体积小、重量轻、操作简便、实用性强，相比于传统压接机压接速度更快，性能更稳定，造价更低廉，压接时间缩短了 10%，完全摆脱了对汽油的依赖，有效杜绝了现场的安全隐患。

三、行星式滑车轮片挂胶安装设备

（一）成果简介

目前市面上所使用的尼龙放线滑车主要包括 MC 尼龙挂胶滑车、包胶放线滑车和 MC 尼龙无胶放线滑车，白鹤滩-江苏±800kV 特高压直流输电线路工程、白鹤滩-浙江±800kV 特高压直流输电线路工程使用的 SHD-3NJ-1000/120 放线滑车采用的是包胶的方式，即滑轮胶带利用自身张力套装到滑轮轮槽表面的工艺。在维修保养滑车过程中发现使用超过 3 年滑车滑片包胶，由于橡胶老化，滑轮胶带脱落严重，在更换胶带过程中胶带安装只能通过蛮力强行将胶带撬进滑轮槽，新疆送变电有限公司 2022 年起研制行星式滑车轮片胶带安装设备，如图 2-6-4-3 所示。取得了预期的成果，2022 年 9 月在《电力工程技术创新》期刊上发表专业论文一篇，于 2022 年 11 月 30 日获得实用新型专利授权。

（二）应用成效

行星式滑车轮片胶带安装设备安装胶带由 2 人快速、独立完成安装，相比以往 4~5 人安装胶带，节省了 50% 的安装人员。该设备操作简单可在 15s 内完成胶带的安装，较以往的 20min 减少了 99% 的安装时间。该装置的应用有效提高了滑车轮片胶带的安装效率，对该项工作的机械化起到了重要作用，也对公司创新工作起到了积极影响。

图 2-6-4-3 行星式滑车轮片胶带安装设备

四、交流电动液压张力放线设备（AC 机）

（一）成果简介

新疆送变电有限公司对传统液压张力放线设备的电动化改造成果，使用交流电动机取代了原柴油发动机为高压泵提供动力，通过变频器控制电机转速实现不同工况下的设备能量输出，如图 2-6-4-4 所示。2022 年 4 月在公司基地试机运行，完成了各类工况下负载的阶梯试验，后经专业检测检测，符合使用标准。该成果已于 2023 年 4 月 18 日获得实用新型专利授权。

图 2-6-4-4　交流电动液压张力放线设备

（二）应用成效

截至目前，现已完成三种型号的牵张设备改造，并投入巴吐 750kVⅡ线迁改工程、甘泉堡 750kV 工程、塔城-乌苏 750kV 工程一标 3 个 750kV 线路工程施工现场，完成了 83.13km 的导地线展放任务。AC 机在多机同场施工的情况下，可有效提高燃油经济性，同时也可利用施工现场周边的 380V 电源作为设备的动力源。施工现场噪声较传统设备降低了 25％左右，有效提高了设备操作人员的职业健康保护水平。交流电动液压张力放线设备（AC 机）在高海拔和低温环境施工具有一定的优越性。

五、能量回收式电动液压张力机（DC 液压张力机）

（一）成果简介

DC 液压张力机是基于传统液压张力机的控制方式进行的电动化应用改造成果，如图 2-6-4-5 所示。该张力机使用直流电机驱动，装配能量回收装置、蓄电池和辅助装置。张力工况时，张力轮被动旋转，带动能量回收装置运行发电，将电能储存在蓄电池中为直流电机供电。牵引工况时，直流电机驱动液压系统，蓄电池处于放电模式，为张力机主动工况运行提供电能。2023 年 4 月该成果在公司基地试机运行，完成了各类工况下试验，后经专业检测检测，符合使用标准。该成果已于 2023 年 10 月 13 日获得使用新型专利授权。

（二）应用成效

2023 年 5 月该成果已完成了首次现场试验，顺利完成 13.1km 的地线展放任务。DC 液压张力机的工作的动力完全来源于自身的能量回收装置，初步实现了张力机"零燃油，零排放"的绿色施工目标；张力机施工噪声降低了 25％左右，提高了作业人员职业健康保障；DC 液压张力机不受高海拔和低温施工环境影响，工作更可靠、运行更稳定。

图 2-6-4-5　能量回收式电动液压张力机

第七章

南阳-荆门-长沙特高压线路 工程（7标段）全过程机械化施工

第一节 工程概述

一、基本情况

南阳-荆门-长沙特高压交流工程中的架空线路工程（7标段）工程概况见表2-7-1-1和表2-7-1-2。

二、主要工程量

（一）施工范围

（1）本体：土石方工程、基础工程、铁塔工程（含接地工程）、架线及附件安装工程。

（2）其他费用：与工程相关的其他费用。

表2-7-1-1 南阳-荆门-长沙特高压交流架空输电线路工程（7标段）工程概况一览表

序号	项 目	内 容
1	项目名称	南阳-荆门-长沙特高压交流架空输电线路工程（7标段）
2	标段概况	（1）线路起于湖北省荆州市监利市甲湖村，止于湖北省荆州市洪湖市袁家湾，路径长度34.818km，地形条件为河网28.4%，泥沼63.0%，平地8.6%；地质条件为水坑11.5%，泥水坑88.5%。本标段途经湖北省荆州市监利市、洪湖市，沿线海拔在0~40m。 （2）针对工程地形地质条件，全线主要采用单桩灌注桩基础和群桩承台灌注桩基础。全标段新建铁塔68基，其中：直线塔59基，耐张塔9基，平均每基塔重131t。线路导线采用8×JL/G1A-630/45，地线采用两根OPGW-185复合光缆，导线分裂间距均为400mm。 （3）施工范围：N4081~N4087、N4090~N4150（包含）基础、组塔、接地装置及导、地线跳线
3	建设地点	荆州市监利市、洪湖市
4	项目法人	国家电网有限公司
5	建设单位	国网湖北电力有限公司
6	设计单位	中国能源建设集团浙江省设计院有限公司
7	监理单位	湖北鄂电监理有限责任公司
8	工期要求	合同工期2021年6月—2022年12月

表2-7-1-2 南阳-荆门-长沙特高压交流架空输电线路工程（7标段）工程目标一览表

序号	分项目标	内 容
1	安全文明施工目标	不发生六级及以上人身事件；不发生因工程建设引起的六级及以上电网及设备事件；不发生六级及以上施工机械设备事件；不发生火灾事故；不发生环境污染事件；不发生负主要责任的一般交通事故；不发生基建信息安全事件；不发生对公司造成影响的安全稳定事件；现场防疫措施全面、人员防疫到位、防护物资储备充足，满足政府以及国网公司的防疫工作要求
2	质量目标	全面应用通用设计、通用设备、通用造价、标准工艺；工程质量达到国家、行业和公司标准、规范以及设计要求，实现"零缺陷"投运；工程通过达标投产考核，质量达到国网优质工程质量标准，工程争创国家优质工程金奖；工程使用寿命满足设计及公司质量管理要求；不发生因工程建设原因造成的六级及以上工程质量事件
3	工期目标	确保工程开、竣工时间和里程碑计划按时完成，按计划有序推进工程建设。本体工程计划2021年6月开工，力争2022年10月前建成投运，确保2022年12月建成投运
4	投资控制目标	坚持造价全过程全面管控，坚持降本增效，合理确定工程造价，确保工程资金需求，依法合规开展建设管理，严格执行工程建设程序，规范资金使用，持续提升工程投资效益，实现项目全寿命周期效益最优，实现公司整体利益最大化。竣工结算不超批复概算，结算按期完成
5	环境保护目标	从设计、设备、施工、建设管理等方面采取有效措施，全面落实工程环境影响报告书、水土保持方案报告表（书）及其批复要求，建设资源节约型、环境友好型的绿色和谐工程，在施工过程中保护生态环境，减少水土流失，加强能源资源节约和生态环境保护。落实"同时设计、同时施工、同时投产"的"三同时"方针，达到环保要求。满足环保水保专项设计与批复方案一致、现场实施与设计图纸一致的要求，通过环保、水保专项验收
6	科技创新目标	以"确保安全性、提高经济性、掌握技术规律、提升技术水平"为目标，深化特高压交流关键技术研究，积极推进特高压升级版研究和成果应用。以工程需求为导向，积极稳妥推广应用新技术、新设备、新材料和新工艺
7	档案管理目标	工程档案资料与工程进度同步形成；工程纸质档案与数字化档案同步建立、同步移交，做到数据真实、系统、完整；前期文件、施工记录与竣工图真实、准确；案卷题名准确规范，组卷系统、规范，装订整齐；建设过程分阶段预立卷，工程投运后三个月内完成移交。按规定通过档案专项验收

（二）工作内容

本标段的工作内容为招标文件、合同、图纸中本标段对应的所有工作量，并按规定承担办理各种施工手续以及依法依规施工和工程维稳（及时支付地方赔偿等相关工程费用和工资等）。

本标段承包的工作内容如下：

（1）全部本体工程施工。负责运行单位负责杆号、标志及警示牌安装（不含材料费），工程相关试验、检测工作，包括铁塔附属设施（若有）的安装，铁塔防坠落装置（若有）的安装、防鸟害装置安装；负责在线监测装置安装、负责铁塔附属设施（若有）的安装。

（2）提供施工所需所有施工机具、人力及其他施工资源。

（3）对业主供应的材料卸车、保管和进场验收；负责业主供应的材料到本标段中心材料站的质量交接验收工作。

（4）负责业主供应的材料的中心材料站至现场的装卸、运输、保管。

（5）业主供应的材料以外的其他材料的采购、运输、保管。

（6）为保证施工安全、质量、进度所要采取的各种措施，以及为保证正常施工进行的各种协调工作。

（7）青苗赔偿，不含永久征占地和铁塔组立施工临时占地部分；低压电力线、三级及以下通信线（含电视线等）及其附属设施的拆（改）迁，包括拆改的设计、施工、材料、设备等所有费用；施工用临时路桥修筑，施工用临时场地（含材料站、牵张场地、各类施工场地等）清理、准备和租用及工地运输、施工等造成的树木砍伐、房屋拆迁，特殊跨越措施补助费、施工措施费（施工排水、围堰、便桥搭设、船只租用、带电跨越施工措施费）等以及以上工作的开展所需的补偿、赔偿、协调等费用；水土流失治理（如施工用地、道路及周边环境的植被恢复）等相关施工环保、水保工作；国家及地方文件规定所缴纳的各种费用（不包括政府明文规定的通道协调费用或工作经费），如跨越铁路、各等级公路、河流等的各种工作协调费，以及办理各种施工和开工手续所需费用（包括与建设管理单位有关的）等。

（8）本标段进场后应对线路走廊和工程本体进行看护和移交前的本体看护与维护、移交前的通道看护与维护配合，并确保其在启动验收前满足设计规程要求。

（9）配合中间验收、竣工预验收、各种专项验收（如环保、水保、档案、安全、劳动卫生验收迎检）、专家验收、竣工验收、线路参数测试、系统调试、启动验收以及各种协调会、调度会、检查监督、各种安全质量活动、施工技术培训、专家咨询与指导、各种视察接待、工程宣传展示以及达标投产、创优及现场迎检、工程总

结等，保证线路畅通。

（10）声像资料、竣工资料的归档、组卷与移交；保修期内的保修工作。

本工程余土外运已纳入总价承包范围，施工完成后本标段应将施工余土清运至合理弃渣点，满足工程环保要求。本工程架线施工不允许砍伐架线通道，需采用不落地展放导引绳工艺。

（三）主要工作量、工程量清单

南阳-荆门-长沙特高压交流架空输电线路工程（7标段）线路全长34.818km，主要工作量、工程量清单见表2-7-1-3。

表2-7-1-3 南阳-荆门-长沙特高压交流架空输电线路工程（7标段）主要工作量、工程量清单

工程分类	项目特征	工程量
土石方部分	基础测量分坑（直线自立塔）	59基
	基础测量分坑（耐张自立塔）	9基
	杆塔坑挖方及回填（泥水坑）	2549.20m³
	杆塔坑挖方及回填（水坑）	330.8m³
基础工程	一般钢筋	142.15t
	钢筋笼（含护壁钢筋）	1535.71t
	地脚螺栓（42CrMo）	117.12t
混凝土工程	基础垫层（素混凝土垫层）	153.2m³
	现浇基础（含承台）（C25混凝土）	1761m³
	灌注桩成孔	9771.6m
	灌注桩浇制（C30混凝土）	19710.54m³
	保护帽	68.99m³
杆塔工程	钢管塔	8927.7t
	防坠落装置	7425m
	标志牌安装、航空障碍灯安装	286块
接地工程	接地槽挖方及回填	1571m³
	接地施工	68基
架线工程	导线架设 8×JL/G1A-630/45	34.818km
	OPGW架设 OPGW-185复合光缆	69.636km
交叉跨越	一般公路	12处
	高速公路（双向4车道）	1处
	土路、机耕路	53处
	村村通、水泥、柏油路	19处

续表

工程分类	项目特征	工程量
交叉跨越	220kV 电力线	1 处
	110kV 电力线	4 处
	35kV 电力线	1 处
	10kV 线路	34 处
	低压 220V、低压 380V、通信线	87 处
	河流（宽 50m 以内）	29 处
	河流（宽 50～150m 以内）	4 处
	河流（宽 150～300m 以内）	1 处
附件安装	导线悬垂串安装	354 单相
	跳线串安装	54 单相
	导线耐张串安装	108 组
	导线跳线制作、安装	54 单相
其他金具安装	导线防振锤安装	960 个
	地线防振锤安装（含光缆）	720 个
	间隔棒安装	4800 个

表 2-7-1-4　南阳-荆门-长沙特高压交流架空输电线路工程（7标段）工程设计特点一览表

序号	项　目	设　计　特　点
1	电压等级	1000kV
2	输送方式	采用交流输送，采用双回路钢管塔
3	线路长度	全长 34.818km
4	杆塔基数	68 基
5	导线型号	8×JL/G1A-630/45
6	地线型号	采用 2 根 OPGW-185 复合光缆
7	基础型式	单桩灌注桩基础、群桩承台灌注桩基础

三、工程设计特点

本标段线路位于湖北省监利市，夏季雨量大，汛期暴雨、洪水多发，夏季现场施工安全生产形势严峻，根据现场实际工程设计特点见表 2-7-1-4。

四、施工实施条件及自然环境分析

（一）现场调查情况说明

本段线路位于湖北省荆州市的监利市、洪湖市境内，地形为河网、泥沼，局部为平地，主干道交通条件便利，但由于本标段沿线河网密布，鱼塘、稻虾塘密集，由主干道到塔位附近运输条件差。

本标段沿线地形条件良好，河网 28.4%，泥沼 63.0%，平地 8.6%。地质情况为水坑 11.5%，泥水坑 88.5%。河网密布，鱼塘、稻虾塘密集，由主干道到塔位附近运输条件差，无进场施工道路，需要修筑临时进场施工便道和架设进场施工便桥等。容易产生二次倒运现象，小运条件较差，施工前要详细调查，做好必要的进场道路修筑或轻型索道搭设等工作，保证工程施工运输，特别是混凝土搅拌设备、组塔设备、牵张设备及材料进场的需要。

（二）建设地点自然环境

本标段位于湖北省荆州市境内，南阳-荆门-长沙特高压交流架空输电线路工程（7标段）沿线自然环境特点见表 2-7-1-5。

（三）建设地点施工条件分析

本标段施工条件分析见表 2-7-1-6。

表 2-7-1-5　南阳-荆门-长沙特高压交流架空输电线路工程（7标段）沿线自然环境特点

自然环境特点	气候情况	荆州市监利市属亚热带季风气候区，光能充足、热量丰富、无霜期长
		荆州市监利市年平均相对湿度多在 70%～95%，在中国属高湿区。年日照时数 1800～2000h，日照百分率仅为 35%～40%，为中国年日照最少的地区之一。冬、春季日照更少，仅占全年的 35% 左右。荆州市的主要气候特点可以概括为：冬暖春早，夏热秋凉，四季分明，无霜期长；空气湿润，降水丰沛；太阳辐射弱，日照时间短；多云雾，少霜雪；光温水同季，立体气候显著，气候资源丰富，气象灾害频繁
		荆州市监利市年平均气温 15.9～16.6℃，≥10℃年积温 5000～5350℃，年无霜期 242～263d，采用候温法可以明显地划分四季
		荆州市监利市年平均降水量较丰富，大部分地区在 1100～1300mm 有足够的气候资源供农作物生长。4—10 月降水量占全年的 80%
	交通运输情况	沿线主要经过高速公路、省道、县乡道路及村村通道路，无平行线路的道路，可利用与线路交叉的村道、乡道、农田地田埂路，交通条件较差，现场塔位无任何进场道路，需要修筑施工便道，便桥进入现场

表2-7-1-6　　　南阳-荆门-长沙特高压交流架空输电线路工程（7标段）施工条件分析一览表

项　目	内　容
自然条件	河网28.4%，泥沼63.0%，平地8.6%
社会环境	本标段所处地区居民以汉族为主，社会和睦。在施工期间应正确处理好与各方面的关系，尊重地方的民风民俗，与当地群众和睦相处，并开展积极向上的精神文明创建活动，为工程的顺利进行创造良好的社会环境
外部协调	（1）本标段经过监利、洪湖两个市区，经过河流及附属设施较多，私人农田、私人鱼塘多，给前期协调造成较大难度，施工前需与政府及各相关方进行联系、协调，保障施工顺利进行。 （2）本标段前期复杂，需提前安排专人进行协调，制订措施，合理施工顺序
现场施工条件分析	（1）本标段内沿线村、镇、居民住所居多，现场施工驻点选择较为便利，可以就近选择居民点作为施工临时驻点。 （2）本标段沿线地形为河网28.4%，泥沼63.0%，平地8.6%，沿线主要经过高速公路、省道、县乡道路及村村通道路，无平行线路的道路，可利用与线路交叉的村道、乡道，交通条件较差。容易产生二次倒运现象，小运条件较差，施工前要详细调查，做好必要的进场道路修筑或轻型索道搭设等工作，保证工程施工运输，特别是混凝土搅拌设备、牵张设备及材料进场的需要
基础施工条件	（1）本标段基础型式为单桩灌注桩基础和群桩承台灌注桩基础。施工前要按设计和施工验收规范要求制定相应的施工方法，并预先制定充分、可靠的控制措施，同时对参加施工的技术人员、测工、技工要进行严格的技术培训和现场交底。 （2）本标段地形主要为河网28.4%，泥沼63.0%，平地8.6%，整体交通条件较差。 （3）在灌注桩基础施工方面已具备丰富的施工技术和经验，根据不同的地形条件将采取各项安全保证措施开挖基坑，以确保人身安全和工程进度，弃土的运输满足环保的要求。在本工程中将进一步加强基础施工质量的控制和管理，确保本工程的基础分部工程一次验收合格率达到100%
组塔施工条件	（1）本标段铁塔全部采用钢管塔设计，该钢管塔杆件承受风压小、截面抗弯刚度大、结构简洁、传力清晰，能够充分发挥材料的承载性能，一方面可降低铁塔重量，减小基础作用力；另一方面有利于增强极端条件下抵抗自然灾害的能力。在满足强度和稳定性计算要求的情况下，采用风压体型系数相对较小的钢管塔，可显著减小塔身风荷载作用。公司将根据现场条件，计划采取1000mm×1000mm×150m落地式双摇臂抱杆分解吊装组立，并严格逐基论证施工方案（一基一方案、一基一策划），保证抱杆高度要和结构符合吊装要求，以满足塔窗和横担的就位安装和吊装安全。 （2）本标段塔材运输将根据现场地形复杂的特点，采用轮胎式运输车或轻型索道的办法解决塔材运输到位的问题
架线施工条件	（1）本标段架线施工时，公司选用导线采用2×一牵四放线模式，即采用2台牵引机和2台四线张力机，同步展放八根子导线进行张力架线施工，以确保架线工程进度。本标段施工场地条件较差，交通运输较为不便，架线施工将受到一定的场地影响，牵张场地要合理选择。 （2）本标段内交叉跨越较多，在跨越公路、电力线、河流、稻田、鱼塘等前，要详细调查、研究各跨越物的具体特点，针对性地论证和编写跨越施工安全技术措施，严格按措施作业保证跨越施工的安全、优质、高效
管理特点	（1）本工程特点是工期紧、任务重、外部环境复杂、地形条件复杂、管理要求高。 （2）在施工高峰期投入人员多，作业点多，交叉作业多，施工战线长，对于项目部的管理是一个考验。 （3）加大机械设备的投入，有效地提高了施工效率，但短期内面临缺少熟练操作人员，存在安全质量风险。 （4）本工程地形条件复杂，塔位在河道、虾稻田、鱼塘较多，给施工材料运输带来难度。 （5）沿线经过的农田、水塘、通航河流较多，需加强与属地相关部门和政府的联系，主动推进前期协调工作。 （6）本工程前期难度较大、气候恶劣、施工现场区域有限、交通不便利，管理模式与以往不同，要求更高

（四）质量控制点标准

南阳-荆门-长沙特高压交流架空输电线路工程（7标段）工程质量控制点标准见表2-7-1-7。

（五）工程质量控制流程图

工程质量控制流程图如图2-7-1-1～图2-7-1-3所示。

表 2-7-1-7　南阳-荆门-长沙特高压交流架空输电线路工程（7标段）工程质量控制点标准

分部工程	分项工程	质量控制点内控标准
土石方工程	路径复测	(1) 直线塔横线路方向偏差不超过 50mm。 (2) 挡距偏差不超过设计挡距的 1%。 (3) 转角塔角度偏差不超过 1'30"。 (4) 塔位高程误差不超过 500mm
	基础坑分坑	(1) 坑深误差为 +100mm，-0mm。 (2) 坑底部断面尺寸符合设计要求。 (3) 灌注桩基础孔深不得小于设计值，成孔尺寸应大于设计值
基础工程	灌注桩基础	(1) 孔径：±25mm。 (2) 桩垂直度一般不应超过桩长的 1‰，且最大不超过 50mm。 (3) 立柱及承台断面尺寸：-0.8%。 (4) 钢筋保护层厚度：-5mm。 (5) 钢筋笼直径：±10mm。 (6) 主筋间距：±10mm。 (7) 箍筋间距：±20mm。 (8) 钢筋笼长度：±50mm。 (9) 基础根开及对角线：一般塔 ±1.6‰；高塔 ±0.6‰。 (10) 基础顶面高差：5mm。 (11) 同组地脚螺栓对立柱中心偏移：8mm。 (12) 整基基础中心位移：顺线路方向 24mm；横线路方向 24mm。 (13) 整基基础扭转：一般塔 8'、高塔 4'。 (14) 地脚螺栓露出混凝土面高度：10mm、-5mm
杆塔工程	自立式钢管塔组立	(1) 螺栓紧固率架线后 ≥97%。 (2) 节点间主材弯曲 1/750。 (3) 直线塔结构倾斜 ≤2‰，高塔 ≤0.12‰，耐张塔不向内角倾斜
接地工程	接地装置	接地埋设方式、深度及实测电阻值必须符合设计要求。接地线应镀锌防止腐蚀，焊接要符合设计要求
架线工程	导地线展放	(1) 一挡内，每根导（地）线上只允许有一个接续管不允许有补修管。 (2) 跨越电力线、弱电线路、铁路、公路，以及通航河流时，导（地）线在跨越挡内接头应符合设计规定或规范规定
	导地线连接管	导（地）线与接续管、耐张线夹连接，其握着强度不小于线材保证计算拉断力的 95%
	紧线	(1) 一般情况下弧垂允许偏差 ≤±2%。 (2) 一般情况下相间弧垂的相对允许偏差 ≤250mm。 (3) 分裂导线同相子导线允许偏差 ≤50mm
	附件安装	(1) 本工程区段的悬垂线夹顺线路方向最大偏移 ≤240mm。 (2) 铝包带缠绕露出线夹口不应超过 10mm。 (3) 防振锤安装位置偏差 ≤±24mm。 (4) 间隔棒安装：端次挡距 ≤±1.2%，次挡距 ≤±2.4%。 (5) 刚性跳线安装应平、美、正、直，软跳线部分近似悬链状，弧垂和电气距离符合设计规定。 (6) 地线绝缘间隙安装距离偏差不大于 ±2mm
线路防护设施		防护设施施工（安装）符合设计、合同要求

```
                                              ┌─────────────────────┐
                                              │  水泥、砂、石、水检验  │
                                              ├─────────────────────┤
                                              │ 基础钢筋材质检验及复试 │
              ┌──────────┐                    ├─────────────────────┤
              │ 预先控制  │────────────────────│基础钢筋加工检查及直螺纹接头试验│
              └────┬─────┘                    ├─────────────────────┤
                   │                          │  机械设备及工器具检查  │
                   │                          ├─────────────────────┤
                   ▼                          │   地脚螺栓检验        │
              ┌──────────────┐                ├─────────────────────┤
              │混凝土配合比设计试验│              │ 检验、试验报告收集及审查│
              └────┬─────────┘                └─────────────────────┘
                   │
                   ▼
        ┌──────────────────────┐
        │ 编写土石方及基础施工作业指导书│
        └────┬─────────────────┘                ┌─────────────┐
             │                          ┌──────│  线路复测控制  │
             ▼                          │      ├─────────────┤
        ┌──────────┐        ┌──────┐    │      │  分坑尺寸控制  │
    ┌──→│ 技术交底  │────────│土石方├────┤      ├─────────────┤
    │   └────┬─────┘        │开挖  │    │      │  基础边坡检查  │
    │        │              └──────┘    │      ├─────────────┤
    │        ▼                          └──────│  防止坑壁坍塌  │
┌────────┐ ┌──────────────┐                    └─────────────┘
│完善作业 │ │ 特殊工种培训   │
│指导书   │ │安全、质量教育考试│                 ┌─────────────┐
└────┬───┘ └────┬─────────┘                   │  试块制作、养护 │
    │         │                              ├─────────────┤
    │不可行   ▼                               │砂、石、水、旋窑水泥、│
    │     ◇──────────◇                        │钢筋质量控制    │
    └─────│ 样板引路可行？│                       ├─────────────┤
          ◇─────┬────◇                        │配合比控制、坍落度检查│
                │可行                          ├─────────────┤
                ▼              ┌────┐         │现浇混凝土机械搅拌│
          ┌──────────┐  ┌──────│过程├─────────│基础根开、高差找正│
          │ 基础施工  │←─┤控制  │         ├─────────────┤
          └────┬─────┘  └────┘         │  混凝土养护   │
                │                         ├─────────────┤
                ▼                         │  回填土夯实   │
          ┌──────────┐                    ├─────────────┤
      ┌──→│ 施工队消缺 │                    │  施工记录填写  │
      │   └────┬─────┘                    └─────────────┘
      │        │
      │        ▼
      │   ┌──────────┐
      │   │ 三级检验   │
      │   │ 质量评级   │
      │   └────┬─────┘
      │        │                          ┌──────────────────┐
      │不合格   ▼                    ┌─────│编写土石方及基础分部工程总结│
      └────◇──────────◇             │     ├──────────────────┤
           │基础中间验收合格？│──────────┤     │土石方及基础工程施工资料归档│
           ◇─────┬────◇             └─────└──────────────────┘
                 │合格
                 ▼
          ┌ ─ ─ ─ ─ ─ ┐
            铁塔组立施工
          └ ─ ─ ─ ─ ─ ┘
```

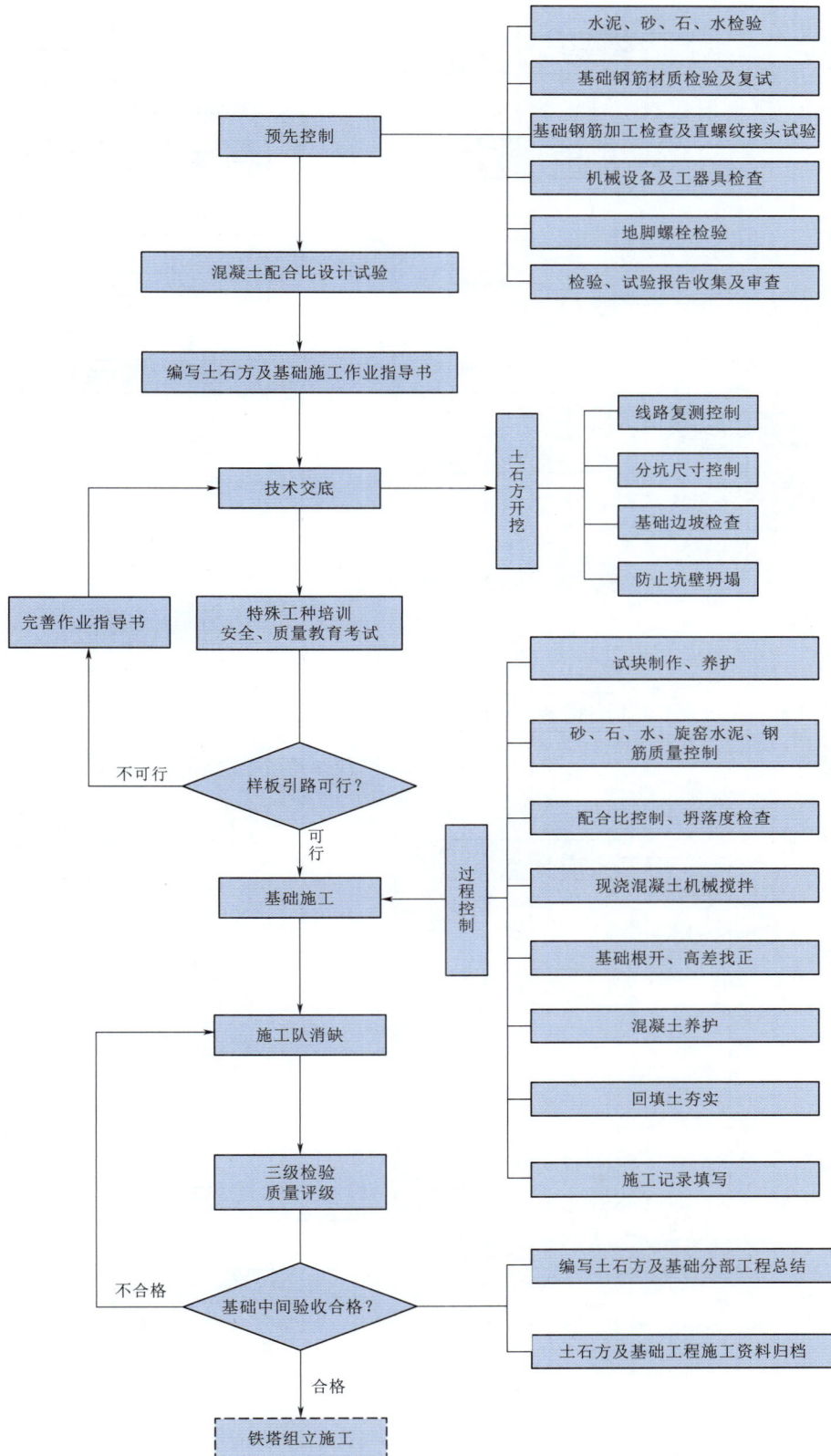

图 2-7-1-1　土石方及基础工程质量控制流程图

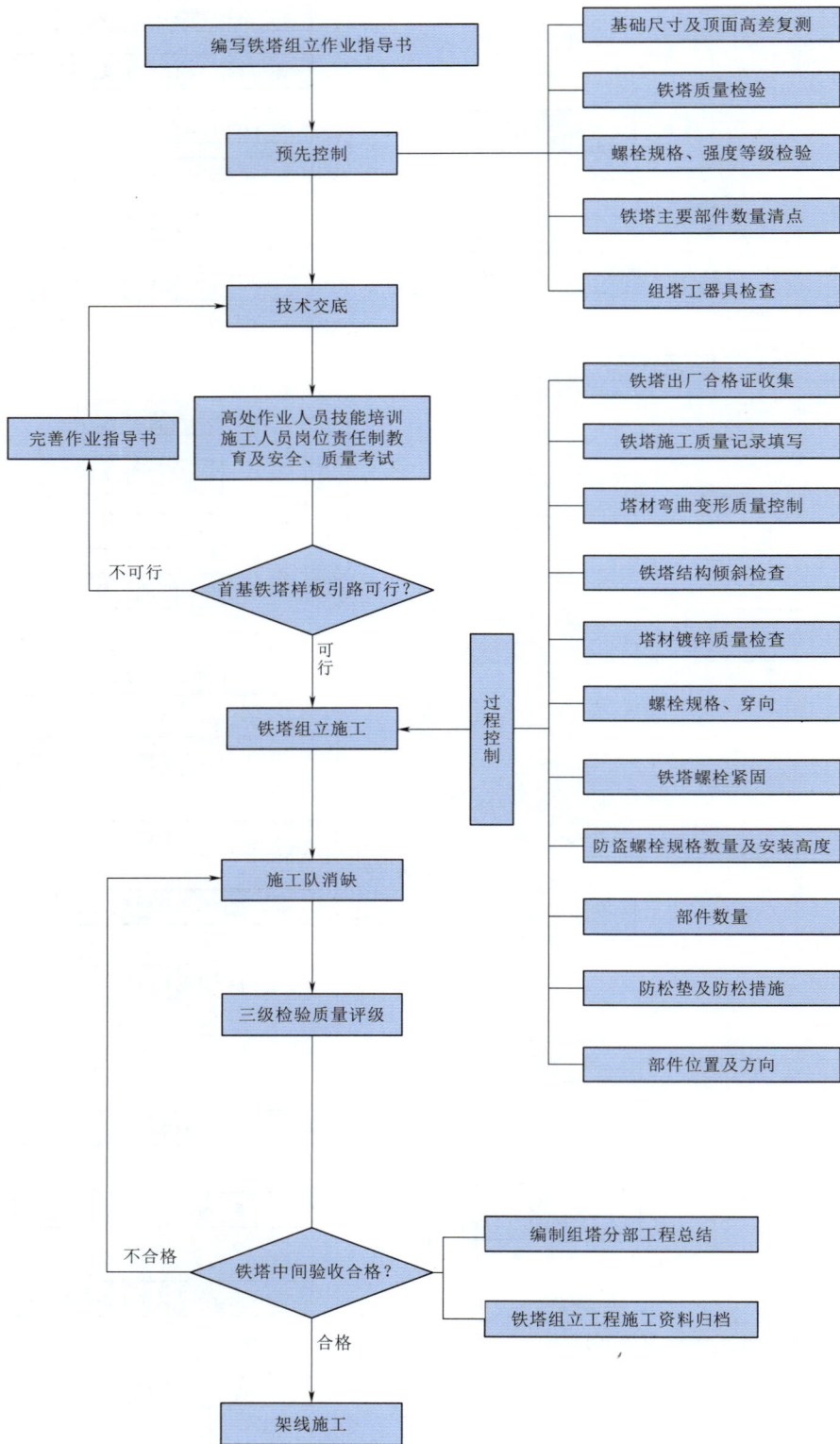

图 2-7-1-2　铁塔组立工程质量控制流程图

编写架线施工作业指导书

预先控制 → 导地线进货检验 / 金具检测及试组、试挂 / 绝缘子检测 / 导地线压接强度拉力试验 / 架线设备及工器具检查

技术交底

完善作业指导书

液压工、牵张机操作手、测工、高处作业人员技能培训 施工人员安全、质量考试

架线首段样板引路可行？ 不可行 / 可行

架线施工 ← 过程控制 ← 产品出厂合格证收集 / 导地线展放质量控制 / 导地线压接质量 / 导地线弛度、子导线误差 / 金具规格、数量及穿向 / 防振措施 / 导线保护 / 跨越障碍物及房屋拆迁 / 对地距离 / 相位排列 / 附件安装 / 架线施工质量记录填写

施工队消缺

三级检验 质量评级

架线中间验收合格？ 不合格 / 合格 → 编写架线分部工程总结 / 工程施工资料归档及移交

工程竣工验收及移交

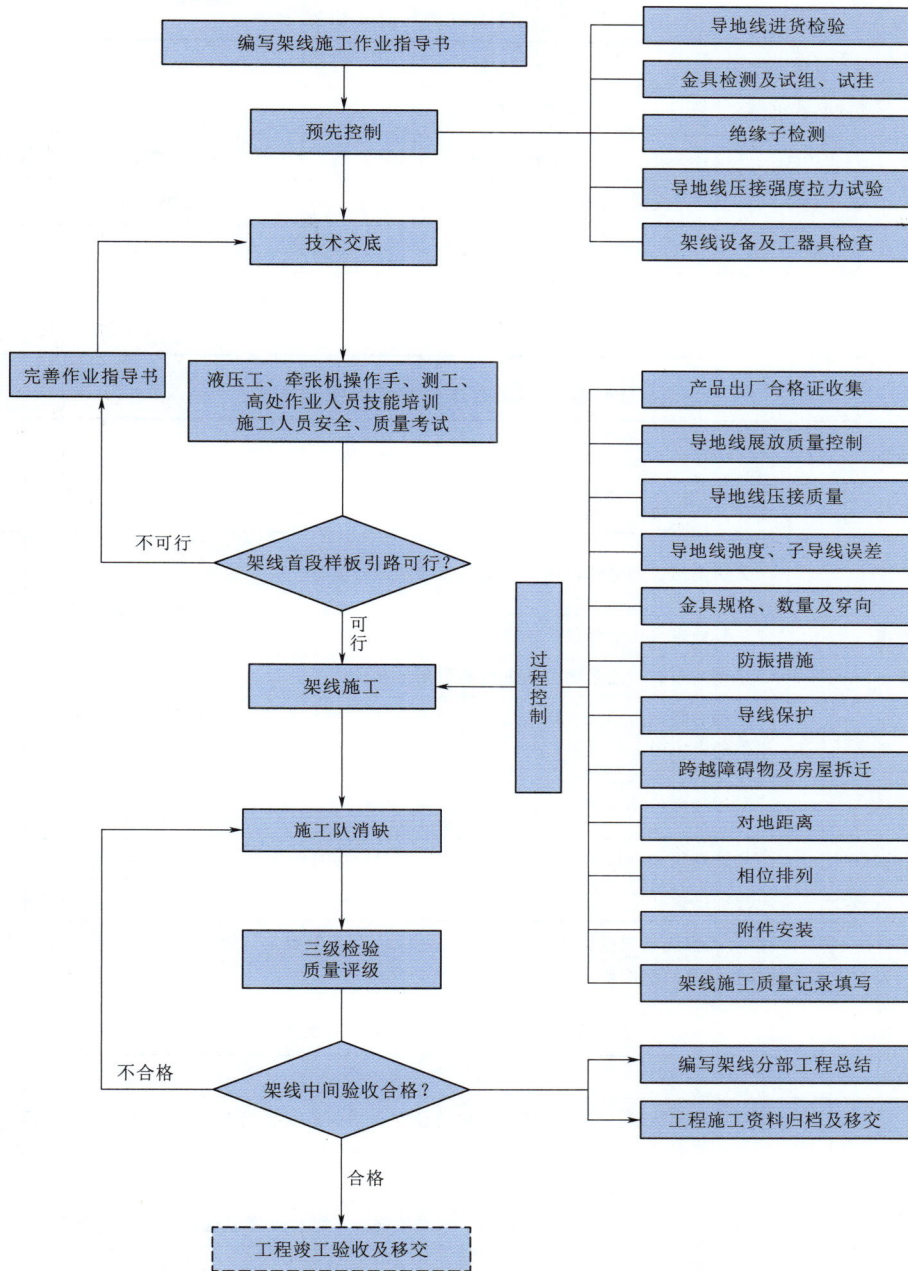

图 2-7-1-3　架线工程质量控制流程图

第二节　土石方基础施工方法及主要施工机具选择

一、施工机械

施工机械见表 2-7-2-1～表 2-7-2-3。

二、基础施工方法

（一）灌注桩基础施工方法

灌注桩基础在本工程中工作量较大，技术要求较高，

施工前必须根据设计要求及设备条件安排好工艺流程，并做好施工的现场准备。

1. 施工准备

（1）平整场地，包括按中心桩施工基面将基础施工范围内铲平整，清除地面下、地面上的障碍物，修整进场道路。

（2）安装供水管路及供电线路。

（3）按照设计标准进行分坑测量，在不受施工影响的地点设置控制桩，并做好记录。

（4）根据钢筋笼长度及分段，设置钢筋笼加工棚、备用电源、水泥储放棚、砂石堆放场及出渣场。

（5）设置泥浆池和泥浆沉淀池。

表 2－7－2－1　　　　　　　　　　　　　　　工地运输施工方法与施工机械

作业内容	主作业机械选择	施工方法	适用范围	备注
装卸	斗式装载机	装载机装车	车运砂、石等材料	
	汽车吊车	吊车装、卸车	车运成捆塔材、线轴等捆装大件材料	
汽车运输	载重汽车	机械装、汽车运、自卸或机械卸	有公路或可行汽车的乡路	
二次转运	运输车	人力机械装卸	虾稻田、鱼塘	
人力运输	人力	人力抬、扛、挑、推	基础材料及重量500kg以下的工器具等，地形不限	必要时修路

表 2－7－2－2　　　　　　　　　　　　　　　线路复测施工方法与施工机械选择

序号	施工项目	施 工 方 法	主要施工机具选择
1	直线方向	两点间定线法，延长直线法等	全站仪
2	转角角度	采用全站仪和经纬仪用测回法或方向法进行测量	经纬仪全站仪
3	水平距离	一般地段采用经纬仪视距法测量，跨越挡采用全站仪进行测距	全站仪
4	高程	采用三角高程测量的方法进行高程测量和计算	全站仪
5	不通视情况下的复测	采用等腰三角形法、矩形法、任意辅助桩法进行复测。特殊情况下根据设计提供的塔位中心桩坐标，采用GPS定位系统进行坐标复核	全站仪GPS定位系统
6	交叉跨越物	采用经纬仪综合测量的方法进行复测	经纬仪测高仪
7	地形凸起点高程	用经纬仪和塔尺按三角高程测量的方法进行综合测量	经纬仪
8	危险点及风偏	用经纬仪和塔尺按三角高程测量的方法进行综合测量	经纬仪

注　线路复测必须执行国家现行标准《工程测量规范》（GB/T 50026—2019）的有关规定，测量中要进行往返观测或多次复测进行相互校核，以免出错。误差必须满足验收规范的标准要求。

表 2－7－2－3　　　　　　　　　　　　　　　土石方及基础施工方法与施工机械

序号	施工项目	施 工 方 法	主要施工机具选择
1	工地运输	平地采用汽车运输。确定合理的运输路径，利用国道、省道和县乡公路进行汽车运输，对稍加修筑可通汽车或小型拖拉机的道路作临时修筑，尽量利用原有乡村道路，少损青苗	运输车、小型拖拉机
2	基面处理	不开大基面，采用"零"基面思路，只对单腿作小平台处理或分坑后直接进行开挖	
3	水坑开挖	泥水坑等地下水位较高的地段需采用井点或其他的降水措施，再配合人工开挖或机械开挖	组合挡土板
4	灌注桩基础开挖	采用旋挖钻机、回转钻机、反循环钻机、潜孔钻进行开挖	
5	弃土堆放	按现场条件选择堆放位置，保证弃土稳定和水土不流失，必要时在塔位附近按照设计要求设置挡土墙进行挡土，防止掩埋下山坡的农田及植被。回填时按要求进行回填，多余弃土外运到塔位适当位置或就地摊平处理，不影响环保	
6	模板	基础模板采用竹胶板和钢模板搭配使用，在材料站按基础型式集中加工，现场装配；基础底板采用钢模板。基础支模采用钢管支模工艺	竹胶板和钢模板
7	钢筋加工及绑扎	基础钢筋的绑扎应执行《混凝土结构工程施工质量验收规范》（GB 50204—2015）的相关规定。基础钢筋采取现场绑扎，在材料站集中焊接，然后运往施工现场进行装配	电焊机、切割机、钢筋调直机，钢筋弯曲机
8	地脚螺栓找正	采用专用固定支架在立柱模板顶端固定的方法调整地脚螺栓的根开、对角线，达到设计要求尺寸。在浇制过程中，地脚螺栓的丝扣应用塑料袋进行包扎防护	专用固定支架

续表

序号	施工项目	施工方法	主要施工机具选择
9	混凝土浇制	本标段基础浇制全部采用机械搅拌混凝土和机械振捣工艺。混凝土浇制应执行《混凝土结构工程施工质量验收规范》(GB 50204—2015)的相关规定。混凝土浇筑应从立柱中心开始,逐渐延伸至四周,应避免将钢筋挤压变形。当混凝土自高处倾落的高度超过2m时,应采用溜槽浇筑混凝土,使混凝土沿坡道流入模板内。一个塔腿基础应一次浇完,不得留施工缝。同一铁塔四个基础埋深不等时,应先施工深基础,后施工浅基础。下雨天不得露天搅拌和浇灌混凝土	商混罐车、强制搅拌机及振捣器
10	基础混凝土养护	浇筑后应在12h内开始浇水养护,当天气炎热、干燥有风时,应在3h内进行浇水养护,养护时应在模板外覆盖草袋等,遮盖物浇水次数应能保持混凝土表面始终湿润。对于普通硅酸盐水泥、矿渣硅酸盐水泥拌制的混凝土养护不得小于5d。基础拆模经表面质量检查合格后立即回填土。并应对基础外露部分加遮盖物,按规定期限继续浇水养护,养护使遮盖物及基础周围的土始终保持湿润。混凝土养护应执行《混凝土结构工程施工质量验收规范》(GB 50204—2015)的相关规定	
11	一般基础回填土	采用机械回填、机械夯实的施工方法	蛙式打夯机
12	余土处理	回填至塔位内,但应保证塔腿塔材外露和塔位排水,多余的弃土按要求外运集中堆放	
13	接地施工	采用机械开挖敷设,保证型式、埋深、长度、电阻值符合规范、设计要求。有岩石的地带优先采用空压机等机械进行开挖,然后再用符合规定的土质进行回填夯实。易冲刷地带,外表采用浆砌块石处理	接地摇表
14	防基础倾覆或位移	施工中须对过高的基础模板进行可靠夹固、支撑,必要时再采取辅助固定措施,防止在浇筑和拆除模板时基础倾覆或位移	夹木、支撑器、拉线等
15	承力塔预偏设计与施工	参考设计提供的数据和以往同类工程的经验,根据承力塔的塔型、受力条件、所在地质条件、转角大小进行认真计算预偏大小,施工中按照技术部门提供的数据严格控制	

(6) 根据不同地质情况,合理选择不同的钻孔设备和施工方案。

(7) 编写桩基础施工方案及措施,并经业主及监理代表审查认可。

2．护筒埋设

护筒位置应埋设正确,护筒与坑壁之间用黏土填实。护筒中心桩位中心偏差不得大于50mm。护筒埋设深度在黏土中不宜小于1m,在砂土中不宜小于1.5m,并保持孔内泥浆面高出地下水位1m以上。受江河水位影响的桩基技术,应严格控制护筒内外的水位差。

3．成孔

(1) 为使钻进成孔正直,防止扩大孔径,应使钻头旋转平稳,力求钻杆垂直无偏晃地钻进,即钻杆尽量在受拉状态下工作。

(2) 在松软土层中钻进,应根据泥浆补给情况控制钻进速度;在硬土层中的钻进速度以钻机不发生跳动为准。

(3) 当一节钻完时,应先停止转盘转动,然后吊起钻头至孔底200～300mm,并继续使用反循环系统将孔底沉渣排净,再接钻杆继续钻进。

(4) 钻进过程中应及时校正钻机钻杆,确保不斜孔。泥浆的黏度应符合设计要求,钻孔内的水位必须高出地下水位1.5m以上。如发生斜孔、塌孔、护筒周围冒浆时,应停钻并采取措施后继续钻进。

4．清孔

(1) 钻机清孔采用反循环系统,清孔时间一般在20min左右。当孔内泥浆比重小于1.25,孔底沉渣厚度小于50mm时,清孔合格。

(2) 清孔后须将钻杆稍稍提起使其空转,并起动泥浆循环系统,将孔内沉渣排出。在孔底50cm以内的泥浆中进行取样,要求比重小于1.3,砂率小于等于8%,黏度小于等于28s。

5．钢筋笼的吊装

(1) 按照设计长度和吊装机械的吊高,分段分节制作钢筋笼。

(2) 钢筋笼的吊装前应进行强度验算,防止钢筋笼变形。

(3) 吊装安放钢筋笼应使钢筋笼轴线与桩孔轴线重合,为防止钢筋笼位置发生变化,在桩孔四侧按照设计要求设置混凝土垫块。

6．水下浇筑混凝土

(1) 钢筋笼吊装完毕,且作隐蔽工程验收合格后方可浇筑混凝土。

(2) 水下混凝土的配合比必须经试验,且强度等级合格,具有良好的和易性;按施工蓝图设计混凝土方量,在采购混凝土时考虑1.2的充盈系数。如遇雨天,还应根据砂、石含水率进行砂、石、水的调整。

(3) 导管选择壁厚3mm以上,直径300mm的钢管,按照设计要求确定分节长度，底管部分大于 4m，导管接头使用法兰进行连接。

（4）为使隔水球能顺利排出，导管底部距孔底 300～500mm。

（5）计算确定压水冲灌所需要最小混凝土方量。

（6）混凝土储备量，压水过程中混凝土浇筑不得中断，使导管下端一次埋入混凝土面下 0.8～1.2m。

（7）压水冲灌成功后应继续将混凝土从导管向孔内浇灌，随着混凝土的上升，应适当提升和拆除导管，提管时，应保证导管始终埋入混凝土内 1.5～2m，严禁将导管提出混凝土面。

（8）混凝土浇筑过程中，每拆除一节导管，同时计算一次桩径。

（9）设专人测量导管埋深及管内外混凝土面的高差，填写水下浇筑混凝土记录。

（10）最后一次浇筑混凝土的高度高于设计标高 1.2m，在钢护筒未拔出前，用人工将混浆层挖出。

7. 混凝土承台的浇制

（1）施工完毕的桩，应经监理工程师中间验收合格后，方准进行承台和横梁的施工。

（2）承台、承梁与桩的结合处的施工缝需在混凝土浇筑之前确定位置。

（3）在施工缝处继续浇制承台、横梁时，已浇注的桩顶混凝土应满足一定的强度。

（4）在已硬化的混凝土表面上，应清除水泥薄膜、松动石子和软弱混凝土层，并加以充分湿润和冲洗干净，不得积水，在施工缝处铺一层与混凝土内成分相同的水泥砂浆。

（5）铁塔基础的地脚螺栓埋深范围内不设置施工缝。

（6）承台、横梁的支模、混凝土浇筑、养护、拆模等按现浇混凝土基础的施工方法进行施工。

（二）基面施工方法

（1）基面处理及基础保护。根据设计、业主和社会对环境保护要求，结合本工程所在地脆弱的生态环境特点，我公司在本工程施工中将加大"基面土处理、基础保护、植被恢复、防止水土流失"等工作力度，坚持"预防为主、保护优先"的环保方针，坚决遏制新的人为生态破坏。并确保设计要求的各项环保措施得到高质量完成。

（2）按设计要求施工排水沟、护坡（面）、挡土墙及保坎。每基塔位或单个塔腿严格按设计要求做成龟背形或斜面，恢复自然排水，对可能出现的汇水面、积水塔位修砌排水沟，并保证基础辅助设施施工工艺质量和外形美观。

（3）降基及基坑开挖多余的土石方，应运转到塔位附近对环境影响最小、且不影响农田耕作、不易出现水土流失的地方堆放，对施工中无法避免破坏的植被，要采取恢复措施，防止水土流失。

（三）基础施工基本要求

（1）地脚螺栓应执行《国家电网公司关于印发〈输

电线路地脚螺栓全过程管控办法〉（试行）的通知》（国家电网基建〔2018〕387 号）。

（2）灌注桩基础采用低应变法检测成桩质量；采用高应变法进行基桩承载力检测，检测数量不宜少于总桩数的 5%，且不得少于 5 根。

（3）采用"恒温恒湿养护箱"，养护混凝土试块。混凝土试块在施工现场制作完成后，立即送至项目部"恒温恒湿养护箱"内存放，确保标准养护质量。检验混凝土质量的试块采用标准养护方式，检验基础实体质量的试块采用同条件养护方式。

（四）基础施工环水保要求

本工程全线创建国家电网有限公司级绿色施工示范工程，按照现行国家标准《建筑工程绿色施工规范》（GB/T 50905—2014）和本工程环评、水保批复有关要求，开展绿色施工各项组织与管理工作，制定有效的资源节约、环境保护措施，并严格实施，开展绿色评价，最大限度节约资源，减少对环境负面影响，实现节能、节材、节水、节地和环境保护。主要要求如下：

1. 基坑开挖

（1）基础开挖时生熟土应分开堆放，并采取隔离、围挡措施。回填时应将熟土填于顶面。开挖的临时土方应苫盖并用重物压覆周边。

（2）材料、余土等存放处下方全部铺设苫布，避免与地面直接接触。余土处理要符合环保水保要求，禁止随意倾倒。

2. 施工作业面

按最小面积控制，不超过环评、水保批复的允许使用面积，严禁随意扩大占压、扰动地表面积，破坏地表植被。施工过程中采取临时性的水土流失防护措施，防止施工对空气、水体、植被、生态环境的污染。裸露时间超过一个生长季节的，应进行临时种草。塔基施工应做到"先拦后弃、先围后挖、先护后扰"。平地塔基按环保水保设计图纸要求，一般在塔基区进行平整堆放。施工中对周边造成影响的，必须采取相应的临时拦挡防护措施。施工产生的弃土弃渣严禁随坡倾倒。

3. 环境维护

（1）施工临时作业面、道路等应尽可能避让树木、灌木、植被。保护区段禁止砍伐乔木，禁止设置取弃土场和施工营地。

（2）基础材料运输、堆放时应采取覆盖等封闭措施，对可能产生扬土、扬沙的临时施工区域采取苫盖措施。

（3）施工完毕后，应及时清理、集中回收施工垃圾、剩余材料，做到工完料尽场地清，所有临时占地区域均应采取措施恢复原貌。

（4）线路塔基、道路、牵张场地、施工生产生活等区域，施工结束后，要进行土地平整，回覆表土；生产生活区应拆除地表建筑物，平整地表，回覆表土。土地整治后，道路两侧及塔基区需进行绿化恢复。其他区根据原占地类型，进行耕地恢复或者植被恢复。

4. 植被恢复

树种及草种的选择要因地制宜，综合考虑气候特征、土壤、地形变化及周围景观，应保证绿化植被成活率。对于开挖破损面、堆弃面、占压破损面及边坡，在安全稳定的前提下采用植物防护措施，恢复自然景观。塔基施工结束后，空闲地、道路两侧、塔基区等均按要求实施绿化措施；其他临时占地如属林草地，按要求，恢复林草植被。

基坑回填完，立即进行基面、弃渣表面的覆土和植被恢复。

三、铁塔组立施工方法与主施工机械选择

（一）铁塔结构特点

本标段杆塔采用钢管塔，具有根开大、铁塔高、单根构件重量大等特点，如图 2－7－2－1 所示。根据《1000kV 架空输电线路铁塔组立施工工艺导则》的规定，结合特高压施工经验，本工程铁塔组立选用配置安全自动控制装置的抱杆组塔（双摇臂抱杆组塔）。从现场实际地形、铁塔起吊高度、起吊重量、安全可靠性等方面，双摇臂抱杆组塔方案能满足本工程铁塔组立的要求。

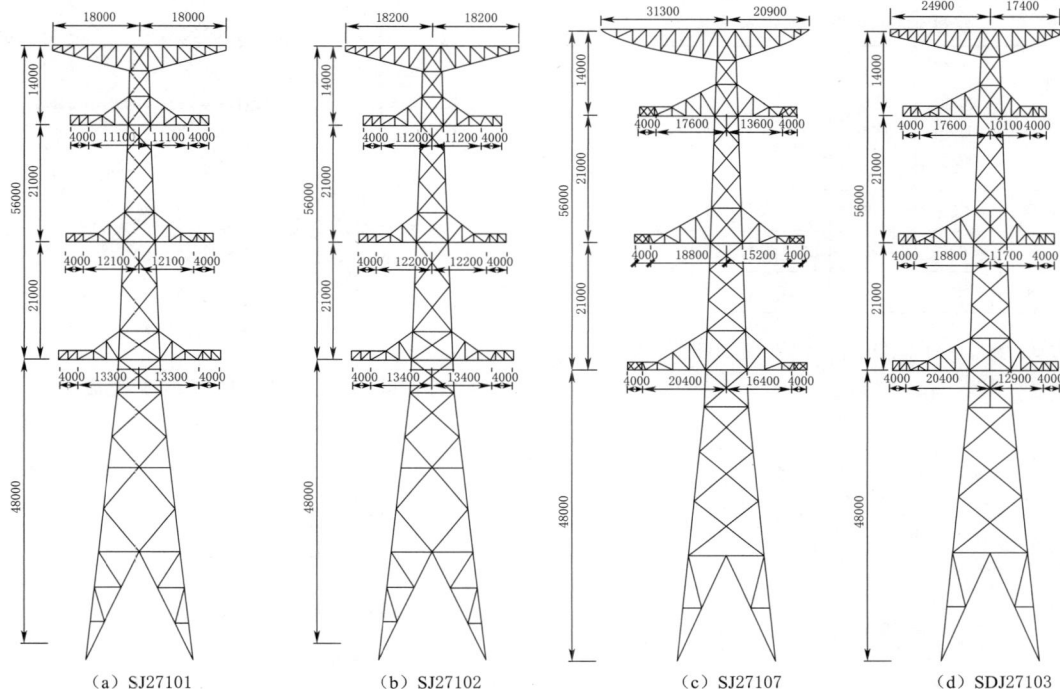

（a）SJ27101　　（b）SJ27102　　（c）SJ27107　　（d）SDJ27103

图 2－7－2－1　铁塔塔型结构（单位：mm）

1000mm×1000mm×150m 落地式双摇臂钢抱杆主要技术参数和工况见表 2－7－2－4 和表 2－7－2－5。

表 2－7－2－4　1000m×1000mm×150m 落地式双摇臂钢抱杆技术参数

额定起重力矩/(t·m)		128
利用等级		U3
总工作循环次数		$N=1.25×10^5$
工作等级	抱杆	A3
	提升机构	A4
	起吊机构	M5
	变幅机构	M4
	回转机构	M4

续表

抱杆高度/m		最终使用抱杆高度 150 工作时最大独立高度 22 （落地使用）
最大起重量/t		2×8
工作幅度/m	最小幅度	1/1
	最大幅度	16/16
起吊机构		双磨筒高速牵引机
回转机构	回转速度/(r/min)	0～0.17
	电机功率/kW	4
抱杆腰环机构		防扭腰环
		工作负荷 10t

续表

变幅机构		双磨筒高速牵引机
液压提升抱杆机构	提升速度/(m/min)	0.3
	工作压力/MPa	16
总功率/kW		10
抱杆最高出设计风速/(m/s)		平均8
工作温度/℃		−20～40

表 2−7−2−5　1000mm×1000mm×150m 落地式双摇臂钢抱杆工作工况表

工况	工作幅度/t	最大起重量/t	最大起重力矩/(t·m)	最大对应幅度/m	两侧最大起重力矩差/(t·m)	两侧使用最大起重量差/t
一	16	8	128	16	32（设计值）	0.7
二	8	8	64	8	32（设计值）	0.7
三	1	8	8	1	32（设计值）	0.7

抱杆组塔现场布置示意图和回转半径如图 2−7−2−2 和图 2−7−2−3 所示。

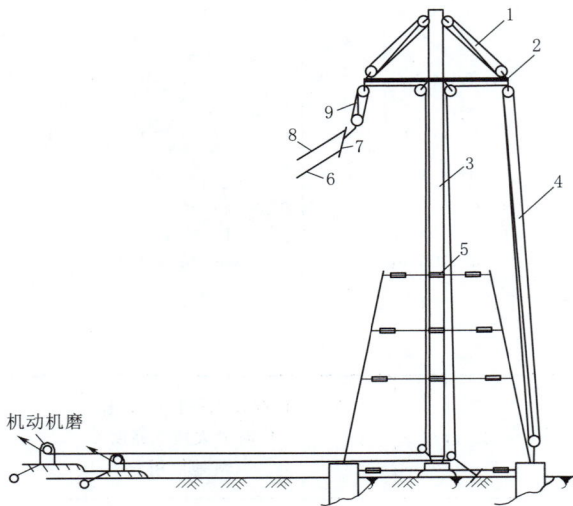

图 2−7−2−3　回转半径示意图（单位：mm）

（二）落地式双摇臂抱杆系统组成

落地式双摇臂抱杆系统组成如图 2−7−2−4 所示。

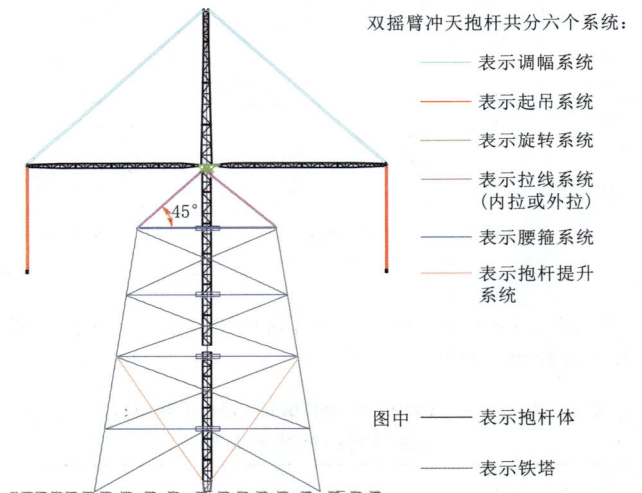

图 2−7−2−2　落地式双摇臂抱杆组塔现场布置示意图
1—变幅滑车组；2—摇臂；3—抱杆；4—起吊滑车组（平衡）；
5—腰拉线；6—下控制绳；7—塔片；8—上控制绳；
9—起吊滑车组（吊装）

每副抱杆应设 2 台机动绞磨，分别用于两侧摇臂的平衡调幅及两侧吊点的吊装，机动绞磨可设在塔身构件副吊侧及非横担整体吊装侧，与铁塔中心的距离应不小于塔全高的 1.2 倍。

落地双摇臂抱杆最大工作幅度为 135°。因此在施工时，一定要注意抱杆摇臂的方向，一般常规的安装在顺线路或横线路侧。

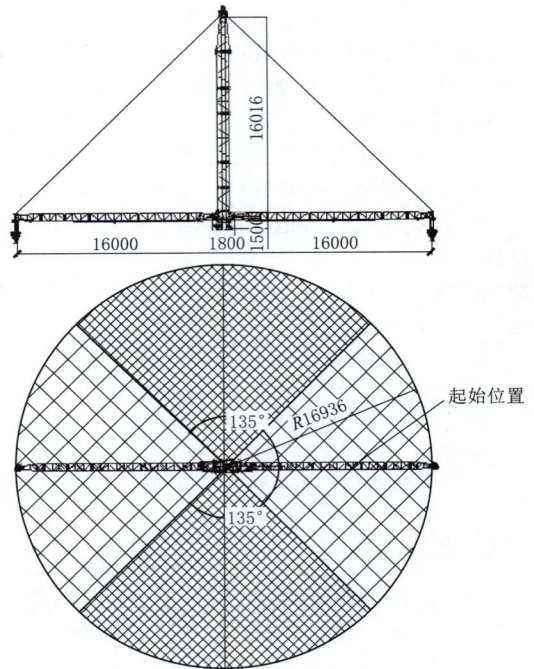

双摇臂冲天抱杆共分六个系统：
表示调幅系统
表示起吊系统
表示旋转系统
表示拉线系统（内拉或外拉）
表示腰箍系统
表示抱杆提升系统
图中 —— 表示抱杆体
—— 表示铁塔

图 2−7−2−4　落地式双摇臂抱杆系统图

（三）组杆施工流程图

组杆施工流程如图 2−7−2−5 所示。

（四）双摇臂抱杆安装流程图

双摇臂抱杆安装流程如图 2−7−2−6 所示。

四、施工准备

（一）前期准备

1.实地查看塔位现场

（1）实地查看塔位现场的交通运输道路条件、地形和地质情况，以及塔位附近有无影响立塔安全的障碍物。

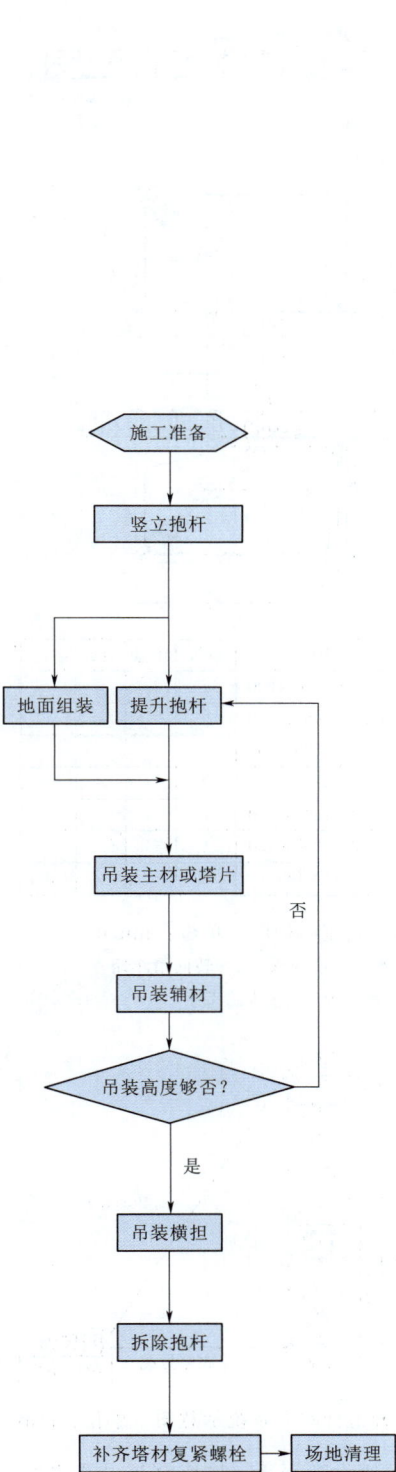

图 2-7-2-5 组杆施工流程图

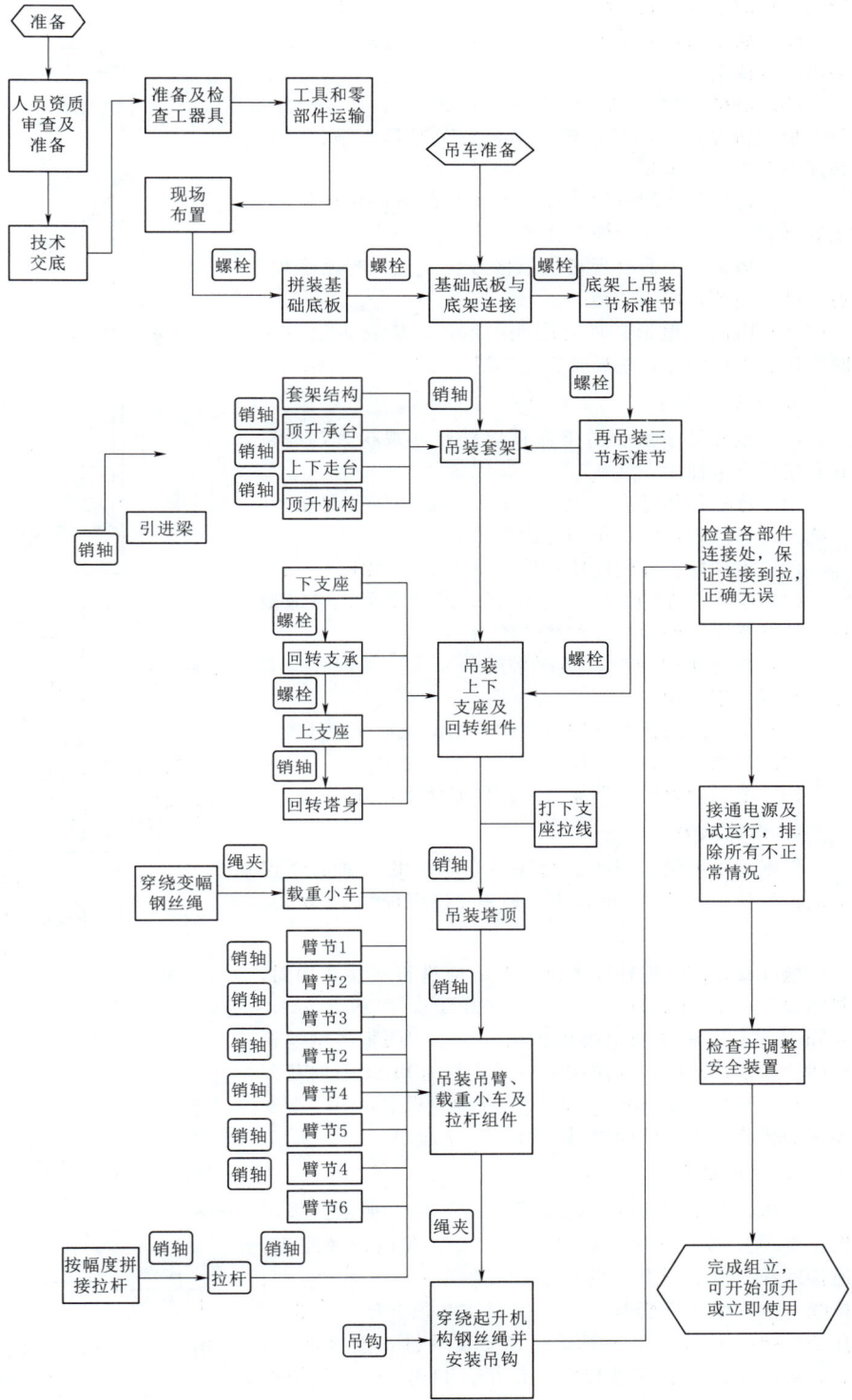

图 2-7-2-6 双摇臂抱杆安装流程图

（2）根据设计资料和工程特点，编写施工措施，重点是通过施工计算确定吊装方法和配备相应的工器具。

（3）测量复核线路方向和基础相关尺寸。

（4）开工前组织施工队所有施工人员进行安全、技术交底，确保施工人员对规程规范，设计图纸、施工措

施充分理解，交底人员经考试合格后才允许上岗。

（5）工器具规格、型号和数量满足施工需要，经过检测合格后方可使用。

2. 运输抱杆塔材

（1）根据道路和现场资源情况，做好施工前策划，

确定合理的运输方式，尽量减少对农作物、环境的损坏。

（2）运输前需勘察运输道路，对不满足要求的道路必须进行修整。

（3）塔材运输拆包前应检查塔材加工质量、塔材每包重量等情况，工器具运输前须检查工器具规格、型号必须符合施工技术要求。

（4）运输及装卸过程中须采取可靠的方法保证材料、工器具完好，严禁在地面上拖拽、摔砸。

（5）塔材、工器具现场堆放区域应定置，封闭管理，现场堆放整齐，标识清楚。

（6）山区段地形条件有限制的塔位，塔材索道运输时需注意先后顺序，遵循"组立哪段运输哪段"的原则。

3．工器具检查

（1）抱杆等主要受力工器具应进行外观检查，经检查合格后方可使用。

（2）抱杆各部件应齐全、完好，严禁使用存在变形、焊缝开裂、严重锈蚀、角钢弯曲等缺陷的部件。

（3）抱杆摇臂等的连接轴销应使用专用轴销。

（4）起重滑车应保证转动灵活，吊钩变形、轮缘破损、转轴磨损、保险失效的严禁使用。

（5）高处使用的滑车必须采用吊环式，吊钩式滑车必须有封口销销扣。

（6）钢丝绳插接及维护应严格按相关规定要求处理。

（7）卸扣变形或销子螺纹损坏的严禁使用。

（8）牵引动力设备性能及维护保养状态良好。

4．锚桩设置

根据起吊重量，需要控制绳的地锚采用5t地锚。保证地锚坑埋深达到2.2m以上，地锚角度保证小于30°。

5．底座安装

抱杆安装前，抱杆底座部分基础应进行平整和加固，并铺设钢板，地耐力需求大于0.06MPa，面积3.5m×3.5m。然后，将4块钢模板拼成一个基础底板各钢模板用螺栓连接，四角设置拉线固定，拉线采用9t手扳葫芦＋ϕ21.5钢丝绳套，拉线一端安装在钢模板上，另一端安装在塔腿上，底座结构如图2-7-2-7所示。

6．抱杆起立

液压顶升抱杆起立系统如图2-7-2-8所示。采用抱杆将顶升架各分片结构吊起后，安装在抱杆底座上，连接螺栓，完成顶升架的安装；安装顶升架内拉线，内拉线一端安装在塔脚板上，一端安装在顶升架上部操作孔处，拉线采用ϕ21.5钢丝绳；安装油缸，连接油管，然后对液压顶升系统进行空载试机。利用9m倒装架逐段起立1000mm×1000mm×2m抱杆，抱杆总长40m（含手动回转装置）。1000mm×1000mm×40m抱杆顶头设置4根ϕ15×80m临时外拉线，在摇臂下方拉线孔上设置4根ϕ19.5×30m内拉线。在1000mm×1000mm×40m抱杆起立之后安装16m摇臂，摇臂安装后拆除抱杆顶头外拉线，具备起吊塔腿的条件，如图2-7-2-9所示。

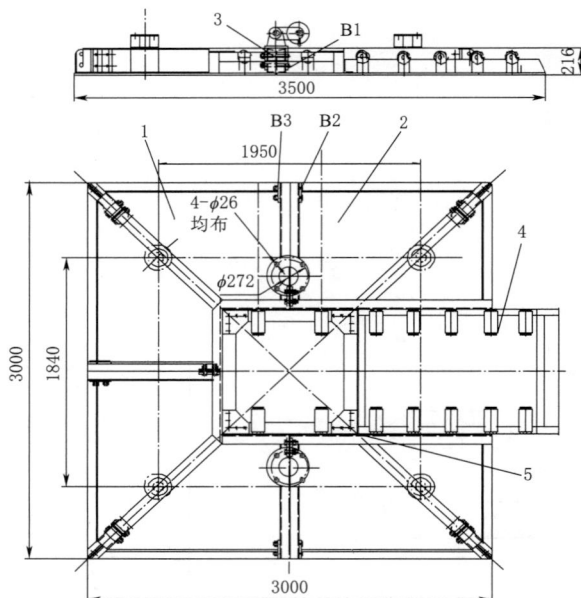

图2-7-2-7　底座结构图（单位：mm）
1—主模板；2—侧向连接模板；3—转向滑车组；
4—滚道延长座；5—法兰支座

序号	名称	规格	数量	单量	合计	备注
	底架总成	3000×3000×200	1			
1	主模板	1500×1500×200	2			
2	侧向连接模板	1500×2000×200	2			
3	转向滑车组	10t	2			
4	滚道延长座	1000×1500×180	1			
4	法兰支座	1000×1000×180	1			
6	连接标准件	M24×180	32			8.8级

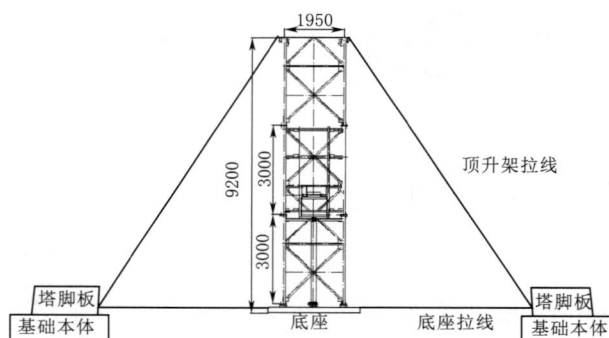

图2-7-2-8　液压顶升抱杆起立系统示意图（单位：mm）

（1）现场在抱杆底座设置钢板，底座钢板设置之前，基面须找平，以达到钢板底座与基面接触完全密实、吻合、受力均匀的目的。

（2）根据铁塔的全高配备抱杆的标准节、顶节，使抱杆的有效高度高于铁塔的全高＋6m。

（3）液压倒装架安装底座。将倒装架底座平板与地面接触处预先找平，与水平面平行，再将各件组装。

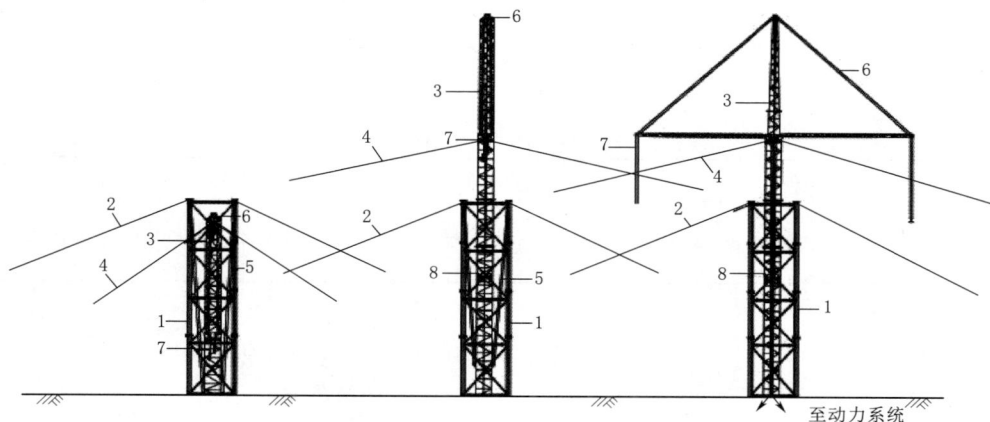

图 2-7-2-9　抱杆起立完成具备起吊塔腿条件

1—提升架；2—提升架拉线（φ16 钢丝绳）；3—双摇臂抱杆；4—抱杆拉线（φ16 钢丝绳 12t 2-2 滑车组）；
5—抱杆提升滑车组（φ16 钢丝绳 10t 2-2 滑车组）；6—调幅滑车组（φ13 钢丝绳 12t 3-3 滑车组）；
7—起吊滑车组（φ13 钢丝绳 8t 2-2 滑车组）；8—调幅卷扬机

（4）将倒装架主体的各段连接好，并预先将导轨和顶升小车安装在杆段上；用连接横撑将其连为整体框架，并打好稳固拉线。

（5）安装液压油缸，油缸上部与顶升小车连接，下部与底座上设置油缸底座连接，并将顶升小车与杆体倒装孔连接；再用油管将液压泵站和油缸连接。

（6）安装倒装架拉线。

（7）一切准备就绪后，进行第一次提升，提升高度为 2.3m。

（8）准备好 2m 段，利用倒装架底座滚轮，用人力沿滚轮推入倒装架内，与已提升主柱用螺栓连接紧固。

（9）拆除顶升小车与抱杆的连接螺栓，收回油缸及顶升小车，再与被提升段连接，向上提起 2.3m 高度，准备提升下一段。

（10）依此类推，直到整个立柱完成 5 段（10m）标准节的组装完毕，标准节高度超过倒装架 1m，安装回转体、桅杆、摇臂、调幅滑车组和起吊滑车组钢丝绳等。抱杆站立后，用经纬仪观察抱杆的垂直度，用拉线调整，使其竖直，然后固定拉线，拉线应受力均匀，如图 2-7-2-10 所示。

7. 腰环配置

铁塔腿部安装完毕，侧面各种斜材、水平材安装齐全并初步拧紧螺栓后即可进行软附着安装。附着拉索每处使用 8 根，产品技术说明书中已提供按照最大风速计算得出的每根拉索的水平力，不同高度的附墙，需要抵抗的水平力不完全相同，第一道较小，最后一道最大，详见表 2-7-2-6。

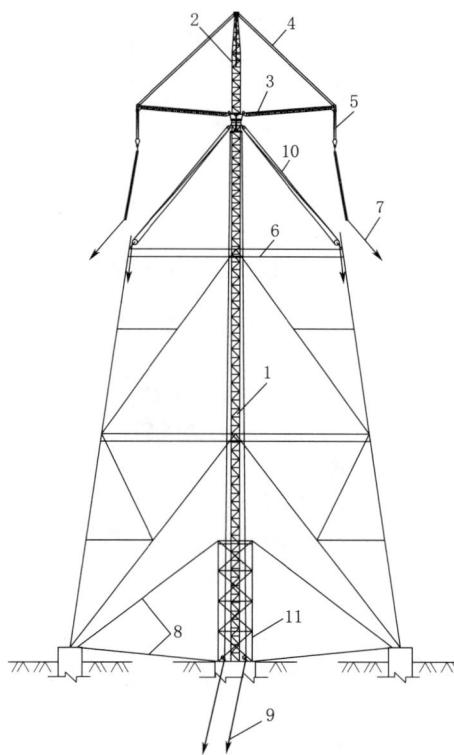

图 2-7-2-10　落地内拉线双摇臂抱杆组塔吊装布置示意图

1—抱杆标准节；2—桅杆；3—摇臂；4—变幅绳；5—起吊滑车组；
6—腰箍；7—控制绳；8—锚固绳；9—起吊牵引绳；
10—抱杆内拉线；11—液压提升套架

表 2-7-2-6　　　　　　　　　　　　　　附着拉索安装

工作条件	第一道	第二道	第三道	第四道	第五道	第六道	第七道	第八道
工作工况/t	3	3.2	3.3	3.5	3.6	3.7	3.8	3.9
非工作工况/t	2.7	2.8	3.2	3.3	3.5	3.6	3.7	3.1

根据表2-7-2-6，经计算抱杆每根附着拉索选用φ19.5钢绳套1根，10t手扳葫芦1个，10t卸扣3个，根据不同塔位不同高度可选用不同长度钢绳套。附着拉索用钢绳套长度，根据不同塔型和不同高度及手扳葫芦调节长度配备见表2-7-2-7。

T2T100型抱杆附墙安装如图2-7-2-11所示。

表2-7-2-7　附着拉索用钢绳套长度

抱杆	第一道	第二道	第三道	第四道	第五道	第六道	第七道	第八道
T2T100	14m×8根 12m×8根	10m×8根	9m×8根	6.5m×8根	4.5m×8根	3.5m×8根	2.5m×16根	1.5m×16根

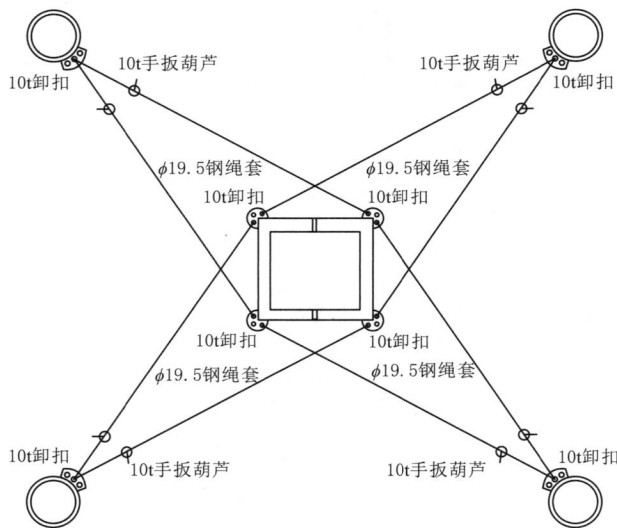

图2-7-2-11　T2T100型抱杆附墙安装示意图

附墙通过拉索连接到主材预留施工孔上，自制的拉索或钢丝绳套，须经拉力试验合格方可使用。安装时，拉索用手扳葫芦收紧，收紧张力不能过大，以拉索基本呈水平状态为准，8根拉索受力交叉防扭布置，尽可能平衡，松紧度基本一致。

8. 附着的安装间距

抱杆每隔一段高度就增加一道附着，附着一般安装在铁塔有水平材的平面上，根据塔上预留施工孔的布置，第一道附着统一安装在铁塔第一段水平材的施工孔上，向上按一定间距安装，附着间距应符合如下要求：

(1) 附着间距不大于16m，吊装时允许悬臂高度为21m。

(2) 使用摇臂抱杆吊装前必须安装附着，无附着不允许进行吊装作业。

9. 腰环的安装过程

(1) 首先将两腰环半框的滚轮装好，共有八处。

(2) 将一件装好滚轮的腰环半框吊至所需安装位置。

(3) 将另一件装好滚轮的腰环半框吊至第一件腰环半框处，用12组M16的高强度螺栓、垫圈、螺母将两半框连接在一起，此时螺栓螺母暂不拧紧。

(4) 调整腰环上下位置，安装上下拉线，使得腰环各方向的滚轮都能顶住抱杆主弦杆。

(5) 待腰环位置确定后，紧固螺栓3、垫圈4、螺母5，并紧固拉线。

(6) 至此，腰环组装完毕。

10. 注意事项

(1) 根据计算，腰环连接采用5t卸扣+φ18钢丝绳+6t手扳葫芦+5t卸扣连接在铁塔施工孔上。为方便调节，使用6m+2m两种长度钢绞线配合，腰环拉线配置由下向上顺序为：6m+5t卸扣+6m，6m+5t卸扣+2m，使用6m，使用2m，直接使用3t链条葫芦。

(2) 腰环楔子的作用仅在于吊装满载（或近似满载）时的一种保护措施，故在顶升或吊装作业时，腰环不需要打楔子。

11. 腰环的配置

(1) 腰环配置对抱杆的安全使用有关键的作用，一定要按照厂家说明书要求安装，因本工程使用塔型不同，腰环位置也不同。

(2) 抱杆安装后，腰环以上部分的高度称之为自由高度。安装中的抱杆最大自由高度不得大于21m。

(3) 本工程所需安装抱杆腰环的数量如图2-7-2-12所示，不超过15m安装一道，使抱杆系统与已组立的塔身连接成一个整体。

(4) 防扭腰环拉线为12根φ18钢丝绳（通过塔段上平口承托板处的10t卸扣转向），且腰环用经纬仪调正。其他腰环设置为8根φ20钢丝绳。腰环与起升高度及标准节数量配置如图2-7-2-12所示。

(5) 后续腰环随抱杆标准节的增加而增多，从回转段起向下，腰环均需设置交叉拉线。

(二) 吊臂安装

抱杆单边吊臂由内到外长度分别为1.99m、4m×2、2m×2、2.11m，重量分别为0.222t、0.252t×2、0.147t×2、0.234t，采用吊车安装，如图2-7-2-13所示。

按照抱杆图纸说明，对照各臂节编号组合双侧吊臂，把吊臂搁置在0.6m左右高的支架上，用相应销轴把它们装配在一起。将起伏小车安装于吊臂上，图2-7-2-14所示为穿绕起伏钢丝绳穿绕示意图，图2-7-2-15所示为起吊钢丝绳穿绕示意图，图2-7-2-16所示为保险钢丝绳穿绕示意图。

认真检查各部件的连接处，如连接销轴、卸扣、钢丝绳夹、螺栓组等，要求连接到位、准确无误。所有销轴都要装上开口销，并将开口销打开。在穿绕起伏钢丝绳时，应使起伏机构卷筒上的钢丝绳每放出一段，再缓慢拉紧，直至穿绕好钢丝绳。

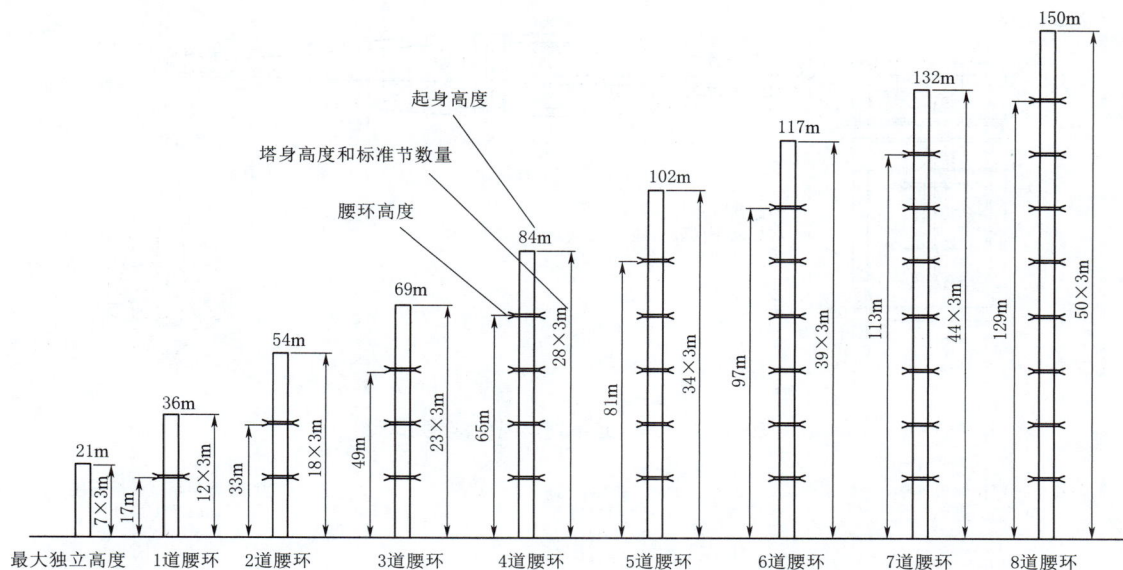

图 2-7-2-12 腰环与起升高度及标准节数量配置图

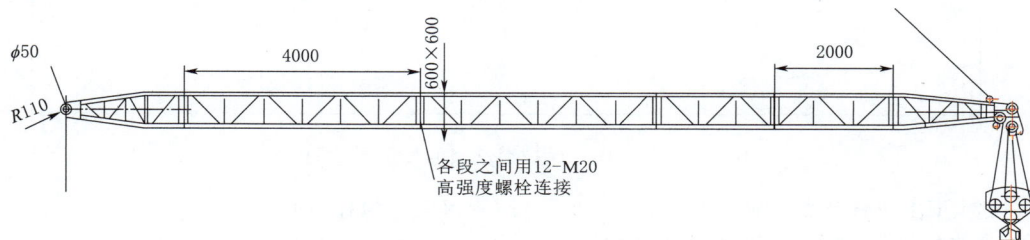

图 2-7-2-13 吊臂、起伏滑车安装示意图（单位：mm）

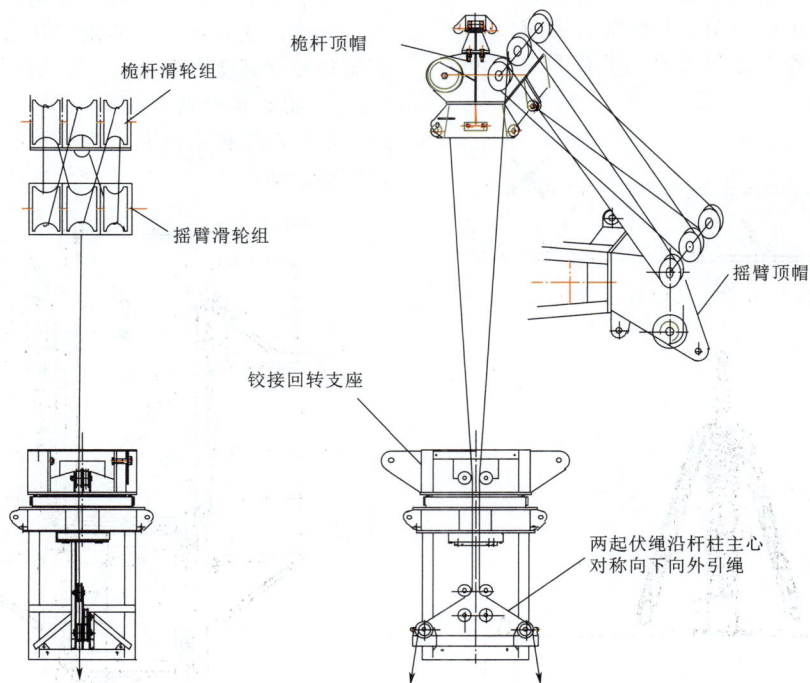

图 2-7-2-14 起伏钢丝绳安装示意图

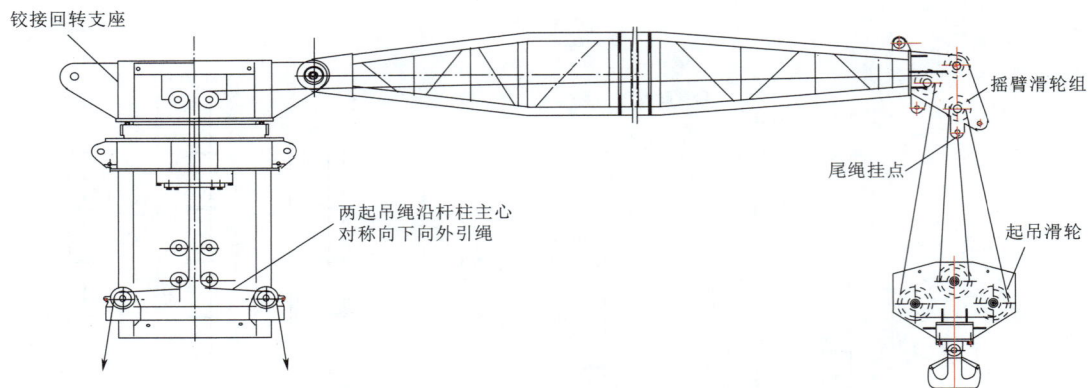

铰接回转支座

摇臂滑轮组

尾绳挂点

起吊滑轮

两起吊绳沿杆柱主心
对称向下向外引绳

图 2-7-2-15　起吊钢丝绳的穿绕示意图

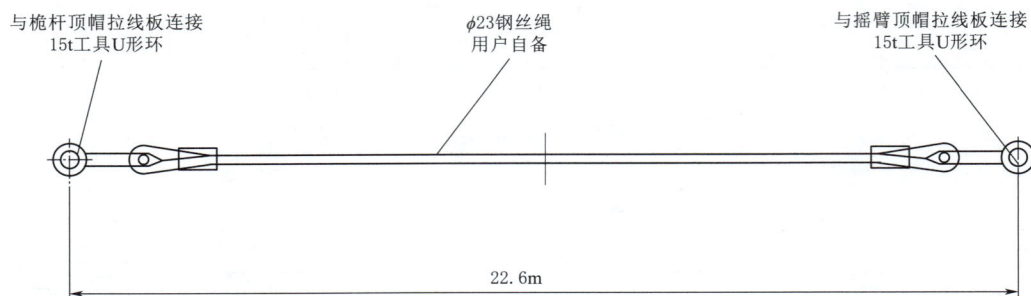

与桅杆顶帽拉线板连接
15t工具U形环

φ23钢丝绳
用户自备

与摇臂顶帽拉线板连接
15t工具U形环

22.6m

图 2-7-2-16　保护钢丝绳的安装示意图

吊索应挂在起重臂上弦杆节点之前，如图 2-7-2-17 位置 a 所示，或之后如图 2-7-2-17 位置 b 所示，不能挂在两相连的斜腹杆中间，如图 2-7-2-17 位置 c 所示。勿将拉杆夹在吊点的钢丝绳之间。吊臂采用人力组装方式，主抱杆提升一个标准节，两侧摇臂安装一个标准节，以此类推，直至摇臂安装完成。吊臂两点起吊如图 2-5-2-18 所示。

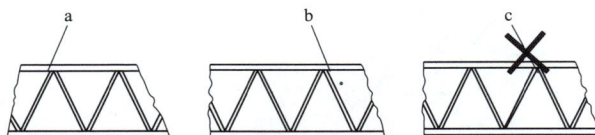

a　　　　　b　　　　　c

图 2-7-2-17　吊索安装位置示意图

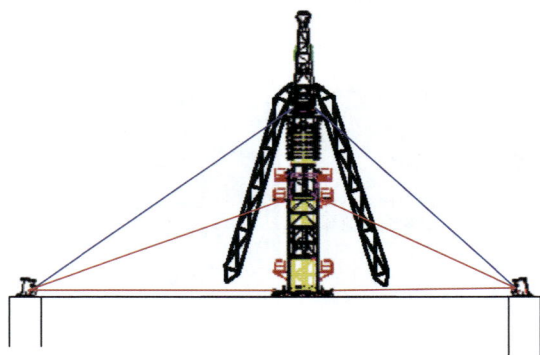

图 2-7-2-18　吊臂两点起吊示意图

（三）抱杆顶升

1. 抱杆顶升前的准备

顶升抱杆前，按照抱杆说明书电气部分的要求调整好安全装置后，就可以开始使用，或可以根据所需要的起升高度，顶升加高后使用。开始顶升前及顶升后，确保抱杆悬臂高度小于21m，并放松下支座内拉线。

2. 抱杆顶升的步骤

（1）双摇臂抱杆利用液压油缸系统，采用下顶升方式加高，如图 2-7-2-19 所示。在抱杆标准节未设置完

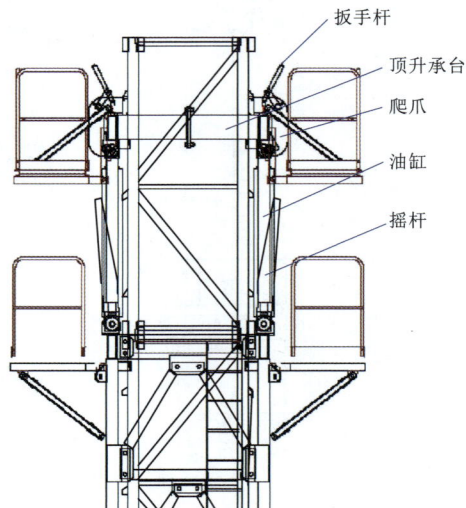

扳手杆

顶升承台

爬爪

油缸

摇杆

图 2-7-2-19　顶升系统示意图

整的 2 道受力腰箍前，顶升抱杆时必须在下支座上打好四侧拉线，拉线随着抱杆的顶升而平稳松出，以防意外。

（2）拆除塔身与底架基础上四个标准节底座的连接螺栓组 16×M22，拆除套架底横梁（φ40 销轴连接）。

（3）安装引进组件。用两颗 φ32 销轴将引进平台与

套架内的引进轨道连接，用 8 颗 φ32 的销轴与拉杆将引进平台与套架连接。如图 2-7-2-20 所示。

（4）拆除塔身与底架基础上标准节底座的连接螺栓组 8×M30，拆除套架底横梁（φ35 销轴连接），顶升系统底部如图 2-7-2-21 所示。

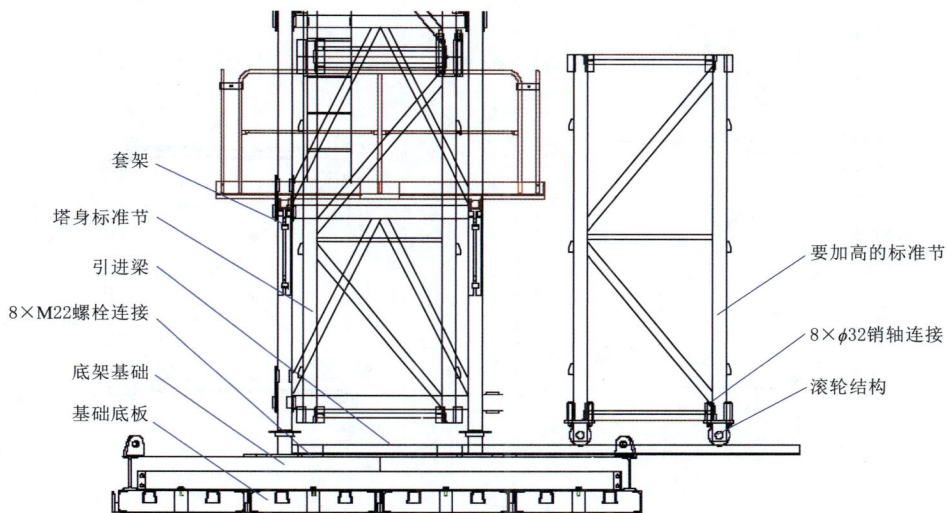

图 2-7-2-20　安装引进组件和标准节

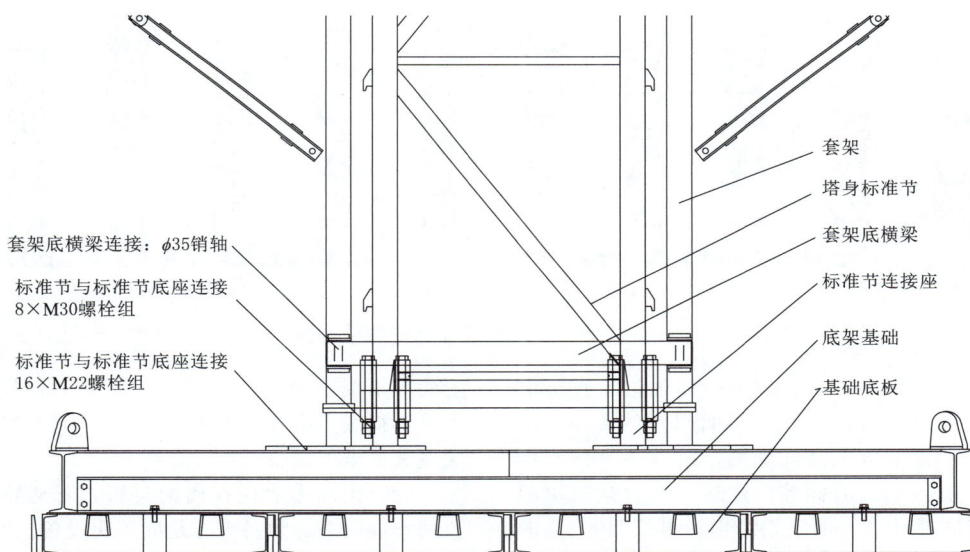

图 2-7-2-21　顶升系统底部示意图

将顶升承台的扳手杆摇起，就位后开始顶升油缸，顶升油缸过程中要保证导向滚与塔身的间隙在 2mm 左右，8 只滚轮处的间隙应当一致。伸出油缸直至爬爪的顶升面和标准节上的踏步顶升面完全贴合。

（5）吊装标准节。如图 2-7-2-22 所示，标准节的底下的四组连接套装好引进轮，起吊标准节至引进梁上；准节由两个单片和连接两个单片的横腹杆、斜腹杆、中腹幅杆组成。标准节利用现场吊车或抱杆进行组装。

（6）开始顶升加高，伸出油缸直至爬爪的顶升面和标准节上的踏步顶升面完全贴合。扳动摇杆使它处于与

标准节主弦杆踏步脱开的位置。继续顶升直至将油缸完全伸出。再将摇杆摇起，使它贴近标准节主弦杆踏步；就位后开始收回油缸，使摇杆顶面与踏步顶升面完全贴合，然后将顶升承台上的扳手杆摇下，使爬爪离开标准节主弦杆踏步；固定好扳手杆，然后继续完全收回油缸。油缸完全收回后，将摇起扳手杆，使套架爬爪贴近标准节主弦杆踏步（图 2-7-2-23 顶升系统底部⑦）。

按照⑦-⑧-⑨-⑦的顺序重复操作，这样油缸完成总共三次顶升行程，第三次顶升后油缸没有收回，保持完全伸出状态。

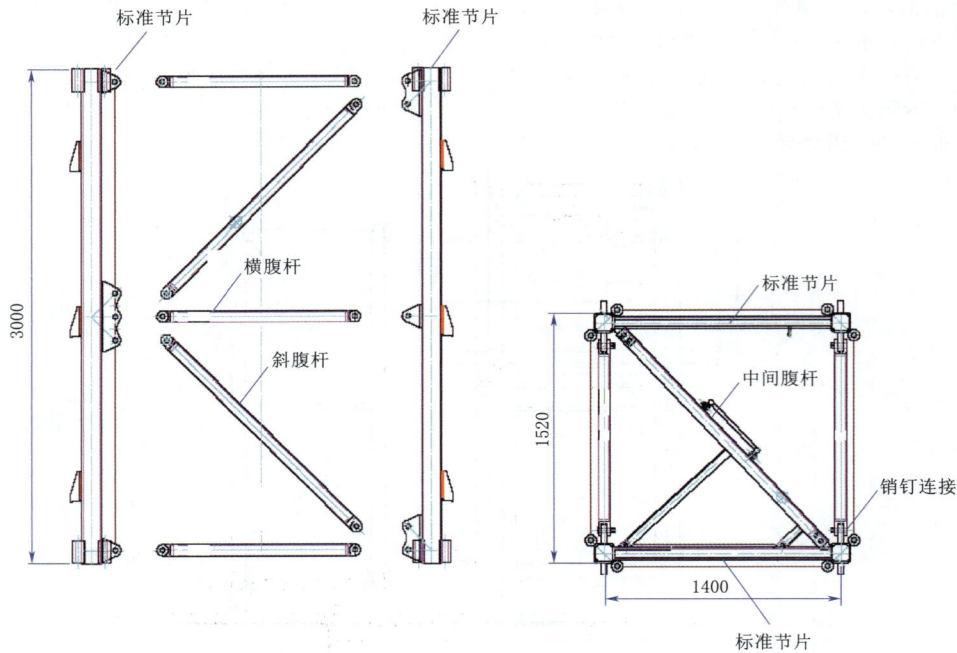

图 2-7-2-22 标准节组装示意图（单位：mm）

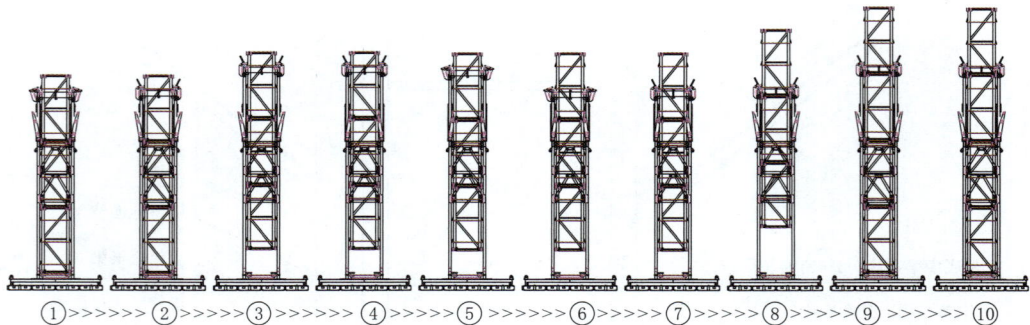

图 2-7-2-23 顶升加高过程示意图

推进引进梁上的标准节，就位后收回油缸，直至塔身标准节下端面与引进的标准节上端面间距约2cm，停止油缸动作。用8组M30的高强度螺栓组（10.9级）将引进梁上的标准节与上面的标准节连接，然后微微顶起油缸，拆下引进的标准节上的滚轮结构。再按照⑧-⑨的顺序将油缸收回，完成安装一节标准节过程。按照前面的步骤继续顶升，直到安装完所有要引进的标准节，最后拆下引进梁，换上标准节底座，收回油缸，使整个塔身落在标准节底座上，紧固好标准节底座与塔身的螺栓，并装上套架底横梁。至此，一次顶升作业过程全部完成。抱杆顶升到一定高度时，需要安装腰环，并打好拉线，才能继续顶升使用。具体安装高度及腰环配置见腰环安装部分。

3. 顶升作业注意事项

（1）在进行顶升作业过程中，必须有一名总指挥，上下两层平台必须有专人负责和观察。专人照管电源，专人操作液压系统，专人紧固螺栓，专人操作顶升承台上的爬爪扳手杆和油缸下部横梁处的摇杆，非有关操作人员不得登上套架的操作平台，更不能擅自启动泵阀开关或其他电气设备。

（2）顶升作业应在白天进行，若遇特殊情况，需在夜间作业时，必须备有充足的照明设备。

（3）只许在风速不大于8m/s的情况下进行顶升作业，如在作业过程中，突然遇到风力加大，必须停止工作，并安装好标准节底座并与塔身连接，紧固螺栓。

（4）顶升前必须放松电缆，使电缆放松长度略大于总的爬升高度，并做好电缆的紧固工作。

（5）自准备加节开始，到加完最后一个要加的标准节、连接好塔身和底架基础之间的高强度螺栓结束，整个过程中严禁起重臂进行回转动作及其他作业，回转制动器应紧紧刹住。

（6）自爬爪顶在塔身的踏步上，至油缸中的活塞杆全部伸出后，摇杆顶在踏步上这段过程中，必须认真观察套架相对顶升横梁和塔身运动情况，有异常情况应立即停止顶升。

（7）在顶升过程中，如发现故障，必须立即停车检查，非经查明真相和将故障排除，不得继续进行爬升动作。

（8）所加标准节的踏步必须与已有的塔身节对准。

（9）拆装标准节时，操作人员必须站在平台栏杆内，禁止爬出栏杆外或爬上被加标准节操作。

（10）每次顶升前后，必须认真做好准备工作和收尾工作，特别是在顶升以后，各连接螺栓应按规定的预紧力紧固，不得松动，爬升套架滚轮与塔身标准节的间隙应调整好，操作杆应回到中间位置，液压系统的电源应切断等。

（11）套架两边的四只爬爪或摇杆必须同时支撑在塔身两根主弦杆的踏步上，方可进行顶升。

（12）接电源及试运转。当整机按前面的步骤安装完毕后，在无风状态下，检查塔身轴线的垂直度，允差为1/1000；再按电路图的要求接通所有电路的电源，试开各机构进行运转，检查各机构运转是否正确，同时检查各处钢丝绳是否处于正常工作状态，是否与结构件有摩擦，所有不正常情况均应予以排除。

（13）顶升加高到所需要的高度以后，必须调整好安全装置方可使用专用组塔设备。

4. 抱杆的使用前的检查和试运行

（1）为确保抱杆能正确驱动并在安全状况下进行工作，投入使用前应按厂家说明书对抱杆进行调试和检验。

（2）部件检查。为检查立塔工作的正确性和保证安全运行，应按下列项目进行试运转和检查工作：

1）检查各部件之间的紧固联接状况。

2）检查钢丝绳穿绕是否正确及是否有干涉的地方。

3）检查电缆通行状况，尤其是在回转支承处的固定情况。

4）检查抱杆上有无杂物，防止抱杆运转时杂物下坠伤人。

（3）安全装置调试。抱杆安全装置主要包括：力矩控制器、角度限制器、起重量仪表、起升高度限制器和回转限制器。各安全装置的安装位置和调试方法见说明书电控部分。

五、铁塔吊装

（一）铁塔吊装的一般规定

（1）摇臂抱杆两侧同时起吊塔材时，抱杆必须调直，需使用铅垂线校直抱杆的垂直度，使用内拉线及腰环调整直线度，确保抱杆整体直线度不超过2‰。

（2）抱杆起吊过程中两侧摇臂必须同时平衡起吊，即双摇臂必须调幅一致（必须采取控制措施确保两边作业半径相等），起吊时两侧摇臂起吊重量确保相等。考虑风载、施工中的一切不确定因素所产生的不平衡重量控制在1.5t以内。起吊时应缓慢启动两台牵引机，确保两侧塔件同步离地、同步提升、同步就位，减少抱杆承受的不平衡力矩。同样水平移动需步调基本一致，如图

2-7-2-24所示。

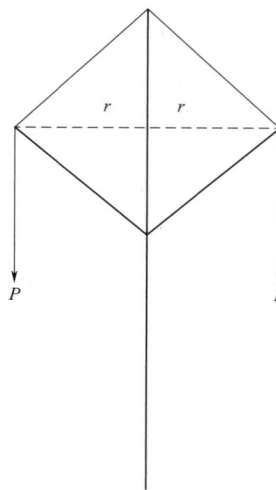

图2-7-2-24 平衡起吊示意图

（3）抱杆起吊作业过程中，需观察桅杆顶部绕度（即水平偏移），水平偏移量不得超过25cm，如图2-7-2-25所示。

（4）检查抱杆各部位无异常后按程序起吊塔材。

（5）组装位置：塔片尽可能组在起吊摇臂垂直下方，其中轴线顺起吊摇臂方向，保证起吊时，吊绳偏离不超过5°，如图2-7-2-26所示。

（6）两侧摇臂吊重离地约10cm时，应暂停起吊，检查两侧摇臂重量是否相同、抱杆姿态、转动系统和起吊系统是否正常，确定无误后方可继续起吊。

（7）严禁单侧锁定平衡起吊方式。

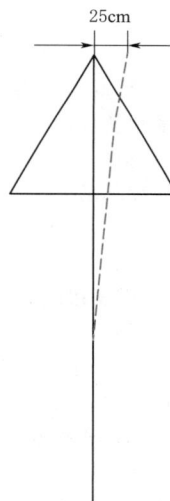

图2-7-2-25 顶部绕度允许偏移量示意图

（8）塔身分片吊装，吊点应选在两侧主材节点处，距塔片上段距离不大于该片的1/3，对于吊点位置根开较大、辅材较弱的吊片，应有补强钢管或圆木进行补强，吊点处应衬垫麻袋或木桩对角钢及起吊绳进行保护。

（9）塔片吊装前应在基础立柱顶面垫道木保护，塔脚板安装时应将地脚螺栓包裹防止损坏地脚螺栓丝扣。

（10）吊装时，钢丝绳在抽动时要防止磨损塔材锌层。

（11）吊片就位过程中各部人员应相互配合，听从指挥，严禁强拉就位。

（12）具体起吊方案中，应明确散吊、片吊、整吊长度和重量情况，个别塔片如超重应将部分构件卸下后起吊，不得随意增加起吊重量。

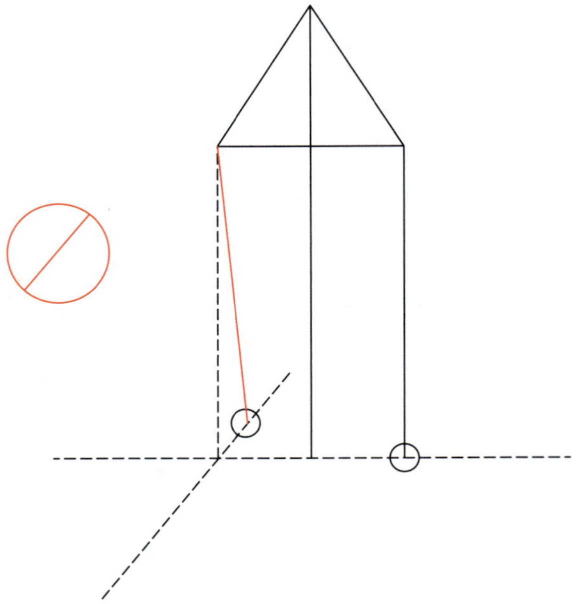

图 2-7-2-26　摇臂垂直吊装示意图

（13）对已组装好的塔片和段，必须螺栓紧固，不得缺少重要部件，根据塔片结构，确定起吊时是否需用进行补强。

（14）吊点 V 字钢丝绳夹角必须小于 60°，在不影响抱杆起吊和就位前提下，吊点钢丝绳应尽量长些。

（15）构件离地后，要暂停起吊，进行全面检查，无异常后继续起吊。

（16）构件就位后，螺栓安装顺序，应先主材后辅材，先斜材后水平材，先正面后侧面。

（17）塔腿段组合后，应及时装好接地装置并可靠连接，地脚螺帽拧紧并作好防盗措施。

（18）吊件吊装进位登膛前约 30cm 高度，牵引机制动锁定，必须采用手板链条葫芦做牵引动力，微调进位。

（二）塔腿吊装

在安装铁塔塔脚板前，先在基面套装保护套，以保护基础外露立柱棱边不受损坏。铁塔塔脚板采用人工登膛，在基础面上垫木块，高度与地脚螺栓等高，待塔脚板就位后，再去掉木块。

先采用双摇臂抱杆将四条腿塔脚板安装好，塔脚板就位后，立即安装地脚螺帽，之后吊装塔腿主材。塔脚板和塔腿主材均采用两点起吊，一根为 ϕ21.5×2m 钢丝绳；另一根为 5t 链条葫芦（用于调节构件，使吊件底部处于水平状态）。两根吊点绳用专用吊具与主材连接。

由于本标段塔腿重量、根开、主材长度等因素，塔腿部分吊装全部都采用单根主材吊装方法。第一步先将 4 根主材逐一吊装，主材吊装采用专用吊具，第二步再分别将 4 个面的斜材及水平材组装成一个平面，如图 2-7-2-27 所示。

各塔腿段每一段主材吊装完毕后，吊点绳暂不拆除，待

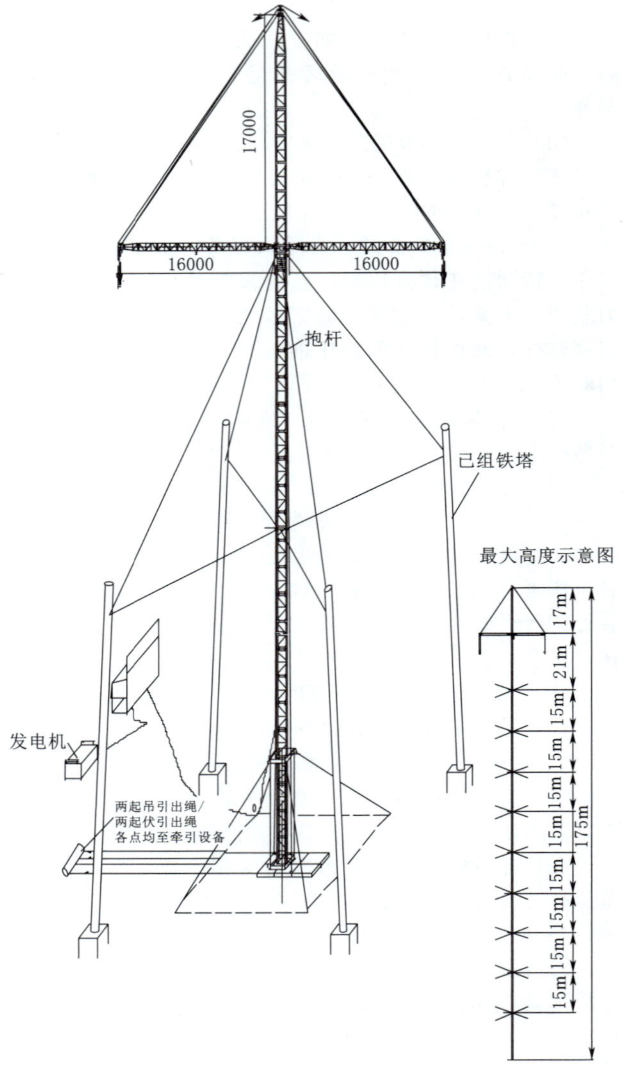

图 2-7-2-27　主材吊装示意图（单位：mm）

打好 ϕ16×50m 的临时拉线后，方可解除吊点，继续下一段主材的吊装（吊点及吊具同上）。吊装完最后一段主材后，打好 45°方向拉线（拉线规格规格为 ϕ16×60m），拉线布置如图 2-7-2-28 和图 2-7-2-29 所示。塔腿主材吊装好后，继续吊装塔腿段斜材及水平材，采用三点起吊，其中水平材中心离双摇臂抱杆起重吊钩距离控制在 3.5～4m。双摇臂抱杆起吊绳与垂直方向夹角应小于 5°。

在每根单根主材吊装完成后打反向拉线稳定主材。同时，此反向拉线在单吊主材后侧面塔片拼装时，微调主材方便进位。单根主材或塔片组立完成后，应随即安装并紧固好地脚螺栓并打好临时拉线。在铁塔四个面辅材未安装完毕之前，不得拆除临时拉线。塔腿主材吊装时，可仅设置 45 度方向临时拉线，吊装斜材及水平材时，增设横线路/顺线路方向临时拉线。拉线布置图如图 2-7-2-28 和图 2-7-2-29 所示。

塔腿组立时应选择合理的吊点位置，吊面时在吊点处采取补强措施，如图 2-7-2-30 所示。

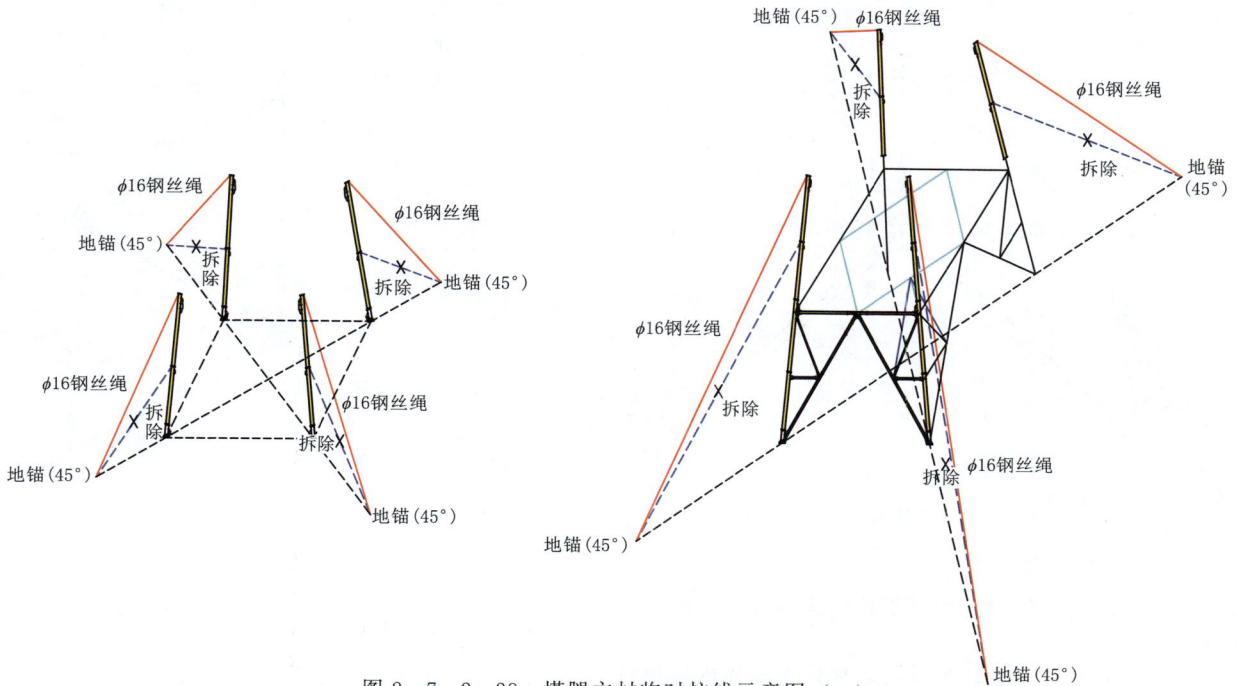

图 2-7-2-28 塔腿主材临时拉线示意图（一）

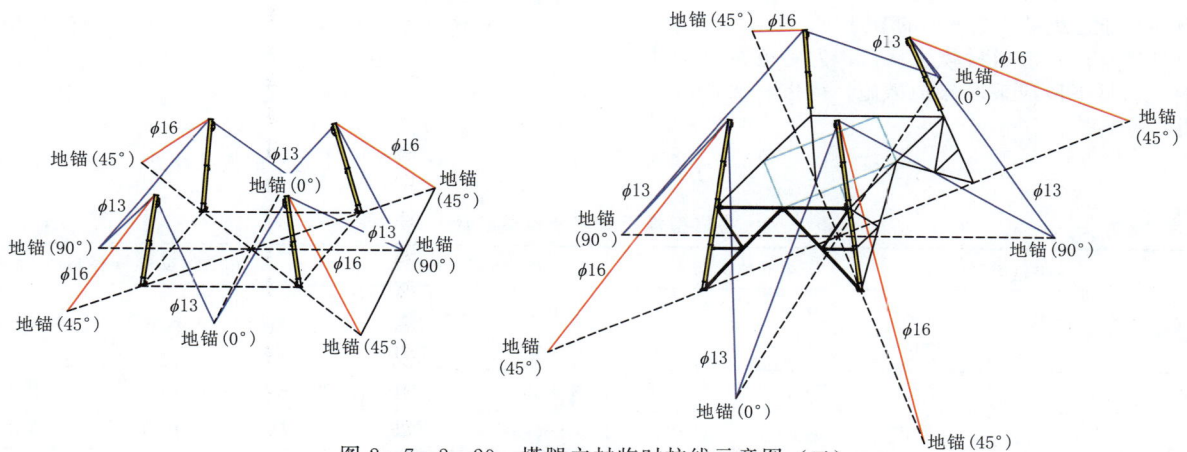

图 2-7-2-29 塔腿主材临时拉线示意图（二）

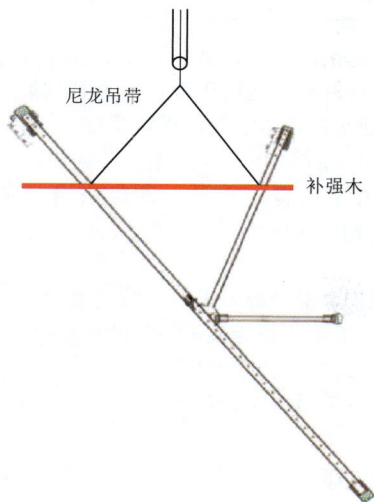

图 2-7-2-30 补强木

第三节 吊　装　作　业

一、塔身吊装

（1）两侧平衡吊装中，应使吊件同步离地、同步提升、同步就位，减少抱杆承受的不平衡弯矩，如图 2-7-3-1 所示。

（2）铁塔塔片应组装在摇臂的正下方，以避免吊件对摇臂及抱杆产生偏心扭矩。如受场地限制，起吊时起吊构件偏离抱杆轴线夹角不大于 5°。

（3）塔材接近就位时，应用起伏滑车组调整塔片就位，不得用压控制绳的方法。

（4）两侧塔片安装就位后，应将吊点绳和起吊滑车组保持不动，随即起吊塔体另两侧面的斜材和水平材。待塔

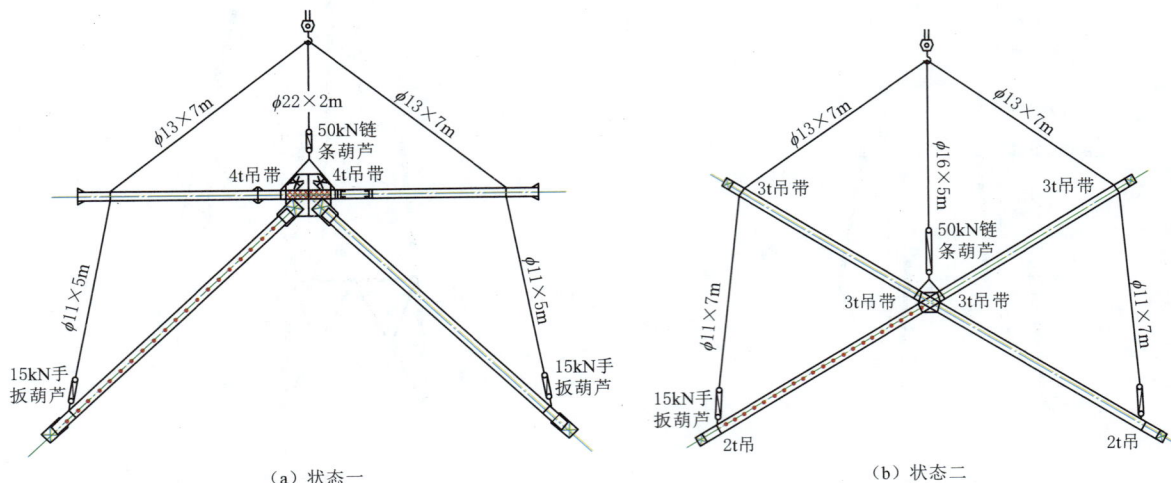

（a）状态一　　　　　　　　　（b）状态二

图 2-7-3-1　吊"面"示意图

体四侧斜材及水平材安装完毕且螺栓紧固后方可拆除起吊索具。

（5）组立塔腿以上各段塔体时，抱杆在塔体内应按规定设置腰环，腰环间距应满足抱杆稳定的要求，且上道腰环应位于已组塔体上平面的节点处。

（6）塔身段一般斜材较主材长，为避免起立时损坏斜材，斜材下段应采取保护措施，待塔材离地后，再行拆除。

二、横担吊装

由于本工程各塔型横担普遍重量大、长度长，横担吊装是此次铁塔组立的重点和难点。

（1）铁塔横担与塔身连接方式。采用导线横担分开吊装，起吊顺序为先导线横担、后地线支架。起吊时应缓慢启动两台牵引机，确保两侧塔件同步离地、同步提升、同步就位，减少抱杆承受的不平衡力矩。

（2）各塔型横担长度及重量统计见表 2-7-3-1。

表 2-7-3-1　　　　　　　　　　各塔型横担长度及重量统计

塔型	单侧横担内侧		单侧地线支架		单侧横担外侧		吊装（按 3.5t 控制）		
	重量/t	长度/mm	重量/t	高度/mm	重量/t	长度/mm	横担内侧	地线支架	横担外侧
SZJ27101	3640.3	8345	711.3	3700	2774.95	9300	整吊减铁	整吊	整吊
SJ27101	3890.6	8094	880.65	11911	1045.3	11625	整吊减铁	整吊	整吊
	7267.5	10964	1663.25	18650	657.85	6925	分片吊装	整吊	整吊

（3）针对于横担长度大于摇臂抱杆臂长的塔型需要使用辅助抱杆或地线支架进行吊装。利用摇臂起吊 15m 人字辅助抱杆，安装在铁塔横担辅助抱杆内侧支承用孔处，边横担近塔身段利用人字辅助抱杆分段、分片吊装，重量控制在 8t 以内。当吊件接近就位点时，利用起伏滑车组调节人字抱杆倾角，方便吊件就位。采用四点起吊的方式。

（4）直线塔横担的吊装如图 2-7-3-2 所示。

（5）耐张塔横担的吊装如图 2-7-3-3 所示。

三、抱杆拆除

（1）抱杆拆除流程。抱杆拆除流程如图 2-7-3-4 所示。

（2）利用主抱杆主杆拆除摇臂。

1）收紧起伏滑车组，将摇臂收至垂直状态。

2）利用提升抱杆逆向程序，将抱杆摇臂下降至地线顶架上平面处，方便作业人员拆除摇臂。

3）在抱杆顶部的起吊导向滑轮上布置 φ15.5 钢丝绳，一端绑扎于摇臂上，另一端经塔身导向滑车、抱杆底座导向滑轮引至绞磨，拆除保险绳、起伏滑车组等。

4）利用绞磨配合拆除摇臂下放至地面。

（3）主杆拆除步骤为液压顶升的反程序。

（4）抱杆拆散后的注意事项。

1）抱杆拆散后由工程技术人员和专业维修人员进行检查。

2）检查完毕后，对缺陷、隐患进行修复后，再进行防锈、刷漆处理。

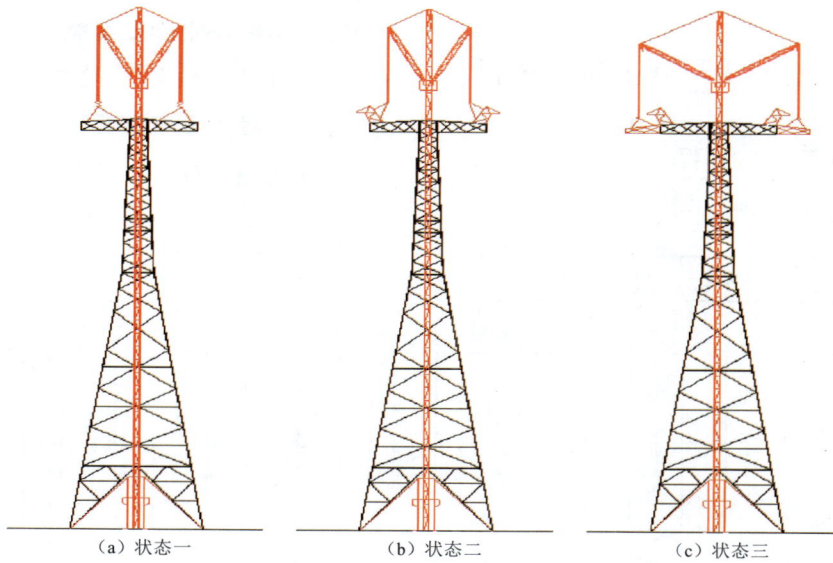

（a）状态一　　　　　　（b）状态二　　　　　　（c）状态三

图 2-7-3-2　两侧同时整体吊装直线塔横担示意图

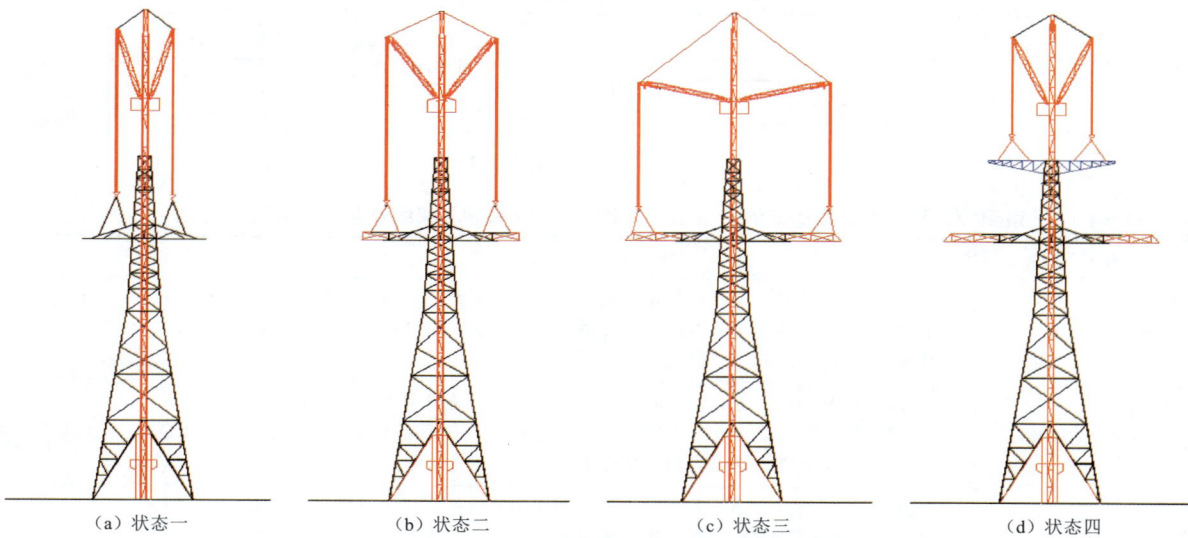

（a）状态一　　　（b）状态二　　　（c）状态三　　　（d）状态四

图 2-7-3-3　两侧同时整体吊装耐张塔横担示意图

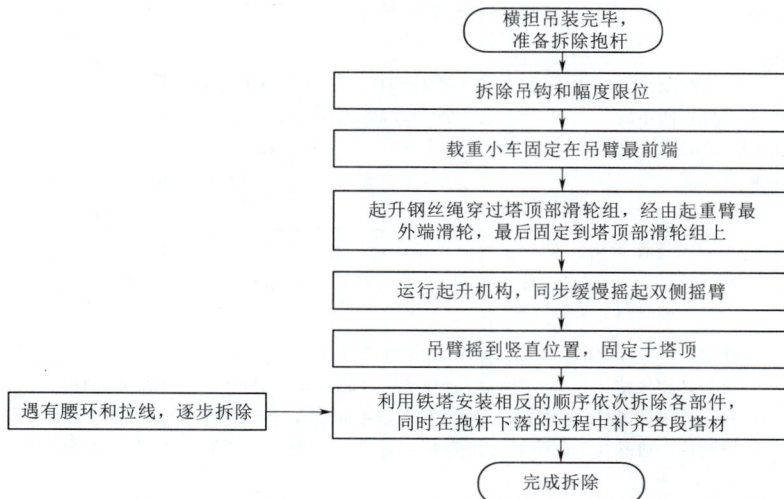

图 2-7-3-4　抱杆拆除流程图

第四节 架线施工方法与施工机械选择

一、张力架线施工工艺流程

张力架线施工工艺流程如图 2-7-4-1 所示。

二、架线及附件安装施工方法

架线及附件安装施工方法见表 2-7-4-1。

三、放线主要工器具选择

（一）线路参数

导地线及光缆的相关参数见表 2-7-4-2。

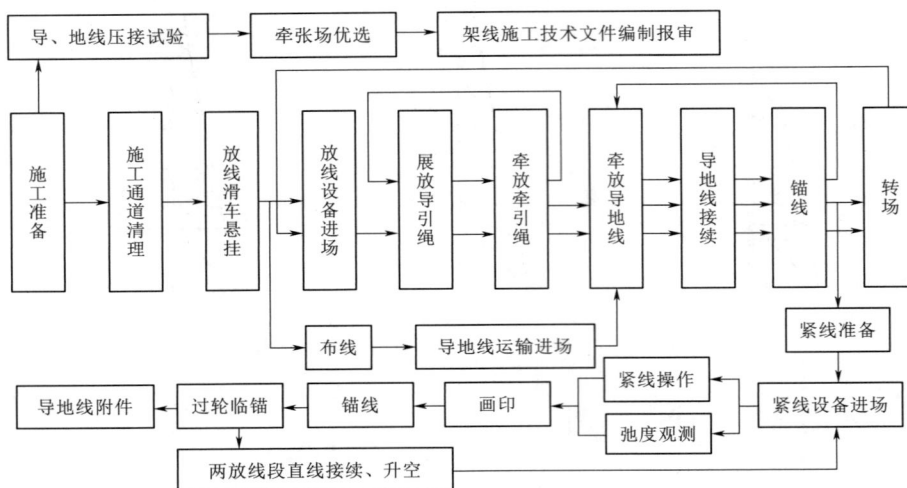

图 2-7-4-1 架线施工流程图

表 2-7-4-1 南阳-荆门-长沙特高压交流架空输电线路工程（7标段）架线及附件安装施工方法

序号	施工项目	施工方法	主要施工机具选择
1	牵张场选取	架线施工前结合图纸及现场情况进行优选。张力架线应考虑导线过滑车次数不宜过多，否则会影响导线的放线质量，放线长度一般应控制在 6～8km，过滑车次数控制在 20 次以内	
2	跨越电力线施工	跨越的 10kV 及以下电力线采取搭设钢管（木质）跨越架进行带电跨越施工；当跨越 35kV 及以上电力线优先采用停电跨越的方式进行施工，若无法停电时，按带电跨越的方法进行跨越施工	索桥式/格构式跨越架
3	其他跨越物	跨越的一般公路、等级公路、通信线等利用钢管或抱杆搭设跨越架并用安全网封顶进行跨越施工；全线采用无人机展放引绳技术进行导引绳的悬空展放，在跨越经济作物、林区利用抱杆或钢管分段搭设跨越架进行跨越施工。导引绳展放时先展放轻型引绳，然后利用引绳牵引导引绳，尽量减少青苗赔偿的损失	无人机、钢管
4	导地线展放方法	张力架线时，导线采用 2×一牵四放线模式，即采用 2 台牵引机和 2 台四线张力机，同步展放八根子导线。展放方法为：用无人机展放 φ4 迪尼玛-φ10 迪尼玛绳-φ16 迪尼玛绳-φ16 牵引绳-φ28 牵引绳，然后用 φ28 牵引绳一牵四展放导线。地线采用一牵一方式进行张力架线，牵引绳采用 φ16。展放时按先地线，后导线的原则进行	PWS-280 牵引机 SAZ-40×4 张力机 SAQ-75 牵引机 SAZ-30×2 张力机
5	OPGW 光缆展放方法	OPGW 光缆采用一牵一专用牵张设备进行张力架线。由于 OPGW 光缆受盘长的限制，很难与导线同场展放，根据现场实际情况尽可能地选择同场展放，无条件时与导线分开展放	SAQ-75 牵引机 SAZ-30×2 张力机
6	放线滑车悬挂	OPGW 光缆采用 HC1-φ916/110mm 单轮挂胶放线滑车，并与其金具串的合适金具相连接。并与其金具串的合适金具相连接。导线采用 HC5-φ916×125mm 五轮挂胶放线滑车，放线滑车与导线绝缘子串上的合适金具相连接或采用其他方法悬挂，耐张塔采用定长索具悬挂双滑车，两滑车之间采用刚性连接	HC1-φ916/110 单轮挂胶放线滑车 HC5-φ916/125 五轮挂胶放线滑车

序号	施工项目	施 工 方 法	主要施工机具选择
7	导引绳展放	采用无人机展放初级导引绳，其余用张牵机进行展放	$\phi4$、$\phi10$、$\phi16$ 导引绳
8	紧线	导地线采取直线塔紧线、耐张塔高空断线、平衡挂线方式；断线、压接均在高空作业平台上进行；弛度观测以平行四边形法为主，角度法为辅	双滚筒绞磨
9	附件	附件提线使用四套二线提线器，利用铁塔施工眼孔双侧起吊，以防止横担头受扭；附件前在耐张段内每基铁塔上同时对导地线划印，按连续倾斜档的让线值计算软件程序进行让线值计算，并按让线值进行让线安装	二线提线器
10	间隔棒安装	利用作业人员在高空导线上测距，高空安装间隔棒	激光测距仪
11	导地线连接	全部采用液压连接的方法，直线接续管采取张力场集中压接，耐张管采取空中压接	300t 液压机压接导线

表 2-7-4-2　普通导地线及光缆的相关参数

线别	型号	直径/mm	截面/mm²	单重/(kg/m)	破断力/kN
导线	JL/G1A-630/45	33.8	673	2.0784	150.2
光缆	OPGW-185复合光缆	18.5	186.5	1.284	218.4

通过表 2-7-4-2 综合考虑，选取 8×JL/G1A-630/45 导线、OPGW-185 光缆作为计算模型。

（二）放线机具选择

架线主要施工机具的准备按照相关要求进行选择，具体参数如下：

1. 牵引绳选择

"一牵四"的牵引绳的综合破断力 Q_P 要求如下：

$$Q_P \geq K_q m T_P = 0.6 \times 4 \times 150.2 \times 0.95 = 342(kN)$$

式中　m——同时牵放子导线的根数；

T_P——被牵放导线的保证计算拉断力，kN，保证计算拉断力 T_P 为计算拉断力的 0.95 倍，JL/G1A-630/45 型钢芯铝绞线的破断力为 150.2kN。

根据牵引绳的综合破断力要求，选择牵引绳最大破断力必须大于或等于 342kN，牵引绳可选用我公司现有的 $\phi28$mm（型号为 YL28-18×29Fi）抗扭型钢丝绳（每条长度约 500m，钢丝公称抗拉强度等级 1960N/mm²，破断力为 520kN）。

结论：$\phi28$ 型牵引绳额定综合破断力大于牵引绳计算最小综合破断力，$\phi28$ 型牵引绳符合要求。

2. 导引绳选择

导引绳的综合破断力 P_P 要求

$$P_P \geq Q_P/4 = 520/4 = 130(kN)$$

根据导引绳的综合破断力要求，选择导引绳最大破断力必须大于或等于 130kN，导引绳可选用 $\phi16$mm 抗扭型钢丝绳（每条长度约 1000m，钢丝公称抗拉强度等级 1960N/mm²，破断力为 158kN）。

结论：$\phi16$ 型无扭编织牵引绳额定综合破断力大于导引绳计算综合破断力，$\phi16$ 型导引绳符合要求。

3. 主牵引机选择

本标段以河网、泥沼、平地为主，但跨越较多，K_P 取值为 0.3。以 JL/G1A-630/45 型钢芯成型铝绞线的计算拉断力为 150.2kN 作为机械选择的主要导线。

"一牵四"主牵引机的额定牵引力可按下式选用：

$$P \geq m K_P T_P$$

式中　P——主牵引机的额定牵引力，kN；

m——同时牵放子导线的根数；

K_P——选择主牵引机额定牵引力的系数，可取 K_P=0.2～0.3，根据具体的地形地貌条件选用相应的系数，本标段取 K_P=0.3；

T_P——被牵放导线的保证计算拉断力，kN；保证计算拉断力 T_P 为计算拉断力的 0.95 倍。

主牵引机的卷筒槽底直径应不小于牵引绳直径的 25 倍。

经计算，$P \geq 4 \times 0.3 \times 150.2 \times 0.95 = 171$（kN），卷筒槽底直径 $\geq 25 \times 28 = 700$（mm），故选择型号为 PWS-280 的主牵引机。该型号主牵引机最大牵引力 P_m=300kN，持续牵引力 P_e=250kN，卷筒槽底直径 960mm，通过抗弯连接器直径 75mm。

结论：$P_e > P$，$D_e > D$，选用的 PWS-280 型牵引机符合要求。

主牵引机技术参数见表 2-7-4-3。

表 2-7-4-3　主牵引机技术参数表

机别	最大间断牵引力/kN	持续牵引力/kN	持续展放速度/(km/h)	轮径/mm	外形尺寸/m	自重/t
PWS-280	300	250	5	960	5.8×2.37×2.6	11.2

4. 主张力机选择

主张力机单根导线额定制动张力可按下式选用：

$$T = K_T T_P$$

式中　T——主张力机单导线额定制动张力，kN；

K_T——选择主张力机单导线额定制动张力的系数，K_T=0.12～0.18，根据具体的地形地貌条件选用相应的系数，本标段取 $K_T=0.18$。

主张力机的导线轮槽底直径应满足下式：

$$D \geqslant 40d - 100\text{mm}$$

式中　D——张力机的导线轮槽底直径，mm；
　　　d——被展放的导线直径，mm。

导线尾部张力保持满足：

$$1000 < T_w < 2000$$

式中　T_w——导线的尾部张力，N。

经计算 $T=0.18 \times 150.2 \times 0.95 = 25.65$（kN），$D \geqslant 40 \times 33.8 - 100 = 1252$（mm），可选择型号为 SAZ-40×4，额定制动张力 4×40kN，导线轮槽底直径为 1500mm 的一张 4 张力机共计 2 台配合放线。

结论：$T_e > T$，$D_e > D$，选用的 SAZ-40×4 型张力机符合要求。

主张力机技术参数见表 2-7-4-4。

表 2-7-4-4　　　　　　　　　主张力机技术参数表

机别	最大间断张力/kN	持续张力/kN	持续展放速度/(km/h)	轮径/mm	外形尺寸/m	自重/t
SAZ-40×4	4×50	4×40	5	1500	5.5×2.4×2.9	13.5

5. 与牵引绳相关连接器的选择

牵引绳的使用安全系数为 3.0，牵引绳综合破断力 Q_P 经计算为 342kN，则与牵引绳相关连接器最大使用负荷为

$$H_{max} = Q_P/K = 342/3 = 114\text{(kN)}$$

选用 SLU-250 型抗弯连接器，其额定荷载为 250kN（牵引绳间连接）。选用 SLX-320 型旋转连接器，其额定荷载为 320kN（牵引绳与走板连接）。导线走板选用 SZ4B-25 型四线走板，其额定负荷为 250kN。

结论：以上机具均满足要求。

6. 与导线相关连接器的选择

每根导线的最大负荷为

$$D_{max} = H_{max}/n = 114/4 = 28.5\text{(kN)}$$

选用单头导线网套连接器 SLW-80，其额定负荷均为 80kN。SLX-80 型旋转连接器（导线与走板连接），其额定负荷为 80kN。

结论：以上机具均满足要求。

7. 与导引绳相关连接器的选择

导引绳的使用安全系数为 3.0，则最大使用负荷为

$$P_{max} = P_1/K = 158/3 = 52.67\text{(kN)}$$

选用 SLU-80 型抗弯连接器（导引绳间连接）、SLX-8 型旋转连接器（牵引绳与导引绳连接），其额定负荷均为 80kN。

结论：以上机具均满足要求。

8. 小牵引机选择

小牵引机的额定牵引力可按下式选择：

$$P \geqslant 0.125 Q_P$$

式中　P——小牵引机的额定牵引力，kN；
　　　Q_P——牵引绳的综合破断力，kN。

经计算 $P \geqslant 1/8 \times 342 = 42.75$（kN），可选择现有的型号为 SAQ-75、额定牵引力 75kN 的小牵引机。卷筒槽底直径 $\geqslant 25 \times d$ 牵引绳直径=25×16mm=400mm，选用 SAQ-75 型牵引机（连续牵引力 75kN，卷筒槽底直径 500mm），可满足放线的需要。

结论：选用的 SAQ-75 型牵引机符合要求。

9. 小张力机选择

小张力机的额定制动张力可按下式选择：

$$t \geqslant 0.067 Q_P$$

式中　t——小张力机的额定制动张力，kN。

经计算，$t \geqslant 1/15 \times 342 = 22.8$（kN），可选择现有的型号为 SAZ-30×2，运行制动张力 30kN；卷筒槽底直径 $\geqslant 25 \times d$ 牵引绳直径=25×30mm=750mm，选用 SAZ-30×2 型张力机（卷筒槽底直径 1500mm），可满足放线的需要。

结论：选用的 SAZ-30×2 型张力机符合要求。

10. 导、地线滑车选择

根据《放线滑轮基本要求、检验规定及测试方法》（DL/T 685—1999）对放线滑车的槽底直径要求，导线放线滑车采用 ϕ916 型滑车五轮放线滑车，在转角超过 30° 的转角塔，宜采用加强型滑车。在转角 40° 以上的转角塔，应采用加强型滑车。在垂直挡距较大的塔位，也可采用加强型滑车。光缆采用外径为 ϕ916 单轮放线滑车。

假设工程最大垂直挡距为 1000m，则导线放线滑轮所受的下压力为

$$N_1 = nLhg_{导} = 4 \times 1000 \times 2.0784 \times 9.8/1000 = 81.47328\text{(kN)}$$

光线放线滑轮所受的下压力为

$$N_1 = Lhg_{地} = 1000 \times 1.284 \times 9.8/1000 = 12.5832\text{(kN)}$$

导线选用的 HC5-ϕ916×125mm 型五轮放线滑车额定荷载 120kN，符合放线受力要求。光线可采用外径为 HC1-ϕ916×110 单轮放线滑车，符合放线受力要求。

结论：选用的导、地线、光缆放线滑车符合要求。

11. 导线滑车专用挂具的选择

本工程直线塔、直线转角塔采用悬垂绝缘子串下方使用专用联板挂设放线滑车，联板加工为梯形，板厚 24mm，材质为 Q345，其承载能力 550kN（经电科院做拉力试验）；两个五轮滑车采取等距悬挂的方式，挂于联板下部对称的两个挂孔上，如图 2-7-4-2 所示。

经以上计算，每个导线放线滑车承受最大下压力荷载为 81.47328kN，则专用挂具承受最大下压力荷载为：$81.47328 \times 2 \approx 162.946$（kN）$< 550$kN。

结论：选用的滑车专用挂具符合要求。

12. 联板加工及使用注意事项

（1）联板加工为梯形，板厚 24mm，材质为 Q345，其承载能力 550kN；两个五轮滑车采取等距悬挂的方式，

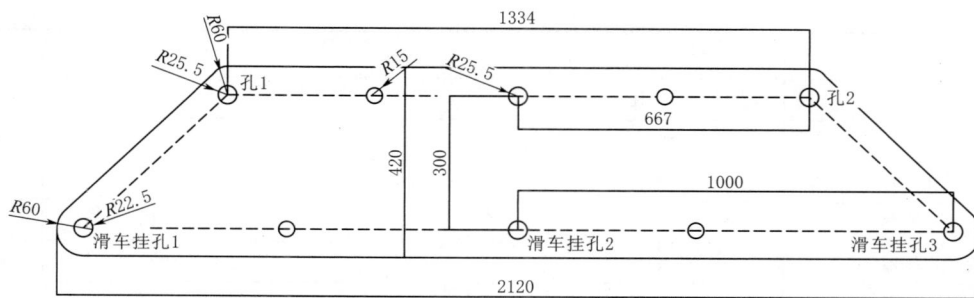

图 2-7-4-2　连板示意图（单位：mm）

挂于联板下部对称的两个挂孔上；联板上部两边挂孔与金具联板中心大孔连接，孔径为 51mm，加装加强管，以保证受力安全。

（2）为便于滑车与联板一起起吊悬挂，在联板上部中间挂孔正下方的联板中心轴线方向设置吊装施工孔。

（3）滑车在地面与联板组装好，钢丝绳套与吊装施工孔连接，通过绞磨将滑车与联板一起吊装于金具挂板上连接。

（4）联板的各个挂孔应采取加强焊接，以防止受力产生豁口。

13.主要架线施工机具

主要架线施工机具见表 2-7-4-5。

表 2-7-4-5　　主要架线施工机具一览表

序号	机具名称	规　格	单位	数量	主要参数及用途	配置方式
1	大牵引机	PWS-250	台	4		自有设备
2	大张力机	SAZ-40×4	台	4		自有设备
3	小牵引机	SAQ-75	台	4		自有设备
4	小张力机	SAZ-30×2	台	4		自有设备
5	导引绳	φ16	km	240	每盘 1km	自有设备
6	牵引绳	φ28	km	50	每盘 0.5km	自有设备
7	导线轴架车		套	24		自有设备
8	钢丝绳轴架车		套	20		自有设备
9	导线锚线架	1锚2	个	64		自有设备
10	挂胶锚线绳		根	256		自有设备
11	挂胶锚线钢丝套		根	128		自有设备
12	抗弯连接器	SLU-50	个	240	额定负荷 80kN	自有设备
13	抗弯连接器	SLU-250	个	50	额定负荷 250kN	自有设备
14	走板（一牵四）	28t 单调式	套	8	滑车厂家制造（特制）	自有设备
15	压接机	300t	台	20	配套钢模	自有设备
16	压接机	HPE-3（200t）	台	8	配套钢模	自有设备
17	导线压接轨道		个	6	压接机配套	自有设备
18	单轮放线滑车	HC1-φ916×110	个	80	地线	自有设备
19	单轮放线滑车	HC1-φ916×110	个	80	光缆	自有设备
20	挂胶五轮放线滑车（导线）	HC5-φ916×125	只	600		自有设备
21	卡线器	与导线匹配	个	400		自有设备
22	牵引绳卡线器	SKF220	个	12		自有设备
23	导引绳卡线器	SKF70	个	24		自有设备

续表

序号	机具名称	规　　格	单位	数量	主要参数及用途	配置方式
24	卡线器	光缆用	个	8		自有设备
25	卡线器	地线	个	8		自有设备
26	导线提线器	一提二	副	140		自有设备
27	导线分离器		个	8	八分裂导线用	自有设备
28	旋转连接器	SLX-80	个	42	额定负荷80kN	自有设备
29	旋转连接器	SLX-50	个	8	额定负荷50kN	自有设备
30	旋转连接器	SLX-250	个	8	额定负荷250kN	自有设备
31	旋转连接器	SLX-320	个	8	额定负荷320kN	自有设备
32	压线滑车	SYH-5	个	20	额定负荷50kN	自有设备
33	接地滑车	SJDL-100	个	22	铝轮	自有设备
34	跨越架		副	4		自有设备
35	对讲机	TK378-2.5	台	120		自有设备
36	车载台		台	4		自有设备
37	平衡过渡钢丝绳等		套	42		自有设备
38	液压断线钳	J50	把	14		自有设备
39	剥线器	ACSR-1000	把	20		自有设备
40	网套连接器	单头	副	56		自有设备
41	抗弯旋转连接器	SLKX-80	副	18		自有设备
42	高处作业平台		个	20		自有设备
43	网套连接器	单头	付	56	导线	自有设备
44	牵引头		个	100	三跨地区牵引导线用	自有设备
45	地锚	15T	个	24		自有设备
46	地锚	10T	个	120		自有设备
47	地锚	5T	个	120		自有设备
48	手扳葫芦	TSH3	只	80		自有设备
49	手扳葫芦	TSH6	只	120		自有设备
50	手扳葫芦	TSH9	只	40		自有设备
51	液压紧线器		套	8		自有设备
52	压接管护套	WH-630	套	288	与导线配套	自有设备
53	双滚筒机动绞磨	JM-5	台	16		自有设备
54	专用软梯	15m	副	120		自有设备
55	八旋翼无人机		台	4	跨越处飞绳用	自有设备
56	φ4迪尼玛绳		km	120		自有设备
57	φ10迪尼玛绳		km	80		自有设备
58	φ16迪尼玛绳		km	80		自有设备
59	激光测距仪	1000m	个	14		自有设备
60	滑车挂板		套	100		自有设备
61	吊车	50t	台	1	张力场	租赁设备
62	吊车	25t	台	1	牵引场	租赁设备

第五节　架线紧线与附件安装

一、施工程序

架线施工作业流程如图 2-7-5-1 所示。

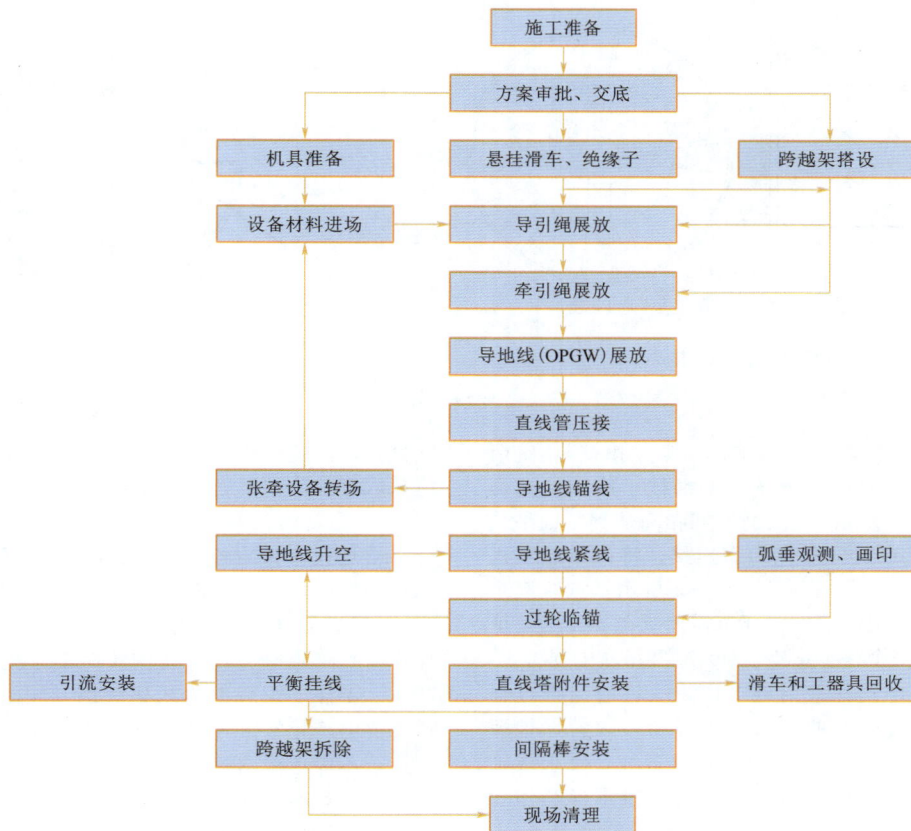

图 2-7-5-1　架线施工作业流程图

对牵张场进行选择。放线区段的长度一般以 6～8km 为宜，导线通过放线滑车数量应控制在 16 个以内，最多不得超过 20 个。最终方案根据现场的实际情况组织技术人员进行合理优化，并报监理工程师审批后确定。

2. 牵张场的布置要求

（1）通往牵张场的道路应平整，并保证运输车辆、吊车、设备能到达目的地。对运输条件较差的牵张场地道路应予以修整，修整后的道路宽度不应小于 4m，弯道转弯半径不小于 8m，坡度不大于 15°。对牵张设备和车辆经过的桥进行鉴定，采取相应措施。

（2）临锚地锚与邻塔导线悬挂点的仰角不得大于 25°。

（3）三台张力机应平行布置，在保证安全的前提下，尽可能缩小两张力机的距离。

（4）牵张机或转向滑轮与邻塔导线悬挂点的仰角不宜大于 15°，与导线的水平夹角不宜大于 5°。

（5）牵张场的所有地锚均应回填夯实，并采取措施

二、牵张场布置与机械材料就位

（一）牵张场的布置要求

1. 牵张场及放线区段的确定

根据《1000kV 架空输电线路施工及验收规范》（Q/GDW 1153—2012）规定的原则，结合本工程的特点，施工过程中应对沿线的交通情况、地形情况等详细调查后

防止积水或雨淋浸泡。

（6）牵张机采用两个 9t 手扳葫芦与地锚连接。

（二）机械材料运输

1. 导线的运输

本工程采用 8×JL/G1A-630/45 型导线，导线单位重为 2.078kg/m，导线长度为每轴 2500m，净重为 5.2t。导线采用 PL/4 2600×1500×1900 型全钢瓦楞结构线轴包装。

（1）线轴的吊装。可拆卸式全钢瓦楞结构线轴具有重量大（毛重最大可达 11t）、体积大特点，在施工中吊装、运输有一定的难度，严格执行运输方案为保证线轴的吊装质量及运输的安全，根据线轴的特点，线轴吊装采用专门设计的槽钢吊架使用 25t 汽车起重机吊装。

在起吊前使用特制的吊装架，保证在起吊过程中线轴侧板不受挤压。可拆卸式全钢瓦楞结构线轴吊装需采用钢结构吊架（撑铁），如图 2-7-5-2 所示。

（a）撑铁加工

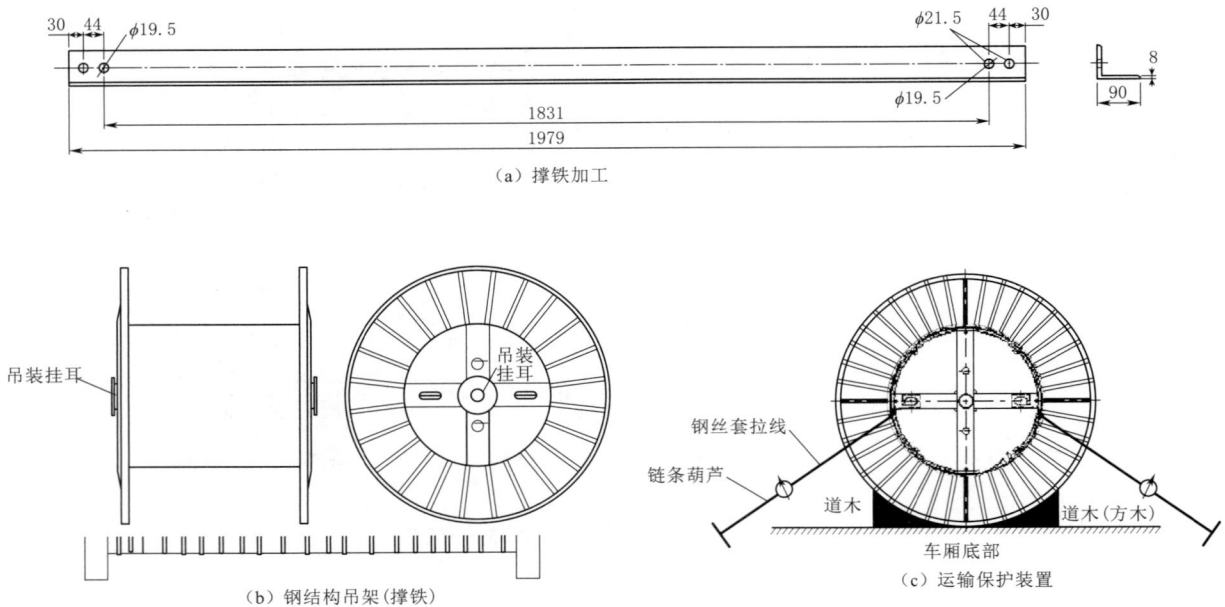

（b）钢结构吊架（撑铁）

（c）运输保护装置

图 2-7-5-2　导线运输（单位：mm）

装载线轴在吊装使用专用钢结构吊架（撑铁），将两根 φ15.5×4m（折成双股）钢丝套分别挂于线轴的挂耳处，如图 2-7-5-2 所示，用 50kN 卸扣与从钢结构吊装架上两端伸出来的 φ21×7m 钢绳套连接，将汽车起重机吊钩连于吊架圆环中，如图 2-7-5-2 所示。汽车起重机吊装线轴是工程运用中的重要环节需要规范操作，持证上岗以保证吊装的安全、有效减小对线轴和吊套的损害。

（2）运输过程中的保护措施。在装线轴的运输过程中，需在侧板这下方安装曲率与侧板外径一致的保护装置（道木）。将线轴吊装在卡车的重心位置处，要求线轴立放，严禁平放，线轴底部前后侧分别用道木（200mm×200mm×2200mm）衬垫，使线轴距离车箱底部 50～80mm，以防线轴与车箱底单点受力后，造成线盘边缘局部变形。线轴前后侧道木（方木）用 4 股 8♯铁丝提前缠绕在道木上，待线轴就位后，用小尖撬杠将铁丝绞紧，在线轴两侧各用两根不小于 φ13 的钢丝套、3t 链条葫芦收紧，钢丝套的一端安装在线轴上另一端安装在车厢上。防线轴在运输过程中滑动及倾倒。

（3）线轴存放保护措施。线轴的存放中应避免摔碰、冲击、损坏。装载后的交货盘侧板应保持与地面处于垂直状态。拆卸后的交货盘堆放高度不宜过高以避免各部件的变形和损坏。

2.合成绝缘子的运输

合成绝缘子吊装前保持原硬纸筒包装储存、运输，装卸须通过斜面跳板和尼龙绳缓慢装、卸车，人力抬运时中间必须有抬起受力点，防止弯曲。堆放高度满足厂家要求并不超过 3m。

3.玻璃绝缘子的运输

对玻璃绝缘子（瓷质绝缘子）产品应整筐搬运，应轻拿、轻放、稳搬、稳码。严防撞击，严禁抛掷、翻滚、摇晃，以防瓷体损坏。对包装破坏或不全者，在装车前应采取有效防护措施。

4.金具的运输

金具在材料站检查后，仍然装箱运输，金具之间垫以草垫等软包装填充物，避免磨损、碰伤。

（三）线路跨越原则

（1）跨越电力线、通信线时要事先与有关部门取得联系，不停电跨越电力线架线前，应向运行部门书面提供不停电跨越施工方案并申请"退出重合闸"，落实后方可进行不停电跨越施工。

（2）跨越公路、铁塔时应与主管部门办理施工许可手续，且经批准后执行跨越施工方案。

三、放线滑车悬挂

（一）放线滑车悬挂原则

1.双滑车悬挂原则

（1）转角塔悬挂双滑车。

（2）垂直荷载超过滑车的额定工作荷载时。

（3）接续管及保护套过单滑车时的荷载超过允许值，可造成接续管弯曲时。

（4）放线张力正常后，导线在放线滑车上的包络角超过 30°时。

2.地线滑车悬挂

地线展放时全部利用其挂点金具悬挂 φ916 单轮尼龙滑车。地线的耐张塔的滑车采用 2φ15.5×1m 的钢丝套通过 50kN 卸扣挂在耐张塔地线挂点的施工孔上。

（二）直线塔单滑车的悬挂方式

悬挂直线塔 V 串（单双串）单滑车时，在导线联板上使用专用联板挂设放线滑车。滑车悬挂前，按照设计图纸要求将绝缘子金具串组装完成，并通过特制联板将滑车组装完成。在铁塔施工孔悬挂 5t 滑车，并在横担与塔身接触部位、塔脚处加装 5t 转向滑车，通过 φ15.5mm 磨绳连接至 5t 绞磨，作为提升放线滑车的主动力；在横担两个挂线点处悬挂滑车，丙纶绳一端与已组装好绝缘子金具串相连，另一端至人力。滑车提升时，绞磨作为主动力，随着滑车的提升，通过人力配合，逐步将绝缘子拉至挂线点处进行连接。悬挂时需注意两点：一是整个过程需由现场施工负责人指挥，以确保配合得当；二是确保两挂点处连接牢固前，绞磨不得熄火。

（三）直线转角塔放线滑车悬挂

直线转角塔采用悬垂绝缘子串下方使用专用联板挂设放线滑车，具体操作过程与直线塔悬挂放线滑车相同。导线包络角大于 30°的直线塔采用双滑车（前后双滑车，旨在减小滑车包络角）。具体操作如下：2 套铁塔＋100kN 卸扣（2 个）＋φ21.5×（7～8m）钢丝套＋100kN 卸扣（2 个）＋φ21.5×（2～3m）钢丝套＋100kN 卸扣＋放线滑车。两滑车之间用两根 100mm×5×2000mm 槽钢硬撑连接，如图 2-7-5-3 所示。放线过程中，分别在铁塔横担和塔身上各加装两根钢丝绳，利用手扳葫芦调整三个放线滑车距离，使放线滑车间距超过 1.5m。导线展放完毕后，紧线前将加装的钢丝绳去掉，并调整放线滑车的挂长，保证两个放线滑车高度一致，以便于紧线施工。

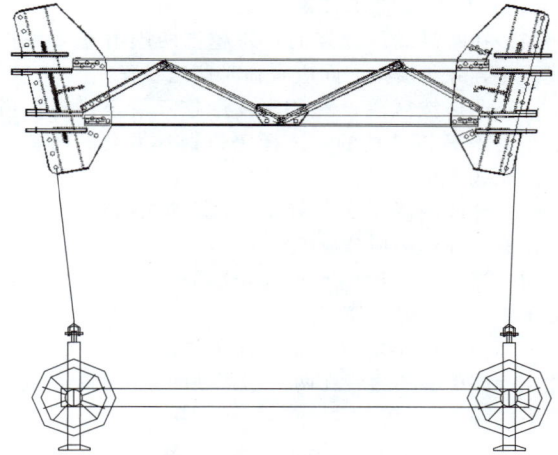

图 2-7-5-3　双放线滑车挂设示意图

转角塔导线放线滑车（单滑车）悬挂时，采用两根 φ21.5 钢丝绳在转角塔导线横担前后两侧放线施工孔上用 100kN 卸扣连接，如图 2-7-5-4 所示。

转角塔导线放线滑车（双滑车）悬挂时，通过一根 4m 长 φ21.5 钢丝绳套和 100kN 卸扣与转角塔导线放线施工孔相连。在导线横担前后侧各悬挂一个导线放线滑车，两滑车间用 100mm×5mm×2000mm 槽钢相连。

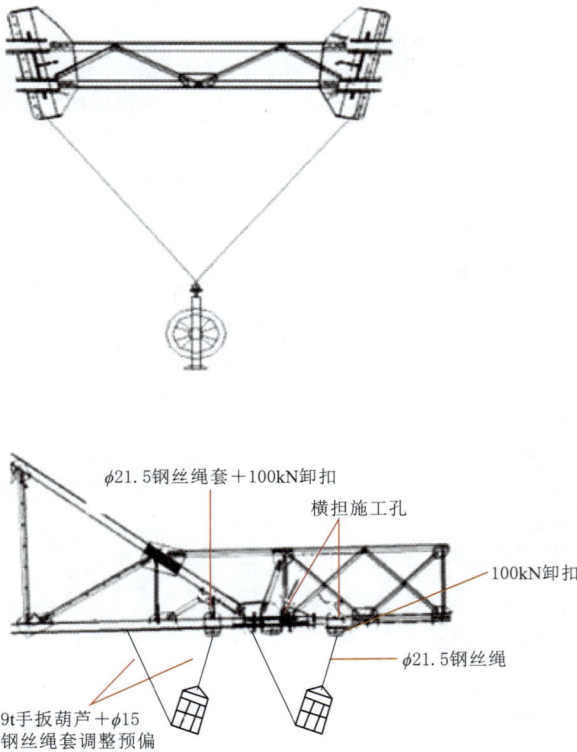

φ21.5钢丝绳套＋100kN卸扣

横担施工孔

100kN卸扣

φ21.5钢丝绳

9t手扳葫芦＋φ15钢丝绳套调整预偏

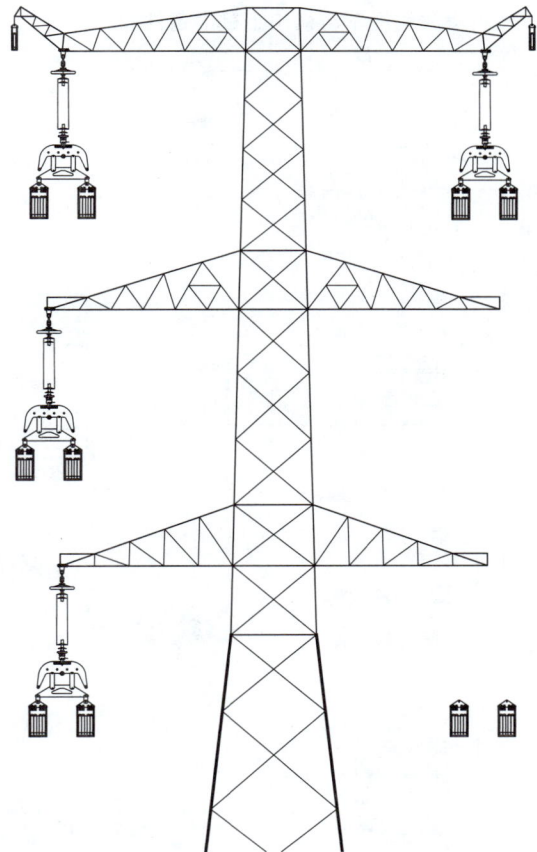

图 2-7-5-4　转角塔导线单滑车悬挂示意图

（四）挂滑车施工注意事项

（1）在跨越高压线路时，跨越挡两端滑车采用接地放线滑车，并与横担之间应临时接地装置。

（2）严格按区段设计要求，悬挂双滑车。转角塔前后滑车需不等长悬挂的，选择定长钢丝绳套子，准备对应塔号的压线滑车。

（3）合成绝缘子必须轻拿轻放，运输和施工过程中一定注意保证不磨损合成绝缘子。

（4）当放线区段内有重要跨越时，采用 $\phi21.5$ 钢丝绳套子将滑车做好二道保险。

（5）挂双滑车塔位，无论何种塔型，均应计算因临塔挂点高差引起的导线在两滑车顶处的高度差 Δh 或挂具长度 $\Delta\lambda$。

$$\Delta h = C\sin(\theta_B - \theta_A)/2$$

式中 C——横担上两挂点间的水平距离，m；

θ_B、θ_A——放线滑轮前后侧导线的悬垂角，(°)。

$$\Delta\lambda = \Delta h/\cos\eta_1$$

式中 η_1——滑轮外荷载合力线在过线路夹角二等分线的铅垂面上的投影与铅垂线间的夹角，(°)。

若大于 300mm 时，应使用不等长悬挂双滑车，长挂具要挂在导线悬垂角度大的一侧，短挂具要挂在导线悬垂角度小的一侧，以使前后两滑车包络角和受力相近。

（6）应验算转角塔放线滑车受力后是否与横担下平面相碰。转角塔放线滑车与横担不碰的条件如下：

$$\sin^{-1}\frac{H}{\sqrt{\left(W + G_H + \frac{1}{2}G_\lambda\right)^2 + H^2}} \leq 90° - \tan^{-1}\frac{\alpha}{2\lambda}$$

式中 H——转角塔放线滑车角度荷载的水平分力，N；

W——滑车的垂直荷载，N；

G_H——滑车自重力，N；

G_λ——滑车挂具自重力，N；

α——滑车轴向外轮廓宽度，m；

λ——滑车挂具长度，由横担挂点计算至滑车自身挂点，m。

四、张力放线

（一）牵张场的选择、布置

1. 施工区段的确定

根据 1000kV 架空输电线路铁塔组立施工工艺导则的规定，放线区段的长度一般以 6~8km 为宜，导线通过放线滑车数量应控制在 20 个以内。结合本工程的特点，施工过程中应对沿线的交通情况、地形等情况，经详细调查后选择放线区段。

2. 牵张场的选择、布置要求

（1）牵张机与邻塔导线悬挂点的仰角不宜大于 15°。

（2）牵、张场地形较平坦，能满足容纳放线所需设备、线轴的需要。

（3）牵引机、张力机、流动式起重机等机械能顺利（修桥、补路后）到达牵、张场。

（4）每个张、牵场事先埋好所有机械锚固地锚、导地线锚固地锚。

（5）大张、大牵一般布置在线路中心线上，张、牵机鼓轮对准出线方向，在保证安全的前提下，尽可能缩小两张力机的距离。

（6）牵张场的所有地锚均应回填夯实，并采取措施防止积水或雨淋浸泡。

3. 牵张场布置

（1）"2×（一牵四）"牵引场的布置如图 2-7-5-5 所示。

（2）"2×（一牵四）"张力场的布置如图 2-7-5-6 所示。

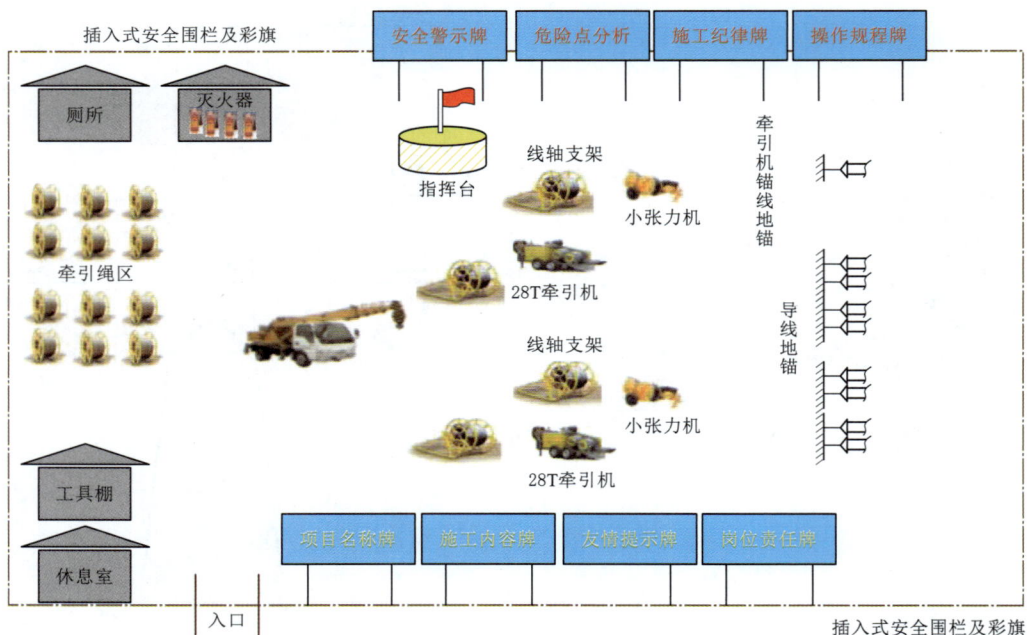

图 2-7-5-5 牵引场布置图

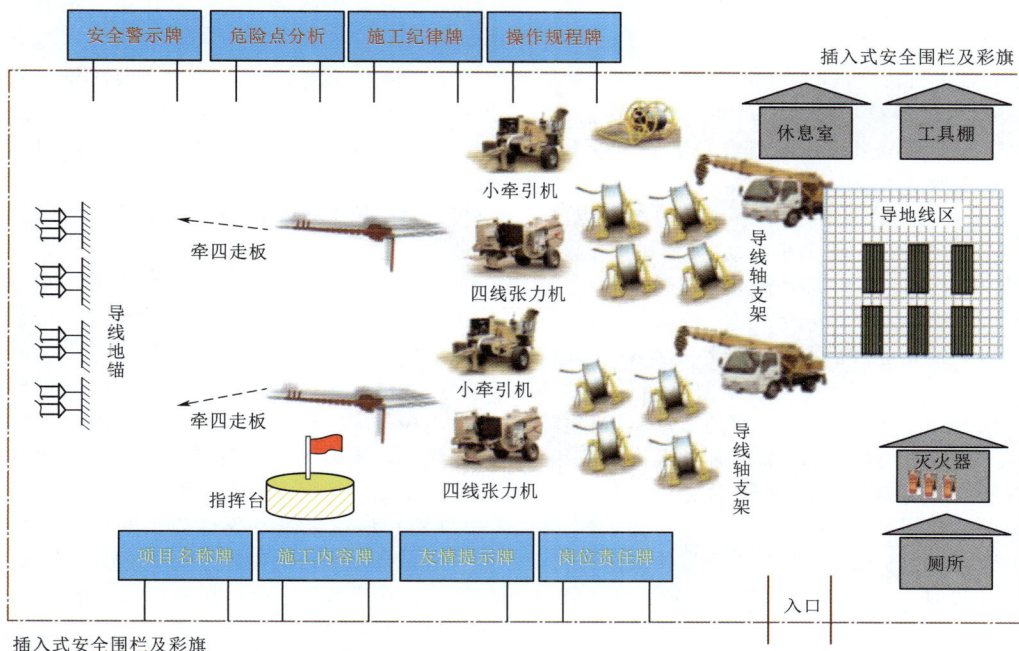

图 2-7-5-6　张力场布置图

（二）初级绳—导线展放程序

（1）无人机展放 $\phi4$ 初级导引绳，$\phi4$ 初级导引绳牵引 $\phi10$ 二级导引绳，用 $\phi10$ 二级导引绳牵 $\phi16$ 迪尼玛并将其放到相应的地线和导线滑车中。

（2）然后使用 $\phi16$ 迪尼玛牵引 $\phi16$ 导引绳，$\phi16$ 导引绳一牵一展放地线。

（3）在五轮导线滑车中间使用 $\phi16$ 导引绳牵引一根 $\phi28$ 牵引绳。

（4）使用 $\phi28$ 牵引绳牵引一牵二走板牵引两根导线。

（三）导地线展放工艺

1. "2×一牵四"张力展放导线施工工艺

本方法最初的导引绳展放施工与以往工程类似，用无人机展放 $\phi4$ 初级导引绳，$\phi4$ 初级导引绳牵引 $\phi10$ 二级导引绳，用 $\phi10$ 二级导引绳牵 $\phi16$ 迪尼玛，用 $\phi16$ 迪尼玛牵引 $\phi16$ 导引绳，然后利用 $\phi16$ 导引绳牵引一根 $\phi28$ 牵引绳牵到张力场。

2. 放线施工过程

地线采用耐张钢锚进行压接后通过（额定荷载不小于 50kN）旋转连接器和 $\phi16$ 导引绳连接进行牵引。

（1）开始牵放前应进行下列重点检查：

1）跨越架的位置和牢固程度。

2）场地布置和机械锚固情况。

3）临时接地是否符合要求。

4）岗位工作人员是否全部到岗，通信联络是否畅通。

5）导地线与牵引绳、牵引绳与导引绳之间等受力系统连接情况。

6）机械无载起动，空载运转后检查是否符合使用要求；需对液压油预热的机械，起动前应进行温车。

7）在所有放线滑车上牵引绳是否均位于正确槽位。

（2）按张力架线施工区段设计的要求调整好牵张机的整定值，调定一台张力机的控制张力并基本保持不变，另两台张力机随时随其调整张力，并配合默契。慢速牵引导线，张力机调整子导线张力，使走板保持平衡。当走板过第一基塔，并向第二基塔爬坡时，将张力调整到最小计算出口张力。导线调平后逐步调整至正常牵引速度，正常牵引速度控制在 30～60m/min。通过直线放线滑车时，适当降低牵引速度，通过转角放线滑车时，牵引速度应控制在 15m/min 之内，并应注意按转角滑车监视人员的要求调整子导线张力和牵引速度。牵引板通过转角滑车后，应检查牵引板是否翻转、平衡锤位置是否正确，牵引板发现有任何异常均需先停止牵引后，再调整或恢复。

（3）以下情况应减慢牵引速度：当走板距放线滑车约 30m 时；导线盘剩余约 50m 线时；集中压接，松锚后接续牵引前 30m；连接器到达牵引机前 10m 左右；导线换盘后继续牵引，至连接网套出张力机集中压接停机临锚止。

（4）牵放过程中应随时调整各子导线的张力机出口张力，使牵引板保持水平，平衡锤保持垂直（牵引板靠近转塔放线滑车时，牵引板平面与滑车轮轴方向基本平行），为防止多分裂子导线在牵放过程中相互跳、绞，宜使其中少数子导线弛度稍低于其他，而形成若干间隔。

3. 导线换盘和压接

（1）在张力放线过程中，导线尾线在线轴上的盘绕圈数、导引绳及牵引绳尾线在钢丝绳卷筒上的盘绕圈数均不得少于 6 圈，尾端应与线轴或卷筒固定。

（2）张力放线的直线压接宜在张力机前集中进行，集中压接作业程序如下：

1）线轴上剩 6 圈导线时停止牵引，张力机制动。

2）将尾线用 φ20 丙纶绳、卡线器临时锚固在轴架上（锚固力为导线尾部张力）；将线轴上的余线放出后换线轴；将放出的线尾与新轴线头用两个单头网套连接器及抗弯旋转连接器临时连接，将余线全部盘绕到新线轴上；恢复线轴制动，拆除尾线临锚。

3）打开张力机制动，牵引机慢速牵引，网套连接器到达压接操作点时停止牵引，张力机制动。

4）在压接操作点前将导线临时锚固（锚固力为放线张力）；打开张力机刹车，放出一段导线，拆除网套连接器，进行压接作业，压接完成后在接续管外安装保护套。

5）拆除临锚。拆除方法可以使用张力机回盘导线，也可以是预先在锚线工具中串入一个缓松器，用缓松器松锚（张力放线除了张力机回卷，就是通过手扳葫芦松锚，为提高效率就是采用张力机回卷。）临锚拆除后，打开张力机制动，继续牵引。

6）以一组张力控制机构同时控制 2 根导线放线张力的张力机，集中压接时，应将同组导线均锚在张力机前，再松线压接。

7）压接后的接续管安装保护钢甲后继续展放，对于导线直线管的钢甲在附件安装间隔棒时拆除；对于地线接续管钢甲在展放通过最后一基滑车后在高空拆除。

4. 预紧线及锚线

（1）每相导线/每根地线牵引到预定的锚线地锚后，牵引场导地线锚固采用如下方式：

1）导线采用：φ21.5mm 地锚套＋100kN 级卸扣＋3m 包胶临锚绳＋100kN 级卸扣→导线卡线器→导线。

2）地线采用：φ21.5mm 地锚套＋50kN 级卸扣＋3m 包胶临锚绳＋50kN 级卸扣→地线卡线器→地线。

导地线临时锚线水平张力最大不得超过导、地线保证计算拉断力的 16%，即导线不大于 52.8kN，地线不大于 28.6kN。锚线后导线距离地面不应小于 5m。

（2）一般情况下由于导地线放线张力较小弧度较大，为节省导地线，可在张力场断线之前采用 75kN 小牵引机和 φ16mm 导引绳进行导地线的预紧，预紧时采用卡线器连接单根导线后牵引，要求挡距中间选择一个较大的挡距进行弧度观测，导地线弧度大于设计弧度 1～2m 即可；预紧完成后可进行适当调整，同相各子导线锚线张力宜稍有差异，使子导线空间位置错开，避免发生线间鞭击。

五、紧线

（一）导线紧线次序

（1）子导线应对称收紧，尽可能先收紧放线滑轮最外边的两根子导线，避免滑车倾斜导致导线跳槽。

（2）宜先收紧张力较大弧垂较小的子导线。

（3）宜先收紧在线档中搭在其他子导线上的子导线。

（4）同档子导线应基本同时收紧，收紧速度不宜过快。

（二）紧线施工说明

（1）挂线、附件安装等作业的准备工作应在紧线前完成，以缩短紧线后导线在滑车中的停留时间，减轻导线损伤。

（2）操作人员需上导线作业时，须查明导线两端是否有可靠临锚，紧线过程中严禁登上导地线。

（3）紧线完毕，导、地线高空临锚完成后，应及时安装二道保护。

（4）跨越带电线路时，跨越处两端塔位的滑车均应接地。

（5）紧线前应重点检查现场布置、地锚埋设、工器具选用及连接、导地线接续管的位置、导地线有无跳槽和混绞情况。

（6）锚线时，应使紧线操作塔上的记印保持不变或窜动不多。

（7）紧线结束后，在有压接管的档内装设八线分线器，防止压接管鞭击损伤导线。

（三）地线紧线及附件施工顺序

（1）区段两端耐张塔打反向拉线。

（2）在张力场或牵引场一侧耐张塔完成高空临锚后，另一侧进行紧线、划印。

（3）由放线段中部直线塔向两侧附件安装。

（4）耐张塔挂线。

（四）紧线前准备工作

1. 终端耐张塔反向拉线

（1）紧线区段两端耐张塔需提前打反向拉线，拉线打在紧线段线路对应导、地线的延长线上，对地夹角不大于 45°。

（2）每相导线采用两套拉线形式，每套由 1 个 100kN 地锚连接两根 φ21.5 地锚套、2 个 60kN 手扳葫芦、2 根 φ15.5×300m 钢丝绳等组成，拉线上端用 φ15.5×1.5m 钢丝绳套打在专用挂孔上。

（3）地线采用一套拉线形式：1 个 50kN 地锚连接 1 根 φ21.5 锚套、1 个 6t 手扳葫芦、1 根 φ15.5×300m 钢丝绳固定在地线支架挂点主材。

2. 导线在地面锚线的耐张塔紧线

（1）适用条件：导线横担的一侧已挂好导线、另一侧已经打好平衡拉线，或一侧未挂线、另一侧已经打好平衡拉线；

（2）按图 2-7-5-7 所示方法将导线逐根升空，采用导线卡线器＋100kN 卸扣＋GJ-150 包胶钢绞线＋100kN 卸扣锁在挂点附近的施工孔上。

（3）耐张塔导线升空完成后，开展紧线工作。

（五）紧线段问题检查、处理

（1）检查各子导线在放线滑车中的位置，消除跳槽现象。

（2）检查子导线是否相互绞劲，如绞劲，需打开后再收紧导线。

（3）检查接续管位置，如不合适，应处理后再紧线。

（4）导线损伤应在紧线前按技术要求处理完毕。

（5）现场核对弧垂观测挡位置，复测观测挡挡距，设立观测标志。

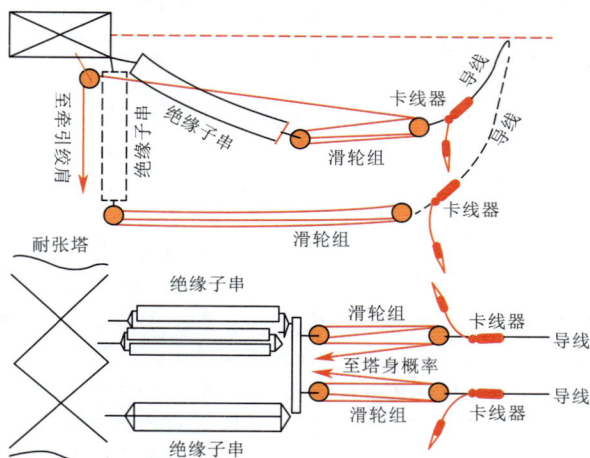

图 2-7-5-7　耐张塔锚线后导线升空示意图

（6）放线滑车在放线过程中设立的临时接地，紧线时仍保留，并于紧线前检查是否仍良好接地。

（7）放线滑车采取高挂时，应向下移挂至最终线夹高度。

六、弧垂调整

（一）弧垂观测准备

以能全面掌握和准确控制紧线段应力状态为条件选择弧垂观测挡，选择时兼顾如下各点：

（1）观测挡位置分布比较均匀，相邻两观测挡相距不宜超过 4 个线挡。

（2）观测挡具有代表性，如连续倾斜挡的高处和低处、较高悬挂点的前后两侧、相邻紧线段的接合处、重要被跨越物附近等应设观测挡。

（3）宜选挡距较大、悬挂点高差较小的线挡作为观测挡。

（4）宜选对邻近线挡监测范围较大的线挡作为观测挡。

（5）不宜选邻近转角塔的线挡作为观测挡。

（二）紧线施工

1. 紧线段和紧线程序

一般以张力放线施工段作紧线段，以牵张场相邻的直线塔或耐张塔作紧线操作塔。为了更好地控制紧线弛度质量，对八根子导线同时紧线，地线的紧线每根布置一套紧线装置。紧线顺序应先紧地线，后紧导线。弛度的调整按"粗调、细调、精调、微调"的四调工艺进行，弛度调平后通知各耐张塔锚线，待精调弛度、中部直线塔附件后耐张塔挂线。

2. 弧垂的观测和调整

观测弧垂是紧线施工中技术要求较高的一项作业。弧垂观测人员应具备对架线全过程作业熟悉，且具有高处作业合格证；且能熟练使用经纬仪，具备测量工合格证；工作责任心强具有很好的语言表达能力。弧垂观测必须配备的工器具包括经纬仪、望远镜、科学计算器、

卷尺、弛度计算值、温度计、对讲机等。

观测弧垂的实测温度应能代表导（地）线的温度，目前仍以测量导线附近的空气温度为准。温度计应挂在通风处，有阳光照射时，温度计宜背向阳光，不宜直射。观测弧垂的气温相差不超过 ±2.5℃ 时，其弧垂值可不作调整。收紧导地线，调整距紧线场最远的观测挡的弧垂，使其合格或略小于要求弧垂；放松导线，调整距紧线场次远的观测挡的弧垂，使其合格或略大于要求弧垂；再收紧，使较近的观测挡合格，依此类推，直至全部观测挡调整完毕。同相子导线用经纬仪统一粗平，并利用测站尽量多检查一些非观测挡的子导线弧垂情况。弧垂调整发生困难，各观测挡不能统一时，应检查观测数据。弧垂达到设计值后，弧垂观测人员应迅速、准确通知紧线指挥人。弧垂的观测人员应等待 5～10min 待弧垂不发生变动时进行观测，以判定是否符合设计及规范要求。挂线后必须就观测挡弧垂进行复测一次，并做好记录。

七、附件安装

（一）耐张塔附件安装（挂线）

紧线后在耐张塔上进行断线、安装耐张线夹、连接耐张绝缘子金具串和防振锤安装等作业，称为耐张塔附件安装。施工过程如下：

（1）在耐张塔两侧同时对称的进行空中锚线，平衡收紧两侧导线，使两侧锚线卡线器间的导线松弛，悬挂耐张绝缘子串。

（2）在两侧锚线卡线器间的断线位置处割断导线，拆卸放线滑车。

（3）将耐张绝缘子串和导线锚线处用锚线滑车组收紧，确定导线压接位置，采取空中压接的方法进行压接，在操作塔位两侧以空中对接法挂线。

（4）松开空中锚线，安装其他附件。

耐张转角塔进行空中临锚时，用 $\phi15.5 \times 2.5m$（核对放线滑车悬挂位置再定）的钢丝绳套固定放线滑车，将其预先吊在横担上，使其在收紧临锚时保持紧线时的原位置不变，否则滑车因自重下坠，导线不能随临锚收紧而松弛，造成过牵引量增大，甚至造成事故。紧线完成后即可拆除导线滑车，但断线需根据实际情况进行，当天不能完成压接挂线的不得断开。

（二）平衡挂线

1. 紧线、锚线

耐张塔紧线、锚线的机具为由 $\phi15.5 \times 300m$、100kN 双轮滑车、双滚筒绞磨、卡线器等组成的 4 倍滑车组。卡线器根据前面预紧的程度尽可能向外（15m 左右），然后紧线、观测弛度差 500mm 左右时停止紧线。再采用卡线器 +100kN 卸扣 +GJ-150×2m 包胶钢绞线 +100kN 卸扣挂在施工孔上锚好。

2. 悬挂耐张绝缘子串

由于耐张瓷瓶较重，固分开单串起吊绝缘子，注意磨绳的绑固点为牵引板的挂孔，辅助就位丙纶绳的绑固点为调整板挂孔。待离开地面 1m 左右时绞磨停止，然后

进行连接导线端联板的工作，连板等安装无误后，开始起吊。在提升过程中辅助的丙纶绳也同时随着收紧提升，当到达就位点时，辅助就位丙纶绳应收紧控制金具就位。

（三）断线、压接挂线

（1）等八根导线的挂线均连接完成后，按照先两侧后中间的方式进行本耐张段的弛度精调；弛度调整好后将导线沿手扳葫芦顺直，在其调整板的弧形中间螺孔上统一画印。

（2）提升高空作业平台和小型液压机。空中操作平台是一种轻便的长方形平台，通常用多点悬挂在空中临锚的锚绳上，为在空中进行耐张线夹压接等作业提供工作平台。

（3）由画印点考虑调整板状态差异、连接环、耐张管钢锚尺寸及二联板上下子导线差异，综合确定断线点，复查无误后断线。

（4）将液压工具吊装在操作平台上稳固好，并按照针对工程编制的液压施工方案及液压规程的规定压接耐张线夹，连接金具。

（5）收紧手扳葫芦，按设计图纸通过连接金具将耐张线夹与调整板或联板相连。微放松手扳葫芦，使耐张线夹受力，复查弛度；如有误差，随即通过调整板进行弛度精调，完成该相挂线作业，安装支撑架及屏蔽环等其余附件。

（6）拆卸锚线工具，每相横担每侧的金具连接好后，将本侧高空压接平台拆除松至地面，放松手扳葫芦，出线拆除卡线器、拆除锚线工具及本侧二道保护钢丝绳。以同样工艺依次完成各相挂线作业，拆除工器具。

（四）注意事项

（1）由于采用高空牵引、压接和挂线工艺，高处作业工作量较多，加之受气候因素（风、雨天）影响较大，存在诸多危险点。因此，要求作业班组在施工期间对安全问题，一定要提高重视，尤其是对进行高处作业人员，要做好现场的技术指导和安全监护工作。

（2）施工期间，施工作业现场必须设安全监护人现场监护。

（3）严肃现场技术纪律，严格按确定施工方案、工艺流程和技术要求施工，任何人不得擅自更改施工方案。

（4）全部设备、器具等入场前必须进行安全检查，每次使用后必须进行外观检查，确保设备、器具的安全。

（5）必须采用攀登自锁器与全方位安全带结合的方式进行高空作业，出线作业必须使用速差自控器，进入施工现场人员必须戴好安全帽。

（6）现场分工要明确，指挥人员号令清楚，施工人员要绝对服从指挥，做到令行禁止。

（7）现场工器具、材料摆放要有序，完后清理现场，做到"工完、料尽、场地清"。

（8）耐张塔挂线时禁止同相相邻塔位同时作业。

（9）在挂线操作时，现场指挥人员，必须亲自做好"五查"，即查卡线器（结构与质量是否符合要求，夹板出口是否平滑、无死角）、查临锚绳（包胶是否完好，连接是否牢固，规格是否符合设计）、查手扳葫芦（查调向开关是否处于工作状态，有无卡链或打滑跑链等现象，锚钩螺母是否焊接牢固，锚环端部是否有保险环，链条是否有裂纹及保险装置，如缺者必须采取有效措施后，方可使用）、查起重滑车（规格型号是否符合设计，吊钩及门扣是否变形，轮缘是否破损或严重磨损，轴承是否变形及转动是否灵活）、查现场（施工现场布置）。

（10）临近电力线路挂线操作，要做好防感应电伤人措施。即除对临近电力线路采取搭设跨越架保护外，挂线操作前需在操作塔位两端采取临时接地措施。

（11）临锚绳要挂操作孔上，临锚绳的卡线位置要测量准确，位置合适，手扳葫芦要有一定的可调距离，要满足既能收紧导线，即能在导线挂好后能放松临锚绳。

（12）耐张塔挂线必须一相一相的进行，收紧临锚绳时应同相两侧同时收紧（不能单收紧一侧），防止耐张塔单侧受力。

（13）高处断线时，作业人员不得站在放线滑车上操作，割断最后一根导地线时，应防止滑车失稳晃动。

（14）割断后的导地线应在当天挂接完毕，不得在高处临锚过夜。

（五）直线塔附件安装

（1）直线塔放线滑车中水平排列的八根子导线，附件安装后呈正八边形排列，其导线就位和编号排列顺序如图2-7-5-8所示。注意如果直线塔垂直挡距小于500m时，可以采用一根 ϕ17.5mm×13m 的钢丝套双折用两个50kN卸扣挂在前后铁塔挂点的施工孔上（或使用 ϕ17.5mm×1.5m 钢丝套缠绕前后主材），然后挂接 4 个 90kN 手扳葫芦在中间线夹附近进行提升。

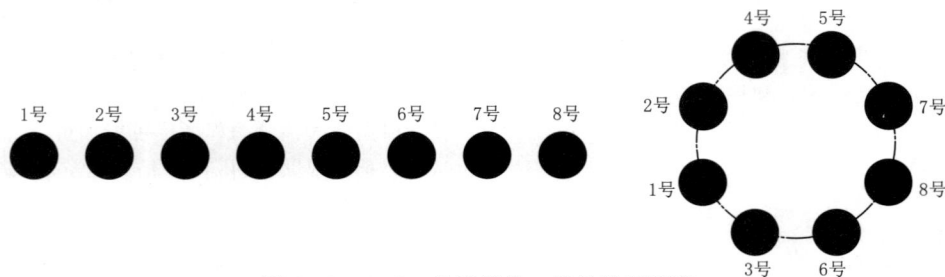

1号 2号 3号 4号 5号 6号 7号 8号

4号 5号
2号 7号
1号 8号
3号 6号

图 2-7-5-8 导线就位、编号排列顺序

（2）当该塔垂直挡距大于500m时，附件安装通过铁塔前后两侧铁塔挂点的施工眼孔各采用4个90kN手扳葫芦＋ϕ17.5钢丝套提线器进行双面双侧起吊。双提升系统同时进行提升，注意两侧同时均匀进行避免单侧受力过

大。提线安装时提线工器具取动荷系数为1.2。

（3）所有直线塔附件安装时必须使用φ21.5×15m的钢丝套两根和100kN卸扣加装二道保护。

（4）提升导线的吊钩，应有足够的承托面积。吊钩沿线长方向的承托宽度不得小于导线直径的2.5倍，接触导线部分应衬胶，防止导线损伤和结构变化。

（5）附件安装提线时应注意保护导线，待八根导线提起离开滑槽平面适当位置时，拆卸放线滑车，由于五轮放线滑车较重，为防止拆卸过程中伤及导线（必要时在滑车的横梁的下边包上胶皮护管），线上与地面人员需配合操作将放线滑车拆除并松放至地面。

（6）卸下放线滑车后，继续扳动手扳葫芦，使八根导线同时升起，当4号和5号子导线提至预定高度时，通过撺动2号和7号、1号和8号、3号和6号子导线提线钢丝绳，使各子导线分开，并呈正八边形布置，安装导线线夹和其他金具。卸放放线滑车时，应注意防止导线的磨损。

（六）间隔棒安装

（1）安装间隔棒采用人工走线方法，人工走线时应穿软底鞋。

（2）间隔棒安装位置可用激光测距仪测量定位。

（3）间隔棒平面应垂直于导线，两相导线间隔棒的安装位置应符合设计要求。

（4）人工走线跨越电力线路时，必须验算对带电体的净空距离，该距离不得小于最小安全距离。验算荷载时取实际荷载的1.2倍，并计算相邻一基悬垂绝缘子串在不平衡张力下产生的偏移。

（七）刚性跳线安装

八分裂导线由于导线较多，跳线安装比较烦琐和复杂，采用未受过张力的导线，在空中模拟制作和精细调整，跳线间隔棒利用软梯在空中安装，以保证跳线工艺的自然美观。主要安装步骤如下：

（1）耐张塔跳线为刚性管型引流线（软硬结合），其主体为刚性结构，两端以软导线与耐张线夹的引流板相连。软线部分应美观、顺畅，引流线无散股、灯笼现象。

（2）刚性跳线由管母线组件、悬跳装置、重锤、引流、间隔棒等组成。

（八）防止导线相互缠绕的措施

正常放线时，八根子导线从左到右依次按1号、2号、3号、4号、5号、6号、7号、8号布置，互不干扰，互不磨线，相互平行。但在挡距大于600m及以上的大挡距中或刮风天气，很容易造成导线在张力放线过程中发生错位，出现子导线顺序被打乱，导线无规则的相互缠绕的现象。

1. 导线缠绕原因分析

（1）不均匀风荷载影响：引起子导线在横线路方向发生相对偏移。

（2）子导线张力不一致造成弧垂相对偏差。

（3）放线张力较小。

2. 处理方法

由于分不清导线实际缠绕状况，所以处理难度很大，需从牵张场同时松出导线和牵引绳，待导线接近地面或完全落地后，人工将导线逐根分开，使之恢复正常状态。

3. 避免导线互相缠绕措施

（1）安装导线分离器。导线分离器是由数个滚轮组成一个封闭的结构体系，可作为导线防缠绕和一般压线工具使用，安装导线分离器是一种比较理想有效避免导线缠绕的措施。

（2）安装数量的确定。挡距小于800m时，在靠近挡距中央的分裂导线上安装一个导线分离器；挡距大于800m时，分别在挡距两端1/3处的导线上各安装一个导线分离器（共2个）。

八、张力架线导线保护措施

（一）导线保护措施

为了确保张力架线的施工质量，减少对导线的磨损，提高导线表面的光洁度，将成为张力架线施工中的关键性问题。因此，施工中应加强导线的保护，其具体措施如下：

1. 装卸、运输及保管

（1）装卸和运输导线时，应轻装轻放，不得碰撞，不得损坏轴套、轴辅及外包装护板。

（2）装卸、运输、保管中，线轴应立放，不得水平放置和叠压，地面应垫枕木。

（3）导线轴立放在车厢中部，并应用绳索绑扎牢固，并支好掩木。

（4）导线轴存放的地面应平整、无石块和积水。

（5）装卸线轴要用流动式起重机，不得从汽车上推滚落地。

（6）滚动线轴时的旋转方向应与导线的卷绕方向相同，以免线层松散。

（7）导线的余线应收卷在钢制线盘上运输。

2. 导线展放过程中的保护措施

（1）在满足导线对地距离确保安全通过的前提下，应尽量选择较小的张力进行放线。

（2）在交叉跨越处应采取防磨措施。

（3）导线接续作业将连接导线的网套连接器绕回线轴时，应采用垫帆布等隔离措施保护线轴上的导线，防止挤伤相邻导线。

（4）放线工程中，牵引机操作应平稳，保持子导线张力平衡，预防导线跳槽或走板翻转。

（5）放线滑车等工器具（接地滑车、压接管保护套和旋转连接器），应经常检查，必须转动灵活，根据1000kV架空输电线路张力架线施工工艺导则规定，凡计算悬挂双滑车的塔位，必须按双滑车悬挂。

（6）放线过程中应保证通信系统畅通，加强施工监护。放线次序应先放地线，后放导线。在牵张场及交叉跨越处应理顺导线，防止交叉磨损。

（7）对于2×一牵四放线方式，导线展放完毕收紧张力锚线时，2台张力机必须同时进行回牵或者由牵引机进行收紧张力操作，切不可由张力机分次收紧，避免造成导线相互驮线的现象发生，损伤导线。

3. **导线落地的保护措施**

（1）导线落地操作场地应用苫布等软物垫在地面上，以保证导线不触碰地面。特别是岩石裸露的地面上，还应垫以方木或木板。

（2）合理选择牵张场地，避免导线落地。

（3）收放导线余线时，禁止拖放。各子导线和线盘之间保持一定距离，防止交叉混线。

（4）导线与锚线架等接触处应加胶垫等保护物，导线落在垫物上应避免泥、沙及油脂等杂物污染。

4. **导线临锚操作的保护措施**

（1）临锚钢丝绳应采用旋转力小的钢绞线，并包胶处理或套胶皮套管，防止磨损导线。

（2）卡线器安装前要核对型号，并检查钳体是否圆滑，必要时进行磨光处理。卡线器在导线上安装、拆卸时，禁止在导线上滑动或转动，预先确定好位置，争取一次安装到位。安装后立即在卡线器后部安装胶管以保护导线。

（3）高空临锚时，卡线器以外的尾线应用软绳吊好，以免尾线掉落时在卡线器处产生硬弯、松股现象。锚好的八根子导线的尾线应分开，不能紧挨，以免刮风时造成摇摆，使导线相互摩擦受损。

（4）临锚时间不宜过长，应尽量缩短各子工序之间的间隔时间，避免导线在滑车处和导线在档距中间互相鞭击磨损。

（5）临锚应设在导线展放的方向上，张力机的出口处与邻塔导线悬挂点的高差不宜大于15°。

（6）线端临锚时，宜采用各子导线不等高弧垂临锚。

（7）高空临锚的索具布置，相邻子导线之间应相互错开，与临锚索具靠近的导线应套胶管，避免导线被其磨伤。

5. **压接过程中的保护措施**

（1）导线压接操作场地应平整，地面应铺垫帆布，使导线与地面隔离。

（2）断线前应用细铁丝绑紧断线点两侧的导线，防止断线后松股。

（3）断线后待压接的导线应理顺，防止扭曲松股。

（4）压接时置于压模内的导线应双手拿平，防止导线松股。

6. **临锚操作保护导线措施**

（1）导线临锚绳宜选用旋转力小的钢丝绳，所有的导线临锚钢丝绳可能与导线接触的部位都应套上胶管，防止磨损导线。有条件的地方，可选用包胶处理的钢丝绳作临锚绳。

（2）卡线器安装前应核对型号、检查强度，钳口钳体是否圆滑，必要时应对钳口进行磨光处理。

（3）卡线器安装、拆除时不得使卡线器在导线上滑动、滚动，安装时应事先测量好位置，一次安装成功。

安装完后应立即在卡线器后部安装胶管以保护导线。

（4）高空临锚时，卡线器以外的尾线应用软绳吊好，以免尾线掉落时在卡线器处产生硬弯、松股现象。锚好的八根子导线的尾线应分开，不能紧挨，以免刮风时造成摇摆，使导线相互摩擦受损。

（5）临锚时间不宜过长，尽量缩短各工序之间的间隔时间。

（6）线端临锚时，宜采用各子导线不等高弧垂临锚。

7. **防止多分裂导线相互鞭击的工艺措施**

导线展放完成后，紧线附件安装之前，多分裂导线子导线间易发生鞭击现象，为减少鞭击现象造成的导线损伤，应注意以下事项：

（1）为减少鞭击带来的危害，应尽量缩短放线-紧线-附件各施工工序的时间间隔，减少导线在滑车中停留时间。

（2）张力放线临锚时，将各子导线作不等高排列，临锚张力应考虑导线防振要求。

（3）特殊情况下，为防止放线过程中导线受风影响而产生相互绞线，采取将各子导线分离的措施。

8. **紧线施工导线保护措施**

紧线过程中的护线重点区在紧线场和锚线场。而在松锚、紧挂线及锚线等作业中最易损伤导线，作业时应特别注意以下事项：

（1）避免将锚绳、紧线钢丝绳及其他工具搭在导线上拖动，必须接触导线时，接触部分应套胶管。

（2）妥善保管余线。

（3）限制导线在各种紧线滑车上的包络角，以防止导线内伤。

9. **附件安装时的导线保护措施**

（1）紧线完成后，应尽快进行附件安装，避免导线在滑车中受振或在线挡（挡距）中的相互鞭击而损伤。

（2）附件安装用的提线钢丝绳及提线钩应包胶处理。提线钩与导线的接触长度应大于110mm以上，挂钩宜作成悬垂线夹形。

（3）安装附件时，必须用记号笔画印，严禁用钳子、扳手等硬物在导线上划印。

（4）拆除放线滑车时，应先在导线上安装保护胶管，防止滑车和钢丝绳磨损导线。

（5）传递工具和材料时不得碰撞导线，且应使用软质绳。不得用硬质工具敲击导线。

10. **减轻导线鞭击的措施**

（1）尽量缩短放线、紧线和附件的作业时间间隔，减少导线在滑车内的停留时间。

（2）张力放线临锚时，将各子导线作不等高排列锚固，临锚张力应考虑导线防振要求，不应超过导线保证计算拉断力的16%。

（3）导线压接管保护套的外部应缠绕黑胶布，以防伤及相邻导线。

（4）为防止放线过程中导线受风影响而产生相互绞线，采取将各子导线分离的措施。

11. 导线、金具、工器具等的防腐措施

（1）导线在材料站存放过程中要加遮盖物。

（2）金具在材料站存放过程中要做到下铺上盖。

（3）导线金具到达施工现场要妥善保管，如遇雨雪等天气及时检查遮盖物是否遮盖严实。

（4）导线金具的外包装在使用前应保持完整。

（5）现场工器具应做到下铺上盖。

（6）工器具埋入地下的部分应涂防腐涂料，以防止发生腐蚀。

（7）张力场在每天施工结束后应将剩余导线包装好。

（二）全程不落地展放导引绳（无人机展放初级引绳）方案

在架线施工中，为最大限度节约时间、保护环境、提高工效，更好地利用高科技手段来降低工程施工中对材料、工器具的损耗，提高工程施工的安全性以及对被跨越线路的保护，架线施工中在无人机展放初级引绳的基础上采用了导引绳一牵四牵引法。

1. 施工简述

（1）采用无人机展放两根 $\phi4$ 迪尼玛绳，展放过程安全、快速，不浪费人力，不影响环境，对通道内部电力线路无任何影响。

（2）采用一根 $\phi4$ 迪尼玛绳牵引一根 $\phi10$ 迪尼玛绳，$\phi10$ 迪尼玛绳牵引一根 $\phi16$ 迪尼玛绳，再用 $\phi16$ 迪尼玛绳牵引一根 $\phi16$ 导引绳。

（3）采用 $\phi16$ 导引绳配合张力机和牵引机牵引 $\phi28$ 牵引绳。

2. 施工工艺流程

施工工艺流程如下：无人机展放 $\phi4$ 迪尼玛绳→$\phi10$ 迪尼玛绳→$\phi16$ 迪尼玛绳→$\phi16$ 导引绳（展放地线、OPGW 光缆）→$\phi28$ 牵引绳→展放导线。

3. 操作要点

（1）滑车布置。悬挂导线滑车和地线滑车，待迪尼玛绳放入后，关上滑车墙板。横担上平面插红旗以便无人机飞行识别，施工人员在横担上平面做好施工前的准备。

（2）无人机展放初级导引绳。采用无人机从空中展放 1 根 $\phi4$ 迪根玛绳作为初线导引绳。

4. 引绳受力计算

引绳计算分为四个步骤，分别为 $\phi4$ 迪尼玛绳牵引 $\phi10$ 迪尼玛绳，$\phi10$ 迪尼玛绳牵引 $\phi16$ 迪尼玛绳，$\phi16$ 迪尼玛绳牵引 $\phi16$ 导引绳，最后是 $\phi16$ 导引绳一牵四牵引四根 $\phi16$ 导引绳。

（1）$\phi4$、$\phi10$ 迪尼玛绳、$\phi16$ 导引绳性能参数见表 2-7-5-1。

（2）$\phi4$ 迪尼玛绳牵引 $\phi10$ 迪尼玛绳计算。牵引绳破断力为

$$Q_P \geqslant \frac{3}{5}mT_P = \frac{3}{5} \times 1 \times 92 = 55.2(kN)$$

导引绳综合破断力 $P_P \geqslant \frac{1}{4}Q_P = 13.8$（kN），小于 $\phi4$ 迪尼玛绳 16.6kN 的综合破断力。因此，选择 $\phi4$ 迪尼玛绳牵引 $\phi10$ 迪尼玛符合有关标准要求。

表 2-7-5-1　$\phi4$、$\phi10$ 迪尼玛绳、$\phi16$ 导引绳主要性能参数

	公称直径/mm	包护套后直径/mm	重量/kg	破断力/kN	备注
迪尼玛绳（Dyneema SK75）	4	6	0.013	16.6	1级
迪尼玛绳（Dyneema SK75）	10	14	0.077	92	2级
迪尼玛绳（Dyneema SK75）	16	16	0.177	215	3级
防扭钢丝绳	16		0.925	165	4级

（3）$\phi10$ 迪尼玛绳牵引 $\phi16$ 迪尼玛绳计算。牵引绳破断力为

$$Q_P \geqslant \frac{3}{5}mT_P = \frac{3}{5} \times 1 \times 215 = 129(kN)$$

导引绳综合破断力 $P_P \geqslant \frac{1}{4}Q_P = 32.25$（kN），小于 $\phi16$ 迪尼玛绳 215kN 的综合破断力。因此，选择 $\phi10$ 迪尼玛绳牵引 $\phi16$ 迪尼玛符合有关标准要求。

（4）$\phi16$ 迪尼玛绳牵引 $\phi16$ 导引绳计算。牵引绳破断力为

$$Q_P \geqslant \frac{3}{5}mT_P = \frac{3}{5} \times 1 \times 165 = 99(kN)$$

导引绳综合破断力 $P_P \geqslant \frac{1}{4}Q_P = 24.75$（kN），小于 $\phi16$ 迪尼玛绳 215kN 的综合破断力。因此，选择 $\phi16$ 迪尼玛绳牵引 $\phi16$ 导引绳符合有关标准要求。

5. 注意事项

（1）采用四线张力机展放 $\phi16$ 钢丝绳，张力控制的原则是引绳高于跨越架 2m。

（2）$\phi16$ 钢丝绳由于要牵引大牵绳，因此，导线滑车中的 $\phi16$ 钢丝绳间采用 8t 旋转连接器连接，而地线和光缆滑车中 $\phi16$ 钢丝绳间采用 5t 旋转连接器连接，张力场要特别注意。

（3）应根据塔高、滑车之间的距离选择适当的迪尼玛绳长度，以便在迪尼玛绳分别穿过滑车后能同时连接到走板上。

6. 优点

通过在 1000kV 特高压交流工程架线工程中采用无人机展放导引绳，体会到具有如下优点：

（1）保护了引绳。以往工程采用人力放引绳，引绳在地表面被长距离的拖放，引绳与地面长时间摩擦，并沾染各种污物，导致大量引绳受损坏。采用此法，引绳全过程不落地，不与任何地面物体产生摩擦，架线完成后引绳保护油均完好无损，钢丝绳本体无任何损伤。

（2）避免了对地面农田的损坏。本施工方法引绳不落地，大量施工人员不必从泥沼走过，对泥沼破坏没用，因此阻工现象大大降低，从而减少了大量的青赔。

（3）大大降低了低压电力线路跨越架的磨损，提高

了架线的安全性。高、低电压级电力线路在现场繁多，采用全程不落地展放引绳，并用一牵四展放引绳，不会对电力线路的跨越架造成任何磨损，护线变得更加容易，架线的安全得到了有效的保证。

（4）减少了施工过程的拖线人员，提高了工程施工速度。采用人力展放引绳，需要大量的拖线人员，以及护绳人员。考虑到地形、天气及阻工现象等各方面的因素，采用这种施工方法，可以极大地提高施工的速度。

第六节　技术经济指标

一、项目技术经济指标

技术经济指标分析见表2-7-6-1。

表2-7-6-1　技术经济指标分析表

指标分类	项目	单位	指标值	备注
工期指标	合同总工期	d	579	依据招标文件的施工里程碑计划，存在交叉作业
	准备工作工期	d	20	
	基础部分工期	d	277	
	立塔部分工期	d	221	
	架线部分工期	d	153	
	竣工消缺	d	35	
质量指标	标准工艺应用率	%	100	
	工程投运前遗留缺陷	条	0	
	因工程建设原因造成的六级及以上工程质量事件	次	0	
	质量考核评比			工程质量符合施工及验收规范要求，符合设计要求，实现"零缺陷"投产，达到国家优质工程标准

续表

指标分类	项目	单位	指标值	备注
安全指标	六级及以上人身事件	人·次	0	
	因工程建设引起的六级及以上电网及设备事件	次	0	
	六级及以上施工机械设备事件	次	0	
	火灾事故	次	0	
	环境污染事件	次	0	
	负主要责任的一般交通事故	次	0	
	基建信息安全事件	次	0	
	对公司造成影响的安全稳定事件	次	0	

二、降低成本计划与途径

降低成本计划与途径见表2-7-6-2。

三、降低成本措施

（一）经营管理

（1）建立完善的经营管理制度。

（2）公司对本工程项目实行在保证工程质量、安全的前提下，以工程项目部为核算对象费用包干，节约归施工项目部，多劳多得，下不保底的承包管理方式。

（3）严格执行公司内部施工定额，控制各项费用支出；严格执行内部经济责任制，充分发挥广大职工在施工中的主观能动性是缩短工期、降低消耗、提高经济效益的重要保证。

（4）定期开展经济活动分析，总结经验，查找不足，及时采取措施，控制工程成本。

表2-7-6-2　降低成本计划与途径

施工工序	费用组成	降低成本的途径
工地运输	机械费用、人工费用	（1）在材料运输时考虑先机械的原则，能采用机械运输的地方应尽可能全部采用机械运输。 （2）在虾稻田、鱼塘处，能修筑农用车运输道路的塔位，应尽量采取机械运输，降低劳动强度和劳动力的投入。 （3）铁塔主材等超长、超重构件采取车辆、农用车等进行运输，并根据现场情况编制特殊运输方案。 （4）提高机械设备的利用率和完好率，车辆实行单车（机）核算，定额管理，减少燃料和零部件的消耗，消除机械事故
土石方开挖	机械费用、人工费用	（1）条件允许的地段，优先采用机械进行基坑开挖。 （2）提高机械设备的利用率和完好率，车辆实行单车（机）核算，定额管理，减少燃料和零部件的消耗，消除机械事故

施工工序	费用组成	降低成本的途径
基础工程	基础材料费用、人工费用、机械设备费用	(1) 基础工程的地方性材料（砂、石、水泥等）尽可能的采取就地采购，降低材料运输费用。 (2) 以项目法人批准和各施工阶段的开工日期为准，按照既能减少成本，又有利于施工的最佳施工方式组织施工。 (3) 充分发挥当地劳动力资源，实行分散作业，遍地开花的施工方式，提高施工效率。 (4) 合理安排劳力进退，避免不必要的窝工所造成的浪费。 (5) 提高机械设备的利用率和完好率，车辆实行单车（机）核算，定额管理，减少燃料和零部件的消耗，消除机械事故。 (6) 加强材料领、发料制度，实行限额领、发料，最大限度减少材料损耗，加强易损材料的管理，减少责任损失
铁塔工程	铁塔材料费用、人工费用、机械设备费用、工器具费用、消材费用	(1) 根据各种塔型的结构特点和现场情况，选择合理的组塔方案，减少组塔工程费用。 (2) 合理安排劳力进退，避免不必要的窝工所造成的浪费。 (3) 提高机械设备的利用率和完好率，车辆实行单车（机）核算，定额管理，减少燃料和零部件的消耗，消除机械事故。 (4) 加强材料领、发料制度，实行限额领、发料，最大限度减少材料损耗，加强易损材料的管理，减少责任损失
架线工程	装置性材料费用、人工费用、机械设备费用、工器具费用、消材费用	(1) 依据1000kV架空输电线路张力架线施工工艺导则，结合线路情况，合理布置放线区段。 (2) 根据公司张力放线设备，结合现场条件，选择最佳导线展放方式。 (3) 合理安排劳力，避免不必要的窝工所造成的浪费。 (4) 提高机械设备的利用率和完好率，车辆实行单车（机）核算，定额管理，减少燃料和零部件的消耗，消除机械事故。 (5) 加强材料领、发料制度，实行限额领、发料，最大限度减少材料损耗，加强易损材料的管理，减少责任损失
附件安装	装材费用、人工费用、消材费用	(1) 加强材料领、发料制度，实行限额领、发料，最大限度减少材料损耗，加强易损材料的管理，减少责任损失。 (2) 合理安排劳力进退，避免不必要的窝工所造成的浪费
线路通道	铁塔临时占地费用、树木砍伐费用、青苗赔偿费用、跨越施工费用、停窝工费用	(1) 取得地方政府的大力支持，减少外界干扰因素，减少停窝工费用。 (2) 通过优化各项工程的施工平面布置，减少施工临时占地面积，减少临时占地费用。 (3) 采用无人机悬空展放导引绳，减少通道内树木砍伐费用和青苗赔偿费用。 (4) 合理选择施工车辆进往塔号道路，减少车辆压损青苗赔偿费用。 (5) 选择合理跨越施工方案，减少跨越架搭设损坏青苗赔偿费用。
临建	临建费用	合理选择驻地、材料站，优化临建房屋和场地的租用面积，减少临建费用
新技术、新工艺的应用		施工中推行使用新工艺、新技术，并广泛开展合理化建议和技术革新活动，用先进的技术提高工程的经济效益

(5) 按照经营管理制度办事，合理开支，严格定额管理；加强资金管理，合理利用资金；严格财务报销制度，控制差旅费、办公费开支，节约水电及其他方面的行政支出；控制招待费用的支出，严格审批程序。

(6) 牢固树立勤俭兴企思想，并制定合理的奖罚制度，每个人从自我做起，从点滴做起，厉行节约。

（二）施工组织

(1) 成立以项目经理为组长的降低成本管理小组，项目部各部门与施工队均设小组成员，各工序结束后及时进行成本分析，对相关部门进行成本考核，并与部门或施工队奖金挂钩。

(2) 认真贯彻公司项目制管理的各项制度，实行定

额、定量管理，完善各级管理机制，有效地把定额、定量管理与经济效益挂钩。充分体现多劳多得，优质优价的原则，促使各项指标的完成。

(3) 根据设计资料的交付和材料供应时间，做好施工前期准备工作，做到现场设施齐备、机械就位，料进人到，同步进行；加强科学管理，利用项目管理系统合理进行资源及施工进度的控制，确保连续均衡施工，防止停工、窝工现象，确保工程进度。

(4) 充分发挥当地劳动力资源，实行分散作业，遍地开花的施工方式，提高施工效率。根据各工序和季节变化特点，合理安排劳力进退，避免不必要的窝工所造成的浪费。

（5）施工前取得地方政府的大力支持，减少外界干扰因素，减少停工、窝工现象。

（三）技术措施

（1）开展技术革新，提倡合理化建议活动，推广新技术、新工艺，增加施工中的技术含量，以提高效益、降低成本。

（2）基础施工过程中，根据现场运输条件，选择商品混凝土，是降低工程成本的关键。

（3）铁塔组立中，针对现场地形条件，选择不同的铁塔组立方案，尽量减少青苗赔偿和树木砍伐费用。

（4）架线施工中，采用无人机空中展放引绳，将青苗的踩踏和树木的砍伐降到最低程度，减少青苗赔偿带来的损失，也是降低成本的主要因素。同时要根据本地区交叉跨越、农作物分布情况及丰收季节等特点采取相应的措施，架线施工应尽可能安排在冬春农作物比较少的季节施工。

（5）安全出效益，加强安全管理，做到防患于未然。

（6）提高施工人员质量意识，加强施工过程控制，严格执行三级质量检验制度，降低检修消缺频次，杜绝质量事故的发生。

（7）强化工程质量管理，提高工程验收的一次合格品率，力争实现工程零缺陷移交。

（8）通过优化技术措施，减少施工临时占地，尽量减少树木砍伐和青苗损赔。

（9）合理布置驻地、材料站，控制临建房屋和场地的租用面积，减少临建费用。

（四）机械管理

（1）提高机械设备的利用率和完好率，车辆实行单车（机）核算，定额管理，减少燃料和零部件的消耗，消灭机械事故。

（2）根据本工程特点，合理安排施工机械，提高施工的机械化程度，降低工程的人工费用。

（五）材料管理

（1）抓住采购、使用、质量各个环节，采取事先防范的办法，做到各级成本管理均实行主要负责人负责，控制其成本管理，具体组织编制并监督执行成本计划，分析预测成本升降趋势，发现问题及时解决。

（2）采购材料进行比质比价，掌握市场的情况，多中比价，价中比优，优中比服务，采取供应、技术、质量共同参与的形式，规范采购供应行为。

（3）材料消耗执行公司内部定额，减少不必要的损耗浪费。各种材料的消耗应严格控制在技术经济指标规定的范围内。

（4）基础工程的地方性材料（砂、石、水泥等）尽可能的采取就地采购，降低材料运输而增加的费用。

（5）加强材料领、发料制度，实行限额领、发料，最大限度减少材料损耗，加强易损材料的管理，减少责任损失。

（6）根据本标段地形的具体特点，制订科学合理的材料运输方案。

第八章

新疆莎车-和田750kV线路工程莎车变-英维牙南侧段全过程机械化施工

第一节 工程概述

一、设计特点

（一）建设地点

本标段线路全线位于新疆喀什地区境内。本标段线路线路起自 750kV 莎车变电站，止于英维牙南侧。线路呈西北-东南方向走线，途经莎车县、泽普县和叶城县。

（二）地形地貌

沿线地貌单元主要为山前冲洪积平原，局部分布沙垄地、丘陵、河相冲洪积平原，沿线主要呈戈壁荒滩景观，局部为风积形成的沙垄地（波状沙丘）。全线地形除丘陵地段地形起伏较大外，一般较为平坦，海拔在 1310.0～1640.0m。地形比例为：75.00％平地，4.00％河网，4.50％丘陵；16.50％山地。平地段可利用戈壁滩土路及乡村等，交通条件较好；山丘地段附近无道路可利用，交通运输较为困难。

（三）气候特点

本段工程位于喀什地区境内。喀什地区处在中亚腹部，受地理环境的制约，属暖温带大陆性干旱气候带。境内四季分明、光照长、气温年和日变化大，降水稀少，蒸发旺盛。

（四）地质、水文情况

本标段线路均为山前冲洪基倾斜平原、山前冲洪积扇及低山丘陵，主要地质为普通土、泥水坑和松砂石。山前冲洪基倾斜平原，整体上地形南高北低，呈西北向东南方向微倾之势。沿线地形平坦、开阔，海拔高程在 1320.0～1410.0m。地表可见碎卵石及白色地表盐渍。山前冲洪基倾斜平原内冲沟较发育，主要以小型冲沟为主，冲沟深度一般约 1m，宽度一般在几米至几十米，偶见冲沟内卵砾石直接出露地表，无植被发育，冲沟边缘多分布有稀疏的骆驼刺等植物。局部地段分布有小型半固定及移动沙丘，表层砂经常处于被风力搬运移动状态。山前冲洪积扇，地势较平坦、开阔，局部地段稍有起伏，总的地势表现为东南高，西北低，地面海拔高程在 1440～1620m，地表分布稀少耐旱植被，主要呈戈壁荒漠景观，地表可见碎卵石及白色地表盐渍。受西南侧丘陵坡面流汇集冲刷的影响，地表分布较多大小不一的冲沟。线路途经区域附近地段分布有可利用的简易便道，交通条件较好。低山丘陵，地势起伏较大，丘坡宽缓，沟谷多呈 U 形，地面海拔在 1500.0～1770.0m，植被不发育，沟谷有洪水冲刷痕迹明显，地表可见碎卵石及白色地表盐渍，呈现为戈壁荒山景观。该段地势起伏较大，基本无可用道路，交通条件较差。

（五）工程特点

本工程为新疆莎车-和田 750kV 线路工程（1标）（莎车变-英维牙南侧段），线路起于莎车 750kV 变电站，止于英维牙南侧（杆塔号为 G215，且含 G215），全线单回

路架设，路径长度 100.523km。沿线地形情况 75％平地，4％河网，4.5％丘陵，16.5％山地。沿线地质条件主要为普通土、泥水坑和松砂石。

（六）气象条件

本施工包段全线划分为一个气象区，设计基准风速为 29m/s，覆冰为 5mm。

（七）导、地线

采用 6×JL/G1A-400/50 型钢芯铝绞线、GJ-100 型钢绞线、JL/LB20A-120 型铝包钢绞线、36 芯 OPGW-120 型光缆。

导、地线技术参数见表 2-8-1-1 和表 2-8-1-2。

表 2-8-1-1 750kV 线路工程（1标）导线机电特性表

参 数		数 值
导线型号		JL1/G1A-400/50
根×直径/mm	钢	7×3.07
	铝	54×3.07
截面积/mm²	钢/铝	51.9/400
	总截面	452
外径/mm		27.6
单位质量/(kg/km)		1510.3
计算拉断力/N		123040
弹性模量/(N/mm²)		69000
温度系数/(1/℃)		19.3×10⁻⁶
安全系数		2.5

表 2-8-1-2 750kV 线路工程（1标）地线机电特性表

参 数		数 值
导线型号		GJ-100
根×直径/mm	铝包钢	—
截面积/mm²	钢/铝	—
	总截面	148.07
外径/mm		15.75
单位质量/(kg/km)		989.4
计算拉断力/N		178570
弹性模量/(N/mm²)		147.2
温度系数/(1/℃)		13×10⁻⁶
安全系数		4.6

（八）绝缘子串及金具形式

1. 污区分布

根据国网最新污区图、《莎车-和田 750kV 输变电工程沿线污秽调研和测量报告》及现场污秽调查结果，本施工标包段污区全段划分为 d 级污区。

2. 绝缘子串

单回路塔采用"IVI"挂线方式，主要组合形式有：

悬垂直线塔Ⅰ形悬垂串分别采用单联 300kN、双联 300kN 复合绝缘子串；悬垂直线塔 V 形悬垂串分别采用单 V 形 300kN 复合绝缘子串。悬垂串和耐张串的联间距均采用 800mm，导线耐张串采用双联联 420kN 绝缘子串，耐张塔跳线串采用 210kN 绝缘子串。

3. 金具

（1）导线间隔棒。分裂间隔棒为阻尼间隔棒，间隔棒本体采用双框架结构；线夹采用铰链连结，线夹内设有橡胶或弹簧，采用不等距安装。在间隔棒框架上预留防舞装置的安装孔。导线间隔棒型号见间隔棒及防震锤设施施工图。

（2）悬垂线夹。悬垂线夹采用防晕悬垂线夹，悬垂线夹设计除考虑正常的张拉应力外，在线夹出口（包括线夹内）处还应考虑曲应力和挤压应力。OPGW 悬垂线夹采用预绞式悬垂-耐张线夹。

（3）耐张线夹。耐张线夹采用液压型压接式。OPGW 耐张线夹采用双预绞式线夹。

（4）均压环和屏蔽环。均压环和屏蔽环采用 80mm 直径的环管，均压环半径为 620mm。

（5）绝缘子串金具。直线塔的连塔金具采用耳轴挂板（EB）型式，耐张塔的连塔金具采用意大利饼（GD）型式，挂板与杆塔同时安装。GD 型连塔金具不需设计螺纹，但要保留闭口销。

（6）六分裂联板。悬垂六分裂联板采用 LXV－21400 型悬垂联板。

（7）刚性跳线。本工程采用笼式刚性跳线。

（九）接地装置

该线路接地装置为浅埋式接地装置，并采用接地线与主网连接以降低接地电阻值。所有铁塔全部采用对称四根引下线的接地型式，部分塔位采用石墨缆降阻。

（十）铁塔形式

单回路耐张塔采用干字形塔，单回路直线塔采用酒杯型塔，单回路铁塔均为自立式角钢塔。

（十一）基础形式

根据本标包地质情况和工程特点，主要采用挖孔基础、板式基础、灌注桩基础。

（1）挖孔桩基础，该基础形式主要适用于山区覆土较厚及强风化岩石地质条件的塔位。

（2）掏挖基础，该基础形式主要适用于地质条件的塔位。

（3）板式基础，该基础形式适用于地质相对差的松砂石土质。

（十二）重要交叉跨越

本段线路重要交叉跨越 110kV 电力线 4 处、35kV 电力线 6 处、10kV 电力线 4 处、一般公路 6 处、河流 4 处。

（十三）交通情况

本工程线路通过地区大部分均为戈壁平地、山丘等地形，交通条件较差。沿线主要的交通道路有：三莎高速、吐和高速、G315 国道、县乡道路及新开垦农田小道等。平地段可利用戈壁滩土路及乡村等，戈壁滩需要修

筑施工道路；山丘地段附近无道路可利用，交通运输较为困难。

（十四）拆迁物、树木砍伐

线路沿线植被发育较少。

二、工程量

750kV 线路工程（1 标）工程量清单见表 2－8－1－3。

表 2－8－1－3　　50kV 线路工程（1 标）工程量清单

序号	项目名称	项目特征	计量单位	工程量
1	线路复测分坑	杆塔类型：直线自立塔	基	156
2	线路复测分坑	杆塔类型：直线自立塔（高低腿）	基	38
3	线路复测分坑	杆塔类型：耐张（转角）自立塔	基	19
4	线路复测分坑	杆塔类型：耐张（转角）自立塔（高低腿）	基	4
5	杆塔坑挖方及回填	（1）地质类别：泥水坑。（2）开挖深度：5.0m 以内。	m³	2448.1
6	杆塔坑挖方及回填	（1）地质类别：松砂石。（2）开挖深度：5.0m 以内。	m³	9661.2
7	杆塔坑挖方及回填	（1）地质类别：松砂石。（2）开挖深度：5.0m 以外。	m³	844.7
8	挖孔基础挖方	（1）地质类别：松砂石。（2）孔径步距：2000mm 以内。（3）孔深步距：5m 以内。	m³	271.9
9	挖孔基础挖方	（1）地质类别：松砂石。（2）孔径步距：2000mm 以内。（3）孔深步距：10m 以内。	m³	5747.6
10	挖孔基础挖方	（1）地质类别：松砂石。（2）孔径步距：2000mm 以内。（3）孔深步距：15m 以内。	m³	495.9
11	一般钢筋	种类或规格：普碳圆钢 φ8～36mm	t	217.1
12	钢筋笼	种类或规格：普碳圆钢 φ8～36mm	t	509.33
13	地脚螺栓	种类或规格：35 号优质碳素钢	t	208.26
14	基础垫层	垫层类型：素混凝土 C25	m³	350.53
15	基础垫层	垫层类型：毛石垫层	m³	322
16	现浇基础	（1）基础类型名称：板式基础。（2）基础混凝土强度等级：C30	m³	1629.86
17	现浇基础	（1）基础类型名称：板式基础。（2）基础混凝土强度等级：C35。（3）高抗硫酸盐水泥	m³	553.03
18	现浇基础	（1）基础类型名称：板式基础。（2）基础混凝土强度等级：C40。（3）高抗硫酸盐水泥	m³	444.88

续表

序号	项目名称	项目特征	计量单位	工程量
19	挖孔基础	（1）基础类型名称：掏挖基础。 （2）基础混凝土强度等级：C30	m³	1012.55
20	挖孔基础	（1）基础类型名称：掏挖基础。 （2）基础混凝土强度等级：C35。 （3）高抗硫酸盐水泥	m³	1118.13
21	挖孔基础	（1）基础类型名称：挖孔基础。 （2）基础混凝土强度等级：C40。 （3）高抗硫酸盐水泥	m³	4697.22
22	灌注桩成孔	（1）地质类别：砂砾石。 （2）桩径步距：1.6m 以内。 （3）桩长步距：20m 以内	m	488.3
23	灌注桩浇制	（1）基础类型名称：灌注桩基础。 （2）基础混凝土强度等级：C40。 （3）混凝土掺和料：粉煤灰及磨细矿渣粉掺和，最小水泥用量 340kg/m³，最大水灰比 0.4。 （4）高抗硫酸盐水泥	m³	814.92
24	挖孔基础护壁	（1）护壁类型：有筋现浇护壁。 （2）基础混凝土强度等级：C30	m³	192
25	挖孔基础护壁	（1）护壁类型：有筋现浇护壁。 （2）基础混凝土强度等级：C40	m³	888
26	保护帽	混凝土强度等级：C20	m³	95.48
27	基础防腐	防腐形式及要求：改性高氯化聚乙烯（HCPE）面层各两遍	m²	15530.4
28	基础防腐	防腐形式及要求：阻锈剂	t	59.028
29	自立塔组立	杆塔结构类型：角钢塔	t	8081.4
30	防鸟刺安装	杆塔结构类型：防鸟刺	个	12640
31	接地槽挖方及回填	地质类别：普通土	m³	923
32	接地槽挖方及回填	地质类别：松砂石	m³	16555
33	接地安装	（1）接地形式：T-10。 （2）降阻形式：无	基	4
34	接地安装	（1）接地形式：T-15。 （2）降阻形式：无	基	5
35	接地安装	（1）接地形式：T-20。 （2）降阻形式：无	基	33
36	接地安装	（1）接地形式：TJ-10。 （2）降阻形式：无。	基	148

续表

序号	项目名称	项目特征	计量单位	工程量
37	接地安装	（1）接地形式：TJ-15。 （2）降阻形式：无	基	5
38	接地安装	（1）接地形式：TJ-20。 （2）降阻形式：无	基	17
39	接地安装	（1）接地形式：TCS-10。 （2）降阻形式：石墨缆	基	4
40	接地安装	（1）接地形式：TCS-30。 （2）降阻形式：石墨缆	基	1
41	导线架设	（1）架设方式：张力架线。 （2）导线型号、规格：JL/G1A-400/50。 （3）回路数：单回路。 （4）相数：3。 （5）相分裂数：6	km	100.322
42	避雷线架设	（1）架设方式：张力架线。 （2）型号、规格：GJ-100	km	88.057
43	避雷线架设	（1）架设方式：张力架线。 （2）型号、规格：JLB20A-120	km	12.265
44	OPGW架设	（1）架设方式：张力架线。 （2）OPGW 型号、规格：OPGW36 芯-120	km	100.322
45	交叉跨越	（1）被跨越物名称：110kV 电力线。 （2）被跨电力线回路数：单回路。 （3）被跨电力线带电状态：是	处	4
46	交叉跨越	（1）被跨越物名称：35kV 电力线。 （2）被跨电力线回路数：单回路。 （3）被跨电力线带电状态：是	处	6
47	交叉跨越	（1）被跨越物名称：10kV 电力线。 （2）被跨电力线带电状态：是	处	4
48	交叉跨越	被跨越物名称：220V 电力线	处	1
49	交叉跨越	被跨越物名称：通信线	处	16
50	交叉跨越	（1）被跨越物名称：一般公路。 （2）公路车道数量：四车道以内	处	6
51	交叉跨越	被跨越物名称：土路	处	201
52	交叉跨越	（1）被跨越物名称：河流。 （2）备注：不通航河流	处	4
53	导线悬垂串、跳线串安装	（1）金具串名称、型号：悬垂串。 （2）绝缘子型号：FXBW-750/210。 （3）组合串联形式：I 串单联。 （4）导线分裂数：六分裂	单相	108

续表

序号	项目名称	项目特征	计量单位	工程量
54	导线悬垂串、跳线串安装	(1) 金具串名称、型号：悬垂串。 (2) 绝缘子型号：FXBW－750/210。 (3) 组合串联形式：V形单串。 (4) 导线分裂数：六分裂	单相	54
55	导线悬垂串、跳线串安装	(1) 金具串名称、型号：悬垂串。 (2) 绝缘子型号：FXBW－750/300。 (3) 组合串联形式：I串单联。 (4) 导线分裂数：六分裂	单相	258
56	导线悬垂串、跳线串安装	(1) 金具串名称、型号：悬垂串。 (2) 绝缘子型号：FXBW－750/300。 (3) 组合串联形式：V形单联。 (4) 导线分裂数：六分裂	单相	129
57	导线悬垂串、跳线串安装	(1) 金具串名称、型号：悬垂串。 (2) 绝缘子型号：FXBW－750/300。 (3) 组合串联形式：I串双联双挂点。 (4) 导线分裂数：六分裂	单相	22
58	导线悬垂串、跳线串安装	(1) 金具串名称、型号：悬垂串。 (2) 绝缘子型号：FXBW－750/300。 (3) 组合串联形式：V形双联双挂点。 (4) 导线分裂数：六分裂	单相	11
59	导线悬垂串、跳线串安装	(1) 金具串名称、型号：跳线串。 (2) 绝缘子型号：FXBW－750/120。 (3) 组合串联形式：双联。 (4) 导线分裂数：六分裂	单相	56
60	导线悬垂串、跳线串安装	(1) 金具串名称、型号：跳线串。 (2) 绝缘子型号：玻璃绝缘子串 U120B/146。 (3) 组合串联形式：双联(2×2)。 (4) 导线分裂数：六分裂	单相	7
61	导线耐张串安装	(1) 金具串型号、联数：耐张串。 (2) 绝缘子型号：瓷绝缘子，U210BP/170T。 (3) 组合串联形式：双联（2×60）。 (4) 导线分裂数：六分裂。 (5) 备注：进线挡使用	单相	6
62	导线耐张串安装	(1) 金具串型号、联数：耐张串。 (2) 绝缘子型号：瓷绝缘子，U120BP/155T。 (3) 组合串联形式：双联（2×56）。 (4) 导线分裂数：六分裂。 (5) 备注：换位塔子塔使用	单相	2

续表

序号	项目名称	项目特征	计量单位	工程量
63	导线耐张串安装	(1) 金具串型号、联数：耐张串（双联）。 (2) 绝缘子型号：瓷绝缘子，U420B/205。 (3) 导线分裂数：六分裂	单相	126
64	导线跳线制作、安装	(1) 跳线类型：刚性跳线。 (2) 跳线分裂数：六分裂	单相	56
65	导线跳线制作、安装	(1) 跳线类型：刚性跳线（带斜拉杆）。 (2) 跳线分裂数：六分裂	单相	7
66	其他金具安装	(1) 名称：导线防振锤。 (2) 规格或型号：预绞丝导线防振锤	个	1764
67	其他金具安装	(1) 名称：地线防振锤。 (2) 规格或型号：预绞丝地线防振锤	个	1060
68	其他金具安装	(1) 名称：防振锤。 (2) 规格或型号：光缆防振锤	个	1052
69	其他金具安装	(1) 名称：间隔棒。 (2) 规格或型号：预绞丝间隔棒	个	6354
70	其他金具安装	(1) 名称：重锤片。 (2) 规格或型号：FZC－20U	个	1512
71	尖峰、基面、排水沟、护坡及挡土墙土石方开挖及回填	地质类别：普通土	m³	320
72	尖峰、基面、排水沟、护坡及挡土墙土石方开挖及回填	地质类别：松砂石	m³	2898.9
73	护坡、挡土墙及排洪沟	(1) 构筑物名称：挡水墙。 (2) 构造类型：浆砌。 (3) 混凝土强度等级：M15	m³	4067.04
74	护坡、挡土墙及排洪沟	(1) 构筑物名称：排水渠。 (2) 构造类型：浆砌。 (3) 混凝土强度等级：M15	m³	236

三、施工条件

基础、铁塔组立、架线施工条件分析见表 22－8－1－4。

表 2 - 8 - 1 - 4　　　　750kV 线路工程（1标）基础、铁塔组立、架线施工条件分析

序号	施工项目	施 工 条 件 分 析
1	工地运输	（1）线路大部分位于平地、河网、丘陵和山地，现场施工驻点在有条件的情况下可租住民房。 （2）成立专门的材料运输队，以满足材料运输需要。 （3）部分塔位无路可通，运输比较困难，需修筑或修补临时施工便道进行材料运输。 （4）塔材及架线材料运输。一般戈壁及山地考虑履带式运输车等特殊设备进行运输
2	基础施工	（1）根据基坑尺寸线先挖出样洞，深度约 300mm。样洞直径比设计的基础尺寸小 30～50mm。样洞挖好后复测根开、对角线等项尺寸，合格后继续开挖。 （2）基础主柱开挖深度距设计要求埋深尚有 100～200mm 时，检查主柱直径正确后，用钢尺在主柱坑壁上量出基础底部扩大头挖扩位置线。由挖扩位置线下方 20～40mm 处开始挖掘扩大头部分。 （3）山区具备条件的塔位优先采用高压泵送等手段，尽量减少现场机械搅拌。 （4）清理好的基坑，如需夜间浇制基础，则采取防止雨水或泥土流入坑内的措施。 （5）基坑清理完毕，测量立柱、断面尺寸及坑深，符合规范偏差要求，并作好施工记录。基坑尺寸属隐蔽工程，隐蔽前经监理代表复查签字认可。 （6）基础钢筋加工、配送采用集中化方式。 （7）地脚螺栓找正固定：地脚螺栓按照基础施工图纸的尺寸进行放置，上部和下部进行可靠固定，尺寸准确。在灌注混凝土过程中防止触动地脚螺栓，并经常检查地脚螺栓各部定位尺寸。 （8）为保证掏挖型基础扩大头部的混凝土容易捣固密实，将其混凝土坍落度选大一级，并全部采用机械振捣。为满足混凝土的和易性要求，在保持水灰比不变的前提下，适当调整砂率或增添水泥浆量。立柱部位的混凝土坍落度可小一些。 （9）立柱部分采用整块定制模板，直角边均进行倒角处理，提高基础的整体观感质量，保护成品。 （10）基坑回填时优先选用基坑开挖所产生的土石方，严禁因基坑开挖时随意丢弃土方，而在基坑回填时无法有效利用开挖土方，进而随意开挖破坏基坑周围及塔腿间原始地形
3	接地施工	（1）严格按照设计和规范要求进行接地沟开挖、接地体敷设，并落实相应环境保护措施。 （2）接地引下线和水平接地体需涂刷导电防腐漆。 （3）铁塔组立阶段，先安装临时接地线，待保护帽浇筑完成后，再统一安装接地引下线，以确保接地引下线无扭曲和损伤
4	铁塔组立	（1）单回路角钢塔拟采用 130t 流动式起重机进行铁塔组立，吊车无法进入现场的塔位采用内悬浮外拉线组立铁塔。 （2）铁塔组立过程中注意配备适合的工器具并严格控制吊重。 （3）本标包的铁塔组立方案，我们将根据现场实际地形情况进行布置，包括现场布置、人员组织、工器具配置、吊装策划、安全文明施工等。 （4）铁塔组立前详细勘察现场，编制施工措施，合理选择吊装方向，确定吊车站位，减少对环境的影响
5	架线施工	（1）导地线均采用张力架线，导引绳采用不落地展放，六分裂导线架线采用"一牵六"张力架线。 （2）导地线均采用张力架线，导引绳采用不落地展放工艺。 （3）尽早勘定场地，确定牵、张场准确位置，并进行必要张力架线计算。 （4）架线过程中主要做好牵张段长度控制、弧垂监控等工作，及时附件安装，避免导地线展放过程中的磨损，保证架线施工质量。 （5）跨越 35kV 及以上电力线路优先选择不停电跨越，并编制特殊专项施工措施。 （6）架线后，精确测量导地线对被跨越物、坡面等的电气距离，发现问题，尽早采取措施。 （7）架线施工现场安装远程无线监控系统，以对架线施工全过程进行实时监控

第二节　施 工 方 法

一、工地运输方式

本工程平地地段利用原有的临时施工便道、乡村便道，交通条件一般，丘陵和山地地段无道路可利用，交通困难，施工前要详细调查，做好必要的进场道路修筑

工作，保证工程施工运输、特别是张力架线设备材料进场的需要。根据公司多年的施工经验，工程材料的大运通过汽车运输方式运至工程所设的中心材料站，中运则充分利用利用三莎高速、吐和高速、G315 国道、县乡道路及新开垦农田小道运至桩位或桩位附近的合适地带。部分塔位需修筑或修补临时施工便道，对原乡间土路只作扩宽和修补以使汽车或小型拖拉机能够通行，大路至牵张场段采用修补或铺垫钢板以利牵张设备进场。

履带式山地运输车如图 2 - 8 - 2 - 1 所示。全车宽度

1.6m，额定有效载荷为5t，最大爬坡能力35°，可在1.8m宽的道路行驶，整车采用无线遥控系统，无人驾驶，可遥控操作全部功能，随车可装上5t装配式自卸起重机，前后无级变速行驶（0～5km/h）。履带式山地运输车具备如下功能：

（1）可在山地、陡坡、泥泞路上行驶，在路窄，弯急的路段，可原地小半径转弯，前后无级变速行驶（0～5km/h）。

（2）整车采用无线遥控系统，实现无人驾驶，可遥控操作全部功能。

（3）额定有效载荷为5t，最大爬坡能力35°。

（4）前后龙门架可独立升降40cm、左右各移动20cm，便于坡道行走时调整物料的角度和重心。

（5）全车宽度小（1.6m），载重重心低，可在1.8m宽的道路行驶，降低山区修路的成本。

（6）可把后龙门架拆下，装上具有自卸功能的货斗，用于运输沙石等其他物料，实现一车多用。

（7）随车可装上5t装配式自卸起重机，用于迅速装卸钢管、角钢等塔材，在吊车无法到达的场地实现快速装卸，提高效率，节约施工费用。

（8）龙门架上衬有橡胶防滑垫，并安装有绑扎绳固定锚固点，能可靠防止大型塔件在运输过程中滑落。

（a）泥泞路（负载5t，近32°角上坡）　　　　（b）小半径、大角度转弯

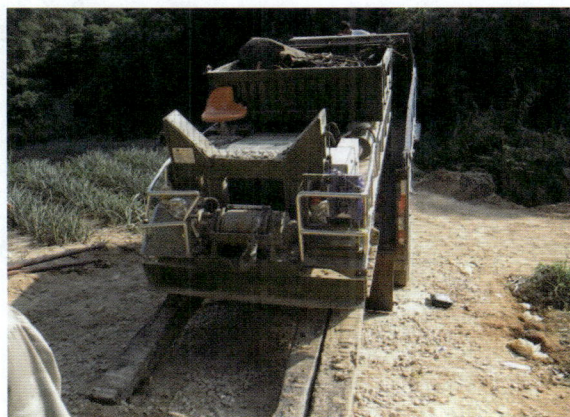

（c）自装自卸

图2-8-2-1 履带式山地运输车

履带式山地运输车特别适用于本工程中山地、泥泞、陡坡等路况条件下的大型构件运输，尤其对于钢管塔材、角钢塔材等超长、超重件的运输，能有效地减小人力、畜力运输的危险性，提高经济性。

二、基础与接地施工

（一）线路复测及基坑放样

线路测量以线路前进方向按耐张段依次进行，用卫星定位系统（GPS）及全站仪进行施工测量。根据设计文件给定的原始数据对线路的塔位中心桩、挡距、转角度数、塔位标高及重要跨越物等进行校核，对遗失的塔位中心桩进行补设。对标段分界塔的复测延伸至相邻标段第二基直线塔。根据设计图纸利用经纬仪进行塔基分坑。

（二）土石方开挖及地基处理

（1）掏挖基坑的开挖是基础施工控制的一个重点，也是难点。土基坑掏挖以人工掏挖为主。人工掏挖时，从地面开始以坑口中心为圆点进行挖掘。基坑掏挖分两个步骤，即基坑开挖及基坑清理。对岩石基坑掏挖，主要采用放小炮进行松动爆破后，人工清理和修整进行成孔。施工时先在基础中心打一个主炮孔，再在基坑内圈打一些防震孔，以控制放炮时坑壁的震裂范围，保持岩石基础的整体稳定性。特殊地段，基于环境保护的需要，岩石基坑或基面开方可采用凿岩机开挖，人工修整的施工方法。

（2）挖孔基础的施工难点在于施工操作面小，人员、工具和土方上下不便利，存在安全风险。其主要技术控制环节在于基坑的深度、半径、中心位置和扩底形状等，必须满足设计要求。挖孔基础开挖时，可采用冲击式钻机钻孔开挖，人工清理的方法，但必须保证土体的整体性不受破坏。

（3）大板基础土石方开挖应按设计施工，减少需开挖以外地面的破坏，合理选择弃土的堆放点，以保护自然植被及环境。铁塔基础施工基面的开挖应以设计图纸为准，按不同地质条件规定开挖边坡。基面开挖后应平整、不应积水，边坡不应坍塌。坑上土石堆放距坑边一般不小于0.8m，高度不超过1.6m。土石方开挖时，各塔位中心桩、转角位移桩、找正辅助桩及移出的测量标记等，均应保持完好，不得碰动、挖掉或丢失。铁塔基础的坑深应以设计施工基面为基准。当设计施工基面为零时，铁塔基础坑深应以设计中心桩处自然地面标高为基准。铁塔基础坑深与设计坑深偏差大于100mm时，其超深部分应用C25混凝土操平。同基基础坑在允许偏差范围内按最深基坑操平。

（三）基础施工

（1）基础钢筋集中在中心材料站放样、下料、制作，然后运至现场安装。

（2）基础主筋连接方式采取直螺纹连接方式。其他钢筋焊接须符合钢筋焊接及验收规程的要求，焊条选择及焊缝长度、厚度与宽度应符合相应规定。搭接焊时，焊接端钢筋应预弯，并应使两钢筋的轴线在一直线上。

（3）立柱以外部分现浇基础支模均采用组合钢模板，基础立柱部分均采用整块的模板，以方便立柱一次成形到位。模板表面平整光洁并涂刷脱模剂，模板采用建筑钢管搭脚手架的形式固定。

（4）地脚螺栓采用专用的固定架固定；混凝土均采用机械搅拌，机械振捣，混凝土搅拌机等基础施工设备的额定功率和容量须满足两层混凝土浇筑间隔时间小于混凝土初凝时间的规定。

（5）经监理人员对原材料及坑深、支模尺寸、钢筋、地脚螺栓、插入角钢及支模情况等检查合格签字认可后，方可浇筑混凝土。基础混凝土达到规定强度后方可拆模，拆模后按规范要求对基础进行养护。

（6）对于转角塔的预偏，根据设计要求，编制每一基转角塔的基础顶面预高值表，并将责任落实到具体操作人员。

（四）接地施工

（1）依据设计要求将接地装置加工好，确保焊接质量并挂牌标识。在基础回填的同时挖好接地沟，并将接地装置（含接地降阻模块）按设计规定进行连接和埋设，同时注意对已建线路的接地网和其他管网进行有效的避

让，保证对相邻管网的安全距离。

（2）浅埋式接地装置施工后需逐基测量接地电阻值，对接地电阻值不满足要求的，会同有关单位共同处理。铁塔组立阶段，先安装临时接地线，在基础保护帽浇制完毕后用专用工具将接地引下线整理好，确保工艺美观。

三、铁塔组立

（1）基础经中间验收合格，砼强度达到设计强度的70%以上时，方可分解组立铁塔。严格按照电力建设安全工作规程的规定对起重工具定期进行试验，铁塔组立用工器具在使用前进行外观检查，不合格者严禁使用，严格按照施工技术措施进行工器具的选择、现场布置和吊装。

（2）本标段单回路直线角钢塔均为酒杯型角钢塔，底部根开为12～20m，最长横担长度为57m，曲臂的高度在24m以上。单回路转角钢塔共有2种塔型，均为"干"字形角钢塔，底部根开为18m左右，单回路转角塔的最大顶架长度为34.5m。终端塔SDJ塔全高85.8m，分片吊装重，如图2-8-2-2所示。

图2-8-2-2　700mm×700mm×28m悬浮抱杆
结合人字抱杆吊装横担

（3）本工程铁塔施工的主要难点在于横担的吊装及单回路直线塔曲臂的吊装；同时，由于本标包部分塔位处于山地，吊车无法到位时，抱杆的拉线设置、塔材（工器具）的运输也是本工程的主要难点。

（4）根据莎和线路工程铁塔形式、结构尺寸、各段高度、重量等，对同一呼称高的铁塔型式，最重的塔型进行了吊装对比分析，采用两种吊车组合形式，即80t吊车+130t吊车组合。

（5）本工程单回路角钢塔一般位于山地和吊车无法到达的塔位，运输较为困难，采用700mm×700mm×28m内悬浮抱杆有利于工器具的运输，同时该抱杆在地形不利的情况下，可以采用内外拉线结合的方式进行铁塔组立。

四、架线施工

（一）通道及交叉跨越处理

（1）架线前对线路施工段的障碍物进行调查，凡属设计规定需要拆除的民房、建筑物必须拆除，线路走廊内影响放线的树木需砍伐，规定要迁移的电力线、通讯线等应及时迁移。

（2）跨越公路、通信线时，采用搭设跨越架方式进行。跨越等级公路施工时，编制跨越施工措施，事先取得行业主管部门同意并办理相关手续后方可施工，并邀请其派人现场监护。

（3）跨越10kV及以下的带电线路时，采用不停电搭设封顶跨越架。跨越110kV电力线时与运行单位协调，尽量停电跨越。

（二）导引绳不落地展放工艺

为减少施工过程中对自然环境的不利影响，提高放线效率，保证全线（包括重要跨越处）导引绳实行腾空展放，确保施工安全，根据工程所属山地、高山大岭的特殊地形条件，结合施工经验及机具设备情况，对多种可行的导引绳展放施工方案进行综合分析后，采用多旋翼无人机不落地展放初导绳，逐级牵引导引绳施工工艺。

（1）采用无人直升机展放初导绳。采用无人直升机展放初导绳（$\phi1$迪尼玛绳），初导绳放通后，再通过导引绳逐级牵引、高空绕牵和挪移、导引绳和牵引绳逐级牵引，再由$\phi16$牵引绳"一牵一"展放地线和OPGW光缆，最后再由$\phi30$牵引绳"一牵六"展放8根导线，最终完成2根地线和3相18根导线的展放。

采用导引绳不落地展放工艺进行架线施工，减少了放线通道内的林木砍伐，降低了对环境的影响，满足了工程环保的要求。

（2）人工展放导引绳法。一般地形采用人工铺放导引绳，将地线（光缆）牵引绳和一根导线导引绳运至布线点后向两头展放或一侧展放，展放时必须顺着线路方向，并将展放完毕的空线盘运至张力场。

（3）通过人工展放的一根导引绳利用牵张机牵放牵引绳，直线塔可直接放入放线滑车中，耐张塔通过过渡绳将导引绳放入放线滑车中。

（4）导线牵引绳是靠导引绳来牵引展放的，展放导线牵引绳时要随时观察各危险点的过线情况，如有变化应报告牵引场停机，待问题处理结束后方可进行牵引绳的展放工作。

（三）地线及OPGW光缆架设

（1）普通地线利用六方16编织型牵引绳及小型牵张设备进行张力放线，地线牵引绳展放与导线牵引绳展放同时完成，具体详见导线展放流程。地线和OPGW采用一套75kN中牵、65kN中张"一牵一"张力牵引展放。

（2）地线和OPGW牵引施工流程如图2-8-2-3所示。

```
φ5迪尼玛绳 → φ13迪尼玛绳 → φ13钢丝绳 → φ16钢丝绳 → 牵引地线

φ5迪尼玛绳 → φ13迪尼玛绳 → φ13钢丝绳 → φ16钢丝绳 → 牵引OPGW
```

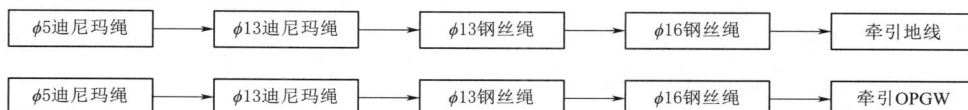

图2-8-2-3 地线和OPGW牵引施工流程图

（3）OPGW放、紧线施工。

1）光缆的架设采用张力放线法，放线段长度由光缆盘长确定，以保证光缆在展放过程中不受外力的损伤；牵放设备采用小牵引机和小张力机，依靠其较大直径的张力转轮，对光缆施加张力，同时，满足了光缆自身弯曲半径的要求。

2）铁塔悬挂光缆专用放线滑轮，直线塔挂一个滑车，大于30°转角塔挂双滑车，滑车之间用连接架连接，带张力展放六方13编织型牵引绳。

3）放线程序同一般架空地线，展放中的张力的设定，不大于光缆最大使用张力的25%。在施工过程中任何时候光缆的弯曲半径不小于产品或设计要求；导引绳与光缆的连接用专用网套，中间用旋转性能良好的旋转连接器连接以防在展放过程中光缆发生扭转。

4）在展放过程中，在转角塔、跨越架处设专人监视展放过程，发现卡线或磨跨越架等异常现象立即报告停止牵引；牵引机根据光缆限定的最大张力，设定保安值，以防过牵引损坏光缆。

5）按照设计规定的弧垂紧线并挂线后，在接续塔光缆留不小于设计要求的线头长度，以便光缆的连接；在收紧光缆安装耐张线夹时，对卡线器尾部的光缆进行绑扎，以防过度弯曲。紧线后，在固定光缆时，按产品或设计的要求，不得损伤光缆的不锈钢管；在按规定进行附件安装后将余线头盘绕好临时挂在塔上，其盘绕直径不小于产品或设计要求的直径，并用遮雨布将盘绕好的光缆包裹好。

6）光缆的紧线、挂线采用予绞丝缠绕在有护线条缠绕的光缆上进行牵引紧、挂线。注意予绞丝缠绕次数至少为两次，同时在紧、挂线时要注意缠绕点位置，以确保能满足挂线要求。

（四）导线架设

（1）架线施工在基础混凝土强度达到设计规定，放线段内铁塔确保不缺少受力构件，并经检查验收合格后方可进行。单侧紧挂线的耐张塔必须设置临时拉线，临时拉线应满足承受设计要求的不平衡张力。

（2）架线前施工段内铁塔已经中间验收且合格。

（3）导线放线：$\phi30$牵引绳采用75kN中牵、65kN中张展放；导线采用一台主牵引机（P-280kN）和三台主张力机（SAZ-65×2）、"2×（一牵四）"同步张力展放。

（4）张力放线施工顺序，单回路宜先边相，后中相。

（5）耐张塔直通放过，直线塔紧线，耐张塔平衡挂线。采用钢护套管保护直线接续管，以免接续管通过放线滑车时发生弯曲。

（6）临近带电线路施工，须按带电线路技术要求进行操作，严格遵循先接地后施工的原则，对特殊地段、特殊跨越进行施工专题研究，编制详细的安全技术措施，措施经审批和交底后严格执行。

（7）导线的连接采用液压工艺，属隐蔽工程，严格按照架空送电线路导线及避雷线液压施工工艺规程操作，虚心接受监理人员的现场监督。正式施工前进行压接试验，压接管的握着力不小于导地线保证设计使用拉断力的 95%。导线接续管在张力机前集中压接，外绑钢保护套管以防接续管过滑车时弯曲，并在钢保护套管外裹一层保护膜，防止导线可能鞭击时造成的损伤。

（8）张力放线区段的长度不宜超过 15 个放线滑车的线路长度。选择牵、张场时，充分考虑牵张机进出口处与相邻铁塔悬挂点的高差角不宜超过 15°。当牵张机距相邻铁塔较远时，应计算出口段导线是否有落地的可能，并采取有效的防磨措施。

（9）在正常张力情况下，对相对高差较大的塔位应校验滑车包络角及垂直荷载；对垂直档距较小的塔位，事先校验其上扬情况。牵张场出口处的塔位的不在绝缘子串下方直接悬挂放线滑车，用相应拉棒等挂具代替绝缘子串。

（10）放线张力以保证满足交叉跨越的距离要求为原则，事先进行计算，并将结果告之牵张机操作人员和现场指挥，牵张机操作人员以此结果设置机械保安值。在放线过程中，任何连接器接近磨筒时，均应减速至慢速牵引。

（五）紧线与附件安装

（1）紧线。采用耐张塔高空紧线和直线塔紧线方法。紧线前检查牵引系统各部位连接牢固后，即可启动 50kN 小牵引机或双卷筒绞磨，同时通知弧垂观测人员及紧线段内各监护人员，同相子导线应做到同时紧线。

（2）弧垂观测。等长法（平行四边形法）或异长法或档端角度法或平视法。

（3）平衡挂线用高空锚线钢绞线、过轮临锚用锚线钢绞线，必须按承受全部紧线张力的要求进行选配。锚线时凡导线与锚绳接触处，均采取有效隔离措施以保护导线。

（4）附件安装在导线弧垂调整合格后及时进行，并在挂线后的 5d 内完成（设计有特殊要求的除外）。附件安装时凡工器具及保险绳与导线接触处，均采取有效隔离措施。间隔棒安装距离采用绳尺在高空丈量，其误差必须符合验收规范的要求。认真清洗跳线引流板并按规定使用导电脂，跳线电气距离及螺栓紧固符合相应要求。

第三节　施工机具选择

一、主要施工机具选择

根据本工程特点和施工方法，本工程将采用的主要施工机具见表 2-8-3-1。

表 2-8-3-1　　　　　　　　主要施工机具选择

序号	名称	型号或规格	说明
1	悬浮抱杆	700mm×700mm×28m	内悬浮格构式钢抱杆系统。该抱杆组合长度为 28m，共分为顶节及底节均为 3m，其余每长节 2m。两端截面 333mm×333mm，中部 22m 截面 700mm×700mm，顶部采用可旋转结构
2	吊车	130t 吊车	QY130K 汽车起重机，支腿全伸 38t 配重，主臂全伸 58m，幅度 16~20m，起吊重量 11.5~10t；主臂加副臂全长 78.2m，幅度 14~19.1m，起吊重量 3.5~3.105t；主臂加副臂全长 82.4m，幅度 20m，起吊重量 3t
3	主牵引机	SPW28	（1）最大牵引力 280kN。 （2）持续牵引力 250kN（相应速度 2.7km/h）。 （3）250kN 最快牵引速度 49m/min。 （4）自重 93kN。 （5）外形尺寸 5700mm×2500mm×2800mm 
4	主张力机	T100-2H/2DD	（1）最大持续张力 2×60kN。 （2）最大放线速度 80m/min。 （3）张力轮直径 1600mm。 （4）外形尺寸 6240mm×2370mm×2720mm。 （5）自重 97kN 

二、基础施工机具

基础施工机具见表 2－8－3－2。

表 2－8－3－2 基 础 施 工 机 具

序号	名　称	型 号 或 规 格	单位	数量	备
1	经纬仪	J2	台	18	
2	GPS（全球定位系统）	Leica SYSTEM 1200	套	1	
3	全站仪	GTS－701	台	2	
4	电焊机	ZX7－400H（直流）	台	30	
5	砂轮切割机	J3GC－400	台	2	
6	钢筋切断机	GQ40B	台	2	
7	钢筋弯曲机	GW40	台	2	
8	插入式振动器	HZ6X－50、JZN－50	台	48	
9	立柱模板固定架	自制	套	48	
10	搅拌机	JZC250、JZC350	台	24	
11	挡土板	自制	m²	300	
12	混凝土搅拌站	HZD25 型（由 JDY500D 搅拌机和 PLD800 混凝土配料机）	套	4	
13	发电机	BV8（常载 8kW）	台	24	
14	发电机	BVS30（常载 30kW）	台	4	
15	发电机	BVS75（常载 75kW）	台	1	
16	钢钎、大锤、铁铲等		套	若干	
17	鼓风机		台	16	
18	空压机	W1.8－5	套	16	
19	卷扬机		台	16	
20	护壁钢模板		套	20	
21	应急软爬梯		台	16	
22	配电箱		台	22	
23	吊车	8t	台	2	
24	磅秤	3PNL	台	24	
25	挖掘机	WY60、WY80	台	4	
26	汽油打夯机	MPT80A	台	2	
27	施工运水车		台	6	
28	凿岩机	YO18	套	24	

三、铁塔施工机具

铁塔施工机具需求计划见表 2－8－3－3。

表 2－8－3－3 铁塔施工机具需求计划

序号	机具名称	规　格	单位	数量	主要参数及用途
1	Q345 钢抱杆	700mm×700mm×28～32m	付	16	
2	钢丝绳	φ13.5×100m	条	30	缆风绳
3	起重滑轮	20kN，单轮	只	30	吊小材
4	角铁桩	∠75×8×1500	根	60	
5	圆抱卡子	M22	副	195	
6	钢丝绳	φ15×250m	条	15	磨绳

序号	机具名称	规　格	单位	数量	主要参数及用途
7	机动绞磨	50kN	台	15	牵引用
8	钢丝绳	$\phi15\times3m$	条	18	吊点绳
9		$\phi15\times8m$		18	
10		$\phi15\times15m$		18	
11	起重滑轮	80kN,单轮	只	36	起吊系统
12	钢丝绳	$\phi15\times15m$	条	18	升降抱杆
13		$\phi15\times120m$		18	
14		$\phi13.5\times100m$		36	控制系统
15		$\phi21.5\times20m$		36	补强用
16	角铁桩	$\angle75\times8\times1500mm$	根	36	控制用
17	白棕绳	$\phi16\times100m$	条	18	吊小件用
18	卸扣	1t	只	324	
19		5t		300	
20		8t		60	
21		10t		60	
22	铁锤	7.2kg	把	18	
23	梅花扳手	M16	把	36	组装用
24		M20		36	
25		M24		36	
26	力矩扳手		把	36	
27	铁锤	1.8kg	把	18	
28	圆锉	$\phi16\times300mm$	把	24	
29	钢锯		把	18	
30	钢钎	$\phi25\times2000mm$	根	30	
31	方木		根	240	
32	圆木	$\phi140\times12000mm$	根	9	补强用
33	木杠	$\phi80\times2000mm$	根	48	组装用
34	经纬仪		台	9	立塔用
35	双钩	50kN	把	36	
36	手扳葫芦	30 kN	把	6	
37	吊车	130t	台	2	组塔

四、架线施工机具

架线施工机具需求计划见表 2-8-3-4。

五、交通工具

交通工具需求计划见表 2-8-3-5。

表 2-8-3-4　　　　架线施工机具需求计划

序号	机具名称	规　格	单位	数量	主要参数及用途
1	大牵引机	P280-1H/100	台	2	加拿大产
2	小张力机	SAZ-30	台	2	
3	小牵引机	SAQ-75	台	2	甘肃产

序号	机具名称	规　格	单位	数量	主要参数及用途
4	大张力机	T100－2H/2DD	台	6	光缆用轮径＞1300mm
5	导引绳	φ16	km	200	每盘1km
6	牵引绳	φ28	km	24	每盘0.5km
7	导线轴架车	SZ－4	套	6	
8	钢绳轴架车		套	6	
9	导线锚线架	1锚2	个	100	
10	挂胶锚线绳		根	200	
11	挂胶锚线钢丝套		根	240	
12	抗弯连接器	DHG－8	个	200	额定负荷80kN
13	抗弯连接器	DHG－28	个	48	额定负荷280kN
14	走板（一牵六）	28t单调式	套	4	
15	导、地线压接机	HPE－3	台	12	配套钢模
16	单轮放线滑车	HC1φ822×110	个	180	光缆
17	挂胶七轮放线滑车（导线）	HC1φ822×110	只	250	额定负荷200kN
18	卡线器	JL/G1A－400/50	个	360	
19	卡线器	地线	个	8	
20	导线提线器	一提三	副	160	
21	导线分离器		个	8	六分裂导线用
22	旋转连接器	SLX－8	个	24	额定负荷80kN
23	旋转连接器	SLX－28	个	12	额定负荷280kN
24	压线滑车	SYH－5	个	20	额定负荷50kN
25	接地滑车	SJDL－100	个	24	铝轮
26	跨越架	G24A、JDK3	副	4	
27	对讲机	TK378－2.5	台	60	
28	车载台		台	4	
29	平衡过渡钢绳等		套	48	
30	断线钳		把	40	
31	网套连接器	单头	副	4	光缆
32	网套连接器	双头	副	4	光缆
33	网套连接器	双头	副	12	
34	网套连接器	单头	副	12	导线
35	地锚	30t	个	24	
36	地锚	15t	个	120	
37	地锚	5t	个	120	
38	手板葫芦	TSH3	只	80	
39	手板葫芦	TSH6	只	200	
40	手板葫芦	TSH9	只	20	
41	压接管护套	WHT－630	套	300	与导线配套
42	机动绞磨	JM－5	台	12	
43	专用软梯	10m	副	160	
44	液压机	HPE－3	台	12	

表 2-8-3-5 交通工具需求计划

序号	名 称	型号或规格	单位	数量
1	汽车	10t 半挂	辆	2
2	汽车	5t 单车	辆	2
3	越野车	哈弗	辆	4
4	皮卡车	5 座	辆	1

六、材料需求计划

（一）主要材料

主要材料需求计划见表 2-8-3-6。

表 2-8-3-6 主要材料需求计划

编号	性质	名 称	供应时间
1	自购	基础钢材（含地脚螺栓）	2017 年 8 月
2		接地钢材	2017 年 8 月
3		水泥、砂、碎石	2017 年 8 月
5	甲供	铁塔	2018 年 3—5 月
7		导地线、绝缘子、金具	2018 年 6—8 月

（二）消耗材料需求计划

消耗材料需求计划见表 2-8-3-7。

表 2-8-3-7 消耗材料需求计划

编号	材料名称	单位	数量	供应时间
1	木材	m³	80	2017 年 8 月
2	木桩	根	6000	2017 年 8 月
3	电焊条	kg	6000	2017 年 8 月
4	钢模板	m²	3200	2017 年 8 月
5	夹板	m²	1600	2017 年 8 月
6	钢管	根	1200	2017 年 8 月
7	道木	块	900	2017 年 8 月
8	镀锌铁丝	kg	2000	2017 年 8 月
9	白棕绳	km	20	2017 年 8 月
10	毛竹	根	20000	2017 年 8 月

第四节 施工科技创新

一、创新目标

（一）科技创新目标

以"确保安全性、提高经济性、掌握技术规律、提升技术水平"为目标，深化特高压交流关键技术研究，取得新突破。以工程需求导向，积极稳妥推广应用新技术、新工艺、新流程、新装备、新材料。

（二）技术创新目标

全面应用"两型一化"和"两型三新"输电线路研究成果，积极推广"五新技术"应用。做好线路全过程、全流程机械化施工试点，系统集成应用特高压线路最新施工技术和装备，形成特高压输电线路全过程、全流程机械化施工典型施工经验，引领提升特高压规模化建设能力与水平。

二、施工机具创新成果

（一）钢筋直螺纹连接镦粗、套丝机

钢筋直螺纹连接镦粗、套丝机如图 2-8-4-1 所示，此机有以下技术优势：

（1）钢筋连接实现机械连接，简化现场操作。

（2）钢筋端部镦粗后加大截面，提高钢筋连接强度。

（3）钢筋接头只需采用卷尺和扭力扳手等简单工具可直接对接头进行检查。

（4）施工过程受气候环境影响小。

（5）钢筋平头、镦粗、套丝均可在材料站或工厂集中加工预制。

（二）装卸用桅杆式抱杆

为解决线路施工中特殊地形的装卸难题，公司研制了新型桅杆式抱杆，桅杆采用 $\phi450×16m$ 格构式抱杆，吊臂采用 $\phi275×10m$ 格构式抱杆，为公司原有工器具的改造。此型桅杆式抱杆最大作业径 7m，最大起吊能力为 40kN。

图 2-8-4-1 钢筋直螺纹连接镦粗、套丝机

（三）铁塔组立用抱杆

铁塔组立采用的新型 900mm×900mm×42m 内悬浮格构式钢管抱杆。

抱杆组合长度 42m，共分为 11 节，顶节及底节均为 3m，其余每长节 4m。两端截面 350mm×350mm，中部 36m 截面 900mm×900mm，顶部采用可旋转结构。主材选用 φ76×4，辅材选用 φ32×2.5，法兰选用 L75×4。主材及法兰选用 Q345，腹杆选用 Q235。抱杆自重为 25kN，轴向压力 186kN。该型抱杆为钢管制抱杆，抗扭抗弯且自重较轻，便于工地运输，降低了抱杆安装和拆卸的费用，且大大加快了工程进度。

（四）承托专用夹具

在抱杆承托处设计专用夹具，如图 2-8-4-2 所示，可用于固定提升抱杆滑车组及抱杆承托绳。

图 2-8-4-2　承托专用夹具

（五）转向滑车专用夹具

在塔腿主材处使用转向滑车夹具，见图 2-8-4-3，可用于锚固抱杆锁根钢丝绳及固定转向滑车。减免挖地锚坑或用钢丝绳套在塔材（或基础）上缠绕的不便，简化施工操作，提高施工工效，有效地避免钢丝绳对基础及主材的磨损。

图 2-8-4-3　转向滑车专用夹具

此夹具可以在铁塔吊装前装上，不用人员高空安装。该夹具与塔材接触面积大，受力点均匀，且接触面为尼龙材质，解决了用钢丝绳套在塔材上缠绕的不便，避免由于受力点集中造成钢管受伤，方便施工操作，提高施工工效，更好地保护塔材。

（六）内悬浮抱杆提升专用牵引机系统

该牵引机系统额定牵引力为 50kN，采用液压系统驱动，牵引过程中的牵引力具备数字显示功能，使用前，可以预先设定过载保护，当牵引力大于设定值时，牵引机自动刹车并锁死牵引轮。

（七）张力架线用主牵引机

张力架线采用德国产 SPW28 型主牵引机。德国产 SPW28 型主牵引机的最大牵引力为 280kN，额定牵引力为 250kN。

（八）远程无线监控系统

现场监控设备主要由支撑架、无线传输设备、视频采集设备、供电系统四个部分组成，如图 2-8-4-4 所示。通过远程无线视频监控系统，可实现对架线施工全过程实时监控。首先根据各施工点的工序状态，选择安装监控点，通过现场监控点的视频采集设备将视频信息

图 2-8-4-4　远程无线监控系统

传输到视频服务器，经过压缩处理后将数据打包，通过无线网络设备传送至相关基站，由基站上架设的远程无线网络传输设备将数据传送到施工项目部监控中心服务器，利用网络宽带与公司总部或其他扩展站相连。在施工现场监控设备的安装和使用上，采取小型化和集成化相结合的方式，设备架体小而轻，拆装简便。施工过程中，需要在每个牵张段的牵张两场、区段内每三基塔中间的一基塔身、牵引走板等位置安装一套现场监控设备。在张力场和牵引场的指挥地点配置监控电脑，实现对架线过程中对走板过滑车、跨越架等关键位置起到监控作用。

三、施工工艺创新成果

（一）钢筋直螺栓连接工艺

钢筋直螺栓连接如图 2-8-4-5 所示，是国家建设行业新技术应用示范项目，直径较大的钢筋采用直螺纹连接可以更好地保证钢筋接头的质量。

图 2-8-4-5　钢筋直螺栓连接工艺

（二）导引绳不落地展放工艺

采用无人直升机展放初导绳（φ2 迪尼玛绳），初导绳放通后，再通过导引绳逐级牵引、高空绕牵和挪移、导引绳和牵引绳逐级牵引，最终完成 2 根地线和 12 根导线的展放。采用导引绳不落地展放工艺进行架线施工，减少了放线通道内的林木砍伐，降低了对环境的影响，满足了工程环保的要求。

（三）旋挖钻工艺

采用旋挖钻对掏挖式基础进行施工，具有环境影响小、工效高、有效降低劳动强度及工程造价等优点，使得旋挖钻可在大型输电线路工程中得到广泛应用；针对松砂石、泥岩地带采用旋挖钻开挖，是解决基坑开挖的有效方法，能够有效地提高施工的机械化作业程度、降低劳动强度和施工人员安全风险、提高工效和尺寸质量，具有较好的社会效益和经济效益。

（四）索道式不停电跨越施工技术

对于停电联系难度大的线路根据现场地形及跨越情况采取全遮护或半遮护索道式带电跨越施工技术，完成

带电跨越施工。利用跨越挡两端的跨越塔作支撑，用迪尼玛绳在跨越挡间架设起跨越承载索，在跨越点上方的承载索下挂绝缘吊桥，张力放线的导引绳、牵引绳和导线在绝缘吊桥上方通过，从而保证架线施工在可靠的安全保护下进行。

（五）接地制作方式改进工艺

保护帽浇筑前接地引下线地面以上部分用临时接地体代替，永久性接地引下线按基础、铁塔和保护帽几何尺寸定长制作并使用专用工具统一制弯，待保护帽浇筑完毕后，再与接地装置进行连接并作防腐处理，以使得接地引下线与塔身连接紧密美观，无扭曲变形，镀锌层保护良好。

（六）张力架线施工改进工艺

尽量采用在耐张塔前后设置牵张场地，并根据导线线盘数量和线长合理布线，以有效降低直线压接管的数量。

（七）确保弧垂一致工艺

确保全线路导、地线弧垂平衡一致，拟采取的主要措施如下：

（1）采用计算机程序精确计算导、地线弧垂。

（2）合理选用观测方法，合理选择观测挡和辅助观测挡，多设观测点。

（3）改进紧线工艺，采取粗调→细调→微调→精调的紧线方法。

（4）尽量利用无风时间进行紧线作业。

（5）紧线作业尽量一次完成。

（6）改进耐张塔挂线工艺，减少导线极间和线间弧垂偏差。

（7）耐张塔跳线均使用线盘外层新线，并根据现场高空实测跳线长度制作，以确保跳线自然流畅，感观柔滑优美。

（8）改进保护帽浇筑施工工艺，使全线保护帽大小、形状一致，表面平滑。

（八）采用新材料工艺

（1）合成纤维吊带。铁塔组立时的吊点绳采用合成纤维吊带以保护铁塔镀锌层，避免磨损塔材。

（2）包胶钢绞线。锚线钢绞线全部进行包胶处理，以避免磨损导线。

（3）新型卡线器。采用大截面导线新型卡线器，尽可能做到对导线无损伤。

（4）防磨滚筒。在跨越架上加设特制防磨滚筒，以避免导线与跨越架相碰。

四、施工工艺及技术控制措施

（一）施工工艺控制要求

为确保工程达标投产，实现创优目标，从以下施工项目进行策划，使之成为本标包的施工亮点。

（1）基础混凝土表面平整、棱角分明。

（2）铁塔螺栓与构件面垂直，接触紧密，紧固率大

于 98%，螺栓穿向符合规定。

（3）防卸装置安装规范，脚钉安装美观，螺杆与螺母的螺纹无滑牙、无棱角磨损。

（4）塔材部件弯曲度不超过长度的 2‰，相邻节点间主材弯曲不大于 1/800，杜绝强行组装。

（5）架线后，直线塔结构倾斜允许偏差小于 1‰。

（6）光缆引下线整齐顺直美观。

（7）接地装置连接可靠、接触良好、引下线顺直、平服于基础保护帽。

（8）回填土防沉层方正，高度满足规范要求，场地平整，无积水。

（9）施工全过程加强成品保护，避免后期修补。

（二）基础工程工序控制措施

（1）模板平整光滑，并有足够的强度。

（2）支模正直，接缝紧密，支撑牢固。

（3）混凝土搅拌均匀，坑深超过 2m 的采用溜槽下料，以防离析，振捣及时、密实。

（4）浇筑一次成型，禁止二次抹面。

（5）立柱顶面用振捣出的原浆收光 3～4 次。

（6）严格控制拆模时间，拆模经监理检查符合后及时回填养护，养护符合规范要求。

（三）杆塔工程工序控制措施

（1）装卸塔材时防止塔材弯曲、变形、磨损。

（2）组装前应进行外观检查，严禁强行组装。

（3）钢丝绳与塔材接触处应用软物包裹。

（4）螺栓规格与设计图纸一致，穿向按规范规定施工。

（5）紧固螺栓应交叉紧固，其扭力矩符合设计及规范要求。

（6）防卸装置安装符合说明书，工艺统一。

（7）脚钉安装统一，如若有弯头，则弯头成直线。

（四）架线工程工序控制措施

（1）架线前，杆塔螺栓紧固率大于 98%。

（2）采用张力放线技术，严防导线磨损，导线走板过滑车时设专人监护，缓速通过。架线后及时调整同相子导线间距离，防止导线鞭击受损。

（3）放线前核算导线张力和施工时的跨越电力线路垂直高度，及时调整牵张机出口力，保证安全高度。

（4）同相分裂导线在同时收紧到弧垂接近标准值时，先调整好一根导线的弧垂，然后对另一根子导线进行调整。紧线弧垂达到要求时，各杆塔上及时画印，地面压接并挂线，及时安装附件。

（5）弧垂观测时的实测温度应在观测档内实测。

（6）在耐张串防晕金具安装完毕后进行安装。测量跳线弧垂及与杆塔各构件间最小距离。

（7）利用牵张设备，采用 2×一牵四同步展放的工艺，确保同根展放导线初伸长一致。采用螺栓线夹式紧线器紧线，避免损伤导地线。

（8）紧线采用三挡观测弧垂控制法，最大限度地减少大高差可能引起的子线弧垂偏差，提高架线质量。

（9）采取临时防振措施，防止导线张力放线完后紧线前由于振动造成导线断股。

（10）架线后，杆塔螺栓及时组织复紧。

（五）接地工程工序控制措施

（1）接地引下线方位与铁塔接地孔位置相对应。露出地表部位平直美观。

（2）采用专用工具制作接地引下线，防止破坏镀锌层。

（3）接地引下线与杆塔的连接紧密，并平服于基础及保护帽。

（4）当接地引下线直接从架空地线引下时，顺直紧靠塔身。

（六）防护工程工序控制措施

（1）保护帽模板平整光滑，并有足够的强度。

（2）支模正直，模板与立柱边沿等距离，接缝紧密，支撑牢固。

（3）混凝土搅拌均匀，下料无离析，振捣密实。

（4）浇筑一次成型，禁止二次抹面。基础顶面适时用原浆收光。

（5）拆模强度符合规范要求，并及时喷涂养护剂进行养护。

（6）保护帽顶面做散水坡度。

（7）挡土墙、护坡、排水沟等基础防护工程与杆塔基础同步完成。

（8）回填时清除坑内积水、杂物等，现浇基础对称回填。

第九章

若羌750kV变电站施工技术与管理

第一节　工程概述

一、法规标准

（1）《国家发展改革委关于新疆煤改电二期（巴州-铁干里克-若羌 750 千伏）输变电工程可行性研究报告的批复》（发改能源〔2022〕1907 号）。

（2）《国网经济技术研究院有限公司关于新疆煤改电二期（巴州-铁干里克-若羌 750kV）输变电工程初步设计的评审意见》（经研咨〔2023〕97 号）。

（3）《国家电网有限公司关于新疆煤改电二期（巴州-铁干里克-若羌）750 千伏输变电工程初步设计的批复》（国家电网基建〔2023〕81 号）。

（4）《中华人民共和国宪法》（2018 修正）。

（5）《中华人民共和国劳动合同法》（主席令第 65 号）。

（6）《中华人民共和国电力法》（中华人民共和国主席令第 24 号）。

（7）《中华人民共和国建筑法》（中华人民共和国主席令第 46 号）。

（8）《中华人民共和国计量法》（中华人民共和国主席令第 28 号）。

（9）《建设项目环境保护管理条例》（国务院令第 253 号）。

（10）《建设工程质量管理条例》（国务院令 279 号）。

（11）《建设工程安全生产管理条例》（国务院令第 393 号）。

（12）《建设工程项目管理规范》（GB/T 50326—2017）。

（13）《建设工程文件归档规范》（GB/T 50328—2019）。

（14）《建设工程监理规范》（GB/T 50319—2019）。

（15）《建筑工程施工质量验收统一标准》（GB 50300—2013）。

（16）《绿色工业建筑评价标准》（GB/T 50878—2019）。

（17）《建筑施工场界环境噪声排放标准》（GB 12523—2011）。

（18）《工程质量监督导则》（建质〔2003〕162 号）。

（19）《绿色施工导则》（建质〔2007〕223 号）。

（20）《建设项目竣工环境保护验收暂行办法的公告》（国环规环评〔2017〕4 号）。

（21）《输变电工程质量监督检查大纲》（国能综合安〔2014〕45 号）。

（22）《电气装置安装工程质量检验及评定规程　第 1 部分：通则》（DL/T 5161.1—2018）。

（23）《电力工程竣工图文件编制规定》（DL/T 5229—2016）。

（24）《输变电工程项目质量管理规程》（DL/T 1362—2014）。

（25）《电网建设项目文件归档与档案整理规范》（DL/T 1363—2014）。

（26）《电力建设安全工作规程　第 3 部分：变电站》（DL 5009.3—2013）。

（27）《电力建设工程监理规范》（DL/T 5434—2021）。

（28）《电力建设工程地基结构专项评价办法》（2017 版）。

（29）《电力建设绿色施工专项评价办法》（2017 版）。

（30）《电力建设新技术应用专项评价办法》（2017 版）。

（31）《输变电工程质量评价标准》。

（32）《施工现场临时用电安全技术规范》（JGJ 462005）。

（33）《输变电工程建设标准强制性条文实施管理规程》（Q/GDW 10248—2016）。

（34）《330kV～750kV 变电站安全性评价标准》（Q/GDW 10366—2016）。

（35）《输变电工程工程量清单计价规范》（Q/GDW 11337—2014）。

（36）《变电（换流）站土建工程施工质量验收规程》（DL/T584—2020）。

（37）《电网工程建设预算编制与计算规定》（2013 版）。

（38）《电力工程造价与定额管理总站关于发布电力工程计价依据营业税改征增值税估价表的通知》（定额〔2016〕45 号）。

（39）《电力工程建设概算定额》（2017 版）。

（40）《国家电网有限公司输变电工程标准工艺》（2022 版）。

（41）《国家电网公司输变电工程质量通病防治工作要求及技术措施》（基建质量〔2010〕19 号）。

（42）国家电网有限公司关于印发《国家电网有限公司安全事故调查规程》的通知（国家电网安监〔2020〕820 号）。

（43）《关于印发协调统一基建类和生产类标准差异条款的通知》（国家电网科〔2011〕12 号）。

（44）《国家电网公司关于进一步提高工程建设安全质量和工艺水平的决定》（国家电网基建〔2011〕1515 号）。

（45）《国家电网公司电力建设工程施工技术管理导则》（国家电网工〔2011〕153 号）。

（46）《国家电网公司工程竣工决算管理办法》〔国网（财/2）352—2014〕。

（47）《国网基建部关于进一步规范输变电工程设计策划工作的通知》（基建技术〔2014〕27 号）。

（48）《国家电网公司关于发布电网运行有关技术标准差异协调统一条款的通知》（国家电网科〔2014〕108 号）。

（49）《国家电网公司关于印发电网设备技术标准差

异条款统一意见的通知》(国家电网科〔2014〕315号)。

(50)《国家电网公司关于明确输变电工程"两型三新一化"建设技术要求的通知》(国家电网基建〔2014〕1131号)。

(51)《国网基建部关于进一步加强输变电工程施工图设计质量管控的通知》(基建技术〔2015〕13号)。

(52)《国网基建部关于进一步规范输变电工程初步设计质量及技术评审管理的通知》(基建技术〔2015〕20号)。

(53)《国网基建部关于印发输变电工程达标投产考核工作手册和质量验收实测实量项目清单的通知》(基建安质〔2021〕27号)。

(54)《国家电网有限公司电力建设安全工作规程第1部分:变电》(Q/GDW 11957.1—2020)。

(55)《国网基建部关于发布输变电工程设计常见病案例清册的通知》(基建技术〔2016〕65号)。

(56)《国网基建部关于印发国家电网公司基建技经管理风险防控工作指导意见(试行)的通知》(基建技经〔2016〕126号)。

(57)《输变电工程安全质量过程控制数码照片管理工作要求》(基建安质〔2016〕56号)。

(58)《国家电网公司关于印发进一步加强输变电工程施工分包管理专项行动方案的通知》(国家电网基建〔2017〕35号)。

(59)《输变电工程施工现场关键点作业安全管控措施》(国家电网基建〔2017〕503号)。

(60)《国家电网公司关于印发"深化基建队伍改革、强化施工安全管理"有关配套政策的通知》(国家电网基建〔2017〕1056号)。

(61)《反恐怖防范设置规范》(电网 DB65/T 4079—2017)。

(62)《国家电网公司关于规范输变电工程施工图预算管理的指导意见》(国家电网基建〔2017〕4号)。

(63)《国家电网公司基建技经管理规定》[国网(基建/2)175—2017]。

(64)《国家电网有限公司基建数字化管理办法》[国网(基建/3)818—2021]。

(65)《国家电网公司输变电工程设计质量管理办法》[国网(基建/3)117—2015]。

(66)《国家电网公司输变电工程结算管理办法》[国网(基建/3)114—2015]。

(67)《国家电网有限公司输变电工程初步设计审批管理办法》[国网(基建/3)115—2021]。

(68)《国家电网有限公司输变电工程设计施工监理队伍选择专业管理办法》[国网(基建/3)116—2021]。

(69)国家电网公司水电工程建设施工承包商考核评价管理办法[国网(基建/3)820—2017]。

(70)国家电网公司输变电工程设计变更与现场签证管理办法[国网(基建/3)185—2017]。

(71)《国家电网公司项目管理部标准化管理手册》(2021年版)。

(72)《国网基建部关于应用输变电工程安全施工作业票典型模板的通知》(基建安质〔2018〕10号)。

(73)《国家电网公司电网建设项目竣工环境保护验收管理办法的通知》(国家电网科〔2018〕187号)。

(74)《国家电网公司基建质量日常管控体系精简优化实施方案》(国家电网基建〔2018〕294号)。

(75)《国家电网有限公司关于进一步加强输变电工程施工质量验收管理的通知》(国家电网基建〔2020〕509号)。

(76)《国家电网有限公司关于印发十八项电网重大反事故措施(修订版)的通知》(国家电网设备〔2018〕979号)。

(77)《国家电网公司基建部关于印发国家电网公司输变电工程结算通用格式的通知》(基建技经〔2018〕32号)。

(78)《国家电网有限公司电网建设项目档案管理办法》(国家电网办〔2018〕1166号)。

(79)《国家电网有限公司输变电工程施工图预算管理办法》[国网(基建/3)957—2019]。

(80)《国家电网有限公司基建安全管理规定》[国网(基建/2)173—2019]。

(81)《国家电网有限公司基建项目管理规定》[国网(基建/2)111—2019]。

(82)《国家电网有限公司输变电工程建设质量管理规定》[国网(基建/2)112—2022]。

(83)《输变电工程建设安全文明施工规程》(Q/GDW 10250—2021)。

(84)《国家电网有限公司输变电工程进度计划管理办法》[国网(基建/3)179—2019]。

(85)《输变电工程建设施工安全风险管理规程》(Q/GDW 12152—2021)

(86)《国家电网有限公司输变电工程质量验收管理办法》[国网(基建/3)188—2022]。

(87)《国家电网有限公司输变电工程业主项目部管理办法》[国网(基建/3)180—2019]。

(88)《国家电网公司业主项目部标准化管理手册》(2021年版)。

(89)《国家电网公司监理项目部标准化管理手册》(2021年版)。

(90)《国家电网公司施工项目部标准化管理手册》(2021年版)。

(91)《若羌750kV变电站新建工程现场建设管理大纲》。

(92)《若羌750kV变电站新建工程初步设计资料》。

二、工程概况与实施条件分析

(一)工程概况

1. 工程简述

若羌750kV变电站新建工程站址位于新疆维吾尔自治区巴音郭楞蒙古自治州若羌县城东南约19km处,距塔东工业园东侧约 900m，距离 G315 国道南侧约 6.9km，距离工业园现有水泥道路约 3km，暂无道路直达场址内。

750kV 配电装置布置在站区东侧，向东出线；220kV 配电装置布置在站区西侧，向西出线；主控通信楼布置在站区北侧，从北侧进站。本工程按变电站最终规模一次征地，总征地面积 8.86hm²（约 133 亩），其中围墙内占地面积 7.3hm²（约 110 亩）。新建进站道路长度 116m，场地自平衡挖填土方 19.1 万 m³。

站区建筑物按终期规模建设，建有主控通信楼、综合配电室、继电器小室（4 座）、综合水泵房、雨淋阀室、警传室等建构筑物，总建筑面积 2255m²，其中主控通信楼建筑面积 800m²。

2. 工程量

（1）远期规模。建设 1500MVA 主变压器 3 组，每组主变压器装设 1 组中性点小电抗，750kV 出线 8 回，每回线路均预留装设 1 组高压并联电抗器位置，220kV 出线 14 回，每组主变低压侧装设 4 组容量为 60Mvar 并联电抗器和 4 组 60Mvar 并联电容器。

（2）本期规模。新建 1500MVA 主变压器 2 组，预留主变中性点小电抗位置，750kV 出线 4 回，分别至铁干里克开关站 2 回、至青海羚羊变（备用出线）2 回，线路若羌变侧各装设 1 组 240Mvar 高压并联电抗器和中性点小电抗，220kV 出线 7 回；本期每组主变低压侧装设 3 组 60Mvar 并联电抗器。

3. 主要参建单位

建设单位：国网新疆电力有限公司。

建管单位：国网新疆电力有限公司建设分公司。

设计单位：山西省电力勘查设计院有限公司。

监理单位：新疆电力工程监理有限责任公司。

施工单位：新疆送变电有限公司。

运行单位：国网新疆电力公司超高压分公司。

质监单位：新疆电力建设工程质量监督中心站。

4. 工期要求

计划开工日期：2023 年 3 月 20 日。

计划竣工日期：2024 年 10 月 10 日。

（二）工程特点

1. 工程设计特点

（1）电气主接线的特点。750kV 电气主接线规划为 1 个半断路器接线，远期 8 线 3 变组成 5 个完整串和 1 个不完整串；本期采用 1 个半断路器接线，4 线 2 变组成 2 个不完整串和 2 个完整串，安装 10 台断路器。220kV 电气主接线规划为双母线双分段接线，远期 14 线 3 变；本期采用双母线双分段接线，7 线 2 变，安装 13 台断路器，为便于后期扩建，本期提前安装预留间隔母线侧隔离开关。66kV 电气主接线远期及本期均采用单母线单元接线，装设总回路断路器。本期共安装 10 台断路器（总回路 2 台、无功补偿回路 6 台、站用变回路 2 台）。主变压器中性点按直接接地设计，66kV 按不接地设计。

（2）主要电气设备选择。本工程为新建站，需按智能变电站设计。一次设备通过附加智能组件实现智能化，

使一次设备不但可以根据运行的实际情况进行操作上的智能控制，同时还可根据状态检测和故障诊断的结果进行状态检修。断路器由常规设备加智能终端组成；智能主变压器也由常规设备加智能终端组成；电流互感器及电压互感器采用常规互感器。电气主设备选择应满足《国家电网有限公司十八项电网重大反事故措施（修订版）》（电网设备〔2018〕979 号）的相关要求。电气一次设备按照《国网基建部关于发布输变电工程通用设计通用设备应用目录（2022 年版）的通知》（基建技术〔2022〕3 号）进行选择，主要电气设备采用国网公司通用设备，满足一键顺控功能要求，220kV 户外 GIS 设备短路电流水平为 63kA 非通用设备。主变压器采用单相、自耦、油浸式变压器，单台主变容量 1500MVA，额定电压 765/3/230/3±2×2.5%/63kV。750kV 设备采用户外气体绝缘金属封闭开关设备（GIS），母线额定电流 5kA，断路器额定电流为 5kA、开断电流 63kA，隔离开关及接地开关额定电流 5kA；架空出线侧电压互感器选用电容式，避雷器选用无间隙金属氧化物避雷器，户外敞开式布置。220kV 设备采用户外气体绝缘金属封闭开关设备（GIS），母线额定电流 5kA，断路器额定电流 4kA、开断电流 63kA；隔离开关及接地开关额定电流 4kA；架空出线侧电压互感器选用电容式，避雷器采用无间隙金属氧化物避雷器，户外敞开式布置。66kV 设备断路器选用额定电流 4kA、开断电流 50kA 户外六氟化硫瓷柱式；隔离开关选用双柱水平旋转型，额定电流 4kA；电流互感器选用油浸倒立式；电压互感器选用电容式电压互感器；避雷器选用无间隙金属氧化物避雷器。750kV 高压并联电抗器采用单相、油浸式，66kV 并联电抗器采用干式空心。主变压器、高压电抗器配置油中溶解气体等在线监测装置，750kV、220kV 避雷器配置泄漏电流等在线监测装置。户外电气设备电瓷外绝缘按国标 d 级污区设计。

（3）配电装置和电气总平面布置。750kV 配电装置布置在站区东侧，220kV 配电装置布置在站区西侧，主变压器、无功补偿装置、66kV 配电装置布置在站区中部，主控通信楼布置在站区北侧，进站道路由站区北侧接入。主变压器、无功补偿装置户外布置。750kV 采用户外 GIS 布置，向东架空出线。220kV 采用户外 GIS 布置，向西架空出线。66kV 采用户外支持管型母线、断路器双列式中型布置。

（4）站用电。本期建设 2 台 66kV 站用变压器和 1 台 35kV 备用变压器，2 台 66kV 站用变压器分别取自主变低压侧，35kV 备用工作电源取自奇兰 110kV 变 35kV 专线，线路路径长约 4.4km。66kV 站用变压器和 35kV 备用变压器容量均为 1600kVA，采用油浸式有载调压变压器，户外布置。

（5）防雷接地。本站采用架构避雷针、独立避雷针和避雷线对全站进行防直击雷联合保护。其中 750kV 配电装置采用出线架构侧 46m 高的避雷线和架构避雷针进行联合保护，主变压器、66kV 配电装置和 220kV 配电装置采用独立避雷针和架构避雷针进行联合保护。750kV

配电装置主变进线架构设置 3 支 56m 高的架构避雷针，220kV 配电装置区设置 3 支 56m 高的独立避雷针，主变区域和站前区各设置 1 支 56m 高度的独立避雷针。全站建筑物屋顶敷设避雷带，构成建筑物防直击雷保护。站址场地土具有强碱性，水平主接地网材料选用 185mm²

镀锡铜绞线；采用接地铜排（缆）实现二次接地，截面选用不小于 100mm²。

2. 主要工程量

（1）构筑物工程主要清单见表 2-9-1-1。

（2）安装工程主要清单见表 2-9-1-2。

表 2-9-1-1　　　　　　　　　　构筑物工程主要清单

序号	项 目 名 称	项 目 特 征	计量单位	工程量
一	主要生产工程			
1	主要生产建筑			
1.1	主控通信楼	钢筋混凝土框架结构	985.50m³	两层
1.2	继电器室			
1.2.1	1号 750kV 继电器室	钢筋混凝土框架结构	171.85m³	单层
1.2.2	2号 750kV 继电器室	钢筋混凝土框架结构	171.85m³	单层
1.2.3	主变及 66kV 继电器室	钢筋混凝土框架结构	206.00m³	单层
1.2.4	220kV 继电器室	钢筋混凝土框架结构	270.00m³	单层
1.3	站用电室	钢筋混凝土框架结构	324.70m³	单层
1.4	安保器材室	钢筋混凝土框架结构	105.45m³	单层
1.5	辅助用房	钢筋混凝土框架结构	83.86m³	单层
1.6	消防泵房	钢筋混凝土框架结构	130.55m³	单层
1.7	1号雨淋阀室	钢筋混凝土框架结构	27.50m³	单层
1.8	2号雨淋阀室	钢筋混凝土框架结构	27.50m³	单层
1.9	3号雨淋阀室（远期）	钢筋混凝土框架结构	27.50m³	单层
2	配电装置建筑			
2.1	主变压器系统			
2.1.1	构支架及基础	钢筋混凝土独立基础格构式管骨干构架及钢梁、钢管支架	289.51m³ 76.97t	
2.1.2	主变压器设备基础	钢筋混凝土设备基础	493.733m³	
2.1.3	主变压器油坑及卵石	钢筋混凝土油池	670.32m³	
2.1.4	防火墙	钢筋混凝土框架预制墙板防火墙	438.34m³	
2.1.5	事故油池	钢筋混凝土油池	230.61m³	
2.2	构架及设备基础			
2.2.1	750kV 构架及基础	钢筋混凝土独立基础格构式钢管构架及梁	1870m³ 630.137t	
2.2.2	750kV 设备支架及基础	钢筋混凝土独立基础钢管支架	8806.35m³ 25.578t	
2.2.3	220kV 构架及基础	钢筋混凝土独立基础格构式钢管构架及梁	826.16m³ 175.662t	
2.2.4	220kV 设备支架及基础	钢筋混凝土独立基础钢管支架	1877.65m³ 36.767t	
2.2.5	66kV 设备支架及基础	钢筋混凝土独立基础钢管支架	771.9m³ 100.708t	
2.3	站用变压器系统			
2.3.1	站用变压器设备基础	钢筋混凝土设备基础	10.29m³	
2.3.2	站用变压器油坑及卵石	钢筋混凝土油池	43.45m³	

序号	项目名称	项目特征	计量单位	工程量
2.3.3	防火墙	钢筋混凝土框架预制墙板防火墙	62.88m³	
2.4	低压电容器	钢筋混凝土设备基础	226.64m³	
2.5	低压电抗器	钢筋混凝土设备基础	258.46m³	
2.6	避雷针塔	钢筋混凝土独立基础格构式避雷针塔	214.03m³ 36.384t	
2.7	电缆沟道	室外混凝土沟道、隧道	3539m	
2.8	栅栏及地坪	整体地坪	957.57m²	
3	供水系统建筑			
3.1	站区供水管道	室外生活给水管道	130m	
3.2	综合水泵房	钢筋混凝土柱	21.93m³	
3.3	蓄水池	井、池	631.37m³	
4	消防系统			
4.1	雨淋阀室	钢筋混凝土基础梁、独立基础、梁柱	39.91m³	
4.2	消防小间基础	整体地坪	56m²	
4.3	站区消防管道	室外消防水管道	1580m³	
4.4	消防水池	井、池、管道	368.82m³	
二	辅助生产工程			
1	辅助生产建筑			
1.1	警卫室	钢筋混凝土框架砌体结构	70m²	单层
1.2	安保器材室	钢筋混凝土框架砌体结构	85.9m²	单层
2	站区性建筑			
2.1	场地平整	挖一般土方回填方	7390m³ 51650m³	
2.2	站区道路及广场	220mmC30混凝土面层（内掺抗裂纤维0.05%重量）、150mmC25混凝土稳定层、300mm水泥砂浆碎石基层	6200m²	
2.3	站区排水			
2.3.1	排水管道	室外排水管道	1810m	
2.3.2	窨井	圆形砖砌雨水检查井	117.68m³	
2.3.3	污水处理装置	设备基础	6.91m³	
2.3.4	污水处理水池	井、池	14.6m³	
2.4	围墙及大门	条形基础、独立基础、装配式围墙	480.01m³	
3	特殊构筑物			
3.1	防洪排水沟	素混凝土室外混凝土沟道、隧道	211m³	
3.2	护坡	块料面层护坡	1400m²	
三	与站址有关的单项工程			
1	地基处理	强夯	114807m³	
2	户外配电装置场地铺砌地面面积		81116m²	
3	站外道路		72m	
4	蒸发池	钢筋混凝土井池	2576m³	
5	站外水源	素混凝土室外排水管道	6000m	
6	摄像头、投光灯、永久水准点基础	基础	64.45m³	
7	推拉阻拦装置	基础	2.4m³	

表 2 - 9 - 1 - 2　　　　　　　　　　　　安装工程主要清单

序号	项 目 名 称	项 目 特 征	计量单位	工程量
1	750kV 主变压器系统			
1.1	变压器	ODFPS - 500000/750/500/500/150MVA 户外，含隔振器安装	6 台	
1.2	中性点小电抗器	ZJDK - 66/224 - 38.2	2 台	
1.3	66kV 单相隔离开关（不接地）	GW4A - 72.5/4000A	2 组	
1.4	66kV 单相隔离开关（单接地）	GW4A - 72.5/4000A	2 组	
1.5	750kV 避雷器	Y20W - 600/1380W，附放电记录器	6 台	
1.6	66kV 避雷器	Y5W2 - 96/250W	8 只	
1.7	66kV 支柱绝缘子	ZSW - 72.5/16 - 4	84 只	
1.8	1kV 支柱绝缘子	1kV	10 只	
1.9	户外型 10kV 电流互感器	LZZBJ9 - 12WG	2 只	
2	配电装置			
2.1	750kV 屋外配电装置			
2.1.1	750kV GIS 组合电器完整串	SF$_6$ 气体绝缘封闭式组合电器，800kV	1 组	
2.1.2	750kV 电容式电压互感器	SF$_6$ 气体绝缘封闭式组合电器，800kV，63kA（2s），160kA，母线接地开关间隔（不含断路器）	6 台	
2.1.3	750kV 氧化锌避雷器	Y20W - 648/1491W，附放电计数器	6 只	
2.1.4	750kV 支柱绝缘子	ZSW - 800/12.5 - 4	13 只	
2.1.5	组合电器	GIS 分支母线	150m	
2.1.6	电压互感器	TYD 765/√3 - 0.005H	24 台	
2.1.7	避雷器	Y20W - 648/1491W，附在线监测仪	4 组	
2.1.8	支柱绝缘子	ZSW - 15T	12 个	
2.1.9	悬垂绝缘子	V 串悬挂，2×50（XSP2 - 100）	6 串	
2.1.10	悬垂绝缘子	V 串悬挂，2×50（XSP2 - 160）	12 串	
2.1.11	管型母线	6063 - T6 - φ200/184	120m	
2.1.12	PT 端子箱	PT 端子箱	6 台	
2.2	220kV 屋外配电装置			
2.2.1	组合电器	SF$_6$ 气体绝缘封闭式组合电器，252kV，63kA（3s），160kA	2 组	
2.2.2	组合电器	SF$_6$ 气体绝缘封闭式组合电器，252kV，63kA（3s），160kA，断路器间隔，架空出线	13 组	
2.2.3	组合电器	组合电器，252kV，63kA（3s），160kA，母线设备间隔	4 组	
2.2.4	组合电器	SF$_6$ 气体绝缘封闭式组合电器，252kV，63kA（3s），160kA，断路器间隔，母联、分段	4 组	
2.2.5	组合电器	组合电器，252kV，63kA（3s），160kA，预留出线间隔	4 组	
2.2.6	组合电器	SF$_6$ 全封闭组合电器进出线套管	45 个	
2.2.7	组合电器	GIS 分支出线	108m	
2.2.8	电压互感器	电容式	36 台	
2.2.9	避雷器	氧化锌式	12 组	
2.2.10	悬垂绝缘子	XWP3 - 100	24 串	
2.3	66kV 屋外配电装置			
2.3.1	断路器	SF$_6$ 瓷柱式断路器	14 台	

续表

序号	项 目 名 称	项 目 特 征	计量单位	工程量
2.3.2	隔离开关	双柱水平旋转式	14 组	
2.3.3	电流互感器	LVQB－66W3 2×1000/1A/5P30/5P30/0.2S	48 台	
2.3.4	电压互感器	LVQB－66W32000/1A/5P30，100/1A 5P30/0.2S	12 台	
2.3.5	避雷器	氧化锌式	4 组	
2.3.6	管型母线	6063－ϕ170/154	640m	
2.3.7	管型母线	6063－ϕ100/90	60m	
3	无功补偿			
3.1	低压电容器			
3.1.1	66kV 电容器	框架式 90Mar	4 组	
3.1.2	66kV 低压并联电抗器	60Mvar	12 台	
4	控制及直流系统			
4.1	计算机监控系统			
4.1.1	控制及保护盘台柜		27 块	
4.1.2	控制及保护盘台柜		52 块	
4.1.3	同步时钟系统		1 站	
4.2	控制及保护盘台柜		89 块	
4.3	直流系统及不间断电源			
4.3.1	交直流配电盘台柜		39 块	
4.3.2	蓄电池	GFM－800Ah 220V	208 只	
4.3.3	三相不间断电源装置	2×15kVA	2 套	
4.4	智能辅助控制系统		1 站	
4.5	设备智能在线监测系统		1 站	
5	站用电系统			
5.1	站用变压器			
5.1.1	变压器	SZ11－1600/66	2 台	
5.1.2	变压器	S13－1600/35	1 台	
5.2	站用配电装置			
5.2.1	穿墙套管		12 个	
5.2.2	35kV 开关柜	KYN36－12（Z）	3 台	
5.2.3	交直流配电盘台柜		39 台	
5.3	站区照明			
5.3.1	道路照明灯	投光灯	95 套	
5.3.2	道路照明灯	球形门垛灯	3 套	
5.3.3	道路照明灯	高杆路灯	7 套	
6	电缆及接地			
6.1	全站电缆			
6.1.1	电力电缆			
6.1.1.1	1kV 及以下电力电缆		76412m	
6.1.1.2	1kV 以上电力电缆	ZR－YJV62－50/66kV－1×240	800m	
6.1.2	控制电缆			

序号	项目名称	项目特征	计量单位	工程量
6.1.2.1	控制电缆	截面 10mm² 以内	228575m	
6.1.2.2	控制电缆	综合	128000m	
6.1.2.3	控制电缆	尾缆	24000m	
6.1.2.4	户外光缆	各芯户外光缆	95950m	
6.1.2.5	预制光配		180 个	
6.1.3	电缆辅助设施			
6.1.3.1	电缆支架		8620 副	
6.1.3.2	电缆槽盒		5534m	
6.1.3.3	电缆保护管		17890m	
6.2	全站接地			
6.2.1	接地母线	各型号	22030	
6.2.2	全站接地引下线	各型号	16975	
6.2.3	接地端子箱		77	
7	通信及远动系统			
7.1	通信系统			
7.2	远动及计费系统		1 套	
8	全站调试			
8.1	分系统调试			
8.2	整套启动调试			
8.3	特殊项目调试			

（三）实施条件分析

1. 地质地貌

若羌县地势南高北低，由西南向东北倾斜，海拔 768~6900m。南部为山区，属羌塘高原东北部，海拔 1500~4500m，国家以此圈划了阿尔金山自然保护区，是县内的主要牧业基地；中部冲积为冲积扇绿洲平原，海拔 880~1500m，为农业种植区和主要人口居住区；北部为平原沙漠区，海拔 763~1000m，由四个部分组成，西面为塔克拉玛干沙漠的东部，东南面为库木塔格沙漠，东北面为库鲁克塔格山部分山体和南麓山前冲积扇戈壁滩，中部为罗布泊干涸湖床和湖滨盐膜地。

2. 水文气象条件

（1）若羌县的主要河流有若羌河、瓦石峡河、塔什萨依河、米兰河、塔特勒克布拉克河、车尔臣河、塔里木河、孔雀河；玉苏普阿勒克河、阿提阿特坎河、依协克帕提河、色斯克亚河、阿其克库勒河、喀夏克勒克河，均属于内陆型河流，年总径流量 11.76 亿 m³。

（2）若羌县冬季寒冷，夏季酷热少雨，风大尘多，日温差悬殊，属典型的大陆温带干旱、半干旱气候区。若羌县年平均温度 11.8℃，极端最高温度 43.6℃，1 月平均气温 −9.4℃，7 月平均气温 27.4℃，极端最低温度 −27.2℃；年平均相对湿度 39%，无霜期 189~193d；年平均降水量 28.5mm，年极端最大降水量 118.0mm；年最小降水量 3.3mm，年平均蒸发量 2920.2mm，最大蒸发量 3368.1mm；最多风向为 NE、E（东北风、东风），年平均风速 2.7m/s，极端最大风速不小于 40m/s，年平均日照时数 3103.2h，最大为 3338.8h，最小为 2940.0h；最大冻土深度 96cm。

3. 交通情况

若羌 750kV 变电站新建工程站址位于新疆维吾尔自治区巴音郭楞蒙古自治州若羌县城东南约 19km 处，距塔东工业园东侧约 900m，距离 G315 国道南侧约 6.9km，距离工业园现有水泥道路约 3km，暂无道路直达场址内。

4. 施工条件分析

（1）若羌 750kV 变电站工程建设受到各级领导的高度重视，要求尽快完成工程建设任务服务兵团建设，工程计划于 2024 年下半年投运。考虑站址所处南疆气候的影响，有效施工周期较短，2013 年 11 月已开展冬季施工。

（2）根据现场踏勘情况，站址上部主要为粉质黏土及粉土，且地下水位较高，施工前需进行全场地基处理，施工过程需进行降排水，对施工工期影响大且施工难度高。

（3）施工组织协调要求高。工程工期紧，任务重，临时用地、临电手续办理周期短，参与工程建设的设计、监理、施工、材料设备供应单位众多，对工程组织和协调的效率要求高，必须具有过硬的专业能力、高素质的协调能力和高素质的检查、监控和督促能力。

（4）工程目标高。本工程要求创国家电网公司优质工程，对工程质量工艺及工程管理要求较高。

三、项目施工管理组织结构

（一）项目管理组织结构

项目管理组织结构如图 2-9-1-1 所示。

（二）项目管理职责

项目管理职责见表 2-9-1-3。

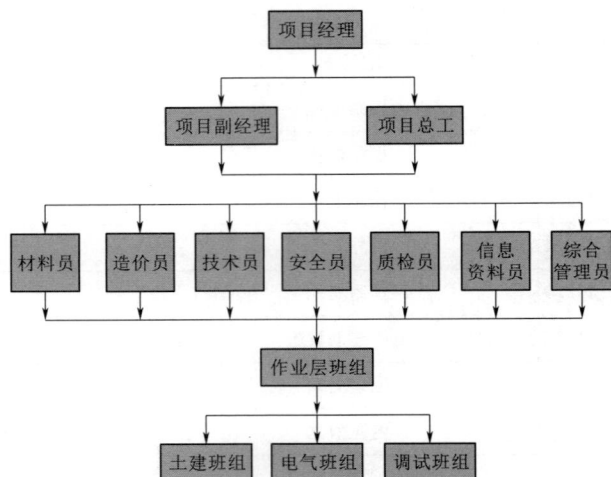

图 2-9-1-1 项目管理组织结构

表 2-9-1-3 项目管理职责

部门或岗位	职责和权限
项目经理（项目副经理）	施工项目经理是施工现场管理的第一责任人，全面负责施工项目部各项管理工作。 （1）主持施工项目部工作，在授权范围内代表施工单位全面履行施工承包合同；对施工生产和组织调度实施全过程管理；确保工程施工顺利进行。 （2）组织建立相关施工责任制和各专业管理体系，组织落实各项管理组织和资源配备，并监督有效运行，负责项目部员工管理绩效的考核及奖惩。 （3）组织编制项目管理实施规划、绿色施工策划，并负责监督落实。 （4）组织编制环境保护和水土保持的施工组织策划，并负责监督落实。 （5）组织制订施工进度、安全、质量及造价管理实施计划，实时掌握施工过程中安全、质量、进度、技术、造价、组织协调等总体情况。组织召开项目部工作例会，安排部署施工工作。 （6）组织风险踏勘，风险作业过程中，落实到岗、到位职责，开展安全责任考核检查。 （7）审核签发施工作业 B 票，对施工过程中的安全、质量、进度、技术、造价等管理要求执行情况进行检查、分析及组织纠偏。 （8）负责组织处理工程实施和检查中出现的重大问题，制订预防措施。特殊困难及时提请有关方协调解决。 （9）合理安排项目资金使用；落实安全文明施工费申请、使用。 （10）负责组织落实安全文明施工、职业健康和环境保护有关要求；负责组织对重要工序、危险作业和特殊作业项目开工前的安全文明施工条件进行检查并签证确认；负责组织对分包商进场条件进行检查，对分包队伍实行全过程安全管理。 （11）参与对核心劳务分包队伍及人员的评价，参与对现场施工分包队伍的选择推荐和对现场分包人员的配置推荐。 （12）负责组织工程班组自检、项目部复检工作，配合公司级专检、监理验收、建设过程质量验收专项检查、竣工预验收、启动验收和启动试运行工作，并及时组织对相关问题进行闭环整改。 （13）参与或配合工程安全事件和质量事件的调查处理工作。 （14）项目投产后，组织对项目管理工作进行总结；配合审计工作，安排项目部解散后的收尾工作。 （15）负责项目质保期内保修工作；负责配合工程达标投产和创优工作。 注：施工项目副经理负责协助施工项目经理履行职责
项目总工	在项目经理的领导下，负责项目施工技术管理工作，负责落实业主、监理项目部对工程技术方面的有关要求。 （1）贯彻执行国家法律、法规、规程、规范和国家电网公司通用制度，组织编制施工安全管理及风险控制方案等管理策划文件，并负责监督落实。 （2）组织编制施工进度计划、技术培训计划并督促实施。 （3）组织对项目全员进行安全、质量、技术及环境等相关法律、法规及其他要求培训工作。 （4）组织施工图预检，参加设计交底及施工图会检。施工发现与图纸不符的问题，及时上报监理、设计及建设管理单位，必要时履行设计变更及现场签证手续。 （5）负责审批一般施工方案，编写专项施工方案、专项安全技术措施，组织安全技术交底。负责对施工方案进行技术经济分析与评价。 （6）负责审核签发施工作业 A 票，定期组织检查或抽查工程安全、质量情况，组织解决工程施工安全、质量有关问题。 （7）负责施工新工艺、新技术的研究、试验、应用及总结。 （8）负责组织收集、整理施工过程资料，工程投产后组织移交竣工资料。 （9）协助项目经理做好其他施工管理工作

部门或岗位	职 责 和 权 限
安全员	协助项目经理负责施工过程中的安全文明施工和管理工作。 （1）贯彻执行工程安全管理有关法律、法规、规程、规范和国家电网公司通用制度，参与策划文件安全部分的编制并指导实施。 （2）负责施工人员的安全教育和上岗培训；汇总特种作业人员资质信息，报监理项目部审查。 （3）参与施工作业票审查，协助项目总工审核一般方案的安全技术措施，参加安全交底，检查施工过程中安全技术措施落实情况。 （4）负责编制安全防护用品和安全工器具的需求计划，建立项目部安全管理台账。 （5）审查施工分包队伍及人员进场工作，检查分包作业现场安全措施落实情况，制止不安全行为。 （6）负责项目安全标准化配置，负责施工现场的安全文明施工状况，督促问题整改；制止和处罚违章作业和违章指挥行为；做好安全工作总结。 （7）贯彻执行环保、水保工作要求，负责施工现场环保、水保措施落实情况，督促问题整改；配合环保、水保等管理部门进行专项验收。 （8）配合安全事故（事件）的调查处理。 （9）负责项目建设安全信息收集、整理与上报，每月按时上报安全信息月报
技术员	贯彻执行有关技术管理规定，协助项目经理或项目总工做好施工技术管理工作。 （1）熟悉有关设计文件，及时提出设计文件存在的问题。协助项目总工做好设计变更的现场执行及闭环管理。 （2）编制一般施工方案等技术文件并组织进行交底，在施工过程中监督落实。 （3）在施工过程中随时对施工现场进行检查和提供技术指导，存在问题或隐患时，及时提出技术解决和防范措施。 （4）负责组织施工班组和分包队伍做好项目施工过程中的施工记录和签证。 （5）参与审查施工作业票
质检员	（1）贯彻落实施工质量管理有关法律、法规、规程、规范和国家电网公司通用制度，参与策划文件质量部分的编制并指导实施。 （2）对分包工程质量实施有效管控，监督检查分包工程的施工质量。 （3）定期检查工程施工质量情况，监督质量检查问题闭环整改情况，配合各级质量检查、质量监督、质量竞赛、质量验收等工作。 （4）组织进行隐蔽工程和关键工序检查，对不合格的项目责成返工，督促施工班组做好质量自检和施工记录的填写工作。 （5）按照工程质量管理及资料档案有关要求，收集、审查、整理施工记录表格、试验报告等资料。 （6）配合工程质量事件调查
造价员	（1）严格执行国家、行业标准和企业标准，贯彻落实建设管理单位有关造价管理和控制的要求，负责项目施工过程中的造价管理与控制工作。 （2）负责工程设计变更费用核实，负责工程现场签证费用的计算，并按规定向业主和监理项目部报审。 （3）及时做好工程已完成工程量的计量，参与现场"三量"（设计量、施工量、结算量）核查工作。 （4）工程实施中，依据合同约定，结合工程形象进度，编制分部结算文件。 （5）编制工程进度款支付申请和月度用款计划，编制农民工实名制工资信息报审表，负责农民工工资支付表收集、审核工作，按规定向业主和监理项目部报审。 （6）依据工程建设合同及竣工工程量文件编制工程施工结算文件，上报至本施工单位对口管理部门。配合建设管理单位、本施工单位等有关单位的财务、审计部门完成工程财务决算、审计以及财务稽核工作。 （7）负责收集、整理工程实施中造价管理工作有关基础资料
信息资料员	（1）负责对工程设计文件、施工信息及有关行政文件（资料）的接收、传递和保管；保证其安全性和有效性。 （2）负责有关会议纪要整理工作；负责有关工程资料的收集和整理工作；负责对项目部各专业上报基建管理信息系统数据的管理工作。 （3）建立文件资料管理台账，按时完成档案移交工作
材料员	（1）严格遵守物资管理及验收制度，加强对设备、材料和危险品的保管，建立各种物资供应台账，做到账、卡、物相符。 （2）负责组织办理甲供设备材料的催运、装卸、保管、发放，配合业主、监理项目部进行甲供设备材料的开箱检查，负责自购材料的供应、运输、发放、补料等工作。 （3）负责收集项目设备、材料及机具的质保等文件。 （4）依据设计图纸、质保文件等资料组织对到达现场（仓库）的设备、材料进行型号、数量、质量的核对与检查。 （5）负责工程项目完工后剩余材料的冲减退料工作。 （6）做好到场物资的跟踪管理
综合管理员	（1）负责项目管理人员的生活、后勤、安全保卫工作。 （2）负责现场的各种会议会务管理及筹备工作

部门或岗位	职 责 和 权 限
作业层班组骨干人员	（1）负责班组安全施工，带领全班人员严格执行各项安全、质量的规章制度，组织、指挥、管控施工班组（队）人员在施工过程中的安全与职业健康，做到安全生产、文明施工。履行施工合同及安全协议中承诺的安全责任。 （2）落实风险管控和施工作业票要求，掌握"三算四验五禁止"安全强制措施内容，确保施工安全。 （3）及时准确上报工程建设安全工作信息。执行现场应急处置方案，执行应急报告制度。负责本班组人员个人安全防护用品的准入、领用和检查。配合工程建设安全事故调查和处理工作。 （4）按照验收管理办法，在检验批、分项、分部、单位工程完工后，组织开展班组自检。 （5）参加安全质量事故调查、分析，提出事故处理初步意见，提出防范事故对策，监督整改措施的落实

四、工期目标及施工进度计划

（一）工期目标

坚持以"工程进度服从安全、质量"为原则，严格按照工期计划实施。施工过程中保证根据需要适时调整施工进度，积极采取相应措施，按时完成工程阶段性里程碑进度计划和验收工作。本工程 2024 年 10 月建成并投产。若羌 750kV 变电站新建工程建设计划进度具体如下：工程计划于 2023 年 3 月 20 日开工，2023 年 10 月进入安装阶段，2024 年 6 月进入调试阶段，于 2024 年 10 月具备投产条件。

（二）进度计划风险分析及控制措施

1. 施工计划中潜在风险分析

经过认真分析，结合现场调查情况，本工程影响工期的主要因素如下：

（1）变电站永久征地、临建征地、场地地基处理影响施工进度计划。

（2）施工用水、用电、临时用地等是否满足施工要求影响施工进度计划。

（3）施工图的交付时间影响施工进度计划。

（4）甲供设备及材料交付时间影响施工进度计划。

（5）乙供材料及机械设备到场时间影响施工进度计划。

（6）资金是否按计划时间到位影响施工进度计划。

（7）施工管理人员及施工人员专业技术能力及管理能力影响施工进度计划。

（8）主要设备质量、机械使用过程中损坏影响施工进度计划。

（9）恶劣天气、自然灾害等不可抗力影响施工进度计划。

2. 施工进度计划控制措施

为保证在规定的工期内完成承包工作量，按施工进度计划组织施工，克服影响工期问题，项目部将加强施工计划管理，合理组织施工生产，强化施工力量，充分发挥主观能动性。

（1）积极做好与业主、设计、监理的协调工作，确保设计图纸、资金、材料及时到位，保证工程顺利进行和尽量缩短工程停滞时间。

（2）若施工图或设备因不可避免的客观原因不能按期提供，项目部将合理调整施工工序，优先进行可开展

的工作，避免后期工作堆积。同时在收到滞后的施工图纸或设备后，组织优势力量，集中进行攻坚，在确保施工安全与质量的前提下力保工程工期。

（3）优化组织管理。建立以项目部经理为首的项目组织保证体系，实行项目经理负责制，项目部成员责任明确，层层把关；认真做好施工准备，按计划组织人员、材料、施工机具进场，搞好各项临建施工，确保准时施工；按岗位分工明确，责任到人，统一协调，加强监督检查，明确各层次的进度控制人员、具体任务和工作职责，加强阶段性施工进度计划执行情况的分析及纠偏，确保进度计划得到有效实施。

（4）调遣优秀的施工力量进行施工，工种合理搭配，确保施工进度得到有效保障。

（5）提前策划施工准备工作，落实材料供应及质量，确保现场施工连续性。

（6）优化施工方案，积极采用新技术、新工艺、新材料，充分发挥机械设备的使用效率，大力提高劳动生产效率。

（7）项目部将加大对此工程建设意义的宣传，加大协调公共关系力度，认真执行国家有关法律政策，处理好地方关系，确保顺利进行，使工期不受影响。

（8）现场主要设备定期保养，指定专人负责。机械在使用过程中严格人员操作，需持证人员进行操作，保证机械良好运行。

（9）积极与属地政府部门、供电公司等单位进行沟通，保障工程施工外部环境良好，避免因外部环境问题影响工程施工进度。

（10）现场积极落实新疆维吾尔自治区、国家电网有限公司、国网新疆电力有限公司对疫情防控工作决策部署，建立涵盖工程业主、施工、监理项目部等各方的防控体系，全面、全方位落实各级政府、上级部门疫情防控、基建管理相关要求，防止疫情发生和蔓延，科学、高效、有序推进基建工程施工整体进度，保证基建领域安全生产秩序，确保工程按计划平稳有序推进，确保工程施工期间安全和防疫管控"双目标"的实现，尽可能降低因疫情原因对施工进度影响。

（11）在重要工序作业前应同施工人员认真仔细研究作业方案，制订可靠的技术措施，并做好技术、安全、质量交底工作，避免因质量、安全等因素而造成停工和窝工现象。积极采用新技术、新工艺、新材料，充分发

挥机械设备的使用效率，大力提高劳动生产效率。在构支架柱及铁件、钢梁的安装前，及时与建设单位联系，使构件的供货按施工进度计划安排及时运至现场，使其不影响构架吊装及支架安装，在吊装过程中严格按吊装措施作业方案进行施工。

第二节　质量管理与安全管理体系

一、质量管理体系

（一）质量目标及分解

1. 质量目标

（1）严格执行国家、行业、国家电网有限公司有关工程建设质量管理的法律、法规和规章制度，贯彻实施工程设计技术原则，满足国家和行业施工验收规范的要求。

（2）工程"标准工艺"应用率100％；实现国网公司达标投产及国网优质工程目标；工程使用寿命满足设计及公司质量管理要求；不发生因工程建设原因造成的六级及以上工程质量事件；创本过程质量控制示范工程。

（3）工程质量总评为优良，土建分项工程合格率100％，分部工程合格率100％，观感得分率不小于95％；单位工程合格率100％；安装分项工程合格率100％，分部工程合格率100％；单位工程合格率100％。

按照国家有关设计规程、规范和标准，开展设计工作，使设计成品满足技术先进、经济合理、低碳环保的要求。

2. 质量目标分解

工程"标准工艺"应用率100％；工程"零缺陷"投运；不发生因工程建设原因造成的六级及以上工程质量事件。

（二）质量管理组织机构

质量管理组织机构如图2-9-2-1所示。

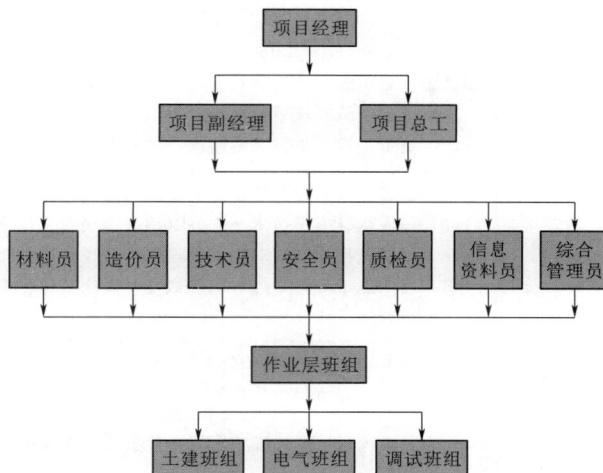

图2-9-2-1　质量管理组织机构

（三）质量管理主要职责

质量管理主要职责见表2-9-2-1。

表2-9-2-1　　　　　　　　　　　　　　质量管理主要职责

岗位	质量职责
项目经理	（1）建立健全项目管理体系，明确工程质量目标。 （2）对本工程施工生产中的质量体系的实施和运行负直接领导责任。 （3）组织本工程定期和不定期的质量检查工作，带领职工开展全过程质量控制工作。 （4）对施工质量、质量管理及质量体系在本工程的有效运行全面负责。并明确其职责和权限，确保施工质量符合国家标准和设计文件的要求。 （5）主持工程验收移交工作
项目副经理	（1）分管范围内的施工过程中安全、质量、进度、技术、造价、组织协调等的总体情况，对安全、质量、进度、技术、造价有关要求执行情况进行检查、分析及纠偏；组织召开相关工作会议，安排部署相应工作。 （2）针对工程实施和检查中出现的质量问题，负责妥善处理，重大问题提请项目经理协调解决。 （3）组织落实分管范围内的安全文明施工、职业健康和环境保护有关要求，促进相关工作有效开展。 （4）积极完成项目经理委派的其他各项管理工作，对这些管理工作负全面责任
项目总工	（1）对工程项目的质量工作全面负责。 （2）是本工程质量管理的执行人，主持质量策划、其他质量文件和施工作业指导书等文件的编制和审批，组织参加施工图会审。 （3）在分担工程项目中根据公司施工技术管理制度的职责权限，履行总工的职责，在技术上对质量负责。 （4）督促施工人员认真执行质量方针、目标、《国家电网有限公司输变电工程质量通病防治手册》、程序文件和作业指导书，确保工程质量。 （5）组织和指导本工程的中间检验、最终检验和交付。 （6）掌握信息反馈，参加和主持重大质量分析会。 （7）在技术和质量方面，接受项目法人、监理工程师的指令并贯彻执行。 （8）在技术和质量方面遇到重大问题时，及时向项目经理及公司主管领导和有关部室汇报

岗位	质　量　职　责
质检员	（1）贯彻执行公司质量方针、目标；负责本工程质量体系运行监控，参加内部质量审核；贯彻执行质量体系标准，确保质量体系的有效运行。 （2）负责编制本工程质量保证措施，并检查、督促班组实施。 （3）对工程质量过程控制实施监督检查，督促指导班组的自检工作，组织项目部级质量复检，协助公司工程技术管理部对工程质量进行专检。 （4）协助业主及现场监理工程师对工程质量进行日常监督；预测影响质量的薄弱环节，并制定纠正和预防措施，实施质量改进。 （5）熟练掌握检验标准和检验方法，严格按公司的管理程序、项目法人和监理工程师的检验要求，以及项目工程的检验和试验计划组织开展检查和复检，对检验记录的正确性负责，并做好过程及竣工资料的收集、归类、整理工作。 （6）负责组织开展质量检验、质量分析、质量统计工作。 （7）负责工程质量报表的编制，并向上级主管部门报送
技术员	（1）熟悉有关设计文件，及时提出设计文件存在的问题。协助项目总工做好设计变更的现场执行及闭环管理。 （2）作业指导书等技术文件并组织进行交底，在施工过程中监督落实。 （3）施工过程中随时对施工现场进行检查和提供技术指导，存在问题或隐患时，及时提出技术解决和防范措施。 （4）组织施工班组和分包队伍做好项目施工过程中的施工记录和签证。 （5）审查施工作业票
材料员	（1）负责本工程自购材料的分供方评定、采购、供应流程的质量控制。 （2）负责甲方所提供材料的检验、接收、贮存、分发管理的质量控制
安全员	（1）负责项目安全标准化配置，负责施工现场的安全文明施工状况，督促问题整改；制止和处罚违章作业和违章指挥行为；做好安全工作总结。 （2）贯彻执行工程安全管理有关法律、法规、规程、规范和国家电网公司通用制度，参与策划文件安全部分的编制并指导实施。 （3）参与施工作业票审查，协助项目总工审核一般方案的安全技术措施，参加安全交底，检查施工过程中安全技术措施落实情况。 （4）审查施工分包队伍及人员进场工作，检查分包作业现场安全措施落实情况，制止不安全行为。 （5）负责编制安全防护用品和安全工器具的需求计划，建立项目安全管理台账
作业层班组	（1）对承担施工的分部、分项工程质量负直接责任。 （2）负责在施工过程中实施质量计划和质量保证措施。 （3）对已完成的分部、分项工程进行质量自检，填写质量记录。 （4）负责实施纠正和预防措施，进行质量改进工作

（四）质量控制措施

1. 质量管理措施

由工程项目部组建的本工程质量管理组织机构，根据公司的质量管理制度及质量体系的要求，通过在施工中落实相应的质量职责，将有力保证本工程的施工质量，实现本工程的质量目标。同时自觉接受并积极配合监理工程师对工程的质量检查，认真听取意见并及时改进质量管理工作，积极配合业主组织的工程中间检查验收和竣工检查验收工作。隐蔽工程及重要工序必须有监理人员及现场质检代表在场检查，并办理签证。

（1）明确质量管理组织机构职责。

1）负责项目实施过程中的质量控制和管理工作。

2）认真贯彻执行公司颁发的规章制度、技术规范、质量标准。

3）组织内部施工图预检，参与施工图设计交底；按照工程设计图纸和施工技术标准、规程规范施工，不得擅自修改工程设计，不得偷工减料；发现施工图设计或设备材料有差错时，应及时向监理项目部反映。

4）定期向监理项目部报告质量管理情况和工程质量状况。

5）做好施工质量档案管理并及时移交，施工档案随工程进度同步形成并保证资料的真实性、完整性。

6）按规定参加工程质量检查、工程质量事故（事件）调查和处理、工程验收工作。

（2）质量奖惩措施。

1）质量奖惩制度的实施，提高了全体施工人员的责任心，同时调动了各级人员的工作积极性，使质量管理部门监督检查时有章可循，从上到下起到了约束的作用。

2）公司对工程建设质量工作进行管理和考核，实行质量责任追究。对工程质量工作做出突出贡献的集体和个人，应予以奖励；对工程质量工作严重失职、违章施工、违章指挥的单位和个人，应予以处罚。对造成严重后果的单位和个人，应从严处罚。

（3）三级检验制度。

1）每个工序施工过程中，各分管工种负责人必须督促班组做好自检工作，确保当天问题当天整改完毕，保证每次检验批的施工质量。

2）分项工程（检验批）施工完毕后，各分管工种负责人必须及时组织班组进行分项（检验批）工程质量验收工作，并填写分项工程质量验收记录。

3）项目经理每月组织一次施工班组之间的质量互检，并进行质量讲评。

4）公司对项目进行不定期抽样检查，发现问题以书面形式发出限期整改指令单，项目经理负责在指定期限内将整改情况以书面形式反馈到公司工程技术部。

5）严格执行质量三级管理的规定，分列质量保证金专款，实行质量预留金制，依据责权利相结合的原则，把个人经济利益与工程质量联系起来，对施工质量奖罚分明，同时强化工序控制，加强质量保证的现场监督和管理，落实三级检查验收制度，确保质量目标的实现。

（4）技术交底制度。

1）技术交底工作是施工过程基础管理中一项不可缺少的重要工作内容，交底必须采用书面签字确认形式。

2）当项目部接到设计图纸后项目经理必须组织项目部工程技术人员对图纸认真学习，并将图纸的交底和会审纪要内容及时向班组进行书面交底。

3）本着谁负责施工谁负责质量、安全工作的原则，各分管工种负责人（项目经理、施工员、质量安全员）在安排施工任务的同时，必须对施工班组进行书面技术质量安全交底，必须做到交底不明确不上岗，签字不齐全不作业。

（5）技术复核、隐蔽工程验收。

1）技术复核明确复核内容、部位、复核人员及复核方法，严把质量关，发现问题及时处理，认真做好复核记录。

2）隐蔽工程在隐蔽前须经施工技术负责人、质量员、建设单位代表、监理代表一起检查验收，确认符合设计及规范要求，并在隐蔽验收报告签字后，方可进行下道工序，如在隐蔽工程验收中发现质量问题必须进行返工处理，然后进行二次隐蔽，直到符合设计及规范要求，方可进行下道工序。

（6）见证取样制度。材料在使用前必须进行复试，取样时必须通知监理、甲方代表进行现场见证取样，以保证试样的真实性。施工项目部对自行采购物资的质量负责，使用前必须经监理检查并签认，监理项目部做好见证取样工作，严格执行检验比例、试验标准等要求。

（7）材料的进货检验。

1）进场材料必须有出厂合格证或试验复试报告。

2）对进场材料作业前应按规范、规程规定的批次进行取样复试，复试合格方准进行施工。对进场材料或半成品坚持验品种、验规格、验质量、验数量的"四验"制度。

3）对于推广应用的新材料，必须进行相关的各项物理力学性能和化学试验和技术鉴定，并按照相关质量标准要求和操作工艺规程制定相应的作业指导书后，才能在工程上使用。严格计量管理工作，定期检查鉴定计量

器具的准确性，保证混凝土、砂浆材料配合比计量准确。

（8）其他质量管理措施。

1）特殊工序作业人员须经专业培训，考核合格，持有效证件上岗，以确保特殊工序的施工质量。

2）实行定人定岗，质量挂牌管理制度，质量责任落实到人，挂牌上岗，严格执行奖优罚劣。

3）对于施工中遇到的质量疑难问题，设定专题，成立有技术人员参加的生产工人班组 QC 小组，用人、机、料、法、环对其进行攻关研究，使质量难题消除在施工过程中。

4）结合本工程情况制定质量管理实施细则，进一步明确各人员质量职责。

5）加强对施工人员的质量意识教育，认真组织学习有关国家颁布的规范、标准、设计文件及质量体系文件。

6）制定施工方案时从技术方案上保证质量满足设计及规范要求。要求作业人员必须严格按照已审定的施工图进行施工，如有问题确需修改原设计的应事先以书面联系单形式上报业主项目部，由业主项目部通知设计单位进行变更，并按设计变更管理制度办理申请与签证手续，由设计院出具设计变更通知，并由监理工程师和业主项目部签署意见后方能正式实施。

7）及时填写施工质量记录，坚持谁施工谁填写，填写人和审核人对施工记录的及时性、真实性、准确性负责。

8）自觉接受并积极配合监理工程师对工程的质量检查，认真听取意见并及时改进质量管理工作。积极配合甲方组织的工程阶段性检查验收和竣工检查验收工作。

9）前后衔接的分项（分部）工程，前项工程结束后须经现场质检代表检查签字，未经签字不得进行下一工序的施工。

10）向甲方、监理单位提交质量保证措施，以便监理单位在工程中监督检查落实情况。充分尊重甲方现场质检代表对质量情况的意见。隐蔽工程及中间验收应提前通知监理工程师，验收合格，监理工程师在验收记录上签字后，方可继续施工。

11）隐蔽工程必须有监理人员及现场质检代表在场检查，并办理签证。

12）参加设备开箱检查并认真填写检查记录，并由监理或建设单位代表认可。

13）如发生重大质量事故，应及时向甲方监理工程师报送事故报告、事故分析及处理方案，处理方案经监理、甲方书面确认后实施，涉及设计的还应经设计确认。

14）在竣工验收后至带电进行系统调试期间特别要加强对设备的维护和保管，以确保系统调度的顺利进行。

2. 质量技术措施

（1）认真贯彻岗位责任制，认真细心审阅图纸，说明和有关施工的规程、规范和工艺标准，正确完整领会设计意图，加强中间检查力度，对贯标程序的执行情况定期检查。

（2）严格执行本公司的技术交底制度，所有单项工

程开工前必须进行技术交底工作,使每个施工人员对所担负的施工任务心中有数,认真填写技术交底记录。

(3)工程量实行目标管理,采取挂牌制,责任制和样板制。

(4)坚持凡事有人负责,及时发现和正确解决施工中出现的各种问题,收集、掌握并保管好工程中的第一手安装和调试记录,做到有章可循,有案可查。

(5)做好设计变更的签证工作,在工作中发现问题时,及时上报监理及建设单位,变更方案确定后,设计变更由设计单位发起,建设、监理、施工单位签证后方有效。

(6)组建技术攻关小组,积累经验。

3.措施落实

(1)工程开工前,签订"责任书";工程竣工投产后,在建筑物明显部位设置永久性标牌。

(2)乙供设备与主要设备供应商签订有关协议明确安装职责界面及分工配合要求。

(3)项目管理策划阶段明确标准工艺执行清单并严格执行,公司质量管理部门落实施工方案审核把关职能,全面应用GIS标准化作业指导文件,强化安装记录管理。

(4)落实验收管理办法,做实检验批、分项、分部工程验收,有效落实现场质量验收"三实管理",规范验收数据实测实量及实时记录;严格执行隐蔽工程验收程序,留存数码影像等过程资料。

(5)依据公司发布的通病防治清单及指导手册,强化质量通病防治措施的落实,跟踪考核治理效果,对同类质量通病重复发生加大考核力度;加强施工过程日常质量巡查、检查,结合"四不两直"督查对现场施工质量进行督导检查。

(6)组织编制和实施工程创优策划,充分发挥优质工程的标杆示范引领作用,定期组织开展质量观摩及交流活动。

(7)落实质量管理专业人才队伍建设要求,确保质量管理岗位人员配置到位、能力达标,结合实际强化规程规范及标准工艺专题培训及调考,切实提升一线人员质量管控能力及水平。

(五)质量薄弱环节及预控措施

1.制定策划文件

针对本工程特点,项目部管理人员将根据施工合同和设计施工图,及标准规范的要求,充分考虑所需资源,仔细、周密分析及研究工程实际问题,制定《若羌750kV变电站工程项目管理实施规划》《若羌750kV变电站工程施工安全管控措施》和施工方案等策划文件,拟将制定围墙及道路、主建筑物、设备基础、构架吊装、GIS安装、主变压器安装、电气一次设备安装、二次施工等一般施工方案。

2.严格执行技术管理制度

严格执行国网公司颁布的《电力建设工程施工技术管理导则》和公司《施工技术管理制度》。

3.质量薄弱环节分析及拟采取的技术措施

针对本工程特点,分析和预测在如下方面存在有影响工程质量的薄弱环节,以预防为主,拟采取的预防技术措施见表2-9-2-2。

表2-9-2-2　　　　　　　　　　　　　　质量薄弱环节预防技术措施

序号	工程质量薄弱环节预测分析	预 防 技 术 措 施
1	主体混凝土结构有蜂窝、孔洞、夹渣等缺陷	(1)模板支撑体系应稳定,不变形,应满足承载力、刚度和整体稳固性要求;模板表面平整光滑,清理干净;模板接缝密实,不漏浆。 (2)各种原材料计量准确,砂石级配良好,原材料按要求提供进场检验合格证明,重点检查氯离子、碱的含量,混凝土浇筑前严格控制混凝土坍落度。 (3)按顺序浇筑混凝土,采用合适的机械分层振捣密实,不漏振,不少振,不过振。 (4)混凝土覆盖淋水养护及时,且养护时间满足规范要求
2	装饰工程效果欠佳	(1)装饰工程应由有经验、技术熟练的工人进行施工。 (2)加强装饰材料的现场验收,包括颜色、平整度、光洁度、棱角、外形尺寸等。 (3)装饰工程应按照规程规范提前策划,针对建筑物室内排转做到"地面、前面、吊顶三缝一致",室内墙面平整度满足要求,平整度误差低于3mm,针对屋面细石混凝土裂纹问题,应提前考虑铺设面砖,所有施工应一次成优,避免出现返工情况。 (4)大面积施工前,先小范围做样板,统一工艺标准。 (5)注意成品保护
3	屋面渗漏	(1)防水卷材应严格按设计要求及出厂使用说明施工,防水卷材与黏结剂配套使用,并在使用前的运输和保管按规定办理。 (2)细部构造如檐口、屋脊、伸缩缝、天沟、落水口、阴阳角、转角、伸出屋面的管道等部位要认真处理,粘贴牢固。 (3)屋面基层必须平整并清理干净,按设计坡度施工,避免积水。 (4)要确保卷材之间的搭接宽度和粘贴质量。 (5)注意天气变化,突遇下雨必须立即采取保护成品措施

序号	工程质量薄弱环节预测分析	预 防 技 术 措 施
4	外墙面及窗渗水	（1）砌筑外墙时砖缝应砂浆饱满，墙面孔洞应用水泥砂浆进行修补，且砂浆饱满。 （2）墙面抹灰前基层要清理干净，并淋水湿润，防止出现空鼓，涂刷涂料前应按设计要求刷聚合物防水涂膜。 （3）窗台抹灰应作向外侧排水坡度，窗檐应有滴水线，防止雨水向室内流。 （4）窗框与洞口间隙应用水泥砂浆填塞，缝隙表面留 5mm 深槽口，填嵌密封材料
5	道路积水	（1）施工前复核水准点，严格控制标高测量精度。 （2）按设计确定的道路纵向坡度，计算并标示出每隔 5m 道路中轴线的路面标高。 （3）根据设计确定横向坡度，在侧模上标出道路边的路面标高。 （4）道路浇筑完混凝土后进行路面标高初次复核。 （5）在道路光面时再次复核路面标高
6	预埋地脚螺栓精度较差	（1）地脚螺栓安装前对施工人员进行质量教育、技术培训。 （2）使用项目部设计的专用固定支架（槽钢与预埋螺栓平垫加工制作），提前画好并审定螺栓固定模板平面图。 （3）预埋地脚螺栓横向、纵向中心距，对角线中心距、露出基础高度满足规范要求后，底部与钢筋固定牢固，混凝土浇筑过程应定期测量中心距，确保浇筑过程不因震动导致对角线误差偏大。 （4）振捣要快插慢拔，混凝土浇筑应分段进行，不在同一处长时间浇筑。 （5）观察振捣情况，混凝土不再下沉与出气泡时，混凝土表面出浆呈水平状态时为止
7	模板施工加固不到位	（1）模板制作时精确计算，保证模板有足够的刚度，防火墙大模板要预留好贯通螺栓的孔洞。 （2）采用机械支撑，做好支撑和固定，木工和测工相互复核轴线和标高。 （3）浇筑时随时观察大模板的变形情况，不断调整支撑，保证其板面的平整性、轴线的准确性和整个模板的稳定性。 （4）控制好混凝土的坍落度，注意振捣器插落的位置，避免漏振，切忌把振捣器插到大模板的板面上。 （5）根据现场天气情况，确定拆模时间，拆模时先用钢丝绳套好模板，挂在吊车或挖掘机上，然后拆去支撑，轻敲模板边缘使其脱离，切忌重敲猛打，损坏模板和混凝土。 （6）拆下后的大模板要清洗干净，进行调整和修补以备二次使用
8	大体积混凝土表面裂纹	（1）结合大体积混凝土的施工方法配置控制温度和收缩的构造钢筋。 （2）混凝土浇筑前，应对混凝土浇筑体的温度、温度应力及收缩应力进行试算，确定混凝土浇筑体的温升峰值。 （3）大体积混凝土浇筑体里表温差、降温速率及环境温度的测试，在混凝土浇筑后，每昼夜不应少于 4 次；入模温度测量，每台班不应少于 2 次。 （4）大体积混凝土浇筑体内监测点布置应符合规范要求，混凝土浇筑体厚度方向，应至少布置表层、底层、和中心温度测点，测点间距不宜大于 500mm。 （5）按结构尺寸合理分仓、分层浇筑。 （6）铺设循环冷却水管，降低混凝土内部温度。 （7）掺入缓凝剂，延长混凝土终凝时间。 （8）减少每立方米混凝土用水量。 （9）加强混凝土养护工作，按规定进行测温，做好记录，控制混凝土内、外温差
9	墙面裂缝外墙渗漏	（1）认真进行图纸会审：对变形缝长度、窗台梁、现浇板带、构造柱等设计审查是否合理。 （2）在两种不同基体交接处和抹灰层厚度大于 30mm 时，采用钢丝网抹灰，外墙粉刷砂浆中掺加抗裂纤维。 （3）砌筑、粉刷砂浆采用中粗砂且含泥量低于 2%，砌体结构砌筑完成 30 天后再抹灰。 （4）外墙施工采用双排脚手架，不得留置多余洞眼，对外墙的洞眼用细石混凝土浇灌密实。 （5）外墙抹灰必须分层进行，严禁一遍成活，施工时每层厚度控制在 6～8mm，外墙粉刷各层接缝位置应错开，并设置在混凝土梁、柱中部

序号	工程质量薄弱环节预测分析	预 防 技 术 措 施
10	电缆沟裂缝	(1) 电缆沟回填土前，应进行伸缩缝嵌缝处理，并经检验合格。 (2) 沟壁两侧应同时浇筑，防止沟壁模板发生偏移。对沟壁倒角处混凝土应二次振捣，防止倒角处出现气泡裂缝。 (3) 模板安装的接缝不应漏浆，在混凝土浇筑前、木模板要浇水湿润，但模板内不应有积水。固定在模板上的预埋件、预留孔洞均不得遗漏，且应安装牢固。 (4) 模板拆除时的混凝土强度应能保证其表面及棱角不受到损伤，且在拆模时，要做好对混凝土成品的保护。应分散分类堆放模板，并及时清运至指定的堆放地点。在拆模过程中，不应对沟道形成冲击荷载。 (5) 与电缆沟过路段、建筑物连接处应设变形缝。 (6) 伸缩缝与电缆沟垂直，应全断开、缝宽一致，上下贯通、缝中不得连浆、填缝要求饱满，填缝材料应符合设计要求，表面密封处理应美观。 (7) 混凝土浇筑时，对裂缝易发生部位和负弯矩筋受力最大区域，应铺设临时活动跳板，扩大接触面，分散应力，避免上层钢筋受到踩踏而变形，并配备专人及时检查调整。 (8) 混凝土应分段浇筑振捣，分段区域以沟道伸缩缝为宜。在整个混凝土浇筑过程混凝土要振捣密实，振动棒应快插慢拔，以混凝土不冒气泡不下陷，表面泛浆为度，保证振捣的均匀性。 (9) 浇筑混凝土时应经常观察模板、钢筋、预留孔洞、预埋件等有无移动、变形或堵塞情况，发现问题应立即处理，并应在已浇筑的混凝土凝结前修整完好
11	构支架安装偏差	(1) 构支架组立前，应对基础轴线和标高、地脚螺栓位置检查。 (2) 对单节钢管弯曲矢高偏差进行复查，误差不大于±3mm。 (3) 构支架吊装前要在构架上标出轴线，便于吊装时测控。 (4) 构支架吊装时要采用经纬仪测控垂直度，且要从垂直的两个方向进行测控，构架柱各段安装就位后检查垂直度，测量从底部开始，避免出现累计误差。 (5) 构支架就位后要及时拉设临时拉线进行可靠固定，并及时进行二次混凝土灌浆。 (6) 避免在吊装过程中碰撞已吊装完毕的构支架
12	变压器漏油、渗油	(1) 安装前所有法兰面须清洁，并更换新的密封圈。 (2) 所有螺栓应紧固到位，力矩符合规范要求。 (3) 安装完毕后应进行气密性试验并合格
13	GIS 设备漏气	(1) 密封垫完整无损、密封面平整光滑。 (2) 螺丝紧固均匀、抽真空检查渗漏点。 (3) 密封带要缠绕紧固、密实。 (4) 预弯气管时要适度用力，防止气管损坏
14	二次接线不牢固	(1) 安装人员接线完工后进行自检。 (2) 试验人员查线时进行复查。 (3) 竣工送电前组织专门人员对全站所有二次接线（包括厂家接线）紧固一次
15	回路短路	(1) 检查回路每相对地及相与相之间绝缘电阻是否合格。 (2) 理解吃透全站回路设计思路，理清电缆走向。 (3) 严格确定每根电缆的标识牌，确保回路正确

（六）质量通病预防措施

本工程质量通病防治重点为墙体质量通病，楼地面质量通病，外墙质量通病，屋面质量通病，楼梯、栏杆、台阶质量通病，构支架质量通病，设备基础、保护帽质量通病，主变防火墙质量通病，电缆沟及盖板质量通病，道路及散水质量通病，电缆敷设、接线与防火封堵质量通病，站区围墙质量通病，电气设备安装质量通病，接地安装质量通病，母线施工质量通病，屏、柜安装质量通病。防治的最终目标是保证变电站零缺陷投运，为设备安全运行提供牢固基础，为变电运行提供良好的运行环境。施工过程具体质量通病防治规划如下：

（1）将各工序质量通病防治技术措施纳入施工方案编制，经监理单位审批后严格实施。

（2）必须做好原材料、半成品的第三方试验检测工作，未经复试或复试不合格的原材料、半成品等不得用于工程施工。试验检测应执行见证取样制度，必须送达经电力建设工程质量监督机构认证的第三方试验室进行检测或经监理单位审核认可并报质监机构备案的第三方试验室进行检测。采用新材料时，除应有产品合格证、有效的新材料鉴定证书外，还应进行必要检测。

（3）记录、收集和整理质量通病防治的施工措施、技术交底和隐蔽验收等相关资料。

（4）根据经批准的各项施工方案，在各工序开始前对施工人员进行技术交底，并确保质量通病防治措施落实到位。

（5）按照公司质量管理制度、施工合同开展施工质量通病防治工作，确保质量通病防治符合规程要求。

（6）加强施工过程管理，确保施工项目质量通病防治体系有效运转。

（7）组织施工图预检，参加设计交底及施工图会检，严格按图施工。

（8）严格执行工程建设标准强制性条文，质量通病防治手册，全面实施"标准工艺"，通过数码照片等管理手段严格控制施工全过程的质量和工艺。

（9）规范开展质量通病的班组自检和项目部复检工作。

（七）施工强制性条文执行措施

1. 强条的执行

（1）强制性条文与强制性标准的其他条款都应认真执行。

1）对违反强制性条文规定者，无论其行为是否一定导致事故的发生，都将依据相关的规定进行处罚，即平常所说的"事前查处"。

2）在无充分理由且未经规定程序评定时，强制性标准中的非强制性条文内容也应认真执行，不得突破。当发生质量安全问题后，强制性标准中的非强制性条文也将作为判定责任的依据，即所谓的"事后处理"。

（2）执行中要高度重视强制性条文和强制性标准的时效性。无论强制性条文还是强制性标准均有一定的时效性。有新标准批准发布，这些新标准中的强制性条文将补充或替代原强制性条文，原强制性条文中的相应条文将同时废止。

（3）现行强制性条文并不能覆盖工程建设领域的各个环节，一些推荐性标准所覆盖的领域、环节中可能也有直接涉及人民生命财产安全、人身健康、环境保护、能源资源节约和其他公共利益的技术要求。所以，作为工程技术人员，要确保工程质量安全，除必须严格执行强制性条文和强制性标准外，还应积极采用国家推荐性标准。推荐性标准一旦写进合同，就成为合同要求，就必须严格遵守。

（4）应抵制与反对不执行强制性条文的行为。执行强制性条文的规定，是参与建设活动各方的法定义务，遇到不按照强制性条文规定执行的情况时，一定要坚持原则，不可听之任之。既可以坚决拒绝，也可以向有关主管部门反映。

2. 强条的执行检查

为强化电力建设贯彻执行国家质量安全法律法规和强制性技术标准力度，确保电力建设工程施工质量安全，对于强制性条文执行情况主要考核以下几个方面：

（1）应建立本工程执行强制性条文的实施计划，根据本工程的实际情况制定出相应工作要求并对相关内容进行宣传贯彻和培训。

（2）对贯彻强制性条文有相应经费支撑。

（3）建立对标准执行情况进行监督检查的制度，并

有负责机构和人员。

（4）能及时采用现行标准，建立有效的技术标准清单。

（5）工程采用材料、设备符合强制性条文的规定。

（6）工程项目建筑、安装的质量符合强制性条文的规定。

（7）工程中采用导则、指南、手册、计算机软件的内容符合强制性条文的规定。

3. 执行记录

（1）培训学习记录。

（2）施工组织设计、方案、措施（应反映强条内容）。

（3）施工技术交底记录（有强条内容的，应进行明确而具体的交底）。

（4）施工质量检验项目划分表中宜增设一栏"所执行强制性条文标准名称及条款号"。

（5）检验批验评记录（有强制性条文内容的应详细填写）。

（6）分部工程竣工验收时提供强条检验项目检查记录（智能建筑与钢结构验收规范等已有要求）。

（7）单位工程验收时在质量控制资料核查记录的"主要技术资料及施工记录"项目中宜增加强条执行情况记录。

4. 整改闭环管理

凡是在各种监督检查中确定为不符合强制性条文规定的问题，都属于必须整改的问题；检查单位出具强制性条文不符合整改通知单。由责任单位或部门负责整改落实，由检查单位（现场为强条执行领导小组或监理单位）负责整改验收与评定，实现闭环管理。

二、安全管理体系

（一）安全目标及分解

1. 安全目标

为贯彻执行"安全第一、预防为主、综合治理"的安全生产方针，进一步提高工程建设安全文明施工标准化水平，规范现场文明施工管理，保障从业人员安全与健康，倡导绿色施工。依据公司与分公司签订的2023年安全目标、施工合同安全目标、《国家电网公司电力建设安全工作规程》及《电力建设安全健康与环境管理工作规定》等相关规定，强化"以人为本，安全发展，保护环境"的管理理念，规范和合理指导该工程建设现场安全文明施工与环境保护管理和实施，确保实现安全文明施工、环境保护管理目标，塑造公司工程建设管理的安全文明施工与环境保护品牌形象。

严格执行国家、行业、国家电网公司有关工程建设安全管理的法律、法规和规章制度，确保工程建设安全文明施工，采取积极的安全措施，确保实现以下安全目标：

（1）不发生六级及以上人身事件。

（2）不发生因工程建设引起的六级及以上电网及设备事件。

（3）不发生六级及以上施工机械设备事件。

（4）不发生火灾事故。

（5）不发生环境污染事件。

（6）不发生负主要责任的一般交通事故。

（7）不发生基建信息安全事件。

（8）不发生对公司造成影响的安全稳定事件。

2．安全目标分解

安全目标分解见表2-9-2-3。

表2-9-2-3　　　　　　　　　　　　　　安全目标分解

序号	单位（部门）	目　标	保　证　措　施
1	项目部（部门）	（1）不发生六级及以上人身事件。 （2）不发生因工程建设引起的七级及以上电网及设备事件。 （3）不发生七级及以上施工机械设备事件。 （4）不发生火灾事故。 （5）不发生环境污染事件。 （6）不发生一般交通事故。 （7）不发生基建信息安全事件。 （8）不发生对公司造成影响的安全稳定事件	（1）认真贯彻《中华人民共和国安全生产法》、国家电网有限公司关于进一步加大安全生产违章惩处力度的通知及国网安监部关于追加严重违章条款的通知，其他各项安全生产管理制度。 （2）组织所属班组定期召开安全例会。 （3）与各班组签订安全目标责任。 （4）重要临时设施，重大施工项目，特殊作业的安全施工措施审查率100％，工程项目施工前安全技术措施交底率100％。 （5）对各作业组进行安全技术交底。 （6）随时检查现场安全生产情况，及时纠正违章行为，对上级查出的隐患及时整改。 （7）认真组织部门安全教育，对新员工进行安全及遵章守纪教育。 （8）员工持证上岗率100％。 （9）员工安全培训教育覆盖率100％。 （10）安全检查到位率100％。 （11）保证"三标"体系规定的职业健康安全与环境体系有效运行，并100％完成实施工作
2	电气、土建、调试班组骨干人员	（1）不发生未遂和一般安全质量事件。 （2）违章和异常控制为零。 （3）不发生火情。 （4）作业现场可回收、不可回收、危险固体废弃物分类存放并按要求处置；废水、废油分类存放并按要求处置	（1）认真贯彻《中华人民共和国安全生产法》及公司各项安全生产管理制度；熟悉掌握国家电网有限公司关于进一步加大安全生产违章惩处力度的通知内容及国网安监部关于追加严重违章条款的通知。 （2）定期组织职工学习《安全规程》和安全技术操作规程；《安全规程》考试合格率100％。 （3）班前会必须进行安全技术交底，班后会要总结今天的工作情况及安全情况。 （4）对查出的隐患要及时整改，杜绝疲劳作业。 （5）认真组织班组安全教育活动，对新员工进行安全及遵章守纪教育。 （6）全员签订"安全作业知晓书"，每月召开一次安全分析会。 （7）特种作业人员必须持证上岗。 （8）严格控制现场违章作业。 （9）不符合项整改率100％
3	班组作业人员	（1）不发生违章和异常。 （2）严格控制差错和失误。 （3）严格按照操作规程施工。 （4）实现"四不伤害"	（1）认真学习《安全规程》、公司安全生产管理制度；熟悉掌握国家电网有限公司关于进一步加大安全生产违章惩处力度的通知内容及国网安监部关于追加严重违章条款的通知。 （2）认真学习安全技术操作规程，掌握本岗位安全操作技能，持证上岗。 （3）正确使用防护用品，杜绝疲劳作业。 （4）严格按照安全技术交底施工。 （5）严格执行"十不干""十项禁令"。 （6）认真参加班前班后会。 （7）积极参与现场危险因素辨识，及时掌握危险因素控制措施，严格按照操作规程施工。 （8）积极参加班组安全培训教育

（二）安全管理组织机构

安全管理组织机构如图2-9-2-2所示。

（三）安全管理主要职责

1．施工项目部安全职责

（1）贯彻执行国家、行业建设的标准、规程和规范，落实国家电网公司的各项管理规定，严格执行基建标准化建设相关要求。

（2）建立健全安全、环境等管理网络，落实安全责任制。建立健全安全、环境等管理网络，落实安全责任制。

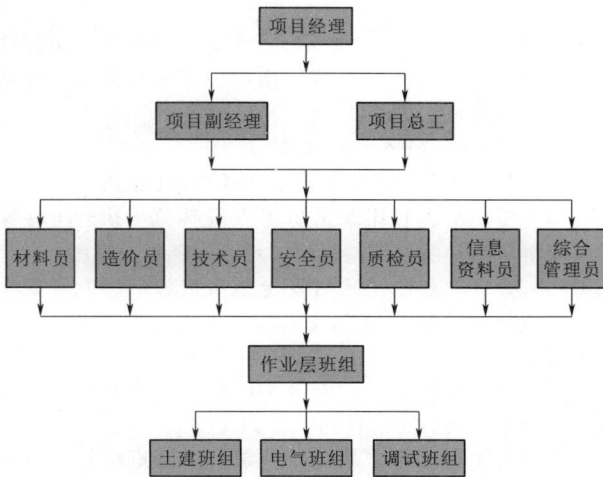

图 2-9-2-2　安全管理组织机构

（3）负责施工项目部人员及施工人员的安全教育培训和应急培训，提供必要的安全防护用品。

（4）负责工程施工安全风险识别、评估与预控，并根据安全风险等级采取相应措施，落实相应的资源保障。

（5）进行岗前安全教育培训，并向作业人员如实告知作业场所和工作岗位可能存在的风险因素、防范措施以及事故现场应急处置措施。

（6）负责组织安全文明施工，制定避免水土流失措施、施工垃圾堆放与处理措施、"三废"（废弃物、废水、废气）处理措施、降噪措施等，使之符合国家、地方政府有关职业卫生和环境保护的规定。负责施工项目部人员及施工人员的安全教育培训和应急培训，提供必要的安全防护用品。

（7）开展风险识别、评价工作，制订预控措施，并在施工中落实。

（8）组建现场应急救援队伍，参与编制各类现场应急处置方案，参加应急演练。

（9）建立现场施工机械安全管理机构，配备施工机械管理人员，落实施工机械安全管理责任，对进入现场的施工机械和工器具的安全状况进行准入检查，并对施工过程中起重机械的安装、拆卸、重要吊装、关键工序进行旁站监督；负责施工队（班组）安全工器具的定期试验、送检工作。

（10）监督检查施工队（班组）开展班前站班会工作。

（11）定期召开或参加安全工作会议，落实上级和项目安委会、业主、监理项目部的安全管理工作要求。

（12）开展并参加各类安全检查，对存在的问题闭环整改；对重复发生的问题，深入分析并制定防范措施，避免再次发生。

（13）组织参加安全管理流动红旗竞赛活动。

（14）按照公司规定，加强对分包队伍的安全管理，监督分包队伍完善安全管理机构、按规定配备安全管理人员。

（15）及时准确上报基建安全信息。

（16）参与并配合项目安全事故调查和处理工作。

2. 施工项目部经理的安全职责

（1）负责施工项目部各项管理工作，是本项目部安全第一责任人。

（2）组织建立本项目部安全管理体系，保证其正常运行，并主持项目部安全会议。

（3）组织确定本项目部的安全目标，制定保证目标实现的具体措施。

（4）组织编制符合工程项目实际的项目管理实施规划（施工组织设计）、安全文明施工实施细则、工程施工强制性条文执行计划、现场应急处置方案等项目管控文件，报监理项目部审查，业主项目部审批后，负责组织、实施。

（5）负责组织对分包商进场条件进行检查，对分包队伍实行全过程的安全管理。

（6）保证安全技术措施经费的提取和使用，确保现场具备完善的安全文明施工条件。

（7）定期组织开展安全检查、日常巡视检查，并对发现的问题组织整改落实，实现闭环管理。

（8）负责组织对重要工序、危险作业和特殊作业项目开工前的安全文明施工条件进行检查，落实并签证确认。

（9）组织落实安全文明施工标准化有关要求，促进相关工作的有效开展。

（10）参与或配合工程项目安全事故的调查处理工作。

3. 施工项目部副经理的安全职责

（1）按照项目经理的要求，对职责范围内的安全管理体系正常有效运行负责。

（2）按照项目经理的要求，负责组织安全管理工作，对施工班组进行业务指导。

（3）掌握分管范围内的施工过程中安全管理的总体情况，对安全管理的有关要求执行情况进行检查、分析及纠偏；组织召开相关安全工作会议，安排部署相应工作。

（4）针对工程实施和安全检查中出现的问题，及时安排处理；重大问题提请项目经理协调解决。

（5）组织落实分管范围内的安全文明施工标准化有关规定，促进安全管理工作有效开展。

（6）完成项目经理委派的安全专项管理工作，并对工作负全面责任。

（7）参与或配合项目安全事故的调查处理工作。

4. 施工项目部总工程师的安全职责

（1）贯彻执行公司、省级公司和施工企业颁发的安全规章制度、技术规范、标准。组织编制符合工程实际的实施性文件和重大施工安全技术方案，并在施工过程中负责技术指导。

（2）组织相关施工作业指导书、安全技术措施的编审工作；组织项目部安全、技术等专业交底工作。

（3）组织项目部安全教育培训工作。

（4）定期组织项目专业管理人员检查或抽查工程安全管理情况，对存在的安全问题或隐患，落实防范措施。

（5）参与或配合项目安全事故的调查处理工作。

（6）协助项目经理做好其他与安全相关的工作。

5. 施工项目部专（兼）职安全员的安全职责

（1）协助项目经理全面负责施工过程中的安全文明施工和管理工作，确保施工过程中的安全。

（2）贯彻执行公司、省级公司和施工企业颁发的规章制度、安全文明施工规程规范，结合项目特点制定安全文明施工管理制度，并监督指导施工现场落实。

（3）负责施工人员的安全教育和上岗培训，参加项目总工组织的安全交底。参与有关安全技术措施等实施文件的编制，审查安全技术措施落实情况。

（4）负责制定工程项目基建安全工作目标计划。负责编制安全防护用品和安全工器具的使用计划。负责建立项目安全管理台账。

（5）负责检查指导施工队、分包队伍安全施工措施的落实工作，并督促施工队、分包队伍提高专业工作水平。

（6）监督、检查施工场所的安全文明施工情况，组织召开安全专业工作例会，总结安全工作。

（7）参与或配合安全事故的调查处理工作，负责落实整改意见和防范措施。有权制止和处罚施工现场违章作业和违章指挥行为。

（8）督促并协助施工班组做好劳动防护用品、用具和重要工器具的定期试验、鉴定工作。

（9）开展安全文明施工的宣传和推广安全施工经验。

6. 施工队（班组）长的安全职责

（1）负责施工队（班组）日常安全管理工作，对施工队（班组）人员在施工过程中的安全与健康负直接管理责任。

（2）组织施工队（班组）人员进行安全学习，执行上级有关基建安全的规程、规定、制度及措施，纠正并查处违章违纪行为。

（3）负责新进人员和变换工种人员上岗前的安全教育培训。

（4）组织安全日活动，总结与布置施工队（班组）安全工作，并作好安全活动记录。

（5）组织施工队（班组）人员开展风险识别、评价活动，制订并落实风险预控措施。

（6）组织每天的"站班会"，班后进行安全小结。

（7）每天检查施工场所的安全文明施工状况，督促施工队（班组）人员正确使用安全防护用品和用具。

（8）组织工程项目开工前的安全技术交底工作，对未参加交底或未在交底书上签字的人员，不得安排参加该项目的施工。

（9）负责施工项目开工前的安全文明施工条件的检查、落实并签证确认。

（10）实施安全工作与经济挂钩的管理办法，做到奖罚严明。

（11）配合施工队（班组）安全事故的调查，组织施工队（班组）人员分析事故原因，落实处理意见，吸取教训，及时改进安全工作。

7. 质检员、技术员安全职责

（1）负责本班组的安全技术和环境保护技术工作。

（2）协助班组长组织本班组人员学习与执行上级有关安全健康与环境保护的规程、规定，制度及措施。

（3）负责一般施工项目安全施工措施的编制和安全施工作业票的审查以及交底工作，并监督检查措施的执行情况。

（4）协助班组长进行安全文明施工检查和施工项目开工前安全文明施工条件的检查。

（5）参加本班组事故调查分析，协助班组长填报事故登记表。

8. 施工队（班组）专（兼）职安全员的安全职责

（1）协助施工队（班组）长组织学习、贯彻基建安全工作规程、规定和上级有关安全工作的指示与要求。

（2）协助施工队（班组）长进行施工队（班组）安全建设，开展安全活动。

（3）协助施工队（班组）长组织安全文明施工，有权制止和纠正违章作业行为。

（4）协助施工队（班组）长进行安全文明施工的宣传教育。

（5）检查作业场所的安全文明施工状况，督促施工队（班组）人员执行安全施工措施及正确使用安全防护用品、工器具。

（6）协助施工队（班组）长做好安全活动记录；保管有关安全资料。

9. 施工人员的安全职责

（1）学习基建安全工作的有关规程、规定、制度和措施，自觉遵章守纪，不违章作业。

（2）正确使用安全防护用品、工器具，并在使用前进行可靠性检查。

（3）参加施工项目开工前的安全技术交底，并在交底书上签字。

（4）作业前检查工作场所，落实安全防护措施，确保不伤害自己，不伤害他人，不被他人伤害，下班前及时清扫整理作业场所。

（5）严禁操作自己不熟悉的或非本专业使用的机械设备及工器具。

（6）爱护安全设施，未经项目部专职安全员批准，不得拆除或挪用安全设施。

（7）施工中发现安全隐患应妥善处理或向上级报告。对无安全施工措施和未经安全交底的施工项目，有权拒绝施工并可越级报告；有权对施工现场的作业条件、作业程序和作业方式中存在的安全问题提出批评、检举和控告；有权拒绝违章指挥和强令冒险作业；有权制止他人违章；在施工中发生危及人身安全的紧急情况时，有权立即停止作业或者在采取必要的应急措施后撤离危险区域。

(8) 参加安全活动，积极提出改进安全工作的建议。

(9) 发生人身事故时应立即抢救伤者，保护事故现场并及时报告；接受事故调查时必须如实反映情况；分析事故时积极提出改进意见和防范措施。

（四）安全管控点措施

1. 安全控制管理措施

(1) 落实安全责任制度，加大安全管理和监察力度。实行各级人员安全责任制，就是把安全责任分解到每个人的头上，做到"安全工作人人有责"，通过落实安全责任制，减少和杜绝事故。

(2) 层层签订"安全责任书"。项目经理与公司第一安全责任人签订"安全责任书"，明确项目部的安全目标和奖罚规定。班组长和项目部第一安全责任人签订"安全责任书"，明确班组的安全目标、奖罚规定及标准。班组与本队成员签订"安全责任书"，明确班组成员的安全职责，以及奖罚标准和考核标准。

(3) 坚持安全例会制度。项目部每周召开一次由专职安全员、技术员、班组长和各班组分包人员负责人参加的安全工作例会。总结本周安全施工情况，找出存在的不足以及了解各班组、各部门落实责任制的情况。布置下周安全工作的重点，由技术人员和安监人员对下周工作中的危险点提出控制方案和具体措施。

(4) 强化安全检查制度。本工程实行经常性安全检查和定期性安全检查两种方法。定期性安全检查由项目经理、安全、技术、材料、工器具管理、后勤部门有关人员组成检查组，每周进行一次。经常性安全检查，由项目经理带队，安全和技术部门参加，针对施工现场的危险点随时检查，以监控、蹲点、跟踪等办法，狠抓违章，规范施工，把事故控制在萌芽状态。

(5) 落实安全教育培训制度。加强对职工的安全教育，重点学习好本岗位有关的安全生产规程、规定，熟悉了解施工措施中的各项要求及要注意的安全事项。对参加工程的干部、职工、分包人员必须进行上岗前的安全考试，不参加考试或考试不合格的不准上岗。本工程对各工种分别举办一期学习班，提高施工人员的操作技能和整体素质，熟悉了解新工艺、新设备的操作方法和安全注意事项。分析和研究施工中可能出现的新情况、新问题，及早制定完善的措施，确保本工程的安全施工，不断提高班组的技术素质。

(6) 分包人员管理制度。严格执行分包队伍"公司施工许可证"制度，分包队伍必须具备相应的安全施工资质，对无证、缺证的分包队伍，本工程严禁录用，同时要加强分包队伍的安全教育、管理和监督。

(7) 安全日活动制度。每周抽取一天，可以占用生产时间，进行 2h 安全学习。学习上级安全文件，安全规程相关内容，通报、简报、事故案例，对国网公司下发严重违章进行学习。分析和总结一周安全情况及存在的问题，提出防范措施。安全日活动，要做好记录，并备案。

(8) 安全工作票制度。每项工作必须填写安全工作票，禁止无票施工。除安全工作票各项安全要求外，工作负责人、安全负责人，应根据现场实际情况，增加其他安全要求。

(9) 安全技术交底制度。班组每天实行班前会，由班长主持，班组全体人员参加。上班前对全体施分包人员进行安全技术交底，确保员工劳保用品配备齐全，精神状态良好，衣着整齐，施工任务交底清楚，安全措施落实，施工技术要求清晰。

(10) 严格执行事故报告制度。发生事故后应以最快的方式报告总公司、项目法人、监理。事故单位要做到抢救伤员，保护现场，接受事故调查、处理。在施工过程中，接受项目法人、监理工程师对安全施工和文明施工情况的监督检查。

(11) 班组安全制度。班组是最基层的施工单位，是各项措施的落脚点，搞好班组建设是实现安全施工生产的关键一环。班组应具备各项安全管理制度，做到安全责任上墙，安全管理网络上墙。

(12) 交通安全管理。本工程交通道路复杂，车辆多，因此要保证交通安全，必须加强交通安全管理工作，严肃规章制度，教育驾驶员遵章守纪，安全行车，并制定相应的措施。

(13) 安全奖惩制度。奖与罚作为安全管理的一种手段，是非常必要的，本工程将制定安全奖罚实施细则。将生产奖的 30% 作为安全奖，对安全施工生产好的重奖，对不重视安全、违反规章制度，违章作业人员，除扣除基本奖外，还要根据奖惩条款予以重罚，充分利用好奖励机制，调动广大职工搞好安全工作的自觉性。

(14) 安全管理办法。建立以项目经理为第一安全责任人，项目总工程师为安全技术负责人，由各部门负责人和安全员组成的安全保证体系，实施对工程的安全管理、检查和监督。制订本工程安全管理办法，建立健全各级安全责任制，做到层层抓安全，人人管安全，事事讲安全。正确处理进度、质量与安全的矛盾，在任何时候任何情况下都必须坚持安全第一，以质量为根本，以安全为保证，在保证安全和质量的前提下求进度。认真开展安全三项活动，各级领导和安全员要经常进行检查、督促、落实。严格执行各分项工程安全施工技术措施，危险及重大作业必须有专职安监人员在场监护。定期和不定期开展全工地的安全检查活动，查找并清除事故隐患。在本工程建立安全风险机制，实行"安全风险抵押金制度"，对安全工作搞得好，无事故者，加倍奖励，对搞得差的没收抵押金，并加倍处罚。加强安全教育，强化安全意识，提高安全自我保护和相互保护能力，做到"四不伤害"。加强对合同工、分包人员的安全教育和管理。分包人员必须参加安规学习和考试，考试合格后方可工作。分包人员必须参加技术交底、班前安全讲话和每周安全活动。加强行车安全管理工作，加强对车辆的维护保养工作。加强现场保卫工作，特别是在夜间更要加派人员在现场巡逻，防止设备材料被盗和损坏。

2. 安全控制技术措施

(1) 执行国家及部颁相关法律法规。认真贯彻执行国家及国家电网公司下发的有关安全生产的方针、政策、法律、法规、指令。

(2) 安全事故应急准备与响应措施。项目部按照公司建立的职业健康安全管理体系的要求,针对本工程具体情况编制应急预案,满足安全施工管理的要求。

(3) 建立本工程安全保证体系。贯彻"遵纪守法、安全环保、优质诚信、追求卓越"的安全生产方针,落实各级安全责任制,建立健全安全风险机制,实行安全文明施工,保障职工在施工过程中的安全和健康。本项目部将按照公司职业健康安全管理体系的要求建立职业健康安全管理体系,执行公司《质量、环境、职业健康安全管理体系文件》的要求。本工程安全保证体系如图 2-9-2-3 所示。

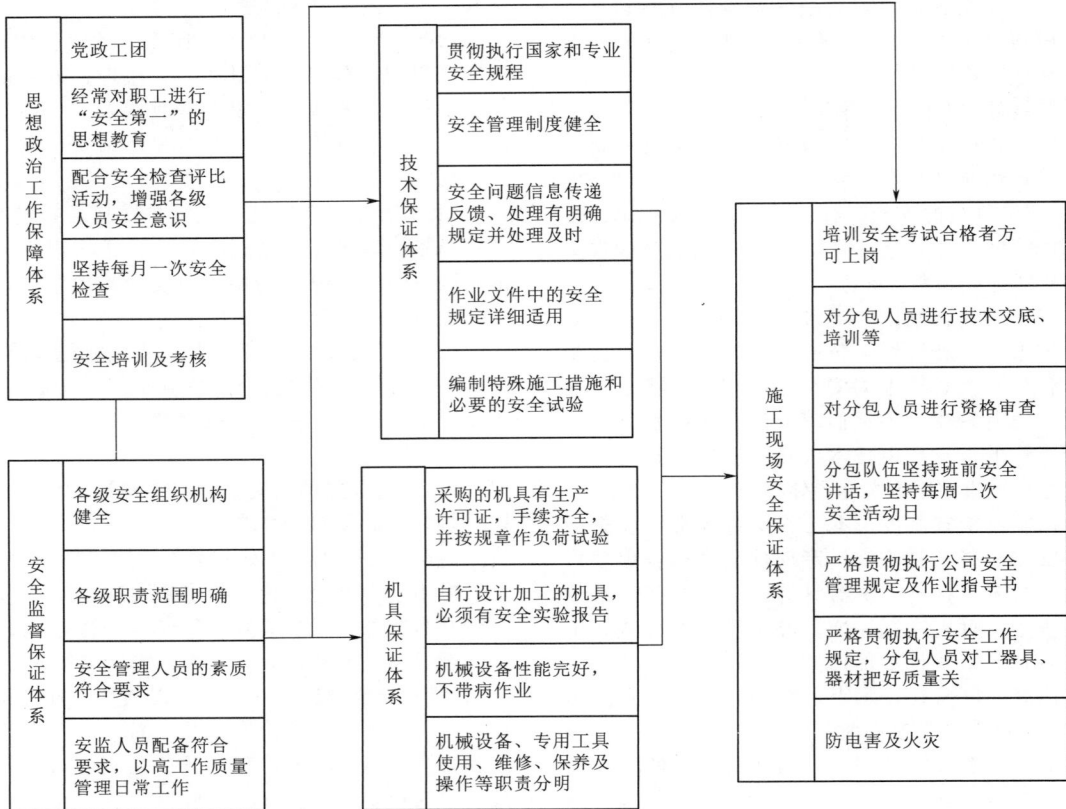

图 2-9-2-3 本工程安全保证体系

(4) 安全文明施工与环保二次策划。为适应市场经济的需要,不断提高工程施工管理水平,提高文明施工标准,改善施工环境,使电力建设与施工管理逐步走向科学化、规范化,推动企业管理向深层发展,提高经济效益,本工程将成立以项目经理为组长的环境保护、文明施工及达标投产领导小组,领导和组织现场环境保护、文明施工以及工程达标投产工作,并满足业主及监理的相关要求,服从监理的管理。

(五) 危险点、薄弱环节分析预测及预防措施

1. 本工程危险点、薄弱环节分析

(1) 本工程的危险点及薄弱环节。

1) 建筑物脚手架搭设。脚手架搭设不规范易造成脚手架坍塌、物体打击、人员高处坠落等事故。

2) 建筑物框架模板搭设。建筑物框架模板较高,模板固定不牢固,易发生爆模事故,造成人员坠落、物体打击等事故。

3) 临边施工。临边施工易造成人员坠落等事故。

4) 钢构架吊装。钢构架属于高、重设备,吊装过程易造成物体打击、高处坠落事故。

5) 主变压器、GIS 管母等重大设备的安装。重大设备安装易造成物体打击、设备损坏、中毒、窒息等事故。

6) 架空线安装。架空线的主要施工风险卷扬过牵引过程操作不当造成人员误伤,过耐张绝缘子串及骑线作业失控造成高处坠落等。

7) 管母线安装。管母线的主要施工风险是运输、安装过程中造成的机械伤害、高处坠落。

8) 材料运输包括公路运输安全和材料保护。安全主要问题是高处人员坠落、起重伤害、物体打击、触电伤害、火灾、交通事故、职业危害、设备损坏。

9) 5m 以上基坑开挖。基坑开挖主要风险为坍塌。

10) 施工用电布设。总配电箱接火,主要风险是触电、火灾。

11）GIS 套管安装。GIS 套管安装主要风险是机械伤害高处坠落。

（2）工程危险因素分析方法原则。

1）制订每项工作的作业指导书时，同时对该项工作的危险进行分析。

2）每项工作首件试点后，再次对该项工作进行危险分析。

3）当工作的作业时间超过一个月时，每隔一个月对该项工作进行一次危险分析。

4）工作危险分析工作由各级技术负责人组织，各级安全员和有经验的若干人员参加，必要时可聘请有关人士（不限于本单位）参加。

5）工作危险分析应形成记录。

6）危险事件等级见表 2-9-2-4。

2．本工程安全薄弱环节预控措施

本工程安全薄弱环节预控措施见表 2-9-2-5。

表 2-9-2-4　危险事件等级

序号	风 险 名 称	风险等级
1	5m 以上基础开挖	2
2	模板安装及拆除	3
3	总配电箱接火	3
4	双机抬吊	3
5	软母线架设	3
6	构架、横梁及避雷针吊装	3
7	格构式构支架组立	3
8	脚手架搭设及拆除	3
9	油浸式变压器进场及安装	3
10	管母线安装	3
11	一次设备局放、耐压	3
12	高压电缆耐压	3
13	系统调试	3

表 2-9-2-5　本工程安全薄弱环节预控措施

风险编号	工　序	风险可能导致的后果	固有风险级别	预 控 措 施
01000000	公共部分			
01010000	施工用电			
01010100	施工用电布设			
01010105	总配电箱接火	触电火灾	3	（1）接火前，应确认高、低压侧有明显的断开点。 （2）接火设专人监护，施工人员不得擅自离岗。 （3）接火前检查总配电箱接地可靠，防护围栏满足要求。 （4）专业电工发现问题及时报告，解决后方可进行接火作业。 （5）接入、移动或检修用电设备时，必须切断电源并做好安全措施后进行。 （6）严格按照停送电顺序操作开关。 （7）在暴雨、冰雹等恶劣天气后，应进行专项安全检查和技术维护，合格后方可使用
02000000	变电站土建工程			
02020000	变电站混凝土基础工程			
02020100	土方开挖（建筑物、防火墙工程、事故油池、消防水池参照执行）			
02020103	深度超过 5m（含 5m）的深基坑挖土或未超过 5m，但地质条件与周边环境复杂	坍塌	2	（1）若采用机械化或智能化装备施工时，风险等级可降低一级管控。 （2）基坑顶部按规范要求设置截水沟。基坑底部应做好井点降水或集中排水措施，并按照设计要求进行放坡，若因环境原因无法放坡时，必须做好支护措施。 （3）一般土质条件下弃土堆底至基坑顶边距离≥1m，弃土堆高≤1.5m，垂直坑壁边坡条件下弃土堆底至基坑顶边距离≥3m，软土场地的基坑边则不应在基坑边堆土。 （4）土方开挖中，现场监护及施工人员必须随时观测基坑周边土质，观测到基坑边缘有裂缝和渗水等异常时，立即停止作业并报告班组负责人，待处置完成合格再开始作业。 （5）人机配合开挖和清理基坑底余土时，设专人指挥和监护。规范设置供作业人员上下基坑的安全通道（梯子）。 （6）挖土区域设警戒线，各种机械、车辆严禁在开挖的基础边缘 2m 内行驶、停放。

风险编号	工 序	风险可能导致的后果	固有风险级别	预 控 措 施
02020103	深度超过 5m（含 5m）的深基坑挖土或未超过 5m，但地质条件与周边环境复杂	坍塌	2	（7）机械开挖采用"一机一指挥"，有两台挖掘机同时作业时，保持一定的安全距离，在挖掘机旋转范围内，不允许有其他作业。开挖施工区域夜间应挂警示灯。 （8）开挖过程中，如遇有大雨及以上雨情时，做好防止深坑坠落和塌方措施后，迅速撤离作业现场。 （9）对开挖形成坠落深度 1.5m 及以上的基坑，应设置钢管扣件组装式安全围栏，并悬挂安全警示标志，围栏离坑边不得小于 0.8m。 （10）基坑排水与市政管网连接前设置沉淀池，并及时清理明沟、集水井、沉淀池中的淤积物
02030000	变电站主建筑物工程（防火墙工程、事故油池、消防水池等参照执行）			
02030200	模板工程			
02030201	模板安装	高处坠落坍塌	3	（1）模板安装前应确定模板的模数、规格及支撑系统等，在施工作业过程严格执行不得变动，模板支撑脚手架搭设经验收合格，各类安全警告、提示标牌齐全。 （2）建筑物框架施工时，模板运输时施工人员应从安全通道上下，不得在模板、支撑上攀登。严禁在高处的独木或悬吊式模板上行走。模板顶撑应垂直，底端应平整并加垫木，木楔应钉牢，支撑必须用横杆和剪刀撑固定，支撑处地基必须坚实，严防支撑下沉、倾倒。 （3）支设柱模板时，其四周必须钉牢，操作时应搭设临时工作台或临时脚手架，搭设的临时脚手架应满足脚手架搭设的各项要求。支设 4m 以上的立柱模板和梁模板时，搭设工作平台，不足 4m 的可使用马凳操作，不得站在柱模板上操作和在梁底板上行走，更不允许利用拉杆、支撑攀登上下。 （4）模板安装时，禁止作业人员在高处独木或悬吊式模板上行走。支设梁模板时，不得站在柱模板上操作，并严禁在梁的底模板上行走。 （5）采用钢管脚手架兼作模板支撑时必须经过技术人员的计算，每根立柱的荷载不得大于 20kN，立柱必须设水平拉杆及剪刀撑。 （6）作业期间，如遇有六级及以上大风或雷暴、冰雹、大雪等恶劣天气时，停止露天高处作业。 （7）恶劣天气后，必须对支撑架全面检查维护后方可开始安装模板
02030202	模板拆除	物体打击坍塌机械伤害	3	（1）拆模前，应保证同条件试块试验满足强度要求。 （2）模板拆除应严格执行施工方案。按顺序分段进行。严禁猛撬、硬砸及大面积撬落或拉倒。高处拆模应划定警戒范围，设置安全警示标志并设专人监护，在拆模范围内严禁非操作人员进入；高处作业人员脚穿防滑鞋，并选择稳固的立足点，必须系牢安全带。 （3）作业人员在拆除模板时应选择稳妥可靠的立足点，高处拆除时必须系好安全带。拆除的模板严禁抛扔，应用绳索吊下或由滑槽、滑轨滑下。滑槽周围不小于 5m 处应划定警戒范围，设置安全警示标志并设专人监护，严禁非操作人员进入。 （4）作业人员拆除模板作业前应佩戴好工具袋，作业时将螺栓、螺帽、垫块、销卡、扣件等小物品放在工具袋内，后将工具袋吊下，严禁随意抛下。 （5）拆下的模板应及时运到指定地点集中堆放，不得堆在脚手架或临时搭设的工作台上。 （6）作业人员在下班时不得留下松动的或悬挂着的模板以及扣件、混凝土块等悬浮物。 （7）拆除的模板严禁抛扔，应用绳索吊下或由滑槽、滑轨滑下。 （8）作业期间，如遇有六级及以上大风或雷暴、冰雹、大雪等恶劣天气时，停止露天高处作业

风险编号	工　序	风险可能导致的后果	固有风险级别	预　控　措　施
02050000	变电站构支架安装工程			
02050100	吊装（通用于起重机吊装相关作业）			
02050102	两台及以上起重机抬吊同一重物	起重伤害	3	（1）吊点位置的确定，必须按各台起重机允许起重量，经计算后按比例分配负荷。 （2）在抬吊过程中，各台起重机的吊钩钢丝绳应保持垂直，升降行走应保持同步。各台起重机所承受的载荷，不得超过各自的允许起重量的80%。 （3）吊装作业设专人指挥，吊臂及吊物下严禁站人或有人经过。 （4）吊起的重物不得在空中长时间停留。在空中短时间停留时，操作人员和指挥人员均不得离开工作岗位。起吊前应检查起重设备及其安全装置；重物吊离地面约10cm时应暂停起吊并进行全面检查，确认良好后方可正式起吊。 （5）起重机在工作中如遇机械发生故障或有不正常现象时，放下重物、停止运转后进行排除，严禁在运转中进行调整或检修。如起重机发生故障无法放下重物时，必须采取适当的保险措施，除排险人员外，严禁任何人进入危险区。 （6）严禁以运行的设备、管道以及脚手架、平台等作为起吊重物的承力点。 （7）夜间照明不足、指挥人员看不清工作地点、操作人员看不清指挥信号时，不得进行起重作业。 （8）高处作业所用的工具和材料放在工具袋内或用绳索拴在牢固的构件上，较大的工具系有保险绳。上下传递物件使用绳索，不得抛掷。 （9）如起重机发生故障无法放下重物时，必须采取适当的保险措施，除专业排险人员外，严禁任何人进入危险区。 （10）起重作业中，如遇有六级及以上大风或雷暴、冰雹、大雪等恶劣天气时，停止起重和露天高处作业
02050205	A型构架的吊装	起重伤害 高处坠落	3	（1）钢管构支架在现场堆放时，高度不得超过三层，堆放的地面应平整坚硬，杆段下面应多点支垫，两侧应掩牢。 （2）起吊前吊车司机要对吊车的各种性能进行检查。 （3）吊车必须支撑平稳，必须设专人指挥，其他作业人员不得随意指挥吊车司机，吊臂及吊物下严禁站人或有人经过。 （4）架构吊点位置必须经过计算现场指定。临时拉线绑扎应靠近A形杆头，吊点绳和临时拉线必须由专业起重工绑扎并用卡扣紧固。严禁以运行的设备、管道以及脚手架、平台等作为起吊重物的承力点。 （5）起吊要绑牢，并有防止倾倒措施。吊钩悬挂点应与吊物的重心在同一垂直线上，吊钩钢丝绳应保持垂直，严禁偏拉斜吊。吊物离地面10cm时，停止起吊，检查吊车支撑、钢丝绳扣、吊物吊点是否正确，确认无误后，方可继续起吊，起吊要平稳。吊物在空中短时间停留时，操作和指挥人员禁止离开岗位。禁止起吊的重物在空中长时间停留。 （6）起吊中，对起吊的重物进行加工、清扫等工作时，应采取可靠的支承措施，并通知起重机操作人员。当构架吊起后与地脚螺栓对接的过程中，作业人员注意不要将手扶在地脚螺栓处，避免构架突然落下将手压伤。 （7）落钩时，防止吊物局部着地引起吊绳偏斜，吊物未固定好，严禁松钩。构架标高、轴线调整完成，杆根部临时拉线固定并做好临时接地之后，再开始登杆作业，摘除吊钩。混凝土强度达不到要求时，严禁拆除楔子和临时拉线。 （8）各临时拉线设专人松紧，各受力地锚设专人看护，动作要协调。 （9）高处作业人员攀爬A型杆时，必须使用提前设置的垂直攀登自锁器。 （10）高处作业所用的工具和材料放在工具袋内或用绳索拴在牢固的构件上，较大的工具系有保险绳。上下传递物件使用绳索，不得抛掷。 （11）当天吊装完成的构架必须完成混凝土二次浇筑，禁止延迟过夜浇筑，二次灌浆混凝土未达到规定的强度时，不得拆除临时拉线。固定在同一临时地锚上的拉线最多不超过两根。吊装前对构支架进行采取防护，防止吊装过程中构支架表面镀锌层损伤。构架吊装前，在构架内沿走道拉设水平安全绳。

续表

风险编号	工序	风险可能导致的后果	固有风险级别	预控措施
02050205	A型构架的吊装	起重伤害 高处坠落	3	（12）吊索与物件的夹角宜采用45°～60°，且不得小于30°或大于120°，吊索与物件棱角之间应加垫块。钢丝绳的辫接长度必须满足钢丝绳直径的15倍且最小长度不得小于300mm。钢丝绳端部用绳卡固定连接时，绳卡压板应在钢丝绳主要受力的一边，并不得正反交叉设置。绳卡间距不应小于钢丝绳直径的6倍，连接端的绳卡数量不少于3个。起吊大件或不规则组件时，要在吊件上拴以牢固的溜绳。 （13）起重机吊运重物时要走吊运通道，严禁从有人停留场所上空越过。 （14）起重作业中，如遇有六级及以上大风或雷暴、冰雹、大雪等恶劣天气时，停止起重和露天高处作业
02050206	横梁吊装	起重伤害 高处坠落	3	（1）吊装过程中设专人指挥，吊臂及吊物下严禁站人或有人经过。横梁吊装时所用的吊带或钢丝绳，在吊点处要有防护措施，防止因横梁的主铁将吊绳卡断。对起吊的重物进行加工、清扫等工作时，应采取可靠的支承措施，并通知起重机操作人员。 （2）吊索与物件的夹角宜采用45°～60°，且不得小于30°或大于120°，吊索与物件棱角之间应加垫块。横梁吊点处要有对吊绳的防护措施，防止吊绳卡断。待横梁距就位点上方200～300mm稳定后，作业人员方可进入作业点。 （3）钢丝绳的辫接长度必须满足钢丝绳直径的15倍且最小长度不得小于300mm。钢丝绳端部用绳卡固定连接时，绳卡压板应在钢丝绳主要受力的一边，并不得正反交叉设置。绳卡间距不应小于钢丝绳直径的6倍，连接端的绳卡数量不少于3个。 （4）在构架顶部安装横梁的作业人员，除严格遵守登高作业人员要求外，还要时刻防止横梁吊移时将其撞倒。固定横梁时，应使用尖扳手定位，禁止用手指触摸螺栓固定孔。横梁就位后，应及时用螺栓固定。 （5）作业人员的横梁外侧行走时，必须设置水平安全绳。水平安全绳绳索两端应可靠固定，并收紧，绳索与棱角接触处加衬垫。架设高度离人员行走落脚点在1.3～1.6m为宜。 （6）横梁就位时，应使用尖扳手定位，禁止用手指触摸螺栓固定孔。横梁就位后，应及时用螺栓固定。 （7）高处作业所用的工具和材料放在工具袋内或用绳索拴在牢固的构件上，较大的工具系有保险绳。上下传递物件使用绳索，不得抛掷。 （8）起重作业中，如遇有六级及以上大风或雷暴、冰雹、大雪等恶劣天气时，停止起重和露天高处作业
02050208	格构式构支架组立	物体打击 高处坠落 起重伤害	3	（1）设备支架也可直接在基础上组装，组装过程中，作业人员应上下配合好，严禁抛递螺栓及其他铁件。 （2）当构架吊起后与地脚螺栓对接的过程中，作业人员应注意不要将手扶在地脚螺栓处，避免构架突然落下将手压伤。 （3）横梁就位时，施工人员严禁站在构架节点上方，应使用尖扳手定位，禁止用手指触摸螺栓固定孔。横梁就位后，应及时用螺栓固定。 （4）整个组立过程中，作业人员应注意吊装时吊绳在吊点处的保护，防止吊绳在吊装过程中被卡断或受损。 （5）起吊物应绑牢，并有防止倾倒措施。吊钩悬挂点应与吊物的重心在同一垂直线上，吊钩钢丝绳应保持垂直，严禁偏拉斜吊。落钩时，应防止吊物局部着地引起吊绳偏斜，吊物未固定好，严禁松钩。 （6）两台及以上起重机抬吊情况下，绑扎时应根据各台起重机的允许起重量按比例分配负荷。在抬吊过程中，各台起重机的吊钩钢丝绳应保持垂直，升降行走应保持同步。各台起重机所承受的载荷，不得超过各自的允许起重量。如达不到上述要求时，应降低额定起重能力至80%，也可由总工程师根据实际情况，降低额定起重能力使用。但吊运时，总工程师应在场。 （7）起重作业中，如遇有六级及以上大风或雷暴、冰雹、大雪等恶劣天气时，停止起重和露天高处作业

风险编号	工序	风险可能导致的后果	固有风险级别	预控措施
02130000	钢管脚手架工程			
02130100	钢管脚手架搭设			
02130114	搭设高度不超过24m的落地式双排钢管扣件脚手架、碗扣式脚手架、盘扣式脚手架	坍塌 高处坠落 物体打击	3	（1）控制措施除执行02130101～02130113的内容外，另外做好以下措施：搭设前应安装好围栏，悬挂安全警示标志，并派专人监护，严禁非施工人员入内。支架立杆2m高度的垂直偏差控制在15mm。脚手架搭设的间距、步距、扫地杆设置必须执行施工方案。 （2）搭设完成应经验收挂牌后使用。分段搭设的脚手架应在各段完成后，以段为单位验收挂牌后使用。 （3）作业人员在架子上进行搭设作业时，不得单人进行装设较重构配件和其他易发生失衡、脱手、碰撞、滑跌等不安全的作业。 当脚手架搭设到四至五步架高时设置剪刀撑，且下部也要垫实不得悬空。 （4）高处作业脚穿防滑鞋、佩戴安全带并保持高挂低用。 （5）每个脚手架架体，必须按规定设置两点防雷接地设施。 （6）专人监测满堂支撑架搭设过程中，架体位移和变形情况。使用力矩扳手检查扣件螺栓拧紧力值，扣件螺栓拧紧力矩值严格控制在40N·m到65N·m之间。 （7）恶劣天气后，必须对脚手架或支撑架全面检查维护后方可恢复使用。 （8）连墙件偏离主节点的距离不应大于300mm。必须采用刚性连墙件。三步三跨或40m²范围内必须设置一个连墙件。 （9）模板支撑脚手架与外墙脚手架不得连接。附近有带电设施时，保持与带电设备的安全距离。 （10）架体使用过程中，主节点处横向水平杆、直角扣件连接件严禁拆除
02130300	脚手架拆除			
02130302	脚手架拆除作业	高处坠落 物体打击 坍塌 其他伤害	3	（1）脚手架拆除前，必须确认混凝土强度达到设计和规范要求时，否则严禁拆除模板支撑架；并对脚手架作全面检查，清除剩余材料、工器具及杂物。 （2）脚手架拆除前，应综合考虑周围的安全因素，包括架空线路、外脚手架、地面的设施等各类障碍物、缆风绳、连墙件、附件、电气装置情况，凡能提前拆除的尽量先拆除。地面应设安全围栏和安全标志牌，并派专人监护，严禁非施工人员入内。拆除时应统一指挥，上下呼应，动作协调，当解开与另一人有关扣件时应先通知对方，以防坠落。 （3）拆除脚手架时，必须设置安全围栏确定警戒区域、挂好警示标志并指定监护人加强警戒。高处作业人员脚穿防滑鞋、佩戴安全带并保持高挂低用，按规定自上而下顺序（后装先拆，先装后拆），先拆横杆，后拆立杆，逐步往下拆除；不得上下同时拆除；严禁将脚手架整体推倒；架材有专人传递，不得抛扔，并及时清理出现场。 （4）在拆除作业过程中，承担具体任务的人员调换时，要将拆除情况交代清楚后方可离开。 （5）脚手架如需部分保留时，对保留部分要先加固，并采取其他专项措施经批准后方可实施拆除。 （6）六级以上大风或雷雨及霜雪天气等恶劣天气时停止拆除作业
03000000	变电站电气工程			
03010000	变电站变压器、电抗器安装			
03010100	油浸电力变压器、油浸电抗器施工作业			
03010101	变压器进场	机械伤害	3	（1）进场前必须报送专项就位方案及人员资质证书。 （2）变压器就位前，作业人员应将作业现场所有孔洞用铁板或强度满足要求的木板盖严，避免人员摔伤。设备、机械搬运时，应防止挤手压脚。 （3）就位前作业人员应检查所有绳扣、滑轮及牵引设备完好无损。

风险编号	工序	风险可能导致的后果	固有风险级别	预控措施
03010101	变压器进场	机械伤害	3	(4) 在用液压千斤顶把主变压器设备主体顶送至户内通道口的过程中，必须设专人指挥，其他作业人员不得随意指挥液压机操作工。 (5) 主变压器刚从车上顶至滑轨上时，应停止顶动，检查滑轨、垫木等是否平稳牢靠，确认无误后方可继续顶动。 (6) 本体顶升位置必须符合产品说明书。千斤顶放置位置牢固可靠。 (7) 顶推过程中任何人不得在变压器前进范围内停留或走动。 (8) 液压机操作人员应精神集中，要根据指挥人员的信号或手势进行开动或停止，加压时应平稳匀速。 (9) 各千斤顶应均匀顶升，确保变压器本体支撑板受力均匀。 (10) 变压器顶升时，检查垫木是否平稳牢靠，确认无误后方可继续顶升。 (11) 千斤顶顶升和下降过程中变压器本体与基础间必须采取垫层保护。 (12) 各千斤顶应均匀缓慢下降，确保变压器本体就位平稳。 (13) 主变就位拆垫块时，作业人员应相互照应，特别是服从指挥人员口令，防止主变压伤人
03010102	吊罩检查	机械伤害 高处坠落	3	(1) 工程技术人员应根据钟罩的重量选择吊车、吊具，并计算出吊绳的长度及夹角、起吊时吊臂的角度及吊臂伸展长度，同时还要考虑吊罩时钟罩的起吊高度。 (2) 吊罩时，吊车必须支撑平稳，必须设专人指挥，其他作业人员不得随意指挥吊车司机，吊臂下和钟罩下严禁站人或通行。吊罩过程作业人员发现问题，可以随时要求暂停起吊。吊索与物件的夹角宜采用 45°～60°，且不得小于 30°或大于 120°，吊索长度应匹配，受力应均等，防止起吊件翻倒。 (3) 起吊应缓慢进行，钟罩吊离本体 100mm 左右，应停止起吊，使钟罩稳定，指挥人员检查起吊系统的受力情况，确认无问题后，方可继续起吊。作业人员应在钟罩四角系溜绳和进行监视，防止钟罩撞伤器身。 (4) 起吊后，应将吊离本体的外罩放置在变压器（电抗器）外围干净支垫上，避免外罩直接放在铁芯上。钟罩当采用撑杆方式临时固定于本体上，吊钩不得脱离钟罩，应处于受力状态。 (5) 器身检查时，检查人员应穿无纽扣、无口袋、不起绒毛干净的工作服、耐油防滑靴。检查人员应使用竹梯上下，严禁攀爬绕组，竹梯不得支靠在绕组上，竹梯两端必须用干净布包扎好，并设专人扶梯和监护。 (6) 回落钟罩时不许用手直接接触胶垫、圈，防止吊钩突然下滑压伤手指。在使用圆钢作为定位销时，作业人员应将双手放在底座大沿下部握紧圆钢，严禁一手在大沿上一手在大沿下部，防止作业人员因扶正钟罩发生伤手事故。 (7) 吊罩前后要清点所有物品、工具，发现有物品落入变压器内要及时报告并清除
03010105	套管安装	机械伤害 高处坠落	3	(1) 在变压器顶部安装套管，必须牢固系好安全带，工具等用布带系好。 (2) 变压器顶部的油污应预先清理干净。吊车指挥人员宜站在钟罩顶部进行指挥。 (3) 在油箱顶部作业时，四周临边处应设置水平安全绳或固定式安全围栏（油箱顶部有固定接口时）。 (4) 高处作业人员应穿防滑鞋，必须通过自带爬梯上下变压器。应避免残油滴落到油箱顶部。 (5) 宜使用厂家专用吊具进行吊装。采用吊车小勾（或链条葫芦）调整套管安装角度时，应防止小勾（或链条葫芦）与套管碰撞，伤及瓷裙。 (6) 吊件吊离地面时，先用"微动"信号指挥，待吊件离开地面约 100mm 时停止起吊，检查无异常后，再指挥用正常速度起吊。在吊件降落就位时，再使用"微动"信号指挥。 (7) 套管及吊臂活动范围下方严禁站人。在套管到达就位点且稳定后，作业人员方可进入作业区域。 (8) 在套管法兰螺栓未完全紧固前，起重机械必须保持受力状态。 (9) 高处摘除套管吊具或吊绳时，必须使用高空作业车。严禁攀爬套管或使用起重机械吊钩吊人。

风险编号	工 序	风险可能导致的后果	固有风险级别	预 控 措 施
03010105	套管安装	机械伤害 高处坠落	3	（10）大型套管采用两台起重机械抬吊时，应分别校核主吊和辅吊的吊装参数，特别防止辅吊在套管竖立过程中超幅度或超载荷。 （11）当套管试验采用专用支架竖立时，必须确保专用支架的结构强度，并与地面可靠固定。 （12）套管安装时使用定位销缓慢插入，防止瓷件碰撞法兰。 （13）套管吊装时，为防止手拉葫芦断裂，在吊点两端加一根软吊带作为保护
03020000	变电站一次设备安装			
03020100	管型母线安装			
03020103	支撑式安装	机械伤害 高处坠落	3	（1）安装作业前，规范设置警戒区域，悬挂警告牌，设专人监护，严禁非作业人员进入。 （2）支撑式管母线应采用吊车多点吊装，技术人员应根据管母的长度和重量，计算出吊绳的型号及吊点的位置。应采取措施防止吊点绑扎滑动，避免吊装时管母线倾覆伤人。 （3）吊装时，吊车必须支撑平稳，必须设专人指挥，其他作业人员不得随意指挥吊车司机，不得在吊件和吊车臂活动范围内的下方停留或通过。 （4）起吊时，应在管母线两端系上足够长的溜绳以控制方向，并缓慢起吊。 （5）调整支持绝缘子垂直度时，宜两人作业，作业人员应先系好安全带，再将其底座螺栓全部拧松，在垫垫片时应用工具送垫。 （6）构架上作业人员不得攀爬支柱绝缘子串作业，应使用专用爬梯，并系好安全带。 （7）如果需要两台吊车吊装时，起吊指挥人员应双手分别指挥各台吊车以确保同步。 （8）严禁将绝缘子及管母线作为后续施工的吊装承重受力点。 （9）管母线调整，需用升降车进行，严禁使用吊筐施工
03020104	悬吊式安装	机械伤害 高处坠落	3	（1）安装作业前，规范设置警戒区域，悬挂警告牌，设专人监护，严禁非作业人员进入。 （2）管母线吊装过程中，设专人指挥，统一指挥信号，多点应同时起吊，同时就位悬挂，无刹车装置的绞磨或卷扬机的升降必须使用离合器控制，禁止使用电源开关控制。操作绞磨或卷扬机的作业人员，必须服从指挥，制动时动作要快，防止绝缘子与横梁相碰。 （3）地面的各部转向滑轮设专人监护，严禁任何人在钢丝绳内侧停留或通过。 （4）起吊时操作人员应精神集中，控制好起吊速度。 （5）在横梁上的作业人员，必须系好安全带和水平安全绳，地面应设专人监护。 （6）使用吊车吊装时，吊车必须支撑平稳，必须设专人指挥，其他作业人员不得随意指挥吊车司机，不得在吊件和吊车臂活动范围内的下方停留或通过。 （7）严禁将绝缘子及管母线作为后续施工的吊装承重受力点
03020200	软母线安装			
03020203	母线安装	高处坠落 机械伤害	3	（1）架线前所使用的受力工器具应再次检查，同时还应检查金具连接是否良好。 （2）架线前应先将滑轮分别悬挂在横梁的主材及固定在构架根部，横梁的主材及构架根部与钢丝绳接触部分应有防护措施。电动卷扬机的地锚应牢固可靠，能满足挂线时的牵引力要求。 （3）滑轮的直径不应小于钢丝绳直径的16倍，滑轮应无裂纹、破损等情况。 （4）悬挂横梁上滑轮时，高处作业人员应系好安全带，衣袖裤脚应扎紧，并应穿布鞋或胶底鞋。遇有六级以上大风、雷雨、浓雾等恶劣天气，应停止高处作业。 （5）采用电动卷扬机牵引，应控制好其速度和张力，在接近挂线点时必须停止牵引，应注意不要过牵引。 （6）严禁使用卷扬机直接挂线连接，避免横梁因过牵引而变形。

风险编号	工 序	风险可能导致的后果	固有风险级别	预 控 措 施
03020203	母线安装	高处坠落 机械伤害	3	（7）使用绞磨时，钢丝绳在磨芯上缠绕圈数不得少于 5 圈，拉磨尾绳人员不得少于 2 人，并且距绞磨距离不得小于 2.5m。 （8）两台绞磨同时作业时应统一指挥，绞磨操作人员应精神集中。 （9）紧线应缓慢，严禁出现挂阻情况。 （10）使用吊车挂线时，应严格执行《起重机安全规程》（GB 6067），严禁超幅度吊装。 （11）使用人工挂线时，应统一指挥、相互配合，应有防止脱落的措施。 （12）整个挂线过程中，人员禁止跨越正在收紧的导线，母线下及钢丝绳内侧严禁站人或通过。 （13）安装母线间隔棒时，宜用升降车或骑杆作业，作业人员应带工具袋和传递绳，严禁上下抛物
03030000	变电站 GIS 组合电器安装			
03030100	GIS 组合电器安装			
03030105	GIS 套管安装	机械伤害 高处坠落	3	（1）吊装过程中应设专人指挥，指挥人员应站在能全面观察到整个作业范围及吊车司机和司索人员的位置，对于任何工作人员发出紧急信号，必须停止吊装作业。 （2）作业人员不可站在吊件和吊车臂活动范围内的下方，在吊件距就位点的正上方 200～300mm 稳定后，作业人员方可开始进入作业点。 （3）起吊套管应采用厂家专用工具。 （4）摘除套管吊绳时，作业人员宜使用升降车摘钩。户内套管吊装应采用作业平台，作业人员宜站在平台上拆除吊绳。 （5）不得抛掷溜绳和吊绳
03030102	户外 GIS 就位、安装及充气	爆炸 触电 机械伤害 起重伤害 物体打击 高处坠落	3	（1）技术人员应根据 GIS 的单体重量配备吊车、吊绳，并计算出吊绳的长度及夹角、起吊时吊臂的角度及吊臂伸展长度，同时还要考虑吊车的回转半径和起吊高度。 （2）GIS 就位前，作业人员应将作业现场所有孔洞盖严，避免人员摔伤。电缆沟应设置安全通道。 （3）安装 GIS 时，施工场地必须清洁，并在其施工范围内搭设临时围栏，并与其他施工场地隔开。设置安全通道、警示标志。 （4）GIS 吊装应设置溜绳，起吊时指令明确，进入就位地点时缓慢下落，严禁急速松钩就位，防止设备损坏及砸伤人员。 （5）GIS 就位拆箱时，作业人员应相互照应，特别是在拆除较高大包装箱时，应用人扶住，防止包装板突然倒塌伤人
03080000	变电站工程电气调试			
03080100	电气调试试验			
03080103	一次设备耐压试验	触电 高处坠落	3	（1）进入施工现场应使用安全防护用具，正确佩戴安全帽，高处作业时系好安全带，使用有防滑的梯子，并做好安全监护；设备试验时，应将所要试验的设备与其他相邻设备做好物理隔离措施，避免试验带电回路串至其他设备上，导致人身事故。 （2）严格遵守《国家电网公司电力安全工作规程（电网建设部分）》，保持与带电高压设备足够的安全距离。 （3）耐压试验应由专人指挥，设置安全围栏、围网，向外悬挂"止步，高压危险！"的警示牌，试验过程设专人监护。设立警戒，严禁非作业人员进入。 （4）耐压试验前应将被试设备与主变压器断开，与进、出线断开，同时还应将电压互感器、避雷器断开，试验后再安装恢复。 （5）由一次设备处引入的测试回路注意采取防止高电压引入的危险，注意检查一次设备接地点和试验设备安全接地，高压试验设备必须铺设绝缘垫。

风险编号	工　序	风险可能导致的后果	固有风险级别	预　控　措　施
03080103	一次设备耐压试验	触电 高处坠落	3	（6）进入地下施工现场时，要随时查看气体检测仪是否正常，并检查通风装置运转是否良好、空气是否流通。如有异常，立即停止作业，组织作业人员撤离现场。 （7）高压试验设备的外壳必须可靠接地，一次设备末屏要可靠接地，接地线应使用截面积不小于 $4mm^2$ 的多股软裸铜线。严禁接在自来水管、暖气管及铁轨上，高压试验时，高压引线的接线应牢固并尽量缩短，不可过长，引线用绝缘支架固定。 （8）试验结束，应将残留电荷放净后，方可拆除试验接线。 （9）试验前，被试设备应接地可靠。试验结束后，临时拆除的一、二次接线（或接入的二次线）应及时恢复，并确保接触可靠，防止遗漏导致电网事故
03080104	油浸电力变压器局放及耐压试验	触电 高处坠落	3	（1）试验作业前，必须规范设置安全隔离区域，向外悬挂"止步，高压危险！"的警示牌。设专人监护，严禁非作业人员进入。设备试验时，应将所要试验的设备与其他相邻设备做好物理隔离措施，避免试验带电回路串至其他设备上，导致人身事故。 （2）进入施工现场应使用安全防护用具，正确佩戴安全帽，高处作业时系好安全带，使用有防滑的梯子，并做好安全监护。 （3）严格遵守《国家电网公司电力安全工作规程（电网建设部分）》，保持与带电设备的安全距离。 （4）变压器局放及耐压试验用的电源，根据试验容量选择开关容量、导线截面、站用变跌落保险值。 （5）耐压试验应设专人统一指挥，作业人员应与供电部门联系，避免在试验过程中突然停电，给试验人员和设备带来危害。 （6）试验电源应采用三相五线制，其开关应采用有明显断点的双刀开关和电源指示灯，并设专线，应有专人负责维护。 （7）试验结束后，将残留电荷放净，接地装置拆除。 （8）试验前，被试设备应接地可靠。试验结束后，临时拆除的一、二次接线（或接入的二次线）应及时恢复，并确保接触可靠，防止遗漏导致电网事故
03080105	高压电缆耐压试验	触电	3	（1）进入施工现场应使用安全防护用具，正确佩戴安全帽，高处作业时系好安全带，使用有防滑的梯子，并做好安全监护。 （2）严格遵守《国家电网公司电力安全工作规程（电网建设部分）》，保持与带电设备的安全距离。 （3）高压电缆耐压试验应设专人统一指挥，电缆两端应设专人监护，时刻保持通信畅通。 （4）电缆两端均应设置安全围栏、围网，向外悬挂"止步，高压危险！"的警示牌。设专人监护，严禁非作业人员进入。 （5）高压试验设备的外壳必须接地，被试高压电缆接地必须良好可靠。 （6）高压电缆绝缘试验或直流耐压试验完毕后，作业人员必须及时将电缆对地充分放电后，方可拆除试验接线
03080109	系统稳定控制、系统联调试验	爆炸 触电 设备事故 电网事故	3	（1）试验前用万用表测量 CT、PT 二次回路的完好性，并重点检查 PT 二次高压保险或空气开关的极差配置和分合情况，必要时对 CT 二次侧回路就近用短接线进行短接，确保试验数据的正确性。 （2）在 CT、PT、交流电源、直流电源等带电回路进行测试或接线时应使用合格工具，落实好严防 CT 二次开路以及严防 PT 反充电的措施。 （3）严格执行系统稳定控制、系统联调试验方案。防止私自调整试验步骤和试验条件；认真分析试验过程中试验数据的正确性，防止重复试验。 （4）一次设备第一次冲击送电时，现场应由专人监护，并注意安全距离，二次人员待运行稳定后，方可到现场进行相量测试和检查工作。 （5）由一次设备处引入的测试回路注意采取防止高电压引入的危险，注意检查一次设备接地点和试验设备安全接地，高压试验设备应铺设绝缘垫

风险编号	工 序	风险可能导致的后果	固有风险级别	预 控 措 施
03080109	系统稳定控制、系统联调试验	爆炸 触电 设备事故 电网事故	3	（6）系统稳定控制装置试验结束后，应认真核对调控中心下达的定值和策略，核对装置运行状态。 （7）变电站保护室保护屏，通信机房通信屏设备区域工作时，应用红色标志牌区分运行及检修设备，并将检修区域与运行区域进行隔离，二次工作安全措施票执行正确。 （8）应确认待试验的稳定控制系统（试验系统）与运行系统已完全隔离后方可按开始工作，严防走错间隔及误碰无关带电端子。 （9）在进行试验接线时应严防 PT 二次侧短路、CT 二次侧开路。 （10）试验完成后应根据稳定控制系统的正式定值进行认真核对，确保无误。 （11）试验前，被试设备应接地可靠。试验结束后，临时拆除的二次接线（或接入的二次线）应及时恢复，并确保接触可靠，防止遗漏导致电网事故。 （12）通电试验过程中，试验人员不得中途离开。 （13）电流互感器升流试验时，封闭相应的母差、失灵电流回路。 （14）完成各项工作、办理交接手续离开即将带电设备后，未经运行人员许可、登记，不得擅自再进行任何检查和检修、安装工作。 （15）试验工作结束后，将被试验设备恢复原状

第三节　环境保护与文明施工

一、施工引起的环保问题及保护措施

（一）施工引起的主要环保问题

（1）开挖土方、占用土地等可能造成水土流失对周围环境的影响。

（2）设备、材料包装的废弃物。

（3）施工及生活垃圾。

（4）施工机械噪声。

（5）废水、废气的排放。

（二）环境保护管理方案与措施

1. 环境因素、目标指标及管理方案

环境因素、目标指标及管理方案见表 2-9-3-1。

表 2-9-3-1　　　　　　　　　环境因素、目标指标及管理方案

序 号	环境因素	目 标 指 标	管 理 方 案
1	粉尘的排放	严格控制粉尘排放，减少粉尘对大气的污染	（1）施工现场经常洒水，保持施工现场无扬尘产生。 （2）对于扬尘较大的加工作业采取保护措施减少扬尘
2	施工噪声	减少施工噪声	（1）使用噪声低的施工机械，对施工车辆定期保养，处于完好状态，减少施工机械噪声。 （2）合理安排施工时间，尽量在白天进行施工。 （3）对室内操作的机械采用封闭结构，操作人员采取适当措施
3	运输过程的遗洒及扬尘	运输无遗洒及扬尘现象	粉状材料或块状材料运输期间，要采取覆盖措施，以防止产生扬尘和材料遗洒
4	有毒有害废弃物的泄漏和排放	避免和减少油品、化学品和含有化学成分的特殊材料的泄漏和遗洒	（1）对废弃物做到分类收集，区别处置办法。 （2）配备专用器具对污油进行集中收集
5	施工垃圾的排放	分类集中收集	（1）现场分类设置垃圾堆放处。 （2）与当地环保部门联系，运至指定部门
6	施工、生活污水的排放	修筑渗水井	（1）现场设置渗水井。 （2）生活区设置渗水井
7	火灾、爆炸事故发生的可能	杜绝施工现场火灾、爆炸事故的发生	按规定对储存和使用易燃、易爆物品的场所配备消防器材

2．环境保护措施

（1）开工前组织全体施工人员认真学习《中华人民共和国环境保护法》《中华人民共和国土地法》以及地方政府有关环境保护的各项法律、法规，加强施工人员环保教育和培训，增强环保观念，提高文明施工意识。

（2）粉尘控制。对易产生粉尘的材料物品，尽量在室内堆放保管。散装物品装车后应覆盖，装卸过程应控制减少粉尘污染。一般采用目测方法进行测定，达到肉眼不可见的标准。

（3）汽车尾气控制。公司的车辆及施工现场运输机械，当尾气超标时加装尾气净化器，按规定进行尾气排放年检，对外部车辆提出尾气达标排放的要求。

（4）噪声防治。对施工机械、车辆（起重机械、滤油机、进出场车辆等）的工作噪声观测，确定噪声测量点，采用环境噪声自动监测仪进行测量。

（5）污水控制。一般性污水通过目测观察，特殊情况可由当地污水处理部门检测。经目测合格的生活用水可直接排入自建污水渗井，不得直接排入当地江、河、湖泊、水库等；目测不合格的污水应进行处理，达到目测要求后方可进行排放。

（6）固体废弃物控制。固体废弃物应按要求分类存放和标识，不可将废弃物随意乱扔、堆放、混放；施工现场应遵循"随做随清、谁做谁清、工完料净场地清"原则；施工现场应指定区域存放，建立相应的垃圾存放地点，并加以封闭，由指定人员负责将废弃物运输、回收、处理。

（7）施工现场环境管理。严格执行国家有关环境保护的法律、法规，针对现场情况制定环境保护管理办法。不得在施工现场熔化、焚烧有毒、有害、有恶臭气味的废弃物。建筑垃圾、渣土应指定地点堆放，每日清理。

（8）施工现场不焚烧有毒、有害的施工废弃物，能回收利用的则回收利用，不能回收利用的按国家有关规定及时处理。

（9）施工过程中不把有毒的气体排向大气。SF_6气体必须回收处置，不得排向大气。土石方运输车辆要加盖篷布，路面及时洒水。

（10）施工及生活污水、施工及生活废弃物做到合理排放，不得污染农田。

二、文明施工的目标、组织结构和实施方案

（一）文明施工目标

1．文明施工目标

依据《国家电网公司输变电工程安全文明施工标准化工作规定》的要求，突出"以人为本"，达到"设施标准、行为规范、施工有序、环境整洁"的安全文明施工效果；严格遵循安全文明施工"六化"要求；创建国家电网公司安全文明施工示范工程。

2．文明施工目标分解

文明施工目标分解见表 2-9-3-2。

表 2-9-3-2　文明施工目标分解

项　目	文明施工目标
文明施工管理	机构健全，责任落实
员工思想教育	常抓不懈，解决问题；有的放矢，解疑答惑
员工精神面貌	衣着整洁，举止文明；安全用具，正确佩戴
施工人员违纪、违法事件	无赌博酗酒，无打架斗殴，无吸食倒卖毒品，无其他违法犯罪事件发生
文明管理措施落实	制度措施齐全，有活动执行记录
施工场地	安排有序，有条不紊；设置围栏，警示醒目； 材料堆放，标志齐全；工完料尽，保护环境
施工驻地	布局合理，整洁卫生；办公住宿，分区布置； 各类图表，上墙齐全；微机应用，科学管理
员工生活后勤保障、业余生活	设施齐全，员工满意；丰富多彩，健康有益
与地方政府及驻地居民关系	理顺关系，相互协商，处理得当，工程顺畅； 尊重习惯，遵守民约，互帮互助，关系融洽

3．文明施工组织机构

文明施工组织机构如图 2-9-3-1 所示。

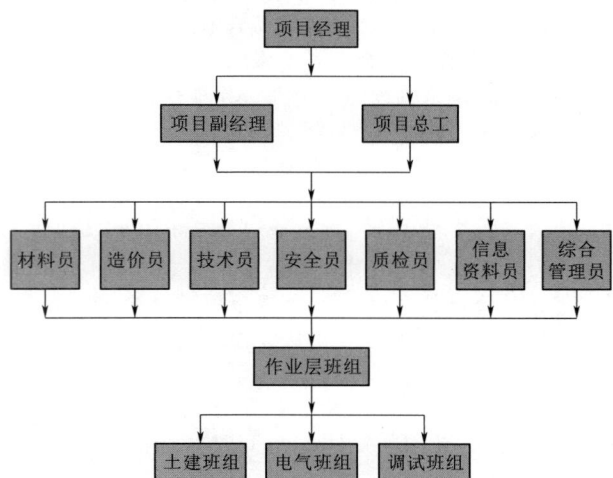

图 2-9-3-1　文明施工组织机构

（二）文明施工实施方案

1．管理规章制度

（1）严格执行国家、地方的有关土地管理法规和项目法人对本工程的工地使用管理规定，通道清理必须满足相关规范、规程的要求。

（2）严格执行地方安全、治安、消防及交通管理法

规和要求，办理人员的暂住手续，制定现场防火、防盗等管理制度，并严格执行。

（3）将文明施工和环境保护管理与班组建设管理结合在一起，统一进行，由现场指挥机构的党组织负责人领导，办公室主任负责日常工作，核心是通过定期的检查评比，促进文明施工水平不断提高。

（4）教育制度。每道工序开工前应进行一次文明施工培训及技术交底（包括环境保护部分），培训后应进行考试，考试不合格者不能上岗作业。

（5）检查制度。班组每半个月进行一次自检，班组之间每一个月进行一次互检，项目部每分部工程检查两次，每次检查应有记录，检查后应进行总结，每次检查都要有书面总结备案。

2．消防、交通、保卫、防污染等措施

（1）从消防安全角度出发，材料站、项目部、生活区等配置统一的消防设备和使用操作方法牌，重要防火区域设置消防沙池和消防通道，现场施工动火有审批手续和监护措施，保障人身和财产的安全。各消防设施设置责任人。

（2）交通方面，运输过程中，坚持不跑夜车，特殊情况用车需要工程负责人批准并设行车监护人。

（3）保卫方面，现场实行封闭施工，在工地入口设置门禁及保安人员的值守，参加施工的全体施工人员必须遵守工地安全保卫及出入管理制度；在施工现场、住地配备监控、铁丝网等维稳设施并安排保安队巡逻。

（4）烟尘方面，严禁排放有毒有害烟尘和气体，不得焚烧施工、生活垃圾。

（5）噪声控制，按照建筑施工噪声管理的有关规定，积极采取措施，控制施工噪声，做到施工不扰民。

3．施工现场总平面布置要求

包括临时建筑、设施、道路、作业区、办公区、生活区、大型施工机械的布置等。

（1）办公区设置。施工作业区与办公区域分隔设置。按职责和职能划分设置办公室，主要有项目经理室、项目总工室、综合办公室、会客室、安技办公室、计财办公室、会议室和资料室等，办公室、寝室整洁卫生，各种图牌、办公设施、台账齐全规范醒目。生产、办公、生活区域室内净空高度不小于2.5m，符合安全、卫生、通风、采光、防火等要求。

（2）生活区设置。生活区与办公区（隔）分离。生活区主要包括居室、餐厅、洗手间（淋浴室）、医务室等。

（3）材料站布局。工地建筑材料、构件、机具、废料及建筑垃圾等按照平面位置定点堆放，成线成块成堆，标示牌标语醒目、规范、完整，分类堆放整齐。易燃易爆物品应分类妥善存放。

4．文明施工工作的检查

（1）项目部在进行施工协调工作时，必须同时负责落实。检查各部门、各班组的文明施工工作，并及时落实文明施工的各项措施。

（2）每月应组织有关人员对各文明施工责任区域进行一次大检查。

（3）项目部在日常的业务工作中对施工区域实施监督检查，检查发现的问题应及时下发整改通知，班组负责落实整改，工程部实施监督。

5．文明施工考核评比

（1）成立文明施工考核评比领导小组，负责对文明施工工作进行考核。

（2）项目部定期对班组的文明施工工作进行考核评比。

（3）文明施工经考核不合格的，除不能参与文明施工奖励评比外，还要给予一定的经济处罚。

（三）应急防暴演练

1．人员训练

当前维稳是国家正在进行的一项重要任务，电力施工作业也要进行相应的演练。项目部计划长期抽调出来人员，配备防暴头盔、防刺服，使他们将肩负起施工现场和项目部的安全保卫工作。

项目部将邀请当地派出所对现场维稳力量进行一定程度的训练，教会保卫人员学习盾牌的格挡等、保护身体的使用方法，面对可能存在的暴徒，必须学会使用身上的防护装备。

公司专门为现场配备以下防暴器材：

（1）防暴头盔。能有效保护头部能免受攻击，并提供视野。

（2）防刺服。在面临歹徒的刀具时，防刺服可以极大地增加生存能力，保护人身安全的同时制造更多的对抗可能。

（3）防暴盾牌。学习盾牌的使用，使人员具备了攻防两用性，纵使握住盾牌进行回击，也能对暴徒产生一定的威胁，观察孔既能观察敌情，又能使自己做出更多有利的判断，进而争取击退暴徒，保卫现场安全。

2．维稳安保计划

为了防止意外发生，保证工程顺利进行，保障工程参建人员的人身安全，我项目部将严格执行落实公司维稳安保建设标准化，将在项目部采用如下措施：

（1）项目部以保人身为第一前提，在醒目位置张贴报警电话，负责安保工作人员名单和辖区派出所联系人及报警电话。要向属地电业局公安保卫部联系备案，建立联动机制。

（2）配备安保人员，配置防护器具，具备技防、防范能力，熟悉报警方式，具备逃生技能。

（3）项目部配备固定安保人员人；其中项目部、材料站警卫室各安排6人三班倒进行值班，确保每个警卫站同时在岗保安不少于2人，24h值班。站内外巡逻队伍配备15人，每班5人进行巡逻。所有保卫人员配备夜间照明设施、报警器、铁棍、头盔（安全帽）、盾牌、防刺背心、手套。项目部驻地、材料站、养殖两条以上的大型犬。

（4）项目部积极组织反恐应急演练，应积极与当地公安机关联系，建立联动机制，并开展与公安机关联合巡查工作。

（5）项目部驻地强化人员宿营地、供电、供水、食品安全、车辆停放、材料堆放等方面的防范意识，形成准军事化性质的队伍管理模式，人员集中住宿，严守外出纪律。执行每晚点名、离开驻地请假等工作制度。

（6）因生活或工作需要外出采购，应配车并三人以上随车，随车携带灭火器及能够作为自卫武器的施工、生产工具。

（7）项目部建设时，对房屋及院落进行安全护卫，并采取加固大门、安装防盗门防盗窗等措施。

三、绿色施工

（一）技术要求

绿色施工应符合国家有关政策法规，满足《建筑工程绿色施工规范》（GB/T 50905）、《建筑工程绿色施工评价标准》（GB/T 50640）等现行国家标准的要求，按照国家电网公司《输变电工程绿色建造评价指标体系》等相关规定开展施工。

绿色施工应结合"因地制宜、结合实际、可操作性、科学合理"等原则，按照公司绿色建造评价指标体系中的指标要求、检查要点及评分规则，确定合理的项目绿色施工分项目标值，目标应具有先进性。

绿色施工是贯彻落实党和国家绿色发展理念，推广科学管理经验和技术创新成果，采用更加有利于节约资源、保护环境、减少排放、提高效率、保障品质的建造方式，逐步实现工程建设过程中人与自然和谐共生。

（1）项目部制定绿色施工标准化管理责任制度，明确绿色施工管理目标，责任的考核目标，做到责任明确，奖罚分明，切实检查各项制度的落实情况。

（2）定期组织绿色施工教育培训，增强施工人员绿色施工意识；定期对施工现场绿色施工实施情况进行检查，做好检查记录。项目部组织对全员进行绿色施工知识及有关规定、标准、文件和其他要求的培训并进行考核，特别注重对环境影响大（如产生强噪声、产生扬尘、产生污水、固体废弃物等）的岗位操作人员的培训，以保证这些操作人员具有相应的环保意识和工作能力。

（3）在施工现场的办公区和生活区应设置明显的有节水、节能、节约材料等具体内容的警示标识，并按规定设置安全警示标志。

（4）管理人员及施工人员除按绿色规程组织和进行绿色施工外，还应遵守相应的法律、法规、规范、标准及相关文件等。

（5）对机械与设备选择、材料采购、现场施工、工程验收等各阶段进行控制，加强对整个施工过程的管理和监督。应合理编制施工计划和施工班组进场计划，做到优化工序、节省台班。

（6）施工图会检应包括绿色施工部分内容，可从"四节一环保"的角度，结合工程实际对设计进行优化，并履行设计变更手续。

（7）结合加工、运输、安装方案和施工工艺要求，对工程重点、难点部位和复杂节点进行深化设计。

（8）应制定建筑垃圾减量计划，积极应用建筑垃圾减量化与资源化利用技术，实现建筑垃圾源头减量、过程控制、循环利用。现场建筑垃圾并应分类收集、集中堆放、定期处理、合理利用。

（9）建立建筑材料数据库，应建立完善的绿色建材供应链，采用绿色性能相对优良的建筑材料，并应遵循"计划备料、限额领料、合理下料、减少废料"的原则，根据施工进度、材料使用时点、库存情况等制定材料的采购和使用计划，避免冗余、浪费。

（10）建立施工机械设备数据库，应根据现场和周边环境情况，对施工机械和设备进行节能、减排和降耗指标分析和比较，采用高性能、低噪声和低能耗的机械设备，并应加强机械设备的进场、安装、使用、维护保养、拆除及退场管理，减少过程中设备损耗。

（11）坚持以人为本，鼓励对传统施工工艺进行绿色化升级革新，积极应用先进的工法，提高机械化的应用水平和应用率，减轻劳动者的工作强度，改善作业条件。

（12）积极运用基于BIM的现场施工管理信息技术、基于互联网的项目多方协同管理技术等信息化技术组织绿色施工，提高施工管理的信息化和精细化水平。

（13）积极采用智慧工地管理系统，实现信息互通共享、工作协同、智能决策分析、风险预控。

（14）采用BIM等信息技术进行深化设计和专业协调，避免"错漏碰缺"等问题。对危险性较大和工序复杂的方案应进行三维模拟和可视化交底。

（15）综合运用移动互联网、全球卫星定位、视频监控等，对施工现场的设备调度、计划管理、安全质量监控等环节进行信息即时采集、记录和共享，满足现场多方协同需要，通过数据的整合分析实现项目动态实时管理，规避项目过程各类风险。

（16）积极应用施工扬尘控制技术，通过采用自动喷淋、雾炮降尘和车辆自动冲洗等技术的应用，确保扬尘控制指标满足《建筑工程绿色施工规范》（GB/T 50905）中的相关要求。

（17）通过基坑施工降水回收利用、雨水回收利用、现场生产和生活废水回收利用等技术，实现非传统水源的水收集与综合利用。

（18）应采取措施减少污水排放，在施工现场应针对不同的污水，设置沉淀池、隔油池、化粪池等相应的处理设施；油池应有严格的隔水层设计，做好渗漏液收集和处理；采取有效的排浆及储浆措施避免施工场地的水土污染。

（19）现场施工时应注意成品保护，防止对已完工的建筑、设备造成污染、损坏，避免二次施工。

（20）对绿色施工目标控制采用动态管理，定期收集各个绿色施工控制要点的实测数据并与目标值进行比较。当实际情况与计划目标发生偏离时，应及时分析原因，采取纠正措施。

（21）应采用先进施工工艺与方法，选用绿色材料，规范废弃物处理方式，从源头减少有毒有害废弃物的产生。对产生的有毒有害废弃物应 100% 分类回收。

（二）减少资源浪费措施

1. 节能

（1）根据《国务院办公厅关于严格执行公共建筑空调温度控制标准的通知》，项目部规定夏季室内空调温度设置不得低于 26℃，冬季室内空调温度不得高于 20℃。空调运行期间应关闭门窗，宿舍禁止使用电热器之类不安全电器，浴室限时使用，所有生活区室内无人时必须关闭灯、电脑、空调等用电设施，晚上十点之后所有宿舍必须关灯，早上六点半开灯，由安全组负责监督项目部全体成员的执行情况。

（2）工程临时设施由改善热工性能、提高空调采暖设备和照明设备效率的材料组建。

（3）项目部安装部分热水器供职工洗浴，以节约能源；办公室制定公车使用管理办法，鼓励管理人员乘坐公交车外出办事，节约油耗。

2. 节水

（1）施工现场用水器具符合《节水型生活用水器具》（CJ 164—2002）标准中的规定及《节水型产品技术条件与管理通则》（GB/T 18870—2002）的要求，卫生间、浴室采用节水型水龙头、低水量冲洗便器，使用变频泵节水，现场除尘使用自制洒水车，既节约成本又节约水资源。

（2）施工用水从现有蓄水池内给水管道接入，施工时充分利用站内井水和附近河道内河水。搅拌站废水经沉淀池过滤后排放，现场生产生活废水排放入渗坑。

3. 节材

（1）现场办公和生活用房采用周转式活动房，现场围挡采用装配式可重复使用的围挡封闭，工程完成后进行回收再利用，对现场铺设的管线进行保护，以便能够重复利用节约材料。

（2）架设工艺及模板支护等专项方案予以会审、优化，合理安排工期，加快周转材料周转使用频率，降低非实体材料的投入和消耗；合理确定商品混凝土掺和料及配合比，降低水泥消耗。

（3）施工过程要求精确定料，合理下料，不浪费；施工中剩余的钢筋头儿、料头要合理利用。

（4）办公用品由办公室按计划采购，建立领用制度。节约纸张，内部资料尽量双面打印，单面废纸背面要充分利用。

4. 节地

（1）施工中挖出的弃土，在堆放前进行挖填平衡计算，尽量利用原土回填，做到土方量挖填平衡。因施工造成裸土的地块，及时覆盖砂石或种植速生草种，防止由于地表径流或风化引起的场地内水土流失。施工结束后，临时用地按照原竣工图纸恢复其原有地貌和植被。

（2）施工现场物料堆放紧凑，施工道路按照永久道路和临时道路相结合的原则布置，减少土地占用。

（三）减少环境污染措施

1. 扬尘污染控制

（1）施工现场对主要道路和裸露地面进行硬化处理，土方及时运走，无法及时运走的集中堆放在施工现场临时场地上。临时堆放的土方采取覆盖，对裸露的场地采取固化或绿化措施，从根源上控制大风天气扬尘现象。土方外运和渣土弃运选择有渣土消纳许可证的单位。

（2）渣土堆放区配备密目网，随时对搅拌站料场和集土坑进行覆盖。

（3）施工现场设置独立的仓库，将水泥、白灰和粉煤灰等易飞扬材料集中分类堆放。

（4）随时关注天气情况，对大风天气做到提前预警，做到有备无患，杜绝扬尘现象

2. 有害气体排放控制

（1）项目部严禁在施工现场及周边焚烧各类废弃物。

（2）加强设备车辆的维修保养，保证施工车辆、机械设备和办公室用车的尾气排放均符合国家的排放标准。

3. 水土污染控制

（1）搅拌站的污水经沉淀后用于洒水降尘，施工中产生的废水，经过二次沉淀后排放，废水绝不直接排入河道和草场。

（2）生活区的食堂、淋浴间的下水管线设置过滤网，保证排水畅通。

（3）食堂设有隔油池，并要求及时清理。

（4）施工现场设置的临时厕所化粪池做好抗渗处理。

4. 噪声污染控制、光污染控制、施工固体废弃物控制

（1）噪声污染控制。

1）一般噪声源。

a. 土方阶段：挖掘机、装载机、推土机、运输车辆等。

b. 结构阶段：水泵、泵车、振捣器、混凝土罐车、空压机、支拆模板与修理、支拆脚手架、钢筋加工、电刨、电锯、人为喊叫、哨工吹哨、搅拌机、钢结构工程安装、水电加工等。

c. 装修阶段：拆除脚手架、石材切割机、砂浆搅拌机、空压机、电锯、电刨、电钻、磨光机等。

（a）施工时间应安排在 7：00—22：00 进行，因生产工艺上要求必须连续施工或特殊需要夜间施工的，应尽量安排噪声小的作业。

（b）施工场地的强噪声设备宜设置在远离生活区的一侧。尽量选用环保型低噪声振捣器，振捣器使用完毕后及时清理与保养。振捣混凝土时禁止接触模板与钢筋，并做到快插慢拔，应配备相应人员控制电源线的开关，防止振捣器空转。

2）人为噪声的控制措施。

a. 提倡文明施工，加强人为噪声的管理，进行进场培训，减少人为的大声喧哗，增强全体施工生产人员防噪扰民的自觉意识。

b. 合理安排施工生产时间，使产生噪声大的工序尽量在白天进行。

c. 清理维修模板时禁止猛烈敲打。

d. 脚手架支拆、搬运、修理等必须轻拿轻放，上下左右有人传递，减少人为噪声。

e. 夜间施工时尽量采用隔音布、低噪声振捣棒等方法最大限度减少施工噪声；材料运输车辆进入现场严禁鸣笛，装卸材料必须轻拿轻放。

f. 减少施工噪声影响，应从噪声传播途径、噪声源入手，减轻噪声对施工现场地外的影响。切断施工噪声的传播途径，可以对施工现场采取遮挡、封闭等吸声、隔声措施，从噪声源减少噪声。对机械设备采取必要的消声、隔振和减振措施，同时做好机械设备日常维护工作。施工现场场界环境噪声应符合表2-9-3-3的规定。

表2-9-3-3　　施工现场场界环境噪声

施工阶段	主要噪声源	噪声限值/dB	
		昼间	夜间
土石方	推土机、装载机等	75	55
结构	混凝土搅拌机、振捣棒、电锯等	70	55
装修	吊车、升降机等	65	55

表2-9-3-3中昼间为7：00—22：00、夜间为22：00至次日7：00。

3）强噪声机械设备用房。

a. 要求。施工现场凡产生强噪声的机械设备（电锯、大型空压机）必须封闭使用。电锯房门窗要做降噪封闭。

b. 尺寸。按现场实际使用情况确定。

c. 材料。墙：采用水泥砖、页岩砖等，禁止使用模板、瓦楞铁等；顶：铺脚手板、做防水、铺水泥瓦或瓦楞铁；门：推拉门、双扇门；地面：硬化。

4）噪声监测方法。

a. 测点的确定。

a）主要以离现场边界最近对其影响最大的敏感区域为主要测点方位，并应在测量记录表中画出测点示意图。

b）当噪声敏感区离现场边界的距离在50m之内时，应沿现场边界每50m为一测点，当距离在50～100m时，应沿现场边界每70m为一测点，大于100m时将现场边界线离敏感区最近点设为测点。

b. 测量条件。

a）测量仪器：普通声级计或等效声级计。

b）气象条件：应选在无风、无雨的气候时进行。当风力为3级时，测量时要加防风罩，风力为5级时，停止测量。

c）测量时间：8：00—12：00；14：00—18：00；夜间施工：22：00至次日7：00。

d）以产生噪声大的生产工序为主，如机械噪声、混凝土振捣、模板的支拆与清理等。

c. 测量方法。

a）测量时仪器应距地面1.2m，距围墙1m。设置在慢档。每一测点读200个数据，用噪声计算软件计算后得出等效声级数值。

b）测量的次数：每月两次。

d. 声级计使用要求。

a）项目部尽量配备声级计，并由专人保管使用。

b）声级计为强检器具，必须进行周期检测，检测报告由计量员留存。

（2）光污染的控制。

1）夜间施工，要合理布置现场照明，应合理调整灯光照射方向，照明灯必须有定型灯罩，能有效控制灯光方向和范围，关并尽量选用节能型灯具。在保证施工现场施工作业面有足够光照的条件下，减少对西边道路行车的干扰。

2）在高处进行电焊作业时应采取遮挡措施，避免电弧光外泄。

3）控制灯罩角度，使光线照射范围在工地内。

（3）施工固体废弃物控制

1）危险固体废弃物。

a. 施工现场危险固体废弃物（包括废化工材料及其包装物、电焊条、废玻璃丝布、聚氨酯夹芯板废料、工业棉布、油手套、含油棉纱棉布、油漆刷、废沥青、废旧测温计等）；

b. 清洗工具废渣、机械维修保养液废渣；

c. 办公区废复写纸、复印机废墨盒、打印机废墨盒、废硒鼓、废电池、废磁盘、废计算机、废日光灯管、废涂改液。

2）一般固体废物（可回收、不可回收）。

a. 可回收。

（a）办公垃圾：废报纸、废纸张、废包装箱、木箱。

（b）建筑垃圾：废金属、包装箱、空材料桶、碎玻璃、钢筋头、焊条头。

b. 不可回收

（a）施工垃圾：碎砖、混凝土、混凝土试块、废石膏制品、沉淀物。

（b）生活垃圾：食物加工废料、一次性餐具及包装。

3）固体废弃物应分类堆放，并有明显的标识（如有毒有害、可回收、不可回收等）。

4）危险固体废弃物必须分类收集，封闭存放，积攒一定数量后由各单位委托当地有资质的环卫部门统一处理。

5）对油漆、稀料、胶、脱模剂、油等包装物可由厂家回收的尽量由厂家收回。

6）对打印机墨盒、复印机墨盒、硒鼓、色带、电池、涂改液等办公用品应实现以旧换新，以便于废弃物的回收，并尽可能由厂家回收处理。

7）可回收再用的一般废弃物须分类收集，并交给废品回收单位。如能重复使用的尽量重复使用（如双面使用废旧纸张、钢筋头再利用等）。对钻头、刀片、焊条头等五金工具应实现以旧换新。

8）加强建筑垃圾的回收利用，对于碎石、土方类建筑垃圾可采用地基填埋、铺路等方式提高再利用率。施工垃圾按指定地点堆放，不得露天存放。应及时收集、清理，采用袋装、灰斗或其他容器集中后进行运输，严禁从建筑物上向地面直接抛撒垃圾。生活垃圾应及时清理。垃圾清运过程中，易产生扬尘的垃圾，应先适量洒水后再清运。

第四节　施工平面布置和工地管理

一、施工平面布置

（一）原则

根据业主对该站总体规划和要求，配备满足施工项目部工作需要的检测设备、工器具、办公基本设备与设施，配置信息网络和交通工具满足施工工作需要。本工程施工单位的办公区、管理人员住宿、临建设施统一布置。办公区和生活区相对独立，施工项目办公临建房屋均设置在站区围墙外，并与施工区域分开隔离、围护，全站临时建筑设施主色调与现场环境相协调，并保证在工程移交的同时不遗留问题，不留临建痕迹，尽量恢复原貌。各职能部室和职工宿舍等生活区布置在站外，配电室、易燃易爆危险品库房、成品半成品库房等也布置在站外。水泥库、砂石料场、搅拌场、设备仓储库房布置在站外。临建设施设置设备临时存放场地、材料库、加工区、现场休息室、吸烟室、施工电源二次布置、施工现场布置宣传栏、现场文明施工标示牌等，根据业主的整体安排，并遵守承包商制定的门卫管理制度等。

根据本工程建设招标文件和施工流程的实际需要，按布局合理、方便施工，并满足现场安全文明施工、日常管理的原则，合理利用已有站外的生产生活临建设施等资源。将所有设备存放在站内，保证存放的条件和安全管理的需要。仓库用地、设备堆放用地、吸烟室等位置应得到监理工程师的批准。施工现场平面布置应做到施工运输便利，满足安全、防火和文明施工的要求。

1. 总平面管理

（1）施工平面管理由项目经理负责，按划分片区由各施工班组包干管理。

（2）现场进出施工道路须压实平整，以便运输。

（3）现场主要入口实行门禁制度，配置门禁卡，并布置工程项目概况牌、工程项目管理目标牌、工程项目建设管理责任牌、安全文明施工纪律牌、组织机构网络牌、施工总平面布置图、应急救援线路图等标识牌。

（4）凡到场的设备、材料必须按平面布置图指定的位置堆放整齐，不得任意堆放。

（5）现场切实执行国网公司的《现场文明施工管理实施细则》，由项目经理牵头，定期检查评比。

（6）施工现场的水准点、坐标点、埋地电缆、架空电线应有醒目的标志，并加以保护，任何人不得损坏、移动。

（7）各班组应在划定的平面范围内使用场地，如需增加临时用地，需上报业主及有关单位，并遵守施工现场管理条例。

（8）现场安保人员，有维护施工现场材、物和治安保卫的责任。

2. 施工区布置

施工区分为材料保管、加工区及施工作业区，材料保管区包含库房、部分周转材料堆置区、配电室、易燃易爆危险品库房、预制厂、机械设备停置区、成品半成品堆置区、垃圾站、搅拌站等，集中搅拌站的布置应便于混凝土运输和减少运输距离。所用设施应按国网公司标准化的要求来搭设。

3. 生活区布置

生活区与办公区分开，生活区包含员工宿舍、卫生间（含洗漱间）、厨房（含大、小餐厅）、活动室等。管理人员按照 2 人一间布置，配 1 匹冷暖壁挂式空调、衣柜等生活物品，统一布置；会议室配 2 匹冷暖柜式空调、LED 显示屏、投影仪、音响设备等；休息室配 1 匹冷暖壁挂式空调、茶水柜及娱乐设施；施工人员宿舍按 8 人一间考虑，卫生间为蹲式水冲卫生间及感应系统小便池。

（二）场区保卫制度建立

项目部制定了以下工地制度：

（1）安全防卫管理制度。

（2）工程安全管理制度。

（3）工地出入管理制度。

（4）应急疏散管理制度。

（5）应急响应管理制度。

（6）安全维稳排查制度。

（7）维稳值班管理制度。

（三）卫生防疫及其他事项

（1）施工区域、办公区域、生活区域应符合卫生要求，做好灭鼠灭蟑防蚊蝇措施，在夏季蚊蝇滋生期间，不间断地在各个区域周围喷洒灭蝇药水，保证食物卫生，减少人员发生拉肚子等情况。

（2）办公区域外醒目位置应设置应急联络牌，并标注当地派出所、医院、应急路线等重要信息。

（3）项目部应定期对现场管理进行考核，重点加强对生活区域的管理。

（四）施工垃圾处理

项目部对生活垃圾和施工废品进行分类回收。规划分类存放的场所和统一存放设施样式。办公区域、生活区域制作统一样式的垃圾箱、垃圾桶。施工现场配备垃圾袋，及时进行清运和处理，做到工完料尽场地清。

生活及施工垃圾均清运至指定地点。

二、工地管理方案与制度

（一）施工电源

本工程施工用电按国家标准采用三相五线制（TN—S 系统），全部采用铠装电缆直埋敷设。配电室到一、二级电源柜之间采用电缆连接；其余采用直埋式敷设电缆；

一、二级电源盘柜内部配置、电源盘柜外形样式、颜色和标识等统一设计规划。沿途分设电源箱，箱内设漏电保护型空气开关及插座等。施工用电的380V低压配电由项目部负责按布置图分别送至各施工点；按电管部门正规要求配置计量。本工程施工区域禁止架设架空输电线；施工电源禁用硬质塑套线。施工、生活电源线布线必须整齐、安全、规范。施工现场照明配置以安装施工阶段需求为主，采用集中广式照明和可移动式照明相结合的形式。在材料加工场、材料堆场、设备仓储区及其他施工区域，分别设置带架投光灯塔，户内施工照明采用可移动式灯架的泛光灯，杜绝使用碘钨灯。三级盘为插座盘及单个开关盘，其壳体统一定做；移动电源盘采用便携式卷线盘。

（二）施工现场消防总体布置

1. 编制依据

（1）工程有关文件。

（2）设计单位设计的消防专业施工图。

（3）国家、行业现行的规程、规范、标准及图集。

（4）《民用建筑电气设计规范》（JGJ/T 16—2008）。

（5）《火灾自动报警系统施工及验收规范》（GB 50166—2019）。

（6）《建筑电气工程施工质量验收规范》（GB 50303—2015）。

2. 消防管理方法

（1）本工程系立体交叉施工，多专业协同作业，消防安全问题十分突出，不可有丝毫大意疏忽。为此，必须从以下各个方面采取有效措施，以达到消防安全的目的。

（2）建立严密的消防安全组织管理体系，形成网络，由专职消防安全员监督、执法。

（3）各专业根据安装时作业的特点，随时书面提出消防安全的措施与要求。

（4）现场消防设备应该配备齐全，并保证有效、可靠，任何人在任何时候不得以任何理由擅自将消防器材移作他用。

（5）成立义务消防队、群防群治，常备不懈，应急出动，减少损失。

（6）施工现场严禁吸烟，严禁擅自点火取暖。

（7）电气设备到场后，要放在干燥通风的室内，由专人保管，门窗严密，并加锁。

（8）现场换流变区域为重点防火区域，换流变油到达现场后，应采取独立的隔离措施，搭设临时彩钢板房。搭设材料应满足防火等级要求，应为A级防火材料。门口应配备足够的消防沙箱、灭火器。

（9）现场产生明火施工应配备足够的灭火器，例如氧焊、切割等容易造成火灾安全隐患的工作。

（三）工地管理方案与制度

1. 宣传告示类

项目部在办公区、生活区及施工现场利用宣传栏，开展形式多样的，以安全、质量、标准工艺、文明施工为主要内容的宣传教育活动，重点对现场做得好的方面进行展示奖励，对做得差的方面进行曝光和惩处；根据现场不同区域特点，针对性布置安全、质量标语，起到警示施工人员严格遵守安全操作规程和质量规范。适当悬挂彩旗、横幅增强文明施工氛围。

2. 道路交通类

项目部在通往站址的路口用指示标牌明确进入项目部和施工现场的方向，便于相关人员识别站址位置；施工人员从站区大门主通道进入施工现场，运输及其他车辆从站区后侧门进入施工现场；站区大门主通道设打卡设施和门禁，后侧门设门禁，严格进站制度；在站址内道路设置各施工区域指示标志及说明牌；在站内巡视道路两侧设置国家标准式样的路标、交通标志、限速标志和区域警戒标识；按标准化配置设站内安全通道和全封闭硬质围栏。

3. 作业区分区隔离围栏

施工作业区应在施工前采取围栏隔离，围栏材料选取应与土建项目部保持一致，未经监理、业主同意不得采用其他材质围栏。

4. 废料垃圾回收类

项目部将对生活垃圾和施工废品设置分类回收设施，分类回收，规划分类存放的场所和统一存放设施样式。办公区域、生活区域制作统一样式的垃圾箱、垃圾桶。废料的回收设施采用市场购置的垃圾桶，施工现场配备垃圾袋，定期进行清运和处理，对剩余材料经盘点核对后，及时上报物资回收归库。

5. 标识类

施工现场的各种标识均应清楚、准确、规范。各种材料应标明名称、产地、数量、规格、是否检验和验收、合格或不合格和使用位置及验收人等。机具设备应标明设备名称、设备完好及试运情况及责任人等。各种标志牌、标识牌以及上墙图表一律采用简明、清晰、规范的标志牌或喷绘、打印图文。项目部会议室及办公室、班组办公室喷绘施工形象进度图、岗位职责等图表，大小应按国网项目标准化要求与房屋大小匹配适中。施工现场应设置悬挂机械设备操作规程、工艺质量标准牌、配合比牌、脚手架搭设验收牌等标志牌。标志牌。施工现场严禁一切不规范的手写文字和不规范的悬挂、摆设、埋设和制作。

6. 机具、材料、工具房

（1）进入现场的机械设备、工器具、脚手管等必须经过项目部机具材料专责检查验收合格后，才可进入施工现场；需修理机具，应经材料专责同意后，安装标准化要求修整、油漆，统一色标标识，确保完好、规范，小型工器具和金具材料必须入库按标准化、定置化要求标识清晰，摆放有序整齐；钢材、模板、脚手架等设立规范露天场地，按照标准化要求挂牌标识摆放整齐。

（2）机械设备安全操作规程牌悬挂应简明易懂、准确、规范。

（3）中、小型机具应保持清洁、润滑和表面油漆完好，标识统一，并悬挂规范的操作规程标牌。

（4）中、小型机具在现场露天使用，应有牢固适用的防雨设施和良好的接地措施。

（5）现场机具摆放整齐规范，长期固定式机具设备应放置在平整硬化的场地上，固定牢固，接地良好，有防雨、防风沙、防火等措施。

第五节　施工方法与资源需求计划

一、劳动力需求计划及计划投入的班组

本工程投入项目部管理人员13人，土建工程高峰期间计划投入232名工人（其中木工50人，钢筋工50人，瓦工50人，力工70人，电工2人，焊工10人），电气工程高峰期计划投入162人（其中技术工80人，力工70人，电工2人，焊工10人），电气调试人员计划投入约20人。投入本标段的施工力量按工程进展需要分阶段配置。

本工程投入4个班组，土建班组1组，电气班组3组（变电一次作业班组，变电二次作业班组，变电调试作业班组），投入本工程的班组按工程进展需要采取柔性作业层班组建设。

二、施工方法及主施工机具选择

（一）承台基础施工

750kV/220kV设备构支架、GIS基础、主控通信楼、主变及站用变基础等结构荷重较大，对地基土的强度和变形控制较高，须采用承台基础进行地基施工。

1. 承台基础工艺质量要求

（1）混凝土表面无蜂窝麻面、夹渣、露筋现象，如图2-9-5-1所示。

（2）浇筑好的混凝土截面尺寸应准确，无气孔、胀模现象。

2. 主要技术管理措施

（1）混凝土施工前应按措施认真交底。

（2）施工前应加强模板强度、刚度及稳定性验收。

（二）大体积混凝土施工

本工程750、220kV GIS基础为大体积混凝土结构形式。项目部部分管理人员在750kV吐鲁番变电站、巴州750kV变电站、西山750kV变电站、GIS基础大体积混凝土施工过程中积累了丰富的施工经验，可确保本变电站大体积混凝土施工质量。

1. 工程概况

本变电站750kV、220kV配电装置区GIS设备基础呈"一"字形东西向布置在变电站的东西侧。750kV、220kV GIS设备基础约计混凝土工程量35000m³，混凝土浇筑量大、工艺要求高。

2. 工艺流程

工艺流程如下：定位放线→土方开挖→地基处理→

图2-9-5-1　承台基础成品效果

基础垫层支模、混凝土浇筑→基础钢筋绑扎→基础支模→预埋螺栓安装→钢筋网、预埋件（轴线、标高）复核→第一层混凝土浇筑→布温监点→后浇带浇筑→预埋件H形钢安装→高强灌浆料施工→面层混凝土浇筑→混凝土养护（温度检测）→模板拆除→回填→场地平整。

3. 主要施工方法

（1）钢筋工程。

1）施工流程。施工流程如下：进货检验→钢筋放样→下料→加工→安装。

2）进货及加工要求。钢筋进场首先应检查钢材合格证、质保书，核对钢筋的规格型号，然后按规定进行取样做力学性能试验，确认产品合格后才能使用；进场钢筋应分规格、分批堆码整齐，并挂好产品状态标识牌；认真熟悉施工图，根据施工图明确的各种钢筋的相互关系认真放样；编制钢筋加工下料单，制作时对照钢筋下料单进行，并根据进场钢筋长度和下料单明确的钢筋接头形式进行认真配料，杜绝钢筋浪费；钢筋搭接采用焊接，钢筋焊接（对焊、搭接焊）需现场进行见证取样，且试验必须合格；钢筋弯曲时先进行试弯，待核对尺寸准确无误后再进行成批加工；加工好的钢筋应分类分别堆码整齐，挂上标识牌，以便安装时不至于用错。

3）钢筋安装的质量要求。钢筋的绑扎严格按照施工图纸进行，不得出现少筋、漏筋、改变间距、以小代大的情况；钢筋表面应平直、洁净，不得有损伤、油渍、漆污、片状老锈和麻点等缺陷；钢筋的接头应符合设计及规范要求，并相互错开；钢筋的间距偏差应不大于20mm；主筋保护层偏差应控制在±10mm之间；植筋时，植筋偏差应不大于20mm。

（2）模板工程。基础施工严格按设计要求进行施工，以设置后浇带为界，一次施工完毕；基础模板采用15mm厚复合木模板；模板拼缝处加3mm海绵胶带，以防止漏浆；模板安装前必须加脱模剂，以保证模板拆除后基础外观平整、光洁、美观。基础模板安装：在混凝土垫层上二次放线定位后，将垫层上杂物清理干净即可进行模板施工；将制作好的基础模板拼装完成后借助脚手架管进行加固和校正。基础上电缆沟模板安装：根据电缆沟宽度、深度的几何尺寸，用模板进行拼装。模板安装注

意事项：模板安装前，必须将模板清理干净，并打光涂刷脱模剂；模板安装完后应用支撑将模板与脚手架连成整体，防止轴线位移。拆模时，混凝土应达到一定强度方可进行，并做到用力适中严格禁止将成型基础面用作撬杠支撑，以避免混凝土表面及棱角受损。模板拆完后应将所有材料及模板运到指定地点清理干净、堆码整齐，然后拆除脚手架，并将基坑内所有材料清理干净、回填。质量要求：模板安装严格按施工规范及火电施工质量检验及评定标准进行施工和检查验收，应达到以下质量要求：模板的拼缝宽度不大于 2mm；模板表面应平整光滑无变形．不得有黏浆，不得漏涂隔离剂；标高偏差控制在 ±5mm 以内；模板加固必须牢固，不允许产生松动及变形；不符合要求的模板在工程中严禁使用。

（3）混凝土工程。

1）混凝土的配置。本工程混凝土均采用现场搅拌泵站拌制，配制工作由班组技术人员负责；材料人员、施工技术负责人对配合比及选用的水泥、粗、细骨料、外加剂等进行审查，作为确定配合比和选择材料供应商的依据。

2）原材料要求。水泥选用水化热较低的 P.O 32.5 级水泥，进场后同样要求进行检验，合格后方可使用，砂的含泥量要求不大于 2%，碎石的含泥量要求不大于 1%。

3）混凝土的搅拌。混凝土配制严格按试验室确定的配合比拌制，并严格计量；搅拌时严格控制搅拌时间和混凝土坍落度，搅拌时间不少于 90s，保证混凝土质量的合格。计量采用搅拌站上料装置微电脑称量控制，要求计量准确。计量允许偏差满足以下要求：水泥、掺合料，±2%；粗细骨料，±3%；水、外加剂，±2%。

4）混凝土的运输。混凝土输送采用混凝土泵管输送至浇筑现场。

5）混凝土浇筑。混凝土振捣采用插入式振动器进行，振捣点采用行列式排列，每次移动位置的距离应不大于振动器作用半径的 1.5 倍，振动器离模板的距离不大于振动器作用半径的 0.5 倍，并不得靠近模板；振捣时从下往上逐点进行，防止漏振。注意在振捣上层混凝土时插入下层混凝土 50mm 左右，同时注意控制混凝土振捣时间，保证混凝土振捣密实；混凝土浇筑后应按照标高反复压平抹光，不得出现翻砂和表面干缩裂纹，以保证混凝土表面的施工质量。因 GIS 设备基础混凝土方量较大，在浇筑时先浇筑下部，待下部混凝土沉实后初凝前再继续浇筑上部，但不能形成施工缝。

6）混凝土养护。混凝土养护采用所内施工用水进行浇水养护，养护时间不得少于 14d。每天以 3 次为宜，并依据测温记录作相应调整。

7）混凝土测温及温控。混凝土浇筑时要加强测温，测温点设在基础的近底部、中部和近上部，测温点的布置应避开电缆沟；测温采用测温仪，温感探头在混凝土浇筑时埋入；每测点 3 根深入混凝土的底部、中部及表层。测温的重点放在两个方面：混凝土的中心内外温差

控制在 25℃ 以内；基面温度和基底面温度控制在 20℃ 以内。在混凝土浇筑过程中技术人员每 1h 测定温度一次。混凝土浇筑完成后，前四天每 2h 测温一次，5～7d 每 4h 测温一次，8～15d 每 6h 测温一次，并做好记录。混凝土表面温度用水银温度计进行测温，其测点除与温感探头测点相对应外，在平面合适位置还应加密，侧面要每 5m 设一测温点；当温度超过控制温度时，可及时调整保温层厚度或养护用水量进行控制。

（三）构架基础施工

1. 工程概况

本工程构架基础为桩承台板独立基础，混凝土外观工艺要求高。

2. 工艺流程

工艺流程如下：定位放线→土方开挖→垫层模板安装→垫层混凝土浇筑→钢筋制安→基础支模→地脚螺栓安装→混凝土浇筑→基础拆模→基础防腐→混凝土基础养护→回填平场。

3. 主要施工方法

（1）钢筋工程。

1）施工顺序。施工顺序为：钢筋进场力学试验→钢筋放样→钢筋制作→焊接接头力学试验→钢筋运输→钢筋绑扎→验收。

2）进货及加工要求。钢筋进场首先应检查钢材合格证、质保书，核对钢筋的规格型号，然后按规定进行取样作力学性能试验，确认产品合格后才能使用；进场钢筋应分规格、分批堆码整齐，并挂好产品状态标识牌；认真熟悉施工图，根据施工图明确的各种钢筋的相互关系认真放样；编制钢筋加工下料单，制作时对照钢筋下料单进行，并根据进场钢筋长度和下料单明确的钢筋接头形式进行认真配料，杜绝钢筋浪费；钢筋搭接采用焊接，钢筋焊接（对焊、搭接焊）需现场进行见证取样，并试验必须合格；钢筋弯曲时先进行试弯，待核对尺寸准确无误后再进行成批加工；加工好的钢筋应分类分别堆码整齐，挂上标识牌，以便安装时不至于用错。

3）钢筋安装的质量要求。钢筋的绑扎严格按照施工图纸进行，不得出现少筋、漏筋、改变间距、以小代大的情况；钢筋表面应平直、洁净，不得有损伤、油渍、漆污、片状老锈和麻点等缺陷；钢筋的接头应符合设计及规范要求；板、梁墙中通长钢筋搭接接头应相互错开，在任意搭接长度内有接头的受力钢筋面积不得超过总面积的 25%；柱中钢筋的搭接接头应相互错开，在任意搭接长度范围内有接头的受力钢筋面积不得超过钢筋总面积的 50%；钢筋的间距偏差应不大于 20mm。

（2）模板工程。基础模板采用定型组合大钢模板与角钢背框镜面板。基础施工不留施工缝，一次施工完毕；在基坑二次放线定位后，将垫层上杂物清理干净和校正；杯口模板安装：根据杯口的大小和深度，用定制钢杯口模拼装杯芯模，拼装时要注意几何尺寸；杯口加固钢管与基础模板加固钢管连接在一起，形成整体。并

采用 5t 倒链一次提拉杯口脱模，以保证杯口边角顺直平整。

（3）混凝土工程。混凝土振捣采用插入式振动器进行，每次移动位置的距离应不大于振动器作用半径的 1.5 倍，振动器离模板的距离不大于振动器作用半径的 0.5 倍，并不得靠近模板；振捣时从下往上逐点进行，防止漏振。混凝土养护采用所内施工用水进行浇水养护，养护时间不得少于 14d。

（4）基坑回填。回填分两次进行，基础施工完、经检查验收后，先回填至基础顶面以上 200mm 位置；结构支柱吊装完后，再回填剩余部分；基础回填时，按照规范要求，300mm 一层，分层夯实；为了保证回填质量，必须层层取样，合格后方可进入下一道施工工序。

（四）主变、电抗器基础等清水混凝土施工

1. 清水混凝土质量标准

主变基础、断路器基础等露出地面的混凝土结构质量标准：几何尺寸准确；表面平整光滑、颜色一致；无接槎痕迹、无蜂窝麻面、无气泡；模板拼缝严密，排板有规律。

（1）模板的选用、制作、安装。使用的材料应符合质量要求，所用材料无影响受力的结构缺陷。混凝土基础模板采用 15mm 厚木胶合板辅以角钢背框镜面板，按照基础尺寸制作成大模板。模板接头侧面采用单面胶条密封，以防止漏浆。模板组合时，必须严格控制接缝的宽度及相邻板的平整度，板缝夹贴单面胶条，缝隙宽度小于 1mm，相邻板平整度小于 0.2mm（手摸无不平感），如模板薄厚不同可在背面垫木片找平。为保证混凝土外表美观，钉子帽必须与模板表面齐平。模板的支撑及加固必须能够确保几何尺寸的准确，针对不同结构的特点编写针对性的作业指导书，并严格按照审批后的作业指导书实施。由于模板内衬板表面光洁度很好，不刷模板脱模剂，混凝土浇灌前，用饮用水冲洗润湿。

（2）模板的拆除与周转。混凝土强度能保证其表面及棱角不因拆除模板面损坏时方可拆除，拆除模板时，应轻拆轻放，杜绝抛扔，对继续周转的模板，应妥善保管、维修。

2. 清水混凝土中预埋铁件安装

（1）加工时要保证埋件的规格尺寸，焊缝要合格，埋件表面要平滑，四边顺直，钢板的焊接变形要调平，并经技术员检验合格并抽样试验合格后，方可运到现场安装。

（2）光面混凝土中预埋铁件位置必须正确，表面与混凝土在一个平面。为此先在配好的模板上标出铁件位置，再在铁件和模板的相同位置钻 4 个 $\phi 8$ 的螺栓孔，预埋件与模板间加垫 3mm 厚粘胶带，防止二者之间夹浆，用直径 M6 的 4 只螺栓将铁件紧固于模板表面。拆模时先卸掉模板外螺帽，模板拆除后，将螺栓切除，用手持砂轮磨平即可。

3. 清水混凝土中钢筋绑扎

为了确保模板安装几何尺寸的准确，要求箍筋制作

尺寸准确，先做样品箍、然后批量制作。钢筋骨架绑扎前必须放好轴线和边框控制线，这样一方面可确保钢筋骨架绑扎的位置准确；另一方面也可保证钢筋自身骨架尺寸的准确。只有确保钢筋绑扎准确无误，才可使下道工序的模板安装顺利进行。

4. 清水混凝土施工

（1）为了保证混凝土表面色泽的一致性，施工中使用同一品牌的水泥和添加剂，同一光面混凝土构件用同一批水泥，砂石骨料统一货源，混凝土配置计量准确。

（2）工程开工前，选用不同的原材料，进行混凝土试配的对比试验，选用最佳配合比作为本工程的参考配合比。

（3）混凝土中掺入外加剂以提高混凝土的和易性、消除气泡，混凝土振捣时，插点合理，时间适当，振捣密实。

（4）普通混凝土湿润养护不少于 7d，缓凝混凝土及抗渗混凝土的养护时间不能少于 14d。

5. 清水混凝土的成品保护

（1）接缝严密，防止给已施工部分造成污染。

（2）已浇筑完的部分，用薄膜进行覆盖缠绕，并用胶带纸将接缝及口子封好。

（3）在确保不损坏棱角的情况下才能进行模板的拆除。

（4）安装和土建施工时应做好混凝土的成品保护，不能将钢丝绳直接套在混凝土构件上，应做好防护措施：如在角边加角钢保护。

（5）制订成品保护奖惩制度并严格实施。

（五）主体框架工程

1. 建筑物框架结构施工工艺流程

建筑物框架结构施工工艺流程如图 2-9-5-2 所示。

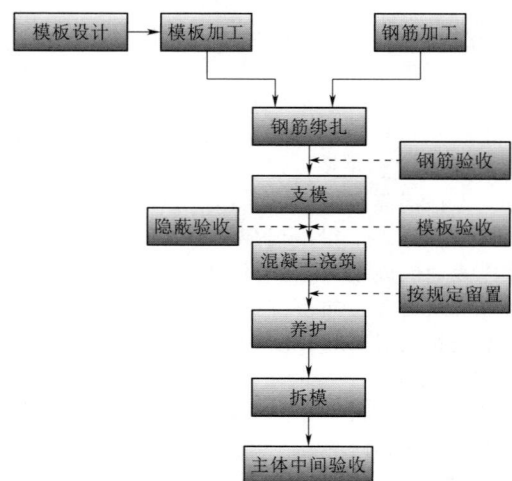

图 2-9-5-2　建筑物框架结构施工工艺流程图

2. 建筑物框架结构施工方法

建筑物框架结构施工方法见表 2-9-5-1。

表 2 - 9 - 5 - 1 　　　　　　　　　　　　　　　　　建筑物框架结构施工方法

序号	工程名称	施 工 方 法	备 注
1. 模板工程			
1.1	模板设计方案	本工程框架结构，设计采用高强覆塑竹胶合板清水模板，方木配套龙骨。梁板平台模板用竹胶合板基本规格："2440mm×1220mm×12mm"。框架柱模板采用通用定型钢模板。现浇板平台模板下龙骨方木基本规格：100mm×100mm，铺设间距≤450mm。梁模板龙骨基本规格：100mm×50mm，双面刨平、龙骨间距≤300mm	框架柱头节点和现浇梁、模板，根据结构设计的构件几何尺寸关系，统一按分区流水段布置设计，现场木工棚统一加工制作，并按分区流水段统一编号，作业面统一对号就位安装
1.2	模板加固及支撑	梁板平台模板统一采用新型碗扣式可调早拆钢管脚手架支撑体系。支撑体系采用 $\phi48×3.5mm$ 碗扣立杆的基本规格为：LG－1200、LG－1800、LG－2400、LG－3000 四种，配套可调托撑规格为 KTC－45、KTC－60、KTC－75 三种。支撑系统 $\phi48×3.5mm$ 碗扣水平横杆的基本规格为 HG－95、HG－125、HG－155 三种规格，即水平横杆的基本规格控制，碗扣架立杆纵横向间距 950mm、1250mm、1550mm。	碗扣架立杆的设计允许荷载： （1）当横杆步距为 0.6m 时，设计允许荷载：40kN。 （2）当横杆步距为 1.2m 时，设计允许荷载：30kN。 （3）当横杆步距为 1.8m 时，设计荷载：25kN
2. 钢筋工程			
2.1	钢筋加工	Ⅰ级钢筋末端需要作 180°弯钩，其圆弧弯曲直径 D 不应小于钢筋直径 d 的 2.5 倍，平直部分长度不宜小于钢筋直径 d 的 3 倍。Ⅱ级钢筋末端需作 90°或 135°弯折时，钢筋的弯曲直径 D 不宜小于钢筋直径 d 的 4 倍。箍筋的末端应作弯钩，弯钩形式应符合设计要求。当设计无具体要求时，用Ⅰ级钢筋或冷拔低碳钢丝制作的箍筋，其弯钩的弯曲半径应大于受力钢筋直径，且不小于箍筋直径的 2.5 倍，弯钩平直部分的长度，不应小于箍筋直径的 10 倍	钢筋加工的形状、尺寸必须符合设计要求。钢筋的表面应洁净、无损伤，油渍、漆污和铁锈等应在使用前清除干净。带有颗粒状或片状老锈的不得使用。钢筋应平直，无局部曲折。用冷拉方法调直钢筋时，Ⅰ级钢筋的冷拉率不宜大于 4%
3. 混凝土工程			
3.1	混凝土浇筑	框架柱采用整层连续浇筑方法施工，分层振捣厚度，每层厚度不大于 50cm，振捣棒不得触动钢筋和预埋件。浇筑梁、柱及主次梁交接处混凝土，由于钢筋较密集，要注意仔细加强振捣以保证密实，必要时该处采用部分同强度等级细石砼浇筑。浇筑现浇板混凝土前，在梁边焊接比板标高高出 1cm 的短钢筋头，用来控制现浇板的标高及混凝土表面平整度。在混凝土浇筑过程中认真检查派粉刷工专门找平混凝土表面。混凝土浇筑入模成型后，应严格捣实，赶出混凝土中的气泡、降低空隙率、提高容重、强度、耐久性、抗渗性等，在施振时要合理掌握振动时间，选择具有良好性能的振捣器，使其施振后的混凝土达到稳定平衡的状态，给强度和密实性带来良好的影响	混凝土浇筑前，应对模板及其支撑、钢筋、预埋件和预留孔等进行细致的检查，并做好自检和交接检记录。进行二次振捣，二次振捣将增加混凝土的强度 10%～20%。特别是对提高混凝土与钢筋的黏结力，确保二者共同工作有利，还可使新旧混凝土密切结合，防止出现裂缝，保证混凝土的连续性、整体性和密实性，并能减少混凝土硬化收缩和干燥收缩。混凝土同条件养护的试块留置
3.2	混凝土养护	混凝土浇筑后 8～12h 即可进行养护工作。养护时间一般为 7～14d。浇水次数应保持混凝土处于湿润状态。混凝土的养护用水应与拌制用水相同。做好混凝土养护记录	
3.3	施工缝留置	在浇筑过程中，必须按要求留置施工缝，施工缝位置宜设在次梁（板）跨中 1/3 范围内，墙施工缝留置在门洞过梁跨中 1/3 范围内，也可留在纵横墙交接处，楼梯施工缝留设在楼梯板跨中 1/3 范围内无负弯矩的部位。施工缝必须垂直设置，严禁留斜缝，现浇板施工缝专门加工梳子模留置，现浇梁施工缝采用铁纱钢板网隔离固定的方法留置。混凝土浇筑前施工缝应按要求认真处理，施工缝表面进行充分凿毛剔除松动混凝土和石子，并清理干净，洒水湿润后用与结构相同级配的水泥砂浆进行接浆处理，施工缝处混凝土应充分振捣密实	浇筑前应对混凝土的浇筑顺序进行合理的安排，尽量减少施工缝的留置，设计要求不允许留置施工缝的，不允许留置施工缝

(六) 主体砌筑工程

1. 主体砌筑施工工艺流程

主体砌筑施工工艺流程如图 2-9-5-3 所示。

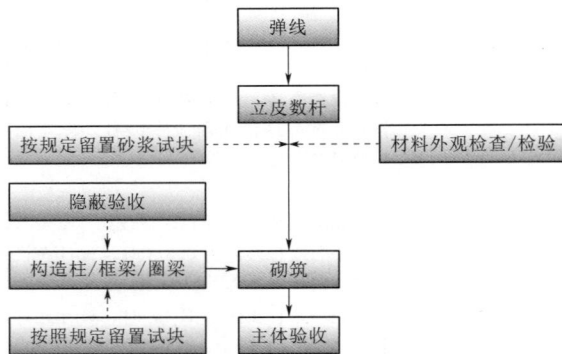

图 2-9-5-3　主体砌筑施工工艺流程图

2. 主体砌筑施工方法

主体砌筑施工方法见表 2-9-5-2。

(七) 屋面工程

1. 屋面工程施工工艺流程

屋面工程施工工艺流程如图 2-9-5-4 所示。

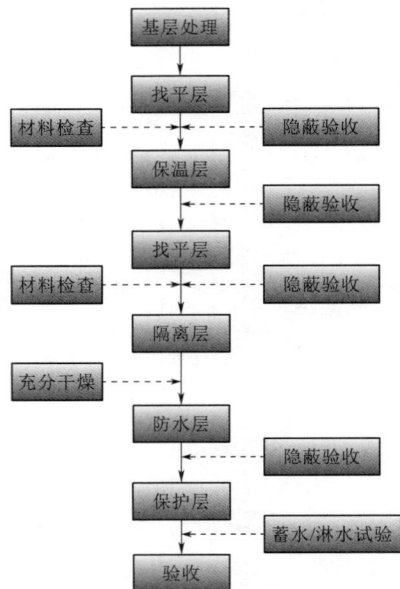

图 2-9-5-4　屋面工程施工工艺流程图

2. 屋面工程施工方法

屋面工程施工方法见表 2-9-5-3。

表 2-9-5-2　　　　　　　　　　　　　　　　建筑物主体砌筑施工方法

序号	工程名称	施　工　方　法	备　注
1	砌筑准备	找出楼、地面上原始线位并弹出墙体边线，注意门窗洞口尺寸。做好皮数杆待用，搭设砌筑用活动架子，焊好墙体拉接筋等	砌筑前应进行技术交底
2	砌体砌筑	砌块砌筑前，楼面或地面上必须砌三皮普通黏土砖，砌块排列时，必须根据设计图纸和砌块尺寸、垂直灰缝的宽度、水平灰缝的厚度等计算砌块的皮数和排数，以保证砌体的准确尺寸。砌体的上下皮砌块应错缝搭砌，搭接长度不宜小于砌块长度的 1/3，当搭接长度小于砌块长度的 1/3 时，水平灰缝中应设置钢筋或网片加强。砌筑后墙体，灰缝应横平竖直，墙面平整，留洞位置准确，墙体垂直。砌筑外墙时，砌体上不得留脚手眼（洞），可采用脚手架或双排立杆外脚手架。与框架柱交接处，应沿墙高每隔 600mm 左右放 2φ6 钢筋与柱拉结，每边伸入墙内长度不少于 1000mm，为防止加气径砌块砌体开裂，在墙内洞口的下面应放置 2φ6 钢筋，伸过洞口两侧边的长度，每边不得少于规定要求长度	加气混凝土砌块应采用一等品，有合格证和复试报告，且保证放置一个月以上。砌块运到现场后，应不同规格和等级分别整齐堆放。堆垛上应设标志。堆放场地必须平整、夯实，做好排水，并应采取有效措施以防浸水。砌块的堆置高度不宜超过 1.5m
3	砌块砌筑	当框架的填充墙砌至最后一皮（即梁底）时，可用实心砌块和黏土砖楔紧。对设计规定的洞口、管道、沟槽和预埋件等，应在砌筑时预留或预埋，不得在砌好的砖体上用斧、凿随意打凿。加气混凝土砌块的切锯、钻孔打眼等应采用专用设备、工具进行加工。凡有穿入加气混凝土砌块墙体的管道，应采取可靠措施，保证施工质量，严格防止管道渗水、漏水和结露，以免造成加气混凝土的盐析、冻融破坏和墙体渗漏，影响使用。在砌筑过程中对稳定性较差的窗间墙、独立柱和挑出墙面较大的部位，应加临时支撑，以保证其稳定性	一般不超过 15%，对墙体表面的平整度和垂直度，灰缝的均匀程度以及砂浆饱满程度等，应随时检查并校正所发现的偏差

表 2-9-5-3　　　　　　　　　　　　　　　　屋面工程施工方法

序号	工程名称	施　工　方　法	备　注
1	屋面找平层	防水找平层应为平整、压光的基层。具体做法为最薄 30mm LC5.0 轻集料混凝土，12h 后用草袋覆盖，浇水养护，避免找平层出现水泥砂浆收缩开裂，起砂起皮现象。对于墙根部及转角处，用细石做成圆弧形，以避免节点部位卷材铺贴折裂，利于粘实粘牢	平整度误差用靠尺检测≤5mm

序号	工程名称	施 工 方 法	备 注
2	屋面保温层	对于钢筋混凝土结构屋面采用保温材料隔热处理，屋面保温材料采用100mm厚挤塑聚苯乙烯保温隔热板（阻燃等级为B1级），外墙采用100mm厚仿面砖保温一体板（岩棉燃烧性能等级为A级）	材料应有合格证和试验报告。保温材料的导热系数、表观密度或干密度、抗压强度或压缩强度、燃烧性能应符合要求
3	屋面防水层	铺贴卷材前，在找平层上弹控制线，刷上基层处理剂和基层胶粘剂，每贴一幅均先将卷材打开，按线试铺，摆正顺直，定好所需长度和搭接位置，然后回卷。并滚动卷材，用胶粘剂将卷材粘贴在找平层上，并确保卷材和找平层之间满粘，卷材粘贴后应大面平整，接缝顺直，搭接缝必须用氯丁胶粘结牢固，封闭严密。屋面坡度在3%～15%时，卷材可平行或垂直屋脊铺贴。铺贴卷材应采用搭接法，上下层及相邻两幅卷材的搭接缝应错开。与屋脊平行的搭接缝应顺流水方向搭接。与屋脊垂直的搭接应顺年最大频率风向搭接。铺至混凝土檐口的卷材端头应截齐后压入凹槽。当采用压条或带垫片钉子固定时，最大钉距不应大于900mm。凹槽内用密封材料嵌填封严。天沟、檐沟铺贴卷材应从沟底开始。当沟底过宽，卷材需纵向搭接时，搭接缝应用密封材料封口	水卷材进场后，要做抽样试验，试验结果必须符合国家规范 GB 50207—2012 有关规定后方可使用。防水卷材严禁在雨天、雪天施工。五级风及其以上时不得施工。气温低于 0℃时不宜施工。施工中途下雨、下雪，应做好已铺卷材周边的防护工作。屋面施工所用材料均为易燃物质，施工现场必须做好防火措施

(八) 地面工程

1. 地面工程施工工艺流程

地面工程施工工艺流程如图2-9-5-5所示。

2. 地面工程施工方法

地面工程施工方法见表2-9-5-4。

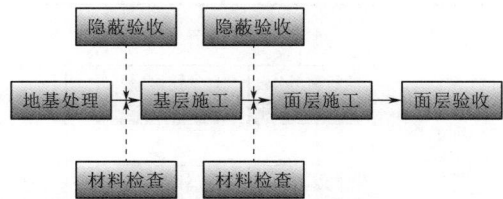

(九) 装饰工程施工方法

1. 装饰工程施工工艺流程

装饰工程施工工艺流程如图2-9-5-6所示。

图 2-9-5-5 地面工程施工工艺流程图

表 2-9-5-4　　　　　　　　　　地面工程施工方法

序号	工程名称	施 工 方 法	备 注
1	水泥砂浆地面	基层表面应平整、粗糙、干净、湿润，根据室内基准控制线弹出厚度控制线，核对无误后贴灰饼，大面积地面应冲筋，在湿润的基层上铺设水灰比0.4～0.5的水泥砂浆，砂浆出水后进行第一遍抹压，水泥砂浆初凝收水后进行第二遍压光，应将凹坑、砂眼压平，以消除气泡、空隙等缺陷，水泥砂浆终凝前进行第三遍压光，把第二遍留下的抹痕压平，将整个地面压实压光。水泥砂浆地面终凝后应及时覆盖、洒水养护	水泥、砂等材料应有合格证和复试报告，应严格按施工配合比上料，施工前应进行技术交底。
2	板块地面	基层表面应平整、粗糙、干净、湿润，根据室内基准控制线弹出厚度控制线，水泥砂浆的结合层的厚度按设计要求。铺在水泥砂浆的结合层上的地面砖、防滑地面砖的地板砖，在铺设前应用水浸湿，其表面无明水方可铺设。结合层和地板砖应分段同时铺砌，铺砌时不应采用挤浆方法。地板砖间和地板砖与结合层间以及在墙角、镶边靠墙处，均应紧密贴合。地板砖与结合层之间不得有空隙不得在靠墙处用砂浆填补代替地板砖。面层地板砖间的缝隙宽度如设计无要求，不应大于2mm。地板砖的铺贴工作，应在砂浆凝结前完成。铺贴时，要求地板砖平整、镶嵌正确，施工间歇后继续铺贴前，应将已铺砌的板上挤出的结合层材料予以清除。在水泥砂浆结合层上铺砌的地板面层，宜在铺砌后1～2昼夜以1:1稀水泥砂浆（水泥:细砂）填缝。面层上溢出的水泥砂浆应在凝结前予以清除，待缝隙内水泥凝结后，再将面层清洗干净。卫生间地板砖应比室内地面低2cm必须按设计要求砌筑地垄墙或砖礅及其他构造，它们顶面应铺一层防潮层，隔墙应按设计要求预留孔洞。木搁栅、压檐木、垫木的标高、支座、节点及剪刀撑的安装必须符合设计要求。木隔栅与墙面应留出不小于30mm的间隙，不得紧靠墙面。木搁栅铺钉时，要在纵横两个方向找平，平整度不大于3mm	地板砖的质量要求，应符合国家标准或选定的厂家的企业标准，地板砖应有合格证。地板砖应按颜色和花纹分类，裂缝、掉角、翘曲和表面上有缺陷的地板砖应予剔除，标号和品种不同的地板砖不得混杂使用

续表

序号	工程名称	施 工 方 法	备 注
3	自流平地面	（1）材料采用无溶剂环氧树脂复合涂料。 （2）施工环境要求：地面应干燥，温度宜为 15～30℃，地面相对湿度不宜大于 85％；不要有过强的穿堂风，以免造成局部过早干燥。若夏季宜选择夜间施工。 （3）自流平地面对基层要求较高，基层应无空鼓、无裂缝，表面应打磨平整，基层不得有松散的混凝土、油脂、杂物，无尘土；地面上的地漏、地沟等要先用海绵条封住；原垫层所留分格缝需用与自流平砂浆同等材质进行封闭。 （4）刷第二道界面剂之前和自流平施工前，要求界面剂表面要干燥，以便获得更好的粘接性。施工时应注意保持通风；界面剂不耐冻，低温状态下储存和运输时应保温。 （5）施工用水宜用是洁净自来水，以免影响表面观感质量。 （6）自流平地面必须连续施工，中间不得停歇；加水后使用时效为 20～30min，超过时效，自流平砂浆将逐渐凝固而失去流动性。浇筑宽度可根据泵的容量和铺摊厚度而定，通常不超过 10～12m；过宽的地面需用海绵条分隔成小块施工。 （7）施工完成后设备安装前应对地面采取保护措施，避免出现划痕和油渍污迹	自流平地面面层应洁净，色泽一致，无接茬痕迹，与地面埋件、预留洞口处接缝顺直，收边整齐

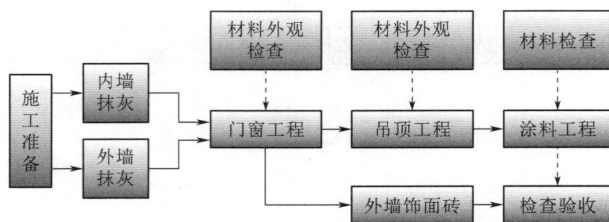

图 2-9-5-6　装饰工程施工工艺流程图

2.抹灰工程

抹灰工程各分项开始必须做样板间及样板墙。抹灰工程的基层均要求平整，牢固。抹灰之前，须将基层浇水湿润，并刷 107 胶水泥浆养护。墙面抹灰之前，内墙面要求各间做坍饼，冲筋，保证各间内墙面平整。外墙面从上到下吊线，做坍饼，并保证各角部方正，外墙窗洞口横平竖直。内外粉为防止空裂，除在抹灰之前充分浇墙外，还应在框架柱和加气混凝土交界处铺设钢丝网片，粉成后还要加强养护，防止空鼓、裂缝等。顶棚抹面为保证平整度，必须抄水平线，先打底第二天上面层，必须控制每遍粉层厚度不超过规范允许范围，必须严格控制面层平整度，上刮尺上线板检查。室内墙面、门洞口的阳角，宜用 1:2 水泥砂浆做护角，高度不应低于 2m，每侧宽度不应小于 50mm。凡分格条、滴水槽、滴水线边缘必须整洁，不毛糙，室外墙面不同做法、不同材料应界面分明，用分格条分格，滴水槽两头要留置止水，尺寸 3～5cm，做法一致。

3.门窗工程

（1）窗。按图示尺寸弹好窗位置线，并根据已弹好的 +50cm 水平线，确定好安装标高。校核已留置的窗洞口尺寸及标高是否符合设计要求，有问题及时改正。连

接铁件用紧固件固定时，钢筋混凝土适用于射钉或膨胀螺栓固定，不论采用什么方法，铁脚至窗角的距离不应大于 180mm，铁脚间距应按设计要求或不大于 600mm。安装窗框，并按线就位找好垂直度及标高，用木楔临时固定，检查正侧面垂直及对角线，合格后，用膨胀螺栓将铁脚与结构牢固固定好。门窗框与墙体安装缝隙应按设计要求处理，若设计无要求，应填塞水泥砂浆，若室外一侧留密封槽口，填嵌防水密封胶。门窗扇安装应在洞口墙体表面装饰工程完成后进行。地弹簧门应在门框及地弹簧主机入地安装好之后，先将门扇就位，调整好框间缝隙。检查塑钢窗表面色泽是否均匀。是否无裂纹、麻点、气孔和明显擦伤。做好成品保护工作。

（2）门。安装时先对准预埋件混凝土块钻孔，固定螺栓。门框就位后，应控制水平度、垂直度和开启方向。门扇安装前，检查门口是否串角和各部位尺寸以及定位点线，并确定门的开启方向，装锁位置是否正确。安装门扇时，上下合页都要先拧一枚螺丝，然后关上门检查缝隙是否合适，口与扇是否平整，门扇有无下坠，检查合格后，应将其余螺丝拧上。五金件应安装齐全、牢固。门窗品种、型号符合设计要求，校核已留置的窗洞口尺寸及标高是否符合设计要求，有问题及时改正。做好成品保护工作。

4.吊顶工程

对室内吊顶进行设计、排版，在房间四周墙体弹出顶棚水平线；对吊顶吊杆间距进行划分、弹十字线。

按顶棚弹线尺寸在预埋件上焊接角铁块。根据吊顶设计图和起拱要求，将可调节金属吊杆与角钢块的孔固定，吊杆间距不大于 1200mm，吊杆距主龙骨端部不大于 300mm，吊杆高度大于 1.5m 应增加斜向支撑，吊杆按房间短向跨度的 1‰～3‰ 起拱。

（1）龙骨安装。主龙骨安装时采用与主龙骨相配套

的吊件和吊杆连接。主龙骨与吊杆固定时，应用双螺帽在螺杆穿过部位上下固定，然后按标高线调整主龙骨标高，使其在同一水平面上。主龙骨接头不允许在同一直线上，应相互错开，靠边龙骨与墙体固定。边龙骨的地面与标高线齐平，边龙骨固定时可用水泥钉直接钉在墙、柱面或窗帘盒上，固定位置的间距为400~600mm。次龙骨安装时按装饰板材的尺寸在主龙骨底部画线，用挂件固定，使其固定牢固，吊挂件安装方向应交错进行，遇有送风口、照明灯具及下部有轻钢龙骨墙体时，应在吊顶相应部位按照设计节点详图附加布设中龙骨或小龙骨。

（2）罩面板安装。将罩面板搁置在 T 形龙骨组成的格栅框内即可。罩面板品种型号应符合设计要求，应有出厂合格证。

5. 饰面工程

刷涂料前应将基层表面清理干净，表面缝隙应用腻子填补齐平，然后用砂纸将墙面磨平，然后进行第一遍满刮腻子，刮完后用砂纸将墙面磨平，然后第二遍满刮腻子，刮完后用砂纸将墙面磨平。刷第一遍涂料，干燥后复补腻子，用砂纸将墙面磨平，刷第二遍涂料，干燥后将墙面浮灰清除，刷第三遍涂料。材料应符合设计要求，应有出厂合格证。

（十）脚手架工程

1. 脚手架工程施工工艺流程

脚手架工程施工工艺流程如图2-9-5-7所示。

2. 脚手架工程施工方法

脚手架工程施工方法见表2-9-5-5。

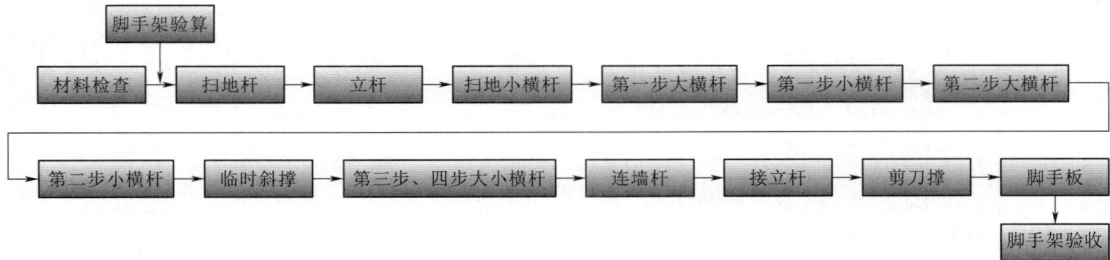

图 2-9-5-7 脚手架工程施工工艺流程图

表 2-9-5-5　　脚手架工程施工方法

序号	工程名称	施 工 方 法	备 注
1	脚手架及安全防护工程	立杆纵向间距1.2m，横向1.2m，操作层小横杆间距1.0m。大横杆步距1.8m。小横杆挑向墙0.40m。相邻立杆的接头应错开，并布置在不同步距内。立杆的垂直偏差不得大于架高的1/200。剪刀撑间距符合规范要求。连墙杆每层设置，水平距离6.0m。栏杆高1.0m，挡脚板高不得低于0.18m，栏杆外侧挂安全网。脚手板要求铺满、铺稳，不得有探头板、弹簧板，钢脚手板在靠墙一侧及端部必须与小横杆绑牢，以防滑出。钢脚手板要对头铺，在对头处每块板头下面要有小横杆，并用铅丝穿过套环，绑牢于小横杆上。整个脚手架用密度网封闭，作业面采用竹篱笆封闭，人行通道采用特殊防护措施	脚手架材料 $\phi48\times3.5$ 钢管扣件和底座应符合《施工脚手架通用规范》（GB 55023—2022）的规定。发现有脆裂、变形、滑丝等现象，严禁使用。）钢制脚手板两端应有插口扣式连接装置，板面应钻防滑孔。凡有裂纹、扭曲或锈蚀严重者，均不得使用。脚手架地基夯实，地基高出自然地面0.20m，保证建筑物四周排水畅通，立杆下应有底座和垫板，垫板厚度不小于50mm，宽200~250mm

（十一）给排水工程

1. 室内给水工程施工工艺流程

室内给水工程施工工艺流程如图2-9-5-8所示。

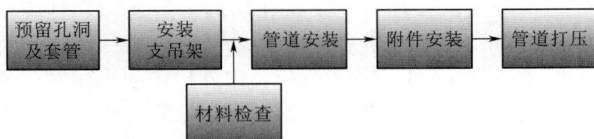

图 2-9-5-8 室内给水工程施工工艺流程图

2. 室内排水工程施工工艺流程

室内排水工程施工工艺流程如图2-9-5-9所示。

3. 室外排水工程施工工艺流程

室外排水工程施工工艺流程如图2-9-5-10所示。

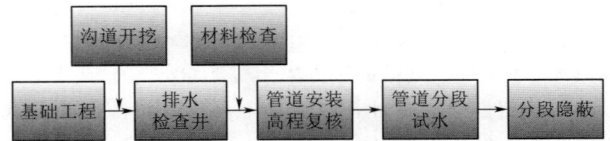

图 2-9-5-9 室内排水工程施工工艺流程图

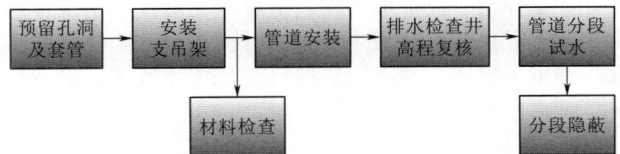

图 2-9-5-10 室外排水工程施工工艺流程图

4. 给排水工程施工方法

给排水工程施工方法见表2-9-5-6。

表 2-9-5-6　　　　　　　　　　　　　给排水工程施工方法

序号	工程名称	施 工 方 法	备 注
1	室内给水工程	管径小于或等于 100mm 的镀锌钢管应采用螺纹连接，套丝扣时破坏的镀锌层表面及外露螺纹部分应做防腐处理，管径大于 100mm 的镀锌钢管应采用法兰或卡套式专用管件连接，镀锌钢管与法兰焊接处应二次镀锌。给水塑料管和复合管可以采用橡胶圈接口、粘接接口、热熔连接、专用管件连接及法兰连接等形式。塑料管和复合管与金属管件、阀门等的连接应使用专用管件连接，不得在塑料管上套丝。给水立管和装有 3 个或 3 个以上配水点的支管始端，均应安装可拆卸的连接件。给水横管应有 2‰～5‰ 的坡度坡向泄水装置。管道的支吊架安装应平整牢固，其间距应符合规范要求。水表应安装在便于检修，不受曝晒污染和冻结的地方安装螺翼式水表，表前与阀门应有不小于 8 倍水表接口直径的直线管段，表外壳距墙表面净距为 10～30mm，水表进水口中心标高按设计要求允许偏差 ±10mm	各种材料应有出厂合格证和试验报告，室内给水管道的水压试验必须符合设计要求，当设计未注明时，各种材质的给水管道系统试验压力均为工作压力的 1.5 倍，但不得小于 0.6MPa
2	室内排水工程	排水管道安装的关键技术环节是保证安装坡度，生活污水管道（铸铁管）及生活污水管道（塑料管）安装坡度应符合要求安装时按标准坡度施工，并控制不得小于最小坡度。排水塑料管必须按设计要求及位置装设伸缩节，如设计无要求时，伸缩节间距不得大于 4m。金属排水管道上的吊钩或卡箍应固定在承重结构上。固定件间距：横管不大于 2m，立管不大于 3m，楼层高度小于或等于 4m，立管可安装一个固定件	各种材料应有出厂合格证和试验报告。立管底部的弯管处应设支墩或采取固定措施。所有排水管道在隐蔽前必须进行试水，经检查确认无漏水方可进行隐蔽
3	室外排水工程	采用倒链滑车法下管，下管时从两个检查井一端开始，承口在前。稳管前将管口内外全刷洗干净，接口应留有 10mm 缝隙。下管后找直找正，检查坡度无误后即可接口。对于混凝土管，用水泥砂浆抹口，在承口的 1/2 深度内，先用油麻填严塞实，再抹 1:3 水泥砂浆。对于铸铁管，一般采用 1:9 水灰比水泥打口，先在承口内打好 1/3 的油麻，将和好的水泥自上而下分层打实抹光，覆盖养护	各种材料应有出厂合格证和试验报告，管材破裂、承插口缺边、缺肉不得使用。复核标高轴线，基础强度达到设计强度的 50% 方可下管。隐蔽前必须进行试水试验，经检查确认无漏水方可进行隐蔽

（十二）电缆沟施工方案

1. 定位放线

定位放线按施工总平面布置图及电缆沟详图为准，定位放线结束后，由项目部专职质检员进行复核，并报监理部核实，填写复核记录。复测应由测工负责，并做到专人操作、专用仪器测量、专人保管；做好主控轴线标桩及标高控制线的设置和标识。

2. 土方工程

开挖沟槽时，深度满足设计要求，采用分层、分段的方法开挖。开挖宽度每边比电缆沟宽 300mm。现场采用反铲挖掘机进行沟槽开挖，沟槽自 1.2m 深放坡，放坡系数为 1:0.75，开挖的土方采用翻斗自卸车运至距现场 1.5km 指定位置。在开挖过程中，测量人员随时进行高程中心线测设，防止超挖或欠挖，预留 100mm 土层人工清理，人工清理人员根据测设高程底高程控制桩及时清槽，保证开挖一段形成一段，不得在开挖过程中破坏槽底原状土。在开挖过程中，应随时检查槽壁和边坡的状态。根据土质变化情况，应做好基坑支撑准备，以防坍陷。槽底修理铲平后，进行质量检查验收。

3. 钢筋工程

进场钢筋应有产品合格证和出厂检验报告，钢筋应平直、无损伤，表面不得有裂纹、油污、颗粒状或片状老锈。墙体钢筋绑扎严格按照设计要求进行，保证墙体钢筋垂直，不位移。钢筋切断应根据钢筋号、直径、长度和数量，长短搭配，先断长料后断短料，尽量减少和缩短钢筋短头，以节约钢材。钢筋调直，可用机械或人工调直。经调直后的钢筋不得有局部弯曲、死弯、小波浪形，其表面伤痕不应使钢筋截面减小 5% 弯起钢筋。中间部位弯折处的弯曲直径 D，不小于钢筋直径的 5 倍。箍筋的末端应做弯钩，弯钩形式应符合设计要求。钢筋下料长度应根据构件尺寸、混凝土保护层厚度，钢筋弯曲调整值和弯钩增加长度等规定综合考虑。

4. 模板工程

（1）模板安装。安装前必须对模板进行检查，变形严重的模板禁止使用，模板表面要清理干净，在涂刷模板隔离剂时，不得沾污钢筋和混凝土接槎处，本工程隔离剂采用水性隔离剂。模板安装的接缝不应漏浆，在混凝土浇筑前、木模板要浇水湿润，但模板内不应有积水。固定在模板上的预埋件、预留孔洞均不得遗漏，且应安装牢固。模板安装完毕后，用通常钢管连成一体，后背用 50mm×50mm 小方木做支撑，内外模之间采用对拉螺栓控制壁厚，安装完毕后，拉通线进行沿口找平，并检查模板的垂直度。内模拉线调直，找正，保证内模立面垂直，模板错台不大于 2mm，内模不能出现弯折现象。模板接缝处适当加密支撑。斜撑不能直接支在槽壁上，应通过大板或木方将测压力均匀地传到土体上，钢管斜撑不能过长。模板里的垃圾和尘土采用风机或水进行清理。

（2）模板拆除。拆装模板的顺序和方法，应遵循先支后拆，后支先拆；先拆不承重的模板，后拆承重部分的模板；自上而下，支架先拆侧向支撑，后拆竖向支撑等原则。模板工程作业组织，应遵循支模与拆模统一由一个作业班组执行作业。其好处是支模时就考虑拆模的方便与安全，拆模时人员熟知情况，易找拆模关键点位，对拆模进度、安全、模板及配件的保护都有利。侧模拆除时的混凝土强度应能保证其表面及棱角不受到损伤，且在拆模时，要做好对混凝土成品的保护。模板拆除应逐块拆除。先拆除斜拉杆或斜撑，再拆除对拉螺栓，然后用手锤向外侧轻击模板上口，用撬棍轻轻撬动模板，使模板脱离墙体，将模板逐块拆下码放。模板拆除时，不应将模板随意堆放，应分散分类堆放，并及时清运至指定的堆放地点。在拆模过程中，不应对楼层形成冲击荷载。

5. 混凝土工程

(1) 混凝土浇筑。混凝土应分层浇筑振捣，每层浇筑厚度控制在 600～800mm 左右，但不应超过 1m。振捣时，振捣棒应距模板 30～50mm 以上，最好从一侧开始振捣。要振捣密实，振动棒应快插慢拔，以混凝土不冒气泡不下陷，表面泛浆为度，保证振捣的均匀性。墙体浇筑混凝土时，应先在底部均匀浇筑约 50mm 厚与墙体成分相同的水泥砂浆或同配比细石混凝土，保证混凝土浇筑时不漏浆跑浆，浇筑墙体混凝土采取分层浇筑，两侧必须均匀下灰，高差不大于 300mm，防止支撑变形，失稳。每层浇筑厚度不大于 300～500mm。

(2) 混凝土浇筑与振捣的一般要求。混凝土自吊斗口下落的自由倾落高度不得超过 2m，浇筑高度如超过 3m 时必须采取措施，用串桶或溜管等。使用插入式振捣器应快插慢拔，插点要均匀排列，逐点移动，顺序进行，不得遗漏，做到均匀振实。移动间距不大于振捣作用半径的 1.5 倍（一般为 30～40cm）。振捣上一层时应插入下层 5cm，以消除两层间的接缝。浇筑混凝土时应经常观察模板、钢筋、预留孔洞、预埋件和插筋等有无移动、变形或堵塞情况，发现问题应立即处理，并应在已浇筑的混凝土凝结前修整完好。浇筑混凝土应连续进行。如必须间歇，其间歇时间应尽量缩短，并应在前层混凝土凝结之前，将次层混凝土浇筑完毕。间歇的最长时间应按所用水泥品种、气温及混凝土凝结条件确定，一般超过 2h 应按施工缝处理。浇筑混凝土时应分段分层连续进行，浇筑层高度应根据结构特点、钢筋疏密决定，一般为振捣器作用部分长度的 1.25 倍，最大不超过 50cm。

6. 土方回填

回填厚度、回填宽度按照设计要求施工，回填土（石）级配比例、土质要满足规范、图纸要求，回填压实系数满足设计要求。振压时要做到交叉重叠，夯夯相连，防止漏振、漏压。回填土施工完毕后，检查标高和平整度，满足要求后应立即进行下道工序，以防止暴晒和雨水浸泡。

（十三）混凝土道路施工

(1) 根据设计要求对道路中心线进行放样，对道路

基础两侧以设计路宽为准，分别向外加宽，放出道路的路基灰线，根据此线进行路槽开挖，基槽开挖宽度按要求放坡。

(2) 路槽开挖完成后，对路基路床进行晾干并用机械夯实，测试路基干密度。

(3) 将石灰、粉煤灰、石子进行均匀搅拌，将其摊铺平整，分段、分层碾压密实在经过处理的路床上，并养护不少于 7d。

(4) 安装道路模板，并将其加固，安装完成后，应在垫脚混凝土和侧面混凝土初步凝固前对侧模的标高、表面平整、通常顺直度进行复查调整。待模板外侧混凝土强度满足固定模板要求时，方可浇筑混凝土，混凝土浇筑前模板内侧及顶部应涂刷隔离剂。

(5) 混凝土浇筑时应振捣，振点间距不得大于 500mm，先两侧后中间。振捣完毕后再用平板式振捣器复振，低洼部分添加混凝土找平，采用振动梁振出原浆，用直尺刮平，混凝土振捣时，要随时观察侧模情况，发现问题及时纠正。

(6) 浇筑完成后待水分略干使用磨浆机磨出面层砂浆，然后刮平，压光，路面压光不得少于四遍。压光要求混凝土平整、无抹痕、无接头印、无外露石子、颜色均匀一致。

(7) 路面胀缝间距取 15～20m 之间，道路与建筑物衔接处，道路交叉处必须做胀缝。胀缝必须与路面中心线垂直，缝隙跨度必须一致，缝中不得连浆。

(8) 当混凝土达到设计强度 25%～30% 时进行缩缝切割，缩缝切割深度不小于路面厚度 1/3；缩缝留设间距以 4～6m 为宜。

(9) 路面浇筑完成 12h 以内应进行路面养护，养护期一般为 14～21d。

（十四）防雷接地施工方法

1. 接地沟开挖

(1) 本次工程为新建工程，接地网采用以水平接地体为主，垂直接地体为辅的人工接地装置。根据主接地网的设计图纸对主接地网敷设位置、网格大小进行放线。

(2) 按照设计要求或规范要求的接地深度进行接地沟开挖，深度按照设计或规范要求的最高标准为准，且留有一定的裕度。

(3) 接地沟宜按场地或分区域进行开挖，以便于记录完成情况，同时确保现场的文明施工。

2. 接地网敷设、焊接

(1) 本次工程为新建工程，根据主接地网的设计图纸对主接地网敷设位置、网格大小进行放线。

(2) 主接地网的连接方式应符合设计要求，一般采用焊接（钢材采用电焊，铜排采用热熔焊），焊接必须牢固、无虚焊。

(3) 钢接地体的搭接应使用搭接焊，搭接长度和焊接方式应该符合以下规定。

1) 扁钢-扁钢：搭接长度扁钢为其宽度的 2 倍（且至少 3 个棱边焊接）。

2）圆钢-圆钢：搭接长度圆钢为其直径的 6 倍（接触部位两边焊接）。

3）扁钢-圆钢：搭接长度为圆钢直径的 6 倍（接触部位两边焊接）。

在"十"字搭接处，应采取弥补搭接面不足的措施以满足上述要求。

（4）铜排与铜排及扁钢的焊接采用热熔焊方法，热熔焊具体要求如下：

1）对应焊接点的模具规格必须正确并完好，焊接点导体和焊接模具必须清洁，尤其是重复使用的模具，其焊渣必须清理干净并保证模具完好。

2）搭接头焊接应预热模具，模具内热熔剂填充密实，点火过程安全防护可靠。

3）接头内导体应熔透，保证有足够的导电截面。

4）铜焊接头表面光滑、无气泡，应用钢丝刷清除焊渣并涂刷防腐清漆。

3. 主接地网防腐

（1）焊接结束后，首先应去除焊接部位残留的焊药、表面除锈后作防腐处理。

（2）镀锌钢材在锌层破坏处也应进行防腐处理。

（3）钢材的切断面必须进行防腐处理。

4. 隐蔽工程验收及接地沟土回填

（1）接地网的某一区域施工结束后，应及时进行回填土工作。在接地沟回填土前必须经过监理人员的验收签证，合格后方可进行回填工作，同时做好隐蔽工程的记录。

（2）回填土内不得夹有石块和建筑垃圾，外取的土壤不得有较强的腐蚀性，回填土应分层夯实。

5. 设备接地安装

（1）与设备连接的接地体应采用螺栓搭接，搭接面要求紧密，不得留有缝隙。

（2）设备接地体应能使引上接地体横平竖直、制弧度弯曲自然、工艺美观。

（3）要求两点接地的设备，两根引上接地体应与不同网格的接地网或接地干线相连。

（4）电气设备的接地应以单独的接地体与接地网相连，不得在一个接地引线上串接几个电气设备。

（5）设备接地的高度、朝向应尽可能一致。

（6）集中接地的引上线应做一定的标识，区别于主接地引上线。

（7）高压配电间高、低压配电屏柜，静止补偿装置，设备和围栏等门的绞链处应采用软铜线连接，保证接地的良好。

（8）户外接地线采用多股软铜线连接时应压专用线鼻子，并加装热缩套，铜与其他材质导体连接时接触面应搪锡，防止腐蚀。

6. 接地标识

（1）接地线地面以上部分采用黄绿接地标识，间隔宽度、顺序一致，最上面一道为黄色。

（2）接地标识宽度为 15～100mm，其宽度根据接地体的宽度相应调整，宜为接地体宽度的 1.5 倍。

（3）明敷的接地在长度很长时不宜全部进行接地标识。

（十五）钢管构支架安装施工

1. 基础复测

（1）基础杯底标高复测：基础复测时基础杯底标高用水平仪进行复测，基础杯底标高取最高点数据，并做好记录。杯底标高找平时在杯口四周做好基准点标识，然后依据支架埋深尺寸进行量测找平，找平采用水泥砂浆抹平。

（2）基础轴线的复测：复测时将每个基础的中心线标出后，根据支柱直径进行安装限位线的标注，在基础表面用红漆标注。

2. 排杆、组装

（1）根据图纸轴线和厂家安装说明，制作平面排杆图。

（2）运输、卸车排放时组装场地应平整、坚实，按照构件平面排杆图一次就近堆放，尽量减少场内二次倒运。

（3）排杆时应垫平、排直，每段钢柱应保证不少于两个支点垫实。

（4）钢管柱组装。组装时每段钢柱两端保证两根道木垫实，且每基钢柱组装的道木应保证在一平面上，同时应检查和处理法兰接触面上的锌瘤或其他影响法兰面接触的附着物。组装后，对其根开、柱垂直度、柱长、柱的弯曲矢高进行测量并记录。

3. 钢梁组装

（1）钢结构的拼装按设计图纸和有关的验收规范要求进行。螺栓穿入方向遵守由内向外，由下向上的原则。镀锌钢梁焊接后要进行校正，并补刷防腐油漆。钢结构拼装后，就位地点应尽量减小与吊车停放的距离以减少吊车和起吊物的挪动次数。构件相连部位应画线找正。焊接镀锌钢梁应校正变形，就位后补刷防腐油漆。

（2）每个螺栓按规定力矩紧固，外露螺纹不应小于两个螺距。

（3）拼装钢管柱时，支垫处应夯实，每段钢管应垫两个支点。

（4）调直找正钢管柱时，操作人员应站在钢管轴线方向一端，在两端间拉线找正，使钢管柱侧面平直。

4. 吊装

（1）构支架安装工艺流程如图 2-9-5-11 所示。

（2）对钢结构桁架和钢管柱进行吊装稳定性和强度的验算，计算起重量和起重高度，选定合适的起重工器具和吊点，若稳定性不满足要求应有补强措施。

（3）根据公司长期的施工经验，拟选定最大起重量为 250t 的吊车，待到施工阶段，我们将根据详细的计算数据选定起重机。

（4）钢梁两端应绑扎小棕绳，以便于钢梁的就位。

（5）本工程缆风绳采用 ϕ14 钢丝绳。

（6）地锚桩采用已加工好的 $L=2500\text{mm}$、$\phi=250\text{mm}$ 钢制地锚桩。地锚的位置应合理布置，以满足施

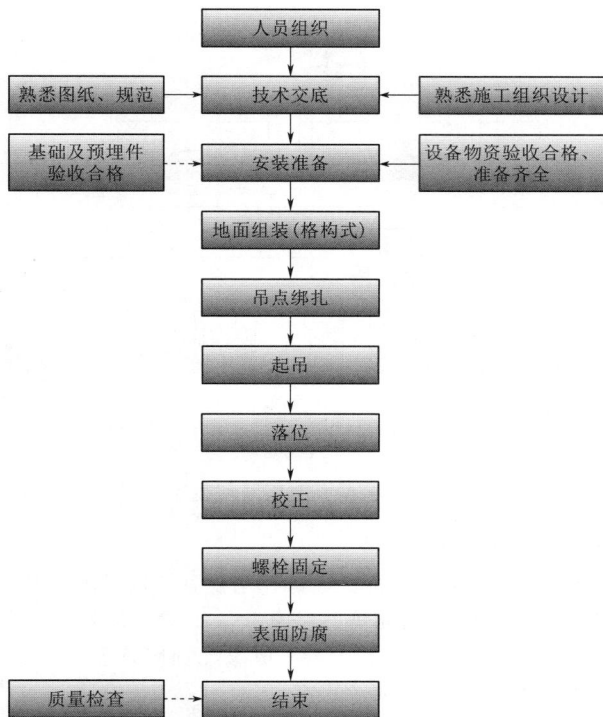

图 2-9-5-11　构支架安装工艺流程图

工要求。

（7）有特殊要求或土质较疏松时，必须埋设水平地锚桩，或增加垂直锚桩个数。

（8）吊车停放位置必须平整，吊距、角度正确，严禁超载吊装。

（9）构件起吊前指挥人员应详细检查绑扎点、U形环、钢丝绳。检查地锚、缆风绳、补强措施及连接件与作业方法，是否正确无误。

（10）吊件离开地面 100mm 左右时，必须停止起吊，做一次全面检查和冲摆试验，发现不正常现象，应立即放下进行检查、调整、处理待排除隐患才可进行吊装。

（11）构架起吊过程中和钢梁没有准确就位前，不准登高作业。

（12）构架、钢梁就位后没有固定牢靠不得摘钩，未紧固牢靠前不得松缆风绳。

（13）起吊构件要慢、稳、徐徐上升、缓缓转动，确保构件在空中平稳起落。

（14）由于本工程梁柱接头采用刚性法兰连接，因此必须精确控制构架支柱的定位轴线和中心位置及垂直度，才能保证钢梁的准确就位。我们对每根构架支柱采用两台 J2 经纬仪控制垂直度。

（15）当吊物落位后，应进行对中校正，对于支柱采用螺旋千斤顶和链条控制支柱的位置，采用螺旋千斤顶调整支柱的垂直度。对于钢梁采用小棕绳配合，人工精确就位。

（16）构件对中校正后应临时固定，经检查构支架安装符合设计及规范要求后及时二次灌浆。在杯口混凝土

强度达到设计要求以前，不得拆除临时固定设施。

（17）构支架安装后的质量应满足相关标准的要求。

（18）钢梁吊装时，在横梁两端绑扎控制绳，以防止发生摇摆晃动；钢梁就位的同时，应通过缆风绳调整架构垂直度，当加工垂直度及钢梁位置均符合要求时，再进行螺栓紧固。

（19）构支架采用先灌混凝土后吊装的原则，在现场完成钢管支架底端至排水孔底长度范围内或部分支架柱内全高灌细石混凝土的工作后，待混凝土同条件养护温度逐日累计达到 600℃方可吊装。构支架吊装完毕后，杯口二次灌浆应浇筑密实，待钢梁及节点上所有紧固件都复紧后方可拆除缆风绳。

（20）保护帽混凝土浇筑前，应对保护帽顶面以上钢构支架 500mm 范围内进行保护。

（21）站内所有爬梯应与主接地网可靠连接。安装在钢构架上的爬梯应采用专用的接地铜排与主网可靠连接。

5. 支架的调整、校正

平面校正应根据基础杯口安装限位线进行根部的校正，立体校正用两台经纬仪同时在相互垂直的两个面上检测，单杆进行双向校正，人字柱以平面内和平面外进行。校正时从中间轴线向两边校正，每次经纬仪的放置位置应做好记号，否则在测 A 字柱时会造成误差，校正最好在早晚进行，避免日照影响；柱脚用千斤顶或起道机进行调整，上部用缆风绳纠偏。

（十六）防火墙施工方案

1. 施工工艺流程

施工工艺流程如下：基础上部放线及验收→零米以下板墙钢筋绑扎→零米以下板墙钢筋验收→零米以下模板安装→零米以下模板验收→零米以下浇筑混凝土→混凝土养护→零米以上主体钢筋绑扎→零米以上钢筋验收→零米以上模板安装（埋件安装）→零米以上主体模板验收→浇筑混凝土→混凝土养护→拆模→混凝土工程验收。

2. 施工方法及要求

（1）定位放线。根据业主提供的测量控制网，采用全站仪进行本工程的测量放线工作，放线完成后必须安排专人复测，采用有效的测量控制网。要求测量人员放出 2 个防火墙的中心点，并符合二级导线的精度要求。在基础施工完成后，放墙的定位线。

（2）钢筋工程。施工前应先按照图纸进行钢筋翻样，经主管技术员审核、主管领导批准后交给钢筋加工厂进行钢筋制作。钢筋下料时一般应同规格原料根据不同长度长短搭配，统筹排料，一般应先断长料，后断短料，减少短头，减少损耗。钢筋制作完运到施工现场后应该用 100mm×100mm 木方垫起来，防止污染及生锈，以及弯曲变形，并进行标识。绑扎前应仔细核对钢筋的钢号、直径、形状、尺寸和数量等是否与料单料牌相符；钢筋绑扎时，须将全部钢筋相交点绑扎牢，绑扎时应注意相邻绑扎点的铁丝扣要呈八字形，避免因碰撞、振动、或绑扣松散、钢筋移位造成漏筋。绑扎钢筋时，要注意脚

下鞋底要干净，不要将泥土带入钢筋，将钢筋弄脏，给清理工作带来不便。钢筋的搭接长度及锚固长度以及接头位置均应符合规范中的要求。用相同配合比的细石混凝土制作成垫块或成品塑料垫块，将钢筋垫起来以保证保护层厚度，严禁以钢筋头垫钢筋将钢筋用铁钉及钢丝直接固定在模板上，钢筋及绑丝均不得接触模板。

（3）模板工程。

1）模板拼装。采用自支撑组合大钢模板。

2）模板安装保证措施。为保证模板上口平，模板底口利用砂浆找平，然后再进行第一板模板的安装。在浇筑基础时就埋设防火墙定位用钢筋头，以保证墙体的外形尺寸。

3）模板加固。采用模板系统自支撑构件加固。

（4）预埋件安装。预埋件进场要进行验收，对规格尺寸、焊缝、埋件表面平整度、四边顺直度、钢板的焊接变形等进行检查，并经技术员检验合格后，方可到现场安装。埋件的安装要根据施工图的位置，在钢板上画出中心线。墙侧的埋件按照施工图要求的方位、标高、方向安装，并在埋件上打四个 $\phi10$ 的孔，间距根据图纸确定，与埋件孔相对应的在模板上打四个相同的孔（打孔位置一定要对应好，避免不方正），用 M8 的螺栓将埋件与大模板固定牢固，并且在预埋件四周用海绵条粘贴紧密。墙顶的埋件用加钢筋支架的方法固定。

（5）混凝土浇筑施工。防火墙混凝土配制混凝土时，需加入一定量Ⅱ级或Ⅱ级以上的粉煤灰，粉煤灰掺量控制在 10% 以下，坍落度控制在 14cm 以下，并与外加剂结合使用，以提高混凝土的和易性、泵送性，减少混凝土表面出现麻面的可能性，改善光洁度和色泽。设计混凝土配合比采用正交试验设计方法。针对当地水泥、砂石等原材料影响混凝土的多种因素进行分析，确定主要控制因素，选出符合生产条件的最优方案组合。为保证浇筑防火墙的混凝土的一致性，根据防火墙的混凝土的总方量及其配合比，计算出防火墙所需的水泥、砂石粉煤灰、外加剂等原材，一次备足，保证浇筑防火墙的混凝土所需的原材均为同一批次、同一厂家，确保混凝土的一致性，根据防火墙施工选择 C30、C40 两种强度等级的混凝土进行试验。按 JGJ 55—2011 计算不同强度等级混凝土的水灰比，在基准水灰比的基础上增加 0.05，作为另外一种强度等级混凝土的水灰比，以此影响混凝土强度、和易性、泵送性等重要指标。确定影响混凝土强度、和易性、泵送性等重要指标的 7 个相关因素为水灰比、砂率、用水量、水泥品种、粉煤灰掺量、外加剂品种、外加剂掺量。选择最佳配合比，砂子选择中粗砂。

在浇筑混凝土之前，必须经四级验收合格后方可浇筑混凝土，混凝土浇筑前应清除模板内的积水、木屑、钢丝、铁钉等杂物。搅拌站必须原材料准备充足，水源、电源做好备用，确保混凝土浇筑的连续性。

（十七）变压器安装

1. 安装流程

变压器安装流程如图 2-9-5-12 所示。

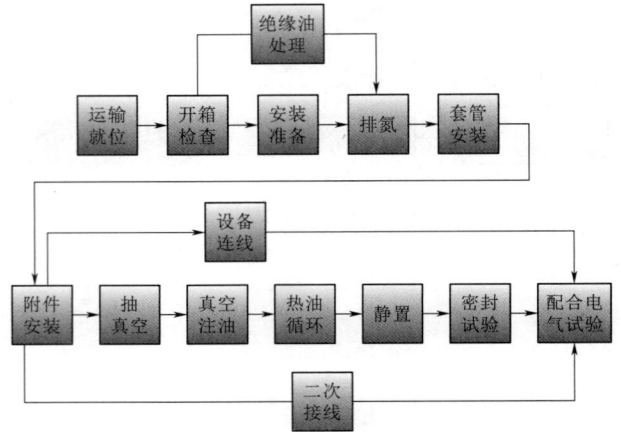

图 2-9-5-12 变压器安装流程图

2. 开箱检查

变压器就位后应及时进行开箱检查，核对附件及参数，要"三对"（对铭牌、对图纸、对技术协议）。进行外观检查，观察本体氮气压力值及充油附件密封情况，检查冲撞记录仪运行是否正常。

3. 施工准备

（1）技术准备。参与施工的人员（包括辅工）必须先熟悉变压器安装有关图纸资料，由技术人员对其进行技术培训，质检员组织考试，成绩合格后方可上岗。

（2）人员准备。成立变压器安装小组，选定工程总负责人、总技术负责人，起重运输、安装、试验各单项工作负责人，指挥人员和技术负责人、安全负责人。

（3）工器具准备。

1）吊芯用吊车机械、吊索吊具及其他辅助工具，所用器具准备。

2）按变压器油量及补充损耗油量准备油罐，真空滤油机。

3）套管支架及其他零部件支架，检查凭架梯、油桶、油盒、各类扳手、用工具等拆检工具。

4）方木、千斤顶、绞磨等起重就位用工器具。

5）钢尺、水平尺，切割机、电焊机、电钻、钳工工具等安装工具。

6）补充用油、绝缘漆、防护油漆、白布、棉布、塑料薄膜、草席、破布等材料。

7）安全设施及其他临时设施用材料。

（4）清理施工现场建筑杂物，平整好施工机械布置场地。

（5）用 J2 经纬仪配合有关工具校核主变基础。

（6）用合格的绝缘油清洗附件，并将清洗过的附件密封。

4. 绝缘油处理

到达现场的绝缘油应贮存在密封清洁的专用油罐内。每次到达现场的绝缘油均应有记录，并应取样进行简化分析，必要时要进行全分析，试验结果应符合产品的技术要求，绝缘油采用真空滤油机进行过滤。

5. 附件安装

（1）附件安装采用一台25t吊车进行，所有附件吊装应使用专用吊点，套管起吊可用双钩法或一钩一手动葫芦法。

（2）所有法兰连接处必须更换全新的耐油密封垫（圈）密封，密封垫（圈）必须无扭曲、变形、裂纹和毛刺，密封垫（圈）必须与法兰面的尺寸相配合。拆卸下来的旧密封垫应集中放置，并剪断或标示以区分。法兰连接面必须平整、清洁、密封垫（圈）必须擦拭干净，安装位置必须正确，橡胶密封垫的压缩量不宜超过其厚度的1/3。法兰螺栓应按对角线位置依次均匀紧固，紧固后的法兰间隙应均匀，紧固力矩值应符合产品技术文件的规定。

（3）全部附件安装完毕后，打开各附件，组件通本体的所有阀门，进行抽真空时，必须将真空不能承受机械强度的附件如储油柜气体继电器等与油箱隔离，对允许抽同样真空度的附件应同时抽真空，真空度不应大于13Pa，继续保持真空不小于48h。

（4）用真空滤油机打油，油宜从油箱下部的注油阀注入，注油全过程应保持真空，油温应高于器身温度，注油速度不应大于100L/min，油面距油箱顶的空隙不得少于200mm或按制造厂规定。

（5）总体安装完毕，即可进行补充注油，油应从储油柜的专用注油口注入，先将储油柜注满，然后再向各部充油。热油循环可在真空注油到储油柜的额定油位状态下进行，冷却器内的油应与油箱主体的油同时进行热油循环，热油循环时间不少于48h且热油循环通过滤油机的总油量不应少于换流变压器总油量的3倍，且符合厂家说明书的规定；经过热油循环的油应达到《变压器油中溶解气体分析和判断导则》（DL/T 722—2014）的规定，热油循环结束后，变压器即处于静放阶段，静置时间不得少于96h。

6. 密封试验

变压器全面注油结束后，从最高油位进行整体密封试验，从胶囊中加氮气至0.03MPa，维持24h以上，应无渗漏。

（十八）GIS安装

1. 安装流程

GIS安装流程如图2-9-5-13所示。

2. GIS本体安装方法

（1）本体吊装采用钢丝绳四点吊法，将断路器罐体缓慢吊装到混凝土基础上，不得碰撞断路器，端部设缆绳保护措施。

（2）就位时，应注意断路器罐体、机构A、B、C三相编号，方向及位置。

（3）吊装完成后进行断路器罐体相间距离，中轴线，水平度调整。用厂方提供的垫片进行断路器罐体水平度的细调整，用水平仪在罐体的上平面操平找正。

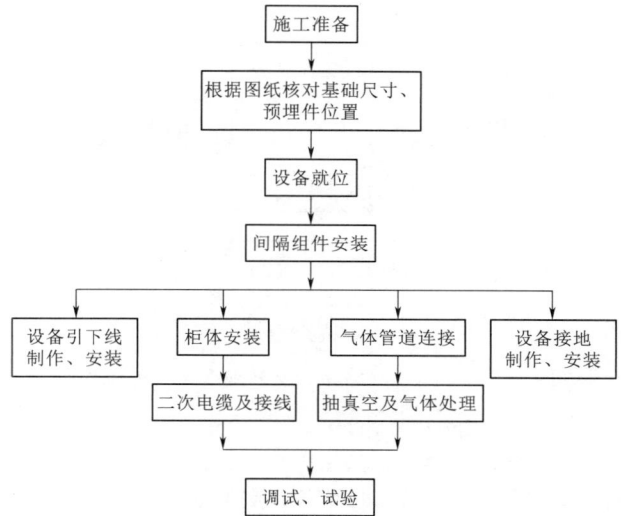

图2-9-5-13　GIS安装流程图

3. GIS套管安装方法

（1）组装按厂商编号顺序，根据断路器箱体重量及安装位置，采用25t吊车进行。

（2）固定机构和支柱、框架就位安装。

（3）连接灭弧室与支柱瓷套。

在圆柱销表面及销孔内涂上硅脂，插入圆柱销，卡入轴用挡圈（利用挡圈钳卡入）。连接上法兰紧固螺栓，对称紧固后，在螺纹处涂上紧固胶，在螺栓接触处及密封缝涂上防水胶。紧固力矩达到规范要求，取下连接管道阀门处的螺母及封盖，用酒精清洗干净，密封圈及密封槽处将斯里本顿涂在密封面上，然后连接经高压干净空气冲过的管道。

4. 抽真空

抽真空应由经培训合格的专人负责操作，真空泵应完好，所有管道及连接部件应干净、无油迹。接好电源，电源应可靠，不能随意拉开，检查真空泵的转向，正常后启动真空泵，先打开真空泵侧阀门，待管道抽到133Pa后，再打开充气侧阀门，真空度达到133Pa后，再继续抽8h。

抽真空过程设备遇有故障或突然停电，均要先关掉断路器充气侧阀门，再关掉真空泵侧阀门，最后拉开电源。抽真空8h后，应保持4h以上，观看真空度，如真空度不变，则认为合格，如真空度下降，应检查各密封部位并消除，继续抽真空至合格为止。

5. SF_6气体管理

（1）对SF_6气体逐瓶进行微水测试，并按规定取样全分析，合格后方可充入设备，充入后再逐个气室进行含水量测试。

（2）密封检漏用灵敏度不低于1×10^{-6}（V）的检漏仪测量，用采集法进行气体泄漏测量。

（十九）互感器、支柱绝缘子安装

1. 安装流程

互感器、支柱绝缘子安装流程如图2-9-5-14

所示。

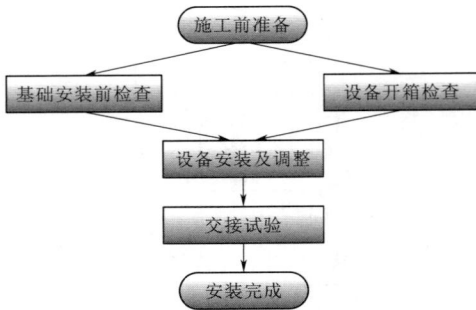

图 2-9-5-14　互感器、支柱绝缘子安装流程图

2. 设备基础检查

(1) 根据设备到货的实际尺寸，核对土建基础是否符合要求，包括位置、尺寸等，底架横向中心线误差不大于 10mm，纵向中心线偏差相间中心偏差不大于 5mm。

(2) 设备底座安装时，要对基础进行水平调整及对中，可用水平尺调整，用粉线和卷尺测量误差，以确保安装位置符合要求，要求水平误差不大于 2mm，中心误差不大于 5mm。

3. 设备开箱检查

(1) 与厂家、物资、监理及业主代表一起进行设备开箱，并记录检查情况；开箱时小心谨慎，避免损坏设备。

(2) 开箱后检查瓷件外观应光洁无裂纹、密封应完好，附件应齐全，无锈蚀或机械损伤现象。

(3) 互感器的变比分接头的位置和极性应符合规定；二次接线板应完整，引线端子应连接牢固，绝缘良好，标志清晰；油浸式互感器需检查油位指示器、瓷套法兰连接处、放油阀均无渗油现象。

4. 互感器的安装

(1) 认真参考厂家说明书，采用合适的起吊方法，施工中注意避免碰撞，严禁设备倾斜起吊。

(2) 三相中心应在同一直线上，铭牌应位于易观察的同一侧。

(3) 安装时应严格按照图纸施工，特别注意互感器的变比和准确度，同一互感器的极性方向应一致。

(4) SF$_6$ 式互感器完成吊装后由厂家进行充气，充气完成后需检查气体压力是否符合要求，气体继电器动作正确。

(5) 互感器接线板与母线、导线金具的连接，搭接面不得小于规定值，并要求连接牢固。

(6) 安装后保证垂直度符合要求，同排设备保证在同一轴线，整齐美观，螺栓紧固达到力矩要求，按设计要求进行接地连接，相色标志应正确。备用电流互感器二次端子应短接并接地。

5. 支柱绝缘子安装

(1) 绝缘子底座水平误差不大于 3mm，各支柱绝缘子中心线误差、叠装支柱绝缘子垂直误差不大于 2mm。

(2) 固定支柱绝缘子的螺栓齐全，紧固，并达到力

矩要求值。

(3) 接地线排列方向一致，与地网连接牢固，导通良好。

6. 注意事项

(1) 设备在运输、保管期间应防止倾倒或遭受机械损伤；运输和放置应按产品技术要求执行。

(2) 设备整体起吊时，吊索应固定在规定的吊环上。

(3) 设备到达现场后，应进行外观检查。

(4) 互感器的变比分接头的位置和极性应符合规定。

(5) 二次接线板应完整，引线端子应连接牢固，绝缘良好，标志清晰。

(6) 均压环应安装牢固、水平，不得出现歪斜，且方向正确。具有保护间隙的，应按制造厂规定调好距离。

(7) 引线端子、接地端子以及密封结构金属件上不应出现不正常变色和熔孔。

(二十) 隔离开关的安装

1. 施工前准备

(1) 安装前认真学习厂家安装说明书和规程、规范及设计图纸，明确施工要点，掌握施工要求。吊装设备及机具的荷载应满足吊装要求，如吊车、吊绳、吊环等。

(2) 加工件尺寸按设备实际尺寸进行加工制作，且镀锌良好。垂直拉杆和水平拉杆所用的钢管必须镀锌良好，规格符合设计要求，强度满足产品的技术规定。

(3) 设备支架的高差、水平偏差应满足规程标准，设备支架钢板帽上的孔径、孔距以及相间距离误差满足规程要求。

2. 安装

(1) 安装前应对本体及附件进行开箱检查，其接线端子及载流部分应清洁，接触良好；触头镀银层无脱落；绝缘子表面应清洁，无裂纹、破损等缺陷；转动部分应灵活。

(2) 配好瓷瓶后，在地面将触头、均压环、屏蔽环、支柱绝缘子、底座、接地刀组装好后，按设计要求逐相吊装就位，并用螺栓临时固定，注意接地刀方向应符合设计要求。

(3) 按设计和制造厂要求将操动机构（手动或电动机构）与加工件连接固定。配置水平或垂直传动拉杆及相应的连接件。

3. 调整

(1) 按产品说明书介绍的方法调整隔离开关的分合闸位置、开距、同期、动静触头的相对位置。调整接地刀开距、触头插入深度及与主刀间的机械闭锁。调整时主刀与地刀应综合考虑以满足机械闭锁要求。

(2) 安装结束后隔离开关应达到如下标准：操动机构、传动装置、辅助开关及闭锁装置安装牢固，动作灵活可靠，位置指示正确；合闸时三相不同期值应符合产品的技术规定；相间距离及分闸时，触头打开角度和距离应符合产品的技术规定；触头应接触紧密、良好，接触电阻满足试验规程要求。油漆完整，相色标志正确，接地良好。

（二十一）软母线施工

1. 软母线压接工艺流程

软母线压接工艺流程如图 2-9-5-15 所示。

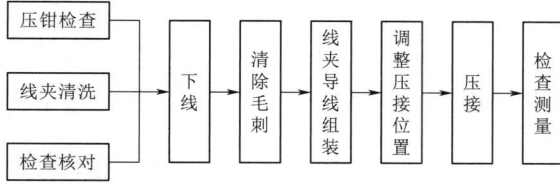

图 2-9-5-15　软母线压接工艺流程图

2. 软母线压接及安装

（1）施工准备。现场布置及技术准备。

（2）挡距测量。挡距测量数据必须准确，一般采用标准钢卷尺进行实际测量、计算，或采用全站仪（双经纬仪）等仪器进行测量、计算。

（3）悬式绝缘子串。绝缘子外观、瓷质完好无损，耐压试验合格；绝缘子串连接金具的螺栓、销钉等必须符合现行国家标准。

（4）导线下料。

1）导线的下料计算。抛物线近似计算法是将导线和绝缘子的悬挂状态近似视作一条抛物线，不考虑其弹性变形及构架变形因素，计算公式如下：

$$L_0 = L + 8f^2/3L - \lambda_1 - \lambda_2$$

式中　L_0——导线下料长度，m；

　　　　L——导线跨距，m；

　　　　f——设计弧垂，m；

　　　　λ_1、λ_2——两侧绝缘子、金具串长度，m。

2）下料方法。导线应完好无损；导线展放时在地面工作场及升空场的地面上铺设柔性材料铺垫（如地毯、橡胶垫、特殊防护垫等）；导线开断时在待切割处的两侧用细铁丝扎紧后方可切断，导线断面应与轴线垂直。

（5）导线压接。根据招标文件要求，安装承包人需提供质量可靠、性能优越的设备连接金具及导线，并采取优良的连接工艺，以满足电晕要求，减小噪声，保证连接的视觉效果。

（6）金具的选择。选择设备线夹端部倒角的产品，减少棱角。设备线夹端子板上加装防晕板，使接线板上螺栓头不露出防晕板，避免尖端放电。针对大直径扩径导线金具安装后应采取防进水措施并对有毛刺的金具外表面抛光；除接线板上有油脂外，金具外表面均不得有油脂，必要时用酒精擦净。一次设备使用双层均压环。引线端子加装屏蔽环；金具接线板加防晕装置；端子板加装防晕装置。

（7）金具的组装。

1）核对线夹、导线规格、型号与设计相符；压接工艺按照《输变电工程架空导线及地线液压压接工艺规程》（DL/T 5285—2013）操作；导线压接前应检查液压设备工作正常，压力范围与钢模和线夹的要求相匹配，钢模的内六角应为正六边形，六边形的对角尺寸与受力件外

径相符，对边尺寸和对角尺寸比值为 0.866。

2）用有机溶剂清洗线夹和导线。导线的清洗长度应大于线夹长度的两倍。

3）耐张线夹应先穿入铝管再穿钢锚。穿入时应顺着绞线的绞制方向旋转推进。由于切割过程中在导线和支撑铝管断口处会产生飞边等缺陷，因此在旋入前应仔细检查并用圆锉小心锉平，严禁用力推进。

4）导线采用铝管、导线、钢锚一次压接成型方法。将铝管向内移出压接部位，用不锈钢或钢丝刷仔细刷去该部分的氧化膜，然后均匀涂上一层电力复合脂。将钢锚旋入导线套上铝管转动线夹，使线夹两侧引流板朝向导线凸起方向，扳正压钳的角度使轴线一致。

5）铝管的压接应采用顺压法时，容易在管口处出现松股或起灯笼现象。在实际工作中往往采用逆压法，即从管口向引流板方向压接，但应注意引流板与钢锚挂线孔内侧需预留一定的间隙，以保证铝管压接的伸长量。

6）压接前再次检查压接工具，应放置平稳，调整压接工具的角度使导线与压钳的钢模轴线一致，如有高度偏差和倾斜均会造成压件弯曲。钢模有上下之分的要注意不要放错。检查选择的钢模、调整压力与线夹匹配，即可压接。

7）导线压接好后，用 0.02mm 精度的游标卡尺测量压接出的六角形的对边尺寸，其最大允许误差为 $0.866kD + 0.2$mm（D 为压接管外径，k 取 0.997）。

（8）母线架设。母线架设的原则是先高层后低层，母线敷设应采用张力方式以防导线摩擦地面。导线在架设时，地面铺设地毯，避免与地面摩擦，产生毛刺。在起线过程中，确保导线完好，降低导线通电后产生电晕现象，降低噪声。牵引力不超过导线最大张力，间隔棒连接螺栓长度不宜高出间隔棒平面，牵引方向满足施工说明要求。宜采用平衡挂线方式，对最边缘轴线的梁柱外侧应打揽风绳，以防止母线安装时的牵引力影响构架；牵引挂点位置适当以便于悬挂连接，牵引点应采取对绝缘子的保护措施；紧线前清洁导线和绝缘子，绝缘子碗口应朝上，整个紧线过程导线不得与地面摩擦，均压屏蔽环不得与地面摩擦。

（9）特殊措施。

1）安装工器具配备：扩径导线压接采用 200kN 液压机压接；导线架设采用 10t 卷扬机、75t 吊车配合提线、高空作业车辅助作业。

2）严格控制表面光洁度减少电晕，导线下线、压接、展放等工作采取防护措施，设置封闭专用导线压接场。导线压接前后对耐张线夹、金具、导线表面进行精心清洁打磨处理。

3）由于瓷瓶串重量大，导线相对较轻，施工中采用驰度经验公式与试挂相结合的方法。

4）开口朝上的金具线夹下部必须进行滴水孔防冰胀处理。

5）在导线制作时，制作加工场应进行隔离和防护，导线采用放线架进行展放，以保证导线挺直和测量的精

确度；铺设地毯，避免导线在展放时与地面摩擦，产生毛刺。软母线金具表面应无凹凸不平，焊接处应光滑，无毛刺，严禁用不合格产品。

（二十二）管母线安装工艺

1. 开箱检查

管形母线和衬管表面平直光洁，不得有裂纹和损伤；焊丝选择必须与管母的材质匹配；绝缘子应完整无裂纹胶合处填料应完整，结合牢固；金具表面应光洁，无毛刺。型号和材质必须符合设计要求，并有产品合格证。

2. 管母加工

管母接头必须避开管母固定金具和隔离开关静触头相固定，并按照要求加装衬管及加工补强孔。

3. 管母焊接

可在现场选择一个平坦合适的场地搭设管母焊接棚，内置焊接工作台，管母支撑上平面用水平仪找平，误差控制在 3mm 之内。焊接前，管母用校正平台逐根校直，对管母及焊丝进行清洗，清洗后应及时焊接，以免重新氧化；焊接前对口应平直，管母对接间隙必须符合规范要求。

管母的焊接时应采取防风措施，焊接过程符合规范要求。对焊接端进行坡口处理，坡口角度应根据管形母线壁厚来确定。同时打加强孔，数量满足设计图纸要求。焊接所使用焊丝和衬管与管形母线材质相同，衬管长度满足设计要求并与管形母线匹配；管形母线对接部位两侧、衬管焊接部位、焊丝应除去氧化层。焊缝上应有 2～4mm 的加强高度；管母焊完未冷却前，不得移动受力；管母内阻尼线安装应符合要求。

4. 管母预拱

计算管母预拱值，如果计算值小于有关标准的规定，现场可不进行预拱。

5. 支柱绝缘子安装

支柱绝缘子安装根据支架标高和支柱绝缘子长度综合考虑，保证支柱绝缘子的轴线、垂直度和标高满足管母安装要求；支撑管母的固定金具，滑动金具和伸缩金具位置符合要求。

6. 管母吊装

支撑管母吊装前先将安装好的支柱绝缘子找平，吊装时应采用多点吊装，在地面安装好金具，封端球；当管母吊离地面时，再次清洗管母，并在各间隔管母的最低点附近钻 6mm 的滴水孔；起吊时必须时刻注意管母水平，管母起吊时上下高差不宜大于 500mm。平稳吊到安装位置。

7. 管母调整

支撑管母定位满足设计图纸的伸缩要求，并进行轴线和标高的调整。

（二十三）屏、柜、端子箱安装

1. 施工准备

（1）设备开箱。一般室内屏柜应运入室内开箱，开箱时应采取保护措施，防止损伤和污染室内地面和墙壁，及时收集箱内技术文件和设备备品备件，做好开箱检查

记录。

（2）技术交底。根据设计图和施工作业指导书进行技术交底。

（3）人员和机具准备。运输工具、安装工具及人员准备。

2. 基础检查和找平

（1）基础水平误差小于 1mm/m，全长水平误差小于 2mm。

（2）基础不直度误差小于 1mm/m，全长不直度误差小于 2mm。

（3）基础不平行度误差（全长）小于 2mm。

（4）端子箱基础按施工图要求，每列端子箱应在同一轴线上。

（5）基础型钢应接地良好。

3. 就位

（1）就位前应对室内地面门窗采取保护措施。

（2）室内屏柜的固定采用在基础型钢上钻孔固定，不得采用电焊固定，户外端子箱基础如无型钢，可采用膨胀螺栓固定。紧固件应为热镀锌件。

（3）相邻屏柜间的连接螺栓和地脚螺栓的紧固力矩应符合规范要求。

（4）成列屏柜安装误差。顶部误差小于 3mm，屏柜面误差应满足相邻两盘边小于 1mm，成列盘面误差小于 2mm，屏（柜）间接缝小于 2mm，屏柜垂直度符合规范要求。

（5）所有屏柜（端子箱）安装牢固外观完好无损伤，内部电气元件固定牢固。

4. 屏柜（检修箱）接地

（1）屏柜、端子箱和底座接地良好，有防震垫的屏柜，每列盘有两点以上的明显接地。

（2）屏柜内二次接地铜排应以专用接地铜排可靠连接。

（3）屏柜（端子箱）可开启的门应用软铜线可靠连接接地。

（4）室内试验接地端子标识清晰。

（二十四）电缆敷设

1. 施工准备

（1）技术准备。施工图纸、电缆清册、电缆合格证件、现场检验记录。

（2）人员组织。技术负责人，安装负责人，安全、质量负责人，安装人员。

（3）机具准备。电焊机、切割机、吊车、汽车、放线架等。

2. 电缆保护管制作

电缆保护管采用镀锌钢管或屏蔽槽盒。热镀锌钢管外观镀锌层完好，无穿孔、裂纹和显著的凹凸不平，内壁光滑。

根据各设备所需的保护管长度，对各设备所安装的保护管进行实测，根据实测结果及所用保护管的规格、型号，对保护管进行冷弯制。电缆保护管在进行弯制时

应遵循的原则为：电缆管在弯制后，不应有裂缝和显著的凹瘪现象，电缆管的弯曲半径不应小于所穿入电缆的最小允许弯曲半径；所弯制的保护管的角度大于90°。

3. 电缆保护管的安装

(1) 电缆保护管管口应无毛刺和尖锐棱角。

(2) 镀锌管锌层剥落处应涂以防腐漆。

(3) 保护管外露部分应横平竖直，并列敷设的电缆管管口应排列整齐。

(4) 保护管埋设深度、接头等满足施工图及规范要求。

(5) 金属电缆保护管应接地。

(6) 保护管与操作机构箱交接处应有相对活动裕度。

4. 电缆支架安装

(1) 电缆沟、电缆层的实测。电缆支架规格、尺寸及各层间距离应符合施工图及规范要求；应进行电缆沟实际测量以核对电缆沟支架加工图。

(2) 电缆支架。电缆支架应采用一体式成品支架，进场前对所有电缆支架验收合格后，检查有关检验资料及合格证。

(3) 电缆支架的安装。

1) 所安装电缆支架沟土建项目验收合格（电缆沟垂直度、预埋件）。

2) 对加工到场的电缆支架检查符合设计及规范要求。

3) 电缆支架安装前应进行放样定位。

4) 各电缆支架水平距离应一致、同层横撑应在同一水平面上。

5) 所有支架按图纸要求进行焊接，焊接牢靠，焊接处防腐符合规范要求。

6) 为保护电缆、保证电缆敷设人员及运行检修人员的安全，在全站电缆支架端头加装复合材料保护套。

控制好电缆敷设工艺的关键是控制好电缆转弯处、"T"形交汇处、"十"字形交叉处的电缆排列工艺，这些关键部位在电缆较多时容易出现电缆排列交叉混乱问题，特别是"T"形交汇处和"十"字形交叉处，电缆支架跨距比通常跨距要大，电缆容易出现下垂，直接影响到电缆的排列工艺，本站将在这些关键部位采取增加"过渡桥架"做到立体交叉，达到"高速公路立交桥"的效果，以及防止电缆下垂，并按分层、分走向进行电缆排列，使电缆不出现交叉打撬现象，确保电缆排列工艺整齐美观。

5. 电缆敷设

(1) 电缆布置设计。

1) 将该站的实际情况导入电缆敷设软件，算出一条最优的电缆敷设路径，生成新电缆敷设清册及三维敷设图。使得电缆敷设走向更加顺畅、层次分明、排列有序，电缆弯曲弧度一致、横平竖直无交叉。在电缆竖井中及防静电地板下应设计电缆槽盒，专门布置电源线、网络连线、视频线、电话线、数据线等不易敷设整齐的缆线。

2) 监控、通信自动化及计量屏柜内的电缆、光缆安装，应与控制保护屏接线工艺一致，排列整齐有序，电缆编号挂牌整齐美观；控制台内部的电源线、网络连线、视频线、数据线等应使用电缆槽盒统一布放并规范整理，以保证工艺美观。

3) 全部主电源回路的电缆不应在同一条通道（电缆沟、竖井等）内明敷；同一回路的工作电源与备用电源电缆，应布置在不同的支架上。同一电缆沟内的高压动力电缆和控制电缆之间、双重化控制回路的电缆之间均采用防火隔板作隔离。

(2) 电缆敷设。

1) 按设计和实际路径计算每根电缆长度，合理安排每盘电缆，减少换盘次数。

2) 在确保走向合理的前提下，同一层面应尽可能考虑连续施放同一型号、规格或外径接近的电缆。

3) 按照实际电缆敷设清册逐根施放电缆。电缆敷设时，不应使电缆在支架上及地面摩擦拖拉。电缆上不得有压扁、绞拧、护层折裂等机械损伤。

4) 电缆敷设时应排列整齐，及时加以固定，并按规范要求加设标志牌，标志牌上应注明电缆编号、型号、规格及起止地点。标志牌的字迹应清晰不易脱落，挂装牢固，并与电缆一一对应。

5) 电缆路径上有可能使电缆受到机械性损伤、化学作用、地下流动、振动、热影响、腐蚀、虫鼠等危害的地段，应采取保护措施。

6) 直埋电缆的埋深、敷设方法等应符合规范及设计要求。

7) 电缆的最小弯曲半径应符合规范要求。

8) 所有电缆敷设时，电缆沟的转弯，电缆层井口处的电缆弯曲弧度一致，过渡自然。转角处增加绑扎点，电缆绑扎带间距和带头长度要规范、统一，确保电缆平顺一致、美观、无交叉。电缆下部距离地面高度应在100mm以上。所有直线电缆沟的电缆必须拉直，不允许直线沟内支架上有电缆弯曲下垂现象。

9) 电缆敷设完毕后，应及时清理沟内杂物，盖好盖板。

10) 光缆敷设应在电力电缆、控制电缆敷设结束后进行，光缆敷设应按设计要求穿保护管或敷设在槽盒内。

(3) 电缆固定和就位。

1) 电缆在支架上的固定应符合规范要求。

2) 端子箱内电缆的就位顺序应按该电缆在端子箱内端子接线序号进行排列，穿入的电缆在端子箱底部留有适当的弧度。电缆从支架穿入端子箱时，在穿入口处应整齐一致。

3) 屏柜电缆就位前应先将电缆层的电缆整理好，并用扎带或铁芯扎线将整理好的电缆扎牢。根据电缆在层架上敷设顺序分层将电缆穿入屏柜内，确保电缆就位弧度一致，层次分明。

4) 户外短电缆就位。电缆排管在敷设电缆前，应进行疏通，清除杂物。管道内应无积水，且无杂物堵塞。穿入管中电缆的数量应符合设计要求。穿电缆时，不得损伤电缆防护层。

5) 户外引入设备接线箱的电缆应有电缆槽盒或电缆保护管固定。

6) 室内长电缆排列。离电缆沟入口最远的屏柜的电缆应敷设在电缆支架的最上层，并把最上层排满后逐级向下层排列；最上层电缆的排列工艺应作为重点控制。

7) 室内短电缆排列。主要指室内屏柜间的联络电缆排列，原则上短电缆排列在长电缆的下一层；进入屏柜的电缆应尽量避免从上层电缆的上部翻过进入屏柜而影响整体电缆的美观。

8) 通信及弱电电缆排列在电缆支架的最下层。

9) 高压电缆敷设应满足设计要求，并尽量分层单独排列。

10) 室外设备间的联络短电缆应排列在长电缆的下一层；进入设备的电缆应尽量避免从上层横跨与上层电缆交叉而影响整体电缆的美观。

11) 跨沟进设备的电缆要有防止电缆下垂的措施。例如，在电缆跨沟进设备的部位增加电缆"担架式"托架，并在进设备的入口或转弯处适当增加扎丝的绑扎密度，防止电缆受力时出现电缆错位。

12) 当电缆支沟或沟的尾端电缆较少时，应通过电缆"变层"或"变线"的形式及时补缺，尽量使控制电缆在上层支架上整齐排列。

6. 电缆防火

(1) 在重要建筑物的入口处及控制楼内重要房间采用带屏蔽封堵模块化封堵组件封堵，封堵组件采用 roxtec、喜利得或同等技术要求的优良封堵产品。

(2) 户外端子箱、控制箱等底部采用 CF32 或 CF8 封堵模块封堵。

(3) 电缆沟的防火墙采用防火隔板、阻火包、防火灰泥、有机堵料、无机堵料等封堵。防火墙两侧 2m 长的电缆刷防火涂料；盘（柜）内的防火封堵根据穿缆情况做成整块方形，表面平整，四面切边，保证美观。

7. 质量验收

(1) 电缆出厂合格证件、试验报告、现场检验报告、电缆支架检验报告、合格证等齐全，电缆安装记录及质量评定记录、设计变更或变更设计的技术文件等齐全、规范。

(2) 外观检查、绑扎固定、电缆标牌挂设等。

(二十五) 二次接线

1. 施工准备

(1) 技术准备。熟悉二次接线有关规范；熟悉二次接线图，核对接线图的正确性；根据电缆清册统计各类二次设备的电缆根数，根据电缆的根数、电缆型号、设备接线空间的大小等因素进行二次接线工艺的策划。

(2) 人员准备。技术人员，安全、质量负责人，二次接线人员。

(3) 材料准备。屏蔽线、扎带、线帽管、热缩管、电缆牌及消耗性材料等。

(4) 机具准备。打号机、电缆牌打印机、计算机及二次接线工具。

2. 电缆就位

(1) 根据二次工艺策划的要求将电缆分层，逐根穿入二次设备。

(2) 在考虑电缆的穿入顺序、位置的时候，要尽可能使电缆在支架（层架）的引入部位、设备的引入口避免交叉和麻花状现象的发生，同时应避免电缆芯线左右交叉的现象发生（对于多列端子的设备）。

(3) 直径相近的电缆应尽可能布置在同一层。

(4) 为了便于二次接线，端子箱等二次设备在厂方的布局设计和组装过程中，应尽可能留出足够大的电缆布置空间。电缆布置的宽度适合芯线固定及与端子排的连接。

(5) 核对电缆。根据端子排图纸检查电缆是否齐全，核对有无电缆漏放或多余现象；采用二极管校线，确定电缆敷设位置正确并安装电缆号牌。

(6) 电缆绑扎应牢固，接线后不应使端子排受机械应力。在引入二次设备的过程中应进行相应的绑扎，在进入二次设备时应在最底部的支架上进行绑扎，然后根据电缆头的制作高度决定是否进行再次绑扎。

(7) 电缆编排及绑扎。根据端子排图确定电缆的排列循序（尽量按电缆沟或电缆夹层内电缆排放顺序及走向，从外向内、从上至下或按照电缆外径大小进行排列，将外径尺寸一样的电缆排列在同一层），防止电缆交叉；将电缆用扎带绑扎固定在盘、柜或端子箱底部，盘、柜内使电缆头离盘、柜底面 300mm 为宜，端子箱内使电缆头离底面 100mm 为宜。具体尺寸可以根据现场情况确定，但必须保证同一盘、柜、端子箱、机构箱内所有电缆头与底面距离一致。绑扎过程中必须保证电缆弧度一致、扎带间距一致、高度一致、扎带颜色一致、扎带绑扎接头方向一致（统一在背面）；电缆排列完毕后应将电缆单根绑扎后挂起，防止电缆因外部原因导致芯线扭曲或扎带脱落。

3. 电缆头制作

(1) 根据二次工艺策划的要求进行电缆头制作。

(2) 单层布置的电缆头的制作高度要求一致；多层布置的电缆头高度可以一致，或者从里往外逐层降低，降低的高度要求统一。同时，尽可能使某一区域或每类设备的电缆头的制作高度统一、制作样式统一。

(3) 电缆头制作时缠绕的聚氯乙烯带要求颜色统一、缠绕密实、牢固；热缩电缆管电缆头应采用统一长度热缩管加热收缩而成，电缆的直径应在所用热缩管的热缩范围之内；电缆头制作结束后要求顶部平整、密实。

(4) 电缆的屏蔽层接地方式应满足设计和规范要求（包括现行的反措），在剥除电缆外层护套时，屏蔽层应留有一定的长度（或屏蔽线），以便与屏蔽接地线进行连接；屏蔽接地线与屏蔽层的连接采用焊接或绞接的方式，焊接时注意控制温度，防止损伤内部芯线绝缘。

(5) 电缆铠装层的接地方式应满足设计和规范要求，接地方式与屏蔽层相同。

（6）电缆头屏蔽层、铠装层的接地线应在电缆统一的方向引出。

（7）电缆头制作。将黄、绿相间的接地线（截面不小于4mm²）焊接在离剥切位置相距1cm的金属护层或屏蔽层上，接地线焊接的方向应由下至上，保证焊接质量牢固、可靠；焊接完成后应用自粘带（J20）包扎（包扎应均匀饱满，防止焊接毛刺将J20包扎层刺破，影响工艺质量）；最后采用电缆热缩管套在已包扎好的电缆头上，进行热缩工艺制作。（在热缩管选择时，应选用与电缆直径相匹配的热缩管，不宜过大，以免在热缩过程中不能将包扎带紧密地密封住，影响工艺质量；电缆热缩管的长度应保证一致，以60mm为宜。）电缆热缩管顶部应与电缆包扎面齐平。

4.缆牌标识及固定

（1）在电缆头制作和芯线整理过程中可能会破坏电缆就位时的原有固定，在电缆接线时应按照电缆的接线顺序再次进行固定，然后挂设电缆牌。

（2）电缆牌应标识齐全，打印清晰。

（3）电缆牌的固定应高低一致、间距一致，挂设整齐、牢固。

5.芯线整理、布置

（1）电缆头制作结束后，接线前必须进行芯线的整理工作。

（2）将每根电缆的芯线单独分开，将每根芯线拉直。

（3）由于换流站的电缆一般为多芯硬线，每根电缆的芯线宜单独成束绑扎，以便于查找。电缆的芯线可以与电缆保持上下垂直固定，也可以以某根电缆为基准，其余电缆在电缆芯线根部进行折弯后靠近前一根电缆。

（4）线束的绑扎间距一致，统一。

（5）绑扎后的线束及分线束应做到横平竖直，走向合理，整齐美观。

6.标识、接线

（1）屏柜端子排检查。端子排完整无缺损，固定牢固；根据端子排图纸核对端子排型号、布置、数量是否符合设计要求；接线端子应与导线截面相匹配。

（2）芯线两端标识必须核对正确。

（3）对线。找出根据图纸打出的该电缆芯线编号，剥掉该电缆芯线少许，用自制的对线灯与他人配合对线，然后套上对应的芯线编号（电缆号头在裁剪过程中必须保证长度一致）；并将核对正确的电缆排列绑扎至接线区域。

（4）盘、柜内的电缆芯线，应垂直或水平有规律地布置，不得任意歪斜，交叉。

（5）用剥线钳剥除芯线护套，长度略大于接入端子排需要的长度，且所有线芯长度一致，剥线钳的规格应与线芯界面一致，不得损伤芯线。

（6）对于螺栓式端子，需将剥除护套的芯线弯曲，弯曲的方向为顺时针，弯曲的大小和螺栓的大小相符，不宜过大，否则会导致螺栓的平垫不能压住弯曲的芯线。

（7）对于插入式接线端子，直接将剥除护套的芯线插入端子，紧固螺栓。

（8）每个接线端子不得超过两根接线，不同截面芯线不允许接在同一个端子上。

（9）接线前应套上相应的线帽管，线帽管的规格和芯线的规格一致，线帽管长度一致，字体大小一致，字迹清晰不易脱落，线帽的内容包括回路编号、端子号和电缆编号。

（10）整理接线。整理电缆接线及盘、柜内配线，紧固端子排螺丝。电缆线芯弧度一致无扭曲、高度一致；电缆号头字迹清晰、方向一致、长度一致；备用芯高度一致；并将电缆号牌整齐统一悬挂于各电缆上，高度宜为电缆头上2cm处，可根据实际情况分层布置或单排布置，但必须保证电缆号牌左右对称、高度一致、无重叠现象；号牌上字迹清晰。

7.备用芯处理

电缆的备用芯应满足最高处端子的接线需要并留有适当的余量，可以剪成同一长度，每根电缆单独垂直布置。备用芯端部应统一热缩处理，并采用电缆号头进行标识区分。

8.接地

（1）电缆接地一般采用黄、绿相间截面不小于4mm²的多股铜芯线，将接地线由电缆背面编排绑扎至屏内接地铜排背面，采用接地线鼻子（与屏柜内接地铜排上螺栓相匹配）进行压接（每个线鼻子内压接的接地线必须少于3根，防止压接不紧密，导致接地线松动），并使用接地螺栓固定至铜排上，每个螺栓上固定的线鼻子不能大于两个。必须保证接地点明显、可靠；整体工艺美观。

（2）屏内接地铜排与电缆沟（电缆夹层）内等电位铜排连接（保护接地）。采用热熔焊接或配套铜鼻子（与接地线及铜排螺栓相匹配）进行压接。

9.质量验收

（1）施工图纸，设计变更或变更设计的技术文件齐全规范，设备接线图。

（2）接线符合施工图纸、设计和规范要求，接线正确，螺栓紧固。

（3）整体接线工艺美观。

（二十六）光缆接续施工

1.施工要求

光缆接续即熔接，由于光信号传输的特殊性，在进行接续施工时，要求由接续所引起的附加损耗要小，接续时间要短，接头的可靠性要高，且具有良好的机械性能，在接续过程中对接头以外的光纤无损伤，以保证光通信长期运行的稳定性能。另外，施工时要注意敷设光纤留有一定的裕度，以保证其具有一定的重复操作条件。每根光缆需预留20%以上备用芯。

2.影响接续损耗的因素

由于光纤接续所引起的附加损耗称为接续损耗。接续人员操作水平、操作步骤、盘纤工艺水平、熔接机中电极清洁程度、熔接参数设置、工作环境清洁度等均会影响熔接损耗值。

3. 降低光纤熔接损耗值的措施

（1）一条线路上尽量采用同一批次的产品。

（2）光缆敷设按要求进行，严禁打小圈、扭曲、牵引力不大于光纤允许值的 80%。

（3）选用经验丰富训练有素的光纤熔接人员进行操作。

（4）保证光纤熔接环境整洁，严禁在多尘及潮湿的环境中露天操作，接续部位及工具、材料应保持清洁。

（5）选用精度高的光纤端面切割器来制备光纤端面。切割的光纤应为平整的镜面，无毛刺，无缺损。

（6）熔接机的正确使用。根据光纤类型合理地设置熔接参数、预防的电流、时间及主放电电流、主放电时间等，并在使用中和使用后及时去除熔接机中的灰尘和光纤碎末。

4. 光纤接续的程序

光纤接续一般按以下的程序进行：

（1）除去套层，包括外护套和光纤束管，具体剥除长度根据接头盒的要求而定。

（2）裁剪和清洁光纤。将多余光纤剪掉，使用纸巾沾上无水乙醇清洗纤芯。

（3）在光纤中预先套上对光纤接续部位进行补强的热缩套管。

（4）切割光纤、制备端面，包括剥涂覆层、清洁光纤和切割，其中，切割是最关键的环节，切刀的摆放要平稳，切割时，动作要自然平稳、不急不缓，避免断纤、斜角毛刺及裂痕等不良端面的产生，同时要谨防端面污染。严禁在端面制备后穿入热缩套管，否则应重新制备端面。

（5）将制备好端面的光纤放入熔接机的 V 形槽中，盖上 V 形槽压板和防风罩。

（6）熔接光纤。

（7）热缩管加热，对被接续部位加以补强保护。

（8）盘纤整理。

（9）对接头性能进行测试及评定，方法有功率计测试法、光时域反射仪（OTDR）测试法（后向反射法）等。

（二十七）电气试验

公司为电网工程类特级调试单位，可承担各种规模的电网工程的调试业务。已负责了国内外多个 110kV、220kV、750kV 变电站及 ±800kV 换流站的调试工作，积累了丰富的实践经验。为了本换流站调试工作顺利进行，公司派遣多名具有丰富调试经验和较高理论水平的专业调试人员负责本工程调试任务。

调试队伍拥有全国一流的保护、通信、远动系统调试装备和高压试验设备。能够独立开展各种电压等级设备的全部常规试验以及 750kV 变压器、750kV GIS 组合电器耐压和局放等大型特殊试验；能够独立进行 750kV 变电站的所有二次系统调试，已具备换流站的二次系统调试能力；拥有光纤熔接及测试设备，能够进行高压线路 OPGW 光缆的接续和测试工作；拥有高压电气试验大厅、安全工器具试验站、导线静拉力试验室、电测仪表检验室、互感器检验室、瓦斯及压力释放阀校验室、油化实验室等，并且均已通过 CNAS 认证。

该站调试工作严格执行公司调试方案，并根据该变电站工程要求、特点编写调试作业指导书，对调试工作的内容、范围、项目、调试步骤、操作方法、技术规定与要求等作出具体规定、说明，经公司审批，报监理工程师审批合格后执行。

该变电站调试工作主要分两个大项，包括电气设备交接试验和保护装置调试及系统传动试验。调试过程中，结合安装施工进度合理开展工作。调试工作初期，对变电站所有一次电气设备进行交接试验，同时开展已具备试验条件的保护及其他二次设备的调试工作，如保护装置单体调试。二次接线开始后，及时做好已完工二次回路部分的检查，如二次控制回路、电压回路、电流回路等。

交接试验是对一次设备电气性能的检验，是直接保证一次设备安全可靠运行性能的重要工序。在做高压试验过程中要严格按照国家标准要求进行检验，对发现的问题要认真分析解决。所有高压电气设备，要严格按照《电气装置安装工程　电气设备交接试验标准》（GB 50150—2016）有关要求进行试验，试验人员必须两人以上，试验项目应齐全，并做好原始记录。

电气设备在进行与温度及湿度有关的各种试验时，应同时测量被试物温度和周围的温度及湿度。绝缘试验应在良好天气且被试物温度及仪器周围温度不宜低于 5℃，空气相对湿度不宜高于 80% 的条件下进行。当超过规定时，必须采取相应的可靠措施进行，测得的试验数据应进行综合分析，以判断电气设备是否可以投入运行。

1. 变压器交接试验项目

（1）绝缘油试验。

（2）绕组连同套管的直流电阻测量。

（3）检查所有分接的电压比。

（4）变压器的三相接线组别和单相变压器引出线的极性。

（5）铁芯及夹件的绝缘电阻测量。

（6）绕组连同套管的绝缘电阻、吸收比或极化指数测量。

（7）非纯瓷套管的试验。

（8）绕组连同套管的介质损耗因数与电容量测量。

（9）变压器绕组变形试验。

（10）绕组连同套管的交流耐压试验。

（11）绕组连同套管的长时感应耐压试验带局部放电测量。

（12）额定电压下的冲击合闸试验。

（13）有载调压切换装置的检查和试验。

（14）噪声测量。

（15）相位测量。

2. 六氟化硫封闭式组合电器交接试验项目

（1）主回路导电电阻试验。

（2）封闭式组合电器内各元件的试验。

（3）主回路的交流耐压试验。

（4）气体密封性试验。

（5）SF_6气体中水分含量测量。

（6）SF_6气体密度继电器及压力表校验。

（7）组合电器的操动试验。

3．隔离开关交接试验项目

（1）绝缘电阻测量。

（2）控制及辅助回路绝缘试验。

（3）主回路及接地刀闸的回路电阻测量。

（4）检查操作机构线圈的最低动作电压。

（5）操动机构试验。

（6）交流耐压试验。

4．氧化锌避雷器常规交接试验项目

（1）外观检查。

（2）工频或直流参考电压的测量。

（3）检查放电计数器动作情况和避雷器绝缘测试。

5．保护传动试验

（1）保护传动所需要的试验仪器必须经过定期校验，检定合格后才允许出库在试验中使用。

（2）传动前直流电源应完好，小母线接线完善并通电正常。

（3）各套保护在直流电源正常及异常状态下，是否存在寄生回路。

（4）现场工作应按图纸进行，严禁凭记忆作为工作的依据。保护装置二次线变动或改进时，严防寄生回路存在，没用的线应拆除。

（5）每一套保护应严格按照规程和厂家说明书进行检验。按照保护定值模拟各种故障，保护装置各跳闸出口回路、各信号指示正确，保护信息子站报文正确。

（6）试验接线回路中的交流、直流电源及时间测量连线均应直接接到被试保护屏的端子排上。交流电压、电流试验接线的相对极性关系应与实际运行接线中电压、电流互感器接到屏上的相对相位关系（折算到一次侧的相位关系）完全一致。

（7）对重合闸装置，其相互动作检验应接到模拟断路器的跳合闸回路中进行。对该项检验特别需要注意试验项目完整正确并安排好检验顺序，应事先按回路接线拟定在每一项试验哪些继电器应该动作，哪些不应该动作，哪些信号应有表示等，在试验过程中逐项核对。

（8）所有在运行中需要由值班员操作的把手及连片的连线、名称、位置标号是否正确，在运行过程中与这些设备有关的名称，使用条例是否一致。

6．监控系统调试

监控系统的调试工作分为工厂调试和现场调试两个阶段。现场阶段的调试工作包括监控系统现场安装组建、通信软件调试、数据库及监控界面的修正与完善、系统传动和远动信息上送等几个方面。

监控系统现场安装组建要从设备开箱开始就严格把关，仔细检查设备有无损坏，严禁未进行硬件检查，而将设备上电。监控系统组网过程中，要注意网卡及连接插头的可靠性，对采用不同种类的通信电缆的通信网要考虑相应的保护措施。

通信软件调试在现场调试困难，在已投运的变电所的调试过程中已屡见不鲜，要解决好这一问题，必须在规约问题上提前引起重视，及早组织协调会将本站所用设备的厂家、调度远动部门与监控厂家聚在一起相互通气，做到问题早发现早处理、避免相互扯皮。

数据库及监控界面的修正与完善，这部分的工作量一般来说在现场是很大的。任何监控系统尽管在工厂阶段解决了软件平台的搭建和数据库的建库工作，但不可能把所有的现场问题都解决，在现场难免会有诸多结合现场实际情况和业主或生产部门的要求而进行的修正。这部分工作可分为以下几项：数据库中测点定义的复核、模拟量采样精度的修正、各种画面和曲线的修正及补充、各种可生成报表的编制及定义。

系统传动和远动信息上送要和具体设备结合起来工作，要求监控调试人员和其他各专业人员协调密切配合。

站内通信系统设备的调试工作比较独立，可以与其他工作并行进行。通信系统担负着如下功能：调度通信、远动数据传送、提供保护复用通道。其中调度通信的调试要提前进行，保证在站内一、二次设备安装调试完毕时，具备远动数据传送和提供保护复用通道的能力，并在监控系统调试过程中，配合完成同各级调度部门、运行部门的远动数据传送工作和保护装置的系统对调工作。

7．整组传动试验

（1）断开断路器的跳、合闸回路，接入断路器模拟装置，每一套保护单独进行整定试验。按保护的动作原理通入相应的模拟故障电压、电流值，检查保护各组件的相互动作情况是否与设计原理相吻合，当出现动作情况与原设计不相符合时，应查出原因加以改正。如原设计有问题及时向技术部门反映，待有关部门研究出合理的解决措施后，应重复检查相应回路。

（2）检测保护的动作时间，即自向保护屏通入模拟故障分量至保护动作向断路器发生跳闸脉冲的全部时间。

（3）各保护的整定试验正确无误后，将同一被保护设备的所有保护装置连在一起进行整组的检查试验，以校验保护回路设计正确性。

（4）检查有关跳合闸回路、防跳回路、重合闸回路及压力闭锁回路动作正确性。

（5）检验各套保护间的电压、电流回路的相别及极性（包括零相）与断路器回路相别的一致性以及各套保护间有相互连接的每一直流回路，在整组试验中都应能检验到。

（6）检查有关信号指示是否正确，做各种瞬时和永久故障，整个控制室及监控设备的各个动作信号应完全正确。

（7）检查各套保护在直流电源正常及异常状态下是否存在寄生回路。

（8）检验有配合要求的各保护组件是否满足配合

要求。

（9）接入断路器跳合闸回路，模拟各类故障状态进行传动试验，检查断路器跳合闸回路应正常。

（10）整组试验结束后，需要复试每一元件在整定点动作值。其值应与原定值相同。

（11）调试结果要符合国家规程要求及厂家技术说明书数据要求。

8. 光纤信道联调

光纤信道联调应在调度部门的统一领导下与线路对侧的光纤保护配合一起进行。

（1）测试信道的传输衰耗和接收电平。

（2）测定传送电流的幅值和相位。

（3）检验时间同步性和误码校验的精度。

（4）测试光纤闭锁保护区内、外故障时的动作情况。

9. 带负荷试验

（1）利用一次负荷电流和工作电压，测量二次电压、电流的相位关系。

（2）核对系统相位关系。

（3）检查 $3U_0$、$3I_0$ 回路接线应满足保护装置要求。

（4）测量交流电压、电流的数值，以实际负荷为基准，检验电压、电流互感器变比是否正确。

（5）核查保护定值与开关量状态处于正常。

（6）带负荷检验正确后，恢复保护投入压板，保护恢复正常，申请投入方向性组件，保护进入正常运行状态。

（二十八）冬季特殊施工措施

根据《建筑工程冬期施工规程》（JGJ/T 104—2011）的规定，室外日平均气温连续 5d 稳定低于 5℃ 即进入冬期施工；当室外日平均气温连续 5d 稳定高于 5℃ 时解除冬期施工。

冬季施工必须克服寒冷天气对工程质量和安全生产的影响，关键要做好施工前的准备工作和施工中的检查工作，每项工程施工前，技术人员要结合具体气象条件及工程任务特点，详细地做好对施工人员的技术交底，保证每个施工人员了解每一步施工要求，并监督施工人员按施工方案的要求执行。

整个施工周期作业范围内采用搭接合理、有序的工序，非特殊需要和赶工原因外，在不影响工程质量和合理的前提下，可以根据实际情况调整施工工序。

1. 冬季施工一般要求

（1）施工前首先编制冬季施工措施，并经监理及业主项目经理批准后方可实施。

（2）施工前组织相关作业人员进行安全技术交底，做到作业前不交底不施工，作业人员对冬季施工安全措施不清楚不施工，交底人及被交底人未在双方签字书上签字不施工，并保留签字记录。

（3）备好保证低温施工的防寒、保温材料。

（4）备好适用低温施工的机具。

（5）做施工机具的保温、防寒、防火、保安设施。

（6）调整工地运输条件，保证运输效率与安全。

（7）加强与气象预测单位联系，预防寒流侵袭。

（8）对职工进行冬季施工的教育。

2. 冬季主要设备管理措施

（1）下雪天气不得运输重要电气设备。

（2）设备到货开箱后要集中放置设备库房或存放场，并做好防冻、防潮工作。

（3）露天放置的设备、仪表开箱验收后，先用塑料布防护，再恢复原包装要用帆布进行全面封盖。

（4）电气设备安装及调整应考虑气温对设备和测量器具所造成的影响，并采取相应的保温措施。

（5）电缆敷设冬季施工措施

（6）电缆敷设前应清除走道上及电缆沟里的冰雪及杂物，并采取防滑措施。电缆展放时搭设保温棚，电缆轴放在保温棚内，防止电缆冻裂，电缆敷设时环境温度不得低于电缆的使用条件。电缆存放地点环境温度低于电缆的使用条件时，不要放电缆，等电缆在温暖地方存放 24h 后再敷设。长时间电缆敷设人员要注意保暖，以防冻伤。室外敷设电缆时不得用力摔打电缆以免将电缆皮摔裂损坏绝缘。

（7）高压电气设备电气试验冬季施工措施。冬季施工，对有些电气设备的高压电气试验受温度影响较大，如高压套管试验、变压器试验等等。所以对有些电气设备试验应采取保温措施，通过搭设工棚并放置电暖气进行升温（应采取相应的防火措施）。

3. 防冻措施

（1）冬季施工前，施工人员应在项目部安全员的组织下，准备充足的防寒服、棉安全帽等御寒用品，项目部采取集中供暖或电采暖的方式，以防冬季施工时发生人员冻伤事故。

（2）对消防器具应进行全面检查，对消防设施应做好保温防冻措施。

（3）真空泵、滤油机等机械设备夜间不用时必须将油、水放净，防止泵体和管路冻裂。机动车辆晚间停用后，水箱必须放水。循环水打压用的塑料管必须将水放尽，以防水箱及管子冻裂，油箱及容器内的油料冻结时，应采用热水或蒸汽化冻，严禁用火烤化。

（4）在低温下高空作业及使用手锤及大锤时，需佩戴防寒用品，以防手脚冻僵发生危险。

（5）各种设备、仪器应有防冻、恒温设施，确保其精确度。对重要设备和精密仪器应采取特殊保护措施，防冻、防潮，防止设备和仪器的损坏。

（6）气温低于 −5℃ 进行露天作业时，施工现场附近应设取暖休息室，取暖设施应符合防火规定，施工采暖供热设施必须悬挂明显标志，防止人员烫伤。

4. 防滑措施

（1）施工区域的冰雪应及时清除，尤其是道路、脚手架、跳板和走道上的冰雪应及时清除，并采取相应的防滑措施。

（2）起重作业时，应注意物体与地面，物体与物体之间的冻结，起重作业时，应检查起重物件是否捆绑牢固，是否防滑，如遇大风、大雪、大雾等恶劣气候条件时禁止吊装作业。

（3）高空作业配备好相应的安全防护设施，并在施工前检查施工现场，清理杂物和积雪，由于天气寒冷，肌肉容易发僵，因此登高前有必要进行一些热身运动，高处作业或吊装过程中应精力集中。

5. 防火措施

（1）进入冬季施工前，应对消防器具进行全面检查，对消防设施做好保温防冻措施。

（2）对取暖设施应进行全面检查，并加强用火管理，施工现场严禁明火取暖。

（3）由于冬季用电负荷增大，电工应对有关线路进行全面检查，并清除周围的易燃物，以防发生电起火现象。

（4）在易燃、易爆、配电设施区域应挂标志牌和警示牌。

（5）由于冬季施工比较干燥，电火焊作业应检查周围及下方有无易燃物，并采取可靠的措施，下班前必须检查火种是否全部熄灭，电源可靠断开，确认无误后可离开。

（6）氧气瓶、乙炔瓶要保持至少5m的距离，气瓶和明火的距离不得小于10m，以防发生爆炸事故。

6. 防风措施

不宜在大风天气进行露天焊接，如确实需要时，应采取遮蔽防止静电及火花飞溅措施。

7. 防中毒措施

（1）为防止因生火、取暖或食堂等场所发生煤气中毒事故，应安装一氧化碳报警器，指定专人负责巡视检查。检查火炉使用情况，是否有发生火灾、煤气中毒的危险。

（2）封闭的场所必须有通风换气措施，燃气热水器必须安装在通风良好的地方，使用时必须保持通风。

8. 防交通事故措施

（1）广泛开展冬季行车安全教育，落实防冻、防滑、防雾和防火等具体措施，进一步提高驾驶员的冬季行车安全意识。

（2）冬季要特别加强车辆的维护、保养，杜绝由于车辆故障而引发事故。按照规定及时安排对车辆进行维修和保养，做到定期检查、计划维修、合理使用，使车辆始终保持良好的状况。

（3）认真贯彻落实车辆的各项管理制度，做好车辆的换季保养工作，要采用符合冬季使用的防冻液、润滑油和制动液、发动机和散热器外壳要安装防寒保温罩，尤其是刹车系统、转向系统、灯光系统必须完好可靠，确保车辆处于良好的技术状况。

（4）运输设备及材料的汽车、拖拉机等轮胎式机械在冰雪路面上行驶时，应装防滑链，车辆行进中应保持行车距离，并适当拉长车距降低车速，防止尾追事故的发生。

9. 事故应急预案

要完善现场事故应急预案制度，建立冬季安全生产值班制度，落实抢险救灾人员、设备和物资，一旦发生重大安全事故时，确保能够高效、有序地做好紧急抢险救灾工作，最大限度地减轻灾害造成的人员伤亡和经济损失。

三、施工机具需求计划

（1）为加快施工进度，提高施工质量，公司使用性能优良的施工机械进入施工现场。

（2）所有大型机械进场前都应进行相应的检测，确保机械不带病运行，保证施工安全。

（3）加大科技投入力度，大力开发、引进新仪器、新设备、新工艺。近几年我公司先后购置大批先进施工器具、试验仪器，已在施工中取得良好效果，不但提高了劳动生产率，而且降低了工程成本。

（4）主要机具配置计划见表2-9-5-7。

表2-9-5-7　　主要机具配置计划

序号	名称	型号	单位	数量	进场时间
1	挖掘机	WL-50	台	4	2023年3月
2	挖掘机		台	2	2023年3月
3	推土机	Jsb1	台	3	2023年3月
4	压路机		台		2023年3月
5	打夯机	HC70	台	5	2023年3月
6	发电机	50GF112	台	1	2023年3月
7	钢筋弯曲机	GW40	台	1	2023年4月
8	钢筋调直机	GJ6	台	1	2023年4月
9	钢筋切断机	QJ40	台	1	2023年4月
10	混凝土搅拌机	JS350	台	1	2023年3月
11	混凝土输送泵	PY21	台	1	2023年3月
12	混凝土运输车		台	2	2023年3月
13	插入式振动棒	ZX50C	台	8	2023年3月
14	履带吊车	260t	辆	1	2023年5月
15	汽车吊	50t	辆	1	2023年5月
16	汽车吊	25t	辆	1	2023年5月
17	汽车吊	16t	辆	1	2023年5月
18	履带吊车	250t	辆	1	2023年5月
19	自卸吊	12t	辆	1	2023年5月
20	滤油机	12000L/h	台	2	2023年9月
21	真空机	600L/s	台	1	2023年9月
22	干燥空气发生器	100m³/h	台	1	2023年9月
23	全站仪	—	台	1	2023年3月
24	水准仪	—	台	2	2023年3月
25	液压导线钳		台	2	2023年9月

续表

序号	名称	型号	单位	数量	进场时间
26	导线压接机	—	台	2	2023 年 9 月
27	力矩扳手	—	套	2	2023 年 9 月
28	电动扳手	—	套	4	2023 年 9 月
29	风枪	—	套	6	2023 年 9 月
30	滑轮	2t	套	4	2023 年 9 月
31	手扳葫芦	3t	套	2	2023 年 9 月

四、材料、消耗材料需求计划

（一）资源计划

（1）提前做好设备供应计划，必须保证准时到货，实行设备、材料验收备案，台账追踪管理。

（2）提前做好送检报验，不合格，不满足达标设备材料严禁入场。

（3）对特殊设备、材料统一集中管理，严格按时间控制。

（4）严格按计划制定设备进场，使用时间表，限期使用。

（5）主要设备材料需用量计划见表 2-9-5-8。

表 2-9-5-8　　主要设备材料需用量计划

序号	设备材料名称	供货方	到货时间
1	钢管构、支架	发包方	根据工程需要至少提前一周到场
2	一次设备	发包方	根据工程需要至少提前一周到场
3	二次设备	发包方	根据工程需要至少提前一周到场
4	混凝土	承包方	根据工程需要至少提前一周到场
5	钢材	承包方	根据工程需要至少提前一周到场
6	盖板	承包方	根据工程需要至少提前一周到场
7	装饰材料	承包方	根据工程需要至少提前一周到场
8	接地材料	承包方	根据工程需要至少提前一周到场
9	乙供电缆、导线、金具	承包方	根据工程需要至少提前一周到场
10	电缆支架、槽盒	承包方	根据工程需要至少提前一周到场
11	乙供箱体	承包方	根据工程需要至少提前一周到场

（二）准备要求

（1）开工前做好各项准备工作，包括编制技术资料、建造临建设施，组织人员和机具进场、材料采购进场等，争取早日开工。

（2）编制项目管理实施规划、施工安全管控措施、绿色施工策划及一般和特殊施工方案，并进行详细的技术交底，确保工程施工质量和施工安全。

（3）合理安排各分项工程、分部工程、单位工程的施工顺序，划分施工层、施工段，配置劳动力，组织有节奏、均衡、连续、有序的流水施工。

（4）开工前进行施工图纸会审，施工中积极与设计工代联系，及时向设计工代反映出现问题，尽早解决设计变更问题。

（5）根据各工序施工进度目标，编制详细的材料、设备、机具进场计划，指导采购、加工、运输等各项工作，确保及时到位。

（6）施工中要根据工程实际进度情况，围绕关键线路，及时调整施工进度计划，必要时考虑部分工序交叉施工。

（7）土建施工要充分利用站内工作面较多，采取积极措施，多采用机械施工。

（8）做好雨季施工防护措施，减少天气对施工进度的影响。

（9）开展 QC 小组活动，集思广益，采取新工艺、新技术、新措施来缩短工期。

（10）加强工程施工质量和安全管理，确保施工质量和安全，避免出现质量和安全事故，造成工程返工，延误工期。

第六节　施工管理与协调

一、技术管理及要求

深化关键施工技术研究，落实"两型一化""两型三新"技术要求，推广应用"五新技术"（新技术、新工艺、新流程、新装备、新材料），提升施工装备水平，提高机械化作业水平，确保安全和质量、提高施工效率。

（1）做好图纸预审、会审工作。在收到本工程设计文件和施工图纸后，由项目总工组织相关技术、质量、安全人员结合国家现行标准、规范进行认真审阅并做好记录，充分了解设计意图，积极与设计单位联系，把握设计思路。认真准备和积极参加由业主单位组织召开的施工图交底及会审会议。提前与业主单位联系并请其提供本工程设备的合同、安装资料、出厂试验报告等技术资料，以便做好安装的各项准备工作和接运、开箱的配合工作。

（2）做好培训工作。针对本工程的施工重点和难点，对参与项目实际过程控制的有关人员进行技术培训。

（3）做好技术交底工作。技术交底应分阶段依次进行，分为公司级交底、项目部级交底、班组级交底。技术交底必须有的放矢、内容充实、注重实效，具有针对性和指导性。对标准工艺应用、质量通病防治、强制性条文执行等进行单独交底。本项目工期较长，除开工前交底外，至少每月再交底一次，重大危险项目在施工期内，宜逐日交底。技术交底必须有交底记录，交底人和被交底人要履行全员签字手续。各项施工内容未经技术交底不得施工。

（4）做好施工技术措施保障工作。工程开工之前，由项目经理组织编制详细的"项目管理实施规划"，经公司职能部门审核及总工程师批准后，按规定报监理工程师及业主审查，通过后作为工程施工的指导性文件。

（5）在分部（分项）工程开工前由施工技术人员根据项目管理实施规划、施工图纸及其他相关技术资料编制本工程施工安全技术措施或作业指导书，经审核批准后用于规范和指导施工作业。

（6）作业指导书及各项施工技术措施依据现行国家标准、规范及行业标准、安全规程、强制性条文、国网公司制度等要求，还根据现场调查和实际情况，因地制宜、有针对性地合理编制，要在保证质量和安全的条件下指导施工、提高效益、降低损耗、节约成本。

（7）作业指导书及各项施工技术措施严格按照公司《整合体系管理手册》《国家电网公司施工项目部标准化工作手册》（2021年）等要求进行编写、审核、批准。及时完成各类施工文件报审工作。

二、物资管理及要求

（一）物资的交接

工程开工前，根据施工合同工期要求及业主施工进度一级网络计划，制订本工程二级网络施工进度计划和设备、材料供货计划，所有设备、材料根据施工进度计划需求按期供货。项目部现场设专人负责物资全部的设备、材料的运输、供应、质检、保管及领用等工作。

1. 发包人提供物资的交接

（1）按照招标文件规定，发包方提供的除换流变压器由大件运输单位卸货至指定地点，配电装置及站用变等基础交货外的所有物资均为现场车板交货，到货后应由承包人及时卸货，不得另外收取费用。

（2）根据物资到货时间，提前准备卸车场地及机具，并负责保证运输车辆在换流站内行驶路线的畅通，以及卸车时的安全。

（3）物资到货交接时，承包人物资管理专责应根据到货清单，清点件数，做好交接手续，并填写交接单。

（4）对有外包装箱的物资，交接时应检查外包装箱是否有破损，如有应及时通知建设管理单位或监理单位，在交接单中注明，并做好影像记录，作为设备缺陷依据。

（5）对无外包装的物资，交接时应检查表面是否有碰损、划痕等缺陷，在交接单中注明，并做好影像记录，作为设备缺陷依据。

（6）对在运输过程中装有冲撞记录仪的设备、附件，应在卸车前后分别会同监理、业主物资代表等，对数值验看、记录及签证。

（7）物资交接后，由承包人负责物资的安全和保管工作，对有储存要求的物资应严格按照厂家标识和要求妥善保管，并做好保管检验记录。

施工物资管理流程如图2-9-6-1所示。

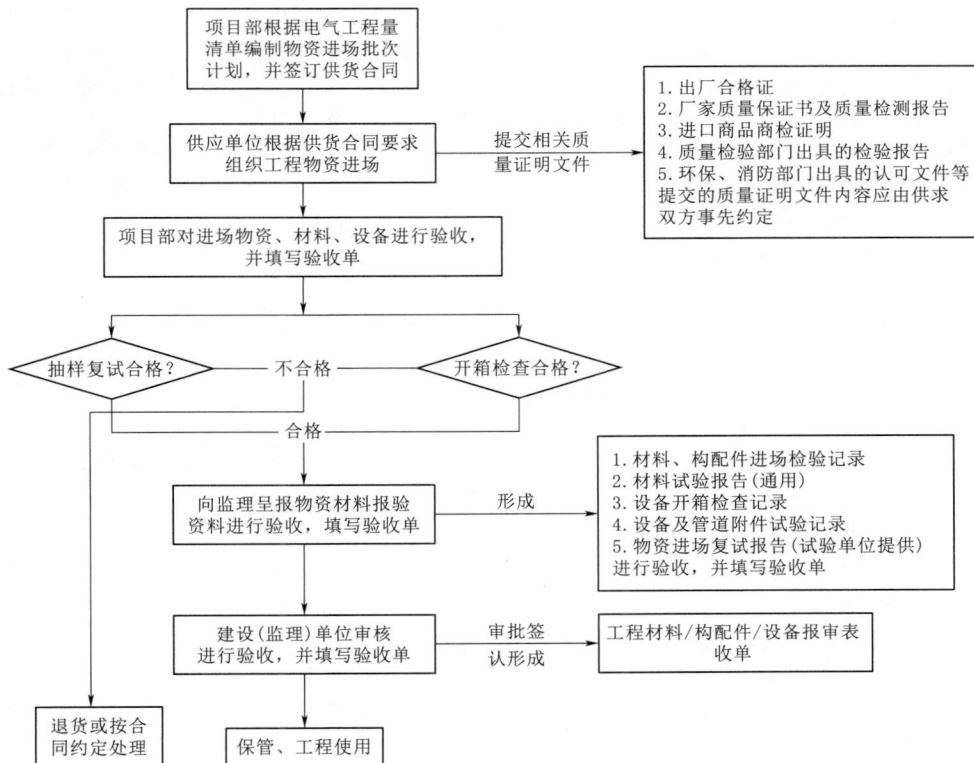

图2-9-6-1　施工物资管理流程图

2．承包人提供物资的交接

（1）委托承包人采购的设备、材料的招标采购技术规范书、采购方案、采购结果等须报发包人审定（包括材料和工程设备的名称、规格、制造商、数量及供货时间）。承包人按进度计划及时开展所负责的设备材料采购，并将有关的采购结果及时向设计单位、业主或监理人报告。

（2）对自购物资，应由承包人物资管理专责按到货清单进行实物清点，检查物资有无短缺、破损，如有应及时通知公司物资供应部门进行解决，以不影响工程正常施工。

（二）开箱检查工作

1．发包人提供物资的开箱检验

（1）根据工程进度需要，在物资使用前，提前向监理单位书面申请，并与业主、物资代表、厂家共同参加监理单位组织的设备开箱检验工作。

（2）开箱检查时，首先检查产品实体外观质量，检查产品有无破损、表面生锈、磕碰等现象；按照装箱清单、产品技术协议、设计图纸认真核对产品合同号、数量、型号、规格（技术参数）是否正确，产品质量证明文件（包括产品出厂合格证、检验、试验报告等）、厂家说明书和图纸资料是否齐全、完整，以及备品备件、专用工器具、随产品所带试验设备等是否齐全、完好。项目部资料员应实时收集产品质量证明文件、厂家说明书和图纸。

（3）在设备开箱检查过程中发现的任何问题，均应认真登记，对存在影响设备安装质量的缺陷，应填写"工程材料/构配件/设备缺陷通知单"，及时向业主和监理单位反馈，尽快予以协商解决。

（4）设备开箱后应及时填写开箱单，由参加检查的各方代表共同在开箱检查记录上签字确认，填写完毕后由监理、施工单位留存归档。

（5）在设备开箱过程中，按照《国网基建部关于印发＜输变电工程安全质量过程控制数码照片管理工作要求＞的通知》（基建安质〔2016〕56 号）文件要求，做好数码照片的采集工作。

2．承包人提供物资的开箱检验

（1）承包人提供的物资，应在进场后及时进行自检，自检合格后填写"乙供工程材料/构配件/设备进场报审表"，向监理单位报审，监理单位除对质量证明文件审查外，还应对实物质量进行验收，审查和验收合格后方可用于工程。

（2）按合同约定或规范要求及监理人指示，部分物资需要进行材料的抽样检验和工程设备的检验测试，检验和测试结果应提交监理人。

（3）承包人应提供检验、测试及试验任何材料或设备通常所需要的协助，包括劳力、电力、燃料、储藏室、仪器及仪表，并应在这些材料或设备等用于工程之前，按监理人的选择和要求，提供材料样品以供试验。

（4）对于需要第三方试验（检测）机构进行试验

（检测）的物资，承包人应提前将第三方试验（检测）机构的资质向监理单位报审，并在监理人员的见证下进行取样，填写"材料试验委托单"，试验（检测）报告及时向监理单位报验。

（5）在以下情况下合同约定所发生的相关检验费用由承包人承担：

1）合同约定由承包人承担检验费用。

2）招标文件规定由承包人在投标文件中对检验费用进行报价。

（6）如果监理人要求的任何检验，未在合同中约定或未明确指明费用承担人；或尽管约定或指明，但是该检验既不在施工场地，也不在制造加工或准备这些材料、设备的地点进行检验，而检验结果表明，材料、设备及操作工艺未按合同约定满足监理人的要求，则有关的费用应由承包人承担。

（7）承包人采购的物资不符合设计或有关标准要求时，承包人应在监理人要求的合理期限内将不符合设计或有关标准要求的物资运出施工现场，并重新采购符合要求的物资，由此增加的费用和（或）延误的工期，由承包人承担。

（三）物资入库管理

承包人建立现场设备和材料仓库，仓库的条件满足各类设备材料的保存要求；建立物资台账、保管和领用制度，做好安全措施，确保物资不损坏、不遗失。

1．物资的验收与保管

（1）物资到达现场后，施工单位应根据物资计划表、采购计划和送货清单对所到物资的规格、型号、数量、外观质量及产品质量证明文件进行仔细核对，并填写材料检验记录表、物资台账、设备材料（进）出库记录表；如发现物资数量、规格、型号不符或资料等不齐全时，不得办理入库手续。

（2）未经办理入库手续的物资一律作待检物资处理放在待检区域内，经检验不合格的物资一律退回，放在暂放区域，同时在短期内通知材料专责负责处理。

（3）验收过程中发现的问题，验收人员要分清情况进行处理：

1）物资运到仓库后，由于单据不全，库管员无法进行验收，可作为"待验入库物资处理"，临时单独存放保管，待证件齐全后再办入库手续，但库管员应及时与相关的业务主管联系催促处理。

2）随货的质量证明书、材质报告、合格证等相关资料，应随货一同到库，如不全，库管员应立即同材料专责联系处理。

3）运输途中损坏及丢失的物资。库管员在验收签单时，应认真填写损坏或丢失程度、数量等，并及时向材料专责反映并督促落实。

（4）验收合格入库的物资，应按不同属性分类定置存放，并挂牌作出标识，标识的内容包括名称、规格型号、数量、材质。钢材应注明生产厂及批号。

（5）露天货场存放的设备要按规定进行上盖下垫，

堆放整齐，采取措施防锈、防腐、防变形。

（6）对易燃、易爆、油料及化学药品一律入库分类存放，相互之间留出安全距离，标识清楚，库外设安全标识牌。

（7）建立化学危险品的储存台账，对物资名称、数量、入库日期、说明书编号等进行记录并定期清点。

（8）化学性质或防护、灭火方法相抵触的化学物品不得在同一仓库或同一储存室内存放；遇火、遇潮容易燃烧、爆炸或产生有害气体的物品，不得在露天、潮湿、漏雨和低洼容易积水的地方存放；受阳光照射容易燃烧、爆炸或产生有害气体的物品及桶装、罐装的易燃液体、气体应在阴凉通风的地点存放。

（9）桶装汽油要单独存放在危险品库房，装桶时应按照规程要求留有不少于7％的空隙，以防止受热溢出或胀裂油桶，油桶的开启要使用专门的铜扳手，防止静电起火；存放汽油（含各种洗油）的区域内严禁烟火，各种警示牌醒目。

（10）各种气体应按属性分类、集中保管，各种钢瓶依照有关规定按时做压力检验；乙炔和其他气体的存放距离不小于10m；装有气体的钢瓶不在露天存放；各种气体钢瓶配齐防护胶圈和嘴护罩，保证颜色鲜明，字迹清晰。

2. 出库管理制度

（1）"三不"：未接领料单不翻账、不经审单不备货、未经项目部材料专责复核不放行。

（2）"三核"：发货时核对领料单、核对账卡、核对实物。

（3）"五检查"：单据和实物进行品名检查、规格检查、包装检查、件数检查、重量检查。

（4）领发料时，要做到共同过磅、检尺、点数，检查品名、规格、质量，如有不相符，应当场纠正，避免日后责任不清。

（5）仓库保管要根据领料单发货，并及时登记物资台账。

3. 物资现场管理

（1）施工前，在充分调查的基础上合理布局料场、库区，按施工组织，安排做好物资计划，备齐开工用料。

（2）进入施工现场与工程质量有关的物资必须有出厂合格证或材质证明书（抄件要核准）。工地管库人员要妥善保管物资的技术资料，进行编号登记。

（3）大力推广节能节约的新技术、新工艺、新材料、新方法，配合有关部门广泛采用"五新"技术，降低成本。要以强化责任成本管理、提高经济效益为目的，建立以限额发料为主的物资现场管理机制，实行限额发料，杜绝物资使用上的超耗和浪费现象。

（4）在工程收尾中，要认真核算剩余工程量，严格控制进料数量，做到工完料净场地清。工程竣工后，及时清理现场，盘点剩余材料。项目部材料专责在工程竣工后20个工作日内，将所用的材料进行核对（包含甲方提供的材料），并进行统计分析，撰写工程材料总结，报

物资供应部。

三、资金管理及要求

（一）预付款使用计划

预付款作为工程的启动资金，保证工程顺利开工，资金分配利用如下：

（1）项目部、材料站、班组布置，设施配置。

（2）电气、调试工程中，工器具、机械设备、消耗性材料、周转性材料的配置。

（3）班组工程启动资金。

（4）工程前期工作相关费用。

（二）资金使用计划

资金计划是实现施工进度计划的保证，资金到位直接关系到总工期的实现。根据进度计划横道图、网络图安排本纲要的资金流量。资金由项目经理负责，经营专责具体办理。

四、作业队伍及管理人员管理及要求

保证本工程目标的实现，项目部安排了充足的作业队伍和管理人员，具体安排见本工程施工组织机构和总体安排。

（一）管理人员准备

（1）项目经理、项目总工由公司总经理直接任命。

（2）管理人员根据项目部组织机构的设置和本工程施工的具体特点，所有管理人员都必须具有丰富的变电站工程施工技术及管理经验，业务熟练，能胜任本岗位的工作。

（二）施工人员准备

每个班组有两部分人员组成：一部分是本公司技术水平高、思想政治过硬的技工和合同制工人组成的施工人员（主要包括队技术员、专兼职质安员、测工、焊工、机械工、高处作业人员等特殊工种）；另一部分为经过严格挑选和政审合格的普工（由劳务分包队伍提供）。所有人员在进入现场前必须进行安全教育培训、专业技术培训、思想政治教育培训，经考试合格后方可上岗从事工作。

所有施工人员应经过县以上级医疗部门检查，身体健康的班组员才能上岗。

五、协调工作（参建方、外部）

根据公司法定代表人的授权范围，协调参建方和外部的协调工作，在施工中，应本着友好、协商的原则正确处理与各参建单位、地方政府有关部门的协调关系。主要为以下工作：

（一）与各参建方的协调工作

（1）在施工期间应重点做好以下与设计单位的协调工作：

1）及时与设计沟通，随时反映施工中出现的各种问题，包括设计差错、地质条件不符、材料代用等。

2）施工中的有关疑难应及时与设计沟通，以便进行

妥善解决。

3）对施工图设计中的合理化建议。

4）设计图纸的出图情况等。

5）为现场设计代表提供生活、交通及工作方面的一切方便。

（2）在施工期间应加强以下与供货厂家的协调工作：

1）协调掌握材料的生产及供货情况，随时调整和安排施工进度。

2）协调材料的清点、检验和验收配合工作。

3）要求材料的出厂证明、材质报告、检验报告随货提供。

4）材料缺件的催交、补供等工作。

5）协调现场售后服务、督导等工作，为现场提供服务。

6）为厂家现场售后服务代表提供生活、交通及工作方面的一切方便。

（3）施工期间应加强与监理单位的沟通和协调，重点为以下工作：

1）施工中存在的问题应在监理协调会上如实反映。

2）施工的进度、图纸的提供情况、材料的到货情况、质量情况应及时向监理工程师进行汇报，以便进行妥善解决，避免影响施工进度。

3）施工中的合理化建议应与监理工程师进行沟通。

4）按要求与监理工程师协调材料的检验、分部工程的中间转序验收、质量监督检查等工作。

5）为现场监理代表提供生活、交通及工作方面的一切方便。

（二）与外部的协调工作

（1）施工期间应加强与地方政府的协调力度，配合施工方开工前及时召开地方协调会议。强调工程建设的重要性，在地方政府的大力支持和配合下开展政策协调工作。

（2）保持与地方政府各有关部门的联系，配合施工方重点做好与地方土地、林业、环保、公安、交通、电力、气象、卫生防疫等部门的各项协调工作，为施工的正常开展创造良好的条件。

六、分包计划与分包管理

（一）分包计划

本公司对部分工程量进行劳务分包，主体专业工程由施工项目部独立完成。

（二）分包管理

对于劳务协作队伍在资质、设备、技术、业务、荣誉等多方面进行综合评定，要保证分包商在国家电网公司合格分包商名录中，择优选择施工单位，并经甲方及监理工程师同意。确定分包商后，及时签订分包合同，并且签订安全协议。本公司项目部对劳务协作队伍进行全方位的管理。

1．质量管理方面

（1）施工资质等级。

（2）劳务协作队伍人员，特别是进入工地有关施工人员的质量职责和权限的规定文件。

（3）劳务协作队伍的质量管理办法。

（4）有类似工程施工的经验，近三年施工工程情况。

（5）服务情况。

2．安全管理方面

（1）劳动部门颁发的"安全施工合格证"和近三年无人身伤亡记录。

（2）安全管理机构及人员配备。

（3）安全管理制度及办法。

（4）保证安全施工的机械、工器具及安全防护设施、用具的配备。

3．技术管理方面

（1）施工组织设计。

（2）施工管理实施细则或方法、措施。

（3）劳务协作队伍参加施工技术人员名单及职称证书。

（4）施工主要设备明细一览表。

4．经营管理方面

（1）营业执照、税务登记证。

（2）法人代表证书或委托法人证书。

（3）劳务协作队伍有足够的实力保证，包括资金、施工力量、管理力量。

（4）生产经营业绩。

（5）近三年财务报表。

（6）工程报价合理。

（三）工程管理、质量管理、工期管理、安全管理

通过签订工程劳务分包合同的具体条款约束及全过程工程管理，实现对本工程的质量管理、工期管理和安全管理。

1．质量管理

（1）将劳务分包纳入公司质量管理体系，实行工程质量的统一管理。

（2）对劳务分包工程的施工，派有丰富实际质量管理经验的质检员，配合监理工程师，对工程施工全过程进行监督检查。

（3）可能影响工程质量的关键材料，由公司统一采购。

2．工期管理

（1）劳务分包工程的施工进度计划，按整体工程的工期要求，进行编制。

（2）技术、安全、质管等部门经常深入现场配合施工，解决工程实际问题，以加快施工进度。

（3）建立健全劳务分包工程工期达标奖惩制度，并监督执行。

3．安全管理

（1）建立以项目经理为第一安全负责人，项目总工为安全技术责任人，由各部门单位领导和安全员组成的安全保证体系。建立健全各级安全责任制，做好层层抓安全、人人管安全、事事讲安全。坚决贯彻执行"安全第一，预防为主、综合治理"的方针。

（2）要求劳务协作队伍正确处理安全与效益、质量、进度等诸因素的关系。在任何时候、任何情况下都必须坚持安全第一。

（3）开工前，应组织施工人员进行一次安全工作规程、安全施工管理规定及安全规章制度的学习和考试，考试合格后方可上岗。

（4）重大施工项目必须编制施工方案和安全措施，并经项目总工批准，按技术交底制度认真进行技术交底，施工时严格按方案实施。

（5）建立健全劳务分包工程的各项安全制度。

（6）加强对劳务协作队伍施工过程的安全管理和监督，使其遵守公司安全管理规定，确保安全文明施工。

七、计划、统计和信息管理

（一）计划、统计报表

1. 编制依据

依据国家统计局和中国电力企业联合会（建筑业）报表制度的规定和工程建设管理处提供的格式和要求提供各类计划统计报表。

2. 编制原则和目标

计划、统计报表本着实事求是的原则逐级下达和上报，项目部审核汇总，要求达到规范、准确、及时、完整。

3. 编制和传递

（1）计划的编制按照工程的总体安排，结合现场实际情况进行编制。合同生效后半月内向监理工程师提交工程进度计划，资金需求计划等。

（2）由专人负责根据工程实际完成情况编制投资计划完成情况、实物工程量完成情况、物资情况统计报表以及施工质量、安全、文明施工、环境保护等状况、存在的问题及采取的措施等。

（3）每月 28 日向监理工程师提交各类统计报表，每季末提交下一季度的形象进度计划。

（4）各种计划、统计资料均采用计算机制作，提交的各种报表按照标准格式打印报监理单位和项目法人，并同时提交报表软盘。

（二）信息管理

1. 信息管理的目标

信息准确，传递及时，为工程管理做好保障。

2. 信息管理的措施

（1）本工程利用微信作为工程信息传递的主要手段，加强信息传递的准确性和快速性，提高工作效率。利用网络会议软件实现工程管理远程控制（即实现远程实时通信、在线审阅工程文件、工程信息等）。利用互联网的高效性，及时反馈工程的施工情况，为及时准确解决工程中存在的问题奠定了基础。

（2）项目经理部由项目总工程师负责工程信息管理的组织协调和检查工作，严格按公司制定的信息管理办法制定符合本工程的信息管理办法和措施。

（3）按要求进行系统软、硬件配置，专人负责工程信息的汇总、接收、传递和处理，做好工程信息管理日志的存档备查工作。

（4）项目经理部随时与业主、监理、设计、制造厂家及质量监督单位取得联系，听取其对工程管理的建议、意见和要求，改进工作质量。

（5）随时与班组保持信息畅通，发现问题及时解决，确保工程顺利进行。

3. 公司远程控制网络拓扑图

工地利用调制解调器（Modem）和当地市话系统联入国际互联网，公司与工地利用办公系统进行实时的联系，工地可利用数码相机和扫描仪等设备将工地的实际情况传回公司总部，再由公司总部的领导和技术人员进行分析，利用公司的基础数据库的大量基础数据，讨论出解决方案，再传回工地，指导工地的施工，以达到实时控制的目的。

（三）工程竣工资料和施工记录的编制移交

1. 目标

齐全、真实、整洁、及时，符合档案管理和达标投产的要求。

2. 编制原则及措施

（1）工程竣工资料和施工记录本着实事求是的原则进行编制。

（2）工程资料的编制严格按照施工招标书要求的内容进行整理。

（3）施工记录由各班组质检员根据现场原始记录填写，签字齐全，经项目部质检工程师和现场监理工程师检查合格并现场签字，由项目部质检工程师负责整理、存档。

（4）器材部负责工程材料、加工件的原材料合格证、出厂合格证明、试验报告、复试报告的收集、整理。

（5）专职工程师和质检工程师分别负责各自业务范围内的竣工资料的收集整理。

（6）工程设计图纸工程严格按照档案管理的要求装订成册，竣工资料及施工记录均采用计算机制作，必须做到真实、整洁、齐全，字迹清楚，图样清晰，签字手续完备，装订整齐。

（7）竣工移交前，由工程部汇总、整理。

八、资料管理

（一）管理目标

（1）根据国家电网公司、新疆电力公司现行档案管理办法要求进行档案管理，将档案管理纳入整个现场管理程序，坚持归档与工程同步进行。

（2）确保实现档案归档率 100%，资料准确率 100%，案卷合格率 100%。

（3）保证档案资料的齐全、准确、系统。

（4）保证在合同规定的时间移交竣工档案。

（二）过程控制

（1）加强全员质量意识教育和专业知识培训，项目部结合本工程情况提出培训计划，由公司施工管理部负责组织实施，对施工安装过程中从事对工程质量有影响的人员做必要的培训，对从事特殊工种作业人员如测工、焊工、压接工、起重工、机械操作工等进行培训，考试合格，并取得有关授权部门的操作证后才能上岗。质检人员必须经过培训，并确认资格后方能上岗。

（2）严格执行三级质量检验制度。班组一级检验，项目部二级检验，公司施工管理部三级检验。强化工序控制和过程控制，加强现场监督检查与管理，实行质量预留金制度，对施工质量重奖重罚。

（3）严格执行三级技术交底制度，技术交底应包括施工图交底、施工技术措施交底、质量、安全及文明施工交底，交底要有记录，交底人与被交底人员应签字齐全。

（4）做好设计变更的签认、更改、验证工作。

（5）做好材料的进货检验工作；做好合同规定的公司方提供装置性材料的采购工作，工程使用材料应在经评审的合格供方处采购，合格供方的选择需征得监理工程师的同意，采购产品应具备两证（产品合格证和材质证明书），产品质量应符合国家、部及地方标准；砂、石的采购必须经现场取样，试验合格后方可使用，检验单位至少是省级建设管理部门批准的质量检验部门，检验合格的材料必须经监理人员认可方投入施工；做好进场材料的标识和跟踪管理工作。

（6）做好工程所用计量、检测试验仪器的控制工作，开工前对用于工程的经纬仪、水准仪、台称、钢尺等检测计量仪器，进行全面校核、检验，确保其测量精度的有效、准确，凡工程中使用的检测仪器和调试仪器，均经检定认证合格，同时使用的人员进行上岗培训，并经考核合格后方可进行检验测量工作。

（7）加强工程施工的过程控制，根据各分部工程的施工程序，实行工序交接卡制度，前道工序结束后，经现场质检人员检查验收无误后，方可进行下道工序施工。

土建、电气专业工序交接，由公司施工管理部主持进行。

第七节　标准工艺施工

一、标准工艺实施目标及要求

（一）质量总体要求

输变电工程"标准工艺"应用率100%。工程"零缺陷"投运。确保达标投产，确保国家电网公司优质工程奖，工程使用寿命满足公司质量要求。不发生因工程建设原因造成的六级及以上工程质量事件。

（二）创优目标

确保国家电网公司优质工程奖。

（三）创新目标

工程创新管理需紧密围绕工程特点，主动作为、超前谋划、积极准备、强化执行。按照"以管理创新为基础，以科技创新为主导，以工艺水平提升、新材料、新技术运用为支撑"的工程建设创新的整体工作原则，积极开展设计创新、施工创新、组织管理创新、现场信息管理创新、现场文明施工创新。

二、标准工艺及技术控制措施

在本工程施工过程中，项目部将严格按照《国家电网公司输变电工程工艺标准库（2022版）》的要求，推广应用标准工艺，逐项贯彻执行每一项施工工艺，提高整体施工工艺水平。项目部加大对标准工艺应用的投入，加强施工及管理人员对标准工艺的学习，提高全体人员对标准工艺的认识。

三、标准工艺实施要点及实施效果

标准工艺实施要点及实施效果见表2-9-7-1。

表2-9-7-1　标准工艺实施要点及实施效果

序号	工艺名称	本工程预期实现效果图片	施　工　方　法	工艺标准及主要控制指标
1	涂料顶棚 亮点：涂料涂饰均匀、黏接牢固，颜色均匀一致		（1）基层处理平整、纹理质感一致，基层表面不宜太光滑，以免影响涂料与基层的黏结力。 （2）在刮腻子前，先刷一遍与涂料体系相同或相应的稀乳液，增强与腻子或涂料的黏结力。 （3）满刮腻子3遍，待干燥后再用砂纸打磨。 （4）涂料施工时涂刷或滚涂一般三遍成活，喷涂不限遍数。涂料使用前要充分搅拌，涂涂料时，必须清理干净墙面。调整涂料的黏稠度，确保涂层厚薄均匀。面层涂料待主层涂料完成并干燥后进行，从上往下、分层分段进行涂刷。涂料涂刷后应颜色均匀、分色整齐、不漏刷、不透底，每个分格应一次性完成	（1）涂饰工程应涂饰均匀、黏结牢固，不得漏涂、透底、开裂、起皮和掉粉。 （2）墙面应平整、棱角顺直；颜色均匀一致，无泛碱、咬色，无流坠、疙瘩，无砂眼、刷纹。如外墙采用弹性乳胶漆面层拉毛处理时，点状分布应疏密均匀。 （3）涂层与其他装修材料和设备衔接处应吻合，界面应清晰。 （4）立面垂直度≤3mm、表面平整度≤3mm、阴阳角方正≤3mm、墙裙≤2mm、勒角上口直线度≤2mm

序号	工艺名称	本工程预期实现效果图片	施 工 方 法	工艺标准及主要控制指标
2	细石混凝土坡道		（1）清水混凝土工艺，一次浇筑，不得二次抹面。 （2）坡道边角应顺直，面层表面洁净，无裂纹、脱皮、麻面和起砂现象。 （3）坡道的齿角应整齐，防滑条应顺直。 （4）踏步与建构筑物间应留置20～25mm宽变形缝，采用硅酮耐候胶封闭	（1）清水混凝土工艺，一次浇筑，不得二次抹面。 （2）坡道边角应顺直，面层表面洁净，无裂纹、脱皮、麻面和起砂现象。 （3）坡道的齿角应整齐，防滑条应顺直。 （4）长宽尺寸度偏差≤10mm。表面平整度偏差≤2mm。坡道边角偏差≤3mm
3	建筑物雨篷（有组织排水）		（1）建筑物雨篷宜采取有组织排水方式，外观应平整方正，棱角平直。 （2）雨篷梁应设为反梁。宽度同墙体，高度不小于雨篷翻边50mm，框架结构雨篷梁长度至两侧框架柱为止，砖混结构雨篷梁长度至两侧结构构造柱为止或雨篷外边缘各00mm。 （3）雨篷下口应设滴水线条和滴水线槽。滴水线条宽度为50mm，厚度为10～15mm；线槽居于滴水线条正中，深度为10mm，宽度为10～12mm，离墙面30mm处设置断水口。 （4）滴水线条、滴水线槽应顺直美观，无变形。 （5）雨篷上雨水采取有组织排水，就近接入主落水管或单独设置落水管并距离地面900mm处设置检修口，且排水通畅。外观工艺应美观，固定牢固。具体做法依照图纸施工	（1）雨水管道的安装不得与生活污水管连接。 （2）悬吊式雨水管道敷设的坡度不得小于5‰，地埋式最小坡度应符合规范要求。 （3）雨水斗、管的连接应固定在屋面的承重结构上，雨水斗与屋面的连接处应严密不漏。连接管管径当设计无要求时，不得小于100mm。 （4）雨水管道安装允许偏差≤3mm/m。室内的雨水管道安装后应做灌水试验，灌水高度必须到每根立管上部的雨水斗。灌水试验持续1h，不渗不漏
4	建筑物沉降观测点		（1）按照设计要求设置沉降点，保护完好，标识清晰、规范。 （2）安装高度统一离室外地坪0.5m。 （3）沉降观测点位置与落水管错开，与落水管间距≥100mm。 （4）铭牌四周统一采用耐候胶进行打胶处理，宽度为5mm。 （5）可采用有保护盒的方式，保护盒采用不锈钢材质，底部钻孔，防止积水	（1）安装高度统一离室外地坪0.5m。 （2）与落水管间距≥100mm

序号	工艺名称	本工程预期实现效果图片	施　工　方　法	工艺标准及主要控制指标	
5	清水砖墙 亮点：清水墙组砌正确，灰缝通顺，刮缝深度适宜、一致，棱角整齐，墙面清洁美观		（1）采用普通硅酸盐水泥，强度等级42.5，中砂，含泥量≤5%。MU10混凝土实心砖，出釜时间最少1个月的优等品，砖块颜色均匀，规格尺寸误差≤1mm；砌筑砂浆用混合砂浆，强度等级M7.5，缝宽10mm。清水砖勾缝采用专用勾缝剂。 （2）砌砖前架好皮数杆、盘好角，每次盘角不超过5皮。 （3）采用双面挂线，挂线长度不超过20m。控制线拉紧，每层砖砌筑时应扣平线，使水平缝保持均匀一致，平直通顺。 （4）及时用笤帚清扫墙面。使用七分头、半砖时，用切割机在指定地点集中进行切割。砌体砂浆密实饱满。 （5）清水墙砌筑完毕及时勾缝，其深度控制在8~10mm。 （6）勾缝前1天应将墙面浇水洇透，采用专用勾缝工具，勾成凹圆弧形，深度为4~5mm	（1）清水墙组砌正确，灰缝通顺，刮缝深度适宜、一致，棱角整齐，墙面清洁美观。 （2）变形缝设置间距不得大于15m，缝宽25mm。	
				现行标准/mm	预控值/mm
				轴线位移≤10	≤5
				垂直度≤5	≤3
				表面平整度≤5	≤3
				水平灰缝厚度偏差±8	±4
6	主变防火墙 亮点：①采用整体一次性浇筑，清水混凝土工艺，表面平整、光滑，无接缝；②棱角分明，颜色一致，阳角倒圆		（1）采用商品混凝土，适量添加粉煤灰。模板采用15mm厚度以上道桥板。 （2）防火墙一次浇筑成形。每小时浇筑高度不超过2m，以减轻新混凝土对模板的压力。每层框梁以上柱段浇筑时间控制在梁端混凝土初凝后、终凝前，并将梁上用木板上盖，防止柱内混凝土从梁内溢出。采用振捣棒从柱顶插至柱底，确保混凝土内气泡排出，避免拆模后混凝土表面有气孔现象	清水墙组砌正确，灰缝通顺，刮缝深度适宜、一致，棱角整齐，墙面清洁美观。	
				现行标准/mm	预控值/mm
				轴线位移墙柱梁≤5	≤3
				截面尺寸±5	±3
				垂直度全高≤30	≤15
				表面平整度：3	2
7	屋外电缆沟 亮点：采用清水混凝土工艺，圆角采用自制模具人工倒角、顺直、美观、表面平整、光滑		（1）采用商品混凝土，模板采用15mm厚度以上道桥板。 （2）浇筑混凝土电缆沟，在利用振捣器充分振捣后，对电缆沟的边角部位采用片状和网格式捣固铲进行人工插捣，有效地消除混凝土麻面和气泡。 （3）电缆沟表面用铁抹原浆压光，至少赶压三遍成活。 （4）电缆沟阳角做圆弧倒角	（1）沟沿阳角倒圆。 （2）接地扁铁与支架连接可靠，电缆支架采用不锈钢内膨胀螺栓固定。	
				现行标准/mm	预控值/mm
				沟道中心位移±20	±10
				顶面标高偏差0~-10	0~-5
				截面尺寸偏差±20	±10
				盖板搁置面平整度≤5	≤3

序号	工艺名称	本工程预期实现效果图片	施 工 方 法	工艺标准及主要控制指标	
8	贴通体砖地面 亮点：平整、顺直，各房间通缝，卫生间地砖、墙砖及吊顶通缝		（1）将砖用净水浸泡约 15min，捞起待表面无水再进行施工。 （2）基层表面的浮土和砂浆应清理干净。 （3）卫生间等防水地面防水层在墙地交接处上翻高度：卫生间不小于 1.80m，厨房不小于 1.20m。防水层完成，隐蔽工程验收合格，蓄水试验无渗漏；穿楼地面的管洞封堵密实。 （4）相连通的房间，规格相同的砖对缝整齐，不同规格砖采用过门石隔开。 （5）通过 CAD 事先排版策划各房间、走廊等部位地砖模数，铺设前确认找平层已排水放坡、不积水，地面及给排水管道预埋套管处按设计要求做好防水处理。 （6）一个区段施工铺完后挂通线调整砖缝，使缝口平直贯通。地砖铺完后 24h 要洒水 1～2 次，地砖铺完 2d 后将缝口和地面擦干净，用水泥浆嵌缝，然后用棉纱将地面擦干净。嵌缝砂浆终凝后，养护不少于 7d	（1）踢脚线缝与地砖对齐，踢脚线瓷砖出墙 5～6mm。 （2）地砖与下卧层结合牢固，不得有空鼓。地砖面层表面洁净，色泽一致，接缝平整，地砖留缝的宽度和深度一致，周边顺直。地面砖无裂缝、无缺棱掉角等缺陷，套割粘贴严密、美观；阳角做 45° 对角拼砖，切边无破损。	
				现行标准 /mm	预控值 /mm
				表面平整度≤2.0	≤1.5
				缝格平直度≤3.0	≤2.0
				踢脚线上口平直度≤3.0	≤2.0
				板块间隙宽度≤2.0	≤1.5
9	卫生器具 亮点：居中设置，外形美观，材质优良，与地砖、墙砖颜色协调		（1）在施工主体结构时对卫生洁具的位置以及砖缝的位置进行电脑排版。 （2）卫生器具本体与墙体或地面缝隙对称，连接处打密封胶。 （3）卫生器具各连接件不渗漏，排水顺畅，启闭部分灵活。 （4）同一房间内，同类型的卫生器具及配件应安装在同一高度。 （5）卫生器具安装时应采取有效措施防止损坏和腐蚀。 （6）卫生器具交工前应做满水和通水试验，其工作压力不得大于产品的允许工作压力。 （7）卫生器具的支托架安装平整、牢固，与器具接触紧密、平稳。 （8）卫生器具安装完成后表面无划痕及外力冲击破坏	（1）卫生器具满足节约用水和减少噪声要求，器具表面要光滑、不易积污垢，沾污后要容易清洗。 （2）卫生器具采用居中布置，与地砖套割吻合匀称。	
				现行标准 /mm	预控值 /mm
				坐标单独器具≤10	≤5
				标高偏差单独器具±15	±8
				器具水平度≤2	≤1.5
				器具垂直度≤3	≤2

续表

序号	工艺名称	本工程预期实现效果图片	施 工 方 法	工艺标准及主要控制指标
10	现浇混凝土主变压器基础 亮点：①表面平整、光滑，倒角工艺美观，颜色一致；②接槎整齐，无蜂窝麻面，无气泡		（1）采用商品混凝土进行施工，控制坍落度。 （2）模板表面平整、清洁、光滑，拼缝处加海绵条，板缝间要用腻子补齐。 （3）混凝土采用分层法浇筑，分层厚度为 300～500mm，注意控制混凝土坍落度及下料速度，振捣采用插入式振捣器施工，插入式振捣器快插慢拔，插点要均匀排列，逐点移动，须顺进行，不得遗漏。振动棒振捣时避免与墙板钢筋、模板接触。 （4）混凝土顶标高用水准仪控制，表面用铁抹原浆压光，至少擀压三遍完成，再用海绵擦拭。 （5）使用塑料角线圆弧倒角	（1）基础采用清水混凝土施工工艺。表面平整、光滑，棱角分明，颜色一致，接槎整齐，无蜂窝麻面，无气泡。 （2）基础阳角设置圆弧倒角。 现行标准 /mm ／ 预控值 /mm 预埋件水平偏差≤3 ／ ≤2 相邻预埋件高差≤3 ／ ≤2
11	混凝土保护帽 亮点：①混凝土表面光滑、平整、颜色一致，无蜂窝麻面、气泡；②外观棱角分明，线条流畅，外形美观，倒角角线坚硬、内侧光滑		（1）采用普通硅酸盐水泥，强度等级 42.5。 （2）采用定型钢模，接缝处粘贴海绵条。模板必须固定牢固，防止浇筑时发生位移。 （3）用 $\phi 30$mm 振捣棒插入振捣，或用振捣棒从模板外侧振捣，确保浇筑质量。 （4）使用塑料角线倒圆角。 （5）保护帽顶部向外找坡 5mm，以便排水	（1）采用清水混凝土施工工艺，混凝土表面光滑、平整、颜色一致，无蜂窝麻面、气泡等缺陷。 （2）外部环境对混凝土影响严重时，可外刷透明混凝土保护涂料，用于封闭孔隙、延长耐久年限。 （3）外观棱角分明，线条流畅，外形美观，使用的倒角角线应坚硬、内侧光滑。 （4）全站保护帽的形式统一、高度一致
12	散水 亮点：面层表面洁净，无裂纹、脱皮、麻面和起砂现象		（1）根据散水的外形尺寸支好侧模，放好分隔缝模板，支设时要拉通线、抄平，做到通顺、平直、坡向正确。 （2）混凝土浇筑前，清除模板内的杂物，湿润模板及灰土垫层，但水不可过多。 （3）采用平板式振捣器，振实压光，应随打随抹，一次完成，用原浆压光。 （4）待混凝土初凝时，用专业工具将散水外边沿溜圆、压光，用抹子压光混凝土面层，待混凝土终凝后有一点强度时，拆除侧模，起出分隔条。 （5）散水 3m 设置一道分隔缝，转角处倒圆角，避免掉角，变形缝设置在两侧	（1）面层表面洁净，无裂纹、脱皮、麻面和起砂现象。 （2）宜采用清水混凝土施工工艺，一次浇筑成型。 （3）踏步与建（构）筑物间应留置 20～25mm 宽变形缝，采用 1∶1 沥青砂填充，硅酮耐候胶封闭

序号	工艺名称	本工程预期实现效果图片	施　工　方　法	工艺标准及主要控制指标
13	构支架、构架避雷针接地安装 亮点：成组支架杆接地横平竖直、高度一致、与接地端子接触紧密		（1）接地线采用扁钢（铜排）时，弯制前应进行校平、校直；弯制应采用机械冷弯，镀锌层遭破坏时，要重新防腐。 （2）110kV 及以上电压等级的重要电气设备（除支柱绝缘子外）支架应双接地，且应分别接至主接地网的不同网格。 （3）每台电气设备应以单独的接地线与接地网连接，不得串接在一根接地线上。 （4）带避雷针的构架应双接地，构架避雷针除与主接地网相连外，还应与单独设置的集中接地装置相连	（1）钢管构架接地端子高度、方向一致，接地端子底部与保护帽顶部距离不小于 200mm。 （2）接地扁钢上端面与接地槽钢上端面平齐，接地线切割面、钻孔处、焊接处须做好防腐处理。引下接地采用铜排时，铜排搭接部位应搪锡处理。 （3）接地线位置一致，方向一致，弧度弯曲自然、工艺美观。 （4）接地线连接螺栓应采用热镀锌制品。 （5）接地线地面以上部分应采用黄绿相间接地标识，间隔宽度、顺序一致，最上面一道为黄色，接地标识宽度应与接地体宽度一致，单色长度为 15～100mm。螺栓连接处 10mm 内不应有标识。 （6）带避雷针的构架与集中接地装置连接的接地线需做边长为 60mm 的等边倒三角标记，黑色边线白色底漆，并标以"　"的黑色标识
14	悬吊式管型母线安装 亮点：母线平直，挠度一致、三相平行		（1）管形母线批量焊接前，对每种型号管形母线焊接一件试件送检，试验合格后方可施工。 （2）管形母线焊接应采用氩弧焊，焊接场所应采取可靠防风、防雨、防雪、防冻、防火等措施，焊接过程中不得中断氩气保护。焊接成形后的管形母线待冷却后方可挪动。 （3）悬吊式管形母线就位前以母线下方隔离开关基础为参考，测量管形母线钢梁挂点实际标高，结合设计图给出管形母线标高及组装后的金具绝缘子串长度，计算出管形母线夹具所卡位置。 （4）管形母线就位后结合下方隔离开关基础复测管形母线标高，误差范围内可通过花篮螺栓进行调节，同时对整段母线进行调直，也可通过调节花篮螺栓来实现。 （5）单跨距、大口径悬吊式管形母线不宜预弯，必要时要通过加入配重块来调平，配重过程应考虑安装在管形母线上方隔离开关静触头重，且按不同相进行区分，配重块每块重不宜过重，且应设穿芯孔和穿芯螺杆。 （6）管形母线吊装后应复核带电部分安全净距离	（1）单相母线应平直，端部整齐，挠度小于 D/2（D 为管形母线的直径），三相母线应平行，相距一致。 （2）每相管形母线的焊点应避开安装在其上部的隔离开关静触头夹具，保持焊缝距夹具边缘不少于 50mm。 （3）管形母线、金具外观应完整，无缺损、毛刺、凹凸、裂纹等现象，金具安装位置正确，各类防松帽、闭锁销已锁紧到位。 （4）管形母线跳间走向自然，应保持每相及分裂导线每根弧度一致。 （5）管形母线端部应安装封端球或封端盖，并应做相色标识。 （6）管形母线最低处、封端球底部应打不大于 $\phi 8mm$ 的泄水孔。 （7）均压环安装应无划痕、毛刺，安装牢固、平整、无变形，底部最低处应打不大于 $\phi 8mm$ 的泄水孔

现行标准	预控值
＜D/2（D 为管形母线的直径）	＜D/4
对口中心偏移≤0.5mm	≤0.4mm

序号	工艺名称	本工程预期实现效果图片	施 工 方 法	工艺标准及主要控制指标
15	盘、柜底部封堵施工 亮点：防火堵料的上平面呈规整几何形并加金属条保护，保证防火封堵美观、密实、不易损坏		防火隔板铺设以后，缝隙使用有机堵料密实地嵌入孔隙中，并做厚度不小于 10mm、宽度不小于 20mm 的线脚，电缆周围的有机堵料的宽度不小于 40mm，呈几何图形，面层平整	（1）盘、柜底部铺设厚度不小于 10mm 的防火板，隔板安装平整牢固。 （2）盘、柜底部的封堵应严实可靠，不应有明显的裂缝和可见的孔隙。 （3）盘、柜底部的防火隔板或有机堵料距离接地铜排和芯线不应小于 50mm。 （4）电缆引入盘、柜时，在封堵孔洞下方电缆表面均匀涂刷防火涂料，长度不小于 2m，厚度不小于 1mm
16	电缆保护管配置及敷设工程工艺 亮点：敷设美观，长度合适，无毛刺和尖锐棱角		（1）明敷电缆管应安装牢固，横平竖直，金属管支点间距离不宜超过 3m，非金属类电缆管支架间距不宜超过 2m。 （2）当塑料管的直线长度超过 30m 时，宜加装伸缩节。伸缩节应避开塑料管的固定点。 （3）电缆管直埋敷设应符合：电缆埋设深度不宜小于 0.5m，在排水沟下方通过时，距排水沟底不宜小于 0.3m；电缆管应有不小于 0.2% 的排水坡度。 （4）敷设进入端子箱、机构箱及汇控箱的电缆管时，应根据保护管实际尺寸进行开孔，不应开孔过大或拆除箱底板，保护管与操作机构箱交接处应有活动裕度。 （5）用于交流单芯电缆的金属保护管不应构成闭合磁路。 （6）金属电缆管不应直接对焊，应采用螺纹接头连接或套管密封焊接方式；连接时两管口应对准，连接牢固、密封良好，套接的短套管或带螺纹的管接头的长度不应小于电缆管外径的 2.2 倍。 （7）采用金属软管及合金接头做电缆保护接续管时，其两端应固定牢靠、密封良好	（1）保护管宜采用热镀锌钢管、金属软管或硬质塑料管。热镀锌钢管镀锌层完好，无穿孔、裂缝和显著的凹凸不平，内壁光滑。金属电缆管不应有严重锈蚀。金属软管两端的固定卡具应齐全。 （2）电缆管敷设应排列整齐，走向合理，管径选择合适。并列敷设的电缆管管口应排列整齐，高度和弯曲弧度一致。 （3）电缆管的内径与穿入电缆外径之比不得小于 1.5。 （4）每根电缆管的弯头不应超过 3 个，直角弯不应超过 2 个。 （5）电流、电压互感器等设备的金属管从一次设备的接线盒引至电缆沟，电缆保护管应两端接地，一端将金属管的上端与设备的支架封顶板可靠焊接，另一端在地面以下就近与主接地网可靠焊接。

现行标准	预控值
电缆管弯头不应超过 3 个	电缆管弯头不应超过 2 个

续表

序号	工艺名称	本工程预期实现效果图片	施 工 方 法	工艺标准及主要控制指标
17	软母线安装 亮点：母线弛度误差设计要求之内，三相弛度一致		（1）软母线安装首端挂线时宜采用吊车直接吊装方式。 （2）软母线安装紧线时采用后牵引方式，牵引导线的钢丝绳与地面的夹角不得大于45°。采用后牵引方式，地面滑车固定在母线构架、横穿母线构架根部，必要时设地锚。 （3）严格控制过牵引，卷扬机（吊车）操作应平稳，应一次牵引到位，如一次不到位，应适当放松钢丝绳，进行位置调整使过牵距离减少。 （4）导线就位后对导线弧垂进行测量，与设计图要求弧垂进行对比，较小误差应利用可调金具调整至满足实际要求	（1）导线及金具表面应清洁无污染，无断股、松散及损伤，扩径导线无凹陷、变形。线夹引流板无变形、损坏。 （2）母线弛度应符合设计要求，其允许误差为−2.5%～5%，同一挡距内三相母线的弛度应一致。 （3）线夹压接管口附近导线无隆起和松股，压接管表面应光滑、无裂纹、无飞边和无毛刺。 （4）扩径导线的弯曲半径，不应小于导线外径的30倍。 （5）均压环安装应无划痕、毛刺，安装牢固、平整、无变形，底部最低处应打不大于ϕ8mm的泄水孔。 **现行标准**：母线弛度误差为−2.5%～5%　**预控值**：母线弛度误差为−2%～4%
18	二次接线 亮点：采用大U弯的二次接线工艺，接线横平竖直、号码管长度一致、排列整齐、弯度一致		（1）接线前，核对电缆型号符合设计要求；电缆剥除时不得损伤电缆芯线。 （2）电缆芯线排列整齐，尽量按照较多接线在低端子到高端子的顺序，将电缆从靠近端子排的位置依次向外排列，竖排芯线应尽量压在横排芯线上方，接线正确、牢固，并应留有适当裕度。 （3）先进行二次配线，后进行接线。间隔10个及以上端子排的配线应加号码管。每个接线端子每侧接线宜为1根，不得超过2根。 （4）对于插接式端子，插入的电缆芯剥线长度适中，铜芯不外露。不同截面的芯线不得接入同一端子。 （5）对于螺栓连接端子，需将剥除护套的芯线弯圈，弯圈的方向为顺时针，弯圈的大小与螺栓的大小相符，不宜过大。 （6）多股芯线应压接插入式铜端子或搪锡后接入端子排	（1）电缆应排列整齐，电缆之间无交叉，固定牢固，不得使所接的端子排承受额外的应力。 （2）芯线无损伤，排列应无交叉、横平竖直、整齐美观，弯曲弧度一致，与接线端子连接可靠。 （3）芯线的扎带绑扎间距一致，扎头朝向后面。 （4）芯线应套号码管，标识内容应包括电缆编号、回路编号和端子排号，号码管长度一致，排列整齐，字体向外，字迹清晰。 （5）备用芯线应满足端子排最远端子接线要求，并应套有电缆编号号码管，芯线端部加装封堵头。 （6）电缆挂牌固定牢固、标识清晰、悬挂整齐

续表

序号	工艺名称	本工程预期实现效果图片	施工方法	工艺标准及主要控制指标
19	电缆沟防火墙安装 亮点：封堵密实、排水通畅		（1）防火涂料应按一定浓度稀释，搅拌均匀，并应顺电缆长度方向进行涂刷，涂刷厚度或次数、间隔时间应符合材料使用要求。 （2）封堵应严实可靠，不应有明显的裂缝和可见的孔隙。 （3）阻火墙两侧的电缆周围利用有机堵料进行密实地分隔包裹，其两侧厚度大于阻火墙表层的20mm，电缆周围的有机堵料宽度不得小于30mm，呈几何图形，面层平整。 （4）电缆沟阻火墙宜预先布置PVC管，以便日后扩建	（1）电缆进入建筑物的入口处，应设置阻火墙，宜采用无机堵料施工。 （2）敷设阻燃电缆的电缆沟每隔80～100m设置一个隔断，敷设非阻燃电缆的电缆沟每隔60m设置一个隔断，一般设置在邻近电缆沟交叉处，宜采用防火包或耐火砖堆砌。 （3）阻火墙中间采用无机堵料、防火包或耐火砖堆砌，其厚度应符合设计要求，设计未要求时不小于240mm，两侧采用10mm以上厚度的防火板封隔。顶部用有机堵料填平整，并加盖防火板；底部必须留有排水孔洞。 （4）阻火墙两侧不小于2m范围内电缆应涂刷防火涂料，其厚度不应小于1mm。 （5）阻火墙上部的电缆盖板上应涂刷明显的红色标识，并进行编号

四、标准工艺成品保护措施

（1）编制成品保护专项措施，对所有施工人员进行交底，提高全体人员成品保护意识。

（2）教育所有班组人员（含电气、土建、调试人员）施工时应注意土建基础及其构筑物的成品保护，不得损坏成品，严禁在其上面乱涂、乱画以及沾染油污等。对造成成品损坏或污染的单位或个人，项目部将视情况轻重给予经济处罚。

（3）技术负责人在编制施工技术措施时（或施工策划中），必须从技术上提出成品保护的措施或方案，当部分措施在执行中需要投入时，项目经理部必须增加必要的投入。

（4）在施工转序或土建与电气交安中，施工技术负责人有责任对下道工序的电气人员（或下道工序土建作业人员）进行成品保护交底，并明确责任。

（5）项目经理部各级人员应对施工现场加强管理和督促，对一些不可预见的情况及时补充措施，进行成品保护。

（6）项目经理部对外来车辆进行管理，指定停车地点和摆放方向，避免无序停放，影响文明施工，并损坏操作道或将泥土带入路面。

（7）所有露出地面的基础用专用保护角线进行棱边保护，在吊装及安装设备时应注意不可损坏基础棱角及表面。除设备安装外，不得将基础作为施工操作平台。

（8）土建、电气交叉作业时，土建施工人员应对在施工场所附近的设备特别注意，防止飞溅的石块、铁件损坏瓷瓶等设备。

（9）已完工的建筑物在竣工移交前不得用作施工人员或其他人员的住宿、娱乐场所。

第八节 创优及创新管理

一、创优策划

（一）施工创优目标

创国家电网公司创优示范工程，确保国家电网公司优质工程奖。

（二）施工创优管理措施

1. 制度保证措施

为实现本工程创优目标，针对工程特点及管理要求，编制以下质量保证制度并在工程施工全过程认真落实，以保证各种质量控制措施的有效执行并取得预期效果：

（1）质量奖惩制度。

（2）施工质量检查验收制度。

（3）技术责任制度。

（4）技术检验制度。

(5) 见证取样和送检制度。

(6) 设备开箱检验制度。

(7) 常用材料、成品、半成品质量证明和试验管理办法。

(8) 隐蔽工程验收签证制度。

(9) 施工图纸交底及会签制度。

(10) 施工技术措施编制制度。

(11) 技术培训及考核制度。

(12) 设计变更及材料代用记录。

(13) 技术档案管理制度。

(14) 工程验收管理制度。

(15) 技术总结管理制度。

(16) 质量事故报告及处理制度。

2. 组织保证措施

(1) 成立工程创优领导小组，创优领导小组在工程开工前召开创优专题会议，明确各部门及岗位人员创优工作职责，布置施工创优相关工作计划；在施工过程中的基础、主体、设备安装、二次接线阶段分别进行创优专题检查，及时纠正工作偏差，不断完善创优。

(2) 优化项目部人员配置，确保知识结构、工作经验、相关资格等满足工程创优要求。特种作业人员、质量检查控制人员必须经过相关培训，并经考核合格，持证上岗，确保其技能满足工程过程质量控制的要求。

3. 技术保证措施

(1) 施工技术人员到现场进行实地勘察，掌握现场地理环境，编制针对性的施工技术措施、安全环境保证措施、质量保证措施等施工作业指导文件。重要施工技术方案应经施工技术人员论证，内部履行审批手续后，报本工程监理部审核批准后实施。

(2) 分部工程开工前，项目部须组织技术、质量、安全等部门，针对本工程特点，就相关作业文件和工作要求对施工人员进行详细交底。

(3) 工程开工前，由项目总工组织本工程技术、质量、安全、设备等管理部门，对施工图进行认真审查，并提出修改意见，审查时应特别注意工序接口，及时与现场实际情况的核对。施工中发现地质条件等与设计不符的情况，及时以书面形式上报监理及业主。

(4) 注意收集新技术、新工艺、新材料、新设备的信息，结合本工程特点，经严密的技术经济分析和必要的试验、试点，积极在本工程应用成熟的"五新技术"，以优化施工工艺，提高工效，在技术方面为工程创优提供保证。

4. 物资保证措施

(1) 机具设备的管理。

1) 所有施工检测工具在进入本工地前，均应经法定检测单位鉴定合格并在有效期范围内使用，其精度必须符合相关规定要求。并建立台账，实施动态管理。

2) 主要机具设备进入工地前，项目总工应组织技术、设备、安全部对其进行检查验收，进行必要的检验和试验，确保性能良好，标识清晰，完好率100%。

3) 特种设备必须经过检验鉴定，并附相关证明文件，以保证施工安全。

4) 按照程序文件的有关要求，对材料进行验货和标识，并做好记录。

5) 对半成品、构配件等依据工程使用时间和型号，列出清单，分批次进行加工、运输和安装，确保各型号数量准确，到场时间满足工程进度要求。

6) 对不合格及时进行处理，并将处理意见记入材料供应商档案。

7) 管理和保养机械设备，并使机械设备处于最佳状态。

(2) 材料管理。

1) 原材料在开工前，由项目部质量管理部门采样(采样时通知监理到场见证)并且送到相应资质的试验单位进行检验，合格后方可使用。

2) 施工过程中，根据原材料用量，严格按照规定做相应批次的试验。

3) 甲方供料的质量把关。

a. 按合同规定进行到货检验；依据合同进行妥善保管。

b. 在使用前对原材料进行外观检查，发现问题时立即停止使用，并及时向业主及监理反映。

4) 所有材料必须做好使用跟踪记录，确保可追溯性。

5. 过程控制措施

(1) 开工前对施工人员进行质量培训，以提高其创优意识，了解工程创优目标，掌握工作要点，做到熟知本岗位的质量工作要求。

(2) 开工前，由项目总工组织对施工图进行审查，并现场实际进行核对。

(3) 认真推行统一施工工艺标准和技术要求，推行标准化作业。

(4) 开工前，及时向监理部报验评项目划分表，批准后实施。

(5) 推行样板引路制度，推行标准化作业。

(6) 完善并严格执行施工质量三级控制制度，加强过程控制，注重隐蔽工程监控、签证。加强施工过程的全过程监控，上道工序检验合格后方可进入下道工序。

(7) 分部工程开工前，项目部对施工人员进行详细交底。

(8) 定期对照工程创优要求对施工管理及实物质量进行检查、分析，发现不足及时采取必要的措施进行纠正，做到施工质量的持续改进；

(9) 项目部质量管理部门负责施工记录等资料归口管理，设专人负责，其他部门配合并对本部门形成的相关资料负责，确保施工记录等资料与施工进度同步形成、真实可信，及时整理工程档案，保证档案符合要求。

6. 工程进度管理

根据工程工期计划、工程量以及工序流程编制本工程施工进度计划和施工进度网络图，依据进度计划合理投入和配置施工技术力量、设备物资等资源，以及现场协调等工作；项目部每周召开一次工程协调会（必要时，可由项目经理决定临时召开），对照计划进度进行检查，对影响工程总体进度的施工项目或工序要认真分析，找出原因并加以解决。对土建与电气交叉以及受天气影响等的施工项目应合理安排作业进度。必要时，应采取措施在确保工程质量的前提下，采取以下措施抓工程进度：

（1）认真策划，及时安排工序转序。

（2）适当加大施工力量和施工机具等施工资源的投入。

（3）采取适宜的技术措施提高工效。

（4）加强施工组织管理，如及时进行质量验收等工作，保证工序的衔接等。

7. 开展质量攻关活动

为推动质量管理水平的不断提高，充分发挥职工智慧，围绕工程创优目标，针对工程施工中的难点，召开质量分析会，组织质量技术攻关，采用 PDCA 循环的方法，对工程难点公关，改进施工工艺，提高施工质量，选择课题组织 QC 小组攻关，以解决技术难题，努力提高施工质量水平。

8. 强制性标准的贯彻实施

组织进行工程建设标准强制性条文专题培训，增进对条文内容的理解，提高员工执行工程建设强制性标准的自觉性；工程开工前，针对工程的特点，编制本工程的强制性条文实施计划，并对施工过程中的实施情况进行检查，确保不发生违反强制性条文规定的现象。

项目工程师对施工管理人员及操作工人进行培训，组织全体参战人员开展"强制性条文应用"大讨论和教育，使得强制性条文的贯彻、执行具有良好的基础。

在施工过程中对强制性标准实施做好记录工作，每完成一个分部分项、单位工程的强制性标准要技术、监理等相关人员签字后方可进行下一步工序。

9. 信息管理

（1）档案资料管理。

1）工程竣工资料应进行完整、系统地整理后按要求归档。

2）所有施工记录、质保资料等工程资料按照档案管理要求进行组卷。资料要及时准确、真实可靠、完整齐全，并符合合同及国家电网公司档案管理要求。

3）加强技术文档资料管理，建立原始记录收集制度，保证原始记录的置信度。随时掌握施工过程中的质量动态，交流经验。

（2）影像资料管理。依据国家电网公司《国网基建部关于印发〈输变电工程安全质量过程控制数码照片管理工作要求〉的通知》（基建安质〔2016〕56 号）的要求，按照单位工程，对各类试件保留数码照片；进行对各类隐蔽工程进行下道工序前保留数码照片；制订工程建设过程数码照片采集管理细则，明确责任，切实加强安全质量过程控制。

10. 创优自查及整改

工程创优领导小组应依据国家电网公司优质工程评审办法的有关要求，组织有关人员对工程进行创优自查，创优自查分实物质量和资料管理两部分，检查发现的问题要及时组织整改并做到闭环管理。自查主要内容：

（1）对照《国家电网公司输变电优质工程评选办法》考核评定标准，进行自查。发现不足，及时安排完善，并完成创优自查报告；

（2）质量监督报告中提出的质量问题，整改及闭环情况；

（3）达标验收中提出的质量问题，整改及闭环情况；

（4）工程资料移交，竣工验收签证；

（5）编写工程创优总结。工程创优总结编写要求：工程简要概况、创优目标、质量控制、工程亮点、技术创新、质量评定、创优自查、存在的不足及整改，今后工程完善措施等。

二、施工新技术应用

科学技术作为第一生产力，对社会的进步和生产力的提高产生越来越大的推动力，在施工中积极响应建设部号召，推广应用"五新"技术，提高生产经营中的科技含量，增强企业的竞争力和发展潜力，通过先进的技术设备，高科技手段来实现质量、工期、效益的目标，提高企业经济效益和社会效益，根据本工程的实际情况，项目部在组织工程施工过程中，要积极推广应用"五新"技术，拟主要采用的"五新"技术计划如下，并将作为项目部综合考评的一项重要标准：

（一）采用新设备

（1）施工现场利用计算机、互联网网络及视频设备，实现远距离对施工作业面的展现和控制。在项目部设置视频监控主机，场地内作业面和设备材料堆放区设置360°高速球机监控器对其进行 24h 监控，能够有效防止设备材料的损坏及丢失。利用互联网设备将施工现场的影视资料随时传送至网络上，可以实现远程利用网络查看现场的实际情况。

（2）项目部办公采用计算机实现高效率办公。管理人员每人配备一台计算机，并相应配备打印机、复印机、传真机、投影仪等先进的电子化设备，提高员工的工作效率及积极性。配置数码相机、数码摄像机来记录施工中重要工序及节点的影像资料，并对安全文明施工起到很好的促进作用。

（3）GIS 安装采用充气式防尘棚，充气式防尘棚由大功率充气装置、高强度充气边框及高分子透明塑料组成，内部配备有新风系统、监控系统、照明系统以及环境监测系统，能全面满足组合电气安装施工温度在 -10～40℃、空气相对湿度小于 80% 的要求。充气式防尘棚在组合电气设备安装移动式厂房和普通组合电气设备安装简易防尘棚的基础上进行再设计，有效平衡了成本、空间和效果之间的矛盾，具有装拆便捷、运输储存方便、密封性强和防碰撞等优点，能全面改善安装环境，有助于提高设备安装质量和安装效率。

（二）采用新工艺

（1）出地面部分用不锈钢槽盒代替镀锌钢管，将不锈钢槽盒直接通至机构箱底部。优点在于不锈钢槽盒相较于镀锌钢管经济、美观、便于检查。

（2）连接金具与导线匹配，导线压接时在金具压接部分上缠绕若干层塑料薄膜，从而保证导线压接完毕后金具表面光洁，无毛刺或凹凸不平。

（3）接地扁钢与钢管焊接时，为了连接可靠，除应在其接触部位两侧进行焊接外，并应焊以由钢带弯成的弧形（或直角形）卡子或直接由钢带本身弯成弧形（或直角形）与钢管（或角钢）焊接。接地焊接结束后应及时做好防腐处理，钢材的切断面、镀锌钢材在焊接时镀锌层被破坏处也应进行防腐处理。

（三）采用新材料

全站混凝土采用商品混凝土，极大地节约占用施工加工场地，有效地缩短了施工工期，并减少周边环境的破坏与污染，使施工现场产生较少的废气、废水。

三、主要经济技术指标

（一）项目技术经济指标

在项目管理中节约成本，使得项目经济效益最优化。精心编制施工计划，组织立体交叉流水作业，加强技术、质量管理，避免返工，节约用工。加强核算工作，分阶段进行"二算"对比，控制成本分材料管理、劳动力管理和产品保护三个方面，做好成本控制，节支降耗工作将促进工程的进度和质量，将有限的人力和物力充分使用在工程中。

（二）降低成本计划与措施

1. 强化施工项目部成本预测和计划

（1）做好项目成本预算。深入市场调查，掌握市场技术经济信息。选择合理的预测方法，依据有关文件、定额。对施工项目部成本作出判断和推测。及时根据成本预测，编制成本计划，确定目标成本。

（2）做好资金使用计划。对工程款专款专用，在项目部资金有困难时，基地调剂资金，保证工程正常进行。在完成规定的各项指标后，其超额利润全部奖励项目部，项目部取得的各项奖励收入及工程质量奖等70％由项目部使用，30％冲抵工程成本，保证项目成本与投入相一致。

2. 降低成本的措施

（1）选择科学先进、经济合理的施工方案，合理布置施工现场。

（2）组织均衡施工，合理安排各阶段施工工期，搞好现场调度和协作配合，加强工期与成本优化结合。

（3）改善劳动组织，合理配备劳动力，减少窝工浪费，提高劳动效率。

（4）加强技术培训，提高施工人员文化素质和技术操作水平，实行合理的工资、奖金分配制度。

（5）加强质量管理，制定技术质量检验制度，确保工程质量达到预期目标，以降低质量成本。

（6）搞好机械设备保养、维修，提高其完好率和使用率。

（7）合理配置和正确使用周转材料、机械设备，降低使用费用。

（8）改进材料采购、运输、收发、保管等工作，材料采购实行货比三家，有条件的实行工程材料招标采购，选择优质价廉的材料，减少各环节损耗，节约采购费用的库存费用，减少资金占用，对施工班组实行材料限额领用制度，材料节约按比例提成，材料透支从劳务款中扣除。

（9）合理堆置材料，减少二次搬运，严格材料进场验收和限额领用制度，制定并贯彻节约材料的技术措施，合理使用材料。

（10）抓好周转材料的回收、废料的综合利用，杜绝浪费。

（11）精简管理机构，减少管理层次，严格控制非生产人员比例，减少非生产费用开支。

（12）实行费用的定额管理，制定各部门定额指标，节约开支。

3. 实行成本控制和核算责任制

（1）项目经理全面负责项目成本控制工作，负责成本预测、决策工作，主持制订、审核项目目标成本，组织措施计划，建立项目成本控制责任体系，与各职能部门、专业队签订成本承包责任状，并监督执行。

（2）预测项目成本，编制项目成本计划，进行成本计划的综合平衡。

（3）编制项目成本减低计划，根据施工需要，平衡调度资金，控制资金使用。

（4）安装成本开支范围、费用支出标准等有关财务制度，严格审核各项成本费用，控制成本支出。

（5）对施工中出现成本亏损，视情节给予警告。

（6）对成本进行分部分项、分阶段的核算与考核分项，发现问题及时调整成本计划，并制定相应控制措施。

（7）编制项目的技术组织措施计划，提出有效的技术节约、降低成本措施，合理规划布置现场，保证工程质量，降低质量成本，避免返工损失。

（8）严格施工安全控制，确保安全生产，减少是个损失。

（9）加强技术管理，进行技术革新。大力加强科技推广应用，努力提高劳动生产率，降低成本。

（10）积极开展QC小组活动，严把质量关，通过质量管理提高劳动生产率。

（11）编制降低材料成本措施计划，控制材料采购成本，合理安排储备，降低材料管理损耗，减少资金占用，严格管理进料验收，限额发料，做好周转材料回收利用。

（12）负责材料台账记录，提供材料耗用报表，考核材料实际消耗。

（13）编制管理费用节约计划。合理精简项目管理人员，服务人员，节约工资性支出。执行费用开支标准和有关财务制度，控制非生产线开支，管好行政办公用品财产物资，防止损坏和流失。

（14）实行劳务招标制度，选择价格合理、资信可靠的劳务队伍，及时签订劳务合同。中标的劳务单价作为合同价，不得随意增加，在施工中严格控制临时工的发生，按月结算劳务费用。将劳务费用的支出严格控制在总人工工资范围内，确保人工工资的成本达到目标计划。

四、造价及资金管理

有效的投资控制有利于保证工程质量和工期。在本工程建设过程中作为建设单位始终把加强工程造价管理，控制工程投资放在重要地位建设单位对施工单位编制的工程各阶段及每月投资计划进行审核并督促执行，及时提出调整建议；在熟悉设计图纸、招标文件、标底的情况下分析承包合同价构成，针对费用易突破的部分明确投资控制重点；同时针对设计、施工、工艺、材料和设备等多个方面作技术比较，挖掘节约投资提高经济效益的潜力。通过商议并依据经验预测工程风险及避免因违约等可能发生索赔的因素，制定防范性对策。

（一）加强造价管理的具体形式

施工单位按月编制完成工程量的报表，于每月28日提交监理，经监理审核后报建设单位。

加强施工图预算执行管控。施工图文件评审后，经审定的施工图文件留存建设管理单位备案，开工即以审定施工图、施工图预算为基准进行施工。规范现场管理，严禁升版图代替设计变更。现场实际与审定施工图不符，应及时履行设计变更管理流程，做到"先审批后实施"。

严格执行公司输变电工程设计变更与现场签证管理办法，规范管理流程，切实履行逐级审批程序。设计、施工项目部上报的设计变更与现场签证应明确原因、内容、工程量及费用变化等要素，并提供完整的支撑性资料，费用计算应严格执行施工图预算编制原则或合同确定原则，严禁虚假申报。监理项目部应组织变更签证旁站实测和验收工作，核实变更签证内容，核算变更签证的量与价，签署明确、详实、准确的专业意见，并及时做好变更签证汇总。业主项目部应核查变更签证的真实性、合理性、规范性，确保依据充分，资料齐全，避免拆分变更签证、虚假变更签证等不合规现象。

对于拆除、余土外运、场地降水排水、围堰、填土垫道等难以查实或不可追溯的临时措施工作内容，监理项目部应做好记录，留下影像资料针对现场窝工、零星用工等索赔事项，施工项目部应及时申报，监理项目部应现场确认，详细记录、核实人、材、机等签证内容与

数量，经双方签字确认后上报业主项目部审批。

按《国家电网公司输变电工程设计质量管理办法》要求严格按已审批的初步设计进行施工图设计和设备采购，加强设计审查，杜绝重大设计修改严格超标准装修，严禁擅自扩大设备进口范围。

（二）过程造价资料归集方面

施工过程中形成的相关文档、图纸、图表、照片、声像等工程资料是项目建设的重要成果，是工程结算的支撑依据。现场造价资料遵循"谁形成、谁负责"原则，三个项目部分专业认真做好工程资料的整理工作，现场留存备查，工程竣工后在规定时间内立卷归档，确保档案的完整性、准确性。

涉及现场造价管理和工程结算所需的各种过程文件和成果资料，均应收集完整，包括但不限于工程各类合同或协议书，中标通知书，招标文件、投标文件，岩土工程勘察报告，施工图纸，图纸会审记录，工程测量定位放线记录，施工组织设计，专项施工方案，地基验槽记录，打桩记录，验孔记录，机械进出场记录，隐蔽工程验收资料，竣工验收报告，批准概算，经审查的施工图预算，分部结算资料，设计变更及现场签证，监理日志，施工日志，工程的洽商、变更、会议纪要等书面协议或文件，施工过程经确认的材料、设备价款、甲供设备材料结算资料等。现场造价资料应为原件，其内容必须真实、准确，与工程实际相符现场造价资料应字迹清楚、图样清晰、图表整洁，签字盖章手续完备。

（三）资金管理

加强工程款支付合规性管理。工程款支付应严格执行合同约定，做到资料完整，数据准确，流程合规，不得超前或延期申请支付。施工项目部应根据现场实际进度计算阶段工程价款，及时提出工程款支付申请。监理项目部应认真审核工程款支付资料的真实性、准确性和规范性，包括暂列金额是否已扣除，安全文明施工费是否单独拨付，上报申请工程款与现场实际已完工程量是否相符等。业主项目部应严格审核相关资料，上报建管单位申请资金预算，及时支付工程款，避免出现拖欠问题。

规范使用其他费用。按"谁使用、谁负责"的原则，在批复概算范围内规范使用，应加强建设场地征用及清理赔（补）偿工作和法人管理费使用的风险防范与有效控制，做到合法合规、专款专用。建设场地征用及清理费应按照国家及地方有关收费政策、标准执行，坚持依据合同（协议）进行支出；项目法人管理费应严格控制费用列支渠道，严禁列支与工程无关的费用，严禁套取转移、虚列支出、超标准支出。

第十章

乌东德电站送电广东广西特高压多端直流工程线路工程（7标段）施工技术与管理

第一节　工程概述

一、法规标准

（1）《中华人民共和国环境保护法》（主席令第 9 号）。

（2）《中华人民共和国水污染防治法》（主席令第 87 号）。

（3）《中华人民共和国大气污染防治法》（主席令第 31 号）。

（4）《中国电力优质工程奖评选办法》（2019 修订版）。

（5）《电力建设安全工作规程　第 2 部分：电力线路》（DL 5009.2—2013）。

（6）《工程建设标准强制性条文》（电力工程部分）（2016 版）。

（7）《电网建设项目文件归档与档案整理规范》（DL/T 1363—2014）。

（8）《建设项目档案管理规范》（DA/T 28—2018）。

（9）《建设工程施工现场供用电安全规范》（GB 50194—2014）。

（10）《施工现场临时用电安全技术规范》（JGJ 46—2005）。

（11）《建设用砂》（GB/T 14684—2022）。

（12）《混凝土强度检验评定标准》（GB/T 50107—2010）。

（13）《输变电工程达标投产验收规程》（DL 5279—2012）。

（14）《建设用卵石、碎石》（GB/T 14685—2022）。

（15）《普通混凝土用砂、石质量及检验方法标准》（JGJ 52—2006）。

（16）《通用硅酸盐水泥》（GB 175—2007）。

（17）《钢筋混凝土用钢　第 1 部分：热轧光圆钢筋》（GB/T 1499.1—2017）。

（18）《钢筋混凝土用钢　第 2 部分：热轧带肋钢筋》（GB/T 1499.2—2018）。

（19）《钢筋机械连接通用技术规程》（JGJ107—2016）。

（20）《电气装置安装工程接地装置施工及验收规范》（GB 50169—2016）。

（21）《混凝土用水标准》（JGJ 63—2006）。

（22）《混凝土结构工程施工质量验收规范》（GB 50204—2015）。

（23）《钢筋焊接及验收规程》（JGJ 18—2012）。

（24）《建设工程文件归档规范》（GB/T 50328—2014）。

（25）《±800kV 及以下直流架空输电线路工程施工质量检验及评定规程》（DL/T 5236—2010）。

（26）《输变电工程质量监督检查大纲》（2014 版）。

（27）《电力建设新技术应用专项评价办法》（2017 试行版）。

（28）《电力建设绿色施工专项评价办法》（2017 试行版）。

（29）《电力建设地基结构专项评价办法》（2017 试行版）。

（30）《电力建设全过程质量控制示范工程管理办法》（2016 试行版）。

（31）《中国南方电网有限责任公司基建项目施工机械与机具管理工作指引（2016 年版）》（基建〔2016〕3 号）。

（32）《中国南方电网有限责任公司电力安全工作规程》（2015 版）。

（33）《中国南方电网有限责任公司基建项目达标投产及工程评优管理业务指导书》（Q/CSG 433016—2015）。

（34）《中国南方电网有限责任公司基建管理规定》（南方电网基建〔2017〕41 号）（Q/CSG 213003—2017）。

（35）《中国南方电网有限责任公司项目类档案业务指导书》（Q/CSG 441008—2018）。

（36）《中国南方电网有限责任公司基建安全管理办法》（南方电网基建〔2017〕41 号）（Q/CSG 213004—2017）。

（37）《中国南方电网有限责任公司基建质量管理办法》（南方电网基建〔2017〕41 号）（Q/CSG 213009—2017）。

（38）《中国南方电网有限责任公司基建工程质量控制（WHS）标准（2017 年版）》（南方电网基建〔2017〕44 号）。

（39）《中国南方电网有限责任公司基建工程验收管理办法（南方电网基建〔2017〕41 号）》（Q/CSG 213005—2017）。

（40）《中国南方电网有限责任公司基建工程安全文明施工检查评价标准表式（2014 年版）》（南方电网基建〔2014〕64 号）。

（41）《南方电网公司电网建设施工安全基准风险指南》（2012 版）（南方电网基建〔2012〕47 号）。

（42）《南方电网公司电网建设安全施工作业票》（2012 版）（南方电网基建〔2012〕47 号）。

（43）《南方电网公司 7S 管理工作指引（2017 版）》（南方电网企管〔2017〕11 号）。

（44）《中国南方电网有限责任公司基建项目承包商管理业务指导书》（Q/CSG 433001—2016）。

（45）本标段现场调查资料。

（46）乌东德电站送电广东广西特高压多端直流示范工程线路工程业主项目部相关策划文件。

（47）施工图纸。

（48）施工合同。

二、工程概况与实施条件分析

（一）工程简介

本标途经贵州黔西南布依族苗族自治州，黔西南布依族苗族自治州位于滇黔桂三省（区）结合部，贵州省西南部、云贵高原东南端。地跨东经 104°35′~106°32′，北纬 24°38′~26°11′，东西长 210km，南北宽 177km。东与黔南布依族苗族自治州罗甸县接壤，南与贵州隆林、田林、乐业 3 个县隔江相望，西与云南省富源、罗平县和六盘水市盘州市毗邻。

本标段地形为半山区、丘陵，依据地形地貌特点，采用了人工挖孔基础形式。共有自立式角钢铁塔 107 基，其中：直线塔 78 基，耐张塔 29 基。工程采用了导线 8×JL/G2A－900/75 钢芯铝绞线，对导线展放工艺要求极高。

（1）建设单位：中国南方电网有限责任公司超高压

输电公司。

（2）设计单位：中国电建集团贵州电力设计研究院有限公司。

（3）监理单位：广东天广工程监理咨询有限公司。

（4）施工单位：新疆送变电有限公司。

（二）工程项目特点

工程概况及基本特点见表 2－10－1－1。

（三）工程设计特点

工程设计特点见表 2－10－1－2。

（四）工程施工特点

工程施工特点见表 2－10－1－3。

表 2－10－1－1　　　　工程概况及基本特点

序号	项　目	内　容　规　定
1	工程名称	乌东德电站送电广东广西特高压多端直流示范工程线路工程施工 7 标段
2	工程概况	乌东德电站送电广东广西特高压多端直流示范工程线路工程起于云南省昆明市禄劝县昆北换流站，经贵州自治区柳州市鹿寨县柳北换流站，止于广东省惠州市龙门县龙门换流站，途经云南、贵州、广西、广东 4 省（区）。本标段位于贵州黔西南布依族苗族自治州境内
3	建设规模	本标段线路全长 66.359km，全线位于贵州黔西南布依族苗族自治州境内，线路整体交通条件好
4	建设地点	贵州黔西南布依族苗族自治州境内
5	项目法人	中国南方电网有限责任公司超高压输电公司
6	建设管理单位	中国南方电网有限责任公司超高压输电公司兴义分部
7	电压等级	±800kV
8	输送方式	采用直流输送，自立式角钢塔
9	导线型号	8×JL/G2A－900/75 钢芯铝绞线
10	地线型号	JLB20A－150 铝包钢绞线和 OPGW－150 复合光缆
11	建设工期	本工程计划于 2018 年 12 月 1 日开工，2020 年 5 月 30 日全部完工，日历工期 547d
12	质量要求	工程质量符合施工及验收规范要求，符合设计要求；不发生工程质量事故事件；工程实体工艺水平达到国内近年金奖工程水平；质量记录准确、齐全并归档及时；质量评价得分 93 分以上，高水平通过达标投产，高排序获得中国电力优质工程奖，创国家优质工程金质奖。且做到： （1）分项工程合格率 100%、分部工程优良率 100%、单位工程优良率 100%。 （2）基建工程标准建设执行率 100%。 （3）南方电网施工作业指导书应用率 100%。 （4）南方电网基建工程质量控制（WHS）标准"关键质量抽检合格率"≥95%，不符合项整改闭环率 100%
13	安全文明施工目标	（1）不发生基建人身事故及建设单位负主要责任的一级人身事件。 （2）不发生基建原因引起电力安全事故和一级事件。 （3）不发生基建原因引起的设备事故和一级事件。 （4）不发生有人员责任的火灾事故。 （5）不发生本单位负主要责任的较大交通事故。 （6）不发生基建原因引起的对社会及公司造成较大影响的安全事件
14	进度目标	确保工程开竣工时间和工程阶段性里程碑计划的按时完成
15	档案管理	严格按照国家、行业、中国南方电网公司和建设管理单位的有关档案管理规定进行档案管理，将档案管理纳入整个现场管理程序，坚持归档与工程同步进行。确保实现档案归档率 100%、资料准确率 100%、案卷合格率 100%，保证档案资料的齐全、准确、系统；档案整理完成与工程建设同步，保证在合同规定的时间移交竣工档案
16	劳务分包	遵守《中国南方电网有限责任公司分包管理业务指导书》（Q/CSG 433005—2015）的各项管理要求，并确保相应的资源配置

序号	项 目	内 容 规 定
17	造价目标	（1）执行国家有关法律法规和公司造价管理、合同管理有关规定，科学优化工程技术方案、合理控制工程造价。 （2）重点抓好设计阶段的概预算控制，建设过程中严格按设计变更程序审批，精心策划工程结算。 （3）工程建设最终投资经济合理、不超过初步设计审批概算
18	党风廉政目标	坚持以习近平新时代中国特色社会主义思想为指导，全面贯彻落实党的十九大精神，认真落实新时代公司党组治企兴企思路，抓好工程廉洁安全管理，将工程建设成为廉洁工程、阳光工程
19	环境保护与水土保持目标	1. 环境保护目标 （1）按环评报告书及其审批部门审批决定要求建成环境保护设施，并与主体工程同时投产或者使用。 （2）合成电场、工频电场、工频磁场、噪声等监测结果符合国家和地方相关标准。 （3）参照《输变电建设项目重大变动清单（试行）》（环办辐射〔2016〕84号），工程建设不发生重大变动，或发生重大变动后依法履行了相关环保手续。 （4）工程建设过程中不造成重大环境污染。 （5）环境保护设施防治环境污染和生态破坏的能力满足环境保护的要求。 （6）工程基础数据真实、完备，无重大缺项、遗漏，相关资料完善、齐全，按要求归档。 2. 水土保持目标 （1）工程力争不发生重大变动，或履行水土保持方案及重大变更的编报审批程序。 （2）开展水土保持监测工作，并编制完成水土保持监测总结报告。 （3）废弃土石渣堆放在经批准的水土保持方案确定的专门存放地。 （4）水土保持措施体系、等级和标准按经批准的水土保持方案要求落实。 （5）水土流失防治指标达到经批准的水土保持方案要求。 （6）开展水土保持监理工作，确保水土保持分部工程和单位工程经质量评定合格。 （7）投运后半年内高质量通过建设项目水土保持设施验收
20	医疗卫生保障	坚持"以人为本，卫生保障先行"的原则，切实搞好职业健康保障工作，以"高原病零死亡，人间鼠疫零发生，相关疫情零传播"为工程建设期间的职业健康安全目标
21	其他	承包方确保投标文件中所承诺的人力、机具及合理项目施工管理规划大纲的实现，并按照合同约定完成在保修期的质量保修责任

表 2-10-1-2 工 程 设 计 特 点

序号	项 目	主 要 特 点				
1	气象条件	气象条件	温度/℃	风速/（m/s）	冰厚/mm	备 注
		最高气温	+40	0	0	
		最低气温	-20	0	0	
		年平均气温	+15	0	0	
		基本风速	-5	29	0	
		覆冰	-5	10	10	密度 0.9g/cm³
		安装情况	-10	10	0	
		大气过电压	15	10	0	
		操作过电压	15	17.3	0	
		年均雷暴日	80			
2	导线型号	8×JL/G2A-900/75 钢芯铝绞线				
3	地线型号	JLB20A-150 铝包钢绞线和 OPGW-150 复合光缆				
4	间隔棒型号	八分裂间隔棒				
5	导地线防振	导线采用间隔棒和防振锤组合防振措施				
6	绝缘子串及金具形式	2X420kN 单联 V 形复合绝缘子悬垂串，WXV420HA、2X550kN 单联 V 形复合绝缘子悬垂串，WXV550HA、4X420kN 双联 V 形复合绝缘子悬垂串，WSXV420HA、4X550kN 双联 V 形复合绝缘子悬垂串，WSXV550HA、6X420kN 三联 V 形复合绝缘子悬垂串，W3XV420HA、4X550kN 双联 L 形复合绝缘子悬垂串，WSXL550HA、6X550kN 三联双线夹 V 形复合绝缘子悬垂串，W3XV550SHA、4X420kN 双联 L 形复合绝缘子悬垂串，WSXL420HA、4X550kN 四联盘形绝缘子耐张串，WN550PA、4X180kN 双联 V 形跳线复合绝缘子串				

序号	项 目	主 要 特 点
7	铁塔形式	本标段工程自立铁塔采用以下几种塔形：JC27101BW、JC27102BW、JC27103BW、JC27104BW、JT27151BW、 ZC27101AW、 ZC27103AW、 ZC27104AW、 ZC27105AW、 ZC27106AW、 ZC27102AW、ZJC2710AW、ZKC27102AW、ZKC27152AW、ZTC2710BW，共计15种107基铁塔
8	基础形式	本工程地质情况和工程特点，基础型式为人工挖孔桩基础
9	接地形式	接地装置型式主要采用水平方框加射线型，无降阻材料

表 2－10－1－3　　　　　　　　　　　　主 要 施 工 特 点

序号	项 目	主 要 特 点	备注
1	工程前期协调、四项赔偿等政策性处理协调等工作预计难度较大	根据公司近年来所施工的多条线路工程经验，目前影响送电工程进度的最主要关键点是工程的土地征用、青苗赔偿、林木砍伐、房屋拆迁等工程四项赔偿的政策性处理工作。本标段线路途经贵州省黔西南自治州，线路所经地区植被茂盛，属于北方向南方过渡的区域，树种繁杂，主要树种为杨树、松树、竹子、杉树、栗树和枫树等。对于一般区段的集中成片林木，线路采用高跨方式，对塔基处和挡内零星树木进行清理砍伐。预计本标段工程的四项赔偿及征地等政策性处理工作难度会较大。因此做好工程的前期工作及四项赔偿等政策性工作是本工程能否按时开工、顺利施工、圆满竣工的关键工作之一	
2	线路复测工作较为困难	本标段线路路径主要在山地，通视效果差，我公司将组成技术过硬的技术和测量人员利用GPS等先进的测量仪器进行复测	
3	±800kV线路铁塔组立施工安全技术措施及工艺较复杂	±800kV直流线路铁塔高、尺寸大、塔身片重、横担长。采用内悬浮外拉线方式组立铁塔	
4	±800kV线路八分裂导线张力展放工艺复杂	公司有丰富的大截面、多分裂导线展放的施工经验，将根据±800kV线路采用的导线形式及特殊的设计特点，针对性地采取有效的施工方案、利用先进的施工设备和施工工艺，完成本标段施工任务	
5	本标段需要采用多种运输方式	本标段中心材料站设在贵州省黔西南州（卫生及生活设施配套齐全，交通便利），工程甲供材交付地点为项目部中心材料站。本标段材料运输根据现场实际情况，计划采用人力、索道等多种方式进行工地"小运"，必要时考虑拓宽、新建小运道路	
6	基础施工难度大	本标段根据地质情况，基础形式为挖孔桩基础。沿线主要存在的不良地质作用主要有膨胀土变形、崩塌、滑坡、切坡及泥石流等，局部塔基附近有切坡需进行护坡处理	
7	特高压线路工程对架线工艺要求高	本工程采用900mm² 导线，从运输、展放、压接、工器具（保护套、卡线器、网套连接器）等方面，提出了更高的要求。张力架线全过程中必须对导线采取严格的保护措施，减少导线的磨损，防止出现散股现象	
8	各类跨越较多	本工程主要交叉跨越有"220kV、110kV、35kV、10kV"等电力线路、省道、一般公路、河流、通信线等。本标段线路跨越4次220kV线路。对项目部提出了更高的要求。所有电力线路均制定周密的施工方案，确保安全可靠跨越	
9	环境保护、水土保持及安全文明施工工作要求极高	保护森林和植被。基础施工阶段的弃土、弃石、水泥、钢材、砂、石堆放，组立铁塔阶段的铁塔堆放，架线阶段的牵张场和施工沿途的现场的科学布置、文明施工以及运行通道清理、投运前的施工场地清理和恢复，做到工完料尽场地清。本标段的植被恢复原则如下： （1）黏性土、黄土类地质条件。除耕地外，一律要求播撒草籽恢复原始植被。 （2）岩石类地质条件。对于表层覆土厚度超过0.5m的塔位，要求播撒草籽恢复原始植被。 （3）对于基岩外露或表层覆土厚度少于0.5m的塔位，一般可不要求播撒草籽恢复植被	
10	工期	2018年12月1日开工，2020年5月30日竣工	

（五）主要工程量

主要工程量见表 2-10-1-4。

表 2-10-1-4 主 要 工 程 量

工程类型	工 程 名 称	工程量
基础型号	挖孔桩基础	107 基
	地脚螺栓	134.28t
	基础钢材	674.16t
	护壁钢筋	138.45t
	混凝土总量（包含所有，不含超灌量）	11896m³
	基础混凝土量	9041m³
	护壁混凝土量	2700m³
	保护帽	155.54m³
	浆砌块石量	2278.70m³
接地形式及数量	T5	5 基
	T10	25 基
	T15	13 基
	TM15	18 基
	TM20	13 基
	TM30	10 基
	TM40	7 基
	TM50	1 基
	TM60	1 基
	TL50	1 基
	TL60	1 基
	TL80	2 基
	TS10	7 基
	TS15	3 基
杆塔工程	铁塔	8648.2t
架线工程	导线架设 张力放紧线，导线 8×JL/G2A-900/75 钢芯铝绞线	1917.89t
	地线架设 张力放紧线，JLB20A-150 铝包钢绞线和 OPGW-150 复合光缆	131.69t
交叉跨越	公路	4 处
	通航河流	1 处
	220kV 电力线	4 处
	110kV 线	1 处
	35kV 电力线	3 处
	10kV 电力线	41 处
	380V 及以下电力线	11 处
	一、二级通信线	35 处
	其他公路	89 处
	坟	14 座
	移栽或砍伐果树	85 棵
	10kV 电力线	1.2km
	通信线	0.6km

（六）工作内容

承包人应按照合同规定完成的工作内容如下：

（1）本标包对应的所有工作量并按规定承担办理各种施工手续以及依法依规施工和工程维稳（及时支付地方赔偿等相关工程费用和工资等）。

（2）本标包工作内容为上述工程范围内的如下工作：

1）全部本体工程施工，铁塔防坠落装置的安装；巡检检修道路的修建，运行杆号牌、极性标志、警示牌及航巡牌的安装（不含制作、材料等费用）；工程相关试验、检测工作，包括桩基检测（完整性检测），大跨越桩基检测按设计要求执行。

2）提供施工所需所有施工机具（包含劳务分包队伍所用施工机具）、人力及其他施工资源，承包人应加强施工机具的日常看管、保养。

3）对业主供应的材料进行保管和进场验收。

4）负责业主供应的材料到承包人中心材料站的质量交接验收工作。

5）负责业主供应的材料在招标文件指定交货地点的场地（港口、车站等）协调及临时场地租赁、装卸及至各标段中心材料站的运输以及现场保管。

6）业主供应的材料以外的其他材料的采购、运输、保管；负责导线全钢瓦楞线盘的现场回收、看管和材料站移交。

7）负责委托有资质业绩的第三方开展工器具安全评估。

8）为保证施工安全、质量、进度所要采取的各种措施，以及为保证正常施工进行的各种协调工作。

9）青苗赔偿［包括永久征（占）地部分］，余土（含泥浆）外运；施工用临时路桥修、筑，施工用临时场地（含材料站、牵张场地、各类施工场地）清理、准备和租用，运输材料及施工造成的树木砍伐、房屋拆迁，特殊跨越措施补助费、施工措施费（施工排水、围堰、便桥搭设、船只租用、跨越架搭设、带电跨越）等以及以上工作的开展所需的补偿、赔偿、协调等，水土流失治理（如施工用地、道路及周边环境的植被恢复）等相关施工环保、水保工作。

10）国家及地方文件规定的工程建设相关手续，如跨越铁路、各等级公路、其他重要设施（包括封航）、跨越电力线路（不含中国南方电网公司资产以外的电力线路）的停电以及办理各种施工和开工手续（包括与建设管理单位有关的）等。

11）进场后负责对线路走廊进行全面的声像资料收集、取证，以便于通道保护工作需要；配合甲方开展通道清理工作；负责施工阶段至双极低端投运前线路通道的保护和本体工程的看护、维护，并确保满足工程启动调试要求；应做好通道保护工作。

12）配合中间验收、竣工预验收、各种专项验收（如环保、水保、档案、安全、劳动卫生验收迎检）、运行交接验收、竣工验收、线路参数测试、系统调试、启动验收以及各种协调会、调度会、检查监督、各种安全质量活动、施工技术培训、专家咨询与指导、工程宣传以及达标投产、创优及现场迎检、工程总结（包括提高工程安全质量工艺要求、安全活动以及工程创优工作要求等开展相关工作和专题活动）等。

13）声像资料、数字化、电子版、纸质版竣工资料的归档、组卷与移交。

14）保修期内的保修工作。

15）严格按照与建管单位协商确定的时间进场，严格执行施工进场计划及资源配置计划。

16）项目部应设立本工程专用账户，每月定期向建管单位提供转账凭证复印件，建管单位监督承包单位工程资金使用情况。

（七）施工装备条件分析

1. 基础施工

我公司将全面采用基础钢筋工厂化（集中）加工、配送，应用比例100％。本标包基础全部采用人工挖孔基础。基础承载力好，但是劳动力强度高，施工速度较慢，人员安全防范要求高，桩基础需要做好护壁。

2. 组塔施工

（1）本标包高山占70％、一般山地占20％、丘陵占10％，塔材运输计划采用修筑道路、索道运输、马帮运输等方式。

（2）本标包铁塔根开大，铁塔重量重，结构尺寸大，单件重量重，铁塔组立重点和难点是横担和地线支架。依据铁塔特点、推算的塔段重量及地形情况，经过综合比对分析，本包铁塔组立采用内悬浮外拉线抱杆进行组立。

3. 架线施工

（1）本工程为采用900mm²大截面导线，经过计算，根据我公司设备实际情况，我公司比较多项施工方案确定采用2×"一牵四"张力同步展放的放线方式，主牵引机采用两台250kN的牵引机，主张力机采用四台2×65kN的张力机。

（2）本标包导线单盘重量大，导线盘的吊装需采用相适应的吊车和专用吊具以及可以满足施工要求的导线尾车，公司现有设备完全可以满足。

（3）导线保护要求高。为了减小导线磨损，采用放线滑车，并合理设置双滑车。压接管需采用配套的压接管保护套。架线施工全过程需对导线采取有效的防磨损措施。

（4）为减少青苗损坏、树木砍伐，以及缓解跨越电力线、公路、河流等障碍物频繁造成的展放导引绳困难，采用飞艇（旋翼机）展放初级导引绳。飞艇（旋翼机）和配套设备已在工程中得到成熟运用，可满足本工程跨越需要。

（八）交通运输条件分析

本标段线路途经贵州省黔西南自治州的安龙县、贞丰县、望谟县，整体交通条件较差，沿线有省道以及部分县道、乡村水泥路可以利用，但村与村之间的乡间土路较差，尤其在雨季，较为泥泞，交通较为不便，可以先用机动车运至附近，再使用货运索道、马帮运输至塔位。对于必须利用的较窄机耕路段、薄弱沟桥等，施工时加以整修、加固后使用。

（九）现场作业条件分析

1. 基础施工现场作业条件分析

本标段线路工程所在的黔西南自治州地区处于滇黔桂三省（区）结合部，贵州省西南部、云贵高原东南端。地跨东经104°35′～106°32′，北纬24°38′～26°11′，东西长210km，南北宽177km。东与黔南布依族苗族自治州罗甸县接壤，南与广西隆林、田林、乐业3个县隔江相望，西与云南省富源、罗平县和六盘水市盘州市毗邻。

由于本包段线路穿越了不同的地貌单元，路径方案基本上绕避了重大的不良地质条件区，沿线所经过地段工程环境条件一般；线路所经地区在地貌单元上可分为高山、山地、丘陵；沿线主要存在的不良地质作用主要有膨胀土变形、崩塌、滑坡、切坡及泥石流等。基础主要型式人工挖孔基础。铁塔与基础采用地脚螺栓的连接形式。施工前要按设计和施工验收规范要求制订相应的施工方法，并预先制订充分、可靠的控制措施，同时对参加施工的技术人员、测工、技工要进行严格的技术培训和现场交底。本标段基础材料的运输，根据现场实际情况，公司考虑采用修筑道路、人力和索道运输的方式，确保完成基础材料运输工作。

公司在人工挖孔基础和施工方面已具备较丰富和成熟的施工技术和经验，可以确保成孔的质量和工程进度，弃土的运输满足环保的要求。在本工程中将进一步加强基础施工质量的控制和管理，确保本工程的基础分部工程一次验收合格率达到100％，优良率100％。

2. 铁塔组立现场作业条件分析

本标段铁塔的特点是塔身高、根开大、单件重量重、横担长。我公司将根据现场条件，计划优先采取起重车（吊车）组塔，其次采用内悬浮外拉线抱杆进行组立。

本标段塔材运输将现场实际情况，采用修筑道路、索道等综合运输的办法解决塔材运输到位的问题。

3. 架线施工现场作业条件分析

本标段导线采用型号为：8×JL/G2A－900/75。架线施工采用2×"一牵四"张力同步展放的放线方式，主牵引机采用两台250kN的牵引机，主张力机采用四台2×65kN的张力机。

本标段线路途经贵州省黔西南自治州的安龙县、贞丰县、望谟县，整体交通条件较差，沿线有省道以及部分县道、乡村水泥路可以利用，但村与村之间的乡间土路较差，尤其在雨季，较为泥泞，交通较为不便，架线施工将受到一定的场地影响，牵张场地要合理选择。

本标段内交叉跨越较多，在跨越公路、电力线前，要详细调查、研究各跨越物的具体特点，针对性地论证和编写跨越施工安全技术措施，严格按措施作业保证跨越施工的安全、优质、高效。

（十）交叉跨越条件分析

1. 公路跨越

本标包跨越公路4次。导地线展放施工时搭设跨越架。

2. 电力线路跨越

本标包跨越 220kV 电力线 4 处，跨越 110kV 电力线 1 处，跨越 35kV 电力线 3 处，跨越 10kV 电力线 41 处，低压线、弱电线 11 处；河流 1 处。

对跨越的 35kV 及以上电力线，争取停电搭设承力索跨越网停电跨越施工；若不能停电，则采用承力索跨越网进行带电跨越施工，该设备和工艺我公司已经有相当成熟和丰富施工经验，多次成功用于 220kV 及以上线路带电跨越施工，可以避免受停电时间的限制而影响工期。

（十一）气候条件分析

1. 降水

根据对线路经过地区地处黔西南自治州属亚热带季风气候，年均气温 20℃，极端最高温度 38.9℃，极端最低温度 -4℃。年均降雨量 1535.6mm，年平均降雨日 171d。年无霜期 320 多天。年平均日照时数 1586.6h，年平均相对湿度 78%，平均蒸发量 1621.8mm。常年主导风向为西北，夏季为东风，平均风速 1.8m/s。

基础施工时间为 2018 年 12 月—2019 年 5 月；处在降雨峰值期，降雨时间相对较长、降水量较大，施工道路条件受影响大，提前做好塔材运输，避免影响材料运输及施工。

铁塔组立时间为 2019 年 5 月—2019 年 10 月，该时间段降雨较少，对基础施工影响较小，但也应做好异常天气的防范措施，提前做好材料采购运输、施工队伍组织等准备工作。

架线施工时间为 2019 年 10 月—2020 年 5 月，降雨对架线施工有较大影响，施工前需要提前做好材料运输、施工队伍等各项准备工作，保证工程进度，以免因天气窝工。

基础结算、铁塔组立和架线施工均有部分时间处于雨季，受降雨影响较大。由于通向塔位附近的运输道路多为泥土路，路况差，一旦下雨，道路泥泞，车辆打滑，将给材料运输带来较大的困难。应在无雨时，集中力量提前把材料运到施工现场，保证施工正常进行。

2. 气温

本标包年均气温 20℃，极端最高温度 38.9℃，极端最低温度 -4℃。年均降雨量 1535.6mm，年平均降雨日 171d。平均地面温度自北向南在 18~19℃，均高于平均气温。与平均气温具有同样特点，7 月最高，1 月最低。全市无霜期平均为 320 多天。夏季高温对基础、组塔、架线影响较大，容易引起施工人员中暑，需合理安排工作和休息时间，避开中午高温时段，充分利用早晚时间工作，并采取必要的防暑降温措施。

（十二）自然环境条件

1. 建设地点

本标段线路工程所在的黔西南自治州地区处于云南、贵州、广西三省（自治区）结合部，贵州省西南部、云贵高原东南端，东与黔南布依族苗族自治州罗甸县接壤，南与广西隆林、田林、乐业 3 个县隔江相望，西与云南省富源、罗平县和六盘水市盘州市毗邻。

2. 自然环境

（1）地形。本标段线路位于贵州省黔西南自治州，沿线主要为高山、山地、丘陵，高差较大。

（2）地质。本标段主要表现高山、山地、丘陵。沿线主要存在的不良地质作用主要有膨胀土变形、崩塌、滑坡、切坡及泥石流等。

（3）地下水。本包段线路沿线分布的地下水大致可分为两种类型，即基岩裂隙水和第四系潜水。基岩裂隙水埋深一般大于 5m。第四系潜水主要分布在山间平（洼）地及河谷两侧，线路路径内地下水埋藏较浅。无论在长期浸水还是干湿交替的情况下，地下水对混凝土结构和钢筋混凝土结构中的钢筋均具微腐蚀性。

（4）作物及树种。线路所经地区植被茂盛，属于北方向南方过渡的区域，树种繁杂，主要树种为杨树、松树、竹子、杉树和枫树等。

（十三）现场调查情况说明

1. 政策环境

本次乌东德电站送电广东广西特高压多端直流示范工程重点工程，沿线政府部门对本工程的建设会比较重视。在与地方政府沟通方面，公司在多年来的送电线路工程施工中积累了丰富的经验。本工程将积极配合建设管理单位与当地政府联系沟通，取得地方政府大力的支持。

2. 经济环境

黔西南布依族苗族自治州地处珠江上游南北盘江流域和云南、贵州、广西三省（自治区）结合部，区位交通优势明显，能源矿产资源丰富，生态环境良好，是珠江上游重要生态屏障、国家生态补偿示范区、全国黄金生产基地和西江上游经济区重要的能源化工、原材料加工基地，同时也是全国欠开发、欠发达的少数民族地区。国家实施西部大开发战略特别是"十二五"以来，黔西南州经济社会发展取得了重大进展，综合经济实力逐步增强，基础设施显著改善，生态建设和环境保护不断加强，对外开放进一步扩大，全州呈现出经济建设、政治建设、文化建设、社会建设、生态文明建设协调推进、民族团结进步繁荣发展的大好局面，为黔西南州实现加速发展、后发赶超奠定了重要基础。在工程施工中，对青苗补偿、临时占地等要做好政策宣传，按标准及时足额进行赔付，积极做好协调工作最大限度减少对工程施工的影响。

3. 社会治安

根据现场调查线路沿线民风较为朴实，当地政府和村民政策观念较强，社会治安相对较好，在施工期间我们会和当地政府建立良好的沟通，与当地村民保持良好关系，做好群众赔偿和协调工作，保证工程的顺利进展。

4. 沿线地形、地质、农作物、重要跨越物调查

（1）沿线地形：本标包经过地带为高山、山地、丘陵。

（2）沿线地质：以膨胀土变形、崩塌、滑坡、切坡及泥石流为主。

（3）沿线作物：本标包沿线粮食作物以水稻、玉米、谷子为主，经济作物主要有茶叶、油菜、花生和芝麻等。

本标包跨越公路 4 次，跨越 220kV 电力线 4 处，跨越 110kV 电力线 1 处，跨越 35kV 电力线 3 处，跨越 10kV 电力线 41 处，低压线、弱电线 11 处；河流 1 处。

5. 运输道路调查

本标包沿线地形以高山、山地、丘陵为主，运输条件一般。

6. 原材料调查

沿线周边有砂、石、水泥、钢材市场，钢筋质量可靠，货源充足。

三、项目施工管理组织机构和管理职责

（一）项目管理组织结构

施工现场设项目经理部，项目经理受公司总经理委托，在施工现场对本工程项目的实施过程进行组织、管理和协调。施工现场项目管理组织机构如图 2-10-1-1 所示。

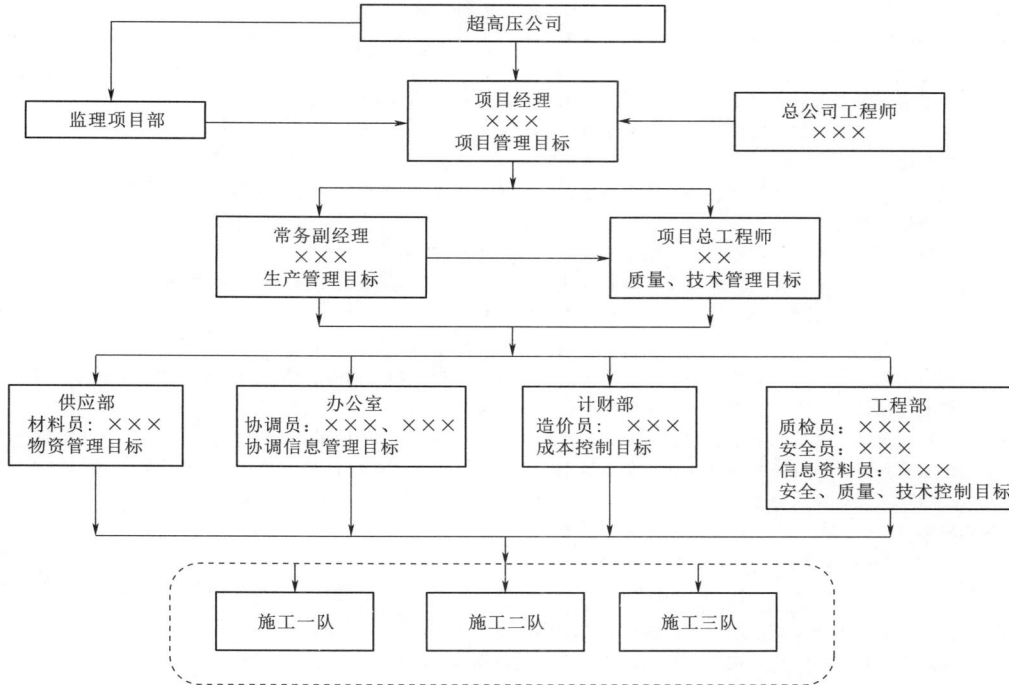

图 2-10-1-1 项目管理组织机构

（1）公司将和具有丰富施工经验的工程管理人员及技术人员组建"乌东德电站送电广东广西特高压多端直流示范工程线路工程（施工 7 标）项目部"，该工程由×××担任本标段的项目经理，×××担任本标段的常务副经理，由×××担任本标段的项目总工程师。

（2）本工程的项目经理部下设三部一室，即工程部、计财部、供应部和办公室 4 个专业职能部门，在项目经理、常务副经理的全面领导下负责本工程建设的各项管理工作。

（3）为了实现工程总目标，适应市场需要，落实内部经济责任制，做到文明施工、安全生产，我公司对本工程的管理实施项目经理负责制，以便充分发挥项目组织的优势和提高项目组织的管理水平。

（4）项目经理部是公司的派出机构，由公司经理授权，全权代表公司组织指挥施工和处理与工程有关的事宜，在安全、质量、工期、文明施工和经济上对工程全面负责，搞好对外联络，协调对外关系，实行科学管理，确保工程安全、优质、低耗、按期完成任务。其主要职责如下：

1）传达贯彻上级及公司的指示，定期向上级、公司、项目法人、项目管理单位、监理单位及其他有关单位汇报工程进度情况。

2）接受项目法人、项目管理单位和监理单位的监督、检查和技术指导；接受公司本部的领导。

3）进行本工程的质量策划和安全文明施工策划的实施，制定质量保证措施和职业健康安全保证措施，在工程施工中有效地实施本公司的质量体系、职业健康安全管理体系和环境管理体系及其形成的程序，进行采购和对招标方提供产品的控制、过程控制、检验和试验控制、不合格品控制，开展危险源辨识和控制，加强环境保护。

4）负责组织编制工程管理制度、施工作业指导书、安全技术措施，审定施工方案，督促做好各级技术交底，解决施工中的技术问题。

5）领导组织本工程的安全文明施工，将安全文明施工列入首要的议事日程，做到安全工作"五同时"。

6）编制施工网络计划，并定期检查和修正网络计划，确保按施工网络计划组织供应及施工。

7）根据工程项目本身的动态过程，对工程实行动态管理，合理调度施工力量、机械设备、材料和资金。

8）加强经营管理，负责处理好本工程一切经济事务，协助各施工部门认真贯彻落实和实施各项经济责任制。

（5）在工程施工过程中，公司本部将全力以赴做好各项保障工作，投入公司的技术人才和施工装备，进行本工程的施工。主要保障条件如下：

1）提供满足工程施工需要的人力资源。

2）提供满足工程施工需要的机械、车辆、设备等。

3）提供满足工程需要的材料、资金。

4）配备满足工程需要的有经验、技术过硬的生产人员。

5）做好后勤保障工作，为现场提供业余文化生活用品、用具，创造良好的现场生活、施工环境。

6）审批重大技术方案和安全技术措施。

项目经理部的人员由公司选派组成，在项目部中承担相应的工作，完成合同规定的施工任务。各部门及主要人员的主要职责见表。

（二）项目管理职责

项目管理职责见表2-10-1-5。

表2-10-1-5　　　　　　　　项 目 管 理 职 责

岗位	职 责 和 权 限
项目经理	施工项目经理是施工现场管理的第一责任人，全面负责施工项目部各项管理工作。 （1）主持施工项目部工作，在授权范围内代表施工单位全面履行施工承包合同；对施工生产和组织调度实施全过程管理；确保工程施工顺利进行。 （2）组织建立相关施工责任制和各专业管理体系，组织落实各项管理组织和资源配备，并监督有效运行。负责项目部员工管理绩效的考核及奖惩。 （3）组织编制项目管理实施规划（施工组织设计），并负责监督落实。 （4）组织制订施工进度、安全、质量及造价管理实施计划，实时掌握施工过程中安全、质量、进度、技术、造价、组织协调等总体情况。组织召开项目部工作例会，安排部署施工工作。 （5）对施工过程中的安全、质量、进度、技术、造价等管理要求执行情况进行检查、分析及组织纠偏。 （6）负责组织处理工程实施和检查中出现的重大问题，并制订纠正预防措施。特殊困难及时提请有关方协调解决。 （7）合理安排项目资金使用；落实安全文明施工费申请、使用。 （8）负责组织落实安全文明施工、职业健康和环境保护有关要求；负责组织对重要工序、危险作业和特殊作业项目开工前的安全文明施工条件进行检查并签证确认；负责组织对分包商进场条件进行检查，对分包队伍实行全过程安全管理。 （9）负责组织工程班组级自检、项目部级复检和质量评定工作，配合公司级专检、监理初检、中间验收、竣工预验收、启动验收和启动试运行工作，并及时组织对相关问题进行闭环整改。 （10）参与或配合工程安全事件和质量事件的调查处理工作。 （11）项目投产后，组织对项目管理工作进行总结；配合审计工作，安排项目部解散后的收尾工作
项目常务副经理	施工项目常务副经理协助施工项目经理履行职责，协助负责施工项目部各项管理工作。 （1）协助施工项目经理，负责施工项目部工作，在授权范围内代表施工单位全面履行施工承包合同；对施工生产和组织调度实施全过程管理；确保工程施工顺利进行。 （2）协助负责组织制订施工进度、安全、质量及造价管理实施计划，实时掌握施工过程中安全、质量、进度、技术、造价、组织协调等总体情况。组织召开项目部工作例会，安排部署施工工作。 （3）对施工过程中的安全、质量、进度、技术、造价等管理要求执行情况进行检查、分析及组织纠偏。 （4）负责组织处理工程实施和检查中出现的重大问题，并制订纠正预防措施。特殊困难及时提请有关方协调解决。 （5）合理安排项目资金使用；落实安全文明施工费申请、使用。 （6）协助负责组织落实安全文明施工、职业健康和环境保护有关要求；负责组织对重要工序、危险作业和特殊作业项目开工前的安全文明施工条件进行检查并签证确认；负责组织对分包商进场条件进行检查，对分包队伍实行全过程安全管理。 （7）负责组织工程班组级自检、项目部级复检和质量评定工作，配合公司级专检、监理初检、中间验收、竣工预验收、启动验收和启动试运行工作，并及时组织对相关问题进行闭环整改。 （8）参与或配合工程安全事件和质量事件的调查处理工作。 （9）项目投产后，协助项目经理对项目管理工作进行总结；配合审计工作，安排项目部解散后的收尾工作
项目总工	在项目经理的领导下，负责项目施工技术管理等工作，负责落实业主、监理项目部对工程技术方面的有关要求。 （1）贯彻执行国家法律、法规、规程、规范和中国南方电网公司通用制度，组织编制施工安全管理及风险控制方案、施工强制性条文执行计划等管理策划文件，并负责监督落实。 （2）组织编制施工进度计划、技术培训计划并督促实施。 （3）组织对项目全员进行安全、质量、技术及环保等相关法律、法规及其他要求培训工作。 （4）组织施工图预检，参加业主项目部组织的设计交底及施工图会检。对施工图纸和设计变更的执行有效性负责，对施工图纸存在的问题，及时编制设计变更联系单并报设计单位。 （5）组织编写专项施工方案、专项安全技术措施，组织安全技术交底。负责对施工方案进行技术经济分析与评价。 （6）定期组织检查或抽查工程安全、质量情况，组织解决工程施工安全、质量有关问题。 （7）负责施工新工艺、新技术的研究、试验、应用及总结。 （8）负责组织收集、整理施工过程资料，在工程投产后组织移交竣工资料。 （9）协助项目经理做好其他施工管理工作

岗位	职 责 和 权 限
技术员	贯彻执行有关技术管理规定,协助项目经理或项目总工做好施工技术管理工作。 (1) 熟悉有关设计文件,及时提出设计文件存在的问题。协助项目总工做好设计变更的现场执行及闭环管理。 (2) 编制作业指导书等技术文件并组织进行交底,在施工过程中监督落实。 (3) 在施工过程中随时对施工现场进行检查和提供技术指导,存在问题或隐患时,及时提出技术解决和防范措施。 (4) 负责组织施工班组和分包队伍做好项目施工过程中的施工记录和签证。 (5) 参与审查施工作业票
质检员	协助项目经理负责项目实施过程中的质量控制和管理工作。 (1) 贯彻落实工程质量管理有关法律、法规、规程、规范和中国南方电网公司通用制度,参与策划文件质量部分的编制并指导实施。 (2) 对分包工程质量实施有效管控,监督检查分包工程的施工质量。 (3) 定期检查工程施工质量情况,监督质量检查问题闭环整改情况,配合各级质量检查、质量监督、质量竞赛、质量验收等工作。 (4) 组织进行隐蔽工程和关键工序检查,对不合格的项目责成返工,督促施工班组做好质量自检和施工记录的填写工作。 (5) 按照工程质量管理及资料归档有关要求,收集、审查、整理施工记录表格、试验报告等资料。 (6) 配合工程质量事件调查
安全员	协助项目经理负责施工过程中的安全文明施工和管理工作。 (1) 贯彻执行工程安全管理有关法律、法规、规程、规范和中国南方电网公司通用制度,参与策划文件安全部分的编制并指导实施。 (2) 负责施工人员的安全教育和上岗培训;汇总特种作业人员资质信息,报监理项目部审查。 (3) 参与施工作业票审查,协助项目总工审核一般方案的安全技术措施,参加安全交底,检查施工过程中安全技术措施落实情况。 (4) 负责编制安全防护用品和安全工器具的需求计划,建立项目安全管理台账。 (5) 审查施工分包队伍及人员进出场工作,检查分包作业现场安全措施落实情况,制止不安全行为。 (6) 检查作业场所的安全文明施工状况,督促问题整改;制止和处罚违章作业和违章指挥行为;做好安全工作总结。 (7) 配合安全事件的调查处理。 (8) 负责项目建设安全信息收集、整理与上报,每月按时上报安全信息月报
造价员	(1) 严格执行国家、行业标准和企业标准,贯彻落实建设管理单位有关造价管理和控制的要求,负责项目施工过程中的造价管理与控制工作。 (2) 负责工程设计变更费用核实,负责工程现场签证费用的计算,并按规定向业主和监理项目部报审。 (3) 配合业主项目部工程量管理文件的编审。 (4) 编制工程进度款支付申请和月度用款计划,按规定向业主和监理项目部报审。 (5) 依据工程建设合同及竣工工程量文件编制工程施工结算文件,上报至本施工单位对口管理部门。配合建设管理单位、本施工单位等有关单位的财务、审计部门完成工程财务决算、审计以及财务稽核工作。 (6) 负责收集、整理工程实施过程中造价管理工作有关基础资料
信息管理员	(1) 负责对工程设计文件、施工信息及有关行政文件(资料)的接收、传递和保管;保证其安全性和有效性。 (2) 负责有关会议纪要整理工作;负责有关工程资料的收集和整理工作;负责基建管理信息系统数据录入工作。 (3) 建立文件资料管理台账,按时完成档案移交工作
综合管理员	(1) 负责项目管理人员的生活、后勤、安全保卫工作。 (2) 负责现场的各种会议会务管理及筹备工作
材料员	(1) 严格遵守物资管理及验收制度,加强对设备、材料和危险品的保管,建立各种物资供应台账,做到账、卡、物相符。 (2) 负责组织办理甲供设备材料的催运、装卸、保管、发放,自购材料的供应、运输、发放、补料等工作。 (3) 负责组织对到达现场(仓库)的设备、材料进行型号、数量、质量的核对与检查。收集项目设备、材料及机具的质保等文件。 (4) 负责工程项目完工后剩余材料的冲减退料工作。 (5) 做好到场物资使用的跟踪管理
协调员	(1) 协调办理有关施工许可及其他相关手续。 (2) 联系召开工程协调会议,协调好地方关系,配合业主项目部做好相关外部协调工作。 (3) 根据施工合同,做好房屋拆迁、青苗补偿、塔基占地、树木砍伐施工跨越等通道清理的协调及赔偿工作。 (4) 负责通道清理资料的收集、整理

续表

岗位	职 责 和 权 限
工段长	（1）工段长是本队安全施工第一责任者，负责施工队日常安全管理工作，对施工队人员在施工过程中的安全与健康负直接管理责任。 （2）负责组织本段人员学习与执行上级有关安全健康与环境保护的规程、规定和措施。带头遵章守纪，及时纠正并查处违章违纪行为。 （3）认真组织每周一次的安全日活动，及时总结与布置本段安全工作，并做好安全活动记录。 （4）认真进行每天的班前"站班会"和班后安全小结。 （5）经常检查（每天不少于一次）施工场所的安全文明施工情况，督促本段人员在施工中正确使用劳动防护用品和用具。 （6）负责进行新入厂人员的第三级安全教育和变换工种人员的岗位安全教育。 （7）在工程项目开工前，负责组织本段参加施工的人员接受安全交底并签字。对未接受安全交底和签字的人员，不得安排参加该项目的施工。 （8）负责本段施工项目开工前的安全施工条件的检查和落实。对危险作业的施工点，必须设安全监护人。负责安全施工作业票的审批工作。 （9）督促本段人员进行文明施工，收工时及时整理作业场所。 （10）组织施工队人员开展风险辨识，评价活动，制定并落实风险预控措施。 （11）实施安全工作与经济挂钩的管理办法，做到奖罚分明。 （12）配合施工队安全事故的调查，组织施工队人员分析事故原因，落实处理意见，吸取教训，及时改进安全工作

四、工期目标和施工进度计划

（一）工期目标及分解

坚持以"工程进度服从质量"为原则，保证按照工期安排开工、竣工，施工过程中保证根据需要适时调整施工进度，积极采取相应措施，按时完成工程阶段性里程碑进度计划和验收工作。

1. 工期总目标

确保项目法人规定的总工期如期实现。

本工程业主要求的合同工期为：2018 年 12 月 1 日开工、2020 年 5 月 30 日全线架通。

2. 工期目标分解

本标段各分部分项工程主要控制目标分解如图 2-10-1-2 所示。

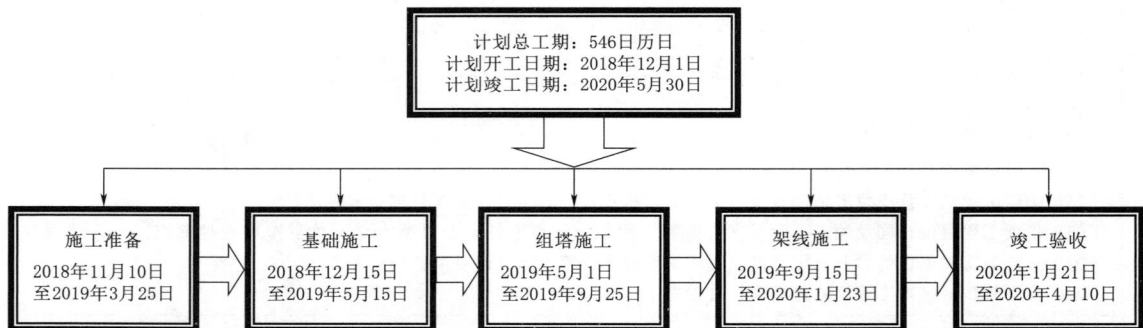

```
┌─────────────────────────┐
│ 计划总工期：546 日历日    │
│ 计划开工日期：2018年12月1日 │
│ 计划竣工日期：2020年5月30日 │
└─────────────────────────┘
```

施工准备 2018年11月10日至2019年3月25日	基础施工 2018年12月15日至2019年5月15日	组塔施工 2019年5月1日至2019年9月25日	架线施工 2019年9月15日至2020年1月23日	竣工验收 2020年1月21日至2020年4月10日

图 2-10-1-2　工程目标分解

（二）施工进度计划及编制说明

1. 施工总体安排

（1）2018 年 12 月 1 日项目部管理人员和施工队主要人员进入施工现场开始前期准备工作。办公室组织人员进行项目部的布置、办公设施的采购和安装；办公室与地方政府联系召开协调会，取得征地、赔偿协议；工程部技术人员编制技术资料，配合施工图审核，进行混凝土配合比试验；供应部人员进行材料站的设置，基础材料的选厂、采购、接收。

（2）根据本标段的施工特点和发包方对工期的要求，本标段土石方及基础、铁塔组立工程投入 4 个施工队，每个施工队下分 3 个作业组，共 12 个作业组（其中不含机械运输队和综合加工队）。架线工程投入 2 套全液压牵张设备和 1 个架线施工队，架线队下分 4 个作业组。按施

工工序划分为：

1）清障准备组。负责通道处理、跨越架搭设、放线滑车悬挂及导引绳展放。

2）张力放线组。负责导地线张力展放、压接，包含张力场、牵引场及线路巡视。

3）紧线组。负责导地线紧线、高空断线及平衡挂线。

4）附件组。负责附件安装、间隔棒安装、跳线制作及线路消缺等。

（3）土石方及基础施工优先安排农田地、山地等特殊地形条件下的基础，以取得控制工期的主动权，为组塔、架线施工争取时间。根据本工程实际工期合理安排基础、组塔和架线施工三大工序，以确保工程安全、质量、工期的有效控制。

（4）铁塔组立施工按基础浇制先后顺序进行，即先组立基础最早完工的塔位，以保证基础混凝土强度满足分解立塔的规定，同时还要考虑能形成连续放线区段，为张力架线做好施工准备。

（5）架线施工队人员要按各架线作业组的工作内容和人员的技术特长进行分工，同时配备相应的特殊工种及普工。

（6）为确保发包方规定的总工期，具体实施过程中，各项分部工程应尽量提前安排施工，最迟竣工时间不能超过本大纲的计划时间。施工中应做好内外界的各种协调工作，确保施工顺利进行。

（7）根据施工图纸的提供情况，要及时做好自购材料的采购工作，确保材料供货不受影响。同时要做好发包方供应材料的接收、检验、运输等工作。

（8）在工程完工后应做好竣工移交及投送前的保管和维护工作，并做好配合发包方进行系统调试的各项工作。

2. 施工进度计划编制说明

（1）编制依据。本工程施工进度计划主要依据进度目标、工期定额、有关技术经济资料、施工部署、主要工程施工方案、主要材料和设备的供应能力、施工人员的技术素质及劳动效率、施工现场条件、气候条件、环境条件、已建成的类似工程实际进度及经济指标等资料进行编制。

（2）编制说明。

1）由于本工程是中国南方电网公司重点建设项目，因此我们有理由相信工程甲供材料、施工图纸及相关批件的办理会十分顺利，不会对工程施工工期造成影响。

2）由于本工程工期合理，各道主要工序施工时间充足。

3）由于本工程基础地理、地质条件复杂，受自然环境因素影响较大，因此基础工序安排时间较长。

4）为顺利实现基础、组塔、架线三大工序的施工，克服沿线跨越果园、经济作物所带来的影响，项目部在制订进度计划时，充分考虑了进场道路、运输道路、施工中与各方的沟通等时间，在基础材料加工运输时，考虑了进场道路修筑的时间，针对和河网区段运输条件不便，我们对基础材料运输、组塔工序和架线工序的准备阶段都考虑进场道路的修筑时间。

5）为满足"达标投产"及创优的需要，我们考虑了自检、消缺和竣工资料整理及移交的时间。

6）编制计划中，根据送电线路施工特点划分为如下分部分项工程。

a. 土石方分部工程：路径复测分项工程、基础分坑和开挖分项工程、基面及电气开方分项工程。

b. 基础分部工程：挖孔桩基础分项工程。

c. 铁塔分部工程：自立式铁塔组立分项工程。

d. 架线分部工程：导地线展放分项工程、导地线连接管分项工程、导地线紧线分项工程、附件安装分项工程。

e. 接地分部工程：表面式接地装置分项工程。

f. 线路防护分部工程：线路防护设施分项工程。

共计6个分部工程，在此基础上，编制了工序划分及排序表、分月形象进度计划横道图和关键路径网络图。

7）工序划分排序表根据施工阶段和工程施工过程进行了划分和排序，并在工序栏位列表中给出了工序的时间参数（工期、最早开工、最早完工、总时差等）。

8）网络图给出了工序的施工顺序、逻辑关系等信息，为了清晰反映工序之间的施工顺序、逻辑关系，网络图中全部采用直线型逻辑关系线。

9）横道图给出了各工序在时间坐标上的安排，通过P3软件以月为时间单位绘制了横道图。

（三）进度计划图表

施工工序划分及进度计划见表2-10-1-6。

表2-10-1-6 施工工序划分及进度计划

名称	单位名称	施工时间	单项
前期准备	前期准备	2018.12.01—2018.12.10	10
	线路复测	2018.12.11—2018.12.31	21
基础施工	基础材料采购加工	2018.12.15—2019.05.15	152
	土石方开挖1	2018.12.11—2019.01.25	45
	土石方开挖2	2019.01.26—2019.05.10	125
	工地运输	2018.12.15—2019.05.06	164
	混凝土施工	2018.12.15—2019.05.07	141
	接地施工	2019.03.25—2019.05.10	45
	基础施工质量验评	2019.04.10—2019.05.15	35
铁塔施工	立塔准备及铁塔图纸交付	2019.05.02—2019.05.13	14
	铁塔运输及检验	2019.05.02—2019.09.01	143
	组塔施工	2019.05.04—2019.09.10	133
	组塔施工质量验收	2019.08.01—2019.11.25	20
架线施工	架线准备及架线图纸交付	2019.09.15—2019.09.23	14
	线材运输及检验	2019.09.16—2019.12.23	141
	线路放线	2019.02.18—2019.04.10	132
	驰度调整	2019.12.10—2020.04.15	128
	附件安装（含引流）	2019.10.10—2020.01.05	124
	植被恢复、收尾	2019.10.13—2020.01.07	125
	自检、验收	2020.10.16—2020.01.20	20
	竣工验收	2020.01.21—2020.04.10	30
合同工期	2018.12.01—2020.05.30（546天）	施工工期 2018.12.01—2020.05.30（517天）	

（四）进度计划风险分析及控制措施

1. 进度计划风险分析

（1）施工组织管理对施工进度影响。本标段线路路径虽短，工期要求相对宽裕，但任何施工组织管理、策划不当，都将会影响到施工进度。

（2）导地线张力架线对施工进度影响。本工程线路采用的是八分裂设计，导线按正八边形布置，大截面导线张力架线及附件安装工艺较复杂。同时架线施工也受外界干扰及交叉跨越的影响。架线施工如组织不当，将影响整个工期。

（3）青苗协议及外界协调问题影响。本标段线路存在塔位占地、树木砍伐、筑路修桥等特殊问题，存在青苗赔偿，政策协调和赔偿如处理不妥，将会延误施工工期。

（4）跨越电力线施工影响。本标段跨越有 10kV 线路、35kV 线路、110kV 线路、220kV 线路、河流、高速公路、铁路等，跨越制约施工工期。

（5）气候及季节变化影响。本标段线路工程所在地区 5—10 月经常性降雨，强降雨天气出现的季节在本组塔、架线工序施工阶段，因此对施工进度影响较大。

（6）节假日的影响。本工程施工期间存在春节、清明节、五一节、中秋节、国庆节等法定节假日的影响。我方将在保证正常施工进度的情况下，合理安排休假时间。

（7）地形因素的影响。本标段大部分路段位于高山、山地、丘陵，施工路段普通机动车辆难以行驶。需要修整或采用人力搬运、索道运输、马帮运输车，对施工进度有一定影响。

（8）材料供应的影响。在考虑施工工期方面，虽然给材料到货留有一定的余地，但是在施工期间，往往会出现因材料问题而耽误工期的情况。

（9）环保因素的影响。建设投资方十分重视该线路沿线生态环境的保护问题，沿线自然环境破坏后难以恢复，环保要求高。

2．进度计划风险控制措施

（1）施工组织管理对施工进度影响的控制措施。

1）公司将组织强有力的项目工程领导班子和调动具有高素质的并具有丰富施工经验的施工队伍进驻施工现场。项目经理随时根据现场进度情况，对现场的技术力量、劳动力、机械及工器具给予补充保证。

2）项目部采用 P3＆EXP 项目管理软件对工程进行工程管理和进度管理，根据施工网络计划及掌握的材料供应情况、政策处理情况及时调整工程进度计划，分阶段下达各施工队的工作任务，各施工队根据项目部的安排进度组织施工。

3）土石方及基础工程、铁塔组立工程投入 4 个施工队，投入 12 套工器具和机械设备分别进行施工，以保证土石方及基础工程、铁塔组立工程的施工进度。

4）架线工程投入 2 套全液压牵张设备和 1 个施工队进行张力架线施工，施工队下分 4 个作业组，通过合理配置劳动力资源控制架线阶段的施工进度。

5）实行经济责任制和"多劳多得"的分配原则，落实奖惩制度，调动全体施工人员的积极性，合理地安排和组织劳动力，做到优化组合、均衡施工。

6）落实机械员职责，提前检查和定期维修机械，保证机械设备运转良好。

7）公司党委和工会定期走访在外施工职工的家属，解决其部分困难，稳定一线职工情绪，确保工程顺利进行。

（2）导线张力架线对施工进度影响的控制措施。

1）本标段张力架线，采用我公司多次成熟应用的分裂导线张力架线工艺。

2）选择导地线张力架线轮径匹配的放线滑车和压接管专用保护套管确保架线施工质量，放线滑车加装防跳槽装置，降低导引绳跳槽处理的频率，加快放线的进度。

3）总结以往工程导线架线施工的经验，合理组织架线施工工艺流程，采取必要的措施，减少外界因素的干扰，确保架线进度符合工期计划安排。

（3）外界协调问题影响的控制措施。

1）针对本标段存在的跨越、塔基征地、树木砍伐、经济作物、临时征地等问题，需加强政策协调和工作协调的力度，前期协调工作我公司将按照中国南方电网公司属地化管理的要求，派专人积极配合，做好前期协调工作。

2）配备专车专人，做好青苗赔偿等政策协调工作，降低政策协调对工期进度的影响。

3）提前做好施工渠道的疏通工作，同时教育职工与当地群众搞好关系，取得当地群众的理解和支持，营造良好的外部施工环境。

4）临时用地、青苗赔偿及政策处理的款项，及时支付，取信于民。

5）施工期间应树立环保意识，减少人为破坏，尽量减小场地的占用和不必要的踩踏，为政策协调工作创造良好的条件。

6）尊重当地的民俗、民风。

（4）跨越施工影响的控制措施。

1）在进入现场以后，对沿线的交叉跨越进行详细的调查，尤其是对被跨越物附近的地形地貌，跨越高度等要进行详细的测量，提前考虑跨越方案。

2）与被跨越物的运行单位密切配合，协商跨越方案，提前制定跨越方案和停电计划，在运行单位的大力支持和配合下进行施工。

3）跨越电力线施工要尽量安排在停电检修期，根据停电计划，提前考虑安排特殊跨越段的架线施工。

4）在有地形和条件许可的情况下，考虑带电跨越施工。

5）采取多种方案综合分析比较，选择最合理的跨越施工方案。

（5）气候及季节变化影响的控制措施。

1）与当地气象部门建立合作关系，在遇到大风、暴雨等情况时，提前电话通知我项目部，做好对恶劣天气的预防措施，减小对工期的影响。

2）根据地方气候特点，提前做好施工准备，制定安全保证措施，保证各工序按施工计划安排进行。

3）根据天气情况，做好交通安全预防工作和材料运输工作。

（6）节假日影响的控制措施。

1）做好后勤保障工作，合理安排职工的节假日休息时间，确保职工以充沛的精力投入施工生产。

2）在施工进度紧张的情况下，应适当安排施工人员的换休、轮休。

3）在施工期间，要充分考虑职工的业余文化生活和节日生活。

4）节假日期间合理安排，同时要安排好现场的安全保卫工作。

（7）地形因素影响的控制措施。

1）根据本标段的地形情况，针对部分地段人力运输困难对施工进度的影响，要及时采取措施，充分利用索道、履带式运输车等先进设备进行材料运输。

2）对地形较为平坦、稍加修整可以通行的塔位，尽可能地采用机动车运输，加快材料运输的进度。

3）在材料运输时，要充分考虑地形、气候等因素的影响，合理组织人员、机械，抓住有利时机，进行材料运输。

（8）材料供应影响的控制措施。

1）工程材料的组织、采购、运输、仓储及现场管理制定相应的管理措施，保证供应。

2）根据工程进度计划，上报详细的物资需求计划，便于物资按期供货。

3）自购材料质量必须符合标准，并向监理提供完备的产品合格证和技术证明文件，征得监理、业主同意后方可进行采购。

4）配合业主对甲供料进行催交、催运，要求甲供料在出厂前的各项试验和外观质量检查项目齐全并符合要求。

5）甲供料到站后详细核对数量、型号、规格、质量发现问题或短缺及时更换、补足。

（9）环保因素影响的控制措施。

1）对于砂石采集点、施工便道、弃土场、施工现场及施工驻地布置都需做相应的环保措施并需经有关管理部门审批后实施，施工过程中对地材的利用管理要严格要求，禁止乱挖乱采。

2）充分利用原有电力线路、公路施工时的已有的施工便道，原则上不另行新开运输道路。

3）提前做好各种环保措施，集中处理施工废弃物。

4）施工现场布置、生活驻地建设、施工便道等要规划审批；自然植被要有恢复措施。为减少架线施工对植被的破坏，架线施工采取无人机放线。

3. 施工进度计划控制程序

公司在本项目工程中利用微机管理工程进度计划，利用P3&EXP软件技术，对工程进行动态管理。施工进度计划控制程序如图2-10-1-3所示。

（1）编制计划。将工程过程进行工序分解，计算工作量，确定施工天数和施工力量配备，编制网络计划和横道图计划，报监理工程师批准。

（2）实施计划。按批准的计划进行资源配置，组织施工。

（3）检查计划。在进度计划实施过程中，定期（每10天和每月底）进行检查和分析。

（4）调整计划。若计划实施过程中与原计划有偏差，分析原因并及时调整进度计划。

（5）实施调整计划。按调整后的计划组织施工，保证总工期不变。

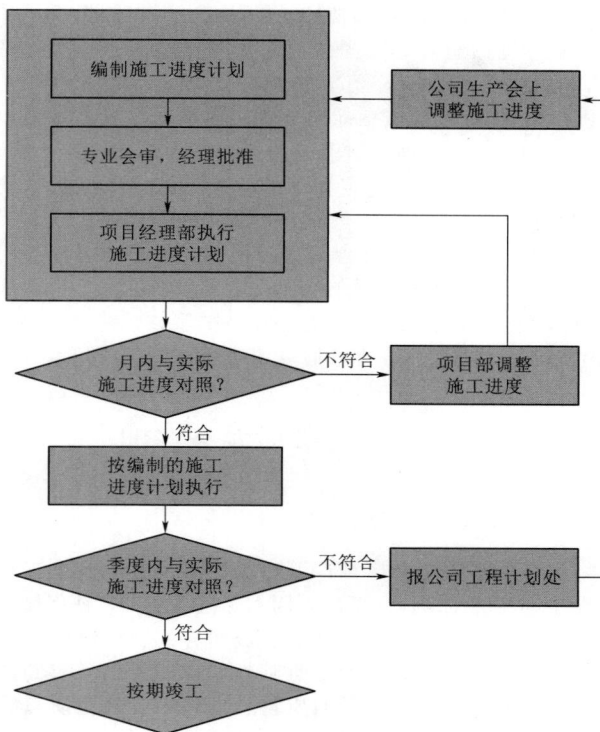

图2-10-1-3　施工进度计划控制程序图

4. 保证进度计划措施

（1）总公司将本工程列入重点项目管理，选派业务精、素质高的各类专业人员和复合型人才组成项目经理部；配置良好的施工设备和机具；保证资金使用；同时要求总公司各职能部门负责向项目部提供专业指导和服务；以足够的劳动力安排和施工机械设备来保证工期。

（2）加强与发包方、设计、监理及材料供货厂家的联系，争取施工图纸、材料等按计划供应。并根据材料实际到货时间及时调整施工力量和进度计划，使进度计划始终处于受控状态。

（3）配合监理工程师及其代表对施工的全过程控制，确保所有工序一次验收合格，杜绝返工对工期的影响，以一流的施工质量来保证工期。

（4）根据本工程特点分析影响工期因素，对关键工序开展预测、预控，确保施工按计划顺利进行。

（5）以合理的施工组织和切实可行的施工工艺方案，通过控制主要工序安装进度实现工期目标。

（6）抓好工程的前期准备工作，做到"组织、技术、资金、材料、机具供应"五落实，确保各分部工程按期开工、完工。

（7）严格执行作业指导书、施工图纸和质量控制标准，做到不返工，杜绝质量事故，确保一次验收合格，达到优良级标准。

（8）抓安全，促进度，为各项工作的顺利进行奠定基础。

（9）提前安排特殊地质条件下的基础施工，取得控制工期的主动权；同时做好政策协调、通道清理等工作。

（10）铁塔组立施工中配备高强度电动扭矩扳手，并尽可能在地面组装时紧固螺栓，提高螺栓紧固一次合格率，提高施工的效率。

（11）做好架线施工前期准备，优化选取放线方案和牵张场的位置，合理组织施工人员，提前办理跨越手续，充分保证机械设备，制定详细的施工措施，保证施工按计划进行。

（12）做好对自然灾害的预控措施，与当地卫生部门协作，在整个合同期间自始至终在营地住房区和工地确保配有医务人员、急救药品及适用的救护服务，并且采取适当的措施预防传染病，保持职员和工人的安全、健康。

第二节　质量与安全管理

一、质量目标及分解

乌东德电站送电广东广西特高压多端直流示范工程线路工程（施工7标）基础采用人工挖孔基础，铁塔横担长、重，架线施工采用 $900mm^2$ 截面导线、导线防护要求高，这些都对项目部的质量管理和控制提出了更高的要求。为此，须建立完善的质量管理体系，规范质量管理，强化过程控制，根据四个专项评价，针对施工过程中的关键环节、质量薄弱环节提出针对性的措施，持续改进，确保工程目标的实现。

（一）质量目标

工程质量符合施工及验收规范要求，符合设计要求；不发生工程质量事故事件；工程实体工艺水平达到国内近年金奖工程水平；质量记录准确、齐全并归档及时；质量评价得分93分以上，高水平通过达标投产，高排序获得中国电力优质工程奖，创国家优质工程金质奖。

（1）分项工程合格率100%、分部工程优良率100%、单位工程优良率100%。

（2）基建工程标准建设执行率100%。

（3）南方电网施工作业指导书应用率100%。

（4）南方电网基建工程质量控制（WHS）标准中的关键质量抽检合格率不小于95%，不符合项整改闭环率100%。

（二）质量目标分解

为全面实现本工程的各项质量目标，根据四个专项评价使工程各项质量目标在施工过程中便于考核和实施，对合同质量目标分解，并按工序进行细化、量化，见表2-10-2-1。

表 2-10-2-1　质量目标分解

序号	分部分项工程		工序项目质量标准
1	原材料		合格率100%
2	线路复测		塔位桩横线路方向偏差不超过50mm 挡距偏差不超过设计挡距的1%； 转角桩角度偏差不超过1′30″； 地形危险点处的标高偏差不应超过0.5m
3	基础部分	基坑（孔）开挖	挖孔基础坑深大于设计值，且应保证设计锥度； 基础坑深+100mm、-50mm； 基坑底部断面尺寸符合设计要求
		基础浇制	同组地脚螺栓中心对主柱中心偏移≤8mm； 整基基础中心与中心桩间位移≤24mm； 地脚螺栓露出基础顶面高度允许偏差+8mm，-4mm； 整基基础扭转≤8′； 高塔整基基础扭转≤4′
4	铁塔组立		螺栓紧固率≥98%； 节点间主材弯曲不超过节点间距的1/800； 直线塔整体结构倾斜≤2.4‰（高塔为1.2‰），耐张塔不向内角倾斜； 直线塔结构中心与中心桩间横线路方向位移≤50mm； 转角塔结构中心与中心桩间横、顺线路方向位移≤50mm； 保护帽应形状统一，其断面尺寸应比塔脚板大50mm以上，比地脚螺栓高50mm以上
5	架线施工	导地线展放	展放过程中和临锚时，杜绝轻微擦伤以上的导线磨损
		压接	导线与线夹连接，其握着强度≥保证计算拉断力的95%； 压接管压后弯曲度≤1.6%
		紧线	弧垂允许偏差：不应大于±2%； 相间弧垂相对偏差：≤240mm； 同相子导线允许偏差：≤40mm
		附件安装	悬垂线夹顺线路方向位移≤4°（最大160mm）； 防振锤安装位置偏差不超过±24mm； 间隔棒安装：端次挡距（±1.2%，次挡距（±2.4%； 笼式跳线安装符合设计规定
6	通道清理及防护设施		防护设施符合设计要求
7	档案移交及后续工作		做到工程档案与工程建设同步形成，保证工程档案齐全、完整、规范、真实，确保通过国家档案验收； 实现工程零缺陷移交、投运
8	工程质量目标考核		将工程创优、质量事故控制、"标准工艺"应用等重要质量指标细化分解，落实相应具体责任，全面考核

二、质量管理组织机构

建立由公司总工程师负总责，由公司施工管理部归口管理，项目经理（总工、副经理）、项目部各职能部门、施工队组成的质量管理组织机构，全面落实质量管理职责，建立健全质量保证组织机构，项目经理为工程质量第一责任人，对工程质量负全责，项目总工为工程质量直接责任人，主持质量管理工作，保证体系正常运行。质检员负责体系运行中的组织、协调、指导、监督、检查考核和奖惩兑现及现场质量记录的收集、整理、归档、上报等工作，施工队队长及兼职质检员对工程质量负直接责任，形成公司、项目部及施工队三级质量管理网络，如图2-10-2-1所示。使工程全过程质量始终处于受控状态，施工工艺和质量满足优质工程的标准。

三、质量管理主要职责

质量管理岗位职责见表2-10-2-2。

四、质量控制措施

（一）质量管理及检验标准

本工程执行的主要技术规范及标准（但不限于）见表2-10-2-3。如在施工期间，当下表技术规范被新规范代替时，应执行最新版本。

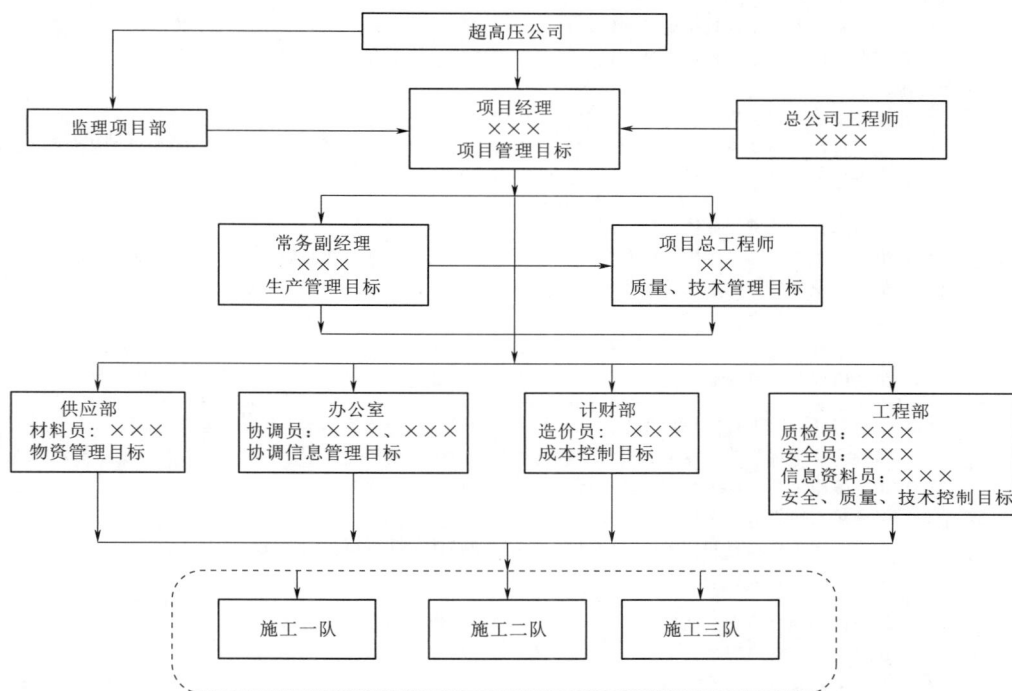

图2-10-2-1 质量控制组织机构图

表2-10-2-2　　　　　　　　　　　　　　　　　质量管理岗位职责

序号	主要部门/人员	质量职责
1	公司总工	（1）督促项目部认真执行质量方针、目标、质量手册、程序文件和作业指导书，确保工程质量。 （2）负责对工程中技术和质量方面重大项目措施方案审批、指导工作
2	项目经理	（1）为本工程质量的第一责任人，在授权范围内代表施工单位全面履行施工承包合同。 （2）对施工质量、质量管理及质量体系在本工程的有效运行全面负责。 （3）负责建立与质量体系相适应的组织机构并明确其职责和权限，监督其有效运行。 （4）组织制订质量管理实施计划，实时掌握施工过程中质量的总体情况，组织召开项目部工作例会，安排部署施工工作。 （5）掌握质量动态，分析质量趋势。开展项目工程的质量评比工作，主持质量奖惩工作，对质量体系改进提出建议。 （6）对施工过程中的质量有关要求执行情况进行检查、分析及纠偏。 （7）接受项目法人、监理工程师的指令并贯彻执行。 （8）主持、组织为顾客提供优质服务工作

续表

序号	主要部门/人员	质　量　职　责
3	项目常务副经理	（1）协助项目经理搞好质量体系有效运行和质量管理工作，及时处理工程质量方面的问题，确保工程质量目标的完成。 （2）全面掌握分管范围内的施工过程中质量、技术等的总体情况，对质量、技术有关要求执行情况进行检查、分析及纠偏；组织召开相关工作会议，安排部署相应工作
4	项目总工	（1）认真贯彻执行上级和施工单位颁发的规章制度、技术规范、标准。组织编制符合电力线路工程实际的实施性文件和重大施工方案，并在施工过程中负责技术指导和把关。 （2）组织对施工图及时预审，接受业主项目部组织的交底活动。对施工图纸和工程变更的有效性执行负责，在施工过程中发现施工图纸中存在问题，负责向监理项目部提交书面资料。 （3）组织相关施工作业指导书的编审工作，组织项目部质量、技术等专业交底工作。负责对承担的施工方案进行技术经济分析与评价。 （4）督促施工人员认真执行质量方针、目标、《质量手册》、程序文件和作业指导书，确保工程质量。 （5）定期组织项目专业管理人员，检查或抽查工程质量。当工程项目质量存在问题或隐患时，提出技术解决和防范措施。 （6）组织本项目部全员的质量、技术等相关法律、法规及其他要求等的培训。 （7）在项目经理的领导下，主持项目施工日常管理工作，负责落实业主、监理项目部对工程技术方面的有关要求。 （8）负责施工新工艺、新技术的研究、试验、应用及总结
5	公司施管部	（1）对本工程的质量保证体系进行指导服务，并监督其正常运行。 （2）负责对本工程的三级质量检查监督，提出整改、消缺意见，并对消缺结果负责，以确保本工程零缺陷移交。 （3）负责组织本工程的重大质量和质量管理事故的调查，提出纠正和预防措施。 （4）会同项目部解决施工过程中的质量问题。 （5）负责审核工程竣工移交资料工作，负责组织竣工移交。 （6）负责组织工程投运后的质量回访工作和质量保修的管理工作
6	工程部主任	（1）在项目经理、项目副经理和项目总工程师的领导下，具体负责本工程的质量工作。 （2）领导组织本部门技术专责和质量专责进行日常质量检查和质量管理。 （3）指导各施工队技术员和质检员进行日常质量管理和质量检查。 （4）具体负责组织质量文件的编制和技术方案的制定工作。 （5）负责组织工程资料和质量记录的整理、组卷和归档，并按要求及时交付工程竣工资料。 （6）负责落实质量文件的贯彻执行
7	质检员	（1）积极协助项目经理全面负责项目实施过程中的质量控制和管理工作。 （2）负责编制本工程质量保证措施，并检查、督促施工队实施。 （3）对工程质量过程控制实施监督检查，督促指导施工队的自检工作，组织项目部级质量复检，协助公司施工管理部对工程质量进行专检。 （4）认真贯彻执行上级和公司颁发的规章制度、技术规范、质量标准，参与编制符合项目管理实际情况的质量实施细则和措施，并在施工过程中监督落实和业务指导。 （5）组织项目部职工学习工程质量验收规范和产品质量标准。定期检查工程施工质量情况，参加质量事故调查，提出事故处理意见。 （6）按照有关要求或档案资料管理办法，收集、审查、整理施工记录表格、试验报告等资料。 （7）组织进行隐蔽工程和关键工序检查，对不合格的项目应责成返工，督促班组做好质量自检和施工记录的填写工作
8	供应部	（1）对本工程的材料管理、供应（包括资料）、检验负直接责任。 （2）负责对项目法人提供的材料、自购材料的进货检验、储存、包装、防护、标识、加工等工作，并做好有关记录。 （3）负责工器具、施工设备的检验和日常保养，确保用于施工的工器具、施工设备质量状况良好。 （4）负责计量器具的外送鉴定工作，确保用于项目工程计量器具的有效性。 （5）负责供料到各施工队，对不合格的材料按程序文件的规定进行处置。 （6）按要求做好材料、工器具的账、卡、物等台账和相关标识，做到账、卡、物相符。 （7）按工程档案管理的要求，及时整理材料出厂证明、材质报告、复试报告及检验和试验报告，及时向工程部质量专责移交符合档案管理要求的有关材料管理资料等

序号	主要部门/人员	质 量 职 责
9	施工队长	（1）贯彻执行公司质量方针、目标，确保质量体系的有效运行。 （2）施工队长应认真组织施工人员学习有关设计图纸、技术、质量文件和验收规范，不断强化质量意识。 （3）在施工中严格执行质量体系文件的有关规定，严格遵照图纸、技术资料、验收规范等施工，督促施工人员认真填写施工记录等。 （4）认真组织施工质量的自检工作，对项目部、监理工程师提出的质量改进要求认真组织实施。 （5）向施工人员下达工作任务的同时，强调质量要求
10	施工队质检员	（1）施工队质检员对本施工队工程质量过程控制实施监督检查。 （2）在施工中督促施工人员严格执行质量体系文件的有关规定，严格遵照图纸、技术资料、验收规范等施工，对施工队的施工质量进行认真自检，并督促填写、收集施工记录、自检记录等
11	机械运输队	负责材料中转运输工作，对运输过程中的材料质量负全部责任
12	施工人员	（1）施工人员应严格按照作业指导书的要求开展作业。 （2）在施工前认真学习有关程序文件、作业指导书、技术质量资料、验收规范和施工图纸，不断提高自己的质量意识，牢固树立"质量第一"的思想，在施工中严格执行质量体系文件的有关规定，严格遵照图纸、技术资料、验收规范等施工。 （3）认真填写施工记录和质量记录。 （4）对未经检验或检验不合格的项目不得转入下道工序施工，对不合格的原材料有权拒绝施工
13	机械运输队	负责材料中转运输工作，对运输过程中的材料质量负全部责任

表 2 - 10 - 2 - 3   本工程执行的主要技术规范及标准

分类	序号	规定/标准/文件名称	标准号/文号
南方电网公司规定及标准	1	中国南方电网有限责任公司基建管理规定（南方电网基建〔2017〕41号）	Q/CSG 213003—2017
	2	中国南方电网有限责任公司基建技术管理办法（南方电网基建〔2017〕41号）	Q/CSG 213002—2017
	3	中国南方电网有限责任公司基建安全管理办法（南方电网基建〔2017〕41号）	Q/CSG 213004—2017
	4	中国南方电网有限责任公司基建工程验收管理办法（南方电网基建〔2017〕41号）	Q/CSG 213005—2017
	5	中国南方电网有限责任公司基建设计管理办法（南方电网基建〔2017〕41号）	Q/CSG 213006—2017
	6	中国南方电网有限责任公司基建项目进度管理办法（南方电网基建〔2017〕41号）	Q/CSG 213007—2017
	7	中国南方电网有限责任公司基建造价管理办法（南方电网基建〔2017〕41号）	Q/CSG 213008—2017
	8	中国南方电网有限责任公司基建质量管理办法（南方电网基建〔2017〕41号）	Q/CSG 213009—2017
	9	中国南方电网有限责任公司项目类档案业务指导书	QCSG 441008—2018
	10	中国南方电网有限责任公司基建项目承包商管理业务指导书	Q/CSG 433001—2016
	11	中国南方电网有限责任公司基建达标投产及工程评优管理业务指导书	Q/CSG 433016—2015
	12	中国南方电网有限责任公司基建综合评价管理业务指导书	Q/CSG 433021—2014
	13	中国南方电网有限责任公司基建项目赢得值管理业务指导书	Q/CSG 433019—2014
	14	中国南方电网有限责任公司基建工程质量控制（WHS）标准（2017年版）（南方电网基建〔2017〕44号）	Q/CSG 1202001—2017
	15	南方电网公司基建承包商违章扣分工作实施指南（2017年版）	南方电网基〔2016〕84号
	16	公司电网基建项目危险性较大的分部分项工程安全管理工作指引（2017年版）	南方电网基建〔2016〕67号
	17	中国南方电网有限责任公司基建项目施工机械与机具管理工作指引（2016年版）	南方电网基〔2016〕3号
	18	中国南方电网有限责任公司基建工程安全文明施工检查评价标准表式（2014年版）	南方电网基建〔2014〕64号
	19	中国南方电网有限责任公司基建项目作业环境管理（7S）工作指引（2014版）	南方电网基建〔2014〕64号
	20	中国南方电网有限责任公司电力事故事件调查规程	Q/CSG 210020—2014
	21	南网公司基建工程安全管理"五个严禁"及条文释义	南方电网基建〔2011〕109号

分类	序号	规定/标准/文件名称	标准号/文号
南方电网公司规定及标准	22	中国南方电网有限责任公司 2013 样板点施工作业指导书（含 2012 年修订版）	南方电网基建〔2013〕34 号
	23	中国南方电网有限责任公司电网建设施工作业指导书	南方电网基建〔2012〕28 号
	24	中国南方电网有限责任公司监理项目部工作手册	南方电网基建〔2011〕103 号
	25	中国南方电网有限责任公司基建工程监理工作典型表式（2015 版）	南方电网基建〔2015〕56 号
	26	中国南方电网有限责任公司电力安全工作规程（2015 年版）	南方电网安监〔2015〕30 号
	27	南方电网公司反事故措施（2017 年版）	南方电网设备〔2017〕8 号
	28	南方电网公司电网建设施工安全基准风险指南（2012 版）	南方电网基建〔2012〕47 号
	29	南方电网公司电网建设安全施工作业票（2012 版）	南方电网基建〔2012〕47 号
	30	中国南方电网有限责任公司设备缺陷定级标准［基建分册、物资分册］（试行）、设备缺陷标准库［基建分册、物资分册］（试行）	南方电网设备〔2014〕12 号
		中国南方电网有限责任公司输电设备缺陷定级标准（运行分册）2015 版、输电设备缺陷标准库（运行分册）2015 版	南方电网设备〔2015〕32 号
	31	《10kV～±800kV 输变电工程质量验收与评定标准（第九、十二分册）》	Q/CSG 411002—2012（南方电网基建〔2012〕36 号）
	32	中国南方电网有限责任公司电网建设主要施工机械（具）和设备管理要点（试行）	
	33	南方电网公司 7S 管理工作指引	南方电网企管〔2017〕11 号
	34	关于印发《超高压公司 2018 年安全风险分析与预控措施报告》的通知	超高压安监〔2018〕4 号

（二）质量管理组织措施

（1）保证项目质量组织机构独立行使职能和权限。建立健全项目质量管理体系和质量监察网络，健全质量管理机构，制定《质量管理实施细则》，实施质量奖惩制度，实施质量样板引领，坚持质量三检制度，坚持质量三级验收，制定质量事故报告处理预案。

（2）保证有一支满足创国家优质工程的质检队伍。抽调公司一流的质检人员参加本工程的质量管理工作，加强岗位培训。

（3）保证质量工作思路和措施落实到一线施工人员。制订培训计划，加强施工作业人员的质量意识教育，加强技术培训，施工现场结合技术交底内容和专题培训，让施工人员熟练掌握本人的"应知应会"的技术和操作规程；技术和管理人员熟悉施工验收规范、质量评定标准，原材料的技术要求及质量标准，以及质量管理的方法等。

（4）从原材料把关，确保材料质量是关键。加强材料的计划、采购、检验、保管工作，做好进厂设备、材料的质量验证工作，所有材料均应有完整的厂家产品合格证、材质证明书、检验报告等足以证明其质量的资料，并及时报送监理工程师审查，保证工程中使用合格的材料。认真做好业主供应材料的保管措施。注重防火、防潮、防盗，开箱检查工作要仔细、认真，及早发现缺陷以便及时处理。

（5）以技术创新为手段，保证工程质量。对关键项目、薄弱环节、新的施工技术和安装工艺组织技术攻关、质量攻关和工艺改进活动，采用科学管理方法和必要管理措施，对新工艺、新技术、新材料做好试点工作，推广应用。

（6）认真开展好质量大检查活动和定期（每月）召开一次专题质量工作会议活动。查找出质量隐患，及时调整质量监察重点，保证质量措施落到实处；听取监理工程师或项目法人代表对质量工作的要求和建议，分析产品质量出现异常波动和质量要求发生变化、人员设备变动造成质量保证不足时的主要原因，及时商量具体的解决方案，修正施工方法，确保质量达标。

（7）开展好 QC 质量小组活动。成立 QC 活动小组，针对混凝土浇筑质量、架线施工导线磨损的控制等施工项目，选择课题进行技术攻关，确保工程质量。

（8）做好竣工资料移交和质量回访工作。按照业主单位档案管理要求，进行工程资料的收集，整理、出版和装订，特别注意对工程图片和会议录音及录像的保存。

（三）质量管理制度措施

通过规范化的制度建设，明确各级施工人员的质量责任，提高施工人员的质量意识，从而全面提高本工程的工程质量。质量管理制度见表 2-10-2-4。

（四）质量管理技术措施

1. 审核图纸

技术人员对施工图纸认真审核，参加图纸会审会，及时提出完善方案，保证施工质量。

表 2 - 10 - 2 - 4   质 量 管 理 制 度

管理制度名称	制 度 简 述 或 作 用	责任部门
岗位质量责任制度	按公司规定，对每道工序的质量责任人进行记录归档，从制度上强化主要施工人员的质量意识，在关键环节上保证工程的施工质量，明确各级质量责任，质量责任与经济利益挂钩	工程部
施工图会审制度	认真参加施工图会审，会前及时组织各级技术人员认真进行预审提出审图意见，避免将问题或错误带到施工中	工程部
技术交底制度	各级技术人员在每道工序和关键环节认真进行，避免因交底不到位，出现的质量事故	工程部
材料检验制度	实行多级共同材料质检，杜绝不合格原材料进入施工现场	供应部
原材料跟踪管理制度	建立原材料跟踪制度，记录每一批材料的使用部位，使每一批材料都有可追溯性	供应部
计量器具管理制度	严格按照计量器具检测规定，对工程中使用的计量器具进行周期性检验，保证工程计量的正确性	供应部
隐蔽工程检验制度	隐蔽工程在施工单位自检合格的基础上，由监理组织检验，不合格严禁隐蔽，有隐瞒行为，将严厉处罚	工程部
三级质量检验制度	即施工班组自检，项目部复检，公司专检。每级检验相互独立，做到层层检验，层层把关	工程部
质量事故报告制度	一般事故发生（发现）后，单位尽快组织进行调查分析，事故单位尽快组织进行调查分析，并在事故发生（发现）后五日内写出质量事故报告，报送监理审查后上报。并留档备案。重大事故发生（发现）后，事故直接责任应立即向上级报告，由事故直接责任单位组织初步调查，五日内提交初步调查报告，并留档备案	工程部

2．编制方案

根据特高压工程的特点并结合现场情况，编制科学合理的施工方案，并制定完善的质量控制措施，按照审批制度的要求，严格审批程序，监理、业主单位审定认可后方能在工程中执行。

3．确定流程

项目工程部应确定基础、组塔、架线施工关键工序的工艺流程，并在施工过程中严格执行。

4．员工培训

除进行安全质量培训以外，还要根据特高压工程的施工特点进行基础施工技术培训、组塔施工技术培训、架线施工技术培训。同时加强与兄弟单位的技术交流。

5．技术交底

在各工序开工前，对所有参加施工的人员进行技术交底，使施工人员了解施工操作的内容、操作方法和质量标准。

6．首基试点

为确保施工方案的可行性，基础、铁塔组立工程首基施工和首次导地线展放，相关技术、管理、施工人员均到场按照预定方案进行试验性作业，以对原方案进行补充、完善，确保工程质量。

乌东德电站送电广东广西特高压多端直流示范工程线路工程（施工 7 标）施工质量过程控制要点如图2 - 10 - 2 - 2所示。

（五）质量管理经济措施

1．质量奖惩措施

制定质量奖惩实施细则，根据施工过程工作质量和工程质量状况及时奖惩，提高员工质量意识。

2．质量竞赛措施

制订本工程的质量竞赛及考核评比办法，设立专项基金，在施工队之间进行质量竞赛，按基础、组塔、架线三大工序对各施工队的工程质量进行考核评比，并对优胜队伍进行奖励。

3．质量预留金措施

按招标文件规定预留5％的质量保证金，在工程投运一年后，未发现任何质量问题予以返还，否则予以扣除。

（六）关键工序质量控制措施

对关键工序中影响施工质量的环节，从技术组织措施上进行控制，以保证本工程的施工质量，其技术措施见表2 - 10 - 2 - 5。

五、质量薄弱环节及预防措施

为确保本工程达到特高压工程的质量目标，根据本工程特点，把原材料质量、桩主筋连接、螺栓紧固、导地线弛度、导地线压接、跳线安装作为质量薄弱环节进行质量控制，见表2 - 10 - 2 - 6。

六、安全目标及分解

认真贯彻执行职业健康、安全与环境保护管理的法

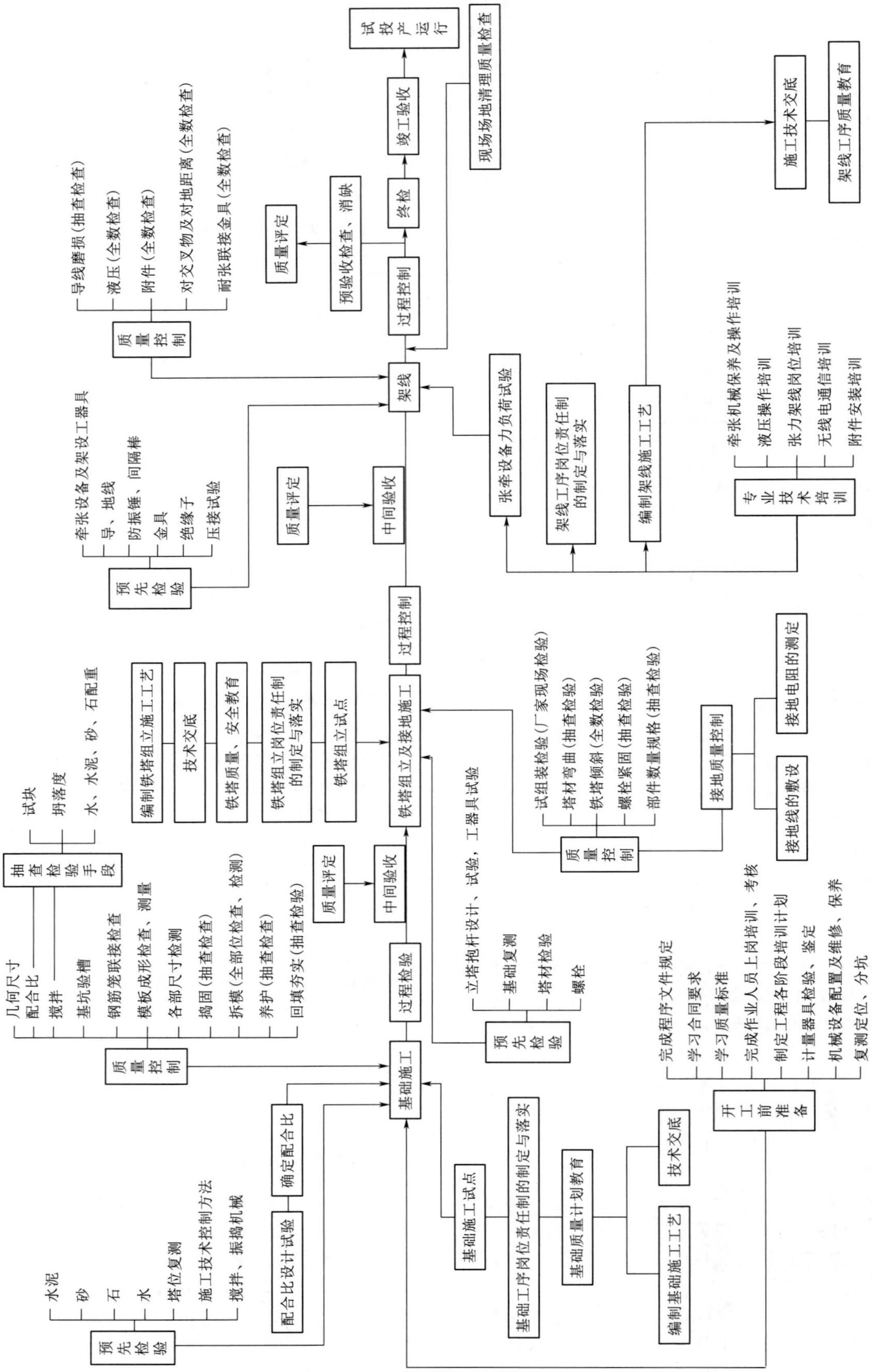

图 2-10-2-2 乌东德电站送电广东广西特高压多端直流示范工程线路工程（施工 7 标）施工质量过程控制要点一览图

表 2-10-2-5　　　　　　　　　　　　　关键工序质量保证技术措施

工序名称		影响质量的主要因素	技术措施或要求	实施部门
施工准备	人员	质量意识差异	加强质量意识教育，制定质量管理及奖惩制度；严格执行，奖罚分明，调配业务精、技术较高的人员；进行岗前培训及考核	办公室 工程部
	机具	施工机具不符合要求	进场检查，定期检查、保养工器具	供应部
	材料	部分材料供货滞后	合理计划、合理组织施工	供应部
		材料质量问题	加强材料进货检（试）验及保管，选择信誉高的厂家采购水泥、钢筋等	供应部
	措施	施工条件较复杂	按时编制、审批施工作业指导书，环保、水保及文明施工措施；按要求技术交底	工程部
	试点	措施不完善	执行工序试点制度，根据试点情况完善作业指导书	工程部
	资料	不符合归档要求	项目部配备计算机，进行各种资料的处理和归档，要求资料齐全，内容翔实，手续齐全	工程部
施工过程	线路复测	挡距、高差及基面与设计不符	认真做好线路复测及塔基断面复测，及时报设计复核	工程部 施工队
	土石方工程	基础边坡不足	按设计要求测量并开挖基面，有问题时及时上报工程部联系处理	工程部 施工队
	基础工程	混凝土质量不稳定	砂、石、水泥应取得有关部门的检验，专业试验室做配合比。严格按配合比配料，按规定检查投料重量。专人控制混凝土的振捣、搅拌。首基基础浇制应进行试浇，技术、质检人员到现场指导。按要求进行坍落度检测	工程部 施工队
		混凝土表面质量不美观	基础成形采用面积较大的组合钢模板或竹胶板建筑模板	工程部
		基础根开尺寸超差	提高测工责任心；严格按作业指导书施工；精心测量，精心校核	施工队
	接地工程	接地电阻超差	保证接地沟深度，提高钢筋接头焊接质量，按要求回填接地沟	施工队
	铁塔工程	塔材镀锌受损	运输、存放时注意支垫，组立时对钢丝绳与铁塔接触部位进行包垫或使用专用卡具	施工队
		塔材连接不紧密	连接螺丝对称紧固，均衡受力，保证连接紧密	施工队
	架线工程	导地线表面受损	采用张力架线，放线时注意导、地线保护，如采取措施防止卡线器、锚线绳等损伤导线	施工队
		弛度超差或子导线间距超差	对弛度采用"四调"工艺，连续倾斜挡附件时注意正确画印及放线。使用经纬仪多支点观测	工程部 施工队
		压接管较长，过滑车易产生弯曲	适当提高放线张力（导线），使用导线专用压接管保护钢套保护压接管，合理设置双放线滑车	工程部 施工队

表 2-10-2-6　　　　　　　　　　　　质量薄弱环节及控制措施

薄弱环节	控 制 措 施
桩主筋连接	(1) 全面推广基础钢筋工厂化（集中）加工、配送，应用比例 100%，主筋连接应用直螺纹连接工艺。 (2) 钢筋丝头经检验合格后应保持干净无损伤。 (3) 所连钢筋规格必须与连接套规格一致。 (4) 连接钢筋时，一定要先将待连接钢筋丝头拧入同规格的连接套之后，再用力矩扳手拧紧钢筋接头；连接成型后用红油漆作出标记，以防遗漏。 (5) 连接完毕经质管员、监理检验合格后方可使用
原材料质量	(1) 按程序文件的规定，对本工程自购材料供方进行资质评定。 (2) 基础采用现场搅拌混凝土和商品混凝土，监督供应商按照强度要求进行原材料的检验。 　　本工程的施工用钢筋、混凝土试块等必须按规定抽样或制备，到至少是省建委批准的质量检验部门进行检验，送检样品必须由监理工程师见证取样、送检，工程中使用的材料与送检样品必须一致。 (3) 所采购的材料及其制成成品质量必须达到国家标准或行业标准、线路施工验收规范以及设计技术要求，并将采购计划、采购合同副本提交监理工程师备案。 (4) 发包方供应材料的合格证及试验报告单随材料一起交接。 (5) 原材料、半成品、成品都必须严格把好工地材料站、施工队和施工现场三道检验关，对检验中发现的不合格品应及时隔离并作出标示，严禁在工程中使用。 (6) 建立材料跟踪管理台账，实现产品可追溯性

续表

薄弱环节	控 制 措 施
螺栓紧固	(1) 材料站应认真查好图纸上所标每一种塔型各种规格螺栓的数量，按量发放。 (2) 杆塔组立现场，应采用有标识的容器将螺栓进行分类，防止因螺栓混放造成错用。 (3) 螺栓紧固后，逐个进行检查，严格按照规定的扭矩值紧固
导、地线弛度	(1) 采取粗调细调相结合的方法。 (2) 观测弧垂时的温度应在观测挡内实测。 (3) 为提高观测精度，采用弛度观测仪在塔上进行弛度观测
导、地线压接	(1) 本工程首次采用 900mm² 大截面导线，施工前压接人员要参加上级单位组织的培训，必须持证上岗。 (2) 为保证本工程各类管压后质量工艺符合规范要求，做好导线液压施工试验工作。 (3) 编制本工程的《导地线压接施工措施》，进行导地线压接试验、培训和技术交底。 (4) 压接前对使用的耐张管清洗干净，检查管子的内、外径是否符合规范要求。 (5) 切割导线时使用专用切割器和剥线器，切割面与导线轴线垂直。穿管前画好定位印记，保证压接位置正确。 (6) 为减少压后压接管产生弯曲，应选配大功率液压机和与其配套的压口较长的模具，加大每模的施压长度和相邻两模的重叠量。 (7) 施压时应将管、线放置水平，并与液压机轴心保持一致。 (8) 为保证握着力，施压的方向和压力应符合规程和液压方案的要求，每模都要达到规定的压力，全部压好后应检查对边距，合格后方能挂线
跳线安装	(1) 跳线器材运输和装卸要防止碰撞变形，现场安装前方可拆除包装。 (2) 笼式跳线应严格按照设计文件和安装说明书进行安装。 (3) 引流线宜使用未经牵引过的原始状态导线制作，应使原弯曲方向与安装后的弯曲方向相一致，以利外形美观。 (4) 施工时应根据确定的软跳线长度，将其与硬跳线引流板、耐张线夹引流板连接，保证引流板方向符合要求，弧垂满足要求。 (5) 安装软跳线间隔棒，应使用软梯，并进行外观整形。 (6) 跳线安装后，跳线对塔体最小距离应符合设计要求。 (7) 跳线安装过程中、安装完成后，不得与金具相摩擦、碰撞

律、法规和本工程建设的各项管理规定，按照本公司依据《职业安全健康管理体系》（GB/T 28001—2011）标准建立的《职业健康安全管理手册》要求，完善现场职业安全健康管理体系，坚持公司"安全第一，预防为主，以人为本，科学管理"职业健康安全方针，建立健全安全风险机制，认真落实安全文明施工的各级安全责任制，确保工程建设和施工人员的安全与健康，规范施工现场的工作环境，强化安全文明施工，实现本工程的安全目标。

（一）安全目标

(1) 不发生基建人身事故及建设单位负主要责任的一级人身事件。

(2) 不发生基建原因引起电力安全事故和一级事件。

(3) 不发生基建原因引起的设备事故和一级事件。

(4) 不发生有人员责任的火灾事故。

(5) 不发生本单位负主要责任的较大交通事故。

(6) 不发生基建原因引起的对社会及公司造成较大影响的安全事件。

（二）安全目标分解

安全目标分解见表 2-10-2-7。

表 2-10-2-7　　　　　　　　安 全 目 标 分 解

业主要求的安全目标	公司、项目部安全目标	施工队安全目标
(1) 杜绝较大及以上人身事故，不发生有责任的一般人身死亡事故。 (2) 杜绝群伤、重伤事故，轻伤不超过 10‰。 (3) 不发生基建原因引起的一般电网及设备事故。 (4) 不发生对社会及公司造成重大不良影响的安全事件。 (5) 不发生一般及以上的火灾、施工机械设备损坏和负主要责任的重大交通事故。 (6) 不发生集体食物中毒事故。 (7) 安全文明施工检查评价等级为优（90分以上）	(1) 杜绝一般及以上人身事故，不发生一般人身死亡事故。 (2) 杜绝群伤、重伤事故，轻伤不超过 10‰。 (3) 不发生基建原因引起的电网及设备事故。 (4) 不发生对社会及公司造成一般不良影响的安全事件。 (5) 不发生火灾、施工机械设备损坏和负主要责任的一般交通事故。 (6) 不发生食物中毒事故。 (7) 安全文明施工检查评价等级为优（90分以上）	(1) 杜绝人身事故，杜绝人身死亡事故。 (2) 杜绝群伤、重伤事故，不发生轻伤事故。 (3) 杜绝基建原因引起的电网及设备事故。 (4) 杜绝对社会及公司造成不良影响的安全事件。 (5) 杜绝火灾、施工机械设备损坏和负主要责任的一般交通事故。 (6) 杜绝食物中毒事故。 (7) 安全文明施工检查评价等级为优（90分以上）

七、安全管理组织机构

（一）安全组织保证体系和监督管理体系构成

（1）成立安全文明施工组织机构，以项目经理为安全文明施工组织机构的核心，项目副经理、项目总工程师及项目部所属各部门和施工队长为安全生产组织机构的成员，接受项目法人、监理和公司安全监察部门的监督与指导。

（2）项目经理部是公司授权的派出机构，在工程施工管理中贯彻"管生产必须管安全"的原则，并在施工工作中做到计划、布置、检查、考核、总结五同时，对本工程安全文明施工和环境保护等工作负全面责任。

（3）项目经理部设专职安全员，本工程设置两名专职安全员，负责检查本项目部施工作业现场的安全文明施工及环境保护措施的执行状况，有效监督、控制现场的安全文明施工条件和员工的安全作业行为。

（4）施工队每15人至少有一名安全监督人员，在每个作业点应有一名以上合格的值日安全员和监护，负责处理全体雇佣人员的安全保护和事故防范等问题，安全员有权发布指令并采取保护性措施以防止事故的发生。

（5）公司安全监察质量部、项目工程部、施工队兼职安全员及各作业点现场监护人构成的安全监督体系，对施工全过程实施有效监督。

（6）在本项目工程实施各级安全施工责任制，由公司与项目部，项目部与施工队自上而下分别逐级签订"安全施工责任状"，施工人员填写"安全施工保证书"。充分发挥全体人员的主观能动作用，及时纠正人的不安全行为和设备机具的不安全状态，保证施工全过程有条不紊地进行。

（二）现场安全施工管理组织机构

现场安全施工管理组织机构如图 2-10-2-3 所示。

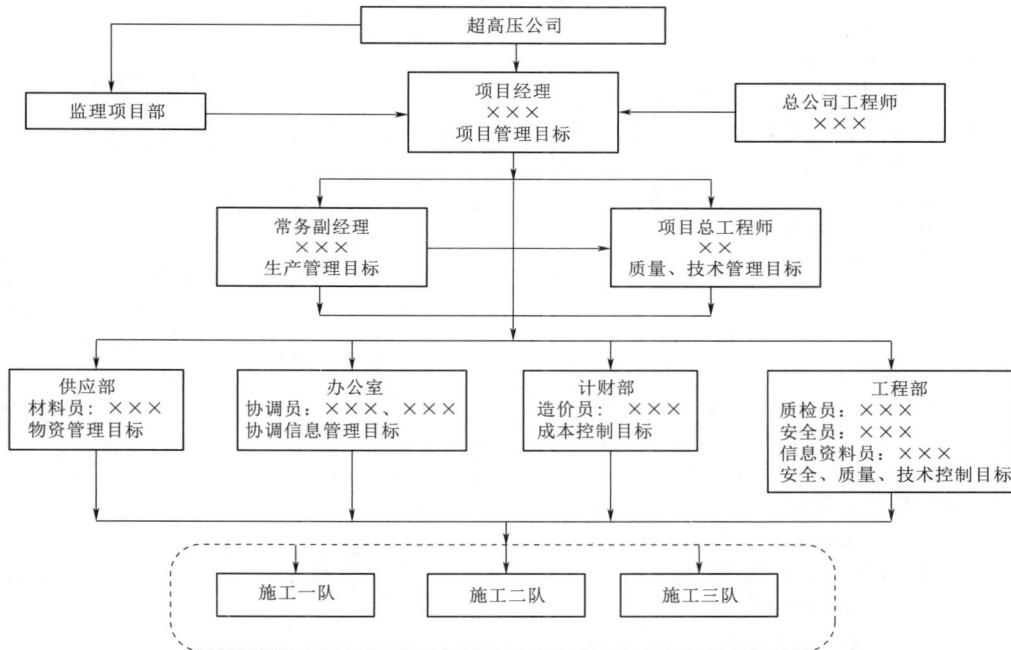

图 2-10-2-3　现场安全施工管理组织机构

八、安全管理职责、体系、风险预测

（一）安全管理职责

1. 项目经理

是本工程安全、文明施工与环境保护工作的第一责任人，对本工程的安全、文明施工与环境保护负直接领导责任。根据国家和行业的安全、文明施工与环境保护的法律、法规、方针和政策，及本工程合同要求，制定安全、文明施工及环境保护目标和工作责任制，建立本项目的安全、文明施工与环境保护工作的管理体系，明确目标和责任，并督促相关岗位人员认真履行职责，组织日常安全、文明施工与环境保护的管理和检查工作，包括项目安全（环保）危险源、危险因素的辨识和风险

的预防、预控，安全工作例会、分析会及安全文明施工大检查。接受和配合项目管理单位、上级管理单位组织的安全、文明施工检查，并积极采取措施改进管理工作，合理组织和调配资源，带领全体项目员工实现安全、文明施工与环境保护目标。定期开展安全检查。

2. 项目副经理

正确处理好生产与安全的关系，认真贯彻执行国家有关的各项安全生产、劳动保护和文明生产的方针政策、法规及本公司的规章制度，协助项目经理建立健全落实工程项目部安全生产责任制。制定和组织实施工程项目的劳动保护措施计划。及时发现和消除不安全因素，对工程项目不能解决的问题要及时采取应急安全措施，并及时向项目经理报告，妥善处置。检查安全规章制度的执行情况，保证工艺文件、技术资料和设施等符合安全要求；监督和消除习惯性违章和制度性安排中不符合安全生产要求的情况；制定的经济责任中的内容要利于安全生产管理和加强各级人员的安全职责；对已投入的安全应急设施要保证完好、随时可用，并落实责任，做好管理、检查和维护工作，确保在岗人员正确使用。

3. 项目总工程师

是本工程安全、文明施工与环境保护工作的技术总负责人，对本工程的安全、文明施工与环境保护工作的技术负直接责任。负责组织《安全风险及文明施工实施细则》的策划和落实；负责组织编制重大项目的安全技术施工措施，督促技术人员落实和履行技术管理职责；组织研究、解决施工中存在的安全与环保技术问题，亲临重大项目施工现场监督指导工作。

4. 安全员

负责本工程的安全、文明施工与环境保护管理工作的监督和落实，监督各项安全生产规章、制度、指令的贯彻执行；参与重要施工工序、特殊作业、危险作业的安全施工措施的编制并监督实施；深入施工现场监督检查施工现场的安全、文明施工与环境保护工作，对施工过程中的设备安全、违章作业实施监督；掌握施工安全动态，对安全隐患、环境污染（破坏）隐患提出整改措施，提交整改报告，督促和检查整改工作的落实；负责编写和实施项目施工安全、文明施工与环保工作的奖惩制度；负责组织对外用工工作前的安全教育和学习培训。

5. 工段长

是本施工段安全、文明施工与环保工作的第一责任人，对本段人员作业的安全文明施工设施，及工器具在施工过程中的合理性负责。负责落实安全生产、文明施工与环境保护总体措施，并按要求实施；负责落实班组控制未遂及异常的预防措施，做好施工前的技术、安全、文明施工与环境保护相关交底工作，贯彻上级的安全、文明施工指令和本工程的安全、文明施工规章制度，组织好本段站班会、三交代，安全日活动，带头纠正并处罚违章违纪行为，支持安全员的监察工作。

6. 施工队安全员

是本队安全、文明施工与环保工作具体负责人，协助队长做好本队的各项安全、文明施工与环保工作。负责各工序开工前的工器具配套及文明施工设施的检查、检验工作，检查安全、文明施工规章制度及作业指导书执行情况，监督现场人员的操作、设备的安全运行状况和文明施工设施的使用情况，制止一切违章行为，负责本队职工、协作队伍的安全教育培训。

7. 施工队技术员

负责编写本队安全施工技术措施与现场文明施工设施的布置，做好本队安全、文明施工技术交底和培训工作，并监督执行；协助施工队长进行现场安全、文明施工检查；参加本队的安全事故、环境污染（破坏）事件的调查，提出防止事故（事件）的技术措施。

8. 施工队各施工点负责人

是施工现场的指挥者，对工地的施工安全、文明施工配置负直接责任；认真执行项目部制定的施工流程、安全、文明施工、环保要求和施工技术措施。

（二）安全管理体系

公司于2002年10月取得"职业健康安全管理体系"的资质并开始在全公司实行这一安全管理制度，通过该体系的健康运行而使安全管理工作方面收到了很好的效果。因此，在本工程中继续实行"职业健康安全管理体系"管理方式。

（1）工程项目部要按照体系的要求建立国家、地方、企业三方面的"法律、法规清单"，并严格按照法律、法规、制度的各项要求严格管理工程的各项工作。

（2）工程项目部风险控制要按照"四步法"的要求进行控制，具体要求为：作业指导书、风险评估与控制、安全施工作业票、站班会。

（3）工程项目部要按照体系的要求依据工程特点建立"目标、指标管理方案"，对于制定的目标、指标要有具体的实施办法，领导要带头执行，具体工作要落实到每一个部门，每一个人。

（4）工程项目部要按照体系的要求建立"应急与响应预案"，应急与响应，要有专人负责，配足配齐必要的物资装备，同时对人员进行事前的教育与培训。

（5）工程项目部要按照体系的要求建立"交通安全危险源清单""交通安全危险源调查表""交通安全重大危险源清单"，并对辨识出的重大危险源编制专项控制措施，进行安全交底。对可能发生的交通安全事故，做到提前防范，确保工程交通安全。

（6）公司及项目部各级主管领导及施工作业层要充分重视，切实落实多层次、多方位的安全生产责任制，建立和完善各级安全管理体系和监督体系。

（7）进一步强化依法管理工程安全的理念，认真落实《中华人民共和国国家安全生产法》《建设工程安全生产管理条例》等法律法规，依法开展工程建设安全生产管理工作；积极探索新时期电力工程建设特点，及时更新安全管理理念。

（8）要狠抓安全管理的基础工作，强化全员的安全意识和提高员工素质，严格持证上岗的考核；规范施工作业人员的安全行为，减少人为事务；用"三铁"（铁的制度、铁的面孔、铁的处理）反"三违"（违章指挥、违章作业、违反劳动纪律），杜绝"三高"（领导干部高高在上、基层职工高枕无忧、规章制度束之高阁）现象。

（9）坚持"以人为本"，不断改善施工现场工作和生活条件，努力创建先进的企业文化，营造良好的安全文明施工氛围。本工程安全文明施工要实现"六化"（安全管理制度化、安全设施标准化、平面布置条理化、设备材料堆放定置化、作业行为规范化、环境影响最小化）的管理目标，不断提高作业环境安全水平，树立新时期"中国南方电网"工程建设施工新形象。

（10）发挥安全生产保障体系和监督体系的作用，充分调动广大员工的积极性，结合中国南方电网公司开展的相关活动，项目部开展形式多样的安全生产活动，形成党、政、工、团齐抓共管的良好格局，营造项目部浓厚的安全生产氛围。

（11）将劳务分包人员纳入正式员工管理范畴，其安全教育、安全培训、劳动保护、工伤保险等应与正式工一视同仁，依法管理。

（三）安全风险预测

1. 安全风险辨识

对施工中所有的相关活动进行危险源辨识与风险评价，进行风险控制的策划，从而消除、预防或减弱风险，实现项目工程安全管理目标。通过对可能导致人身伤害或产生疾病、财产损失等情况的危险源进行辨识，预测和评价施工中可能产生的风险，并制订风险控制计划，采取相应的风险防范对策，达到保证安全的目的。

（1）根据《南方电网公司电网建设施工安全基准风险指南》（2012版）（南方电网基建〔2012〕47号）文件，进行施工过程中相关活动的危险源辨识、风险评价，并制订控制计划。根据电网工程施工安全风险基准评估分析表计算得出风险值，根据确认的风险等级，分为"特高""高""中""低""可接受"。

（2）将辨识出的危险源填写"危险源辨识与评价表"，当风险评价结果 $D \geqslant 70$ 时定为重大作业风险，其相应的危险源为重大危险源；风险评价结果 $D < 70$ 时定为一般作业风险，其相应的危险源为一般危险源。

（3）本次项目工程依据风险评价的结果按一般风险或重大风险制订作业风险控制计划。制订控制措施时应考虑以下因素：

1）国家、行业的法律、法规及标准的要求。

2）本单位制定的规定和控制性文件的要求。

3）制定管理方案的需求。

4）人员能力的需求。

5）应急预案的需求。

2. 安全风险预防对策

（1）全面分析和掌握作业项目中能造成重大风险的危险源，列出本工程重大作业风险危险源清单，作为本工程安全控制的基本依据之一。本工程的安全管理工作必须有效覆盖该清单。

（2）所有含有重大风险的作业均必须制定作业指导书，按经批准的作业指导书进行技术交底，并必须有施工安全作业票，严格按作业票作业。

（3）带电跨越施工方案和作业指导书必须经专家论证。

（4）所有参加含有重大风险作业的工作人员必须身体健康，无作业禁忌病症，经安全培训考试合格，持有安全上岗合格证书。特殊工种和高处作业人员均必须持证上岗。

（5）所有含有重大风险的作业使用的机具，其性能和适用条件必须清晰并与本工程要求相一致，应有有效的检验、试验报告，应严格进行例行检查，保持良好状态。

（6）利用科技进步和先进技术，改善劳动条件，选用和配用能提高作业安全系数和可靠性的施工设备和机具。

（7）按规定配置保护人员安全的劳保用具和护具，为机具配置保护装置，为工地配置保安等。

（8）针对重大作业风险制定相应的应急预案，配备应急救援药品和器材等应急资源，并适时演练增强应急能力。

3. 风险管理责任

重大风险由项目经理负责，项目副经理、项目总工和专职安全员协助，通过优选施工方法，采取预防措施，加强安全教育和技术培训，提高人员素质等，降低事故发生的可能性分数值 L，从而使重大风险降为一般风险。风险等级没降低，作业不能进行。

项目副经理、项目总工和专职安全员对主管范围内的重大风险管理责任负责。

一般风险由项目工程技术人员负责，施工队长和兼职安全员协助，经过加强措施，普及安全教育和培训，严格纪律，加强监督和监护，使其风险等级进一步降低。

4. 安全风险预测及控制措施

根据本工程项目的设计特点、施工特点及现场条件，在项目实施过程中存在的主要安全风险因素及防范对策见表2-10-2-8。

表 2-10-2-8　　　　　　　　　安全风险预测及控制一览表

序号	风险预测	风险指数	原因分析	防范对策
1	赔偿纠纷引发的人身伤害事故甚至刑事案件	★	由于本工程经过地区为人口密集地区，已经先后施工过多个送电线路工程，对于赔偿标准不一，造成当地群众对赔偿的标准理解不一致	（1）充分利用政策和发挥当地政府的优势，合法地维护本工程施工的权利。 （2）成立"政策协调组"，专门从事此项工作
2	当地雨水较多，易造成带电跨越施工时绝缘绳、网受潮	★★	跨越公路、电力线路施工多，跨越地点地形复杂	（1）跨越电力线路时，尽量申请停电施工；必须带电跨越时，要制定周密的跨越方案。 （2）对跨越架要实行专人、全天候看守；对绝缘网、验电器等专业工具使用前要进行性能测试

续表

序号	风险预测	风险指数	原因分析	防 范 对 策
3	交通肇事	★★	恶劣天气多，雨水多，冬季雾大等，不遵守交通规则，道路车流量大	（1）加强驾驶员安全学习和安全教育，遵守交通规则，文明开车。 （2）不超载、不超速、不客货混装。 （3）通过村镇、险路减速行驶，加强疏导和监视。 （4）车辆制定冬季行车措施
4	吊车作业安全事故	★★	无证上岗，不按规定操作，超重起吊	（1）专人专机、持证上岗。 （2）机况不佳不作业。 （3）吊重、吊幅不超过规定。 （4）划定危险区（起重臂下活动范围内）。 （5）支腿稳固
5	贮存和装卸伤人	★	野蛮装卸、不遵守安全规定	（1）堆放不超高、堆形稳定。 （2）不在坡地堆放物品。 （3）不从大堆中间抽取物料，保持堆形稳定（防止倒塌）。 （4）文明装卸，遵守安全规定
6	当地树木和灌木较多、易发生火灾事故	★★	思想麻痹、不遵守防火规定及相关消防制度	（1）加强施工人员防火安全教育。 （2）严禁在现场生火取暖、烧饭。 （3）采取相应的安全消防措施，配备必要的消防设施，做好库房、材料站及生活办公区域的消防工作
7	土方坍塌	★★★	为减少土方开挖量，不按规定放坡	（1）根据土质情况，按技术要求进行放坡。 （2）弃土及物料堆放在坑口1m以外。 （3）采取措施，保持坑内及场地内不积水。 （4）土质松软易坍塌时，采用挡土板
8	模板垮塌	★★	支撑不稳定	（1）大模板安装采用三脚架吊装。 （2）支撑方法应进行施工设计和力学验算。 （3）支撑时应逐层保持稳定，必要时增加临时撑木
9	工地杂物伤人	★★	现场混乱，不符合文明施工的规定，不按要求布置现场	（1）及时清理杂物，保持工地整洁，符合文明施工规定。 （2）现场设置安全围栏和安全警戒。 （3）合理摆放工器具及施工材料
10	起吊系统意外	★★★	不按规定布置；工器具存在安全隐患	（1）定期检查工器具，及时处理隐患。 （2）按规定布置起吊系统。 （3）杜绝不合格的工器具进入现场。 （4）按技术措施选用工器具
11	抱杆升降失衡	★★★	拉线布置不合理、指挥不当、腰环布置存在问题	（1）统一指挥，协调配合。 （2）拉线按要求布置，受力适当。 （3）提升抱杆必须设置两道腰环。 （4）随时调节拉线，保持抱杆基本垂直
12	高处坠落伤人	★★★	不系安全带、高处工器具放置无安全措施	（1）正确使用安全带和差速保护器，做到高挂低用。 （2）塔上工器具及物料应装置在工具袋里面，不任意搁置。 （3）严格执行高处安全监护制和高处作业的工器具现场检查制度。 （4）高处作业人员必须持证上岗；冬季配备轻便、保暖性能好的劳保用品。 （5）加强高处压接施工中的安全保护。 （6）大风天等恶劣天气不进行高空作业
13	越线架倾覆	★★★	搭置不合理，不按规定拆卸，材料不符合要求	（1）按线路中心定位，确保覆盖的宽度。 （2）越线架受力应进行计算，合理布置拉线。 （3）按程序拆除越线架，不整片推倒。 （4）所用材料必须符合《安规》要求。 （5）安全距离符合《安规》要求。 （6）施工过程指定专人看守

序号	风险预测	风险指数	原因分析	防范对策
14	感应电伤人	★★	带电交叉跨越多	（1）架线施工设置可靠接地装置。 （2）塔上作业前和附件安装时先安装接地。 （3）线路上应分段设置半永久临时接地，投运前拆除接地装置。 （4）牵张机操作手应站在干燥的绝缘物体上操作
15	跑线事故	★★★	雨水天气较多，雨水浸泡地锚、卡线器滑扣、倒链失灵	（1）地锚按要求开挖马道，深度符合技术要求，周围做排水沟、坑口覆盖塑料布。 （2）定期检查卡线器及倒链，并做相应拉力试验，不符合要求的及时更换。 （3）高处临锚采取双保险
16	电害伤人	★★★	现场发电机线路易损漏电，无防护措施；违章操作；雨天绝缘工器具使用、保管不当；放线、附件作业接地措施不当；带电作业；误登杆塔	（1）使用电动工具应有配电盘，并装漏电保护器，在发电设备区设隔离并挂警告牌。 （2）电动工具应由专人按规定程序进行操作。 绝缘工具及验电器应进行定期检查，并妥善保管，做好防雨防潮措施。 （3）带电跨越应编制详细的作业指导书，进行详细交底。 （4）在架线施工时采用保安接地线预防平行带电线路感应电。 （5）登高作业禁止单人工作，防止误登杆塔。 （6）用电设备设安全围栏，施工场地设立安全通道和安全区，用电设备做好安全接地
17	思想麻痹、安全意识减弱	★★★	施工环境熟悉、施工条件较好；工期长、现场作业时间长，职工情绪不稳定	（1）加强对职工和协作队伍的安全教育、提高职工安全意识。 （2）进行安全教育、培训、考试。 （3）各专业工种必须持证上岗。 （4）根据现场情况，合理安排职工的换休及轮休时间，注重业余文化生活
18	人员溺水事故	★★	本工程所在地有河流通过，施工人员容易下水游泳等	（1）加强对施工地点附近危险水域的警示宣传。 （2）严格禁止人员下水游泳
19	环境影响	★★	地形条件差、夏季炎热、冬季寒冷、村庄密集、人口稠密	（1）根据特殊的地形条件制订相应的施工方案。 （2）制定施工人员预防预案。 （3）圈定工作现场，标志清楚，防止外人进入场内。 （4）尽量做到不影响周围的正常生活和生产
20	其他风险	—	食物中毒；治安保卫等	（1）做好施工驻点及食堂的消毒措施、配备预防药品和消毒用品，定期进行施工人员的身体检查，减少人员流动。成立专门的领导小组，加强领导，统一管理。 （2）加强驻点、项目部、材料站和施工现场的治安保卫工作，与地方治安部门保持联系，重点环节重点防守

注　风险指数分★、★★、★★★星三个级别，★★★说明风险指数最高（代表重大危险源）。

九、安全控制措施

（一）组织措施

（1）建立以项目经理为第一安全负责人的各级安全施工责任制，贯彻"管生产必须管安全""谁主管、谁负责"的原则，所有参建人员均应纳入安全管理网络；按照合同要求明确提出工程的安全方针、安全目标；制订各级人员的安全职责，建立和健全保证体系和监督体系，并确保其有效运转，杜绝死亡事故和重大设备事故。

（2）建立健全各级安全责任制，做到层层抓安全、人人管安全、事事讲安全，坚决贯彻执行"安全第一，预防为主，综合治理"的方针。

（3）执行中国南方电网公司《中国南方电网有限责任公司分包管理业务指导书》《中国南方电网有限责任公司基建工程安全文明施工检查评价标准表式》规定的要求，确保现场具备安全文明施工的良好条件。

（4）正确处理进度、质量与安全的矛盾，在任何时候任何情况下，都必须坚持安全第一。以质量为根本，以安全为保证，在保证安全和质量的前提下求进度。

（5）在开工前，参与施工的人员必须经身体健康检查，做好记录。进场的工器具和设备必须经过试验和维修保养，并对人员和工器具的情况进行登记，保留有关财产、人员福利、健康和安全的记录，并在监理工程师提出要求时呈递有关报告。

（6）项目经理部必须采取必要的措施，保证职工的身体健康和安全；并与当地卫生部门协作，做好当地流行病的预防工作。配备专职医务人员、急需设备、备用品及适用的救护服务，向职工提供必要的卫生保健和卫生福利条件。

（7）安全专责工程师负责对施工队安全员进行业务指导，支持施工队安全员的工作。负责日常安全检查，并定期开展安全大检查，分析安全薄弱环节和危险源分析，制定预防控制措施。

（8）各大工序和特殊作业必须编制施工方案和安全技术措施，特殊施工方案和重大施工方案必须报公司总工程师批准，按技术交底制度认真进行技术交底，施工时严格按方案实施。以切实可行的施工方案和先进技术保障安全施工。

（9）加强安全教育和安全培训；杜绝违章指挥、违章操作和违反劳动纪律的现象，加大反习惯性违章的工作力度，做到特殊工种持证上岗，强化安全意识，提高全员自我保护和相互保护能力，开展反"三违"活动。

（10）工程部应制定对参加施工人员的安全培训计划和安全管理办法，做好对职工、协作队伍的安全教育和管理工作，职工、协作队伍必须参加项目部组织的技术交底会、安规学习与考试，必须参加班前站班会和每周的安全日活动。

（11）加强驾驶员行车安全教育，遵守交通法规。经常检查车辆的各种性能，谨慎驾驶。

（12）成立消防及治安领导小组、环保及文明施工领导小组，加强消防及治安、环保及文明施工的管理。

（13）加强对易燃易爆物品的管理，严格执行易燃易爆物品的领用和发放制度，在易燃易爆物品管理区域按规定配置消防器材。

（14）发生安全事故，项目部应按安全事故处理流程，以最快方式逐级上报各主管部门。

（二）制度措施

1. 安全工作例会

由项目经理组织每月召开一次安全例会，项目部管理人员及各施工队主要人员参加。总结布置安全工作，提出改进措施。

2. 安全检查制度

项目经理部每月组织检查一次，由项目经理组织；施工队每周检查一次，队长会同技术员、兼职安全员进行。安全检查须编制"安全施工管理工作检查表"和"安全施工专业检查表"，通过查领导、查管理、查隐患、查事故处理等内容，提出检查总结，填写"安全施工问题通知书"下发整改。

3. 安全活动日制度

安全日活动每周开展一次活动，并不少于2h，全面分析一周的安全情况，做到有目的、有内容、有记录、有实效。实行安全目标责任制，层层落实到个人，开展安全联保活动，进行自查、互监。

4. 安全工作票制度

一切施工活动必须填写安全工作票，工作票要内容具体，有针对性，人员落实到位。现场施工负责人必须持有安全工作票，开工前进行唱票，宣讲安全措施及注意事项，施工人员要在工作票上签字；更换施工地点、内容、施工负责人等必须重新填写工作票。

5. 站班会制度

出工前，施工队长根据当天的任务及现场条件对施工人员进行安全讲话，进行"三查""三交"，并列队宣讲安全工作票。收工后，进行安全小结。

6. 安全施工责任制度

建立健全安全施工责任体系，落实各级安全施工责任制，签订安全管理目标承包责任书。建立健全安全保证体系，机构人员到位；建立健全安全风险机制，实行"安全风险抵押金"办法，安全工作做得好、无安全事故者，加倍奖励，否则没收抵押金并加倍处罚，提高施工人员的安全风险意识，增强安全激励的力度。

7. 安全保卫制度

项目部、工地、材料站必须建立治安保卫管理制度，要求配备专门的治安保卫人员进行上岗执勤，确保工地、材料站、项目部免遭不法分子的破坏和盗窃。

8. 消防管理制度

工地、材料站、办公区域、生活区域应制定详细的消防管理制度，划分责任区，配备必要的消防器材。同时要严格遵守林区施工的各项管理规定，做好重点区域的防火工作。

9. 安全教育培训

开工前制定近期及长远的安全教育培训计划，并在施工中落实执行。一般人员在各分部工程开工前，针对不同的环境和施工阶段的特点进行集中教育，提高自我保护能力，分批分期培训学习，培训资料建档，进入工作岗位。特殊工种根据地方颁发的各工种资格证书建立项目档案，持证上岗。

10. 事故报告与处理

发生安全事故必须及时如实报告（包括业主和监理），事故处理必须遵循"四不放过"的原则，事故教训及时反馈下达，避免同类事故再次发生。

11. 安全应急和响应管理

通过风险预测、辨识及评价风险，项目部积极参加业主项目部组织的应急演练并成立应急处置小组，由项目工程部负责制定相关的现场应急处置方案，项目总工批准。现场应急处置方案的内容包括：确定的重大危险源、正常施工中可能存在的紧急情况、紧急情况下的反应程序、应急装备及装备的定期检验维护等。应急响应的原则是人身安全第一，在确保人身安全的前提下，尽量减少财产损失并保证信息畅通。

12. 准驾证制度

本公司驾驶员全部实行公司内部"准驾证"制度，即在取得中华人民共和国机动车辆驾驶证的基础上，再通过公司培训、考核合格后颁发"新疆送变电工程公司机动车辆准驾证"。凡持内部"准驾证"者才能驾驶本单位车辆，否则一律按违章论处。这在一定程度上提高了驾驶员安全行车的技能水平。

（三）技术措施

1．安全措施编制管理

一切施工活动必须有安全措施，并在施工前进行交底，无措施或未交底，严禁施工。

一般施工由项目部技术员编制，经安全专责师审核、项目经理批准执行；重要工序和特殊作业由项目工程部编制，报公司安全监察质量部，施工管理部审查，由公司总工批准执行。

2．风险识别、风险评估预控

针对工程特点，项目经理组织对作业活动、作业场所、人员和设施进行策划。通过询问、交谈、现场观察及获取的外部安全信息对危险源进行持续地辨识、评价职业健康安全风险，采用半定量LEC安全评价法确定重大危险因素，根据安全目标，指标及重大危险源等，进行管理方案制定。

3．施工机具安全管理

起重机具、绝缘工具、安全防护用具、压力容器等，在开工前进行检测试验，出入库时进行全面检查，每次使用前进行外观检查，并用标志牌表明其检查状态。电器设备等进行定期检查。施工临时用电设备由专人进行维修检查。

4．安全健康环境评价管理制度

根据中国南方电网公司相关规定，公司在原有安全性评价制度的基础上，完善了安全健康环境评价管理制度，并在全公司内开展执行安全健康环境评价管理制度，对安全健康环境进行全过程控制。

（四）经济措施

（1）将安全与效益挂钩，每月生产奖的30％作为安全生产奖，通过严格的考核评比，对安全文明施工成绩显著的劳务协作队伍和项目部管理人员实行重奖，对达不到要求的给予处罚，并责令限期整改。同时制订严格的项目部安全奖惩实施细则，极大地提高了职工的安全意识。

（2）安全文明施工费要专款专用，不得挪用。

（五）安全管控手段及应用

1．分部工程安全管控措施

（1）基础、组塔、架线分部工程开工前，施工项目部根据施工进度计划，分别编制"分部工程分包施工班组投入情况表"，上报监理、业主项目部备案。按照"同进同出"安全监督人员配备原则，配备足够数量和能力的安全监督人员，并建立"同进同出"安全监督人员管理台账。

（2）"同进同出"安全监督人员应与分包施工班组同地居住，必须和分包班组同进同出施工现场，参加班组日常工作，对班组施工活动明确安全工作要求。

（3）根据施工项目部月度"同进同出"工作计划，"同进同出"安全监督人员应做好以下日常工作：

1）对施工现场进行安全管控。

2）对所派驻的分包班组作业点本体施工实施安全监控，应对分包商施工班组的人员安全质量活动情况、作业安排、主要工作衔接是否合理、材料及人员运输安全、驻地安全、工地进出等安全风险进行全面管控，落实施工项目部安全管控要求。

3）参加班组每天作业前站班会，监督当天安全工作要求的落实。下班后参加班组碰头会，梳理当天工作进展情况及存在问题。

4）认真履行现场监督检查义务，发现违章及时纠正，根据当日所在分包商班组施工情况，每日填写同进同出现场记录表。分包人员不服从管理或可能造成严重后果时及时向施工项目部上报。

5）发生安全、质量事故（事件）及时上报施工项目部，并配合调查工作。

（4）高危、重要施工方案现场劳务作业时，项目部应指派本单位责任心强、技术熟练、经验丰富的人员担任现场施工负责人、技术员和安全监督人员，对现场作业组织、工器具配备、现场布置和劳务分包人员实际操作进行统一组织指挥和有效监督。

（5）项目部将"同进同出"落实情况全面纳入现场日常安全工作和现场巡查内容，落实日常工作要求。

（6）各施工队每天对"同进同出"管理履责进行检查。施工项目部所辖施工队，每天由队长组织对本队所辖劳务分包施工班组"同进同出"安全监督人员的履责情况进行检查，并做好相关记录，每周定期将本周检查表上报施工项目部。

（7）施工项目部每周对本标段进行"同进同出"安全履责定期检查。施工项目部主要负责人（必要时可委托专职安全员），每周组织一次对本标段所有分包商施工班组"同进同出"安全监督人员的履责情况检查，并做好相关记录，结合施工队上报检查情况，每周定期上报监理项目部和业主项目部。

2．25项制度措施

（1）安全施工责任制度。

（2）安全教育培训制度。

（3）安全施工检查制度。

（4）安全例会制度。

（5）安全施工措施编审和交底制度。

（6）安全活动日、安全施工作业票管理制度。

（7）安全监护制度。

（8）分包工程安全管理制度。

（9）安全用电管理制度。

（10）安全防护装备管理制度。

（11）防火、防爆安全管理制度。

（12）施工机械及工器具安全管理制度。

（13）车辆交通安全管理制度。

（14）文明施工管理制度。

（15）环境保护管理制度。

（16）安全设施管理制度。

（17）生活卫生管理制度。

（18）安全奖惩制度。

（19）事故调查、处理、统计报告制度。

（20）消防保卫管理制度。

（21）安措补助费文明施工费使用管理办法。

（22）防尘、防毒安全管理制度。

（23）女工特殊保护制度。

（24）反违章考核管理制度。

（25）临近带电、停电、不停电作业安全管理制度。

3. 项目部需建立的 33 项台账

（1）安全管理人员登记表。

（2）安全施工措施交底记录。

（3）安全工作会议（例会）记录。

（4）新工人入厂三级安全教育卡片。

（5）安全教育培训记录。

（6）安全考试登记台账。

（7）安全检查记录。

（8）安全施工问题通知单。

（9）特种作业人员登记台账。

（10）安全奖励登记台账。

（11）各类事故及惩处登记台账。

（12）违章及罚款登记台账。

（13）安全工器具登记台账。

（14）安全工器具及设施发放登记台账。

（15）安全工器具检查试验登记台账。

（16）应急预案演练记录。

（17）职工体检登记台账。

（18）施工机具安全检查记录表。

（19）分包单位安全资质审查表。

（20）未遂事故登记表。

（21）安全活动日记录。

（22）安全罚款通知单。

（23）安全整改通知单。

（24）安全检查整改报告及复检单。

（25）危险源辨识、风险评价和风险控制措施表。

（26）月安全信息报表。

（27）施工安全措施补助费使用计划表。

（28）文明施工措施费使用计划。

（29）架空电力线路工程安全施工作业票目次。

（30）各类事故报表。

（31）安全文件收发台账。

（32）有效文件清单。

（33）有关安全健康与环境工作规程、规定、计划、总结、措施、文件、简报、事故通报、法律法规及各类汇报报表等。

4. 安全文明施工费使用计划

（1）为确保施工人员人身安全及重要、特殊、危险性作业安全所需要的费用，为提高作业环境安全水平、改善现场施工条件、倡导绿色施工保护脆弱的生态环境等所需要增加的费用，按照有关要求，结合工程建设单位的有关管理办法，开展安全文明施工活动，并保证施工安全措施补助费、文明施工措施费足额有效使用。

（2）按照建设单位批准的《安全风险及文明施工实施细则》的具体要求，购置或者充分利用现有的符合标准化要求的安全文明施工设施，在施工现场具体布置并实施作业；并负责安全文明施工措施的落到实处，如安全设施、文明施工设施的制作（购置）、安装、使用、日常管理和维护工作。

（3）根据《中国南方电网有限责任公司基建工程安全文明施工检查评价标准表式》（2014 年版）（南方电网基建〔2014〕64 号）的要求，结合工程特点、作业环境，选择适合本工程安全文明管理的标准化设施，并按照所选设施规定的规格，在概算范围内填写"安全设施购置申报单"和"文明施工设施及文明施工措施申报单"，以工作联系单的形式报监理单位审核，经建设单位批准后实施。

（4）安全文明施工设施进场和文明施工项目实施后必须通过监理和建设单位的验收，并填写"文明施工设施及文明施工措施验收单"。本工程安全生产费主要用于安全、文明施工设施的配置，具体配置见表 2 - 10 - 2 - 9。

表 2 - 10 - 2 - 9　　安全、文明施工设施的配置

序号	安全、文明施工设施	使 用 区 域
1	验电器	施工现场
2	工作接地线和保安接地线	施工现场
3	绝缘安全网和绝缘绳	施工现场
4	水平安全绳	施工现场
5	电源配电箱、触电保护器	材料站、施工现场
6	下线爬梯	施工现场
7	企业标志	项目部、材料站、施工现场
8	宣传类标牌	项目部、材料站、施工现场
9	设备、材料等标识牌	材料站、施工现场
10	项目部标准化建设	项目部
11	材料站标准化建设	材料站
12	施工队标准化建设	施工队
13	国旗、安全生产旗	项目部、材料站、施工现场
14	不锈钢旗杆	项目部、材料站、施工现场
15	工作服	材料站、施工现场
16	现场指挥棚	材料站、施工现场
17	安全帽	施工现场
18	绝缘手套	施工现场
19	高处作业平台	施工现场
20	雨衣、胶鞋	材料站、施工现场
21	灭火器	项目部、材料站、施工现场
22	不锈钢架	施工现场
23	药品	项目部、材料站、施工现场
24	主动防护网	施工现场
25	被动防护网	施工现场
26	垃圾桶	项目部、材料站、施工现场
27	安全标志牌、警示牌	项目部、材料站、施工现场
28	安全围栏、临时提示栏和现场围挡	材料站、施工现场
29	对讲机	施工现场

续表

序号	安全、文明施工设施	使 用 区 域
30	悬浮抱杆组塔全程监控系统	施工现场
31	垂直攀登自锁器	施工现场
32	速差自控器	施工现场
33	全方位防冲击安全带	施工现场
34	防静电服（屏蔽服）	施工现场
35	其他	施工现场

十、危险点、薄弱环节分析预测及预防措施

本标段线路施工安全方面的特殊环节主要在基础施工、材料运输、铁塔组立、交叉跨越处理和导地线张力架线等施工方面。为此，必须从以下方面采取措施，确保施工的安全和顺利进行。

（一）土石方及基础施工安全施工措施

（1）从事开挖作业的工人须经过健康检查和安全作业培训且考察合格后，方可进入现场施工。挖孔作业人员、监护人员，必须戴安全帽，严禁穿拖鞋、赤脚、赤膊、酒后上岗作业。

（2）承台施工设专职安全员进行现场安全管理。承台坑有人时，必须有人监护，不得擅离职守。

（3）吊装设备基础要稳固、电刹要安全可靠并有自动卡紧保险装置。施工时随时检查，并经常对钢丝绳磨损情况及支架螺栓等进行定期自检，以保证人员及机械安全。

（4）承台坑内作业时应戴安全帽。

（5）承台开挖作业时坑底需设置上下爬梯，其设置必须安全可靠，保证坑内作业人员的安全。

（6）吊筒上下运料时，坑内作业人员必须靠边，以防发生意外。

（7）地面周围不得摆放铁锤、锄头、石头和铁棒等坠落伤人的物品。每工作1h，作业人员进行轮流交换。

（8）施工过程中要经常检查配电箱、电开关、灭火器及孔下照明等设施，所有电气设备均设置漏电保护器，孔内照明采用防水灯并设防护罩，以保证其安全。

（9）施工弃土严禁堆放在基坑周围，并随时清理基坑周围杂物、碎石及其他重物，以确保施工安全。

（10）从基坑开挖至基础混凝土浇筑完成前，若遇雨天等特殊气象条件时，应及时采取有效措施（搭雨棚、基坑周围高出部分修临时排水沟），以防止基坑泡水后坍塌。

（11）施工中抽水、照明等所配电气设备应一机一闸一漏电保护器，供电线路要用三芯橡皮线，电线要架空，不得拖拽在地上。并经常检查电线和漏电保护器是否完好。

（12）基坑开挖时，坑上安全监护人应密切注意坑下作业人员，并预设通风设施（通风可利用排风扇往坑内送风，送风时，送风人员应站在基坑护栏外侧，保证人

身安全），防止坑下作业人员因缺氧而发生休克现象；基坑较深时，应采取强制通风措施；同时应不定时地更换基坑开挖作业人员，采取坑上坑下轮换作业的方式，轮换间隔时间不宜超过2h；当发现坑内人员有异常状况时，应及时了解坑内空气质量，并根据具体情况及时开展抢救工作。

（13）野外作业时不得在野外随意采摘，食用不明食物，例如：蘑菇等。并佩戴必要的防护用具及药品，一旦发现食物中毒现象，应马上报项目部并拨打120急救电话，组织有关人员及时将病人送医院救治。

（二）铁塔组立施工的安全措施

（1）在铁塔组立施工方案中，应对起吊重量进行准确、合理的计算，明确不同情况下的允许起吊重量，严禁超负荷起吊。所有地锚埋设深度必须经过计算确定，地锚坑口必须用塑料布进行覆盖，防止雨水进入地锚坑而影响地锚的受力。

（2）在铁塔组立施工时，应对参加施工的所有人员进行安全技术交底。施工现场布置和工器具的使用必须按照技术方案执行。进入现场施工人员必须正确佩戴安全帽，塔上作业人员必须系安全带，使用速差器，穿软底鞋。

（3）抱杆提升必须统一指挥，四侧临时拉线必须均匀放出并由技工操作，抱杆垂直下方不得有人。

（4）严禁高处作业人员超时连续作业，高处作业人员应按时就餐、饮水，及时补充身体的各种消耗，防止因疲劳产生的各种隐患。

（5）组装铁塔时，使用安全操作平台，悬挂位置要准确牢固、安全可靠，便于操作。

（6）铁塔组立施工高处作业、立体交叉作业频繁，因此，一定要加强安全管理，注重安全防护用具的日常检查和安全监护，为铁塔组立的安全施工奠定基础。高空人员在施工中，需要休息时应在休息平台上休息，并做好安全措施。

（7）加强对吊装机械设备、工器具的检查、维护、保养，为立塔施工提供物质保障。

（8）在每天下班前，如果抱杆伸出塔身较多，应将其降入塔身部，防止突发大风造成意外。

（9）高空作业用的工器具系留尾绳，使用时将其系留在铁塔构件上，防止失手坠落。所有的螺栓均要求装入专用的工具袋内，防止高空落物伤人。

（10）为保证塔体的垂直度和扭转等铁塔安装质量，对构件尺寸在安装前进行检测，并与待安装就位点进行对比，将问题在地面消除，减少高空消缺的频次。地面配备电动扳手，塔件构件螺栓必须在地面紧固完毕，减少高空螺栓紧固，确保施工安全。

（11）与当地气象部门联系，随时掌握天气形势，合理安排工作。根据气象情况，随时在施工中采取预防措施。

（12）严禁在雷雨、暴雨和5级及以上大风条件下进行铁塔组立工作。

（13）铁塔组立前必须埋设和检测接地装置，铁塔组立时必须及时安装接地装置。

（三）跨越电力线施工的安全技术措施

1. 停电跨越施工的安全技术措施

（1）停电、送电工作必须指定专人负责，严禁采用口头或约时停电、约时送电的方式进行任何工作。

（2）未接到停电工作命令前，严禁任何人接近带电体。

（3）验电必须使用相应电压等级的合格验电器。验电时，必须戴绝缘手套并逐相进行，验电必须设专人监护。同杆塔设有多层电力线时，应先验低压、后验高压，先验下层、后验上层。挂工作接地线时，也是先挂低压、后挂高压，先挂下层、后挂上层。

（4）若有感应电反映在停电线路上时，应加挂接地线。同时要注意在拆除接地线时，防止感应电触电。

（5）挂接地线时，应先挂接地端、后挂导线端，接地线连接要可靠，不准缠绕。拆接地线的程序与此相反。装、拆接地线时，工作人员应使用绝缘棒或戴绝缘手套，人体不得碰触接地线。若杆塔无接地引下线时，需采用临时接地棒，接地棒在地面下的深度不得小于 0.6m。

（6）接地线必须使用符合安规要求的专用接地线，严禁使用其他导线代替接地线。

（7）工作过程中要采取保护措施，不得损伤停电线路的各种设备。

2. 不停电跨越施工的安全技术措施

（1）跨越架的型式应根据被跨越物的大小、现场自然条件及重要性确定。跨越架的高度等应根据被跨电力线的大小确定，同时跨越架必须进行抗风、抗压等强度验算，编制跨越方案，报公司总工程师批准、监理项目部审核及业主备案后实施。

（2）搭设或拆除跨越架应设安全监护人。搭设跨越重要设施的跨越架，应事先与被跨越设施的单位取得联系，必要时应请其派员现场监督检查。

（3）跨越架的立杆应垂直，埋深不应小于 50cm，杆坑底部应夯实；遇松土或无法挖坑时应绑扫地杆。跨越架的横杆应与立杆成直角搭设。

（4）跨越架两端及每隔 6～7 根立杆应设剪刀撑、支杆或拉线。剪刀撑、支杆或拉线与地面的夹角不得大于60°。支杆埋入地下的深度不得小于 30cm。

（5）跨越架上应悬挂醒目的警告标志。重要跨越架应经验收合格后方可使用。

（6）强风、暴雨过后应对跨越架进行检查，确认合格后方可使用。

（7）拆除跨越架应自上而下逐根进行，架材应有人传递，不得抛扔；严禁上下同时拆架或将跨越架整体推倒。

（8）搭设或拆除跨越 35kV 及以上电力线路的跨越架，当进行到距带电体最小安全距离时，应在被跨越电力线停电后继续进行。

（9）跨越架的宽度、高度应符合《跨越电力线路架线施工规程》（DL 5106—1999）的要求。跨越 35kV 及以

上电力线的跨越架，应使用绝缘绳（网）封顶。

（10）不停电跨越 35kV 及以上高压线路，必须编制特殊跨越方案报上级批准，并征得运行单位同意，按规定履行手续；施工期间应请运行单位派人到现场监督施工。

（11）临近带电体作业时，上下传递物件必须使用绝缘缆绳，作业全过程应设专人监护。

（12）绝缘工具必须定期进行绝缘试验，其绝缘性能应符合规定要求，并在每次使用前进行外观检查。

（四）跨越公路、大车路及通信线施工的安全措施

（1）跨越公路、通信线等利用脚手杆或钢管搭设越线架，跨越架的位置中心须用仪器确定，做到位置准确，跨越架高度、宽度以及跨越架的强度必须根据现场实测参数进行验算，并编制专门的跨越方案和技术措施，对施工人员进行详细的安全技术交底后方能实施。尤其是跨越公路，在跨越架的两端 200m 以外必须设置交通安全标志，跨越架设专人看护。主要公路需在当地交管部门的配合下进行施工。

（2）正式施工前与公路管理部门取得联系，将施工方案报送给对方。请对方提出安全要求，并征得对方同意。

（3）按照公路管理部门提出的安全要求，准备好各种施工标志。按照施工方案搭设跨越架，在跨越架的搭设过程中必须指定专人进行安全监护。同时施工跨越过程应在公路管理部门的协助配合下进行。

（4）在搭设和拆除越线架时，在跨越点两侧设安全监护人，并按照公路管理部门的要求设置明显的施工标志，提醒车辆慢行。监护人员应密切注意跨越现场情况，保证车辆缓慢通过。保证跨越架搭设和拆除工作安全顺利进行。

（5）上下传递物品只允许用绳子传递，不允许直接向上或向下抛扔。跨越架搭设时，扣件螺丝应紧固，构架连接紧密，整体稳定性强。

（6）放线过程中必须由专人监护跨越架和过往行人及车辆，发现异常，及时处理。

（7）架线完成后，在安全员的监护下拆除跨越架。并将施工结束的信息通知有关部门。

（五）其他特殊安全措施

（1）施工期间严禁一人独立行走，上下班或其他作业时必须结队而行，相互照顾，以防走失或发生意外。

（2）施工人员配备应急灯、蛇药等防护用品，尽量避免夜间行走。

（3）严禁在水沟、河流和水塘中洗浴、游泳、乘凉。

（4）要根据本地区汛期的季节特点，做好风险预测和防范，做好防汛措施和救灾的应急能力，确保安全度汛。

（六）施工过程安全控制

乌东德电站送电广东广西特高压多端直流示范工程线路工程施工过程安全控制程序如图 2-10-2-4 所示。

十一、本标段危大工程管理安全措施

本标段危大工程管理安全措施见表 2-10-2-10。

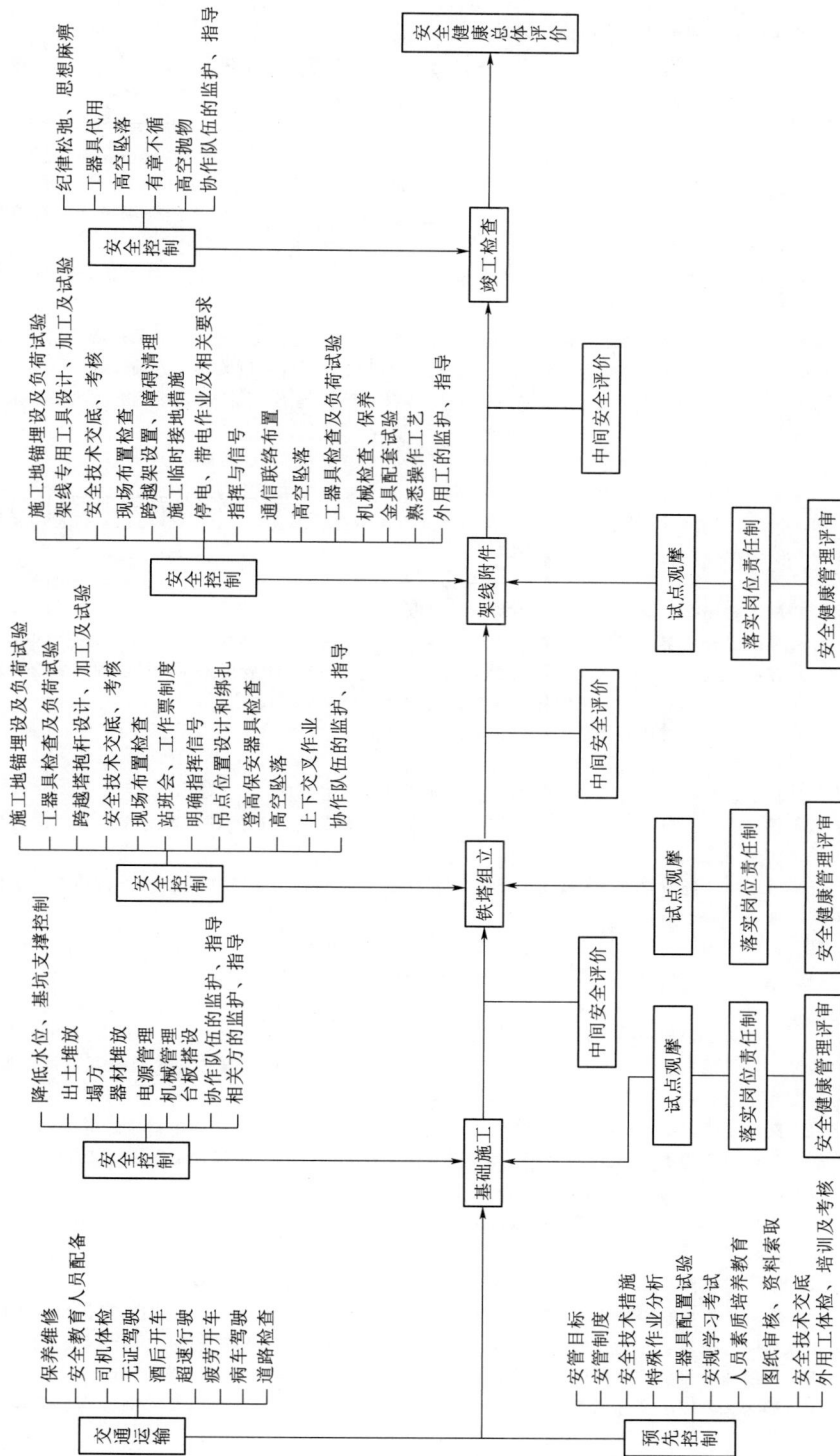

图 2-10-2-4 乌东德电站送电广东广西特高压多端直流示范工程线路工程施工过程安全控制程序图

表 2－10－2－10   **本标段危大工程管理安全措施**

序号	危大工程	安 全 控 制 措 施
1	人工挖孔桩工程	（1）加强施工基面的排水，做好防雨措施，坑口周围不形成积水，避免渗水浸泡坑壁，致使坑壁坍塌。 （2）作业人员必须佩戴安全帽。当坑深超过 2m，坑上应设监护人随时监视坑壁情况，坑内应设木梯或竹梯，以便坑下作业人员上下使用。 （3）基坑内有人作业时，不允许向坑内抛扔工器具等物品，上下传递工器具应使用传递绳。 （4）严禁在坑内休息
2	按跨越高塔设计且高度超过 100m 的铁塔组立工程	（1）由于超高铁塔组立施工的范围较大，应设置专人现场指挥和监护人员超高。 （2）铁塔组立现场设置指挥人员 1 名、专职辅助指挥人员 1 名。 （3）以塔基为圆心，塔高的 20％为半径的范围为施工禁区，施工时未经现场指挥人员同意，并通知塔上作业人员暂停作业前，任何人不得进入。 （4）根据"杆塔组立施工方案"中塔高超过 30m，塔上和塔下应采用对讲机进行联系，地面指挥人员可用便携式扩音器进行辅助指挥。 （5）为了准确测量高塔组立现场的风速，施工现场配备风力测速仪，以确保杆塔组立施工现场吊装的安全。 （6）高塔必须设置垂直攀登自锁器，上下及水平行走必须携带自锁器，以确保施工人员一直处于保护状态。 （7）高塔的坠落半径较大，上下传递工具、材料必须用绳索，预防高空落物。个人手持工具应该用小绳索绑扎在身上。 （8）有雾、扬尘或其他原因导致天气有效可视距离小于塔高时，禁止高处作业。 （9）附近地区有雷电阴雨的天气时都不能在塔上施工，必须停止高空作业。 （10）被吊装的构件绑扎要牢固。如果钢丝绳与角钢直接绑扎时，要内衬外包，防止割断钢丝绳。宜采用专用夹具安装抱杆承托绳、腰箍拉线等
3	跨越架搭设高度超过 15m 工程	（1）施工现场指挥及工作人员必须严格执行电力建设安全工作规程。 （2）在搭设跨越架前应与相关部门单位取得联系，并在搭设过程中邀请被跨越的主管单位派人检查监督。 （3）在搭设越线架时，必须在前后 200m 设专人负责值守，不管是搭设或拆除时，如有车辆或船只通过，应及时用对讲机通知搭架处，暂时停工，等其通过后，再继续搭设。 （4）所搭设的越线架必须坚固可靠，搭设开始到拆除，应派专人负责看护。 （5）跨越架的中心，应在线路中心线上。 （6）在搭设跨越公路过程中严禁在路面上堆放材料及工器具。 （7）保证看护人员与施工人员的通信畅通，发现问题及时通知处理。要对作业人员进行安全技术措施交底工作，明确分工。 （8）施工中应随时检查越线架是否牢固，雷雨、大风等恶劣天气之后必须进行检查或加固，搭设或拆除跨越架时地面必须设监护人。 （9）遇有雷雨、暴雨、浓雾、5 级及以上大风不得进行搭设作业。 （10）越线架搭设完毕后，必须经项目部和监理验收合格后方可使用
4	10kV 及以上带电跨（穿）越工程	（1）跨越施工前应由技术负责人按线路施工图中交叉跨越点断面图，对跨越点交叉角度、被跨越不停电电力线路架空地线在交叉点的对地高度、下导线在交叉点的对地高度、导线边线间宽度、地形情况进行复测。根据复测结果，选择跨越施工方案。 （2）跨越不停电电力线，在架线施工前，施工单位应向运行单位书面申请该带电线路"退出重合闸"，待落实后方可进行不停电跨越施工。施工期间发生故障跳闸时，在未取得现场指挥同意前，严禁强行送电。 （3）跨越架搭设过程中，起重工具和临锚地锚应将安全系数提高 20％～40％。 （4）在跨越挡相邻两侧杆塔上的放线滑车均应采取接地保护措施。在跨越施工前，所有接地装置必须安装完毕且与铁塔可靠连接。 （5）在带电体附近作业时，人身与带电体的最小距离，应满足规程要求。 （6）跨越不停电线路架线施工应在良好天气下进行，遇雷电、雨、雪、霜、雾，相对湿度大于 85％或 5 级以上大风时，应停止作业。如施工中遇到上述情况，则应将已展放好的网、绳加以安全保护。 （7）越线绳使用前均需经烘干处理，越线绳还需用 5000V 摇表测量其单位电阻。 （8）如当天未完成全部索道绳及绝缘杆固定绳的过线，应将过线绳及引绳收回并妥善保管，不得在露天过夜。 （9）铺放过线引绳及绝缘绳未完全脱离带电线路的过程中，拉绳、绑扎等操作人员必须穿绝缘靴子，戴绝缘手套进行操作。 （10）跨越架搭设过程中，用于调紧索道的绞磨及过导引绳时所使用的绞磨均应采取良好的接地保护措施。 （11）在施工操作过程中，绝缘绳不得直接落地，必须落地处，应先在地面上铺好彩条布

第三节　环境保护及文明施工

一、施工引起的环保问题及保护措施

环境保护是我国的一项基本国策，电力建设工程项目在建设过程中，应严格遵守国家、地方有关环境保护法律、法规标准的要求，在工程施工中，领导必须从执法高度重视环境保护工作，建立环境保护责任制及保护措施，加强对施工队伍的宣传教育工作，在施工中尽量减少对施工场地和周围环境的影响。

（一）环境保护问题

根据《环境管理体系　要求及使用指南》（GB/T 24001—2004/ISO14001：2004）的要求，采用现场调查及查询文件、资料等方法，识别工程对环境保护及水土保持有影响的环境因素，通过是非判断与打分法相结合，判断出重要环境因素，本工程重大环境因素见表 2-10-3-1。

表 2-10-3-1　　　　　　　　　　　本工程重大环境因素

序号	分项工程/活动点/工位	环 境 因 素	排放去向	频率	环境影响
1	现场道路	路面产生的扬尘排放	大气	经常	污染大气
2	材料运输	植被破坏、树木砍伐	土地	间断	破坏植被
3	基坑开挖及恢复	爆破时产生的噪声排放	大气	间断	噪声污染
4	土方作业	基础开挖、土方回填产生的扬尘排放	大气	经常	污染大气
5	钢模板	搬运、拆除、清理、修复产生的噪声排放	大气	间断	噪声污染
6	基础混凝土搅拌、振捣	搅拌、振捣时噪声排放	大气	经常	噪声污染
7	施工过程	产生的施工渣土（砂、石、混凝土碎块等）排放	土地	经常	污染土地、水体
8	塔材运输	植被破坏、树木砍伐	土地	间断	破坏植被
9	杆塔组立	耕地的破坏	土地	经常	破坏植被
10	机械设备、牵张等机械设备	机械设备使用时产生的噪声排放	大气	间断	噪声污染
11	牵张场临时占地	植被破坏、树木砍伐	土地	间断	破坏植被
12	架线工程	树木砍伐	土地	间断	破坏植被
13	办公室	废电池、废硒鼓、废墨盒、废磁盘的排放	土地	经常	污染土地、水体
14	工地食堂、厕所	食堂厕所污水的排放	土地	经常	污染水体
15	油漆、易燃库房、液化气瓶	火灾爆炸的发生	大气、土地	偶然	污染大气和土地
16	现场渣土、混凝土、生活垃圾、原材料的处理	现场渣土、混凝土、生活垃圾、原材料运输的遗撒物	土地	间断	污染路面

（二）加强施工管理、严格保护环境

1. 环境保护目标

（1）按环评报告书及其审批部门审批决定要求建成环境保护设施，并与主体工程同时投产或者使用。

（2）合成电场、工频电场、工频磁场、噪声等监测结果符合国家和地方相关标准。

（3）参照环办辐射〔2016〕84 号文，工程建设不发生重大变动，或发生重大变动后依法履行了相关环保手续。

（4）工程建设过程中不造成重大环境污染。

（5）环境保护设施防治环境污染和生态破坏的能力满足环境保护的要求。

（6）工程基础数据真实、完备，无重大缺项、遗漏，相关资料完善、齐全，按要求归档。

2. 水土保持目标

（1）工程力争不发生重大变动，或履行水土保持方案及重大变更的编报审批程序。

（2）开展水土保持监测工作，并编制完成水土保持监测总结报告。

（3）废弃土石渣堆放在经批准的水土保持方案确定的专门存放地。

（4）水土保持措施体系、等级和标准按经批准的水土保持方案要求落实。

（5）水土流失防治指标达到经批准的水土保持方案要求。

（6）开展水土保持监理工作，确保水土保持分部工程和单位工程经质量评定合格。

（7）投运后半年内高质量通过建设项目水土保持设施验收。

3.环境保护总体要求

（1）贯彻可持续发展的战略思想，遵守国家关于环境保护的方针、政策和法令法规，服从地方环境管理部门监督管理。保护耕地，减少青苗损坏，做好废弃物的清理转移，协助地方搞好生态环境的建设。

（2）与当地环保部门取得联系，对内广泛开展群众性的"人类与环境"系统教育，以人为中心，激发大家保护环境、建设环境的积极性和自觉性。

（3）把环境保护措施编制在各级技术交底中，将环境教育纳入教育培训计划。

（4）工程现场的办公区、生活区采取绿化措施，因地制宜改善生态环境。

（5）基础施工采用绿色环保施工法。

（6）生活区建立垃圾站，对生活垃圾集中处理，施工废料统一收集，按当地垃圾管理办法进行倾倒或掩埋。

（7）施工过程中，注意保护土地植被、树林、农田庄稼，做到少破坏植被。余土、弃渣、废料妥善处理。采取合理措施，减少空气污染、水源污染、噪声污染。禁止施工人员捕杀捕猎保护野生动物和超越征地范围毁坏森林植被。在林区施工作业禁带火种，防止森林火灾事故的发生。

（8）施工完毕后，做到工完料尽场地清，尽可能恢复原地貌。

（9）所有参加施工人员，在施工过程中，发现的化石、文化遗址及有价值的物品，应视为国家财产予以保护，及时向业主或相关管理部门汇报。

（10）对违反环境保护的法律、法规和措施，以致造成环境破坏污染事故的单位和个人，由项目部及有关部门人员对事故进行调查处理，追究事故责任。对环境保护工作做出显著成绩的单位和个人，应及时给予表彰和奖励。

4.环境保护分类控制措施

分类控制措施见表2-10-3-2。

表2-10-3-2　　　　分类控制措施

序号	项目	控制措施
1	植被破坏	（1）加强施工人员的法律、法规学习，认真学习水土保持法，提高对水土保持的思想认识，始终将水土保持工作贯穿在整个工程施工中。 （2）在施工材料运输过程中，施工运输道路及人力运输道路进行合理的选择，避免在树木及植被完好的地段进行道路修筑工作。 （3）在架线工程施工过程中，合理选择牵张场地，因地制宜地进行场地布置，避免大规模平整施工场地，以满足水土保持的要求。 （4）合理选择、设置开挖施工用地锚坑，减少植被的破坏。 （5）土石方施工过程中，针对基坑开挖时取出的土石，采取措施避免在基坑下坡侧堆放，对土石方量较大的基础坑采取袋装堆放的办法，以防止由于雨水浸泡及冲刷造成的塌方影响塔基的稳定及破坏塔基下坡的森林植被、农田。 （6）本工程经过农田地等，施工前及时向有关部门及土地耕种者协商，能收割的农作物提前收割，尽量减少损失
2	粉尘排放	（1）现场道路和堆土经常洒水。 （2）现场搅拌站采取封闭作业。 （3）施工散料必须入库存放，由专人负责出入库管理
3	水体排放	（1）日常运行加强管理，防止因意外情况或管理不善而导致超标排放。 （2）清洗各种含化学成分的物品，应采取相应的措施，以防止污染水体、地表。 （3）施工废水、生活污水、地下渗水经沉淀后，在指定地点排放，废旧油料应及时回收，防止污染土壤
4	废弃物排放	（1）各种垃圾分类堆放、处理，对有毒有害的废弃物采取专项措施处理。 （2）余土及时清运，定期处置施工生产中的各种垃圾，并采取相应的措施，防止污染。 （3）在现场设置专用的存储设施、场所，用于临时堆放固体废弃物，并防止其通过大气、降水、淋滤而使周围地区的土壤受到污染
5	噪声排放	（1）保持机械运转部件润滑、降低摩擦力、及时更换磨损零部件。 （2）加强对机械设备的维修、保养。 （3）夜间在规定时间内禁止施工
6	林区防火	（1）作业区内严禁生火做饭。 （2）严禁烧荒。 （3）严禁林区内乱扔烟头

二、文明施工的目标、组织结构和实施方案

(一) 文明施工目标

按照《中国南方电网有限责任公司基建安全管理业务指导书》的要求布置施工现场的文明施工设施，创造良好和规范的安全文明施工环境。

文明施工目标是设施标准、行为规范、施工有序、环境整洁，创建全国电网工程建设安全文明施工一流水平。

(二) 文明施工及环境保护组织机构

项目经理部成立安全文明施工与环境保护领导小组，项目经理任组长并下设工作班子，办公室主任负责此项工作，如图2-10-3-1所示。项目经理是文明施工与现场环境保护工作第一负责人，也是施工现场文明施工与现场环境保护自我监护的领导者和责任者，各部门负责人和施工队长既是责任人，又是落实者，形成项目部及各部门、施工队和施工者的文明施工和环境保护网络。

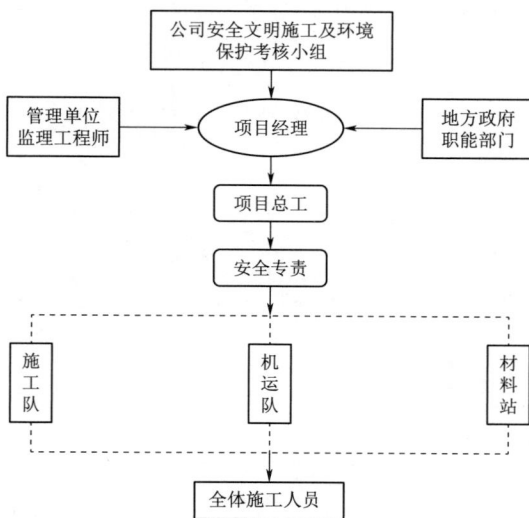

图2-10-3-1 安全文明施工及环境保护组织机构图

(三) 安全文明施工控制措施

1. 安全文明施工控制流程

安全文明施工控制流程如图2-10-3-2所示。

2. 总体要求

(1) 工程施工各项活动严格遵守安全规程和各项管理制度，依照策划和实施细则的具体要求，落实安全措施，深入开展反习惯性违章活动，杜绝违章行为。

(2) 工程开工阶段，施工现场各阶段采用7S管理措施，具体采用四种活动方式：定点照相、红牌作战、颜色管理和看板管理。

1) 定点照相：对同一地点，面对同一方向，进行持续性的照相，把现场不合理现象予以定点拍摄，并且进行连续性改善。

2) 红牌作战：在现场内，找到问题点，并悬挂红牌，让大家都明白并积极地去改善，从而达到整理、整

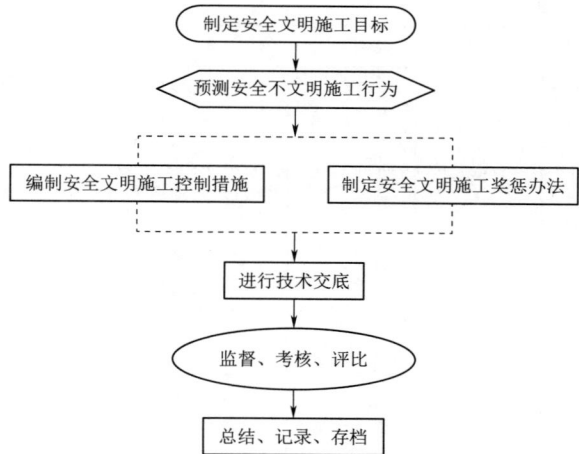

图2-10-3-2 安全文明施工控制流程图

顿、清扫的目的。

3) 看板管理：制作看板，使工作人员易于了解作业流程，以进行必要的作业活动；展示作业活动开展情况，明确管理薄弱区域。

4) 颜色管理：运用人对色彩的分辨能力和特有的联想力，将复杂的管理问题，简化成不同色彩，以区分不同的程度，以直觉与目视的方法，以呈现问题的本质和问题改善的情况，使每一个人对问题有相同的认识和了解。

(3) 制订安全文明施工措施，制定文明施工考核内容和评比标准、办法，对施工人员进行交底。

(4) 安全施工是保证安全施工的基础，不具备文明施工条件不得开工。

(5) 安全文明施工宣传深入持久，常抓不懈，营造浓烈的安全文明施工氛围。

(6) 安全文明施工检查、评比自始至终、贯穿施工全过程，表彰文明施工先进班组，推广文明施工经验和方法，促进全工程范围内的文明施工。

(7) 人员着装统一，精神面貌良好，树安全文明一流工地的意识，争创精品工程。

(8) 严格执行施工操作规程，遵照技术措施施工，不得凭主观意识野蛮施工。

(9) 地下文物归国家所有，在施工中发现地下文物必须及时上报项目法人和当地文物管理部门。

3. 安全文明施工各阶段控制要点

安全文明施工各阶段控制要点见表2-10-3-3。

(四) 文明施工考核、管理办法

(1) 文明施工基础应从班组做起，项目部对施工班组进行创一流文明施工班组考核。

(2) 文明施工管理按项目法人的有关规定执行。

(3) 文明施工不仅是业主对施工单位的要求，也是公司的追求，本项目工程将结合本工程设计和施工的特点，根据施工工序、工地及项目部办公地的划分，对施工和项目管理进行考核。

表 2 - 10 - 3 - 3 安全文明施工各阶段控制要点

序号	项目	控制要点	控 制 措 施
1	综合	办公区域	（1）工程管理各项制度齐全，人员职责明晰，有关职责、制度按规定上墙。 （2）职工精神面貌良好，待人接物热情。 （3）安全文明设施规范化、标准化，安全防护用品齐备、醒目
		职工生活	（1）驻地内有卫生责任区划分，制定并执行清洁卫生制度。 （2）宿舍和办公室内清洁、卫生，做到整洁舒适。 （3）讲究个人卫生，着装干净整洁，生活用品摆放统一。 （4）关心职工生活，定期为职工进行身体检查，合理安排职工休息，多开展有益的文化活动，丰富职工业余文化。 （5）食堂清洁卫生，严防病从口入
		职工教育	（1）开展职业道德教育，提高队伍素质。 （2）开展普法教育，遵纪守法，严禁违法乱纪，禁止酗酒赌博。 （3）了解和尊重当地居民风俗习惯，严守群众纪律，和当地群众搞好关系
		仓库	（1）卫生、整洁，工具、材料等物件摆放有序，标识准确、齐全，账、卡、物相符。 （2）对仓库所存物件经常检查核实，出入库应设专人清点与检查。 （3）不合格品不入库。 （4）易燃易爆物品分类存放，专人负责，账目清楚，符合安全防火标准
2	工地运输	装卸车	（1）严禁超载及客货混装。 （2）材料按照说明书要求装卸，做到堆放整齐，妥善保管
		文明行车	（1）严禁酒后、超速驾车，不开带病车。 （2）遵守交通规则，做到文明礼貌行车。 （3）在田间行走，尽量少占耕地
3	基础工程	平面布置	（1）符合作业指导书要求，土石方堆放位置占地面积最小。 （2）材料、机具设备摆放整齐，位置合理。 （3）砂、石、水泥和降阻剂堆放应与地面隔离，利于质量和环境保护。 （4）设置安全施工围栏
		作业方法	（1）符合作业指导书的要求，模板支设牢固，工艺符合规定。 （2）钢筋摆放符合规范、绑扎牢固美观。 （3）坑内作业应有安全防护用品，并设安全监护人。 （4）具体执行绿色环保施工
		电源	（1）电气设备应接地，并装有电源保险。 （2）临时用电有标准配电箱和卷线电源盘。 （3）配备专业电工维护检修
		基坑回填	（1）按照规范进行施工。 （2）混凝土残渣、砂石余料应运离现场妥善处理并恢复地表植被。 （3）回填防沉层规范整齐，护坡排水沟、防水沟布置合理、工艺美观
4	铁塔工程	材料机具	（1）材料摆放整齐，便于施工对料。 （2）螺栓、垫片分类摆放并加以标识。 （3）对泥水地带应进行隔离，必要时应用竹排搭设隔离层
		平面布置	（1）现场布置满足施工要求，设有安全标识牌及安全围栏。 （2）施工人员安全防护用品齐全并按标准佩戴。 （3）组立杆塔所占土地最少
		施工作业	（1）高处作业上下传递用小绳，严禁抛扔。 （2）现场标识明确，交流方法简单明了，并专设安全监护人。 （3）上下作业配合默契，步调一致
		现场清理	（1）施工完毕后，必须进行现场清理，地锚坑应按要求回填，恢复原地形地貌。 （2）废物应移离现场，做到工完料尽场地清

续表

序号	项目	控制要点	控 制 措 施
5	架线工程	跨越架	(1) 跨越架的搭设应不影响车辆及行人通行。 (2) 施工中应有警告牌，并设专人监护，夜间有标识。 (3) 相关手续齐全
		施工布置	(1) 施工布置应满足作业指导书要求，布置紧凑合理。 (2) 牵张场地设有安全标识牌及安全围栏。 (3) 牵张设备按规定及时保养
		通信	(1) 通信设备完好。 (2) 讲话流利，作业专业用语明晰
		机具设备	(1) 所用机械、工具应定期检查，并做好保养维护工作。 (2) 机械设备应专人使用，应明确岗位责任。 (3) 工器具出入库应进行检查验收并做好记录，做到账、卡、物相符。 (4) 做好一日一检工作
		施工作业	(1) 施工作业应满足作业指导书要求，听从统一指挥，服从领导，步调一致，指挥正确，旗语清晰。 (2) 各班组之间配合默契

(4) 项目部要定期或不定期对施工队的文明施工进行检查，奖优罚劣，对不符合文明施工要求的要限期整改。

(5) 公司在年度评比先进时，实行安全文明施工一票否决制。

第四节　工地管理和施工平面布置

一、施工平面布置

施工现场总平面布置图是对整个工程的施工作出的全面的战略安排，并提出对影响全局的重大问题的解决办法。施工总平面管理是合理使用场地，保证现场交通道路和物资供应系统畅通、施工机械和临时设施布置合理、人力合理分配、安全文明施工的主要措施。施工现场的布置是以施工总平面布置图为依据的。施工总平面布置图由项目经理和项目总工程师主持规划、安排，工程技术人员参与协调。根据整个工程场地情况及线路走廊的具体路线和对现场的实际勘测，按照工程规模，对项目经理部、中心材料站、施工队驻点、社会交通疏导路线、重大交叉、邻近乡镇、物流走向、人力安排、通信安排等项目进行统筹分析、全局规划、因地制宜、合理分析、全面平衡、动态布置的原则布置施工现场。

（一）施工现场平面布置原则

(1) 项目部、施工队布置应距施工现场较近，便于指挥现场施工，便于施工管理。

(2) 项目经理部、施工队驻地设置要求做到五通一平（水通、电通、路通、通信通、排污通和场地平整），卫生状况良好；便于加快施工进度，提高机械设备的利用率，降低机械成本，减少人员的往返距离。

(3) 要优选各驻地的交通、信息通信条件，方便与当地政府机关联系。

(4) 选择的驻地要有利于临时建筑的合理设置。

(5) 临时设施的设置应尽量避免二次搭设，合理利用现有的永久建筑，减少临建设施的占地，要考虑临建设施拆除、二次利用、运输等相关问题。

(6) 要明确交通运输道路和方向。

(7) 运输道路的布置要尽量利用现有公路体系，应根据项目经理部、中心材料站、现场施工点、施工队驻点、特殊交叉跨越等位置，按照人流、物流、机械流畅通为主，安全经济最优化为辅的原则，进行运输道路选择，工程运输计划的编制要有应急预案。

(8) 对于需要维修、拓宽、临时征用的道路要给予明确等。

（二）本标段施工平面布置特点

(1) 本标段线路沿线有县、乡（镇）大车路可利用，部分道路需要修护、拓宽，整体交通条件一般。

(2) 招标文件规定的业主供货站在我方中心材料站，运输主要通过国道和县乡公路完成。

(3) 线路沿线村庄林立，施工队驻地可租用当地民房。

(4) 线路沿线地势复杂，张牵场地不好选择，入场道路需要修整、拓宽。具体位置将根据项目部对现场的终勘情况进行最终定位，施工平面图上表示的是拟选张牵场地的大概位置。

（三）施工现场平面布置及分析

综合考虑本标段施工平面布置特点，项目部经过经济技术比较，确定本标段工程的甲供材交货站设在黔西南自治州火车站；项目部所在地设在黔西南自治州，交通便利，负责本工程全线路的项目施工管理；项目中心材料站设在黔西南自治州，按照中国南方电网公司标准化建设要求，建立一座面积在 $20000\mathrm{m}^2$ 以上的中心材料站以便于管理和材料设备储存，此材料站交通较便利，货物运输可通过国道和县乡公路来完成，本工程基础钢筋采取工厂化（集中）加工、配送。

（四）架线施工布置

根据张力架线施工流水作业的特点，采用的施工组织方式稍有不同，控制段已不存在，只有分工专业的不同；原基础、组塔施工机构驻点分别为施工准备、张力放线以及紧线与附件安装的专业施工队驻扎。

根据交通及地形情况，准确合理地选择布置牵张场地。

1. 控制段选择依据

本标段工程线路长度为 66.359km，共有铁塔 107 基。按照张力架线有关规程要求，本标段工程共设立 9 个放线区段。

2. 牵张场的选择

本标段工程的牵张场地待工程正式施工时项目部根据现场的终勘情况进行准确选择，施工平面图上表示的是拟选牵张场地的大概位置。

（五）通信设施布置

（1）经过现场调查，本工程大部分地段移动通信设备通信信号较好，因此将使用移动电话作为施工管理和日常联络的主要方式，但在现场施工管理必要时使用报话机。公司还将采用有线电话作为项目部和施工队之间的一种通信方式。对于不具备安装有线电话的施工队以及施工队与施工现场之间的联系，将采用大功率专用通信设备，以保证正常管理和施工。

（2）项目部、材料站、施工队配备固定电话、传真等现代化的通信工具，项目部领导、管理人员、施工队长、协作队伍队负责人等主要人员配备手机，确保通信联络的畅通无阻和图文、声讯信息随时传递的可靠性、连续性和高速性。

（3）项目部、材料站固定电话、传真应设专人值班看守，并要求做好通信记录，有关信息随时进行反馈。

（4）项目部开通 INTERNRT 网络连接，注册登记专用的 E-mail 地址，建立与公司本部及业主、监理的远程登录系统功能，实现远程数据的传输，保障工程项目与业主、监理、公司本部等单位的图文信息传递。

（5）开工前，项目部固定电话、传真、通信地址、电子信箱、项目部主要人员的联系电话及联系方式抄送业主、监理、设计、供货厂家等相关单位。通信设施布置详见施工总平面布置图。

二、工地管理方案与制度

（一）工地管理方案

本工程工地管理执行国家、地方有关法规，业主单位和新疆送变电工程公司项目管理办法的规定，施工现场和临时占地范围内秩序井然，文明安全，环境得到保持，绿地树木不被破坏，交通畅通，文物得以保存，防火设施完备，居民不被干扰，场容和环境卫生均符合要求，达到中国南方电网基建"7S"管理相关要求。

为了达到本工程中国南方电网基建"7S"管理工地管理的总体要求，须采取以下管理措施：

（1）主管挂帅，即公司和项目部均成立主要领导挂帅、各部门主要负责人参加的工地管理领导小组，并把本工程项目纳入到我公司的现场管理组织体系进行管理。

（2）系统把关，即公司和项目部相关部门联合对工地的管理进行分口负责，每月组织检查，发现问题及时整改。

（3）普遍检查，即对工地管理的检查内容，按照"达标投产"及国家优质工程的要求，逐项检查，并填写检查报告，评定管理先进单位。

（4）建章建制，即建立工地管理的规章制度和实施办法，按章办事，不得违背。

（5）责任到人，即管理责任要明确到部门、施工队，而且要明确到人，并形成责任追究制度。

（6）落实整改，即对各种问题，一旦发现，必须采取措施纠正，避免再度发生。无论什么部门或个人，决不姑息迁就，必须整改落实。

（7）严明奖惩。如果在工地管理中成绩突出，要按奖惩办法予以适当奖励；如果存在问题，要按规定给予必要的处罚。

（8）遵守法律、规章制度。

1）施工中应遵守所有与工程施工、完成工程及保修有关的由国家或省颁布的法律、法规或其他相应的规章制度。

2）其财产或权利受到或可能受到该工程任何方式影响的公共团体和公司的规章制度。施工单位应使发包方免于受到有关破坏这些规定的所有处罚及承担有关这方面的责任。

（9）妥善处理化石、文物等物品，确保国家财产不受损失。

（10）在工地应遵守安全、文明施工的规章制度，保持良好的施工秩序，避免发生人身伤亡事故。

（11）在施工现场及驻地合理地布置照明、护栏、围墙、警告标志，施工期间设专人看管现场，做好现场的治安保卫工作。

（12）做好现场预防自然灾害措施，及时清理施工垃圾和多余材料，保持工地清洁。

（13）采取措施，避免对运输道路、桥梁的损坏，确保施工交通的畅通。

（14）采取一切合理措施，保护工地和周围的环境，避免污染、噪声或由于其施工方法的不当造成对周围人员和财产等的危害和干扰。

（15）合理配置消防设施，确保工地、人员、车辆、材料及工器具等的消防安全。

（16）严格按审批的范围进行场地的准备、树木砍伐及占用工地，不得随意扩大工地的使用范围。

（二）工地管理制度

在施工前，应根据施工现场的具体特点，制订工地规则及各类规章制度，工地规则应包括但不限于表 2-10-4-1 中内容。

表 2 - 10 - 4 - 1　　　　　　　　　　　工 地 管 理 制 度 表

序号	分类	管理制度名称	制度简述或作用	责任部门
1	人员	工地出入管理制度	—	办公室
		安全保卫制度	—	办公室
		文明施工管理制度	—	办公室
		夜间值班制度	材料站、工地等设打更人员	办公室
		安全用电管理办法	—	办公室
		非工作时间外出审批制度	—	办公室
2	机械	车辆交通管理制度	—	运输队
		大型车辆限定制度	规定大型机械的施工地点及行进路线，避免破坏道路	运输队
		大型机械工作限时制度	防止噪声污染，影响附近居民正常休息	物资供应部
3	材料	材料堆放集中管理制度	减少占地，或对周围环境形成污染	物资供应部
		爆炸性、可燃性材料领用审批制度	对于炸药、燃油等危险性材料实行严格管理	物资供应部
4	环境	环境保护管理制度	减少对环境的污染	工程部
		卫生防疫管理制度	—	医务室
		防火、防盗、防汛方案	—	工程部
		基础回填修整、植被制度	减少对植被的破坏	工程部
5	其他	地下埋藏物品立即上报制度	加强对文物的保护	办公室

第五节　施工方法与资源需求计划

一、劳动力需求计划及计划投入的施工队伍

（一）劳动力需求计划

1. 施工力量配备

（1）根据本工程施工总工期的要求、设计图纸的交付时间及工程的综合施工进度，计划投入本标段的施工力量见表 2 - 10 - 5 - 1。

（2）土石方及基础工程。土石方及基础工程投入 2 个施工队。每个施工队下分 4 个作业组，共 8 个作业组。每个作业组技工 6 人左右，普工 25 人左右，在土石方及基础工程共投入技工 42 人，普工 200 人。其中不含材料加工人员和机械运输队的施工人员。

（3）铁塔组立工程。铁塔组立工程投入 2 个施工队，每个施工队下分 4 个作业组，共 8 个作业组。每个作业组技工 8 人，普工 30 人左右，在铁塔组立工程共投入技工 64 人，普工 240 人。

表 2 - 10 - 5 - 1　　　　　　　　　　施工队劳动力安排计划表

工 程 项 目				前期准备	基础工程	铁塔工程	架线工程	竣工验收及移交	备注
施工队数/队				2	2	2	1	1	
人员配置/人	技工	技术人员	施工队长	2	2	2	1	1	
			施工组长	8	8	8	2		
			技术员	8	8	8	4	1	
			质检员	2	8	8	2	2	
			安全员	2	8	8	6	1	
			其他				3	2	
		特殊工种	测工	4	8	8	4	1	
			焊工		8			1	
			压接工				8	1	
			电工		8				
			机械工		8	8	10		
			高空作业			40	80	30	
		技工合计		26	66	90	120	40	
	普工			20	240	200	150	20	
	技工、普工合计			46	306	290	270	60	

（4）架线工程。架线施工时按施工工序的特点及施工人员的技术特长，将由公司专业的架线施工队进行架线，架线队下分6个作业组。架线队技工平均120人左右，普工平均150人左右。并根据各工序的特点搭配施工力量。

（5）施工过程中在材料站还将投入10人进行材料管理，1个30人的机械运输队。

（6）每个施工队的人员由两部分组成：一部分是本公司职工组成的建制人员（主要包括施工队队长、技术员、测工、质检员、安全员、焊工、机械工等特殊工种），另一部分为长期配合的固定协作队伍队和合同工。特殊工种人员必须有相关部门颁发的操作证。所有人员在进入现场前必须进行相关的培训、考试，合格后方可上岗。

（7）投入本标段的施工力量按工程进展需要分阶段配置。

2. 投入本标段施工的技术力量

施工技术力量安排计划见表2-10-5-2。

表2-10-5-2　施工技术力量安排计划表　单位：人

序号	工程项目	技术人员	特 殊 工 种					
			测工	焊工	压接工	电工	机械工	高空
1	前期准备	20	4					
2	基础工程	76	8	8		8	8	
3	杆塔工程	140	8				8	40
4	架线工程	120	4	1	4		10	80
5	竣工验收及移交	40	1	1	1			30

（二）计划投入的施工队伍

本工程的项目经理部将主要由参加过±800kV输电线路施工的精干人员组建。上述人员近年来多次进行特高压送电线路施工管理，善于进行地势条件复杂、跨越频繁的线路施工。

根据工程量及工期要求，本工程计划组建三个施工队，负责全线基础施工、铁塔组立及导地线架设，一个运输队。基础和组塔施工每个施工队根据工程量情况可以分成三个作业班组。

（三）拟分包单位要求

（1）公司分包管理遵循"统一准入、全面管理、过程控制、严格考核、谁发包谁负责"的原则，对分包队伍的准入条件进行统一，全面全方位对分包管理进行动态过程管控，实行严格考核，确保落实发包单位的分包责任。

（2）专业分包商应具有国家住建部及所属部门颁发的相应资质，委派的分包负责人具有相应资格和同类工程的施工业绩。其中本工程基础分包单位必须具有地基与基础工程专业承包一级及以上资质。

（3）劳务分包单位必须具有电力工程施工总承包或送变电工程专业承包二级及以上资质。

（4）工程项目开工报审前，施工项目部根据施工承包合同的约定向监理、业主项目部提出项目施工拟分包计划申请，明确分包范围、分包性质、拟分包工程总价。

（5）施工承包商根据批准的分包计划，在合格分包商名录中择优选择拟分包工程的分包商。施工项目部不得自行招用分包商。

1）施工项目部提出分包申请，将拟选用的分包商、分包商主要人员和资格证书、拟签订的分包合同、安全协议等报监理项目部。

2）监理项目部结合工程特点审查分包申请，报业主项目部批准。

3）施工承包商与经批准的分包商签订分包合同、安全协议，报监理、业主项目部备案。

二、施工方法及主施工机具选择

根据工程资料和历年施工经验的基础上以及对现场进行调查、研究、分析、论证后形成最佳施工方案，列入《施工作业指导书》和《专项施工方案》。

（一）基础施工方法与主施工机械选择

1. 线路复测施工方法与主施工机械选择

线路复测施工方法与主施工机械选择见表2-10-5-3。

表2-10-5-3　线路复测施工方法与主施工机械选择

序号	施工项目	施 工 方 法	主要施工机具选择
1	直线方向	两点间定线法，延长直线法等	全站仪
2	转角角度	采用全站仪和经纬仪用测回法或方向法进行测量	经纬仪、全站仪
3	水平距离	一般地段采用经纬仪视距法测量，跨越挡采用全站仪进行测距	全站仪
4	高程	采用三角高程测量的方法进行高程测量和计算	全站仪
5	不通视情况下的复测	采用等腰三角形法、矩形法、任意辅助桩法进行复测。特殊情况下根据设计提供的塔位中心桩坐标，采用GPS定位系统进行坐标复核	全站仪 GPS定位系统
6	交叉跨越物	采用经纬仪综合测量的方法进行复测	经纬仪 测高仪
7	地形凸起点高程	用经纬仪和塔尺按三角高程测量的方法进行综合测量	经纬仪
8	危险点及风偏	用经纬仪和塔尺按三角高程测量的方法进行综合测量	经纬仪

注　线路复测必须执行国家标准的有关规定，测量中要进行往返观测或多次复测进行相互校核，以免出错。误差必须满足验收规范的标准要求。

2. 一般基础工程的施工方法与主要施工机械选择

（1）工地运输施工方法与施工机械见表2－10－5－4。

（2）土石方工程施工方法与施工机械见表2－10－5－5。

（3）普通现浇基础施工方法与施工机械见表2－10－5－6。

3. 施工方法与措施

（1）基面处理及基础保护。根据设计、业主和社会对环境保护要求，结合本工程所在地的生态环境特点，公司在本工程施工中将加大"基面土处理、基础

保护、植被恢复、防止水土流失"等工作力度，坚持"预防为主、保护优先"的环保方针，坚决遏制新的人为生态破坏。并确保设计要求的各项环保措施得到高质量完成。

1）按设计要求施工排水沟、护坡（面）、挡土墙及保坎。每基塔位或单个塔腿严格按设计要求做成龟背形或斜面，恢复自然排水，对可能出现的汇水面、积水塔位修砌排水沟，并保证基础辅助设施施工工艺质量和外形美观。

表2－10－5－4　　　　工地运输施工方法与施工机械

作业内容	主作业机械选择	施工方法	适用范围	备注
装卸	斗式装载机	装载机装车	车运砂、石等材料	
	汽车吊车	吊车装、卸车	车运成捆塔材、线轴等捆装大件材料	
汽车运输	载重汽车	机械装、汽车运、自卸或机械卸	有公路或可行汽车的乡路	
二次转运	索道、履带式运输车	人力机械装卸	在丘陵、山区	
人力运输	人力	人力抬、扛、挑、推	基础材料及重量500kg以下的工器具等，地形不限	必要时修路

表2－10－5－5　　　　土石方工程施工方法与施工机械

作业内容	主作业机械选择	施工方法	适用范围	备注
人工挖孔桩土方开挖	辘轳	人工和机械掏挖，辘轳出土	无地下水、坚土、使用人工挖孔桩基础	
坑壁稳定		坑壁放坡，护筒、个别坑必要时用挡土板，混凝土方沉井	泥水坑、砂土地基处	
其他土方		人工为主、有条件时机械挖方		接地、风偏、基面等

表2－10－5－6　　　　普通现浇基础施工方法与施工机械

作业内容	主作业机械选择	施工方法	适用范围	备注
模板	标准钢模板与专用立柱模板	人工拼装、支撑	普遍适用	
钢筋	切断机、弯曲机、电焊机	集中加工、现场安装、绑扎法	普遍适用	
地脚螺栓找正	样板、经纬仪	样板支承，极坐标法找正，直角坐标法和四腿通测校核	普遍适用	
混凝土浇制	集中搅拌、商混、搅拌机、振捣器、大型机械无法到达的地方采用搅拌机搅拌	集中搅拌采用机械搅拌（搅拌站）和车辆运输；人工上料、出料、机械搅拌、振捣	普遍适用	
养护		浇水或涂氧化剂，雨季、冬季大棚覆盖	普遍适用	
回填土	打夯机	人工回填、人工夯实	普遍适用	含接地
接地安装	接地表	人工敷设、人工测量	普遍适用	

2）降基及基坑开挖多余的土石方，应运转到塔位附近对环境影响最小且不影响农田耕作、不易出现水土流失的地方堆放，对施工中无法避免破坏的植被，要采取恢复措施，防止水土流失。

3）基坑回填采用人工回填，回填土按每300mm分层夯实，并应有相当坑口面积高出地面300mm的防沉层。

（2）人工挖孔桩基础开挖。掏挖基坑的施工难点在

于施工操作面狭窄，以及人、工具和土方上下不便利、岩土坚硬不利于挖掘。其主要技术控制环节在于掏挖基坑的深度、半径、中心位置和扩底形状等，必须满足设计要求。

（3）采用混凝土护壁的掏挖方法。人工挖孔桩基础如果需要护壁的，可根据地质情况确定，每层护壁高度一般不大于 1m，以保证安全为原则，护壁采用与浇筑混凝土相同配合比的混凝土进行护壁。

1）坑口处理。根据放样开挖孔口，孔口是施工的唯一进出口，设置内外模板，如图 2-10-5-1 所示。孔口上部设置基础掏挖直径为相同的护筒，护筒外围黏土密实回填。护筒为钢板制作，板厚为 10mm，筒的孔口高出地面 0.2m，以防止雨水和杂物等落入孔内。孔口用"十字"控制线定位，并复检后固定。

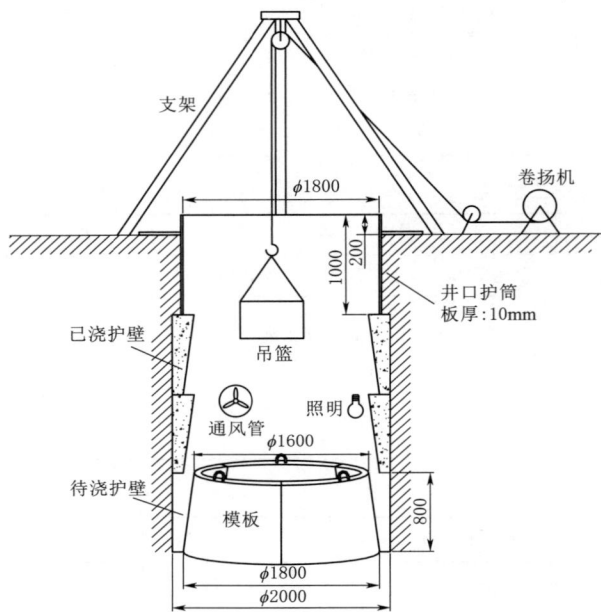

图 2-10-5-1　护壁施工措施（单位：mm）

2）成孔掏挖施工。施工时采用人工逐层掏挖，每层深 0.8m。掏挖时采用人工开挖方式，如遇岩石地质则采用风镐或凿岩机辅助作业，不允许爆破施工，坑底出土采用专用吊桶提升，坑口 3m 以内不得堆放弃土和工器具等杂物。掏挖时每段要检查成孔的竖直度和偏移一次，孔中心偏差控制在 10mm 以内，超差时要及时纠正。孔深掏挖至 8m 以上时，要设置通风、照明设备，上下联系使用对讲机。挖至底部时再按设计扩桩头。

3）混凝土护壁浇筑施工。混凝土护壁采取边挖边浇，逐层向下浇筑的方法。每层护壁高度为 1m，洞口上部壁厚 0.15m，洞口下部壁厚 0.1m，人工挖孔直径比设计基础直径大 0.15m。护壁混凝土采用 C25 混凝土，应捣鼓密实。钢筋选用 ϕ8 的 HPB300 级钢筋，呈网状排列。混凝土达设计强度时方可拆模，进行下一层的掏挖和护壁浇筑。

（二）铁塔组立施工方法与主施工机械选择

1. ±800kV 线路铁塔组立方案

（1）由于 800kV 直线塔的主要特点是横担长、重量重。但 T 字形加仰角的铁塔结构比较紧凑集中，组塔方法相对简单。根据国家电网公司架空送电线路铁塔组立施工工艺导则的规定，经过验算，本工程铁塔组立抱杆主要选择 700mm×700mm×32m 外拉线悬浮钢抱杆分解组立（个别塔基为特殊地形、临近带电线路等塔基，将根据实际情况编制专项施工方案，具体方案详见专项施工方案）。该抱杆在 32m 高度下，倾斜 5°～10° 时，最大起吊重量为 5t。该抱杆从起吊高度、起吊重量、安全可靠性等方面均能满足本工程铁塔组立的要求。

（2）700mm×700mm×32m 外拉线悬浮抱杆主要技术参数见表 2-10-5-7。

表 2-10-5-7　抱杆技术参数

参数	类别	钢 抱 杆
断面尺寸/mm		钢抱杆大端为 700×700 断面
		钢抱杆小端为 400×400 断面
主材规格/mm		∠70×70×8
斜材规格/mm		∠56×56×4
抱杆高度/m		32
抱杆允许中心受压负荷（5 倍安全系数）/kN		128
最大允许起吊负荷/t		5

2. 700mm×700mm×32m 断面外拉线悬浮抱杆组塔

外拉线悬浮抱杆立塔示意图如图 2-10-5-2 所示。

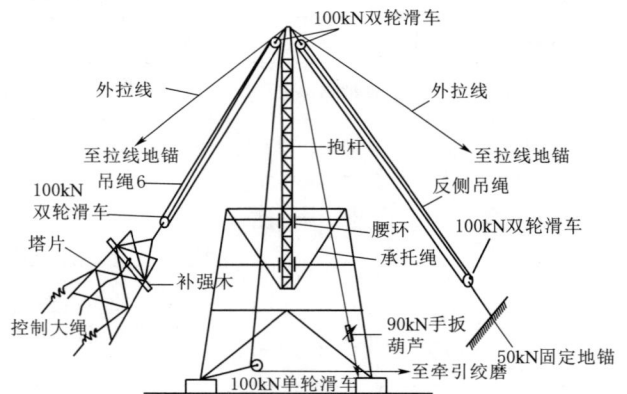

图 2-10-5-2　外拉线悬浮抱杆立塔示意图

3. 工艺流程

内悬浮外拉线抱杆分解组塔工艺流程如图 2-10-5-3 所示。

4. 铁塔组立的方法

铁塔组立的方法见表 2-10-5-8。

5. 主要工艺

（1）抱杆组立。

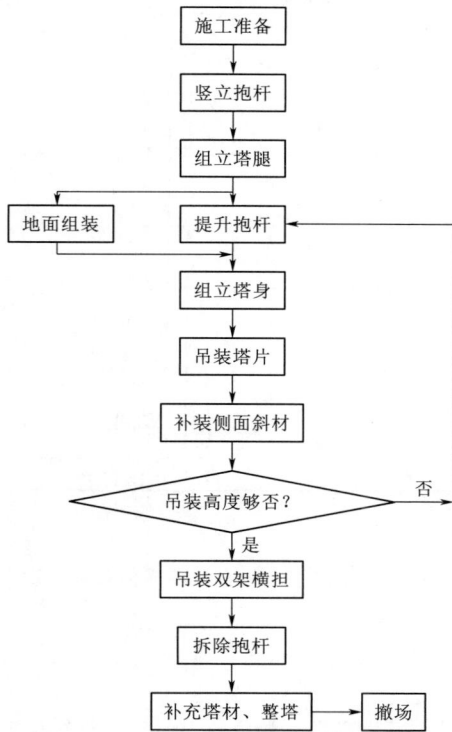

图 2-10-5-3　内悬浮外拉线抱杆分解
组塔工艺流程图

1）地形条件许可时，采用倒落式人字抱杆将抱杆整体组立。

2）地形条件不许可时，先利用小型倒落式人字抱杆整体组立抱杆上段，再利用抱杆上段将铁塔组立到一定高度，然后采用倒装提升方式，在抱杆下部接装抱杆其余各段，直至全部抱杆组装完成。

（2）塔腿吊装。

1）根据塔腿重量、根开、主材长度、场地条件等，可以采用单根吊装或分片组立方法安装塔腿。

2）分片组立塔腿时，抱杆和其他工器具应按整体组立铁塔施工进行计算。

3）塔腿组立时应选择合理的吊点位置，必要时在吊点处采取补强措施。

4）单根主材或塔片组立完成后，应马上安装并固定好地脚螺栓或接头包铁螺栓并打好临时拉线。

（3）提升抱杆。

1）铁塔组立到一定高度，塔材全部安装齐全紧固螺栓后即可提升抱杆。由于抱杆较重，应采用两套平衡滑车组进行提升。抱杆提升现场布置如图 2-10-5-4 所示。

2）提升过程中应设置两道腰环，腰环拉绳收紧并固定在四边的主材上，两道腰环的间距不得小于 6m。抱杆高出已组塔身的高度，应满足待吊段的顺利就位。外拉线未受力前，不应松腰环；外拉线受力后，腰环应呈现松弛状态。

表 2-10-5-8　　　　　　　　　　　铁 塔 组 立 的 方 法

选用的组塔方法	组塔条件	选用的组塔方法
	开阔地区	外拉线内悬浮抱杆分解组塔法

组塔抱杆	采用 700mm×700mm×32m 内悬浮外拉线钢抱杆分解组立，允许起吊重量 5t，抱杆允许倾斜不超过 5°~10°。抱杆的高度根据不同的塔型选取不同的高度		
	作业内容	施 工 方 法	备注
选用的施工方法	抱杆组立	地形条件许可时，采用倒落式人字抱杆进行起立，一次整体起立；地形条件不许可时，先利用小型倒落式人字抱杆整体组立抱杆上段，再利用抱杆上段将铁塔组立到一定高度，然后采用倒装提升方式，在抱杆下部接装抱杆其余各段	
	吊段地面组装	正面分段成片组成结构，侧面斜材带装于正面结构上（只用一个螺栓松带）	相应的吊点 U 形套使用 3t 或 5t 吊装带，防止塔件锌层破坏
	塔身吊装	铁塔塔身采用分片吊装，按吊段进行地面组装，吊至塔上合拢。待塔身吊装完毕后，再吊装横担	
	抱杆提升	用提升系统提升。外拉线时用拉线调控抱杆，使正直上升；内拉线时用腰环控制抱杆正直	
	塔头吊装	抱杆起吊重量允许的情况下，直线塔塔头部分采取整体吊装。耐张塔导线横担利用地线支架进行整体吊装。吊装时，将地线支架利用抱杆本体进行补强	
	抱杆拆除	用塔顶作支承点，从塔身内将抱杆送至地面拆除	
	隔材安装	零散传送，塔上组装	
	螺栓紧固	采取人工紧固和电动扳手紧固相结合的方法	电动扳手

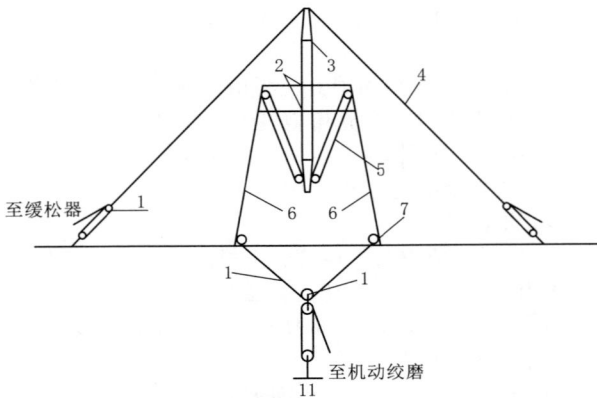

图 2-10-5-4　抱杆提升现场布置图

1—拉线调节滑车组；2—腰环；3—抱杆；4—抱杆拉线；
5—提升滑车组；6—已立塔身；7—转向滑车；8—牵引绳；
9—平衡滑车；10—牵引滑车组；11—地锚

3）在塔身两对角处各挂上一套提升滑车组，滑车组的下端与抱杆下部的挂板相连，将两套滑车组牵引绳通过各自塔腿上的转向滑车引入地面上的平衡滑车，相互连接，平衡滑车与地面滑车组相连，利用地面滑车组以"2变1"方式进行平衡提升，提升时依靠两道腰环及顶部落地拉线控制抱杆。

4）抱杆提升过程中，应设专人对腰环和抱杆进行监护；随抱杆的提升，应同步缓慢放松拉线，使抱杆始终保持竖直状态。

5）抱杆提升到预定高度后，将承托绳固定在主材节点的上方或预留孔处。

6）抱杆固定后，收紧拉线，调整腰环使腰环呈松弛状态。调整抱杆的倾斜角度，使其顶端定滑车位于被吊构件就位后的结构中心的垂直上方。

（4）塔身吊装。

1）塔身吊装时，抱杆应适度向吊件侧倾斜，但倾斜角度不宜超过10°，以使抱杆、拉线、控制系统及牵引系统的受力更为合理。

2）在吊件上绑扎好倒 V 形吊点绳，吊点绳绑扎点应在吊件重心以上的主材节点处，若绑扎点在重心附近时，应采取防止吊件倾覆的措施。

3）V 形吊点绳应由 2 根等长的钢丝绳通过卸扣连接，两吊点绳之间的夹角不得大于120°。

（5）横担吊装。

1）直线塔横担吊装。直线塔的横担长度为40～46m，塔头断面尺寸约为3.4～4.8m，可以采用前后分片吊装或左右分段吊装。采用前后分片吊装时，塔头整体稳定性差，且横担补强工作量大，但组装工作简单安全，在地面只组一个平面。一般情况下，建议采用分段吊装。左右分段吊装。左右分段吊装横担在地面的组装工作量大。

a.左右分段吊装。

a）吊装横担的现场布置，如图2-10-5-5所示。

b）吊装绳在横担上的绑扎点位置。吊点距横担端头距离约为横担长度的1/3。当横担吊离地面时，横担端头

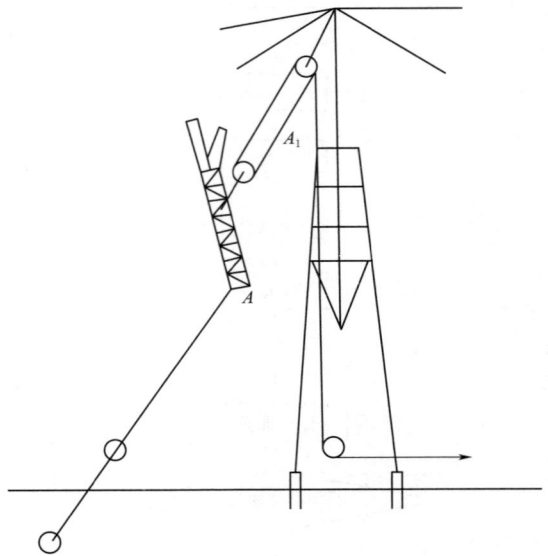

图 2-10-5-5　竖直吊装横担布置示意

朝上近似呈竖直状态。

c）控制绳使横担与塔身始终保持 0.3～0.5m 的间距。

d）横担下端吊高至就位状态时，先将横担上平面的 A 点对准塔头上平面的 A_1 点，各安装一颗螺栓，戴上螺帽但不要拧太紧。

e）利用 AA_1 螺栓作为回转支点，缓慢松出绞磨绳，使横担向下旋转，如图 2-10-5-6 所示。

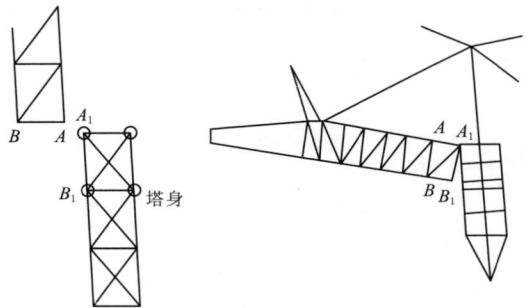

图 2-10-5-6　横担就位状态示意图

f）当横担接近水平状态时，应将横担下平面的 B 孔对准塔头下平面相应的 B_1，安装螺栓。

g）当横担呈水平状态时，将横担与塔头间的连接螺栓全部安装并拧紧。螺栓未全部安装前不应将螺栓拧紧。

h）如果横担与塔头间连接螺栓对孔不准时，允许利用起吊滑车组协助对孔，但不得强行硬拉，应查明原因后再进行对孔。

i）吊装横担前，应将根部采用绑扎圆木或圆管进行适当补强，以防止起吊过程中横担根部变形。

b.前后分片吊装。

a）分片吊装横担时，横担的补强如图2-10-5-7所示。

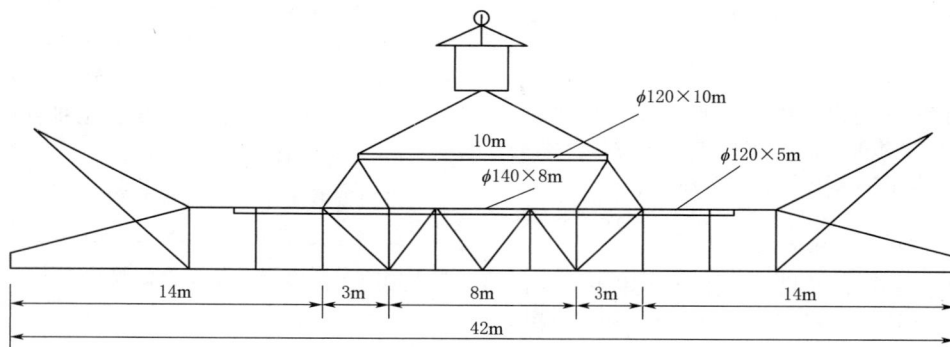

图 2-10-5-7 分片吊装横担补强示意图

b) 横担在地面组装一个完整的侧面（垂直线路方向的侧面），两侧面间的连接辅材根据横担的自重情况应适当带上，每端不应少于 2 根，以便两侧面间的连接。

c) 横担吊离地面时，应注意观察横担有无变形。吊离地面后，横担应基本呈水平状态向上提升。

d) 横担吊至设计位置后应停止牵引，按先低后高的顺序就位。一侧主材就位后再就位另一侧，严禁强拉硬拽。

e) 当一侧横担就位后，应将顺线路方向塔头主材间的辅材连接，以保持横担的稳定。只有当横担结构完全处于稳定状态时，方准拆除起吊绳索和补强钢管。

f) 当一侧横担就位后，应及时将前后面间辅材连接并拧紧螺栓。

2) 转角塔横担的吊装。

a. 地线横担的吊装。本标段涉及耐张塔地线横担长度为 29.8～30.8m，因此，可以用吊装直线塔导线横担的方法吊装耐张塔地线横担。

b. 导线横担的吊装。本标段耐张塔导线横担长度为 45m，单侧长约 20m，可以利用地线横担分片或分段吊装。

a) 起吊滑车组采用 100kN 走二走二滑车组，最大吊重不得超过 50kN。

b) 横担应组装在地线横担的垂直下方。

c) 绑扎横担的吊点绳用 2 条等长的 ϕ17.5 钢丝绳，在横担上平面绑扎 4 点，当横担吊离地面后应呈水平状态。

d) 在起吊过程中，横担任一处靠塔身端应与塔身保持 0.5m 左右的间距，严防被塔身挂住。

e) 横担接近设计位置时应暂停牵引，使横担的塔身端与塔身对应螺孔对准，穿入螺栓，待全部就、连接螺栓穿上后再逐一拧紧。

f) 一侧横担安装后，再经抱杆顶滑车将吊装导线横担的滑车组移动到另一侧地线横担悬挂，为另一侧横担的吊装做好准备。

(6) 抱杆拆除。铁塔吊装完毕后，便可进行抱杆的拆除工作，抱杆的拆除可利用专用提升抱杆牵引绳进行降落，降落抱杆的方法与提升抱杆的方法相似，在塔头顶部挂一只 30kN 单轮滑车（开口）在抱杆底部倒挂一只 30kN 单滑车。将提升钢丝绳（ϕ13.5）一端绑扎在塔头顶部与单滑车相对应的节点处，另一端经抱杆底部滑车、塔头部滑车后引至地面处的地滑车，直至绞磨，如图 2-10-5-8 所示。使用专用提升抱杆牵引绳应注意以下几点：

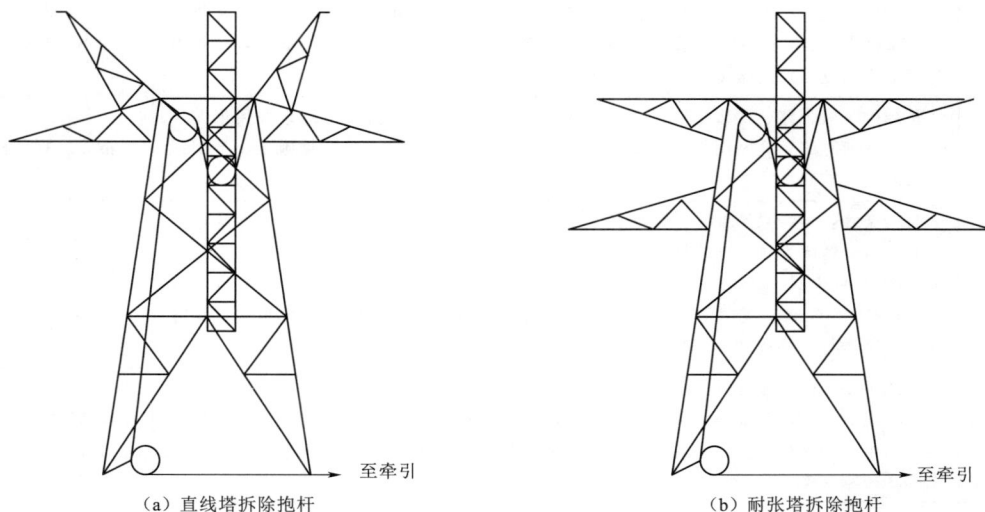

图 2-10-5-8 抱杆拆除示意图

1）将起吊构件的两起吊钢绳，从牵引设备侧向塔位抽回适当长度。

2）抱杆上端适当位置连接一滑车，将提升抱杆牵引绳的一端固定连接在塔身最上端，该牵引绳分别经过对称布置在塔身最上端对角线的滑车、连接在抱杆上端的滑车、塔脚处的地滑车、直至牵引设备。

3）抱杆提起一点后，应及时拆除承托钢绳、拉线、起吊滑车组、腰环，然后缓缓下落。

4）抱杆落地后一节节拆除，抱杆每次拆卸长度以8m（2段）为宜，在待拆下段与上段抱杆对接处都应用白棕绳加以固定，拆除抱杆对接处螺栓后要留一只脱帽螺栓在孔内，操作人员离开后再行牵引，在抱杆下8m段脱离抱杆上段后用白棕绳拉开，放平后再循环上述过程。

（三）架线施工方法与主施工机械选择

1. 张力架线施工工艺流程

张力架线施工工艺流程如图2-10-5-9所示。

2. 架线及附件安装施工方法

架线及附件安装施工方法见表2-10-5-9。

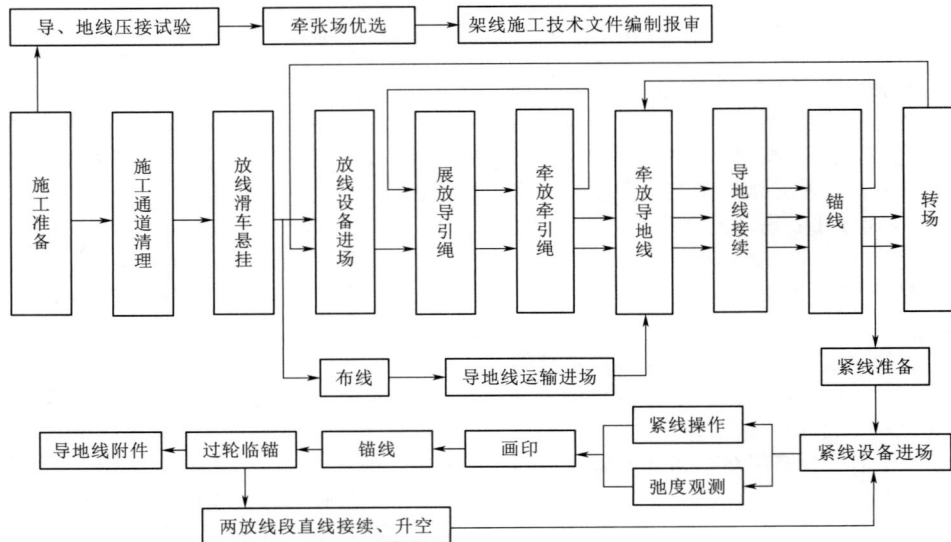

图2-10-5-9　张力架线施工工艺流程

表2-10-5-9　架线及附件安装施工方法

序号	施工项目	施 工 方 法	主要施工机具选择
1	牵张场选取	架线施工前结合图纸及现场情况进行优选。张力架线应考虑导线过滑车次数不宜过多，否则会影响导线的放线质量，放线段长度一般应控制在6～8km以内，过滑车个数控制在20个以内	
2	跨越电力线施工	本标段跨越的10kV及以下电力线采取搭设木质跨越架进行带电跨越施工；当跨越35kV及以上电力线优先采用停电跨越的方式进行施工，若无法停电时，按带电跨越的方法进行跨越施工	LDK-40型带电跨越架
3	其他跨越物	跨越的一般公路、等级公路、通信线等利用脚手杆或钢管搭设跨越架并用尼龙网封顶进行跨越施工；利用脚手杆或钢管分段搭设简易跨越架进行跨越施工。导引绳展放时先展放轻型引绳，然后利用引绳牵引导引绳，尽量减少青苗赔偿的损失	钢管、脚手杆
4	导地线展放方法	张力架线：导线采用2×"一牵四"张力同步展放的放线方式，即采用2台牵引机和4台二线张力机，同步展放八根子导线。展放方法为：用无人机展放φ4迪尼玛绳-φ10迪尼玛绳-φ16导引绳-φ28牵引绳，然后φ28牵引绳"一牵四"展导线。地线采用一牵一方式进行张力架线，牵引绳采用φ16。展放时按先地线，后导线的原则进行。导线和地线采用同场展放	250牵引机 SAZ-65×2张力机 SAQ-75牵引机 SAZ-40×2张力机
5	放线滑车悬挂	地线采用HC1-φ822×110mm单轮尼龙放线滑车，并与其金具串的合适金具相连接。导线采用HC9-φ916×110mm五轮挂胶放线滑车，放线滑车与导线绝缘子串上的合适金具相连接或采用其他方法悬挂，耐张塔采用定长索具悬挂双滑车，两滑车之间采用刚性连接	HC1-φ822×110单轮挂胶放线滑车 HC9-φ916×110五轮挂胶放线滑车
6	导引绳展放	采用无人机展放导引绳	φ4、φ10、φ16导引绳

序号	施工项目	施 工 方 法	主要施工机具选择
7	紧线	导地线采取直线塔紧线，耐张塔高空断线，平衡挂线方式；断线、压接均在高空作业平台上进行；弛度观测以平行四边形法为主，角度法为辅	5t 液压绞磨
8	附件	附件提升使用八套二线提线器，利用铁塔施工眼孔双侧起吊，以防止横担头受扭；附件前在耐张段内每基铁塔上同时对导地线划印，按连续倾斜档的让线值计算软件程序进行让线值计算，并按让线值进行让线安装	二线提线器
9	间隔棒安装	利用作业人员在高空导线上测距，高空安装间隔棒和相间间隔棒	
10	导地线连接	全部采用液压连接的方法，直线接续管采取张力场集中压接，耐张管采取空中压接	200t 液压机

3. 放线施工方案及工器具选择

(1) 导线用 8×JL/G2A-900/75 钢芯铝绞线，地线采用 JLB20A-150 铝包钢绞线和 OPGW-150 复合光缆。

(2) 放线方式的选择。牵引机出口牵引力是放线过程中出现的牵引机的最大牵引力，用于核算牵引机能力；牵引绳力是计算区段中在牵引绳上出现的最大张力，用于核算牵引绳强度；因为高差的关系，牵引绳最大张力要高于牵引机出口牵引力。如果使用 2×"一牵四"张力同步展放导线，牵引绳最大瞬时牵引力达 572.58kN，

需购置用大吨位牵引机和破断力 756kN 牵引绳，使用 2×"一牵四"张力放线，工艺成熟，有现成放线工器具，故本工程使用 2×"一牵四"张力同步展放导线的放线工艺。故本工程的采用 2×"一牵四"张力同步展放导线的放线方式，选择 ϕ28 的牵引绳牵引导线，通过 ϕ16 的导引绳和配套的连接工具作为辅助传递。

(3) 主要工具、机械的选择见表 2-10-5-10～表 2-10-5-16。

(4) 架线施工流程如图 2-10-5-10 所示。

表 2-10-5-10　　　　　　　　　导、地牵引绳、导引绳选择计算表

序号	内容	公式/要求	说 明	参数选择及计算结果	实际选用	判别
1	主牵引绳选择	主牵引绳破断力 $Q_P \geqslant K_{qm}T_P$	K_q—牵引绳规格系数，展放钢芯铝绞线时 $K_q=0.6$；m—同时牵放子导线的根数；T_P—被牵放导线保证计算拉断力，N	$m=3$，$T_P=313.35kN$，按 6×JL1X1/G3A-900/70 导线额定抗拉力 289.18kN，取 85%。0.6mT_P=442.45kN	六方 28mm 牵引绳 $Q_P=520kN$	牵引绳额定破断力满足要求
2	导引绳选择	导引绳破断力 $P_P \geqslant Q_P/4$	Q_P—主牵引绳破断力，kN	$Q_P=479kN$，为 28mm 牵引绳参数。$Q_P/4=119.75kN$ 1.1×119.75kN=143.7kN	选择六方 16mm 导引绳 $Q_P=158kN$	导引绳额定破断力满足要求
3	地线牵引绳选择	主牵引绳破断力 $Q_P \geqslant K_{qm}T_P$	K_q—牵引绳规格系数，展放钢芯铝绞线时 $K_q=0.6$；m—同时牵放子导线的根数；T_P—被牵放导线保证计算拉断力，N	$m=1$，$T_P=178.57kN$，按 LBGJ-150-20AC 地线额定抗拉力 178.57kN，取 95%。0.6mT_P=101.78kN	选择 六方 16mm 导引绳 $Q_P=158kN$	牵引绳额定破断力满足要求

表 2-10-5-11　　　　　　　　　　主张牵设备选择计算表

内容	公式/要求	说 明	参数选择及计算结果	实际选用	判 别
主牵引机选择	额定牵引力 $P \geqslant mK_PT_P$	m—同时牵放子导线的根数；K_P—选择主牵引机额定牵引力的系数，$K_P=0.20\sim0.30$；T_P—被牵放导线的保证计算拉断力，kN	$m=3$，$K_P=0.25$，$T_P=289.18kN$ 按 JL1X1/G3A-900/70 导线参数。$mK_PT_P=216.9kN$ 不平衡系数 =1.1 时，216.9×1.1=238.6（kN）	牵引机（25t），250kN＞238.6kN 满足要求	额定牵引力及鼓轮直径均满足要求，且自带钢绳卷车
	鼓轮直径 $D \geqslant$ 牵引绳直径 25 倍		牵引绳直径 28mm，要求不小于 700mm	选择牵引机 $D=960mm$	
	牵引钢绳卷车要求			牵引机具有一体的液压钢绳卷车	

续表

内容	公式/要求	说明	参数选择及计算结果	实际选用	判别
主张力机选择	主张力机单根导线额定制动张力 $T=K_T T_P$	T—主张力机单根导线额定制动张力，kN；K_T—选主张力机单根导线额定制动张力的系数，取值范围为 0.12～0.18	$K_T=0.18$，$T_P=289.18$kN，按 JL1X1/G3A-900/70 导线参数。$K_T T_P=56.4$kN	2×65 张力机 $T=2×65$kN	主张力机单根导线额定制动张力及导线轮槽底直径均满足要求
	张力机导线轮槽底直径 $D\geqslant40d\sim100$mm	d—被展放导线直径，mm	JL1X1/G3A-900/70 导线直径 43.11mm。$D\geqslant40d\sim100$	2×65 张力机 $D=1900$mm	

表 2-10-5-12　　　　　　　　　　　放线滑车选择计算表

内容	公式/要求	说明	参数选择及计算结果	实际选用	判别
导线放线滑车选择	自定额定荷载不小于 1000m 垂直挡距 $T\geqslant mw×800$	T—滑车额定荷载，kN；m—同时牵放子导线的根数；w—导线单位长度重力，kN/m	$m=4$，$w=4.0551×9.8/1000=0.0397$（kN），按 JL1X1/G3A-900/70 导线参数	ϕ916 滑车 $T=250$kN	满足自定 1000m 垂直挡距额定荷载，及轮底直径、导线轮挂胶要求
	900mm² 导线滑轮底径暂定不小于 756mm	导线轮挂胶	滑槽底径为 800mm＞37.8mm×20=756mm	ϕ916 滑车槽底直径 $D=800$mm	
地线放线滑车选择	自定额定荷载不小于 1000m 垂直挡距 $T\geqslant mw×1000$	T—滑车额定荷载，kN；m—同时牵放子导线的根数；w—地线单位长度重力，kN/m	$m=1$，$w=1.2215×9.8/1000=0.0119707$（kN），按 LBGJ-150-20AC 地线参数	ϕ660mm 尼龙单轮滑车 $T=30$kN	满足自定 1000m 垂直挡距额定荷载，及轮底直径等要求
	槽底直径须满足 $D\geqslant15d$	d 地线直径	LBGJ-150-20AC 地线 $d=15.75$mm。$15d=236$mm	ϕ660mm 尼龙单轮滑车	

表 2-10-5-13　　　　　　　　　　　其他架线工器具计算表

序号	内容	要求	数量及说明
1	一牵四走板	额定荷载 500kN，由导线滑车厂家特制，走板通过五轮滑车性良好	2 个
2	连接器	ϕ16 使用 80kN 的抗弯和旋转连接器；ϕ28mm 使用 250kN 的抗弯和旋转连接器	根据各种类钢绳轴数配置

表 2-10-5-14　　　　　　　　　　　导引绳牵引绳技术参数表

名称	牵引绳和导引绳规格	牵引绳和导引绳的综合破断力/kN	单位长度重量/(kg/m)	备注
导引绳	ϕ16 编织	158	0.89	
牵引绳	ϕ28 编织	520	2.882	

表 2-10-5-15　　　　　　　　　　　旋转连接器主要技术参数表

名称	型号	额定负荷/kN	外径/mm	槽宽/mm	重量/kg
旋转连接器	SLX-5	50	45	17	2
旋转连接器	SLX-8	80	56	25	3.3
旋转连接器	130kN	130	62	26	4.2
旋转连接器	250kN	250	80	30	9.8

表 2 - 10 - 5 - 16　　　　　　　　　　抗弯连接器主要技术参数表

名　称	型　号	额定负荷/kN	外径/mm	槽宽/mm	重量/kg
抗弯连接器	50kN	50	49	19	0.6
抗弯连接器	80kN	80	53	25	1
抗弯连接器	130kN	130	29	26	1.38
抗弯连接器	250kN	250	72	32	3

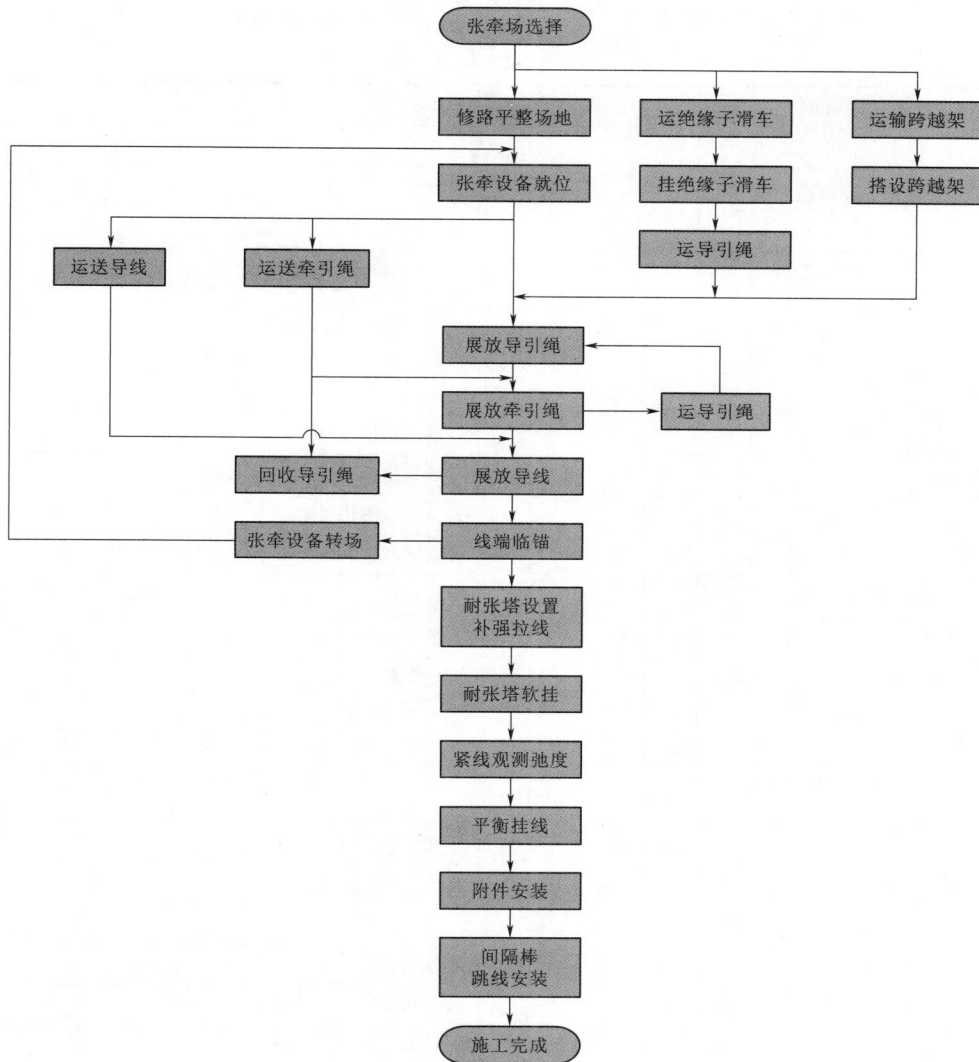

图 2 - 10 - 5 - 10　架线施工流程图

4. 施工组织及架线施工准备

（1）施工组织。

1）施工计划工期：2019 年 9 月 30 日—2020 年 3 月 30 日。

2）计划投入 1 套牵张设备和配套工器具，4 个架线组。

3）本标段分 7 个放线区段，平均每个区段 15 基杆塔，每个区段需要施工时间如下。

a. 1 个挂滑车施工队：悬挂滑车 3d，采取流水作业，可以提前悬挂。

b. 1 个放线队：展放引绳 3d，展放主牵引绳 2d，展放导地线 3d。

c. 1 个附件安装队：紧挂线 3d，直线塔附件及安装间隔棒 2d。

d. 1 个架线组和一套设备，施工一个区段需要 15d。

（2）技术及人力准备。

1）设计图纸。施工前对全套架线施工图，认真组织审查、学习，结合《±800kV 架空送电线路施工及验收规范》《±800kV架空送电线路工程施工质量检验及评定规程》等规程规范，掌握架线施工的工艺、质量要求。

2）施工作业指导书。完成《张力架线施工方案》《导线、地线弛度表》《导、地线液压施工手册》《金具组装手册》《跨越施工安全技术措施》《重要跨越施工方案》等作业指导书的编制、审批、培训和安全技术交底。

3）人员准备。

a. 全部架线施工人员参加规程规范、管理制度、施工图和作业指导书培训，通过考试合格后上岗工作。其

中特殊工程人员做到持证上岗；所有工作经过安全技术交底方可施工。

b. 每个施工队必须设置专职/兼职安全员。

c. 全体施工人员均应通过体检，机械操作、液压、高空等特种作业人员持有相应作业许可证并在有效期内。

d. 我标段计划投入放线、综合1个施工队高空80人，普工78人，队长、安全员、技术员、质检员各1人，组成架线施工流水线。

（3）放线机具准备见表2-10-5-17。

表2-10-5-17   放 线 机 具 准 备

序号	机具名称	规格	单位	数量	进厂时间	备 注
1	吊车	50t	台	1		张力场
2	吊车	25t	台	1		牵引场
3	主张力机	SAZ-90×2	台	4		最大张力：2×90kN
4	主牵引机	P-280（德国）	台	2		最大牵引力：280kN
5	小张力机	SAZ-50×2	台	2		最大张力：2×50kN
6	小牵引机	SAQ-75	台	2		最大牵张力：75kN
7	无人机		台	2		
8	液压机	300t	台	6		导线地面压接
9	轻型液压机	200t	台	8		导线高空压接
10	液压机	200t	台	4		地线接续管压接
11	地线滑车	φ660单轮	个	60		允许负载：20kN；滑轮宽：100mm；轮槽底径：560mm
12	光缆滑车	φ916单轮	个	60		允许负载：50kN；滑轮宽：110mm；轮槽底径：800mm
13	导线滑车	φ1040五轮	个	320		挂胶、允许负载：120kN；滑轮宽：150mm；轮槽底径：1000mm
14	压线滑车	MY-8	个	30		额定负载：80kN
15	高速转向滑车	SHG-916	个	20		额定负载：150kN；外径：916mm
16	两线牵引走板	25t	个	8	2019年11月10日	满足技术要求
17	升空滑车		个	4		
18	旋转连接器	SXL-8	个	200		额定负载：80kN
19	旋转连接器	SXL-25	个	8		额定负载：250kN
20	抗弯连接器	DHG-8	个	200		
21	抗弯连接器	DHG-30	个	200		额定负载：300kN
22	杜邦丝	φ3.5	km	60		综合破断力：2.92kN
23	高强迪尼玛绳	φ8	km	80		综合破断力：18.5kN
24	高强迪尼玛绳	φ16	km	80		综合破断力：78.8kN
25	牵引绳	φ28	km	40		综合破断力：580kN
26	导引绳	φ16	km	80		综合破断力：114kN
27	导线网套连接器	SLW-80	个	16		单头、额定负载：80kN
28	导线网套连接器	SLW（S）-80	个	16		双头、额定负载：80kN
29	地线网套连接器	SLW-50	个	4		单头、额定负载：50kN
30	地线网套连接器	SLW（S）-50	个	4		双头、额定负载：50kN
31	牵引绳卡具	SKQ-4	个	8		φ28牵引绳用
32	导引绳卡具	SKQ-2	个	16		φ16导引绳用

序号	机具名称	规格	单位	数量	进厂时间	备 注
33	导线卡具	SKLQ-85	个	224		额定负载：75kN，适用于 JL/G2A-900/75 导线
34	地线卡具	JLB20A-150	个			适用于 JLB20A-150 地线
35	光缆卡具	OPGW-150	个			适用于 OPGW-150 光缆
36	手扳葫芦	90kN	个	120		固定牵、张设备、附件安装
37	手扳葫芦	60kN	个	120		锚线
38	手扳葫芦	30kN	个	20		地线、光缆附件用
39	钢丝绳	φ28	根	64		耐张塔挂滑车用
40	钢丝绳	φ21.5	根	136		牵张机地锚绳套、高空临锚、耐张滑车
41	钢丝绳	φ15.5	根	32		吊装导线、过轮临锚
42	钢丝绳	φ21.5	根	32		提线用
43	钢丝绳	φ17.5	根	32		耐张反向拉线
44	钢丝绳	φ21.5	根	128		单根导线锚线用、运输导线、挂滑车
45	压接管护套	900/75	套	96		适用于 JL/G2A-900/75 导线
46	压接管护套	JLB20A-150	套	12		JLB20A-150
47	高空作业台		套	4		
48	软梯	15m	套	60	2019 年 11 月 10 日	
49	卸扣	15t	个	100		牵张机使用、吊装导线
50	卸扣	10t	个	800		
51	卸扣	8t	个	200		
52	地锚	15t	个	150		大牵机、大张机、导线线端临锚
53	地锚	10t	个	40		小牵机、小张机、地线、光缆线端临锚
54	地锚	5t	个	100		反背拉线，跨越架拉线临锚
55	锚线架		套	100		
56	提线器	一提二	个	30		适用于 JL/G2A-900/75 导线
57	剥线器		个	8		适用于 JL/G2A-900/75 导线
58	液压断线器		个	20		适用于 JL/G2A-900/75 导线
59	机动绞磨	50kN	台	12		
60	小型电台		台	4		
61	对讲机		台	60		
62	温度计	−30～+50℃	个	10		
63	导线分离器		个	40		防止导线缠绞
64	接地滑车		个	20		

（4）牵张场平整、修桥补路。根据牵张场平面布置图的要求对场地进行平整，对牵张机械、160kN 吊车、导地线运输道路进行修整，对坑洼路面填碎石修补，狭窄路面扩宽，对所通过的桥梁进行鉴定，并采取加固措施。

（5）机械材料运输。

1）导线的运输。本工程采用导线钢芯铝绞线 JL/G2A-900/75。

a. 线轴的吊装。导线线盘具有较重，体积较大特点，在施工中吊装、运输有一定的难度，严格执行运输方案。

为保证线轴的吊装质量及运输的安全，根据线轴的特点，线轴吊装采用专门设计的槽钢吊架使用 25t 汽车起重机吊装。在起吊前使用特制的吊装架，保证在起吊过程中线轴侧板不受挤压。可拆卸式全钢瓦楞结构线轴吊装需采用钢结构吊架（撑铁）。装载线轴在吊装使用专用钢结构吊架（撑铁），将两根 φ15.5×4m（折成双股）钢丝套分别挂于线轴的挂耳处，用 50kN 卸扣与从钢结构吊装架上两端伸出来的 φ21×7m 钢绳套连接将汽车起重机吊钩连于吊架圆环中。汽车起重机吊装线轴是工程运用中的重要环节需要规范操作，持证上岗以保证吊装的安全、有效减小对线轴和吊套的损害。

b. 运输过程中的保护措施。在装线轴的运输过程中，需在侧板这下方安装曲率与侧板外径一致的保护装置（道木）。将线轴吊装在卡车的重心位置处，要求线轴立放，严禁平放，线轴底部前后侧分别用道木（200mm×200mm×2200mm）衬垫，使线轴距离车厢底部 50～80mm，以防线轴与车厢底单点受力后，造成线盘边缘局部变形，正确的运输方式如图 2-10-5-11 所示。线轴前后侧道木（方木）用 4 股 8 号铁丝提前缠绕在道木上，待线轴就位后，用小尖撬杠将铁丝绞紧，在线轴两侧各用两根不小于 φ13 的钢丝套、3t 链条葫芦收紧，钢丝套的一端安装在线轴上另一端安装在车厢上。防线轴在运输过程中滑动及倾倒。

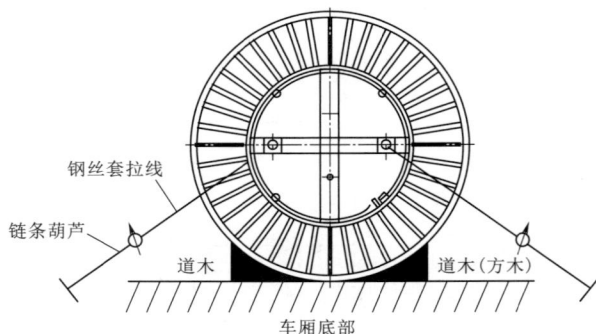

图 2-10-5-11　运输保护装置示意图

c. 运输过程中的保护措施。线轴的存放中应避免摔碰、冲击、损坏。装载后的交货盘侧板应保持与地面处于垂直状态。拆卸后的交货盘堆放高度不宜过高以避免各部件的变形和损坏。

2）合成绝缘子的运输。合成绝缘子吊装前保持原硬纸筒包装储存、运输，装卸须通过斜面跳板和尼龙绳缓慢装、卸车，人力抬运时中间必须有抬起受力点，防止弯曲。堆放高度满足厂家要求并不超过 3m。

3）玻璃绝缘子的运输。对玻璃绝缘子（瓷质绝缘子）产品应整筐搬运，应轻拿、轻放、稳搬、稳码。严防撞击，严禁抛掷。翻滚、摇晃、以防瓷体损坏。对包装破坏或不全者，在装车前应采取有效防护措施。

4）金具的运输。金具在材料站检查后，仍然装箱运输，金具之间垫以草垫等软包装填充物，避免磨损、碰伤。

（6）线路走廊清理。

1）跨越电力线、通信线时要事先与有关部门取得联系，不停电跨越电力线架线前，应向运行部门书面提供不停电跨越施工方案并申请"退出重合闸"，落实后方可进行不停电跨越施工。

2）跨越公路时应与主管部门办理施工许可手续，且经批准后执行跨越施工方案。

（7）放线滑车的悬挂。

1）双滑车悬挂原则。

a. 转角塔悬挂双滑车。

b. 垂直荷载超过滑车的额定工作荷载时。

c. 接续管及接续管保护套过单滑车时的荷载超过允许值，可造成接续管弯曲时。

d. 放线张力正常后，导线在放线滑车上的包络角超过 30°时。

e. 本工程悬挂双滑车的塔位详见各张力放线区段设计。

2）地线滑车悬挂。地线展放时全部利用其挂点金具 U-16S 环挂单 φ660 单轮尼龙滑车。地线的耐张塔的滑车采用 2-φ15.5×1m 的钢丝套通过 50kN 卸扣挂在耐张塔地线挂点的施工用孔上。

3）直线塔单滑车的悬挂方式。每极悬挂一个五轮放线滑车和一个三轮放线滑车，在 V 串上面的联板下加装特制联板，特制联板下方挂两只放线滑车，采用 φ17.5 的钢丝绳作为平衡绳，以确保两个滑车等高。滑车悬挂前，按照设计图纸要求将绝缘子金具串组装完成，并通过特制联板将滑车组装完成。在铁塔施工孔悬挂 5t 滑车，并在横担与塔身接触部位、塔脚处加装 5t 转向滑车，通过 φ17.5 磨绳连接至 5t 绞磨，作为提升放线滑车的主动力；在横担两个挂线点处悬挂滑车，丙纶绳一端与已组装好绝缘子金具串相连，另一端至人力。滑车提升时，绞磨作为主动力，随着滑车的提升，通过人力配合，逐步将绝缘子拉至挂线点处进行连接。悬挂时需注意两点：一是整个过程需由现场施工负责人指挥，以确保配合得当；二是确保两挂点处连接牢固前，绞磨不得熄火。联板加工及使用注意事项如下：

a. 联板加工为梯形，其承载能力 42t，两个五轮滑车采取对称悬挂的方式，挂于联板下部对称的两个挂孔上；联板上部中间挂孔与金具联板中心大孔连接，以保证受力安全。

b. 为便于滑车与联板一起起吊悬挂，在联板上部中间挂孔正下方的联板中心轴线方向设置吊装施工孔。

c. 在联板两斜边中心位置设置两个平衡钢丝绳挂孔，在滑车侧设 φ17.5 的平衡钢丝绳和 12t 的花篮螺栓（用以调节两个滑车的相对高差），以确保滑车不因导线数量多于对侧滑车而产生下沉，起到承托平衡作用。平衡绳的连接为：φ17.5×6m 的两头插套的钢丝绳（与横担两边 V 挂）+10t 卸扣+φ17.5×10m 钢丝绳+12t 花篮螺栓。

d. 两个五轮滑车悬挂时，必须将滑车带销子一侧朝外侧，以保证附件时方便打开。

e. 滑车在地面与联板组装好，钢丝绳套与吊装施工孔连接，通过绞磨将滑车与联板一起吊于金具挂板上连接。

f. 联板的各个挂孔应采取加强焊接，以防受力产生豁口。

4）直线塔双滑车的悬挂方式。直线塔设计为双串时直接悬挂两串绝缘子及放线滑车并用撑铁连接。直线塔双 V 形串如果符合条件需挂双滑车时，直线塔设计为单串时利用横担上前后的两个 B 挂点使用 100kN 级卸扣+60kN 链条葫芦+φ19.5×15m 钢丝套+12t 滑车形成 V 形可调挂套，在该塔垂直档距较大的一侧加挂一放线滑车，再利用滑车撑铁将前后两滑车连接，放线施工时根据滑车受力情况适当调整链条葫芦，保证两滑车受力均衡。

5）耐张塔双滑车的悬挂方式。在横担前后有多个施工用孔；根据实际的左右转向选择耳轴挂板上的挂孔，其中同侧挂孔中间的施工孔作为起吊滑车使用。撑铁规格为∠100mm×10mm×4000mm。

6）放线滑车的悬挂方法。

a. 中间主提升系统的 30kN 滑车挂在横担 B 挂点，两侧导线 V 串挂点处的 10kN 滑车的位置应为挂点内侧高处的主材上，考虑挂点金具的重量较大，挂点就位时两名高空人员协同操作；地线支架小尼龙滑车位置为施工方便选定地线挂点附近水平铁采用 φ13.5×1.5m 钢丝套和 30kN 级 U 形环悬挂，导线横担端头的两个小尼龙滑车采用同样方式悬挂在横担端头的主材上。合成绝缘子内层包装不要拆除，合成绝缘子的整体环形均压环应安装。

b. 双合成绝缘子 V 串悬挂使用特制的连接板将两侧的合成绝缘子串上端金具连接，采用两台绞磨和两套牵引系统在挂点附近同时起吊悬挂。双串双滑车提升时，将两串绝缘子和放线滑车分别在地面组装好，并用∠80mm×6mm×1500mm 撑铁连接好，用两套提升系统同时进行提升。

c. 对于耐张塔，前后同时起吊提升，30kN 起重滑车的位置选择在同侧中间挂板的孔，然后各自连接单倍滑车组，通过两台 30kN 机动绞磨同时起吊安装放线滑车。

7）挂滑车施工注意事项。

a. 在跨越高压线路时，跨越档两端滑车采用接地放线滑车，并与横担之间应有临时接地装置。

b. 严格按区段设计要求，悬挂双滑车。转角塔前后滑车需不等长悬挂的，选择定长钢绳套，准备对应塔号的压线滑车。

c. 合成绝缘子必须轻拿轻放，运输和施工过程中一定注意保证不磨损合成绝缘子。

d. 当放线区段内有重要跨越时，采用 φ21 钢丝绳套子将滑车做好二道保险。

e. 挂双滑车塔位，无论何种塔型，均应计算因临塔挂点高差引起的导线在两滑车顶处的高度差或挂具长度。

f. 应验算转角塔放线滑车受力后是否与横担下平面相碰。

5. 张力放线

（1）施工区段的确定。根据《±800kV 架空输电线路张力架线施工工艺导则》规定的原则，放线区段的长度一般以 6~8km 为宜，导线通过放线滑车数量应控制在 20 个以内。结合本工程的特点，施工过程中应对沿线的交通情况、地形等情况，经详细调查后选择放线区段。

（2）牵、张场的选择、布置要求。

1）牵张机与邻塔导线悬挂点的仰角不宜大于 15°。

2）牵、张场地形较平坦，能满足容纳放线所需设备、线轴的需要。

3）牵引机、张力机、吊车等机械能顺利（或修桥、补路后）到达牵、张场。

4）每个张、牵场事先埋好所有机械锚固地锚、导地线锚固地锚。

5）大张、大牵一般布置在线路中心线上，张、牵机鼓轮对准出线方向，在保证安全的前提下，尽可能缩小两张力机的距离。

6）牵张场的所有地锚均应回填夯实，并采取措施防止积水或雨淋浸泡。

（3）张力场的布置如图 2-10-5-12 所示。

（4）牵引场的布置如图 2-10-5-13 所示。

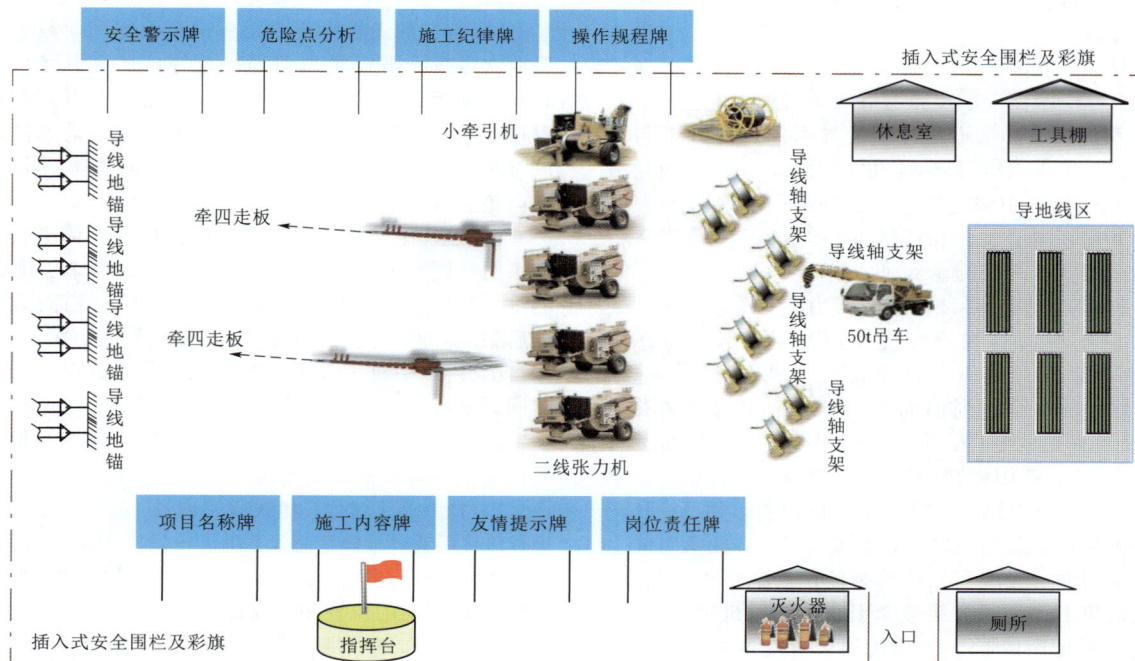

图 2-10-5-12 张力场的布置

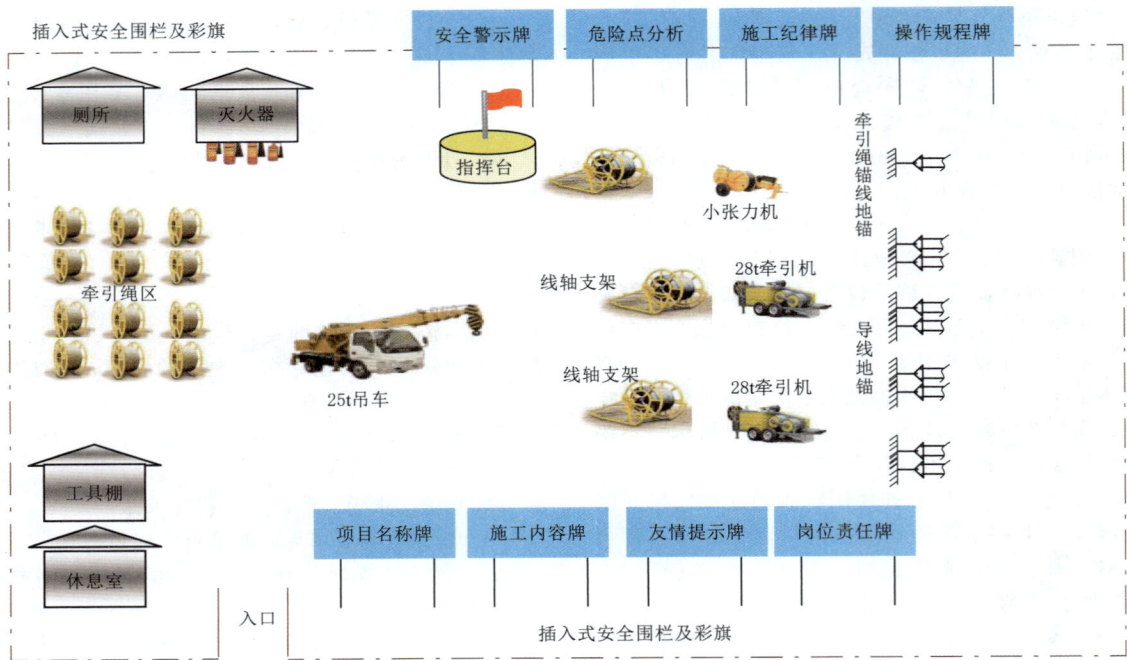

图 2-10-5-13 牵引场的布置

（5）绳和导线展放程序。

1）无人机展放 φ4 初级导引绳，φ4 初级导引绳牵引 φ10 二级导引绳，用 φ10 二级导引绳牵 φ16 导引绳并将其放到相应的地线和导线滑车中。

2）然后使用张牵设备将 φ15 导引绳一牵一展放地线。

3）在 7 轮导线滑车中间使用 φ16 导引绳使用特制的一牵二走板一牵一展放一根 φ28 牵引绳。

4）使用特制的一牵四走板利用两根 φ28 牵引绳同步展放八根导线。

（6）导地线展放。

1）2×"一牵四"同步张力展放导线施工工艺。

a. 牵引绳展放。本方法最初的导引绳展放施工与以往工程类似，用无人机展放 φ4 初级导引绳，φ4 初级导引绳牵引 φ10 二级导引绳，用 φ10 二级导引绳牵 φ16 导引绳，然后利用 φ16 导引绳和特制的 13t 走板"一牵二"将牵引绳的两根 φ28 牵引绳牵到张力场。

b. 2×"一牵四"导线展放。张力场首先将 2×"一牵四"特制走板与导线连接完毕，并将定长的 φ28×100m 牵引绳套穿过走板平衡钢轮。在"一牵一"一根 φ28 牵引绳（两根牵引绳面向牵引场方向左为 A、右为 B）牵放到位并锚固好后，拆除"一牵一"走板。将准备好的 φ28×100m 牵引绳套两端通过 250kN 旋转连接器分别连接于 A、B 牵引绳上，启动张力机回卷，使 A、B 牵引绳带张力后，拆除锚固器具。走板前 A、B 两牵引绳上的旋转连接器涂反光漆和加装编制黄色的飘带以便观察；然后令其对应 B 牵引机先缓慢牵引，A 牵引机锚固不动，当观察的 B 标记连接器与 A 连接器位置基本相同时可以两牵引机同时同速牵引，和以往张力放线方式相同正常牵放。八根导线分别通过额定荷载不小于 80kN 单头网套

连接器（网套连接器尾部用铁丝盘绕绑扎，每道绑扎 20 圈，两道间隔 50mm 左右）连接额定荷载不小于 80kN 旋转连接器。

c. 2×"一牵四"工艺施工注意事项。

a）要求前端两个旋转连接器均做标识，以便于最后临近牵引到位时的监控；每个杆塔的监护人除报告走板位置时还要报告标记连接器位置；保证连接器与走板距离大于 10m，并及时调整，必须避免抗弯连接器接近走板。

b）特制的走板由于前面一根牵引绳间距较大，对于后面六导线不平衡张力的平衡较好，且牵引绳和走板没有安装旋转连接器，故走板在牵引过程中不宜翻转，同时在正常牵引时一根牵引绳基本无相对运动速度；但牵放时必须注意监护走板情况，万一翻转应立即停机，处理调整后再牵引展放。

c）尽量保证一根牵引绳连接器位置大体平行，使得一牵引机同步同速牵引，牵引机机手这样牵引绳的连接器将同时到达牵引场，如果有先到达的可锚固后稍等一下后到的，然后同时操作换轴，减少停机换轴次数。

d）一牵引机正常牵引时，无论什么情况，一牵引机应同时停机，待处理问题后再同时牵引。

e）φ28×100m 平衡套每一区段展放前进行检查，如磨损较重及时更换，且使用不超过 2 个放线区段。

2）放线施工过程。地线使用内径 17.5mm 的耐张钢锚进行压接后通过（额定荷载不小于 50kN）旋转连接器和 φ16 导引绳连接进行牵引。开始牵放前应重点检查以下事项：

a. 跨越架的位置和牢固程度。

b. 场地布置和机械锚固情况。

c. 临时接地是否符合要求。

d. 岗位工作人员是否全部到岗，通信联络是否畅通。

e. 导地线与牵引绳、牵引绳与导引绳、导引绳之间等受力系统连接情况。

f. 机械无载起动，空载运转后检查是否符合使用要求；需对液压油预热的机械，启动前应进行温车。

g. 在所有放线滑车上牵引绳是否均位于正确槽位。

按张力架线施工区段设计的要求调整好牵张机的整定值，调定一台张力机的控制张力并基本保持不变，另两台张力机随时调整张力，并配合默契。慢速牵引导线，张力机调整子线张力，使走板保持平衡。当走板过第一基塔，并向第二基塔爬坡时，将张力调整到最小计算出口张力。导线调平后逐步调整至正常牵引速度，正常牵引速度控制在 30~60m/min。通过直线放线滑车时，适当降低牵引速度，通过转角放线滑车时，牵引速度应控制在 15m/min 之内，并应注意按转角滑车监视人员的要求调整子导线张力和牵引速度。牵引板通过转角滑车后，应检查牵引板是否翻转、平衡锤位置是否正确，牵引板发现有任何异常均需先停止牵引后，再调整或恢复。以下情况应减慢牵引速度：当走板距放线滑车约 30m；导线盘剩余约 50m 线时；集中压接，松锚后接续牵引前 30m；连接器到达牵引机前 10m 左右；导线换盘后继续牵引，至连接网套出张力机集中压接停机临锚止。牵放过程中应随时调整各子导线的张力机出口张力，使牵引板保持水平，平衡锤保持垂直（牵引板靠近转角塔放线滑车时，牵引板平面与滑车轮轴方向基本平行），为防止多分裂子导线在牵放过程中相互跳、绞，宜使其中少数子导线弛度稍低于其他导线，而形成若干间隔。

3）导线换盘和压接。在张力放线过程中，导线尾线在线轴上的盘绕圈数、导引绳及牵引绳尾绳在钢丝绳卷筒上的盘绕圈数均不得少于 6 圈，尾端应与线轴或卷筒固定。张力放线的直线压接宜在张力机前集中进行，集中压接作业程序如下：

a. 线轴上尚剩 6 圈导线时停止牵引，张力机制动。

b. 将尾线用 φ20 尼龙绳、卡线器临时锚固在轴架上（锚固力为导线尾部张力）；将线轴上的余线放出后换线轴；将放出的线尾与新轴线头用双头网套连接器临时连接，将余线全部盘绕到新线轴上；恢复线轴制动，拆除尾线临锚。

c. 打开张力机制动；牵引机慢速牵引。网套连接器到达压接操作点时停止牵引，张力机制动。

d. 在压接操作点前将导线临时锚固（锚固力为放线张力）；打开张力机刹车，放出一段导线，拆除双头网套连接器，进行压接作业，压接完成后在接续管外安装保护套。

e. 拆除临锚。拆除方法可以使用张力机回盘导线，也可以是预先在锚线工具中串入一个缓松器，用缓松器松锚（张力放线除了张力机回卷，就是通过链条葫芦松锚。为提高效率就是采用张力机回卷。）临锚拆除后，打开张力机制动，继续牵引。

f. 以一组张力控制机构同时控制 1 根导线放线张力的张力机，集中压接时，应将同组导线均锚在张力机前，再松线压接。

g. 压接后的接续管安装保护钢甲后继续展放，对于导线直线管的钢甲在附件安装间隔棒时拆除；对于地线接续管钢甲在展放通过最后一基滑车后在高空拆除。

4）预紧线及锚线。每极导线/每根地线牵引到预定的锚线地锚后，牵引场导地线锚固采用如下方式：

a. 导线采用 φ21.5 地锚套＋80kN 级 U 形环＋3m 包胶临锚绳＋80kN 级 U 形环→导线卡线器→导线。

b. 地线采用 φ21.5 地锚套＋50kN 级 U 形环＋3m 包胶临锚绳＋50kN 级 U 形环→地线卡线器→地线。

导地线临时锚线水平张力最大不得超过导、地线保证计算拉断力的 16%，即导线不大于 52.8kN，地线不大于 28.6kN。锚线后导线距离地面不应小于 5m。

一般情况下由于导地线放线张力较小弛度较大，为节省导地线，可在张力场断线之前采用 75kN 小牵引机和 φ16 导引绳进行导地线的预紧，预紧时采用单根卡线器连接后单根牵引，要求档距中间选择一个较大的档距进行弛度观测，导地线弛度大于设计弛度 1~2m 即可；预紧完成后可进行适当调整，同极各子导线锚线张力宜稍有差异，使子导线空间位置错开，避免发生线间鞭击。

6. 紧线

（1）紧线施工说明。

1）挂线、附件安装等作业的准备工作应在紧线前完成，以缩短紧线后导线在滑车中的停留时间，减轻导线损伤。

2）操作人员需上导线作业时，须查明导线两端是否有可靠临锚，紧线过程中严禁登上导地线。

3）紧线完毕，导、地线高空临锚完成后，应及时安装二道保护。

4）跨越带电线路时，跨越处两头塔位的绝缘子均应短接。

5）紧线前应重点检查现场布置、地锚埋设、工器具选用及连接、导地线接续管的位置、导地线有无跳槽和混绞情况。

6）导线紧线次序应符合下列原则：

a. 子导线应对称收紧，尽可能先收紧放线滑轮最外边的两根子导线，避免滑车倾斜导致导线跳槽。

b. 宜先收紧张力较大弧垂较小的子导线。

c. 宜先收紧在线挡中搭在其他子导线上的子导线。

d. 同档子导线应基本同时收紧，收紧速度不宜过快。

7）锚线时，应使紧线操作塔上的印记保持不变或窜动不多。

8）地线紧线及附件施工顺序如下：

a. 装设弛度板。

b. 区段两端耐张塔打反向拉线。

c. 在张力场或牵引场一侧耐张塔完成高空临锚后，另一侧进行紧线、画印。

d. 由放线段中部直线塔向两侧附件安装。

e. 耐张塔挂线。

9）紧线结束后，在有压接管的挡内装设八分线器，防止压接管鞭击损伤导线。八线分离器从压接管上坡方向塔的导线进行安装，并用每极 2 根 ϕ15 尼龙绳（中部在分线器上打结）将其拉到压接管附近，每根 ϕ7 尼龙绳的两头分别固定在该档两端铁塔横担上，附件安装前收回分线器。

（2）紧线前准备工作。

1）区段终端耐张塔反向拉线。紧线区段两端耐张塔需提前打反向拉线，每极平衡紧线侧导线张力 40kN、地线张力 10kN（设计值）。每极导线采用两套拉线形式，每套由 1 个 10kN 地锚出两根 ϕ21.5 锚套、2 个 60kN 手扳葫芦、2 根 ϕ15.5×300m 钢绳等组成，拉线上端用 ϕ15.5×1.5m 钢绳套打在专用挂孔上。地线采用一套拉线形式，1 个 50kN 地锚出 1 根 ϕ21.5 锚套、1 个 6t 手扳葫芦、1 根 ϕ15.5×300m 钢绳固定在地线支架挂点主材。

2）耐张塔紧线。

a. 本耐张塔应具备的条件：导线横担的一侧已挂好导线、另一侧已经打好平衡拉线，或一侧未挂线、另一侧已经打好平衡拉线。

b. 将导线逐根升空，采用导线卡线器＋80kN 级 U 形环＋GJ-150 包胶钢绞线＋80kN-U 形环锁在挂点附近的施工孔上。

c. 耐张塔导线升空完成后，再按附件中挂线的紧线方式进行紧线。

3）紧线段问题检查、处理。

a. 检查各子导线在放线滑车中的位置，消除跳槽现象。

b. 检查子导线是否相互绞劲，如绞劲，需打开后再收紧导线。

c. 检查接续管位置，如不合适，应处理后再紧线。

d. 导线损伤应在紧线前按技术要求处理完毕。

e. 现场核对弧垂观测挡位置，复测观测挡挡距，设立观测标志。

f. 放线滑车在放线过程中设立的临时接地，紧线时仍保留，并于紧线前检查是否仍良好接地。

g. 放线滑车采取高挂时，应向下移挂至最终线夹高度。

4）弧垂观测准备。以能全面掌握和准确控制紧线段应力状态为条件选择弧垂观测挡，选择时兼顾如下各点：

a. 观测挡位置分布比较均匀，相邻两观测挡相距不宜超过 4 个线挡。

b. 观测挡具有代表性，如连续倾斜挡的高处和低处、较高悬挂点的前后两侧、相邻紧线段的接合处、重要被跨越物附近应设观测挡。

c. 宜选挡距较大、悬挂点高差较小的线挡作观测挡。

d. 宜选对邻近线挡监测范围较大的塔号作测站。

e. 不宜选邻近转角塔的线挡作观测挡。

（3）紧线施工。

1）紧线段和紧线程序。一般以张力放线施工段作紧线段，以牵张场相邻的直线塔或耐张塔作紧线操作塔。为了更好地控制紧线弧垂质量，对八根子导线同时紧线，地线的紧线每根布置一套紧线装置。紧线顺序应先紧地线，后紧导线。弧度的调整按"粗调、细调、精调、微调"的四调工艺进行，弧度调平后通知各耐张塔锚线，待精调弧度、中部直线塔附件后耐张塔挂线。

2）弧垂的观测和调整。观测弧垂是紧线施工中技术较高的一项作业。弧垂观测人员应具备对架线全过程作业熟悉，且具有高处作业合格证；且能熟练使用经纬仪，具备测量工合格证；工作责任心强具有很好的语言表达能力。弧垂观测必须配备的工器具有经纬仪、望远镜、科学计算器、卷尺、温度计、报话机、弧度板等。观测弧垂的实测温度应能代表导（地）线的温度，目前仍以测量导线附近的空气温度为准。温度计应挂在通风处，有阳光照射时，温度计宜背向阳光，不宜直射。观测弧垂的气温相差不超过±2.5℃时，其弧垂值可不作调整。弧垂达到设计值后，弧垂观测人员应迅速、准确通知紧线指挥人。弧垂的观测人员应等待 5～10min 待弧垂不发生变动时进行观测，以判定是否符合设计及规范要求。挂线后必须就观测挡弧垂进行复测一次，并做好记录。

7. 附件安装

（1）耐张塔附件安装（挂线）。紧线后在耐张塔上进行割线、安装耐张线夹、连接耐张绝缘子金具串和防振锤安装等作业，称为耐张塔附件安装。施工过程：

a. 在耐张塔两侧同时对称地即平衡地在空中锚线，平衡地收紧两侧导线，使两侧锚线卡线器间的导线松弛，悬挂耐张绝缘子串。

b. 在两侧锚线卡线器间的断线位置处割断导线，拆卸放线滑车。

c. 将耐张绝缘子串和导线锚线处用锚线滑车组收紧，确定导线压接位置，采取空中压接的方法进行压接，在操作塔两侧以空中对接法挂线。

d. 松开空中锚线，安装其他附件。

耐张转角塔进行空中临锚时，用 ϕ15.5×2.5m（核对放线滑车悬挂位置再定）的钢绳套固定放线滑车，将其预先吊在横担上，使其在收紧临锚时保持紧线时的原位置不变，否则滑车因自重下坠，导线不能随临锚收紧而松弛，造成过牵引量增大，甚至造成事故。紧线完成后即可拆除导线滑车，但断线需根据实际情况进行，当天不能完成压接挂线的不得断开。

1）平衡挂线。

a. 紧线、锚线。耐张塔紧线、锚线机具：由 ϕ15.5×300m、100kN 双轮滑车、50kN 机动绞磨、卡线器等，组成 4 倍滑车组；卡线器根据前面预紧的程度尽可能向外（15m 左右），然后紧线、观测弧度差 500mm 左右时停止紧线；再采用卡线器＋100kN 环＋GJ-150×2m 包胶钢绞线＋100kN 环挂在施工用孔上锚好。

b. 悬挂耐张绝缘子串。由于四联的耐张瓷瓶较重，故采用四台绞磨分开分别起吊四串玻璃绝缘子，注意磨绳的绑固点为牵引板的挂孔，辅助就位尼龙绳的绑固点为调整板挂孔；待离开地面 1m 左右时四台绞磨同时停止，然后进行连接导线端联板等的工作，连板等安装无误后，四台绞磨同时起吊，注意四台绞磨必须保证提升速度大致相当，否则受力不均衡；在提升过程中辅助的尼龙绳也同时随着收紧提升，当到达就位点时，辅助就位尼龙绳应收紧控制金具就位。本次所带的金具等主要先考虑两边最外侧的1号和8号导线的对接连接，然后再连接中间的联板和中间的六根导线。

c. 1号、8号线对瓷瓶串的空中对接法挂线。先将导线卡线器卡在1号、8号线足够远的地方（20m左右），将导线卡线器＋100kN环＋100kN双轮滑车组成4倍紧线系统，两磨绳通过横担转向50kN滑车后引至地面2台50kN机动绞磨，同时进行牵引，使绝缘子串趋向水平均匀升起。注意在提升前将链条葫芦的尾勾用铁线绑固在滑车组不滑动的那根磨绳上，使其随着一起提升进行高空对接。

d. 挂线连接。瓷瓶串升起连接好其他几个导线金具后，每根导线利用对接卡线器前面3m处的挂线卡线器＋150kN单轮滑车和ϕ17.5×6m的钢丝套组成；连接完成后适当收紧90kN链条葫芦，拆除对接滑车组；然后连接中间四根导线的联板和金具，组成类似的挂线连接。

2）断线、压接挂线

a. 等八根导线的挂线均连接完成后，按照先两侧后中间的方式进行本耐张段的弧度精调；弧度调整好后将导线沿链条葫芦顺直，在其调整板的弧形中间螺孔上统一画印。

b. 提升高空作业平台和小型液压机。空中操作平台是一种轻便的长方形平台，通常用多点悬挂在空中临锚的锚绳上，为在空中进行耐张线夹压接等作业提供工作平台。

c. 由画印点考虑调整板状态差异、连接环、耐张管钢锚尺寸及二联板上下子导线差异，综合确定断线点，复查无误后断线。

d. 将液压工具吊装在平台上稳固好，其中液压泵应安置在铁塔横担上，用加长高压油管与平台上的液压钳相连，按照针对工程编制的液压施工作业指导书及液压规程的规定压接耐张线夹，连接金具。

e. 收紧手扳葫芦，按设计图纸通过连接金具将耐张线夹与调整板或联板相连。弧度复查。微放松手扳葫芦，使耐张线夹受力，复查弧度；如有误差，随即通过调整板进行弧度精调，完成该极挂线作业，安装支撑架及屏蔽环等其余附件。

f. 拆卸锚线工具。每极横担每侧的金具连接好后，将本侧高空平台拆除松至地面，放松链条葫芦，出线摘掉卡线器、拆除锚线工具及本侧二道保险绳。以同样工艺依次完成各极挂线作业，拆除工器具。

3）注意事项

a. "高空牵引、压接和挂线工艺"，高空作业工作量较大，加之受气候因素（风、雨天）影响较大，存在诸多危险点。因此，要求施工队伍在施工期间对安全问题，一定要提高重视，尤其是对进行高空作业人员，要做好现场的技术指导和安全监护工作。

b. 施工期间，施工作业现场必须设安全监护人现场监护。

c. 严肃现场技术纪律，严格按确定工艺方案、工艺流程和技术要求施工，任何人不得擅自更改工艺方案。

d. 全部设备、器具等入场前必须进行安全检查，每次使用后必须进行外观检查，确保设备、器具的安全性符合。

e. 必须采用安全自锁器与全方位安全带结合的方式进行高空作业，出线作业必须使用速差保护器，进入施工现场人员必须戴好安全帽。

f. 现场分工要明确，指挥人员号令清楚，施工人员要绝对服从指挥，做到令行禁止。

g. 现场工器具、材料摆放要有序，完后清理现场，做到"工完、料净、场地清"。

h. 耐张塔挂线时禁止同极相邻塔位同时作业。

i. 在挂线操作时，现场指挥人员，必须亲自做好"五查"。即：查卡线器（结构与质量是否符合要求，夹板出口是否平滑、无死角）；查临锚绳（包胶是否完好，连接是否牢固，规格是否符合设计）；查链条葫芦（查调向开关是否处于工作状态。有无卡链或打滑跑链等现象，锚钩螺母是否焊接牢固，锚环端部是否有保险环，链条是否有裂纹及保险装置，如缺者必须采取有效措施后，方可使用）；查起重滑车（规格型号是否符合设计，吊钩及门扣是否变形，轮缘是否破损或严重磨损，轴承是否变形及转动是否灵活）；查现场（现场布置及施工现场视野与环境）。

j. 临近电力线路挂线操作，要做好防感应电、风电伤人工作。即除对临近电力线路采取搭设跨越架保护外，挂线操作前需操作塔位区域两端采取临时接地措施。

k. 临锚绳要挂工作孔，临锚绳的卡线位置要测量准确，位置合适，链条葫芦要有一定的可调距离，要满足既能收紧导线，即能在导线挂好后能放松临锚绳。出线飞车要牢固可靠，出线作业时工作人员的安全带要套在子导线上，严禁直接挂于飞车上。

l. 耐张塔挂线必须一极一极地进行，收紧临锚绳时应同极两侧同时收紧（不能单收紧一侧），防止耐张塔单侧受力。

m. 高处断线时，作业人员不得站在放线滑车操作，割断最后一根导地线时，应防止滑车失稳晃动。

n. 割断后的导地线应在当天挂接完毕，不得在高处临锚过夜。

o. 建立挂线工艺事故应急救援组织机构，明确各级人员职责。并结合工程实际，编制事故应急处理预案。

（2）直线塔附件安装。

1）直线塔放线滑车中水平排列的八根子导线，附件安装后呈正八边形排列。注意如果直线塔垂直档距小于500m时，可以采用一根ϕ17.5×13m的钢丝套双折用两个50kN级U形环挂在前后铁塔B挂点的施工孔上（或使用ϕ17.5×1.5m钢丝套缠绕前后主材），然后挂接4个90kN手扳葫芦在中间线夹附近进行提升。

2）当该塔垂直档距大于500m时，附件安装通过铁塔前后两侧铁塔B挂点的施工眼孔各采用4个90kN手扳葫芦＋φ15.5 钢丝套提线器进行双面双侧起吊，其布置见上图。双提升系统同时进行提升，注意两侧同时均匀进行避免单侧受力过大。提线安装时提线工器具取动荷系数为 1.2。

3）所有直线塔附件安装时必须使用 φ21.5×15m 的钢丝套两根和 150kN 级 U 形环加装二道保护。

4）提升导线的吊钩，应有足够的承托面积。吊钩沿线长方向的承托宽度不得小于导线直径的 2.5 倍，接触导线部分应衬胶，防止导线损伤和结构变化。

5）附件安装提线时应注意保护导线，待八根导线提起离开滑槽平面适当位置时，拆卸放线滑车，由于放线滑车较重，为防止拆卸过程中伤及导线（必要时在滑车的横梁的下边包上胶皮护管），线上与地面人员需配合操作将放线滑车拆除并松放至地面。

6）卸下放线滑车后，继续搬动手扳葫芦，使八根导线同时升起，当 4 号、6 号子导线提至预定高度时，通过掸动 2 号、8 号子导线、1 号、7 号子导线、3 号、5 号子导线提线钢丝绳，使各子导线分开，并呈正八边形布置。卸放放线滑车时，应注意防止导线的磨损。

（3）间隔棒安装。

1）安装间隔棒采用人工走线方法，人工走线时应穿软底鞋。

2）间隔棒安装位置可用测绳高空测量定位、地面测量定位、计程器定位等方法测定，线上测量应把次挡距折算成线长。在跨越电力线路安装间隔棒时，应使用绝缘测绳或其他间接测量方法测量次挡距。

3）安装间隔棒人员必须绑扎安全带，安全带应绑在导线上。安装工具和材料，均应用小绳拴在导线上，防止失手掉落。

4）间隔棒平面应垂直于导线，两极导线间隔棒的安装位置应符合设计要求。

5）飞车或人工走线跨越电力线路时，必须验算对带电体的净空距离，该距离不得小于最小安全距离。验算荷载时取实际荷载的 1.2 倍，并计算相邻一基悬垂绝缘子串在不平衡张力下产生的偏移。

（4）刚性跳线安装。八分裂导线由于导线较多，跳线安装比较烦琐和复杂，采用未使用过的导线，在空中模拟制作和精细调整，跳线间隔棒利用软梯在空中安装，以保证跳线工艺的自然美观。主要安装步骤如下：

1）耐张塔跳线为刚性管型引流线（软硬结合），其主体为刚性结构，两端以软线与耐张线夹的引流板相连。软线部分应美观、顺畅，引流无散股现象。

2）刚性跳线由管母线组件、悬跳装置、重锤、引流、间隔棒等组成。

3）导线由耐张线夹向外引出后由间隔棒支承汇入各自跳线线夹，再按内外两侧由线夹引至相应内外侧铝管件末端，从而完成从金具串到刚性跳架的连接。

4）跳线安装工艺及质量要求如下：

a. 所有跳线安装使用的导线必须用未使用过的导线，装运、安装过程中要避免硬弯磨损。压接跳线管前应将导线理顺，并在地上模拟跳线悬挂时形状，转好引流板的方向再进行压接。

b. 在地面将硬跳线与悬垂绝缘子串组装好，一并吊装安装在塔上。施工时应根据确定的软跳线长度，将其与硬跳线引流板、耐张线夹引流板联接，再安装软跳线间隔棒。

c. 跳线安装好后，跳线不得与金具磨碰，各子跳线相互协调，外形整齐美观，并满足电气间隙要求（特高压规定为 7.6m）。

d. 引流安装时结合面必须是光面对光面，引流板上的螺栓一定要紧固，紧固力矩达到 8000N·m。

e. 安装螺栓前，应将引流板与耐张线夹光面用汽油清洗，再用细钢丝刷清除表面的氧化膜，并均匀涂上一层 801 电力脂。

f. 引流线不宜穿过均压屏蔽环。

8. 2×"一牵四"同步展放方式防止导线相互缠绕的措施

正常放线时，八根子导线从左到右依次按 1 号、2 号、3 号、4 号、5 号、6 号、7 号、8 号布置，互不干扰，互不磨线，相互平行。但在挡距大于 600m 及以上的大挡距中或刮风天气，很容易造成导线在张力放线过程中发生错位，出现子导线顺序被打乱，导线无规则地相互缠绕的现象。

（1）处理方法。由于分不清导线实际缠绕状况，所以处理难度很大，需从牵张场同时松出导线和牵引绳，待导线接近地面或完全落地后，人工将导线逐根分开，使之恢复正常状态。

（2）导线相互缠绕造成的后果。

1）增加不安全因素。

2）导致导线磨损、断股、变形。

3）拖延工期。

（3）导线缠绕原因分析。

1）不均匀风荷载引起子导线在横线路方向发生相对偏移。

2）子导线张力不一致造成弧垂相对偏差。

3）放线张力较小。

（4）避免导线互相缠绕措施。

1）措施一：隔离子导线。首先展放避雷线。当导线四线走板通过滑车进入大档距后或在刮风天气，将八根尼龙绳的上端分别穿过八根子导线的九个缝隙，然后串上 50kN 级 U 形环与避雷线相连，另一端用人力在地面控制，将其拉到档距中央位置，并临时锚固。这样就能避免导线因横向位移而产生的互相缠绕。

2）措施二：安装导线分离器法。导线分离器是由数个滚轮组成一个封闭的结构体系，可作为导线防缠绕和一般压线工具使用，安装导线分离器是一种比较理想有效避免导线缠绕的措施。挡距小于 800m 时，在靠近挡距中央的分裂导线上安装一个导线分离器；挡距大于 800m 时，分别在挡距的 1/3 处和分裂导线上各安装一个导线分离器（共 2 个）。

9. 张力架线导线保护

为了确保张力架线的施工质量，减少对导线的磨损，提高导线表面的光洁度，将成为张力架线施工中的关键性问题。因此，施工中应加强导线的保护，其具体措施如下。

(1) 装卸、运输及保管。

1) 装卸和运输导线时，应轻装轻放，不得碰撞，不得损坏轴套、轴辐及外包装护板。

2) 装卸、运输、保管中，线轴应立放，不得水平放置和叠压，线轴地面应垫枕木。

3) 导线轴立放在车厢中部，并应用绳索绑扎牢固，并支好掩木。

4) 导线轴存放的地面应平整、无石块和积水。

5) 装卸线轴要用吊车，不得从汽车上推滚落地。

6) 滚动线轴时的旋转方向应与导线的卷绕方向相同，以免线层松散。

7) 导线的余线应收卷在钢制线盘上运输。

(2) 导线展放过程中的保护措施。

1) 在满足导线对地距离确保安全通过的前提下，应尽量选择较小的张力进行放线。

2) 在交叉跨越处应采取防磨措施。

3) 导线接续作业将连接导线的网套连接器绕回线轴时，应采用垫帆布等隔离措施保护线轴上的导线，防止挤伤相邻导线。

4) 放线工程中，牵引机操作应平稳，保持子导线张力平衡，预防导线跳槽或走板翻转。

5) 放线滑车等工器具（接地滑车、压接管保护套和旋转连接器，应经常检查，必须转动灵活，根据张力架线施工工艺导则规定，凡计算悬挂双滑车的塔位，必须按双滑车悬挂。

6) 放线过程中应保证通信系统畅通，加强施工监护。放线次序应先放地线，后放导线。在牵张场及交叉跨越处应理顺导线，防止交叉磨损。

7) 对于2×"一牵四"放线方式，导线展放完毕收紧张力锚线时，四台张力机必须同时进行回牵或者由牵引机进行收紧张力操作，切不可由张力机分次收紧，避免造成导线相互驮线的现象发生，损伤导线，尤其是在山区应特别注意。

(3) 导线落地的保护措施。

1) 导线落地操作场地应用苫布等软质量物垫在地面上，以保证导线不触碰地面，特别是岩石裸露的地面上，还应垫以方木或木板。

2) 合理选择牵张场地，尽量减少导线落地距离及落地的不良地面。

3) 收放导线余线时，禁止拖放。各子导线和线盘之间保持一定距离，防止交叉混线。

4) 导线与锚线架等接触处应加胶垫等保护物，导线落在垫物上应避免泥、沙及油脂等杂物污染。

5) 导线落地场设专人监护导线，防止导线遭受车压、人踩或机具损坏。

(4) 导线临锚操作的保护措施。

1) 临锚钢丝绳应采用旋转力小的钢绞线，并包胶处理或套胶皮套管，防止磨损导线。

2) 卡线器安装前要核对型号，并检查钳体是否圆滑，必要时进行磨光处理。卡线器在导线上安装、拆卸时，禁止在导线上滑动或转动，预先确定好位置，争取一次安装到位。安装后立即在卡线器后部安装胶管以保护导线。

3) 高空临锚时，卡线器以外的尾线应用软绳吊好，以免尾线掉落时在卡线器处产生硬弯、松股现象。锚好的八根子导线的尾线应分开，不能紧挨，以免刮风时造成摇摆，使导线相互摩擦受损。

4) 临锚时间不宜过长，应尽量缩短各子工序之间的间隔时间，避免导线在滑车处和导线在挡距中间互相鞭击磨损。

5) 临时临锚应设在导线展放的方向上，张力机的出口处与邻塔导线悬挂点的高差不宜15°。

6) 线端临锚时，宜采用各子导线不等高弧垂临锚。

7) 高空临锚的索具布置，相邻子导线之间应相互错开，与临锚索具靠近的导线应套胶管，避免导线被其磨伤。

(5) 压接过程中的保护措施。

1) 导线压接操作场地形应平整，地面应铺垫帆布，使导线与地面隔离。

2) 断线前应用细铁丝绑紧断线点两侧的导线，防止断线后松股。

3) 断线后待压接的导线应理顺，防止扭曲松股。

4) 压接时置于压模内的导线应双手拿平，防止导线松股。

(6) 紧线施工导线保护。

1) 临锚操作保护导线措施。

a. 导线临锚绳宜选用旋转力小的钢绞线，所有的导线临锚钢丝绳可能与导线接触的部位都应套上胶管，防止磨损导线。有条件的地方，可选用包胶处理的钢丝绳作临锚绳。

b. 卡线器安装前应核对型号、检查强度，钳口钳体是否圆滑，必要时应对钳口进行磨光处理。

c. 卡线器安装、拆除时不得使卡线器在导线上滑动、滚动，安装时应在事先测量好位置，一次安装成功。安装完后应立即在导线上卡线器后部安装胶管以保护导线。

d. 高空临锚时，卡线器以外的尾线应用软绳吊好，以免尾线掉落时在卡线器处产生硬弯、松股现象。锚好的八根子导线的尾线应分开，不能紧挨，以免刮风时造成摇摆，使导线相互摩擦受损。

e. 临锚时间不宜过长，尽量缩短各工序之间的间隔时间。

f. 线端临锚时，宜采用各子导线不等高弧垂临锚。

2) 防止多分裂导线相互鞭击的工艺措施。导线展放完成后，紧线附件安装之前，多分裂导线子导线间易发生鞭击现象，为减少鞭击现象造成的导线损伤，应注意以下要求：

a. 为减少鞭击带来的危害，应尽量缩短放线-紧线-附件各施工工序的时间间隔，减少导线在滑车中停留时间。

b. 张力放线临锚时，将各子导线作不等高排列，临锚张力应考虑导线防振要求。

c. 特殊严重的情况下，为防止放线过程中导线受风影响而产生相互绞线，采取将各子导线分离的措施。

3）紧线施工导线保护措施。紧线过程中的护线重点区在紧线场和锚线场。而在松锚、紧挂线及锚线等项作业中最易损伤导线，作业时应特别注意：

a. 避免将锚绳、紧线钢绳及其他工具搭在导线上拖动，必须接触导线时，接触部分应套胶管。

b. 妥善保管余线。

c. 限制导线在各种紧线滑车上的包络角，以防止导线内伤。

（7）附件安装时的导线保护措施。

1）紧线完成后，应尽快进行附件安装，避免导线在滑车中受振和在线挡（挡距）中的相互鞭击而损伤。

2）附件安装用的提线钢绳及提线钩应包胶处理。提线钩与导线的接触长度应大于 110mm 以上，挂钩宜做成悬垂线夹形。

3）安装附件时，必须用记号笔画印，严禁用钳子、扳手等硬物在导线上划印。

4）拆除放线滑车时，应先在导线上安装保护胶管。释放钢丝绳在横担上的挂点位置应避开导线线束方向，防止滑车和释放钢丝绳磨损导线。

5）传递工具和材料时不得碰撞导线，且应使用软质绳。不得用硬质工具敲击导线。线夹、防振锤安装。

（8）减轻导线鞭击的措施。

1）尽量缩短放线、紧线和附件的作业时间间隔，减少导线在滑车内的停留时间。

2）张力放线临锚时，将各子导线作不等高排列锚固，临锚张力应考虑导线防振要求，不应超过导线保证

计算拉断力的 16％。

3）导线压接管保护套的外部应缠绕黑胶布，以防伤及相邻导线。

4）为防止放线过程中导线受风影响而产生相互绞线，采取将各子导线分离的措施。

（9）导线、金具、工器具等的防腐措施。

1）导线在材料站存放过程中要加遮盖物。

2）金具在材料站存放过程中要做到下铺上盖。

3）导线金具到达施工现场要妥善保管，如遇雨雪等天气须及时检查遮盖物是否遮盖严实。

4）导线金具的外包装在使用前应保持完整。

5）现场工器具应做到上铺下盖。

6）工器具埋入地下的部分应涂防腐涂料，以防止发生腐蚀。

7）张力场在每天施工结束后应将剩余导线包装好。

三、施工机具需求计划

（一）施工机具配备

根据工程施工实际需要，依照本工程施工进度计划，拟投入本工程的设备和工器具见配置计划表，本工程选用的主要设备和工器具在公司器材库，按照安全生产风险管理的体系思路，对起重设备维护管理的"八步骤"内容进行拆分、梳理和融合，形成了施工机械（具）和设备管理的六个环节。

（二）施工机械及主要机具配备计划

1. 复测施工主要机具

复测施工主要机具见表 2-10-5-18。

2. 土方及基础施工主要机具

土方及基础施工主要机具见表 2-10-5-19。

3. 组塔施工主要机具

组塔施工主要机具见表 2-10-5-20。

表 2-10-5-18　　　　　　　　　复测施工主要机具

序号	机具名称	规格	单位	数量	进场时间	主要参数及用途
1	GPS卫星定位系统	HD5800	套	1		施工测量
2	全站仪	TCR402	套	3		施工测量
3	经纬仪	TDJ2（E）	台	3		施工测量
4	塔尺	5m	把	6		施工测量
5	花杆	3m	根	6		施工测量
6	钢卷尺	20～30m	把	6		施工测量
7	钢卷尺	5m	把	6		施工测量
8	小锤	1kg	把	9	2018 年 11 月 1 日	施工测量
9	斧头		把	3		施工测量
10	木桩袋	帆布	只	9		施工测量
11	文具袋	帆布	只	9		施工测量
12	报话机	TK-378	台	9		通信设备
13	笔记本		本	3		施工测量
14	计算器		台	3		施工测量

表 2-10-5-19   土方及基础施工主要机具

序号	机具名称	规 格	单位	数量	进场时间	主要参数及用途
1	经纬仪	TDJ2（E）	台	30		施工测量
2	塔尺	5m	副	30		施工测量
3	钢卷尺	2m、5m	把	30		施工测量
4	钢尺	30m、50m	把	30		施工测量
5	水平尺		把	30		施工测量
6	试块模	150mm×150mm×150mm	套	60		制作混凝土试块
7	坍落度筒	100mm×200mm×300mm	个	20		混凝土坍落度检测
8	回弹仪	DIGI	台	5		混凝土强度检测
9	搅拌机	JZC350	台	20		混凝土浇筑用
10	振捣棒	ZDN-80	台	32		汽油机动力
11	电动打夯机	HW01	台	20		回填土夯实用
12	发电机（汽油、柴油）	20kW	台	50		移动电源
13	电焊机	Ws-200	台	20		钢筋加工机具
14	钢筋弯曲机	GJ7-40	台	2	2019年1月15日	钢筋加工机具
15	基础模板	拼装式	套	100		基础模板
16	地脚螺栓固定样板	自行加工	套	100		固定地脚螺栓用
17	手推车	0.12m³	辆	100		现场倒运混凝土
18	钢板	2m×1m	块	40		混凝土浇筑用
19	料斗	2.0m³	个	20		混凝土浇筑用
20	水罐	2.5m³	个	20		混凝土浇筑用
21	磅秤	100kg	台	20		混凝土浇筑用
22	接地摇表		台	10		检测接地电阻
23	游标卡尺	13cm/0.2mm	个	20		混凝土浇筑用
24	焊缝检验尺	HJC60	个	2		检验焊接质量
25	凿岩机	YO-18	台	40		石方开挖
26	空压机	W-1/8	台	40		石方开挖
27	岩石分裂机	FL300	台	40		石方开挖

注 1. 现场浇制基础机具进出场负责人由物资供应部与各队施工队长共同负责。
　　2. 现场浇制基础机具设备处于良好的备用状态。

表 2-10-5-20   组塔施工主要机具

序号	机具名称	规 格	单位	数量	进场时间	主要参数及用途
1	Q345钢抱杆	700×700×32m	副	24		
2	钢丝绳	φ15.5	条	若干		
3		φ11	条	若干		拉线系统
4	起重滑轮	100kN，单轮，开口	只	200		
5	法兰螺栓	M22	副	200		
6	钢丝绳	φ15.5×200m	条	24	2019年6月10日	磨绳
7	机动绞磨	50kN	台	50		牵引用
8		φ15.5		若干		
9	钢丝绳	φ17.5	条	若干		吊点绳
10		φ21.5		若干		

续表

序号	机具名称	规　格	单位	数量	进场时间	主要参数及用途
11	转向滑车	100kN，单轮，开口	只	200		起吊系统
12	钢丝绳	$\phi15.5$	条	若干		补强用
13		$\phi21.5$		若干		承托绳
14	白棕绳	$\phi16$	条	若干		传递绳
15	小滑车	2kN，$\phi90$ 单轮	只	100		吊小工器具用
16	卸扣	50kN	只	540		
17		80kN		620		
18		100kN		200		
19		150kN		200		
20	铁锤	7.2kg	把	24		设置控制桩
21	扳手	M16	把	120	2019 年 6 月 10 日	
22		M20		120		
23		M24		80		组装用
24	扭矩扳手		把	30		
25	钢钎	$\phi25\times2000$	根	60		
26	方木	$\phi150\times150\times800$	根	270		
27	圆木	$\phi140\times12000$	根	24		补强用
28	木杠	$\phi80\times2000$	根	72		组装用
29	经纬仪		台	10		立塔用
30	手扳葫芦	30kN	把	60		
31	手扳葫芦	60kN	把	250		
32	管钳		把	30		紧固地脚螺栓
33	地锚	50kN	个	100		控制绳地锚
34	地锚	100kN	个	150		拉线地锚
35	地锚	150kN	个	50		牵引地锚
36	制动滚杠		个	150		

注 1．组塔工器具进出场负责人由物资部与各施工队队长共同负责。
　　2．组塔机具设备处于良好的备用状态。

4．张力架线施工主要机具
张力架线施工主要机具见表 2-10-5-21。

5．主要公用机具及设备
主要公用机具及设备见表 2-10-5-22。

6．安全监护与保护设备
安全监护与保护设备见表 2-10-5-23。

7．生活与办公用品资源
生活与办公用品资源见表 2-10-5-24。

表 2-10-5-21　　　　　张力架线施工主要机具

序号	机具名称	规　格	单位	数量	进厂时间	备　注
1	吊车	50t	台	1		张力场
2	吊车	25t	台	1		牵引场
3	主张力机	SAZ-90×2	台	4	2019 年 11 月 10 日	最大张力：2×90kN
4	主牵引机	P-280（德国）	台	2		最大牵引力：280kN
5	小张力机	SAZ-50×2	台	2		最大张力：2×50kN
6	小牵引机	SAQ-75	台	2		最大牵张力：75kN
7	无人机		台	2		

续表

序号	机具名称	规 格	单位	数量	进厂时间	备 注
8	液压机	300t	台	6		导线地面压接
9	轻型液压机	200t	台	8		导线高空压接
10	液压机	200t	台	4		地线接续管压接
11	地线滑车	φ660单轮	个	60		允许负载：20kN、滑轮宽：100mm、轮槽底径：560mm
12	光缆滑车	φ916单轮	个	60		允许负载：00kN、滑轮宽：110mm、轮槽底径：800mm
13	导线滑车	φ1040五轮	个	320		挂胶、允许负载：120kN、滑轮宽：150mm；轮槽底径：1000mm
14	压线滑车	MY-8	个	30		额定负载：80kN
15	高速转向滑车	SHG-916	个	20		额定负载：150 kN、外径：916mm
16	两线牵引走板	25t	个	8		满足技术要求
17	升空滑车		个	4		
18	旋转连接器	SXL-8	个	200		额定负载：80kN
19	旋转连接器	SXL-25	个	8		额定负载：250kN
20	抗弯连接器	DHG-8	个	200		
21	抗弯连接器	DHG-30	个	200		额定负载：300kN
22	杜邦丝	φ3.5	km	60		综合破断力：2.92kN
23	高强迪尼玛绳	φ8	km	80		综合破断力：18.5kN
24	高强迪尼玛绳	φ16	km	80		综合破断力：78.8kN
25	牵引绳	φ28	km	40		综合破断力：580kN
26	导引绳	φ16	km	80		综合破断力：114kN
27	导线网套连接器	SLW-80	个	16	2019年11月10日	单头、额定负载：80kN
28	导线网套连接器	SLW（S）-80	个	16		双头、额定负载：80kN
29	地线网套连接器	SLW-50	个	4		单头、额定负载：50kN
30	地线网套连接器	SLW（S）-50	个	4		双头、额定负载：50kN
31	牵引绳卡具	SKQ-4		8		φ28牵引绳用
32	导引绳卡具	SKQ-2		16		φ16导引绳用
33	导线卡具	SKLQ-85	个	224		额定负载：75kN，适用于JL/G2A-900/75导线
34	地线卡具	JLB20A-150				适用于JLB20A-150地线
35	光缆卡具	OPGW-150				适用于OPGW-150光缆
36	手扳葫芦	90kN	个	120		固定牵、张设备、附件安装
37	手扳葫芦	60kN	个	120		锚线
38	手扳葫芦	30kN	个	20		地线、光缆附件用
39	钢丝绳	φ28	根	64		耐张塔挂滑车用
40	钢丝绳	φ21.5	根	136		牵张机地锚绳套、高空临锚、耐张滑车
41	钢丝绳	φ15.5	根	32		吊装导线、过轮临锚
42	钢丝绳	φ21.5	根	32		提线用
43	钢丝绳	φ17.5	根	32		耐张反向拉线
44	钢丝绳	φ21.5	根	128		单根导线锚线用、运输导线、挂滑车
45	压接管护套	900/75	套	96		适用于JL/G2A-900/75导线
46	压接管护套	JLB20A-150	套	12		JLB20A-150
47	高空作业台		套	4		

续表

序号	机具名称	规格	单位	数量	进厂时间	备注
48	软梯	15m	套	60		
49	卸扣	15t	个	100		牵张机使用、吊装导线
50	卸扣	10t	个	800		
51	卸扣	8t	个	200		
52	地锚	15t	个	150		大牵引机、大张力机、导线线端临锚
53	地锚	10t	个	40		小牵引机、小张力机、地线、光缆线端临锚
54	地锚	5t	个	100		反背拉线，跨越架拉线临锚
55	锚线架		套	100	2019年11月10日	
56	提线器	一提二	个	30		适用于JL/G2A-900/75导线
57	剥线器		个	8		适用于JL/G2A-900/75导线
58	液压断线器		个	20		适用于JL/G2A-900/75导线
59	机动绞磨	50kN	台	12		
60	小型电台		台	4		
61	对讲机		台	60		
62	温度计	-30～+50℃	个	10		
63	导线分离器		个	40		防止导线缠绞
64	接地滑车		个	20		

表2-10-5-22　　　　　　　　　主要公用机具及设备

名　称	规格型号	单位	数量	备注
施工指挥车	30-V6/BJ2021A6L/CJY6421D	辆	4	包括生活服务
载重车	EQ1092F5t-8t	辆	12	施工用车
载重车	EQ1092F8t-20t	辆	4	施工运输
吊车	25t	辆	2	
吊车	50t	辆	2	
望远镜		台	10	
测高仪	300D、300E	台	2	
锌层厚度测试仪		台	2	
回弹仪		台	2	
拉力表	150kN	个	2	

表2-10-5-23　　　　　　　　　安全监护与保护设备

序号	名　称	单位	数量	责任人	序号	名　称	单位	数量	责任人
1	安全标志牌	套	20	供应部主任	10	安全帽	顶	1000	供应部主任
2	安全围栏	m	20000	供应部主任	11	验电器（按电压等级配置）	套	20	供应部主任
3	低压配电箱	个	20	供应部主任	12	指挥旗	个	若干	供应部主任
4	便携式卷线电源盘	个	20	供应部主任	13	绝缘绳	m	20000	供应部主任
5	水平及垂直安全绳	m	2000	供应部主任	14	速差自控器	个	200	供应部主任
6	下线爬梯	个	20	供应部主任	15	个人保安线	条	100	供应部主任
7	接地线	组	100	供应部主任	16	屏蔽服	套	50	供应部主任
8	攀登自锁器	个	120	供应部主任	17	绝缘杆、绝缘网	套	若干	供应部主任
9	防坠落安全带	个	120	供应部主任	18	绝缘手套	副	300	供应部主任

表 2-10-5-24   生活与办公用品资源

序号	名 称	单位	数量	责任人	备注	序号	名 称	单位	数量	责任人	备注
1	伙食用具	套	8	办公室主任		10	传真机	台	8	工程部主任	
2	电冰箱	台	8	办公室主任		11	激光打印机	台	8	工程部主任	
3	洗衣机	台	8	办公室主任		12	空调	台	60	办公室主任	
4	电视机	台	8	办公室主任		13	淋浴器	台	8	办公室主任	
5	DVD机	台	8	办公室主任		14	摄像机	台	8	办公室主任	
6	乒乓球桌	套	8	办公室主任		15	数码相机	台	30	办公室主任	
7	篮球、羽毛球	套	8	办公室主任		16	扫描仪	台	8	办公室主任	
8	消毒柜	台	8	办公室主任		17	复印机	台	8	办公室主任	
9	电脑	台	20	工程部主任							

四、材料、消耗材料需求计划

(一)材料供货方式

(1)在开工前,由项目供应部按发包方提供和自行采购的材料分别编制详细的材料表,报发包方、监理审批后实施。

(2)本工程的导线、架空避雷线、金具、铁塔(包括与铁塔联接的螺栓、垫片;钢管)、导线及避雷线绝缘子及金具、防坠落装置、在线监测装置由发包方统一组织招标采购,向承包方供应实物。

(3)本标段的基础钢筋、接地钢筋、地脚螺栓、地方性材料(砂、石、水泥等)及其他消耗性材料等均属承包方采购范围。

(二)主要材料需求计划

主要材料需求计划见表 2-10-5-25。

表 2-10-5-25   主要材料需求计划

序号	材料名称	供货方式	到货地点	供货时间
1	基础钢筋	在本地采购加工	现场材料站	2018 年 12 月 10 日开始供货
2	地脚螺栓	甲供	现场材料站	2018 年 12 月 10 日开始供货
3	接地钢筋	本地采购	现场材料站	2018 年 12 月 10 日开始供货
4	水泥	本地采购	现场材料站	2018 年 12 月 10 日开始供货
5	水洗砂	本地采购	现场材料站	2018 年 12 月 10 日开始供货
6	石子	本地采购	现场材料站	2018 年 12 月 10 日开始供货
7	铁塔	甲供	现场材料站	2019 年 3 月 30 日开始供货
8	导线	甲供	现场材料站	2019 年 8 月 15 日开始供货
9	地线	甲供	现场材料站	2019 年 8 月 15 日开始供货
10	绝缘子	甲供	现场材料站	2019 年 8 月 15 日开始供货
11	线路金具	甲供	现场材料站	2019 年 8 月 15 日开始供货

(三)主要周转材料需求计划

主要周转材料需求计划见表 2-10-5-26。

表 2-10-5-26   主要周转材料需求计划

序号	工序名称	材料名称	单位	数量	供货时间
1	基础工程	钢模板	套	18	2018 年 12 月 10 日
2	基础工程	扣件	个	20000	2018 年 12 月 10 日
3	基础工程	脚手架	t	6	2018 年 12 月 10 日
4	架线工程	脚手架	t	120	2019 年 8 月 20 日
5	架线工程	越线架	副	4	2019 年 8 月 20 日
6	架线工程	安全网	m²	3000	2019 年 8 月 20 日
7	架线工程	绝缘绳	kg	1000	2019 年 8 月 20 日

(四)主要消耗材料需求计划

主要消耗材料需求计划见表 2-10-5-27。

表 2-10-5-27   主要消耗材料需求计划

序号	名称	单位	数量	供货时间
1	镀锌铁丝	kg	800	按需供货
2	木材(方木)	m³	60	按需供货
3	棕绳	kg	3000	按需供货
4	小绳	kg	1800	按需供货
5	铁钉	kg	50	按需供货
6	砂纸	张	1000	按需供货
7	电焊条	t	1	按需供货
8	红油漆	kg	60	按需供货
9	防锈漆	kg	60	按需供货
10	黑胶布	卷	300	按需供货
11	导电脂	桶	30	按需供货
12	钢锯条	根	500	按需供货

第六节   施工管理与协调

乌东德电站送电广东广西特高压多端直流示范工程

线路工程对技术、物资、资金、施工队伍、协调等方面的管理工作要求很高。项目部从人员配备、施工准备、施工管理、协调工作等方面的管理提出了详细计划和要求，并对工程分包商的选择，以及对其质量、安全、进度、文明施工的管理提出要求。

一、技术管理及要求

（一）编写施工方案及要求

项目总工负责进行施工现场的实地勘察，对自然条件、交通状况、地方性材料供应、施工平面布置及塔位地形、地质、跨越物等进行调查分析，为项目管理实施规划和工地管理制度、施工技术方案等文件的编制提供第一手资料。充分研究、分析工程的特点和设计条件，经过比较确定施工技术方案，然后按公司规章制度进行编、审、批。本工程需编写的施工技术资料及具体编写计划见表 2 - 10 - 6 - 1。

表 2 - 10 - 6 - 1　　本工程需编写的施工技术资料及编写计划

序号	项目	名　称	提供时间
1	开工准备	施工组织设计	2018 年 12 月 5 日
2		创优施工实施细则	2018 年 12 月 5 日
3		安全管理及风险控制方案	2018 年 12 月 5 日
4		施工安全风险识别、评估、预控清册	2018 年 12 月 5 日
5		管理制度汇编	2018 年 12 月 5 日
6		应急预案	2018 年 12 月 5 日
7		工程强制性条文执行计划	2018 年 12 月 5 日
8		工程质量通病防治措施	2018 年 12 月 5 日
9	基础工程	运输方案	2018 年 12 月 5 日
10		分坑手册	2018 年 12 月 5 日
11		人工挖孔桩基础施工方案	2018 年 12 月 5 日
12	铁塔工程	铁塔组立施工方案	2019 年 04 月 30 日
13	架线工程	架线施工方案	2019 年 08 月 20 日
14		导线压接施工技术措施	2019 年 08 月 20 日
15		特殊跨越施工方案	2019 年 08 月 20 日

（二）技术管理制度

（1）项目技术管理制度。明确各级岗位技术责任和工作分工，做到职责分明、分工协作、协调默契。

（2）材料代用管理制度。规定了到货材料检验的项目、方法、参加人员及不合格品的处置，做到从源头把关、层层设防，防止不合格的原材料、半成品流入施工现场。

（3）隐蔽工程验收签证制度。根据招标文件、施工验收规范和监理工程师的要求，明确隐蔽工程的范围、内容及标准，检验的时间和程序，严把质量关，确保隐蔽工程质量。

（4）施工技术交底制度。对交底层次、时间、人员、内容进行规定，杜绝由于对施工图纸和技术、施工关键点不清楚而发生的技术问题。

（5）施工图预审制度。规定参与施工图预审的部门、会检的内容和重点，此项制度是从源头把关，对设计思想、意图深刻领会，杜绝或减少设计与施工间的接口问题，使项目施工顺利实施。

（6）工程变更管理制度。规定了工程变更的申请流程以及相关的职能部门。

（7）科技创新制度。执行中国南方电网公司和属地网省公司在基建新技术方面的有关要求和成果推广，依托具体工程情况，开展基建新技术的研究和应用工作。

（三）人员培训管理及要求

为保证实现本工程的建设目标，对参加项目工程的管理人员和施工人员进行针对性的培训，提高员工素质，以满足工程要求。

（1）依据施工及验收规范、工艺导则，对项目部管理和施工人员进行培训，使项目部人员熟悉本工程的质量标准和工艺要求。

（2）由公司职能部门对项目部进行质量、安全、文明施工和环境保护等制度的培训，了解本工程的各项目标和保证目标实现的具体措施。

（3）根据编制的专项施工技术方案。

（4）公司档案室按照《国家重大建设项目文件归档要求与档案管理规范》《中国南方电网公司电网建设项目档案管理办法（试行）》关于对档案管理实施的要求，进行档案管理的培训，使现场档案管理人员熟悉档案资料的范围、收集、填写、整理等方面的要求。

（四）技术管理职责

1. 项目总工

（1）熟悉公司的技术管理制度和送电工程的验收规范，负责分管工程的技术管理工作。

（2）负责组织编写本工程的各种技术资料，审核本工程的施工组织设计，批准本工程的材料计划、一般技术方案和措施。

（3）参加施工图会检，提出会检意见，根据工程需要，提交本工程的设计变更申请。

（4）组织本工程的技术人员解决施工现场的技术问题。

（5）深入施工现场，检查施工组织设计、技术措施和技术方案的执行情况，制止违章作业。

（6）从技术上对本工程的安全、质量负责，组织本工程的安全和质量情况调查，参加本工程的安全、质量事故分析，提出预防措施。

（7）提出跨越的技术装备需求计划。

（8）组织跨越技术培训工作和技术交底。

（9）负责本工程的科技进步工作，组织本工程的技术人员做好竣工图纸、施工记录的整理、审核工作；需要开展的科技项目计划，组建科技项目组并按计划开展科技工作；参与所负责项目工程的验收和试运行工作；

做好领导交办的其他技术工作。

2. 工程部主任

（1）熟悉送电工程施工规程和验收规范，负责项目工程的技术管理工作，配合项目总工决定本工程重要技术问题。

（2）参与或组织工程的接桩、复测工作。

（3）负责组织本工程的施工图纸会检，根据工程实际情况提出必要的设计变更和设备、材料代用意见。

（4）组织并参与本工程各项工序开工前的技术交底工作，编制、审核本项目范围内的施工技术资料。

（5）深入施工现场，检查施工组织设计、技术措施的贯彻执行情况，及时解决现场施工中的问题。

（6）从技术上对本工程的安全、质量负责，参加本工程的安全、质量事故的调查分析，制定出防止事故的技术措施，负责本工程的安全工作及质量管理工作的顺利进行；参加本工程的竣工验收、试运及移交工作。

（7）结合跨越实际情况组织开展QC小组活动和技术革新活动，推广新技术、新结构、新工艺、新材料，搜集整理QC成果及合理化建议。

（8）监督施工机械、仪器（仪表）及重要工器具的使用和维护工作。

（9）编写本工程施工技术总结，收集工程技术资料，做好技术资料的归档工作。

（五）施工图会检管理

项目部在领取施工图后，必须及时组织有关人员进行施工图会检，施工图纸会检由项目总工负责，项目部有关技术、质量、材料供应、施工通道等方面的人员参加，各专业管理人员会前应认真审图，各专业人员将各自发现的问题向项目总工汇报，形成一致意见，由项目总工程师填写"图纸预审记录"，提出会检意见。

（六）技术交底管理

（1）工程开工前、分部工程开工前和特殊作业施工前，应进行施工技术交底。

（2）由公司总工程师（或委托专业副总工程师）主持公司级交底会议，公司施工管理部人员对项目部人员进行本工程的技术交底。

（3）工程开工前由项目经理主持，项目技术负责人依据"施工组织设计"对全体施工人员进行交底。

（4）基础浇制、铁塔组立、架线施工三个分部工程开工前由施工负责人主持，项目技术负责人依据分部工程的施工技术方案要求对全体施工人员进行交底。

（5）特殊作业（如压接、跨越施工）在施工前由项目总工依照作业方案对参加施工人员进行交底。

（6）交底内容包括工程范围和施工进度要求，主要操作方法和安全、质量措施，主要设计变更和设备、材料代用情况，重要施工图纸解释，经批准的重大施工方案，质量评级办法和标准，应做好的施工技术记录内容及分工，其他施工中应注意的事项。

（七）技术检验管理

（1）技术检验的主要内容是对工程中使用的原材料、成品、半成品、混凝土、施工用计量器具等进行检查试验监督，防止错用、乱用和随意降低标准。

（2）检验项目按有关专业标准和技术规范、制造厂家技术条件及说明书的要求执行。

（3）进入材料站的所有原材料，必须经专人复检和进行标识并及时做好记录，对产品有质疑的质管人员有权要求对其做出必要的实验或按程序文件拒收。

（4）进入材料站的原材料、半成品、成品等必须有产品合格证，材质检验报告等有关证明资料。

（5）外委加工的工程成品除必须有产品合格证及试验报告外，在隐蔽前应逐个外观、尺寸检验并填写记录。

（6）原材料遇有下列情况之一时，使用前应委托试验单位进行检查：出厂证件无法取得时，证件中试验数据不全、无法判定其质量时，原证件规定的质量保证期限已经超过时，对原证件内容或可靠性有怀疑时，为防止差错而进行必要的复查或抽查时，业主或监理要求时。

（7）对检验合格的原材料、半成品、成品应及时建立台账，并合理分区验收，做好标识和记录。

（8）材料站在进料检验和日常检查中，如发现不合格品应按"不合格品的控制程序"执行，对不合格品进行隔离，并加以记录，及时上报项目部。

（9）未经检验或试验和检验或试验不合格的原材料、半成品、成品严禁投入工程中使用。

（10）本工程有关材料检验的记录、证件由现场材料站负责汇总、整理并在分部工程完工后移交项目工程部。

（11）进入本工程的计量器具在开工前必须经检定合格或核准在有效期内方可使用。

（12）施工过程检验执行施工质量检查验收制度。

二、物资管理及要求

（一）乙供材料

（1）自行采购原材料、半成品、成品等必须在经评审合格的分承包方内采购选用。

（2）消耗性材料由施工队提出工程所需计划上报物资供应站，本着"质比三家，质优价廉"的原则统一汇总采购。

（3）材料运抵现场后必须有完整的产品合格证和材质化验报告等质量证明文件，并向监理部提供复印件，经监理部确认合格并签证后，方可在工程中使用。

（4）材料到货后要详细核对收货件数，并对外观进行检查、记录。

（5）所有原材料、半成品、成品、器具的发放，领用应根据实际所需，报项目经理，物资供应站负责人批准，本着谁领谁签字的原则发放。

（6）所有进出站的材料，器具必须有收、发料单和装箱单，并统一清点、登账；严格工器具领用制度，建立健全材料台账，做好收支记录。

（7）应满足生产运行和安全可靠的要求，中标单位采购工作应在属地省电力公司组织下进行，生产运行等单位参加。

（二）甲供材料

（1）本工程地脚螺栓、铁塔（包括与铁塔联接的螺栓、垫片），防坠落装置，导线及避雷线的绝缘子、导线、架空避雷线及金具、导地线接续管，导线等由项目法人统一组织招标采购，向乙方供应实物。除甲供材料外，本工程所需的其他材料均由乙方自行采购。

（2）承包人应根据合同进度计划的安排，向监理人报送要求发包人交货的日期计划。发包人应按照合同约定或监理人与合同双方当事人商定的交货日期，向承包人提交材料和工程设备。

（3）发包人提供的材料和工程设备的规格、数量或质量不符合合同要求，或由于发包人原因发生交货日期延误及交货地点变更等情况的，发包人应承担由此增加的费用和（或）同意延长工期。

（4）建设管理单位负责组织承包人加强甲供材料的现场到货验收工作，现场开箱验收应严格执行材料供货合同相关质量标准和工厂创优要求，对未见厂内监造见证单的到货材料，均不允许接收。若承包人擅自接收，由此造成的后果由承包人承担。

经开箱验收合格而接收的甲供材，应做好产品保护，具体要求如下：

1）材料站接收的材料，应按种类、规格码放整齐，并做好标识，严防施工发放过程中出现差错，造成误用错用。

2）中心材料站由专人负责管理，设置材料质检员，并应制定相应的材料管理规章制度，对到货必须按照制度进行检查验收，按照品种、规格分别标识、保管，如发现不合格品及时标识、隔离和处置，避免使用到工程中去。

3）材料站应采取防火、防盗、防鼠、防潮和防变形措施。

4）工程材料的到货、检验、发放、领用、退库、隔离及退厂等环节必须有严格的跟踪手续及记录。

5）本工程工程材料的供应管理，包括采购、数量清点、运输、加工、保管及质量检查等控制环节，应严格按照新疆送变电工程公司管理体系文件中的相关程序执行。

6）工程开工前，由施工项目部根据施工进度安排制订工程材料供应计划，由项目经理批准报公司采购。

三、施工机具管理及要求

根据工程施工实际需要，依照本工程施工进度计划投入本工程的设备和工器具，本工程选用的主要设备和工器具在公司器材库，按照安全生产风险管理的体系思路，对机械设备维护管理的"八步骤"内容进行拆分、梳理和融合。

基建项目施工机具管理实行"八步骤"，即：建立施工机具清册、记录维护保养项目和周期、执行维护保养作业指导书、做好维护保养台账、配置机具操作手册、

政府规定的年检资料齐全、三证合法合规、重点作业前的专项检查且资料齐全。

四、资金管理及要求

（1）资金的准备工作由公司负责，在合同签订后，在项目部驻地银行设置资金账户，公司先注入部分资金，保证工程准备工作顺利进行。施工过程中，公司及时足额拨付至施工项目部，保证正常施工资金需求。

（2）项目部配置经验丰富的造价员，要求具有预算员及以上资格证书，从事电力线路工程施工造价管理3年以上经历。

（3）施工前，根据工程施工进度计划编制工程资金使用计划，送监理审核，监理审核后送业主批准执行。

（4）工程开工后，按照建设工程合同申请支付工程预付款，送监理审核，监理审核后送业主批准执行。

（5）工程施工期间，根据建设工程合同约定的计量周期内的施工工程完成情况月报，计算已完工程的预算费用，填写工程进度款报审表，送监理审核，监理审核后送业主批准。

（6）根据审定的施工图设计文件、审定的施工图量编制施工图工程施工费用预算，用以控制、指导施工项目部成员及参与工程施工各方在施工各阶段造价的工程费用支出。

（7）根据工程实际施工进度做出施工图预算费用，和实际发生费用进行比较，分析费用偏差产生的原因，提出改进或纠偏措施。

（8）比较审定的施工图设计文件与招标文件的差异，增加的工程量向监理报送工程量签证单，监理审核后送业主审核；工程施工期间，办理工程变更单；收集整理施工过程中工程签证文件作为工程竣工结算依据。

（9）索赔事件发生后，按合同约定的时间内提出索赔申请，并附依据充分、证明材料齐全完整的费用索赔材料，报送监理项目部审核；工程竣工后进行索赔费用结算。

（10）工程竣工后项目部编制本工程竣工结算工程量确认书，经项目总工审核后上报至本单位对口管理部门，由工程造价专责编制工程竣工结算报审表（含竣工结算书），统一报送至监理项目部、业主项目部审批。

五、作业队伍及管理人员管理及要求

（一）作业队伍的优化配置

（1）为了保证施工项目进度计划的实现，使人力资源得到充分利用，降低工程成本，必须进行作业队伍及管理人员的优化配置。

（2）本工程作业队伍及管理人员的准备要以施工进度计划和特殊工种需求数量为前提，满足施工需要。

（3）各工种的组合、技术工人与普通工人的比例必须适当，尽量均衡配置，以便于管理，同时使劳动强度适当，达到节约的目的。

（4）施工项目部应根据施工进度计划和作业特点优

化配置人力资源，制订劳动力需求计划，报公司劳动管理部门批准。

（二）管理人员准备要求

根据本工程实际情况和项目法人进度要求，计划配备的管理人员见表2-10-6-2。

表2-10-6-2　　本工程计划配备的管理人员

序号	职务、专业或工种	项目部门人员需求		
		项目经理部	中心材料站	每个施工队
1	项目经理	1		
2	项目常务副经理	1		
3	项目总工	1		
4	技术员	1		每个施工队一名
5	质检员	2		每个施工队一名
6	安全员	2		每个施工队一名
7	造价员	1		
8	信息档案管理员	1		
9	协调员	1		
10	材料员	1	1	
11	管理员	1	1	
12	成本员	1		
13	施工队长	4		每个施工队一名

表2-10-6-3　　培训计划表

序号	培训内容	培训完成时间	参加人员	授课单位
1	疾病防治知识	2018年12月10日	全体人员	当地医院医生
2	各传染病防治知识	2018年12月10日	全体人员	当地医院医生
3	基础施工安全、技术培训	2018年12月10日	全体人员	施工项目部
4	铁塔组立施工安全、技术培训	2019年5月15日	全体人员	施工项目部
5	带电跨越施工安全、技术培训	2019年9月5日	跨越架搭设班组	施工项目部
6	张力放线施工安全、技术培训	2019年9月5日	全体人员	施工项目部
7	压接工艺	2019年9月5日	质检员、压接工	施工项目部
8	文明施工与环境保护	人员进场后	全体人员	施工项目部
9	协作队伍安全教育及考试	人员进场前	全体人员	施工项目部

2.施工单位负责部分

青苗赔偿［包括永久征（占）地部分］，余土（含泥浆）外运；施工用临时路桥修、筑，施工用临时场地（含材料站、牵张场地、各类施工场地）清理、准备和租用，运输材料及施工造成的树木砍伐、房屋拆迁，特殊跨越措施补助费、施工措施费（施工排水、围堰、便桥搭设、船只租用、跨越架搭设、带电跨越等施工措施费）等以及以上工作的开展所需的补偿、赔偿、协调等，水土流失治理（如施工用地、道路及周边环境的植被恢复）等相关施工环保、水保工作；国家及地方文件规定的工程建设相关手续，如跨越铁路、各等级公路、其他重要

（三）工作培训计划安排

按照《电力建设工程施工技术管理导则》的要求，严格执行三级交底制度，教育培训内容要结合不同工种、班组制定，具有较强的针对性、可操作性；除对全体人员进行技术培训外，施工项目部还应按照相关规定的要求，开展安全教育培训和工程风险评估的交底培训工作，具体培训计划见表2-10-6-3。

六、协调工作（参建方、外部）

（一）主要青赔及地方协调界面划分

1.属地省公司负责部分

塔基永久征（占）用地和通道内零星树木及成片林砍伐，障碍物拆除［包括房屋拆迁、迁坟、厂矿拆迁、军事设施、各等级（各类型）公路、机耕道、铁路、各级电力线和各级通信线及相关附属设施的改造或拆迁及通道内其他障碍物拆迁、水利设施的处理和赔偿等通道清理］，森林植被恢复费、林勘、水土保持设施补偿费，沿线国家级和省级自然保护区、风景区相关赔偿补偿，中国南方电网公司资产以外的相关线路停电补偿，文物勘探和补偿费用，跨越铁路、各等级公路及其他重要设施，跨越高压线的协调工作等，承包人负责通道保护和通道清理配合工作。

设施（包括封航）、跨越电力线路（不含中国南方电网公司资产以外的电力线路）的停电以及办理各种施工和开工手续（包括与建设管理单位有关的）等。

（二）协调人员配置

为工程施工创造一个好的施工协调环境，确保工程顺利开展，公司成立协调领导小组，项目部成立协调组织结构，积极做好施工协调工作，同时积极配合属地省公司做好其所分管的青赔及地方协调工作，实现无缝衔接，人员组成如下：

1.公司级领导小组

公司级领导小组负责重大事项的协调及处理工作。

公司级领导小组人员如下：

组　　长：副总经理×××

副组长：施工管理部×××

　　　　经营管理部×××

　　　　安质监察部×××

成员：施工管理部、经营管理部、安质监察部、公安保卫部主管专责

2．项目部协调组织机构

项目部协调组织，主要负责工程现场协调工作和属地公司的联系和配合工作。本工程的协调工作由项目经理统一负责，项目部的协调员负责具体协调事务，各部门做好相应协调工作，各施工队配置专人协调员。具体组织机构如下：

组　　长：项目经理×××

副组长：项目副经理×××

　　　　项目总工×××

成　　员：协调员×××

（三）与工程参建方的协调

1．与属地公司协调

（1）及时向属地公司报送开、竣工报告。

（2）参加属地公司组织的工程施工协调会、图纸会检会。

（3）按规定时间报送工程进度、投资完成情况报表，并提出拨付工程进度款申请。

（4）向属地公司及时报告工程质量、安全状况。

（5）向属地公司报送物资需求计划，并及时报告到货产品质量、数量等情况。

（6）施工中按属地公司下发的指示、文件执行，并对施工中遇到的有关问题及时向发包方汇报或提出合理化建议。

（7）接受属地公司组织的安全文明施工等检查工作，配合发包方对工程进行专家验收、竣工验收。

（8）配合属地公司通道清理工作：线路永久用地征（占）用及塔基永久用地征（占）用地范围内青苗赔偿、障碍物拆除等工作。

（9）施工过程中应积极与属地公司沟通，一同解决施工临时用地征用工作。

2．与监理单位协调

（1）工程各阶段开工前，及时向监理部报送开工报审资料。

（2）施工中严格按批准的施工文件和监理下达的各项书面通知、要求执行。

（3）及时向监理报送各项报表、报告、总结及其他资料。

（4）积极接受和配合监理组织的日常性、阶段性工作检查，对提出的整改要求及时认真整改，并将整改结果报监理复查。

（5）施工过程中在质量、安全、进度等方面，与监理工程师保持密切的信息沟通。

（6）提出与其他单位的配合要求。

3．与设计单位协调

（1）对施工图纸、技术文件中有疑问的内容与设计单位沟通，予以确认、澄清、补充、更改。

（2）向设计提出便于施工的建议，如铁塔上增加施工孔、挂板等。

（3）施工中发现与设计图纸不符之处或需设计现场确认的问题，及时向设计反映。

4．与物资供货商协调

（1）发包方供货产品。应通过发包方、建设单位或监理工程师与供货商建立沟通渠道，及时与供货商联系和协调，按进度计划供货；供货质量有问题时，督促供货商及时返修。

（2）自购产品。根据采购合同由项目部直接与供货商联系。

5．与其他施工单位协调

与相关的施工单位建立良好的沟通机制，相关协调人员保持密切联系，就施工临时占地、青苗补偿、施工临时的树木砍伐等方面的问题沟通、协调，使相关各方有关的补偿政策、补偿标准保持一致，为工程顺利施工创造良好的施工外部环境。

（四）与工程外部有关各方的协调

与工程外部有关各方的协调即地方关系的协调，协调工作顺利与否将直接影响到施工工期，为此，成立本工程项目工程协调领导小组，由项目经理任组长，项目协调员和施工队设专人负责地方协调工作。

1．与相关管理部门的协调

（1）开工前与林业部门联系、沟通，办理施工许可证。

（2）架线施工前，与公路管理部门协调办理有关施工许可和配合协议，并报送相关跨越施工方案。

2．与地方政府的协调

（1）开工前就本工程施工建设有关情况向地方政府报告，取得地方政府的支持。

（2）及时缴纳必要的相关费用。

（3）如发生群众不合理阻挠施工事件，必要时请地方政府协助做好群众工作。

3．与沿线群众的协调

（1）开工前、施工中，大力宣传解释国家相关法律、法规和本工程的有关线路通道清理政策、补偿标准，做好群众思想工作。

（2）尊重当地民风民俗，为当地群众提供力所能及的帮助，与地方群众搞好关系，以使工程顺利进行。

（3）施工人员应尊重各民族宗教信仰和历史发展过程中形成的风俗习惯。

4．与气象部门的协调

（1）在铁塔组立前，与当地气象部门联系，并签订长期气象服务协议。

（2）在铁塔组立和架线施工期间，要求气象部门提供实时和突发气象预报（风、雨、雪）。

（五）属地施工经验

公司曾参与±800kV云广特高压输电线路工程、±800kV糯扎度电站送电广东特高压输电线路工程、±800kV滇西北送电广东特高压输电线路工程等多个属地化管理工程，拥有丰富的属地化管理工程经验。在与属地公司的配合中项目部做到：①项目开工前，协助属地公司促成有关市县领导召集沿线乡镇，召开工程项目协调会；②依据建设单位的委托，积极主动地协助属地公司开展工程赔偿工作，努力降低赔偿费用；③建立健全赔偿工作体系，完善各项规章制度，制定赔偿工作管理细则，规范各项工作流程，建立灵活、高效、规范的运作体系，实现对赔偿工作的全面管理和高效运作；④严格执行赔偿标准，严肃并统一赔偿纪律，上下步调一致等。

七、分包计划与分包管理

（一）分包安排与进场计划

（1）公司具有足够的施工技术能力、机具保证、材料保证、质量保证、安全保证，完全有能力、有信心完成本标段的施工任务，本标段计划采用劳务分包，所有工作均由我公司项目部组织完成。

（2）参与本工程建设的劳务分包均在公司最新合格分包商名录内，并且我公司长期协作的优秀劳务队伍中选择，符合相关要求；确定劳务分包队伍、签订合同及安全协议后，由项目部组织进场前的安全教育培训及考试，合格后按照时间节点进场施工，再根据工程阶段进度情况进行阶段性培训。

（二）分包管理

1. 分包的工期管理

（1）将工程分包部分全部纳入项目部的统一管理，由项目部负责整个工程的工期安全、质量、进度管理，利用关键路径法控制工期各个节点。

（2）分包工程的进度必须满足工程总进度的要求，分包商依据分包合同约定，按照批准的周、月、季度施工进度计划组织施工，对分包工程的工期进度和费用实施有效控制。

（3）分包工程的工期进度管理也要坚持"工程进度服从安全、质量"的原则。

（4）协调人员也应为分包工程提前做好施工协议和赔偿协议的签署，开好沿线各级政府的协调会，同时教育分包商与当地群众搞好关系，取得当地群众的支持和理解。

（5）细化分包工程材料供应计划，并在施工过程中经常检查修正，满足施工进度要求。

2. 分包的质量管理

（1）施工承包商对分包工程的施工质量负总责。

（2）分包商参加由施工项目部组织的施工图会检、交底、工地例会、工程质量活动等活动。

（3）施工、监理项目部监督分包商严格按照工程验收规范、质量验评、标准工艺等组织施工，对隐蔽工程

等关键工序（部位）进行过程控制。

（4）分包工程施工结束后，施工项目部组织完成三级验收，监理项目部组织初检，验收中发现的质量问题或缺陷由施工项目部组织分包商整改，监理项目部复验闭环。

3. 分包的安全管理

（1）劳务协作队伍必须将劳务参建人员纳入施工班组、实行与本单位员工"无差别"的安全管理，建立劳务参建人员三级安全教育、安全教育培训、意外伤害保险、员工体检等信息的劳务作业人员名册。

（2）劳务作业所需的施工机械、起重设备由施工项目部配备，并安排有经验、有证人员负责操作。

（3）劳务参建人员的个人安全防护用品、用具和劳务作业所用的手持小型施工机具和工具可按合同约定由施工承包商提供，提供方对质量和强制性检验合格工作负责，劳务参建人员对使用维护负责，项目部负责监督管理。

（4）劳务分包作业的施工方案、作业指导书（含安全技术措施）等施工安全方案和安全施工作业票必须由施工项目部负责，项目部负责在作业前对全体劳务作业人员进行安全技术交底。

（5）劳务参建人员在参与三级及以上危险性大、专业性强的风险作业时，项目部应指派本单位责任心强、技术熟练、经验丰富的人员担任现场施工班组负责人、技术员和安全员，对作业组织、工器具配置、现场布置和人员操作进行统一组织指挥和有效监督。

（6）禁止劳务人员在没有施工项目部组织、指挥及带领的情况下独立承担拆除工程、土石方爆破、设备材料吊装、高处作业、临近带电体作业，大型基坑支护与降水工程、围堰工程、铁塔组立、导线展放等施工作业或国家有关部门规定的、建设管理单位明确的其他危险性大、专业性强的施工作业。

（7）劳务人员参与的其他施工作业，施工班组的关键岗位（现场负责人、现场指挥、安全监护）原则上应为项目部人员，由劳务人员担任时必须经施工单位（公司级）培训发证，并由监理项目部审核认可后持证上岗。

4. 分包的文明施工及环境管理

（1）将分包工程的文明施工管理纳入公司文明施工和环保管理体系。

（2）要求劳务人员按照项目部的文明施工要求参与布置现场。

（3）施工前要对协作人员进行文明施工教育，着装统一，语言得体文明，佩戴上岗证。

工程结束时，做到工完、料尽、场地清。

八、计划、统计和信息管理

（一）计划、统计报表的编制与传递

（1）严格执行业主制订的本工程计划、统计工作管理办法。计划、统计报表的格式由业主项目部制定或施工项目部根据有关规定编制并报审定。

（2）按合同规定及业主项目部施工计划编制施工进度计划，资金供应计划，物资采购计划，设备供应计划等，保证各项计划的实施进度互相匹配，满足合同规定及业主、监理和上级主管部门要求。

（3）在各项计划编制前，认真细致地做好现场施工状况及需求分析，研究和贯彻指示及要求，使各项计划能满足项目全局要求并有效实施。

（4）认真落实各项既定计划，强化计划工作的严肃性和执行力。计划的变动和调整，必须通过监理部并征得业主项目部的同意。同时，要有与落实计划相呼应的应急预案，根据业主项目部、监理项目部和上级主管部门要求以及随现场状况的变化进行动态调整和有效实施。

（5）按业主项目部、监理部规定，随项目管理进度编制施工进度、资金供应、物资采购、设备供应、完成工作量等各类报表。

（6）计划、统计和信息管理采用 P3 软件，有关人员持证上岗；每月按时呈交各种计划统计资料。同时，认真及时做好传达和反馈工作，确保编制传递的信息资料准确、完整、及时和畅通。

（7）保持与业主项目部、监理部间的信息交流渠道畅通，及时传递相关的信息（设计变更、工程进度、影响因素等）。传递方式采用网络传输、电话、传真、函件等，并书面记录，以便协调工作或调整计划。

（8）严格执行工程定期报表制度：项目部在规定时间内编制和报送工程有关的月报、周报及其他相关要求的报表。对报送的报表及资料做到：数据准确、内容真实、资料完整、格式规范、编审负责。信息资料应随时收集、整理。按照业主和监理的要求，每月报送本工程形象进度表、完成投资额统计表。

（二）信息管理

1. 信息分类

（1）针对本工程特点，以项目管理为目标，以施工项目信息为管理对象，将施工信息进行有计划的收集、处理、储存、传递，保证施工质量。

（2）依据管理目标和要素，施工项目信息主要分类如下。

1）施工项目管理目标信息：施工进度控制，质量控制、安全文明施工，成本控制信息，工程合同管理信息。

2）施工项目生产要素信息：施工项目材料管理，劳动管理，资金管理信息，施工机械设备管理信息。

2. 信息管理措施

（1）制度措施。

1）本工程建立、健全信息系统，确保信息收集的准确、真实，并及时传输项目施工过程管理的数据、图片、表格、影像资料等，按照相关资料管理规定及业主要求及时整理工程竣工资料，及时进行声像资料、竣工资料的归档、组卷与移交。安装宽带上网，随时与业主项目部、监理部、本工程设总、公司总部以及施工队保持信息同步，充分利用现代化工具对工程进行管理。

2）利用投影机和动漫进行技术交底，远程会议，施工汇报，资源共享等信息交流。

3）施工项目部各专职人员在施工时对重要施工现场，如基础拆模、导地线压接及其他重要施工场面进行拍照并保存为多媒体资料，作为直观反映工程施工质量及施工情况的依据。

（2）组织措施。

1）本工程信息管理系统组织由项目总工任组长，组织技术员、质检员、安全员、资料信息员、造价员、线路施工协调员组成信息管理机构。

2）对文件记录格式进行规范和统一。

3）资料信息员建立并严格执行信息收集制度，注重基础数据的收集和传递，保证基础数据的全面、及时、准确地统一格式输入信息系统。

4）资料信息员建立项目的数据保护制度，保证数据库的安全性、完整性和一致性。

5）建立完善的信息流程，划分信息流程中各相关部门的职能，明确有关人员在数据收集和处理过程中的职责。

（3）技术措施。

1）对项目部领导者进行教育培训，提高项目管理者对工程信息管理重要性的认识。

2）对项目部管理人员进行教育培训，尤其是跨专业、跨部门的学习，包括工程管理人员对信息管理知识的学习，也包括信息工作人员对工程管理知识的学习。

3）各类统计报表不得弄虚作假，欺上瞒下，发现统计报表不真实者，施工项目部要严格查处。

4）项目造价员要对各类统计报表，进行认真核实和整理，并及时向有关部门和人员进行通报，为施工管理决策提供保障。

5）通过对统计报表等各类信息的分析，查找施工过程中的失误和偏差，并及时予以纠正，诸如质量事故、安全隐患、施工进度延误、物资供应延误等。

6）自觉接受业主和监理部对本工程计划、统计和信息管理工作的监督，严格按照业主和监理部的要求进行工作。

7）各种计划、技术信息、统计信息实行计算机管理，与监理、法人代表的各种信息交流可通过书面资料软盘互联网等形式沟通。向监理、业主汇报工程情况可应用 e-mail，对于工程进度，可用 P3 软件作为 e-mail 的附件，用基建管控模块、建设管理系统，定期发送给业主，以使业主了解、控制工程进度。

8）项目部建立 QQ 群、申请公共邮箱，便于项目部各成员沟通交流；信息专责统计每天施工进展，采用发信发送至项目部所有人员，做到资源共享，信息同步。

九、资料管理

（一）本工程资料管理目标

管理目标为：档案归档率 100％，资料准确率 100％，案卷合格率 100%。

（二）组织机构及职责

1. 资料管理组织机构

组　长：项目经理

副组长：项目总工、资料员

成　员：技术员、质检员、材料员、安全员、施工

队长

注意：资料员经过声像资料收集专项培训，掌握声像资料收集的相关要求，熟练操作摄像机、照相机，及时对声像资料整理归档，配合相关检查。

2. 职责

工程资料管理职责见表 2－10－6－4。

表 2－10－6－4　　　　　　　　　　　　　　**工 程 资 料 管 理 职 责**

序号	职　务	职　　　责
1	项目经理	（1）档案管理第一责任人，负责对工程移交的档案进行审核。 （2）负责工程档案管理的组织、协调工作，竣工档案的整理、移交。 （3）负责工程档案管理的监督、检查工作
2	项目总工	（1）对项目部档案资料负监督责任。 （2）批准本工程的档案管理办法。 （3）负责组织工程档案管理业务的培训。 （4）督促各部门和档案管理专责及时收集、整理档案资料
3	资料员	（1）项目部档案管理负直接责任。 （2）负责编制档案管理办法、档案归档计划。 （3）负责档案资料的整理、归档、移交
4	技术员	（1）负责工程图纸、设计变更的收集，并按照设计变更在图纸上更改。 （2）负责施工组织设计、施工技术方案及交底记录的收集。 （3）导、地线液压连接强度试验报告的收集
5	质检员	（1）负责开竣工报告、转序报告、工程协调会纪要、施工总结、工程竣工签证书、达标投产和优质工程评选文件的收集。 （2）负责施工记录、音像资料的收集。 （3）督促、指导施工队及时填写施工记录
6	安全员	负责安全管理文件和资料的收集
7	材料员	（1）原材料、产品合格证及检验报告的收集。 （2）负责工器具试验报告的整理
8	协调员	负责青苗赔偿、树木砍伐、地面和地下附着物处理协议及赔偿记录的收集

（三）资料管理程序

（1）按照《国家重大建设项目文件归档要求与档案整理规范》（DA/T 28—2002）的要求，制订本工程档案管理办法，规定档案管理工作程序。编制项目归档计划，保证资料与工程同步进行。

（2）开展档案管理培训，积极参加发包方对有关技术和档案管理人员开展的档案培训、技术咨询。

（3）参加发包方或监理工程师组织的档案中间检查、竣工验收检查。

（4）施工队负责施工原始记录的填写，质检员审核后，交给档案专责整理。

（5）技术员、质检员、安全员、材料员负责各专业档案资料的收集，交给档案专责统一整理、归档。

（6）实行档案管理抵押金制度，对与项目档案管理有关的主要岗位人员，开工前预收一定数额抵押金，工程竣工投运后，通过项目法人的考核后，双倍返还，否则予以扣除。

（四）工程档案管理的质量保证措施

1. 成立组织机构，明确岗位职责

（1）成立资料管理组织机构。组长负责资料收集的

协调和监督工作；项目总工直接负责组织项目部人员收集、整理及汇总施工过程资料。专职资料员负责档案的归档工作。

（2）建立由公司施工管理部监督，项目经理、项目总工、项目部各职能部门、施工队组成的资料收集组织机构，并明确：项目经理为工程资料收集归档的第一责任人，对工程资料负全责；项目总工为工程资料直接责任人，代表项目组织收集、整理及汇总施工过程资料，保证体系正常运行；专职资料员直接负责过程资料的收集、整理、归档、上报等工作；各管理人员、施工队队长负责职责范围资料的编制和原始数据的收集工作，形成了公司、项目部及施工队三级资料管理网络。使工程全过程资料收集工作始终处于受控状态。

2. 明确工作目标，完善管理制度

（1）根据业主下发的相关文件明确本工程的质量目标为：档案归档率 100%，资料准确率 100%，案卷合格率 100%。

（2）通过明确岗位职责，对资料收集控制目标分解，具体工作落实到人，加大奖惩力度，提高大家的责任心和工作积极性，确保上述目标的顺利实现。

3. 加强沟通，确保信息对称

在施工过程中，定期对收集的资料进行自查，在注重及时性的同时，确保资料的真实性和完整性。这就要求项目部管理人员把每天的现场资料记录在案，真实归档。做到工序完成档案到位。

4. 硬件设备到位，确保规范、顺利

为了做好资料的收集工作，资料整理的相关人员人手一台电脑，用于资料的收集整理或录入工作，确保工作开展顺利；办公室统一购置带有标识的档案盒、档案柜，做到统一、规范。

（五）档案管理设备配置

档案管理设备配置见表2-10-6-5。

表2-10-6-5　　档案管理设备配置

序号	设备	单位	数量	负责人	备注
1	档案柜	组	3	资料员	
2	档案盒	个	150	资料员	带标示
3	打印机	台	2	资料员	黑白
4	打印机	台	1	资料员	彩色
5	复印机	台	1	资料员	
6	传真机	台	1	资料员	
7	扫描仪	台	1	资料员	
8	台式电脑	台	3	资料员	
9	照相机	台	10	分配到人	
10	摄像机	台	4	施工队长	

（六）工程竣工资料

（1）工程开、竣工报告。
（2）竣工草图及施工图会审纪要。
（3）设计变更通知、材料代用清单。
（4）材料、加工件出厂质量合格证明或试验报告。
（5）施工试验报告。
（6）施工缺陷处理明细表及附图。
（7）发包人、监理人与承包人往来的技术文件。
（8）声像资料素材。本工程要求进行有关声像素材的拍摄与初步整理。施工过程中，必须对隐蔽工程、关键工序、重要工序及重要活动按照发包人相关拍摄要求进行过程拍摄，通过录像、图片等形式形成文件资料，并作为竣工验收资料的重要组成部分。
（9）施工记录（施工检查记录、隐蔽工程记录等）。

（七）档案资料移交

（1）竣工移交资料归档份数。提供竣工草图一套，草图须按设计变更修改并加盖施工竣工章，通过监理交设计单位，由设计出最终竣工图。其他竣工资料通过监理移交四套三正一副，正本要求原件，并按要求提供一套电子版竣工资料，并进行ERP档案系统挂接。
（2）竣工移交资料归档时间。本工程由设计院编制

出版竣工图。于工程竣工预验收后15日内向设计院提交有变更的竣工草图。设计院收到竣工草图30日内提供竣工图纸，由施工、监理人审核、盖章、组卷归档，与竣工资料一起于启动投运后60日内归档。

（3）竣工图。本工程由设计院编制出版竣工图。于竣工预验收后15日内向设计院提交有变更的竣工草图，设计院提交修改合格的竣工图，经施工、监理人审核、盖章、组卷归档，与竣工资料一起于启动投运后60日内完整、系统地移交发包人和运行单位。

（八）工程数码照片管理

开工前，项目部按照《中国南方电网有限责任公司基建信息管理业务指导书》（Q/CSG 433024—2014）及本工程具体要求，编制《数码照片拍摄要求》，并进行宣贯和培训；在每个施工队伍设置专人进行数码照片的采集工作，做到每种类型的照片、每处的都有人负责拍摄；对数码照片拍摄人员进行专项培训，明确拍摄部位、数量、质量等方面的要求，做到拍摄人有目的、有目标地去拍摄，提高数码照片的质量；每周定期收集数码照片，按照相关要求进行筛选归类，并及时向拍摄者反馈信息，以提高采集数码照片的质量。

第七节　样板点工艺施工与工程创优管理

一、样板点工艺实施目标

目标是全面提高乌东德电站送电广东广西特高压多端直流示范工程直流线路工程7标段的建设质量，保证贯彻落实南网公司样板点复制，确保现场施工质量，达到工程质量零缺陷、达标投产、创中国南方电网公司优质工程、更好地从各个方面全面开展工作，施工中实行全方位的质量控制。

二、样板点工艺实施组织机构

（一）建立健全安全、质量管理体系

明确建立以项目经理为第一责任人的安全、质量监理管理体系。制订各级人员的岗位职责，将安全、质量、进度、投资控制以及合同、信息管理的职责层层分解，落实到人。

（二）成立样板点实施领导小组

成立样板点实施领导小组，其组织机构如图2-10-7-1所示。

样板点工作小组在前期监理策划阶段召开专题工作会议，明确各级人员的工作职责，布置样板点相关工作计划；具体组织设计、施工开展工程创优工作；工作小组每周召开会议，进行现阶段创优工作策划，讨论存在的问题及解决方案；在工程实施过程中，工作小组按分部工程进行样板点专题检查；及时纠正工作偏差，不断完善措施；解决影响工程样板点实施的主要问题。

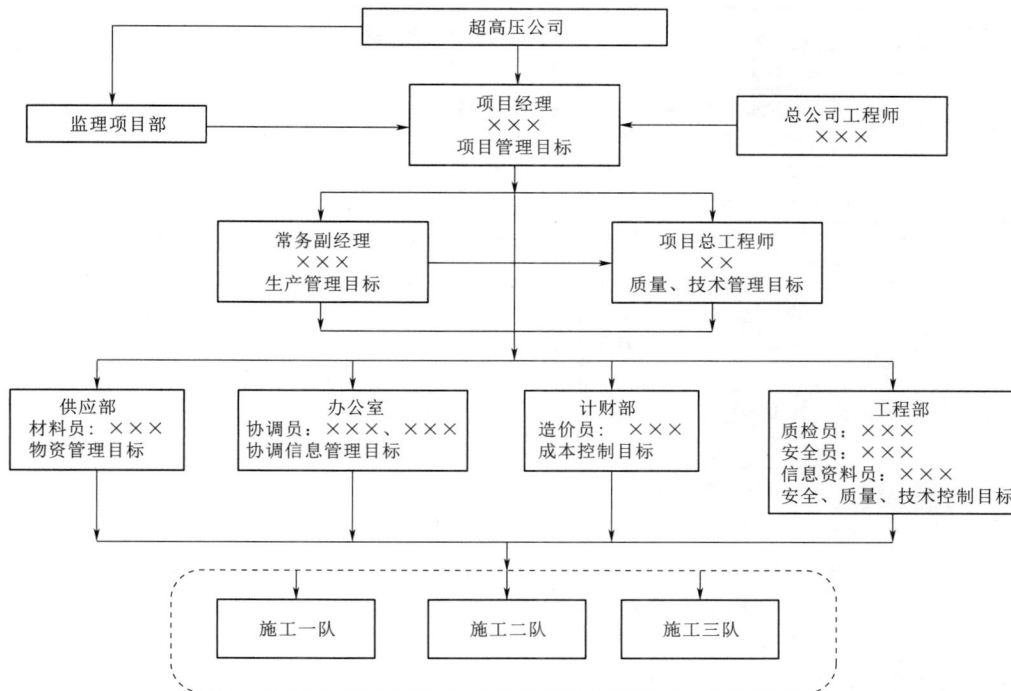

图 2-10-7-1　样板点实施组织机构

三、样板点作业指导书清单

根据工程特点，制订有针对性的管理措施，开展相关工作，充分发挥施工单位在工程样板点建设中的作用，具体实施清单见表 2-10-7-1。

四、工程样板点实施措施

（一）实施策划研讨会制度

建立样板点策划研讨会制度，在工程建设的各个阶段，组织参建各方对工程样板点总体策划方案、设计优化方案、施工工艺创新方案以及施工过程中一个具体工序质量的细节，都进行充分的研讨，集思广益，发挥集

体的智慧，确保工程质量朝着预定的目标前进。

（二）定期质量讲评制度

项目部负责人和施工队负责人定期对各个阶段质量活动情况进行总结、讲评，提出要求改进工作的有关要求。

（三）样板引路制度

推行样板引路制度。铁塔基础、铁塔组立、架线、接地分部工程以及保护帽、接地引下线等工程动工时，都先做出一个典型样板，对经验不足的新工艺，先做试验，成功做出样板后，总监理工程师组织召开现场会，现场讲评，待所有施工班组掌握质量控制要领后，再全面铺开施工，确保整个工序的质量和工艺。

表 2-10-7-1　　　　　　　　　　　样板点清单及示范质量目标

序号	版本	架空输电线路	示 范 质 量 目 标
1	2012	基础	几何尺寸应符合设计要求。混凝土外表清洁、色泽一致、棱角分明、线条顺直，表面无砂带、黑斑和明显气泡，无蜂窝、麻面、裂纹和露筋现象
2	2012	保护帽	保护帽尺寸应保证踏脚板和地脚螺栓保护厚度不小于30mm。保护帽外表清洁、色泽一致、棱角分明、线条顺直，表面无砂带、黑斑和明显气泡，无蜂窝、麻面、裂纹和露筋现象
3	2012	弧垂控制	弧垂控制须达到设计要求值，保证导线对地、树木、建筑物和交叉跨越物的电气距离满足要求，同时保证铁塔受力满足设计要求
4	2012	接地引下线	接地引下线应保证接地网与铁塔塔身可靠连接，并应保持流畅美观
5	2012	引流安装	引流线安装须保证引流线对杆塔构件的电气距离满足规范要求，并保证引流线流畅美观
6	2012	排水沟	排水沟位置、长度及基础截面尺寸应符合设计要求，应保证色泽一致、棱角分明、内壁光滑，迎水侧沟沿略低于原状土并结合紧密

续表

序号	版本	架空输电线路	示 范 质 量 目 标
7	2012	挡土墙	挡土墙位置、长度及基础截面尺寸应符合设计要求。挡土墙整体牢固、正面齐平，墙顶面同一标高
8	2012	护坡	护坡一般采用砌石护坡或浆砌片石排水骨架护坡，塔基局部稳定一般采用砌石护坡，浆砌片石排水骨架护坡适用于大面积山体稳定防护。护坡范围、截面尺寸应符合设计要求，护坡砂浆填缝紧密，灰浆饱满。砌石护坡墙面牢固整齐美观；浆砌片石排水骨架紧贴坡面，植草后流水面应与植草表面平顺
9	2012	设备标识	统一安装位置、安装方式；横担与塔身连接悬挂回路标识牌取代回路漆
10	2012	环境保护	对所有塔位施工现场的设备包装、遗留原材料进行清理，做到"工完料尽场地清"。及时修正、恢复施工过程中受到破坏的生态环境，基础施工后应对塔基范围及其他临时占地进行全面的植被恢复，水田用地施工后应达到可复耕条件
11	2013	角钢铁塔分解组立	组立后铁塔牢固，各相邻节点间主材弯曲度不得超过1/750；塔脚板应与基础面接触良好，有空隙时应垫铁片，并灌注水泥砂浆；铁塔组立完成后，应测量其倾斜值，直线杆塔的倾斜应不超过杆高的3‰，转角塔不应向受力侧倾斜
12	2013	导地线展放	保证导地线电气及机械性能，避免出现散股、断股、鼓包等损伤导地线的现象
13	2013	导、地线耐张管压接	耐张管压接尺寸符合规范要求，机械和电气性能满足设计要求
14	2013	导、地线接续管压接	接续管压接尺寸符合规范要求，机械和电气性能满足设计要求
15	2013	绝缘子串安装	绝缘子外表清洁、整体完好；金具锁紧，连接可靠；安装后须保证带电部分对杆塔投间的电气距离满足规范要求，绝缘子串在顺线路方向和横线路方向均能转动灵活
16	2013	均压环、屏蔽环安装	均压环、屏蔽环表面光滑，保证绝缘子和金具的电晕控制在合理范围
17	2013	地线悬垂金具安装（绝缘型、接地型）	地线悬垂串金具锁紧，连接可靠，安装过程满足有关规程规范的要求；安装后悬垂串在顺线路方向和横线路方向均能转动灵活；绝缘型地线悬垂串放电间隙安装距离应满足设计要求
18	2013	地线耐张金具安装（绝缘型、接地型）	地线耐张串金具光面连接、锁紧可靠，安装过程满足有关规程规范的要求；安装后绝缘子串在顺线路方向和横线路方向均能转动灵活；绝缘型地线耐张串放电间隙安装距离应满足设计要求
19	2013	防振锤安装	防振锤安装距离、方向及个数均满足设计要求，保证导、地线具有良好的抗振性能
20	2013	间隔棒安装	间隔棒结构面与导线垂直，杆塔两侧第一个间隔棒安装距离允许偏差不大于端次挡距的±1.2%，其余不大于次挡距的±2.4%。各间隔棒安装位置应在同一导线垂直面上。间隔棒安装应紧密，螺栓紧固力达到扭矩要求

（四）技术保证措施

（1）工程技术人员到现场进行实地勘察，掌握现场地质情况以及地理环境，编制针对性的施工技术措施，重要施工技术方案应经施工技术人员论证，内部履行审批手续后，报本工程监理部审核批准后实施。

（2）分部工程开工前，项目部须组织技术、质量、安全等部门，针对本工程特点，就相关作业文件和工作要求对施工人员进行详细交底。

（3）工程开工前，由项目总工组织本工程技术、质量、安全、设备等管理部门，对施工图进行认真审查，并提出修改意见，审查时应特别注意工序接口、及与现场实际情况的核对。施工中发现地质条件等与设计不符的情况，及时书面向监理部反映。

（4）收集新技术、新工艺、新材料、新设备的信息，结合本工程特点，经严密的技术经济分析和必要的试验、试点，积极在本工程应用成熟的"四新技术"，以优化施工工艺，提高工效，在技术方面为工程创优提供保证。

（五）物资保证措施

1. 机具设备的管理

（1）所有施工检测工具（钢卷尺、经纬仪、游标卡尺、扭力扳手、卷尺等）在进入本工地前，均应经法定检测单位鉴定合格并在有效期范围内使用，其精度必须符合相关规定要求。

（2）主要机具设备（牵张机、汽车吊、卷扬机、电焊机、液压机等）进入工地前，项目总工应组织技术、设备、安全部对其进行检查验收，进行必要的检验和试验，确保性能良好，标识清晰，完好率100%。

（3）特种设备必须经过检验鉴定，并附相关证明文件，以保证施工安全。

（4）建立管理台账，实施动态管理。

2. 材料管理

（1）原材料（钢筋、砂石、水泥、水等）在开工前，由质量部采样（采样时按要求通知监理到场见证）并且送到相应资质的试验单位进行检验，合格后方可使用。

（2）施工过程中，根据原材料用量，严格按照规定做相应批次的试验。

（3）甲供材料按合同规定进行到货检验，依据合同进行妥善保管。在使用前对原材料进行外观检查，发现问题时立即停止使用，并及时向业主及监理反映。

（4）所有材料必须做好使用跟踪记录，确保可追溯性。

(六) 质量问题纠正和预防措施制度

对过程中出现的质量问题，组织相关单位进行会诊，找出原因，查清责任，深入剖析，举一反三，立即采取纠正和预防措施，消除质量问题，并杜绝类似问题再次发生。

五、主要施工工艺质量要求、控制措施及成品效果

主要施工工艺质量要求、控制措施及成品效果见表 2－10－7－2。

表 2－10－7－2　　　　　　主要施工工艺质量要求、控制措施及成品效果

主要施工工序	施工工艺质量要求	主要技术及管理措施	预期成品图片示例
钢筋绑扎	钢筋骨架的制作、安装应符合规程规范和施工图要求，其允许偏差应符合规定，主筋焊接接头应错开位置，保护层厚度应符合规定	按照施工图纸检查钢筋规格、数量，布置位置符合图纸，绑扎尺寸误差符合规范要求，同截面焊接面积必须小于 50％	
接地引下线	接地体的规格、埋深符合设计要求，接地电阻值符合设计要求，接地线与保护帽服帖，接地装置的连接应可靠、接触良好、制作美观	接地线规格按照设计采购，其焊接、埋设按照规范进行作业，接地引下线制作应用专用工具，根据现场尺寸弯折，保证顺直，且与保护帽服帖	
基础回填	回填土防沉层整齐、规范，坑口回填土的上表面不低于原始地面	按照规范要求进行回填，回填前抽干积水，防沉层方正	
铁塔组立	铁塔组立过程中，保证不磨损塔材镀锌层	吊点选择应在主材节点处，并适当增添补强木，吊装时应用吊装带与塔材连接，吊片重量不能大于抱杆技术设计值，钢丝绳与塔材接触处应包裹软物	

续表

主要 施工工序	施工工艺质量要求	主要技术及管理措施	预期成品图片示例
杆塔工程	螺栓的穿向符合规定。部件弯曲度不超过长度的2‰，相邻节点间主材弯曲不大于1/800，塔材表面麻面面积不超过钢材表面总面积（内外侧）的10%，表面无锈点	立塔前分检塔材，杆塔组立过程中，按照设计图纸使用螺栓及垫片，不得强行组装，施工工艺按照规范要求施工，螺栓紧固率大于98%	
架线	架线后，直线杆塔结构倾斜允许偏差：2‰（高塔为1‰）；转角、终端塔塔顶不应偏向受力侧	架线前，杆塔螺栓紧固率大于98%。架线后，杆塔螺栓必须复紧一遍	
架线牵张场布置	布置合理，简洁明朗	主牵引机、主张力机宜布置在线路中心线上，其顺线路出口方向与邻塔放线滑车的仰角不宜大于15°，俯角不宜大于5°，放线区段不宜超过20个放线滑轮，本区段架线长度不宜超过8km	
导地线弧垂	导（地）线弧垂的允许偏差±1.5%；导线相间弧垂允许偏差不大于250mm；相分裂导线同相子导线的弧垂偏差小于50mm	弧垂观测挡选择符合规范要求，并根据地形情况适当增加观测挡。同相分裂导线在同时收紧到弧垂接近标准值时，先调整好一根导线的弧垂，然后再逐根调整并找平	

主要施工工序	施工工艺质量要求	主要技术及管理措施	预 期 成 品 图 片 示 例
压接工艺	压接后弯曲度不超过 1.5％，对边距符合要求，压接人员应在压件上打上操作钢印号	压接前清洗压接管，检查压模是否符合要求；压接过程中，操作规范，压力应达到规范要求；压接后经压接人及质检员检查合格后方可放行	
引流线安装工艺	引流线呈近似悬链线状自然下垂，对杆塔电气间隙符合规范或设计要求，整齐美观	跳线应使用未受过力的原状导线制作；跳线安装后，应进行调整，测量跳线弧垂及与杆塔各构件间最小距离；跳线间隔棒（结构面）应垂直于跳线束	
连接管数量及位置	连续两挡以上，每根导（地）线上只允许有一个接续管和一个补修管，各类管的安装部位应符合规范规定	合理布线、加强导线保护措施减少补修管数量	
跨越架搭设	跨越架的立杆、大横杆、小横杆间距、搭设长度、剪刀撑、支杆或拉线、羊角等设置应满足规程规范和技术措施的要求，应悬挂醒目的警告标志，并经使用单位验收合格	按照施工技术措施进行操作，与被跨越物的距离符合安规要求	

续表

主要施工工序	施工工艺质量要求	主要技术及管理措施	预期成品图片示例
附件安装	金具规格、数量符合设计要求，金具上闭口销齐备，直径与孔径相互配合，且弹力适度。悬垂绝缘子串（片）型号、规格符合设计要求，无破损，清洁无污染。垂直地平面，顺线路方向位移最大150mm，并小于5°	检查金具符合图纸要求，部件齐全，安装过程中按照规范工艺要求施工	
间隔棒安装	间隔棒结构面与导线垂直，间隔棒安装距离偏差第一个≤±1.2%，中间≤±2.4%	按照设计图纸测量次挡距，误差符合规范要求	
线路防护设施	基础护坡或挡土墙应牢固可靠，整齐美观。排水沟、散水坡符合设计要求。线路通道障碍及通信保护处理，符合设计、合同要求	按照设计图纸定位，在坚实的地基上砌筑排水沟、护坡、挡土墙等	
带电跨越电力线	保证工期，提高电网运行效率	认真执行严密的措施，每日检查工器具工况，责任明确，监护到位	

续表

主要 施工工序	施工工艺质量要求	主要技术及管理措施	预期成品图片示例
新技术 应用	提高工效，减少树木砍伐，保护生态环境	熟悉技术特点，掌握技术要领，责任明确，精心操作	

六、样板点工艺成品保护措施

（一）基础成品保护

1. 基础钢材成品保护

（1）钢材的使用必须符合设计图纸要求，不得任意更改。

（2）钢筋表面应洁净、无损伤，当钢筋表面颗粒状麻点或片状生锈的钢筋不得使用。

（3）基础钢材型号规格无误，并有材质证明，所到货物不得有裂纹、折叠及锈蚀等缺陷。

（4）焊接工必须持证上岗，必须做到人、证相符。

（5）钢材焊接所用焊条、焊剂等焊接材料应符合相关标准要求，其型号、属性应与所焊接金属相适宜。

（6）地脚螺栓等加工件，必须有出厂质量合格证。

2. 基础钢筋布置、绑扎、制模成品保护

（1）材料站在按设计图纸对钢筋进行截料、弯制加工后，必须按每基桩号、腿号进行单独捆好，并挂上明显的记号牌和检查合格标志。

（2）对运至现场的钢筋，要根据关键工序控制卡的要求进行核对，并立即填好关键工序控制卡。

（3）浇制时必须保证主钢筋的保护层厚度不小于50mm。四个侧面都应设置与保护层厚度相等且和本体强度的混凝土垫块，不允许用砖块、石头、木头等代替。钢筋笼与模板的保护层间距应用等厚度的方木控制，浇制时边浇边提升方木。

（4）制模前应检查基坑的深度、大小、方位，清除浮土，排除坑内的积水。

（5）为保证混凝土的浇制质量，位于河网、水田地带的基础，事先必须在坑底部四周开设积水沟。

（6）钢模板的支撑必须牢固，模板表面应平整且接缝严密，模板表面应涂上一层涂脱模剂，拆模后应将表面残留的砂浆清除干净。

（7）装模前后要复核基础中心桩是否移动。模板装好后应仔细校核根开、对角线尺寸、基础高差及地脚螺栓外露长度、间距、地脚螺栓中心对立柱中心的偏移。

（8）浇制前应用塑料布包扎好地脚螺栓丝扣部分，防止损坏。

3. 混凝土浇制成品保护

（1）浇制前要再次核对基础型号及各部尺寸，并复核钢筋、地脚螺栓规格和数量。

（2）混凝土必须全部采用机械搅拌、机械捣固。

（3）混凝土浇制过程中应严格控制水灰比，每班日或每个基础至少检查两次混凝土坍落度，其数据应满足设计配合比要求。

（4）配合比材料用量每班日或每个基础至少检查两次，其重量误差应控制在允许范围内（砂、石子：±3%；水、水泥：±2%）。

（5）试块制作。现浇基础每基制作一组（3块），试块应在现场制作，试块上应标记好日期、桩号，其养护条件与基础相同，试块制作时必须监理、质量员见证采样，及时送检去做试压强度报告，不得延期。试块报告单要及时整理上交。

（6）混凝土下料高度超过3m时应用串筒或溜管使混凝土下落。

（7）基础底板浇制完成后，应及时按设计图纸的要求对上平面进行抹平处理，确保达到设计要求的尺寸，并且做到工艺美观。

4. 养护成品保护

（1）混凝土的养护一般采用自然养护，自然养护是在常温下（$T > 5℃$）用适当材料把混凝土覆盖并适当浇水，使混凝土在规定时间内保持足够的湿润状态。

（2）混凝土浇制完毕后，应在12h内开始浇水养护，天气炎热，干燥有风时应在3h内进行浇水养护。

（3）混凝土外露部分加遮盖物，如养护毯或薄膜等，养护时始终保持混凝土表面湿润，一般养护期不得少于7d。

（4）拆模时应保证混凝土表面及棱角不损坏。

（5）基础回土时设专人监护，严禁挖机或人工回填碰撞基础。

（6）对回填好的基础，棱角采用直角PVC材料保护。

（7）PVC放置好后用打包机进行打包。

（8）在基础顶面地脚螺栓间放置警告牌。

5．基面整平

（1）要求施工现场做到工完、料尽、场地清。多余的施工废料处理干净，现场无剩余的沙、石料，对掉落的石子等要全部回填到基坑中或运走，恢复到原始地面地貌。

（2）基坑的平基，对干坑子要求以坑子大小成正方形单腿平基，防沉层厚度30cm，按0.5‰做成散水面。对水坑基础要求底盘出去1.5m，并不小于5m，成正方形单腿平基，以外部分基坑夯实同地面平，防沉层厚度30cm，在基础中心处最高，按0.5‰做成散水面，散水面具体做法以排水畅通，对原始地形破坏少，外表美观为原则，因地制宜，灵活运用，散水坡水流方向应避开冲沟、落水洞等不良地貌及塔腿中心。

（3）地脚螺栓无锈蚀，包裹的水泥浆要处理干净，必须抹黄油。

（4）基坑开挖多余的土，全部回填到基础永久占地中。

（5）基面整平效果，要求平整、美观。

（6）基础整平中避免出现碰撞中心桩和方向桩的现象，对直线塔要求保留中心桩和方向桩，对转角塔要求保留原桩，线路大、小号测方向桩、角平分线桩、中心桩位移桩，以上要求的桩如果已丢失或碰动，必须恢复。

（二）立塔成品保护

1．杆塔材料成品保护措施

（1）对塔材的质量严格检验，不符合的材料严禁使用。

（2）塔材和螺栓的供应必须有出厂合格证与质量证明书，捆装完好，无散件。

（3）塔件的镀锌完整，无漏镀，无锈迹；整体平直，无弯曲变形。

（4）螺栓强度等级要与设计相符，镀锌完整，螺栓与螺帽吻合性好，拧转灵活。

2．塔材运输成品保护措施

（1）吊机装卸时，捆绑要牢固，主要受力点用软物衬垫；不得钩入单根铁件里起吊，不得与其他材料猛烈撞击。

（2）人工卸车时，要避免铁件之间猛烈碰撞，尤其卸塔脚板时，下方不得有塔件。

（3）拖拉机装载塔料时，严禁用塔材作横担衬垫，以免镀锌脱落；绑扎要牢固，严禁塔材在地面上拖。

（4）拖拉机运输、小运等过程中，对塔材下方应衬垫方木，注意塔材锌层的保护。

（5）现场塔材叠层堆入时，角钢间应放置φ6白棕强绳或尼龙绳。

（6）角钢弯曲度不得超过构件长度的2‰，当角钢弯曲超过此值时，可采用冷矫正法矫正，但矫正后构件不得出现裂纹和锌层脱落。

3．塔片吊装成品保护

（1）搭好平台，各主要受力部位螺栓必须紧固后方可提升抱杆。

（2）地面组装塔片螺栓必须紧固，塔片应组成较为稳定的结构，对根开较大、稳定性差的塔片应采取补强措施。

（3）当部分桩号地形条件相对恶劣，塔片无法组装时，采用单根主材吊装。

（4）组塔过程中严格按图进行组装，同一截面螺栓使用规格、长度等，必须符合图纸要求，发现塔材组装有困难，应查明原因，严禁强行组装；组立后，各相邻节点主材弯曲度不超过1/800。

（5）吊片两侧的斜、辅材带在相应的主材上，并将所有的里铁或外铁带在同一根主材上，其上端连一只螺栓（必须平帽以上），下端为自由端，严禁自由端朝上。为防止超出塔片较长的交叉铁在起吊过程中弯曲变形，可在塔片竖直后再将其带上。

（6）起吊过程中，严禁起吊钢丝绳与塔材摩擦。承托等受力钢丝绳与塔材绑扎处必须用夹具等其他工具固定，防锌层脱落。

（7）塔上连铁后，螺栓须及时紧固。

（8）角铁严禁敲打当锚桩使用，防止锌层脱落

（三）架线成品保护措施

1．器材运输成品保护

（1）架线材料（导地线、瓷瓶、金具等）的装卸一律采用吊机装卸，装卸前需检查其包装是否破损。

（2）运往工地的材料必须质量合格，严禁未经质量检查的材料直送工地。

（3）运送导地线时，必须用方木支垫和白棕绳将线盘固定牢固，以保证线盘在运输过程中不发生晃动和位移。

（4）运送瓷瓶等易碎货物时，应在车厢底部垫杂草等软物，包装应完好，堆放整齐，并用白棕绳绑扎牢固，避免瓷瓶碰破。

（5）架线材料运输装卸时，应做到文明施工，轻装轻放，以免材料损坏。

（6）瓷瓶、金具人力抬运时，应同起同落，防止突然落下。

2．导地线展放成品保护

（1）牵引、导引绳必须采用无捻或少捻钢丝绳，严禁采用普通钢丝绳。牵引绳及导引绳绳间连接必须使用专用连接器。

（2）跨越高速公路、省道等重要交通区域放线时，应事先编制施工方案，并请交通运输部门协助封道。

（3）导地线整盘展放时，线轴支撑应平稳牢固并有可靠的刹车措施，线头一律从线轴上方引出。

（4）放线过程中沿线各塔位、村庄、交通要道、跨越架、河流等处应设护线人员并坚守岗位，密切监控牵引动态。

（5）在展放过程中，必须保证信号畅通，联系及时。

（6）接续管过滑车时，要放慢牵引速度。塔上护线人员要及时报告情况。

（7）牵引过程中要注意控制和调整放线张力，并控制牵引速度。

(8) 放线过程中要做好跟踪记录。

3. 导地线压接成品保护

(1) 液压操作人员必须经过培训及考试合格，持有上岗证方能进行操作。

(2) 液压操作应在铺设雨布或彩条布后的地上进行。

(3) 各种液压管在第一模压好后应检查压后对边距尺寸。符合标准后再继续进行液压操作。

(4) 当管子压完后有飞边时，应将飞边锉掉，铝管应锉成圆弧状。

(5) 钢管压后，不论是否裸露于外，皆涂以红丹漆以防生锈。铝管压后，要在管口涂红丹漆以做标记。

(6) 各种尺寸测量完毕后，打上钢印，并做好原始记录。

(7) 在1个挡距内每根导线或地线上只允许有1个接续管和2个补修管，并应满足下列规定：

1) 各类管与耐张线夹间的距离不应小于15m。

2) 各类管与悬垂线夹间的距离不应小于5m。

3) 各类管与间隔棒间的距离不应小于0.5m。

4. 附件及间隔棒安装成品保护

(1) 附件及间隔棒安装应于紧线结束后5d之内完成。

(2) 安装附件及间隔棒时，应随时检查导线的损伤情况。并拆除导线上各种标志及保护物。

(3) 各种螺栓、穿钉及弹簧销子的安装必须符合本工程有关工艺、手册的要求。

(4) 附件安装时要注意对个人工器具的保管，防止磨伤导地线。

(5) 安装间隔棒时，应仔细检查各子导线的外表缺陷，按缺陷处理标准进行彻底的处理，并做好缺陷处理记录。同时逐一拆除接续管护套。

(6) 附件及间隔棒铁件镀锌不良或脱锌者，需补喷富锌漆。

5. 跳线安装成品保护

(1) 跳线必须使用未经牵拉过的原状导线制作跳线长度必须在现场实量。

(2) 跳线两端引流板平面应与导线盘曲面在同一平面内。

(3) 跳线割线完毕后，在地面上展开压接，并在跳线上挂好长度标签，在引流板上注上相别、线别。

(4) 跳线串需加装重锤，安装重锤时要防止伤及导线。

七、施工创优目标

满足中国南方电网公司《中国南方电网有限责任公司基建达标投产及工程评优管理业务指导书》（Q/CSG 433016—2015）要求，确保实现工程达标投产及南方电网公司优质工程目标，工程质量达到国家优质工程金奖质量标准，实现创国家优质工程目标。

（一）工程质量目标

(1) 满足国家、行业、南方电网质量标准、控制标准和验收规范。

(2) 工程施工"零缺陷"投运。

(3) 实现工程达标投产及南方电网公司优质工程目标。工程质量达到国家优质工程金奖质量标准，实现创国家优质工程目标。

(4) 杜绝一般及以上质量事故，确保工程无永久性缺陷；不发生因工程建设原因造成的五级及以上工程质量事件。

（二）工程档案管理

严格按照国家、行业、中国南方电网公司和建设管理单位的有关档案管理规定进行档案管理，将档案管理纳入整个现场管理程序，坚持归档与工程同步进行。确保实现档案归档率100%、资料准确率100%、案卷合格率100%，保证档案资料的齐全、准确、系统；档案整理完成与工程建设同步，保证在合同规定的时间移交竣工档案。

八、施工创优管理措施

（一）制度保证措施

严格按管理制度对项目工程进行管理，以制度来管理人，以制度来保证质量。施工创优管理制度见表2-10-7-3。

表2-10-7-3 施 工 创 优 管 理 制 度

序号	管理制度	说 明
1	项目部人员岗位责任制度	建立健全安全、质量管理网络，落实安全、质量责任制。组织实施工程项目承包范围内的具体工作，履行施工合同约定的职责、权利和义务，执行施工单位规章制度，维护施工单位在项目上的合法权益，确保工程各项目标的实现，进行质量培训和教育，提供必要的安全防护用品和检测、计量设备，并形成文件加以实施和记录
2	项目物资管理制度	依据工程承包合同、生产合同、设计资料、物资消耗定额等编制物资供应、采购计划。为保证采购（订货）物资的质量满足规定的要求，采购（订货）前要通过市场调研，选择合格的分供方，择优订货，明确物资的质量标准，使其物资的质量要求均达到标准规定的要求。库存的物资要按种类、规格、用途，分区分类存放，标识明显，库容库貌整洁。做到"7S管理"管理。砂石、水泥等地方性材料按规定数量进行进场批次检验，提供符合归档要求的检验报告，甲供材料到货后由技术人员向监理部门报开箱检验申请，由监理单位组织相关单位验收合格后入库
3	项目现场管理制度	施工开始前，项目部应与分项施工班组签订责任书，明确责任、明确进度、明确用工、明确质量要求，加强责任管理，并严格考勤和考核

续表

序号	管理制度	说　明
4	项目例会及施工日志制度	在开工后至竣工验收完成前，均应实行现场施工例会制度。工程例会由项目经理主持。例会的主要内容：通报上周工程在质量管理、进度控制、投资控制及施工安全管理上的成绩和有关问题。施工日志由工程（点）施工负责人或技术负责人按规定内容逐日连续填写，记录工序检查、隐蔽工程检查验收情况及检查验收结论；上级人员检查时提出的有关质量要求、发现的问题及相关指令，施工中存在的问题及整改情况；其他与工程施工和质量形成有关的情况及大事记
5	项目组织协调制度	项目部组织协调应分为内部关系的协调、近外层关系的协调和远外层关系的协调。组织协调应能排除障碍，解决矛盾，保证工程项目目标的顺利实现。通过做好思想准备工作，加强教育培训，提高人员素质等方法实现，协调的重点是资金问题、质量问题和进度问题。项目部应在设计交底、图纸会审、设计洽商变更、地基处理、隐蔽工程签证等环节中与设计单位密切配合
6	项目档案信息管理制度	为规范项目的信息档案管理，防范与控制风险，增强信息沟通，有效地保护和利用档案，实现项目档案管理目标，顺利移交档案，特制定本制度。项目总工程师是工程信息档案管理的主要领导，项目部设专职人员为工程信息档案的责任人，其主要职责是严格遵守上级部门对工程档案管理的有关规定，做到资料的接收、分类、编目、移交和归档。档案由公司科档室归口管理。制度同时规定了具体的归档内容和要求，信息管理内容，从而保证档案的真实、齐全、有效
7	项目奖惩管理制度	为规范项目管理行为，鉴定项目管理水平，确认项目管理成果，对项目管理进行全面考核和评价，并以此为依据进行相应奖惩，考核内容包括质量、档案项目管理内容
8	工程项目物资验收制度	为了确保工程质量目标实现，确保向业主交出合格产品，针对工程特点加强对进场物资设备的管理，实行过程控制，更好地利用资源，保证物资质量，特制定本验收制度。物资及设备进场前由材料员负责，项目部技术、质量人员配合，按照说明书及相关规范对进场物资进行检验，发现不合格品立即通知厂家更换或退货，严禁不合格品流入工地。工程项目材料员对进入施工现场的物资及设备都应进行数量、质量、标识及技术证明文件验证，并保存验证记录。对账单未到达的物资应进行预验收。材料员负责物资入库前的数量和外观质量验收。物资外观质量验收内容应包含：核对账单与实物是否相符，包装是否完好，附件是否齐全，有无变质、锈蚀、破损、霉变等。对需要到第三方试验室进行复试的物资，应填写有关的送检委托单，并及时索取试验报告单，验证其是否符合相关要求
9	工程项目计量管理制度	项目部安排专人负责计量器具的管理工作，建立计量台账和计量管理制度，严格按规定进行计量器具的送检、校验和自检工作，认真做好计量器具的维护保管。计量仪器包括钢卷尺、水准仪、经纬仪、磅秤、全站仪、万用表、接地电阻测试仪、绝缘电阻测试仪等，所有这些计量器具在使用前由有资质的鉴定单位的鉴定，且全部鉴定合格。在使用过程中，注意仪器工器具的保管维护，时刻注意测量精度上发生的变化，及时查找原因，发现计量器具发现问题及时更换，确保测试的准确性
10	工程项目质量检查验收制度	自觉接受并积极配合监理工程师对工程的质量检查，认真听取意见并及时改进质量管理工作。积极配合业主组织的工程阶段性检查验收和竣工检查验收工作按国家颁发的有关规定进行质量检验和评定，每道工序都要进行全过程的质量管理，复查上道工序质量、保证本道工序质量、准时优为下道工序服务，上一道工序不合格不得进行下一道工序施工。对特殊工程和有特殊要求的工程按要求进行特殊检查
11	工程项目质量事故调查制度	工程质量事故的调查处理必须按"四不放过"原则进行，即：查不出事故发生的原因不放过；责任人没处理不放过；职工没有受到教育不放过；防范措施没落实不放过。调查过程中，坚持实事求是的原则，发现问题及时上报，不得私自隐瞒，或以此为手段要挟责任人
12	工程项目质量教育培训制度	组织全员学习质量相关法律法规和工艺质量控制文件，并且定期了解现场施工质量状况，通过组织开展质量知识竞赛和专题会议等有效形式，提高参建人员的质量意识和施工水平
13	项目技术管理制度	建立三级技术责任制，实行技术工作统一领导分级管理。为建立强有力的技术管理指挥系统，明确各级技术人员的职责，加强技术管理，特制定本施工技术责任制度
14	材料代用管理制度	为了确保代用材料不影响工程实体技术性能、使用功能，满足工程质量评定规程、验收规范的要求，使得材料代用管理工作顺利进行，根据国家有关标准及公司"质量体系文件"的要求，结合本工程实际制定本管理制度
15	隐蔽工程验收签证制度	隐蔽工程施工完毕后，由施工负责人在隐蔽验收记录中填写工程的基本情况，并邀请技术负责人和质检员共同对隐蔽工程进行检查验收，验收合格后报请监理工程师进行检查验收。隐蔽工程先由项目部组织自检合格后，约请监理工程师进行检查签认，暴露时间不宜过长的工程签证后尽快封闭，以免破坏。参加检查的人员按隐检单的内容进行检查验收后，提出检查意见，由质检员在隐检单上填写检查结果，然后交参加检查人员签证。若检查中存在问题需要进行整改时，在整改后，再次邀请有关各方进行复查，达到要求后，方可办理签证手续

序号	管理制度	说　明
16	施工图预审制度	施工图纸是工程施工和验收的主要依据。为使施工人员充分领会设计意图、熟悉设计内容、正确地按图施工，确保工程质量，避免返工浪费，必须在开工前进行图纸会审。对施工图纸中存在的差错和不合理部分，应在施工之前联系设计部门解决，以保证工程顺利进行。由项目总工程师主持，项目经理部负责技术人员、队（班）长、队（班）技术人员以及工人代表参加，必要时请上级总工程师、有关科室技术负责人和有关施工单位技术负责人参加，对本工地各主要系统图纸进行会审
17	施工技术交底制度	技术交底工作由各级生产负责人领导，各级技术负责人组织。重大和关键工程项目必要时可能请上级负责人参加，或由上级技术负责人交底。发生质量、设备或人身安全事故时，事故原因如属于交底错误由交底人负责；属于违反交底要求者事故由施工负责人或施工人员负责；属于违反施工人员应通知、应知、应会要求者由施工人员本人负责。施工人员按交底的要求施工，不得擅自变更施工方法。有必要更改时应取得交底人同意
18	工程变更管理制度	小型设计变更由项目部提出联系单经项目部项目总工审核，由现场设计、建设（监理）单位代表同意并签发设计变更单后生效。一般设计变更由项目部提出联系单，经项目部项目总工审签后，送建设（监理）单位审核。经设计单位同意后，由设计单位签发设计变更通知书并经建设（监理）单位会签后生效。重大设计变更由项目部项目总工组织技术人员研究、论证后，向公司主管领导汇报，并同时通报公司经营部和工程管理部，经研究决定后提交建设单位组织设计、施工、监理单位进一步论证、审核，决定后由设计单位修改设计图纸并出具设计变更通知书
19	施工机械及工器具安全管理制度	现场施工机械、工器具，必须做到合理配置，正确使用，严禁以小代大，拼凑使用。进入施工现场的机械、工器具，必须是完好无损，附件齐全，技术状况良好，起重机械的各类保护控制装置必须是安全有效。主要机械设备必须执行"三定"制度，操作人员必须是经过专业培训，持证上岗，严禁无证操作，施工现场主要机械，应在设备上挂牌标明机长或操作人员姓名，简要的岗位职责和安全操作规程。机具应设专人保养维护，施工机械、机具应建立管理台账，小型机具、工器具应按规定试验，并建立台账

（二）组织保证措施

（1）创优质工程组织机构如图 2-10-7-2 所示。

（2）本项目部成立基础创优工作小组，由项目经理担任组长。

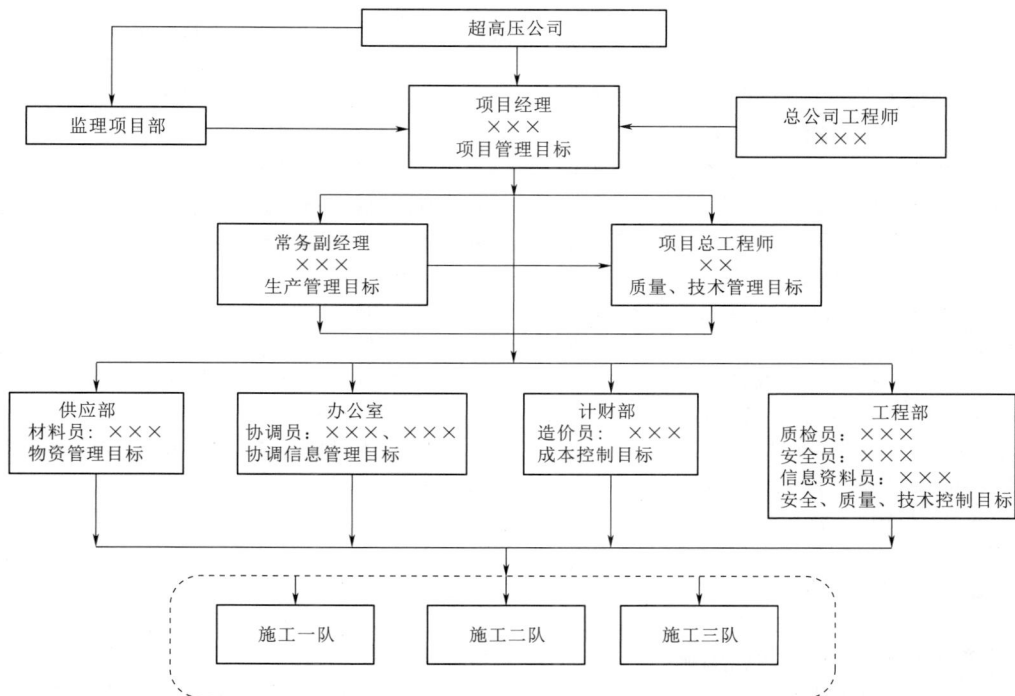

图 2-10-7-2　创优质工程组织机构

（3）创优工作小组在工程开工前召开创优专题会议，明确各部门及岗位人员创优工作职责，布置施工创优相关工作计划；在施工过程中进行的创优专题检查不少于2次，及时纠正工作偏差，不断完善创优措施；及时协调影响工程创优的主要问题。

（4）优化项目部人员配置，确保知识结构、工作经验、相关资格等满足工程创优要求。特种作业人员、质量检查控制人员必须经过相关培训，并经考核合格，持证上岗，确保其技能满足工程过程质量控制的要求。

（5）建立项目工程质量管理网络，项目部设专职质检工程师，各施工队设立质检员，质检员持证上岗。建立以质量为中心的各级人员的责任制，各个重要点配备质检员，并赋予质检员"质量否决权"。

（6）工程技术人员到现场进行实地勘察，掌握现场地质情况以及地理环境，编制针对性的施工技术措施、安全环境保证措施、质量保证措施等施工作业指导文件。重要施工技术方案应由施工单位有关技术人员论证，内部履行审批手续后，报本工程监理部审核批准。

（7）工程开工前，由项目总工组织本工程技术、质量、安全、设备等管理部门，对施工图进行认真审查，并提出修改意见，审查时应特别注意工序接口，及时与现场实际情况的核对。施工中发现地质条件等与设计不符的情况，及时书面向监理反映。分部工程开工前，项目部须组织技术、质量、安全等部门，针对本工程特点，就相关作业文件和工作要求对施工人员进行详细交底，工程管理部门做好技术资料的准备工作，认真会审施工图，并根据设计要求及工程的特点，编写切实可行的施工作业指导书补充件及技术交底文件，对施工队进行全员技术交底，做到人人心中有数。

（8）工程开工前，由项目总工组织本工程技术、质量、安全、设备等管理部门，对施工图进行认真审查，并提出修改意见，审查时应特别注意工序接口，及时与现场实际情况的核对。施工中发现地质条件等与设计不符的情况，及时书面向监理反映，以示妥善解决。

（9）工程技术部注意收集新技术、新工艺、新材料、新设备的信息，结合本工程特点，经严密的技术经济分析和必要的试验、试点，积极在本工程应用成熟的"四新技术"，以优化施工工艺，提高工效，在技术方面为工程创优提供保证。根据本线路夏季炎热，冬季寒冷特点采用大吨位吊车组立塔，减少高空作业量，保护环境。

（10）贯彻公司根据《质量管理体系要求》（GB/T19001—2000/ISO9001：2000）制定《管理手册》和相关程序文件，结合本工程特点，组织编写本工程的质量计划和管理实施细则，将质量目标分解到每个单元工程的每道工序，在施工全过程中严格执行，使工程施工处于完全受控状态。

（11）在各分部工程全面展开之前，抓好施工试点工作，并召开各施工队队长及主要骨干参加的施工现场会。通过示范操作，进一步进行技术交底，试点结果应有记录、有总结，为各分部工程开工打下坚实的基础。

（三）物资保证措施

根据施工需求，通过进场检查、检验、日常管理等手段，确保本工程所使用的机械设备和工器具性能和数量满足创优要求；制定工程原材料进场、试验、跟踪等全过程控制措施，确保用于工程的所有材料满足设计和规范的要求。

1．机具设备的管理

（1）所有施工检测工具（经纬仪、游标卡尺、扭力扳手、磅秤、卷尺等）在进入本工地前，均应经法定检测单位鉴定合格并在有效期范围内使用，其精度必须符合相关规定要求。

（2）主要机具设备（牵张机、汽车吊、卷扬机、电焊机、液压机等）进入工地前，总工组织技术、设备、安全部对其进行检查验收，进行必要的检验和试验，确保性能良好，标识清晰，完好率100％。

（3）特种设备必须经过检验鉴定，并附相关证明文件，以保证施工安全。

2．材料管理

（1）原材料（钢筋、砂石、水泥、水用于保护帽浇制）在开工前，由工程部采样（采样时按要求通知监理到场见证）并且送到相应资质的试验单位进行检验，合格后方可使用。

（2）施工过程中，根据原材料用量，严格按照规定做相应批次的试验。

（3）甲供材料严格履行交接验收关，并按合同及有关要求接收并妥善保管：

1）按合同规定进行到货检验；依据合同进行妥善保管。

2）在使用前对原材料进行外观检查，发现问题时立即停止使用，并及时向业主及监理反映。

（4）所有材料必须做好跟踪记录，确保可追溯性。

3．物资管理

（1）物资进货。物资进货是保证工程质量的第一关，开箱时，对开箱情况留下记录。当发现有外观缺陷或数量短缺等问题时，要及时与厂家联系，确定解决问题的途径和办法。

（2）物资文件、资料的收集。

1）开箱时，所有厂家资料，如出厂说明书；试验记录、合格证件、手册、图纸等技术文件必须登记，如有欠缺，要及时与厂家联系解决。

2）材料供应科搜集到的物资安装技术资料一律交资料室保管，交接过程要履行交接手续。工程竣工移交时，由资料室移交业主。

3）材料供应科搜集到的物资采购、进货、发货等资料由其自行归档管理。

4）所有物资文件、资料的管理，当业主有规定时，按业主的规定办理。

（3）备品、备件和专用工器具。物资开箱时收集到的备品、备件、专用工具，必须登记并由材料供应科负责检验后，按照清单移交给项目法人。班组施工时需要使用,由材料供应科向项目法人办理领用手续,工程完毕后及时交还回材料供应科,办理退还手续。如因工程使用或使用过程中损坏造成数量短缺,必须书面说明原因,并无条件向项目法人赔偿。

(4)物资台账。材料供应科在日常工作中,需在相关专业工程师的配合下,收集工程过程中使用的主要物资及辅助物资台账,做到账账明了,处处落实。

(5)物资其他文件的管理。物资合同及合同附件、商检记录、索赔文件由项目部计划科归口管理,材料供应科协助管理。

(四)过程控制措施

(1)开工前对所有施工人员进行操作技能等相关培训,以增加创优意识,了解工程创优目标,掌握工作要点,特别是要做到熟知本岗位的工作要求;工程实行全面质量管理,定期召开质量研讨会,总结经验教训,预测可能出现的问题,提出防范措施,定期组织施工人员进行规范、规程及质量工艺标准的学习。

(2)认真推行首基试点工作制度(本工程确定斜柱基础、吊车铁塔组立、导线压接等工序进行首基试点,参加首基试点的人员有项目总工、各施工队长或技术员、作业组长、质检员等,邀请监理及建设单位代表参加,明确试点的时间、地点等要求。试点施工结束后,项目部及时进行总结并进一步完善施工措施,以统一施工工艺标准和技术要求,推行规范作业)。

(3)开工前,及时向监理部报验评项目划分表,批准后实施。

(4)完善并严格执行施工质量三级控制制度,加强过程控制,注重隐蔽工程监控、签证。加强施工过程的全过程监控,上道工序检验合格后方可进入下道工序。

(5)定期(关键环节必查)对照工程创优要求对施工管理及实物质量进行检查、分析,发现不足及时采取必要的措施进行纠正,做到施工质量的持续改进;

(6)项目部质量部负责施工记录等资料的牵头管理工作,设专人负责,其他部门配合并对本部门形成的相关资料负责,确保施工记录等资料与施工进度同步形成,及时整理工程档案,保证档案符合要求。

(7)工程建设的施工阶段,是工程质量形成的重要阶段,只有把握住整个施工过程,才能为工程达标奠定

扎实的基础。整个施工过程中,各施工班组要特别注重施工工艺,切实执行施工工艺光盘、标准工艺库、工艺手册及典型施工方法。对于违反达标条款的工程项目,暂缓验收并责令整改,待达到达标条款后,再行验收。

(五)工程原材料的控制

(1)工程使用的原材料及器材有该批产品出厂质量检验合格证书;对砂石等无质量检验资料的原材料取样并交有资质的检验单位检验,合格后采用。

(2)工程使用的各种规格钢筋产品有出厂合格证明书及化验报告,项目部按采购的批次、批量进行取样检验,钢材同批次同炉号每60t为检验批,各项物理、化学指标符合国家相关标准的规定。基础钢筋焊接前每种品牌的同规格同一焊工都必须作试焊,焊接过程中按每批次,同一焊工7d内每300个接头作一次试验。

(3)水泥及外添加剂产品有出厂合格证明书及化验报告,不同厂家、不同品种、不同强度等级的水泥按采购的批次、批量进行取样检验,水泥每200t为验收批量,各项化学指标符合国家相关标准的规定。

(4)工程使用的砂、石材料按采购的批次、批量进行取样,砂、石每400m³为验收批量。

(5)基础浇制用水采用饮用水,对水质有怀疑的地段做水质试验。

(6)钢筋连接按规定进行焊接试验,合格后再进行加工。

(六)工程进度管理

(1)根据工程工期计划、工程量以及工序流程编制工程施工进度计划和施工进度网络图,依据进度计划合理投入和配置施工技术力量、设备物资等资源,以及现场协调等工作;项目部每周召开一次工程协调会(必要时,由项目经理可决定临时召开),对照计划进度进行检查,对影响工程总体进度的施工项目或工序要认真分析,找出原因并加以解决。本工程所在受天气影响较大,要合理组织施工,以减少影响。

(2)当工期和进度发生矛盾时,应在确保工程质量的前提下,采取以下措施抓工程进度,根据现场调查和资料收集,经我们分析,影响本工程进度最主要原因为地方协调困难、政策处理难度大、材料供应不及时,对施工的影响及其他一些影响施工计划的情况。进度计划风险分析及控制措施见表2-10-7-4。

表2-10-7-4　　　　　　　　　　　　进度计划风险分析及控制措施

序号	风险分析	控制措施	责任人
1	高素质的施工队伍是项目顺利实施的人力资源保证	调入部分参加过±800kV、±660kV直流输电线路施工的人员,加强本工程施工力量。参加本工程施工人员大部分具有多年的110~750kV线路施工经验。在本工程施工过程中,改善劳动组织,合理使用劳动力,减少窝工浪费;执行劳动定额,实行合理的工资和奖励制度。加强劳动纪律,提高工作效率。加强技术培训工作,提高职工的业务素质和服务意识,使之能胜任本工程施工需要	项目经理
2	施工进度计划的编制偏差造成工期安排不合理	编制科学合理的施工项目总进度计划、分部分项工程进度计划、季度和月(周)作业计划,逐级控制,出现偏差立即纠正	项目经理

续表

序号	风险分析	控 制 措 施	责任人
3	细致周密的项目管理实施规划、施工技术方案是工程进度得到严密控制的保证	编制完善的项目管理实施规划，正确选择施工方案，合理布置施工现场；采用先进的施工方法和施工工艺，对本工程掏挖式基础施工、铁塔组立施工、导地线架设施工技术方案进行多方案优化选择；开展合理化建议活动，推广新工艺、新技术；组织均衡生产，搞好现场调度和协调工作，保证各大工序按计划目标完成施工任务	项目总工
4	与地方关系协调融洽，减少当地农牧民阻碍	专人负责，提早进行，求得当地政府和农牧民群众的支持，赔偿到位，确保施工不受影响	经营部主任
5	夏季炎热、冬季寒冷、缩短了有效工作时间	确保施工人员的身体健康，合理安排工期，避开特别炎热和寒冷季节的施工	项目总工 工程部主任
6	材料物资供应	基础地方性材料及时组织车辆进行运输，我方提供的材料及时订货，并派人进驻厂家监造和催交供货。项目法人提供的材料，到货后及时检查质量和数量	经营部主任
7	资金不能及时到位	编制合理的资金使用计划报项目法人，尽快办理进度款结算手续，如项目法人资金供应不足时，我公司财务及时调资金予以保障	经营部主任
8	设计变更影响施工	积极与监理工程师、项目法人、设计工代配合，缩短审批时间，及时调整资源供应计划	项目经理
9	施工机具问题	机具及时到位，状况良好，有机修人员和备品备件	综合部主任
10	政策处理及自然保护区环保问题	充分利用公路施工时的已有的施工便道、砂石料场。提前做好各种环保措施。永久性征地、草原赔偿及政策处理的款项，及时支付	项目经理 综合部主任
11	工效不高，进度上不去	严格执行施工进度计划，用网络技术控制进度，开展劳动竞赛，推广新技术、新工艺，提高劳动效率	项目经理 项目总工
12	后勤保障和施工环境对施工进度造成影响	项目部将建立生活后勤保障体系。具体措施如下：严格工作期间作息时间安排，合理安排劳动强度和工作节奏；进行轮休，尽量减少施工人员连续工作的天数；生活上保证施工人员能够吃上新鲜的蔬菜、熟食以保证必要的营养，保证好的体力进入工作状态而提高效率；施工现场尽量设置和配备防晒、防风、防寒等设施及设备	项目经理 综合部主任

（3）施工组织保证。

1）项目部组织强有力的项目工程领导班子和调动具有±800kV、±660kV直流输电线路施工经验的施工队伍和人员进驻施工现场。并由项目部项目经理负责本工程的协调和监管，随时根据现场进度情况与项目经理的要求，对现场的技术力量、劳动力、机械、资金及工器具给予补充保证。

2）项目部采用P3项目管理软件对工程进行工程管理和进度管理，根据施工网络计划及掌握的材料供应情况、政策处理情况及时调整工程进度计划，分阶段下达各施工队的工作任务，各施工队根据项目部的安排进度组织施工。

3）实行经济责任制和"多劳多得"的分配原则，落实奖惩制度，调动全体施工人员的积极性，合理地安排和组织劳动力，做到优化组合、均衡施工。

4）落实机械员职责，检查和定期维修机械，保证机械设备运转良好。

5）公司党委和工会定期走访在施工现场的职工家属，帮助解决困难，稳定一线职工情绪，确保工程顺利进行。

（4）材料供应保证。

1）为保证工程材料及时有序地进入施工现场，项目经理应提前与供货厂家取得联系，掌握供货信息，督促厂家按期供货，以免影响施工进度。

2）项目部将组织和调配足够的运输机械和劳动力，及时组织工程材料的运输，使材料和工器具及时运抵现场。

（七）开展质量攻关活动

（1）成立质量攻关活动领导小组。由项目经理担任组长，成员由项目总工、专责工程师和质量员组成。

（2）各施工队针对施工中的不安全因素和特殊作业成立安全攻关活动小组。

（3）质量攻关小组运用因果分析法，分析事故案例，研究发生事故的原因，制订切实可行的技术措施。

（4）攻关阶段在进行质量活动时对活动进行总结，总结活动有专题、有记录，每月出版一期质量活动简报，报道施工质量动态，介绍新的施工技术。

（5）经常开展质量自查活动，查职工思想、查管理、查质量管理制度及措施的落实情况。提高职工的质量意识，把事故隐患消灭在萌芽之中。

（八）工程建设标准强制性条文的贯彻实施

（1）组织进行工程建设标准强制性条文专题培训，增进对条文内容的理解，提高员工执行工程建设强制性标准的自觉性；

（2）工程项目开工前，并按单位、分部、分项工程明确本工程项目所涉及的强制性条文，编制"输电线路工程质量强制性条文实施计划"，计划经内部审批并上报监理经业主批准后执行，保证工程项目执行强制性条文的完整性。

（3）在施工过程中如发现勘察设计有不符合强制性条文规定的，应及时向监理单位提出书面意见和建议。

（4）强制性条文执行的主体责任单位为施工项目部，工程施工过程中，相关责任人应及时将强制条文实施计划的落实情况，根据工程进展按检验批或分项工程据实记录、填写"输电线路工程质量强制性条文执行记录表"。

（5）凡是在各种监督检查中确定为不符合工程建设强制性条文规定的问题，都属于必须整改的问题。项目部出具工程建设强制性条文不符合整改通知单，由责任单位或部门负责整改落实，由项目部负责整改验收与评定，实现闭环管理。作为实施强制性条文的原始资料应填写规范、数据真实，记录齐全，签证有效，并按规定收集、整理、归档，移交建设单位。

（九）信息管理

1．信息管理基本要求

（1）建立项目部信息管理平台，实现信息资源共享，提高办公效率。

（2）利用计算机远程通信系统或互联网保持现场与总公司的数据信息传递，以保证信息传递的及时性、可靠性和保密性。

（3）根据项目管理的具体要求，建立项目部与项目法人、监理、设计单位的信息管理系统。配备专职（或兼职）工程信息管理员，并将项目部通信地址、联系电话、传真、系统的配置和电子邮件地址在开工前报送监理部、项目法人及设计等有关单位。工程信息管理员负责工程信息的及时接收、传送和处理，并作好记录存档备查。对本单位的计算机系统进行日常维护，保证信息传递的安全性和有效性。

（4）建立项目部与项目法人、监理、设计单位的信息联络系统，通过P3项目管理系统工程管理软件，及时把施工现场的计划安排、资金使用、质量管理情况等信息反馈给项目法人及监理工程师。

（5）采用计算机远程通信和图文传真并用的方式，以保证项目法人的指示及时传递到施工现场，确保信息畅通。

（6）积极收集、捕获工程施工中的各种信息，及时掌握工程动态和质量反馈意见，以便指导施工生产，改进工艺，保证质量和工期。

（7）加强与项目法人、监理工程师、设计、材料生产厂的信息联系，合理安排好施工生产。

（8）工程的信息管理系统真实地反映工程建设的实际情况，尤其是基建管控系统的应用使工程信息传递要及时、准确，满足工程建设在项目管理、安全管理、质量管理、造价管理、技术管理的业务需求，实现本工程

项目由规划至后期评价阶段的全过程控制和管理。

2．基建管控基本要求

做到基建管控系统内容与工程施工同步形成，保证系统内容的齐全、完整、规范，真实反映现场实际施工情况与施工进度。目前施工现场按施工项目部标准化管理手册规定的内容和流程进行信息上报和处理。主要内容如下：

（1）工程开工报告规定的开工前完成的报审资料。

（2）开工时基建管控信息录入如下基本内容：施工部人员信息、项目部职能人员基本职责、项目部资源配置、施工平面布置图和路径图、回路设置、杆塔信息和区段划分、施工进度计划及设置；物资和机具需求计划、预付款申请。

（3）分部工程开工报告规定的分部工程开工前完成的报审资料。

（4）每天需录入资料：施工日志、每天气象和进度信息填报；按信息资料/数码照片进行对每天安全质量及会议照片整理上传；业主、监理下达的节点处理和整改处理；文件收发记录；工程变更及执行报验。

（5）每周周报及照片等附件。

（6）每月月报及照片等附件，资金使用计划及进度款申请。

（7）分部工程验收资料。

（8）竣工验收及工程评价和总结、竣工结算书。

（9）项目部要设基建管控模块管理操作员1名，负责信息管理，其他各职人员按照工作流程及时提供需填报内容或文件、照片。

（10）施工前对全体参建人员开展基建管控操作培训，掌握所需资料上传方法及上传内容的流程和内容，保证纸质文件和现场实现与上传的内容相符。

（11）每周末对已完成项目进行梳理，发现漏项、缺项后，及时补缺。

（12）基建管控信息录入要做到上线率、节点处理率、数据完整率达到业主的要求，每月中国南方电网公司基建管控组考核前三天，操作员按下表内容进行考核，并通报项目经理，项目部安排各职能人员及时补录数据。

（十）创优自查及整改

工程创优领导小组应依据中国南方电网公司优质工程评审办法的有关要求，组织有关人员对工程进行创优自查，创优自查分实物质量和资料管理两部分，检查发现问题要及时整改并做到闭环管理。自查主要内容如下：

（1）按照《中国南方电网公司输变电优质工程评选办法》考核评定标准，进行自查。发现不足，及时安排完善，并完成创优自查报告。

（2）质量监督报告中提出的质量问题，整改及闭环情况。

（3）达标验收中提出的质量问题，整改及闭环情况。

（4）工程资料移交，竣工验收签证。

（5）编写工程创优总结。工程创优总结编写要求：工程简要概况、创优目标、质量控制、工程亮点、技术

创新、质量评定、创优自查、存在的不足及整改，今后工程完善措施等情况。

（十一）工程档案资料管理

1. 档案管理基本要求

（1）归档文件材料应齐全、完整、准确，符合其形成规律；分类、组卷、排列、编目应规范、系统。

（2）归档的文件材料应字迹清晰，图表整洁，签字盖章手续完备。书写字迹应符合耐久性要求，不得用易褪色的书写材料（红色墨水、纯蓝墨水、铅笔、圆珠笔、复写纸等）书写、绘制。

（3）归档的项目文件应为原件、正本。凡本单位的发文、主送或抄送本单位的收文，都要求以原件归档。

（4）各种原材料及构件出厂证明、质保书、出厂试验报告、复测报告要齐全、完整；证明材料字迹清楚、内容规范、数据准确，以原件归档；水泥、钢材等主要原材料的使用都应编制使用部位跟踪台账，说明在工程中的使用场合、位置，使其具有可追溯性。

（5）各类记录表格必须符合规范要求，表格形式应统一。各项记录填写必须真实可靠、字迹清楚，数据填写详细、准确，不得漏缺项，没有内容的项目要划掉。

（6）设计变更、施工质量事故处理、缺陷处理报告等，应有闭环交代的详细记录（包括调查报告，分析、处理意见，处理结论及消缺记录，复检意见与结论等）。

（7）外文或少数民族文字材料，若有汉译文的应与汉译文一并归档；无译文的外文材料应将题名、卷内章节目录译成中文，经翻译人、审校人签署的译文稿与原文一起归档。

（8）归档文件的纸张大小一般为 A4 幅面，装订边为2.8厘米。小于 A4 幅面的纸张应粘贴在 A4 纸张上。

（9）档案移交应通过档案信息管理系统进行，在移交纸质文件的同时，应移交同步形成的电子、音像文件。归档的电子文件应包括相应的背景信息和原数据，并采用《电子文件归档与管理规范》（GB/T 18894—2002）要求的格式。

（10）电子文件整理时应写明电子文件的载体类型、设备环境特征；载体上应贴有标签，标签上应注明载体序号、档号、保管期限、密级、存入日期等；归档的磁性载体应是只读型。

（11）移交的录音、录像文件应保证载体的有效性，内容的系统性和整理的科学性。声像材料整理时应附文字说明，对事由、时间、地点、人物、背景、作者等内容进行著录，并同时移交电子文件。

2. 数码照片管理

依据中国南方电网公司《中国南方电网有限责任公司基建项目档案管理业务指导书》（Q/CSG 433032—2014）和《中国南方电网有限责任公司基建项目作业环境管理（7S）工作指引》（南方电网基建〔2014〕64号）的要求，制订工程建设过程数码照片采集管理细则，明确责任，切实加强安全质量过程控制。

（1）数码照片的采集要求。工程建设过程质量控制数码照片资料应与工程建设进度同步形成，用数码相机实地拍摄，真实反映现场质量控制情况，主题应突出。数码相机应正确设置时间，拍摄时应启用"日期时间显示"功能；照片保存为 JPEG 格式，分辨率为 1200×1600 像素，单张照片大小不宜超出 1MB。现场实物照片在拍摄主体右下角应设置标识牌（采用非反光材料制作，底色为白色），标识牌约占照片整体画面面积的 $1/16 \sim 1/9$，标识牌应包含工程名称、施工部位、拍摄时间等要素。

（2）数码照片采集时注意事项。

1）明确拍摄人员，拍摄人员应具有相应的专业知识，了解拍摄内容。

2）数码相机时间、像素设置正确。

3）标识牌填写正确，放置位置正确。

4）照片主题要鲜明，背景尽量整齐有序。

5）拍摄完毕后尽快整理、检查，归入相应文件夹内，防止时间过长后发生混淆。

（3）安全数码照片管理。

1）施工单位主要负责采集反映施工过程中安全质量控制主要活动和关键环节，以及人员培训教育、现场安全文明施工"六化"标准执行情况、施工工艺亮点的数码照片。

2）施工项目部应定期（一般每周）对采集的数码照片进行整理，其中电子文档以文件夹形式分层归档，一级文件夹以工程名称命名［如"乌东德电站送电广东广西特高压多端直流示范工程线路工程（7标）工程安全质量控制数码照片资料"］，二级文件夹为三个，分别为"安全控制类""质量控制类""其他"；三级文件夹线路工程以施工杆塔号命名（必要时建立四级文件夹，以子单位工程名称命名），相关照片归入对应文件夹；"其他"文件夹专门存放安全质量事故等特殊事件过程照片。

（4）质量数码照片管理。工程项目的数码照片以文件夹形式分层管理，一级文件夹以工程名称命名［如"乌东德电站送电广东广西特高压多端直流示范工程线路工程（7标）施工质量控制数码照片资料"］，二级文件夹为"××施工项目部质量管理数码照片"。线路工程划分"过程质量控制""公司级专检""工艺亮点"等三个次级文件夹（三级）。"过程质量控制"划分"地基验槽""钢筋工程""混凝土下料""基础拆模""坍落度检查""接地装置""护坡等防护工程""铁塔组立""导线压接"等九个次级文件夹（四级）；"公司级专检"划分为"杆塔组立前阶段""导地线架设前阶段"和"投运前阶段"等三个次级文件夹（四级）；"工艺亮点"采集施工成品工艺亮点，反映施工质量水平等照片若干。

第八节　工程建设标准强制性条文

《工程建设标准强制性条文》（电力工程部分2011版）（以下简称"强条"）是电力工程建设标准中直接涉及人

民生命财产安全、人身健康、环境保护和其他公众利益、必须严格执行的强制性规定的汇总,其内容还同时考虑了保护资源、节约投资、提高经济效益和社会效益等政策要求。为贯彻落实国家建设部关于《强条》的要求,强化电力建设贯彻执行国家质量安全法律法规和强制性技术标准力度,确保电力建设工程质量安全,在工程建设中严格执行工程建设标准强制性条文,将其作为法律和行为准则。

为确保工程建设强制性条文在乌东德电站送电广东广西特高压多端直流示范工程直流线路工程7标在建设中真正贯彻落实,加强南方电网公司输变电工程建设过程控制,强化质量责任,规范质量行为,确保输变电工

程建设严格执行强制性条文,保证工程质量及电网安全。

一、组织机构及职责

(一) 成立本工程强条实施组织机构

本工程强条实施组织机构如图2-10-8-1所示。成立本工程强条实施领导小组,组长由乌东德电站送电广东广西特高压多端直流示范工程线路工程7标项目部经理担任,为监督本工程《强条》实施的第一负责人;副组长为项目部副经理、总工程师,是本工程的《强条》实施管理的归口管理人;各成员为施工项目部各职能部负责人或专职、工段长,分别按职责分工负责《强条》相应内容的监督实施和指导。

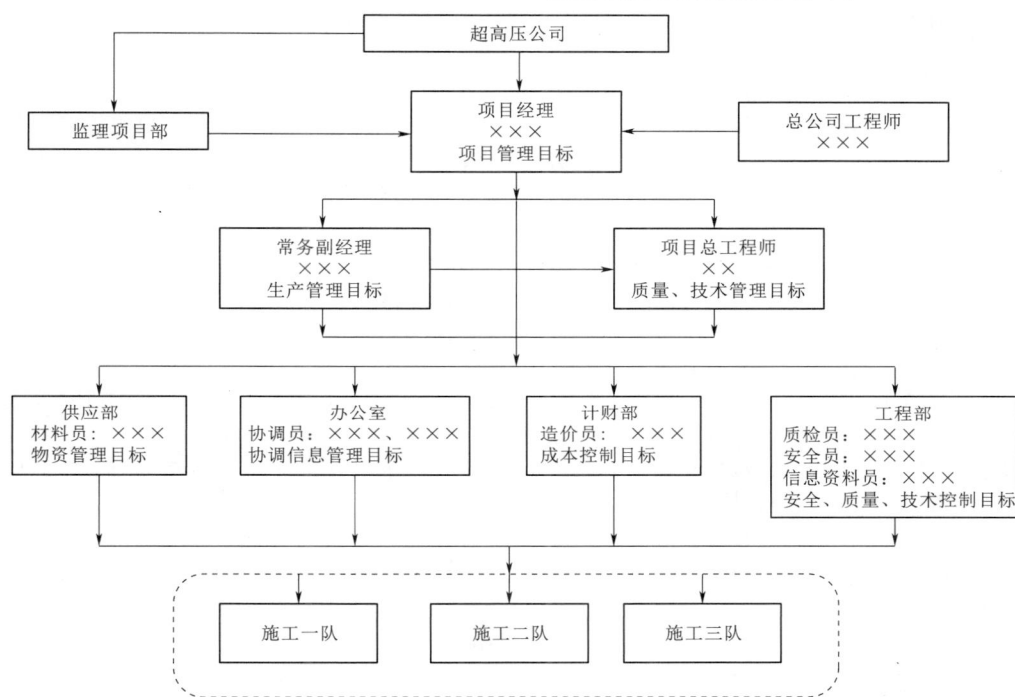

图2-10-8-1 本工程强条实施组织机构

(二) 职责

1. 组长

为本标段工程强制性条文实施管理的第一责任人,负责统筹策划和监督,组织编制《强制性条文施工实施细则》和《强制性条文管理制度》,授予项目总工、项目副经理、专责安全员、专责质检员为落实强制性条文所必需的权限,并给予人、财、物方面的支持。

2. 副组长

负责编制《强制性条文施工实施细则》和《强制性条文管理制度》,结合工程实际对强制性条文进行更新和补充,确保完整性、无遗漏;负责组织强制性条文开工前培训、施工前强条交底工作,施工过程中定期组织对强条执行情况进行检查。负责经审批的强条施工实施细则的落实,提出强条实施所需要的物资、人员计划,负责施工过程中强条实施的监督和指导,落实纠偏措施。

3. 成员

负责汇总强制性条文执行检查记录,对存在的问题及时向项目经理汇报,并提出建设性整改措施;负责与项目总工一起,总结强制性条文执行情况,形成报告;负责每月向监理、业主报审强条执行相关记录和资料;负责对强制性条文执行责任人或班组的考核与奖惩。

4. 质量主管、安全主管

负责质量管理体系运行中针对《强制性条文实施细则》的运行的检查工作,并纳入到月质量评比活动中,配合体系创优部做好监督检查工作。

负责职业安全健康、环境部分的《强制性条文实施细则》内容,组织各部室、专业加强执行《强制性条文实施细则》内容的意识。在实际工作中积极配合创优部收集相关资料工作。

5. 供应主管

(1) 在严格执行《强制性条文实施细则》标准对材

料管理。

（2）严禁假冒伪劣产品进入工地。

（3）负责组织并参与对设备、材料的质量检验，并做到质量证明文件齐全，并由材料组统一保管，专业需用时办理好借用手续。

6. 工段长

（1）按照项目部对执行《强制性条文实施细则》的文件规定，在工作中严格按照《强制性条文实施细则》内条款的执行，做好控制工作。

（2）积极配合职能部门的各项检查评比活动。

二、强条管理制度及管理流程

（一）强条管理制度

（1）有关工程管理及技术人员必须熟悉、掌握强制性条文。技术、标准培训时要有强条培训内容。

（2）工程建设过程中，各部门必须严格执行强制性条文，不符合强制性条文规定的，应及时整改，并应保存整改记录。未整改合格的，严禁通过验收。

（3）在施工过程中如发现勘察设计有不符合强制性条文规定的，应及时向设计单位或建设单位提出书面意见和建议。

（4）专职质量员、安全员应持有效的资格证书上岗。

（5）工程建设标准强制性条文是有关各方必须共同遵守的行为准则，任何单位和个人不得更改强制性条文。技术、质量交底时要强调强制性条文执行措施。

（6）任何单位和个人对违反工程建设标准强制性条文的行为，有权向上级主管部门检举、控告、投诉。

（7）强制性条文实施措施要在质量、安全技术措施中明确规定，保证施工质量与安全满足强条要求。

（二）强条管理流程

强条管理流程如图 2-10-8-2 所示。

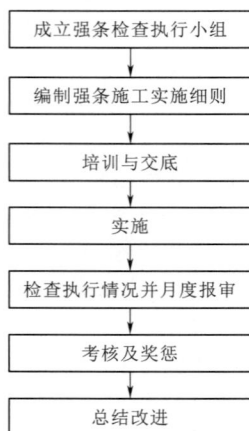

图 2-10-8-2　强条管理流程

三、检查及活动计划

（一）培训内容、要求和计划

1. 学习培训内容

在施工项目部学习培训制度中，明确强条学习培训的有关内容。国家及行业的相关法律、法规、条例、规范、标准和上级部门相关文件。重点学习三个条例和强条实施细则；本工程概况、本工程施工范围及内容、本工程特点及工程重点、适合本工程的施工方法和手段等。

2. 学习培训要求

强条学习宜采取集中培训、学习和自学相结合；及时组织项目部全体施工人员学习和分析各地在施工过程中所发生的重大质量和安全事故案例，从中吸取经验教训；在每月的项目部安全环境/质量工作例会上，检查违反强条的纠正情况及存在的问题和应采取的措施。达到强化安全质量意识、认识强条法律效力及严肃性，提高施工人员业务素质及职业道德素质，规范施工人员施工行为，采用适合的方法和手段实施施工，并在施工过程中积极自觉无条件执行强条。

3. 培训计划

工程开工前，由项目总工组织施工项目部全体人员和基坑、基础施工全体班组人员，对经审批完成的《强制性条文施工实施细则》和强条培训材料进行第一次集中培训学习，全面的教育学习、培训和考试工作，并形成相关记录。组塔、架线分部工程动工前，由项目总工指定专人对相关作业施工班组人员各进行一次强条培训与交底集中学习，并形成相关记录，实施过程中进一步有针对性地加强学习。

（1）施工项目部负责组织强制性条文的培训，必要时聘请专业人员进行授课。

（2）施工项目部对每次培训应有详细的培训计划及培训记录。

（3）施工项目部强制性条文培训对象为项目部全体人员。

（4）施工项目部应积极参与公司组织的强制性条文培训。

（二）实施原则与执行要求

1. 实施原则

实施原则为事前控制、全面细致。如审查施工方案是否符合强条规定，是否有执行强条的专项措施，施工检验项目划分表是否全面无漏项，并及时自查整改；事中检查，脚踏实地，如：对重要项目、隐蔽工程、关键部位、关键工序，特别是强条要求的项目及参数进行跟踪、监督、检验等重点检查，做好记录及资料档案管理，发现违反强条的作业时，及时制止，要求整改；事后检查验收，严格认真，凡强条检查项目，都必须由具合格资格的监理人员负责签认，由施工单位、监理、业主三方共同验收签证。对检查出的问题应进行原因分析，找出彻底解决问题的方法，建立执行强条的长效机制，避免类似问题的重复发生，实现"自查、整改、提高"的良性循环。

2. 执行要求

（1）工程建设标准强制性条文是对直接涉及人民生命财产安全、人身健康、环境保护和其他公众利益的，必须严格执行的强制性规定，并考虑了保护资源、节约投资、提高经济效益和社会效益等政策要求。

（2）施工项目部为保证工程强制性条文在施工中真正落实、执行，由技术人员与质量专责和安全专责制订技术质量、安全的标准强制性条文执行情况检查表或相应的检查内容。强制性条文执行检查小组，在施工建设过程中，结合工程进展情况逐一落实在技术、安全措施中，并在现场施工中进行检查，对检查结果进行记录。做到切实执行强制性条文，提高工程建设管理水平，杜绝质量、安全事故的目的。

（3）国家建设部将强制性条文的执行力度上升到法律的高度，明确指出：不执行工程建设强制性标准就是违法。同时根据违反强制性标准所造成后果的严重程度，规定了相应的处罚措施。由此可见国家建设部对工程建设的高度重视。

（4）施工项目部为积极响应建设部关于《工程建设标准强制性条文》的相关要求及精神，应经常开展宣讲活动，在项目部及施工队召开的质量、安全会议上宣讲强制性条文的重要性，加强对全体施工人员的教育，要求施工人员转变观念，在施工过程中坚决执行强制性条文。

（5）工程施工中，要将施工及验收规范及安全工作规程中的强制性条文摘录下发至相关执行人和检查人手中，作为检查的依据和准则。其他相关建设标准也必须按要求制定清单，并组织学习其中的强制性条文。

（6）工程施工中，要结合分部工程技术交底，针对强制性条文的内容进行交底，将对强制性条文的理解和认识提高到法律的高度（可举例讲解工程事故的追究处罚实例），让施工管理人员和作业人员熟悉和掌握其内容，并在实践中执行。

（7）工程施工中，对强制性条文的检查落实要有记录和签字程序，做到切实执行到位并检查验证，防止执行的检查流于形式。

（三）强制性条文执行与检查计划实施

（1）工程项目开工前，项目部编制《工程建设强制性条文施工实施细则》并经内部审批后，报监理项目部审核、建设单位批准执行，保证工程项目执行强制性条文的合规性，并使用第6节中表2.1"开工前施工准备强制性条文执行记录表"，形成记录。

（2）工程施工过程中，项目部相关责任人应及时将强制条文的落实情况，根据工程进展按分项分部工程据实记录，填写相应的"输电线路工程强制性条文执行记录表"，并由监理工程师审核。

（3）基础（土石方）分部工程施工质量与安全强制性条文的执行记录使用第6节中表2.2"基础施工强制性条文执行记录表（含土石方施工）"，基础工程施工时及时记录，每月形成1份记录，履行签证手续后定期报审。

（4）杆塔工程分部工程施工质量与安全强制性条文的执行记录使用第6节中表2.3"杆塔施工强制性条文执行记录表"，每月形成1份记录，履行签证手续后定期报审。

（5）架线工程分部工程施工质量与安全强制性条文的执行记录使用表2.4"架线工程施工强制性条文执行记录表"，每月形成1份记录，履行签证手续后定期报审。

（6）接地工程分部工程施工强制性条文的执行、记录使用表2.5"接地施工强制性条文执行记录表"，每月形成1份记录，履行签证手续后定期报审。

（7）竣工投产前强制性条文的执行记录和汇总使用表2.6"竣工投产前强制性条文执行记录表"和表4"输电线路工程施工强制性条文执行汇总表"，各填写1张。

（8）注意事项如下：

1）1份记录由多页组成时，尾页前的每1页底部都应设有施工项目部和监理部代表签字栏，供双方代表签字。

2）填表时，没有涉及的施工项目或内容，用"/"杠掉。

3）每月强条执行情况报审需汇总当月施工中各分部工程强制性条文的执行记录表格。

四、强条执行情况汇报及实施总结

（1）汇报或总结内容：计划执行情况；对计划的修改补充情况；执行中的经验，取得的工作成果；存在问题及进一步的改进措施。

（2）要求：修改完善计划，总结提炼方法，形成文字材料（包括月报中增加强条栏目及强条专项汇报材料及强条执行工作总结），积极主动汇报，满足每次阶段性检查要求。

（3）时间安排：每次阶段性监督检查前做好执行情况汇报材料、启动验收前做好强条实施总结。

五、资金支持计划

（1）项目部在工程投入资金方面应单独提出10000元人民币作为强制性条文执行专项费用。

（2）工程部负责提出支出费用申请及使用此部分费用，使用后应建立费用支出台账。专项资金用于采购与工程相关的各种强制性条文标准及对项目部人员进行强制性条文培训。

第九节 项目档案管理

一、项目档案工作任务及目标

（1）工作任务：按照国家、能源局和南网公司有关基建档案的管理标准和要求，保证归档文件的齐全、完整、准确、有效和具有系统性，整理规范，并做到档案管理与工程同步，真实记录并保存工程建设全过程，最大限度地满足运行维护的需要。

（2）目标：文档齐全准确，共创国优金奖。

本工程归档文件包括前期文件、竣工文件和竣工验收文件，各相关职能部门和单位分别按照本规划和超高压公司要求进行归档。

二、各部门职责

（一）项目部职责

（1）负责工程施工图纸、原始记录、技术资料的分类编目整理、保管，及时传递，正确使用。

（2）收集、整理物资供货厂家、供应承包商提供的设备、材料合格证书、复试检验报告等工程资料，并分类编目保管，及时传递，正确使用。

（3）受项目法人委托办理的工程建设性文件、地方协议、"红线"批准文件、施工许可证、土地征用等文件资料，必须齐全妥善保管。一般只使用副件或复印件。

（4）妥善保管房屋拆迁、青苗赔偿、树木砍伐及其他赔损等单据、资料，同时必须列表登记赔偿清单，注明赔偿项目、对象单位、姓名、性别、年龄、地属、地址、金额、经办人及有关备注，有房屋拆迁时需有拆迁前后的照片资料。该赔偿清单在工程竣工时提交业主备案作为追溯查阅资料。

（5）工程完工后向监理移交完整的竣工资料。竣工资料的整理应与施工建设同步进行，施工开始即应同步开始竣工资料的形成、积累与审查，及时征求监理的意见，做到图纸与实物相符，数据准确可靠，其内容能真实反映工程实际情况。

（6）项目施工中兼职资料员如有变动，应对现有资料进行交接工作，保证资料收集与管理正常运行。

（二）工程资料管理员职责

工程资料管理员主要负责项目部职责范围内所有工程资料的管理工作。

三、施工项目部现场管理要求

（一）现场管理流程

现场管理流程如下：确定整个工程文件材料总责任人（项目经理）→确定文件材料的收集范围及内容→文件材料的分类→确定各类文件材料的责任人→各种文件材料产生→文件材料收集→各责任人审核→总责任人审核→归类存放。

（二）现场资源配置

1. 人员配置

项目总工直接领导文件材料管理工作；项目部设置一名专职档案管理员，各施工队队长负责本队文件材料的组织管理工作，各施工队质量员兼任本队项目文件管理工作。

2. 设备配置

项目部应配备电脑、打印机、复印机、扫描仪、传真机、普通相机或数码相机、摄录机、专用的文件材料柜等，为现场管理创造必要条件。

（三）项目文件的分类

项目文件的现场分类需要考虑便于工程现场管理和工程的检查、验收、评比、质监和达标投产的需要，本工程现场文件按线路专业进行分类管理。线路工程分为

十大类，详见"送电线路工程现场文件材料收集分类及检查表"。

（1）施工技术管理文件。

（2）基础工程施工文件。

（3）杆塔及接地工程施工文件。

（4）机电安装施工文件。

（5）工程竣工、验收、投产文件。

（6）施工综合管理文件。

（7）报表、简报。

（8）顾客意见等文件。

（9）施工图纸。

（10）工艺亮点及施工照片。

（11）施工影像资料。

四、归档文件立卷整理方法和质量要求

（一）归档文件立卷整理方法

项目档案的整理需按照"组卷—排列—编目—著录—盖章—电子化—装订—装盒—编制立卷说明"的步骤进行。

（二）质量要求

1. 一般性文件质量要求

（1）文件材料一律用微机打印，确需书写的文字材料，需字迹工整，书写材料必须符合耐久性要求，不能有热敏纸、红墨水、纯蓝墨水、圆珠笔、复写纸、铅笔等书写的字迹，且必须是原件。如复写，首页必须用碳素墨水笔书写，并将此页作为原件移交。所有施工记录表中出现空白的地方，要求统一画上斜杠。

（2）文字材料幅面一律采用的A4纸（297mm×210mm），小于此标准的，应用A4标准纸裱托；大于标准幅纸的，应折叠成A4标准幅尺寸。

（3）文件装订前需剔除重复文件，去除铁钉、塑料、硬纸板等。

（4）所有应移交的文件材料签字、盖章手续应齐全、完备、规范。每个签名后应有签字日期（盖章时应压年盖月、避免重章）。

（5）文件及案卷题名不得使用标点符号，题名中必须包含工程名称及标段或工序名，能够体现文件主要实质内容。

2. 法律性文件的质量要求

（1）合同（协议）盖章页码应单面书写或印刷，以防盖章油印渗透到另一面，造成字迹模糊。

（2）盖章应在有文字的页码，不允许在单独一页盖章。

（3）所有合同或协议均需加盖骑缝章。合同封面要手签单位名称及经手人全称。

（4）征地、树木砍伐、青苗、房屋拆迁等协议，应注明所在县、乡、村或镇，格式应统一，且签字手续完备，文件题名应完整。

（5）每份协议均应附权属证明文件、有相应的赔偿收据（到户）、收款人身份证复印件、赔偿清单、拆迁或

改线前的照片、赔偿明细表等。

五、项目档案管理信息化

（1）项目部依照超高压输电公司要求采用《清华紫光档案管理信息系统》，现场采用其单机版。所有归档文件均有全息信息，可实现远程全息检索。

（2）每月对形成电子版文件、照片进行备份，并建立以月为单位的文件夹，拷入移动硬盘。

（3）项目部设有项目专用电子邮件信箱，并定时捕捉网页文件。

六、数码照片、影像的拍摄要求

（1）各施工队在工程开工即要根据工施工单位数码照片采集要点，细化到各阶段各环节的拍摄点。对工程施工中的重要作业工序和不同的作业场面需从不同方位、角度采集，重点反映新工艺、新措施等重要建设成果，对隐蔽工程要重点拍摄。

（2）数码照片及音像资料摄制及照片拍摄应主题突出，重点明确，影像清晰，画面完整。拍摄人员应对拍摄场地做好事先策划和现场布置。

（3）工程现场的声像资料应与工程建设同步形成，真实反映现场主要施工过程、关键环节和施工艺亮点等实际情况，严禁采用补拍、替代等弄虚作假手段。

（4）工程数码照片、影像资料拍摄后要及时整理，建立图片、音像资料台账，跟踪记录拍摄时间、地点、人物，主要事件。

（5）图片资料应在拍摄后编写文字说明。

（6）音像资料应及时登记素材片的主要内容，并随时刻录光盘保存。工程竣工后依据素材片制作专题片，辅以文字及解说。

（7）工程竣工后一个月内，项目部要组织人力，专门对图片及音像资料进行整理。按照数码照片、影像资料归档要求及时归档。

第十节　7S 施工管理实施

一、7S 的定义

7S 管理是一种先进的、国际通用的现场管理方法和工具，包括整理（Seiri）、整顿（Seiton）、清扫（Seiso）、清洁（Seiketsu）、素养（Shitsuke）、安全（Safety）和速度/节约（Speed/Saving），简称为 7S。

基建施工现场 7S 管理各阶段实施推荐采用四种活动方式：定点照相、红牌作战、颜色管理和看板管理。

（1）定点照相。对同一地点，面对同一方向，进行持续性的照相，将现场不合理现象予以定点拍摄，并且进行连续性改善。要求每个不合理点拍 3 张照片（问题照片拍 1 张，整改后拍 1 张，之后过 2～3d 再拍 1 张，表示持续改进），材料站不合理点，每 2 个月拍 1 次直至完工，照片应有标注地点、内容、日期等内容。

（2）红牌作战。在现场内，找到问题点，并悬挂红牌，让大家都明白并积极地去改善，从而达到整理、整顿、清扫的目的。

（3）看板管理。制作看板，使工作人员易于了解作业流程，以进行必要的作业活动；展示作业活动开展情况，明确管理薄弱区域。

（4）颜色管理。运用人对色彩的分辨能力和特有的联想力，将复杂的管理问题，简化成不同色彩，以区分不同的程度，以直觉与目视的方法，以呈现问题的本质和问题改善的情况，使每一个人对问题有相同的认识和了解。

拍摄照片数量要求如下：

（1）红牌。土石方工程、基础工程每 5 基至少 1 处，铁塔组立每 10 基至少 1 处，接地工程至少 3 处，架线工程每个放线段牵张场 1 处，每个材料站 4 处（全过程）。

（2）定点照相。基础阶段至少 4 处，组塔阶段至少 4 处，架线阶段至少 5 处，每个材料站至少 4 处。基础、组塔、架线阶段每处拍 3 张，其中问题照片拍 1 张，整改后拍 1 张，之后过 2～3d 再拍 1 张，表示持续改进。材料站每处不合理点，每 2 个月拍 1 次直至完工，表示持续改进全过程。照片应标注地点、内容、日期等内容。

（3）颜色管理。基础、组塔每 10 基至少 1 处，架线每个放线段的张力场至少 1 处。每处 3 张，反映颜色管理平面图、现场实际布置、布置亮点。

二、7S 管理组织机构

本标段成立了以项目经理为主的领导小组，7S 实施组织机构如图 2-10-10-1 所示。

三、7S 资源投入

7S 资源投入见表 2-10-10-1。

四、实施要点及管控措施

（一）临时用电

（1）电源线经过路面时应穿管（槽钢）埋设或架空敷设，埋管（槽钢）外露部分应涂刷等间隔黄黑色油漆，绝缘线需架空敷设，接头处按标准包扎后必须架空或设配电箱盘柜制作应符合相关规定，可防雨（水），密封，加锁"有电危险"红色警示和专人管理标牌，箱体必须可靠接地；配电箱内部根接线整齐，走向标识清晰，并配有定期检查记录表。

（2）用电设备应定位放置，设有防雨措施，在醒目位置悬挂设备标示牌。

（3）使用发电机等油机械、设备，应有防止油污污染周边水土的，如在设备下方采用彩条布或者塑料布进行衬垫等，发现设备存在漏油现象的，应及时维修，增加橡胶垫等。

（4）施工现场必须按照要求配置灭火器，指派专人负责进行定期检查，并认真填写检查记录。遇到过期、损坏的灭火器材应及时更换。

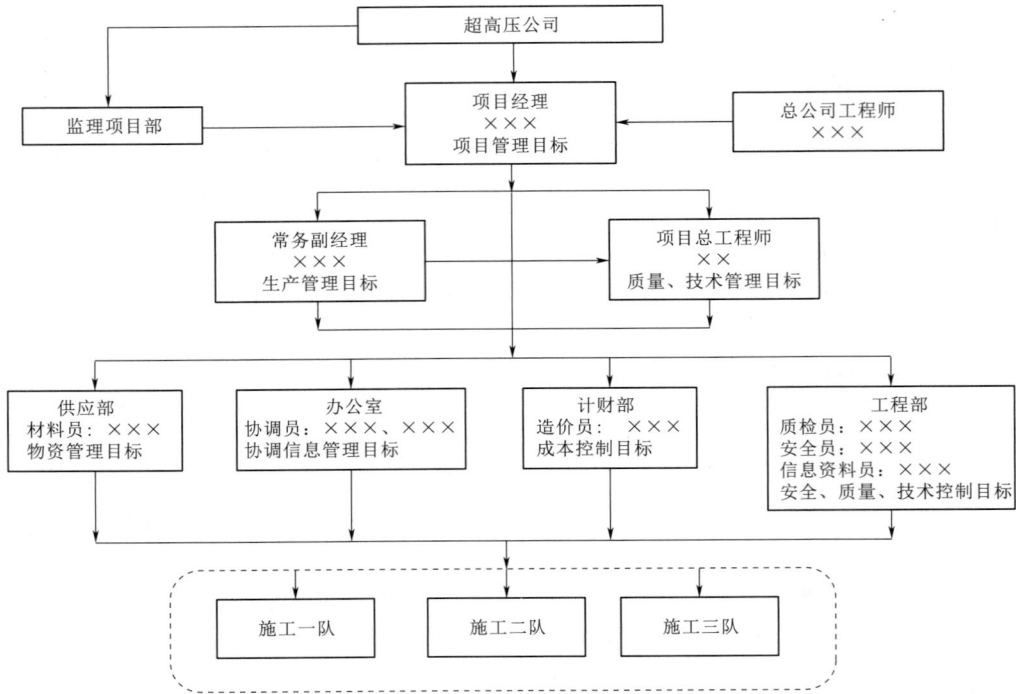

图 2-10-10-1　7S 实施组织机构

表 2-10-10-1　　　　　　　　　　　　　　7S 管 理 资 源 投 入

序号	实 施 项 目	投 入 内 容	备注
1	临时用电	配电箱、防雨措施、防污措施、灭火器等	
2	基础施工	围栏、盖板、材料定置、工具架、植被恢复等	
3	杆塔组立	各种标志牌、材料定置、工具架、塔材保护等	
4	导地线展放及紧线施工	安全文明设施、标牌、材料工具定置、导地线保护等	
5	跨越架	警示标志、红白漆、夜间警示灯等	
6	材料站		
6.1	项目部材料站	区域颜色管理、材料工具定置、围蔽措施、办公设备、上墙标牌、防盗警报器、灭火器等	
6.2	临时材料站	材料工具定置、简易围蔽措施、防火防盗防水措施等	
7	项目部		
7.1	食堂	防虫、防蚊、防鲜设施及通风设施，消毒设施，废水排放等	
7.2	会议室	各类标牌、照明空调设备、会议设施、定期清扫等	
7.3	办公室	办公设备、办公生活隔离措施、绿化措施、标牌、定期清扫等	
8	施工标志牌、警示牌	作业流程、质量控制措施、风险控制措施、警示牌、标语牌、7S 看板	
9	围蔽	硬围蔽（栏）、软围蔽（栏）、锥形桶、三角旗、红白警示带、护栏、盖板等	
10	7S 看板	包含作业流程、作业指导书技术及质量控制要点、施工安全风险、7S 实施情况等信息的看板	
11	红牌	红牌的制作发放、悬挂整改、统计等	

（二）人工挖孔基础施工

（1）基坑开挖后坑口必须设置可靠围栏（红白道）和警示牌，并在当天完工后用盖板覆盖。

（2）上下孔洞必须设置爬梯，爬梯应牢固可靠。

（3）开挖的泥土需按照要求堆放，防止水土流失。禁止顺坡弃土，应采用挡土板或者修筑挡土墙等措施，及时将余土运至缓坡地带，防止在施工过程中发生水土流失等。

（4）碎石、砂、水泥、钢筋、地脚螺栓等施工原材料应按施工进度和需求分批次进场，材料堆放符合定置化管理要求，摆放有序、标识清楚。

（5）每天收工前对现场进行整理和清洁，模板、脚手架等施工用具应归类摆放，并按使用先后次序堆放整齐，方便取用。

（6）基面回填充分、平整，应尽量恢复原始植被，做到"工完、料尽、场地清"。堆放砂、石、水泥等基础材料时，应采用衬垫彩条布等措施，以便于清理。

（7）施工完成后，应做好地脚螺栓、主柱的成品保护。如在地脚螺栓丝扣部分涂抹黄油，用塑料包裹，并用PVC管套装。基础棱角采用铁质或者木质的盖板进行保护。

（三）杆塔组立

（1）场地周围应使用防护围栏、警示带等工具进行明显标识，非施工人员严禁入内。

（2）施工标志牌、现场看板、风险控制牌应统一悬挂在出入口或显眼处，牌面平整、排列整齐、牢固可靠；标志牌须明示施工负责人、安全负责人和岗位分工等信息；警示牌悬挂位置正确、醒目；使用塔吊等重型机械设备吊装的现场，还应设置现场平面布置图。

（3）充分利用场地资源进行合理布置，宜划分为起重（吊）区、组装区、材料堆放区、绞磨操作区、工器具堆放区等区域，施工场地做到整洁有序。

（4）材料堆放应按段号或类型（主、辅材、联板、螺栓等）有序堆放，并有防止塔材污染和磨损锌层的保护措施。

（5）施工过程中，应做好基础、塔材的成品保护工作。

（6）工器具堆放符合定置化管理要求，摆放有序、标识清楚。每天完工前应将工器具归类、整理，把施工中损坏的工器具清理出现场。

（7）地锚坑等地面孔洞，施工完毕后必须及时回填，施工完毕现场不得遗留杂物。

（四）导地线展放及紧线施工

（1）牵引场、张力场的作业场地周围应使用彩旗、警示带等工具进行明显标识，非施工人员严禁入内。

（2）施工标志牌、现场看板、风险控制牌应统一悬挂在出入口或显眼处，牌面平整、排列整齐、牢固可靠；标志牌须明示施工负责人、安全负责人和岗位分工等信息。

（3）充分利用场地资源进行合理布置。架线牵、张场地根据现场实际情况实行定置化管理，宜划分为指挥台、起重区、导线及金具堆放区、机械设备作业区、工器具存放区、休息（值班）区、运输通道等区域，施工场地做到整洁有序。

（4）线盘堆放摆放整齐便于施工，施工完毕的线盘应拆卸堆放整齐。

（5）压接场地应铺设帆布、彩条布等垫衬，保护导线；压模同型号归类堆放，标识清楚，与现场作业无关的模具禁止入场，防止勿用、错用。压接区域设置压接工具箱，配备板锉、红漆、卡尺、直尺、扎丝、导电脂等必要的工器具和材料。

（6）工器具堆放符合定置化管理要求，摆放有序、标识清楚；每天完工前应将工器具归类、整理，把施工中损坏的工器具清理出场地。

（7）必须确保牵张设备、锚线装置的锚固可靠、合理、符合规范，地锚埋深应达到受力计算的最小深度，地锚埋设时，兼职安全员或者现场监理对坑深等进行检查，合格的方可填埋；在展放导、地线（光纤），以及附件安装时，应有防止导、地线（光纤）、绝缘子损坏的保护措施，在卡线器等已造成导地线损伤的位置设置橡胶管进行衬垫，防止导地线受到磕碰、挤压而损伤。

（8）施工余料、废弃物应设置专门的收集区域，每天收工后专人负责清理，保持施工场地整洁。

（9）地锚坑等地面孔洞，施工完毕后必须及时回填，施工完毕现场不得遗留铁丝头、塑料袋、油漆盒等杂物。

（五）跨越架

（1）搭设区域应使用警示牌、锥形临时防护遮栏、警示带等工具进行明显标识，非施工人员、车辆等严禁靠近，提醒围观群众等不得进入施工现场等危险区域。

（2）现场摆放的毛竹、钢管等材料、工器具应定点摆放，放置牢固。

（3）公路、道路两旁的跨越架，根部2米以下必须用红白油漆进行标识（夜间应加装警示灯），悬挂警示牌。

（4）跨越架搭设完毕后，必须经过专业人员验收，确认合格后悬挂验收牌、"严禁攀登"警示牌后方可投入使用，悬挂验收合格牌，检查人签字确认，并悬挂"禁止攀登"警示牌后方可投入使用。

（5）对于重要跨越处的跨越架，应设置专人看守，防止因钢管、毛竹等被偷盗而造成跨越架倾覆

（六）材料站

（1）材料站应根据场地条件合理划分生活区、材料仓库、设备堆放区、材料加工区等区域，并应用颜色管理在材料站平面布置图上进行标识。

（2）材料站应有明显的围蔽措施进行封闭式管理，设专职材料管理员，并设有简易办公室。

（3）各类设备、材料、施工器具应分类堆放，整齐有序、牢固可靠、标识清晰。

（4）设置设备、材料堆放区时，应综合考虑设备及材料进出的便利，并符合防火、防雨、防盗的要求。

（5）材料站存放设备、材料的露天场地应坚实、平整、无积水。对存放易损、防雨、防腐材料和工器具宜采用封闭式简易仓库。

（6）报废材料、设备必须标识清晰，并设置专门的堆放区域，及时清理，以免误用。

（七）项目部

1. 食堂

（1）厨房及食堂必须确保卫生条件，配备必要的防虫、防蚁、防鼠，食物保鲜设施及通风设施。

（2）员工食堂干净整洁，冰柜、消毒柜、桌椅等设施齐全，符合环保要求。

（3）炊事人员体检合格，有健康证。

（4）生活废水必须经过处理后排放，不能直接排放至自然环境。

2. 会议室

（1）布置工程简介、项目组织机构、管理目标牌、南网标志牌、工程施工进度横道图（含形象进度）、晴雨表、施工总平面布置图。

（2）根据需要配置能满足面积要求的空调设备；照明灯具齐全，光度能满足面积要求。

（3）会议台、椅、供水设施等数量满足需要。

（4）会议室安排专人进行定期清扫，确保会议室清洁整齐。

3. 办公室

（1）工程项目现场设置专用临时办公场所，其面积应满足工程管理需求，设有项目经理、项目总工等专用办公桌，配置有工程车辆，电脑（互联网）等办公设备。

（2）设置并挂项目部铭牌；各项目部办公区与生活区、施工区域隔离，办公区域可考虑采取绿化措施。

（3）根据工程实际情况将有关工程及管理的重要信息在项目部办公室内外部张贴公示，主要包括项目部管理制度与岗位职责牌、项目安全生产记录牌、质安网络图、治安（消防）网络图、安全区代表、急救员、主要管理人员职责及照片等；设置安全、文明、学习宣传栏。

（4）办公室明亮，通风良好，办公桌、文件柜摆放整齐，无灰尘积聚，办公场所墙体整洁无污染物。

（5）定期清理施工现场、生活区、办公室、卫生间，保持周围环境清洁卫生。

（八）施工标志牌、警示牌

（1）在施工现场出入点或显眼位置，设置各类标志牌、警示牌、信息牌应牢固可靠、排列整齐、版面整洁；应设置但不限于作业流程、质量控制措施、风险控制措施、警示牌、标语牌、7S看板等。

（2）标志牌种类必须齐全，使用意义必须清晰，不能出现内容误导和悬挂部位错误的问题。

（3）对特殊危险点，单独使用相应警示牌进行明显标识。

（九）围蔽

（1）视现场风险控制目的和实际环境选择使用硬围蔽（栏）和软围蔽（栏）。硬围蔽通常采用钢护栏、临时安全护栏、孔洞盖板、遮挡板围蔽等形式，软围栏通常采用锥形筒、三角旗、红白安全警示带等形式进行围蔽。

（2）现场视风险控制要求，可采取一种或多种围蔽形式，结合警示牌对现场作业点风险进行标识、提示。

（3）施工区域可用三角旗或红白警示带等软围栏的方式进行区域划分和警示。

（4）对深基坑开挖或靠近悬崖、陡坡、鱼塘等危险

区域应采用钢管、竹、木等材料搭设，并悬挂警示牌及采用红白油漆进行粉刷警示。

（5）位于市区等有特殊要求的区域施工，按相关要求进行遮挡板封闭式围蔽。

（6）孔洞视情况使用封闭式硬质临时安全护栏，必要时加盖有限位措施的盖板。

（十）7S看板

（1）现场设置的看板应包含作业流程、作业指导书技术及质量控制要点、施工安全风险、7S实施情况等信息，现场作业点、材料站看板可参照执行。

（2）项目部设置的7S公示栏，应对各施工作业点（含材料站）7S实施情况进行统计和公示，内容包括各作业点收到的红牌数量及每张红牌对应施工区域、整改责任人、整改效果等信息及本月的7S明星及先进人物，并及时更新看板内容。

（十一）红牌

（1）按照红牌作战的运行机制制作发放红牌，红牌悬挂在问题区域直至整改完成；并按要求定期进行红牌数量统计和整改完成情况核实。

（2）红牌的规格样式应统一（尺寸可参考A4纸格式），要求红牌至少包含以下内容：编号、问题区域、发现问题、发出时间、整改时间、负责人、对比图片；红牌建议采用不易损坏的材料制作，红牌样式可参考有关要求。

五、施工现场7S管理流程及说明

（一）施工现场7S管理流程

施工现场7S管理流程如图2-10-10-2所示。

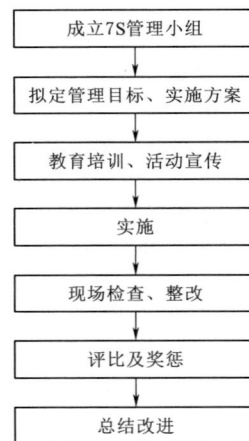

图2-10-10-2 施工现场7S管理流程图

（二）7S管理流程说明

1. 成立7S管理小组

为了有效地执行7S管理，需要建立一个符合现场实际情况的管理组织——7S管理小组。管理小组的组长为包括项目经理、组员为项目部副经理、项目总工、项目部各部门负责人、各施工队负责人以及各施工队安全管理员等，不同的责任人承担不同的职责。

2. 拟定管理目标

(1) 设施标准、行为规范、施工有序、环境整洁；严格遵循安全管理制度化、安全设施标准化、现场布置条理化、材料摆放定置化、作业行为规范化、环境影响最小化要求。

(2) 创建南方电网基建项目部7S管理示范工程。

3. 教育培训、活动宣传

教育是非常重要，让全体施工人员了解7S活动能给工作及自己带来好处从而主动地去做，与被别人强迫着去做其效果是完全不同的。教育形式要多样化，讲课、放录像、观摩其他工地案例或样板区域、学习管理文件等方式均可视情况加以使用。教育内容可以包括每个施工队对全员进行教育，7S现场管理法的内容及目的，7S现场管理法的实施方法，7S现场管理法的评比方法，新进员工的7S现场管理培训。7S活动宣传方式包括例会（项目部月度例会、施工队周例会），海报、内部报刊宣传，宣传栏。

4. 实施

(1) 现场作业准备。

(2) "洗澡"运动（全体上下彻底大扫除）。

(3) 地面划线及物品标识标准。

(4) "三定""三要素"展开。

(5) 定点照相。

(6) "7S日常确认表"及实施。

(7) 红牌作战、颜色管理、看板作战。

5. 现场检查、整改

定期检查现场执行情况，核实7S管理活动落实效果；对检查发现的问题限时整改，专人负责复查，确保落实到位。

6. 评比及奖惩

根据制订的7S管理评价办法对项目部、施工队、材料站进行评比，公布成绩，实施奖惩。每月开展"7S明星、先进评选"活动，通过看板进行宣扬。每季度评选7S先进责任主体和个人，并通报表扬。

7. 总结与改进

各责任主体依对各自执行情况进行总结，对缺点项目进行改善，不断提高。

六、现场及项目部颜色区域分布

(1) 项目部颜色区域分布如图2-10-10-3所示。

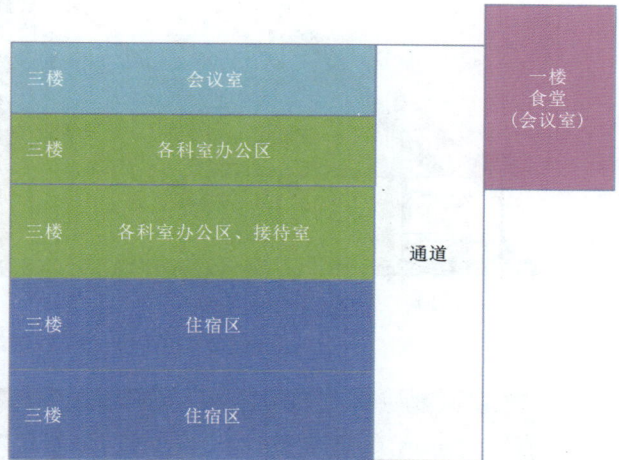

图2-10-10-3 项目部颜色区域分布图

(2) 项目部材料站颜色区域分布如图2-10-10-4所示。

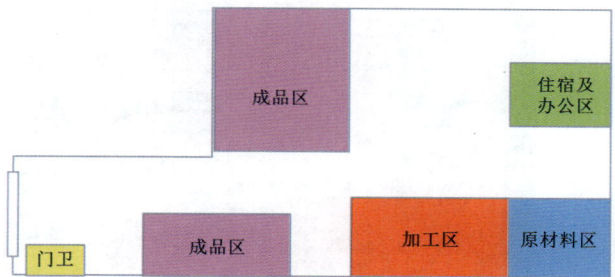

图2-10-10-4 项目部材料站颜色区域分布图

(3) 基础施工现场颜色区域分布如图2-10-10-5所示。

(4) 铁塔组立施工现场颜色区域分布如图2-10-10-6所示。

(5) 导地线展放牵张场区域分布如图2-10-10-7所示。

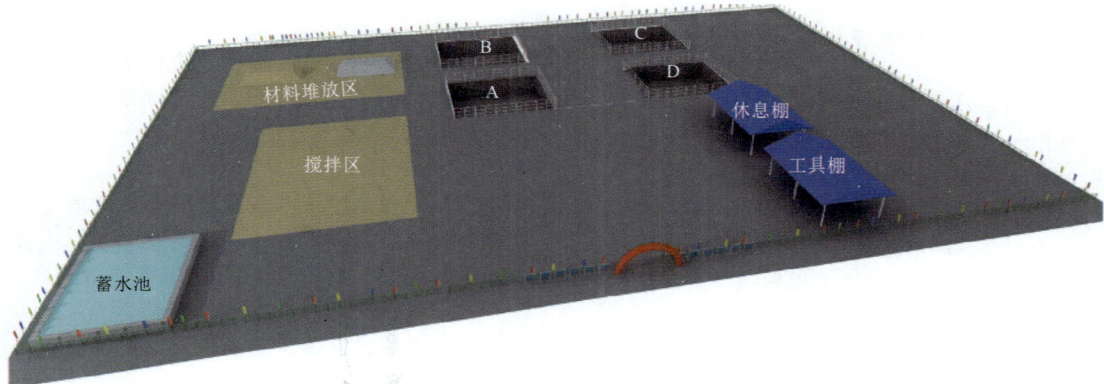

图2-10-10-5 基础施工现场颜色区域分布图

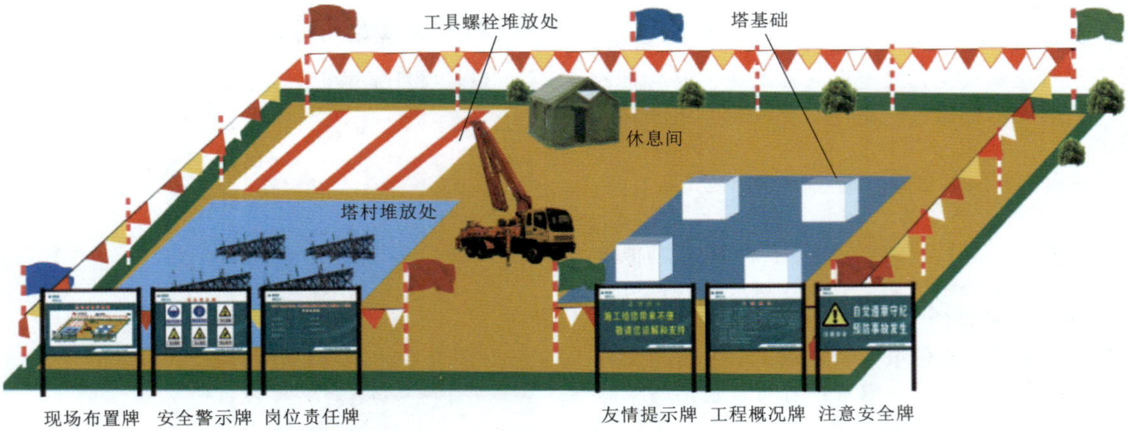

图 2-10-10-6 铁塔组立施工现场颜色区域分布图

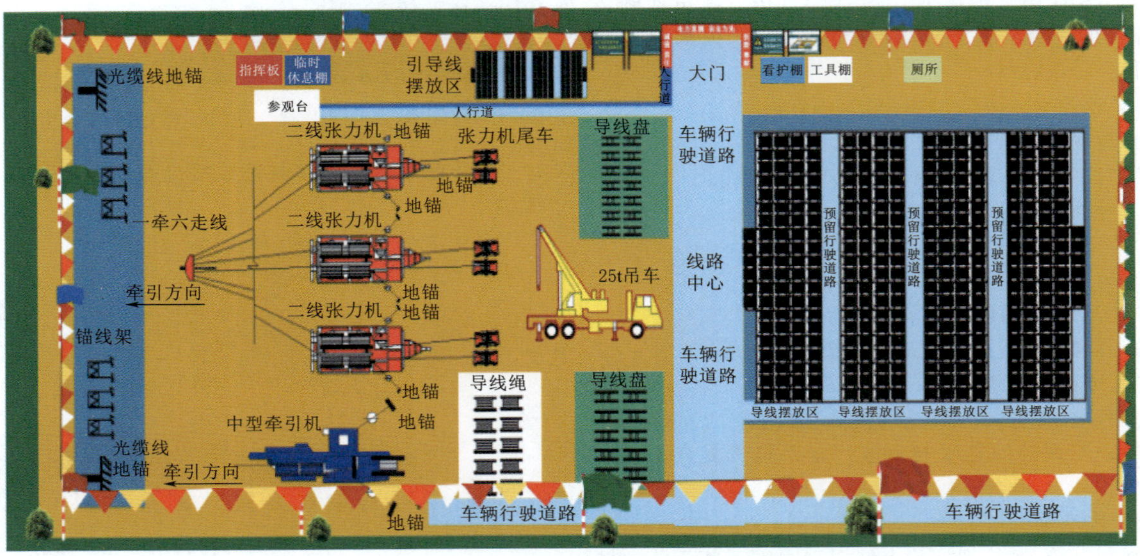

图 2-10-10-7 导地线展放牵张场区域分布图

第十一节 基建工程"五个严禁" "四步法""八步骤"管理

一、基建工程安全管理"五个严禁"

（一）严禁非法转包、违规分包

1. 词义解释

转包是指承包单位承包建设工程后，将其承包的全部建设工程转给他人或者将其承包的全部建设工程肢解以后以分包的名义分别转给其他单位承包的行为。

2. 严禁细项

（1）严禁承包单位非法转包。

1）严禁承包单位在承包基建工程后，将其承包的全部工程转给其他单位。

2）严禁承包单位将其承包的全部工程肢解以后以分包的名义发包给其他单位。

（2）严禁承包单位、分包单位违规分包。

1）严禁承包单位将专业工程或者劳务作业分包给不具备相应资质单位。

2）严禁承包单位在未经监理单位审核、建设单位批准的情况下，将承包的部分专业工程或者劳务作业分包给其他单位。

3）严禁承包单位将基建主体工程的施工专业分包给其他单位。

4）严禁专业分包单位再次进行专业分包。

5）严禁劳务分包单位再次进行分包。

（二）严禁以包代管

1. 词义解释

以包代管是指建设单位、施工承包单位等通过将责任和权利等以合同形式分包给其他单位、企业等，发包方对施工组织、安全、质量等未进行有效管理。

2. 严禁细项

（1）严禁建设单位工程建设管理缺位，任由承包单位施工。如缺失业主项目部等。

（2）严禁监理单位工程建设项目部不到位，任由承包单位施工。如现场监理缺位。

（3）严禁建设工程承包单位以包代管，不配置施工项目管理机构和派驻相应人员（项目负责人、技术负责人、质量管理人员、安全管理人员等必须是本单位的人员），施工安全、质量、进度和造价管理不到位，任由分包单位施工。

（三）严禁"皮包公司"、挂靠和借用资质施工队伍承包工程和入网施工

1. 词义解释

"皮包公司"是指没有固定资产、没有固定经营地点及定额人员，从事社会经济活动的人或集体。

挂靠、借用资质是指不具备资质的企业挂靠或者借用有资质企业的名义承揽工程的行为。

2. 严禁细项

（1）严禁"皮包公司"承包工程。工程中标单位一旦被发现其为"皮包公司"，即取消其中标资格；建设工程承包单位不得将专业施工和劳务作业分包给"皮包公司"。

（2）严禁不具备资质的企业挂靠有资质企业承揽工程。建设工程承包单位不得将中标项目转让其挂靠单位（常以分公司名义出现）施工。

（3）严禁不具备资质的企业借用他人的资质承揽工程。建设工程承包单位不得将中标项目让无资质的单位以自己名义施工。

（四）严禁未落实安全风险控制措施开工作业

1. 词义解释

安全风险控制措施是指施工生产中，为消除或降低安全风险而采取的管理和技术措施。

2. 严禁细项

（1）严禁承包单位在未按照公司《电网工程建设施工安全基准风险指南》，开展项目风险辨识、风险评估和风险定级的情况下开工作业。

（2）严禁承包单位在未执行公司《电网工程建设安全施工作业票》，未办理安全施工作业票的情况下开工作业。

（3）严禁承包单位作业人员在未接受安全技术交底的情况下开工作业。

（五）严禁未经安全教育培训并合格的人员上岗作业。

1. 词义解释

安全教育培训是指以提高从事安全生产工作的相关人员的安全素质为目的的教育培训活动。

2. 严禁细项

（1）严禁承包单位人员无证上岗，包括项目经理、项目总工、技术员、安全员、质检员、机械设备管理员、材料员等未取得相应资质证书的人员；

（2）严禁未经过安全教育培训、并考试合格的作业人员上岗作业，包括未经政府相关安全主管部门或南方电网公司安全规程考试的人员。

二、"四步法"工作指引

为进一步落实"安全第一、预防为主、综合治理"的安全生产方针，努力把本工程打造成为南方电网精品

工程，严格按照南方电网公司的要求，所有参建施工队在施工过程中必须坚决执行"四步法"。

（一）作业指导书

（1）筛选。工程开工前，施工项目部根据实际情况，从13份输电线路"施工作业指导书"中选出相关部分，形成工程项目的"施工作业指导书设置表"。

（2）分析。作业指导书中规定的施工流程、质量标准必须严格执行。施工项目部可针对施工器具、设备材料、作业环境和安全因素等的具体情况，对需要调整或增补的作业方法在指导书原文上以"＊"号进行标注，并将补充、完善的内容填写在相应指导书后的分析表中。

（3）审批。补充后的"施工作业指导书"须经施工项目部审批，方可应用于现场施工。

（4）应用。施工人员严格按照审批后的"施工作业指导书"开展现场施工。施工项目部应采用"看板提醒"措施，在作业现场设置"作业指导书小看板"（简单的图形或表格），标识作业主要工艺流程、关键工序技术标准及安全风险辨识等。

（二）风险评估与控制

（1）要求施工单位结合作业指导书，参照《电网建设施工安全基准风险指南》开展针对性安全风险评估工作，形成风险分析表。

（2）审查。

1）审查施工单位编制的"×××项目安全基准风险分析表"是否依据网公司颁布的《电网建设施工安全风险基准指南》相关规定。

2）审查"×××项目安全基准风险分析表"作业任务是否已涵盖项目涉及的所有作业任务。

3）审查"×××项目安全基准风险分析表"的危害辨析及风险评估是否符合项目及现场的实际情况。

4）审查"×××项目安全基准风险分析表"的风险控制措施是否足够。

（3）定期或不定期到施工现场检查工程安全风险辨识及预控措施落实情况。

（三）安全施工作业票

（1）现场施工技术员填写"电网建设安全施工作业票"，由施工安全员审核，施工负责人签发生效。

（2）作业票须由施工负责人现场持有，工作内容、地点、安全措施不变时可连续使用10d；超过10d时，应重新办票；工作内容、地点、安全措施发生变化时，将原来作业票终结，并重新办票。作业票工作任务完成后上交项目部保存备查。

（四）站班会

（1）施工负责人每日开工前核对风险控制措施并在"站班会"上对所有现场作业人员宣读作业票，作业人员在作业票背面签名确认。

（2）施工班组应结合"站班会"对参加作业人员进行"三交"（交任务、交技术、交安全）、"三查"（查衣着、查"三宝"、查精神面貌），落实安全风险控制措施后方可开工作业。

三、施工机械（具）和设备"八步骤"管理

（一）管理目标及要求

1. 目标

（1）全面贯彻安全生产方针。

（2）严禁不合格的施工机械（具）和设备进场作业。

（3）明确建设、监理、施工等单位的管理职责，规范对施工机械（具）和设备及特种（设备）作业人员管理行为。

（4）确保施工机械（具）和设备使用安全，杜绝发生人身、电网、设备事故。

2. 要求

（1）落实责任制，规范作业人员管理行为。

（2）严禁不合格的施工机械（具）和设备进场作业。

（3）坚决清除不合格设备。

（4）加强日常检查力度，定期通报。

（5）确保施工机械（具）和设备使用安全，杜绝发生人身、电网、设备事故。

（二）"八步骤"管理内容

1. 建立起重设备及相关设施清单

施工机械（具）和设备清单类别分为五类：特种设备（TZ）、自制设备（ZZ）、试验设备（SY）、个人防护用品（PPE）、常规设备和机具（CG）。

2. 记录维护保养项目和周期

根据机具设备维护保养说明，确定机具设备维护保养项目和周期，做好日常维护保养和定期维护保养，并做好记录。

3. 配备并执行维保作业指导书

机具设备的安装与拆卸应当由有相应安装许可资质的单位进行，作业指导书由技术设备安装单位负责编制，并报审。

4. 做好设备维护保养台账

需要记录设备名称、规格型号、自编号、数量、使用年限、上次维修保养时间、本次检查维保养情况、更换主要配件情况等。

5. 配置机具操作手册

根据机具设备安全规程和使用说明书编制机具设备操作手册。

6. 政府规定的年检资料齐全

按照特种设备安全技术规范的定期检验要求，在安全检验合格有效期满前1个月向特种设备检验检测机构提出定期检验要求，并送检。未经定期检验或者检验不合格的特种设备，不得继续使用。

7. 三证合法合规

三证包括特种设备使用登记证、特种设备作业人员证、特种设备安装改造维修许可证。

8. 重点作业前的专项检查且资料齐全

重大作业项目开工前，施工单位应进行专项检查，监理单位应做好监督记录。

第十二节　施工科技创新

作为送电线路施工企业，公司充分认识到特高压电网建设对施工管理及施工技术创新的迫切需求。为此，我公司以特高压电网建设和公司科技、信息发展规划为契机，大力开展技术创新工作，以整体提高企业竞争力、技术准备水平和培养一批素质优良的技术技能型、复合技能型和知识技能型技能人才，并逐步形成一支爱岗敬业、技术精湛、勇于实践、一专多能、作风过硬的技能人才队伍，以适应电网发展需要。

一、采用新装备

针对超高压线路架设中难以对施工情况进行视频监控的现状，计划采用视频监控系统，通过卫星、移动通信网络等途径获得实时视频画面，指导高空架线施工，实现远程视频监视，提升超高压架线的安全及施工管理水平。

二、采用新工艺

（一）旋翼机展放导引绳

线路塔位多处于植被茂密，交通困难，采用原有展放导引绳方法，施工难度大，同时对环境破坏巨大。运用旋翼机展放导引绳，旋翼机带绳飞行从塔上通过铁塔，逐基撒落引绳，当飞过本区段最后铁塔后，将导引绳落放于塔上，达到初级展放导引绳的目的。

全线导引绳实行腾空展放。运用旋翼机展放导引绳，能够在单位时间内展放很长距离，展放中使用的人力很少。可以降低放线人员的危险性，有效地减少施工当中的占地费用，减少对环境的污染和破坏，有利于提高施工效率，缩短放线周期。

（二）2×"一牵四"张力同步展放施工工艺

本工程采用八分裂导线，同时展放时张力、牵引力大，对受力工器具的安全性要求更高。为保证展放导线的施工质量和安全，我单位借鉴特高压施工经验，采用2×"一牵四"张力放线施工工艺，采用两台大型牵引机同步展放八根子导线。

三、QC管理

为推动工程QC管理，项目部成立QC小组。QC小组的组建应从实际出发，采取自愿结合或行政组织等各种方式，以活动方便、易出成果为原则。QC小组人数一般以5~10人为宜。要围绕本工程的质量方针目标和现场施工存在的质量难题，以保证安全、改进质量、加快进度、降低消耗、增加效益、提高人员素质为目的。QC小组主要类型有"现场型""攻关型""服务型""创新型"，即课题内容不仅局限于技术课题，对于现场作业、技术攻关、施工工艺研究和改进、生产辅助服务、职业健康安全卫生、行政管理、技术管理、人事管理等内容，

均可成立 QC 小组开展活动。

（1）QC 小组活动选题数量要求。要求每个部门每年至少选择一个课题，每个作业队每年至少选择一至二个课题。要针对自己部门的工作实际，选择能够为施工现场做好技术、管理服务的课题类型。

（2）QC 小组活动选题质量要求。要求选择课题必须结合现场施工实际，而且要有特点、有新意，避免选择一些目前技术工艺已经很成熟，不需要再重复研究的常规项目。要依据本工程的质量方针、目标和施工中亟待解决的问题及薄弱环节来选择，选题不宜过大，应选择力所能及的课题，力求时间短、见效快、效果好。

第十三节　个人防护用品管理（PPE）

一、个人防护用品管理定义

个人防护用品（PPE）是在施工过程中被作业者使用，能有效避免或降低作业人员受到各种危害的可能性及后果的严重性，从而在一定程度上保护劳动者身体安全与健康的各种防护用品。一般施工现场使用的个人防护用品有安全帽、全方位安全带、安全带延长绳、速差自控器（防坠器）、攀登自锁器、工作服、安全员红马甲、防风眼镜、手套、安全鞋、口罩等。

二、一般作业人员个人防护用品要求

（一）服饰要求

（1）施工现场必须穿长袖的衣服，这样可以避免一些肢体烫伤、灼伤、晒伤和与化学物质的接触。

（2）衣服不应太宽松，以尽量避免和危险物体，如机械传动部分等的接触。

（3）衣服应首选天然纤维的，如棉质的。

（4）严禁在施工现场穿短裤、背心。

（二）头和脚的保护

（1）安全帽能有效避免和降低高处落物对头部的伤害，对防止头部被电击和灼伤也起到一定作用。

（2）安全鞋能全方位保护足部，对防止触电也起到一定的作用。

（3）进入施工现场，必须正确佩戴安全帽，严禁不戴下颚带。

三、特种作业人员个人防护用品要求

（一）焊工

焊工在焊接时必须穿长袖衣服，佩戴隔热手套，穿安全鞋，并正确使用焊工面罩，严禁穿短袖、短裤。

（二）机械操作工

机械操作工在机械操作过程中，应穿着合身服装，严禁穿宽松服装，避免和机械传动部分接触。

（三）高处作业人员

在登高前必须检查安全带、延长绳、攀登自锁器是否完好。上塔时必须佩戴安全带以及使用攀登自锁器，到达作业位置后连接好速差自控器，然后再进行施工。严禁不佩戴安全带登高作业。

四、个人防护用品的计划与采购

（1）安全帽、安全带、攀登自锁器、速差自控器、由项目部按现场实际人员提出采购申请，经公司安质部审查，审批完成后，方可办理采购申请手续。采购员根据公司安质部审定的具有"特种劳动防护用品生产许可证"和"特种劳动防护用品安全标志管理中心颁发的安标证书"的单位购买。

（2）其他个人防护用品由项目部安全专责负责申报采购计划，经公司安质部审批后，采购员按申请单及防护用品安全性能的要求进行采购。

五、特殊劳动防护用品的验收与检查

（1）安全帽、安全带、攀登自锁器、速差自控器等特殊安全防护用品由安全专责进行到货验收。生产厂家应提供安全技术数据和相关部门的资质认证证书及使用说明书。

（2）禁止使用超出安全使用期限的安全防护用品，项目安全专责负责定期对特殊安全防护用品的检查。

（3）建立安全防护用品的领用发放台账，定期进行检查并记录使用情况，按照要求进行复检，确保每次使用前均在有效期限内。

六、个人防护用品的使用

（1）凡是发给个人的防护用品，应妥善保管并小心使用，并按照《PPE 使用维护手册》规定正确穿戴和使用，确保劳动保护用品起到应有的保护作用。

（2）应有备用的个人防护用品以备个人安全防护用品受损或失效时应急使用。项目部安全专责定期检查，确保其处于良好的待用状态。

（3）如因个人原因遗失或故意损坏个人防护用品应照价赔偿。若正常使用损坏的，应及时向项目安全专责报告，经审核登记后，方可给予补发。

七、外来人员防护用品配备要求

外来其他单位人员，进入施工现场必须佩戴安全帽和必要的防护用品。安全帽可在项目部借取，使用完毕后交回。

第十四节　主要技术经济指标

一、项目经济技术指标

项目经济技术指标见表 2-10-14-1。

二、降低成本计划与措施

（一）降低成本计划

降低成本计划见表 2-10-14-2。

表 2 - 10 - 14 - 1　　　　　　　　　　　项 目 经 济 技 术 指 标

指标分类	项　　目	单位	指标值	备注
工期指标	合同总工期	d	546	
	准备工作工期	d	17	
	基础部分工期	d	87	
	组立部分工期	d	104	
	架线部分工期	d	189	
	竣工消缺	d	20	
质量指标	输变电工程"标准工艺"应用率	%	100	
	工程"零缺陷"投运	次	0	
	实现工程达标投产及中国南方电网公司优质工程目标。工程质量达到国家优质工程金质奖、鲁班奖质量标准			
	工程使用寿命满足公司质量要求			
	因工程建设原因造成的六级及以上工程质量事件	次	0	
安全指标	杜绝较大及以上人身事故，不发生有责任的一般人身死亡事故	人·次	0	
	杜绝群伤、重伤事故，轻伤不超过 10‰	次	0	
	不发生基建原因引起的一般电网及设备事故	次	0	
	不发生对社会及公司造成重大不良影响的安全事件	次	0	
	不发生一般及以上的火灾、施工机械设备损坏和负主要责任的重大交通事故	次	0	
	不发生集体食物中毒事故	次	0	
	安全文明施工检查评价等级为优（90分以上）	分值	≥90 分	

表 2 - 10 - 14 - 2　　　　　　　　　　　降 低 成 本 计 划

施工工序	费用组成	降 低 成 本 的 途 径
工地运输	机械费用、人工费用	（1）在材料运输时考虑先机械、再人力的原则，能采用机械运输的地方应尽可能全部采用机械运输。 （2）在平丘地段，地形条件许可，能修筑农用车运输道路的塔位，应尽量采取机械运输，降低劳动强度和劳动力的投入。 （3）铁塔主材等超长、超重构件采取车辆、农用车等进行运输，并根据现场情况编制特殊运输方案。 （4）提高机械设备的利用率和完好率，车辆实行单车（机）核算，定额管理，减少燃料和零部件的消耗，消除机械事故
土石方开挖	机械费用、人工费用	（1）有条件的地段，优先采用机械进行基坑开挖。 （2）岩石地段采用小药量爆破法，岩石基础采用松动爆破法。 （3）泥水坑地下水位较高的地段需采用井点或其他的降水措施，再配合人工开挖或机械开挖。 （4）提高机械设备的利用率和完好率，车辆实行单车（机）核算，定额管理，减少燃料和零部件的消耗，消除机械事故
基础工程	基础材料费用、人工费用、机械设备费用	（1）以项目法人批准和各施工阶段的开工日期为准，按照既能减少成本，又有利于施工的最佳施工方式组织施工。 （2）充分发挥当地劳动力资源，实行分散作业，遍地开花的施工方式，提高施工效率。 （3）合理安排劳力进退，避免不必要的窝工所造成的浪费。 （4）提高机械设备的利用率和完好率，车辆实行单车（机）核算，定额管理，减少燃料和零部件的消耗，消除机械事故。 （5）加强材料领、发料制度，实行限额领、发料，最大限度减少材料损耗，加强易损材料的管理，减少责任损失

续表

施工工序	费用组成	降低成本的途径
铁塔工程	铁塔材料费用、人工费用、机械设备费用、工器具费用、消材费用	(1) 根据各种塔型的结构特点和现场情况，选择合理的组塔方案，减少组塔工程费用。 (2) 合理安排劳力进退，避免不必要的窝工所造成的浪费。 (3) 提高机械设备的利用率和完好率，车辆实行单车（机）核算，定额管理，减少燃料和零部件的消耗，消除机械事故。 (4) 加强材料领、发料制度，实行限额领、发料，最大限度减少材料损耗，加强易损材料的管理，减少责任损失
架线工程	装置性材料费用、人工费用、机械设备费用、工器具费用、消材费用	(1) 依据±800kV架空输电线路张力架线施工工艺导则，结合线路情况，合理布置放线区段。 (2) 根据公司张力放线设备，结合现场条件，选择最佳导线展放方式。 (3) 合理安排劳力，避免不必要的窝工所造成的浪费。 (4) 提高机械设备的利用率和完好率，车辆实行单车（机）核算，定额管理，减少燃料和零部件的消耗，消除机械事故。 (5) 加强材料领、发料制度，实行限额领、发料，最大限度减少材料损耗，加强易损材料的管理，减少责任损失
附件安装	装材费用、人工费用、消材费用	(1) 加强材料领、发料制度，实行限额领、发料，最大限度减少材料损耗，加强易损材料的管理，减少责任损失。 (2) 合理安排劳力进退，避免不必要的窝工所造成的浪费
线路通道	铁塔临时占地费用、树木砍伐费用、青苗赔偿费用、跨越施工费用、停窝工费用	(1) 取得地方政府的大力支持，减少外界干扰因素，减少停窝工费用。 (2) 通过优化各项工程的施工平面布置，减少施工临时占地面积，减少临时占地费用。 (3) 采用无人机悬空展放导引绳，减少通道内树木砍伐费用和青苗赔偿费用。 (4) 合理选择施工车辆进往塔号道路，减少车辆压损青苗赔偿费用。 (5) 选择合理跨越施工方案，减少跨越架搭设损坏青苗赔偿费用
临建	临建费用	合理选择驻地、材料站，优化临建房屋和场地的租用面积，减少临建费用
新技术、新工艺的应用		施工中推行使用新工艺、新技术，并广泛开展合理化建议和技术革新活动，用先进的技术提高工程的经济效益

（二）降低成本措施

1. 经营管理

（1）建立完善的经营管理制度。

（2）公司对本工程项目实行在保证工程质量、安全的前提下，以工程项目部为核算对象费用包干，节约归施工项目部，多劳多得，下不保底的承包管理方式。

（3）严格执行公司内部施工定额，控制各项费用支出；严格执行内部经济责任制，充分发挥广大职工在施工中的主观能动性是缩短工期、降低消耗、提高经济效益的重要保证。

（4）定期开展经济活动分析，总结经验，查找不足，及时采取措施，控制工程成本。

（5）按照经营管理制度办事，合理开支，严格定额管理；加强资金管理，合理利用资金；严格财务报销制度，控制差旅费、办公费开支，节约水电及其他方面的行政支出；控制招待费用的支出，严格审批程序。

（6）牢固树立勤俭兴企思想，并制定合理的奖罚制度，每个人从自我做起，从点滴做起，厉行节约。

2. 施工组织

（1）成立以项目经理为组长的降低成本管理小组，项目部各部门与施工队均设小组成员，各工序结束后及时进行成本分析，对相关部门进行成本考核，并与部门或施工队奖金挂钩。

（2）认真贯彻公司项目制管理的各项制度，实行定额、定量管理，完善各级管理机制，有效地把定额、定量管理与经济效益挂钩。充分体现多劳多得，优质优价的原则，促使各项指标的完成。

（3）根据设计资料的交付和材料供应时间，做好施工前期准备工作，做到现场设施齐备、机械就位、料进人到，同步进行；加强科学管理，利用项目管理系统合理进行资源及施工进度的控制，确保连续均衡施工，防止停工、窝工现象，确保工程进度。

（4）充分发挥当地劳动力资源，实行分散作业，遍地开花的施工方式，提高施工效率。根据各工序和季节变化特点，合理安排劳力进退，避免不必要的窝工所造成的浪费。

（5）施工前取得地方政府的大力支持，减少外界干扰因素，减少停工、窝工现象。

3. 技术措施

（1）开展技术革新，提倡合理化建议活动，推广新技术、新工艺，增加施工中的技术含量，以提高效益、降低成本。

（2）基础施工过程中，根据现场运输条件，分段选择塔号集中搅拌混凝土，是降低工程成本的关键。

（3）铁塔组立中，针对现场地形条件，选择不同的铁塔组立方案，尽量减少青苗赔偿费用和树木砍伐费用。

（4）架线施工中，采用无人机空中展放引绳，将青苗的踩踏和树木的砍伐降低至最低度，减少青苗赔偿带来的损失，也是降低成本的主要因素。同时要根据本地区交叉跨越、农作物分布情况及丰收季节等特点采取相应的措施，架线施工应尽可能安排在冬春农作物比较少的季节施工。

（5）安全出效益，加强安全管理，做到防患于未然。

（6）提高施工人员质量意识，加强施工过程控制，严格执行三级质量检验制度，降低检修消缺频次，杜绝质量事故的发生。

（7）强化工程质量管理，提高工程验收的一次合格品率和优良品率，力争实现工程零缺陷移交。

（8）通过优化技术措施，减少施工临时占地，尽量减少树木砍伐。

（9）合理布置驻地、材料站，控制临建房屋和场地的租用面积，减少临建费用。

4．机械管理

（1）提高机械设备的利用率和完好率，车辆实行单车（机）核算，定额管理，减少燃料和零部件的消耗，消灭机械事故。

（2）根据本工程特点，合理安排施工机械，提高施工的机械化程度，降低工程的人工费用。

5．材料管理

（1）抓住采购、使用、质量各个环节，采取事先防范的办法，做到各级成本管理均实行主要负责人负责，控制其成本管理，具体组织编制并监督执行成本计划，分析预测成本升降趋势，发现问题及时解决。

（2）采购材料进行比质比价，掌握市场的情况，多中比价，价中比优，优中比服务，采取供应、技术、质量共同参与的形式，规范采购供应行为。

（3）材料消耗执行公司内部定额，减少不必要的损耗浪费。各种材料的消耗应严格控制在技术经济指标规定的范围内。

（4）基础工程的地方性材料（砂、石、水泥等）尽可能地采取就地采购，降低材料运输而增加的费用。

（5）加强材料领、发料制度，实行限额领、发料，最大限度减少材料损耗，加强易损材料的管理，减少责任损失。

（6）根据本标段地形的具体特点，制订科学合理的材料运输方案。

第十五节　环境保护、水土保持施工及相应保护措施

一、主要职责

本工程施工项目部各级人员的职责，除必须履行南方电网的规定外，还必须履行以下针对本工程而定的环境保护、水土保持管理职责。明确这些职责是为了确保本工程合同中的各项环境保护、水土保持活动要求有效实施，各项环境保护、水土保持管理活动的进程处于监控之下。

（一）项目（副）经理环境保护、水土保持管理工作职责

（1）项目（副）经理是本工程环境保护、水土保持施工的第一责任者，对本工程的环境保护、水土保持施工负直接领导责任。认真贯彻执行国家有关安全生产卫生健康与环保的方针、政策、法令、法规和上级有关规定。

（2）按照公司 QOEMS 管理要求，对本工程进行 OE 全过程策划，制订工程的 OE 环境保护、水土保持管理目标，筹划落实工程项目管理和控制所需的资源，确保重大危险源和重要环境因素的预控与受控。

（3）在计划、布置、检查、总结、评比施工任务的同时，把安全/环保工作贯穿到每个施工环节，在确保安全的前提下组织施工。

（4）认真贯彻执行上级编制的安全/环保、文明施工措施。负责组织编制本工地的环境保护、水土保持施工措施，经批准后组织实施。

（5）对重要的施工项目，应亲临现场监督施工。按时提出本工程安全/环保技术措施计划项目，经上级批准后负责组织实施，确保施工场所具备完善的安全文明施工条件。

（6）指导本工程专职安环员的工作。充分支持安全监察部门和安全监察人员履行职责。

（7）负责组织每月一次的安全/环保施工检查与整改，主持本工地每月一次的环境保护、水土保持情况分析会。严格遵守文明施工的规定，确保在本工程施工范围内做到文明施工。

（8）认真执行环境保护、水土保持施工与经济挂钩的管理办法，严肃查处违章违纪行为。

（9）监督检查和处理有关安全、环保、信息、管理等方面的工作，发现问题及时与相关方沟通、协调。

（10）组织并主持轻伤事故和记录事故中严重未遂事故的调查分析。提出对事故责任者的处理意见。

（11）建立健全高效的项目指挥与事故应急救援响应系统。

（12）负责本工程职工的安全健康与环保教育。

（13）认真听取员工代表意见，落实员工安全和职业健康权益，积极预防职业病、传染病。

（二）项目总工程师职业健康安全与环境管理工作职责

（1）贯彻 GB/T 19001—2008 idt ISO9001：2008、GB/T 28001—2007（OHSAS 18001—1999）、GB/T 24001—2004 idt ISO14001：2004 标准，执行国家有关法律法规、施工技术标准规程规范和上级有关规章制度，执行公司已通过认证的 QOEMS 管理手册、程序文件，对本工程施工安全/环境管理全面负责。对本工程环境保护、水土保持技术负直接责任。

（2）按照公司 QOEMS 管理要求，对本工程进行

QOE 全过程管理，负责本工程 QOEMS 的建立、实施和有效运行，确保各危险源和环境因素的预控与受控，全面实现本工程 QOE 目标。

（3）负责审查施工组织设计、专业施工方案、重大施工项目、危险作业，特殊作业的环境保护、水土保持施工措施。

（4）负责组织编制施工组织设计、施工技术措施方案、重大施工项目、危险作业及特殊作业的安全施工措施、环境保护措施。

（5）参加环境保护、水土保持大检查。经常深入施工现场，检查、指导环境保护、水土保持工作，及时组织解决安全生产、环境管理中出现的技术问题。

（6）组织各种环境保护、水土保持会议。负责组织"四新"的推广。

（三）安质部职业健康安全与环境管理工作职责

（1）认真贯彻执行国家法律法规、《南方公司电力安全工作规程》和上级有关规定，在项目经理和公司安监部的领导下做好安全施工、环境保护管理工作。

（2）制订本项目工程的安全工作目标计划，经审定后组织贯彻落实。

（3）按照公司 QOEMS 管理要求，对本工程职业健康安全和环境管理进行全过程策划，确保危险源和环境因素的预控与受控，负责 OE 管理的指导、控制、检查、监督和绩效测量工作。

（4）审查施工组织设计、专业施工组织设计和单位工程、重大施工项目、危险性作业以及特殊作业的安全施工措施。组织制订防止职业危害措施及环境保护措施，并监督措施的执行。参加和督促有关人员做好安全/环保施工措施的编制及交底工作，并监督措施的执行。

（5）负责监督检查施工现场的安全施工、环境保护和文明施工，深入施工现场掌握安全施工动态，督促做好安全、环保施工措施，监督、控制现场的安全文明施工条件和职工的作业行为，协助解决存在的问题。对重要施工项目和危及施工作业的施工，亲临现场检查、指导。

（6）负责现场文明施工、环境卫生、成品保护措施执行情况的管理、监督与控制。

（7）负责现场环境保护措施执行情况的监督、检查工作。及时发现事故隐患，对职业健康安全、环境事故、事件、不符合，提出纠正预防措施和改进意见；对严重危及人身安全的特殊或紧急情况以及严重破坏环境事件，有权指令先停止施工，并立即报告有关领导处理。

（四）工程部职业健康安全与环境管理工作职责

（1）认真贯彻执行国家有关安全生产的方针、政策、法令、法规和上级有关规定。负责在组织、管理施工活动及进行生产调度的同时，把施工安全放在首位，安排有关施工安全/环保工作。

（2）参与本工程在施工过程中公司 QOEMS 的控制和有效运行，负责对本工程施工产品实现的策划，并实施过程的控制。

（3）负责编制线路调查报告、施工组织设计、施工技术措施、各种技术资料、重大施工项目、危险作业及特殊作业的安全施工措施、环境保护技术措施，并监督实施。

（4）开工前对施工人员进行任务、技术、质量、安全、环保交底，并在施工中组织贯彻落实。

（5）深入施工现场检查、指导安全/环境，协助解决问题，协调与建设、监理、设计单位的关系，管理并实施设计变更。

（6）参加有关安全/环保、文明施工的标准、规范、规程的制订和审查。

（7）负责现场总平面的规划、布置与管理、验评工作。

（8）负责在生产调度会上检查、汇报和安排安全文明施工工作。

（9）在推广和采用新技术、新工艺、新材料和新设备时，组织制定安全操作规程，并负责组织培训。

（10）参加安全/环境保护施工大检查和事故调查处理工作。

（五）计财部职业健康安全与环境管理工作职责

（1）在进行施工计划、预算定额管理的同时，必须把施工安全放在首位，负责安排有关环境保护、水土保持工作。

（2）负责在编制施工计划时，组织编制安全/环保技术措施计划，并做到与施工计划同时下达，同等考核。同时应确保安全/环保技术措施经费的开支，做到专款专用。

（3）在编制、安排施工计划及工程施工综合进度时，应根据工程施工和季节性施工特点以及均衡循序作业的要求，安排做好必要的安全措施平衡配套工作。

（4）在签订工程承包合同或外包工程项目时，必须有安全/环保、文明施工的明确要求和奖罚规定，并经环境保护、水土保持监督部门审核后，方可签约。

（5）在检查、总结施工计划完成情况时，同时检查、总结安全/环保施工情况。

（六）办公室职业健康安全与环境管理工作职责

（1）认真贯彻执行国家有关安全健康与环境管理工作方针、政策、法令、法规和上级有关规定。

（2）在负责生产施工调度的同时，把安全、文明施工及环境保护工作贯穿到每一个施工环节。及时记录和上报施工中出现的影响安全/环保、质量和工期、文明施工的问题，与项目经理和有关职能部门研究及时解决。

（3）及时传达上级和施工项目部有关安全生产的文件和精神。

（4）尊重地方政府和当地民风民俗，主动争取地方支持，为安全/环保施工创造条件。

（5）参加项目工程环境保护、水土保持施工大检查。

二、施工中可能引起的环保问题

（1）施工材料运输、设备（设备）进场影响。如临时修筑施工运输道路损坏地表植被或破坏道路路基，架空索道运输架设可能砍伐少量林木，马帮运输过程中可能损伤林木等等，大型机械设备噪声扰民。

（2）基础浇制影响。基础散落的混凝土余渣未及时清除，导致植被难以恢复。

（3）基础开挖影响。土石方降基开挖后余土的堆放，会占用一定的植被面积；或因未采取措施导致余土向下山坡滚落，造成植被破坏。

（4）铁塔组立施工。施工现场布置需要拼装场地，可能造成一定林木或植被的砍伐；未合理布置现场，塔材随意堆放，可能造成农田或植被的破坏。

（5）放紧线施工。随意砍伐放线通道或采用传统的放线施工工艺，造成通道砍伐大量的林木，将对自然生态环境造成较大影响。

（6）施工人员素质参差不齐、环保意识淡薄，施工过程中造成自然生态破坏。

上述因素是本输电线路工程施工过程中可造成自然生态破坏的主要因素；其他如材料的卸点、完工后场地清理也会造成对环境的影响；另外，施工人员的个人素质，也可能对环境产生影响。

三、保护措施

本工程在施工过程中，公司将紧密结合工程施工地区环境、地形、地貌、土壤、地质和气象等特点，拟采取以下措施进行环境保护和水土保持。

（一）基础施工环保措施

（1）合理修筑材料运输道路，使之与周围环境协调，并成为日后运行维护道路。针对路基较窄、有简易桥梁的道路，运输前应现场踏勘，制定详细道路修筑方案，确保大型机械设备的正常通行。在地形条件、现场布置允许的情况下，尽量采用架空索道技术运输，减少修筑临时道路不可避免的林木砍伐量。

（2）"马帮"运输过程中，应有施工人员进行监护，防止马匹未按临时修筑道路路线行进，避免其他区域地表植被破坏。

（3）施工现场弃土较多，施工前应制定好弃土外运方案，合理选择弃土堆放位置，并取得当地政府同意。施工后及时清运弃土，确保施工现场整洁。

（4）合理布置基础施工现场围栏，尽可能减少林木或植被的破坏。

（5）严格按设计图纸进行分坑、尽量减少对自然植被的破坏。开挖出来的土石方严禁随意抛置，基坑回填后多余的土方按要求进行外运，严禁向塔位的山坡下方随意弃土，采用编织袋装土砌护坡防止水土流失，尽快恢复原地形地貌。

（6）施工现场材料做到分类堆放，砂、石、水泥等物料堆放处应铺垫彩条布隔离，水泥采用竹架板铺垫，工器具摆放在现场操作台上。施工生产废油要用专用固体容器保存，严禁随地丢弃。现场废弃的编织袋、塑料制品、线绳等杂物，不能乱丢，应及时清理、回收。

（7）回填基础时，应实施生熟土分开法；组塔、放线施工完成后，应对塔基周围地貌及植被进行复原。

（8）因设计要求或施工中不可避免需要砍伐的树木应按相关规定和要求办理，严禁随意砍伐树木，施工前需及时与当地各级政府进行树木砍伐申请、取得林业部门及各级政府的大力支持，同时要及时与林木所有人联系，施工现场的开辟、施工道路修筑及通道的清理过程中树木砍伐要求须由各施工队现场负责人根据施工技术措施的要求严格控制。

（9）在林区或草地上施工时应注意防火，现场设置专人监护，施工人员严禁吸烟。

（10）保护野生资源，严禁任何形式的狩猎活动；保护好地方名胜古迹；对施工中发现的化石、硬币及有价值的物品、文物等应妥善保管，并应作为国家财产上交。

（二）铁塔组立环保措施

（1）运输塔材时选择合理的运输方式，做到不在山坡上大量开方、修路，以避免造成植被破坏；采用架空索道或马帮运输方式都应有专人监护，做好塔材的绑扎工作，防止塔材滑落损坏林区植被。

（2）组立铁塔时选择合理的施工方法，揽风绳合理布置，尽量不损坏植被或林木，塔位组片时，在地形不允许的情况下，尽力不多片连组，以防塔片太大，过多地破坏地表植被。

（三）架线阶段环保措施

（1）合理控制张力，不发生因放线过程而多砍树木的情况。

（2）合理选择使用牵、张场地，有效地将植被损坏降到最低。

（3）对于山坡地的塔位，上坡方向都设挡水埝；对于塔位容易造成水土流失的，做好排水设施。

（4）施工中对高低腿采用挡土墙、护坡等措施，表面相应做植被恢复处理。

（四）其他环保措施

（1）保护工地及工地周围的环境，避免污染、噪声或是由于其他施工方法不当造成的对公共人员和财产的危害或干扰。

（2）最大限度降低能源消耗，对水、电、纸张等的使用实行重点管理。

（3）驻地污水排放设立沉淀池。食堂生活污水应经过隔油沉淀等方式处理。严禁将废油料等废液随意倾倒。

四、环境保护和水土保持施工的目标和实施措施

（一）环境保护目标

（1）按环评报告书及其审批部门审批决定要求建成环境保护设施，并与主体工程同时投产或者使用。

（2）合成电场、工频电场、工频磁场、噪声等监测结果符合国家和地方相关标准。

（3）参照环办辐射〔2016〕84号文，工程建设不发生重大变动，或发生重大变动后依法履行了相关环保手续。

（4）工程建设过程中不造成重大环境污染。

（5）环境保护设施防治环境污染和生态破坏的能力满足环境保护的要求。

（6）工程基础数据真实、完备，无重大缺项、遗漏，相关资料完善、齐全，按要求归档。

（二）水土保持目标

（1）工程力争不发生重大变动，或履行水土保持方案及重大变更的编报审批程序。

（2）开展水土保持监测工作，并编制完成水土保持监测总结报告。

（3）废弃土石渣堆放在经批准的水土保持方案确定的专门存放地。

（4）水土保持措施体系、等级和标准按经批准的水土保持方案要求落实。

（5）水土流失防治指标达到经批准的水土保持方案要求。

（6）开展水土保持监理工作，确保水土保持分部工程和单位工程经质量评定合格。

（7）投运后半年内高质量通过建设项目水土保持设施验收。

在本工程施工中，在确保工期的前提下，贯彻环保优先为原则、以资源的高效利用为核心的指导思想，追求环保、高效、低耗，统筹兼顾，实现环保（生态）、经济、社会综合效益最大化的绿色施工模式。

（三）实施措施

1. 无纸化办公及纸张、耗材节约措施

（1）为减少电能、纸张、耗材等能源资源的消耗，在项目部推行电子无纸化办公。利用计算机、应用软件、通信网络等软硬件设施，组建项目部内部局域网，并连接到外部 Internet 网络。实现项目部内部文件校对、审批无纸化流转程序，并将项目部对公司、业主、监理、设计等单位的一般性外部文件用电子邮件代替各类纸类公文（有签字盖章特殊要求及归档要求的除外）。

（2）按照档案整理的标准要求，项目部统一采购 70g/m² 标准纸张，杜绝奢侈浪费。

（3）硒鼓、墨盒等打印机耗材，宜采用可重复灌注的产品，提高其利用率。

（4）对次要的非规范性文件，可采用废弃清洁纸张的背面统一打印。

（5）应尽量使用再生纸，废弃的纸张、耗材盒等分别盛放、定期统一回收。

2. 节约用水控制措施

（1）应加大节约用水宣传教育，在厨房、卫生间等重点用水部位张贴明显的国家节水标志。

（2）用水后应将龙头关严，严禁"长流水"现象的发生。

（3）出水龙头应一律使用质量部门认可的陶瓷片节能龙头，厕所马桶用节水马桶。

（4）由后勤负责人对各处的阀门和水龙头进行不定期检查和随时巡查，杜绝"跑、冒、滴、漏"浪费现象，

发现后应立即进行修理和更换损坏部件。

（5）加强开发水的循环二次利用，例如：利用洗衣水冲厕等。

（6）提倡使用水桶打水洗车，严禁使用水管长开冲洗车辆。

3. 节约用电控制措施

（1）项目部各单位要有专人经常检查、维修用电设备，保证安全节约用电。

（2）楼道灯应尽量使用声光控开关，以做到节约用电。

（3）工作人员要养成随手关灯的良好习惯，做到人走灯灭。

（4）夜间因保卫工作需要照明的地点，在不使用声光控开关时，天亮时应及时关闭，杜绝"长明灯"。

（5）在可能使用节能灯的地方应尽量使用节能灯，以节能降耗，减少用电量。

（6）电脑、打印机等长期不使用时应及时关闭电源。

（7）生活电器设备在采购时认准"中国能效标识"，尽量选用节能产品。

4. 煤和燃气节约措施

（1）在采购时应采购低硫、高燃烧值的优质煤炭，力争达到高效低耗。

（2）各单位使用的液化石油气，在购买时应检查角阀关紧的密实度，发现不严的要拧紧关严，关不严的要向商家更换。

（3）各单位应有专人负责对本部门使用的燃气管道（公共天然气管道和本部门自建的液化石油气管道）随时进行检查，防止漏气现象发生，避免泄漏浪费。

（4）无论是天然气或液化石油气的使用者，都必须做到随用随开，不用即关，杜绝"干烧""空燃"。

（5）罐装液化石油气未经批准不得借予外单位和私人使用。

（6）生活用热水应当用太阳能热水器、沼气炉等清洁新能源取代电热器和煤气热水器，达到节能环保的目的。

5. 其他生活节能降耗措施

（1）餐厅日常采买应限制使用塑料袋，采用布袋、竹篮等无污染、可重复利用的储纳容器。若特殊条件下不得不使用塑料袋的，应采用可降解型材料。

（2）对内部员工严禁使用一次性筷子、纸杯、纸碗等消耗品，对外也应限制使用。

（3）应尽量减少空调的使用，选择功率匹配的空调，合理设定空调温度。

6. 工程材料设备工艺节能降耗措施

（1）工程施工用的水泥，应根据合同和设计要求，依照实验室出具的配合比试验报告，综合考虑使用数量、价格、运输、小运、人工搬运、材料站场占地等多项因素选择决定采用 P.O425 标号水泥。

（2）所有的材料在满足设计要求的情况下，尽可能选择总体平均运距较近的厂家生产的产品，以降低附加

运输成本。

（3）在原材料招标采购时，将能耗作为一项重要控制指标进行考虑。

（4）采用新材料、新设备、新工艺时必须进行技术经济比较分析和环保评价，综合考虑其经济效益和环境效益。

（5）加强全过程跟踪管理，杜绝材料浪费，合理控制损耗系数。

（6）工程完成后，应对未用完的剩余损耗部分材料进行统一回收，上缴入库，登记台账，不得随意处置。

（7）依据分析计算考虑适当的安全系数后选择工器具。尽可能地选择新型低能耗设备。合理配置，在满足功率输出及安全系数的前提下，严禁以大代小，"大马拉小车"，造成能源资源的浪费。

（8）积极采取各种措施，降低设备、工器具能耗。

（9）尽可能地采用成熟的新工艺进行施工，如动力伞展放导引绳等。

7. 基础施工节能降耗措施

（1）基坑开挖时应严格控制坑口尺寸，尽可能减少对自然原状土的破坏。

（2）基坑开挖时应按照设计要求进行生、熟土堆放，严禁顺势向山坡下丢弃，以免造成对林地、山地的破坏，发生水土流失。

（3）基坑开挖时应经常检查基坑断面尺寸和坑的竖直度，防止因基坑跑偏、超深、超大造成的混凝土量超方，浪费能源资源。

（4）雨季施工应采取护壁等防护设施，防止塌方带来的返工及材料、混凝土浪费。

（5）基础用砂石、水泥等材料，应根据基础方量、实际基坑开挖情况并考虑一定损耗后确定实际运至施工现场的材料量，避免超量过多造成的运力、材料等能源资源的浪费。

（6）砂石、水泥材料在运输过程中应覆盖毡布，防止发生扬尘。

（7）施工中应就近取用洁净水，不能"舍近求远"。

（8）钢筋等材料应按需截取，避免浪费。科学计算、合理分配，尽可能地减少焊接接头。

（9）材料在转运过程中，应做好场地铺垫工作。砂石、水泥应铺垫彩条布，防止底层遗弃造成的材料浪费和土地污染。钢筋、地脚螺栓、插入角钢等应铺垫枕木，防止发生锈蚀，产生浪费。

（10）现场基础浇筑过程中控制好配合比，杜绝材料浪费。

（11）回填完毕后应将剩余的回填土统一收拢平整并夯实，将基面地貌恢复成自然散水坡度，防止发生水土流失破坏自然资源。

8. 组塔施工节能降耗措施

（1）组立铁塔时选择合理的施工方法，揽风绳合理布置，尽量不损坏植被或林木，塔位组片时，在地形不允许的情况下，尽力不多片连组，以防塔片太大，过多

地破坏地表植被。

（2）运输塔材时选择合理的运输方式，做到不在山坡上大量开方、修路，以避免造成植被破坏；采用架空索道或马帮运输方式都应有专人监护，做好塔材的绑扎工作，防止塔材滑落损坏林区植被。

（3）铁塔材料的堆放应分区合理，尽量减少占地，方便对料和地面组装。

（4）机动绞磨的布置位置应考虑施工方便，本着尽量减少占地，尽量少占耕地、林地，充分使用荒地的原则进行。

（5）加强材料管理，加强材料保护。避免粗暴运输、强行组装带来的材料损毁，杜绝看护不到位造成的材料丢失、被盗事件发生。

（6）施工过程中采用吊带、专用卡具，垫木、支撑木加强等保护措施、设施加强对塔材的保护，防止发生变形、掉锌等产生损失。

（7）铁塔组立过程中应加强对基础成品的保护。

9. 架线施工节能降耗措施

（1）架线施工应采用动力伞展放导引绳施工工艺，减少人力资源的过度投入，减少通道树木砍伐及青苗赔偿。

（2）跨越重要铁路、公路及电力线施工应采取不停运、不停电的方式，避免降低已建基础设施利用率带来的能源资源浪费。

（3）合理控制张力，不发生因放线过程而多砍树木的情况。

（4）导地线展放前应精细考虑弧垂、耐张塔身宽度、耐张绝缘子串长度、初伸长、连续上下山悬垂线夹调整量等计算放线实需现场。考虑一定的裕度系数后，控制导地线的投入量。

（5）依据设计规范、设计参数和质量控制标准合理排布导地线，尽量减少反复上下轴和导地线压接管数。

（6）加强对导地线、金具、绝缘子材料的看护和保护，减少丢失和损毁。

（7）严格废旧材料管理。做好张力场放线、耐张塔紧线挂线产生的废旧导地线端头的回收工作。

（8）科学计算、实际比量确定引流线的长度，避免盲目截取，长度不适带来的导线材料浪费。

10. 其他施工节能降耗措施

（1）施工过程中应合理组织施工工序，防止发生窝工、返工等恶性浪费能源资源事件。

（2）合理规划施工平面图。合理选择小运路径、材料堆放点、组塔绞磨布置位置、张牵场地等减少占地，减少树木砍伐，节约能源资源。

（3）加强对基础、铁塔、架线成品的保护工作，杜绝施工过程中和施工完成后对前工序成品的破坏，防止发生返工或修补造成的浪费损失。

（4）加强车辆使用管理，指定专人负责管理。乘用车辆应尽可能地安排同乘，争取做到一车多用。货运车辆应按实际运载能力进行配货装载，避免造成运力资源

的浪费。杜绝由于乘用、货运车辆运力浪费造成的人力、设备和柴汽油等能源资源的浪费。

（5）严格执行国家、行业及施工合同规定的施工范围、质量标准、工期要求。任何单位和个人不得盲目擅自扩大施工范围、提高质量标准、压缩工期，导致施工投入过度，造成能源资源的严重浪费。

（6）各个分部工程、施工工序完成后应及时做到工完、料净、场地清，防止工程施工产生的施工垃圾（砂石、水泥、混凝土废弃渣，铁塔金具废弃材料，材料外包装，柴油、汽油、机油、液压油泄漏，油漆、锌罐等）和生活垃圾（塑料袋、餐盒、一次性筷子，废旧的衣物、被褥等）对环境造成污染形成的次生能源资源浪费。

参 考 文 献

［1］ 丁广鑫. 输电线路全过程机械化施工技术（设计分册）［M］. 北京：中国电力出版社，2015.

［2］ 丁广鑫. 输电线路全过程机械化施工技术（装备分册）［M］. 北京：中国电力出版社，2015.

［3］ 葛兆军，李锡成，张强，等. 架空输电线路工程施工机械化率评价方法研究［J］. 智能电网，2016，4（12）：1252 - 1256.

［4］ 秦庆芝，朱艳君，高学彬，等. 掏挖基础机械成孔设备研制及其工程应用［J］. 电力建设，2010（11）：47 - 49.

［5］ 郎福堂，郭昕阳. 组合式抱杆组立大跨越铁塔施工技术［J］. 电力建设，2007，28（11）：25 - 30.

［6］ 刘剑勇，吴美琼，郑飚飚. 建筑工程经济［M］. 南京：南京大学出版社，2016.

［7］ 郑卫锋，张强，丁士君，等. 输电线路机械化施工建设管理［J］. 中国电力企业管理，2019（12）：66 - 67.

［8］ 陈馈，洪开荣，焦胜军. 盾构施工技术［M］. 北京：人民交通出版社，2016.

［9］ 汪永兴. 泥水盾构废弃泥浆环保处理的技术研究［J］. 城市道桥与防洪，2020（4）：196 - 198.

［10］ 高翔. 智能变电站技术［M］. 北京：中国电力出版社，2012.

［11］ 黄利波. 装配式建筑在变电站中的应用［J］. 武汉大学学报（工学版），2021，54（S1）：123 - 128.

［12］ 沈大伟，高俊，陆启亮，等. 变电土建三维设计解决方案研究［J］. 武汉大学学报（工学版），2020，53（S1）：339 - 343.

［13］ 陈翀，李星，邱志强，等. 建筑施工机器人研究进展［J］. 建筑科学与工程学报，2022，39（4）：58 - 70.

［14］ 何铎，张鹏. 机械化施工显神通［J］. 国家电网，2015（8）：98 - 99.

［15］ 郑卫锋，苏朝晖，李东亮，等. 输变电工程施工装备现状及配置建议［J］. 中国电力企业管理，2019（3）：28 - 29.

［16］ 白林杰. 输变电工程小型装备手册［M］. 北京：中国电力出版，2017.

［17］ 郑艳召，夏培，韩梅，等. 大件运输装备［M］. 北京：中国财富出版社，2017.

［18］ 鞠殿铭，刘争光，崔海涛，等. 大件运输实务［M］. 北京：中国财富出版社，2017.

［19］ 《架空输电线路施工与巡检新技术》编委会. 架空输电线路施工与巡检新技术［M］. 北京：中国水利水电出版社，2021.

［20］ 国家电网有限公司基建部. 国家电网有限公司输变电工程机械化施工技术　架空线路工程分册［M］. 北京：中国电力出版社，2023.

［21］ 国家电网有限公司基建部. 国家电网有限公司输变电工程机械化施工技术　电缆工程分册［M］. 北京：中国电力出版社，2023.

［22］ 国家电网有限公司基建部. 国家电网有限公司输变电工程机械化施工技术　变电工程分册［M］. 北京：中国电力出版社，2023.